BROCKHAUS

NATURWISSENSCHAFTEN UND TECHNIK

VIERTER BAND

NI – SN

F. A. BROCKHAUS · WIESBADEN

In diesem Buch werden, wie in allgemeinen Nachschlagewerken üblich, etwa bestehende Patente, Gebrauchsmuster oder Warenzeichen nicht erwähnt. Wenn ein solcher Hinweis fehlt, heißt das also nicht, daß eine Ware oder ein Warenname frei ist.

CIP-Kurztitelaufnahme der Deutschen Bibliothek

Brockhaus, Naturwissenschaften und Technik. –
Wiesbaden: Brockhaus – ISBN 3-7653-0357-7
NE: Naturwissenschaften und Technik
Bd. 4. Ni–Sn. – 1983

 – V.-Nr. W 1625 – ISBN für das Gesamtwerk: 3-7653-0357-7
Printed in Germany –
Einband nach Entwurf von Schlotfeldt Market Design, Peter Plasberg, Hamburg –
Satz: Satzzentrum Oldenburg GmbH, Oldenburg – Druck und Bindung: Mohndruck Graphische Betriebe GmbH, Gütersloh

BROCKHAUS NATURWISSENSCHAFTEN UND TECHNIK

N

Ni, chem. Symbol für → Nickel.

Niacin, Nicotinsäure, Bestandteil des Vitamin-B_2-Komplexes. N. kommt in Leber, Niere, Fleisch, Fisch, Weizenmehl u. a. vor. N. kann im Organismus aus der Aminosäure Tryptophan gebildet werden.

nibbeln, Blechteile durch schnell aufeinanderfolgende, kleine Stanzschritte längs der Werkstückkontur ausschneiden.

Nibble [nɪbl, engl.], Datenverarbeitung: aus dem amerikan. Sprachgebrauch stammende Bez. für eine Gruppe von vier Bits, entsprechend der Hälfte eines aus acht Datenbits bestehenden → Bytes.

nicht|archimedische Geometrie, Geometrie, in der das → Archimedische Axiom nicht erfüllt ist.

Nicht|eisenmetalle, NE-Metalle, Sammelbez. für 1) unlegierte Metalle mit Ausnahme des Eisens, 2) Legierungen, in denen ein beliebiges Metall, ausgenommen Eisen, den größten Einzelgehalt ausmacht. Sind die Gehalte von Eisen und den übrigen Legierungsmetallen gleich, so zählt die Legierung nicht zu den N. – Innerhalb der N. werden nach der Dichte → Leichtmetalle und → Schwermetalle unterschieden, nach der Oxidierbarkeit → Edelmetalle und unedle Metalle. (→ Buntmetalle)

nicht|euklidische Geometrie. Die n. G. wurde bei der Untersuchung der Frage, ob das → Parallelenaxiom in der euklid. Geometrie aus den anderen Axiomen herleitbar ist, entwickelt (→ Geometrie).

Der eine Typ der n. G., die **ebene hyperbol. Geometrie,** hat als Grundlage alle Axiome der ebenen euklid. Geometrie, außer, daß das Parallelenaxiom durch das folgende Axiom ersetzt ist: ›Zu jedem Punkt *P* und zu jeder Geraden *g*, die *P* nicht enthält, gibt es mindestens zwei Geraden durch *P*, die *g* nicht schneiden.‹ Diese n. G. ist widerspruchsfrei, falls die euklid. Geometrie widerspruchsfrei ist. Ein Modell ist das Folgende: Die Punkte sind die Punkte einer Kreisscheibe der ebenen euklid. Geometrie außer den Punkten des Randkreises. Die Geraden sind die Sekantenabschnitte ohne Randpunkte. Es gibt unendlich viele Geraden durch *P*, die *g* nicht schneiden. Es ist möglich, eine (nichteuklid.) → Metrik einzuführen, außerdem gibt es ein (nichteuklid.) Winkelmaß. Ein Dreieck in dieser Geometrie hat eine Winkelsumme, die kleiner als 180° ist.

Einen anderen Typ von n. G., die **ellipt. Geometrie,** erhält man durch Abwandlung der Anordnungsaxiome und durch Ersetzen des Parallelenaxioms durch die Forderung, daß jede Gerade durch *P* eine Gerade *g*, die *P* nicht enthält, schneidet. Ein Modell erhält man mit Hilfe der Kugeloberfläche: Die Punkte sind die Paare von antipodalen Punkten auf dieser Fläche, d. h. solchen, die sich durch einen Durchmesser der Kugel verbinden lassen. Die Geraden sind die Großkreise auf der Kugeloberfläche, wobei man die Identifizierung der antipodalen Punkte zu beachten hat. Auch hier kann man eine nichteuklid. Abstands- und Winkelmessung einführen. Die Winkelsumme in Dreiecken ist hier größer als 180°.

In der Differentialgeometrie erhält man Modelle für die ebene hyperbol. oder ellipt. Geometrie durch Riemannsche Mannigfaltigkeiten der Dimension 2 mit konstanter negativer oder positiver Krümmung. Verallgemeinerung der obigen Betrachtungen führen zu n. G. höherer Dimension.

NICHT-Glied, engl. **NOT-Gate** [nɔt geɪt] oder **Inverter** [ɪnvˈɜːtə], elektron. Grundschaltung der Digitaltechnik zur Erzeugung einer log. Verknüpfung (→ Negation) zw. Ein- und Ausgangssignal i. S. der → Schaltalgebra. Das NICHT-G. kehrt den an seinen Eingang angelegten Signalzustand um, d. h. eine log. 0 wird in eine log. 1 verwandelt und umgekehrt. Ein NICHT-G. kann durch eine Transistorschaltstufe dargestellt werden, wobei das Eingangssignal an die Basis des Transistors angelegt wird, das Ausgangssignal läßt sich am Kollektor abgreifen.

Nichtleiter, → Isolierstoffe, elektr. → Leiter.

nichtlineare Bau|elemente, Elektronik: → linear 1).

nichtlineare Optik, Teilgebiet der → Optik 1), das die nichtlinearen Wechselwirkungen von Licht mit Materie untersucht, die auftreten, wenn die elektr. Felder der Lichtwelle nicht mehr klein gegen die Felder sind, die für die Bindung der einzelnen Materiebausteine untereinander sorgen. Im opt. Frequenzbereich stehen Felder hinreichender Feldstärken erst seit Entwicklung der Laser zur Verfügung. Bei Durchstrahlung eines optisch nichtlinearen Materials mit einem Laserstrahl wird durch die nichtlineare Polarisation Licht mit völlig anderen Eigenschaften, v. a. anderen Frequenzen, erzeugt, z. B. Oberwellen **(Frequenzverdopplung, Frequenzverdreifachung)** oder Licht mit der **Summen-** oder **Differenzfrequenz** von zwei eingestrahlten Wellen. Unter Ausnutzung dieser nichtlinearen Polarisation kann mit geeigneten Anordnungen auch eine Lichtwelle auf Kosten einer anderen verstärkt werden **(parametrische Verstärkung).** Ein Sonderfall der Frequenzumwandlung ist die **optische Gleichrichtung,** d. h. die Erzeugung einer elektr. Gleichfeldkomponente durch eine elektromagnet. Welle in einem nichtlinearen Kristall. Durch das Strahlungsfeld eines Lasers können auch der Brechungsindex und die Stärke der Absorption eines Materials für Licht einer bestimmten Wellenlänge verändert werden, da die Intensität eines Lasers ausreicht, um die Absorption eines Materials, das für die schwache Strahlung einer üblichen Lichtquelle undurchlässig ist, so weit auszubleichen **(gesättigte Absorption),** daß es für den Laserstrahl transparent wird. Die **Selbstfokussierung** eines intensiven Laserstrahls in einem Kristall beruht auf einer intensitätsabhängigen Veränderung des Brechungsindexes im nichtlinearen Material (→ Elektrooptik) durch die Gleichfeldkomponente. Die Verteilung der Lichtintensität über den Strahlquerschnitt führt zu einer Variation der opt. Dichte.

Weitere Effekte der n. O. sind **induzierte Streuprozesse,** z. B. **stimulierte Raman-Streuung** oder die **Mehrphotonenabsorption,** d. h. die gleichzeitige Absorption

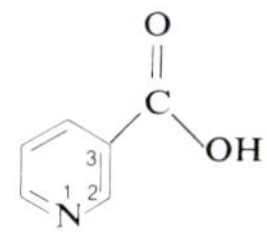

Niacin

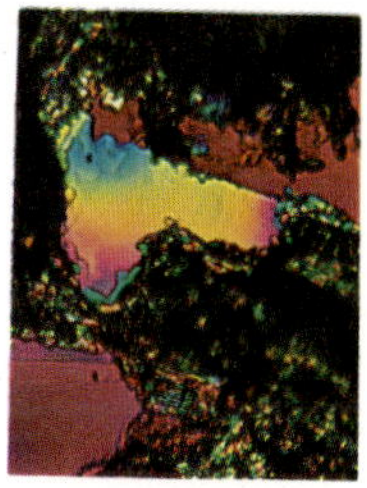
Niacin: Mikroaufnahme, etwa 200fach vergr.

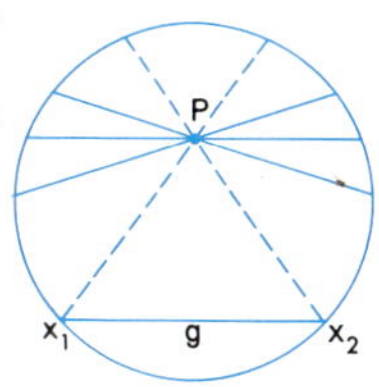

nichteuklidische Geometrie

von mehreren Photonen durch ein Atom oder Molekül in einem einzigen Elementarakt.

nichtlineare Regelung, Bez. für einen →Regelkreis, der mindestens ein →Übertragungsglied enthält, das nicht dem Überlagerungsgesetz (→lineare Regelung) genügt. Beispiele sind die →Zweipunktregelung und die →Dreipunktregelung.

nichtlineare Schwingungen, Schwingungsvorgänge, deren theoret. Behandlung zu nichtlinearen Differentialgleichungssystemen führt. Obwohl dies weitgehend für alle physikal. Probleme zutrifft, können oft die von den nichtlinearen Gliedern herrührenden Beiträge vernachlässigt werden. Bei vielen realen Vorgängen sind die Nichtlinearitäten aber wesentlich.

nichtmagnetisierbare Stähle, paramagnetische austenitische Stähle (→Magnetwerkstoffe).

Nichtmetalle, früher **Metalloide,** Elemente von stark elektronegativem Charakter (→Elektronegativität) aus den Hauptgruppen des →Periodensystems (z. B. N, O, H, P, S, C). N. sind schlechte Wärme- und Elektrizitätsleiter. Die Grenze zu den →Halbmetallen ist unscharf.

nichtrostende Stähle weisen auf Grund ihrer Zusammensetzung, v. a. durch Chromzusatz, erhöhten Widerstand gegen Korrosion auf (→Stahl).

Nicht|unterscheidbarkeit, Mikrophysik: ein Merkmal der Elementarteilchen, Atome und Moleküle. Alle größeren Individuen (Sandkörner, Zellen, Blätter, Tiere) sind auch bei größter Ähnlichkeit (eineiige Zwillinge) **unterscheidbar** und infolgedessen **wiedererkennbar.** In der älteren Entwicklung der →statistischen Mechanik hatte man auch den Atomen oder Elektronen eine individuelle Wiedererkennbarkeit zugeschrieben, so daß bei der Abzählung thermodynamisch-statist. Wahrscheinlichkeiten jeweils zwei nur durch die Vertauschung zweier Individuen verschiedene Zustandsmöglichkeiten unterschieden werden. In Wahrheit besteht jedoch eine grundsätzl. N. für gleichartige mikrophysikal. Gebilde. Da überdies auf Grund der Heisenbergschen Unschärferelationen nicht einmal im Gedankenexperiment die Identität z. B. eines Elektrons durch Verfolgung seiner Bewegungsbahn gesichert werden kann, so ergibt die Quantentheorie, daß gleichartige mikrophysikal. Gebilde bei naher Begegnung und Wechselwirkung nicht mehr als unterscheidbare Individuen betrachtet werden können. Hierdurch treten an Stelle der älteren thermodynam. Statistik die →Bose-Einstein-Statistik oder die das →Pauli-Prinzip berücksichtigende →Fermi-Dirac-Statistik.

Nichtvertauschbarkeit, →Vertauschungsregeln.

Nickel *das,* chem. Symbol **Ni,** ein →chemisches Element aus der Gruppe der Eisenmetalle, Ordnungszahl 28. Es gibt fünf natürl. Isotope des N., Massenzahlen 58 (Anteil 68,28%), 60–62 und 64 sowie mehrere künstl. Isotope. N. ist ein silberweißes, zähes, stark glänzendes, ferromagnet. Metall, das sich schmieden, walzen, zu Drähten ausziehen, schweißen und polieren läßt. Mohs-H. 3,8, elektr. Leitfähigkeit etwa 13,8%, Wärmeleitfähigkeit 15% von der des Silbers. Die elektr. Leitfähigkeit beträgt nur etwa ein Viertel von der des Kupfers. N. legiert sich leicht mit vielen Metallen. Reines, kompaktes N. ist sehr luftbeständig und gegen Süß- und Seewasser, Salz und viele organ. Stoffe korrosionsfest, wird aber leicht von Säuren unter Bildung grüner N.-Salze angegriffen. Feinverteiltes N. kann sich pyrophor verhalten. Je 100 g N. können 500–800 ml Kohlenoxid aufnehmen, feinverteiltes N. bei höheren Temperaturen beträchtliche Mengen Wasserstoff (Verwendung als Hydrierungskatalysator). Gegen schmelzende Alkalihydroxide ist es bis fast 400 °C beständig (N.-Tiegel im chem. Laboratorium). Eisenmeteorite enthalten durchschnittlich 8–9% elementares N., ein Wert, der auch für das Material des Erdkerns angenommen wird. In der Erdrinde sind nur 0,008 Gewichts-% N. enthalten. Wichtige N.-Erze sind u. a. der **Nickelmagnetkies,** der **Garnierit,** der **Pentlandit,** der **Nickelin.**

Darstellung. Die Darstellungverfahren für N. hängen von der Art der Erze ab. So wird Garnierit mit Gips und Kohle verschmolzen, wobei ziemlich reines N.-Sulfid entsteht, das nach Röstung (Umwandlung in NiO) zu lokkerem Rohnickel reduziert wird. Bei Kiesen sind kompliziertere Anreicherungs- und Umschmelzungsverfahren notwendig. Das Rohnickel kann elektrolytisch oder über N.-Tetracarbonyl in Reinnickel von 99% **(Elektrolyt-N.)** oder 99,99% **(Carbonyl-N.)** übergeführt werden.

Verwendung. Die Hauptmenge des N. dient der Stahlveredelung (sehr zäher **Nickelstahl,** korrosionsfeste, nichtrostende **Chromnickelstähle),** ferner als Bestandteil der →Nickellegierungen. In best. Polymerisationsprozessen spielen nickelorgan. Verbindungen eine bed. Rolle. Ferner wird N. zur Herstellung von Batterien und Keramikwerkstoffen, zur Beschichtung von Stahlbändern und zur Vernickelung verwendet. Über die physiolog. Bedeutung des N. ist noch wenig bekannt.

A. F. CRONSTEDT entdeckte 1751 das metall. N. Als Legierungsbestandteil war es wahrscheinlich schon früher in China bekannt. Die stahlveredelnden Eigenschaften des N. wurden 1870 entdeckt.

Nickelate, früher **Niccolate,** Salze der Sauerstoffsäuren von Nickel; z. B. Na_2NiO_2 = Natrium-N.

Nickel-Cadmium-Akkumulator, Sekundärzelle zur Energiespeicherung, →Akkumulator 1).

Nickel|eisen, NiFe, Eisenerz mit unterschiedlich hohen Nickelanteilen, tritt v. a. in →Meteoriten auf; tellur. Eisen enthält mit wenigen Ausnahmen nur geringe Nickelanteile.

Nickel-Eisen-Akkumulator, Sekundärzelle zur Energiespeicherung, →Akkumulator 1).

Nickel-Eisen-Kern, →Erde.

Nickelgelb, Nickelgrün, →Nickelpigmente.

Nickelin *der,* **Rotnickelkies, Kupfernickel,** Mineral, NiAs, metallglänzend, kupferrosa, dunkel anlaufend, oft Überzug von Nickelblüte, H. 5,5, D. 7,8; selten Kristalle, meist derb oder traubig-nierig, oft in erhebl. Massen als Nickelerz; Vorkommen auf hydrothermalen Gängen, selten als magmat. Ausscheidung.

Nickel|legierungen mit mehr als 90% Nickel und Gehalten an Kobalt, Silicium, Mangan u. a. Zusätzen werden zur Herstellung von Federn, Thermoelementen und Zündkerzenelektroden, mit 83–97% Nickel und Zusätzen an Silicium, Kupfer, Eisen und Mangan im chem. Apparatebau verwendet. **Nickel-Kupfer-Legierungen** mit 57–70% Nickel, 25–40% Kupfer und Mangan, Eisen und Silicium sind sehr korrosionsbeständig. **Nickel-Chrom-Legierungen,** die 54–80% Nickel, 10–30% Chrom und bis zu 15% Aluminium, Eisen, Kobalt, Molybdän, Wolfram, Titan u. a. enthalten, sind hitzebeständige Knet- und Gußlegierungen, die im Ofenbau, Triebwerksbau, Apparatebau und in Dampfturbinen verwendet werden. **Nickel-Kobalt-Legierungen** mit 40–60% Nickel, 15–30% Kobalt und 10–20% Chrom gehören zu den →Superlegierungen. Ähnliche Zusammensetzungen weisen viele Magnetlegierungen auf.

Nickelmagnetkies, wichtige Erzkombination der Minerale Pentlandit, Pyrrhotin und Chalkopyrit. N.-Lagerstätten sind Hauptlieferanten für Nickel; sie sind an gabbroide Tiefengesteine gebunden (z. B. Sudbury).

Nickelpigmente, anorgan. Nickelsalzpigmente. **Nickeltitangelb,** wichtiges Pigment für Fassadenanstriche, Lacke und Kunststoffe; wird thermisch aus Titandioxid, Nickel- und Antimonsalzen hergestellt. **Nickelgelb** wird durch Glühen von Nickel(II)-phosphat erhalten; früher u. a. für Malerei, Tapeten verwendet. **Nickelgrün** ist ein Gemisch aus Nickeloxiden und -hydroxiden.

Nickelverbindungen, Stoffe, die Nickel meist in zweiwertiger Form enthalten, doch kommen alle Oxidationszahlen von −1 bis +4 vor. **Nickel(II)-oxid,** NiO, entsteht beim Glühen vieler Nickelsalze als grünliches, wasserunlösl. Pulver, das zum Färben von Glasuren und Email verwendet wird. Reduktion durch Wasserstoff bei 200 °C führt zu einem feinverteilten Nickel, das als Katalysator für die → Hydrierung organ. Verbindungen verwendet wird. **Nickel(II)-hydroxid,** $Ni(OH)_2$, fällt aus Nickelsalzlösungen als grüner, voluminöser Niederschlag aus. Bei der Behandlung mit starken Oxidationsmitteln geht es in **Nickel(III)-metahydroxid,** NiO(OH), oder **Nickel(IV)-oxidhydrat,** $NiO_2 \cdot x\ H_2O$, über. **Nickel(II)-chlorid,** kristalliert aus wäßriger Lösung als grünes **Hexahydrat,** $NiCl_2 \cdot 6\ H_2O$, aus. Im Chlorwasserstoffstrom geht es in das wasserfreie, gelbe $NiCl_2$ über. Dieses dient wie das grüne **Nickel(II)-cyamid,** $Ni(CN)_2$, zum Vernickeln. **Nikkel(II)-sulfat** liegt meist als grünes bis blaues Hexahydrat $NiSO_4 \cdot 6\ H_2O$ vor, bildet aber auch ein grünes Heptahydrat, $NiSO_4 \cdot 7\ H_2O$. Es wird für Schmuck, in der Email- und chem. Industrie sowie in der Galvanotechnik verwendet. In flüssigem Ammoniak entsteht aus **Kaliumtetracyanoniccolat(II),** $K_2[Ni(CN)_4]$, mit elementarem Kalium kupferrotes $K_4[Ni(CN)_4]$, in dem Nickel nullwertig ist. **Nickelcarbonat,** $NiCO_3$, wird aus Nickelsalzlösungen durch lösl. Carbonate ausgefällt und wird zum Galvanisieren, als Katalysator und für keram. Farben und Glasuren verwendet. **Nickel(II)-sulfid,** NiS, entsteht als schwarzer, unlösl. Niederschlag mit Schwefelwasserstoff. **Nickeltetracarbonyl,** $Ni(CO)_4$, ist eine farblose, wasserunlösl. Flüssigkeit vom Siede-P. 43 °C. Es dient zur Darstellung von reinem → Nickel. In der chem. Analyse wird das leuchtend rote **Nickeldimethylglyoxim** zur Nikkelbestimmung benutzt. Eine dem Ferrocen (→ Eisenverbindungen) ähnl. Verbindung ist das **Nickelocen,** $Ni(C_6H_5)_2$. Nickelorgan. Verbindungen haben wegen der Austauschbarkeit der Liganden Bedeutung als Katalysatoren.

Nicken, 1) Kfz: Drehbewegung des Fahrzeugs um eine horizontale, senkrecht zur Fahrtrichtung liegende Achse. Beim Bremsen und Beschleunigen ändert die Massenkraft im Schwerpunkt die Lastverteilung, dadurch auch die Federdurchbiegung; gleiche Wirkung ist auch infolge der Reaktion des Brems- oder Treibmomentes möglich **(Anfahr-N., Brems-N.)**.

2) Drehung eines Luftfahrzeuges um seine Querachse (→ Flugmechanik).

Nicol *das,* **Nicolsches Prisma** [n. dem schott. Physiker W. Nicol, * um 1768, † 1851], opt. Polarisator zur Erzeugung von linear polarisiertem Licht aus einem längl. Spaltstück von Kalkspat mit schrägen Endflächen, das zerschnitten und in der urspr. Lage mit Kanadabalsam wieder zusammengekittet wird; der ordentl. Strahl (→ Doppelbrechung) wird an der Kittfläche total reflektiert und an der Fassung absorbiert, der außerordentl. Strahl geht nahezu unabgelenkt durch den Kristall (BILD). Verbesserte Ausführungen sind das → Glan-Thompson-Prisma und das Ahrens-Prisma, deren Endflächen senkrecht zur Strahlenrichtung geschliffen sind, wodurch eine seitl. Versetzung des durchgehenden Strahls nahezu vermieden wird.

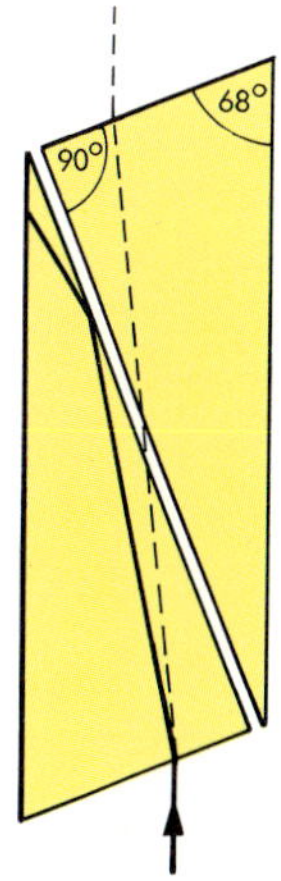

Nicol: ——— ordentlicher, - - - - außerordentlicher Strahl

Nicotin [n. dem frz. Diplomaten J. Nicot, * 1530, † 1600], Hauptvertreter der Nicotiana- oder Tabakalkaloide. N. ist in allen Teilen der Tabakpflanze als Salz enthalten. Chemisch ist N. ein Pyridin, das in β-Stellung einen Pyrrolidyl-Rest mit einer N-Methylgruppe trägt. Es zeigt vielseitige physiolog. Wirkungen, die aber auf Grund ihrer Toxizität kaum genützt werden. Bereits 50–100 mg N. führen zum Tod durch Atemlähmung (wird beim Rauchen nicht erreicht, da N. im Körper sehr schnell abgebaut wird). – Der Einsatz von N. als Insektizid in der Landwirtschaft und im Gartenbau spielt heute praktisch keine Rolle mehr.

Nicotinamid-adenin-dinucleotid(-Phosphat), Abk. **NAD(P)$^+$,** Coenzym, das bei enzymat. Hydrierungen (Reduktionen) und Dehydrierungen (Oxidationen) als Wasserstoffüberträger fungiert. NAD(P)$^+$ ist das Coenzym von mehr als 50 Dehydrogenasen und Reduktasen. Es werden Vorstufen von Gärungsprodukten und die Atmungskette bevorzugt.

Nicotinsäure, das → Niacin.

Niederdruckkraftwerk, ein → Wasserkraftwerk mit einer Nutzfallhöhe zw. 4 und 20 m.

Niederdruckpreßverfahren, Kunststofftechnik: Verfahren zum Herstellen von meist flächigen Formteilen oder Halbzeug mit niedrigen Drücken (meist unter 10 bar) aus härtbaren, armierten Reaktionsharzmassen. Man verarbeitet im N. v. a. glasfaserverstärkte ungesättigte Polyesterharze, aber auch Massen mit anderen Bindemitteln (z. B. Epoxidharz) oder Armierungen (z. B. Sisal). Beim **Handauflegeverfahren** werden Glasfasermatten oder -gewebe zugeschnitten, in die offene Form gelegt und mit Flüssigharz getränkt; andere Verfahren arbeiten mit ein- oder mehrteiligen Formen, mit Vakuum oder Überdruck. Beim **Faserspritzen** werden geschnittene Glasseide und Harz gleichzeitig in die offene Form gespritzt, bis die volle Wanddicke erreicht ist; als Harzträger dienen auch separat gefertigte **Vorformlinge.** Im **Wickelverfahren** erzeugt man z. B. Behälter und Rohre. Zum Fertigen von endlosen Profilen und Platten (z. B. Wellplatten) gibt es kontinuierlich arbeitende Anlagen.

Niederfrequenz, Abk. **NF,** i. a. der Tonfrequenzbereich von etwa 16 Hz–20 kHz, eine allgemeingültige Abgrenzung gibt es jedoch nicht.

Niederschacht|ofen, ein dem Hochofen nachgebildeter kleinerer Ofen von etwa 10 m Nutzhöhe zur Gewinnung von Roheisen; wird auch elektrisch betrieben, dabei geringe Wärmeverluste.

Niederschlag, 1) Chemie: i. a. feinverteilte, auch flockige, feste Substanz, die sich im Lauf einer chem. Reaktion gebildet hat. In der → Gewichtsanalyse wird der N. zur quantitativen Bestimmung eines Stoffes herangezogen. Thermodynam. Voraussetzung zur Bildung eines N. ist das Überschreiten des → Löslichkeitsproduktes.

2) Meteorologie: Bez. für → Hydrometeore, die in der freien Atmosphäre, meist in → Wolken, entstehen und bis zum Boden herabfallen. Dazu müssen die einzelnen Elemente eine best. Größe überschreiten, wie es bei **Regen,**

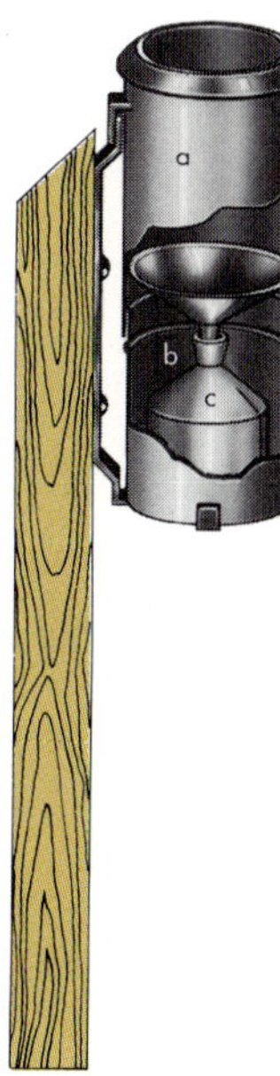

Niederschlag 2)

Niederschlag 2): Niederschlagsmesser (nach Hellmann), Durchmesser 160 mm; a Auffanggefäß, b Unterteil, c Sammelkanne

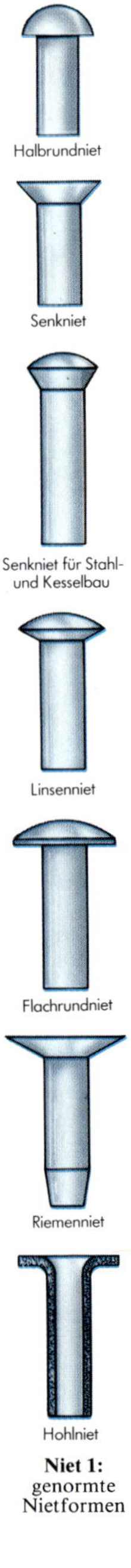

Niet 1: genormte Nietformen

Niesel, Schnee, Griesel, Hagel, Eiskörnchen oder **Graupeln** der Fall ist, damit sie nicht unterhalb der Wolke vollständig wieder verdunsten. Durch Kondensation allein wird dieser Grenzwert kaum erreicht. Dazu müssen erst Tropfen sehr unterschiedlichen Durchmessers auftreten, wobei die großen durch ihre höhere Fallgeschwindigkeit auf die kleinen unter ihnen treffen und diese dabei u. U. einfangen. Dieser Vorgang **(Koaleszenz)** ergibt unter den klimat. Verhältnissen mittlerer und höherer Breiten nur geringe Niederschlagsintensität. Für größere Ergiebigkeit ist es hier notwendig, daß Flüssigwasser und Eis gleichzeitig in einer Wolke vorhanden sind. Wegen des höheren Sättigungsdampfdruckes über Wasser und der somit geringeren relativen Feuchte (z. B. bei – 10 °C und 2,9 mbar Dampfdruck: 100% relative Feuchte über Wasser, 110% über Eis) wachsen die Eisteilchen rasch auf Kosten der Tröpfchen, bis sie die nötige Größe haben. Wenn heftige Aufwinde (wie in den Quellwolken der Tropen) größere Tropfen längere Zeit in der Schwebe halten und kleinere gegen sie blasen, kann auch ohne Eisphase durch Koaleszenz allein eine für einen Schauer genügende Zahl großer Tropfen entstehen. Wenn sie vor dem Ausfallen durch Turbulenz zerrissen werden und darauf erneut in genannter Weise anwachsen, wird der Effekt noch verstärkt. – **Künstl. Erzeugung** von N. ist möglich, wenn man bei fehlenden Eisteilchen an ihre Stelle Silberjodid oder Kohlensäureschnee in unterkühlte Wolken einbringt.

N. ist zeitlich wie räumlich sehr variabel. Im Gebirge nimmt er mit der Höhe zu, in den Tropen nur bis etwa 2 000 m Höhe, darüber wieder leicht ab. Jahres-N. erreichen 11–13 m im Luv trop. Gebirge (auf Hawaii, in Assam/Indien), während in Wüstengebieten oft jahrelang kein N. fällt. Das weltweite Mittel wird auf 1 000 mm geschätzt. Gemessen wird der N. in einem zylindr. Auffanggefäß, aus dem er zum Schutz vor Verdunstung in eine Kanne geleitet wird **(Niederschlagsmesser).** Maß ist die Höhe in mm, die das N.-Wasser hätte, wenn die Boden- gleich der Auffangfläche wäre. Dabei entspricht 1 mm 1 Liter je m². Fester N. wird vor dem Messen geschmolzen. In entlegenen Gebieten werden **Niederschlagssammler (Totalisatoren)** aufgestellt, die jährlich abgelesen werden. **Distrometer** und **Ombrometer** erfassen elektronisch Zahl und Größe der Tropfen, die je Zeiteinheit auf eine Fläche treffen.

Für Umweltfragen sind nicht nur Häufigkeit und Intensität des N. von Bedeutung, sondern auch seine chem. Zusammensetzung. Sie wird durch die stets in der Luft befindlichen Gase und Salze bestimmt, die teils von fallenden Regentropfen unter der Wolke eingefangen werden **(Washout** [w'ɔʃaut]), teils in Wolkentröpfchen gelöst durch den aus ihnen entstandenen N. zum Boden gelangen **(Rainout** [r'eɪnaut]). Es werden im Mittel etwa 10 mg Substanz je Liter Wasser gelöst, was durch das Überwiegen von Anionen zu einer Ansäuerung des N. führt ($p_H \sim 5$). In stark belasteter Atmosphäre kann die Konzentration auf mehr als das Zehnfache ansteigen und der p_H-Wert unter 3 absinken. Große Bedeutung hat die Entstehung von Kohlensäure aus Kohlendioxid und Wasser, die zur Gesteinsverwitterung und zur Bodenbildung führt. Zur Gefahr wird es, wenn die Konzentrationen weit über das natürl. Maß ansteigen, wie es seit mehreren Jahren bei Schwefel- und Salpetersäure in einzelnen Gegenden der Fall ist **(saurer Regen).** Sie entstehen im N. durch Schwefel- und Stickstoffdioxide, die durch Verbrennungsprozesse in die Luft gelangen. Dabei ist die Schwefelsäurebildung im Schnee bes. intensiv.

3) → radioaktiver Niederschlag.

Niederschlagsgebiet, früher definiert als das durch eine oberirdische Wasserscheide begrenzte → Einzugsgebiet; heißt heute **oberirdisches Einzugsgebiet.** Unter N. versteht man heute das von einem best. Niederschlagsereignis betroffene Gebiet, in der Horizontalprojektion gemessen.

Niederschlagsverfahren, Metallgewinnungsverfahren, bei dem sulfid. Blei-, Wismut- oder Antimonerze mit Eisen verhüttet werden, wobei das unedlere Eisen den Schwefel bindet.

Niederspannung, Spannungen unter 1 000 V. Üblich sind für die allg. Stromversorgung mit Drehstrom 380/220 V; dabei ist 380 V die verkettete Spannung und 220 V die Sternspannung, d. h. die Spannung gegen den Nulleiter. In Haushaltungen dürfen keine höheren Spannungen als 250 V verwendet werden. In Industrienetzen werden mitunter auch 500 V verwendet.

Niedrigwasser, der niedrigste Wasserstand von Gewässern innerhalb eines bestimmten Zeitraums. Am Meer ist N. oder **Tide-N.** bei Ebbe der Tiefststand der tägl. Gezeitenwellen (→ Gezeiten).

Nielsbohrium [n. dem dän. Physiker Niels Bohr, * 1885, † 1962], von sowjet. Forschern vorgeschlagene Bez. für das chem. Element 105; → Unnilpentium.

Nierenmikrophon, Kardioidmikrophon, Mikrophon mit nierenförmiger Richtcharakteristik, das nur von vorne einfallenden Schall aufnimmt.

Nieseln, Sprühregen, feintropfiger → Niederschlag 2).

Niet *der,* massiver oder hohler zylindr. Bolzen aus Stahl, Kupfer, Aluminium zur nichtlösbaren mechan. Verbindung dünnwandiger Werkstücke (Bleche). Der mit einem Kopf **(Setzkopf)** versehene Schaft des N. wird durch die Löcher der übereinanderliegenden Werkstücke gesteckt und durch Schlageinwirkung (durch einen **Döpper, Schellhammer, Kopfmacher)** in einem Gegenhalter plastisch verformt. Dabei entsteht ein zweiter Kopf **(Schließkopf).** Gleichzeitig füllt der Nietschaft durch Stauchung die zunächst etwas größeren Löcher der zu verbindenden Teile vollständig aus. I. a. erfolgt die Nietung im kalten Zustand der N. **(Kaltnietung).** Stahl-N. mit Schaftdurchmessern über 10 mm werden auf Temperaturen von etwa 1 000 °C erwärmt und dann verarbeitet **(Warmnietung),** um die Verformungsarbeit herabzusetzen und die bei Abkühlung infolge von Schrumpfung entstehenden Preßkräfte zur Erlangung einer Reibschlußverbindung auszunutzen.

Nietgeräte und **-maschinen** sind festgelegt durch das Nietverfahren, welches abhängt von Werkstoff, Warm- oder Kaltnietung, Durchmesser, Länge, Kopfform (Halbrund-, Flachrund-, Linsen-, Senk-N. u. a.) und insbes. der Zugänglichkeit. Hinsichtlich der Verfahren unterscheidet man Handhammer-, Nietzangen- und Nietpressennietung. Sonderverfahren sind Rohr-, Hohl-, Blind-, Riemen-, Spreng- und Thermonietung. (Weiteres BILD S. 9)

Mechan. Verbindungselemente. DIN Tb. 43 ([4]1980).

Nife, Kurzbez. für die Materie des Erdkerns (→ Erde), von der man annimmt, daß sie im wesentlichen aus Ni (Nickel) und Fe (Eisen) besteht.

Nigrin, Mineral, eisenschwarzer → Rutil.

Nigrosine, Gruppe von grauen bis schwarzen → Azinfarbstoffen. Die sulfierten wasserlösl. N. werden im Seidendruck verwendet, die unsulfierten bas. sprit- und fettlösl. für das Färben von Schreibmaschinenbändern, Schuhcremes u. a.

Nilblau, Oxazinfarbstoff, in der Mikroskopie, Bakteriologie und Lasertechnik verwendet.

nilpotent, 1) Ein Element a eines Ringes heißt n., wenn es eine natürl. Zahl m gibt, so daß $a^m = 0$ ist; z. B.: $a = \begin{pmatrix}0&1\\0&0\end{pmatrix}$ im zweireihigen Matrizenring über $\mathbb{R}$: $a^2 = 0$. – 2) Ein (Rechts- oder Links-)Ideal I eines Ringes heißt n., wenn es eine natürl. Zahl k gibt, so daß I^k das Nullideal $\{0\}$ ist ($I^k := \{a_1 \cdot a_2 \cdot \ldots \cdot a_k | a_j \in I\}$. – 3) Eine Gruppe G heißt n., wenn sie eine absteigende → Zentralreihe mit letztem Element e (Einselement) besitzt.

Nimbo|stratus, Wolkengattung, → Wolken.

Ninhydrin, 1,2,3-Indantrionhydrat, Nachweisreagens für Aminosäuren und Eiweißstoffe, die beim Kochen mit N.-Lösung Blaufärbung ergeben **(N.-Reaktion).**

Niob, Niobium, chem. Symbol **Nb,** seltenes → chemisches Element aus der 5. Nebengruppe des → Periodensystems, das in der Natur meist zus. mit Tantal vorkommt. Ordnungszahl 41. Von den mehr als 20 Isotopen ist nur das natürlich vorkommende Isotop ^{93}Nb stabil. N. ist ein metallisch-hellgrau glänzendes, hartes, schmied- und walzbares Metall. In der Natur kommt N. als Mineral → Columbit, vor. Das Metall wird durch Reduktion des Oxids mit Aluminium oder Kohlenstoff, durch Reduktion von **Kaliumfluoroniobat** (K_2NbOF_5) mit Natrium oder durch Schmelzelektrolyse gewonnen. Die schwierige Trennung von Tantal gelingt durch fraktionierte Kristallisation oder Lösungsmittelextraktion (→ Extraktion).

N. wird in Kernreaktoren und für Legierungen mit sehr hoher Verschleiß- und Korrosionsfestigkeit verwendet. In seinen Verbindungen hat N. die Oxidationsstufen +2 bis +5, letztere ist die beständigste. Das weiße **Niob(V) oxid,** Nb_2O_5, bildet mit starken Basen **Niobate,** die in wäßrigen Lösungen als Polyanionen (→ Polysäuren) vorliegen. Das weiße **Niobpentafluorid,** NbF_5, siedet bei 235 °C, **Niobcarbid,** NbC, ist sehr hart und wird zur Herstellung von → Hartmetallen verwendet. **Niobnitrit,** NbN, wird ebenso wie N.-Metall bei tiefer Temperatur supraleitend.

N. wurde 1801 von C. HATCHETT entdeckt, der es **Columbium,** Cb, nannte. Dieser Name war im engl. und frz. Sprachbereich üblich. Der von H. ROSE 1844 vorgeschlagene Name N. ist seit 1949 allgemein gültig.

Niobit, wichtiges Nioberz, → Columbit.

Nioblegierungen mit mehr als 50% Niob werden als hochwarmfeste Legierungen, z. B. im Reaktorbau, eingesetzt. In geringen Gehalten tritt Niob auch in zahlreichen anderen Legierungen, bes. in Stählen, auf.

Nipkow-Scheibe [n'ɪpko-, n. dem dt. Ingenieur P. Nipkow, * 1860, † 1940], mit spiralförmig angeordneten Löchern versehene Scheibe, die zur Bildzerlegung und -zusammensetzung beim Fernsehen bis 1938 benutzt wurde.

Nippel, Überwurf- oder Rohrstück mit Gewinde zur Befestigung oder Verbindung von Teilen. Ein **Schmier-N.** mit Kugelrückschlagventil schließt eine Schmierstelle ab.

Nipptiden, → Gezeiten des Meeres.

NIR, Abk. für **nahes Infrarot** (→ Infrarotstrahlung).

Nitinol, Abk. für **Nickel-Titanium-Naval-Ordnance-Laboratory** [nɪkl taɪt'eɪnjəm neɪvl 'ɔ:dnəns ləb'ɔ:rətərɪ], Nickel-Titan-Legierung mit ›Erinnerungsvermögen‹ (→ Memory-Metall).

Niton, veraltete, in der englischsprachigen Lit. noch verwendete Bez. für → Radon.

nitr..., nitro..., kennzeichnender Wortstamm in den Namen von → Stickstoffverbindungen, z. B. Nitrate, Nitride, Nitrite, → Nitroverbindungen.

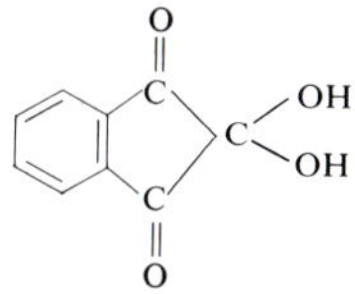

Ninhydrin

Nitrat|assimilation, Biochemie: wichtiger Stoffwechselprozeß, insbes. bei höheren Pflanzen, aber auch bei Algen, Pilzen und Bakterien. Hierbei wird Nitrat in zwei Schritten durch eine **Nitrat-** und eine **Nitrit-Reduktase** zu Ammoniak reduziert, der von Ketoglutarsäure und Glutaminsäure gebunden und den Stickstoff erfordernden Stoffwechselvorgängen zugeführt wird.

Nitrate, Salze und Ester der → Salpetersäure (HNO_3).

Nitrat-Reduktase, → Nitratassimilation.

Nitride, Verbindungen des Stickstoffs mit elektropositiven Elementen (meist Metallen). Man unterscheidet salzartige, diamantartige und metallische N.

Nitrieren, Metallkunde: Verfahren zum → Härten **(Nitrierhärtung)** von Stahl, der dazu in stickstoffabgebenden gasförmigen, flüssigen oder festen Medien geglüht wird (→ Ionitrieren).

Nitriersäure, Gemisch aus konzentrierter Salpeter- und konzentrierter Schwefelsäure von wechselnder Zusammensetzung zum Nitrieren (→ Nitrierung) organ. Stoffe. Verwendung v. a. in der Sprengstoffindustrie.

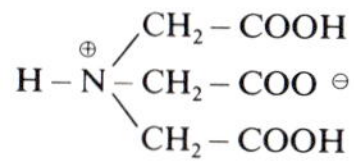

Nitrilotriessigsäure

Nitrierung, Einführung einer NO_2-Gruppe in organ. Verbindungen. Dabei kann unter Substitution eines H-Atoms eine Nitroverbindung oder unter Veresterung ein Nitrat gebildet werden. Zur N. von Alkanen werden Salpetersäure oder Stickstoffoxide verwendet. Aromaten (→ Nitrobenzol), Cellulose u. a. werden mit Nitriersäure oder Mischsäure (Mischung von Salpetersäure, Schwefelsäure und Wasser) nitriert.

Nitrifikation, Oxidation des durch Zersetzung von stickstoffhaltigen biolog. Stoffen gebildeten Ammoniaks über Nitrit zu Nitrat durch im Boden und im Wasser lebende Bakterien. Die N. spielt im natürl. Stickstoffkreislauf eine große Rolle. (→ Denitrifizierung)

Nitrifikations|inhibitoren, Stoffe, die die Nitrifikation im Boden verzögern und damit Nitratauswaschungen ins Grundwasser und hohe Nitratgehalte in Pflanzen verhindern. Verwendet wird z. B. Dicyandiamid.

Nitrile, organ. Verbindungen der allg. Formel $R-C\equiv N$, die als Ester der Blausäure aufgefaßt werden können. Die Namen werden mit der Vorsilbe **Cyan-** oder der Nachsilbe **-cyanid** gebildet oder – gebräuchlicher – von der Säure abgeleitet, bei deren Hydrolyse das betreffende N. entsteht, z. B. → Acetonitril (von Acidum aceticum) CH_3-CN, Cyanmethan oder Methylcyanid. Bedeutung haben u. a. → Acrylnitril und → Adiponitril. (→ Cyansäure)

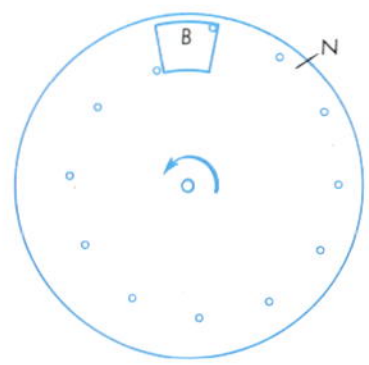

Nipkow-Scheibe (N)

Nipkow-Scheibe (N): Die Scheibe dreht sich im Sinn des Pfeiles, wobei der jeweils durch ein Loch auf das Bild B fallende Lichtstrahl dieses zeilenweise abtastet

Nitrilotri|essigsäure, Abk. **NTA,** Aminopolycarbonsäure, die mit Metallionen → Chelate bildet. N. dient in einigen Fällen als Ersatz für Waschmittelphosphate.

Nitrite, Salze und Ester der salpetrigen Säure (HNO_2; → Stickstoffverbindungen). **Nitrit** ist im Handel bes. das im **N.-Pökelsalz** enthaltene **Natriumnitrit,** $NaNO_2$, das dem Fleisch eine bleibende rote Farbe verleiht.

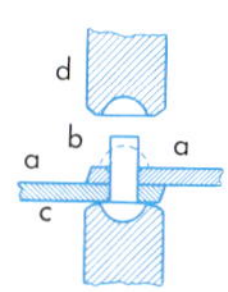

Niet 2:

Niet 2: Herstellung einer Nietverbindung, a zu verbindende Bleche, b Niet, c Gegenhalter, d Schellhammer (Nietdöpper)

Nitroalkane

CH_3-NO_2

Nitromethan

$CH_3-(CH_2)_2-NO_2$

1-Nitropropan

Nitrit-Reduktase, → Nitratassimilation.

Nitro|alkane, organ. Verbindungen, in denen eine Nitrogruppe mit dem C-Atom eines Alkans verknüpft ist. **Nitromethan** und **Nitropropane** haben Bedeutung für chem. Synthesen und als Lösemittel. Nitromethan dient als Treibstoff für Versuchsmotoren und zus. mit Aminen als Sprengstoff.

Nitrobenzol, gelbliche, stark lichtbrechende Flüssigkeit, die durch → Nitrierung von Benzol mit Mischsäure bei 60–70 °C hergestellt wird:

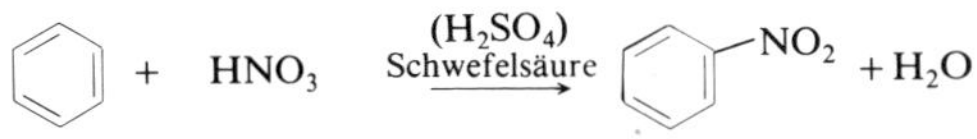

Benzol Salpetersäure Nitrobenzol Wasser

N. wird zu über 95% zu Anilin weiterverarbeitet.

Nitrofarbstoffe

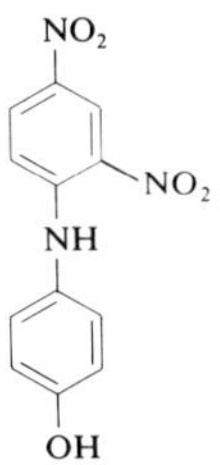

gelber Dispersionsfarbstoff

Nitrocalcit *der,* **Kalksalpeter,** das Mineral $Ca[NO_3]_2 \cdot 4\ H_2O$; weiße oder graue Ausblühungen in Kalksteinhöhlen (›Mauersalz‹).

Nitrocellulose, besser **Cellulosenitrate,** als Pulver oder in flockiger Form vorliegende Salpetersäureester der Cellulose, die durch → Nitrierung von Baumwoll-Linters oder Zellstoff mit Nitriersäure hergestellt werden. Nach dem Abzentrifugieren der überschüssigen Säure wird das Produkt mit Wasser gewaschen und im Autoklaven gekocht. N. wird mit unterschiedlichem Veresterungsgrad (Stickstoffgehalt) und Polymerisationsgrad der Cellulose (unterschiedliche Viskosität) hergestellt. Trockene N. verpufft beim Erhitzen. Sie ist reib- und schlagempfindlich. N. wird bis zu 12,6% Stickstoff als **Collodiumwolle,** ab 13% Stickstoff als **Schießwolle** bezeichnet. Als Bindemittel für Lacke und zur Herstellung von Celluloid dient Collodiumwolle. Für Explosivstoffe **(Pulverwolle)** werden Schießwolle und Pulvercollodiumwolle (für Sprenggelatine) verwendet.

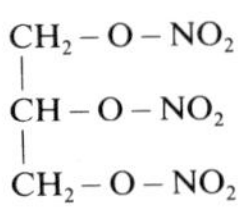

Nitroglycerin

Nitrofarbstoffe, Bez. für → Farbstoffe, in deren Molekülen Nitrogruppen und elektronenliefernde Gruppen (z. B. $-OH$, $-NH_2$, $-NH-R$) über ein aromatisches Ringsystem miteinander verbunden sind.

Nitrogenase, Biochemie: in freilebenden aeroben, anaeroben und phototrophen Bakterien, Blaualgen und symbiontischen Wurzelknollen-Bakterien vorkommendes Enzym, das die Stickstoff-Fixierung ermöglicht, wobei elementarer Stickstoff zu Ammoniak reduziert wird und in den biolog. Stickstoff-Kreislauf der Organismen einfließt.

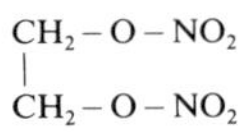

Nitroglykol

Nitroglycerin, besser **Glycerintrinitrat,** gelbliche, ölige Flüssigkeit mit einem Erstarrungspunkt von + 13 °C, die durch Nitrierung von Glycerin mit Mischsäure hergestellt wird. N. explodiert bei Schlag oder Stoß. Es darf deshalb nur in Mischungen mit pulverisierten Stoffen oder in Lösungen bis zu einem Gehalt von 5% transportiert werden. N. ist Bestandteil von Explosivstoffen (z. B. Sprenggelatine). In der Medizin wird N. gegen Angina pectoris verwendet.

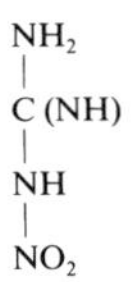

Nitroguanidin

Nitroglykol, besser **Glykoldinitrat,** ölige, bei Schlag leicht explodierende Flüssigkeit, die wegen ihres niedrigen Erstarrungspunktes (– 22 °C) heute häufig statt Nitroglycerin als Bestandteil von gewerblichen Sprengstoffen (→Ammon-Gelite) verwendet wird.

Nitrosamine

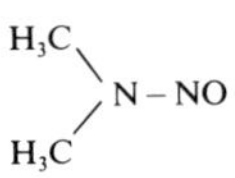

Dimethylnitrosamin

Nitroguanidin, weißes, kristallines Salz, das in zwei Modifikationen auftritt. N. ist ein Sprengstoff, der gegen mechan. Einwirkung sehr unempfindlich ist.

Nitrokalit *der,* **Kali|salpeter,** Mineral KNO_3, farblos, weiß, grau; kommt natürlich in nadel- und haarförmigen Aggregaten oder körnigen Krusten sowie als wasserlösl. Bodenausblühung in Kalkhöhlen vor.

Nitrolacke, Bez. für → Lacke mit Nitrocellulose als wesentlichem Bindemittelanteil.

Nitrometer, das →Azotometer.

Nitromethan, → Nitroalkane.

Nitronatrit, Mineral, der → Chilesalpeter.

Nitropenta, Penta|erythrit|tetra|nitrat, brisanter → Explosivstoff, der durch Veresterung von Pentaerythrit mit Salpetersäure hergestellt und für Sprengkapselfüllungen und Sprengschnüre verwendet wird.

Nitropenta

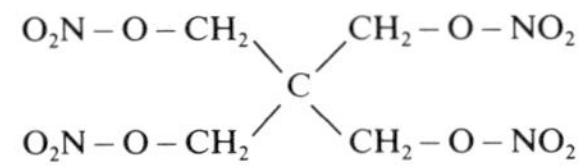

Nitrophosphate, gebräuchliche, aber unspezif. Bez. für NP-Düngemittel und → NPK-Düngemittel.

Nitropropan, → Nitroalkane.

Nitros|amine, organ. Verbindungen mit der Atomgruppierung $>N-NO$ **(N-Nitrosoverbindungen),** die durch Reaktion von sekundären Aminen mit Nitrit entstehen. 80% der bekannten N. wirken im Tierversuch krebserzeugend. **Dimethyl-N.** wurde in Konzentrationen von 50 bis 100 µg/kg in nitritbehandelten Fleischwaren (Schinken, Wurst) und Bier gefunden. N. können sich auch im Körper aus Nitraten (aus Trinkwasser, Gemüse) bilden.

nitrose Gase, Trivialname für das giftige Gemisch aus Luft und Stickoxiden (v. a.: $NO + NO_2 \rightleftharpoons N_2O_3$), das bei der Schwefel- und Salpetersäure-Herstellung auftritt und als unerwünschte Emissionen zur Luftverunreinigung beiträgt (›gelbbraune Schornsteinfahne‹).

nitrose Säure, Nitrose, → Schwefelsäure.

Nitrosierung, Einführung der Nitrosogruppe $-N=O$ in organ. Verbindungen. Als N.-Mittel wird häufig salpetrige Säure HNO_2, deren Ester und Stickstofftrioxid N_2O_3 verwendet.

Nitrosoverbindungen, organische Verbindungen, in denen die Nitrosogruppe $-NO$ an C- oder N-Atome gebunden ist (z. B. → Nitrosamine).

Nitrosyl . . ., Bez. für die Atomgruppierung $-NO$ als Kation oder Ligand in Komplexverbindungen.

Nitroverbindungen, organ. Verbindungen, in denen die Nitrogruppe $-NO_2$ an ein C- oder N-Atom gebunden ist, z. B. Nitromethan, Nitropropan (→ Nitroalkane), → Nitrobenzol, → Pikrinsäure, → Trinitrotoluol. Nitroglycerin und Nitrocellulose sind keine N.

nitscheln, Spinnerei: Vliesstreifen mit einem **Nitschelwerk (Frottier-, Würgelapparat)** zu Vorgarn verdichten, verfestigen und runden mit Hilfe einer changierenden Bewegung zw. Laufflächen **(Nitschelhosen).**

nival, den Schnee betreffend. Bereiche, in denen der Niederschlag überwiegend oder ganz in Form von Schnee fällt, sind **nivale Gebiete. Nivales Klima** herrscht in Polargebieten und im Hochgebirge über der Schneegrenze.

Nivation, nivale Erosion, Abtragung durch Einfressen von Schnee in den Untergrund; führt an Hängen zur Bildung von **Nivationsmulden** und **-nischen,** die sich zu Karen entwickeln können.

Niveau [niv'o, frz.], allg. Bezugslinie; Geowissenschaften: Höhenlage, (Wasser-)Stand (→ Höhenlinien).

Niveaufläche [niv'o-], eine →Äquipotentialfläche, z. B. in der Geophysik die Fläche konstanten Schwerepotentials der Erde. Die N. der Erde bilden ein System stetiger, geschlossener und nichtparalleler Flächen, die von den → Lotlinien senkrecht durchdrungen werden.

Niveauschema [niv'o-], das →Termschema.

Nivellement [nivɛlm'ã, frz.], Meßverfahren zur Bestimmung von Höhenunterschieden im Gelände mit Hilfe eines Nivellierinstruments (**Nivellier,** BILD 1) und zweier i. a. 3 m langer Nivellierlatten mit cm-Einteilung. Hauptbestandteil des Nivelliers ist das um eine senkrechte Achse drehbare Fernrohr, dessen Zielachse mit einer Libelle (**Libellen-N.**) oder einem die Lotrichtung realisierenden Kompensator (**automat. N.**) horizontal gestellt wird. Der Höhenunterschied zw. zwei Punkten *A, B* ergibt sich aus der Differenz *a–b* der Lattenablesungen *a* und *b,* wobei Zielweiten von maximal 30–50 m gewählt werden. Aus der Addition aufeinanderfolgender Differenzen erhält man den Höhenunterschied weiter auseinanderliegender Punkte (BILD 2; Meßfehler im mm- bis cm-Bereich).

Nivellement 2

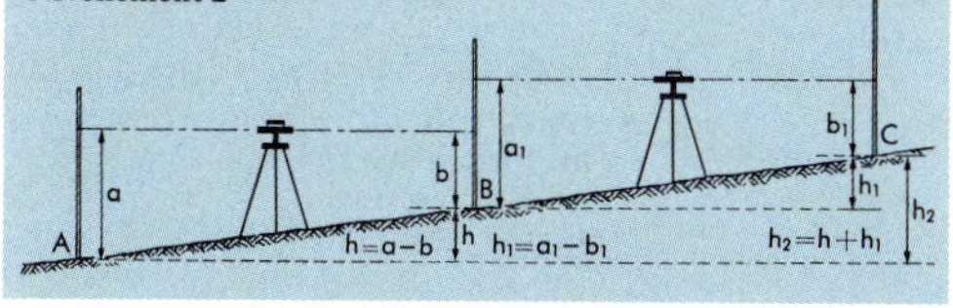

Höhenfestpunkte werden durch **Fein-N.** (Meßgenauigkeit ±0,3–1 mm je km) oder **Ingenieur-N.** (±2–5 mm je km) bestimmt, während **techn. N.** in großem Umfang bei Ingenieurvermessungen u. a. zur flächenhaften Geländeaufnahme oder zur Ermittlung von Längs- und Querprofilen eingesetzt wird.

NK, Einheitenzeichen für →**N**eue **K**erze.

n-Kanal-MOSFET, Elektronik: ein in → MOS-Technologie hergestellter Feldeffekttransistor (→ MOSFET) mit einem n-leitenden Kanal zw. den Anschlüssen ›Source‹ und ›Drain‹. Auf dem p-leitenden Substrat werden n-leitende Inseln erzeugt, die durch einen vom ›Gate‹ steuerbaren n-leitenden Kanal verbunden sind. Die Vorteile gegenüber den zuerst in p-Kanal-Technologie hergestellten MOSFETs liegen wegen der höheren Beweglichkeit von Elektronen gegenüber Löchern im Siliciumkristall in der höheren Arbeitsgeschwindigkeit und einer vergrößerten Integrationsdichte.

Nkw, Abk. für →**N**utz**k**raft**w**agen.

n-Leitung, die Elektronenleitung (→ Halbleiter).

Nm, 1) Einheitenzeichen für →**N**ewton**m**eter.

2) Textiltechnik: Abk. für **Nummer metrisch,** → Garnfeinheit.

Nm³, nicht mehr zulässiges Einheitenzeichen für → Normkubikmeter.

n mile, Einheitenzeichen für →**n**autical **mile.**

NMOS-Technologie, eine → MOS-Technologie zur Herstellung von integrierten Schaltungen (z. B. Mikroprozessoren), die nur MOS-Feldeffekttransistoren mit n-leitendem Kanal verwendet. NMOS-Schaltungen arbeiten schneller als PMOS-Schaltungen, benötigen eine geringere Speisespannung und sind kompatibel zu TTL-Schaltkreisen.

NMP, Abk. für **N-Methylpyrrolidon,** → Methylpyrrolidon.

NMR-Spektroskopie, Abk. für **Nuclear Magnetic Resonance** [nj'u:klɪə mægn'etɪk r'ezənəns, engl.], weniger gebräuchliche Bez. **Magnet. Kernresonanz-(MKR-), Kernmagnet. Resonanz-(KMR-)** oder **Kern-(spin)resonanz-Spektroskopie,** spektroskop. Verfahren zur Strukturaufklärung von meist gelösten organ. und metallorgan. Verbindungen, dem die Erscheinungen der → Kernspinresonanz und → Kerninduktion zugrunde liegen. Da meist Lage, Zahl und Bindungsart von Protonen untersucht werden, heißt das Verfahren auch **Protonenresonanz-(PMR-)Spektroskopie.** Bei der Untersuchung wird das Probenröhrchen, das von einer Spule umschlossen ist, in der das hochfrequente (HF) magnet. Wechselfeld zur Anregung der Kernspinresonanz in der Probe mittels eines Radiofrequenzgenerators erzeugt wird, zw. die Pole des großen Magneten des **NMR-Spektrometers** gebracht. Dieser liefert ein sehr stabiles und homogenes Magnetfeld H_0, das senkrecht zur Richtung des Wechselfeldes H_1 steht. Der Resonanzdurchgang wird als Absorptionssignal des H_1-Feldes (**Purcell-Methode** [pə:sl-]) oder durch Kerninduktion (**Bloch-Methode**) nachgewiesen. Durch Induktion der Hüllelektronen der Atomkerne und die Felder benachbarter Kerne wird das angelegte Magnetfeld abgeschwächt, d. h. die lokale effektive Feldstärke ist geringer als die angelegte Feldstärke H_0. Dieser **Abschirmung** genannte Effekt führt zur **chem. Verschiebung** des **NMR-Spektrums** der Untersuchungssubstanz, aus der Rückschlüsse auf die Anzahl der Protonen, ihre chem. Zuordnung, ihre Bindungsverhältnisse, konstitutions- und stereochem. Fragen und andere Eigenschaften gezogen werden können. Die magnet. Kopplung einzelner Kerne untereinander über die Spin-Spin-Wechselwirkung führt zu einer Multiplettaufspaltung der **NMR-Linien,** die zusätzl. Rückschlüsse auf die Anordnung der Kerne in einer chem. Verbindung zuläßt. Haben die Kerne außerdem ein elektr. Kernquadrupolmoment, so treten weitere Linienaufspaltungen und -verschiebungen auf, die auf die Wechselwirkungen des Quadrupolmoments mit dem elektr. Kristallfeld zurückzuführen sind. Die Wechselwirkungen der magnet. Kernmomente mit ihrer thermisch angeregten Umgebung (Spin-Gitter-Relaxation) sowie der Kernspins untereinander (Spin-Spin-Relaxation) wirken der magnet. Umorientierung der Kerne durch das HF-Feld H_1 entgegen und sind bestrebt, die therm. Gleichgewichtsverteilung wiederherzustellen. Läßt man daher das H_1-Feld nicht kontinuierlich, sondern nur in Form kurzer HF-Impulse auf die Probe einwirken (**Impuls-NMR-Spektroskopie, Spin-Echo-Verfahren),** so registriert man ein Kerninduktionssignal mit zeitabhängiger Amplitude, das die Relaxationsprozesse widerspiegelt und die Bestimmung der Kern-Relaxationszeiten erlaubt.

In den letzten Jahren ist es gelungen, auch lebendes Gewebe mittels der NMR-S. zu vermessen. Mit Hilfe elektron. Rechenverfahren, wie sie in der → Computertomographie mit Röntgenstrahlen verwendet werden, konnten **NMR-Querschnittsbilder** vom Menschen angefertigt werden, die die Verteilung der ›freibewegl.‹ Wasserstoffatome darstellen und so die Gewebestrukturen und Organe erkennen lassen. Das berechnete **Kernspintomogramm** wird in verschiedenen Grau- oder Farbabstufungen für die Protonendichte auf einem Bildschirm wiedergegeben. Gegenüber der Untersuchung mit Röntgenstrahlung ist die NMR-S. wesentlich risikoärmer, da die

Nivellement 1:
Nivellier

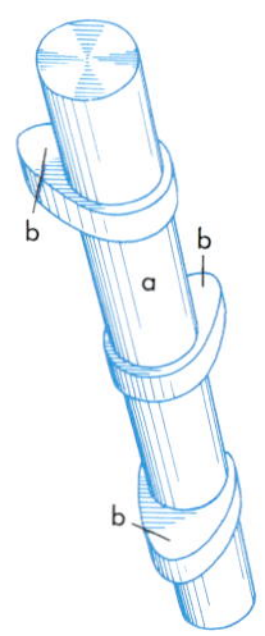

Nockenwelle: a Welle, b Nocken

dazu verwendeten Magnetfelder und Radiowellen nach heutigem Wissen keine schädl. biolog. Nebenwirkungen haben. Wenn es gelingt, die Bildentstehungszeiten (z. Z. einige Minuten für ein menschl. Querschnittsbild) weiter zu verkürzen und die Empfindlichkeit der **NMR-Computertomographie (Kernspintomographie)** zu verbessern, bestünde die Möglichkeit Stoffwechselvorgänge von außen zu beobachten.

NN, Abk. für →Normal Null bei Höhenangaben.

N-Nitrosoverbindungen, →Nitrosamine.

NNM-Hormone, →Nebennierenhormone.

No, chem. Symbol für →Nobelium.

Nobelium, [n. dem schwed. Chemiker und Industriellen A. NOBEL, * 1833, † 1896], chem. Symbol **No,** künstl., radioaktives →chemisches Element aus der Reihe der Transurane (→Actinoide), Ordnungszahl 102. N. wurde erstmals 1958 in Berkeley (USA) durch Beschießen von Curium mit Kohlenstoffkernen hoher Energie erzeugt. Es existieren zehn instabile Isotope mit Halbwertszeiten von weniger als einer Stunde. In seinen Verbindungen hat N. bevorzugt die Oxidationzahl +2, daneben auch +3.

Nocken, bei Verbrennungsmotoren auf →Nockenwellen sitzende Kurvenscheiben, die die →Ventile direkt oder über Stößel, Stoßstangen, Kipp- oder Schwinghebel betätigen (→Ventilsteuerung). Die Nockenform und die Lage von **Einlaß-N.** und **Auslaß-N.** zueinander haben entscheidenden Einfluß auf den →Ladungswechsel und damit auf den Drehmomentverlauf des Motors (→Ventilüberschneidung). Die Nockenform bestimmt die Erhebungskurve und die Steuerzeiten der Ventile.

Nockenwelle, bei Verbrennungsmotoren eine Welle, auf der die →Nocken fest oder (bei größeren Motoren) verdreh- und damit einstellbar sitzen. Sie wird bei Viertaktmotoren von der →Kurbelwelle aus mit dem Untersetzungsverhältnis 1:2 durch Zahnräder, Kette, Zahnriemen oder →Königswelle angetrieben. Bei schnellaufenden Fahrzeugmotoren wird die N. in oder über den Zylinderkopf gelegt, um die zu beschleunigenden Massen klein zu halten.

Noetherscher Ring [n. der dt. Mathematikerin Emmy Noether, * 1882, † 1935]. Ein Ring R heißt **links-N. R.,** wenn jedes Linksideal von endlich vielen Elementen erzeugt wird; entsprechend **rechts-N. R.** Das ist gleichbedeutend damit, daß jede nichtleere Menge von Linksidealen ein maximales Element besitzt (Maximalbedingungen für Linksideale). Z. B. wird beim Ring $\mathbb{Z}$ der ganzen Zahlen jedes Ideal von einem Element erzeugt.

Nomenklatur, Chemie: →chemische Nomenklatur.

Nomographie, Teilgebiet der angewandten Mathematik, in dem Funktionen, auch solche von mehreren Variablen, durch Kurven in einer Ebene **(Kurventafeln, Netztafeln)** veranschaulicht werden. Diese Kurven oder Netze werden benutzt, um rechner. Aufgaben zeichnerisch zu lösen (→Fluchtlinientafel). Das **graphische Rechnen** liefert verhältnismäßig grobe Näherungswerte, die als Ausgangswerte für eine numer. Rechnung dienen können, es wird oft zum Lösen von Gleichungen höheren Grades und von Gleichungssystemen mit zwei Gleichungen und zwei Unbekannten **(graphische Fahrpläne)** benutzt.

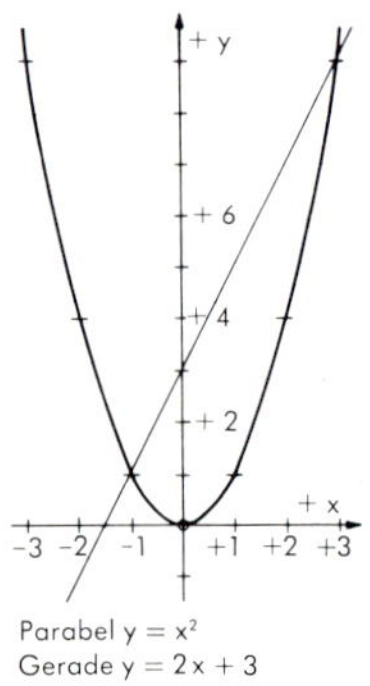

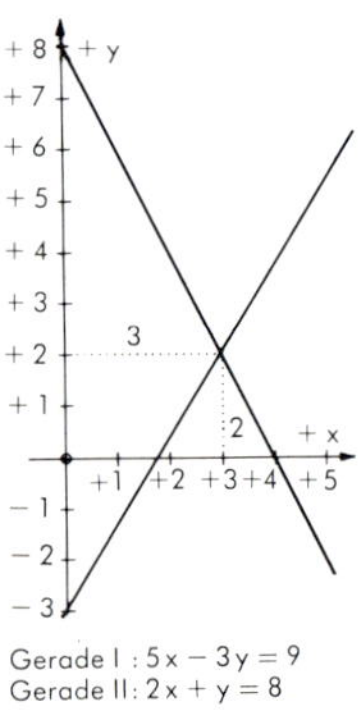

Nomographie: graphisches Rechnen: OBEN Die gemeinsamen Lösungen der Gleichungen $y = x^2$ und $y = 2x + 3$ sind die Schnittpunkte der den Gleichungen entsprechenden Kurven; UNTEN Die gemeinsame Lösung der linearen Gleichungen $5x - 3y = 9$ und $2x + y = 8$ liefert den Schnittpunkt mit der Abszisse $x = 3$ und der Ordinate $y = 2$

Nonansäure, die →Pelargonsäure.

Nonius [fälschlich n. dem Portugiesen Pedro Nunes, * 1492, † 1578], Hilfsmaßstab zum Ablesen der Bruchteile der Teilung eines Längenmaßstabes anschließend an die Ablesemarke. Der N. besteht aus 10, 20 oder 50 gleichen Einheiten, die zus. so groß sind wie 9, 19 oder 49 Einheiten des abzulesenden Maßstabes (Zehntel-, Zwanzigstel- oder Fünfzigstel-N.). Der Nonienstrich, der mit einem Strich des Maßstabes zusammenfällt, gibt den gesuchten Bruchteil an. Auch als **Winkel-N.** zum Ablesen von Winkelteilungen. (BILD Schieblehre)

nonstandard Analysis [n'ɔnstændəd ən'æləsɪs, engl.], auf Grund modelltheoret. Untersuchungen entwickelte Theorie von nonstandard Erweiterungen $^*\mathbb{R}$ des reellen Zahlkörpers $\mathbb{R}$. Das sind nichtarchimedisch geordnete Körper, also geordnete Körper, in denen das →Archimedische Axiom nicht gilt. In diesen Erweiterungen gibt es infinitesimale Elemente γ, deren Betrag $(\neq 0)$ kleiner ist als jede positive reelle Zahl. Entsprechend gibt es unendlich große Elemente. In $^*\mathbb{R}$ gelten, in einem zu präzisierenden Sinn, alle Aussagen, die in $\mathbb{R}$ gelten. Mit Hilfe von $^*\mathbb{R}$ kann man die Begriffe der Analysis, wie Stetigkeit, Differenzierbarkeit u. a., nachbilden und so Analysis über $^*\mathbb{R}$ treiben. Der Grenzwertbegriff wird in $^*\mathbb{R}$ mit Hilfe der infinitesimalen Elemente algebraisch formuliert. Diese Theorie heißt n. A. Mit ihrer Hilfe kann man auch analyt. Untersuchungen über $\mathbb{R}$ durchführen. Die n. A. wird außer in der Analysis auch in anderen mathemat. Gebieten verwendet.

Nontronit, Mineral, strohgelbes bis grünes, kompliziert gebautes, quellfähiges Schichtsilikat; meist derbe, dichte, unter dem Mikroskop feinfaserige Massen; Verwitterungsprodukt eisenhaltiger Minerale.

Non woven, non woven fabrics [nɔn w'əuvən f'æbrɪks, engl.], ›nicht gewebte Stoffe‹, Oberbegriff für Faservliese oder →Vliesstoffe aus synthet. Faserstoffen. (→Verbundstoffe)

Noppe, 1) in ein Grundgewebe eingewebte oder später aufgebrachte Faserhäufung: als Fadenschlinge **(geschlossene N.)** bei Bouclé, Épinglé und Frottierstoffen, als Faserbüschel **(aufgeschnittene N.)** bei Plüsch-, Samt-, Veloursgeweben. **2)** im Gewebe enthaltene Unebenheit (Webfehler) wie Knoten und hervorstehende Garnenden. Sie werden z. B. mit **Noppzange** und besonderen Nadeln beseitigt **(genoppt).**

Nor, Stufe der alpinen →Trias.

Nor..., Vorsilbe zur Kennzeichnung der Verkleinerung von Molekülen, bei Terpenen durch Ersatz aller an einen Ring gebundenen Methylgruppen durch Wasserstoffatome (z. B. Bornan, Norbornan), bei Steroiden

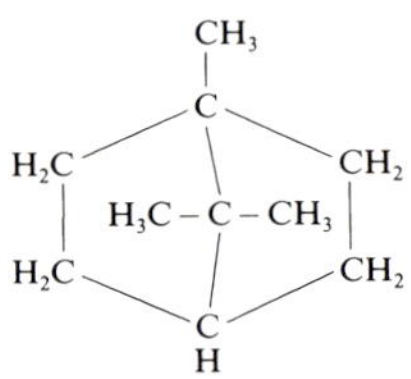

Bornan

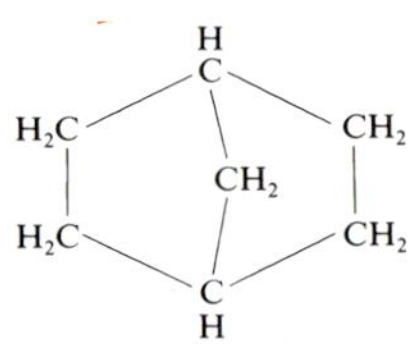

Norbornan

durch Eliminierung von Methyl- oder Methylengruppen (z. B. Adrenalin, Noradrenalin).

Nor|adrenalin, Nor|epinephrin, chemisch und physiologisch dem Adrenalin verwandtes →Nebennierenhormon; ein →Neurotransmitter.

Norbergit *der,* einfachstes Glied einer Gruppe chemisch und strukturell nahe verwandter Minerale $nMg_2SiO_4 \cdot Mg(F, OH)_2$; Abarten: N. (n = 1), **Chondrodit** (n = 2), **Humit** (n = 3), **Klinohumit** (n = 4); verschiedenfarbige winzige Kristalle kontaktmetamorph in vulkan. Auswürflingen (v. a. am Vesuv).

Nord|amerika|nebel, im Sternbild Schwan liegender →galaktischer Nebel (NGC 7000) mit etwa den gleichen Umrissen wie der nordamerikan. Kontinent. Entfernung etwa 800 pc, Helligkeit $< 10^m$, Masse ≈ 3000 Sonnenmassen.

Norden, Abk. **N,** eine →Himmelsrichtung.

Nordkalotte *die,* der Teil des Geoids nördlich des Polarkreises (66°33′ N); in Skandinavien auch gebräuchlich für die Landgebiete Nordeuropas.

Nordlicht, das →Polarlicht der nördl. Erdhalbkugel.

Nordpol, 1) Astronomie: Gegenpunkt zum →Südpol (→Pol 1).

2) Geographie: **N. der Erde,** der am weitesten vom Äquator entfernt liegende Punkt der Nordhalbkugel, der nördl. Schnittpunkt aller Meridiane; liegt im Nordpolarmeer. Auf ihm gibt es nur eine Himmelsrichtung, die nach S. Am N. geht die Sonne am 21. 3. auf und am 23. 9. unter und teilt damit das Jahr in den **Nordpolartag** und die **Nordpolarnacht.** (→Pol 1)

3) Geophysik: **erdmagnetischer N.,** →erdmagnetisches Feld.

4) Physik: **N. eines Magneten,** →Pol 4).

Nordpunkt, Mitternachtspunkt, 1) Astronomie: einer der beiden Schnittpunkte des →Meridians 1) mit dem Horizont, der i. Ggs. zu seinem Gegenpunkt, dem **Südpunkt,** geringere Poldistanz hat (BILD astronomische Koordinaten).

2) Geographie: der in der Nordrichtung liegende Punkt des Horizonts.

Nordstern, der →Polarstern.

Nor|epinephrin, →Noradrenalin.

NOR-Glied [nɔ:-, engl. **n**ot **or,** ›nicht oder‹], elektron. Schaltung der Digitaltechnik, mit der die log. Verknüpfung von Eingangssignalen i. S. der →Schaltalgebra entsprechend einer Reihenschaltung von →ODER-Glied und →NICHT-Glied möglich ist (→Verknüpfungsglieder). Ebenso wie mit →NAND-Gliedern können hiermit alle anderen Verknüpfungsfunktionen, die zum Aufbau eines Schaltnetzwerkes nötig sind, verwirklicht werden.

Norit *der,* dunkles Tiefengestein aus der Gruppe der →Gabbros; Muttergestein für wichtige Platin-, Nickel- und Titanerze (BILD Erzlagerstätten).

Norm, 1) Mathematik: Die **N. einer komplexen Zahl** z ist $N(z) := z \cdot \bar{z}$ ($\bar{z}$: konjugiert komplex →komplexe Zahlen), ein Spezialfall der N. von Elementen einer algebraischen Körpererweiterung von endl. Grad. Die **N. eines normierten Vektorraums** V über $K = \mathbb{R}$ oder $K = \mathbb{C}$ ist eine nichtnegative Zahl $x \in K$, die jedem Element x von V durch die Abbildung $\| \; \| : V \times V \longrightarrow K$ mit den Eigenschaften: a) $\|x\| \geqq 0$; b) $\|x\| = 0 \Leftrightarrow x = 0$; c) $\|\lambda x\| = |\lambda| \; \|x\|$, $\lambda \in K$, $x \in V$; d) $\|x + y\| \leqq \|x\| + \|y\|$ zugeordnet wird. Mit ihrer Hilfe kann durch $d(x, y) := \|x - y\|$ eine →Metrik in V eingeführt werden.

2) Technik: →Normung.

Norma, Winkelmaß, ein →Sternbild am Südhimmel.

Normal *das,* in der Meßtechnik Prototyp der Einheit einer physikal. Größe (z. B. Urmeter). In der Technik verwendete N. haben genau definierte, unveränderl. Eigenschaften. **Normalelemente** sind galvan. Spannungsquellen großer Konstanz.

Normal|atmosphäre, internat. genormte Durchschnittswerte von Kenngrößen der Atmosphäre für Luft- und Raumfahrtzwecke, z. B. zum Umrechnen von verschiedenen Flugleistungen auf eine Vergleichsgröße. Für feste Höhenbereiche wird jeweils ein konstanter vertikaler Temperaturgradient angenommen. Die für Luftfahrtzwecke bis 32 km Höhe reichende N. wurde für die Raumfahrt bis 700 km Höhe erweitert (→Flugfläche, →Schallgeschwindigkeit).

Normalatmosphäre

Höhe	0		11		20		32	km
Temperaturgradient		−6,5		0		1,0		K/km
Temperatur	15,0		−56,5		−56,5		−44,5	°C
Druck	1013,25		226,32		54,75		8,68	mb
Dichte	1,225		0,365		0,088		0,013	kg/m^3

Normalbedingungen, Wertepaare von Druck und Temperatur, für die Stoffdaten vereinbarungsgemäß angegeben werden, z. B. versteht man unter den **physikal. N.** eine Temperatur von 0 °C und einen Druck von 101325 Pa. Sind für ein System die N. erfüllt, so liegt ein →Normzustand **(Normalzustand)** vor.

Normale. N. einer Ebene, Gerade, die auf der Ebene senkrecht steht. **N. einer Fläche** in einem Punkt P ist die N. der Tangentialebene in P. **N. einer ebenen Kurve** in einem Punkt P ist die zur Tangente in P senkrechte Gerade. **N. einer Raumkurve** in einem Punkt P ist die N. zur Schmiegungsebene im Punkt P an die Kurve.

normale Familie, Mathematik: wichtiger Begriff bei der Untersuchung der Konvergenz von Folgen von Funktionen gegen eine Grenzfunktion. Eine Menge M reellwertiger Funktionen, die in einem beschränkten Gebiet G erklärt sind, ist eine n. F., wenn es zu jeder Folge von Funktionen aus dieser Menge M eine Teilfolge gibt, die in G gegen eine Funktion konvergiert.

Normal|elektrode, gut reproduzierbare Bezugselektrode (Halbzelle) in einem galvan. Element, in dem die an der anderen Elektrode ablaufende Reaktion untersucht werden soll; z. B. die →Kalomelelektrode oder die →Normalwasserstoffelektrode.

Normal|element, →galvanische Elemente.

Normalform, Darstellung eines mathemat. Gegenstandes auf bes. übersichtl. Weise, z. B. →Hessesche Normalform der Geradengleichung.

Normalhöhe, längs der Lotlinie des Normalschwerefeldes (→Referenzellipsoid) gezählter Abstand vom Quasigeoid als einer in Nähe des →Geoids verlaufenden Höhenbezugsfläche.

Normalisator, Bez. für eine Untergruppe N einer →Gruppe G. Diese Untergruppe N wird von denjenigen Elementen von G gebildet, die mit einer Teilmenge K vertauschbar sind, d. h., wenn für jede Teilmenge $M \subset G$ gilt $MK = KM$. N heißt der N. von K in G; die Vertauschbarkeit ist nicht elementweise notwendig (→Zentralisator).

Normalität, Äquivalentkonzentration, Formelzeichen c_{eq}, c^*, der Quotient aus Äquivalentmenge n_{eq} des gelösten Stoffes und dem Volumen V der Lösung,

$c_{eq} = n_{eq}/V$. SI-Einheit ist mol/m^3, meist wird jedoch auf einen Liter Lösung bezogen (mol/l). Die **Äquivalentmenge** ist das Produkt aus Stoffmenge n und Wertigkeit z des gelösten Stoffes, $n_{eq} = n \cdot z$. Ist ein Stoff einwertig, so ist die N. gleich der → Molarität. Allgemein gilt: N. = Molarität × Wertigkeit, z. B. ist eine einmolare (1 M) Schwefelsäure **zweinormal** (2 N), da die Schwefelsäure H_2SO_4 zwei Wasserstoffionen enthält und ihr Säurerest zweiwertig ist, d. h. der Stoffmenge 1 mol die Äquivalentmenge 2 mol entspricht. Für die Anwendung in der Maßanalyse (→ Normallösung) gilt, daß von Lösungen gleicher Normalität gleiche Volumina einander äquivalent sind, d. h., daß z. B. 1 ml einer einnormalen Säure 1 ml einer einnormalen Lauge neutralisiert. Bei Angabe der Stoffmenge des gelösten Stoffes in → Val erhält man die N. der Lösung, indem man die Stoffmenge des gelösten Stoffes durch das Volumen der Lösung dividiert.

Normalkraft, Kraft, die senkrecht auf der Bahnkurve eines Massenpunktes oder Körpers oder einer Fläche (→ geneigte Ebene) steht.

Normal|lösung, einnormale Lösung, Reagenzlösung der Maßanalyse, die in einem Liter Lösung die Äquivalentmenge 1 mol, d. h. die Stoffmenge 1 val, enthält (→ Normalität), z. B. enthält 1 l einer einnormalen Schwefelsäure 1 val $H_2SO_4 = {}^1/_2$ mol H_2SO_4 (›Schwefelsäuremoleküle‹), d. h. 1 mol Wasserstoffionen H^+, da die Schwefelsäure (H_2SO_4) zweiwertig ist, d. h. zwei H^+ liefert. – 0,075 normal bedeutet z. B., daß 0,075 val/l vorliegen.

Normal Null, Abk. **NN,** die → Niveaufläche, die mit dem am Amsterdamer Pegel beobachteten Mittelwasser der Nordsee zusammenfällt.

Normalpotential, Standard|einzelpotential, Zeichen E_0, elektrochem. Standardpotential, das für das elektrochem. Verhalten eines Metalls kennzeichnend ist. Das N. ist die Potentialdifferenz einer **Normal-Metallelektrode** (Metallelektrode, die in die Lösung eines ihrer Salze mit der Aktivität 1 taucht) gegen die → Normalwasserstoffelektrode bei 25 °C, für die willkürlich das Potential 0 Volt festgelegt wurde. Ordnet man die N. nach steigenden Werten, so erhält man die elektrochem. → Spannungsreihe.

Normalreihe, Bez. für eine endl. Folge von Untergruppen einer → Gruppe G, $G = G_0 \supset G_1 \supset G_2 \supset \ldots \supset G_l = e$ (e = Einselement der Gruppe), wenn jedes G_i Normalteiler in G_{i-1} ist, l ist die **Länge der N.** Gilt $G_i \neq G_{i+1}$ für alle i, ist die N. frei von Wiederholungen, eine nicht mehr verfeinerbare N. ohne Wiederholungen ist eine **Kompositionsreihe** (→ Jordan-Hölderscher-Satz).

Normalschwere, normale Schwere, theoretische Schwere, normale Schwerefeldstärke, Zeichen γ, theoret. Schwerebeschleunigung (→ Schwere), die auf das Erdellipsoid (→ Erde) bezogen ist, ein Rotationsellipsoid als Approximation für das Geoid mit symmetr. Massenverteilung, dessen Oberfläche eine Niveaufläche des resultierenden normalen Schwerefeldes ist. Die N. hängt von der geograph. Breite φ ab und beträgt am Äquator 9,780318 m/s^2, in 45° Breite 9,80629 m/s^2. Der Unterschied zw. der gemessenen Schwere und der N. heißt → Schwereanomalie.

Normalspannung, eine mechanische → Spannung 2).

Normalspur, Vollspur, Regelspur, → Eisenbahn.

Normalteiler, invariante Untergruppe, Bez. für eine Untergruppe U einer Gruppe G, die allen ihren konjugierten Untergruppen (→ konjugierte Elemente) gleich ist.

Normalton, reiner → Ton der Frequenz 1 000 Hz, mit konstanter Amplitude, der als Bezugston bei akustischen Messungen dient.

Normal|uhr, Präzisionsuhr, deren Zeitanzeige als Vergleichsgrundlage für andere Uhren dient, z. B. die astronom. Hauptuhr in Sternwarten oder die Hauptuhr einer elektrischen Zentraluhranlage.

Normalverteilung, Gaußsche Verteilung, die → Verteilung einer zufälligen Größe, bei der die Wahrscheinlichkeitsdichte die Form einer Gaußschen Glockenkurve (**Normalverteilungskurve,** → Fehler) hat. Viele Verteilungen der statist. Praxis (z. B. in Physik, Astronomie, Biologie) sind N., zumindest näherungsweise.

Normalwasserstoff|elektrode, Halbzelle eines galvanischen Elements, bei der eine mit Platinmohr belegte Platinelektrode in eine wäßrige Säurelösung der Aktivität 1 (z. B. 1,184 molare Salzsäure) bei 25 °C eintaucht und von Wasserstoffgas unter Normaldruck umspült wird. Die N. wird nach einem Vorschlag von W. NERNST als Bezugselektrode zur Bestimmung von → Normalpotentialen verwendet.

Normann-Verfahren, Verfahren der → Fetthärtung.

Normfallbeschleunigung, der Normwert der Fallbeschleunigung auf der Erde, von der 3. Generalkonferenz für Maß und Gewicht 1901 mit $g_n = 9{,}806\,65$ m/s^2 festgelegt. Darauf beruhte die Definition des früheren Kraft-Kilogramm und des → Kilopond.

Normfarbwerte, → Normvalenzen.

normierter Vektor, ein Vektor mit der → Norm 1.

normiertes Polynom, ein Polynom, dessen Koeffizient des Gliedes vom höchsten Grad gleich 1 ist, z. B. $y = x^4 + 3x^2 + 4x + 2$.

Normkubikmeter, Einheitenzeichen **Nm³,** veraltete Bez. für 1 m^3 (Kubikmeter) Gas im → Normzustand; seit dem Inkrafttreten des → Einheitengesetzes (5. 7. 1970) nicht mehr zulässig. Die richtige Angabe lautet: $V_n = 1$ m^3 (→ Normvolumen V_n).

Norm|minerale, normativer Mineralbestand, aus der chem. Analyse eines Gesteins errechneter mögl. Mineralbestand. Die Ergebnisse stimmen oft nicht mit den mineralog. Befunden überein.

Normschrift, in DIN-Normen festgelegte Schriftart zur Beschriftung von Tafeln, Schildern, techn. Zeichnungen, Vordrucken u. a.

Normspektralwertfunktionen, die Spektralfunktion (Spektralwertkurve) der Farbseheigenschaften des farbmetrischen Normalbeobachters.

Normtemperatur, → Normzustand.

Normung, planmäßige, durch interessierte Kreise gemeinschaftlich durchgeführte Vereinheitlichung von materiellen und inmateriellen Gegenständen zum Nutzen der Allgemeinheit. N. fördert die Rationalisierung und Qualitätssicherung in Wirtschaft, Technik, Wissenschaft und Verwaltung, dient einer sinnvollen Ordnung und der Information auf dem jeweiligen Normungsgebiet, schafft Klarheit zw. Lieferanten und Kunden, erleichtert Konstruktion, Fertigung und Instandhaltung, dient zur Verständigung in Wissenschaft und Technik und setzt Maßstäbe für Qualität und Sicherheit.

Die Normungsarbeit in der Bundesrep. Dtl. und West-

Berlin wird von Arbeitsausschüssen durchgeführt, die in Normenausschüssen des → DIN zusammengefaßt sind. Die Ergebnisse **(DIN-Normen)** werden vom DIN unter dem Zeichen DIN herausgegeben und als Normen in das ›Deutsche Normenwerk‹ aufgenommen. Dieses unterscheidet zw. Grund-, Fachgrund- und Fachnormen.

DIN-Normen enthalten im wesentl. Begriffsbestimmungen, Benennungen, Baugrundsätze, Berechnungsunterlagen, Einheiten, Formelgrößen, Formen und Abmessungen, Sicherheitsgrundsätze, Güte- und Lieferbedingungen, Kennzeichnungen, Eigenschaften und Zusammensetzungen von Stoffen, Verfahren zum Messen und Prüfen, Gebrauchstauglichkeit von Waren, Bildzeichen sowie Verpackungsregeln. Grundlage der Normungsarbeit ist DIN 820, die Grundsätze, Geschäftsgang und Gestaltung von Normen behandelt. Für Lehre und Praxis sind Normen für verschiedene Fachbereiche in DIN-Taschenbüchern zusammengefaßt (1981: 173 DIN-TAB). Die Notwendigkeit ständiger Anpassung des Normenwerkes an den jeweiligen Stand der Wissenschaft und Technik erfordert eine fortlaufende Überarbeitung und Erweiterung der Normen.

Die nationale Normungsarbeit wird teils unterstützt von Regelwerken anderer Institutionen (z. B. VDI, DVGW), teils ergänzt oder für den eigenen Gebrauch geringfügig abgeändert von **Werksnormen** (z. B. FTZ-Norm der Deutschen Bundespost). Alle Länder, die Normen aufstellen, sind zusammengeschlossen in der → International Organization for Standardization (ISO).

Verzeichnis dt. und internat. Techn. Regelwerke, hg. v. Dt. Informationszentrum für Techn. Regeln (DITR) beim DIN ([7]1980); Hb. der N., hg. v. DIN, 1 ([5]1981), 2 ([4]1980), 3 ([5]1980), 4 (Nachdr. 1980); DIN-Katalog 1981, hg. v. DIN, 2 Bde. (1981).

Normvalenzen, in der Farbmetrik 1931 international festgelegte virtuelle Primärvalenzen X, Y, Z, für die Farbmessung. Die darauf bezogenen Mischungsbeiträge sind die **Normfarbwerte** X, Y, Z (→ Farbgleichung). Die N. sind so gewählt, daß sie bei der Darstellung aller Farbvalenzen durch additive Farbmischung X, Y, Z nie negativ sind, ihre Farbwerteinheiten sind so festgelegt, daß das → energiegleiche Spektrum drei gleich große Normfarbwerte liefert ($X = Y = Z$). Statt dieser Normfarbwerte werden oft die **Normfarbwertanteile** x, y [$x = X/(X+Y+Z)$, $y = Y/(X+Y+Z)$] zus. mit dem Hellbezugswert $A = Y$ angegeben. Bei der graph. Darstellung der Farbart in der Farbtafel dienen x, y als rechtwinklige Koordinaten der Farbörter. In seiner ursprüngl. Form (CIE 1931) gilt dieses **Normvalenzsystem** für ein Beobachtungsfeld von 2°. 1964 ist ein zusätzl. Großfeld-Normvalenzsystem vereinbart worden, das sich auf den farbmetr. Großfeld-Beobachter (10° Gesichtsfeld) bezieht.

Normverbrauch, Kfz: → DIN-Verbrauch.

Normvolumen, Formelzeichen V_n, das Volumen eines Gases bei der **Normtemperatur** von $T_n = 273{,}15$ K (= 0 °C) und beim Normdruck p_n = 101 325 Pa = 1,01325 bar (früher = 1 atm); seine Einheit ist das Kubikmeter (m^3). Das **molare N.** eines idealen Gases beträgt V_{mn} = 22,414 m^3/kmol (DIN 1343).

Normzahl, Abk. **NZ,** Glied einer dezimalgeometr. **Normzahlreihe.** NZ dienen zur rationellen Stufung techn. Größen jeder Art, insbes. im Rahmen der → Normung. Sie werden auf verschiedenen Gebieten, z. B. bei der Planung von Investitionen, in der Konstruktion, im Versuchswesen und bei Entwicklungsarbeiten angewendet.

Für einen Ausgangswert a gilt bei NZ-Reihen (R) die Beziehung $a \cdot q^r = 10a$, wobei q das Verhältnis eines Gliedes der Reihe zum vorhergehenden (Stufensprung) und r die Anzahl der Glieder der NZ-Reihe innerhalb eines Dezimalbereiches ist. Die NZ-Grundreihen R5, R10, R20, R40 haben r = 5, 10, 20, 40 Glieder je Dezimalbereich. Der Stufensprung $q = \sqrt[r]{10}$ ist für diese Reihen 1,6; 1,25; 1,12; 1,06. – NZ-Reihen wurden erstmalig 1877 von dem frz. Oberst und Luftschiffer CH. RENARD (* 1847, † 1905) zur Festlegung des Tauwerks für Fesselballons angewendet; sie werden deshalb auch **Renard-Reihen** [rən'a:r-] genannt. NZ und NZ-Reihen sind in DIN und internat. (ISO) genormt.

Normzustand, durch **Normtemperatur** und **Normdruck** festgelegter Zustand eines festen, flüssigen oder gasförmigen Stoffes (DIN 1343). Die **physikal. Normtemperatur** $T_n = 273{,}15$ K oder $t_n = 0$ °C, der **physikal. Normdruck** p_n = 101 325 Pa = 1,01325 bar (früher = 760 Torr). Die **techn. Normtemperatur** beträgt 20 °C, der **techn. Normdruck** 98066,5 Pa = 0,980665 bar.

Norton-Getriebe [n'ɔ:tən-, n. dem brit. Ingenieur W. P. Norton], bes. bei Werkzeugmaschinen ein Zahnradstufengetriebe, bei dem die Übersetzung mit Hilfe eines bewegl. Zwischenzahnrades geändert wird.

Nosean [n. dem Mineralogen K. W. Nose, * 1753, † 1835] *der,* Mineral, Feldspatvertreter aus der Gruppe des → Sodalith.

Nose-in-System [nəuz 'ɪn-, engl.], Aufstellungsart von Verkehrsflugzeugen, bei der diese mit der Rumpfnase so weit in die Fluggast-Abfertigungsanlage rollen, daß die Fluggäste über seitl. Fluggastbrücken von und an Bord gehen können. Zum Abrollen (rückwärts) ist Schlepperhilfe nötig.

Notation, 1) Chemie: verschlüsselte Darstellungsform für organisch-chem. Verbindungen, ohne die Benutzung der → chemischen Zeichensprache oder der chem. Nomenklatur.

2) Datenverarbeitung: Festlegung der Reihenfolge von Rechenoperationen: Bei der **algebraischen N.** (→ AOS) ist diese durch die mathemat. Reihen- und Rangfolgeregeln (Klammerausdruck, Punkt- vor Strichtrennung u. a.) bestimmt, bei der **poln. N.** (von dem Polen J. ŁUKASIEWICZ entwickelt) dadurch, wie diese Operationen tatsächlich ausgeführt werden; letztere wird oft beim Kompilieren (→ Compiler) bevorzugt, um einen Formalausdruck in die Maschinensprache zu transformieren. Bei → Taschenrechnern wird auch häufig die **umgekehrte polnische N.** (→ UPN) verwendet.

Notbremse, Schnellbremseinrichtung in den Personenwagen von Schienenfahrzeugen, die über Notbremsgriffe von Reisenden im Gefahrfall ausgelöst werden darf; bei der Eisenbahn mit der durchgehenden Druckluftbremse verbunden (→ Eisenbahnbremsen).

Notendruck, Musiknotendruck, ungenau **Musikali|endruck,** Druck von Musiknoten, meist im Offsetverfahren. Beim kaum noch angewandten **Notensatz** (mit etwa 360 zusammensetzbaren Notentypen, 1754 von I. BREITKOPF in Leipzig erfunden) wird auch im Hochdruckverfahren gedruckt. Beim **Notenstich** (seit Mitte des 18. Jh.) werden in Stahl-, Kupfer- oder Zinkplatten die Notenlinien mit den fünfzinkigen ›Rastrales‹ gezogen, danach durch Stempel die verschiedenen Zeichen und Noten eingeschlagen oder durch Stichel freihändig eingraviert. Von der gestochenen Platte werden Umdruckabzüge für Offset- oder auch Tiefdruck hergestellt. Bei der **Autographie** werden die Notenzeichen mit autograph.

Tinte auf Spezialpapier gezeichnet und auf lithograph. Steine oder Offsetplatten übertragen. Heute wird meist **photomechanisch** von einer auf Transparentfolie gezeichneten Vorlage das Negativ oder Positiv für die Herstellung von Offsetdruckplatten gewonnen. Es gibt auch das nach dem Aufreibeprinzip angewandte **Notasetverfahren.**

NOT-Gate [nɔt geɪt], Digitaltechnik: engl. Bez. für das → NICHT-Glied.

Notlandung, unvorhergesehene Landung eines Luftfahrzeugs auf einem Flugplatz oder außerhalb davon, die durch techn. Mängel am Luftfahrzeug, schwierige meteorolog. Bedingungen oder gesundheitl. Störungen des Luftfahrzeugführers erzwungen wird, wobei aber i. Ggs. zur → Bruchlandung weder Sach- noch Personenschaden entsteht.

Notruf, Fernmeldewesen: i. w. S. jedes nachrichtentechnisch übermittelte Signal, das einen eingetretenen Notfall einer Hilfsstelle meldet; i. e. S. die fernmündl. Verständigung der Polizei, Feuerwehr, Unfallrettung u. a. Hilfsstellen über öffentl. oder nichtöffentl. Fernmeldenetze. Im Fernsprechnetz der Dt. Bundespost werden die Kurzrufnummern 110 für Polizei und 112 für Feuerwehr in allen Ortsnetzen einheitlich eingeführt, bei öffentl. Sprechstellen münzfrei und mit automat. Standortkennung.

Im Freien gibt es → Fernsprech-Notrufsäulen mit direkter Verbindung zur Polizei (in Städten mit eigenem Fernmeldenetz, auf dem Land ggf. über das Fernsprechnetz) und zur Autobahnmeisterei (an den Bundesautobahnen). An Bundes- und Landstraßen gibt es durch Hinweisschilder gekennzeichnete Unfallmeldestellen, die über freiwillig zur Verfügung gestellte private Fernsprechanschlüsse betrieben werden. Diese Stellen werden zunehmend mit jederzeit zugängl. Unfallsprechstellen mit automat. Wählvorgang zur Hilfsstelle ausgestattet. Bei allen Diensten wird eine Koordinierung der N. unter allen Hilfsstellen angestrebt.

Daneben gibt es die nichtöffentl. N. im See- und Flugfunkdienst (→ Funkdienst, → Funkstille).

Notsignale, internat. gültige Zeichen in Notsituationen (zur Anforderung von Hilfe): 1) Alpinismus: Laut-, Wink- oder Lichtzeichen; seit etwa 1960 auch Signalraketen, sechs Signale je Minute, nach einer Minute wiederholen; Antwort: drei Signale je Minute. 2) Luft- und Schifffahrt: die Funk-N. → SOS 2) im Telegraphieverkehr und → Mayday im Funksprechverkehr, die sofortige → Funkstille beanspruchen (weitere N. im Fernmeldewesen → Notruf). In der Seefahrt auch opt. und akust. N.: Flagge N über C des internat. Signalbuchs, ein Ball über oder unter Flagge, wiederholtes Heben und Senken der seitlich ausgestreckten Arme, Dauerton der Schiffssirene, Licht-, Flammen-, Knallsignale.

Notstromversorgung soll bei Ausfall der allgemeinen elektr. Energieversorgung innerhalb kurzer Zeit die Stromversorgung wichtiger Abnehmer (Krankenhäuser, Flughäfen, Theater, Warenhäuser, Bäckereien u. ä.) übernehmen. Dazu dient ein **Notstromaggregat,** bestehend aus einem Verbrennungsmotor (Ottomotor, Dieselmotor), einem elektr. Generator, einer Anwurfvorrichtung und je einem Drehzahl- und einem Spannungsregler. In bes. krit. Fällen (z. B. Operationssaal) wird dauernd ein Schwungrad auf voller Drehzahl gehalten, das bei Stromausfall automatisch den Verbrennungsmotor anwirft und so die N. sicherstellt.

Novae: Schema der Phasen eines Nova-Ausbruches. **1** Pränova-Stadium. **2–5** Der Stern scheint sich durch Expandieren der undurchsichtigen Hülle und Bildung weiterer Hüllen aufzublähen. **6** Erstes Abklingen; die äußere Hülle wird durchsichtig, und breite Spektrallinien kennzeichnen das Novaspektrum. **7** Übergangsstadium. **8** Letztes Abklingen

Notverschluß, behelfsmäßige Vorrichtung zum Absperren eines Wasserbauwerks (z. B. Schleuse, Wasserfassung, Wehr), wenn es zu Reparatur- oder Überholungszwecken außer Betrieb gesetzt wird. Konstruktionsformen: Dammbalken als balkenförmiger Verschlußkörper, Dammtafel, Schwimmtor, → Nadelwehr.

notwendig, Logik: → Bedingung.

Novae, *Ez.* **Nova,** Gruppe von → Veränderlichen, deren absolute → Helligkeit durch einen plötzl. Lichtausbruch im Mittel um 11 Größenklassen (bezogen auf die Ausgangshelligkeit) innerhalb eines oder weniger Tage zunehmen kann. Jährlich erscheinen in unserem Milchstraßensystem etwa 20–30 N. Die N.-Prozesse spielen sich in der äußeren Sternschicht ab. Das Ausgangsstadium, die **Praenova,** ist ein Zwergstern hoher Oberflächentemperatur und meist konstanter Helligkeit (absolute Helligkeit $\approx +4\overset{m}{.}2$ bis $4\overset{m}{.}7$). Die Helligkeitskurve zeigt eine rasche Zunahme um 7–9,5 Größenklassen und steigt dann in 1–7 Tagen um etwa 2 Klassen weiter an. Nach dem ersten Abklingen (Helligkeitsabfall um 3–4 Klassen) und dem Übergangsstadium folgt das letzte Abklingen und das **Post-** oder **Exnova-Stadium,** bis zu dessen Erreichen Monate oder Jahre vergehen können. Das **N.-Spektrum** zeigt zw. Praenova und Helligkeitsmaximum eine Doppler-Verschiebung, die auf expandierende Gashüllen mit Expansionsgeschwindigkeiten zw. 50 und 4000 km/s hinweist. Die abgestoßenen Gasmassen betragen etwa 0,1–1‰ der Gesamtsternmasse. N., bei denen sich die Ausbrüche innerhalb von 10–100 Jahren wiederholen, werden als **wiederkehrende** oder **rekurrierende N.** oder **Novula** bezeichnet. N. werden als Entwicklungsstadien von weißen Zwergsternen in engen Doppelsternsystemen angesehen (→ Sternentwicklung). – Den viel selteneren → Supernovae (etwa eine je Sternsystem in 350 Jahren) liegt ein anderer Mechanismus zugrunde.

Novolake, nicht selbsthärtende → Phenolharze.

Novula, eine wiederkehrende → Nova.

Nox, Einheitenzeichen **nx,** veraltete Einheit der Beleuchtungsstärke: 1 nx = 10^{-3} lx (→ Lux).

Np, 1) chem. Symbol für → Neptunium.

2) Kurzzeichen für → Neper.

NPK-Düngemittel, von den Elementsymbolen für Stickstoff (N), Phosphor (P) und Kalium (K) abgeleitete und meist von %-Zahlenangaben wie 10–15–10 begleitete Bez. für Handelsdünger, die aus einem Gemisch von Verbindungen dieser Elemente (hier 10% N, 15% P_2O_5, 10% K_2O) bestehen.

npn-Transistor, einer der beiden Grundtypen des bipolaren → Transistors mit der Halbleiterschichtenfolge **n**egativ-**p**ositiv-**n**egativ.

NR, Abk. für **Natural Rubber** [nˈætʃrəl rˈʌbə, engl.], der Naturkautschuk (→ Kautschuk).

NRT, Abk. für **Nettoregistertonne,** → Registertonne, → Schiffsvermessung.

ns, Einheitenzeichen für **Nanosekunde,** → Sekunde 2)

N-Schale, die zur Hauptquantenzahl $n = 4$ gehörige Hauptschale der → Atome, die maximal 32 Elektronen aufnehmen kann.

NTA, Abk. für **Nitrilotri|acetic|acid,** → Nitrilotriessigsäure.

NTC-Widerstand, → Heißleiter.

NTSC, Abk. für **National Television System Committee** [næʃnl tˈelɪvɪʒn sˈɪstɪm kəmˈɪtɪ, engl.], Normenausschuß der Rundfunkwirtschaft in den USA, dessen Farbfernsehsystem in den USA im Dez. 1953 angenommen wurde, später auch in Kanada und Japan. Bei dem **NTSC-System** werden gleichzeitig zwei Farbinformationen als Modulation eines Farbhilfsträgers innerhalb des Frequenzbandes für die Helligkeitsinformation übertragen. Dabei bestimmt die Phasenlage des resultierenden Vektors gegenüber einer Bezugsphase den Farbton und seine Länge die Sättigung. Folgesysteme sind → SECAM und → PAL. (→ Farbfernsehen)

n-Tupel, Verallgemeinerung von Paar (a_1, a_2), Tripel (a_1, a_2, a_3) usw. Ein n-T. $(a_1, \ldots, a_n)$, $a_i \in M$ ist definitionsgemäß ein Element des n-fachen kartesischen Produkts M^n von M.

Nucleasen, Biochemie: Phosphorsäure-Diester-Bindungen spaltende Enzyme, die Nucleinsäuren zu Nucleotiden abbauen. Nach der Art ihres Angriffs unterscheidet man **Exo-** und **Endonucleasen,** nach ihrer Spezifität **Ribonucleasen (RNasen)** und **Desoxyribonucleasen (DNasen).** Pankreat. DNasen und RNasen bauen mit der Nahrung zugeführte Nucleinsäuren ab, intrazelluläre DNasen dienen der DNS-Reparatur, RNasen zerlegen Vorstufen der unterschiedl. Ribonucleinsäuren in die endgültigen RNS-Moleküle.

Nucle|ine, Biochemie: die → Nucleoproteide.

Nucle|insäuren, Biochemie: 1869 von J. F. MIESCHER entdeckte Polynucleotide in Zellen (in Kernen, Mitochondrien, Ribosomen, Cytoplasma) und Viren. Die monomeren **Nucleotide** bestehen aus 1) einer heterozykl. Base (Purin- oder Pyrimidinbase), 2) den Zuckern Ribose oder Desoxyribose und 3) Phosphorsäure im Verhältnis 1:1:1. In der N.-Struktur sind 2) und 3) alternierend miteinander durch Phosphorsäure-Diester-Bindungen verknüpft, an 2) sind Purin- (Adenin, Guanin) oder Pyrimidinbasen (Cytosin, Thymin, Uracil) gebunden. Entsprechend dem Pentoserest unterscheidet man Desoxyribonucleinsäuren (→ DNS) und Ribonucleinsäuren (→ RNS). DNS sind biolog. Informationsspeicher, RNS dienen u. a. als Informationsüberträger (m-RNS) bei der → Transkription, als Aminosäureüberträger (t-RNS) bei der → Translation 1) und als Ribosomen-Bestandteil (r-RNS) innerhalb der Proteinbiosynthese.

Nucleohistone, Biochemie: Nucleoproteide, die in Kernen von Körperzellen vorkommen. Sie sind Verbindungen der Desoxyribonucleinsäure (→ DNS) mit Histonen (→ Eiweiße) in salzartiger Bindung.

Nucleoprote|ide, Biochemie: zusammengesetzte → Eiweiße mit einer Nucleinsäure als prosthet. Gruppe, z. B. Viren. N. mit DNS-Anteil kommen in Zellkernen vor, N. mit RNS-Anteil in Ribosomen.

Nucleosidasen, Biochemie: Enzyme, die die Bindung zw. Ribose oder Desoxyribose und Pyrimidin- oder Purinbase in Nucleosiden spalten.

Nucleoside, Biochemie: Bausteine der → Nucleinsäuren. Spaltung durch → Nucleosidasen. Umwandlung in Nucleotide durch entsprechende Kinasen.

Nucleotidasen, Biochemie: Nucleotide spaltende Enzyme, die den Phosphorsäurerest abtrennen, wodurch → Nucleoside entstehen.

Nucleotide, Biochemie: Phosphorsäureester der Nucleoside. Der Phosphatrest kann an die Kohlenstoffatome 2′, 3′ oder 5′ der → Ribose oder 3′ oder 5′ der Desoxyribose gebunden sein. Durch Verknüpfung mit einem zweiten Phosphatrest über eine Säureanhydridbindung entstehen **Nucleosid-Diphosphate,** mit einem dritten Phosphatrest **Nucleosid-Triphosphate** (z. B. Adenosintriphosphat, ATP). Bei gleichzeitiger Bindung eines Phosphatrestes an zwei Hydroxylgruppen der Ribose oder Desoxyribose entstehen die zykl. **Nucleosid-Phosphate** (z. B. zykl. 3′-, 5′-Adenosinmonophosphat = ›second messenger‹). **Polynucleotide** sind die Desoxyribonucleinsäuren (→ DNS) und Ribonucleinsäuren (→ RNS).

Nuggets [nˈʌgɪts, engl.] *Mz.,* kirschkerngroße und größere, gerundete Klumpen gediegenen Goldes; meist in Flußablagerungen (→ Seifen 2).

nuklear, den Atomkern betreffend.

Nuklear|antrieb, → Kernenergieantrieb.

Nuklearchemie, die → Kernchemie.

Nuklear|reinheit, Reinheitsbegriff für Kernbrenn- und Kernwerkstoffe, der den Gehalt an Neutronengiften ausdrückt.

Nuklearwaffen, die → Kernwaffen.

Nukleogenese, Entstehung der chem. Elemente im Kosmos. Wasserstoff und Helium wurden bei der Abkühlung des Universums aus den beim Urknall erzeugten Elementarteilchen gebildet (→ Kosmologie), während weiteres Helium und alle schwereren Elemente durch → Kernfusion in den Sternen erzeugt wurden (→ Sternentwicklung).

Nukleonen, *Ez. das* **Nukleon,** zusammenfassende Bez. für die Bausteine der Atomkerne, die → Protonen und → Neutronen; i. w. S. werden auch die zugehörigen Antiteilchen, die **Antinukleonen** (Antiprotonen und Antineutronen), zu den N. gezählt. Die N. unterliegen der starken → Wechselwirkung und gehören daher zu den Hadronen, wobei sie als schwere Elementarteilchen zu den Baryonen zählen (ÜBERSICHT Elementarteilchen). Nach dem Quarkmodell sind die Nukleonen aus → Quarks aufgebaut.

Nukleonenzahl, die → Massenzahl.

Nuklid, Bez. für eine Atomsorte mit einer nach Kernladungszahl Z und Massenzahl A festgelegten Kernart, z. B. das N. ›Kobalt 60‹ mit $Z = 27$, $A = 60$: $^{60}_{27}$Co. Der Begriff → Isotop wird für die verschiedenen N. eines Elementes verwendet, z. B. ist das N. $^{92}_{42}$Mo eines der mehr als 20 Isotope des Elementes Molybdän. – Radioaktive N. heißen → Radionuklide.

Null, Mathematik: Zeichen 0, als Zahl das neutrale Element der Addition, d. h. die Lösung der Gleichung $a + x = a$ für alle Zahlen a. Daraus folgt $a \cdot 0 = 0$. Das **N.-Element** (meist ›0‹ geschrieben) eines Körpers $(K, +, \cdot)$ oder eines Ringes $(R, +, \cdot)$ ist das neutrale Element bezüglich der additiven Verknüpfung $+$, z. B. die N. im komplexen oder reellen Zahlkörper. Für die zweite Verknüpfung $\cdot$ gilt in jedem Ring für jedes Element a: $a \cdot 0 = 0 \cdot a = 0$. Die N. besitzt bezüglich dieser Verknüpfung niemals ein inverses Element. – Die **N.-Stellen einer Funktion** f mit Werten in einem Ring sind die Elemente c mit der Eigenschaft $f(c) = 0$. – **N.-Stellen eines Polynoms** $f(x)$ sind die N.-Stellen der durch das Polynom definierten Funktion. Die Existenz von N.-Stellen von Polynomen mit reellen Koeffizienten im komplexen Zahlkörper behandelt der Fundamentalsatz der → Algebra. (→ Nullteiler)

Nulleiter, elektr. Leiter, der unmittelbar geerdet ist;

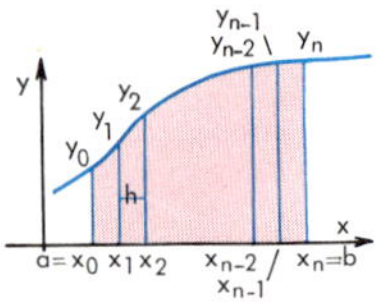

numerische Integration

meist ein → Neutralleiter, der auch die Funktion eines Schutzleiters (→ Schutzerdung, in Niederspannungsnetzen auch **Nullung** genannt) übernehmen kann.

Nullfolge, eine → Folge von Zahlen, die den → Grenzwert 0 hat; z. B. 1, 1/2, 1/3, 1/4, . . ., $1/n$, . . .

Null|instrument, hochempfindl. elektr. Meßinstrument zum Nachweis der Spannungsgleichheit zweier Spannungen oder der Stromlosigkeit in einem Stromzweig; häufig werden → Galvanometer verwendet. Reine N. benötigen keine in Einheiten kalibrierte Skalen. (→ Nullmethode)

Nullmenge, veraltete Bez. für die → leere Menge.

Nullmeridian, Anfangsmeridian, willkürlich festgelegter, senkrecht zum Äquator stehender Meridian (→ Länge 4). Seit 1911 (internat. Konferenz in Paris) ist als N. der Meridian durch die alte Sternwarte von Greenwich anerkannt.

Nullmethode, Meßverfahren, bei dem die Differenz zw. einem vorgegebenen und einem mit diesem zu vergleichenden Wert zum Verschwinden gebracht wird **(Nullabgleich).** Z. B. ist bei elektr. Abgleichschaltungen (→ Kompensationsmethode, → Meßbrücke) die ›Null‹-Anzeige die Bedingung zur Meßwertermittlung (→ Nullinstrument).

Nullphasenwinkel, → Phase 4).

Nullphasenzeit, → Phase 4).

Nullpunkt, Angangspunkt einer Skala, z. B. der Temperaturskala (→ absoluter Nullpunkt), oder Ursprung eines Koordinatensystems (→ Koordinaten).

Nullpunkts|energie, Restenergie, die ein System beim absoluten Nullpunkt (0 K) in Form von Schwingungsenergie noch erhält. Zur Erklärung der N. reicht die klass. Theorie nicht aus, es muß die Quantentheorie herangezogen werden. Danach bleibt bei schwingungsfähigen Systemen wie Molekülen eine Restenergie $h\nu/2$ je Schwingungsfreiheitsgrad übrig (h Plancksche Konstante, ν Schwingungsfrequenz). Die mikrophysikal. Teilchen, die wegen der Heisenbergschen Unschärferelation nicht zur Ruhe kommen können, führen **Nullpunktsschwingungen** aus. – Allgemein ist die N. die Energie des Grundzustandes eines Systems (z. B. eines Fermi-Gases) am absoluten Nullpunkt.

Nullseri|e, nur in begrenzter Stückzahl hergestellte erste Probeserie eines techn. Produktes.

Nullstartverfahren, Startverfahren für militär. Luftfahrzeuge, wobei diese mit Hilfe eines Startgestells aus dem Stand heraus (Startrollstrecke null) durch schubstarke und abwerfbare Startraketen in eine ansteigende Flugbahn befördert werden.

Nullstelle, → Null.

Nullteiler, Element $a \neq 0$ eines → Ringes R, für das es ein Element $b \in R$ gibt mit $b \neq 0$ und $a \cdot b = 0$; ein nullteilerfreier kommunativer Ring ist ein Integritätsbereich.

Nullung, → Nulleiter.

Nullvektor, Bez. für den Vektor des $\mathbb{R}^n$ mit den Komponenten $x_1 = x_2 = \ldots = x_n = 0$.

Numerierung, Textiltechnik: Feinheitsangabe von textilen Produkten (→ Garnfeinheit).

numẹrische Exzentrizität, in Ellipsen und Hyperbeln der Quotient aus der **linearen Exzentrizität** (Abstand eines Brennpunktes vom Mittelpunkt) und der halben Hauptachsenlänge. (→ Ellipse)

numẹrische Integration, Verfahren, bei dem der Wert eines best. Integrals näherungsweise ermittelt wird. Der Grundgedanke der n. I. ist das Ersetzen des Integranden y durch eine Ersatzfunktion, meist durch ein Polynom, und zwar in jedem Teilintervall des Integrationsintervalls. Man zerlegt das Integrationsintervall von $a(=x_0)$ bis $b(=x_n)$ in n gleiche Teile der Breite h und berechnet für die Teilpunkte x_0 bis x_n die Werte der zu integrierenden Funktion y_0 bis y_n.

Beispiele: Die **Trapezformel** ergibt sich beim Verwenden von Polynomen 1. Grades:

$$\int_a^b y\,dx \approx (y_0 + 2y_1 + 2y_2 + \ldots + 2y_{n-1} + y_n);$$

die **Simpsonsche Regel** [sɪmpsn-] bei Polynomen 2. Grades:

$$\int_a^b y\,dx \approx \frac{h}{3}(y_0 + 4y_1 + 2y_2 + 4y_3 + \ldots + 2y_{n-2} + 4y_{n-1} + y_n)$$

für gerade n. Ist $n = 3$, gilt die **Newtonsche Dreiachtelregel** [nju:tn-]:

$$\int_a^b y\,dx \approx \frac{3h}{8}(y_0 + 3y_1 + 3y_2 + y_3).$$

Die Güte einer n. I. läßt sich durch Intervallverfeinerung verbessern.

numẹrische Maschinensteuerung, engl. **Numerical Control** [nju:mˈerɪkl kəntrˈəʊl], Abk. **NC,** nach VDI-Richtlinie 3257 allg. Bez. für Steuerungen, bei denen die Steuerbefehle durch Zahlen ausgedrückt werden. Speziell bei Werkzeugmaschinen bedeutet die n. M. die Verwendung der das Werkstück beschreibenden Maßzahlen mittels digitaler Schaltungen zur Steuerung der formerzeugenden Relativbewegung zw. Werkzeug und Werkstück. Über computergestützte n. M. → CNC.

numẹrische Mathematik, Teilgebiet der Mathematik, in dem Methoden zur zahlenmäßigen (numerischen) Berechnung der Werte mathemat. Objekte entwickelt werden. Z. B. sind viele Differentialgleichungen nicht durch Funktionen lösbar, die tabellarisch vorliegen oder deren Werte in wenigen Schritten zu erhalten sind. Der Verlauf der Lösungsfunktionen wird deshalb so angegeben, daß für genügend viele Argumentwerte die Funktionswerte näherungsweise berechnet und die Abweichungen vom exakten Wert abgeschätzt werden. Computer ermöglichen es, Verfahren in Betracht zu ziehen, die einen großen Rechenaufwand erfordern; z. B. werden viele Probleme auf die Lösung linearer Gleichungssysteme zurückgeführt. Die Lösung numer. Probleme erfolgt i. a. mit Hilfe von Algorithmen. Da in den Rechenanlagen nur endlich viele Zahlen mit begrenzter Genaugikeit zur Verfügung stehen, müssen sowohl die Eingabewerte als auch die Zwischenresultate, die für die weiteren Schritte verwendet werden, abgerundet werden. Die entstehenden Fehler pflanzen sich fort und können insgesamt sehr groß werden, auch wenn sie bei jedem Einzelschritt klein sind. Die n. M. muß daher nach Algorithmen suchen, bei denen der Einfluß von Rundungsfehlern und anderen numer. Störungen auf das Endresultat in übersehbarer Weise klein bleibt, d. h., es liegt **numer. Stabilität** vor.

Meist ist es nicht möglich, den exakten Wert nach einer nicht zu großen Zahl von Schritten anzugeben. Daher müssen Verfahren zur Berechnung von Näherungswerten für die gesuchte Größe entwickelt werden, und zwar so, daß die Näherungswerte schrittweise verbessert werden können und diese Folge der Näherungen gegen den gesuchten Wert konvergiert. Wesentlich sind außerdem die Konvergenzgeschwindigkeit und die Möglichkeit, die Fehler abschätzen zu können. Mit Hilfe der → Funktionalanalyse können viele Entwicklungen der n. M. einheitlich theoretisch erfaßt werden. Wichtige Fragenkomplexe der n. M. sind u. a.: 1) Lösen von Gleichungen $f(x) = 0$, wobei f eine Funktion auf geeigneten Räumen der Funktionalanalysis ist. Die meisten nichtlinearen Fälle werden, wie auch gewisse lineare Gleichungssysteme, mit Iterationsmethoden (→ Iteration) behandelt, lineare Systeme auch mit Eliminationsverfahren. 2) Approximation oder Darstellung von Funktionen mit Hilfe vorgegebener Klassen von Funktionen, z. B. Polynomfunktionen, trigonometr. Polynome oder Reihen, rationale Funktionen, Spline-Funktionen (→ Spline-Interpolation). Hierunter fallen u. a. Interpolations- und Extrapolationsaufgaben und Approximationen mit anderen Approximationsvorschriften. 3) → numerische Integration, z. B. als Grundlage für 4) Anfangs- und Randwertaufgaben von gewöhnl. und partiellen Differentialgleichungen.

G. Hämmerlin: N. M. (²1978); J. Stoer: Einf. in die N. M., 1 (³1979); ders. u. R. Bulirsch: Einf. in die N. M., 2(²1978).

numerische Spannungsberechnung, Näherungsverfahren zur Ermittlung der Spanungen und Formänderungen in Bauteilen, z. B. von Maschinen oder Baukonstruktionen. Beim **Finite-Elemente-Verfahren** wird an Stelle des Kontinuums ein Gebilde aus endlichen Elementen (z. B. einem statisch unbestimmten Fachwerk) vorausgesetzt. Dies führt auf ein lineares Gleichungssystem mit vielen Unbekannten. Die Durchführung der Berechnung ist daher praktisch nur mit Computern möglich.

Der n. S. dienen auch das **Differenzengleichungsverfahren** und das **Singularitäten-Überlagerungsverfahren** (auch **Integralgleichungsverfahren** genannt); beide ermöglichen auch eine iterative Lösung (kleinere Rechenmaschine, größerer Zeitaufwand), für letzteres wurde auch eine rein zeichnerische Lösung des Problems vorgeschlagen.

Numerus, Mathematik: → Logarithmus.

Nummuliten, Nummulitidae, Fam. der Foraminiferen mit linsen- oder scheibenförmigen, bis rd. 10 cm Durchmesser erreichenden Kalkschalen (Münzensteine), die aus spiralig angeordneten, vielkammerigen Umgängen bestehen. – **N.-Kalk,** Kalkstein, in dem N. gesteinsbildend auftreten, bes. im Mitteleozän Südeuropas und Nordafrikas; Baumaterial der Pyramiden.

Nurflügelflugzeug, bislang nur selten verwendete Flugzeugbauart, die in strengem Sinn nur aus einem Tragflügel besteht, der ohne Hilfe von Stabilisierungsflächen flugstabil ist und Antriebsanlagen, Betriebsstoffe, Nutzlast und Besatzung aufnimmt. Der Wegfall von Rumpf, Leitwerk und Triebwerksgondeln verspricht Minderung von Widerstand und Bauaufwand. Da beim reinen N. jedoch die Flugstabilität oft nicht befriedigt, werden meist zusätzl. Leitwerksflächen am Flügel angeordnet.

Nut, längl. Vertiefung an Wellen, Zapfen, Naben, Holzbalken und dgl. zur Führung und Befestigung anderer Teile, z. B. durch Führungsstifte, Keil, Paßfeder; bei elektr. Maschinen eine rechteckige, ovale oder kreisrunde Einkerbung im Ständer oder Läufer zur Aufnahme der Wicklung. N. werden durch → Fräsen, → Räumen, → Hobeln, → Sägen und Stanzen hergestellt.

Nutation, 1) Astronomie: der → Präzession (Bild) der Erdachse überlagerte Störung mit einer Periode von 18,6 Jahren, die im wesentl. auf die Drehung der Mondbahn (→ Mond) zurückgeht.

2) Mechanik: Verschieden gebrauchter Begriff: a) kleine period. Schwankungen des Öffnungswinkels des Präzessionskegels bei der allg. Bewegung des rasch rotierenden schweren symmetr. Kreisels. Diese Bewegung, die **pseudoreguläre Präzession,** setzt sich aus einer regulären → Präzession und der N. zusammen. b) Bez. für die reguläre Präzession des kräftefreien symmetr. → Kreisels, entsprechend wird der Präzessionskegel, d. h. der Kegel, den die Figurenachse um die raumfeste Drehimpulsachse beschreibt, **Nutationskegel** genannt.

Nutsche, Chemie: bei der Filtration unter vermindertem Druck verwendeter dickwandiger Filter (→ Filtration); eine starkwandige N. heißt **Büchnertrichter.**

Nutzbremsung, Bremsverfahren für elektr. Antriebe, bei dem der Antriebsmotor vorübergehend als Generator arbeitet und kinet. oder potentielle Energie in Form elektr. Energie in das Netz zurückspeist, z. B. bei Förderanlagen, Bergbahnen, U- und Straßenbahnen.

Nutzen, bei der Buchherstellung die Zahl, die angibt, wie oft die gleichen Einzelteile (Formatzuschnitte) eines kleinen Druckerzeugnisses auf dem Format eines Bogens Papier (z. B. Briefmarkenbogen), Karton, Pappe, Gewebe, Kunststoff, Leder u. a. Platz haben.

Nutzkraftwagen, Nutzfahrzeuge, im allg Sprachgebrauch den Personenkraftwagen gegenüberge stellte Kraftwagen, die besonders Güter und/oder gewerblich Personen befördern, z. B. Lastkraftwagen, Zugmaschinen, Omnibusse, Sonderfahrzeuge (Feuerwehrfahrzeuge, Krankenwagen, Müllfahrzeuge, Tankwagen, Abschleppwagen u. a.).

Nutzladefaktor, das Verhältnis der tatsächlich beförderten zur möglichen Nutzlast eines Fahrzeugs.

Nutzlast, 1) Bautechnik: die Verkehrsbelastung von Bauwerken (durch Personen, Einrichtungen, Wind, Schnee) im Unterschied zur ständigen Last (der Belastung aus dem Eigengewicht der Bauteile).

2) Verkehrswesen: der Anteil der Zuladung eines Transportgeräts (Land-, Wasser-, Luft- oder Raumfahrzeugs), der nicht zu dessen Betrieb und Fortbewegung erforderlich ist und damit zur Beförderung von zivilen oder militär. Lasten (einschließlich Personen) genutzt werden kann. Bei kommerzieller Verwendung von Transportmitteln wird unter N. meist die gegen Bezahlung beförderte Last verstanden **(Fracht, zahlende N.),** bei Schiffen der Netto-Raumgehalt (→ Bruttoraumzahl, → Registertonne, → Deadweight). **N.-Verhältnis,** Raumfahrt: Quotient aus N.-Masse und Raketenstartmasse.

Nutzleistung, effektive Leistung, die von einer Maschine (Generator, Motor) oder einem Gerät (Transformator, Verstärker) abgegebene → Wirkleistung. Sie ist um die Verlustleistung (Reibungsverluste, Stromwärmeverluste) kleiner als die zugeführte Wirkleistung. (→ Wirkungsgrad, → Leistung)

nx, Einheitenzeichen für → Nox.

Ny (ν, N), ein → griechischer Buchstabe (Übersicht).

1) ν, Formelzeichen für → Frequenz, → Stoffmenge und kinematische → Viskosität.

2) ν, physikal. Symbol für das → Neutrino.

Nylanders Reagens [n. dem schwed. Chemiker C. W. G. Nylander, * 1835, † 1907], Chemie: Lösung von 2 g basischem Wismutnitrat und 4 g Seignettesalz in 100 g 8%iger Natronlauge, zum Nachweis von Traubenzucker (z. B. im Harn).

Nylon [n'aılɔn], ehem. Handelsname für Chemiefasern und Kunststoffe aus → Polyamiden.

Nyquist-Flanke [n. dem amerikan. Elektrotechniker H. Nyquist, * 1889, † 1976], bei der Restseitenbandüber-

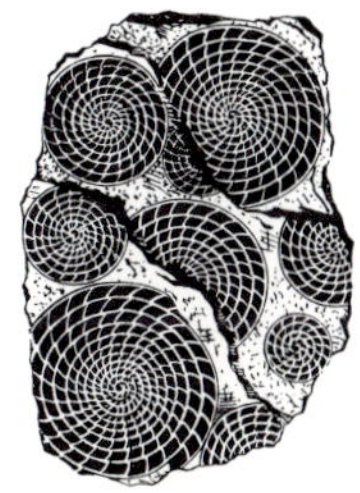

Nummuliten
im Gestein

Nut

tragung die Begrenzung des Frequenzbandes im Bereich der Trägerfrequenz; sie hat beim Fernsehrundfunk (nach CCIR-Norm) eine Breite von 1,5 MHz und dient zum Ausgleich der Empfindlichkeit des Empfängers für die tiefen und hohen Frequenzen (→ Fernsehnormen).

Nyquist-Kriterium, graph. Verfahren zur Stabilitätsanalyse geschlossener → Regelkreise. Stabilitätsuntersuchungen sind notwendig, um eine Aussage über die Schwingungsneigung der Anordnung machen zu können. Dazu wird der Wirkungsweg des Regelkreises an einer beliebigen Stelle unterbrochen und meßtechnisch der → Frequenzgang F_0 (jω) für den Bereich $0 \leq \omega < \infty$ aufgenommen. Diese Meßreihe läßt sich in Form einer → Ortskurve in der komplexen Ebene auftragen. Aus der Lage der Ortskurve gegenüber dem Punkt −1 auf der reellen Achse (›kritischer Punkt‹) können Rückschlüsse auf das Stabilitätsverhalten des geschlossenen Regelkreises gezogen werden.

NZ, Abk. für → Neutralisationszahl.

O

O, 1) Abk. für Osten.

2) chem. Symbol für → Sauerstoff.

O-, in der chem. Nomenklatur Bez. für → ortho . . . zur Kennzeichnung der 1,2-Position in aromat. Ringverbindungen.

Oase, in den subtrop. Trockenzonen in Wüsten und Wüstensteppen gelegene Inseln reicheren Pflanzenwuchses, an Quellen, Flußläufen oder an Stellen mit nahem Grundwasser, meist durch Bewässerung (Brunnen, Wasserleitungen, Fluß- und artes. Wasser).

Oberbau, → Eisenbahnoberbau, → Straßenbau.

Oberboden, urspr. auf dem Ausgangsgestein gebildeter Boden; oberster Horizont im Bodenprofil.

obere Grenze, das → Supremum.

obere Schranke. Ist M eine Teilmenge der reellen Zahlen $\mathbb{R}$ und gibt es ein Element $s \in \mathbb{R}$, so daß für alle Elemente $x \in M$ gilt $x \leqq s$, so heißt s o. S. von M. (→ Supremum)

Oberfläche, 1) Mathematik: Gesamtheit der Randpunkte eines Körpers.

2) Technik: Die Begrenzung eines festen Körpers gegenüber dem umgebenden Raum **(wirkliche O.)**. Die meßbare **Ist-O.** (als angenähertes Abbild der wirkl. O.) weicht von der **geometrisch-idealen O.** als Begrenzung des geometrisch vollkommen gedachten Körpers durch ihre tatsächl. Gestalt ab. Ihre nicht ideale, fehlerhafte Ausbildung beruht auf Werkzeugmängeln, Ungleichmäßigkeiten des Werkstoffs, nachträgl. Beschädigungen u. a. (→ Oberflächenphysik, → Oberflächentechnik). Zum Messen und Prüfen der O. wird von O.-Meß- und -Prüfgeräten entweder eine vergrößerte Abbildung eines O.-Profilschnittes aufgezeichnet (schreibende O.-Meßgeräte) oder auf einer Skala ein Zahlenwert der **O.-Rauheit** angezeigt. In Dtl. wird neben anderen Maßen vorzugsweise die **Rauhtiefe** nach DIN benutzt (→ Rauheit). – Die **O.-Behandlung** dient dazu, die O. härter, chemisch und mechanisch widerstandsfähiger und dekorativer zu machen (→ Metallschutz, → Metallüberzüge).

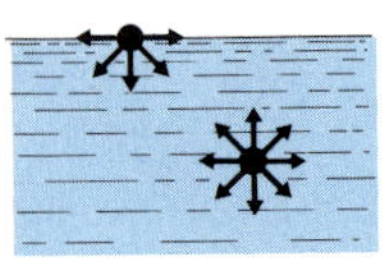
Oberflächenspannung

Oberflächen|aktivität, Kapillarflächen|aktivität, zeigen Stoffe mit starker Adsorptionskraft und (im Verhältnis zu ihrem Volumen) großer Oberfläche. Geringe Mengen solcher Substanzen bewirken in Flüssigkeiten eine deutl. Herabsetzung der → Oberflächenspannung (z. B. Waschmittel).

Oberflächengesteine, die → Ergußgesteine.

Oberflächenphysik, Spezialgebiet der → Festkörperphysik, das sich mit den physikal. Eigenschaften der Grenzflächen von Festkörpern gegen Gasphasen oder Vakuum befaßt. Unter der (idealen) Oberfläche sind die ersten drei bis vier Atomlagen des Festkörpers zu verstehen, in denen starke Abweichungen von der regelmäßigen räuml. Anordnung der Atome im Kristallgitter auftreten. Wegen der gestörten Translationssymmetrie und der nicht abgesättigten Valenzen an der Oberfläche unterscheiden sich die Eigenschaften und Energiezustände der Oberflächenelektronen deutlich von denen der Elektronen im Kristallvolumen, v. a. treten erlaubte Zustände im Bereich der Bandlücke auf. In ähnl. Weise werden die → Gitterschwingungen modifiziert. Die Oberflächenzustände beeinflussen z. B. die Eigenschaften von Halbleiterbauelementen und bestimmen das physikal. und chem. Verhalten an der Oberfläche. Sie spielen deshalb eine große Rolle bei der Katalyse, Galvanotechnik, Adhäsion, Verschleißfestigkeit, Oberflächenbearbeitung, beim Ionenaustausch u. a. technisch wichtigen Prozessen, die in den meisten Fällen aber noch nicht in allen Einzelheiten verstanden sind. Die starken lokalen elektr. Felder der valenzmäßig nicht abgesättigten Atome, die bei der → Kristallisation und → Epitaxie die Wachstumsprozesse steuern, führen bei Oberflächen zur Anlagerung von Atomen und Molekülen aus der umgebenden Atmosphäre (z. B. Sauerstoff, Kohlendioxid, Wasserdampf) und zur Bedekkung der Oberflächen mit Verunreinigungsschichten infolge → Adsorption. Zw. Adsorptionsschichten und Kristall tritt meist noch eine Zone auf, in der chem. Reaktionen der Kristallatome mit den Gasatomen stattgefunden haben, so daß oft nur wenige Nanometer starke Oxid-, Carbonat- und Hydroxidschichten entstehen. Reine Oberflächen können am einfachsten durch Spaltung eines Kristalls hergestellt werden, bei nicht spaltbaren Materialien durch Abtragen der obersten Atomlagen z. B. mittels Ionenstrahlbeschuß. Da sich nach jeder Oberflächenbehandlung in Sekundenbruchteilen neue Adsorptionsschichten und Verunreinigungen auf der Oberfläche ablagern, solange der Kristall mit einer Gasatmosphäre in Kontakt steht, müssen Oberflächenuntersuchungen im Ultrahochvakuum durchgeführt werden. Wichtige experimentelle Methoden sind Elektronenmikroskopie, → ESCA, → LEED-Verfahren und Sekundärionenmassenspektrometrie.

Oberflächenspannung, Erscheinung, die bei Flüssigkeiten in der Grenzfläche flüssig, gasförmig oder bei zwei nicht miteinander mischbaren Flüssigkeiten in der

Grenzfläche auftritt und die Oberfläche zu verkleinern sucht. Sie verursacht die Kugelform kleiner Tropfen, die ›Oberflächenhaut‹ von Flüssigkeiten, den Überdruck im Inneren von Blasen oder die Erscheinungen der → Kapillarität. Die O. ist die Folge der gegenseitigen Anziehung der Flüssigkeitsmoleküle, wobei sich für ein Molekül im Inneren der Flüssigkeit die von den Nachbarmolekülen ausgeübten Kräfte aufheben, für ein Molekül der Oberfläche dagegen eine nach innen gerichtete Kraft resultiert, da im Gasraum gleichartige Nachbarn fehlen (BILD). Als physikal. Größe ist die O. σ (auch **Koeffizient der O.** oder **Kapillaritätskonstante** genannt) der Quotient aus der Energie (Arbeit) ΔE, die bei konstantem Druck p und konstanter Temperatur T zur Vergrößerung der Flüssigkeitsoberfläche um den Betrag ΔA erforderlich ist und der Oberflächenvergrößerung ΔA, $\sigma = (\Delta E/\Delta A)_{p,T}$. Die O. wird deshalb in den Einheiten J/m^2 ($= N/m = kg/s^2$) angegeben. Sie entspricht der **spezif. freien Oberflächenenergie** in der Thermodynamik. Die O. nimmt mit zunehmender Temperatur ab **(Eötvössche Regel)** und wird am krit. Punkt null. Gelöste Stoffe erniedrigen die O. stark, wenn sie in der Oberfläche angereichert werden. – Die O. kann z. B. mit der **Steighöhenmethode** (→ Kapillarität) bestimmt werden.

Oberflächentechnik, die Gesamtheit der mechan., physikal. und chem. Verfahren, mit denen gewünschte Veränderungen der techn. Eigenschaften im oberflächennahen Bereich von metall. oder nichtmetall. Werkstoffen

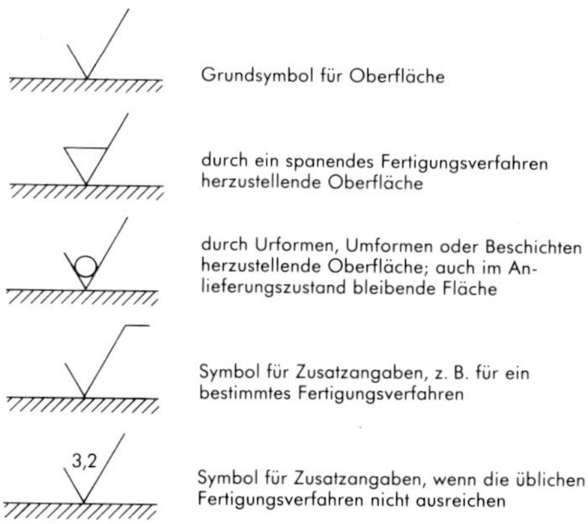

Oberflächentechnik: Kennzeichnung der Oberflächenbeschaffenheit in technischen Zeichnungen nach DIN ISO

erreicht werden können. Es entstehen so Verbundwerkstoffe, bei denen die Oberfläche z. B. die Aufgabe des Verschleiß- oder Korrosionsschutzes, der Grundwerkstoff die der mechan. Tragfähigkeit übernimmt. Die Gliederung des Gebiets kann nach verfahrenstechn. Gesichtspunkten erfolgen (Verfahren in der Gasphase, z. B. → Nitrieren) nach Mechanismen (z. B. → anodische Oxidation), nach Substanzen (z. B. → Vernickeln, → Verchromen) oder nach Behandlungsschritten (z. B. Vorbehandlung: → Metallreinigung). Bei der Anwendung der Verfahren der O. können techn. Gesichtspunkte (funktionelle Verfahren) oder solche der Ästhetik (dekorative Verfahren) im Vordergrund stehen. Jedes dekorative Teilgebiet erfüllt auch funktionelle Zwecke, z. B. den Korrosionsschutz wie bei der (dekorativen) → Galvanotechnik.

Oberflächenwasser, Wasser natürlicher oder künstlicher oberird. Gewässer (z. B. Flüsse, Seen, Talsperren) im Unterschied zum → Grundwasser.

Oberflächenwellen, 1) Geologie: Bez. für → seismische Wellen, die sich im Unterschied zu den **Raumwellen** an der Erdoberfläche ausbreiten (→ Erdbeben).

2) Physik: Transversalwellen, die sich in der Grenzfläche zweier Medien ausbreiten. Bei den langwelligen **Schwerewellen** an der Grenzfläche einer Flüssigkeit zu einem Gas bewegen sich die Flüssigkeitsteilchen unter dem Einfluß von Schwerkraft und Trägheit nahezu auf Kreisbahnen **(Orbitalbahnen)** senkrecht zur Oberfläche und bilden eine nicht sinusförmige Welle mit flachen Wellentälern und spitzen Wellenbergen. Bei den kurzwelligen **Kapillar-** oder **Kräuselwellen** stellt vorwiegend die Oberflächenspannung die glättende Richtkraft dar.

Oberflächenwellen-Bau|elemente, SAW-Bauelemente, Abk. für **Surface Acoustic Wave** [s'ə:fəs ək'ustɪk weɪv-, engl.], Bauelemente der → Akustoelektronik, die im Prinzip aus einem Plättchen aus piezoelektr. Material (z. B. Lithiumniobat) bestehen, auf das fingerförmige Elektroden aufgebracht sind. Ein an die Eingangselektroden angelegtes (Wechselspannungs-)Signal regt das piezoelektr. Material zu mechan. Schwingungen an, die sich als akust. Wellen auf der Oberseite des Substrats ausbreiten. Die durch den piezoelektr. Effekt an den Grenzflächen des Kristalls entstehenden Spannungsänderungen können dann von den Ausgangselektroden wieder abgenommen werden. Die verzahnte, kammartige Struktur der Elektroden bewirkt dabei eine Verstärkung der erzeugten akust. Wellen. O.-B. können u. a. als Filter (bes. als Bandfilter mit genau definierter Bandbreite), zur Stabilisierung bei Oszillatorschaltungen, zur Signalverzögerung und als Verstärker verwendet werden. In **akustoelektron. Verstärkern** wird die Wechselwirkung einer akust. Oberflächen- oder Volumenwelle in einem piezoelektr. Halbleiter mit gleichzeitig parallel zu den Schallwellen durch den Kristall laufenden Elektronen im Leitungsband ausgenutzt. Werden die Elektronen durch ein äußeres elektr. Feld so weit beschleunigt, daß sie sich schneller als die Schallwellen bewegen, so geben die Ladungsträger infolge Elektrostriktion laufend Energie an die akust. Welle ab, die so verstärkt wird. Dieser Effekt wird zum Bau von Mikrowellenverstärkern ausgenutzt.

Oberleitung, → Fahrleitungen.

Oberleitungs-Omnibus, Obus, Trolleybus [tr'ɔli-], nicht schienengebundenes Nahverkehrsmittel zur Personenbeförderung; von Elektromotoren angetrieben, die den Strom einer zweipoligen Oberleitung (550–800 V Gleichspannung) entnehmen. Der O.-O. kann seitlich um etwa 4,5 m von der Fahrdrahtmitte ausweichen. – Der erste O.-O. wurde 1882 von W. v. SIEMENS vorgestellt.

Oberlicht, 1) von oben in Räume einfallendes Tageslicht. 2) oben liegende Lichteinfallsöffnung, z. B. Dachfenster; bei Industriebauten werden bes. Sheddächer (→ Dach), auf Schiffen ein das oberste Deck durchbrechender Aufbau (›Skylight‹) verwendet.

Oberon, ein Mond des Planeten → Uranus.

Oberschwingungen, Bez. für Schwingungen, deren Frequenzen ganzzahlige Vielfache der Frequenz der Grundschwingung sind (→ Klang). Da die Grundschwingung als erste Teilschwingung gezählt wird, ist die n-te Teilschwingung die $(n-1)$-te O. Um Mißverständnisse zu vermeiden, wird nach DIN empfohlen, die Bez. **Teil-**

Objektiv

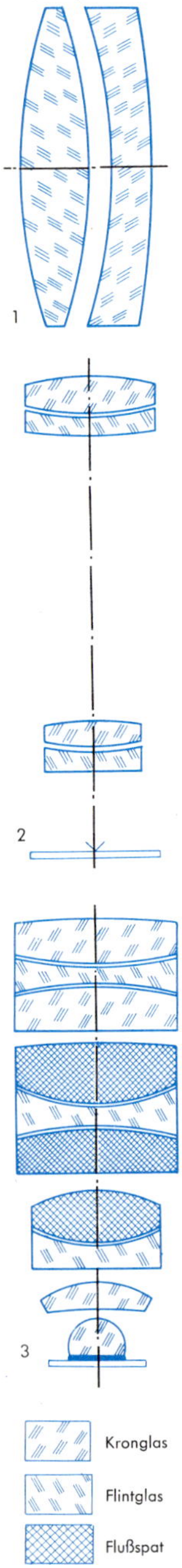

schwingung bevorzugt zu verwenden. Die n-te O. wird auch als $(n+1)$-te **Harmonische** der Schwingung bezeichnet (→ harmonische Analyse).

Obersumme, → Integralrechnung.

Obertöne, → Klang.

Oberwasser, Gewässerstrecke unmittelbar oberhalb eines Stufenbauwerks (Wehr, Schleuse, Kraftwerk).

Oberwelle, oft i. S. von → Oberschwingung verwendet, sollte aber nur für Wellen verwendet werden, deren Frequenz ein ganzzahliges Vielfaches der Frequenz der Grundwelle ist. O., deren Frequenzen in einem ganzzahligen Verhältnis zur Trägerfrequenz stehen, treten z. B. als unerwünschte Ausstrahlung eines Senders auf, verursacht durch Nichtlinearitäten im Sender.

Objektcode [-ko:d], ein in die → Maschinensprache umgesetztes Computerprogramm.

Objektiv, dem Objekt zugewandtes abbildendes Element (→ Linse 2 oder → Spiegel) eines opt. Instruments (Fernrohr, Mikroskop, Photoapparat). Bei der Abbildung entwirft es vom Objekt i. d. R. ein reelles umgekehrtes vergrößertes oder auch verkleinertes Bild, das entweder in einer Auffangsebene ausgewertet oder weiter abgebildet wird (→ Okular). Bei hochwertigen Geräten besteht das O. zur Vermeidung von Abbildungsfehlern aus einer geeigneten Linsenkombination. – Photograph. O. → Photographie.

Objektivprisma, ein vor das → Objektiv eines photograph. Teleskops gesetztes Glasprisma, das das punktförmige fokale Bild der Sterne zu Spektren auseinanderzieht; Hilfsmittel zur Spektralanalyse der Sterne.

Objektivrevolver, Optik: → Mikroskop 2).

Objektmikrometer, Optik: auf einem Objektträger angebrachte Meßskala, meist 2 mm lang und in $^1/_{100}$ mm geteilt, die zum Eichen von Feinmeßokularen und Okularmikrometern an Mikroskopen dient.

Objekt|tisch, → Mikroskop 2).

Objekt|träger, planparallele Glasplatte, trägt das meist mit einem Deckglas geschützte Untersuchungsobjekt in der Mikroskopie.

Observable *die,* Begriff für die beobachtbare Eigenschaft einer physikal. Realität; bes. in der Quantentheorie die Bez. für eine Größe (Ort, Impuls, Energie, Spin), die zu einem best. Zeitpunkt meßbar ist. O. werden in der mathemat. Formulierung der Quantenmechanik durch hermitesche Operatoren eines Hilbert-Raumes repräsentiert. Zwei O. können nur dann gleichzeitig scharf gemessen werden, wenn die zugehörigen Operatoren miteinander vertauschbar sind (→ Vertauschungsrelationen).

Observatorium, Beobachtungsstation für astronom. (→ Sternwarte), geophysikal. oder meteorolog. Vorgänge.

Obsidian *der,* vulkan. Gesteinsglas mit Gasresten und weniger als 3% Wasser; schwarz, dunkelgrau bis dunkelbraun, oft geflammt oder streifig; entstanden bei der raschen Erstarrung rhyolit. Laven, oft vergesellschaftet mit Bimsstein, Perlit und Liparit.

Obus, O-Bus, Abk. für → **O**berleitungs-Omni**bus**.

Objektiv: **1** Fernrohr-Objektiv vom Fraunhoferschen Typ. **2** Mikroskop-Objektiv aus zwei Gliedern für mittlere Vergrößerung (etwa 150fach). **3** Starkes Mikroskop-Objektiv, apochromatische Öl-Immersion, für starke Vergrößerungen (etwa 1000fach). Drei Linsen sind zur besseren Farbwiedergabe aus Flußspat hergestellt

Öchsle-Grad, Oechsle-Grad [n. dem Goldschmied F. Öchsle (Oechsle), * 1774, † 1852], Einheitenzeichen Oe°, nicht gesetzliche Einheit der Dichte von Most. Ist ϱ die Dichte des Obstsaftes in kg/dm^3 und n die Dichte in Oe°, so gilt der Zusammenhang $\{\varrho\} = 1 + \{n\}/1000$; $\{\varrho\}$, $\{n\}$ Zahlenwerte, $\{\varrho\} = \varrho/(kg/dm^3)$, $\{n\} = n/Oe°$, z. B. 1,050 kg/dm^3 = 50 Oe°; 1,075 kg/dm^3 = 75 Oe°. Das ›Mostgewicht‹ (aus dem sich annähernd der Zuckergehalt des Mostes und der Alkoholgehalt des zukünftigen Weines berechnen lassen), d. h. die Ö.-G., werden mit der für eine bestimmte Temperatur geeichten → Mostwaage gemessen.

Ocker, Verwitterungsprodukte von Eisenerz und Feldspat; der hohe Gehalt an Eisenoxiden, -hydroxiden und/oder basischen Sulfaten bewirkt die gelbe bis braune Färbung des natürl. anorgan. Pigments, das fein zermahlen mit Leinöl, Lacken, Kalk, Casein u. ä. angerührt und verstrichen wird. Beim Erhitzen nehmen O. eine rote Farbe an.

OCR, Abk. für **Optical Character Recognition** ['ɔptɪkl k'ærəktə rekəgn'ɪʃn, engl.], die optische → Zeichenerkennung. **OCR-Schrift** und **-Ziffern** haben besondere, dem → Zeichenleser angepaßte Formen.

Octadecadiensäure, → Linolsäure.

Octadecansäure, die → Stearinsäure.

Octadecatriensäure, → Linolensäure.

Octan, aliphat. Kohlenwasserstoff der allg. Zusammensetzung $CH_3(CH_2)_6CH_3$. Vorkommen in Erdöl und Benzin. MAK-Wert 2350 mg/m³. (→ Oktanzahlen)

Octanole, Octyl|alkohole, Capryl|alkohole. Chemie: Die unverzweigten O. sind farblose, angenehm riechende Flüssigkeiten. Sie sind nicht oder wenig wasserlöslich und werden u. a. in der Parfümerie, als Lösungsmittel und als Weichmacher benutzt. (→ 2-Äthylhexanol)

Octans, lat. Bez. für das Sternbild → Oktant 1).

Octene, in Wasser unlösl. organ. Verbindungen; zur Oxosynthese und Herstellung von Weichmachern und oberflächenaktiven Substanzen.

Octoate, Caprylate, Ester und Salze der Octansäure (Caprylsäure).

Ocytocin, → Neurohormone.

oder, Logik: in der → Aussagenlogik die Verknüpfungsvorschrift einer → Disjunktion. Die o.-Verknüpfung wird i. a. nicht ausschließend (entweder – oder), sondern einschließend (und/oder) gebraucht.

ODER-Glied, engl. **OR-Gate** [ɔ: geɪt], elektron. Grundschaltung der Digitaltechnik zur logischen Verknüpfung von zwei oder mehreren Eingangssignalen (→ Verknüpfungsglieder) i. S. der → Schaltalgebra. Am Ausgang eines ODER-G. tritt immer dann der Signalzustand logisch 1 auf, wenn mindestens an einem der Eingänge eine logische 1 liegt. Ist das nicht der Fall, erscheint am Ausgang eine logische 0. Abweichendes Verhalten zeigt die exklusive ODER-Schaltung (→ EXOR-Verknüpfung). Eine ODER-Schaltung kann im Prinzip aus Dioden oder Transistoren (in Form von integrierten Schaltkreisen) aufgebaut sein, am einfachsten läßt sich die ODER-Verknüpfung durch die Parallelschaltung von Schaltkontakten darstellen.

ODER-Verknüpfung, eine der Grundverknüpfungen der → Schaltalgebra (Disjunktion). Die schaltungstechn. Verwirklichung in der Digitaltechnik erfolgt durch das → ODER-Glied.

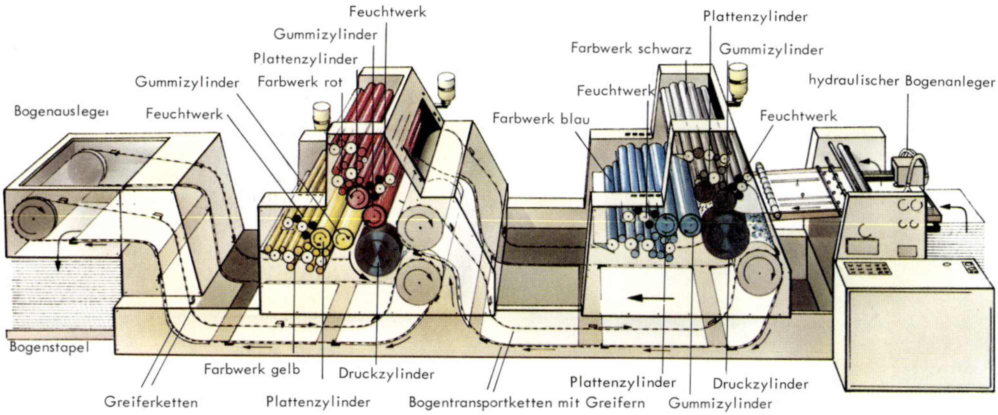

Offsetdruck: 4-Farben-O.-Maschine; Leistung: 15000 Bogen/h

Oe, Einheitenzeichen für →**Oersted.**

Oechsle-Grad, das →Öchsle-Grad.

Oeillet-Verfahren [œj'ɛ-, frz.], Verfahren zur Herstellung kleiner gezogener Teile aus dünnen Blechen (z. B. Schuhösen). Aus dem Blechstreifen wird eine halbkugelartige Wölbung herausgestreckt, diese dann im Außendurchmesser verkleinert und dafür in der Tiefe vergrößert.

OEM, Abk. für engl. **Original Equipment Manufacturer** [ər'ɪdʒənl ɪkw'ɪpmənt mænjuf'æktʃərə], ein Hersteller, dessen Erzeugnis als Baugruppe in Geräte anderer Hersteller eingebaut wird.

Oenanth|aldehyd, Heptanal, $C_6H_{13}CHO$, ölige, stark und fruchtartig riechende Flüssigkeit, kommt im Ingweröl vor, dient zur Herstellung von Riechstoffen. – **Oenanth|alkohole, Heptanole,** finden in der Parfümerie Verwendung.

Oenanthsäure, Heptansäure, ölige, talgig-ranzig riechende Flüssigkeit; wird durch Oxidation aus Oenanthaldehyd erhalten; zur Herstellung von Riechstoffen. – **Oenanthate** sind Salze und Ester der O.

Oersted [n. dem dän. Chemiker und Physiker H. Ch. Oersted, * 1777, † 1851], Einheitenzeichen **Oe,** nicht gesetzl. Einheit der magnet. Feldstärke im elektromagnetischen CGS-System: $1\,\text{Oe} = \frac{10}{4\pi}\,\text{A/cm}$.

OEZ, Abk. für **Osteuropäische Zeit,** →Zeitmessung.

Ofen, Gerät zur Erzeugung nutzbarer Wärme (→Heizung) durch Verbrennung fester, flüssiger oder gasförmiger Brennstoffe oder durch Umwandlung elektr. Energie.

Geschichte. Urform des O. ist der aus Zweigen und Lehm geformte **Back-O.,** der neben einer offenen Herdstelle schon in der jüngeren Steinzeit vorkommt. Der massive **Lehm-O.** hat in Ost- und Südosteuropa seine stärkste Durchbildung erfahren. Eine wesentl. Weiterentwicklung des O. ist der →Kachelofen. **Eisen-Ö.** (13. Jh.) wurden später mit Kachel-Ö. kombiniert. Zum Bestandteil der Raumausstattung wurde der **Fayence-O.** [faj'ãns-] des 18. Jh. Techn. Verbesserungen zur Ausnutzung der Wärme der Verbrennungsgase brachten z. B. längere O.-Rohre und der Einbau von Zügen, z. B. beim **Schnekken-O.** spiralförmig geführt. 1877 kam von Irland der **Dauerbrand-O.** auf den Kontinent.

Ofenreise, Metallurgie: die Dauer des ununterbrochenen Betriebes eines Ofens, bei neuzeitl. großen Industrieöfen etwa sechs bis acht Jahre, bei hohen Temperaturen und großen zeitl. Schwankungen drei bis sechs Jahre.

Ofensau, kurz **Sau,** ungeschmolzene metall. Abscheidungen in metallurg. Öfen, v. a. Eisen, oft mit Nikkel, Kobalt, Molybdän und Edelmetallen angereichert.

offene Menge, eine Menge, die das Komplement einer abgeschlossenen Menge ist oder die mit jedem Punkt wenigstens eine Umgebung dieses Punktes enthält. Z. B. schreibt man für eine o. M. reeller Zahlen (a,b) oder $a<x<b$.

Offen-End-Spinnen, OE-Spinnen, Open-End-Spinnen [əʊpn 'end-, engl.], **Elementspinnen,** moderne Spinnverfahren, bei denen die Drehungserteilung und das Aufwinden des Garnes voneinander unabhängige Funktionen darstellen. Die einzelnen Fasern (Elemente) werden an ein offenes Ende des Garnes kontinuierlich angesponnen. Die Maschinen unterscheiden sich hauptsächlich in der Fasersammel- und Garnbildungsstelle. Bekanntestes Verfahren ist das →Rotorspinnen.

offener Kern, Bez. für die Menge aller →inneren Punkte einer Teilmenge M eines topolog. Raumes T.

Off-line ['ɔflaɪn, engl.] kennzeichnet bei der Datenverarbeitung, daß 1) ein →Peripheriegerät nicht von einem Rechner gesteuert wird, 2) Daten nicht unmittelbar von einer Außenstation in einen Rechner zur Verarbeitung übernommen werden (Ggs.: →On-line).

Öffnungsfehler, ein →Abbildungsfehler.

Öffnungsverhältnis, relative Öffnung, bei photograph. Objektiven das Verhältnis des Durchmessers der Eintrittspupille zur Brennweite (z. B. 1:2), oft Lichtstärke des Objektivs genannt. Der Kehrwert des Ö. ist die Blendenzahl (→Blende 1).

Öffnungswinkel, Optik: Winkel der Randstrahlen des Strahlenkegels bei opt. Abbildungen mit einem Dingpunkt als Spitze und der Aperturblende als Basis.

Offsetdruck [engl.], ein →Druckverfahren, bei dem Schrift oder Bild von der Druckform, einer Folie (bes. bei

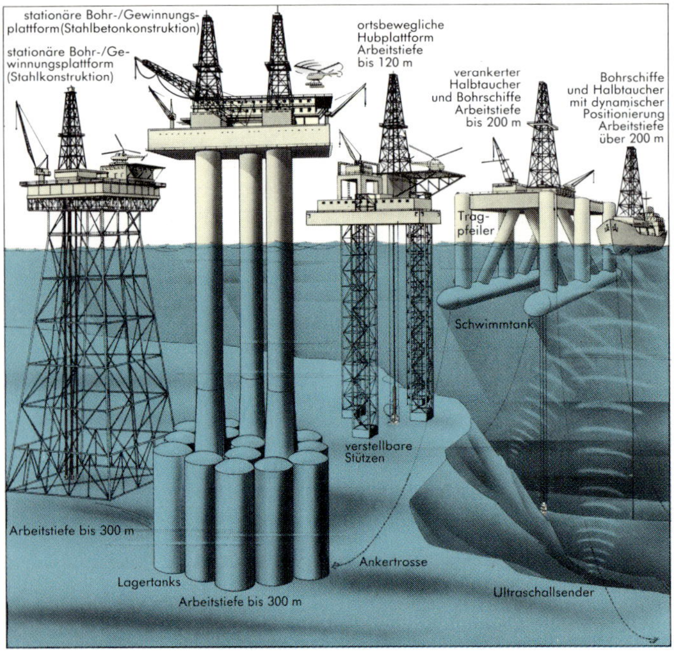

Offshore-Technik

Klein-O., Offsetdrucker) oder Metallplatte, auf den mit einem Gummituch bespannten Zylinder und von diesem auf das Papier übertragen werden (Indirektdruck). Das elast. Gummituch ermöglicht konturenscharfen Druck auch auf eine rauhe Papieroberfläche oder auf Blech. Träger des Druckbildes sind Aluminium-, Zink- oder Mehrschichtenplatten, auf die heute meist auf photomechan. Weg kopiert wird. Durch chem. Behandlung werden die bildfreien Stellen wasseraufnehmend und farbabstoßend, die Bildstellen dagegen wasserabstoßend und farbeaufnehmend.

Ọffsetpapier, für den Bogen- und Rollen-Offsetdruck geeignetes Druckpapier.

Offshore-Technik [ˈɔfʃɔ:-, engl.], Sammelbegriff für Aufsuchung und Gewinnung von → Erdöl und/oder → Erdgasen aus küstennahen Meeresgebieten (→ Meerestechnik, → Meeresbergbau). Für die Erschließungsphase eines Feldes benutzt man mobiles, für die Produktionsphase stationäres Gerät.

Die **Hubplattform**, engl. **jack up** [dʒˈækʌp], früher meist **Hubinsel** genannt, für Wassertiefen bis zu 120 m wird als schwimmfähige Plattform (Deck) von Schleppern oder durch Eigenantrieb an die Bohrstelle gebracht. Die absenkbaren 3–12 Beine stehen beim Bohren auf dem Meeresboden. Der Bohrlochkopf befindet sich auf dem Meeresboden oder auf einer vorher eingerammten kleinen Plattform, engl. **well protector** [wel prətˈektə], über dem Wasser.

Halbtaucher, engl. **semi-submersible** [sˈemɪ səbmˈə:səbl], sind ortsbewegl. schwimmende Plattformen, die von Schwimmkörpern mit vertikalen Säulen und Verstrebungen getragen und meist von Versorgungsschiffen geschleppt werden; Arbeitstiefe geankert bis zu 200 m. Die Tauchtiefe kann durch Fluten oder Lenzen der Schwimmkörper variiert werden. Der Halbtaucher wird mit 8–10 Ankern über dem Bohrlochkopf gehalten. Bei der dynam. Positionierung halten ihn durch Elektronenrechner gesteuerte Propeller über dem Bohransatzpunkt. Die Verbindung zw. Plattform und Bohrloch ist ein Schutzrohr, in dem sich das Bohrgestänge befindet.

Bohrleichter, oft ohne eigenen Antrieb, für das Abbohren von küstennahen Sumpfgebieten entwickelt, werden heute auch im küstennahen Schelfbereich eingesetzt. Tiefgang und Stabilität sind gering, Vorteil gegenüber Bohrschiffen: geringere Bau- und Betriebskosten.

Bohrschiffe, engl. **drill ship** [drˈɪl ʃɪp], sind oft umgebaute Frachtschiffe. Wie die Halbtaucher dienen sie dem Aufschlußbohren in über 200 m Wassertiefe; Vorteil: bessere Beweglichkeit, höhere Tragfähigkeit, so daß ohne Materialnachschub bis zu zwei Bohrungen niedergebracht werden können. Wegen der sehr viel stärkeren Hubbewegungen ist zur Erzielung eines gleichmäßigen Andrucks des Meißels auf der Bohrlochsohle am Flaschenzug ein hydraulisch-pneumat. Tauchschwingungskompensator eingebaut. Für den Tiefwasseraufschluß und unter Sonderbedingungen (Eisberggebiete) findet an Stelle des Ankerns dynam. Positionierung statt.

Die **Bohrplattform** ist eine an Land vorgefertigte Stahl- oder Stahlbetonkonstruktion urspr. für Wassertiefen bis 30 m, heute bis 300 m. Die Stahlkonstruktion wird mit eingerammten Pfählen am Meeresboden verankert, die Betonkonstruktion steht auf dem Meeresboden fest auf Grund ihres großen Gewichtes; ihr unterer Teil dient gleichzeitig als Speichertank für Rohöl (bis zu 200 000 t). Vom Deck aus werden im Richtbohrverfahren 30 Bohrungen und mehr abgeteuft und in Produktion genommen. Bohrplattformen sind seit 1975 in der Nordsee eingesetzt. Die Plattform dient auch als Unterkunft für die Besatzung und als Träger für die zur Aufbereitung und Verladung des Erdöls oder Erdgases benötigten Einrichtungen, z. B. Separatoren für die Trennung von Öl und Gas, Pumpen für Förderung, Transport.

Bohrplattformen werden durch spezielle Versorgungsschiffe mit Gütern (u. a. Rohre, Bohrgerät, Werkzeuge, Materialien, Verpflegung) und durch Hubschrauber mit Personen versorgt. Die Besatzung während der Bohrphase beträgt etwa 200, in der späteren Produktionsphase etwa 100 Mann. Das produzierte Öl wird von Tankern, die auf See aus den Speichertanks der Plattform beladen werden, bei größeren Feldern durch wetterunabhängige Pipelines auf dem Meeresboden abtransportiert.

Die Entwicklung der O.-T. begann in größerem Umfang Anfang der vierziger Jahre im Golf von Mexiko. Zum Abteufen von Bohrungen baute man Plattformen aus Holzpfählen, die in den Boden gerammt wurden. Auf- und Abbau waren relativ teuer und sehr vom Wetter abhängig. Hauptfördergebiete: Persisch/Arab. Golf, Mexiko, Nord- und Südamerika, Westafrika, Mittelmeer, Nordsee, Südostasien; ferner: Australien, Neuseeland, Indien, VR China, Japan, Taiwan.

The technology of offshore drilling, completion and production, hg. v. ETA Offshore Seminars (Tulsa, Okla., 1976); Entwicklungen in der O.-T., hg. v. Bundesminister für Forschung u. Technologie (1981). – **Zeitschriften:** Offshore (seit 1954); Ocean Industry (seit 1966); Offshore Services (seit 1968).

Ogdo|edrie, Bez. für die trigonal-pyramidale Kristallklasse, deren allg. Form (trigonale Pyramide) nur drei Flächen, d. h. ein Achtel der Flächenzahl der Holoedrie (dihexagonale Bipyramide), aufweist (TAFEL Kristall I,

Bilder E9, E20). Die Kristallform der O. heißt auch **Ogdoeder** (Achtelflächner).

ohc-Motor, Abk. für **overhead camshaft-Motor** ['əʊvəhed k'æmʃɑ:ft-, engl.], Verbrennungsmotor mit einer oder zwei über dem Zylinderkopf (Brennraum) liegenden → Nockenwellen.

Ohm [n. dem dt. Physiker G. S. Ohm, * 1789, † 1854], Einheitenzeichen Ω, SI-Einheit des elektrischen Widerstandes: 1 Ω = 1 V/A.

Ohm-Helmholtzsches Gesetz [n. G. S. Ohm und dem dt. Physiker H. L. F. v. Helmholtz, * 1821, † 1894], **Ohmsches Gesetz,** physiolog. Akustik: Das Ohr zerlegt jedes Tongemisch in einfache Töne und empfindet diese getrennt; es verhält sich wie ein harmon. Analysator, d. h. es führt eine → harmonische Analyse durch, wobei es jedoch nur die Frequenzen der einzelnen Teilschwingungen empfindet, nicht aber die Phasenlage.

Ohm|meter, elektr. Gerät zum Messen elektr. Widerstände. Tragbare O. enthalten eine Spannungsquelle (meist Trockenbatterie) und ein Potentiometer zur Nullpunkteinstellung. O. arbeiten als Strom- oder Spannungsmesser gemäß dem Ohmschen Gesetz $R = U/I$. Genauere O. arbeiten mit einer → Meßbrücke, die von Hand oder automatisch abgeglichen wird.

Ohmscher Widerstand, der nach dem → Ohmschen Gesetz bestimmte elektr. Widerstand. In einem Wechselstromkreis stellt der O. W. den elektr. → Wirkwiderstand dar, d. h. den Anteil des Scheinwiderstandes, der die gleiche physikal. Wirkung (z. B. Wärme, Licht) hervorbringt, wie ein von Gleichstrom durchflossener Widerstand. (→ Elektrizität)

Ohmsches Gesetz, 1) Elektrizitätslehre: Bei konstanter Temperatur ist der durch einen Leiter fließende elektr. Strom I der zw. den Leiterenden herrschenden Spannung U proportional. Der nur von den Leitereigenschaften und der Temperatur abhängige Quotient $U/I = R$ heißt elektr. Widerstand und wird in der Einheit Ohm (1 Ω = 1 V/A) gemessen. Für Gleichstrom lautet das O. G.: $U = R \cdot I$. Bei dem für Wechselstromkreise erweiterten O. G. muß anstelle des Ohmschen Widerstandes R der Scheinwiderstand Z gesetzt werden, da auch induktive und kapazitive Blindwiderstände auftreten und eine Phasenverschiebung zw. Spannung und Strom erzeugen: $U/I = Z$.
2) physiolog. Akustik: das → Ohm-Helmholtzsche Gesetz.

Ohr, zusammengesetztes Sinnesorgan der Wirbeltiere und des Menschen zum Wahrnehmen von Schallwellen (→ Hören). Beim menschl. O. unterscheidet man das **Schalleitungsorgan** (äußeres O., Trommelfell, Mittelohr) und das **Schallaufnahmeorgan** mit dem **Gleichgewichtsorgan;** die beiden letzteren werden als Innenohr zusammengefaßt. Das **äußere O.** fängt die Schallwellen auf **(Ohrmuschel)** und leitet sie durch den äußeren Gehörgang dem **Trommelfell** zu, einer durchscheinenden Membran, die den Mittelohrraum gegen den Gehörgang luftdicht abschließt. Das luftgefüllte **Mittelohr** enthält die Gehörknöchelchen, die miteinander gelenkig verbunden sind und eine Kette bilden, die vom Trommelfell über **Hammer, Amboß** und **Steigbügel** zum ovalen Fenster reicht und die vom Trommelfell aufgenommenen Schwingungen auf die Flüssigkeit im **inneren Ohr** überträgt. Die hier hervorgerufenen Druckschwankungen werden auf die Basilarmembran übertragen, deren Schwingungen in Nervenimpulse umgewandelt werden, die dann im Gehirn einen Höreindruck hervorrufen.

ohv-Motor, Abk. für **overhead valves-Motor** ['əʊvəhed vælvz-, engl.], Verbrennungsmotor mit im Zylinderkopf über dem → Brennraum liegenden Ventilen.

Okklusion, Meteorologie: der Zusammenschluß von Warm- und Kaltfront, → Front.

Oklo-Reaktor. 1972 wurden in der Uranmine Oklo in Gabun (W-Afrika) Anzeichen für die Existenz prähistor. Kernreaktoren entdeckt, in denen vor etwa zwei Mrd. Jahren über eine Zeit von zwei Mio. Jahren auf Grund eines zufälligen Zusammentreffens günstiger Umstände, wie hohe natürl. Konzentration des spaltbaren Uranisotops ^{235}U von damals 3%, Moderieren der Spaltneutronen durch den Wassergehalt des Bodens, Fehlen von Neutronen absorbierenden Elementen u. a., eine natürl. Kettenreaktion abgelaufen sein muß. Analysen des Urans ergaben, daß an sehr vielen Stellen der Oklo-Mine der Gehalt an Uran 235 mit 0,3% (normalerweise 0,7%) anomal niedrig ist. Es wird angenommen, daß der Rest durch eine natürlich ablaufende Kettenreaktion aufgebraucht worden ist. Die Annahme wird durch die vorgefundenen Spaltprodukte gestützt. Trotz systemat. Suche ist es bisher nicht gelungen, Anzeichen für die Existenz natürl. Kernreaktoren in anderen uranreichen Lagerstätten nachzuweisen.

Ökologie, die Lehre von den Beziehungen von Organismen untereinander und zur umgebenden Außenwelt. Die **Autökologie (physiolog. Ö.)** untersucht die Abhängigkeit des einzelnen Organismus von seiner Umwelt. Die **Demökologie (Populations-Ö.)** erforscht die Wechselwirkungen zw. den Angehörigen einer Art und die Beziehungen zw. Population und Umweltfaktoren. Die **Synökologie (Biozönologie)** befaßt sich mit den Beziehungen der einzelnen Arten einer Lebensgemeinschaft untereinander, deren Abhängigkeiten von der Mit- und Umwelt sowie deren Einwirkungen auf den Lebensraum. Man unterscheidet auch **Phyto-Ö. (Pflanzen-Ö.), Zoo-Ö. (Tier-Ö.)** und **Human-** oder **Anthropo-Ö.** Ein Sondergebiet ist die **Agrar-Ö.** mit der Erforschung der ökolog. Zusammenhänge in der landwirtschaftlich genutzten Kulturlandschaft. Ökolog. Erkenntnisse haben, z. B. durch die Betrachtung best. **Ökosysteme,** besondere Bedeutung bei der Lösung von Umweltproblemen gewonnen (→ Umweltschutz).

R. S. DeSanto: Concepts of applied ecology (Heidelberg 1978); W. Tischler: Einführung in die Ö. (²1979); W. Altenkirch: Ö. (²1980); H. Remmert: Ö., ein Lb (²1980); W. L. Moll: Tb. für Umweltschutz, Bd. 3: Ökolog. Informationen (1980); Theoret. Ö., hg. v. R. M. May (1980); E. P. Odum: Grundlagen der Ö., 1 (²1983), 2 (1980).

Okta|eder, ein von acht Flächen umgrenzter Körper (Achtflächner), i. e. S. ein von acht gleichseitigen kongruenten Dreiecken umschlossener → regelmäßiger Körper; spezielle Kristallform des kub. Kristallsystems (Tafel Kristall I, Bild F 7).

Okta|edrite, Gruppe der Eisenmeteorite (→ Meteorite), gekennzeichnet durch das Auftreten der → Widmannstättenschen Figuren.

Oktalsystem, Zahlensystem mit der Basis $B = 8$, bestehend aus den 8 Ziffern 0 bis 7 mit dem Bildungsgesetz:

$$Z_8 = \sum_{k=-\infty}^{n} a_k 8^k.$$

$$U = R \cdot I$$
$$I = \frac{U}{R}$$
$$R = \frac{U}{I}$$

Ohmsches Gesetz 1) 1

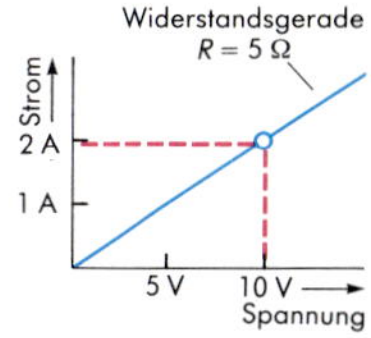

Ohmsches Gesetz 1) 2

Ohmsches Gesetz 1) 2: Bestimmung des Widerstandes R aus Strom und Spannung,
Beispiel: $R = \frac{U}{I} = \frac{10\,\mathrm{V}}{2\,\mathrm{A}} = 5\,\Omega$

Der Dezimalzahl 1000 entspricht die Oktalzahl 1750 und dieser Oktalzahl die in Dreiergruppen zusammengefaßte Binärzahl

$$001 \quad 111 \quad 101 \quad 000 = 1750_8 =$$
$$1 \cdot 8^3 + 7 \cdot 8^2 + 5 \cdot 8^1 + 0 \cdot 8^0 = 1000_{10}.$$

Das O. hat sich bei Großrechenanlagen für den unmittelbaren Ausdruck der Speicherbereichsinhalte und Speicherbereichsverteilung bewährt, da die Umwandlung der rechnerinternen Dualzahl in die entsprechende Oktalzahl bes. einfach möglich ist.

Oktant, 1) Astronomie: lat. **Octans,** ein → Sternbild am Südhimmel; enthält den südlichen Himmelspol (→ astronomische Koordinaten, → Polarstern).

2) Mathematik: jeder der acht Teile, in die der ganze Raum durch ein dreiachsiges kartes. Koordinatensystem geteilt wird.

Oktanzahlen, Octanzahlen, Abk. **OZ,** Maß für die → Klopffestigkeit von → Ottokraftstoffen. O. werden meist unter genormten Bedingungen in speziellen Prüfmotoren (z. B. → CFR-Motor) bestimmt. Nach der **F 1-Methode** (600 Umdrehungen/min, Gemischtemperatur nicht vorgeschrieben) wird die **Research-O.** [rɪs'ə:tʃ-], **ROZ,** nach der **F 2-Methode** (900 Umdrehungen/min, Gemischtemperatur 150 °C) die **Motor-O. (MOZ)** bestimmt. Der Kraftstoff wird dabei mit einem Testgemisch von n-Heptan und i-Octan (2,2,4-Trimethylpentan) verglichen. Für reines n-Heptan (schlechte Klopffestigkeit) wurde willkürlich die O. 0, für reines i-Octan (gute Klopffestigkeit) die O. 100 festgelegt. Der Anteil an i-Octan in der Testmischung (in Vol.-%) gibt deren O. Eine große Differenz zw. ROZ und MOZ (**Sensitivity** [sensɪ'tɪvətɪ]) bedeutet, daß die Klopffestigkeit des Kraftstoffes mit zunehmender therm. Belastung im Motor stark abnimmt. Unter **Front-O. (FOZ)** versteht man die ROZ der bis 100 °C überdestillierenden Kraftstoffanteile. Eine ungenügende FOZ ist für das Beschleunigungsklopfen verantwortlich. Die **Straßen-O. (SOZ)** wird nach standardisierten Programmen in einem Kraftfahrzeug auf dem Prüfstand oder im Straßenverkehr bestimmt. Die O. von Kohlenwasserstoffen nehmen mit der Molekülgröße ab, mit dem Grad der Molekülverzweigung und dem ungesättigten Charakter zu. Aromaten haben bes. hohe O.

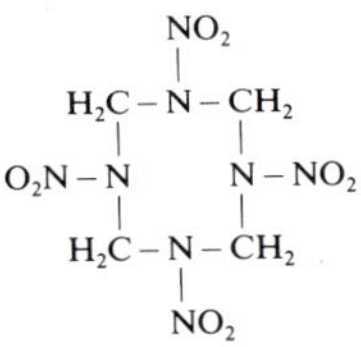

Oktogen

Die SOZ liegt meist bei der ROZ. Nach DIN 51600 Mindestwerte für Normalkraftstoff ROZ 91,0, MOZ 82,0; Superkraftstoff ROZ 97,4, MOZ 87,2. Zur Verbesserung der → Klopffestigkeit dienen u. a. → Antiklopfmittel oder → Methyl-tert-butyläther.

Oktett, Physik: acht zusammengehörige Energie- oder Massenzustände, z. B. die (Zustände der) acht Elektronen in der äußeren Elektronenschale eines → Atoms oder Ions, die eine Edelgaskonfiguration (Achterschale, Edelgasschale) bilden (→ Oktett-Theorie) oder die acht Massenzustände des → Oktett-Modells.

Oktett-Modell, Achtfach-Weg-Modell, Elementarteilchen-Modell, das die Klassifizierung der Hadronen in best., strukturmäßig zusammengehörige Gruppen (**Supermultipletts,** z. B. **Singulett** = 1, **Oktett** = 8, **Dekuplett** = 10 Teilchen) mit gleichem Spin und gleicher Parität gestattet. Es wurde 1961 von M. GELL-MANN und Y. NE'EMAN unabhängig voneinander vorgeschlagen. Das O.-M. entspringt der Vorstellung, daß die Ruhemassen der Elementarteilchen als gequantelte Energiezustände eines einheitl. physikal. Systems aufzufassen sind. Insbes. betrachtet man Baryonen mit dem Spin 1/2 und Baryonen-Resonanzen mit höheren Spins 3/2, 5/2, 7/2, . . . als die Glieder einer Serie von Zuständen analog den angeregten Zuständen eines Elektrons im Wasserstoffatom, wobei der Zustand mit dem Spin 1/2 als Grundzustand anzusehen ist. Das O.-M. nimmt an, daß die acht Massenzustände, die zu den bekannten Baryonen p, n, Λ, Σ^+, Σ^0, Σ^-, Ξ^0, Ξ^- (ÜBERSICHT Elementarteilchen) gehören, durch Aufspaltung des einen Grundzustandes ›Baryon‹ entstehen, analog der Aufspaltung von Elektronenzuständen im magnet. oder elektr. Feld (→ Zeeman-Effekt, → Stark-Effekt). Die Symmetrie, die die wechselwirkungsfreien Energiezustände zusammenfallen läßt und die durch Wechselwirkungen aufgehoben (›gebrochen‹) wird, heißt **unitäre Symmetrie;** sie entspringt der Gruppe der speziellen unitären Transformationen in einem dreidimensionalen Raum (SU_3), deutet also darauf hin, daß der im O.-M. hypothetisch angenommene Grundzustand ›Baryon‹ als Zustand in einem abstrakten dreidimensionalen Raum näher zu erklären ist. Neben dem Baryonen-Grundoktett konnten alle bekannten Mesonen und einige Meson-Baryon-Resonanzen mit verschiedenen Darstellungen der unitären Symmetrie identifiziert werden. Das O.-M. gestattet Vorhersagen über noch nicht entdeckte Teilchen aus dem gegebenen Supermultiplett und die Massenabstände der Partner eines Multipletts.

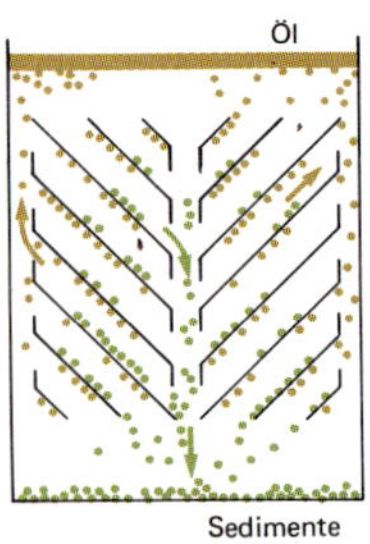

Ölabscheider: Prinzip eines Parallelplattenabscheiders (Strömungsrichtung des Abwassers senkrecht zur Papierebene)

Oktett-Theorie, von G. N. LEWIS entwickelte Vorstellung über die → chemische Bindung, wonach die Atome bestrebt sind, durch Aufnahme oder Abgabe von Elektronen eine den Edelgasen entsprechende Achterschale (Oktettgruppierung) anzunehmen, weil die Edelgaskonfiguration ein Energieminimum aufweist. Während bei der heteropolaren Bindung beide Bindungspartner (z. B. beim Kochsalz NaCl das Na^+- und das Cl^--Ion) eine vollständige Achterschale erhalten, werden bei der homöopolaren Bindung Achterschalen dadurch erreicht, daß die an der Bindung beteiligten Elektronen beiden Bindungspartnern gemeinsam angehören.

Oktogen, Homocyclonite, 1,3,5,7-Tetranitro-1,3,5,7-tetrazocin, brisanter → Explosivstoff, der in vier kristallinen Modifikationen existiert und bei der Herstellung von Hexogen als Nebenprodukt erhalten wird. O. zeichnet sich durch extrem hohe Detonationsgeschwindigkeit aus und wird in Hohlladungen z. T. anstelle von Hexogen verwendet.

Oktupol, Oktopol, ein → Multipol aus vier Dipolen.

Oktupol|linse, acht ringförmig angeordnete zylindrische Elektroden oder Magnetpole mit wechselndem Poltyp (Plus- und Minus- bzw. Nord- und Südpol), zur Fokussierung von Strahlen geladener Teilchen.

Okular *das,* dem Auge zugewandte Linse (Linsensystem) in opt. Instrumenten (bes. → Mikroskop 2, → Fernrohr), ermöglicht die Betrachtung des vom Objekt durch das → Objektiv erzeugten Zwischenbildes.

Okularmikrometer, kreisrunde Glasplatte mit Strich- oder Netzteilung in der Zwischenbildebene des Okulars eines Mikroskops oder Fernrohrs zum opt. Messen kleiner Abstände.

. . .ol, 1) Nachsilbe in systemat. Namen von Alkoholen.

2) Endsilbe in Trivialnamen, die i. d. R. von **Ol**eum abgeleitet sind (z. B. Xylol).

Öl, → Öle.

Öl|abscheider, Anlagen zur Abtrennung von Öl (und Sedimenten) aus Abwasser. Einfache Schwerkraft-Ö. sind Becken, die von ölhaltigem Abwasser kontinuierlich durchflossen werden. Das Öl scheidet sich auf Grund seiner geringeren Dichte an der Wasseroberfläche ab und kann dort abgezogen werden. Durch Einbau von Plattenbündeln (Parallelplattenabscheider) kann die Wirkung verbessert werden. Spezielle Einrichtungen sind → Heizölsperren und Heizölabscheider.

Öl|abstreifring, → Kolbenring.

Ölbad, → Heizbad.

Olbers|sches Paradoxon [n. dem Arzt und Astronomen H. W. M. Olbers, * 1758, † 1840], um 1820 erneut aufgeworfene Problemstellung der Unvereinbarkeit eines dunklen Nachthimmels mit einem (damals angenommenen) räumlich und zeitlich unendl. Universum, das gleichförmig mit Sternen erfüllt ist. Wären die Sterne gleichmäßig über ein unendl. Weltall verteilt, müßte auch der Nachthimmel außerordentlich hell sein, weil ein Sehstrahl in einer beliebigen Richtung immer irgendwann auf einen Stern treffen müßte. Olbers nahm zur Lösung des O. P. die Existenz eines absorbierenden Materials zw. den Sternen an. Thermodynam. Überlegungen zeigen jedoch, daß dieses Gas dann auf Grund der Absorption aufgeheizt werden und selbst strahlen müßte. – Das O. P. läßt sich mit einem endl., expandierenden Weltall lösen, das einen zeitl. Ursprung besitzt. – Das O. P. wurde in ähnl. Form schon 1744 von dem schweizer. Astronom C. LOYS beschrieben.

Ölbindemittel, meist hydrophobe Feststoffe, die bei Ölkatastrophen, zur Ölentfernung aus Hafenanlagen oder zur Entölung von Abwasser angewendet werden, um Mineralöl aufzusaugen. Neben billigen Materialien wie Torf, Holzmehl, Papier werden Kunststoffschäume (z. B. aus Polyurethan) und Kunstfasermatten (aus Polyestern oder Polyolefinen) empfohlen, die z. T. das acht- bis fünfzigfache ihres Gewichtes an Öl aufnehmen können.

Ölbrenner, Gerät zur Verbrennung von Heizöl zur Wärmeerzeugung für Raumheizung, Warmwasserbereitung, Kochen und industrielle Prozesse (→ Brenner). Der Ö. hat das Heizöl in einen leicht entflammbaren Zustand zu bringen und mit Verbrennungsluft zu mischen. Dazu dienen für kleine Leistungen **Verdampfungsbrenner,** für große Leistungen **Zerstäubungsbrenner.**

Old Red, Old Red Sandstone [əuld rəd s'ændstəʊn, engl.], Kontinentalfazies des Devon auf der N-Hemisphäre mit v. a. roten klast. Sedimenten und lagunären Einschaltungen. – Der **Old-Red-Kontinent** befand sich nördlich der varisz. Geosynklinale.

Öle, Sammelbegriff für flüssige, in Wasser schwerlösliche organ. Verbindungen, die meist dickflüssiger und schwerer flüchtig als Wasser sind. Die → ätherischen Öle sind aus Pflanzen gewonnene, relativ flüchtige Gemische von Alkoholen, Estern, Ketonen, Kohlenwasserstoffen u. a. Verbindungen. **Fette Ö.** (→ Fette) sind Glyzerinester von z. T. ungesättigten Fettsäuren pflanzl. oder tier. Herkunft. Sie sind schwerflüchtig und hinterlassen im Unterschied zu äther. Ö. auf Papier einen Fettfleck. **Mineral-Ö.** werden überwiegend durch Destillation und Raffination aus → Erdöl gewonnen und bestehen v. a. aus Kohlenwasserstoffen (z. B. → Heizöle, → Schmieröle). Unter der Bez. → Syntheseöle werden verschiedenartige, synthetisch hergestellte Ö. zusammengefaßt (z. B. Ester von Dicarbonsäuren, Silicon-Ö.).

Oleate, Salze und Ester der → Ölsäure.

Olefine, die → Alkene.

Ole|in [lat.] *das,* → Ölsäure.

Ole|um [lat.] *das, Mz.* **Olea,** Öl. **1)** Chemie: rauchende (konzentrierte) → Schwefelsäure, die noch Schwefeltrioxid gelöst enthält.

2) Pharmazie: Abk. **Ol.,** a) **Olea aetherea,** die äther. Öle; b) **Olea mineralia,** die Mineralöle; c) **Olea medicata,** arzneil. Öle.

Ölfalle, → Erdöl.

Ölfarben, Farben, die → Öllacke, Pigmente und eventuell Füllstoffe enthalten. Künstler-Ö. haben einen hohen Pigmentgehalt. Sie sind pastös und sollen i. Ggs. zu Anstrichmitteln nicht verlaufen.

Ölfeld, durch fündig gewordene Aufschlußbohrungen erschlossene und durch Erweiterungsbohrungen räumlich abgegrenzte Erdöllagerstätte. Durch Förderbohrungen kann aus einem Ö. Erdöl gewonnen werden.

Ölfeldwasser, svw. → Randwasser.

Ölfeuerung, eine mit Heizöl betriebene Feuerungsanlage.

Ölhärtung, die → Fetthärtung.

Ölheizung, eine → Heizung mit einer Wärmeerzeugung durch Verbrennung von Heizöl.

Oligoklas, → Feldspate.

Oligomere, durch → Oligomerisierung hergestellte Verbindungen. Beispiele sind Di- und Triisobuten, die durch Reaktion von i-Buten an sauren Ionenaustauschern hergestellt und zu Waschrohstoffen und Weichmachern weiterverarbeitet werden.

Oligomere

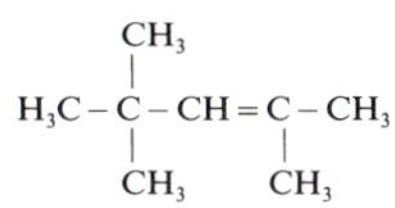

Diisobuten (2-Methyl-4-dimethyl-2-penten)

Oligomerisierung, Aufbaureaktion, bei der, i. Ggs. zur Polymerisation, nur wenige Moleküle eines Monomeren miteinander reagieren. Je nach Anzahl der sich verbindenden Moleküle unterscheidet man **Dimerisierung, Trimerisierung** usw.

Oligon|spat, → Rhodochrosit.

Oligosaccharide, in Pflanzen verbreitete Kohlenhydrate, die aus wenigen (zwei bis zehn) glycosidisch verknüpften Monosaccharid-Einheiten aufgebaut sind (→ Glykoside); z. B. Dextrin. (→ Zuckerarten)

oligotroph, Bez. für geringproduktive Lebensorte, z. B. nährstoffarme stehende Binnengewässer und humusarme magere Böden. Die Produktion an organ. Stoffen ist sehr viel kleiner als in nährstoffreichen (eutrophen) Biotopen.

Oligozän, Erdgeschichte: obere Abteilung des Paläogen; → Tertiär.

Olisthostrom, Geologie: ungeschichtete, brekziöse, submarine Rutschmasse in Geosynklinalgebieten von großer Ausdehnung und Mächtigkeit. Große, in ihnen unregelmäßig verteilte Gesteinsblöcke heißen **Olistholithe.**

Olivin *der,* Mineral, $(Mg, Fe)_2[SiO_4]$, gelblich, grün, selten grau oder farblos, verwitternd rot bis braun; durchsichtig bis durchscheinend; H. 6,5–7, D. 3,27–4,2 (mit steigendem Fe-Gehalt); meist prismat. oder dicktafelige Kristalle. O. sind Zwischenglieder einer Mischkristallreihe mit den Endgliedern **Forsterit** (Fo), $Mg_2[SiO_4]$, und

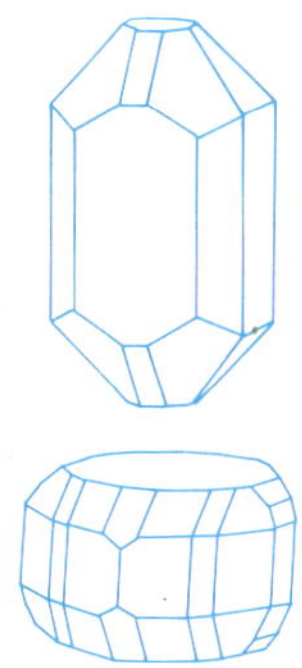

Olivin 1: OBEN prismatisch, UNTEN dicktafelig

Olivin 2: kugeliges Kristallaggregat (Dreiser Weiher bei Daun, Eifel)

Opal in braunem Nebengestein (Queensland, Australien)

Fayalit (Fa), $Fe_2[SiO_4]$. Außer O., mit den Edelsteinvarietäten **Chrysolith** und **Peridot,** sind weitere Zwischenglieder der **Hyalosiderit** und der **Hortonolith.** – O. ist gesteinsbildendes Mineral basischer Tiefen- (Dunit, Peridotit) und Ergußgesteine (oft in faustgroßen O.-Bomben); metamorphes Mineral in kristallinen Schiefern und Kalksteinen; außerdem in Meteoriten. O. neigt bei Temperatureinwirkung und Verwitterung zur Umbildung v. a. in Serpentin, Talk, Strahlstein, Antophyllit.

Ölkraftwerk, mit Öl beheiztes → Dampfkraftwerk. (→ elektrische Energieerzeugung, → Kraftwerk)

Ölkreide, gezogene Farbstifte, mit Ton oder Kreide als Füllmaterial, anorgan. oder organ. Pigmenten oder lösl. Farbstoffen als Farbbestandteil und pflanzl. Ölen, Wachsen und Harzen als Bindemittel.

Ölkühler, bei Verbrennungsmotoren Rohrsystem zur → Kühlung des Schmieröls durch Luft oder durch Wasser aus dem Kühlkreislauf, wenn die natürl. Kühlung in der Ölwanne nicht ausreicht.

Öl|lacke, Bez. für → Lacke, die trocknende Öle (z. B. Leinöl, Sojaöl) als Bindemittel enthalten. Ö. härten bei Anwesenheit von → Trockenstoffen an der Luft aus (bei Raumtemperatur in etwa 7–12 Stunden). Die entstehenden Filme vergilben mit der Zeit und sind chemisch nicht sehr widerstandsfähig. Ö. werden deshalb heute nur noch als Grundierung für handentrostete Eisenoberflächen verwendet.

Ölsande, Teersande, Sande, die bis zu 18% zähflüssige, bituminöse Kohlenwasserstoffe enthalten. Die weitaus größten Vorkommen liegen in Venezuela (am Orinoco) und Kanada (in Alberta); sie werden heute bereits kommerziell genutzt. In Kanada werden O. mit Löffel- und Schaufelradbaggern im Tagebau abgebaut. Das Bitumen wird durch Heißwasserextraktion und anschließendes Zentrifugieren vom Sand abgetrennt und in Delayed-Coking-Anlagen (→ Cracken) verarbeitet. Die dabei anfallenden Flüssigprodukte ergeben nach Hydrierung der ungesättigten Verbindungen ein ›synthet. Rohöl‹. Der größte Teil der Lagerstätten liegt unterhalb der Tagebaugrenze. Zur Gewinnung dieser Vorräte sind ›In-Situ-Verfahren‹ in der Erprobung. Dabei wird z. B. durch Dampfinjektion oder Teilverbrennung die Viskosität des Bitumens erniedrigt, so daß es mit Hilfe von Stickstoff gefördert werden kann. Die aus Ö. gewinnbaren Bitumenreserven werden auf 160 Mrd. t geschätzt.

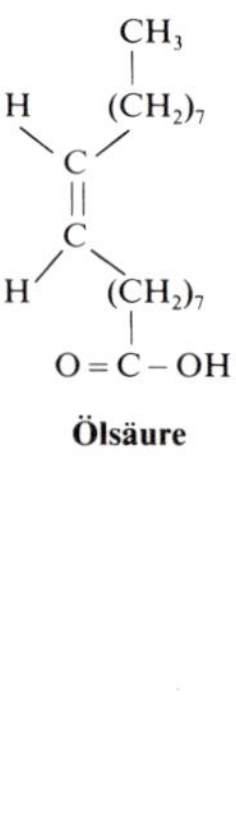

Ölsäure

Ölsäure, Ole|insäure, ungesättigte → Fettsäure, als Glycerinester in fast allen Fetten und bes. in den fetten Ölen. Große Mengen an Ö. fallen in unreiner Form **(Olein)** als Nebenprodukt bei der Aufarbeitung von Talg und anderen techn. Fetten an. In reinem Zustand farb- und geruchlos, nimmt sie aber an der Luft leicht Sauerstoff auf, wodurch sie gelb und ranzig wird. Durch katalyt. Wasserstoffanlagerung wird sie in Stearinsäure übergeführt (→ Fetthärtung). Ö. dient für Wasserfestausrüstung von Textilien, zur Herstellung von Schmier- und Metallputzmitteln, Salben u. a.

Ölschiefer, Ton- oder Mergelsteine, die bis zu 15% unlösliche organ. Substanz (Kerogen) enthalten. Die Hauptvorkommen liegen in den USA, Brasilien, der UdSSR und China, sie werden z. T. schon kommerziell genutzt. In der UdSSR wird im Tage- und Untertagebau gewonnener Ö. (Kuckersit, Estland) in Kraftwerken verfeuert oder durch Schwefelung bei 450–500 °C zu Heizöl, Koks und chem. Produkten verarbeitet. Große Mengen Abraum und Schwelrückstände belasten die Wirtschaftlichkeit der Ö.-Verarbeitung und führen zu Umweltproblemen. In einigen Ländern werden deshalb ›In-Situ-Verfahren‹ entwickelt (z. B. in den USA). Dabei wird z. B. mit Hilfe von Luft und Brenngas ein Teil des Kerogens unter Tage verbrannt. Die entwickelte Wärme dient zur Schwelung des anderen Teils. Das gebildete Schieferöl wird über Bohrungen gefördert. Die aus Ö. gewinnbaren Ölreserven werden auf 180 Mrd. t geschätzt.

Ölspat, techn. Bez. für feingemahlenen, als Spülungszusatz bei Erdölbohrungen verwendeten Schwerspat.

Ölsperre, Vorrichtung, die das Ausbreiten von unbeabsichtigt ausfließendem Öl oder ölähnlicher Flüssigkeit an der Wasseroberfläche verhindern soll, z. B. **Druckluftsperre** (an der Sohle aus einer Leitung austretende Luft verursacht oberflächlich eine Aufwellung und eine Strömung in Richtung Öl) oder **Schlengelsperre** (langgestreckter elastischer Schwimmkörper).

Ölsumpf, → Ölwanne.

Öltransformator, mit Öl isolierter → Transformator.

Ölverschmutzung, Ölschäden, Verunreinigungen des Bodens sowie des Grund- und Oberflächenwassers durch Mineralöl. Ursachen: Brüche von Ölleitungen, Unfälle von Tankwagen oder -schiffen **(Ölpest),** Undichtigkeiten von Öllagerbehältern durch Korrosion. Eine Möglichkeit zur Vermeidung der Ausbreitung von Öl auf Wasser besteht in der Einrichtung von → Ölsperren. Mineralöl wird biologisch nur sehr langsam abgebaut, es beeinträchtigt den Geschmack von Wasser sehr intensiv (Geschmacksschwelle $1:10^6$). Deshalb sind Ö. für die Wasserwirtschaft bes. schwerwiegend. Behebung von Ö.: Aushebung durchtränkten Erdreichs und Verbrennen, Umpumpen von Öltanks nach Unfällen durch Spezialfahrzeuge, Abschöpf-, Absaug-, Sammelvorrichtungen zur Entfernung des Mineralöls von Wasseroberflächen u. a.

Ölwanne, der Abschluß des → Kurbelgehäuses eines Verbrennungsmotors nach unten, in dem sich das Schmieröl sammelt **(Ölsumpf);** wird aus Blech gezogen oder aus Leichtmetall gegossen (z. T. mit Kühlrippen).

Olympus Mons, größter Vulkankrater auf dem Planeten → Mars, in der Höhe (25 km) nur noch von Arsia Mons (27 km) übertroffen. O. M. hat an der Basis einen Durchmesser von 600 km, die Caldera einen solchen von etwa 80 km. Zusammen mit drei weiteren Großvulkanen steht O. M. auf einer gewaltigen ›Beule‹ der Marsoberfläche (Tharsis-Region), die sich 9 km über das Referenzniveau erhebt.

Ölzahl, die Menge Öl in g, die nötig ist, um 100 g Pigment unter festgelegten Bedingungen zu einer zusammenhaftenden, kittartigen Masse, die auf einer Glasplatte gerade noch schmiert, zu verarbeiten.

Ombrometer, Niederschlag.

Omega (ω, Ω), ein → griechischer Buchstabe (ÜBERSICHT).

1) ω, Formelzeichen für Kreisfrequenz, Raumwinkel und Winkelgeschwindigkeit.

2) ω_L, Formelzeichen für Larmor-Kreisfrequenz (→ Larmor-Präzession).

3) Ω, Einheitenzeichen für → Ohm.

4) Ω, Formelzeichen für Raumwinkel.

Omega-Meson, physikal. Symbol ω; ungeladenes, instabiles Elementarteilchen aus der Gruppe der Mesonenresonanzen; Masse entsprechend einer Energie von 783,9 MeV, Spin 1, Isospin und Strangeness 0, negative Parität, zerfällt v. a. in drei Pionen.

Omega-Minus-Teilchen, Omega-(Minus-)Hyperon, Ω-Teilchen, physikal. Symbol Ω^-; schweres, negativ geladenes, instabiles → Elementarteilchen (ÜBERSICHT) aus der Gruppe der → Hyperonen; Ruhemasse entsprechend einer Energie von 1674 MeV, Spin 3/2, positive Parität, Isospin 0, Strangeness −3, Lebensdauer $1{,}5 \cdot 10^{-10}$ s. Es kann in ein Xi-Hyperon und ein Pion oder in ein Lambda-Hyperon und ein Kaon zerfallen.

Omega|nebel, ein → Gasnebel aus leuchtender → interstellarer Materie (BILD) im Sternbild Schütze, der in der Gestalt ungefähr dem grch. Buchstaben Ω gleicht und auch als **M 17** (nach dem → Messier-Katalog) bezeichnet wird.

Omegatron, Flugzeit-Massenspektrometer, das die Massenabhängigkeit der → Zyklotronresonanz von Ionen in einem Magnetfeld zur Massentrennung ausnutzt. Es wird zur Restgasanalyse und Messung sehr kleiner Partialdrücke sowie zur Lecksuche verwendet. Im Zentrum der Kammer werden durch Elektronenstoß gebildete Ionen axial eingeschossen und durch ein elektr. Hochfrequenzfeld, das senkrecht zu einem homogenen Magnetfeld gerichtet ist, auf einer Spiralbahn beschleunigt. Die Ionen erreichen einen Detektor nur, wenn ihre → Zyklotronfrequenz mit der angelegten Hochfrequenz übereinstimmt. Das Auflösungsvermögen des O. hängt von der Größe der Ionenquelle und der Magnetfeldhomogenität ab. Mit dem O. läßt sich auch die Larmor-Frequenz (→ Larmor-Präzession) und damit das magnet. Moment von Atomkernen bestimmen.

Omega-Verfahren, Hyperbel-Navigationsverfahren (→ Funkortung) im Längstwellen-Bereich (Trägerfrequenzen $f_1 = 10{,}2$; $f_2 = 11{,}33$; $f_3 = 13{,}6$ kHz). Die Ausbreitung erfolgt in diesem Wellenbereich ähnlich wie bei Hohlleitern zw. zwei Kugelschalen, gebildet durch die Erdoberfläche und die D-Schicht der Ionosphäre (in etwa 60 km Höhe), daher extrem große Reichweiten von 8000–11000 sm. Die Grobortungsphasenmessung wird durch Bildung der Frequenzdifferenzen durchgeführt, die Feinortung auf den Trägerfrequenzen. Für weltweite Bedeckung sind zur Standortbestimmung nur acht Sendestationen (in Norwegen, Hawaii, North Dakota [USA], Japan, Trinidad, Réunion, Argentinien und Australien) erforderlich, die nacheinander in einem festgelegten Zeitschema jeweils 1 s lang einen Dauerstrich abstrahlen. Die Genauigkeit des O.-V. wird bei Anwendung vorausberechneter Korrekturen tages- und jahreszeitabhängig mit etwa 1 sm angegeben, auch bei einer Tauchtiefe von 15 m unter Wasser. Das O.-V. hat u. a. das 1977 eingestellte LORAN A abgelöst.

Omikron (o, O), ein → griechischer Buchstabe (ÜBERSICHT).

Omnibus, → Kraftomnibus.

Omphacit *der,* Mineral, lichtgrüner → Pyroxen; z. B. in Eklogiten.

Onkolith, Sedimentgestein aus **Onkoiden,** unregelmäßigen, meist rundl. Karbonatkomponenten, die durch biogene und mechan. Anlagerungen um Kerne in Sedimentgesteinen entstanden, oft unter Mitwirkung von Algen.

On-line [ˈɔnlaɪn, engl.], direkte Koppelung an digitale Rechenanlagen. Ggs.: → Off-line.

Onsäuren, → Zuckerarten.

Onyx *der,* Mineral, kryptokristallines Kieselsäure-Aggregat (Chalcedon); naturfarbig schwarz oder schwarz gefärbter Achat. Schwarzweiß gestreift nennt man ihn **Lagen-O.**

O|oid *das,* kugeliges bis ovales Gesteinsgebilde (Durchmesser bis 1 mm) mit konzentr. Anwachsschalen von Calcit, Brauneisen, Chamosit oder Manganoxid um einen oft andersartigen Kristallisationskern. Bildet sich in bewegtem Wasser.

O|olith, aus → Ooiden bestehendes Sedimentgestein, z. B. Kalk-O., Rogenstein mit sandigem Bindemittel, → Aragonit.; wirtschaftlich bed. sind **Eisenoolithe** (Lagerstätten u. a. in Lothringen, Luxemburg, Salzgitter, England), **Manganoolithe** (UdSSR).

Oortsche Wolke [n. dem niederländ. Astronomen J. H. Oort, * 1900], → Kometen.

Oolith

Oolith: Brauneisenerzooide aus dem süddt. Dogger bei Pegnitz; neben dem Brauneisenerzooiden liegen detritische Quarzkörner; Auflicht, etwa 70fache Vergr.

opak, undurchsichtig, lichtundurchlässig; **o. Minerale** sind auch in Dünnschliffen lichtundurchlässig; z. B. die meisten Erze.

Opakglas, ein → Trübglas für Glasfliesen, Wandplatten, Glasmosaik und gewisse Hohlglasartikel.

Opal *der,* Mineral, teilweise amorph, $SiO_2 \cdot nH_2O$ (Wassergehalt: 0–34%); H. 6, D. um 2,2; meist in farblosen bis hellfarbigen, durchscheinenden Überzügen, auch niedrig, traubig, krustenartig oder in lockeren, erdigen Massen. Entstehung: biogen in Organismen, vulkanisch in Hohlräumen von Ergußgesteinen sowie an heißen Quellen **(Kieselsinter, Geyserit)** und v. a. sedimentär bei der Verwitterung von Silikaten (Transport des SiO_2-Sols durch Bodenwässer, Ausfällung bis in 40 Meter Tiefe). Zahlreiche Abarten und Erscheinungsformen: gelbbrauner, wachsglänzender **Wachs-O.,** honigfarbener **Honig-O.,** milchweißer, undurchsichtiger **Milch-O.** (auch **Porzellan-O.**), weißer, durchsichtiger, sphärolithisch-kugeliger **Hyalith** auf und in vulkan. Gesteinen sowie rissig-poröser, trüber, im Wasser durchsichtig werdender **Hydrophan (Wasser-O.,** z. T. gealterter **Edel-O.**). O. tritt außerdem in Wechsellagerung mit Achat **(Achat-O.)** und als zeisiggrüne Mischung mit → Nontronit **(Chlor-O.)** auf.

Der **Edel-O.** erscheint in zarten oder kräftigen Interferenzfarben und bunten Farbflecken, die in allen Farben, Mustern und Größen sich beim Wechseln der Blickrichtung verändern (›opalisieren‹). Schmuckstein ist auch der fast klare, orangefarbene bis feuerrote **Feuer-O.** Trübere bis undurchsichtige, meist deutlich farbige Varietäten sind der milchigweiße-gelbliche **gemeine O.,** der durch Nickel grün gefärbte **Pras-O.** (früher **Chrys-O.**), der weißgelbliche, chalcedonhaltige **Kascholong (Perlmutter-O.),** der rote bis rotbraune **Jasp-O.** und die versteinerten Hölzer **(Holz-O.).** Bes. geschätzt sind die ›schwarzen‹ O. aus Australien, die kaum rein schwarz, sondern meist sehr dunkelgrün oder blau aussehen. (Weiteres BILD S. 28)

1

2

3

Opal
1 Schwarzer O.; **2** Milch-O.; **3** Feuer-O.

Opaleszenz, Streuung des Lichtes an Teilchen von der Größenordnung der Lichtwellenlänge λ. Kurzwelliges Licht wird stärker gestreut als langwelliges. Eine mit weißem Licht bestrahlte opalisierende Substanz erscheint gegen das bestrahlende Licht (in Transmissionsrichtung) rötlich, senkrecht dazu bläulich (→ Tyndall-Effekt).

Opalglas, ein → Trübglas mit einem dem natürl. Opal ähnl. Farbenspiel, z. B. für Beleuchtungskörper.

Opazität, Kehrwert der → Durchlässigkeit 2); → Schwärzung.

Onyx

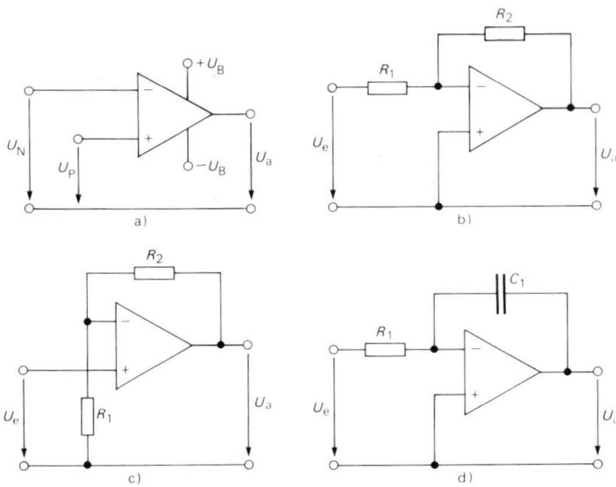

Operationsverstärker: a) Grundschaltung; U_B = Betriebsspannung, U_N = Eingangsspannung am invertierenden Eingang, U_p = Eingangsspannung am nichtinvertierenden Eingang, U_a = Ausgangsspannung. **b)** Invertierender Verstärker; U_e = Eingangsspannung, R_1 und R_2 = Widerstände, Ausgangsspannung $U_a = -\frac{R_2}{R_1} U_e$. **c)** Nichtinvertierender Verstärker; Ausgangsspannung $U_a = (1 + \frac{R_2}{R_1})\, U_e$. **d)** Integrierer; C_1 = Kondensator im Rückkopplungskreis, Ausgangsspannung $U_a = -\frac{1}{RC} \int U_e \, dt$

Operand, Datenverarbeitung: der zur Ausführung eines Befehls aufgerufene Inhalt einer Speicher- oder Registerzelle. Der O. wird durch die im Befehl angegebene Adresse im Speicher aufgefunden, er kann in einfachen Fällen auch direkt im Befehl enthalten sein.

Operation, 1) Datenverarbeitung: Art der logischen oder arithmet. Befehlsausführung in der Zentraleinheit eines Computers, z. B. x^2, $\ln x$, $\sqrt{x}$, $\sin x$.

2) Mathematik: Durchführung einer best. Vorschrift algebraischer, geometr., mengentheoret. oder log. Art; z. B. die Grundrechenarten, Schnittmengenbildung, Verknüpfung von Aussagen, geometr. Abbildungen. Fast jede mathemat. O. kann als eine durch eine best. Rechenvorschrift festgelegte Zuordnung aufgefaßt werden, die jedes Element x eines abstrakten Raumes X eindeutig auf ein Element y eines Raumes Y abbildet. Man schreibt $y = Ax$ mit dem → Operator A.

Operations Research [ɔpəreɪʃnz rɪsˈəːtʃ, engl.], die Anwendung mathemat. Methoden und Modelle zur Vorbereitung optimaler Entscheidungen. Begriff und Vorgehensweise sind im 2. Weltkrieg in England und in den USA als Ergänzung zum ›Technical Research‹ entstanden. Nach 1945 hat O. R. Eingang in viele Bereiche der privaten und öffentl. Wirtschaft und Verwaltung gefunden. Neben den mathemat. Verfahren ist die Vorgehensweise des O. R. charakteristisch: Derjenige Realitätsbereich, über den eine Entscheidung zu treffen ist, wird in einem (meist mathemat.) Modell abgebildet. Am Modell werden Entscheidungsalternativen entwickelt und ausgetestet. Die dadurch gewonnene ›Modellerfahrung‹ bildet schließlich die Grundlage für die Realentscheidung.

Operationsverstärker, Operational Amplifier [ɔpəˈreɪʃnl ˈæmplɪfaɪə, engl.], Abk. **Op Amp, Rechenverstärker,** universell einsetzbarer Gleichspannungsverstärker mit hoher innerer Spannungsverstärkung, hohem Eingangswiderstand und niedrigem Ausgangswiderstand. O. werden heute als monolithisch integrierte Schaltungen in Metall-, Keramik- oder Kunststoffgehäusen hergestellt. Ein O. besteht im Prinzip aus zwei Verstärkerstufen, die auf einen gemeinsamen Ausgang arbeiten. Der Eingang des einen Verstärkers heißt nichtinvertierender Eingang (P-Eingang, gekennzeichnet durch ein Pluszeichen), der des anderen Verstärkers heißt invertierender Eingang (N-Eingang, Minuszeichen). Zum Betrieb benötigt der O. zwei zu einem Bezugspunkt symmetrische Speisespannungen ($+U_B$ und $-U_B$). Eine definierte Verstärkung wird durch eine äußere Gegenkopplungsbeschaltung erreicht. Auf Grund der sehr hohen inneren Leerlaufverstärkung ($\approx 10^6$) stellt sich beim gegengekoppelten O. innerhalb des linearen Arbeitsbereiches eine der Eingangsspannung U_e proportionale Ausgangsspannung U_a ein. Der O. stellt einen wichtigen Grundbaustein für die lineare (analoge) Schaltkreistechnik in der Meß-, Steuer-, Regelungs- und Analogrechnertechnik dar. Durch Variation der äußeren Beschaltung ergeben sich zahlreiche Schaltungsarten mit unterschiedlichen Eigenschaften, z. B. Addierer, Subtrahierer, Integrierer, Differenzierer, Invertierer, Konstantspannungs- oder -stromquelle, Impedanzwandler, Meßverstärker.

F. Bergtold: Schaltungen mit O., 2 Bde. ([2]1975); O., hg. v. H. Vahldiek ([3]1980); D. Hirschmann: Einführung in die O.-Technik ([3]1981); H. Mennenga: O. ([2]1981); M. Zirpel: O. ([3]1981).

Operationszentrale, Abk. **OPZ,** auf Kriegsschiffen der Raum, von dem aus das Schiff oder der Verband im Gefecht geführt wird. Hier werden die für die Lagebeurteilung wichtigen Daten und Informationen gesammelt, mit datenverarbeitenden Geräten ausgewertet und sichtbar gemacht. Leiter der O. ist der **Operationsoffizier.**

operative Logik, mathematische Logik: von P. Lorenzen entwickeltes Verfahren, logische Implikationen zw. Aussagen auf die Allgemeinzulässigkeit von Kalkülregeln (→ Kalkül) zu gründen. Da der so gewonnene Begriff der **operativen logischen Wahrheit** mit dem Begriff der **intuitionistischen (effektiven) logischen Wahrheit** übereinstimmt, liefert die o. L. eine Begründung für die effektive Logik, nicht hingegen für die klass. Logik. Auf ihrer Basis lassen sich neben der Logik auch die Arithmetik und die Analysis als konstruktive Theorien **(operative Mathematik)** aufbauen.

Operator *der,* **1)** Datenverarbeitung: Verknüpfungssymbol für die arithmet. Verknüpfung zweier Operanden oder mathemat. Funktionszeichen zur Verarbeitung eines → Operanden.

2) mathemat. Grundbegriff; eine durch ein Symbol gekennzeichnete Rechen- oder Zuordnungsvorschrift für best. Größen, z. B. Funktionen, mit wichtigen Anwendungsmöglichkeiten in Physik und Technik (Elektrotechnik, Quantentheorie). Die Zuordnungsvorschrift wird auch in Form einer Abbildung ausgedrückt. Die Zuordnung einer mathemat. → Operation wird in der Form $y = Ax$ oder $y = A(x)$ beschrieben, wobei A ein O. ist. Bei der Multiplikation von O. wird das Kommutativgesetz i. a. nicht erfüllt. Ein O. A eines → Hilbert-Raumes H heißt **linearer O.,** wenn für $f, g \in H$ gilt

1) $A\,(f+g) = Af + Ag$,
2) $A\,(\lambda f) = \lambda \cdot Af$ für $\lambda \in \mathbb{C}$,
3) Es gibt ein $M > 0$, für das gilt
$\|Af\| \leqq M \|f\|$ mit $\|f\|$ = Norm von f.

Zu einem auf dem ganzen Hilbert-Raum H erklärten linearen O. A gibt es einen zu A **adjungierten O.** A^*, für den

$(A\,f,g) = (f,\ A^*g)$ gilt für alle $f,\ g \in H$. Ist $A = A^*$, so bezeichnet man A als **selbstadjungierten Operator.**

Operngglas, binokulares → Fernrohr handl. Form.

Operon *das,* Funktionseinheit aus benachbarten **Strukturgenen,** deren Produkte für Stoffwechselvorgänge (z. B. Lactose-Verwertung) benötigt werden und deren → Transkription durch eine vorgeschaltete Kontrollregion gemeinsam reguliert wird. Beim Lactose-O. z. B. besteht die Kontrollregion aus einem **Promotor,** an dem die RNS-Polymerase bindet, und einem **Operator,** an dem ein Repressor-Protein bindet und dadurch die RNS-Synthese verhindert. Der **Repressor** wird von einem außerhalb des O. liegenden **Regulator-Gen** kodiert; durch Lactose wird er inaktiviert und die Transkription induziert **(Enzyminduktion).** Beim Tryptophan-O. wirkt das Endprodukt Tryptophan als Co-Repressor, der den Repressor aktiviert, so daß dieser am Operator bindet und die Transkription verhindert **(Enzymrepression).**

Ophicalcit, serpentinführender Marmor.

Ophiolithe *Mz.,* Sammelbez. für die in → Geosynklinalen untermeerisch ausgeflossenen und später bei der Faltung u. a. zu Serpentiniten und Amphiboliten umgewandelten basischen bis ultrabasischen Laven.

Ophit, früher Name des Minerals Serpentin; bezeichnet heute eine gelartige Abart.

ophitisch, Geologie: Bez. für einen Gefügetyp dunkler magmat. Gesteine (z. B. Gabbro, Diabas, Basalt), wobei tafelförmige Plagioklas-Kristalle ganz von großen Augit-Kristallen umschlossen sind.

Ophiuchus, lat. Bez. des Sternbilds → Schlangenträger.

Opposition, Astronomie: **Gegenschein,** eine → Konstellation 1).

Opsonine, Bestandteile (meist Antikörper) des Blutserums. Sie verändern körperfremde Substanzen (z. B. Bakterien) so, daß sie von den Leukozyten aufgenommen werden können. O. erleichtern den Abbau von Fremdstoffen.

Optik *die,* **1)** urspr. die Lehre vom sichtbaren → Licht; allg. die Physik aller diesem ähnl. elektromagnet. Strahlungen (Ultraviolett bis fernes Infrarot). Die Gesetzmäßigkeiten der Lichtausbreitung sowie der Emission und Absorption von Licht und die Wechselwirkungsprozesse von Licht mit Materie oder elektr. (→ Elektrooptik) und magnet. (→ Magnetooptik) Feldern sind Untersuchungsobjekt der **physikal. O.** Die **geometr. O. (Strahlen-O.)** umfaßt alle Erscheinungen, bei denen der Wellencharakter des Lichtes vernachlässigt werden kann. Sie operiert mit Strahlen als geometr. Linien, deren Ausbreitungsrichtung durch → Brechung, → Dispersion 2) und → Reflexion beeinflußt werden kann und die best. Abbildungen vermitteln (Abbildungstheorie von C. F. GAUSS und E. ABBE). Ihre Gesetze lassen sich als → Elektronenoptik oder **Ionen-O.** auf die Ausbreitung von Elektronen und Ionen sowie deren Beeinflussung durch elektr. und magnet. Felder übertragen.

Die **Wellen-O.** behandelt die Erscheinungen des Lichtes, die an seine Wellennatur geknüpft sind: → Beugung, → Interferenz, → Polarisation 3); zu ihr gehören ferner elektro-, magneto- und kristallopt. Erscheinungen (→ Kristalloptik). Effekte, bei denen die Teilchennatur des Lichts (Lichtquanten, Photonen) in den Vordergrund tritt (z. B.: Photoeffekt, Absorptions- und Emissionsspektren der Atome und Moleküle, Verstärkung von Licht durch stimulierte Emission im → Laser, Raman-Effekt, Compton-Effekt), können nur durch die **Quanten-O.** beschrieben werden.

Die Entwicklung der → Laser, deren Emission sich durch die hohe spektrale Energiedichte, die Frequenzreinheit (Monochromasie), die scharfe Bündelung sowie die große zeitl. und räuml. Kohärenz der Strahlung von konventionellen therm. Lichtquellen unterscheidet, hat zu neuen Möglichkeiten der lichtopt. Abbildung (→ kohärente Optik, → integrierte Optik) sowie zur Entdeckung einer Vielzahl neuartiger physikal. Phänomene geführt, z. B. dem nichtlinearen opt. Verhalten der Materie im starken elektromagnet. Feld eines Laserstrahls. Die Methoden der → nichtlinearen Optik werden immer dann angewendet, wenn die elektr. Feldstärken so groß werden, daß die nichtlinearen Abhängigkeiten der Materialeigenschaften (z. B. der dielektr. Polarisation) von den Feldamplituden nicht mehr vernachlässigbar sind. Die Nichtlinearität bewirkt, daß elektromagnet. Wellen sich nicht mehr unabhängig voneinander ausbreiten **(Superpositionsprinzip der linearen O.),** sondern über die Polarisation des Mediums miteinander wechselwirken.

Als weitere moderne Spezialgebiete der physikal. O. haben sich die → Akustooptik, die Glasfaser-O. (→ Lichtleiter) und die → Röntgenoptik entwickelt. Die **physiolog.-O.** behandelt die physikal. und physiolog. Gesetzmäßigkeit des → Sehens und der Farbempfindungen (→ Farbensehen) sowie Funktion und Aufbau des → Auges. Die → atmosphärische Optik beschreibt das Verhalten des Lichtes in der Atmosphäre. Wichtig für astronom. und geodät. Feinmessungen ist die → atmosphärische Lichtbrechung, die auf der wechselnden opt. Dichte der Atmosphäre beruht (→ Luftspiegelung). Brechung und Spiegelung können zu den zahlreichen Haloerscheinungen (→ Halo) sowie dem → Regenbogen führen. Weitere Erscheinungen sind die → atmosphärische Extinktion und → Streuung (→ Himmelsblau), → Dämmerung und die Beugung der Lichtstrahlen an Wolkenteilchen (→ Kränze um Sonne und Mond).

2) Kurzwort für ein → optisches System.

Optimalfarben, ideale Körperfarben, bei denen die spektralen Transmissions- oder Remissionskurven Rechteckprofile mit höchstens zwei Sprungstellen (von 0 auf 1 oder von 1 auf 0) im sichtbaren Spektralbereich haben; die jeweils hellste Farbe in einer Reihe gleicher Farbart. Bei gegebenem → Farbton und gegebenem → Hellbezugswert sind die O. die gesättigsten Farben dieser Art. Die O. spielen für die Körperfarben eine ähnl. Rolle wie die Spektralfarben für die Gesamtheit der Farbarten, sie begrenzen das von den Körperfarben eingenommene Gebiet im Farbenraum.

Optimierung, Aufsuchen des kleinsten **(Minimierung)** oder größten **(Maximierung)** Wertes einer Funktion **(Zielfunktion, Objektfunktion)** in einem best., durch Nebenbedingungen, oft in Form von Gleichungen oder Ungleichungen beschriebenen (zulässigen) Bereich. Zur O. stehen z. B. Verfahren der → Differentialrechnung zur Verfügung (→ Extrema mit Nebenbedingungen). Sind Zielfunktion, Gleichungen und Ungleichungen → linear, so liegt eine **lineare Optimierungsaufgabe** vor. Beschreibt die Zielfunktion einen zeitlich ablaufenden Vorgang, spricht man von **dynam. O.,** bei zeitunabhängigen Funktionen von **stat. O.** – Optimierungsaufgaben haben auch besondere Bedeutung in den Wirtschaftswissenschaften, so für die Maximierung des Gewinns bei beschränkten

Produktionsfaktoren (Kapital, Maschinen, Arbeitskraft) oder für die Minimierung der Kosten. Optimierungsaufgaben treten häufig im Zusammenhang mit der modellgestützten Entscheidungsvorbereitung des →Operations Research auf.

optische Achse, a) die Symmetrieachse bei abbildenden opt. Systemen (→Achse 3); b) →Kristalloptik.

optische Aktivität, Eigenschaft mancher fester Stoffe, Flüssigkeiten, Lösungen und Gase, die Schwingungsebene von linear polarisiertem Licht, das sie durchläuft, zu drehen (→Polarisation 3). Rechtsdrehung liegt vor, wenn die Polarisationsebene, gegen die Fortpflanzungsrichtung des Lichtes gesehen, im Uhrzeigersinn gedreht wird. Der Drehwinkel ist proportional der Länge des Lichtweges im optisch aktiven Stoff, bei Lösungen auch proportional der Konzentration, der gelösten optisch aktiven Substanz. Die Proportionalitätskonstante ist der für jedes Material charakterist. **spezif. optische Drehwert.** Er hängt von der Wellenlänge des Lichtes ab **(Rotationdispersion)** und kann mit einem →Polarimeter bestimmt werden.

Nach dem Drehsinn werden die optisch aktiven Verbindungen in links- und rechtsdrehende Stoffe eingeteilt (→Isomerie 1, →Stereochemie). Die o. A. eines Körpers beruht auf einer schraubenartigen Asymmetrie seiner Kristallstruktur und/oder Moleküle oder der Moleküle einer in ihm gelösten, meist organ. Verbindung. Analog zur Rechts- und Linksschraube kommen solche Kristalle und Moleküle in zwei zueinander spiegelbildlich gebauten isomeren Formen vor **(opt. Antipoden, opt. Modifikationen),** z. B. Rechts- und Linksquarz. Gemische gleicher Mengen der rechts- und linksdrehenden Form optisch aktiver Verbindungen, die als Ganzes nicht drehen, heißen **Racemate.**

Zur Erklärung der o. A. kann man annehmen, daß linear polarisiertes Licht in zwei entgegengesetzt zirkular polarisierte Teilwellen gleicher Intensität zerlegt werden kann, die sich im optisch aktiven Material mit unterschiedl. Geschwindigkeit ausbreiten und beim Austritt wieder zu linear polarisiertem Licht mit veränderter Schwingungsebene überlagern. Links- oder Rechtsdrehung wird beobachtet, je nachdem, ob die links- oder rechtszirkulare Welle schneller läuft.

optische Aufheller, Weißtöner, fluoreszierende organ. Verbindungen, die ultraviolettes Licht absorbieren und blaues Licht emittieren. Neben Stilben-Derivaten werden u. a. Cumarin- und Pyrazolin-Derivate verwendet. O. A. werden angewendet, um einen Gelbstich von Textilien, Papier u. a. zu beseitigen. Sie können auf Fasern wie →Farbstoffe aufgebracht werden. Etwa 50% der produzierten o. A. werden Waschmitteln zugesetzt.

optische Bank, Schiene für den zentrierten Aufbau opt. Systeme. Auf ihr können Reiter mit Linsen, Prismen, Spiegeln u. a. verschoben und festgeklemmt werden.

optische Erscheinungen der Atmosphäre, die →Photometeore.

optische Gleichrichtung, →nichtlineare Optik.

optische Konstanten, Bez. für die Brechzahl *n* und Absorptionskonstante *k* eines Stoffes, die von der Wellenlänge, z. T. auch von der Polarisationsrichtung des Lichts (→Kristalloptik), abhängen. Die beiden →Stoffkonstanten kennzeichnen zusammen das opt. Verhalten des Stoffes.

optische Modifikationen, →optische Aktivität.

optische Nachrichtentechnik, Anwendungsgebiet der →Optoelektronik im Bereich der Nachrichtenübertragung. Neue Kommunikationssysteme, die Informationen (Telephongespräche, Telegramme, Bildsignale, Daten eines Computers) mit Hilfe von Lichtimpulsen über große Entfernungen auf →Lichtleitern übertragen können, erschließen der Nachrichtentechnik einen Frequenzbereich, dessen Frequenzen um einen Faktor 10000 größer sind als die höchsten bis heute benutzten Frequenzen (etwa 10 GHz). Durch die hohen Trägerfrequenzen wird die Übertragungskapazität der Nachrichtenkanäle sehr gesteigert. In Versuchsanlagen sind Kapazitäten erreicht worden, die die gleichzeitige Übertragung von 15000 Ferngesprächen oder 30 Farbfernsehprogrammen über eine einzige Lichtleiterstrecke erlauben würden.

Aus →Glasfasern aufgebaute Lichtleiter bieten gegenüber metall. Leitern eine Reihe von Vorteilen, wie geringeres Volumen und Gewicht, Aufbau aus billigen und in großen Mengen vorhandenen Materialien (Glas und Kunststoff), Wegfall von Erdungsproblemen, da Ein- und Ausgang des Kabels galvanisch getrennt sind, kein Übersprechen des Signals von einer Faser zur anderen, keine Störung der Signalübertragung durch äußere elektromagnet. Störfelder, was bes. für den Einsatz in Bereichen mit hohem Störpegel von Bedeutung ist.

Als Sender für opt. Nachrichtensysteme kommen **Lumineszenzdioden** und **Halbleiterlaser** in Frage, wobei letztere zwei wesentl. Vorteile aufweisen: Wegen der geringen spektralen Bandbreite (2 nm gegenüber etwa 35 nm bei einer Lumineszenzdiode) ist die Impulsverbreiterung infolge Materialdispersion geringer, so daß mit höherer Impulsfolgefrequenz gearbeitet werden kann und eine größere Übertragungskapazität erreicht wird. Zum anderen kann, da das Laserlicht schärfer gebündelt ist, ein größerer Anteil der emittierten Strahlung in die Glasfaser eingekoppelt werden.

Am Ende der Übertragungsstrecke werden die Lichtimpulse mit einem Photoempfänger nachgewiesen und wieder in elektr. Signale umgewandelt. Als Empfänger kommen pin-Photodioden oder Lawinendioden in Frage, die sich durch geringeres Rauschen auszeichnen. Die maximale Entfernung, über die mit Lichtimpulsen Nachrich-

optische Nachrichtentechnik

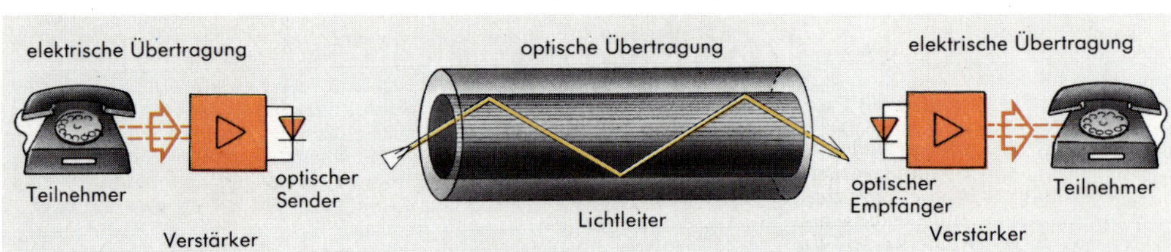

ten übertragen werden können, wird in erster Linie durch die Absorption sowie durch die Verzerrung und Verbreiterung der Impulse infolge der Material- und Modendispersion in der Glasfaser begrenzt. Entsprechend dem Lambert-Beerschen Gesetz können die Absorptionsverluste durch Erhöhung der Senderleistung und Steigerung der Detektorempfindlichkeit nur geringfügig beeinflußt werden. Vorteilhaft ist es, die Information in digitaler Form zu übertragen. Der Empfänger muß dann nur zw. den beiden Signalzuständen 0 und 1 unterscheiden können, was selbst bei starkem Rauschen mit geringer Fehlerwahrscheinlichkeit möglich ist, so daß wesentlich längere Strecken ohne Zwischenverstärkung überbrückt werden können. Zur Digitalisierung werden z. B. bei einem Telephongespräch (obere Grenzfrequenz 4000 Hz) die Amplitudenwerte des Sprachsignals 8000mal je Sekunde gemessen, binär kodiert und gesendet, wobei z. B. für eine 1 ein Lichtimpuls und für 0 kein Lichtimpuls abgegeben wird. Bei einer Dämpfung von 4 bis 5 dB/km in der Glasfaser und bei einer Übertragungsrate von 10^6 Bit/Sekunde können Laserimpulse mit einer Leistung von 1 mW etwa 14 km übertragen werden, bevor sie wieder verstärkt werden müssen. Für Fasern mit 1 dB/km Dämpfung könnte die Übertragungsstrecke sogar 70 km lang sein. Soll die Zahl der je Sekunde übertragenen Bit erhöht werden, so muß die Detektorbandbreite größer sein, was zu einem stärkeren Detektorrauschen führt, das nur durch eine entsprechende Erhöhung der Sendeleistung kompensiert werden kann, wenn die Fehlerwahrscheinlichkeit konstant bleiben soll.

Letzten Endes wird die Kapazität der o. N. durch die Impulsverbreiterung auf Grund der Dispersionseffekte in der Glasfaser begrenzt, die dazu führt, daß mit zu geringem zeitl. Abstand ausgesandte Impulse ineinanderlaufen und nicht mehr unterschieden werden können. Mit Halbleiterfasern und Multimode-Gradientenfasern können maximal 5×10^8 Bit/Sekunde über eine Strecke von 1 km übertragen werden. Soll die Übertragungsstrecke vergrößert werden, so vermindert sich die Übertragungskapazität um den entsprechenden Faktor.

Wesentliche Fortschritte bei opt. Nachrichtensystemen sind bes. von der Weiterentwicklung der → integrierten Optik zu erwarten, mit deren Techniken eine direkte Signalaufbereitung und Regenerierung der Lichtimpulse (Verstärkung, Pulskompression) nach Durchlaufen einer gewissen Übertragungsstrecke ohne vorherige Umsetzung in elektr. Signale erreichbar sein sollte. Da für die derzeit in der Erprobung befindl. Systeme noch keine rein optisch arbeitenden Bausteine zur Verfügung stehen, mit denen alle erforderl. Verstärker-, Modulator-, Schalter- und Filterfunktionen ausgeführt werden können, ist bislang eine häufige Umwandlung der Signale in der Reihenfolge optisch-elektrisch-optisch erforderlich.

H. G. UNGER: Opt. Nachrichtentechnik (1976); B. SALEH: Photoelectron statistics (Heidelberg 1978); Meßtechnik in der o. N., Vorträge (1980); G. GRAU: O. N., eine Einführung (1981).

optischer Ausgleich, Filmtechnik: Aufnahme- und Projektions-Verfahren bei kontinuierlich transportierten Filmen, die gegenüber den ruckweise bewegten Filmen den Vorteil geringerer mechan. Beanspruchung und geringeren Lichtverlustes haben. Der o. A. erzielt dabei den kurzzeitigen Stillstand eines jeden Bildes. Mit Schwingspiegeln, rotierenden planparallelen Glasplatten mit opaken Enden, rotierenden Vielkantprismen u. a. wird bei der Aufnahme das auf den Film projizierte Bild in Übereinstimmung mit der Filmbewegung nachgeführt, um ein scharfes Bild zu erhalten. Bei der Wiedergabe wird auf analoge Weise ein stehendes Bild erzeugt. Der Übergang von einem stehenden Bild zum nächsten erfolgt so rasch,

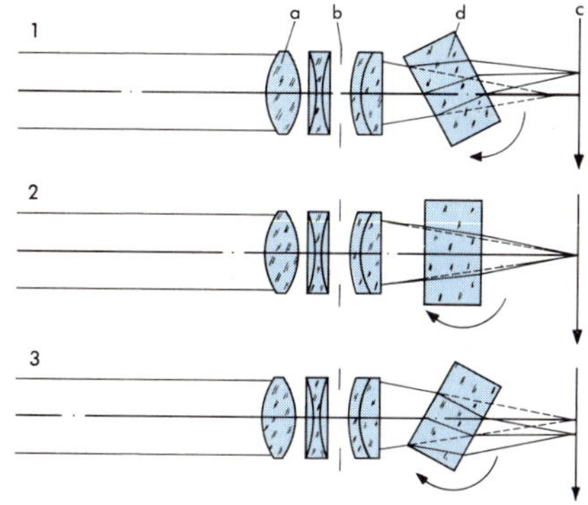

optischer Ausgleich durch planparallele Glasplatten: **1** Stellung der Planplatte bei Erzeugung des oberen Bildpunktes (a Abbildungsoptik, b Aperturblende der Abbildungsoptik, c Film, d rotierende Planplatte). **2** Stellung der Planplatte bei Erzeugung des mittleren Bildpunktes. **3** Stellung der Planplatte bei Erzeugung des unteren Bildpunktes

daß der beim ruckartigen Filmtransport erforderliche Umlaufverschluß entfallen kann.

optischer Test, 1936 von O. WARBURG eingeführte photometr. Messung, bei der die enzym. Aktivität der Dehydrogenasen (Reduktion von NAD oder NADP oder Oxidation von NADH oder NADPH) durch Registrierung der Extinktionsveränderung bei 340 nm gemessen wird. Mit Hilfe von o. T. können auch andere Enzymaktivitäten bestimmt werden, die von Nicotinamid-adenin-dinucleotiden unabhängig sind, wenn eine Kopplung mit einem Dehydrogenasensystem möglich ist.

optischer Vielkanal|analysator, ein Photodetektor, bei dem einige zehntausend lichtempfindl. Photodioden (Durchmesser der Einzeldiode etwa 25 μm) matrixförmig in etwa 500 Reihen und Spalten auf einem Siliciumscheibchen mit einer Fläche von etwa 1 cm^2 angeordnet sind, wobei meist alle Dioden einer Spalte parallel geschaltet sind. Diese Photodiodenmatrix wird als Target in ein → Vidikon eingebaut. Bei Lichteinfall werden die in Sperrichtung vorgespannten Dioden entladen und anschließend durch den abtastenden Elektronenstrahl des Vidikons wieder auf Kathodenpotential aufgeladen. Der zur Aufladung einer Diodenspalte benötigte Strom, das Videosignal, ist ein Maß für die Intensität des auf diese Dioden eingefallenen Lichts. Mit einer ganzen Diodenreihe kann die Intensitätsverteilung eines Strahlungsfeldes direkt in Abhängigkeit von einer Ortskoordinate registriert werden.

In der Spektroskopie können gleichzeitig Messungen des spektralen Intensitätsverlaufs in einem großen Wellenlängenbereich durchgeführt werden, wenn an Stelle des Austrittsspalts in einem Spektralapparat ein o. V. eingebaut wird. Jede Diodenspalte wird dann einer definierten Wellenlänge zugeordnet. Mit einem derartigen Polychromator, der einer Anordnung von einigen 100 Austrittsspalten mit einer entsprechenden Anzahl unabhängiger Photodetektoren entspricht, können vor allem schnelle Veränderungen und kurzlebige Phänomene im Spektrum erfaßt werden.

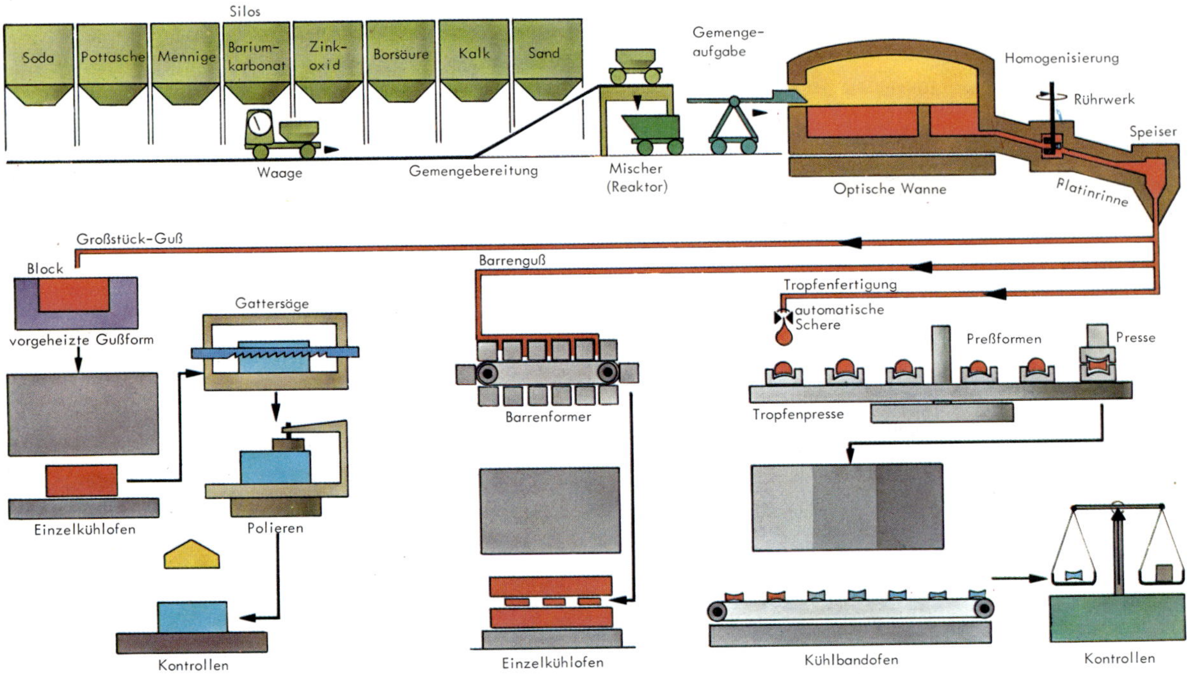

optisches Glas: Schema des Herstellungsverfahrens

optisches Anzeichnen, im Schiffbau ein Arbeitsgang, der das → Abschnüren 2) weitgehend ersetzt hat. Die im Maßstab 1:10 hergestellte Zeichnung der Bauelemente des Schiffes wird auf 1:1 vergrößert auf das zu bearbeitende Material (z. B. Schiffbauplatte) projiziert und zum Ausbrennen (Brennschneiden) angezeichnet.

optisches Fenster, → astronomische Fenster.

optisches Glas, bes. für Linsen und Prismen verwendetes klares Glas, das möglichst farblos und frei von Blasen, Steinchen, Knoten, Schlieren und Spannungen sein soll. Die optischen Eigenschaften sind i. a. durch die Angabe des Brechungsindex *n,* der mit abnehmender Wellenlänge wächst, und der Abbeschen Zahl *v*, dem Kehrwert der relativen Dispersion, beschrieben. Der Brechungsindex liegt im sichtbaren Spektralbereich etwa zw. 1,45 bei einem Fluor-Kron-Glas (FK) und 2,00 bei einem Lanthan-Schwer-Flint-Glas (LaSF), die Abbesche Zahl zw. 20 für ein Schwer-Flint-Glas (SF) und 85 für ein Fluor-Kron-Glas (FK). Die genannten Glasbezeichnungen (z. B. Phosphat-Schwer-Kron) und deren Abkürzungen (z. B. PSK) sind traditionelle Gruppennamen, die historisch bedingt sind, und reichen zur eindeutigen Bestimmung der Zusammensetzung oft nicht aus. Eine neuere Bez., die auf der Kombination von Ziffern des Brechungsindex und der Abbeschen Zahl beruht, ermöglicht eine genauere Bestimmung, z. B. die Zahl ›717295‹ für Schwer-Flint 1 (SF 1). Die numerische Bez. ist abgeleitet aus den (hier unterstrichenen) Ziffern des Brechungsindex $n = 1,\underline{717}360$ und der Abbeschen Zahl $v = \underline{29,5}1$.

Geschichtliches. Das erste o. G. war **Kronglas,** ein nach dem Schleuderverfahren hergestelltes Kali-Kalk-Silikatglas (→ Mondglas). Die geschleuderte Scheibe wurde im Englischen als ›crown‹ (Krone) bezeichnet, daher der Name. Als zweites o. G. wurde um 1720 in England das **Flintglas** aus bes. reinem Quarz (›Flint‹) unter Zusatz von Bleioxid als Flußmittel erschmolzen. Ende des 19. Jh. wurde bes. durch O. SCHOTT die Skala der o. G. erweitert. Um 1935 gelang amerikan. Glastechnikern (MOREY, SUN, HUGGINS) die Einführung seltener Erden in die Glasschmelze, wodurch die Sortenzahl wesentlich anstieg.

optisches Modell, ein → Kernmodell zur Beschreibung von Kernreaktionen einschließlich elast. und unelast. Streuung.

optische Speicher, holographische Speicher, Speicher zur Aufnahme von Daten in Form von Hologrammen. Die wesentl. Komponenten eines o. S. sind ein Laser, eine elektroopt. oder akustoopt. Ablenkstufe für den Strahl, ein Dateneingabewandler, der die abzuspeichernde Information (elektr. Signale) in ein rasterförmiges Muster transparenter und nichttransparenter Punkte umsetzt, ein Speichermedium, in dem das in Referenz- und Objektstrahl zerlegte Laserlicht zum holograph. Interferenzbild überlagert wird, sowie ein Detektor, auf dem die urspr. Intensitätsverteilung am Ausgang des Dateneingabewandlers mit Hilfe des Referenzstrahls aus dem Hologramm rekonstruiert werden kann, wobei der Objektstrahl abgeblendet wird. Photoplatten oder Metallschichten, die an den Stellen verdampfen, wo das Laserlicht auftritt, kommen als Hologrammträger nur für Festwertspeicher in Frage. Als Schreib-Lese-Speicher sind z. B. dünne Halbleiterschichten, die an den mit dem Laserlicht erhitzten Stellen (reversibel) vom amorphen in den kristallinen Zustand übergeführt werden, oder photochrome Filme, deren Absorptionsspektrum sich bei Belichtung ändert, erprobt worden. Bes. hohe Speicherdichten von 10^7 bis 10^8 Bit/mm^3 sind bei der Speicherung von Volumenhologrammen in Kristallen möglich, was die Informationsdichten der heute gebräuchl. Kern-, Halbleiter-, Band- oder Platten-Speicher um viele Größenordnungen übertrifft. Dabei können bis zu 100 Hologramme mit etwas verschiedenen Neigungswinkeln zur Kristallachse übereinandergeschrieben werden. Geeignete Speichermedien sind z. B. ferroelektr. oder pyroelektr. Kristalle sowie mit Eisen dotierte Einkristalle aus Lithiumniobat, in denen bei der Bestrahlung mit Laserlicht lokal der Brechungsindex geändert wird. Die Zugriffszeiten von 10^{-11} s entsprechen denen der schnellen Halbleiterspeicher.

optisches Pumpen, von A. KASTLER entwickeltes Verfahren, durch Lichteinstrahlung in Materie die Besetzungsdichte best. metastabiler Energiezustände gegenüber dem Gleichgewichtszustand bedeutend zu erhöhen. Durch o. P. können die relativen Besetzungen der Energieniveaus in Atomen, Ionen und Molekülen verändert und Ordnungszustände hervorgerufen werden. Durch o. P. von Zeeman-Niveaus kann z. B. eine Parallelstellung der magnet. Momente von Atomen und Atomkernen erreicht werden. Anwendung findet das o. P. in der Spektroskopie zur Untersuchung der Fein- und Hyperfeinstruktur von Spektrallinien sowie zur Erzeugung von Besetzungsinversion (→ Laser, → Maser).

optisches System, die Gesamtheit der bei der Bilderzeugung wirksamen Elemente (Linsen, Prismen, Spiegel) einer opt. Anordnung; z. B. die Kombination Objektiv und Okular beim Fernrohr.

optische Täuschungen, Wahrnehmungen des Gesichtssinns, die dadurch gekennzeichnet sind, daß die wahrgenommenen Maßverhältnisse oder Erscheinungsweisen nicht mit den geometrisch erfaßbaren Proportionen oder den physikal. Gegegebenheiten der objektiven Gegenstände übereinstimmen und zu deren Erklärung teils physiolog., teils psycholog. Momente herangezogen werden.

Die größte Gruppe der o. T. bilden die **geometrisch-opt. Täuschungen.** Sie bestehen darin, daß senkrechte Erstreckungen gegenüber waagerechten überschätzt werden (Horizontal-Vertikal-Täuschung), spitze Winkel eher für kleiner, stumpfe eher für größer gehalten werden, gleich lange Strecken unterschiedlich lang erscheinen, wenn sie in verschiedenem Zusammenhang stehen (Sandersche Täuschung, Müller-Lyersche Täuschung, BILD 5 u. 2) oder in eine perspektivisch wirkende Zeichnung eingeordnet sind (BILD 1). Von zwei gleich großen Kreisen z. B. erscheint derjenige größer, um den in geringem Abstand ein weiterer konzentr. Kreis gezogen ist (J. DELBOEUF). Parallelen erscheinen nicht parallel, wenn sie von Scharen kürzerer Parallelen überlagert sind (Zöllnersche Täuschung, BILD 6). Eine schräg durch parallele Geraden unterbrochene Linie erscheint versetzt (Poggendorffsche Täuschung, BILD 7). Geometr. Figuren können so aufgebaut werden, daß die perspektiv. Auffassung Körper sehen läßt, die objektiv nicht möglich sind (BILD 4). Bei einer weiteren Gruppe von o. T. ändert sich die räuml. Auffassung oder Orientierung bei längerer Beobachtung, z. B. beim Neckerschen Würfel (BILD 3), der von rechts oben und links unten gesehen werden kann.

optische Weglänge, der → Lichtweg.

Opto|elektronik, Teilgebiet der Elektronik, das sich mit der techn. Auswertung physikal. Effekte befaßt, die auf der Wechselwirkung zw. elektromagnet. Strahlung im opt. Bereich und elektr. Ladungsträgern beruhen. Hierzu sind **optoelektronische Bauelemente** entwickelt worden, die elektr. und opt. Signale miteinander verknüpfen können, d. h. die in der Lage sind, Lichtenergie in elektr. Energie umzuwandeln und umgekehrt.

Bauelemente der O. lassen sich in **Strahlungsempfänger** und **Strahlungssender** unterteilen. Zu der ersten Gruppe gehören → Photodetektoren, die den äußeren oder den inneren → Photoeffekt ausnutzen. Detektoren mit äußerem Photoeffekt sind z. B. → Photozellen (mit Vakuum oder gasgefüllt), Bauelemente mit innerem Photoeffekt sind z. B. → Photodioden, → Photoelemente, → Phototransistoren und → Photowiderstände. Zu den Strahlungssendern zählt man natürl. Lichtquellen (z. B. Sonne), Vakuumemitter (z. B. Glühlampe) und Sperrschichthalbleiter, die inkohärente Strahlung (wie die → Lumineszenzdiode) oder kohärente Strahlung (wie der → Laser) emittieren. Die Kombination einer Lumineszenzdiode und einer Photodiode (oder eines Phototransistors) zu einem integrierten Bauelement wird als → Optokoppler bezeichnet. Dieser ermöglicht die Entkopplung von Stromkreisen sowie die störarme Übertragung von digitalen oder analogen Signalen unabhängig von einer überlagerten Gleich- oder Wechselspannung zw. Sender und Empfänger. Zum Aufbau von → Displays werden ebenfalls strahlungsemittierende Bauelemente eingesetzt.

Die wichtigsten Ausgangsmaterialien zur Herstellung optoelektron. Komponenten sind neben Silicium die III/V-Verbindungshalbleiter Galliumarsenid (GaAs) und Galliumphosphid (GaP) sowie Mischungen davon. Weiterentwicklungen in technolog. Hinsicht zeichnen sich bei der Herstellung integrierter opt. Schaltungen ab (→ Integrierte Optik).

In der industriellen Elektronik finden optoelektron. Bauelemente Anwendungen beim Messen, Überwachen und Steuern von Maschinen, bei Produktionsabläufen, Füllhöhen, Flüssigkeitskonzentrationen u. a., in der Datentechnik zum Lesen, Übertragen und Anzeigen von Digitalinformationen, in der Meßtechnik zur Umwandlung nichtelektr. Größen in elektr. Signale sowie als Digitalanzeigen. Darüber hinaus wird die O. bei der Direktumwandlung von Sonnenlicht in elektr. Energie mit Hilfe von → Solarzellen, zur Überbrückung hoher Potentialunterschiede in der Hochspannungstechnik und bei der Übertragung großer Informationsmengen über weite Entfernungen mit Hilfe von → Lichtleitern in der → optischen Nachrichtentechnik eingesetzt. Infrarot emittierende Dioden und infrarotempfindl. Halbleiterdetektoren werden für Diebstahlsicherungen und Lichtschranken, für die Fernbedienung und drahtlose Tonübertragung bei Fernsehgeräten, für Brandüberwachung, Nachtsichtgeräte oder auch in der Medizin eingesetzt.

Zur O. gehört auch die Beeinflussung von Licht-, bes.

1

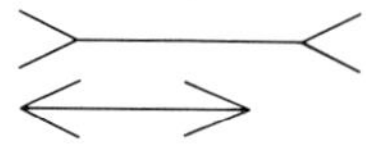
2

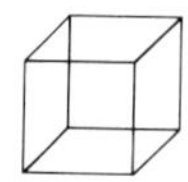
3

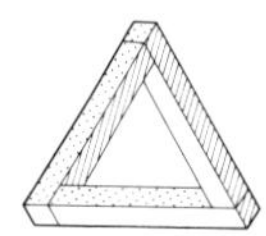
4

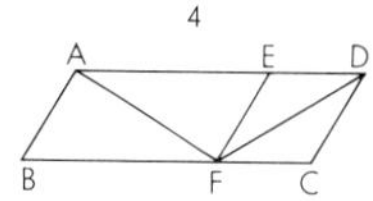

5

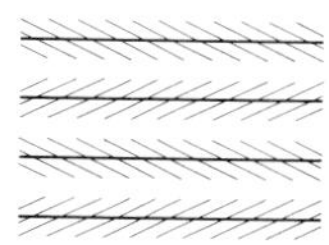
6

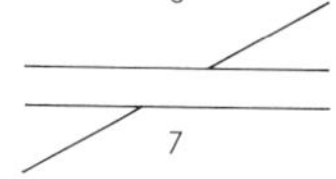
7

optische Täuschungen

optische Täuschungen: 1 Perspektivische Täuschung; beide Personen sind gleich groß gezeichnet (nach Bezold). **2** Größentäuschung (Müller-Lyersche Täuschung); die von den Pfeilspitzen begrenzten Strecken sind gleich groß. **3** Umspringfigur (Neckerscher Würfel); schlägt bei längerer Betrachtung sprunghaft in eine andere räumliche Auffassung um. **4** ›Unmögliche‹ Figur (nach Penrose). **5** Sandersche Figur; AF = DF. **6** Richtungstäuschung (Zöllnersche Täuschung); die Parallelen scheinen zusammenzulaufen. **7** Geometrische Täuschung (Poggendorffsche Täuschung); die schräge, durch zwei parallele Geraden unterbrochene Linie erscheint in ihren Teilstücken gegeneinander versetzt

Laserstrahlen, durch elektr. Signale, d. h. die Modulation durch den Kerr- und den Pockels-Effekt, und die Ablenkung durch Beugung in einem Ultraschallfeld. Eine Ultraschallwelle in einem passenden Medium wirkt als Beugungsgitter, der Ablenkungswinkel hängt von der Wellenlänge des Ultraschallfeldes ab. Z. B. arbeitet nach diesem Prinzip ein Schnelldrucker zur Datenausgabe aus Rechenanlagen; weitere Anwendungen der O. zur Nachrichtenverarbeitung und Datenspeicherung befinden sich in der Entwicklung.

Wolfgang Schmidt u. O. Feustel: O. kurz und bündig (1975); M. Bleicher: Halbleiter-O. (1976); Das Opto-Kochbuch (1976); G. Hatzinger: Optoelektron. Bauelemente und Schaltungen (1977); I. V. Fischbach u. a.: O. (1978); L. Ratheiser u. H. Pichler: O. (²1980); H. Bernstein: Opto-Hobby (1981).

opto|galvanischer Effekt, opto|voltaischer Effekt, Effekt in einer Gasentladung bei Beleuchtung des Entladungsraumes. Wenn das Plasma der Entladung mit intensivem, monochromat. Licht einer Wellenlänge bestrahlt wird, die von den Gasatomen absorbiert werden kann, so ändert sich die Spannung zw. den Elektroden der Entladungsstrecke. Durch den mit der Lichtabsorption verknüpften Übergang der Gasatome in angeregte Energiezustände kann die Ionisationsrate und damit die Leitfähigkeit durch Elektronenstöße im Plasma sowohl zu- (Spannungsabfall) als auch abnehmen (Spannungsanstieg). Mit intensiven Lasern sind Spannungsänderungen von bis zu 30% möglich. Der o. E. kann zur spektroskop. Untersuchung sowie zum analyt. Nachweis von Atomen im Plasma ausgenutzt werden, wobei die Entladung die Rolle des Photodetektors übernimmt.

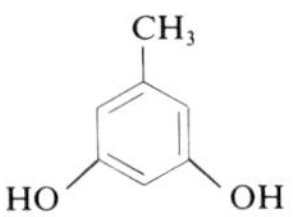

Orcin

Opto|koppler, aus einer Lichtquelle und einem lichtempfindl. Empfänger bestehendes optoelektron. Bauelement zur Übertragung elektr. Signale. Die von der Lichtquelle (→ Lumineszenzdiode) ausgesandte Infrarotstrahlung wird mittels eines Lichtleiters oder einer linsenförmigen Kunststoffverkapselung auf den ebenfalls im Infrarotbereich empfindl. Empfänger (meist ein → Phototransistor) geleitet. Die Güte des Koppelmediums bestimmt in

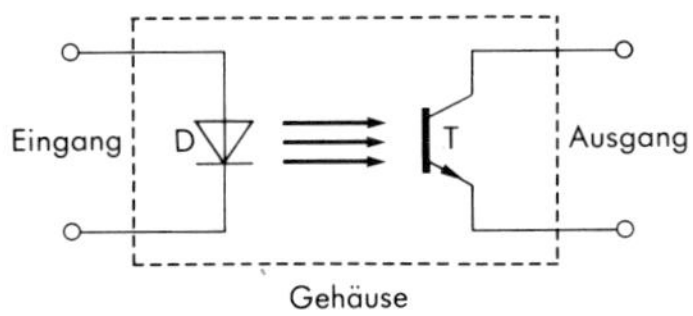

Optokoppler: Schaltbild eines O. mit D = Lumineszenzdiode und T = Phototransistor

erster Linie den Koppelfaktor (Stromübertragungsverhältnis) und den Isolationswiderstand zw. Ein- und Ausgang. Da der Ausgang des O. vom Eingang galvanisch sehr gut getrennt ist (der Isolationswiderstand erreicht Werte bis zu 100 GΩ), werden O. dort bevorzugt eingesetzt, wo zw. Schaltungen oder Baugruppen eine rückwirkungsfreie Kopplung erfolgen muß oder Sicherheitsaspekte die galvan. Trennung verlangen. Praktische Ausführungsformen: Bauelemente mit Metall-, Kunststoff- oder Dual-in-line-Gehäuse.

opto|voltaischer Effekt, der → optogalvanische Effekt.

Optronik, zusammenfassender Begriff für militär. Anwendung der → Optoelektronik. O. gewinnt schnell an Verbreitung und Bedeutung durch a) die Einführung von Lasern zur Zielmarkierung, Zielbeleuchtung für zielsuchende Flugkörper und Geschosse, zur Entfernungsmessung mit Zieldatenübertragung und Schußwertberechnung bei Artillerie und Panzern; b) die Einführung von Wärmebildsensoren für Feuerleitung und Navigation; c) Bildwandler-Beobachtungs- und Zielgeräte; d) Infrarot-Ortungs- und Lenkgeräte für Panzerabwehrraketen und Boden-Luft-Raketen; e) rechnergestützte Bildschirmdarstellungen der militär. Lage.

Orangefilter [ɔrˈãʒ-], Photographie: ein → Farbfilter.

Orbit [ˈɔ:bɪt, engl.] *der,* Umlaufbahn, bes. von Raumflugkörpern um Erde u. a. Planeten, Mond und Sonne.

Orbital *das,* auf Grund quantenmechan. Überlegungen aus der Schrödinger-Gleichung abgeleitete Wellenfunktion, die einen Elektronenzustand beschreibt und aus der die räuml. Verteilung der Aufenthaltswahrscheinlichkeit von Elektronen in der Hülle eines → Atoms (**Atomorbitale,** Abk. **AO**) oder Moleküls (**Molekülorbitale,** Abk. **MO**) hervorgeht, d. h. die Bez. O. wird sowohl für die Wellenfunktion ψ des gebundenen Elektrons als auch i. S. ihres Absolutquadrats $|\psi|^2$ gebraucht, das die räuml. Verteilung der Aufenthaltswahrscheinlichkeit angibt. – Bei der → Valence-Bond-Theorie geht man davon aus, daß sich bei der Bindung Atomorbitale benachbarter Atome überlappen, wohingegen die Molekül-Orbital-Methode sich über das ganze Molekül erstreckende O. annimmt.

Orbitalbahnen, → Oberflächenwellen 2).

Orbiter [ˈɔ:bɪtə, engl.], auf einer Planetenumlaufbahn befindl. bemannter oder unbemannter Raumflugkörper, z. B. O. des amerikan. → Raumtransporters, O. der Marssonde → Viking.

Orce|in, rotbraunes Pulver, farbgebender Bestandteil versch. Flechten-Farbstoffe, als alkohol. Extrakt aus Orseille oder aus reinem → Orcin hergestellt. O. wird in der Histologie zum Anfärben elast. Fasern verwendet.

Orcin, 3,5-Dihydroxytoluol, erdig-moosartig riechende Substanz, die zus. mit ihren Derivaten in Eichenmoosöl vorkommt.

Ordinalzahlen, Ordnungszahlen. Bei der Abzählung (→ abzählbar) einer Menge von Dingen kann man die Stellung jedes einzelnen Dings in der Abzählung angeben durch ›das erste Ding‹, ›das zweite Ding‹ usw. Die Adjektive sind die O. Allgemeiner ist die O. einer wohlgeordneten Menge (→ Wohlordnung) ihr Ordnungstyp.

Ordinate, zweite → Koordinate (i. a. die *y*-Koordinate) eines Punktes $P(x, y)$ einer Ebene, in der ein kartesisches Koordinatensystem zugrunde gelegt ist, erste Koordinate → Abszisse. Oft wird O. auch gebraucht für die **O.-Achse,** die Gerade durch den Ursprung eines Koordinatensystems, auf der die Werte der *y*-Achse aufgetragen werden.

Ordnung. In der Mathematik vielfältig gebrauchter Begriff. 1) Bei Mengen → angeordnet, → Wohlordnung. 2) O. einer → Gruppe 2) ist die Anzahl der Elemente der Gruppe. 3) O. einer → algebraischen Zahl: Eine algebraische Zahl hat die O. n, wenn sie Nullstelle eines Polynoms vom Grad n ist. 4) O. eines Poles einer → analytischen Funktion ist der Exponent der höchsten Potenz im Hauptteil der Laurent-Reihe. 5) O. einer → Differentialgleichung ist die höchste vorkommende Ableitung der gesuchten Funktion. 6) O. einer → algebraischen Kurve; analog dazu: O. einer → algebraischen Fläche. 7) Die O. einer Ableitung (→ Differentialrechnung) ist die Anzahl der Ableitungen der Grundfunktion.

Ordnungszahl, 1) Chemie: **Atomnummer,** Formelzeichen *Z,* die Stellenzahl eines chem. Elements im Periodensystem der Elemente; sie stimmt mit der →Kernladungszahl (Protonenzahl) des Atomkerns überein (→Atom).

2) Mathematik: die →Ordinalzahlen.

Ordovizium, Erdgeschichte: 2. System (Periode) des →Paläozoikums.

Ordovizium: Gliederung in Abteilungen und Stufen

			Ende vor 435 Mio. Jahren
Oberes	Ordovizium	Ashgill Caradoc	
Mittleres		Llandeilo Llanvirn	
Unteres		Arenig Tremadoc	
			Beginn vor 500 Mio. Jahren

Paläographie. Einem südl. **Gondwana-Kontinent** stand, durch einen breiten Ozean getrennt, eine Norderde **(Laurasia)** gegenüber. Paläomagnet. Daten lassen den S-Pol im westl. Nordafrika, den N-Pol im Zentralpazifik vermuten (→erdmagnetisches Feld). Der Paläoäquator durchschnitt den O-Rand Antarktikas, zog über die Sibir. Plattform und die nordamerikan. Arktis zum nordwestl. Nordamerika. Diese Erkenntnisse werden durch paläoklimatisch ausdeutbare Sedimente gestützt. In den marinen Ablagerungsräumen folgt das O. meist konkordant dem Kambrium und hat ähnliche, allerdings ausgedehntere Verbreitung (Transgression) mit Verwischung der früheren Faunenprovinzen. Man unterscheidet eine tonige Stillwasser- (mit Graptolithen) und eine sandig-kalkige Flachwasserfazies. Beginn lebhafter Krustenbewegungen mit submarinem Geosynklinalvulkanismus und Steigerung am Ende des O. **(takon. Phase** im Appalachentrog). Hauptverbreitung: Großbritannien, Ostseeländer, Thüringen, Böhmen, Nordamerika. Vereisung im oberen O. in Nord- und Südafrika. Bildung oolith. Eisenerze in Thüringen, Böhmen und der Bretagne.

Tier- und Pflanzenwelt. Der Formenreichtum der Fauna nahm zu. Außer den stratigraphisch wichtigen Graptolithen, Trilobiten, Conodonten und Brachiopoden (Entwicklung der Kalkschaler) entfalteten sich bes. Muscheln, Schnecken und Nautiloideen. Erstmals erschienen unter den Foraminiferen die Fusulinen, unter den Echinodermen die Cystoideen und Crinoideen, im höheren O. die ersten Wirbeltiere. Die Flora ist durch Meeresalgen bestimmt.

organisch, →anorganisch.

organische Chemie, größtes Teilgebiet der Chemie, das die Verbindungen des Kohlenstoffs umfaßt, mit Ausnahme der wasserstofffreien Chalkogenide (z. B. CO, CO_2, CS_2) und deren Abkömmlinge (z. B. Kohlensäure), der salzartigen und metall. Carbide sowie der Metallcarbonyle (→Kohlenstoffverbindungen).

organische Minerale bilden die Mineralklasse IX; es sind die in der Natur auftretenden Salze der organ. Säuren, natürl. feste Kohlenwasserstoffe der Paraffinreihe, carbozykl. Verbindungen und einige Harze, z. B. die Oxalatminerale Whewellit und Weddelit (bilden auch pathogene Konkremente), der Mellit (Honigstein) sowie die nicht eigentlich zu den Mineralen zählenden Substanzen Ozokerit und Bernstein.

organogen, biogen, organ. Ursprungs, von Organen oder Organismen erzeugt; Organe bildend; **o. Gesteine,** →Biolithe.

Organometallverbindungen, →metallorganische Verbindungen.

Organosilane, →siliciumorganische Verbindungen.

OR-Gate [ɔ: geɪt, engl.], Digitaltechnik: engl. Bez. für das →ODER-Glied.

Ori|entierung, Mathematik: Eine Strecke (ein Dreieck) ist **orientiert,** wenn für ihre zwei (seine drei) Eckpunkte eine best. Reihenfolge festgelegt ist. Bei der Triangulierung der Ebene gibt es zwei Möglichkeiten, alle Dreiecke der Ebene so zu orientieren, daß je zwei Dreiecke, die eine Kante gemeinsam haben, längs dieser Kante entgegengesetzte O. besitzen **(O. einer Ebene).** Dies kann man auf den *n*-dimensionalen Raum und durch Triangulierung auf →Mannigfaltigkeit verallgemeinern.

Orion, auffälliges →Sternbild der Äquatorzone, im Winter am Abendhimmel sichtbar. Etwa in Höhe des Himmelsäquators liegen die drei Gürtelsterne ζ, ε, δ (von Osten nach Westen), die auch **Jakobsstab** genannt werden. Nördlich davon liegen die beiden hellen Schultersterne, wobei der östliche (α) der zweithellste Stern (→Beteigeuze) des O. ist, der westliche (γ) heißt **Bellatrix.** Fast symmetrisch zu den Schultersternen liegen südlich von den Gürtelsternen die Fußsterne, wobei der westliche (β) der hellste Stern des O. ist (→Rigel). Als **Schwertgehänge** werden die schwächeren Sterne bezeichnet, die sich etwa in der Mitte zw. den Gürtel- und Fußsternen befinden. In der Mitte des Schwertgehänges liegt der mit freiem Auge erkennbare →Orionnebel, links unterhalb vom Gürtel der →Pferdekopfnebel.

Orioniden, aus dem Sternbild Orion kommender →Meteorstrom um den 19. Oktober, der auf den Halleyschen Kometen zurückgeführt wird.

Orion|nebel, mit bloßem Auge erkennbarer leuchtender →Gasnebel (M42) im Sternbild →Orion unterhalb der drei Gürtelsterne. Der Zentralbereich des etwa 1 500 Lichtjahre entfernten O. hat einen Durchmesser von 15 Lj, die Gesamtmasse wird auf etwa 700 Sonnenmassen geschätzt. Eingelagert in das von heißen Sternen zum Leuchten angeregte Wasserstoffgas sind kühle Molekülwolken, die radioastronomisch nachgewiesen werden konnten. Der O. gilt als Geburtsstätte für neue Sterne (BILD Nebel).

Orkan, der höchste Stärkegrad des Windes, Windstärke 12 der urspr. Windskale nach BEAUFORT (→Windmessung), wird nur auf See und im Küstengebiet beobachtet; entspricht einer Windgeschwindigkeit von 117 km/h und mehr, die in Starkwindfeldern der freien Atmosphäre regelmäßig erreicht wird (→Strahlstrom).

Orkanbug, Vorschiffsform moderner Flugzeugträger mit stark ausfallenden Vorschiffsspanten.

Orladin, natürl. Süßstoff aus den Rhizomen des Tüpfelfarns.

Orlon, Handelsname für eine Polyacrylnitrilfaser.

Ornithin *das,* in Peptidformeln Abk. **Orn, 2,5-Diaminovaleriansäure,** basische Aminosäure im →Ornithinzyklus.

Ornithinzyklus, Harnstoffzyklus, Arginin-Harnstoff-Zyklus, Stoffwechselprozeß, bei dem in Organismen gebildeter Ammoniak in Harnstoff umgewandelt und mit dem Urin ausgeschieden wird. Zwischen der

Harnstoffsynthese durch den O. und dem Katabolismus der Eiweißbausteine besteht eine enge Kopplung.

Orogen *das,* räumlich geschlossenes, deutlich umgrenztes Gebirge mit einheitl. Gesamtplan, das auf einen einmaligen Entwicklungsprozeß zurückzuführen und durch Falten- und Deckenbau gekennzeichnet ist. Die langgestreckten O. weisen quer zu ihrem Verlauf eine starke Einengung auf. Typisch ist ein Zonarbau mit zweiseitiger Vergenz nach außen, was im Querschnitt als fächerförmiges tekton. Großgefüge sichtbar wird. Beiderseits der **Interniden** (Zwischengebirge, Narbenzone), der zentralen Innenzone, schließen sich nach L. KOBER die aus den **Zentraliden, Metamorphiden** und **Externiden** bestehenden Stämme eines O. an, die für seinen Bau als bezeichnend gelten, aber nicht unumstritten sind. – Nach der → Plattentektonik bilden sich O. oder **O.-Gürtel** beim Zusammenstoß zweier Lithosphärenplatten durch Abbau von Erdkrusten- und Erdmantel-Material **(Subduktion)** an der Grenze Festland/Ozean, in Inselbögen innerhalb von Ozeanen (z. B. japan. Inseln) oder bei Kollision von Kontinenten.

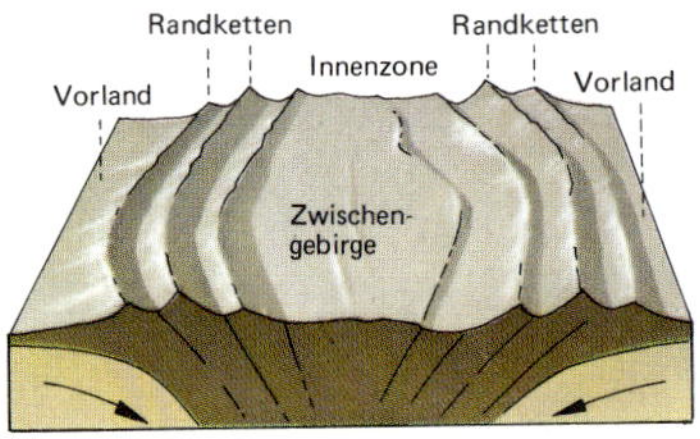

Orogen: Gliederung eines O. (nach L. Kober)

Orogenese, Gebirgsbildung, zeitlich begrenzte, auf relativ schmale Zonen der Erdkruste beschränkte, das Gesteinsgefüge verändernde, in episod. Schritten verlaufende, aber zeitl. Höhepunkte erreichende (→ Faltungsphasen) tekton. Bewegungen. Weil durch O. nur eine Veränderung des Gesteinsgefüges und neue Lagerungsformen der Schichten zueinander geschaffen werden, spricht man heute meist von **Tektogenese.** Die O. wird durch Senkungsprozesse (→ Geosynklinale) mit starker Sedimentation eingeleitet, denen die Faltungszeit folgt, in der die im wesentlichen bau- und strukturverändernden Vorgänge ablaufen, begleitet von einem mehrphasigen kennzeichnenden Magmatismus. In dieser Phase verlagern sich die Trogbildung und Sedimentation in Randgeosynklinalen (→ Flysch) und Vortiefen (→ Molasse) nach außen. Die Gestaltung des Gebirges im orograph. Sinn erfolgt erst nach Abschluß der eigtl. O.

Orographie, urspr. die rein beschreibende Gebirgskunde, dann als **Morphographie** die systematische Beschreibung der Oberflächenformen, später zur → Geomorphologie weiterentwickelt.

Orotsäure, 6-Uracilcarbonsäure, die biochem. Muttersubstanz der Pyrimidinbasen (→ Nucleinsäuren), in Säugetiermilch und in Bakterien. O., synthetisch hergestellt, wird in der Leberschutztherapie, Diätetik, Geriatrie und als Futterzusatz verwendet.

Orsatgerät, → Gasprüfer.

Orseille [ɔrsˈɛj, frz.], roter bis violetter Pflanzenfarbstoff, der wie → Lackmus aus Flechten gewonnen wird. O. wird in der Histologie zum Anfärben von Präparaten verwendet.

Ort *das, Mz.* **Örter,** Stelle im Bergwerk, an der Vortriebsarbeit geleistet wird **(vor Ort),** z. B. Arbeitsbereich in Streckenvortrieben. **Ortsbrust,** bergmännisch angegriffene Stirnseite der Strecke. Speziell: Teilsohlenstrecke in steil stehenden Lagerstätten.

Ortgang, schweizer. **Ortgesims,** bei Sattel- und Pultdächern die Begrenzung des Giebels durch die schräge Dachkante.

Orthikon, elektron. Bildaufnahmeröhre zur Aufnahme von Fernsehbildern, ähnlich dem älteren Ikonoskop, benutzt aber einen langsamen Elektronenstrahl zur Abtastung einer Mosaik-Photokathode, auf der das gespeicherte positive Ladungsbild entsteht. Als weiterentwickeltes → Superorthikon hatte diese Bildaufnahmeröhre große Verbreitung gefunden, hat heute jedoch gegenüber dem → Vidikon stark an Bedeutung verloren.

Orthit *der,* **Allanit,** pechschwarzes, radioaktives Mineral, mit Gehalt an seltenen Erden (Cer-Erz) und Thorium; v. a. in Tiefengesteinen; Varietät des → Epidot.

ortho . . ., Abk. **o-,** Chemie: Vorsilbe zur Kennzeichnung der 1.2-Stellung von zwei Substituenten bei aromat. Verbindungen; z. B. 1.2- oder o-Dichlorbenzol (→ Isomerie 1).

Orthocarbonsäuren

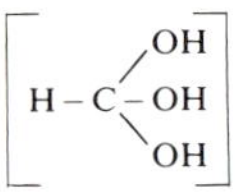

Orthoameisensäure

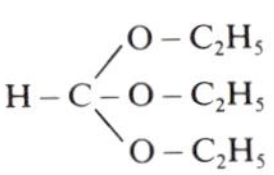

Orthoameisensäure-äthylester

Orthocarbonsäuren, im freien Zustand nicht existenzfähige Säuren, die sich formal durch Addition eines Wassermoleküls an die Carboxylgruppe von Carbonsäuren bilden und als Orthoameisensäure, Orthoessigsäure usw. bezeichnet werden. Von den O. leiten sich stabile Ester ab, z. B. Orthoameisensäureäthylester.

orthochromatisch heißt ein photograph. Material, das für Wellenlängen bis zu 600 nm, d. h. für alle Farben außer Rot, empfindlich ist.

Orthodrome *die,* kürzeste Verbindung zw. zwei Punkten auf einer Kugel, Teil eines Großkreises; wird bei größeren Entfernungen von Schiffen und Flugzeugen der → Loxodrome vorgezogen.

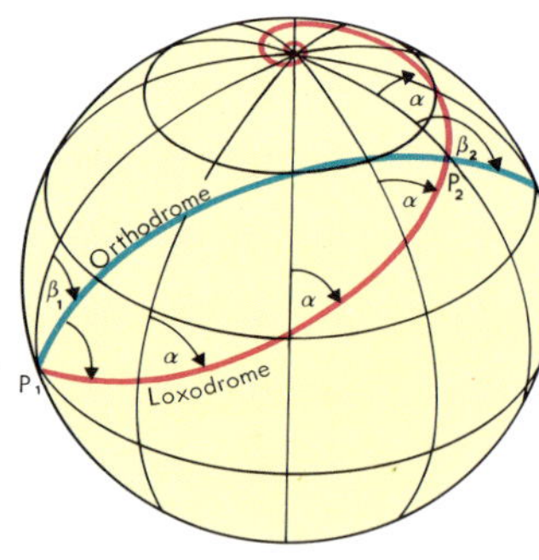

Orthodrome und Loxodrome:
α = konstantes Azimut der Loxodrome
β_1 = Azimut der O. in P_1
β_2 = Azimut der O. in P_2

Orthogesteine, metamorphe Gesteine, die aus der Umkristallisation magmatischer Gesteine hervorgegangen sind; z. B. **Orthogneis** aus Granit. – Ggs.: → Paragesteine.

orthogonal zueinander heißen geometr. Gebilde, die aufeinander senkrecht stehen. Der Begriff wurde auch auf andere Bereiche der Mathematik übertragen, ausgehend von der Tatsache, daß das → Skalarprodukt zweier Vektoren Null ist, wenn die Vektoren zueinander o. sind.

Orthohelium, der Triplettzustand des Heliums. Für angeregte Heliumatome existieren zwei verschiedene Sorten von Energiezuständen (Termsysteme), zw. denen es nur sehr selten Übergänge gibt. Sie unterscheiden sich dadurch, daß in dem einen System die Spins der beiden Hüllenelektronen des Heliums parallel stehen (Gesamtelektronenspin $S=1$, **Orthohelium),** im anderen dagegen antiparallel ($S=0$, **Parhelium, Parahelium,** Singulettzustand). Dementsprechend stellen die vom O. emittierten Linien Tripletts dar (→Multiplett 1, →Termschema), während die Parheliumlinien Singuletts sind.

Orthoklas, →Feldspate.

orthometrische Höhe, die →Meereshöhe.

Orthonormalsystem, Menge von Einheitsvektoren x_1, x_2, x_3, ... eines →Hilbert-Raums, für die das →Skalarprodukt $(x_i, x_k) = \begin{cases} 1 \text{ für } i=k \\ 0 \text{ für } i \neq k \end{cases}$ ist, d. h., die paarweise orthogonal und normiert sind.

Z. B. bilden die drei →Vektoren $\begin{pmatrix}1\\0\\0\end{pmatrix}, \begin{pmatrix}0\\1\\0\end{pmatrix}, \begin{pmatrix}0\\0\\1\end{pmatrix}$ im Euklid. Raum ein O. Jeder Hilbert-Raum besitzt ein vollständiges O., insbesondere jeder n-dimensionale Euklid. Raum. Den Übergang von einer beliebigen Basis von H zu einem O. bezeichnet man als **Orthonormierung.**

Ortho-Para-Isomerie, Bez. für den bei zweiatomigen Molekülen aus gleichen Kernen auftretenden Effekt, daß sich zwei Modifikationen je nach Stellung der Kernspins in ihren physikal. Eigenschaften unterscheiden. Bei parallelen Spins spricht man von **Ortho-Molekülen,** bei antiparallelen Spins von **Para-Molekülen.** Die O.-P.-I. wurde erstmals beim Wasserstoffmolekül H_2 entdeckt.

Orthophotoverfahren, Photogrammetrie: Verfahren zur →Entzerrung 2) von Meßbildern nichtebener Objekte, bes. von →Luftbildern unebenen Geländes. Das urspr. Bild wird bis ins Detail auf einen einheitl. Maßstab optisch oder photoelektronisch umgebildet **(Orthophoto).** Es ist geometrisch einer topograph. Karte gleichwertig, besitzt jedoch höheren Detailreichtum.

Orthoskop, Apparat im Polarisationsmikroskop zur Betrachtung von Kristallschnitten u. a. Präparaten in parallelem polarisiertem Licht. – **orthoskopisch** heißt eine tiefenkorrekte optische Abbildung.

orthotrope Platten, Flächentragwerk, dessen elast. Eigenschaften in zwei zueinander senkrechten Richtungen verschieden sind. O. P. werden im Stahlbetonbau als Decken- und Fahrbahnplatten, im Stahlbau, bes. Brückenbau, an Stelle des aufgegliederten Haupt- und Quertragwerkes verwendet. Bei Brücken ist die Fahrbahnplatte oder das Fahrbahnblech Haupttragglied.

Ortsbeben, nur im Bereich des Epizentrums nachweisbares →Erdbeben.

Ortsbestimmung, 1) Ortung, Navigation: Feststellung der geograph. Länge und Breite eines Ortes auf der Erdoberfläche mit Hilfe von Gestirnen, durch →Funkortung oder Lotung.

2) geographische O., die O. durch Angabe von →Länge 4) und →Breite 2) eines Ortes, wegen der Art der Bestimmung auch ›astronom. O.‹ genannt.

Ortskurve, graph. Darstellung einer elektr. Größe in Abhängigkeit von einem variablen Parameter in der komplexen Zahlenebene. Man erhält eine O., wenn die Reihe von aufeinanderfolgenden Werten der elektr. Größe, die durch Variation z. B. der Frequenz entsteht, als Zeiger (→Zeigerdiagramm) in die komplexe Ebene eingetragen wird, wobei die Verbindungslinie aller Zeigerspitzen die O. ergibt. Unterschieden werden können zwei Hauptgruppen von O.: 1) **Spannungs- und Widerstandsdiagramme** (konstanter Strom, variabler Scheinwiderstand), 2) **Strom- und Leitwertdiagramme** (konstante Spannung, variabler Scheinwiderstand). Die O. hat als →Frequenzgang große Bedeutung zur Beschreibung des Verhaltens von Übertragungsgliedern in der Nachrichten- und Regelungstechnik, da durch sie dargestellt werden kann, welche Folgen sich bei Veränderung einer oder mehrerer Größen für die übrigen einstellen.

Ortslinie, Linie, deren Punkte einer best. geometr. Bedingung genügen. Alle →Kegelschnitte sind O.

Ortsnetz, →Fernsprechen, →Fernmeldenetz, →Nahdienst.

Ortsnetzkennzahl, Ortskennzahl, →Kennzahl.

Ort|stein, rotbraune bis schwarze Verhärtung im B-Horizont (→Boden) von Sandböden, die durch eingeschwemmte Eisenhydrate und Humussäuren verkittet sind. Der O. verhindert die Wasser- und Luftführung sowie das Eindringen der Wurzeln. Bei ackerbaul. Nutzung muß die O.-Schicht gebrochen werden.

Ortsvektor, Vektor von einem fest gewählten Punkt O eines n-dimensionalen Raumes (z. B. Koordinatenursprung) zu einem Punkt P dieses Raumes.

Ortsvermittlungsstelle, Abk. **OVSt.** In Ortsnetzen (→Fernmeldenetz) mit mehreren Vermittlungsstellen sind die Teilnehmer an O. angeschlossen. Eine davon ist gleichzeitig die →Endvermittlungsstelle.

Ortszeit, auf den Meridian des Beobachtungsortes bezogene, für alle Orte gleicher geograph. Länge gleiche Zeit (bürgerl. Zeit). Die **mittlere O.** ist die vom Zeitpunkt der unteren Kulmination der mittleren Sonne gemessene →Sonnenzeit.

Ortung, →Ortsbestimmung 1).

Os, 1) chemisches Symbol für →Osmium.

2) *das, Mz.* **Oser,** von Schmelzwässern der Gletscher aufgebaute, Eisenbahndämmen ähnliche Wälle aus geschichtetem Sand oder Kies. Sie sind leicht auf- und abgewellt und können große Längen erreichen.

Osazonreaktion dient der Charakterisierung von Kohlenhydraten. Dabei wirkt ein Überschuß an Phenylhydrazin auf das Kohlenhydrat ein, wodurch unter Ammoniakabspaltung schwerlösl. gelbe **Osazone** entstehen. Die O. wird auch zur Abtrennung von Kohlenhydraten aus Gemischen eingesetzt.

O-Schale, die zur Hauptquantenzahl $n=5$ gehörige Hauptschale der →Atome, die maximal 50 Elektronen aufnehmen kann.

Öse, Schlinge, Schleife, kleiner Metallring.

Oskulations|epoche, →Störungsrechnung.

Osmiridium *das,* seltenes Mineral, das aus einer Mischung von Iridium mit Osmium (bis 24%) besteht.

Osmium, chem. Symbol **Os,** ein →chemisches Element aus der Gruppe der →Platinmetalle, Ordnungszahl 76; stabil sind die O.-Isotope mit den Massenzahlen 184, 186–190, 192 (Anteil: 41,0%), daneben sind noch mehr als 20 instabile künstl. Isotope bekannt. O. ist der dichteste bekannte kompakte Stoff, ein sehr hartes und sprödes

Metall von bläulichweißem Glanz. Es wird beim Behandeln der Platinmetalle mit Säuren nicht angegriffen und bleibt zurück. Durch Schmelzen mit Alkali-Salpeter oder durch Erhitzen im Chlorstrom unter Kochsalzzusatz wird es in lösl. Formen überführt. O. kommt stets zusammen mit anderen Platinmetallen vor, z. B. als **Iridosmium.** In seinen Verbindungen besitzt es die Oxidationsstufen 0, + 2 bis + 8. – O. wird verwendet in Legierungen mit anderen Platinmetallen, als Katalysator und als Hartmetallwerkstoff. O. wurde 1804 von dem Engländer S. TENNANT entdeckt.

Mit starken Oxidationsmitteln oder beim Erhitzen an der Luft bildet O. das flüchtige, chlordioxidartig riechende, blaßgelbe, giftige **Osmiumtetroxid,** OsO_4, Schmelz-P. 41 °C, Siede-P. 131 °C, ein starkes Oxidationsmittel, das leicht zu schwarzem beständigem **Osmiumdioxid,** OsO_2, reduziert wird. Eine wäßrige Lösung von OsO_4, fälschlich auch gelegentlich als **Osmiumsäure** bezeichnet, wird in der Mikroskopie zum Anfärben und Härten biolog. Präparate verwendet. In Lösungen von O.-Tetroxid in starken Alkalilaugen bilden sich rote **Osmate (VIII),** beim Schmelzen des Elements mit Kaliumhydroxid und Salpeter entstehen **Osmate (VI).**

Osmiumlegierungen mit 30–70% Osmium, 30–40% Ruthenium, 0–15% Platin und Zusätzen an Wolfram, Kobalt und Nickel dienen z. B. zur Herstellung von Füllfederhalterspitzen.

osmophore Gruppen, Atomgruppierungen, die für die Wahrnehmung von Riechstoffen durch die Rezeptoren der Nasenschleimhaut von Bedeutung sind. O. G. sind z. B. Carbonyl-, Hydroxyl-, Äther- und Nitrogruppen.

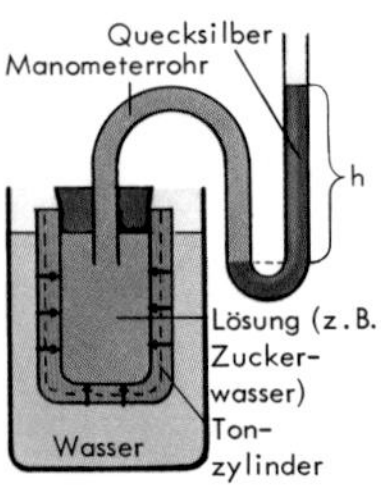

Osmose: Pfeffersche Zelle: Die Steighöhe *h* ist ein Maß für den osmotischen Druck

Osmose, der Durchtritt von Flüssigkeiten durch Trennwände aus gebranntem Ton, Membranen, Pergamentpapier, Kollodium u. a. Stellt man einen mit Alkohol gefüllten Tonzylinder in Wasser, so dringt infolge von → Diffusion der Alkohol durch die Trennwand nach außen **(Exosmose)** und das Wasser nach innen **(Endosmose);** eine solche doppelseitige O. heißt auch **Diosmose.** Dabei kann die Durchtrittsgeschwindigkeit für beide Flüssigkeiten verschieden groß sein, so daß vorübergehend ein Niveauunterschied zw. innen und außen entsteht. Hat man auf beiden Seiten die gleiche Flüssigkeit, legt aber zw. innen und außen eine elektr. Spannung an, so wandert auch Flüssigkeit hindurch, und zwar in der Richtung des Stromes oder gegen den Strom, je nach dem Material der Trennwand (→ Elektroosmose).

Die unterschiedl. Geschwindigkeit der O. bei versch. Flüssigkeiten wird einerseits dadurch erklärt, daß schwerere Moleküle wegen ihrer geringeren therm. Geschwindigkeit langsamer durch die Poren der Trennwand diffundieren als leichtere, andererseits durch die versch. Molekülgrößen: Größere Moleküle können nur durch die weiteren Kanäle der Membran hindurchgelangen. Auch die Lösbarkeit der Flüssigkeit im Material der Wand hat Einfluß. Man kann Membranen herstellen, die zwar Wasser durchlassen, aber größere, bes. organ. Moleküle zurückhalten. So gelingt es z. B., die Kolloidteilchen einer Lösung wie mit einem Sieb von den gelösten Salzen zu trennen, ein Verfahren, das als → Dialyse prakt. Bedeutung hat. Solche Membranen heißen halbdurchlässig oder semipermeabel. An ihnen kann der osmot. Druck mit der Pfefferschen Zelle (1877; BILD) beobachtet werden. Das äußere Gefäß enthält ein reines Lösungsmittel, z. B. Wasser, das innere die wässerige Lösung eines Stoffes, z. B. Zucker. Da der angestrebte Konzentrationsausgleich nur durch das Einströmen von Lösungsmittel in die Zelle realisiert werden kann, baut sich auf der Innenseite so lange ein Druck auf, bis er die Zufuhr von weiterem Lösungsmittel unterbindet. Die Flüssigkeitssäule im Steigrohr steigt durch das Eindringen des Lösungsmittels so lange, bis der durch ihre Gewichtskraft bewirkte Schweredruck dem osmot. Druck das Gleichgewicht hält.

Nach der für ideale Lösungen gültigen Theorie von J. H. VAN'T HOFF (1886) ist dieser Gleichgewichtsdruck, der **osmot. Druck,** identisch mit dem Gasdruck, der herrschen würde, wenn die gelösten Moleküle oder Ionen den Raum der Lösung als ideales Gas erfüllen würden **(Van't Hoffsches Gesetz).** Der osmot. Druck stellt somit eine → kolligative Eigenschaft dar; wegen der großen Meßeffekte (0,224 bar für Zimmertemperatur und eine 0,01 molare Lösung) ist er eine wichtige Größe zur Bestimmung der Molmasse von Makromolekülen. Der osmot. Druck von menschl. Blut beträgt etwa 7–8 bar, was etwa einer 1%igen Kochsalzlösung entspricht; bei manchen Pflanzensäften treten Werte bis zu 50 bar auf. Lösungen mit gleichem osmot. Druck nennt man **isotonisch.**

Die O. ist wichtig für die Lebewesen; ihre Zellkörper sind von halbdurchlässigen Membranen umgeben, durch die sich passiv ein ständiger Ausgleich des Gehalts an Wasser bis zu einem Gleichgewicht vollzieht. In Lösungen mit geringerem osmot. Druck als ihrem eigenen Innendruck **(hypoton. Lösungen)** nehmen die Zellen Wasser auf und können bis zum Platzen schwellen, in Lösungen mit höherem osmot. Druck **(hyperton. Lösungen)** geben sie Wasser ab und schrumpfen. In der pflanzl. Zelle entsteht durch die Wasseraufnahme ein Wanddruck **(Turgordruck).** Beim Einbringen in hyperton. Salz- und Zuckerlösungen dagegen gibt die Zelle Wasser an diese ab und verliert dabei ihren Turgor (→ Plasmolyse). – **umgekehrte O. (Revers-O.),** → Membranverfahren.

Ossein, in Wirbeltierknochen enthaltenes → Kollagen (ein Skleroprotein), das durch Säurebehandlung der Knochen gewonnen und zu Glutinleimen und Gelatine weiterverarbeitet wird.

Osten, Abk. **O,** eine → Himmelsrichtung.

Osteuropäische Tafel, Osteuropäische Plattform, Russische Tafel, Geologie: seit Beginn des Paläozoikums nicht mehr regeneriertes Kernstück des europ. Kontinents, bestehend aus dem → Baltischen Schild, dem → Ukrainischen Schild und der → Russischen Platte.

osteuropäische Zeit, Abk. **OEZ,** → Zeitmessung.

Ostpunkt, Morgenpunkt, einer der beiden Schnittpunkte des Horizonts mit dem Himmelsäquator (BILD astronomische Koordinaten); in ihm tritt ein im Himmelsäquator befindl. Gestirn bei seiner tägl. scheinbaren Bewegung in den sichtbaren Teil der Himmelskugel über. Im O. geht die Sonne zur Tagundnachtgleiche auf, im **Westpunkt (Abendpunkt),** dem anderen der beiden Schnittpunkte von Horizont und Himmelsäquator, geht die Sonne zur Tagundnachtgleiche unter. O. und Westpunkt sind die beiden Schnittpunkte des ersten Vertikals mit dem Horizont (→ Himmelsrichtungen).

Ostracoden, Muschelkrebse, Unterklasse der Krebstiere mit muschelförmiger, zweiklappiger Schale, die den ganzen Körper deckt. Vorkommen seit dem Kambrium. Wichtige Leitfossilien.

Östrogene, weibl. → Geschlechtshormone.

Ostwaldsche Stufenregel [n. dem dt. Chemiker W. Ostwald, * 1853, † 1932], Regel über die Energieänderung chem. Systeme, die besagt, daß Übergänge von einem energiereichen in einen energieärmeren Zustand, falls Zustände mittlerer Energie existieren, stets stufenweise über diese erfolgen.

Ostwaldsches Verdünnungsgesetz erklärt die Abhängigkeit der elektrolyt. Dissoziation von der Konzentration der Lösung. Es ist das Ergebnis der Anwendung des Massenwirkungsgesetzes auf den Vorgang der elektrolyt. Dissoziation. Durch Messungen an einer großen Zahl organ. Säuren wurde das O. V. bestätigt, während es für stark dissoziierte Elektrolyte versagt.

Oszillation, die → Schwingung.

Oszillationstheorie, geotekton. Theorie des dt. Geologen E. Haarmann (* 1882, † 1945) zur Erklärung der Krustenbewegungen der Erde durch weiträumige, wellenförmige Verbiegungen (Oszillationen) der Erdkruste auf Grund kosmisch ausgelöster, subkrustaler Magmenverlagerungen **(Primärtektogenese).** An den Flanken der Aufwölbungen **(Geotumore)** gleiten bes. Sedimentmassen in die Einsenkungen **(Geodepressionen),** wobei sie gefaltet und verschoben werden **(Sekundärtektogenese).** → Undationstheorie.

Oszillator *der,* **1)** schwingendes physikal. System (→ Schwingung); meist vereinfacht ein schwingender Massenpunkt oder eine schwingende Punktladung u. ä. Ein wichtiger Spezialfall ist der → harmonische Oszillator.

2) elektron. Schaltung oder Baueinheit zur Erzeugung von elektr. Schwingungen mit sinusförmigem Spannungsverlauf. Für andere Schwingungsverläufe (z. B. Rechteck, Sägezahn, Impulse) ist der übergeordnete Begriff → Generator gebräuchlich.

Ein O. besteht im Prinzip aus einem Verstärkerelement (z. B. Transistor, Operationsverstärker), dessen Ausgangsspannung auf den Eingang rückgekoppelt ist. Die Schwingfrequenz der O.-Schaltung ist abhängig von den im Rückkopplungsweg liegenden frequenzbestimmenden Gliedern (i. a. ein Schwingkreis oder ein Schwingquarz). Voraussetzung zur Schwingungsanfachung bei einer O.-Schaltung ist, daß die Rückkopplung als Mitkopplung wirkt, d. h., daß die rückgeführte Spannung phasengleich mit der Eingangsspannung ist. Außerdem muß die Ringverstärkung (das Produkt aus Verstärkung und Rückkopplungsfaktor) größer als 1 sein, anderenfalls klingt die angefachte Schwingung wieder ab (Schwingbedingung). O. werden in Sendern, Rundfunk- und Fernsehempfängern, Meßgeneratoren u. a. verwendet.

Oszillograph, → Lichtstrahloszillograph, → Oszilloskop.

Oszilloskop 1:
Kompaktes 2-Kanal-O. in stoßgeschützter Ausführung für alternierenden und Chopper-Betrieb.

Oszilloskop, Elektronenstrahl|oszilloskop, elektron. Meßgerät, mit dem der zeitl. Verlauf elektr. Spannungen auf einem Bildschirm sichtbar gemacht werden kann. Die mit einer Registriereinrichtung zum Aufzeichnen der elektr. Vorgänge ausgerüsteten Geräte werden auch als **Oszillographen** bezeichnet.

Ein O. besteht im Prinzip aus einer → Elektronenstrahlröhre, der Zeitablenkeinrichtung und versch. Verstärkern. In der Anzeigeröhre emittiert eine Glühkathode frei bewegl. Elektronen, die zwei senkrecht zueinanderstehende Plattenpaare (X- und Y-Ablenkung) durchlaufen und an der Aufprallstelle des Schirms die Leuchtschicht anregen. Üblicherweise legt man die Meßgröße an die (vertikal ablenkenden) Y-Platten und schließt an die X-Platten eine periodische, proportional mit der Zeit ansteigende (Sägezahn-)Spannung an. Während der Strahlrücklaufzeit wird der Strahl gesperrt, ›dunkelgetastet‹. Um bei period. Signalen ein stehendes Bild zu erhalten, kann der Einsatz der X-Spannung von der Meßspannung oder einem von außen zugeführten Impuls synchronisiert, ›getriggert‹, werden.

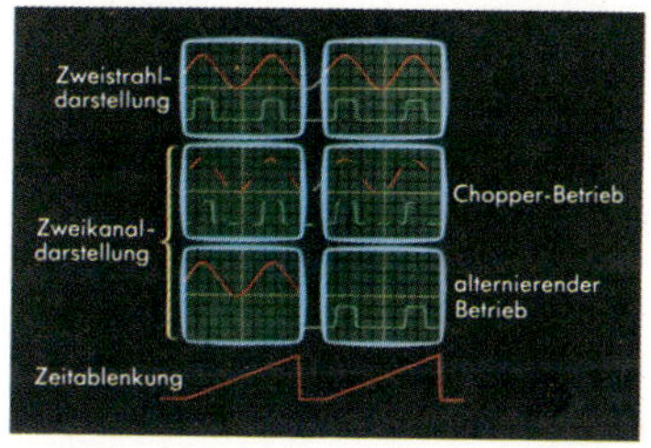

Oszilloskop 2

Moderne Elektronenstrahl-O. sind mit Zusatzeinrichtungen, oft in Einschubtechnik, ausgestattet. Neben analog arbeitenden Einschüben wie Verstärkern, Zeitbasen, Spektrumanalysatoren, Kennlinienschreibern usw. stehen Digitaleinschübe, z. B. Digitalvoltmeter, Zähler, Frequenzmeßgeräte u. a., zur Verfügung, mit denen hochgenaue Amplituden- und Zeitmessungen durchgeführt werden können. Die Vielzahl der Zusatzgeräte ermöglicht eine optimale Anpassung des O. an die verschiedensten Meßaufgaben. Wichtige Meßparameter wie Ablenkzeiten und Amplitudenempfindlichkeit werden mit Digitalanzeigen auf dem Bildschirm eingeblendet. Mit modernen Elektronenstrahlröhren hoher Ablenkgeschwindigkeit (bis zu 20000 km/s) und breitbandigen Verstärkereinschüben können elektr. Schwingungen mit Frequenzen bis zu einigen GHz dargestellt werden, bei period. Vorgängen läßt sich durch punktweise Abtastung des Kurvenverlaufs mit einem **Sampling-O.** [s'æmplıŋ-], in dessen Eingangsverstärker eine schnelle Schaltdiode sitzt, die Auflösung noch um den Faktor 10–100 steigern. Der Abtastpunkt wird schrittweise nach einer vorgegebenen Anzahl von Perioden um ein kleines Zeitintervall (Größenordnung 10^{-12}s) verschoben, so daß auf dem Bildschirm die aus Einzelpunkten zusammengesetzte Kurve aufgezeichnet wird, die während der Dauer vieler Perioden ermittelt worden ist. **Speicher-O.,** deren Bildröhre mit einem speziellen Leuchtschirmmaterial ausgerüstet ist, können ein Oszillogramm für die Dauer von einigen Stunden auf ihrem Bildschirm speichern, was die Auswertung einmaliger Ereignisse erlaubt. Mehrere gleichzeitig ablaufende Vorgänge stellt man durch periodische elektr. Umschaltung (→ Chopper 1) von einem Vorgang auf den anderen mit Hilfe eines Mehrkanal-Verstärkereinschubs oder mit einem **Zweistrahl-** oder **Vierstrahl-O.** dar, bei

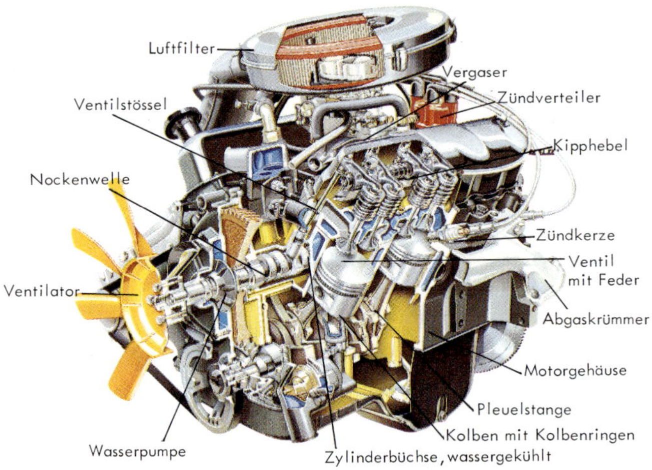

Ottomotor 1: 6-Zyl.-V-Motor (Ford), 2300 cm^3, 80 kW (108 PS)

denen mehrere Elektronenstrahl- und Ablenkplattensysteme in eine Röhre eingebaut sind. O. mit mechan. Meßwerk: → Lichtstrahloszillograph.

J. CZECH: O. (²1977); H. CARTER: Kleine Oszillographen-Lehre (⁷1977); P. E. KLEIN: Das O. (1979); W. BRAUERS u. R. PFAFF: O. (1980).

Otavit, Mineral $CdCO_3$, → Cadmium.

Ottokraftstoffe [n. dem dt. Maschinenbauer N. A. Otto, * 1832, † 1891], Kraftstoffe zum Betrieb von Ottomotoren. O. werden durch Mischung verschiedener → Benzine (z. B. Straightrun-Benzin, Reformat, Crack-Benzin) und eventuell anderer Komponenten (z. B. Butan, Methyl-tert-butyläther) hergestellt. Nach DIN wird zw. **O. Super** und **O. Normal** unterschieden. Beide haben verschiedene → Oktanzahlen. Super muß eine ROZ (MOZ) von mindestens 97,4 (87,2), Normal von mindestens 91,0 (82,0) haben. Es wird außerdem zw. **Winter-** und **Sommer-O.** unterschieden. Winter-O. enthalten mehr leichtflüchtige Komponenten, die beim Kaltstart die Bildung eines zündfähigen Gemisches ermöglichen, die aber im Sommer zu Dampfblasenbildung in der Kraftstoffleitung führen würden. Bei allen O. darf der Siedepunkt höchstens bei 215 °C, der Schwefelgehalt höchstens bei 0,1% liegen. Um best. Eigenschaften zu erzielen werden O. Additive wie → Antiklopfmittel, → Antioxidantien, → Anti-Icings und Vergaserreinigungsmittel zugesetzt.

In dem Bestreben, den Erdölverbrauch zu senken, werden seit einigen Jahren **alternative O.** auf ihre Eignung untersucht. Mittelfristig kommen → Flüssiggas (Autogas) und Alkohol-Benzin-Mischungen in Betracht. Sowohl Flüssiggas als auch Alkohole zeichnen sich durch eine hohe → Klopffestigkeit aus. Langfristig könnten reine Alkohole, Kohlebenzine und Wasserstoff als O. Bedeutung erlangen. In der Bundesrep. Dtl. sind Versuche mit O. aus 15% Methanol und 85% Benzin (M 15) durchgeführt worden. Dieser Kraftstoff beeinträchtigt bei unangepaßten Vergasermotoren (nicht bei Einspritzmotoren) das Fahrverhalten bei Kälte (hohe Verdampfungswärme des Methanols) und bei Hitze (Dampfblasenbildung durch niedrigsiedendes Methanol). Außerdem entmischen sich Methanol-Benzin-Mischungen bei Zutritt geringer Mengen Wasser. Aus Biomasse (Zuckerrohr, Getreide u. a.) erzeugtes Äthanol ist für Länder mit großen Anbauflächen als O.-Komponente interessant (Pro-Alcool-Programm in Brasilien, Gasohol-Programm in USA).

Ottomotor, die am weitesten verbreitete → Verbrennungskraftmaschine (als → Hubkolbenmaschine oder → Kreiskolbenmotor). O. arbeiten im Viertakt- oder Zweitaktverfahren (→ Verbrennungsmotor).

Im Zylinder wird ein meist durch äußere → Gemischbildung entstandenes Luft-Kraftstoff-Gemisch durch einen Kolben auf bis zu 25 bar (je nach Gemischmenge und Verdichtungsverhältnis) verdichtet. Bei der dabei erreichten Temperatur (400–600 °C) darf der Kraftstoff nicht selbst zünden (i. Ggs. zum → Dieselmotor). Nach der Zündung durch die → Zündkerze durchläuft die Flamme den → Brennraum (20–40 m/s). Infolge der freigesetzten Wärme steigen Temperatur (auf 2000–2500 °C) und Druck (auf 40—60 bar) an. Der Kolben wird nach unten getrieben und verrichtet Arbeit. Die Gemischaufbereitung erfolgt im → Vergaser oder durch Einspritzung (→ Benzineinspritzung), wobei die → Drosselklappe den Gemisch- oder Luftdurchsatz steuert und damit die Leistungsabgabe. Bei ungenügender Klopffestigkeit des Kraftstoffes oder unzureichender Kühlung des Brennraumes tritt bes. in zerklüfteten Brennräumen Selbstzündung auf (→ Klopfen).

Das → Luftverhältnis λ muß bei O. innerhalb enger Grenzen liegen ($\lambda = 0{,}7 - 1{,}2$). Bei Luftüberschuß ($\lambda > 1$) werden der niedrigste Kraftstoffverbrauch und geringe Schadstoffemission erreicht (→ Schichtladung), es kann aber beim Beschleunigen zu Zündaussetzern kommen; bei Luftmangel ($\lambda < 1$) wird die größte Leistungsausbeute erreicht. Ein gleichmäßiges Luftverhältnis bei allen Zylindern eines O. ist praktisch nicht zu verwirklichen. Durch → Aufladung 2) kann die Leistung erhöht werden.

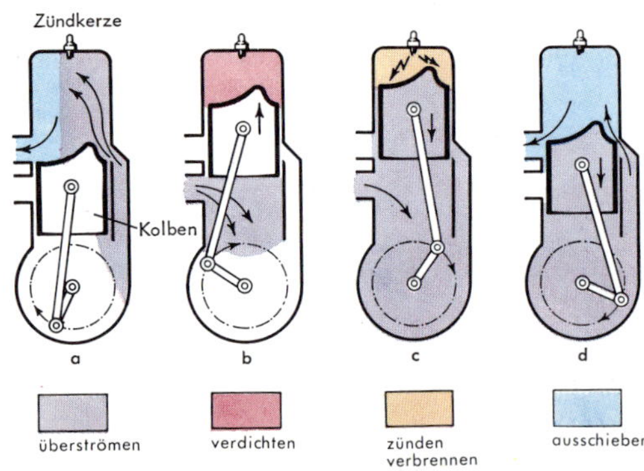

Ottomotor 2: Hubkolbenmotor, Zweitaktverfahren: **a** Überströmen des Kraftstoffgemisches, **b** Verdichten über und Ansaugen unter dem Kolben, **c** Verbrennen des Gemisches (Arbeitstakt), **d** Ausschieben und Beginn des Überströmens

Der O. wird v. a. für Kraftfahrzeuge, als → Flugmotor und → Außenbordmotor verwendet. Er arbeitet auch bei kleinsten Abmessungen (z. B. Flugmodellmotoren) einwandfrei. Als Kraftstoffe dienen beim Fahrzeug-O. v. a. leichtsiedende flüssige Kraftstoffe (→ Ottokraftstoffe). Können die Schadstoffemissionen des O. durch motorinterne Maßnahmen nicht auf die gesetzl. Grenzwerte gesenkt werden, müssen die Abgase nachbehandelt werden (→Abgasreinigung, →Katalysator 2, →Nachverbrennung 2). – Der O. soll in folgender Hinsicht weiterentwickelt werden: geringerer Kraftstoffverbrauch, Senkung der Schadstoffemission, geringerer Geräuschpegel und geringeres Gewicht.

H. BUSCHMANN u. P. KÖSSLER: Hb. der Kraftfahrzeugtechnik ([2]1977); H. GROHE: Otto- und Dieselmotoren – kurz und bündig ([6]1982).

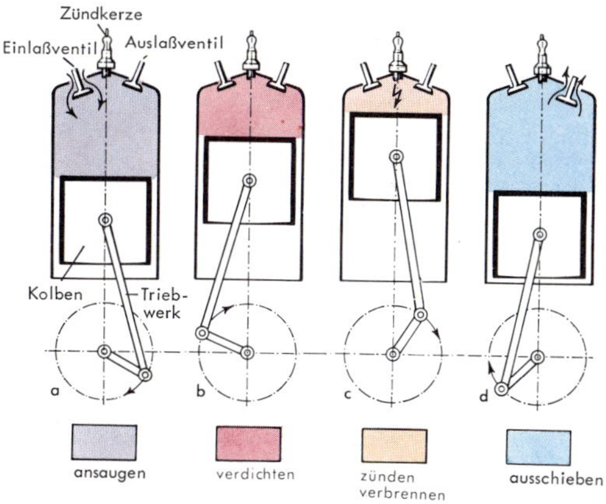

Ottomotor 3: Hubkolbenmotor, Viertaktverfahren: **a** Ansaugen, **b** Verdichten, **c** Zünden und Arbeiten, **d** Ausschieben

Ottrelith *der,* Mineral, manganhaltige Abart des →Chloritoid.

ounce [auns, engl.], **Unze** *die,* Einheitenzeichen **oz,** in Großbritannien und den USA Gewichts- und Masseneinheit: 1 oz = 1/16 lb = 28,349523 g; im →Troysystem (für Edelmetalle und Edelsteine): 1 troy ounce = 1 oz tr = 480 grain = 31,103477 g. Außerdem ein Hohlmaß für Flüssigkeiten, in Großbritannien: 1 fluid oz = 8 fl. drams = 28,4130 cm^3, in den USA: 1 fl. oz = 8 fl. drams = 29,5737 cm^3. (ÜBERSICHT Einheiten, angloamerikanische Einheiten)

Output [autput, engl.], Datenverarbeitung: Ausgang, Ausgangsinformation, Ausgangsgröße, Ausgabedaten (z. B. eines Computers). Ggs.: **Input.**

Oval, Rand einer ebenen, abgeschlossenen, beschränkten, konvexen Punktmenge mit inneren Punkten.

Overdrive ['əuvədraiv, engl.] *der,* ein Schnellgang-Zusatzgetriebe, →Kraftwagengetriebe.

Ovulationshemmer, chem. Präparate zur oralen Empfängnisverhütung. Es werden meist Mischpräparate aus einem Gestagen und einem Östrogen angewendet. Durch O. wird die Freisetzung des follikelstimulierenden Hormons und des luteinisierenden Hormons (LH) aus der Hirnanhangdrüse gehemmt. Durch Mangel an LH kann es daher nicht zur Ovulation kommen.

Owens-Verfahren ['əuinz-, n. M. J. Owens, * 1859, † 1923], Verfahren zur maschinellen Herstellung von Hohlglas; zähflüssiges Glas wird aus der Schmelzoberfläche in die Vorform eingesaugt.

oxal . . ., sauer . . ., Bez. für die Atomgruppierung – CO – COOH.

Oxal|acetat, in allen Zellen vorkommendes Salz der Oxalessigsäure, $C_4H_4O_5$. O. ist wichtiges Zwischenprodukt im →Zitronensäurezyklus, ohne das dieser Stoffwechselweg zum Erliegen kommt. O. entsteht im zellulären Stoffwechsel u. a. aus Malat, Citrat, Pyruvat, Aspartat, den Salzen der Asparaginsäure. O. spielt auch eine Rolle bei der Fixierung von Luftstickstoff durch Leguminosenknöllchen.

Oxalat, Salze und Ester der Oxalsäure.

Oxal|essigsäure, Oxo|bernsteinsäure, organ. Säure; →Oxalacetat.

Oxalieren, das Behandeln von Stahl mit oxalsäurehaltigen Lösungen zur Erzeugung einer Oberflächenschicht, die v. a. das Gleiten (bei der mechan. Verformung u. dgl.) erleichtert; für den Korrosionsschutz von untergeordneter Bedeutung. – Als O. bezeichnet man zuweilen auch das →Phosphatieren in Lösungen, die Oxalsäure oder Oxalate enthalten.

Oxalsäure, Äthan|di|säure, einfachste →Dicarbonsäure, die in Form ihrer Salze **(Oxalate)** u. a. in Sauerklee, Sauerampfer und Rhabarber vorkommt. Sie wird durch therm. Dehydrierung von Natriumformiat (aus Natriumhydroxid und Kohlenoxid) sowie durch Oxidation von Propylen oder Kohlenhydraten mit Salpetersäure hergestellt. O. liegt normalerweise als kristallines Dihydrat vor. Sie ist in Wasser löslich und wirkt reduzierend. Verwendung findet O. als Textilhilfsmittel (zum Beizen, Neutralisieren und Bleichen) und zum Bleichen von Leder, Holz, Stroh u. a. In der chem. Analytik wird sie als Urtitersubstanz und zur Calciumbestimmung verwendet. **Kaliumtetraoxalat (Kleesalz),** $KHC_2O_4\cdot(COOH)_2\cdot 2\,H_2O$, dient zum Schleifen von Marmor. O. ist giftig (tödliche Dosis 5–10 g), die Vergiftung ist auf die Ätzwirkung und Nierenverschluß durch schwerlösl. Calciumoxalat zurückzuführen.

Oxamid, Oxalsäurediamid, schwer lösliche, kristalline Verbindung, die als Depotdüngemittel dient.

Oxazinfarbstoffe, →Azinfarbstoffe.

Oxid, veraltet **Oxyd,** chem. Verbindung eines Elements mit Sauerstoff. Nach der Anzahl der im Molekül vorhandenen Sauerstoffatome unterscheidet man **Monoxide,** z. B. Kohlenmonoxid, CO, **Dioxide,** z. B. Schwefeldioxid, SO_2, **Trioxide, Tetroxide,** z. B. Osmiumtetroxid, OsO_4. In der chem. Nomenklatur werden Ziffern zur Bez. der **Oxidationsstufe** verwendet, z. B. Eisen(III)-oxid. In den **Oxidsalzen** ist neben dem Anion Sauerstoff enthalten, z. B. BiOCl, Wismutoxidchlorid. **Oxidhydrate** sind Verbindungen, die zusätzlich Wasser enthalten. (→Peroxide)

Oxidans, das →Oxidationsmittel.

Oxidasen, Biochemie: zur Hauptklasse der Oxidoreductasen gehörende Enzyme, die Elektronen übertragen; z. B. die **Cytochromoxidase,** die die aus einer Substratoxidation stammenden Elektronen auf molekularen Sauerstoff im Rahmen der Atmungskette überträgt, und die →Monoaminoxidasen.

Oxidation, Oxidieren, früher **Oxydation,** urspr. die mehr oder weniger lebhafte chem. Vereinigung von Elementen oder Verbindungen mit Sauerstoff, z. B. die Verbrennung von Kohle, das Rosten des Eisens. O. eines Elements führt zu einem Zuwachs seiner positiven La-

Oxalsäure

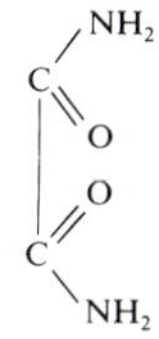

Oxamid

1

2

3

4

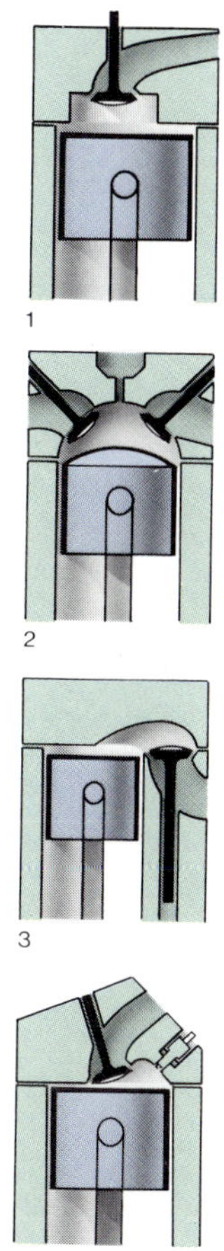

Ottomotor 4

Ottomotor 4: Brennräume, deren Form die Klopffestigkeit erhöht; **1** Abdeckung eines Teils der Kolbenfläche; **2** halbkugeliger Brennraum; **3** Ricardo-Kopf; **4** eine gebräuchlichere Abwandlung des Ricardo-Kopfes

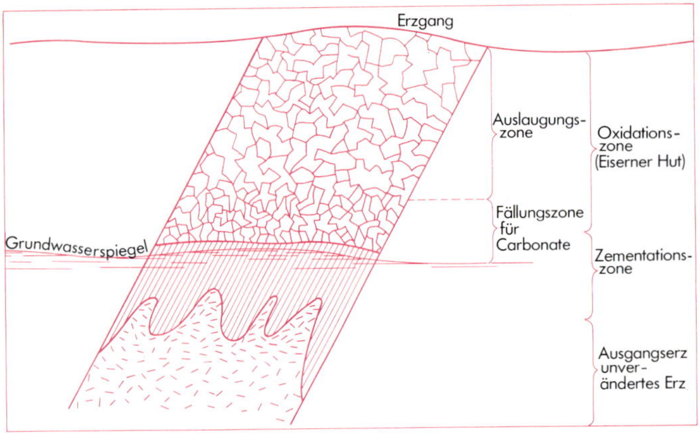

Oxidationszone

Oxime

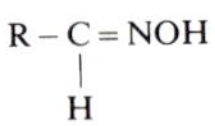

Aldoxim

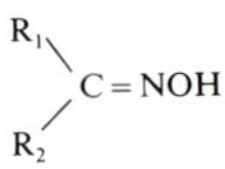

Ketoxim

Oxoniumverbindungen

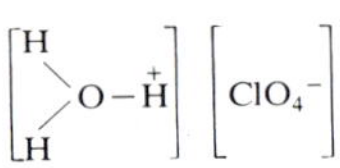

Oxoniumperchlorat

dungsstufe **(Oxidationszahl, Oxidationsstufe).** Verallgemeinert bezeichnet man daher als O. chem. Prozesse unter Abgabe von Elektronen (→ Oxidationsmittel). Der der O. entgegengesetzte Vorgang ist die → Reduktion 1).

Oxidationsfarbstoffe, Entwicklungsfarbstoffe (→ Farbstoffe), bei denen sich die Farbe erst durch Oxidation auf dem zu färbenden Substrat bildet. O. werden zum Haar- und Pelzfärben verwendet.

Oxidations|inhibitoren, → Antioxidantien.

Oxidationsmittel, Oxidanti|en, *Ez.* **Oxidans,** Stoffe mit besonderer Fähigkeit, Elektronen aufzunehmen und die Oxidationsstufe anderer Stoffe zu erhöhen, wobei sie selbst reduziert werden; z. B. Sauerstoff, manche Oxide, sauerstoffreiche Verbindungen.

Oxidations-Reduktions-Systeme, die → Redoxsysteme.

Oxidationsstufe, Oxidationszahl, → Oxidation.

Oxidationszone, Bereich, in dem → Erzlagerstätten durch Luft- und Wassereinwirkung verwittern. Die dabei angereicherten roten und braunen Oxidationsprodukte des Eisens, die grün und blau gefärbten des Kupfers (Malachit, Azurit) sowie schwerlösl. Schwermetallverbindungen bilden einen **Eisernen Hut,** während die gelösten Bestandteile sich unterhalb des Grundwasserspiegels in der → Zementationszone anreichern.

Oxidator, sauerstoffhaltige Treibstoffkomponente von Raketentreibstoffen (→ Rakete).

Oxidhyrat, → Oxid.

Oxidimetrie, Redoxtitration, Methode der chem. Maßanalyse, bei der vollständige Oxidations- und Reduktionsreaktionen zur quantitativen Bestimmung chem. Stoffe genutzt werden. Oxidimetr. Verfahren sind die **Bromometrie:** Oxidationsmittel ist Bromlösung (mit Kaliumbromid), Indikatoren Methylrot oder -orange, die zerstört werden; die **Jodometrie:** Oxidationsmittel Jodlösung oder Jodidionen, Titrierung mit Natriumthiosulfat-Lösung, Indikator Stärkelösung, die durch Jodreste blau gefärbt wird; die → Manganometrie, außerdem die **Bromato-, Ceri-, Chromato-, Jodato-** und **Titanometrie.**

Oxidkeramik, keram. Werkstoffe (→ Keramik), deren Eigenschaften (wie hohe Verschleißfestigkeit und Härte, gute elektr. Isolations- und therm. Wärmeleitfähigkeit, hohe Resistenz gegenüber chemisch aggressiven Flüssigkeiten) sehr viele Einsatzmöglichkeiten bieten, u. a. als → Sinterwerkstoffe mit besonderen dielektr. und magnet. Eigenschaften in der Elektrotechnik. Die wichtigsten O. sind Aluminiumoxid (Al_2O_3), Zirkonoxid (ZrO_2), Berylliumoxid (BeO) und Magnesiumoxid (MgO).

Oxidoreductasen, Biochemie: erste der sechs Hauptklassen der → Enzyme; O. katalysieren Reduktions-Oxidations-Reaktionen zw. zwei Substraten. Wichtigste Untergruppen: **Dehydrogenasen, Oxidasen.**

Oxidsalz, Chemie: → Oxid.

Oxime, Isonitrosoverbindungen, meist gut kristallisierende Verbindungen, die sich zur Isolierung und Identifizierung von Carbonylverbindungen eignen. Durch Umsetzung von Hydroxylaminsalzen mit Aldehyden entstehen **Aldoxime,** mit Ketonen **Ketoxime. Cyclohexanonoxim** ist ein wichtiges Zwischenprodukt bei der Herstellung von → Caprolactam. **Methyläthylketoxim** und **Butyraldoxim** dienen als Lackadditive.

Oxin, 8-Hydroxylchinolin, kristalline organ. Verbindung, die als Desinfektionsmittel und in der Metallanalyse als Reagens verwendet wird; ist Muttersubstanz von Antiseptika und Antimykotika.

Oxiran, → Äthylenoxid.

Oxo . . ., Chemie: 1) Bez. für das an ein Kohlenstoffatom doppelt gebundene Sauerstoffatom (=O) z. B. in → Oxocarbonsäuren. 2) Bez. für Verbindungen, die über die → Oxosynthese hergestellt werden.

Oxo|aldehyde, → Oxosynthese.

Oxo|alkohole, → Oxosynthese.

3-Oxobuttersäure, die → Acetessigsäure.

Oxocarbonsäuren, Carbonsäuren, in denen die Wasserstoffatome einer oder mehrerer CH_2-Gruppen durch ein doppelt gebundenes Sauerstoffatom (→ Oxo . . . 1) ersetzt sind, z. B. Oxopropionsäure (→ Brenztraubensäure), Oxobuttersäure (→ Acetessigsäure), Oxovaleriansäure (→ Lävulinsäure).

Oxomalonsäure, die → Mesoxalsäure.

Oxoniumverbindungen, salzartige chem. Verbindungen mit dem **Oxonium-Ion** [H_3O^+], z. B. **Oxoniumperchlorat** [H_3O^+] [ClO_4^-]. An Stelle der Protonen (H^+) können z. B. Alkylgruppen (auch andere Reste) gebunden werden und Mono-, Di- oder Trialkyloxoniumsalze bilden. Substituierte O. werden zu organ. Synthesen, z. B. als starke Alkylierungsmittel, benutzt.

Oxo|säuren, 1) anorgan. Säuren mit koordinativ gebundenem Sauerstoff im Anion, z. B. Chlorsäure, $HClO_3$, Salpetersäure, HNO_3. 2) **organ. O.,** die → Oxocarbonsäuren sowie verzweigte höhere Carbonsäuren aus der Oxosynthese.

Oxo|synthese, Hydroformylierung, technisch wichtige Reaktion von Olefinen mit Kohlenmonoxid und Wasserstoff zu Aldehyden (wobei in Gegenwart von Katalysatoren gleichzeitig Kohlenmonoxid, CO, und Wasserstoff, H_2, an Doppel- oder Dreifachbindungen angelagert wird. Diese **Oxoaldehyde** werden meist zu Alkoholen **(Oxoalkohole)** weiterverarbeitet. Das 1938 von O. ROELEN entdeckte Verfahren wurde zunächst zur Herstellung von Waschmittelalkoholen angewendet. Heute sind Butanole und Äthylhexanol die wichtigsten Oxoprodukte. Beide werden aus Propylen hergestellt. Die Reaktion läuft bei 100–160 °C und 200–300 bar in Gegenwart von Kobaltkomplexen ab. Aus Propylen entsteht dabei ein Gemisch von n- und i-Butyraldehyd (s. nebenstehende FORMEL).

Um die Ausbeute an unverzweigten Aldehyden zu erhöhen, werden neuerdings Rhodiumkomplexe als Katalysator verwendet.

Oxovaleriansäure, → Lävulinsäure.

oxy . . ., Chemie: 1) früher für Hydroxy . . . in Namen organ. Verbindungen. 2) heute, wenn ein Sauerstoffatom an zwei Atome gebunden ist (–OR), z. B. Methoxy . . . 3) in der anorgan. Chemie früher für Oxidsalze, z. B. Wismutoxychlorid, heute: Wismutoxidchlorid.

Oxy|acetylierung, Acet|oxylierung, technisch wichtige Reaktion organ. Verbindungen mit Sauerstoff und Essigsäure zu Essigsäureestern, z. B.

$$\underset{\text{Äthylen}}{H_2C=CH_2} + \underset{\text{Sauerstoff}}{{}^1/_2\,O_2} + \underset{\text{Essigsäure}}{CH_3COOH} \longrightarrow \underset{\text{Vinylacetat}}{CH_2=CHOOCCH_3} + \underset{\text{Wasser}}{H_2O}$$

Oxychlorierung, Reaktion organ. Verbindungen mit Sauerstoff und Chlorwasserstoff. Von Bedeutung ist die O. von Äthylen zu Dichloräthan, einem Zwischenprodukt zur Herstellung von Vinylchlorid (→ Chlorkohlenwasserstoffe).

Oxy|dehydrierung, die oxidative → Dehydrierung.

Oxygenasen, Biochemie: Untergruppen der Hauptklasse von Enzymen (→ Oxidoreductasen). O. katalysieren die Reaktion von molekularem Sauerstoff.

Oxygenium *das,* der → Sauerstoff.

Oxytocin, das Ocytocin (→ Neurohormone).

oz, Einheitenzeichen für → ounce.

Ozalidverfahren, ein positiv arbeitendes Trockenlichtpausverfahren ohne Fixierung oder Wässerung (→ Lichtpause, → Diazotypie-Verfahren).

Ozean *der,* das → Meer; **ozeanisch,** zum Meer gehörig, ihm eigentümlich oder von ihm beeinflußt **(ozeanische Inseln, ozeanisches Klima).** → Urozeane.

Ozeanbodenzergleitung, → Seafloor-Spreading.

ozeanische Kruste, der unter den Ozeanen liegene Teil der → Erde mit geringerer Mächtigkeit (4–6 km). Kennzeichen: Fehlen der **Granitschale,** Aufwölbung der → Mohorovičić-Diskontinuität, Aufbau fast ganz aus basaltischem Gestein.

Ozeanographie, → Meereskunde.

ozeanographische Instrumente dienen der Messung der physikal., chem. und biolog. Eigenschaften des Meerwassers und der Bewegungsvorgänge des Meeres in ihrer zeitl. und räuml. Veränderlichkeit. – Die frühere Methode der Probenentnahme mit anschließender Analyse ist inzwischen weitgehend durch den Einsatz selbständig messender Geräte mit interner Datenregistrierung für einen vorwählbaren Meßzyklus ersetzt. Die Meßwerte werden meist auf Magnetband digital aufgezeichnet, später mit Hilfe von Rechenanlagen gelesen und aufbereitet. Von fahrenden oder gestoppten Forschungsschiffen aus eingesetzte Geräte (hinsichtlich anderer Meßplattformen → Meereskunde) übertragen die Meßwerte direkt an Bord, wobei man häufig von Kleinrechnern Gebrauch macht, die die Daten so weit aufbereiten, daß ein Überblick über die hydrograph. Situationen bereits unmittelbar während der Expedition möglich wird.

Zur Messung der Wassertiefe dient das → Echolot, zur Bestimmung der Tiefenlage eines o. I. dienen Drahtlängenmessung, Messung des hydrostat. Drucks, Sinkzeit- sowie Echolotmessungen.

$$2\,CH_3-CH=CH_2+2\,CO+2H_2 \longrightarrow CH_3-CH_2-CH_2-CHO$$
$$2\,CH_3-CH=CH_2+2\,CO+2H_2 \longrightarrow CH_3-\underset{\displaystyle CHO}{\underset{|}{CH}}-CH_3$$

Oxosynthese

Wasserstandsschwankungen werden mit Küstenpegeln (Latten-, Schwimmer- oder Druckluftpegel) und Hochseepegeln (Druckmessung am Meeresgrund) gemessen. Besondere Geräte (Beschleunigungsmesser-Bojen) sowie Meßverfahren, z. B. von Erdsatelliten aus, wurden zur Seegangsmessung entwickelt.

Bei der Messung der Wassertemperatur wird die Temperaturabhängigkeit verschiedener Eigenschaften fester oder flüssiger Körper genutzt, z. B. die Wärmeausdehnung fester oder flüssiger Stoffe (Kippthermometer, Bathythermograph), das Eigenschwingungsverhalten von Kristallen (Quarzthermometer), die elektr. Leitfähigkeit von leitenden und halbleitenden Materialien (Platinwiderstandsthermometer o. a. Thermistoren, Bathysonde, Thermistorketten).

Der Salzgehalt wird entweder chemisch durch Chlortitration oder physikalisch durch Messung der elektr. Leitfähigkeit (Salinometer, Bathysonde), der Dichte (Aräometer), des opt. Brechungsindexes (Refraktometer) oder der Schallgeschwindigkeit (durch Laufzeit- oder Wellenlängenmessung) bestimmt.

Bei der Strömungsmessung unterscheidet man zw. ortsfesten Messungen der Strömungsgeschwindigkeit und -richtung und Triftmessungen zur Bestimmung von Bahnlinien des umgebenden Wassers. Es gibt über 100 versch. Strommessertypen für ortsfeste Messungen in unterschiedl. Wassertiefen und über verschieden lange Zeiträume. Diese Geräte messen die Strömungsgeschwindigkeit meist über mechan. Meßfühler (Propeller, Rotoren, Schaufelräder u. a.), deren Auslenkung ein Maß für die Geschwindigkeit darstellt. Die Strömungsrichtung wird mit einer Stromfahne bestimmt. Neuerdings gibt es darüber hinaus elektromagnet. sowie akust. Strömungsmesser. Die heutige Kenntnis der Oberflächenströmungen beruht fast nur auf Triftmessungen mit Triftkörpern, bes. auch Schiffen, deren Verdriftungen bes. genau mit Hilfe von Erdsatelliten bestimmt werden.

Der Bestimmung des Gehaltes an suspendierten Stoffen dient die Filtration geschöpfter Wasserproben sowie die Messung des Einflusses dieser Stoffe auf die Schwächung des Lichts durch Absorption (Attenuationsmeßgeräte: Trübungsmesser, Durchsichtigkeitsmesser) und Streuung (Streulichtmesser) sowie der Messung ihrer Schallreflexion (Echolot).

Zur Bestimmung des Gehaltes an gelösten Stoffen hat die moderne meereschem. Meßtechnik neben den gravimetr. Fällungsanalysen und anschließenden volumetr. Methoden eine Vielzahl neuerer Methoden zur Verfügung wie Atomabsorptionsspektroskopie und kolorimetr. Methoden (Autoanalyzer). Kontinuierlich registriert werden können z. Z. Sauerstoffgehalt (Sauerstoffsonde) und Wasserstoffionenkonzentration.

Ozeanologie, → Meereskunde.

Ozokerit, Erdwachs, natürl. Gemenge hochmolekularer fester Kohlenwasserstoffe der Methanreihe; hellgelb bis braunschwarz, salbenartig bis spröde. Oxidationsprodukt paraffinreicher Erdöle.

Ozon *das,* energiereiche Modifikation des Sauerstoffs mit drei Sauerstoffatomen im Molekül, das i. Ggs. zum zweiatomigen Sauerstoffmolekül gewinkelt gebaut ist. Reines O., bei gewöhnlicher Temperatur gasförmig und deutlich blau gefärbt, wird bei − 111,9 °C zu einer violettblauen Flüssigkeit kondensiert, die bei − 192,5 °C erstarrt. O. besitzt einen charakterist., auch in geringen Konzentrationen wahrnehmbaren Geruch. Es reizt die Atmungsorgane stark und ist auch in kleinen Konzentrationen sehr giftig. O. bildet sich aus gewöhnl. Sauerstoff bei Einwirkung ultravioletter Strahlung und bes. unter dem Einfluß elektr. Entladungen. Letzteres wird im **Ozonisator** zur Herstellung ozonhaltiger Luft angewendet. Die Atmosphäre enthält $1-3 \cdot 10^{-6}$ Vol.-% O. Der O.-Gehalt unterliegt jahreszeitl. und durch die Höhe bedingten Schwankungen. O. wird laufend in der Atmosphäre gebildet. Es spielt eine bed. Rolle im Strahlungshaushalt der Atmosphäre, da es die kurzwellige solare UV-Strahlung absorbiert, in Wärme umsetzt und den ird. Lebensraum gegen die energiereiche kurzwellige Sonnenstrahlung abschirmt.

O. ist eine Verbindung, die leicht unter Sauerstoffabgabe zerfällt. Als eines der stärksten Oxidationsmittel vermag es viele Stoffe wie Metalle, sogar Silber, leicht zu oxidieren. Es reagiert auch mit zahlreichen organ. Verbindungen, z. T. unter Zerstörung (Farbstoffe, Gummi, viele Mikroorganismen). Mit ungesättigten organ. Verbindungen entstehen häufig unter Spaltung der Doppelbindung **Ozonide,** die zur Konstitutionsermittlung herangezogen werden können. O. wird technisch zum Bleichen verschiedener Stoffe, zur →Ozonung und Konservierung verwendet.

M. VAN MARUM stellte 1785 den eigenartigen Geruch von O. in der Nähe von Elektrisiermaschinen fest, C. F. SCHÖNBEIN (1839) führte ihn auf ein unbekanntes Gas zurück, dem er den Namen O. gab. Die chem. Natur des O. wurde erst 1872 von B. BRODIE erkannt.

Ozonschäden. Anzeichen für Immissinsschäden an Pflanzen sind weißl. oder bräunl. Flecke auf den Blättern; die Zellkerne werden deformiert.

Ozonbehandlung, →Abwasserreinigung.

Ozonide, 1) Salze mit dem Anion O_3^-. 2) organ. Verbindungen, die durch Reaktion olefin. Doppelbindungen mit Ozon (O_3) entstehen. Durch Hydrierung entstehen aus dem O. zwei Moleküle (Aldehyde oder Ketone). Das urspr. Olefin wird also an der Doppelbindung gespalten. Diese Reaktionsfolge spielt eine wichtige Rolle zur Ermittlung der Lage von Doppelbindungen in komplizierten Molekülen **(Ozonisierung).**

Ozonschicht, Bereich der Stratosphäre mit starker Ozon-(O_3-)Anreicherung zw. 20 und 30 km Höhe (→Atmosphäre). →Ozon.

Ozonstrahler, →Quarzlampe.

Ozonung, bei der Wasseraufbereitung angewandte Behandlung des Wassers mit Ozon. Durch O. lassen sich mehrere erwünschte Effekte erzielen: 1) Oxidation zweiwertiger Manganionen, die anschließend durch Filterung über Aktivkohle entfernt werden können **(Entmanganung),** 2) Oxidation von komplex an Huminsäuren gebundenes Eisen und Mangan zwecks Ausfällung **(Enteisenung, Entmanganung),** 3) Zerlegung makromolekularer organischer Verbindungen (z. B. Huminsäuren) zu biologisch leicht abbaubaren Produkten, 4) Entkeimung.

P

p, 1) in der Chemie Abk. für →para . . .

2) Einheitenzeichen für →Pond und →typographischer Punkt.

3) *p,* Formelzeichen für Druck, elektrisches Dipolmoment und Impuls.

4) physikal. Symbol für →Proton.

5) Vorsatzzeichen für →Piko.

P, 1) chem. Symbol für →Phosphor.

2) Einheitenzeichen für →Poise.

3) *P,* Formelzeichen für elektrische Polarisation, Leistung und Parität.

4) Vorsatzzeichen für →Peta.

Pa, 1) chem. Symbol für →Protactinium.

2) Einheitenzeichen für →Pascal.

PA, Abk. für →**P**olyamide.

p. a., Chemie: Abk. für **pro analysi,** analysenrein.

Paar, 1) Mathematik: ein →n-Tupel für $n = 2$, als **Paarmenge** der Mengen M und N bezeichnet man das kartes. Produkt $M \times N$.

2) Physik: a) Elementarteilchenphysik: **Teilchen-Antiteilchen-Paar,** →Paarerzeugung. b) Halbleiterphysik: **Elektron-Loch-Paar,** →Generation; **gebundenes Elektron-Loch-Paar,** →Exziton. c) Supraleitung: →Cooper-Paare.

Paar|erzeugung, Paarbildung, die aus der Äquivalenz von Energie und Masse (→Relativitätstheorie) folgende Möglichkeit, Energie in materielle Teilchen umzuwandeln, wobei **Teilchen-Antiteilchen-Paare** entstehen, z. B. die spontane Umwandlung eines Lichtquants (Röntgen- oder γ-Quants), dessen Energie mindestens so groß ist wie die doppelte Ruheenergie eines Elektrons, in ein **Elektron-Positron-Paar** im starken Coulomb-Feld eines Atomkerns. Wegen der Erhaltungssätze von Energie und Impuls ist P. nur dann möglich, wenn auf einen weiteren Reaktionspartner, den Atomkern, Impuls übertragen werden kann. Die überschüssige Energie des Strahlungsquants wird als kinet. Energie auf die erzeugten Teilchen verteilt. Der umgekehrte Vorgang ist die Vernichtung eines Elektrons und eines Positrons (Paarvernichtung) unter Bildung von zwei oder drei Lichtquanten. Unter P. versteht man i. w. S. generell die Erzeugung von Teilchen-Antiteilchen-Paaren bei der Wechselwirkung hochenerget. Elementarteilchen mit Materie, unter **Paarvernichtung (Annihilation, Zerstrahlung)** die Vernichtung eines Teilchen-Antiteilchen-Paares unter Bildung von →Vernichtungsstrahlung.

Paarspektrometer, Gerät zur Messung der Energie von γ-Strahlung. Aus γ-Quanten mit Energien über 1,022 MeV können in einer Folie durch → Paarerzeugung Elektronen-Positronen-Paare entstehen, die in einem angelegten homogenen Magnetfeld entgegengesetzt gekrümmte Bahnen durchlaufen und mit Zählrohren in Koinzidenzschaltung registriert werden. Aus den Bahndaten und der Stärke des Magnetfeldes läßt sich die Energie ermitteln.

PABA, Abk. für **para-Amino|benzo|e|acid,** die 4-Aminobenzoesäure, →Aminobenzoesäuren.

Pack|eis, regellose Anhäufung von zusammengeschobenen und zusammengefrorenen Eisschollen, → Meereis.

Packlage, 1) Straßenbau: Unterbau oder Tragkonstruktion der → Makadam-Decke aus großen Steinstükken zur Übertragung der von der Straßendecke aufgenommenen Verkehrslasten auf den Untergrund. Wegen großer Nachgiebigkeit und Verformungen unter hohen Verkehrslasten ersetzt durch Rüttelschotter, bituminöse Kies- und Splittschichten u. a.

2) Wasserbau: → Setzpack.

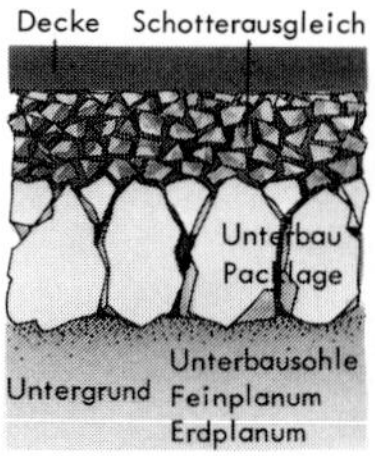

Packlage 1)

Packpapier, Oberbegriff für alle Papiere zum Einwickeln, Verpacken und Herstellen von →Wellpappe aus Altpapier oder Zellstoff.

Packung, eine → Dichtung 2).

Packungs|anteil, die relative Abweichung $(A_r\text{-}A)/A$ der relativen Atommasse A_r von der ganzzahligen Massenzahl A. Der P. ist definitionsgemäß Null für das Kohlenstoffnuklid ^{12}C. Der P. ist für die meisten Nuklide negativ, nur für die leichtesten und schwersten ist er positiv. Statt des P. wird heute i. a. der → Massendefekt zur Charakterisierung der Kerne verwendet.

Packwerk, Packfaschinat, Wasserbau: Kolk-Verbau aus kreuzweise eingebrachten und mit Pfählen befestigten → Faschinen oder →Wippen und Reisig, wobei die Hohlräume mit Kies, Steinen und Erde gefüllt werden.

p-adische Bewertung, → Bewertung.

Page [peɪdʒ, engl.], Datenverarbeitung: ein durch Aufteilung des gesamten Speichers in einzelne, gleich große Segmente entstandener, geschlossener Block von Speicherstellen.

PAK, Abk. für → polyzyklische Aromaten.

PAL, Abk. für **Phase Alternation Line** [feɪz ɔ:ltən'eɪʃn laɪn, engl.], **PAL-System,** Fernsehen: das von der Bundesrep. Dtl. 1967 und den meisten europ. Staaten (außer Frankreich und dem Ostblock) eingeführte System des → Farbfernsehens. Es ist eine auf Vorschlägen von LOUGHLIN und W. BRUCH beruhende Abänderung des amerikan. → NTSC. Beim PAL-System werden im Übertragungsweg entstehende störende Einflüsse, die Farbfehler bei der Wiedergabe verursachen würden, kompensiert, wozu ein mit den Farbsignalen modulierter Farbträger im Sender von Zeile zu Zeile in der Phase um ± 90° umgeschaltet und im Empfänger eine entsprechende Umschaltung bewirkt wird. Dadurch wirken sich die Fehler von Zeile zu Zeile in entgegengesetzter Richtung aus, sie lassen sich durch Mittelung kompensieren.

Palagonit *der,* wasserhaltiges vulkan. Glas, entstanden durch rasche Erstarrung basalt. Lava am Kontakt mit Eis oder Wasser. **P.-Tuff** ist eine ins Wasser verfrachtete basaltische Asche.

Paläobiologie, Wissenschaft vom Leben der Organismen der erdgeschichtl. Vergangenheit; sie erforscht die äußere Erscheinung der einstigen Lebewesen, ihre Lebensumstände sowie die Beziehungen zu der Umwelt **(Palä|ökologie)** und die Ursachen für ihr Aussterben. Die vergleichende Analyse des Skeletts fossiler und heutiger Pflanzen- und Tierformen gestattet Rückschlüsse auf die Lebensweise; Fährten, Fraßbilder, Exkremente, krankhafte Veränderungen an Hartteilen **(Paläopathologie)** liefern wichtige Belege. Auch die Einwirkung des Lichtes auf fossile Lebewesen wird untersucht **(Paläophotobiologie).**

Paläoboden, der → Paläosol.

Paläobotanik, Paläophytologie, Phytopaläontologie, die Wissenschaft von den fossilen Pflanzen (→ Paläontologie).

Paläo|europa, die kaledonisch (→ Kaledoniden) konsolidierten Teile Europas, die seit dem Devon keine alpinotype Gebirgsbildung mehr erlebt haben.

Paläogen *das,* das Alttertiär, → Tertiär.

Paläogeographie, Zweig der Geologie zur Erforschung der geograph. Verhältnisse der geolog. Vergangenheit. Die P. ermittelt die Verteilung von Land und Meer in den verschiedenen Erdzeitaltern und stellt diese in paläogeograph. Karten dar, in denen meist auch die Umrisse der heutigen Kontinente eingetragen sind. Die P. bedient sich dafür der von Geologie, Paläontologie und Paläoklimatologie gebotenen Informationen und berücksichtigt die (paläomagnetisch belegete) veränderte Lage der Pole und Kontinente zueinander. (→ Paläomagnetismus)

Paläoklimatologie, Lehre von der Klimageschichte der Erde. Organ. Reste, Bodenarten, Sedimentbildung, Verwitterungsvorgänge und Oberflächenformen geben Hinweise auf das Klima einzelner geolog. Zeiten, ferner Vereisungsspuren, Kohle-, Salz- und Riffbildungen. Dabei wird der →Aktualismus zugrunde gelegt, so daß die Zuverlässigkeit von Klimazeugen mit zunehmendem geolog. Alter schwieriger wird. Durch moderne physikal. Verfahren (Temperaturmessung, Paläomagnetismus u. a.), durch Bohrungen in Eis und in der Tiefsee hat die P. v. a. in jüngeren Abschnitten der Erdgeschichte große Fortschritte gemacht. – Erhebliche Klimaänderungen sind schon von den frühesten Epochen der Erdgeschichte an gesichert. Warme Klimaperioden (z. B. Karbon, Perm, Tertiär) wechselten mehrmals mit kalten (z. B. Proterozoikum, Perm, Pleistozän).

Paläomagnetismus, vom Erdmagnetfeld bewirkte Ausrichtung ferromagnet. Minerale bei der Kristallisation aus der Schmelze oder bei Akkumulation von Sedimentmaterial. Die Untersuchung dieses remanenten Gesteinsmagnetismus erlaubt die Bestimmung des erdmagnet. Feldes und seiner Richtung zur Zeit der Bildung der betreffenden Gesteine. Da sich die magnet. Erdpole im Lauf der Erdgeschichte verlagert haben, dient die **Paläomagnetik** (Bestimmung des P.) als Hilfsmittel der stratigraph. Diagnose und als Stütze der → Plattentektonik. (→ erdmagnetisches Feld)

Paläontologie, früher **Petrefaktenkunde** oder **Versteinerungskunde,** die Wissenschaft von den Fossilien. Mit den pflanzl. Resten beschäftigt sich die **Paläobotanik,** mit den tier. die **Paläozoologie,** mit den menschl. die **Palä|anthropologie.** – Die P. bestimmt den Bau und die Zugehörigkeit der Fossilien, verfolgt deren geolog. Auftreten, bes. für die Bewertung als → Leitfossilien **(Biostratigraphie).** Mit der Einbettung der Lebewesen in das werdende Gestein **(Biostratonomie)** und dem Vorgang des ›Versteinerns‹ **(Fossilisation)** beschäftigt sich die

COOH
|
$(CH_2)_{14}$
|
CH_3

Palmitinsäure

allgemeine P. Die der botanischen und zoolog. Systematik zugewendete P. ist bed. für die Klärung der Stammesgeschichte. Die P. der Kleinlebewesen **(Mikro- und Nannofossilien)** hilft besonders beim Untersuchen z. B. von Erdölvorkommen. Bei der Erschließung der aus Pflanzenresten entstandenen Kohlenlager bewährt sich die Paläobotanik.

Geschichte. Die Kenntnis der Fossilien reicht in das Altertum zurück. Gegen Ende des 17. Jh. deutete man die Fossilien als Reste der in der Sintflut zugrunde gegangenen Lebewesen. In großen Tafelwerken wurden bes. in der 1. Hälfte des 19. Jh. viele Fossilien beschrieben. Später wurde die P. v. a. durch die Abstammungslehre gefördert; heute bietet sie einen tiefen Einblick in das Leben vergangener Erdzeitalter.

ARNO H. MÜLLER: Lb. der Paläozoologie, 3 Bde. (Jena 1965–80); W. GOTHAN u. H. WEYLAND: Lb. der Paläobotanik ([3]1973); H. K. ERBEN: Die Entwicklung der Lebewesen (1975).

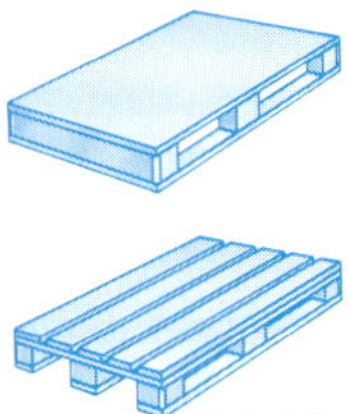

Flachpaletten

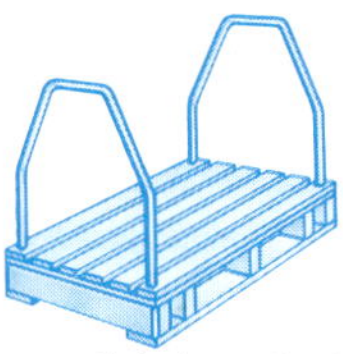

Flachpalette mit Bügel

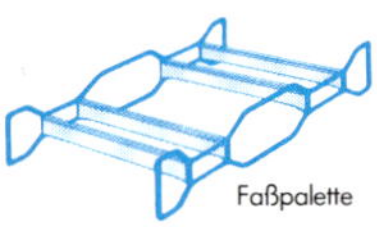

Faßpalette

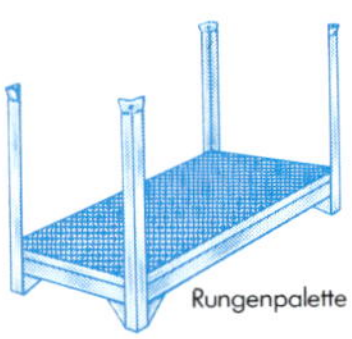

Rungenpalette

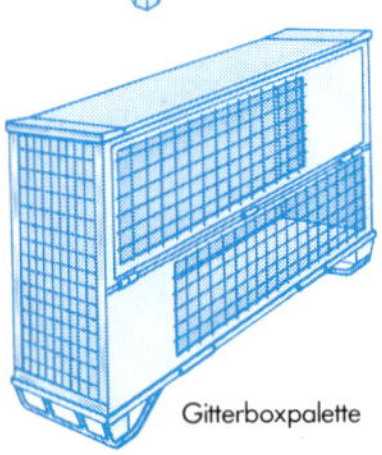

Gitterboxpalette

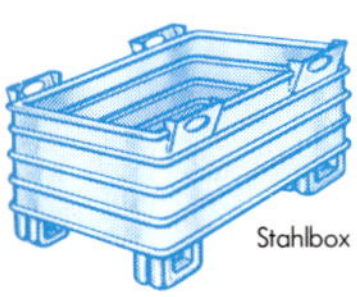

Stahlbox

Palette

Paläophytikum *das,* Altzeit der Entwicklung der Pflanzenwelt, beginnt mit dem Auftreten der ersten Gefäßpflanzen (Psilophyten) im Silur und endet im Unterperm mit dem Einsetzen der Gymnospermen.

Paläosol *der,* **Paläoboden,** fossiler Boden, der sich infolge Sedimentüberdeckung nicht weiterentwickeln konnte. Gelangen solche Böden an die Erdoberfläche, so läuft in ihnen eine Bodenentwicklung ab, die den derzeitigen Klimabedingungen entspricht (Reliktboden).

Paläosom *das,* Gesteinsbestandteil der → Migmatite.

Paläozän, Erdgeschichte: untere Abteilung des Paläogen; → Tertiär.

Paläozoikum, Erd|altertum, Zeitalter, Ära der Erdgeschichte; vom Proterozoikum unter- und vom Mesozoikum überlagert, umfaßt es die Systeme (Perioden) Kambrium, Ordovizium, Silur, Devon, Karbon und Perm. Die Grenzziehung an der Basis ist unsicher **(Präkambrium-Kambrium-Problem).** Vom Proterozoikum durch Fossilreichtum unterschieden, sind schon alle Stämme der Tierwelt in großer Formenfülle entwickelt. Mit dem P. sterben die Cystoideen, Blastoideen, Trilobiten und Placodermen aus, es fehlen noch Gruppen wie Schwanz- und Froschlurche, Schildkröten, Vögel und Säugetiere. In der Pflanzenwelt herrschen bis ins Rotliegende Gefäßkryptogamen vor. Mit dem Zechstein setzt bereits die Gymnospermenflora des Mesophytikums ein, so daß der Entwicklungsschnitt dem der Tierwelt vorauseilt. In das P. fallen die kaledon. und varisk. Gebirgsbildung, lebhafter Vulkanismus kennzeichnet manche Abschnitte, es bilden sich große Steinkohlenvorkommen und, bes. im Perm, ausgedehnte Vereisungen.

Paläozo|ologie, die Wissenschaft von den fossilen Tieren (→ Paläontologie).

Palette, Plattform aus Holz, Metall oder Kunststoff, mit oder ohne Aufbau, als Ladehilfsmittel für den Transport mit Fördermitteln, die mit Gabeln oder Teleskoparmen ausgerüstet sind; mit Ausnahme von Sonder-P. national (DIN) und international genormt.

Palimpsest|strukturen, Strukturen der Erdkruste, die durch jüngere tekton. Überprägung oder durch Aufschmelzung zwar verändert wurden, aber ihre urspr. Form noch erkennen oder ableiten lassen.

Palingenese, Magmenneubildung durch Aufschmelzung älteren Gesteins (→ Ultrametamorphose). Die neugebildeten Gesteine heißen **Palingenite.**

Palladium, chem. Symbol **Pd**, ein → chemisches Element aus der Gruppe der Platinmetalle, 1803 von W. WOLLASTON entdeckt; Ordnungszahl 46. Von den mehr als 20 bekannten Isotopen sind die sechs natürlich vorkommenden stabil. – P. ist ein an der Luft beständiges, silberhelles, hartes, zähes, korrosionsbeständiges, schmiedbares Metall. Sehr charakteristisch ist sein großes Absorptionsvermögen für Wasserstoff. Abhängig von der Verteilung des P., kann es bis zum 3000fachen Volumen an Wasserstoff aufnehmen. In dieser Form ist der Wasserstoff bes. reaktionsfähig und läßt sich für viele Reduktionszwecke verwenden. Feinverteiltes P. dient daher auch als Katalysator zum Hydrieren. Erhitztes P. ist für Wasserstoff selektiv durchlässig und kann zu dessen Reinigung benutzt werden. P. kommt mit Platin u. a. Platinmetallen in Platinerzen und einigen Nickel-Kupfer-Erzen vor. Es wird für elektr. Kontakte und in Legierungen in der Dental- und Schmuckindustrie sowie für chemisch-techn. Geräteteile verwendet. – In seinen Verbindungen besitzt das P. überwiegend die Oxidationszahl +2, seltener +4 und +3. Die wichtigste P.-Verbindung ist das **Palladium(II)chlorid,** das aus wäßrigen Lösungen als rotbraunes Dihydrat, $PdCl_2 \cdot 2\,H_2O$, auskristallisiert.

Pallas, ein → Planetoid.

Palmitate, Salze und Ester der → Palmitinsäure.

Palmitinsäure, Hexadecansäure, gesättigte Fettsäure, die als Glycerinester in fast allen pflanzl. und tier. Fetten (in Palmöl bis zu 45%) und als Myricylester im Bienenwachs vorkommt. P. wird im Gemisch mit anderen Fettsäuren durch Verseifung von Fetten gewonnen und zu Seifen, Metallseifen, Fettalkoholen und Fettaminen verarbeitet.

Palmkern|öl, fettes, festes, weißes bis gelbes, angenehm schmeckendes Öl der Fruchtkerne der Ölpalme. Hauptbestandteil ist Laurinsäure (~55%); dient zur Herstellung von Speisefetten und Leinseifen.

Palm|öl, Palmfett, Palmbutter, aus dem Fruchtfleisch der Ölpalme gewonnenes dunkelgelbes bis gelbrotes, süßlich schmeckendes und veilchenartig riechendes Öl; besteht aus Estern der Palmitin- (35–40%), Öl- (rd. 40%), Leinöl-, Stearin- und Myristinsäure; verwendet für Fette, Margarine, Kerzen sowie in der Pharmazie und Kosmetik.

Palynologie, Wissenschaft von den Pollenkörnern und Sporen, neuerdings z. T. auch von anderen Mikrofossilien.

PAM, Abk. für **Pulse Amplitude Modulation** [puls ˈɛmplɪtjuːd mɔdjuˈleɪʃn, engl.], Impuls-Amplituden-Modulation, → Modulation.

PAN, 1) Abk. für → Polyacrylnitril.

2) Abk. für **Peroxyacylnitrate,** Reizstoffe, die sich im ›photochemischen Smog‹ aus Kohlenwasserstoffen, Stickstoffoxiden und Sauerstoff bilden.

panchromatisch ist ein photograph. Material, das für alle Farben des sichtbaren Bereichs empfindlich ist (spektrale → Sensibilisierung).

Pandermit *der,* Mineral $Ca_5B_{12}O_{23} \cdot 9\,H_2O$, helle derbe Knollen; örtlich wichtiges Bor-Mineral.

Paneel *das,* das vertiefte Feld in einer Holztäfelung oder die gesamte Wandbekleidung, neuerdings auch Verkleidungen und Wandelemente ähnlicher Struktur aus anderen Baustoffen, z. B. Beton.

Pangäa, in der → Kontinentalverschiebungstheorie angenommener einheitl. Urkontinent, der seit dem Beginn des Mesozoikums auseinandergedriftet ist. (→ erdmagnetisches Feld)

Panhard-Stab [pãˈa:r-, n. dem frz. Konstrukteur R. Panhard, * 1841, † 1908], bei der Starrachse von Kraftfahrzeugen eine Querstrebe zur Übertragung der Seitenkräfte.

pan|idiomorph heißt das Gefüge magmat. Gesteine, bei denen (fast) alle Minerale Eigengestalt haben.

pankratisches System, abbildendes opt. System, dessen Brennweite durch Verschieben von Linsen oder Linsengruppen stetig verändert werden kann.

Pankreatin, Bez. für Pankreasgewebe (entfettet, pulverisiert), das alle Verdauungsenzyme enthält und über längere Zeiträume ohne Aktivitätsverluste aufbewahrt werden kann. Es dient als Enzymquelle für Laborversuche und in der pharmazeut. Ind. zur Herstellung von Enzympräparaten.

Panoramagerät, Rundsichtgerät, engl. **Plan Position Indicator** [plæn pəzˈɪʃn ɪndɪkˈeɪtə], Abk. **PPI,** Radarsichtgerät, auf dem die Radarstandorte als Leuchtpunkte auf dem Schirm einer Bildröhre entsprechend ihrer Entfernung und Richtung angezeigt werden.

Pantograph *der,* **Storchschnabel,** Zeichengerät zum maßstabsgerechten Vergrößern oder Verkleinern einer mit einem Fahrstift nachgefahrenen Figur. Der einfachste P. besteht aus Stäben, die so zu einem Parallelogramm zusammengefügt werden, daß Schwenkpunkt, Fahr- und Zeichenstift stets auf einer geraden Linie bleiben und ein festes, von Fall zu Fall einstellbares Abstandsverhältnis (zur Wahl des Vergrößerungs- oder Verkleinerungsmaßstabs) haben. Beim **optischen P.** wird die Zeichnung durch ein Objektiv vergrößert oder verkleinert und auf eine Mattscheibe übertragen.

Pantothensäure, ein →Vitamin, das zum B_2-Komplex gehört; hat als Vorstufe von Coenzym A große Bedeutung.

Panzer, Abk. für **Panzerfahrzeug.** Etwa 3/4 aller P. sind **Kampf-P.** (Hauptwaffe der P.-Truppen) oder **Schützen-P.** (Hauptwaffe der P.-Grenadiere). Neben diesen beiden Grundtypen gibt es zahlreiche Spezial-P.

Der **Kampf-P.** ist an Panzerung, Feuerkraft und Beweglichkeit allen anderen P. überlegen. Seine Besatzung besteht i. d. R. aus drei Mann (Kommandant, Fahrer und Richtschütze), seine Bewaffnung aus einer Panzerkanone (100–120 mm) im Drehturm, einem koaxialen Maschinengewehr und einem weiteren Flugabwehr-Maschinengewehr. Er ist ein wat-, tauch- oder schwimmfähiges Vollkettenfahrzeug mit ABC-Schutzeinrichtung und mit opt. Spezialgerät für den Nachtkampf ausgerüstet. Der **Schützen-P.** bietet Platz für eine Grenadiergruppe (sechs bis acht Mann), die sowohl ›aufgesessen‹ als auch ›abgesessen‹ unter dem Feuerschutz der Bordwaffen (Maschinenkanone 20 mm und Maschinengewehr) kämpfen kann. Der Schützen-P. übernimmt den infanterist. Begleitschutz der Grenadiere. **Sturm-P.** sind stärker gepanzerte Unterstützungsfahrzeuge mit Steilfeuerwaffen auch zum direkten Schuß gegen ungepanzerte Ziele. **Jagd-P.** sind die Hauptwaffe der P.-Jägertruppe, derzeit meist nur in der Form des Raketenjagd-P. mit P.-Abwehrlenkwaffen verwendet. **Aufklärungs-P.** zur Erdaufklärung sind leicht gepanzerte, schnelle Fahrzeuge mit leichter Bewaffnung (sowohl Rad- als auch Vollkettenfahrgestelle). **Artillerie-P.** sind die P.-Fahrzeuge der Artillerie. Nach der Bewaffnung unterscheidet man: P.-Haubitzen, P.-Kanonen, P.-Raketenwerfer, P.-Flugkörperwerfer, Beobachtungs-P. und Feuerleit-P. Sie haben Vollkettenfahrgestelle. Von den P.-Pionieren werden **Pionier-P.** eingesetzt, dazu zählen Brücken-P. und Räum-P. Sie haben meist Fahrgestelle von Kampf- oder Schützen-P., die an Stelle der Bewaffnung Klapp- oder Faltbrücken, Räumschilde, Ladungswerfer oder sonstige Pioniermaschinen tragen. **Flugabwehr-P. (Fla-P.)** dienen dem Schutz der Verbände auf dem Gefechtsfeld. Nach der Bewaffnung unterscheidet man Flugabwehr-Kanonen-P. und Flugabwehr-Raketen-P. Selbstfahrlafetten tragen die verschiedensten Waffen hinter schwacher, oft nur teilweiser Panzerung oder sind überhaupt ungepanzert. Sonder-P. dienen zur Unterstützung von P.-Verbänden, z. B.: Führungs-P., Fliegerleit-P., Flamm-P., Transport-P., Sanitäts-P., Berge-P., Radar-P., Luftlande-P., Lande-P. u. a. **Luftlande-P.** (aus Aluminium) können mit Hubschraubern zum Einsatzort gebracht werden.

In den letzten Jahren sind beim Bau von gepanzerten Fahrzeugen, bes. von Kampf-P., folgende Entwicklungstendenzen zu erkennen: 1) Erhöhung der Überlebenswahrscheinlichkeit durch Panzerschutz (Schichtpanzerung); Verbesserung der Mobilität (Fahrwerk und Antrieb); Entwicklung einer niedrigeren, wenig Beschußfläche bietenden Silhouette (auch Verkleinerung durch Verringerung der Besatzung z. B. durch Automatisierung des

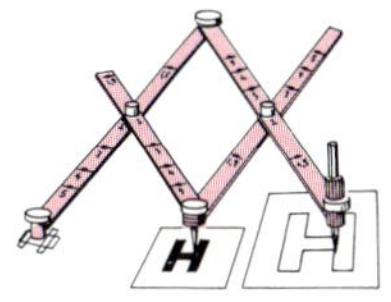

Pantograph

Panzer (Seitenansichten schematisch): OBEN T-72 (UdSSR) 40 t Gewicht, etwa 515 kW (700 PS), 70 km/h, Länge 6,400 m (alle Angaben geschätzt); MITTE Leopard 2 (Bundesrep. Dtl.) 55 t Gewicht, 1100 kW (1500 PS), 70 km/h, Länge 7,667 m; UNTEN M1 ABRAMS (USA) 54,5 t Gewicht, 1117 kW (1519 PS), 72 km/h, Länge 7,610 m (Längenangabe jeweils ohne Bordkanone)

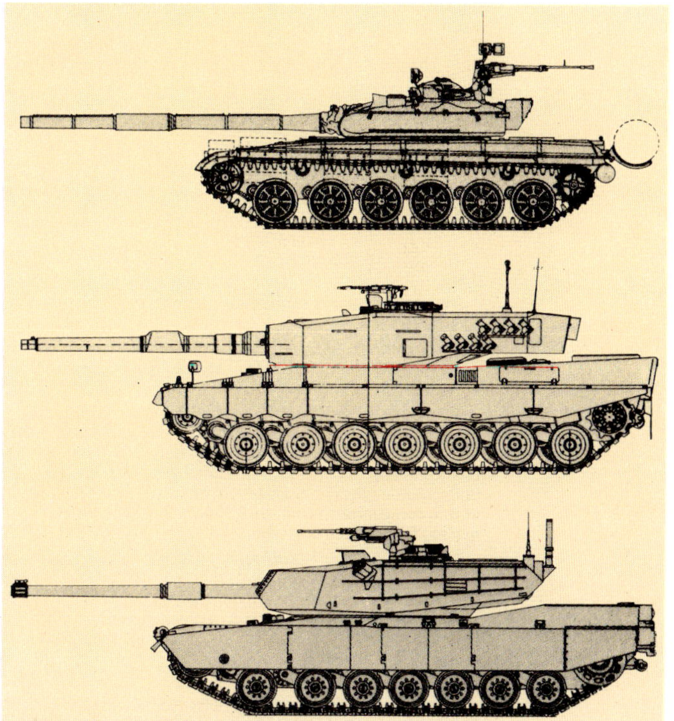

Ladevorgangs); konstruktive Maßnahmen (kompaktere Baugruppen, z. B. Motoren sowie explosionssichere Trennung von Munition, Treibstoff und Besatzung); 2) Erhöhung der Feuerkraft durch verbesserte Kanonen (Glattrohrkanone), neue Munition und Stabilisierung der Hauptwaffe für das Schießen aus der Bewegung; 3) Nachtkampffähigkeit und Laser-Entfernungsmesser; 4) Standardisierung durch Schaffung von Fahrzeugfamilien mit z. T. gleichen Baugruppen (z. B. Flakpanzer Gepard auf Leopard-1-Fahrgestell); 5) leichtere Bedienbarkeit durch bessere Anwendung ergonom. Erkenntnisse und durch mehr Elektronik; 6) hohe Zuverlässigkeit und einfachere Wartung und Instandsetzung.

Panzer|abwehr, Bekämpfung von angreifenden Feindpanzern mit P.-Kanonen, P.-Leichtgeschützen und P.-Lenkwaffen, die auch von Jagdpanzern aus eingesetzt werden, sowie mit → Panzernahbekämpfungsmitteln. Neben den erdgebundenen P.-Waffen werden auch → Erdkampfflugzeuge und → Panzerabwehrhubschrauber eingesetzt. Zu den passiven P.-Waffen zählt die Panzermine (→ Mine 3).

Panzer|abwehrhubschrauber, mit Panzerabwehrlenkwaffen ausgestatteter Hubschrauber. Durch die Verwendung stabilisierter Visiere und halbautomat. Lenkung ist eine Panzerbekämpfung auf Entfernungen bis etwa 4000 m möglich, womit der Einsatz teilweise außerhalb des Wirkungsbereiches der feindl. Flugabwehrwaffen erreicht werden kann.

Panzer|abwehrkanone, Abk. **Pak,** Sondergeschütz zur → Panzerabwehr, dessen Geschosse in gestreckter Flugbahn fliegen; große Treffsicherheit, hohe Panzerdurchschlagsleistung; verschossen werden vielfach Sondergeschosse (Hartkerngeschoß, Treibkäfiggeschoß).

Panzerfaust, ein → Panzernahbekämpfungsmittel, das von einem Mann bedient werden kann (mit Raketenantrieb oder aus rückstoßfreien Leichtgeschützen); verfeuert meist Geschosse mit Hohlladung.

Panzergeschoß, bei Gewehren und Maschinengewehren das Smk-Geschoß (Spitzgeschoß mit Kern), bei Geschützen die Panzergranate mit gehärtetem Kopf, ein Vollgeschoß oder ein → Geschoß 2) mit kleiner Sprengladung.

Panzerglas, ein schußfestes, mehrschichtiges → Verbundglas.

Panzerholz, Metallholz, Verbundplatte mit Furnieren als Mittellage und Blechen als Decklagen. P. ist biegesteif, hart und leicht.

Panzernahbekämpfungsmittel, Kampfmittel oder Waffen für Einzelkämpfer gegen Panzerfahrzeuge. Man unterscheidet Gewehrgranaten und Waffen auf der Basis der Leichtgeschütze und Raketenrohre (→ Panzerfaust) sowie andere Kampfmittel, z. B. Blend-, Brand- und Sprengmittel, Hafthohlladungen. Auch Minen können als P. verwendet werden.

Panzerplatte, Stahlblech für die Bewehrung von Kriegsschiffen und Geschütztürmen, 25–40 cm dicke Platten aus Compoundstahl mit einer Grundplatte aus zähem Schmiedestahl und einer aufgeschweißten Vorderseite aus Hartstahl. Heute bei kleinen Schiffen z. T. durch panzerähnl. Kunststoffe ersetzt.

Papain, aus dem Milchsaft unreifer Früchte des Melonenbaums gewonnene eiweißspaltende Protease, im Handel **Papayotin** genannt. P. wird verwendet für ›Fleischzartmacher‹ (›Mürbesalz‹), in der Leder-, Tabak-, Textilindustrie und für Enzympräparate.

Papaverin, im Mittel zu 0,4% im Opium enthaltenes Alkaloid.

Paperback [p'eɪpəbæk, engl.], in → Klebebindung hergestellte Kartonbroschur (→ broschieren); i. Ggs. zum Taschenbuch meist in normalem Buchformat.

Papier, flächiger Werkstoff v. a. aus Fasern meist pflanzl. Herkunft, bei Flächengewichten über etwa 150 g/m^2 als → Karton, über 300 g/m^2 als → Pappe bezeichnet.

P. wird nach verschiedenen Kriterien eingeteilt: nach Art der verwendeten Faserstoffe in holzfreie (zellstoffhaltige), holzhaltige (holzschliffhaltige) und altpapierhaltige P.; nach Aussehen in weiße und farbige P.; nach Oberflächenbeschaffenheit in maschinenglatte, einseitigglatte, satinierte P.; nach Veredelungsgrad in ungestrichene und gestrichene P.; nach Auslieferungsform in Rollen-P. und Format-P.; nach Verwendungszweck in Druck-P., Verpackungs-P. und -karton, Hygiene-P. (meist gekreppt als Toiletten-P., weich, glatt oder gekreppt als Taschentuch-, Handtuch-, Servietten-P., aus Zellstoff für Watte, Windeln, Binden u. a.), technische und Spezial-P.

Rohstoffe. P. besteht grundsätzlich aus Fasern, Hilfsstoffen und Wasser. Neben → Zellstoff, → Holzstoff und → Hadern als pflanzl. Fasern verwendet man seltener tierische (Wolle), mineral. (Glas, Asbest) oder synthet. (Polyäthylen u. a.) Fasern. In holzärmeren Ländern spielt daneben → Altpapier als Faserstoff eine große Rolle. Hilfsstoffe natürl. (z. B. Kaolin als → Füllstoff, Harz zur → Leimung) und synthet. Herkunft (z. B. Farben, Konservierungsmittel) dienen zur Erhöhung der Produktivität bei der Erzeugung und Verarbeitung oder zur Verbilligung und Qualitätsverbesserung. Ein Wassergehalt von 5–10% macht P. geschmeidig und stellt sich durch die Luftfeuchtigkeit bei dem hygroskop. P. von selbst ein.

Papierfabriken bestehen aus den techn. Bereichen Stoffaufbereitung, Papier- oder Kartonmaschine, Veredelung, Ausrüstung. Einer integrierten P.-Fabrik ist eine Zellstoffabrik oder eine Holzschleiferei zur Eigenerzeugung der Faserstoffe vorgeschaltet.

Stoffaufbereitung. Faserstoffe und Altpapier werden in Wasser bei niedriger Stoffdichte (5% = 5 kg trockener Stoff in 100 l Wasser) in einem ›Pulper‹ (Stofflöser) suspendiert. Die Fasersuspension wird einer mehrstufigen Reinigung unterworfen, um formungeeignete (Splitter) und artfremde Verunreinigungen (z. B. Sand, Metall, Kunststoff, Luft) zu entfernen. Die Reinigungsaggregate sind Zentrifugal- und Siebkörper-Sortierer. Zur Verbesserung der P.-Eigenschaften muß die gereinigte Suspension in Mahlgeräten, früher **Holländer,** heute **Refiner** [rɪf'aɪnə, engl.], mechanisch so behandelt werden, daß die einzelnen Fasern gekürzt und fibrilliert (in feine Strukturen zerlegt) werden. Durch Zumischung verschiedener Hilfsstoffe in gelöster (z. B. Harzleim und Aluminiumsulfat für die Leimung) und ungelöster Form (z. B. mineral. Füllstoffe) werden die späteren P.-Eigenschaften zusätzlich beeinflußt. Kurz vor der Papiermaschine wird zur weiteren Verdünnung der gemahlenen Suspension Rückwasser zugegeben (Stoffdichte: um 1% = 1 kg Stoff in 100 l Wasser).

Papiermaschinen. Man unterscheidet zw. Langsieb-P.-Maschinen für einlagiges P., Rundsieb- oder kombinierten Kartonmaschinen für mehrlagige Produkte und Glättzylindermaschinen (auch Selbstabnahmemaschinen) für Hygiene-P. und dünne, einseitigglatte P.

Die **Langsiebpapiermaschine** besteht aus den Gruppen Stoffauflauf, Siebpartie, Pressenpartie, Trockenpartie,

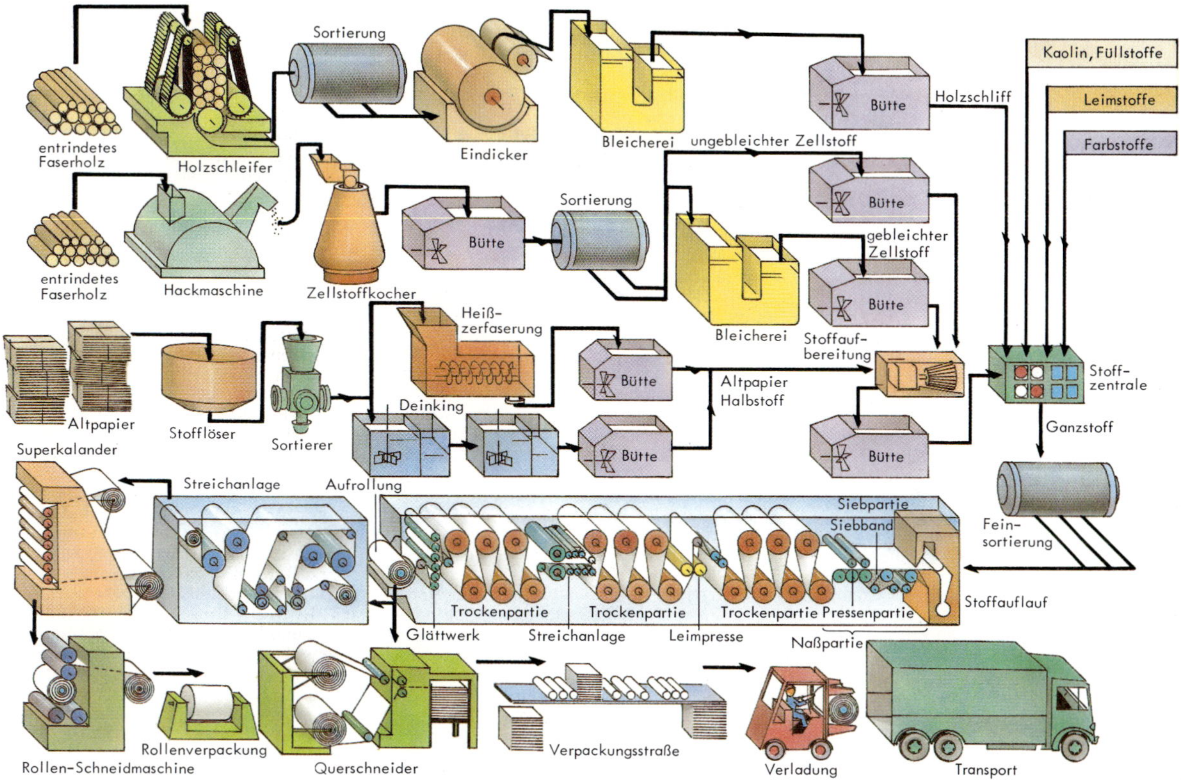

Papier: Schema der Herstellung

Maschinenglättwerk, Poperoller und für besondere P.-Qualitäten aus Leimpresse und Streichanlage sowie Meßtechnik. Im **Stoffauflauf** wird die hochverdünnte Fasersuspension gleichmäßig auf die volle Breite der zu erzeugenden Papierbahn verteilt. Unter Druck strömt die Suspension auf das mit hoher Geschwindigkeit waagerecht laufende Sieb, auf dem gleichzeitig durch Ablagerung der Fasern das P. gebildet wird und der Großteil des Wassers durch die engen Siebmaschinen abläuft. Am Ende des Siebes sorgen Saugkästen und die Saugwalze für weiteren Wasserabzug, bevor die vorgefestigte, aber noch feuchte P.-Bahn (mit etwa 20% Trockengehalt) in die mehrteilige **Pressenpartie** (vier bis acht Walzen) einläuft. Hier wird die Bahn in den Spalten der Preßwalzen verdichtet, weiter entwässert und somit die Festigkeit gesteigert. Mit etwa 40% Trockengehalt gelangt die Bahn in die **Trockenpartie,** die aus zahlreichen, in zwei Reihen übereinanderliegenden Trockenzylindern von 1,5 m ∅ besteht. Die gußeisernen Zylinder werden mit Dampf von geringem Überdruck beheizt. Die beim Kondensieren des Dampfes abgegebene Wärme fließt durch die dünnen Zylinderwände in die P.-Bahn, die langsam trocknet. Beim Trocknen schrumpft die Bahn v. a. in ihrer Querrichtung, während sie in ihrer Laufrichtung leicht gezogen wird.

Innerhalb einer Trockenpartie befindet sich manchmal ein **Glättzylinder** (bis zu 6 m ∅) für die einseitige Glättung von Karton oder speziellen P.-Sorten. Um die Festigkeit der äußeren P.-Schichten zu erhöhen, wird in der **Leimpresse** (zwei gummibezogene Walzen) z. T. mit Lösungen (z. B. Stärke) beschichtet. Am Ende der Trockenpartie befindet sich ein **Glättwerk** aus mehreren übereinanderliegenden Stahlwalzen, zw. denen Dicke und Glätte der trokkenen Bahn (90–95% Trockengehalt) vergleichmäßigt werden. Abschließend wird die Bahn in voller Breite auf dem **Poperoller** [p'əʊp-] aufgerollt (bis 2 m ∅).

Bei der **Rundsiebmaschine** sind umlaufende Metallsiebzylinder in die mit Fasersuspension gefüllten Rundsiebtröge zu ungefähr 3/4 des Durchmessers eingetaucht. Bei ihrer Drehung setzt sich der P.-Stoff außen auf dem Sieb ab, während das Wasser durch das Sieb nach innen abläuft und seitlich aus dem Zylinder abgelassen wird. Nach dem Auftauchen des auf dem Sieb gebildeten P.-Blattes wird dieses oben von einem über den Zylinder streichenden Filz abgenommen und der Pressenpartie zugeführt. – Kombinierte Maschinen besitzen Rund- und Langsiebe oder mehrere Langsiebe.

Wichtige Daten von P.-Maschinen: Bahnbreite 2 bis 10 m, Bahngeschwindigkeit 10–2000 m/min, meist um 500 m/min (bei Druckpapieren), Flächengewichtsbereich 5–1000 g/m^2 einschließlich Karton und Pappe.

Veredelung. Es gibt zahlreiche Veredelungsverfahren, die teils schon bei der P.-Herstellung, teils erst bei der

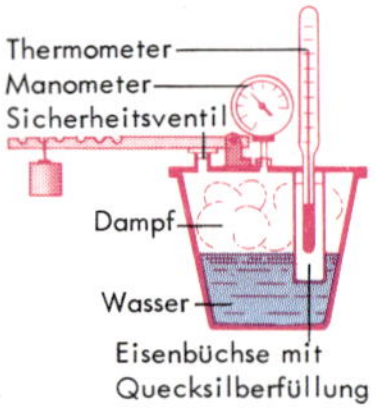

Papinscher Topf

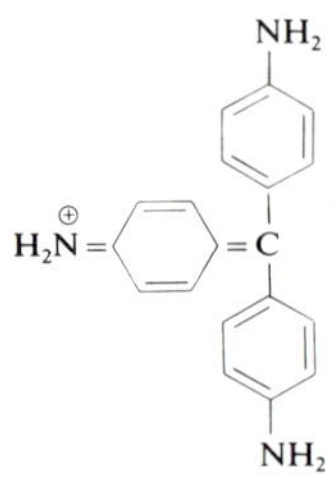
Parafuchsin

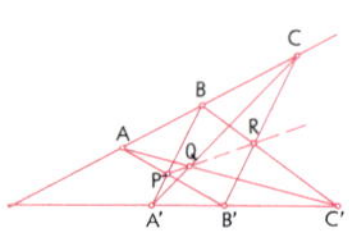

Pappusscher Satz

P.-Verarbeitung eingesetzt werden. Am geläufigsten ist das **Streichen,** d. h. das ein- oder beidseitige Beschichten des P. mit Dispersionen, die aus **Pigmenten** (natürl. oder synthet. anorgan. Produkte, noch feiner als Füllstoffe) und **Bindemitteln** bestehen. Bindemittel sind natürl. (Casein oder Stärke) oder synthet. Herkunft (wie Styrol-Butadein oder Acrylsäure-Mischpolymerisat). Diese Streichfarben werden flüssig mit Hilfe verschiedenartiger Streichaggregate (z. B. Walzen, Luftbürste, Schaber) auf die trockene P.-Bahn aufgetragen und getrocknet. Durch das Streichen wird v. a. die Bedruckbarkeit von P. und Karton verbessert, unter Einsparung teurer Faserstoffe. Eine Veredelung ist auch die Beschichtung mit Kunststoff-Dispersionen, was zu wasserdampf- oder sogar aromadichtem P. führt.

Ausrüstung. Durch **Satinieren** in → Kalandern werden Glätte und Glanz des P. unter Druck stark verbessert. Durch **Gaufrieren** (Prägen) läßt sich die Oberflächenstruktur verändern (z. B. Leinenmuster). In **Rollenschneidemaschinen** werden die papiermaschinenbreiten Mutterrollen in schmalere, für die Weiterverarbeitung geeignete Rollen geteilt. Formate erhält man nach dem Schneiden in **Querschneidern.** Nach Wiegen und Verpakken in Papier oder Kunststoff ist das ausgerüstete P. versandbereit.

Geschichtliches. Die Chinesen sind die Erfinder des P., dokumentiert durch einen Bericht des Ministers Ts'ai Lun um 105 n. Chr. Von China aus verbreitete sich die Herstellung im 7. und 8. Jh. nach Korea und Japan. Um 751 wurde die Kunst des Papiermachens im arab. Kulturkreis durch chines. Kriegsgefangene in Samarkand bekannt. Seit 1276 wird P. in Italien (Fabriano) gefertigt, seit 1389 in Dtl. (erste Papiermühle in Nürnberg), seit 1494 in England, seit 1565 in Rußland. 1798 erfand der Franzose N.-L. Robert die Papiermaschine, 1805 der Engländer J. Bramah die Rundsiebmaschine und 1843 der Sachse F. G. Keller den Holzschliff. Chem. Aufschlußverfahren werden seit 1854 angewendet, z. B. Sulfit-Zellstoff-Verfahren von B. C. und R. Tilghman, patentiert 1863. Seit 1879 gibt es Schäl- und Entrindungsmaschinen, seit 1902 Stetigschleifer, seit 1925 Halbzellstoff, 1930 Pulper und Refiner.

D. Hoyer: Hb. der Karton- und Pappenherstellung ([3]1974); Dauerfestigkeit von P., Vorträge, hg. v. H. Bansa (1981); Papiermacher-Tb., hg. v. H. Melcher (1981).

Papierchromatographie, chromatograph. Trennverfahren für kleine Substanzmengen. Die Trennwirkung beruht auf der Verteilung der Komponenten zw. stationärer und mobiler Phase. Als stationäre Phase dient meist ein Filterpapierstreifen, als mobile Phase ein Laufmittelgemisch. Bei der eindimensionalen P. unterscheidet man aufsteigende und absteigende P. und die Zirkularchromatographie. Bei der zweidimensionalen P. wird zunächst das Chromatogramm in einer Richtung entwickelt. Danach wird es um 90° gedreht und die Substanzen erneut einem Laufmittel ausgesetzt. Dadurch können komplexere Gemische getrennt werden (z. B. hochmolekulare Eiweißgemische).

Papierformate, die in Dtl. und anderen europ. Ländern eingeführten → DIN-Formate.

Papierkohle, die → Blätterkohle.

Papierkonservierung, das Haltbarmachen alter Schriftstücke, Zeichnungen, Bücher u. a. durch Behandeln mit einer neutralisierenden Flüssigkeit in Nebelform. Ultraviolette Bestrahlung mit Ozoneinwirkung wird zur Mikroorganismenabtötung angeschlossen.

Papiermaché [papjemaʃ'e, frz.], Masse, die durch Auflösen von Altpapier oder Zellstoff in Wasser unter Zusatz von Leimlösung, Gummi oder Stärke, Gips, Kreide, Schwerspat oder Ton hergestellt, in geölte Formen gepreßt und bei höherer Temperatur getrocknet wird, z. B. für Spielzeug, Attrappen.

Papiersäcke, aus mehreren Lagen von → Kraftpapier hergestellte Säcke. Die Zwischenlagen können mit Bitumen behandelt sein oder aus Kunststoffolie (z. B. Polyäthylen) bestehen. P. dienen zum Verpacken von Zement, Kunstdünger, Zucker u. a.

Papierwolf, Maschine zum Schneiden von Papierwolle, auch svw. Aktenvernichter **(Aktenwolf).**

Papinscher Topf [pap'ɛ̃-, n. dem frz. Physiker D. Papin, * 1647, † nach 1712 (verschollen)], starkwandiges Metallgefäß mit druckdicht verschließbarem Deckel und verstellbarem Sicherheitsventil zur Messung der Siedetemperatur des Wassers bei Drücken oberhalb des normalen Luftdrucks (Bild). Der P. T. ist auch als → Dampfkochtopf, zur Sterilisation bei Temperaturen über 100 °C u. a. verwendbar.

Pappe, Vollpappe (zur Abgrenzung von Papier, Karton, Wellpappe), aus mehreren Faserstofflagen meistens in der Kartonmaschine zusammengegautschtes oder nachträglich zusammengeklebtes Produkt von über 300 g/m² Flächengewicht. **Hand-** oder **Wickelpappe** wird auf einer Rundsiebmaschine aus feuchten Lagen durch Aufwickeln auf einer Walze bis zur gewünschten Dicke hergestellt, aufgeschnitten und als Bogen gepreßt und getrocknet. **Maschinenpappe** entsteht auf einer Rundsiebmaschine mit mehreren Zylindern oder auf kombinierter Langsiebmaschine als endlose Bahn. Hauptrohstoff ist → Altpapier (Graupappe); höherwertige Sorten bestehen aus → Holzstoff und/oder → Zellstoff.

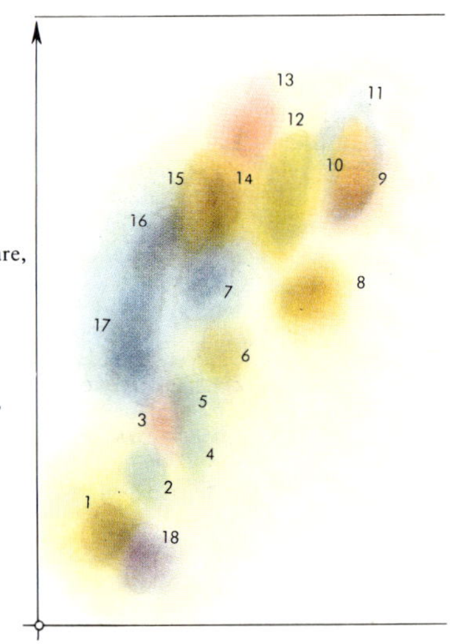

Papierchromatographie: Papierchromatogramm eines Peptons (Eiweißbestandteils) aus Fleisch:
1 Zystin,
2 Glutaminsäure,
3 Asparagin,
4 Serin,
5 Glykokoll,
6 Threonin,
7 Alanin,
8 Tyrosin,
9 Tryptophan,
10 Methionin,
11 Leuzin-Isoleuzin,
12 Valin,
13 Prolin,
14 Histidin,
15 Arginin,
16 Lysin,
17 Ornithin,
18 Asparaginsäure

Pappus|scher Satz [n. dem grch. Mathematiker Pappus von Alexandria, um 300 n. Chr.], Bestandteil der projektiven Geometrie: Liegen auf zwei Geraden je drei Punkte, so schneiden sich die entsprechenden Verbindungsstrecken (A, B'), (A', B) bzw. (A, C'), (A', C) bzw. (B, C'), (B', C) auf einer Geraden (BILD).

para . . ., Chemie: Vorsilbe zur Kennzeichnung 1) polymerer Formen; 2) der 1.4-Stellung am Benzol-Ring; 3) der Spezies in Verbindung mit Elementnamen (z. B. Parahelium) mit antiparallelem Spin; 4) einer höheren Hydratationsstufe einer Säure (z. B. Parajodsäure).

Para|acet|aldehyd, der → Paraldehyd.

Parabel, Gesamtheit aller Punkte, die von einem festen Punkt, dem **Brennpunkt** *F,* und einer festen Gerade, der **Leitlinie** *l,* gleichen Abstand haben. Die P. ist ein Kegelschnitt. Der senkrechte Abstand des Brennpunktes *F* von *l* heißt **Parameter** *p.* Das Lot vom Brennpunkt auf die Leitlinie schneidet die P. im **Scheitelpunkt** *S* und stellt die Symmetrieachse der P. dar. Der Scheitelpunkt halbiert das Lot. Parallelen zur Achse heißen **Durchmesser;** sie halbieren parallele Sehnenscharen, die die Richtung der Tangente im Schnittpunkt des Durchmessers mit der P. haben (BILD 2). Auf Grund der Tangenteneigenschaft (→ Kegelschnitt) werden Lichtstrahlen, die von *F* ausgehen, so reflektiert, daß sie parallel zur Achse verlaufen **(Parabolspiegel).** Die senkrechte Projektion des Normalenstücks zw. P. und Achse auf die Achse ist stets gleich dem Parameter *p.* Liegt der Scheitel der P. im Nullpunkt eines kartes. Koordinatensystems und fällt die *x*-Achse mit der Achse der P. zusammen, so lautet ihre Gleichung $y^2 = 2px$.

Paraboloide, Flächen 2. Ordnung ohne Mittelpunkt. Man unterscheidet zwei Arten: **ellipt.** und **hyperbol. P.** je nachdem, ob ihre Schnittkurven mit einer best. Schar paralleler Ebenen Ellipsen oder Hyperbeln sind. In einem kartes. Koordinatensystem lauten die Normalformen der zugehörigen Gleichungen

$$\frac{x^2}{a^2} + \frac{y^2}{b^2} - 2z = 0 \text{ und } \frac{x^2}{a^2} - \frac{y^2}{b^2} - 2z = 0 \text{ (Sattelfläche),}$$

wobei *a* und *b* reelle Zahlen sind.

Parabraun|erde, Braunerde mit geringer Tonmineralverlagerung vom Ober- in den Unterboden; verbreitet in feuchten Teilen Mitteleuropas unter Wald. (BILD Boden)

Parachor *der,* Maß für das Molvolumen von Flüssigkeiten bei konstanter Oberflächenspannung:

$$P = \frac{M \cdot \sigma^{1/4}}{\varrho_{\mathrm{Fl}} - \varrho_{\mathrm{D}}},$$

wobei *M* das Molekulargewicht, σ die Oberflächenspannung, ϱ_{Fl} die Dichte der Flüssigkeit und ϱ_{D} die Dampfdichte darstellen. Der P. ist temperaturunabhängig, sofern die Moleküle der Flüssigkeit nicht assoziiert sind; man kann mit dem P. u. a. Konstitutionsfragen aufklären.

Paradiesvogel, lat. **Apus,** ein → Sternbild des Südhimmels.

Paradoxon, *Mz.* **Paradoxa,** Physik: ein in scheinbarem Widerspruch zu physikal. Gesetzen stehendes Phänomen, z. B. das **hydrostatische P.** (→ Hydrostatik), das → hydrodynamische Paradoxon, das → Zwillingsparadoxon, das → Olberssche Paradoxon.

Paraffine, i. w. S. die → Alkane; i. e. S. bei Raumtemperatur feste, wachsartige (→ Wachs) Gemische von überwiegend unverzweigten Alkanen **(Normal-P.)** mit 18–32 C-Atomen. P. werden meist durch Entölung und Raffination aus dem bei der → Entparaffinierung von Erdölfraktionen anfallenden Gatsch erhalten. Unter 50 °C schmelzende P. werden als **Weich-P.,** über 50 °C schmelzende als **Hart-P.** bezeichnet. Sie dienen zur Herstellung von Kerzen, Lebensmittelverpackungen (z. B. Milchtüten), Kaugummi u. a.

Paraffin|öle, die → Weißöle.

Parafuchsin, Triarylmethanfarbstoff und Grundkörper von Fuchsin und → Methylviolett. (FORMEL S. 52)

Paragenese, die auf bestimmte Bildungsbedingungen zurückzuführende Mineralgemeinschaft in einem Gestein oder auf einer Lagerstätte.

Parageosynklinale, unregelmäßiger, epikontinentaler Senkungsraum der Erdkruste mit relativ geringmächtigen Sedimenten.

Para|gesteine, metamorphe Gesteine, die sich aus Sedimenten gebildet haben. Ggs.: → Orthogesteine.

Paragonit, Mineral, heller, natriumhaltiger → Glimmer.

Parahelium, → Orthohelium.

Paraklase, die → Verwerfung.

Parakristalle, Substanzen wie biolog. Makromoleküle, Kolloide oder → flüssige Kristalle, bei denen die Bausteine zwar nicht in einem streng period. Kristallgitter angeordnet sind, deren Aufbau aber doch einen Ordnungszustand erkennen läßt, und die den Übergang zw. dem idealen Einkristall und dem amorphen Festkörper darstellen. Wegen der geringen Größe der Mikro-Parakristallite, aus denen sich makroskop. P. aufbauen, entstehen große innere Oberflächen (mehrere 100 m² je Kubikzentimeter Volumen) mit sehr unregelmäßiger Struktur. Eine Anwendung stellt der Ammoniak-Katalysator beim Haber-Bosch-Verfahren (→ Ammoniak) dar, der aus kleinen Eisenteilchen (Durchmesser etwa 10^{-5} mm) besteht, an deren Oberfläche sich Wasserstoff und Stickstoff bei 400 °C zu Ammoniak verbinden. Durch den Einbau von $FeAl_2O_4$ ist das Eisengitter so stark gestört, daß die Mikro-P. nicht weiterwachsen können und die innere Oberfläche des Katalysators stabil bleibt.

Röntgenstrukturanalysen zeigen, daß Kettenmoleküle in synthet. Polymeren in manchen Mikrodomänen P. bilden, indem sich Teilsegmente parallel zu Teilsegmenten anderer Kettenmoleküle ausrichten. Auch die Nahordnung in Schmelzen und Flüssigkeiten ist parakristallin.

Par|aldehyd, Para|acet|aldehyd, trimeres, zykl. Polymerisationsprodukt von Acetaldehyd; unangenehm riechende und schmeckende, farblose Flüssigkeit, Lösemittel für Öle, Fette, Wachse, Gummi; Beruhigungsmittel, Zwischenprodukt für organ. Chemikalien, Farbstoffe, Kautschukantioxidans u. a.

par|alisch, in Küstennähe entstanden, daher mit marinen Bildungen wechsellagernd, z. B. paral. Kohlenlager (u. a. Ruhrkohlenbecken). – Ggs.: **limnisch.**

Parallaxe *die,* der Winkel zw. den Verbindungsgeraden zu einem Punkt von zwei verschiedenen Beobachtungsorten aus, deren geradlinige Verbindung, die Basis, bekannt ist, d. h. der Winkel, unter dem von dem Punkt aus die Basis erscheint. Die P. wird bei fester Basis um so kleiner, je weiter entfernt der Punkt ist. Bei naheliegenden Objekten tritt durch den Augenabstand bei wechselseitigem Sehen eine P. auf; bei beidseitigem Sehen entsteht deshalb ein räuml. Bild. Eine P. erhält man z. B. auch bei opt. Instrumenten, wenn das Objekt nicht genau in die Fadenkreuz- oder Strichmarkenebene abgebildet wird durch seitl. Bewegungen des Kopfes **(Einstell-P.).**

In Geodäsie und Astronomie wird mit Hilfe der P. von

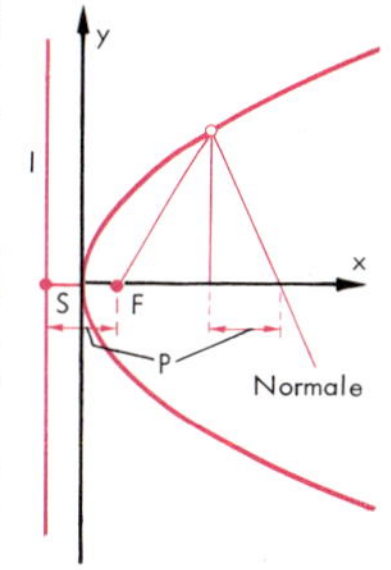

Parabel 1

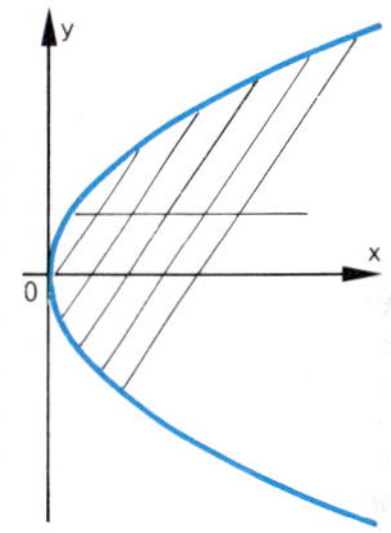

Parabel 2

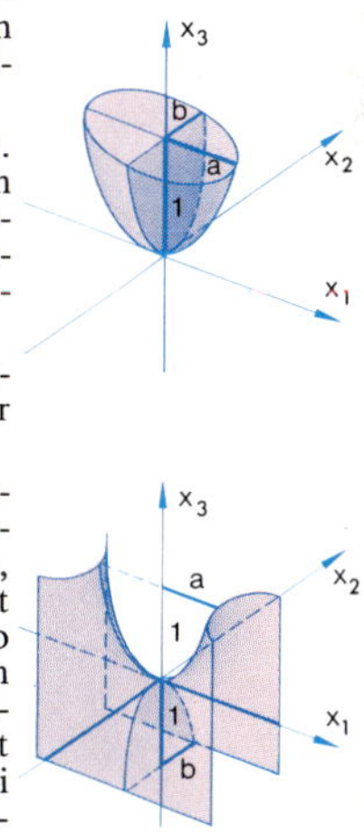

Paraboloide: OBEN ellipt. P., UNTEN hyperbol. P.

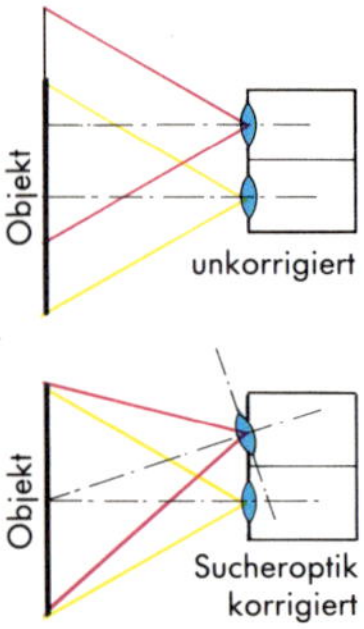

Parallaxenausgleich

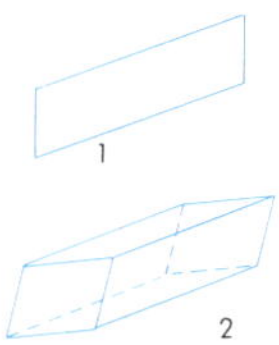

Parallelotop:
1 in der Ebene;
2 im Raum

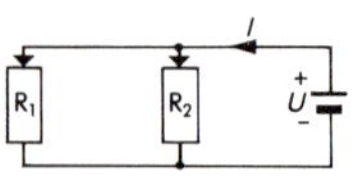

Parallelschaltung

den Enden einer Basis aus durch Winkelmessungen **(parallakt. Winkel)** die Entfernung unzugängl. Punkte bestimmt. In der Astronomie bezeichnet man daher auch die Entfernung eines Gestirns als P. Im Planetensystem dient der Erdradius als Basisentfernung. Der Winkel, unter dem vom Gestirn aus der Erdhalbmesser des Beobachtungsortes erscheint, heißt **Höhen-P.** (BILD). Die Erdrotation verursacht die **tägl. P.** Steht das Gestirn im Zenit, ist sie gleich Null, steht es im Horizont, hat sie ihren größten Wert. Diese **Horizontal-P.** hängt wegen der Abplattung der Erde etwas von der geograph. Breite des Beobachtungsortes ab; sie ist am Äquator am größten.

Zum Messen von **Fixstern-P.** dient die große Halbachse der Erdbahn um die Sonne als Basis, da der Erdradius zu klein ist. Diese **jährl. P.**, d. h. der Winkel, unter dem von einem Fixstern aus der Erdbahnhalbmesser erscheint, beträgt für den uns nächsten Stern Proxima Centauri 0,765″, für den Sirius 0,371″. Bei P. <0,01″ wendet man indirekte Methoden der Entfernungsbestimmung an.

Da sich das Sonnensystem relativ zu den benachbarten Sternen bewegt, schließen die Beobachtungsrichtungen der Sonne von einem dieser Sterne zu zwei verschiedenen Zeitpunkten einen Winkel, die **säkuläre P.**, ein.

Parallaxen|ausgleich, Photographie: Sofern der Sucher eines photograph. Gerätes einen Strahlengang aufweist, der nicht durch das Aufnahmeobjektiv geht, stimmt bei kurzem Aufnahmeabstand der Sucherausschnitt nicht mit dem aufgenommenen Bild überein. Diese Abweichung läßt sich durch Verändern der Stellung der Sucherlinse oder durch eine Kennzeichnung im Sucherfeld ausgleichen. Bei einäugigen Spiegelreflexkameras gibt es keine Parallaxe, da der Sucher im Strahlengang des Aufnahmeobjektivs liegt.

Parallaxensekunde, das → Parsec.

parallel, gleichlaufend, vergleichbar, ähnlich; in der Geometrie heißen zwei Geraden *g* und *h* p., wenn sie sich in der affinen Ebene nirgends schneiden **(Parallelismus),** entsprechend zwei Ebenen oder eine Ebene und eine Gerade im affinen Raum, Zeichen $g \parallel h$. Viele geometr. Sätze gewinnen an Übersichtlichkeit, wenn man durch Übergang zur projektiven Ebene (zum projektiven Raum) dafür sorgt, daß die Geraden (Ebenen) sich in ihr in uneigentl. oder unendlichfernen Punkten (Geraden) doch schneiden. – In der synthet. Geometrie ist die obige Definition ein Axiom, das → Parallelenaxiom der Euklid. Geometrie. (→ nichteuklidische Geometrie)

Parallelbetrieb, 1) Zusammenarbeit elektr. Maschinen oder Geräte in → Parallelschaltung. Zwei oder mehrere **Synchrongeneratoren** im P. speisen elektr. Energie in dasselbe Verteilungsnetz. Vor dem Zuschalten eines Generators müssen die Vorbedingungen für den → Synchronismus erfüllt sein. Beim **P. von Transformatoren** sind deren Primär- und Sekundärwicklungen jeweils parallelgeschaltet. Dabei müssen die Windungs-Übersetzungsverhältnisse und die Schaltung der Wicklungen eine Spannungs- und Phasengleichheit auf beiden Seiten ermöglichen. Außerdem sollen die relativen Kurzschlußstreuungen annähernd gleich sein. Auch bei einer weiträumigen **Zusammenarbeit von Energieverteilungsnetzen** spricht man von P.

2) Betriebsart in der Datenübertragung und -verarbeitung, bei der die → Zeichen eines Wortes gleichzeitig und unabhängig voneinander, jedes in seinem eigenen Kanal, übertragen oder verarbeitet werden; i. Ggs. dazu werden im **Serienbetrieb** die Zeichen einzeln nacheinander auf einem Kanal übertragen und verarbeitet. Datenverarbeitungsanlagen mit reinem P. arbeiten schneller als solche im Serienbetrieb.

Parallaxe

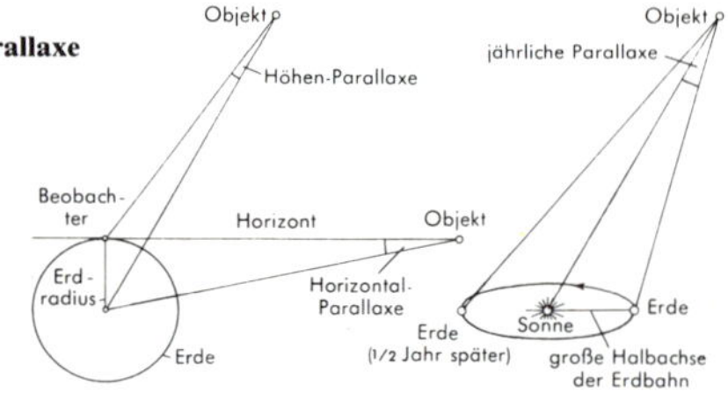

Parallelen|axiom, besagt nach D. HILBERT in der Euklid. Geometrie, daß es zu einer Geraden *a* und einem nicht auf ihr gelegenen Punkt *A* in der durch *a* und *A* bestimmten Ebene höchstens eine Gerade gibt, die durch *A* läuft und *a* nicht schneidet.

Parallel|epiped, Spat, dreidimensionaler Körper, der als Schnittgebilde von drei Paaren jeweils paralleler Ebenen entsteht. Er besitzt als Begrenzungsfläche sechs Parallelogramme, von denen je zwei gegenüberliegende kongruent sind, z. B. Würfel, Rhomboeder.

Parallelkreis, der Breitenkreis, → Breite 2).

Parallelogramm, ebenes Viereck, dessen Gegenseiten parallel sind; sind alle Seiten eines P. gleich lang, ist das P. eine **Raute** oder **Rhombus,** stehen die vier Seiten eines P. aufeinander senkrecht, ist das P. ein **Rechteck;** ein Rechteck mit gleich langen Seiten ist das **Quadrat.** – **P. der Kräfte** → Kraft.

Parallelotop, Verallgemeinerung der Begriffe Parallelogramm und Parallelepiped im *n*-dimensionalen Raum.

Parallelreißer, Meß- und Anreißwerkzeug (BILD anreißen).

Parallelresonanzkreis, → Schwingkreis.

Parallelschaltung, Grundform einer elektr. Schaltung, bei der alle Stromerzeuger oder -verbraucher (R_1, R_2, ...) parallel an der gleichen Spannung (*U*) liegen. Für die P. gilt die erste → Kirchhoffsche Regel: der Gesamtstrom (*I*) ist gleich der Summe der Einzelströme. Die Ströme in den einzelnen Zweigen verhalten sich umgekehrt wie die Widerstände zueinander. – Ggs.: → Reihenschaltung.

Parallel-Seri|en-Umsetzer, Parallel-Serien-Wandler, Datenverarbeitung: digitale elektr. Einrichtung, die jeweils ein Zeichen von mehreren Leitungen (parallel) aufnimmt und in festem Takt nacheinander auf einer Leitung (seriell) weitersendet. Der Umsetzer dient zur zeitl. Anpassung langsamer an schnelle Verarbeitungseinrichtungen, z. B. bei Eingabegeräten an einen Computer. Umkehrung: Serien-Parallel-Umsetzer. (BILD S. 55)

Paralleltonverfahren, zur Gewinnung der Toninformationen im Fernsehgerät geeignetes Verfahren, bei dem die Bild- und Tonsignale i. Ggs. zum → Differenzträgerverfahren in getrennten Zwischenfrequenzkanälen verstärkt und eigenen Demodulatoren zugeführt werden. Da das P. einen höheren Schaltungsaufwand erfordert, wird. i. a. das Differenzträgerverfahren verwendet.

Parallelverschiebung, die → Translation.

Parallelwerk, früher und irreführend **Leitwerk,** in Fließrichtung liegendes Flußregelungsbauwerk zur seitl.

Begrenzung des wirksamen Abflußquerschnitts (→Abfluß 2).

paramagnetische Kernresonanz, die →Kernspinresonanz.

Paramagnetismus, magnet. Erscheinungen in Stoffen, die in einem Magnetfeld bei kleinen Feldstärken eine der Feldstärke $\boldsymbol{H}$ proportionale →Magnetisierung $\boldsymbol{M}$ annehmen: $\boldsymbol{M} = \chi_m \boldsymbol{H}$, wobei der Proportionalitätsfaktor, die magnet. Suszeptibilität χ_m, positiv ist. Bei großen Feldstärken treten Abweichungen vom Proportionalgesetz auf. Nach der Atomtheorie tritt P. auf, wenn die Atome oder Moleküle der Substanz schon ohne Magnetfeld ein magnet. Moment besitzen. – Paramagnetische Stoffe zeigen im äußeren magnet. Feld infolge Ausrichtung der atomaren magnet. Momente in Richtung des äußeren Feldes entgegen der Wärmebewegung eine von der Temperatur abhängige Magnetisierung in Feldrichtung (→Curiesches Gesetz).

Parameter, 1) Mathematik: Name für Größen oder Objekte, die in geeigneten Bereichen variieren dürfen und die zur Beschreibung oder Unterscheidung mathemat.

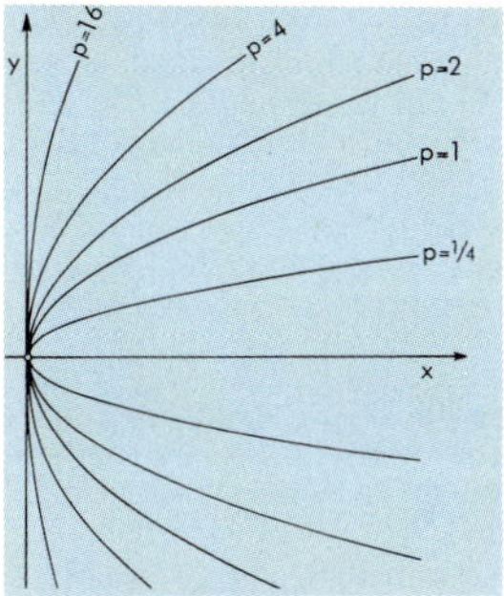

Parameter 1): Parabeln mit der Gleichung $y^2 = 2\,px$, dargestellt für verschiedene Parameter p

Gegenstände dienen. Ist z. B. $p \in \mathbb{R}^+$ eine positive reelle Zahl, $f(p, x) = 2px$, dann stellt f für festes p eine Parabel dar. Variiert p, so erhält man die verschiedenartigsten Parabeln. Durch verschiedene Werte des P. p werden diese unterschieden. Allg. kann man eine Kurve im n-dimensionalen Raum als $x_i = x_i\,(t)$ darstellen **(Parameterdarstellung)**, $i = 1, 2, \ldots, n$; $a \leqq t \leqq b$, hierbei ist t der P. der Kurve.

2) Physik: v. a. Bez. für solche Variable, die bei der gerade durchgeführten Untersuchung konstant gehalten werden, von Untersuchung zu Untersuchung aber verändert werden können.

3) Statistik: charakterist. Zahlenwerte einer →Verteilung, z. B. Mittelwerte, Streuungen, Regressions- und Korrelationskoeffizienten, die zumeist als in der Zeit konstant angenommen werden.

parametrischer Verstärker, Reaktanzverstärker, ein Verstärker, der die zugeführten Schwingungen im Takt einer ›Pumpfrequenz‹ vergrößert. Dabei wird ausgenutzt, daß die Spannung an einem Kondensator zunimmt, wenn die Kapazität bei konstanter Ladung verkleinert wird. Die Kapazitätsänderung des Schwingkreiskondensators wird mit einer →Kapazitätsdiode bewirkt, der die Pumpfrequenz zugeführt wird. Der p. V. ist bes. rauscharm, weil er nicht mit Ladungsträgerströmen arbeitet. Anwendung als Mikrowellenverstärker in der Radioastronomie, der Raumfahrt und in Erdefunkstellen.

parametrische Verstärkung, →nichtlineare Optik.

Paramorphose, Umwandlung der Modifikation eines Stoffes in eine andere, unter Beibehaltung der Kristallgestalt der ersteren; Form der →Pseudomorphose.

Paraphore, große →Horizontalverschiebung der Erdkruste; z. B. San-Andreas-Störung.

parasitäre Elemente, in der Mikroelektronik (z. B. bei der Herstellung von integrierten Schaltungen) auftretende unerwünschte Kopplungen (meist kapazitiv durch ›parasitäre‹ Kapazitäten), z. B. die störende Beeinflussung zweier dicht nebeneinander liegender Strompfade. Bei der Berechnung der elektr. Eigenschaften der integrierten Schaltungen müssen die p. E. als zusätzl. Bauelemente neben den gewünschten Bauelementen berücksichtigt werden.

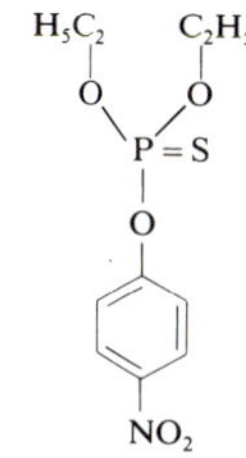

Parathion

Parathion, E 605, Thiophosphorsäureester, der als →Insektizid und →Akarizid gegen Blattläuse, Käfer, Raupen und Spinnmilben verwendet wird. P. hat eine hohe Warmblütertoxizität (LD_{50}: 3,6–13 mg/kg Ratten; →Dosis).

Parathormon, Parathyrin, das →Nebenschilddrüsenhormon.

par|axiales Gebiet, Optik: der Strahlenraum in Nähe der opt. Achse, in dem von Abbildungsfehlern abgesehen werden kann.

Parfüm, Parfum [parf'œ̃, frz.], meist alkohol. oder alkohol.-wäßrige Lösung von natürl. und synthet. →Riechstoffen.

Parhelium, →Orthohelium.

Parität, Quantentheorie: Formelzeichen P, Quantenzahl zur Kennzeichnung des Verhaltens von Zuständen oder Elementarteilchen gegenüber **P.-Operationen,** d. h. räuml. Spiegelungen am Koordinatenursprungspunkt **(Raumparität).** Die P. eines Zustandes kann +1 oder −1 betragen, je nachdem die →Wellenfunktion $\psi(\boldsymbol{r})$ ihr Vorzeichen behält oder wechselt, wenn man den Ortskoordinatenvektor $\boldsymbol{r}$ durch $-\boldsymbol{r}$ ersetzt, d. h. wenn man den Raum spiegelt. Die Vorstellung, daß die Natur und der Naturablauf symmetrisch in bezug auf links und rechts sein müßte, daß also aus der Struktur eines Gegenstandes oder Vorganges im Raum grundsätzlich nicht entschieden werden könne, ob man ihn direkt oder über einen Spiegel beobachtet, hatte in der Quantentheorie zu dem **Satz von der Erhaltung der P.** geführt. Gleichbedeutend damit ist die Behauptung, daß bei einem beliebigen Vorgang (z. B. bei einer Reaktion zw. Elementarteilchen) die P. des Gesamtzustandes vor und nach der Reaktion sich nicht ändert.

Die Annahme, daß bei Wechselwirkungen zwischen Elementarteilchen grundsätzlich die P. erhalten bleibe, wurde 1957 durch T. D. LEE und C. N. YANG entkräftet. Sie entdeckten die **Nichterhaltung der Parität (Paritätsverletzung)** bei ›schwachen‹ Wechselwirkungen (z. B. beim Betazerfall), was zur Formulierung des →CPT-Theorems führte.

Die Tatsache der Nichterhaltung der P. zeichnet bei bestimmten Elementarteilchen-Prozessen einen von zwei möglichen Schraubensinnen (→Helizität) aus **(Rechts-Links-Asymmetrie).**

Paritätsverletzung, →Parität.

Parkbahn, vorläufige oder auch endgültige Umlaufbahn eines bemannten Raumschiffes oder anderen Raumflugkörpers um die Erde, den Mond oder einen Planeten. Aus der P. heraus kann je nach Mission der eigtl. Flug zum

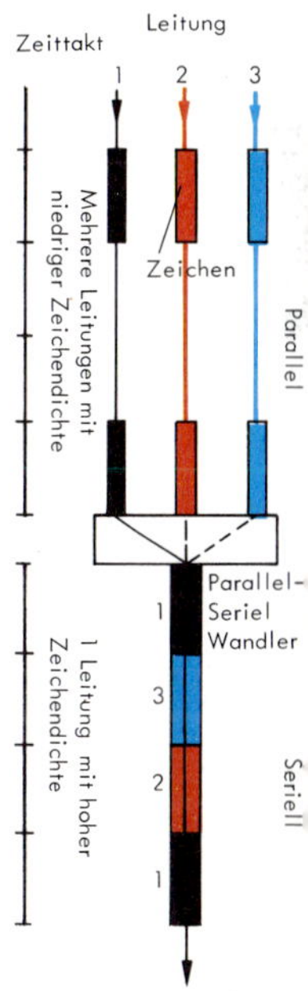

Parallel-Serien-Umsetzer

Parkett

Parkett (Verlegemuster)

Schiffsboden - Parkett

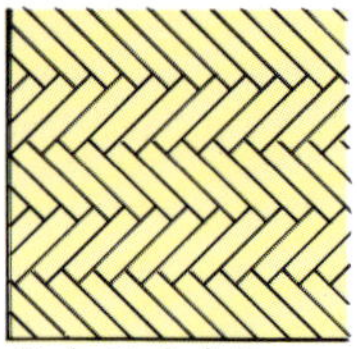

Fischgrät - Parkett

Flechtboden - Parkett

Würfel - Parkett

Tafel - Parkett

Tafel - Parkett

Ziel, die Landung auf einem anderen Himmelskörper oder die Rückkehr zur Erde erfolgen.

Parkesieren *das,* **Parkes-Verfahren** [pɑ:ks-, n. dem engl. Metallurgen A. Parkes, * 1813, † 1890], wichtigstes Verfahren zur Anreicherung und Abtrennung von Silber aus silberhaltigem Werkblei. Durch Zugabe von Zink zur Bleischmelze scheidet sich ein silberhaltiger Zinkschaum ab **(Reichschaum),** aus dem das Silber gewonnen wird.

Parkett, Fußbodenbelag aus Holz in Form von Stäben, Riemen, Tafeln, Platten oder Mosaik-Lamellen. **P.-Stäbe** und **P.-Tafeln** sind ringsum genutet und durch Hirnholzfedern verbunden. **P.-Riemen** und **Massiv-P.-Dielen** haben angehobelte Nut und Feder. P.-Stäbe und P.-Riemen werden v. a. in Fischgrätmuster oder parallel mit wechselnden Stößen (›Schiffsboden‹) verlegt; P.-Tafeln sind aus einzelnen Hölzern zusammengesetzte, massive oder furnierte Verlegeeinheiten. Bei **Mehrschichten-P.-Dielen** und **-Tafeln** sind die Verlegeeinheiten aus P.-Hölzern auf Unterlagen aufgeleimt. Diese P.-Arten werden durch Aufkleben oder verdecktes Nageln verlegt. **Mosaik-P.-Lamellen** sind kleine P.-Hölzer (bis 25 mm breit, bis 165 mm lang, 8 mm dick), die zu Platten mit verschiedenen Mustern, meist Würfel-Muster, zusammengesetzt und auf den Unterboden geklebt werden. P. kann mit Fußbodenlack versiegelt werden. Industriell hergestellte, fertig oberflächenbehandelte Fußbodenelemente aus Holz, auch in Verbindung mit Holzwerkstoffen und anderen Baustoffen, werden als **Fertig-P.-Elemente** bezeichnet.

Parkettierung, Mathematik: die lückenlose und nicht überlappende Überdeckung der Ebene mit kongruenten Vielecken, z. B. Dreiecken, Quadraten, Sechsecken.

Paroxysmus, gesteigerte vulkan. oder tekton. Aktivität.

Parsec *das,* Abk. für **Parallaxensekunde,** Einheitenzeichen **pc,** Längeneinheit in der Astronomie: 1 pc $=3{,}0856776 \cdot 10^{16}$ m. Das P. ist jene Entfernung von der aus die → astronomische Einheit (AE) unter einem Winkel (→ Parallaxe) von einer Bogensekunde (1′′) erscheint: 1 pc $\approx$ 206 265 AE $\approx$ 3,263 Lichtjahre. 1 **Kiloparsec** = 1 kpc = 10^3 pc = 1 000 pc, 1 **Megaparsec** = 1 Mpc = 10^6 pc = 1 000 kpc.

Partialbruchzerlegung, Methode zur Ermittlung der Summanden, deren Summe gleich einer gegebenen gebrochenen rationalen Funktion $f(x)=\frac{g(x)}{h(x)}$ mit Grad $g(x)<$ Grad $h(x)$ ist; z. B. sei gegeben:

$$f(x)=\frac{5x^2-2x+3}{x^3-x^2+x-1}=\frac{5x^2-2x+3}{(x-1)(x^2+1)};$$

gesucht ist eine P. der Form: $\frac{A}{x-1}+\frac{Bx+C}{x^2+1}$; führt man die Addition aus, dann erhält man:

$$\frac{(A+B)x^2-(B-C)x+A-C}{(x-1)(x^2+1)}.$$

Aus der geforderten allgemeingültigen Gleichheit der beiden Brüche folgt: $A+B=5$ und $B-C=2$ und $A-C=3$; daraus folgt dann eindeutig: $A=3$; $B=2$; $C=0$. Also gilt:

$$\frac{5x^2-2x+3}{x^3-x^2+x-1}=\frac{3}{x-1}+\frac{2}{x^2+1}.$$

Die P. findet Anwendung bei der Integration gebrochener rationaler Funktionen (→ Integralrechnung).

Partialdruck, in einem Gemisch von Gasen oder Dämpfen der von einer Komponente ausgeübte Druck. In einem Gemisch verschiedener, nicht miteinander reagierender, idealer Gase ist der P. jeder Komponente der Druck, den sie ausüben würde, wenn sie für sich allein den ganzen Raum erfüllte; der Gesamtdruck des Gemisches ist gleich der Summe der P. **(Daltonsches Gesetz** [dˈɔ:ltən-]).

partielle Ableitung, → Differentialrechnung.

partielle Differentialgleichung, Differentialgleichung, in der partielle Ableitungen von Funktionen mehrerer Variabler auftreten. Beispiel:

$$x\cdot\frac{\partial z}{\partial x}+y^2\cdot\frac{\partial z}{\partial y}=0.$$

Gesucht ist die Funktion $z=z\,(x,y)$; $z=\frac{1}{y}+\ln\,x$ stellt eine solche Funktion dar.

partielle Integration, → Integralrechnung.

partielle Oxidation, Verfahren, bei dem Kohlenwasserstoffe, bevorzugt Rückstände der Erdöldestillation, mit einer zur vollständigen Verbrennung nicht ausreichenden Sauerstoffmenge bei 1 200–1 400 °C unter Druck vergast werden. Das Verfahren hat Bedeutung für die Herstellung von Synthesegas. Es kann durch folgende Reaktionsgleichung beschrieben werden:

$$-CH_2-CH_2-+O_2\longrightarrow 2\;CO+2\;H_2.$$

Partikel, die → Teilchen.

Parts per . . . [pɑ:ts pə:, engl.], Teile je . . ., verwendet als **parts per million** [-mˈɪljən], Abk. **ppm; parts per billion** [-bˈɪljən], Abk. **ppb; parts per trillion** [trˈɪljən], Abk. **ppt;** Einheiten für Konzentrationsangaben (→ pp-Einheiten).

PAS, Chemie: **1)** Abk. für **para-Aminosalicylsäure,** → Aminosalicylsäure.

2) Abk. für **Periodic Acid-Schiff-Reaction** [pɪərɪˈɔdɪk ˈæsɪd ʃɪf rɪˈækʃn, engl.], Nachweisreaktion u. a. für Polysaccharide in der mikroskop. Histochemie.

Pascal [n. dem frz. Philosophen, Mathematiker und Physiker B. Pascal, * 1623, † 1662] *das,* Einheitenzeichen **Pa;** SI-Einheit des Druckes: 1 Pa = 1 N/m^2 = 10^{-5} bar. 1 **Millipascal** = 1 mPa = 10^{-3} Pa = 0,001 Pa. 1 **Kilopascal** = 1 kPa = 10^3 Pa = 1 000 Pa. 1 **Megapascal** = 1 MPa = 10^6 Pa = 1 000 kPa.

PASCAL, von N. WIRTH entwickelte, nach B. PASCAL benannte Programmiersprache. Im Vergleich mit anderen Programmiersprachen ist P. gut verständlich angelegt, die Struktur der Sprache richtet sich nach dem natürl. Denkprozeß (von der Gesamtfunktion zur Teilfunktion). Eine der wichtigsten Weiterentwicklungen ist **UCSD-PASCAL,** Abk. für **University of California, San Diego** [ju:nɪvˈə:sətɪ ɔv kælɪfˈɔ:njə, sæn dɪˈeɪgəʊ], das bes. für die Programmierung von Mikrocomputern geeignet ist.

Pascal-Gesetz, das Grundgesetz der → Hydrostatik.

Pascalscher Satz. Auf einem regulären Kegelschnitt seien sechs Punkte P_i, $i=1,\ldots,6$ gegeben. Die folgenden drei Punkte liegen dann auf einer Geraden, der **Pascalschen Geraden:** die Schnittpunkte der Geraden durch P_1P_2 und P_5P_4, durch P_3P_2 und P_5P_6, durch P_4P_3 und P_6P_1 (BILD S. 57). Der dazu duale Satz (→ Dualität) ist der → Brianchonsche Satz.

Pascalsches Dreieck, Zahlenschema (BILD), bei dem jede Zahl der folgenden Zeile als Summe der beiden benachbarten Zahlen der vorangehenden Zeile entsteht. Es sind dies die → Binomialkoeffizienten $\binom{n}{k}$. In der n-ten Zeile steht an der k-ten Stelle $\binom{n+1}{k+1}$.

1
1 1
1 2 1
1 3 3 1
1 4 6 4 1
. . . .

Pascalsches Dreieck

Paschen-Back-Effekt [n. dem dt. Physiker F. Paschen, * 1865, † 1947, und E. Back, * 1881, † 1959], → Zeeman-Effekt.

Paschensches Gesetz, das 1889 angegebene Gesetz besagt, daß die Zündspannung einer Gasentladung nur vom Elektrodenabstand und vom Gasdruck abhängig ist.

Paschen-Serie, 1908 entdeckte (infrarote) Spektralserie des Wasserstoffatoms (BILD Atom 2).

Pasipha|e, ein Mond des Planeten → Jupiter.

PA-Sprengstoffe, die → Ammonite.

Paß, Geographie: von der Natur vorgezeichnete begeh- oder befahrbare, meist schmale Einsattelung an einer Wasserscheide, v. a. im Hochgebirge **(Gebirgspaß);** sie ermöglicht den Übergang von einem Talgebiet in ein anderes. Manche P. werden auch als **Sattel, Joch** oder **Scharte** bezeichnet. Verkehrsgeographisch ist ein P. auch der Übergang von einem offenen Gebiet zum anderen durch einen schmalen Durchgang **(Engpaß;** z. B. zw. dem Meer und dem Steilabfall eines Gebirges). Die felsige Einengung eines Tales bildet einen **Talpaß** oder eine **Talenge.**

Passage|instrument [pas'a:ʒə-], Astronomie: das → Durchgangsinstrument.

Passat *der,* über den trop. Ozeanen vorherrschendes Windsystem von großer Beständigkeit (über den Kontinenten → Monsun), verursacht durch das ganzjährig anhaltende Luftdruckgefälle vom Subtropenhoch (z. B. Azorenhoch) zur äquatorialen Tiefdruckrinne (→ innertropische Konvergenzzone). Es tritt in der im Mittel etwa 1 km hohen feuchten **P.-Grundschicht,** durch Bodenreibung und Erdrotation abgelenkt, auf der Nordhalbkugel als eine NO-, auf der Südhalbkugel als eine SO-Strömung auf. Die Grundschicht wird nach oben durch die **P.-Inversion** begrenzt, an der die relative Luftfeuchte am Äquator um etwa 20%, in den Subtropen um bis zu 70% abnimmt bei gleichzeitiger Temperaturzunahme von 2 bis 7 °C. Wegen des starken dynamisch bedingten Absinkens in der freien Atmosphäre entstehen hier nur flache Cumuluswolken. Lediglich bei Störungen (→ Easterly waves) entwickeln sie sich so weit, daß Niederschlag aus ihnen fällt, der sehr intensiv sein kann. Oberhalb der Inversion wird in einem Bereich, der in den Subtropen nur wenige 100 m mächtig ist, am Äquator aber im Mittel bis 12 km hoch hinaufreicht, Ostwind **(Urpassat)** beobachtet. Darüber greift das Westwindsystem der mittleren Breiten als **Antipassat** bis in die Innertropen hinein. Früher nur für die Ausgleichsströmung des darunterliegenden P. gehalten, wurde der Antipassat inzwischen als Teil der allg. → Zirkulation der Atmosphäre erkannt, der Energie aus den Tropen bis in polare Breiten befördert.

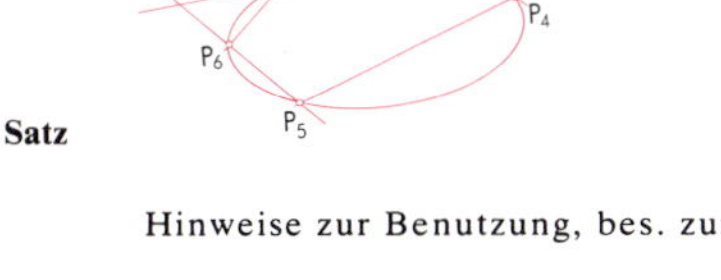

Pascalscher Satz

Passepartout [paspart'u, frz.] *das* und *der,* **1)** Hauptschlüssel (→ Schloß 1).

2) aus Karton geschnittene Umrahmung für eine Zeichnung, Graphik oder Photographie.

Passer, Paßkreuz, mitgedruckte Kreuze am Beschnittrand, z. B. von Zeitschriften. Sie erleichtern durch ihren Stand an der gleichen Stelle den genauen Übereinanderdruck, z. B. beim Mehrfarbendruck.

Paßfeder, verbindendes Maschinenelement, ähnlich dem → Keil 2), aber mit parallelen Längsflächen, das gebräuchlichste Formschlußelement für Welle und Nabe bei überwiegend einseitigen Drehmomenten.

Passivierung, die Ausbildung eines elektrochem. Zustandes **(Passivität)** von Metalloberflächen, durch den das Metall relativ widerstandsfähig gegen chem. Angriff (Auflösung, Korrosion) wird. Durch anodischen Strom oder durch Oxidationsmittel werden sehr dünne, unsichtbare, porenfreie Oxidschichten gebildet, die das Metall schützen. Durch Zulegieren geringer Mengen von Palladium läßt sich die P. verstärken. Wegen P. werden Eisen oder Aluminium von konzentrierter Salpetersäure nicht gelöst. Gewisse Metalle, z. B. Chrom oder Chrom-Nickelstahl (›nichtrostender Stahl‹), Aluminium und Titan, werden an der Luft spontan passiv (→ Korrosion). Durch Chloridionen kann die Passivschicht örtlich zerstört werden (→ Lochfraß).

Passung, für den Maschinen- und Gerätebau vom Internat. Normenausschuß ISO (→ International Organization for Standardization) planmäßig aufgebaute Toleranzreihe (→ Toleranz), welche die Art des Ineinanderpassens und Zusammenwirkens von Teilen (z. B. Welle und Lager, Zapfen und Bohrung, Feder und Nut, Gleitstück und Führung) bestimmt. Man unterscheidet **Rund-, Flach-** und **Kegel-P.** nach der Art der Paßflächen der beteiligten Paßteile. Je nach Tolerierung der zu paarenden Werkstücke entstehen die P.-Arten **Spiel-P.** (nach dem Paaren ist Spiel vorhanden), **Preß-P.** (nach dem Paaren besteht eine Pressung zw. den Teilen) und **Übergangs-P.** (es kann Spiel oder Pressung vorhanden sein).

Um die P.-Auswahl auf eine für die Praxis sinnvolle Zahl zu beschränken, gibt es **Paßsysteme.** Im **System der Einheitsbohrung** sind für alle P.-Arten die Kleinstmaße der Bohrungen gleich dem Nennmaß; die Wellen werden entsprechend der gewünschten P.-Art größer oder kleiner toleriert als die Bohrung. Im System der **Einheitswelle** ist das Größtmaß der Wellen gleich dem Nennmaß; die Bohrungen werden zur Erzielung der gewünschten P. durch entsprechende Wahl der Toleranz angepaßt. Das **Auswahlsystem (P.-Auswahl)** ist ein Paßsystem, das eine Auswahl von P. der Systeme Einheitsbohrung und/oder Einheitswelle enthält.

ISO-Qualität ist im ISO-System für Toleranzen und P. die Toleranzreihe, die für alle → Nennmaße den gleichen Genauigkeitsgrad hat.

Paste, Pasta, Festkörperdispersion in Flüssigkeiten von teigiger Konsistenz. P. werden u. a. in der Textil-, Kunststoff-, Kosmetik-, Farben- und Lebensmittel-Ind. sowie als galenische Präparate in der Medizin verwendet.

Pasteur-Effekt [past'œ:r-, n. dem frz. Chemiker und Biologen L. Pasteur, * 1822, † 1895], Biochemie: der regulative Zusammenhang zw. Traubenzuckerumsatz (→ Glykolyse) und Sauerstoffverbrauch (Atmung), der zur Deckung des Energiebedarfs für Zellen wichtig ist, die sich einem schwankenden Sauerstoffangebot anpassen müssen (z. B. Skelettmuskel, Hefe). Unter Sauerstoffmangel gewinnen die Zellen Energie (→Adenosin) aus dem anaeroben Traubenzuckerabbau, bei Sauerstoffzufuhr aus dem aeroben; da Traubenzucker aerob eine 19fach höhere Energieausbeute liefert, wird durch Sauerstoffzufuhr unter Anpassung an den Energiebedarf der Zelle der Traubenzuckerumsatz stark gedrosselt.

Pasteurisieren [-tœr-], Erhitzungsverfahren zur Haltbarmachung von Lebensmitteln bei Temperaturen unterhalb von 100 °C (bei Temperaturen über 100 °C →Sterilisation). Das P. führt v. a. zu einer Enzym-Inaktivierung im Konservierungsgut. Die vermehrungsfähigen Formen von Mikroorganismen werden zu 90–99% abgetötet. Das P. wird z. B. bei Milch, Fruchtsäften, Limonaden und Bier angewendet.

Patent, das dem Erfinder oder seinem Rechtsnachfolger vom Staat erteilte, zeitlich begrenzte Monopol für die wirtschaftl. Nutzung einer Erfindung (z. T. anders bei Arbeitnehmererfindungen). Patentfähig sind nur techn. Erfindungen (keine wissenschaftl. Theorien, mathemat. Methoden, Pläne und Verfahren für gedankl. Tätigkeiten, Heilverfahren u. ä.), die neu sind (einen wesentl. Fortschritt der Technik bedeuten), auf einer erfinder. Tätigkeit beruhen und die eine gewerbl. Verwertung gestatten. Gegenstand eines P. kann sein: ein Erzeugnis, eine Vorrichtung, ein Verfahren, eine Verwendung (Mittel) oder eine Anordnung (z. B. eine elektr. Schaltung). Haben mehrere eine Erfindung unabhängig voneinander gemacht, so steht das Recht auf das P. dem zu, der die Erfindung zuerst beim Patentamt angemeldet hat.

P. werden auf schriftl. Antrag und nach Überweisung einer Anmeldungsgebühr beim **Patentamt** erteilt, das die Erfindung nach Form und Inhalt prüft, und in die **Patentrolle** eingetragen. Vom 3. Jahr der Schutzzeit an ist eine sich steigernde Jahresgebühr zu entrichten. Schutzdauer: 20 Jahre.

Dem P.-Inhaber steht das alleinige Recht zu, den patentierten Gegenstand gewerbsmäßig herzustellen, in Verkehr zu bringen, feilzuhalten oder zu gebrauchen. Das P. kann auf einen anderen übertragen (P.-Veräußerung) oder zur Benutzung (Lizenzerteilung) überlassen werden; auch ist es vererblich.

Patentbronzen, →Bronzepigmente.

Patentgestrick, Patentstrickwaren, bes. breiten-elastisches Rechts/Rechtsgestrick für Ränder **(Patentränderware)** an Trikotagen.

patentieren, 1) eine Erfindung durch Patent schützen.

2) Stahldraht oder Stahlband auf Temperaturen zw. 850 und 1 100 °C erwärmen und dann in Blei- oder Salzbädern rasch auf 400–550 °C abkühlen, wodurch der Werkstoff für das nachfolgende Ziehen oder Kaltwalzen ein günstiges Gefüge erhält.

Paternoster *der,* ein Umlaufaufzug, →Aufzug.

Patina, Edelrost, durch Einwirkung von Chemikalien oder der Atmosphäre entstehende Schicht auf Metallen, bes. die helle, graugrüne, seidigglänzende Schicht auf Kupfer und seinen Legierungen. **Natürliche P.** bestand früher vorwiegend aus basischen Carbonaten, heute aus basischen Sulfaten (Schwefeldioxidgehalt der Luft) des Kupfers. **Künstliche P.** wird mit Ammoniumsalzen, Essigsäure, feuchtem Kohlendioxid oder Pflanzensäften erzeugt (häufig bei Kopien oder Fälschungen von Kunstwerken). Bei **imitierter P.** wird eine Grünfärbung durch Auftragen löslicher Kupfersalze hervorgebracht. Die Untersuchung der P. kann Aufschluß über Alter und Echtheit antiker Bronzen geben.

Patrize, erhabene (positive) Gegendruckform zur →Matrize 2), z. B. beim Gesenk, Prägen, Schriftgießen u. a.

Patrone, 1) Feuerwaffen: die zu einem Stück (›Einheits-P.‹) vereinigte, Geschoß, Treibladung, Zündhütchen und Metallhülse umfassende Munition der Faustfeuer-, Handfeuer- und Maschinenwaffen, z. T. auch der Geschütze. Spezielle P. ohne Geschoß sind die **Platz-P.** (nur Knallsatz), **Gas-P.** (Tränengas) und **Leucht-P.** (Treib- und Leuchtsatz) zu Übungs-, Selbstverteidigungs- und Signalzwecken. In Entwicklung befindet sich hülsenlose Munition. Bei **Schrot-P.** besteht die Hülse aus Pappe oder Kunststoff, der Hülsenboden aus Metall. Bei Mehrladegewehren werden die P. der Waffe mittels P.-Rahmen (Ladestreifen), bei automat. Waffen mittels Magazin oder Gurt zugeführt. Derzeit werden hauptsächlich **Zentralfeuer-P.** verwendet, bei denen die Treibladung durch Auftreffen des Schlagbolzens auf das Zündhütchen, das in der Mitte des Bodens angeordnet ist, gezündet wird. Für Jagdwaffen werden vereinzelt, für Sportwaffen überwiegend **Randfeuer-P.** verwendet, bei denen die Zündmasse in den Hülsenboden eingegossen ist und durch Aufschlag auf den verbreiterten Rand gezündet wird. (BILD Geschoß)

2) in Schreibgeräten auswechselbare Tinten- oder Tuschebehälter, mit denen man nicht direkt schreiben kann (im Unterschied zur →Mine 2).

3) Sprengtechnik: in einer zylindr., paraffinierten Papierhülse gefaßte Sprengstoffmenge.

4) techn. Zeichnung auf kariertem Papier **(Patronenpapier),** woraus u. a. die Bindungsart von Geweben, Gewirken und Gestricken zu erkennen ist; dient zur Erstellung der Lochkarten oder Lochstreifen, zur Steuerung der Web-, Wirk- und Strickmaschinen.

Patronit [n. dem peruan. Mineralogen A. Rizo-Patrona], Mineral, V_2S_5, auch $(V(S_2)_2$, bleigrau, frisch metallisch glänzend; Vorkommen in Peru; früher wichtigstes Vanadium-Mineral.

Pauli-Gleichung [n. dem schweizerisch-amerikan. Physiker W. Pauli, * 1900, † 1958], 1927 von Pauli eingeführte Verallgemeinerung der →Schrödinger-Gleichung, die die Wechselwirkung des Elektronenspins (über das mit dem Spin verknüpfte magnet. Moment) mit einem Magnetfeld berücksichtigt **(Paulische Spingleichung).** Die P.-G. folgt als nichtrelativist. Grenzfall kleiner kinet. Energien des Elektrons aus der 1928 aufgestellten →Dirac-Gleichung.

Pauli-Prinzip, Pauli-Verbot, Paulisches Ausschließungsprinzip, Prinzip der Elementarteilchenphysik, wonach sich in einem abgeschlossenen System zwei →Fermionen nicht im genau gleichen Zustand befinden dürfen; bes. im Atombau können niemals zwei Elektronen eines Atoms in allen vier Quantenzahlen übereinstimmende Werte haben. Hierauf beruht der Schalenbau der Elektronenhüllen der →Atome. Die Anwendung des P.-P. auf ein Gas von Elektronen (z. B. in metall. Leitern) ergibt die →Fermi-Dirac-Statistik für dieses Elektronengas. Es bestimmt auch den schalenförmigen Aufbau der Atomkerne aus Nukleonen (Schalenmodell).

Pause, →Lichtpause, →Pauspapier.

Pauspapier, Oberbegriff für durchscheinende Zeichen- und Schreibpapiere, die bei der Herstellung oder durch nachträgliches Imprägnieren transparent gemacht werden.

Pavo, Pfau, ein → Sternbild am Südhimmel.

Pb, chem. Symbol für → Blei.

PB, Abk. für → **Poly**b**utene.

pc, Einheitenzeichen für → **P**arse**c**.

PC, Abk. für → **P**oly**c**arbonate.

PCB, Abk. für → **P**oly**c**hlor**b**iphenyle.

PCM, 1) Abk. für → **P**uls-**C**ode-**M**odulation.

2) Abk. für **Plug Compatible Manufacturer** [plʌg kəmp'ætıbl mænjuf'ækʃərə, engl.], mechanisch und elektrisch kompatible Austausch- und Beistell-Hardware, die nicht vom Hersteller der Originalgeräte (-anlage) gefertigt wurde.

Pd, chem. Symbol für → Palladium.

pdl, Einheitenzeichen für → **pound**a**l**.

PD-Regler, ein → P-Regler, dem ein differenzierendes → Übertragungsglied parallelgeschaltet ist. Dieses bildet ein der Zeitableitung der → Regelabweichung proportionales Ausgangssignal. Dadurch ist der PD-R. in der Lage, Änderungen der Regelabweichung früher zu erkennen als der P-Regler. Außerdem kann der D-Anteil zur Stabilisierung des Regelkreises beitragen. Nachteile des PD-R. sind: Bleibende Regelabweichung, Nichtverwendbarkeit bei Regelstrecken mit Totzeit.

PE, Abk. für **Polyethylen** [pɔlı'eθıli:n, engl.], → Polyäthylen.

Peanosches Axiomensystem [n. dem ital. Mathematiker G. Peano, * 1858, † 1932], System von fünf Axiomen, aus denen sich die Eigenschaften der natürl. Zahlen $\mathbb{N}$ ableiten lassen:

1) 1 ist eine Zahl.
2) Jede Zahl hat genau einen Nachfolger.
3) 1 ist nicht Nachfolger einer Zahl.
4) Jede Zahl ist Nachfolger höchstens einer Zahl.
5) Von allen Mengen, die die Zahl 1 und mit der Zahl n auch deren Nachfolger n' enthalten, ist die Menge der natürl. Zahlen die kleinste.

Verschiedentlich wird das P. A. auch mit 0 statt 1 in 1), 3) und 5) formuliert, die so definierte Menge der natürl. Zahlen wird dann auch mit $\mathbb{N}_0$ bezeichnet.

PEARL, Abk. für **Process And Experiment Automation Realtime Language** [pr'ouses ænd ıksp'erımənt ɔ:təm'eıʃn r'iəltaım l'æŋwıdʒ, engl.], eine → Programmiersprache, die für die Lösung von Aufgaben im Bereich der Automatisierung entwickelt wurde. PEARL ist als Echtzeitsprache geeignet für Anwendungen bei der Prozeßdatenverarbeitung, Prozeßautomation und für Ablauf- und Maschinensteuerungen.

PeCe-Faser, Piviacid, Handelsname für Synthesefasern aus nachchloriertem → Polyvinylchlorid.

Pech, schwarzer, thermoplast. Rückstand der Teerdestillation, der überwiegend aus → polyzyklischen Aromaten besteht. **Steinkohlenteer-P.** wird u. a. als Bindemittel bei der Herstellung von Kohlenstoffanoden, zur Herstellung von P.-Koks und P.-Lacken und als Weichmacher für Kautschuk verwendet.

Pechblende *die,* Mineral, UO_2, → Uranpecherz.

Pechkohle, steinkohlenähnliche tertiäre Glanzbraunkohle, schwarz, fest, glänzend, mit hohem Inkohlungsgrad. Vorkommen im Alpenvorland (→ Molasse).

Pechlacke, Lacke mit → Pech als Bindemittel. P. werden zum Schutz von Betonfundamenten, erdverlegten Rohrleitungen u. a. gegen aggressive Wässer verwendet.

Pechstein, natürl., wasserhaltiges (bis 9%) Gesteinsglas, entsteht bei rascher Erstarrung von Ergußgesteinen (z. B. Rhyolith, Trachyt, Andesit). P. ist braun, rot, grün oder schwarz, hat muscheligen Bruch und zeigt oft Entglasungserscheinungen und Fließgefüge; z. T. auch Perlit-Gefüge (→ Perlit 1). P. verwittert teilweise zu Kaolin.

peck, in Großbritannien Hohlmaß für Flüssigkeiten (auch in Apotheken) und Trockensubstanzen: 1 peck = 2 gallons = 9,09218 dm^3; in den USA (Einheitenzeichen **pk)** Hohlmaß für Trockensubstanzen: 1 pk = 8 dry quarts = 8,80976 dm^3. (ÜBERSICHT Einheiten, angloamerikanische Einheiten)

Pedal *das,* mit dem Fuß zu betätigender Hebel oder Kurbel **(Tretkurbel)** zum Übertragen oder Auslösen einer Bewegung, z. B. Fahrrad-P., Gas-P. sowie bei Musikinstrumenten (Harfe, Klavier, Orgel, Pauke).

Pediment *das,* Verebnungsfläche, die ein Gebirge, bes. arider und semiarider Gebiete, umsäumt; meist im Fels ausgebildet, mit einem Schleier von Schutt oder Schotter der aus dem Gebirge austretenden Flüsse bedeckt.

Pedion *das,* einflächige Kristallform (TAFEL Kristall, I, E 1), allg. Form der **(triklin-)pedialen Kristallklasse.**

Pedologie, die → Bodenkunde.

Peese, Pese, endlose Schraubenfeder oder Riemen als Antriebselemente von Filmrollen bei Projektoren.

Pegasus, ein → Sternbild am Nordhimmel, im Herbst am Abendhimmel sichtbar.

Pegel, 1) Einrichtung zur Messung des Wasserstandes in Gewässern und Behältern sowie des Grundwasserstandes im Boden. Angegeben wird dieser in cm über dem **P.-Nullpunkt,** der i. d. R. unterhalb des bisherigen niedrigsten Wasserstandes liegt und für den die auf Normal-Null bezogene Höhe bekannt ist. Ein **Latten-P.** ist eine fest eingebaute lotrechte Meßlatte. Ein **Schräg-P.** ist ein im Ufer eingebauter schräg liegender Latten-P. mit einer der Böschungsneigung entsprechenden Verzerrung der Teilung. Ein **Staffel-P.** ist ein in mehrere Stücke (Staffeln) unterteilter Latten-P., die an verschieden hohen Punkten des Ufers aufgestellt werden, wobei die einzelnen Staffeln auf den gleichen P.-Nullpunkt ausgerichtet sind. **Schreib-P.** sind selbsttätig aufzeichnende P. Dabei erfolgt die Übertragung auf das Schreibgerät über einen Schwimmkörper **(Schwimmer-P.)** enweder mechanisch oder elektrisch **(elektr. Fern-P.)** oder ohne Schwimmer durch Druckluft **(Druckluft-P.).** Weiteres BILD S. 60.

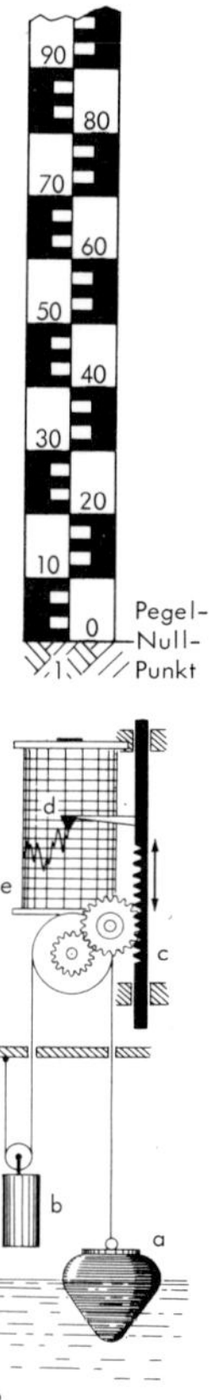

Pegel 1) 1 und 2

Pegel 1) 1 und 2: 1 Latten-P. **2** Mechanischer Schreib-P. (System Wilcke-Ott); a Schwimmer, b Gegengewicht, c Zahnstange, d Schreibfeder, e Registriertrommel

2) logarithmiertes Verhältnis zweier Energie- oder Feldgrößen gleicher Art, wovon die Nennergröße eine festgelegte Bezugsgröße ist. Z. B. ist beim → Schalldruckpegel die Bezugsgröße $p_0 = 2 \cdot 10^{-5}$ Pa. Energiegrößen sind Größen, welche der Energie proportional sind, z. B. Leistung. Feldgrößen sind Größen, deren Quadrate in linearen Systemen der Energie proportional sind, z. B. Spannung, Stromstärke, Schalldruck. Der Logarithmus kann ein Zehnerlogarithmus (lg), ein natürl. (ln) oder auch ein Zweierlogarithmus (lb) sein. Die P. und → Maße 4) sollen von der Wahl der Basen der Logarithmen unabhängig

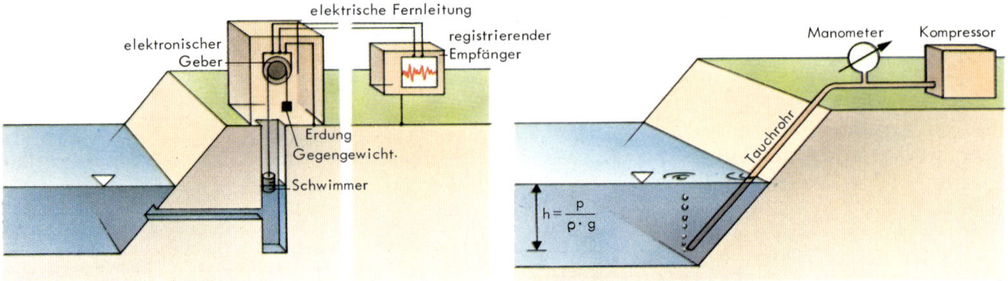

Pegel 1) 3: LINKS elektrischer Fernpegel, der elektronische Geber sendet wasserstandsabhängige Impulse oder Frequenzen. RECHTS Druckluftpegel, der Kompressor hält den Druck $p = h \cdot \varrho \cdot g$ (ϱ = Wasserdichte, g = Erdbeschleunigung) im Tauchrohr, das Manometer mißt und registriert den Druck

sein; dies verlangt das Hinzufügen von hinweisenden Kurzzeichen, z. B. dB für → Dezibel, Np für → Neper.

Für eine zu messende Leistung P ist mit einer Bezugsleistung P_0 der **Leistungs-P.** in Dezibel: $p_P = 10 \lg (P/P_0)$ dB. Je nach beliebiger oder zu 1 mW vereinbarter Bezugsleistung unterscheidet man **relative** und **absolute P.** Ein **Spannungs-P.** wird entsprechend definiert: $p_U = 20 \lg (U/U_0)$ dB, mit $U_0 = 775$ mV für den absoluten P. An einem Widerstand von 600 Ω sind absoluter Leistungs- und Spannungs-P. gleich. In der Fernsprechtechnik versteht man unter relativem P. speziell den P.-Verlauf entlang einer Übertragungsleitung im Verhältnis zu einem Bezugspunkt.

COOH
|
$(CH_2)_7$
|
CH_3

Pelargonsäure

3) Digitaltechnik: → Logikpegel.

Pegmatite, groß- bis riesenkörnige Ganggesteine. P. kristallisieren bei der Erstarrung des → Magmas in der **pegmatit. Phase** aus den nach der Hauptkristallisation der Tiefengesteine verbleibenden wäßrigen Restschmelzen, in denen leichtflüchtige Verbindungen mit besonderen Elementen, z. B. Lithium, Beryllium, Bor, Fluor, Niob, angereichert sind. P. treten mit sauren oder intermediären Tiefengesteinen auf (v. a. als **Granit-P.**), von denen sie sich durch die Kristallgröße (bis mehrere Meter), besonderen Mineralgehalt (z. B. Topas, Beryll) und Kristallverwachsungen (Schriftgranit) unterscheiden. P. sind Träger wichtiger Mineral- und → Erzlagerstätten.

Peilen, 1) Bestimmung einer Richtung (Peilstandlinie), die entweder auf Kompaß N, mißweisend oder rechtweisend N (Azimut) bezogen wird (→ Kurs). Man unterscheidet **opt. (terrestr.) P.,** wobei ein Ziel (Objekt) mit einem Peildiopter über einer Kompaß-Skala anvisiert wird, von **Funkpeilung** (→ Funkpeiler, → Funkortung). Als **Seiten-P.** bezeichnet man die auf die Fahrzeuglängsachse bezogene Peilung. Der Schnitt zweier in einer Karte eingetragenen Peilstandlinien ergibt den Standort **(Kreuzpeilung).**

2) Feststellen des Flüssigkeitsstands in einem Tank mit einem Meßstab **(Peilstab)** durch das Füllrohr oder ein besonderes **Peilrohr.**

3) Loten, Messen der lotrechten Wassertiefe, entweder mit Peilstangen oder mit **Echoloten** von Meßschiffen oder Meßbooten aus.

Pektine, in den Zellwänden höherer Pflanzen vorkommende Polysaccharide, die durch α-1,4-glykosidische Bindung der D-Galacturonsäure entstehen. Ihre Carboxylgruppen tragen häufig Esterreste (meist Methyl). Nach dem Grad der Veresterung mit Methanol unterscheidet man **Pektinsäuren, Pektininsäuren** und **Protopektine.** P. werden aus Zuckerrübenschnitzeln oder Preßrückständen der Apfel- und Citrussaftfabrikation durch Extraktion mit Säuren gewonnen. Sie können auf Grund ihrer hydrophilen Eigenschaften sehr viel Wasser binden. P. bilden Gele und werden deshalb als Gelierungsmittel verwendet.

Pelagial *das,* Zone des freien Wassers im Meer und in Seen (Ggs.: → Benthal) mit Nekton, Neuston, Plankton und Pleuston.

pelagisch heißen die dem Tiefseebereich (>800 m Wassertiefe) angehörenden marinen Sedimente.

Pelargonsäure, Nonansäure, ölige Carbonsäure, die durch Abbau von Ölsäure in ranzigen Fetten entsteht.

p-Elektron, → p-Zustand.

Peles Haar, Geologie: braune Glaswolle aus fadenförmigem Basaltglas; entstanden beim Auswurf sehr dünnflüssiger vulkan. Schmelze (Hawaii, Vesuv, Ätna).

Pelit, feinklast. Sedimentgestein der Ton-Siltfraktion mit Korngrößen unter 0,02 mm (→ Tonstein).

Pellet [pˈɛlɪt, engl.], Kerntechnik: → Brennelement.

Pelletieren, Feinerze mit einem Korndurchmesser unter 0,2 mm nach Anfeuchten durch Rollieren und meist Mischen mit Bindemitteln (z. B. Betonit) stückig machen; anschließend werden diese **Pellets** durch Brennhärten (→ Sintern) verfestigt.

Peloide, Sammelbez. für aus geolog. Vorgängen entstandene organ. und anorgan. Stoffe, die wegen ihrer Feinkörnigkeit und guten Wärmeeigenschaften zu medizin. Packungen und Bädern verwendet werden, z. B. Schlamm, Torf, Heilerde.

Peltier-Effekt [pɛltjˈe, n. dem frz. Uhrmacher J. Ch. A. Peltier, * 1785, † 1845], ein 1834 entdeckter thermoelektr. Effekt (→ Thermoelektrizität), die Umkehrung des → Seebeck-Effekts. Wird an einen metall. Leiter A zu beiden Seiten ein metall. Leiter B angelötet und durch BAB ein Gleichstrom geschickt, so erwärmt sich die eine Lötstelle, während sich die zweite abkühlt. Die Wärmemenge Q **(Peltier-Wärme),** die an der Verbindungsstelle von A und B (zusätzlich zur Jouleschen Wärme) erzeugt oder aufgenommen wird, ist der Stromstärke I des von A nach B fließenden Stromes und der Zeit t proportional, $Q = \Pi_{AB} \cdot I \cdot t$. Die Proportionalitätskonstante Π_{AB} heißt **Peltier-Koeffizient** für die Substanzen A und B, $\Pi_{AB} = -\Pi_{BA}$. Typ. Werte liegen zw. etwa 0,5 und

5 mJ/C. Der bes. starke P.-E. von Halbleitern kann zum Bau von → Halbleiterkühlelementen **(Peltier-Elementen)** genutzt werden.

Pelton-Turbine [pʼeltən-, n. d. amerikan. Ingenieur L. A. Pelton, *1829, †1908], die Freistrahlturbine (→ Wasserturbine).

Pelz, 1) i. w. S.: Tierfell, i. e. S.: daraus gefertigtes Kleidungsstück (→ Rauchwaren). – Von den rd. 80 Pelztieren werden v. a. verarbeitet: die Felle von Lamm, Schaf, Nerz, Fuchs, Kaninchen, Bisamratte, Biber, Nutria, Waschbär, Zickel, Fohlen, Kalb, Bärenrobbe, Seehund, Chinchilla, Zobel, Marder, Otter, Leopard, Nebelparder, Jaguar, Ozelot, Ozelotkatze, Luchs. – Über die Verarbeitung der P. zu Kleidungsstücken → Rauchwarenveredlung. Nach den Bezeichnungsvorschriften müssen Felle und Pelze mit dem zoolog. oder dem im Rauchwarenhandel übl. Namen des Pelztieres bezeichnet werden.

2) Spinnerei: Wickel aus mehreren Schichten eines auf der Streichgarnkrempel **(P.-Krempel)** hergestellten → Flors.

PEM-Effekt, Abk. für → **p**hoto**e**lektro**m**agnetischer Effekt.

Pendel *das,* ein um eine Achse **(ebenes P.)** oder einen Punkt **(räuml. P.)** frei drehbarer Körper, der unter dem Einfluß der Schwerkraft nach Auslenkung aus der Ruhelage bei Vernachlässigung der Lager- und Luftreibung i. a. eine period. Bewegung ausführt. Eine an einem dünnen (praktisch gewichtslosen) Faden aufgehängte, in einer Ebene schwingende, sehr kleine Kugel (Massenpunkt) realisiert das ebene **mathemat. P.** (BILD). Bei kleinen Auslenkungen (Amplituden) ist seine Schwingungsdauer $T = 2\pi\sqrt{l/g}$, wenn l die Länge des Aufhängefadens und g die Fallbeschleunigung bedeuten. Ein P. der Länge $l \approx 99{,}4$ cm hat eine Schwingungsdauer von 2 s **(Sekunden-P.).** Für größere Auslenkungen, wenn sin φ nicht mehr näherungsweise durch φ ersetzt werden darf, ergibt die genauere, auf elliptische Funktionen führende Rechnung, z. B. für $\varphi = 10°$, eine um 0,2% größere Schwingungsdauer. Wenn sich der Massenpunkt nicht auf einem Kreis, sondern auf einer Zykloide **(Zykloiden-P.)** bewegt, was durch geeignete Backen, an die sich der Faden anlegt, erreicht werden kann (BILD), ist die Schwingungsdauer von der Amplitude unabhängig (CH. HUYGENS). Die Zykloide heißt deshalb auch **Tautochrone** (grch. ›Zeitgleiche‹).

Jedes wirkl. P. weicht mehr oder weniger vom mathemat. P. ab. Das ebene **physikal. P. (physisches P.)** ist ein um eine Achse drehbarer Körper (BILD). In der Formel für die Schwingungsdauer tritt hier an die Stelle der Pendellänge l die **reduzierte Pendellänge** $l_{red} = J_A/m\,s;$ dabei ist J_A das → Trägheitsmoment des P.-Körpers um die Drehachse A, m seine Masse und s der Abstand von A zum → Massenmittelpunkt S. Der auf der Verlängerung der Strecke AS im Abstand l_{red} von A liegende Punkt A' heißt **Schwingungsmittelpunkt** (Ch. Huygens). Man kann sich also in A' die gesamte Pendelmasse m vereinigt denken, ohne daß dadurch die Schwingungsdauer T geändert wird. Vertauscht man Drehpunkt und Schwingungsmittelpunkt, so bleibt die Schwingungsdauer unverändert. Darauf beruht das **Reversions-P.,** das aus einer Stange mit zwei gegeneinandergerichteten Schneiden S_1 und S_2 und zwei verschiebbaren Massen m_1 und m_2 besteht (BILD). Diese werden so lange verschoben, bis die Schwingungsdauern um S_1 und S_2 gleich sind. Aus der Formel für die Schwingungsdauer läßt sich dann die Fallbeschleunigung g genau bestimmen.

Eine Sonderform des physikal. P. ist das **Ausgleichs-** oder **Minimal-P.** (M. SCHULER). Bei ihm ist $l_{red} = 2s$ und die Schwingungsdauer von s und damit von der Temperatur nahezu unabhängig. Die genauesten astronom. Pendeluhren haben eine elektromagnetisch angetriebenes, in verdünntem Wasserstoff schwingendes Minimal-P. **(Schuler-Uhr).** Eine andere Möglichkeit, Temperatureinflüsse auszugleichen, bieten die **Kompensations-P.** (BILD). Bei ihnen wird die unterschiedl. Wärmeausdehnung verschiedener Metalle ausgenutzt, um eine trotz kleiner Temperaturschwankungen hinreichend konstante P.-Länge zu erhalten.

Beim **Kegel-P.** (BILD) durchläuft der Massenpunkt dieses räuml. mathemat. P. einen horizontalen Kreis, so daß der Aufhängefaden den Mantel eines Kegels erzeugt. Wenn h die Höhe des Kegels bezeichnet, ist $T = 2\pi\sqrt{h/g}$. Für kleine Öffnungswinkel α ist näherungsweise T gleich der Schwingungsdauer des ebenen mathemat. P. Im allgemeinen Fall **(Kugel-P., sphärisches P.)** beschreibt der Massenpunkt eine u. U. nichtperiod. Bahn, die zw. zwei konzentr. Kreisen verläuft. Bei zwei durch eine Feder oder einen belasteten Faden gekoppelten, gleich langen P. **(sympathische P.,** BILD), wie auch ähnlich beim **Doppel-P.** (BILD), ergibt sich eine Schwingung, bei der die P. abwechselnd mit wachsender und wieder abnehmender Amplitude schwingen (Schwebung). Die Schwingungsenergie pendelt zw. den P. hin und her.

Ein ebenes P. behält wegen seiner Trägheit seine Schwingungsebene im Raum bei, falls nicht zusätzl. Kräfte wirksam werden. Auf der sich drehenden Erde sind solche Kräfte die Coriolis-Kräfte; bei genügend großer P.-Länge und P.-Masse beschreibt ein ebenes P. infolge der Ablenkung aus seiner Ebene durch die Erddrehung eine gut beobachtbare, räuml. ›Rosettenbahn‹ **(Foucaultscher Pendelversuch,** L. FOUCAULT, 1851).

Pendel|achse, v. a. für Hinterachsen von Personenkraftwagen verwendete Achsbauart mit unabhängig voneinander abgefederten Rädern (→ Achsanordnung 2). Beim Einfedern und Ausfedern führen die Räder Pendelbewegungen um zwei in Fahrzeuglängsrichtung verlaufende Achsen, im Sonderfall der **Eingelenk-P.** um eine gemeinsame Drehachse aus.

Pendel|apparate, Instrumente zur Messung der Schwerebeschleunigung oder ihrer örtlichen Unterschiede. Bei absoluten Schweremessungen verwendet man Reversionspendel (→ Pendel) und mißt an ihnen den Schneidenabstand und die Schwingungsdauer. Bei relativen Schweremessungen geht man von einem Ort mit bekannter Schwere aus und mißt nur die Schwingungsdauer an den verschiedenen Stationen. Man erreicht Genauigkeiten von etwa 10^{-5} m/s^2.

Pendelmühle, → Fliehkraftmühle.

Pendelstütze, Pendelpfeiler, → Pfeiler.

Pendel|uhr, 1) jede Uhr, deren → Gang 3) durch ein Pendel geregelt wird.

2) lat. **Horologium,** ein → Sternbild am Südhimmel.

Pendelwagen, im Bergbau schienen- und zugseilgebundene, zunehmend auch selbstfahrende, gummibereifte Fahrzeuge mit Fassungsvermögen bis zu 40 t für die Förderung auf kurze Distanz. (→ LHD-Technik)

Peneplain [pʼiːnəpleɪn], die → Rumpffläche.

Penetration, Maß für die Härte von → Bitumen. Es wird nach 5 s die Eindringtiefe (in 1/10 mm) einer mit 100 g belasteten Nadel in die auf 25 °C erwärmte Bitumenprobe bestimmt.

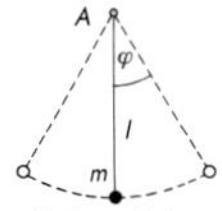

Mathematisches Pendel

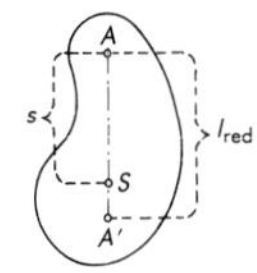

Physikalisches Pendel

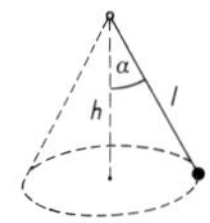

Kegelpendel

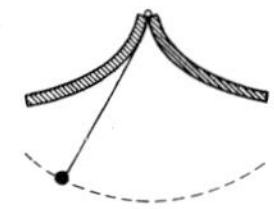
Zykloidenpendel

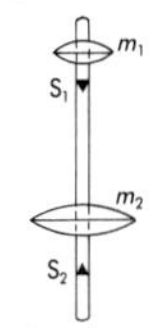

Reversionspendel

Sympathische Pendel

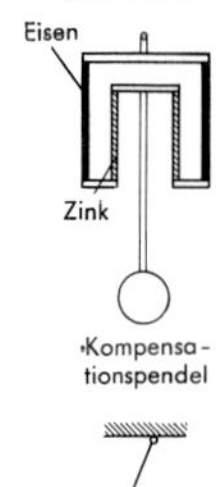

Kompensationspendel

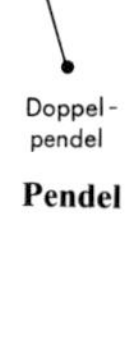
Doppelpendel

Pendel

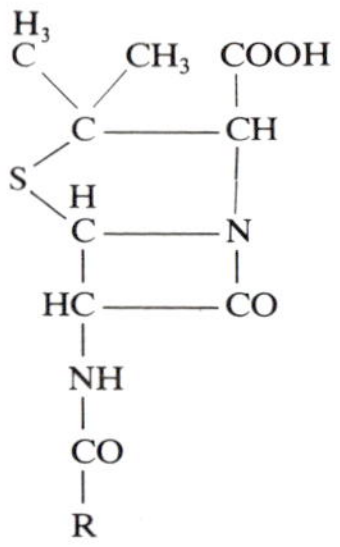

Penicilline

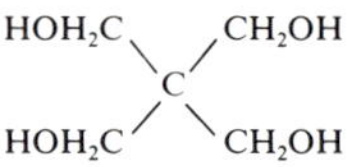

Pentaerythrit

Pentanole

$CH_3-(CH_2)_3-CH_2OH$

1-Pentanol
(n-Amylalkohol)

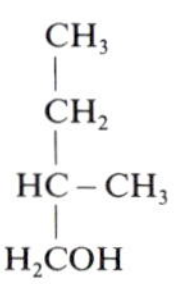

2-Methyl-1-butanol

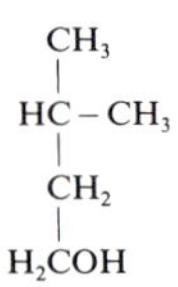

3-Methyl-1-butanol
(Isoamylalkohol)

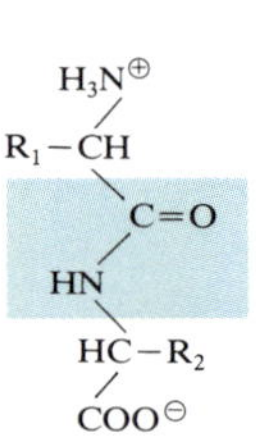

Peptidbindung
(schattiert) in einem aus zwei Aminosäuren bestehenden Dipeptid

Penicillamin, dem Penicillin verwandte Substanz, kann Schwermetalle binden und wird als Therapeutikum bei chron. Gelenkrheuma und Leberentzündungen angewendet.

Penicilline, bes. von dem Schimmelpilz Penicillium notatum produziertes, therapeutisch am häufigsten verwendetes Antibiotikum, 1928 von A. FLEMING entdeckt. Durch Reinzüchtung von Pilzstämmen und Wahl der Zusammensetzung des Nährmediums bei der P.-Herstellung durch Fermentation können Pilzstämme veranlaßt werden, die **Penicillansäure** zu bilden, bei der der Säurerest R–CO– fehlt. Hieraus werden durch chem. Methoden die unterschiedl. P. durch Variation von R hergestellt. P. wirkt auf best. Gruppen von Bakterien durch Störung der Synthese der Bakterienzellwand- Substanz → Murein. Verschiedene Bakterienstämme können gegen P. dadurch resistent werden, daß sie durch Enzyminduktion das Enzym β-Lactamase **(Penicillinase)** erzeugen, das P. durch Abbau unwirksam macht.

Pennin, Mineral, → Chlorit 2); oft in Diabasen.

Pennsylvanian [pensɪlv'eɪnjən] *das,* das obere Karbon in Nordamerika; wird auch i. S. einer eigenen Periode (System) gebraucht.

pennyweight [p'enɪweɪt], in Großbritannien und den USA (dort Einheitenzeichen **dwt)** noch gebräuchl. Gewichts- und Masseneinheit des → Troy system (für Edelmetalle und Edelsteine): 1 p. = 1 dwt = 24 grain = 1,555174 g. (ÜBERSICHT Einheiten, angloamerikanische Einheiten)

Pentachlorphenol, Penta, Abk. **PCP,** farb- und geruchloser, giftiger organ. Stoff, der u. a. bakterizid, algizid und fungizid wirkt; wird deshalb als Konservierungs- und Imprägnierungsmittel (z. B. für Holz) verwendet; MAK 0,5 mg/m³.

Penta|erythrit, kristalliner vierwertiger Alkohol, der durch Reaktion von Formaldehyd mit Acetaldehyd und Calciumhydroxid in wäßriger Lösung hergestellt wird. P. wird überwiegend (zu etwa 85%) zur Herstellung von Alkydharzen, außerdem von Weichmachern, Nitropenta u. a. verwendet.

Penta|erythrit|tetranitrat, das → Nitropenta.

Pentagon, das Fünfeck.

Pentagondodekaeder, ein von zwölf kongruenten Fünfecken begrenzter Körper. Das geometrisch regelmäßige oder reguläre P., kurz **Dodekaeder,** bei dem jedes Fünfeck gleichseitig und mit fünf gleichen Kantenwinkeln (63°26') entwickelt ist, ist einer der fünf → regelmäßigen Körper, es ist als Kristallform nicht möglich. Kristallograph. P. sind das **tetraedr. P.,** auch **Tetartoeder, Tetartoid** genannt, mit unsymmetr. Fünfecken und das P. mit symmetr. Fünfecken mit vier gleichen Kanten. (TAFEL Kristall I, E 28, F 3)

Pentagon|ikosi|tetraeder, auch **Gyroeder** oder **Gyroid,** früher **Plagieder,** von 24 kongruenten Fünfecken begrenzter Körper; allg. Form der **pentagon|ikositetraedr. Kristallklasse** (TAFEL Kristall I).

Pentagramm, regelmäßiges Sternfünfeck; entsteht durch die Diagonalen eines regelmäßigen Fünfecks.

Pentane, drei isomere → Alkane mit fünf C-Atomen.

Pentanole, Amyl|alkohole, Alkohole mit fünf C-Atomen, die zu 60–80% in Fuselölen enthalten sind. Gemische von 1-P. und 2-Methyl-1-butanol werden aus n-Butenen, 3-Methyl-1-butanol (Isoamylalkohol) aus i-Buten über die Oxosynthese hergestellt. P. und ihre Ester werden als Lösemittel verwendet.

Pentene sind → Alkene mit fünf C-Atomen.

Pentite, Sammelbez. für fünfwertige Alkohole (z. B. Xylit).

Pentlandit [n. dem irischen Gelehrten J. B. Pentland, * 1800, † 1873] *der,* **Eisen|nickelkies,** Mineral $(Ni, Fe)_9S_8$, hell tombakbraun bis bronzegelb; H. 3,5–4, D. 4,6–5; meist kleine Körner im derben, sehr ähnlichen Magnetkies, in dessen liquidmagmat. Lagerstätten er reichlich vorhanden ist. Wichtigstes Nickelerz.

Pentode *die,* eine → Elektronenröhre.

Pentosane, in Pflanzen weit verbreitete → Hemicellulosen, die aus Pentosen aufgebaut sind.

Pentosen, Gruppe von Monosacchariden mit fünf Kohlenstoffatomen, $C_5H_{10}O_5$, bei denen häufig die C-Atome 1 und 4 über ein Sauerstoffatom unter Bildung einer halbacetal. Ringstruktur verknüpft sind und die sich in der räuml. Anordnung der Hydroxylgruppen unterscheiden, z. B. **Ribose** (Baustein von Ribonucleinsäuren und Coenzymen), **Desoxyribose** (Baustein von Desoxyribonucleinsäuren), **Ribulose** (Produkte des cellulären Glucoseabbaus), **Arabinose** und **Xylose** (Bestandteile von Polysacchariden und Glykoproteiden).

Pentose|phosphat-Weg, Abk. **PP-Weg,** ein bes. von O. H. WARBURG untersuchter Mechanismus der → Glykolyse, der über 6-Phosphogluconsäure und Ribulose-5-Phosphat verläuft.

Pentyl . . ., Bez. für die einbindige Kohlenwasserstoffgruppe $-C_5H_{11}$.

Penumbra *die,* halbdunkler Saum des dunklen Kerns eines → Sonnenfleckens.

Pepsin, wichtigstes eiweißspaltendes Enzym des Magens, das durch Magen-Salzsäure denaturiertes Nahrungsprotein spaltet und zu Polypeptiden verdaut. P. wird als inaktive Vorstufe **Pepsinogen** in den Hauptzellen der Magenschleimhaut gebildet, bei Nahrungsaufnahme in das Magenlumen abgesondert und nach der Sekretion unter dem Einfluß von Salzsäure und bereits vorhandenem P. durch Abspaltung von fünf Peptiden in einen bei pH-Werten von mehr als fünf inaktiven P.-Inhibitor-Komplex überführt, der bei niedrigen Säuregraden (pH-Wert größer als fünf) in den Inhibitor und das aktive P. zerfällt. P. baut Proteine oder Peptide v. a. an → Peptidbindungen ab, an denen die Aminosäuren Phenylalanin oder Tyrosin beteiligt sind.

Peptidasen [grch.], zu den → Hydrolasen gehörende Enzyme, die → Peptidbindungen spalten. **Endopeptidasen** spalten innerhalb, **Exopeptidasen** am Ende einer Peptidkette; bei den Exo-P. unterscheidet man **Carboxypeptidasen** (Abbau am Carboxylende der Peptidkette beginnend) und **Aminopeptidasen** (Abbau am Aminoende der Peptidkette beginnend). P. kommen in Magen, Pankreas, Dünndarm und Blutplasma vor. (→ Proteasen)

Peptidbindung, zw. Aminosäuren der wichtigste kovalente Bindungstyp in Peptiden und Proteinen. Dabei wird durch Kondensation (Wasserabspaltung) die Carboxylgruppe mit der Aminogruppe zweier Aminosäuren verbunden. Durch Aufhebung der freien Drehbarkeit der C-N-Bindung entstehen cis- und trans-P.

Peptide, aus Aminosäuren aufgebaute, durch Peptidbindungen verknüpfte lineare Moleküle unterschiedl.

Größe. Zwei Aminosäuren bilden ein **Dipeptid,** drei ein **Tripeptid** usw. Weniger als zehn Aminosäuren ergeben **Oligopeptide,** mehr als zehn Aminosäuren **Polypeptide,** mehr als 100 **Proteine.** P. haben vielfältige biolog. Bedeutung, z. B. als Hormone (→ Neurohormone, Corticotropin, Insulin u. a.), Antibiotika (→ Penicilline) und Gifte (→ Phalloidin). Der Aufbau von P. aus Aminosäuren kann 1) durch chem. Reaktionen, 2) durch Proteinbiosynthese, 3) durch P.-Synthese an Proteinmatrizen (als Matrize mit der entsprechenden Information für die Aminosäuresequenz des zu synthetisierenden P. dient ein Enzym mit festgelegten Bindungsstellen für die das P. aufbauenden Aminosäuren) erfolgen, wobei 1) invitro-Reaktionen, 2) in-vivo-Reaktionen bei höheren Lebewesen und 3) in-vivo-Reaktionen bei niedrigeren Lebewesen sind (z. B. P.-Antibiotika von Pilzen).

Peptidhormone, Klasse von Hormonen, die auf Grund einer Einteilung der Hormone nach chemisch-strukturellen Merkmalen (Steroid-, Peptid- und Proteohormone, von Aminosäuren abgeleitete Hormone) durch Peptide unterschiedl. Größe repräsentiert wird, z. B. durch Insulin, Glucagon, Parathormon, Ocytocin.

Peptidyltransferase, Peptidsynthetase, Enzym der → Proteinbiosynthese, das die Verknüpfung der Carboxylgruppe des bereits am Ribosom synthetisierten Peptidstranges mit der Aminogruppe der in der Sequenz folgenden Aminosäure herstellt und so die Peptidkette verlängert.

Peptone, Polypeptidgemische, die beim partiellen Eiweißabbau entstehen. I. e. S. wird dabei das unter Pepsin-Einfluß aus Nahrungsprotein entstehende Gemisch verstanden.

per . . ., Chemie: Vorsilbe zur Kennzeichnung 1) von Verbindungen mit einem Element sehr hoher oder höchster Oxidationsstufe, z. B. Kaliumpermanganat, $KMnO_4$; 2) des Vorhandenseins der Atomgruppierung $-O_2-$ im Molekül, z. B. Bariumperoxid, BaO_2; 3) der gesättigten Form einer Grundverbindung, z. B. Perchloräthylen, C_2Cl_4. Früher statt der Vorsilbe per . . . Hyper . . . oder Super . . .

Perchlor|äthylen, Abk. **Per,** das Tetrachloräthylen, → Chlorkohlenwasserstoffe.

Perchlorsäure, → Chlorverbindungen.

Per|essigsäure, in konzentrierter Form explosive organ. Peroxycarbonsäure, die durch Oxidation von Acetaldehyd oder Essigsäure hergestellt wird. P. wird zur → Epoxidation und als Bleichmittel verwendet.

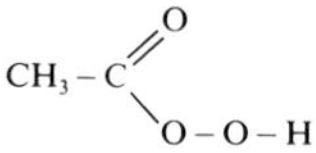

Peressigsäure

Perforation, im Bergbau das Durchlöchern der Futterrohre bei Tiefbohrungen, damit das Fördergut (z. B. Erdöl, Erdgas, Wasser) aus dem abzubauenden Lagerstättenhorizont in das Innere der Bohrleitung eintreten kann.

Perforator, schreibmaschinenartige Konstruktion (›Taster‹) zum Stanzen von Lochkombinationen (Codes) in Lochstreifen, mit dem Rechenanlagen, Setzmaschinen (→ Computer-Satz), Fernschreiber, automatische Werkzeugmaschinen u. ä. gesteuert werden. Die Lochstreifensteuerung ist heute vielfach ersetzt durch magnet. Speicherung auf Band oder Platte.

perforieren, durchlochen, Lochreihen als Trenn- oder Reißlinien auf **Perforiermaschinen** stanzen, um bei Papier oder Karton leichteres Trennen zu ermöglichen (z. B. Briefmarken) oder Stoffe, Leder u. ä. mit Muster oder Signetzeichen (z. B. Verfallsdatum auf Packungen) zu versehen.

Pergamentieren, Transparentausrüstung von Baumwollgeweben (Batist) durch kurzzeitige Behandlung mit konzentrierter Schwefelsäure bei niedriger Temperatur. Vor und/oder nach der Säurebehandlung muß mercerisiert werden. Hierdurch erhält man durchscheinende und dauerhaft versteifende Effekte.

Pergamentpapier, Echtpergamentpapier, mit Hilfe von Chemikalien (Schwefelsäure) fettdicht, naßfest und kochfest gemachtes → Papier aus Zellstoff.

Perhapsatron [pə:hˈæpsətrɔn, engl.] *das,* Anlage zur Durchführung von Versuchen zur Kernfusion bei hohen Temperaturen, bei der ein ringförmiges Plasma in einem Torus induktiv aufgeheizt wird, wobei die Plasmasäule durch den Pincheffekt axial begrenzt wird.

Perhydrol, → Wasserstoffperoxid.

Peri|astron *das,* Sternnähe, → Apsiden.

Peridot, Edelsteinvarietät des → Olivin.

Peridotit, ein Tiefengestein, → magmatische Gesteine.

Peridotitschale, Teil der unteren Erdkruste, → Erde.

Perigalaktikum, Milchstraßenzentrumsnähe, → Apsiden.

Perigäum, Erdnähe, → Apsiden.

periglazial, Bez. für Räume, Erscheinungen, Zustände und Vorgänge im Umkreis von Gletschern und Inlandeis. Soweit deren Einfluß reicht, erstreckt sich das **Periglazialgebiet** mit seinen **Periglazialerscheinungen** wie Kryoturbation, Solifluktion, Strukturböden, Blockmeere, Löß, Binnendünen, asymmetr. Talformen; ihre Entstehung ist gegenwärtig auf die subpolaren Gebiete und die Hochgebirge beschränkt, vollzog sich jedoch während der Eiszeiten in weit größeren Räumen.

Perihel, Sonnennähe, → Apsiden.

Periheldrehung, das Wandern des Perihels um die Sonne, das bei allen Planetenbahnen im gleichen Sinn wie die Umlaufrichtung der Planeten um die Sonne erfolgt und auf die Störung der jeweiligen Planetenbahn durch die anderen Planeten zurückgeht. Bei den inneren Planeten Venus und v. a. bei Merkur waren die beobachteten Werte deutlich größer als die nach der Newtonschen Himmelsmechanik berechneten; sie stimmen jedoch mit den durch die allg. Relativitätstheorie Einsteins vorhergesagten Werten überein, die dadurch eine wichtige experimentelle Bestätigung erfuhr.

Periklin *der,* Mineral, besondere Ausbildung und Verzwillingung **(P.-Gesetz;** → Zwillinge) von Plagioklas-Kristallen (→ Feldspate).

Periode, 1) allg.: regelmäßige Wiederkehr best. Erscheinungen, auch der dadurch abgegrenzte räuml. oder zeitl. Abschnitt.

2) Astronomie: kleinstes Zeitintervall, in dem sich die regelmäßige Wiederkehr gleicher Helligkeit bei → Veränderlichen wiederholt; auch die Umlaufszeit z. B. eines Planeten oder Mondes.

3) Chemie: → Periodensystem der Elemente.

4) Chronologie: Zyklus, der einen längeren Zeitraum umfaßt, z. B. die → Sothisperiode.

5) Geologie: Bildungszeitraum eines stratigraph. → Systems 1), früher als ›Formation‹ bezeichnet, in der Erdgeschichte.

6) Mathematik: a) die Wiederholung regelmäßig bestimmter Ziffernfolgen in period. Dezimalzahlen (period.

Dezimalbrüchen), z. B. 0,673 673 673 . . . b) →periodische Funktionen.

7) Meteorologie: regelmäßiger Gang der meteorolog. Elemente, z. B. Jahres-, Tages-P.; gelegentlich auch ein Zeitabschnitt mit mehr oder weniger einheitl. Witterung (Schönwetter-, Regen-P.).

8) Physik und Technik: kleinstes Intervall der unabhängigen Veränderlichen, nach dem sich ein regelmäßig wiederkehrender Vorgang **(periodischer Vorgang)** wiederholt. Ist die unabhängige Veränderliche die Zeit, so bezeichnet man die P. auch als →Periodendauer.

Periodendauer, Formelzeichen *T,* kurz auch **Periode,** die Zeit, nach der sich ein regelmäßig wiederkehrender Vorgang (period. Vorgang) wiederholt, z. B. die bei einer gleichmäßigen →Kreisbewegung für einen vollen Umlauf erforderl. Zeit **(Umlaufdauer)** oder bei einer →harmonischen Schwingung die für eine volle Schwingung benötigte Zeit **(Schwingungsdauer).** Zw. der P. und der →Frequenz ν besteht der Zusammenhang $\nu = 1/T$. Will man den Unterschied dieser Frequenz gegenüber der →Kreisfrequenz ω hervorheben, so nennt man ν **Periodenfrequenz.**

Perioden-Leuchtkraft-Beziehung, Perioden-Helligkeits-Beziehung, Beziehung zw. der Periode des Lichtwechsels und der absoluten Helligkeit der →Cepheiden.

Periodensystem, Chemie: period. System der Elemente, Anordnung der chem. Elemente nach ihrem Atombau und ihren davon abhängigen chem. und physikal. Eigenschaften (ÜBERSICHT S. 65). Ordnet man die chem. Elemente nach steigender Ordnungszahl in eine Reihe, so beobachtet man eine Wiederkehr ähnlicher chem. und physikal. Eigenschaften in best. Elementgruppen, den **Perioden.** Ordnet man diese übereinander, so erhält man ein Schema, in dem die Elemente mit ähnlichen Eigenschaften in senkrechten Spalten, den **Gruppen,** stehen, während von links nach rechts in den Zeilen (Perioden) die Ordnungszahlen wachsen und die Eigenschaften sich fortlaufend ändern. In einigen Fällen zeigt das oberste Element geringere Verwandtschaft zu den darunterstehenden Elementen als zu diagonal darunterstehenden; z. B. Be zu Al oder B zu Si **(Schrägbeziehung).** Die Eigenschaften eines Atoms werden von der Zahl der Hüllenelektronen bestimmt. Das P. findet daher seine physikal. Erklärung im Schalenaufbau der Atomhüllen (→Atom), der durch die Quantentheorie theoretisch begründet wird. Dem Ausbau der äußeren Elektronenschalen mit den Hauptquantenzahlen $n = 1–3$ entsprechen die ersten drei Perioden. Bei der weiteren Aufreihung erfolgt an einigen Stellen aus energet. Gründen vor dem weiteren Auffüllen der äußeren Elektronenschalen ein Besetzen der inneren Elektronenschalen (p-, d- und f-Orbitale). Die entsprechenden Elemente (→Übergangselemente) werden in den Nebengruppen zusammengefaßt. Sie sind in ihrem chem. Verhalten sehr ähnlich, da die chem. Eigenschaften eines Elements überwiegend von der Zahl der Elektronen in der äußersten Schale bestimmt werden. Größere Reihen von Übergangselementen sind in der 5. Periode die →Lanthanoide (ab Ordnungszahl 57) und in der 7. Periode die →Actinoide (ab Ordnungszahl 89). Bei der Darstellung des P. im Langperiodensystem werden die Elemente entsprechend ihrer Ordnungszahl hintereinander geordnet. Im Kurzperiodensystem werden die Elemente der Haupt- und Nebengruppen durch Einrücken unterschieden.

Das P. wurde nach Vorarbeiten von J. W. DÖBEREINER, J. A. R. NEWLANDS u. a. gleichzeitig und unabhängig von D. MENDELEJEW und L. MEYER mit Hilfe der Atomgewichte der Elemente aufgestellt (1869). Seine Bedeutung liegt darin, daß es die Voraussage von Eigenschaften noch nicht entdeckter Elemente gestattete und damit ihr Auffinden erleichterte (→Eka-). Außerdem lassen sich aus der Stellung eines Elements im P. sein chem. Verhalten und sein Reaktionsvermögen angeben. Heute sind die urspr. vorhandenen Lücken vollständig aufgefüllt, teils durch Neuentdeckungen in der Natur (z. B. das →Rhenium), teils durch künstl. Herstellung (z. B. das →Technetium). Die Erweiterung des P. durch die →Transurane ist noch im Gang.

Periodenzahl, in der Elektrotechnik ältere Bez. für die →Frequenz eines Wechselstroms oder einer Wechselspannung.

periodische Funktionen sind →Funktionen des Argumentes x, die der Funktionalgleichung $f(x+p) = f(x)$ genügen, wobei p eine feste Zahl, die **Periode** von $f(x)$, ist. Mit p sind auch sämtl. ganzrationale Vielfache $n \cdot p$ Perioden von $f(x)$. Beispiel: $\sin x$ hat die Periode 2π. Die Funktion $f(z)$ des komplexen Argumentes z ist **doppeltperiodisch,** wenn sie zwei Perioden p und p' besitzt, die sich nicht voneinander durch eine reelle Zahl als Faktor unterscheiden. Genügt $f(z)$ noch gewissen Differenzierbarkeitsvoraussetzungen, ist $f(z)$ eine elliptische Funktion (→fastperiodische Funktionen).

Peripherie, Umfangslinie; Gesamtheit aller Punkte der Umfangslinie einer geometr. Figur, bes. des Kreises.

Peripheriegeräte, Einrichtungen für elektron. Datenverarbeitungsanlagen, die als Verbindungsglieder zw. Computer und Umwelt (Mensch-Maschine-Kommunikation) die Ein- und Ausgabe von Daten und Informationen ermöglichen. Zu den i. a. mit der Zentraleinheit verbundenen P. (On-line-Betrieb) gehören: Eingabetastaturen, Ausgabeeinheiten, Drucker, Plotter, Displays, externe Speicher, Umsetzer, Datenendstationen, Hilfsrechner u. a.

Periselen, Mondnähe (→Apsiden).

Periskop *das,* **1)** ein →Fernrohr.

2) beim U-Boot das →Sehrohr.

Peritektikum, kennzeichnende Konzentration in Zwei- oder Mehrstoff-Systemen.

Perkin-Violett [pˈəːkɪn-, n. dem brit. Chemiker und Industriellen Sir W. H. Perkin, * 1838, † 1907], der Farbstoff →Mauvein.

Perkolation, 1) Bodenkunde: Durchsickern des Bodenwassers durch die Makroporen des Bodens, wobei u. a. Bodenteile gelöst und weggeführt werden können.

2) Chemie: Verfahren zur Extraktion von Wirkstoffen aus zerkleinerten Pflanzenteilen mittels langsam hindurchfließender Lösungen im **Perkolator.**

Perlator, →Luftsprudler.

Perlen, Wucherungen im Inneren vieler Weichtiere, bes. der Perlmuscheln, meist mohnkorn- bis erbsengroß, selten bis walnußgroß, die auf einen örtl. Reiz hin durch das Eindringen von Fremdkörpern, meist Parasiten (Finnen, Milben) entstehen. Die Muschel sondert daraufhin Stoffe ab, die den Fremdkörper in konzentr. Schalen umschließen.

Perlit *der,* **1)** Geologie: **Perlstein,** natürl., wasserhaltiges Gesteinsglas, z. B. des Rhyoliths u. a. Ergußgesteine, mit feinkugeligem, tropfenartigem Innengefüge **(P.-Gefüge).**

Periodensystem der Elemente[1])

Periode	Gruppe 0	Gruppe I a / b	Gruppe II a / b	Gruppe III a / b	Gruppe IV a / b	Gruppe V a / b	Gruppe VI a / b	Gruppe VII a / b	Gruppe VIII		
1	0 n	1 H Wasserstoff 1,0079									
2	2 He Helium 4,00260	3 Li Lithium 6,941	4 Be Beryllium 9,01218	5 B Bor 10,81	6 C Kohlenstoff 12,011	7 N Stickstoff 14,0067	8 O Sauerstoff 15,9994	9 F Fluor 18,998403			
3	10 Ne Neon 20,179	11 Na Natrium 22,98977	12 Mg Magnesium 24,305	13 Al Aluminium 26,98154	14 Si Silicium 28,0855	15 P Phosphor 30,97376	16 S Schwefel 32,06	17 Cl Chlor 35,453			
4	18 Ar Argon 39,948	19 K Kalium 39,0983	20 Ca Calcium 40,08	21 Sc Scandium 44,9559	22 Ti Titan 47,88	23 V Vanadium 50,9415	24 Cr Chrom 51,996	25 Mn Mangan 54,9380	26 Fe Eisen 55,847	27 Co Kobalt 58,9332	28 Ni Nickel 58,71
		29 Cu Kupfer 63,546	30 Zn Zink 65,38	31 Ga Gallium 69,72	32 Ge Germanium 72,59	33 As Arsen 74,9216	34 Se Selen 78,96	35 Br Brom 79,904			
5	36 Kr Krypton 83,80	37 Rb Rubidium 85,4678	38 Sr Strontium 87,62	39 Y Yttrium 88,9059	40 Zr Zirkonium 91,22	41 Nb Niob 92,9064	42 Mo Molybdän 95,94	43 Tc Technetium [98]	44 Ru Ruthenium 101,07	45 Rh Rhodium 102,9055	46 Pd Palladium 106,42
		47 Ag Silber 107,868	48 Cd Cadmium 112,41	49 In Indium 114,82	50 Sn Zinn 118,69	51 Sb Antimon 121,75	52 Te Tellur 127,60	53 J Jod 126,9045			
6	54 Xe Xenon 131,29	55 Cs Caesium 132,9054	56 Ba Barium 137,33	57–71 Lanthanoide s. u.[3])	72 Hf Hafnium 178,49	73 Ta Tantal 180,9479	74 W Wolfram 183,85	75 Re Rhenium 186,207	76 Os Osmium 190,2	77 Ir Iridium 192,22	78 Pt Platin 195,08
		79 Au Gold 196,9665	80 Hg Quecksilber 200,59	81 Tl Thallium 204,383	82 Pb Blei 207,2	83 Bi Wismut 208,9804	84 Po Polonium [209]	85 At Astatin [210]			
7	86 Rn Radon [222]	87 Fr Francium [223]	88 Ra Radium 226,0254	89–103 Actinoide s. u.[4])	104 (Unq) Element 104[2]) [261]	105 (Unp) Element 105[2]) [262]	106 (Unh) Element 106[2]) [263]	107 Element 107[2]) [261]		109 Element 109[2]) [266]	

[3]) Lanthanoide

57 La Lanthan 138,9055	58 Ce Cer 140,12	59 Pr Praseodym 140,9077	60 Nd Neodym 144,24	61 Pm Promethium [145]	62 Sm Samarium 150,36	63 Eu Europium 151,96	64 Gd Gadolinium 157,25	65 Tb Terbium 158,9254	66 Dy Dysprosium 162,50	67 Ho Holmium 164,9304	68 Er Erbium 167,26	69 Tm Thulium 168,9342	70 Yb Ytterbium 173,04	71 Lu Lutetium 174,967

[4]) Actinoide

89 Ac Actinium 227,278	90 Th Thorium 232,0381	91 Pa Protactinium 231,0359	92 U Uran 238,0289	93 Np Neptu- nium 237,0482	94 Pu Pluto- nium [244]	95 Am Americium [243]	96 Cm Curium [247]	97 Bk Berkelium [247]	98 Cf Califor- nium [251]	99 Es Einstei- nium [252]	100 Fm Fermium [257]	101 Md Mendelevium [258]	102 No Nobe- lium [259]	103 Lr Lawren- cium [260]

[1]) Nach den Ordnungszahlen und mit den Atomgewichten, jeweils bezogen auf das Isotop ^{12}C (Stand: 1983). [2]) Für diese Elemente gibt es noch keine verbindlichen Bezeichnungen. In [] Masse des langlebigsten der bekannten Isotope, für Tc, Pm und Po die Masse der am besten untersuchten Isotope.

2) Metallkunde: Gefügebestandteil des kohlenstoffhaltigen Stahls und Gußeisens aus abwechselnden Schichten oder Lamellen von Ferrit und Zementit (Fe_3C), im Schliffbild mit perlmutterartigem Glanz. **Perlitguß** ist ein Grauguß mit perlitischer Grundmasse von hoher Zähigkeit und guten Gleiteigenschaften.

Perlon, Handelsname für eine Polyamidfaser (→ Polyamide).

Perlstein, der → Perlit 1).

Perlwand, eine → Projektionswand.

Perm *das,* jüngstes System (Periode) des → Paläozoikums. Das P. ist in tekton. Hinsicht die unmittelbare Fortsetzung des Karbons, mit den letzten Faltungsphasen der varisk. Ära und ihrem ausklingenden Vulkanismus. In Mitteleuropa wird das kontinentale **Rotliegende** (mit Konglomeraten, Sandsteinen und Tonschiefern) weitgehend vom marinen **Zechstein** überlagert. Das Zechsteinmeer drang vom Norden nach Süden vor, wobei der süddt. Raum und Böhmen Festland blieben. In den Küstenzonen dieses Flachmeeres gediehen Algen- und Bryozoenriffe (Thüringen), im Becken von Mansfeld wurde der **Kupferschiefer** abgelagert. Einengungen der Verbindungen zum Weltmeer führten im dt. Zechsteinmeer bei starker Wasserverdunstung zur Bildung von Salzen und Gips in Zyklen.

Perm: Gliederung in Abteilungen und Stufen

	mitteleuropäische und osteuropäische Stufengliederung				
					Ende vor 225 Mio. Jahren
Oberperm	Zechstein	Thuring	Tatar Kasan	Ufa	
Unterperm	Rotliegendes	Saxon Autun	Kungur Artinsk Sakmara		
					Beginn vor 280 Mio. Jahren

Das sich äquatorial erstreckende Mittelmeer **(Tethys)** gliederte die Erdoberfläche in eine Nord- und Süderde. Eine Meeresstraße am Ural verband dieses mit einem **Arktischen Meer.** Das Tethysmeer, das von Südosten in das Gebiet der Karn. Alpen vordrang, läßt sich von Südeuropa über Kleinasien und den Iran, Himalaya bis Indonesien (fossilreiches P. von Timor) verfolgen. In Nordasien bestand als großer Festlandsblock **Angaria** mit verbreiteter Steinkohlebildung (Kusnezk, China). Marines P. ist auch aus den Randgebieten des Pazifiks bis nach Nordostsibirien sowie aus den Kordilleren Nordamerikas nachgewiesen. Auf der Südhalbkugel bestand die Festlandsmasse → Gondwana mit ausschließlich kontinentaler Sediment-Abfolge und einheitl. Flora **(Glossopterisflora).** Permokarbon. Vereisungsspuren und Kohlebildung treten auf. Der Südpol lag mitten auf Antarktika, der Nordpol bei Kamtschatka.

Paläontologisch hat das P. Übergangscharakter. Wichtige Leitfossilien sind im marinen Bereich die Fusulinen, Ammonoideen, Brachiopoden und Conodonten, auf Kontinenten Pflanzen und Reptilien. Tetrakorallen werden von Hexakorallen abgelöst, die Trilobiten sterben aus, Schnecken treten gegenüber Muscheln zurück, die Ammonoideen entwickeln sich weiter. Brachiopoden und Echinodermen (Blastoideen, Crinoiden, Seeigel) erreichen noch einmal einen Höhepunkt, Knochenfische und Reptilien entfalten sich stark. Mit der Flora des Rotliegenden wird das Pteridophytenzeitalter von der Gymnospermenflora des **Mesophytikums** abgelöst.

Permafrost, der → Dauerfrostboden.

Permalloy, Nickel-Eisen-Legierung mit 70–80% Nickel, Rest Eisen und vereinzelt geringen Zusätzen von Kohlenstoff, Kupfer, Chrom und Molybdän. Der Höchstwert der Anfangspermeabilität von etwa $\mu = 10000$ wird bei einem Anteil von 78,5% Nickel erreicht. Wegen der durch die hohe Permeabilität bestimmten geringen Hystereseverluste (→ Magnetwerkstoffe) eignet sich P. besonders in der Nachrichtentechnik zur Herstellung von Blechkernen für Übertrager und Spulen, Magnettonköpfen und von Abschirmungen.

Permanentpigmente, sehr farbkräftige und lichtbeständige Farbpigmente; anorgan. P.: **Permanentgrün** (Chromoxidhydratgrün), **Permanentweiß** (Bariumsulfat); organ. P.: **Permanentgelb** (Pyrazolonfarbstoff), **Permanentrot** (Azofarbstoff). Organ. P. werden u. a. für Druck-, Lack- und Anstrichfarben verwendet.

Permanenztheorie, Annahme, daß sich die Umrisse der Ozeanbecken und Kontinente der Erde im Lauf der Erdgeschichte nicht wesentlich verändert haben (fixist. Theorie). Ggs.: → Kontinentalverschiebungstheorie, → Landbrücke, → Plattentektonik.

Permanganate, Salze, die sich von der **Permangansäure,** $HMnO_4$, oder deren Anhydrit Manganheptoxid, Mn_2O_7, herleiten.

Permeabilität, 1) Durchlässigkeit; die Eigenschaft von Zellwänden, Folien, Tonzylindern, Metallblechen, Gesteinen u. a. Trennflächen, Gase oder gelöste Moleküle, Ionen oder Atome durchtreten zu lassen; z. B. ist Palladium für Wasserstoff permeabel, Zellwände sind permeabel für Wassermoleküle (→ Osmose). In der Bodenkunde ist P. Wasserdurchlässigkeit und -leitfähigkeit des Bodens. In der Biochemie lassen sich fast alle Stofftransporte durch Membranen mit Hilfe der P. erklären. Der Stoffaustausch funktioniert i. d. R. in beiden Richtungen, wobei jener in Richtung niedriger Konzentration bevorzugt wird. Ist eine Trennfläche nur in einer Richtung durchlässig, wird sie als **semipermeabel** bezeichnet.

2) Physik: Formelzeichen μ, in magnetisch isotropen Stoffen Proportionalitätsfaktor zw. der magnet. Induktion $\boldsymbol{B}$ und der magnet. Feldstärke $\boldsymbol{H}$, $\boldsymbol{B} = \mu \boldsymbol{H} = \mu_0 \mu_r \boldsymbol{H}$. In magnetisch anisotropen Stoffen ist die P. ein Tensor 2. Stufe. Im Vakuum ist μ gleich der → magnetischen Feldkonstante μ_0. Daher wurde μ_0 früher auch als **absolute P.** des Vakuums bezeichnet; die **Permeabilitätszahl** μ_r ist somit für Vakuum gleich Eins. $\mu_r = \mu/\mu_0$ ist die P. eines Stoffes bezogen auf μ_0, daher wurde μ_r auch **relative P.** genannt. Mit der magnet. → Suszeptibilität χ_m hängt μ_r gemäß $\mu_r = \chi_m + 1$ zusammen. Für diamagnet. ($\mu_r < 1$) und paramagnet. ($\mu_r > 1$) Stoffe ist μ_r nur wenig von 1 verschieden, bei Ferromagnetika liegt ihr Wert bei $\mu_r \approx 10^3$ bis 10^4 und ist stark von der Feldstärke und der magnet. Vorbehandlung abhängig.

3) bei Schiffen das Verhältnis des im Leckfall tatsächlich in einen Raum eindringenden Wassers zum theoret. Rauminhalt, d. h. unter Berücksichtigung von Einbauten, Zuladung u. ä.

Permeatoren, Bez. für die bei der umgekehrten Osmose verwendeten Membranen aus haarfeinen, gebündelten Polyamidfasern. Durch sie tritt das **Permeat,** die entsalzte Lösung, aus (→ Membranenverfahren).

Permittivität, → Dielektrizitätskonstante.

Permittivitätszahl, → Dielektrizitätskonstante.

Permokarbon *das,* Bez. der Systeme Karbon und Perm, dort, wo diese nicht scharf zu trennen sind, bes. auf den Südkontinenten (→ Gondwana); auch für nicht sicher einzustufende Ablagerungen an der Karbon/Perm-Grenze, die als **Permosiles** bezeichnet werden.

Permutation, eineindeutige Abbildung p einer endlichen Menge $M = \{a_1, a_2, \ldots, a_n\}$ auf sich selbst, man schreibt

$$P_1 = \begin{pmatrix} a_1, & a_2, & \ldots, & a_n \\ p(a_1), & p(a_2), & \ldots, & p(a_n) \end{pmatrix}.$$

Da die konkrete Gestalt der Elemente von M keine Rolle spielt, beschränkt man sich meist auf die Menge der natürl. Zahlen, z. B. schreibt man für die $3! = 1 \cdot 2 \cdot 3 = 6$ P. von drei Elementen

$$\begin{pmatrix} 1\,2\,3 \\ 1\,2\,3 \end{pmatrix}, \begin{pmatrix} 1\,2\,3 \\ 2\,3\,1 \end{pmatrix}, \begin{pmatrix} 1\,2\,3 \\ 3\,1\,2 \end{pmatrix}, \begin{pmatrix} 1\,2\,3 \\ 1\,3\,2 \end{pmatrix}, \begin{pmatrix} 1\,2\,3 \\ 2\,1\,3 \end{pmatrix}, \begin{pmatrix} 1\,2\,3 \\ 3\,2\,1 \end{pmatrix}.$$

P. werden z. B. in der → Kombinatorik verwendet. Definiert man die Hintereinanderausführung zweier P. als Verknüpfung, so bilden die P. eine nicht kommutative Gruppe, die **Permutationsgruppe** (→ symmetrische Gruppe). Eine P. heißt **zyklische P.,** wenn die Zuordnung kreisförmig geschlossen darstellbar ist, jede P. läßt sich als Produkt elementfremder Zyklen darstellen. Beispiel:

$$P_2 = \begin{pmatrix} 1\,2\,3\,4\,5\,6\;\;7\,8\,9\,10 \\ 2\,5\,6\,8\,4\,9\,10\,1\,3\;\;7 \end{pmatrix} = (1\;2\;5\;4\;8)\;(3\;6\;9)\;(7\;10).$$

Zwei Spalten $\begin{pmatrix} i & j \\ p(i) & p(j) \end{pmatrix}$ einer P. stehen in **Inversion,** wenn für $i < j$ gilt $p(i) > p(j)$, z. B. stehen im Beispiel

$$P_3 = \begin{pmatrix} 1\;2\;3\;4\;5 \\ 3\;4\;2\;5\;1 \end{pmatrix}$$

die Spalten $\begin{pmatrix} 1 & 3 \\ 3 & 2 \end{pmatrix}, \begin{pmatrix} 1 & 5 \\ 3 & 1 \end{pmatrix}, \begin{pmatrix} 2 & 3 \\ 4 & 2 \end{pmatrix}, \begin{pmatrix} 2 & 5 \\ 4 & 1 \end{pmatrix}, \begin{pmatrix} 3 & 5 \\ 2 & 1 \end{pmatrix}, \begin{pmatrix} 4 & 5 \\ 5 & 1 \end{pmatrix}$ in Inversion. P_3 hat sechs Inversionen. Je nach gerader oder ungerader Anzahl der Inversionen wird eine P. als **gerade** oder **ungerade P.** bezeichnet, es gibt $n!/2$ gerade und $n!/2$ ungerade Permutationen.

Permutite, kristalline Substanzen, die best. Stoffe aus wäßrigen Lösungen gegen eigene austauschen können, z. B. Minerale vom Zeolith-Typ sowie synthet. anorgan. → Ionenaustauscher.

Perowskit [n. dem russ. Politiker Graf L. A. Perowskij, * 1792, † 1856] *der,* Mineral $CaTiO_3$, schwarz, seltener durchscheinend rötlichbraun, orange- oder honiggelb, H. 5,5, D. 4,0; kleine würfelige Kristalle mit Flächenstreifung; in Chloritschiefern und Basalten, bauwürdig in Magnetit-Lagern.

Per|oxidasen, zu den → Oxidoreductasen gehörende Enzyme, die Substrate unter Verwendung von Wasserstoffperoxid oxidieren. P. kommen in Leukozyten, Milch und Pflanzen vor.

Per|oxide, Abkömmlinge des → Wasserstoffperoxids (H_2O_2), in denen der Wasserstoff salzartig durch Metallionen oder durch organische Reste ersetzt ist, z. B. **Natriumperoxid,** Na_2O_2. – P. werden als Desinfektionsmittel und als Bleichmittel verwendet.

Per|oxidzersetzer, → Antioxidantien.

Peroxo . . ., Chemie: Vorsilbe, die in anorgan. Verbindung mit dem Trivialnamen einer Säure die Substitution von – O – durch – O – O – anzeigt, z. B. Peroxodischwefelsäure, $H_2S_2O_8$. Die Salze der Peroxosäuren sind starke Oxidationsmittel.

Peroxy . . ., Chemie: Vorsilbe in Namen von organ. Persäuren, mit der allg. Formel R – C(O) – OOH; sie sind Carbonsäuren, die eine freie OOH-Gruppe enthalten **(P.-Carbonsäuren).** → Peroxo . . .

Perpendikel *das* oder *der,* Pendel, bes. bei einer Wand- oder Standuhr (Pendeluhr).

Perpetu|um mobile *das,* **P. m. 1. Art,** Maschine, die ohne Energiezufuhr von außen dauernd Energie erzeugt. Aus den jahrhundertelangen vergebl. Versuchen, ein P. m. zu konstruieren, erwuchs die im → Energiesatz (1. Hauptsatz der Thermodynamik) formulierte Erkenntnis der Unmöglichkeit eines P. m. 1. Art. Ein **P. m. 2. Art** ist eine periodisch arbeitende Maschine, die unter Abkühlung eines Wärmereservoirs mechan. Energie erzeugt, ohne daß dabei in der übrigen Umgebung bleibende Veränderungen entstehen. Auch dieses P. m. (das z. B. aus der im Meerwasser gespeicherten Wärme praktisch unbegrenzt mechan. Energie gewinnen könnte) ist unmöglich, obgleich es mit dem Energiesatz verträglich ist, denn es würde ständig die → Entropie eines abgeschlossenen Systems vermindern, was nach dem **Entropiesatz** (2. Hauptsatz der Thermodynamik) ausgeschlossen ist.

Per|säuren, Chemie: nichtsystemat. Bez. für die Peroxosäuren (→ Peroxo. . .) und Peroxysäuren (→ Peroxy. . .). Ihre Salze heißen **Persalze.**

Perseiden, aus dem Sternbild Perseus kommender → Meteorstrom um den 11. August, auch **Laurentius-Tränen, Laurentius-Schwarm,** nach dem Tag des heiligen Laurentius (10. 8.) genannt, der auf den Kometen 1862 III (Swift-Tuttle) mit einer Umlaufzeit von etwa 120 Jahren zurückgeführt wird.

Perseus, ein → Sternbild am Nordhimmel, im Winter am Abendhimmel sichtbar. Der Stern β (Beta Persei) wird → Algol genannt; er ist der Prototyp einer Klasse veränderlicher Sterne, den Algolsternen.

Pershing [p'ə:ʃɪŋ, engl.], amerikan. Mittelstrecken-Boden-Boden-Rakete mit zweistufigem Feststoff-Raketenantrieb, für den Abschuß von mobilen Startrampen geeignet. Gegenüber **P. I** (eingeführt 1962, etwa 10,5 m lang, etwa 1 m ∅, Startmasse etwa 4,6 t, Reichweite etwa 800 km) hat die neue **P. II** höhere Treffgenauigkeit. Dadurch genügt ein kleinerer nuklearer Sprengkopf, dessen Platz- und Gewichtsverminderung eine entsprechend größere Treibstoffmenge ermöglicht (Reichweite etwa 1500–1800 km).

Persischrot, Eisenoxidpigment, → Eisenpigmente.

Personal-Computer [p'ə:sənl kɔmpj'u:tə, engl.], **Business-Computer** [b'ɪznəs-], **Home-Computer** [həʊm-], ein Tischrechner für den persönlichen und (in begrenztem Ausmaß) professionellen Anwendungsbereich. Der P.-C. ist universell einsetzbar, in Büro, Labor und Fertigung, z. B. zur Kalkulation und Fakturierung, aber auch zur privaten Nutzung als Adressenspeicher, für Bildschirmspiele u. a.

Personenkraftwagen, Abk. **Pkw,** → Kraftwagen.

Personenruf|anlage, Personensuch|anlage, drahtgebundene oder drahtlose Anlage zum Rufen von Personen in großen Gebäuden (z. B. Krankenhäusern), auf Werksgelände u. a. **Drahtgebundene P.** arbeiten als Lichtruf- oder Lautsprecheranlagen, **drahtlose P.** über tragbare Empfänger im Taschenformat, die durch Selektivruf individuelle Rufsignale abgeben. Die gerufene Person meldet sich dann z. B. über Telephon bei der rufenden Zentrale. (→ Funkrufdienst)

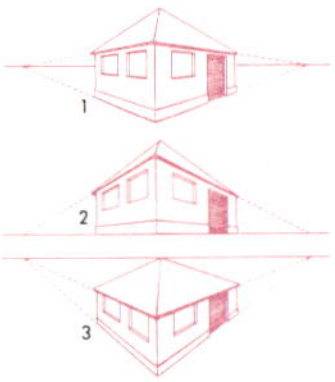

Perspektive mit zwei Fluchtpunkten: **1** Zentral-, **2** Frosch-, **3** Vogelperspektive

Perspektiv *das,* veraltete Bez. für ein kleines Fernrohr.

Perspektive, Darstellung räuml. Gebilde in einer ebenen Zeichenfläche, so daß der Gegenstand auf der Bildfläche unter den gleichen Sehbedingungen erscheint wie als Körper im Raum. Jede P. ist eine **Zentralprojektion (Zentral-P.),** da sich die Sehstrahlen im Auge als Zentrum vereinigen (→Projektion). Sei *O* das Auge, *B* die durchsichtig gedachte Bildebene, *G* die Grundebene, auf der der Beobachter steht, *mn* die Schnittlinie beider Ebenen, und soll eine beliebige gerade Linie *t* des Raumes abgebildet werden, so liegen alle nach ihren einzelnen Punkten gezogenen Sehstrahlen in einer Ebene, die durch die abzubildende Gerade und den **Augenpunkt** bestimmt ist. Die Schnittlinie dieser Ebene mit der Bildebene ist das perspektivische Bild der Originalgeraden. Der Sehstrahl zum unendlich fernen Punkt dieser Geraden ist parallel zu ihr; sein Schnittpunkt *F* mit der Bildebene heißt **Fluchtpunkt** der Geraden. In *F* vereinigen sich die Bilder aller zu *t* parallelen Geraden.

Die ganze waagerechte Ebene *G* bildet sich in einem Streifen ab, der zw. *mn* und einer um die Augenhöhe *O O'* von *mn* entfernten Horizontalen, dem **Horizont,** liegt. Ist die Augenhöhe *O O'* sehr groß gegen die Höhe des Objekts, spricht man von einer **Vogelperspektive,** im umgekehrten Fall von einer **Froschperspektive.** (BILDER Militärperspektive, Kavalierperspektive).

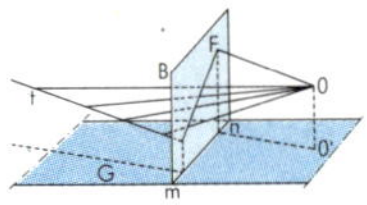

Perspektive: t Linie im Sehraum, B Bildebene, F Fluchtpunkt, G Grundebene, m n Schnittlinie beider Ebenen, O Augpunkt, O O' Augenhöhe

Perspektivität, perspektive Abbildung, besondere projektive Abbildung. Das Geradenbüschel in der Ebene durch einen festen Punkt *S* werde von einer festen, nicht durch *S* gehenden Geraden *g* geschnitten. Die Schnittpunkte *A, B, C, D, . . .* der Geraden des Büschels mit der Geraden *g* nennt man **perspektiv** zu den Geraden des Büschels. Wird das Büschel noch von einer zweiten Geraden *g'* geschnitten und nennt man die Schnittpunkte auf *g'* wieder *A', B', C', D', . . .,* so sind die Punktreihen auf den Geraden *g* und *g'* perspektiv aufeinander bezogen, und man nennt die Abbildung von *A* auf *A', B* auf *B', . . .* eine P. Jede projektive Abbildung läßt sich aus hintereinander ausgeführten P. zusammensetzen. Analoges gilt im Raum mit Büscheln von Ebenen.

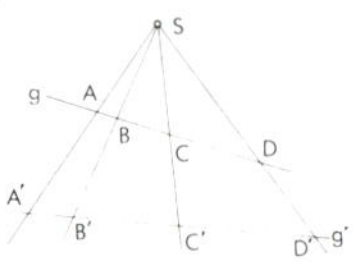

Perspektivität

Perthite *Mz.,* Entmischungserscheinungen im Orthoklas (→Feldspate).

Perturbation, Astronomie: die →Störung 1).

Perubalsam, zähes, gelbliches bis dunkelbraunes Pflanzensekret, das aus dem Stamm der Schmetterlingsblüter-Art Myroxylon pereirae v. a. in El Salvador gewonnen wird. P. besteht überwiegend aus Benzylestern der Zimt- und Benzoesäure. P.-Öl wird in der Parfümerie verwendet.

Pestizide, Schädlingsbekämpfungsmittel, die als →Pflanzenschutzmittel und gegen Krankheitserreger (z. B. →Insektizide, →Molluskizide) verwendet werden.

Peta, Vorsatzzeichen **P,** ein →Vorsatz vor Einheiten für den Faktor 10^{15} (Billiarde); z. B.: **1 Petameter** = 1 Pm = 10^{15} m.

Petrefakt, das →Fossil; **Petrafaktenkunde,** veraltet für →Paläontologie.

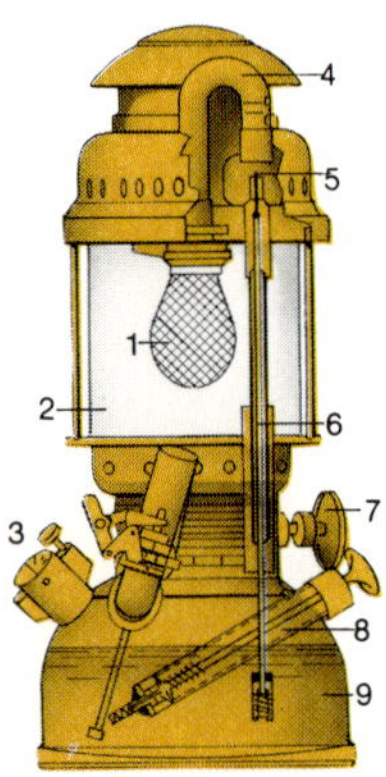

Petroleumlampe: 1 Glühstrumpf, 2 Glaszylinder, 3 Druckablaß, 4 Mischrohr, 5 Zerstäuberdüse, 6 Vergaser, 7 Reglerschraube, 8 Luftpumpe, 9 Behälter mit Petroleum

Petri-Schale [n. dem Arzt J. R. Petri, *1852, †1921], flache Glasschale mit Deckel, v. a. zur Züchtung von Bakterien und Kleinpilzen.

Petrochemie, Petrolchemie, der Teil der chem. Großindustrie, der Chemierohstoffe aus Erdöl und Erdgas hergestellt und damit Bindeglied zw. der Erdölverarbeitung (Raffinerien) und der eigtl. chem. Industrie ist.

Das wichtigste Verfahren der P. ist das →Steamcracken, bei dem Rohbenzin (in Zukunft in verstärktem Maße Gasöl und Flüssiggas) zu Äthylen, Propylen, Pyrolysebenzin u. a. Produkten gespalten wird. Aus Pyrolysebenzin und Reformat werden Aromaten isoliert, aus Erdgas oder Erdölrückständen Synthesegas erzeugt. Diese Primärprodukte der P. werden in weiteren Verfahrensstufen zu Sekundärprodukten (z. B. Vinylchlorid, Styrol, Phenol) verarbeitet, die schließlich zur Herstellung einer Vielzahl chem. Produkte dienen.

Die P. nahm nach 1950 in Europa einen großen Aufschwung, als Erdöl billig zur Verfügung stand. In dieser Zeit wurden viele traditionelle Stoffe (z. B. Baumwolle, Glas, Stahl) durch Produkte petrochem. Herkunft (z. B. Kunststoffe, Synthesefasern) ersetzt. Heute werden etwa 95% der organ. Chemikalien, aber auch Anorganika wie Ammoniak aus Erdöl oder Erdgas hergestellt. Nach 1970 war die Entwicklung durch steigende Erdölpreise gekennzeichnet. Rohbenzin (Naphtha), der Hauptrohstoff der P. verteuerte sich von 80 DM/t (1972) auf 650 DM/t (1981). Da die für die Herstellung von Kunststoffen, Synthesekautschuk, Synthesefasern, Lacken u. a. erforderl. Grundchemikalien aus Erdöl mit besserer Ausbeute und geringerem Aufwand an Anlagenkapital und Energie hergestellt werden können als aus Kohle (→Kohlechemie), wird die P. auch in Zukunft ihre Bedeutung behalten. Erdöl wird überwiegend auf dem Energiesektor substituiert werden. Es wird geschätzt, daß der Anteil des chemisch genutzten Erdöls bis zum Jahre 2000 auf etwa 20% (1980: etwa 10%) ansteigt. (BILD S. 69)

Petrogenese, die Gesteinsbildung.

Petrographie, Zweig der Gesteinskunde, der sich mit Beschreibung, Zusammensetzung und Klassifikation ird. und extraterrestr. Gesteine befaßt (→Petrologie).

Petrol|äther, niedrig siedende Benzinfraktion, →Benzin.

Petrolatum, die →Vaseline.

Petrole|um, amerikanisch-internat. Bez. für →Erdöl. (→Kerosin)

Petrole|umlampe, Lampe, in der flüchtige Mineralöle, bes. Petroleum, verbrannt werden. Bei älteren P. mit Flach- und Rundbrenner und Glaszylinder zur Zuführung der Verbrennungsluft wird der Brennstoff der Flamme durch die Saugwirkung des Dochtes zugeführt. Die heutigen **Petroleum-Glühlicht-Drucklampen** und **Petroleum-Starklichtlampen** zur Beleuchtung von Bauplätzen, Werkstätten, Wochenendhäusern u. a. haben einen Vergaser, dem das gereinigte Petroleum unter Druck zugeführt wird; das im erhitzten Vergaser verdampfende Petroleum strömt durch ein Mischrohr zum Brennerkopf, wo die Flamme einen mit Leuchtsalzen getränkten Glühstrumpf erhitzt.

Petrolkoks, Koks, der durch therm. →Cracken von Erdölfraktionen (meist Destillationsrückständen) hergestellt wird und der sich durch niedrigen Aschegehalt auszeichnet. Roher P. **(Grünkoks)** muß bei etwa 1300 °C calciniert werden, bevor er zur Herstellung von Anoden (Aluminiumgewinnung) und in Stahlwerken und Gieße-

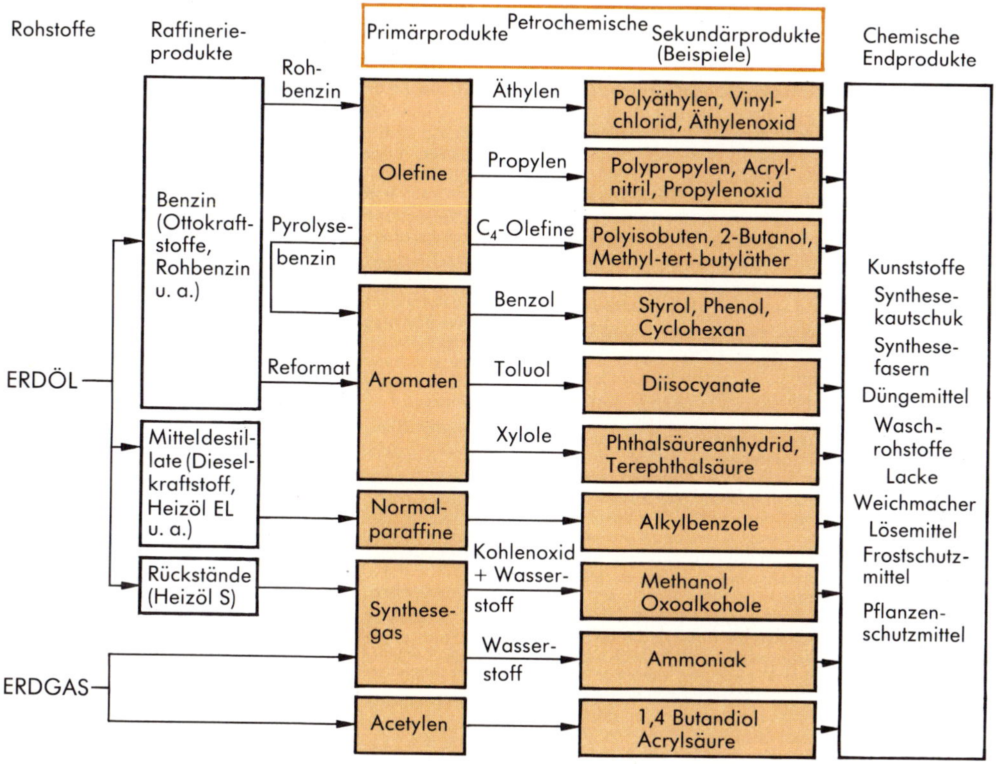

Petrochemie

reien zum Aufkohlen verwendet werden kann. Bes. hochwertiger **Nadelkoks** wird aus aromatenreichen Erdölfraktionen hergestellt.

Petrologie, Gesteinskunde, Teilgebiet der Mineralogie, das sich in zwei Arbeitsrichtungen gliedert: die mehr beschreibende Petrographie und die bes. Bildung und Umwandlung der Gesteine erforschende P. Im einzelnen befaßt sich die **Petrographie** mit der mineralog. und chem. Zusammensetzung der → Gesteine und davon ausgehend mit ihrer Nomenklatur und Klassifikation, ihrem geolog. Auftreten (→ Lagerung), → Gefüge 1), ihrer zeitl. und räuml. Abfolge, ihrer → Altersbestimmung und der Bestimmung der physikal. Eigenschaften von Gesteinen und Gesteinskomplexen. Die P. untersucht demgegenüber die physikalisch-chem. Bildungsbedingungen der Gesteine und heute in der **experimentellen P.,** unter Berücksichtigung der Erkenntnisse der Hochdruck- und Hochtemperaturforschung, insbes. die Phasenbeziehungen in einfachen Mehrstoffsystemen, um die Stabilitätsbedingungen von Einzelmineralen oder einfachen Mineralparagenesen abzugrenzen. Hierbei werden Synthese- und Abbau-Versuche sowohl bei Atmosphärendruck und Temperaturen bis etwa 1800 °C (**›trockene‹ Hochtemperaturversuche)** wie in Autoklaven bei Wasserdampfdrücken bis etwa 10000 bar und Temperaturen bis 1200 °C **(hydrothermale Hochdruckversuche)** und **›trockene‹ Höchstdruckversuche** bei Temperaturen von 2000 bis 3000 °C und Drücken bis zu 200000 bar durchgeführt. Auch natürl. Gesteine unterwirft man Hochdruck-Hochtemperatur-Experimenten, z. B. zur Klärung genet. Fragen.

P. i. w. S. ist die gedankliche Verknüpfung von Untersuchungsergebnissen aus beiden Arbeitsrichtungen. Die P. versucht, empirisch gewonnene Erkenntnisse aus Naturbeobachtung und Experiment zu Modellen zu ordnen, die gesteinsbildenden Prozesse zu erklären und die physikalisch-chem. Bedingungen, unter denen sie ablaufen, abzugrenzen. Dabei gelangt man zu Annäherungsvorstellungen.

Die Entstehung der Gesteine, bearb. v. TH. F. W. BARTH u. a. (Nachdr. 1970); R. F. MUELLER u. S. K. SAXENA: Chemical petrology (Heidelberg 1977); L. PFEIFFER: Einführung in die P. (1981).

Petrolsulfonate, bei der Behandlung von Gasöl- und Schmierölfraktionen mit Oleum oder Schwefeltrioxid entstehende viskose Flüssigkeiten, die als Emulgatoren, Schmieröldetergentien und zum Tensidfluten (→ Erdöl) verwendet werden.

Peyotl, mexikan. Rauschmittel, → Mescalin.

pF, Einheitenzeichen für **Pikofarad** (→ Farad).

Pfahl, langer, unten zugespitzter Körper aus Holz, Stahlbeton oder Stahl zur → Gründung von Bauwerken

(Rost- oder **Grund-P.**) oder als Halterung (**Zaun-, Baum-P.** usw.). Nach der Art, wie die P.-Lasten in den Baugrund übertragen werden, unterscheidet man: **Reibungs-P.** und **Spitzendruck-P.**, je nach Herstellungsverfahren **Ort-P.** und **Fertig-P.** Sonderformen sind z. B. **Großbohr-P.** (∅ 1m und mehr, Längen bis 40 m) und in den Boden einzementierte **Wurzel-P.** zur Aufnahme von Zugkräften.

Pfahlrost, bei Pfahlgründungen (→Gründung) über die Pfähle gelegter Rost, der eine gleichmäßige Belastung aller Pfähle bewirkt.

Pfanne, 1) feuerfest ausgekleidetes Stahlblechgefäß zur Aufnahme und zum Transport geschmolzener Metalle. **2)** →Dachziegel.

Pfau, lat. **Pavo,** ein →Sternbild am Südhimmel.

Pfeffersche Zelle [n. dem Chemiker und Botaniker W. Pfeffer, * 1845, † 1920], →Osmose.

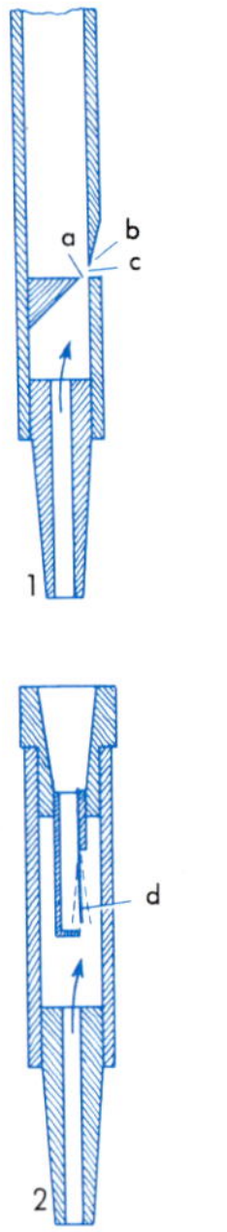

a Spalt, b Schneide
c Maulweite, d Zunge

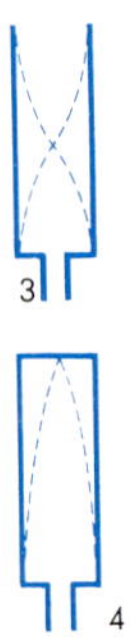

Pfeifen: **1** offene Lippenpfeife; **2** offene Zungenpfeife; **3** Grundschwingung in einer offenen, **4** in einer gedackten P.

Pfeifen, Schallquellen, bei denen Luftsäulen in mehr oder weniger abgeschlossenen Räumen (**Resonatoren**) zu Schwingungen angeregt werden. Die Art der Tonerregung bestimmt die Einteilung in Lippen- und Zungenpfeifen. Die **Lippenpfeifen (Labialpfeifen)** werden durch periodisch sich ablösende Luftwirbel angeregt, die erzeugt werden, wenn aus einem schmalen Spalt austretende Luft in kurzem Abstand (Maulweite) auf eine scharfe Schneide trifft (Bild 1). Bei den **Zungenpfeifen (Rohrflöten)** tritt die Luft durch eine Öffnung hindurch, die durch Schwingungen eines elast. Metallstreifens in regelmäßigen Abständen geschlossen und wieder geöffnet wird (Bild 2). Eine **aufschlagende** Zunge schlägt gegen den Rand der Öffnung, eine **durchschlagende** kann in der Öffnung frei schwingen. Bei den Lippenpfeifen wird die Grundschwingung des resultierenden Klanges im wesentl. durch die tiefste Eigenschwingung des Resonators, bei den Zungenpfeifen durch die Eigenschwingung der Zunge und die Resonatoreigenschwingung bestimmt. P. mit im Verhältnis zur Länge weitem Querschnitt (**Mensur**) haben wenige, schwache Obertöne – die P. klingt weich –, während enge Mensuren mehr Obertöne, damit helle, glänzende Klänge ergeben. Bei den am Ende **offenen P.** ist die Wellenlänge des Grundtones etwa gleich der doppelten (Bild 3), bei den **geschlossenen (gedackten) P.** gleich der vierfachen Länge der P. (Bild 4). Bei der offenen P. sind alle ganzzahligen Obertöne möglich, während bei der geschlossenen nur ungeradzahlige auftreten können. Sehr hohe Töne und Ultraschallwellen werden mit der →Galton-Pfeife erzeugt.

Pfeifsatz, →Pyrotechnik.

Pfeil, lat. **Sagitta,** ein →Sternbild des nördl. Himmels, im Sommer am Abendhimmel sichtbar. Der P. liegt am Nordrand des Adlers.

Pfeiler, 1) Bautechnik: Stütze aus Stein, Mauerwerk oder Beton zur Unterstützung von Decken, Trägern, Balken, Bogen oder Gewölben. **Wand-P.** springen aus einer Wand hervor. **Strebe-P.** haben außer der senkrechten Last noch den Seitenschub eines Gewölbes aufzunehmen und werden daher nach unten zu stufenförmig verbreitert. **Säulen** sind runde, meist frei stehende P. **Brücken-P.** haben i. d. R. die gesamten auf die Brücke entfallenden Längskräfte, wie Bremskräfte, einseitige Gewölbeschübe, aufzunehmen. Die Brücken-P. bestehen meist aus Stahlbeton oder Stahl. **Gerüst-P.** werden aus Gerüstkonstruktionen zusammengebaut. **Pendel-P.** sind am Kopf und Fuß gelenkig gelagert, so daß sie bei Bewegung des darauf gelagerten Tragwerkes pendelnd und zwängungsfrei nachgeben können. – **Stahlbeton-P.** werden heute bis zu den größten Höhen als Hohl-P. ausgeführt und mit Gleitschalung errichtet. (Bilder S. 71)

2) Bergbau: meist regelmäßig und rechtwinklig begrenzter, vorläufig stehengelassener Teil einer Lagerstätte, der von Strecken oder Abbauen umfahren ist und nachträglich abgebaut wird.

Pfeilerkraftwerk, in den Pfeilern eines Wehrs untergebrachtes →Laufkraftwerk.

Pfeilflügel, ein →Tragflügel, dessen Flügelspitzen gegenüber der Anschlußstelle am Rumpf in Flugrichtung zurückverlegt (**positive Pfeilung**) oder vorverlegt sind (**negative Pfeilung;** Bild Flugzeug). Durch Pfeilung wird der Widerstand im Schallgrenzbereich und bei mäßiger Überschallgeschwindigkeit vermindert, die Flugstabilität beeinflußt und häufig das Langsamflugverhalten beeinträchtigt.

Pfeilhöhe, Stich, der größte Abstand eines Bogens von der Bogensehne.

Pfeilhöhe:
a Bogen, b Bogensehne, h Pfeilhöhe (Bogenstich)

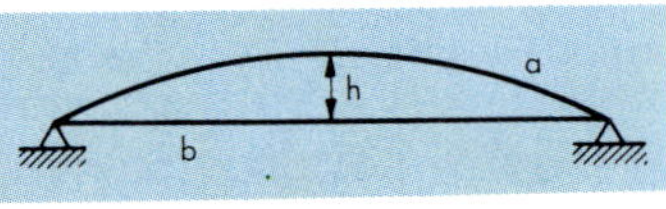

Pfeilstern, svw. →Barnards Stern.

Pferdekopfnebel, Astronomie: Dunkelnebel (→Dunkelwolke) links unterhalb vom Gürtel des Sternbildes →Orion, etwa in Form eines Pferdekopfes; nur auf lang belichteten Aufnahmen zu erkennen.

Pferdestärke, Einheitenzeichen **PS,** nicht gesetzl. Einheit der Leistung in der Technik: 1 PS = 75 kp·m/s = 0,735 498 75 kW.

Pfetten, die parallel zum Dachfirst verlaufenden Hölzer oder Stahlprofile, auf denen die Sparren oder die Dachplatten aufliegen. **Pfettendach,** →Dach.

Pflanzenhormone, Phytohormone, Wirkstoffe der Pflanzen, die z. B. Wachstum, Blührhythmus, Wundheilung, Samenreifung auslösen und steuern; so Abscisinsäure, Äthylen, Auxine, Gamone, Gibberelline.

Pflanzenschutzgeräte, Geräte zum Zerstäuben oder Versprühen von trockenen oder flüssigen →Pflanzenschutzmitteln in der Landwirtschaft oder im Gemüse-, Obst- und Weinbau.

Pflanzenschutzmittel, Pflanzenbehandlungsmittel, Stoffe, die dazu bestimmt sind, Pflanzen vor tier. und pflanzl. Schadorganismen oder Krankheiten sowie Pflanzenerzeugnisse vor Schadorganismen (Vorratsschutz) zu schützen. Der Massenbefall mit Schädlingen, der durch das Anlegen von Monokulturen begünstigt wird, vernichtet nach Schätzungen bis zu 40% der landwirtschaftl. Erzeugnisse. P. sichern den Landwirten ausreichende Erträge. Bes. die Anwendung von →Herbiziden hat den Umfang der wenig qualifizierten Feldarbeiten stark reduziert und zu einer größeren Rentabilität der landwirtschaftl. Betriebe geführt. Weitere spezielle P. sind →Akarizide, →Fungizide, →Insektizide, →Molluskizide und →Nematizide.

In der Bundesrep. Dtl. wird der Umgang mit P. (z. B. Zulassung durch die Biolog. Bundesanstalt, Überwachung durch den Pflanzenschutzdienst der Länder) durch das Pflanzenschutzgesetz geregelt. Nach dem Lebensmittelgesetz werden die in Lebensmitteln zulässigen →Höchstmengen an P.-Rückständen festgelegt.

Pflanzmaschine, landwirtschaftl. Gerät, meist zum Anhängen an Zugmaschinen, zur selbsttätigen Ausführung der Pflanzarbeit, z. B. von Kartoffeln.

Pflaster, Belag für Straßenflächen, Hallenböden, Uferböschungen u. a. aus meist kubischen oder quaderförmigen Natur- oder Kunststeinen, Holz, Gummi u. a. P. werden von Hand in ein Sand- oder Mörtelbett auf einer Kies- oder Schotterunterlage gesetzt.

Stein-P. wird meist aus den Natursteinen Basaltlava, Diorit, Gabbro, Granit, Grauwacke und Melaphyr hergestellt, aus Hochofenschlacke oder Zementbeton gegossen, auch werden Klinker verwendet. Die Maße für Länge, Breite und Höhe sind bei Groß-P. 12–16 cm, bei Klein-P. 8–10 cm, bei Mosaik-P. 4–6 cm. **Holz-P.** ist ein Fußboden aus scharfkantig geschnittenen, 30–100 mm hohen Holzklötzen (meist Kiefern-, Lärchen-, Fichten- oder Eichenholz), die mit einer Klebemasse so verlegt sind, daß eine Hirnholzfläche als Lauffläche dient. Hauptverwendung für Industriehallen, Werkstätten, Schulen, Versammlungsräume. **Gummi-P.** wird wegen seiner Elastizität für Spezialzwecke verwendet, z. B. im Brückenbau.

Pflegekennzeichen, nach internat. Vereinbarung in Textilien unverlierbar angebrachtes Etikett mit Symbolen für die jeweils zweckmäßigste Behandlung beim Waschen, Chloren, Bügeln und Chemischreinigen (ÜBERSICHT).

Waschen	95°C Koch- oder Weißwäsche	60°C Buntwäsche	30°C Feinwäsche	30°C Schonwaschgang	nicht waschen
Chloren	Cl chloren möglich				nicht chloren
Bügeln	starke Einstellung	mittlere Einstellung	schwache Einstellung		nicht bügeln
Chemisch-Reinigen	A allgemein übliche Lösungsmittel	P Perchloräthylen oder Benzin	F nur Benzin	F milde Behandlung	nicht chemisch reinigen

Pflegekennzeichen

pflegeleichte Textili|en, Stoffe, die bei Einhaltung der durch ihre →Pflegekennzeichen vorgeschriebenen Waschanleitung nach dem Trocknen wieder weitgehend knitterfrei und glatt sind, so daß sie nicht oder nur leicht gebügelt werden müssen. Diese Eigenschaft wird durch best. →Ausrüstungen und/oder durch Verarbeitung von Chemiefasern erreicht. P. T. dürfen sich durch Waschen in den Abmessungen, der Oberflächenstruktur und Färbung nur geringfügig ändern.

Pflug, ein →Bodenbearbeitungsgerät zum groben Lockern des Bodens. Es gibt die gezogenen **Schar-P.** und **Scheiben-P.** mit nicht angetriebenen Arbeitswerkzeugen und **zapfwellengetriebene P.,** wie →Kreiselpflüge oder Schrauben-P. Obwohl die von der Schlepperzapfwelle getriebenen P. die Motorenergie infolge nur geringfügiger Getriebeverluste besser ausnutzen, sind die früher von Gespannen, heute von Schleppern gezogenen Schar-P. weitaus am meisten verbreitet. Sie schneiden mit Sech und Schar aus dem Boden einen Streifen (›Erdbalken‹) heraus, wenden ihn mit Hilfe des Streichbleches und zerkleinern ihn dabei; durch das Wenden wird der Erdbalken seitlich verlagert, und an seiner urspr. Stelle entsteht eine Furche, die beim nächsten Durchgang von dem nächsten Erdbalken gefüllt wird. Ähnlich arbeiten die Scheiben-P., die an Stelle von Schar und Streichblech ein drehbar angebrachtes, aber nicht angetriebenes Scheibenschar besitzen.

Man unterscheidet weiterhin: **Anhänge-, Aufsattel-** und **Anbau-P.** sowie zw. den nur einseitig wendenden **Beet-P.** und den wechselseitig wendenden **Kehr-P.,** die wiederum als **Dreh-, Kipp-** und **Wechsel-P.** ausgebildet werden. Beet-P. fahren zum Bearbeiten des Ackers um ein immer kleiner werdendes ›Beet‹ herum. Kehr-P. können an einer Feldseite hin- und herfahren; bei der Hinfahrt wird z. B. der nach rechts wendende Pflugkörper, bei der Rückfahrt der nach links wendende in den Boden gebracht. Der **Dampf-P.,** eine Dampflokomobile mit Seilwinde zum Ziehen von P., wird heute kaum noch verwendet. (BILDER S. 72)

Geschichte. Nach dem absätzig arbeitenden älteren Grabstock ist der Haken-P. als der älteste (frühe Bronzezeit) von Menschen oder Tieren gezogene und daher permanent arbeitende P. bekannt geworden. Er bestand aus einem hölzernen Haken, dessen eine Seite durch den Boden gezogen wurde. Zu Beginn unserer Zeitrechnung wurde, wahrscheinlich in Oberitalien, der Räder-P. entwickelt. Erst die von Rindern oder Pferden gezogenen und mit Sech, Schar und Streichblech ausgerüsteten Räder-P. gestatteten eine intensive Bodenbearbeitung. Die von Dampf-P. gezogenen großen Kipp-P. leiteten seit Mitte des 19. Jh. die Entwicklung der modernen schleppergezogenen Motor-P. ein.

Pfosten, 1) Rund- oder Kanthölzer, die senkrecht stehen und in Längsrichtung auf Druck beansprucht sind.

2) Füllstäbe von Fachwerkträgern, die senkrecht zu den Gurten stehen.

Pfriem *der,* die →Ahle.

Pfund, metrisches Pfund, Einheitenzeichen ℔; vom Dt. Zollverein 1857 eingeführte, heute gesetzlich nicht mehr zulässige Massen- und Gewichtseinheit: 1 ℔ = 0,5 kg.

Pfund-Serie [n. dem Physiker A. H. Pfund, * 1879, † 1949], 1924 entdeckte (infrarote) Spektralserie des Wasserstoffatoms (BILD Atom).

p-Funktion, Weierstraßsche p-Funktion [n. dem dt. Mathematiker K. T. W. Weierstraß, * 1815, † 1897], doppeltperiodische, analyt. Funktion p einer komplexen Variablen w, die an den Stellen $w_{mn} = mp_1 + np_2$, wobei m und n die ganzen rationalen Zahlen durchlaufen und p_1 und p_2 die beiden Perioden sind, Pole zweiter Ordnung besitzen und sonst überall regulär sind. Hierbei ist vorausgesetzt, daß der Quotient der beiden Perioden keine reelle Zahl ist. Die Funktion p ist darstellbar durch die unendliche Reihe

$$p(w) = \frac{1}{w^2} + \sum_{m,n}{}' \left(\frac{1}{(w - w_{mn})^2} - \frac{1}{{w_{mn}}^2} \right),$$

wobei $\sum'$ die Summe über den Paaren $(m,n) \neq (0,0)$ bedeutet.

p-Gruppe, eine →Gruppe 2), in der die →Ordnungen aller Elemente Potenzen einer festen Primzahl p sind.

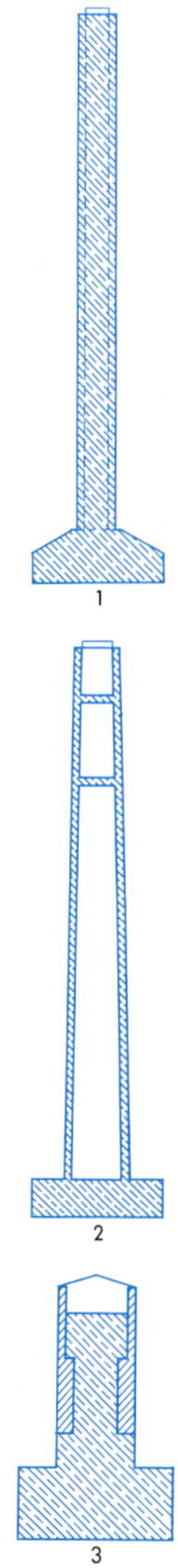

Pfeiler 1)

Pfeiler 1): 1 und **2** Stahlbeton-P. aus Sichtbeton für hohe Talbrücken; **1** Massiv-P. **2** Hohl-P. **3** Stahlbeton-P. mit Steinmauerwerk-Verblendung für Flußbrücken

Pflug

ph, Einheitenzeichen für →**Ph**ot.

pH, der → pH-Wert.

Phaẹton, hypothetischer Planet, der nach Ansicht einiger Astronomen früher die Lücke in der →Titius-Bodeschen Reihe zw. Mars und Jupiter gefüllt haben könnte; sie vermuten in diesem Planeten den Ursprung der → Planetoiden und → Kometen.

Phakoli̱th, Mineral, ein → Zeolith.

Phallo|idi̱n, Biochemie: Gift des grünen Knollenblätterpilzes **(Amani̱ta phaloịdes),** ringförmiges Peptid aus sieben Aminosäuren, führt zu meist irreversiblen Leberschädigungen mit tödlichem Ausgang (LD_{50} 1,85 mg/kg Maus; → Dosis 2).

Phanerozọikum, Zeit deutlich erkennbaren Lebens, vom Kambrium bis heute. Das Vorhandensein von Fossilien ermöglicht das Aufstellen einer biostratigraphisch gesicherten Zeitskala.

Phänologi̱e, Wissenschaft von den Beziehungen zw. dem Verlauf der Witterung und der Entwicklung oder dem Verhalten von Organismen im Jahresablauf.

Phantọmleitung, Fernmeldetechnik: →Vierdrahtbetrieb.

Phäo|phyti̱n, $C_{55}H_{74}O_5N_4$, Abbauprodukt des Chlorophylls durch Abspaltung des Magnesiums.

Phase, 1) Astronomie: durch die verschiedene Stellung zu Erde und Sonne verursachte wechselnde Lichtgestalten von Mond und Planeten, die alle Formen zw. Kreisscheibe und Sichel zeigen. Von den Planeten haben nur Merkur, Venus und Mars wahrnehmbare Phasen.

2) Elektrotechnik: Früher wurden die den einzelnen Strombahnen eines Mehrphasensystems zugeordneten Leiter oder Anordnungen im übertragenen Sinn auch als P. bezeichnet. Diese im techn. Sprachgebrauch noch übl. Verwendung von ›P.‹ zur Bez. von Gegenständen wird (lt. DIN) nicht mehr empfohlen.

3) Geologie: → Faltungsphasen.

4) Schwingungslehre: der augenblickl. Schwingungszustand eines schwingenden Systems, gekennzeichnet durch den **P.-Winkel** φ, das Argument der Schwingungsfunktion, z. B. bei einer **Sinusschwingung** (→ harmonische Schwingungen) mit der Kreisfrequenz ω und Amplitude $\hat{x}$, $x(t) = \hat{x} \cdot \sin(\omega t + \varphi_0)$, das Argument der Sinusfunktion $\varphi = \omega t + \varphi_0$. Der P.-Winkel im Anfangszustand (d. h. zum Zeitpunkt $t = 0$) ist der **Nullphasenwinkel** φ_0 (auch **Phasenkonstante).** Unterscheiden sich zwei Sinusgrößen gleicher Frequenz durch ihre Nullphasenwinkel, dann sind sie gegeneinander **phasenverschoben.** Die Differenz $\Delta\varphi$ der Nullphasenwinkel heißt **P.-Verschiebungswinkel.** Die dem P.-Winkel φ entsprechende Zeit $t = \varphi/\omega$ heißt **P.-Zeit.** Die dem Nullphasenwinkel gemäß $t_0 = \varphi_0/\omega$ zugeordnete Zeit ist die **Nullphasenzeit** t_0; entsprechend ist die P.-Verschiebungszeit Δt dem P.-Verschiebungswinkel $\Delta\varphi$ gemäß $\Delta t = \Delta\varphi/\omega$ zugeordnet. Beispiele für Sinusgrößen $x(t)$, d. h. für die den (durch Sinus- oder Cosinusfunktionen beschreibbaren) Sinusschwingungen zugehörigen physikal. Größen, sind die Augenblickswerte von Spannung (u) und Strom (i) bei sinusförmigem Verlauf, $u(t) = \hat{u} \cos(\omega t + \varphi_u)$ und $i(t) = \hat{\imath} \cos(\omega t + \varphi_i)$; φ_u ist der Nullphasenwinkel der Spannung, φ_i der des Stromes. Für den P.-Verschiebungswinkel der Spannung gegen den Strom $\varphi_u - \varphi_i$ ist die Bez. φ üblich, $\varphi = \varphi_u - \varphi_i$; $\cos\varphi$ ist der → Leistungsfaktor.

5) statist. Mechanik: die Gesamtheit der Orts- und Impulskoordinaten eines Teilchens oder eines Systems von Teilchen. Der P. entspricht ein Punkt im → Phasenraum.

6) Thermodynamik: homogene (d. h. makroskopisch gleichartige), durch scharfe Trennungsflächen **(Phasengrenzen)** abgegrenzte, physikalisch unterscheidbare Zustandsform der Materie in einem heterogenen System, z. B. die nebeneinander bestehenden →Aggregatzustände (feste, flüssige, gasförmige P.) eines Stoffes, die ferromagnet. und supraleitende P. best. Metalle, die suprafluide P. von flüssigem Helium oder die verschiedenen Modifikationen eines Festkörpers. (→ Phasenübergang)

Phasen|analyse, die Bestimmung der Einzelphasen heterogener Stoffe mit chem. oder physikal. Methoden.

Phasen|anschnittsteuerung, elektron. Steuerung eines Wechselstromes derart, daß nur ein der gewünschten mittleren Stromstärke entsprechender Teil der Halbschwingungen des Wechselstroms durchgelassen wird. Zu diesem Zweck wird der Stromkreis synchron mit der Wechselspannung erst zu einem entsprechend späteren Zeitpunkt als beim Nulldurchgang der Wechselspannung geschlossen (Veränderung der Spannungs-Zeit-Fläche). Das Ein- und Ausschalten des Wechselstroms geschieht durch steuerbare Halbleiterbauelemente (früher durch Thyratrons). Soll nur eine Halbwelle (positive oder negative) zur P. genutzt werden, setzt man →Thyristoren ein, zur Ausnutzung beider Halbwellen werden →Triacs oder antiparallel geschaltete Thyristoren verwendet. Durch zeitl. Verschieben der Einschaltimpulse hat man die Möglichkeit, die Leistungsaufnahme elektr. Verbraucher verlustfrei und damit energiesparend zu regeln, z. B. die Drehzahl eines Elektromotors oder die Helligkeit einer Glühlampe mit einem → Dimmer.

Phasendiagramm, ein → Zustandsdiagramm, das die Existenzbereiche der → Phasen 6) eines Stoffes oder Stoffgemisches zeigt.

Phasengang, Regelungstechnik: → Frequenzgang.

Phasengeschwindigkeit, Formelzeichen c_{ph}, die Geschwindigkeit, mit der sich die → Phase 4) einer Welle fortpflanzt; sie ist gegeben durch das Produkt Wellenlänge λ mal Frequenz ν, $c_{ph} = \lambda \cdot \nu$ (→ Lichtgeschwindigkeit).

Phasenkontrastverfahren, von F. ZERNIKE entwickeltes Verfahren der Mikroskopie, mit dem sehr geringe Unebenheiten (bis 2 nm) an der Oberfläche von reflektierenden Objekten sowie geringe Brechzahlunterschiede in transparenten Proben sichtbar gemacht werden können (→ Mikroskop 2).

Phasenmodulation, Abk. **PM,** wie die Frequenzmodulation eine Sonderform der allg. Winkelmodulation (→ Modulation).

Phasenraum, Phasenraum eines mechanischen Systems, der $2f$-dimensionale Euklid. Raum, den die f verallgemeinerten Koordinaten q_k und die f verallgemeinerten Impulse p_k ($k = 1, 2, \ldots, f$) eines mechan. Systems aufspannen, wobei f die Zahl der → Freiheitsgrade ist. Jeder mögl. Zustand des Systems wird eindeutig durch einen Punkt im P. **(Phasenpunkt)** dargestellt. Die zeitl. Entwicklung des Systems wird durch eine Kurve im P. **(Phasenbahn)** repräsentiert. – Als **Gas-P. (Gammaraum, Γ-Raum)** wird der P. eines aus sehr vielen gleichartigen Teilchen bestehenden Systems bezeichnet, dessen Dimension sich ergibt, wenn man die Freiheitsgrade jedes einzelnen Teilchens mit der Gesamtzahl N der Teilchen und dem Faktor 2 multipliziert. Für $N = 1$ erhält man den

Molekül-P. (Myraum, μ-Raum), der z. B. bei einem einatomigen Molekül (das drei Freiheitsgrade aufweist) sechsdimensional ist. Das Konzept des P. wird z. B. bei der → Boltzmann-Statistik angewendet.

Phasenregel, die → Gibbssche Phasenregel.

Phasenschieber, ein → Blindleistungsgenerator oder Blindleistungskondensator zur Blindstromkompensation bei Wechsel- und Drehstromnetzen.

Phasenschiebergenerator, Oszillatorschaltung zur Erzeugung sinusförmiger Wechselspannungen. Die Ausgangsspannung eines Verstärkers (Transistor, Operationsverstärker), die gegenüber der Eingangsspannung um 180° phasenverschoben ist, wird über einen Mitkopplungszweig auf den Eingang zurückgeführt. Die Mitkopplung erfolgt durch mindestens drei in Reihe geschaltete → RC-Glieder, die zusammen eine weitere Phasenverschiebung um 180° bewirken. Die zurückgekoppelte Ausgangsspannung ist damit phasengleich mit der Eingangsspannung. Der Generator schwingt dann (ausreichende Verstärkung der Schaltung vorausgesetzt) mit der durch die frequenzbestimmenden RC-Glieder festgelegten Frequenz.

Phasensprung, plötzliche Änderung der Phase von fortschreitenden Wellen bei Reflexion oder Streuung.

Phasenübergang, Übergang eines Vielteilchensystems von einer thermodynam. Phase (→ Phase 6) in eine andere, wobei sich seine makrophysikal. Eigenschaften (z. B. Dichte, elektr. Leitfähigkeit, Magnetisierung) und/oder die räuml. Symmetrie der Struktur in Abhängigkeit von der Temperatur, dem Druck, der elektr. oder magnet. Feldstärke, dem chem. Potential oder einem anderen intensiven Parameter stark ändert. Die verschiedenen Phasen unterscheiden sich bei festem Wert der intensiven Variablen durch ihre Zustandsgrößen wie Entropie, innere oder freie Energie oder Enthalpie. Wichtig ist, daß eine Phase nur für einen begrenzten Bereich der intensiven Parameter existieren kann und sich das System bei Überschreiten der **Stabilitätsgrenzen** in eine andere Phase umwandeln muß.

Qualitativ lassen sich zwei verschiedene Arten von P. unterscheiden: **Diskontinuierl. P. (P. I. Art)** und **kontinuierl. P. (P. II. Art),** bei denen sich die Zustandsgrößen als Funktion des intensiven Parameters, am Umwandlungspunkt sprunghaft bzw. stetig ändern. P. I. Art sind die Umwandlungen eines Stoffes in die verschiedenen Aggregatzustände, d. h. Verdampfen, Schmelzen, Sublimieren, Kondensieren und Erstarren, sowie die Umwandlung der Kristallstruktur in Festkörpern, die Bildung von Legierungen oder Flüssigkeitsmischungen. P. II. Art sind u. a. die Übergänge von Festkörpern vom paramagnet. in den ferromagnet. oder vom paraelektr. in den ferroelektr. Zustand, der Übergang eines Metalls von normaler elektr. Leitfähigkeit zur Supraleitung, das Entstehen von Suprafluidität, die Entmischung verschiedener Komponenten in einem Gemisch oder auch der Flüssigkeit-Gas-Übergang am krit. Punkt. Die beim P. beobachteten Änderungen makrophysikal. Eigenschaften sind auf mikroskop. Änderungen des Ordnungszustands und damit der gegenseitigen Wechselwirkung der atomaren Bausteine am krit. Punkt (z. B. beim Überschreiten einer krit. Temperatur, einer krit. Dichte, einer krit. Feldstärke) zurückzuführen. Rein phänomenologisch kann der P. durch Einführung eines **Ordnungsparameters** (z. B. der Magnetisierung beim ferromagnet. P. oder der Differenz der Dichte von Flüssig- und Gasphase beim Flüssigkeit-Gas-P.) beschrieben werden.

Dem Sprung in der Entropie beim P. I. Art entspricht eine latente Wärmemenge, die vom System beim P. ohne Temperaturänderung aufgenommen oder abgegeben wird. Wegen der Entropiedifferenz existiert eine endl. Grenzflächenenergie zw. den beiden Phasen, die zu Keimbildungsschwierigkeiten und zu einer Umwandlungshysterese führt. Beim P. II. Art sind alle Zustandsgrößen am Umwandlungspunkt in beiden Phasen gleich, so daß die Phasen sich ohne Energieaufwand ineinander umwandeln können. Der Wechsel zw. den beiden Phasen vollzieht sich an der Stabilitätsgrenze im therm. Gleichgewicht und entspricht daher einem Stabilitätszustand. I. Ggs. dazu sind die Zustände auf der Stabilitätsgrenze beim P. I. Art instabil, so daß die Umwandlung bereits vor Erreichen dieser Grenze eintreten muß. Es gibt daher einen Bereich, in dem beide Phasen nebeneinander im Gleichgewicht auftreten können **(Koexistenzbereich),** wobei das System beim Übergang in diesen Koexistenzbereich nicht notwendig beide Phasen ausbilden muß, sondern in einen metastabilen Zustand übergehen kann (z. B. überhitzte Flüssigkeit). Der P. aus diesem metastabilen Zustand, der spätestens bei Erreichen der Stabilitätsgrenze erfolgen muß, wird durch hinreichend große lokale Fluktuationen der intensiven Variablen ausgelöst. Bei P. II. Art können die beiden Phasen nur auf der Stabilitätsgrenze koexistieren. Oberhalb und unterhalb der Stabilitätsgrenze existieren keine metastabilen Zustände. Charakteristisch für die P. II. Art ist, daß physikalisch völlig verschiedene Phänomene, wie die Kompressibilität eines Flüssigkeit-Gas-Systems an seinem krit. Punkt, die Dielektrizitätskonstante eines Ferroelektrikums an seinem ferroparaelektr. Umwandlungspunkt, die magnet. Suszeptibilität eines Ferromagneten an seinem Curie-Punkt, die Wärmeleitfähigkeit, der Wärmeausdehnungskoeffizient, der Temperaturkoeffizient des elektr. Widerstands in einem engen Temperaturintervall von etwa ± 1% um T_c (T_c = krit. Temperatur), exakt dieselbe Temperaturabhängigkeit aufweisen und die Materialkonstanten nahe T_c auf das 100- bis 1000fache ihres normalen Werts anwachsen. Diese **Universalität** wird dadurch erklärt, daß an einem krit. Punkt bei einem kontinuierl. P. die Fluktuationen des Ordnungsparameters so groß werden, daß die physikal. Eigenschaften im wesentl. nur noch von der Größe und Lebensdauer dieser Schwankungen bestimmt sind und kaum von den Details der Wechselwirkung abhängen.

Phasenvergleichsschaltung, Fernsehen: eine Schaltung, die durch Vergleich der Phasen der empfangenen Synchronsignale und der örtlich erzeugten Rücklaufimpulse (oder ähnlicher zeilenfrequenter Schwingungen) eine Regelgleichspannung für die Synchronisierung der Zeilenablenkschaltung gewinnt.

Phasing [f'eɪzɪŋ, engl.], Elektroakustik: elektron. Klangaufbereitung durch einen zw. Musikinstrument (z. B. Elektrogitarre, elektron. Orgel) oder Mikrophon und Verstärker angeschlossenen **Phaser** [f'eɪzər]. Der phasenverschobene Klang entsteht dadurch, daß dem Originalton ein um wenige Millisekunden verzögerter Ton folgt, wodurch es zu Interferenzen zw. den beiden Schwingungen kommt.

PHB-Ester, Abk. für **para-Hydroxybenzoesäure-Ester,** organ. Verbindungen mit bakteriostat. Wirkung. Die Methyl-, Äthyl- und Propylester sowie deren Natriumsalze dienen zur Konservierung von Lebensmitteln. Die nach der Zusatzstoff-Zulassungsordnung zulässigen Höchstmengen liegen i. a. bei 0,6 (Fleisch- und Kartoffelsalat) oder 1,2 g/kg (Salzheringe, Seelachs).

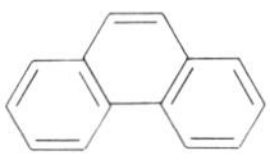

Phenanthren

Phekda, Stern 2. Größe, γ im Sternbild Großer Bär.

Phenakit *der,* Mineral $Be_2[SiO_4]$, farblos, selten schwach gelb oder rosa; H. 7,5–8, D. 3,0; hydrothermal oder pneumatolytisch gebildet; wegen Härte und lebhaftem Glanz als Edelstein verschliffen.

Phenanthren, kristalliner, kondensierter aromatischer Kohlenwasserstoff. P. wird aus Anthracenöl isoliert und zur Herstellung von Pflanzenschutzmitteln verwendet.

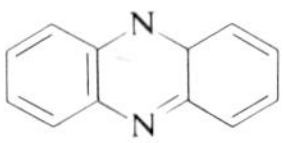

Phenazin

Phenazin, heterozykl. Verbindung und Grundbaustein der **Phenazinfarbstoffe,** →Azinfarbstoffe.

Phenetidine, Äthyläther der drei →Aminophenole. Ortho- und Para-P. dienen u. a. zur Herstellung von Farb- und Riechstoffen sowie Arzneimitteln.

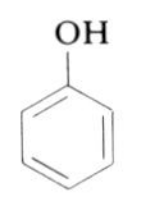

Phenol

Phenol, Hydroxybenzol, aromat. Verbindung, farblose, sich an der Luft rötlich färbende, kristalline Substanz (Schmelz-P. 41 °C) von charakterist. Geruch. Die wäßrige Lösung reagiert schwach sauer. Die Salze heißen **Phenolate.** P. wird v. a. zur Herstellung von P.-Harzen (etwa 40%), Caprolactam (etwa 23%), Bisphenol A und Adipinsäure verwendet. Das wichtigste Herstellungsverfahren beruht auf der katalyt. Oxidation von Cumol zu Cumolhydroperoxid und dessen Spaltung in Gegenwart von Schwefelsäure:

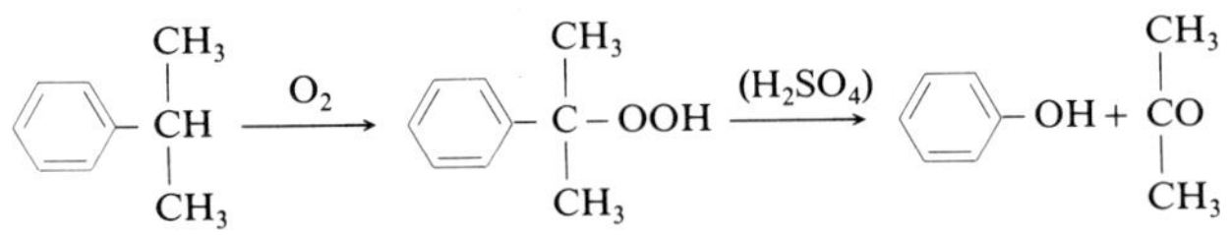

Cumol Cumolhydroperoxid Phenol Aceton

Techn. Bedeutung hat auch die Oxidation von Toluol über Benzoesäure als Zwischenprodukt. – P. wurde 1834 von F. F. RUNGE im Steinkohlenteer entdeckt und **Carbolsäure** genannt. Heute werden nur noch etwa 3% des P. direkt aus Steinkohlenteer isoliert. – **Di|methylphenole,** die →Xylenole.

Phenoläther

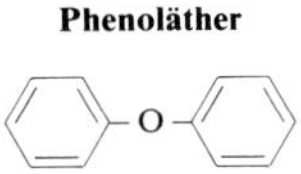

Biphenyläther

Phenol|äther sind →Äther, in denen das Sauerstoffatom an mindestens eine Phenylgruppe gebunden ist. P. sind meist angenehm riechende Flüssigkeiten oder Kristalle, die bei der Herstellung von Riechstoffen eine Rolle spielen (z. B. →Anisol, →Guajakol). **Bi|phenyläther** wird im Gemisch mit Biphenyl als Wärmeträgeröl verwendet.

Phenol|äther|aldehyde, organ. Verbindungen, die als Riechstoffe und Speisearomen verwendet werden; z. B. **Anisaldehyd,** im Anis- und Fenchelöl, und **Vanillin,** Glykosid in Vanilleschoten.

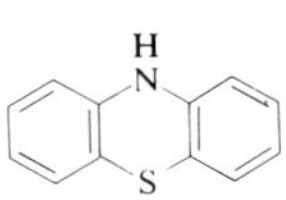

Phenothiazin

Phenole, aromat. Verbindungen, bei denen eine oder mehrere Hydroxylgruppen direkt an den Benzolkern gebunden sind. Je nach Anzahl der Hydroxylgruppen unterscheidet man einwertige (→Phenol, →Kresole, →Xylenole), zweiwertige (→Brenzcatechin, →Resorcin, →Hydrochinon) und dreiwertige (→Pyrogallol, →Phloroglucin, Hydroxyhydrochinon) P. – P. sind bedeutend stärkere Säuren als Alkohole. Die saure Wirkung wird durch elektronenanziehende Substituenten (z. B. $-NO_2$) verstärkt (→Pikrinsäure).

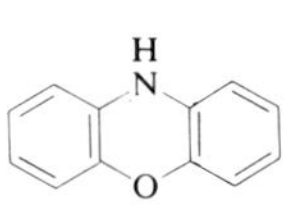

Phenoxazin

Phenolharze, Phenoplaste, gelbe bis braune Kunstharze, die durch Polykondensation von Phenolen mit Aldehyden (meist Formaldehyd) hergestellt werden. Die Reaktion beginnt mit der Einführung einer Methylolgruppe ($-CH_2OH$) in o- oder p-Stellung (→Aromaten) zur Hydroxylgruppe des Phenols, z. B.:

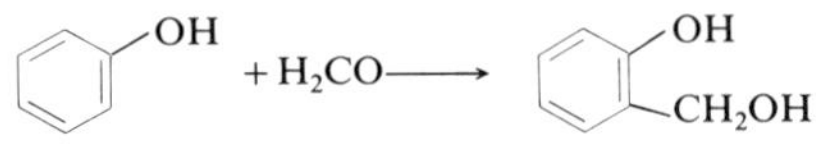

Phenol Formaldehyd

In Gegenwart von Basen und bei Formaldehydüberschuß bilden sich flüssige oder lösliche Kondensationsprodukte (Resole), z. B.:

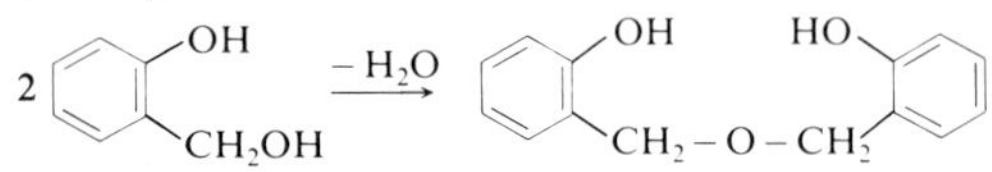

Resole sind selbsthärtende P. Die Methylol- und Äthergruppen verschiedener Moleküle reagieren bei 100 bis 180 °C unter Vernetzung der Moleküle. Die Härtung verläuft über schmelzbare Zwischenstufen (Resitol) zu unschmelzbarem **Resit.** Wasserlösl. Resole werden als Holzklebstoffe sowie als Bindemittel für Gießereisande, Fasern (zu Matten, Dämmplatten) und Schleifmittel verwendet. Bei der Polykondensation in Gegenwart von Säuren und bei Phenolüberschuß entstehen Novolake mit Molekülketten, in denen Phenoleinheiten über Methylengruppen miteinander verknüpft sind, z. B.:

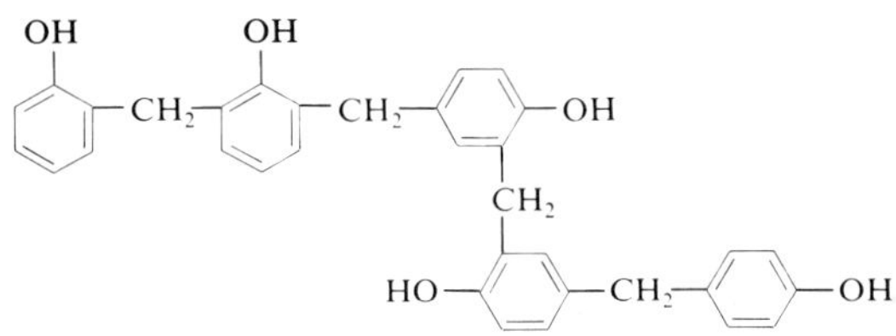

Novolake sind thermoplast. →Kunststoffe, die aus Mangel an reaktiven Gruppen nicht selbst härten. Ihre Moleküle können aber mit Hexamethylentetramin als Härtungsmittel bei 140–160 °C vernetzt werden. Sie dienen als Bindemittel in härtbaren →Formmassen, für Schleifscheiben, Bremsbeläge u. a. Mit Kolophonium modifizierte P. finden als Bindemittel für Lacke und Druckfarben Verwendung.

Phenol|phthalein, zu den Triarylmethanfarbstoffen gehörender →Indikatorfarbstoff, der aus Phthalsäureanhydrid und Phenol hergestellt wird.

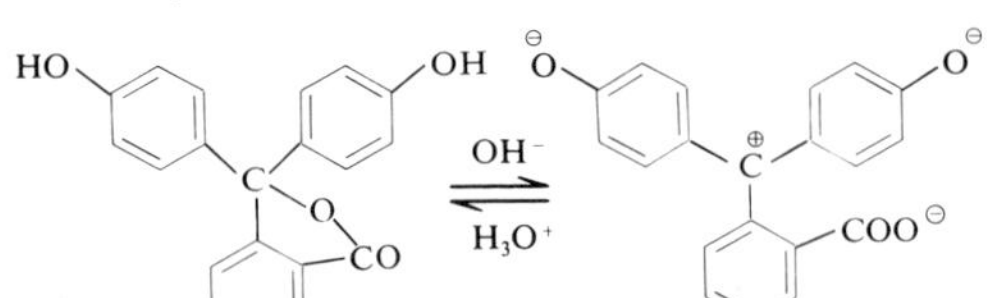

farblos Phenolphthalein

Phenothiazin, kristalline heterozykl. Verbindung, die als Zwischenprodukt für Arzneimittel (Psychopharmaka, Antihistaminika) verwendet wird. P. ist Grundkörper der Thiazinfarbstoffe (→Azinfarbstoffe, →Methylenblau).

Phenoxazin, kristalline heterozyklische Verbindung

und Grundkörper der Oxazinfarbstoffe (→Azinfarbstoffe).

Phenyl . . ., Bez. für einbindige, von ›Phen‹ (alter Name für Benzol) abgeleitete Kohlenwasserstoffgruppe $-C_6H_5$.

Phenyl|alanin, Abk. **Phe,** essentielle, vom Körper nicht aufbaubare Aminosäure.

Phenyl|amin, das →Anilin.

Phenyl|äthyl|äthanole, in Rosenöl u. a. äther. Ölen enthaltene Substanz, synthetisch im großtechn. Maßstab hergestellt; wichtiger Rohstoff der Parfümerie.

Phenylen . . ., Bez. für die zweibindige Kohlenwasserstoffgruppe $-C_6H_4-$.

Phenylen|diamine, $C_6H_4(NH_2)_2$, farblose Kristalle, die zur Herstellung von Azofarbstoffen, photograph. Entwicklern und Antioxidantien dienen. Die P. kommen in drei isomeren Formen (o-, m- und p-P.) vor.

Phenyl|essigsäure, farblose, nach Honig riechende Kristalle. P. wird bei der Herstellung von Penicillin G zur Beeinflussung der Fermentation verwendet. Geringe Bedeutung hat sie auch in der Riechstoff- und Pharmaindustrie.

Phenylhydrazin, farbloses Öl mit basischen und reduzierenden Eigenschaften. P. dient zum Nachweis der Carbonylgruppe in Aldehyden, Ketonen und Zuckern. Dabei bilden sich unter →Kondensation 1) gut kristallisierende Phenylhydrazone. Bei der Umsetzung mit Monosacchariden in essigsaurer Lösung bilden sich gelbe Osazone.

2-Phenylpropan, das →Cumol.

3-Phenylpropensäure, die →Zimtsäure.

Phenylquecksilberverbindungen, stark giftige metallorgan. Verbindungen. **Phenylquecksilberchlorid** und **-acetat,** $C_6H_5HgOOCCH_3$, werden als Fungizide zum Beizen von Saatgut verwendet (in manchen Ländern mit Einschränkungen).

Pheromone, Ektohormone, chem. Substanzen, die in sehr geringer Konzentration der Kommunikation von Individuen einer Art untereinander dienen und Sozialfunktionen kontrollieren. Zu den P. gehören **Sexuallockstoffe** (z. B. cis-9-Tricosen bei Insekten; Hexadecadienol = Bombykol bei Seidenspinnern), **Alarmsubstanzen** (z. B. Heptanon bei Ameisen), **Abwehrstoffe** (z. B. Hexenal bei Wanzen), **Angriffsstoffe** (z. B. Citral bei Ameisen) und **Markierungsstoffe** (z. B. Zibet und Moschus bei Säugetieren und Duftmarkierungen staatenbildender Insekten). Die Anwendung der P. in der Schädlingsbekämpfung steht in der Erprobung.

Phi (φ, Φ), ein →griechischer Buchstabe (ÜBERSICHT).

1) *φ*, Formelzeichen für Austrittsarbeit, elektr. Potential und Phasenwinkel (→Phase 4).

2) *Φ*, Formelzeichen für den magnet. Fluß, den Lichtstrom, die potentielle Energie und den Wärmestrom.

Phillipsit [n. dem engl. Mineralogen W. Phillips, † 1828] *der,* **Kalkharmotom, Kreuzstein,** Mineral $KCa[Al_3Si_5O_{16}] \cdot 6\ H_2O$, ein Zeolith, farblos, weiß bis gelb; kleine Kristalle. Vorkommen in Hohlräumen in Basalt; gebildet aus zersetztem Feldspat oder Foid. (BILD S. 76)

Phlegmatisieren, Herabsetzen der Empfindlichkeit brisanter Explosivstoffe (z. B. Nitropenta, Hexogen) gegen Schlag und Reibung durch Zusatz von Wachs oder Kunststoffen.

Phlogistontheorie, erste wissenschaftl. Theorie, die alle, heute als Oxidationserscheinungen (Verbrennung, Rosten) bezeichneten Vorgänge unter einem einheitl. Gesichtspunkt zu deuten suchte; 1667 von J. J. BECHER begründet, seit 1697 von G. E. STAHL systematisch ausgebaut. Nach diesem enthalten alle brennbaren Körper das **Phlogiston,** das ihnen die Eigenschaft der Brennbarkeit verleiht und bei der Verbrennung entweicht. Die P. wurde zw. 1670 und 1775 als wichtigste Theorie des Verbrennungsvorgangs allg. anerkannt und hat die Forschung außerordentlich angeregt. Ende des 18. Jh. mehrten sich die Widersprüche (Gewichtsvermehrung der Metalle beim Verbrennen, die Unmöglichkeit, das Phlogiston zu isolieren, seine Unwägbarkeit oder negative Schwere); nach der Entdeckung des Sauerstoffs wurde die P. seit 1775 allmählich von der antiphlogist. Lehre A. L. LAVOISIERS abgelöst.

Phlogopit *der,* Mineral, ein →Glimmer; pegmatitisch und pneumatolytisch gebildet, auch kontakt- und regionalmetamorph in Kalken und Dolomiten.

Phloricin, Phlorrhizin, Phlorrizin, in Wurzeln einiger Obstbäume vorkommendes Glykosid, das ohne Erhöhung des Blutzuckerspiegels zu einer nichtdiabet. Glucoseausscheidung führt.

Phloroglucin, 1,3,5-Trihydroxyphenol, kristallines dreiwertiges Phenol, das aus Trinitrotoluol über Trinitrobenzoesäure und Triaminobenzol hergestellt wird. Es dient als Kupplungskomponente für Entwicklungsfarbstoffe und zum Nachweis von →Lignin.

Phobos, der innere der beiden Monde des Planeten →Mars.

Phoebe, ein Mond des Planeten →Saturn.

Phoenix, Phönix, ein →Sternbild am Südhimmel.

Phon *das,* Kurzzeichen **phon,** Hinweiswort für die subjektiv empfundene →Lautstärke, durch Hörvergleich bezogen auf den Pegel des Normaltons von 1 000 Hz. Die Phonskala reicht von 0 phon (Hörschwelle) bis etwa 130 phon (Schmerzschwelle). Nur beim Normalton stimmen die Zahlenwerte des →Schalldruckpegels und der Lautstärke in phon überein, sonst nicht, da die Lautstärkeempfindung für tiefere und höhere Frequenzen geringer als die für die mittleren Frequenzen um 1 000 Hz ist. Das P. wurde durch ein objektives Lautstärkemaß, das →DIN-phon, ergänzt. Heute aber wird international die Lärmstärke in dB(A) gemessen (→Schallpegelmesser).

Phönix, lat. **Phoenix,** ein →Sternbild am Südhimmel.

Phonograph, mechan. Gerät zur Schallaufzeichnung und -wiedergabe von TH. A. EDISON (1877). Die Schallwellen wurden von einer Membran auf einen Stichel übertragen, der sie in Tiefenschrift **(Edison-Schrift)** in eine sich drehende Wachswalze einritzte. Zur Wiedergabe diente ein Abtaststift, dessen Schwingungen in den Ritzen der Walze auf eine Membran übertragen wurden, die sie in Luftschwingungen (Schall) umwandelte. Der P. war das erste Gerät zur Schallaufzeichnung und -wiedergabe und arbeitete bereits nach dem noch heute gebräuchlichen →Nadeltonverfahren. – **Phonographie, Phonogramm,** →Schallaufzeichnung 2).

Phonolith *der,* **Klingstein,** grünlich- bis bräunlichgraues, basaltähnl., junges Ergußgestein; absondernd in plumpen Säulen oder dünnen, beim Anschlagen klingenden Platten; Varietäten z. B. **Nephelin-P., Leucit-P.** und Mischtypen; verwendet als Schotter, Splitt, Baustein.

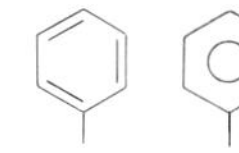

Phenyl . . .

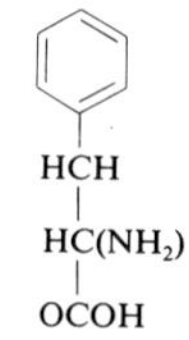

Phenylalanin

Phenylen . . .

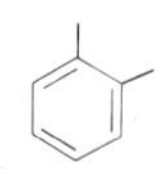

o-Phenylen

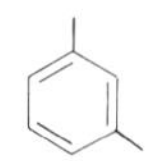

m-Phenylen

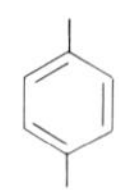

p-Phenylen

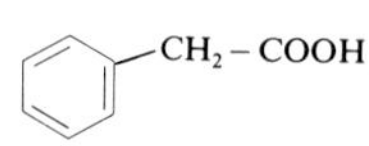

Phenylessigsäure

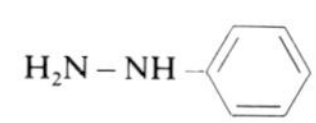

Phenylhydrazin

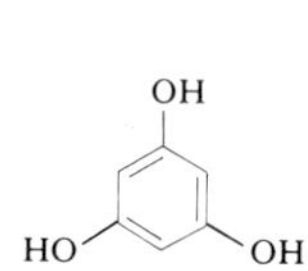

Phloroglucin

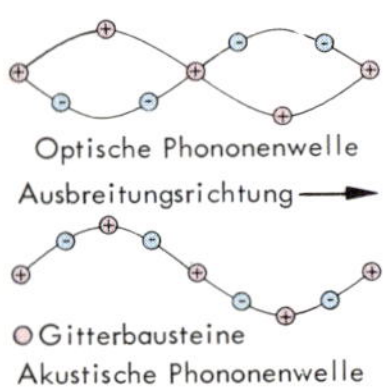

Phonon: Phononenwelle: Transversale optische und akustische P.-Wellen derselben Wellenlänge

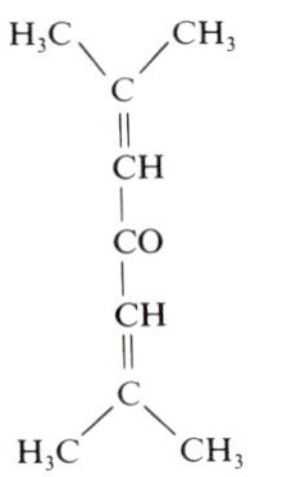

Phoron

Phillipsit: weiße Kristalle auf Basalt (Roßberg bei Darmstadt)

Phonon, Schwingungsquant einer elast. Deformationswelle in einem Festkörper; ein →Quasiteilchen. Nach Art der →Gitterschwingung werden transversale und longitudinale sowie akust. und opt. P. unterschieden.

Phoron, ungesättigtes Keton, das bei der Einwirkung von Chlorwasserstoff auf Aceton entsteht.

Phoronomie, veraltete Bez. für die →Kinematik.

Phosgen *das,* charakteristisch riechendes farbloses Gas, $COCl_2$, Siede-P. 8 °C, entsteht technisch aus Kohlenmonoxid und Chlor. Wegen seiner hohen Giftigkeit (Tod durch Lungenödem) wurde es als Gaskampfstoff **(Grünkreuz)** verwendet. P. wird für viele techn. Synthesen benutzt.

Phosphagene, energiereiche substituierte Guanidin-Phosphate, die der Zelle (z. B. Muskel) als Energiespeicher dienen. Die wichtigsten P. sind bei Wirbeltieren das **Phosphocreatin,** bei Crustaceen das **Phosphoarginin.** Beide können durch Abspaltung des Phosphatrestes Energie für Stoffwechselprozesse liefern (z. B. Muskel-Kontraktion).

Phosphane, anorgan. Phosphorwasserstoff-Verbindungen.

Phosphate, Salze und Ester der verschiedenen Phosphorsäuren (→Phosphorverbindungen), bes. der Orthophosphorsäure. P. und Phosphorsäure sind für Pflanzen unentbehrlich; sie sind wichtige Handelsdünger (→Düngemittel). Die v. a. in Waschmitteln enthaltenen P. spielen eine bedenkl. Rolle bei der →Eutrophierung von Gewässern (→Waschmittelphosphate). – **Natur-P.** sind →Apatit und →Phosphorit. Der Phosphorgehalt best. Eisenerze, z. B. der →Minette 1), fällt bei der Verhüttung als Thomasmehl an. – **Meta-P.** und **Pyro-P.** heißen die Salze der Meta- und Pyrophosphorsäure. – Biologisch wichtige Phosphorsäureester sind z. B. die →Lecithine, →Kephaline und →Phosphatide.

Phosphatglas enthält wesentl. Mengen des Glasbildners Phosphorpentoxid, P_2O_5. – P. haben Bedeutung als →optische Gläser, →Wärmeschutzgläser und als Grundglas für verbessertes →phototropes Glas (Brillenglas). Bes. wichtig sind **Siliko-P.** und **Alumino-Zink-P.**

Phosphatide, Phospholipide, Phospholipoide, neben den Glykolipiden zweite Hauptgruppe der Lipide (Lipoide); chemisch Diester der Orthophosphorsäure, deren eine Hydroxylgruppe mit einem Diglycerid und deren zweite mit Cholin (Lecithine), Colamin oder Serin (Kephaline) oder Inosit (Inositphosphatide) verestert ist. Die Fettsäurereste der P. stellen die hydrophoben, die den Phosphatrest tragende Seite die hydrophile Stelle des Moleküls dar, wodurch es zur Orientierung von P.-Molekül-Doppelschichten kommt, die Charakter und Funktionen biolog. Membranen prägen.

Phosphatieren, Behandlung von Metallen, bes. Eisen, Stahl und Zink, mit Alkali- oder Schwermetallphosphatlösungen zur Erzeugung von Phosphatdeckschichten, die den Korrosionsschutzwert von Lackierungen wesentlich erhöhen, die Kaltverformbarkeit und die Gleiteigenschaften der Metalle verbessern oder als elektr. Isolierung dienen. Für den Korrosionsschutz werden die porösen Schichten nachbehandelt (z. B. mit Chromsäure oder Chromaten, Öl, Wachs) oder lackiert. Phosphorsäurehaltige Reaktionslacke verbessern die Haftfestigkeit und Korrosionsbeständigkeit von Lacküberzügen.

Phosphatmethode, Verfahren zur Sondierung vor- und frühgeschichtl. Siedlungen und von Wüstungen, da in der Nähe menschl. Siedlungen der Phosphatgehalt des Bodens beträchtlich höher ist als in der Umgebung (Ausscheidungen von Mensch und Tier, Verwesung).

Phosphide, Verbindungen des Phosphors mit Metallen und Nichtmetallen (außer Wasserstoff).

Phosphinate, →Phosphorverbindungen.

Phosphine, übelriechende, stark giftige, teils selbstentzündl. organ. Verbindungen, die sich vom Phosphorwasserstoff ableiten. Man unterscheidet primäre (z. B. Methyl-P., CH_3PH_2), sekundäre (z. B. Dimethyl-P., $(CH_3)_2PH$) und tertiäre P.

Phosphite, Salze und Ester der Phosphorigen Säure (→Phosphorverbindungen).

Phosphodi|esterasen, Enzyme, die Diester der Phosphorsäure spalten, in Mikroorganismen, pflanzl. und tier. Zellen vorkommen und bes. beim Abbau der Nucleinsäuren bedeutend sind (→Nucleasen).

Phospholipide, Phospholipoide, die →Phosphatide.

Phosphonium-Ion, →Phosphorverbindungen.

Phosphor *der,* chem. Symbol **P,** nichtmetall. →chemisches Element, Ordnungszahl 15. Neben dem natürl. stabilen ^{31}P sind mehrere künstl. instabile Isotope bekannt. P. kommt in den Zustandsformen weißer (gelber), roter (violetter) und schwarzer (metall.) P. vor.

Weißer (gelber) **P.** ist bei Zimmertemperatur eine wachsweiche, durchscheinende, weiße bis hellgelbe Masse, Schmelz-P. 44,2 °C, Siede-P. 280 °C, D. 1,82 g/cm^3. In ihm sind die P.-Atome tetraedrisch verknüpft. Er ist thermodynamisch instabil und chemisch sehr reaktionsfreudig. Die Umwandlung in roten P. verläuft sehr langsam bei Raumtemperatur, schneller oberhalb 200 °C. An der Luft entzündet sich weißer P. unter schwachem Leuchten (Chemolumineszenz) und verbrennt dabei zu **Phosphorpentoxid,** P_2O_5. Er wird daher unter Wasser aufbewahrt und behandelt. Seine Dämpfe sind sehr giftig; er ist in Wasser unlöslich, in einigen Lösemitteln, z. B. Schwefelkohlenstoff, gut löslich.

Roter (violetter) **P.** entsteht bei längerem Erhitzen von weißem P. unter Luftabschluß als violettstichige, rote kristalline (monokline) Substanz **(Hittorfscher P.).** Farbe und Eigenschaften hängen von den Umwandlungsbedingungen ab. Die kristalline Form hat eine D. von 2,36 g/cm_3; der Schmelz-P. beträgt etwa 620 °C. Roter P. ist beständiger, weniger giftig und weniger reaktionsfähig als weißer P., in allen Lösemitteln unlöslich. Im Gemisch mit starken Oxidationsmitteln, z. B. Kaliumchlorat, explodiert roter P. schon beim einfachen Verreiben.

Schwarzer (metall.) **P.** entsteht bei hohen Drücken und unter dem Einfluß von Katalysatoren aus weißem P. Er ist ein guter Strom- und Wärmeleiter. Das Kristallgitter enthält Doppelschichten aus P.-Atomen. In seinem chemischen Verhalten ähnelt er dem roten P.

P. steht in der Häufigkeitsreihe der Elemente an 12. Stelle, bildet 0,07% der Erdrinde und kommt fast ausschließlich in Form der Phosphatminerale **Apatit** und **Phosphorit** vor. Ausgangsprodukt für alle P.-Verbindungen und die übrigen P.-Modifikationen ist der weiße P., der durch Reduktion von Phosphorpentoxid mit Kohlenstoff bei hohen Temperaturen dargestellt werden kann. Bei der techn. Durchführung werden natürl. Calciumphosphat, Quarzsand und Koks zus. im elektr. Ofen auf 1300–1450 °C erhitzt. P. bildet sich dabei nach folgender Reaktionsgleichung:

$$Ca_3(PO_4)_2 + 3\,SiO_2 + 5\,C \longrightarrow 3\,CaSiO_3 + 2\,P + 5\,CO.$$

Der abdestillierende Roh-P. kann durch weitere Destillation gereinigt werden. Er kommt in Stangen gegossen in den Handel. – P. wird zur Herstellung von P.-Säure, Handelsdünger, Arzneimitteln und weiteren →Phosphorverbindungen benutzt, ferner zur Herstellung von →Zündhölzern, Brandbomben und zur Erzeugung künstl. Nebel. Er ist Bestandteil einiger Legierungen und ein wichtiges Desoxidationsmittel. P. wurde 1669 von dem Alchemisten H. BRAND entdeckt und von A. L. LAVOISIER als Element erkannt.

P. ist für alle Lebewesen unentbehrlich; es ist z. B. in Nucleinsäuren und Enzymen enthalten, an allen Vorgängen des Energiestoffwechsels (ATP, →Adenosin) und an Stoffwechselreaktionen, z. B. Stärkebildung, Eiweißsynthese, Knochenbau, beteiligt.

Phosphoreszenz, Eigenschaft mancher Stoffe **(Phosphore),** nach der Einwirkung von Licht-, Röntgen- oder Kathodenstrahlen eine gewisse Zeit nach Abschalten der Anregung Licht auszusenden, d. h. nachzuleuchten. P. und Fluoreszenz werden unter dem Begriff →Lumineszenz zusammengefaßt. **Reinstoffphosphore** sind selten, bei **Fremdstoffphosphoren** werden einem Grundmaterial (Zinksulfid, Cadmiumsulfid, Erdalkali-Oxide und -Sulfide) sehr geringe Mengen eines Schwermetalls (z. B. Kupfer, Silber) als Aktivator zugesetzt. Anwendung bei Leuchtfarben, Oszillographen- und Fernsehbildröhren (→Leuchtstoffe).

Phosphorimetrie, analyt. Verfahren analog der →Fluorimetrie, bei dem aus Art und Intensität der von einem angeregten Molekül ausgesandten Phosphoreszenz auf dessen Menge geschlossen wird.

Phosphorit, 1) feinstkristalliner →Apatit und dessen Varietäten (z. B. Kollophan); 2) aus der Verwitterung apatithaltiger Gesteine und Organismenreste (Knochen, Zähne, Gräten, auch Guano) entstandene Massen, deren Apatit-Gehalt zunächst kolloidal-amorph, nach späterer Diagenese feinstkristallin ausgebildet ist.

Phosphoros *der,* der Morgenstern (→Abendstern).

Phosphorverbindungen. Phosphor tritt in seinen Verbindungen mit den Oxidationsstufen –3 bis +5 auf; am wichtigsten sind: –3, +3 und +5. Mit Wasserstoff bildet Phosphor die anorgan. **Phosphane** und die organ. →Phosphine. Die Phosphane entstehen neben dem als Hauptprodukt anfallenden **Phosphorwasserstoff,** PH_3, bei der Umsetzung von Phosphiden mit Wasser als stark riechende, giftige und z. T. selbstentzündl. Stoffe. Das dem Ammoniak, NH_3, analoge farblose, knoblauchartig riechende PH_3 verflüssigt sich bei –87,7 °C; es wird u. a. für organ. Synthesen und als Begasungsmittel verwendet. Ersatz des Wasserstoffatoms durch Metalle führt zu den i. d. R. schwer schmelzbaren und hitzebeständigen **Phosphiden,** die durch Erhitzen von pulverisiertem Metall und Phosphor unter Luftabschluß erhalten werden. Einige (z. B. GaP, InP) haben Bedeutung als Halbleiter. Anlagerung eines Protons führt zum **Phosphonium-Ion** $[PH_4]^+$, das bes. nach Substitution des Wasserstoffs durch organ. Reste stabile, wasserlösl. Salze bildet.

Bei der Verbrennung von Phosphor unter beschränktem Luftzutritt bildet sich **Phosphortrioxid,** P_2O_3, als wachsartige, kristalline, sehr giftige Masse. Bei vollständiger Verbrennung des Phosphors entsteht **Phosphorpentoxid,** P_2O_5, ein weißes geruchloses Pulver, das bei 358,9 °C sublimiert. Die techn. Darstellung erfolgt durch Verbrennen von weißem Phosphor in eisernen Trommeln. Phosphorpentoxid ist ein ausgezeichnetes Trockenmittel für Gase, Flüssigkeiten und Feststoffe, weiter dient es zur Abspaltung von Wasser aus organ. Verbindungen. **Phosphortetroxid,** P_2O_4, entsteht beim Erhitzen von Phosphortrioxid als farblose, sublimierbare Kristalle, die mit Wasser Phosphorige Säure und Phosphorsäure bilden.

Die zahlreichen Sauerstoffsäuren des Phosphors unterscheiden sich sowohl in der Oxidationsstufe des Phosphors als auch in ihrem Wassergehalt. Sie haben die allg. Zusammensetzung H_3PO_n **(Ortho-säure)** oder HPO_{n-1} **(Meta-säure;** n = 2 – 5) und $H_4P_2O_n$ (n = 4 – 8). Daneben gibt es noch viele **Polyphosphorsäuren.** Von allen Phosphorsäuren sind die entsprechenden Salze bekannt. Die wichtige **(Ortho-)Phosphorsäure,** H_3PO_4, wird durch Umsetzung von Calciumphosphat mit Schwefelsäure oder durch Oxidation des bei der techn. Synthese (→Phosphor) entstehenden Phosphors zu Phosphorpentoxid und Lösen in Wasser erhalten. **Phosphorsäure,** H_3PO_4, bildet harte, geruchlose und in Wasser leicht lösl. Kristalle vom Schmelz-P. 42,3 °C. Im Handel ist meist eine 85 – 90%ige sirupöse (ungiftige) Lösung. Sie ist eine mittelstarke, dreibasige Säure, die primäre, sekundäre und tertiäre **Phosphate** bildet, die z. T. techn. Bedeutung haben (→Natriumverbindungen, →Phosphate, →Düngemittel, →Superphosphat). **Natriumammoniumhydrogenphosphat,** $NaNH_4HPO_4$, löst in geschmolzenem Zustand zahlreiche Metalloxide unter Bildung charakterist. Färbungen und dient zum Nachweis dieser Metalle **(Phosphorsalzperle).** Sie dient zur Vorprobe auf Metalle.

Phosphorit: gelbliche Kruste auf Dolomit (Staffel bei Limburg a. d. Lahn, Hessen)

Di-(Pyro-)phosphorsäure ist eine glasige, bei 61 °C schmelzende Masse, die beim Erhitzen oberhalb 300 °C über niedere Polyphosphorsäuren in die Metaphosphorsäure, $(HPO_3)_n$, übergeht (→Graham-Salz). – **Phosphorige Säure,** H_3PO_3, entsteht aus Phosphortrichlorid und Wasser als in reinem Zustand farblose, kristalline, wasserlösl. Masse vom Schmelz-P. 70,1 °C. Ihre Salze und Ester heißen **Phosphite.** – Aus weißem Phosphor und heißer Alkalilauge entsteht die **Phosphinsäure (Hypophosphorige Säure),** H_3PO_2, farblose, wasserlösl. Kristallblättchen vom Schmelz-P. 26,5 °C. Ihre Salze werden **Phosphinate (Hypophosphite)** genannt. Beide Säuren und ihre Salze sind starke Reduktionsmittel.

Mit den →Halogenen (X) bildet Phosphor versch. Verbindungen des Typs PX_3, PX_5, P_2X_4 und POX_3. **Phosphortrichlorid,** PCl_3, entsteht aus weißem Phosphor und Chlor als farblose, stark rauchende Flüssigkeit vom Siede-P. 75,9 °C. Mit einem Überschuß von Chlor entsteht **Phosphorpentachlorid,** PCl_5, eine weiße, sublimierbare Masse. Bei unvollständiger Hydrolyse des Phosphorpentachlorids entsteht **Phosphorylchlorid,** $POCl_3$, als farblose, bei 105,3 °C siedende Flüssigkeit. **Phosphortri-** und **-pentafluorid** sind farblose Gase. Durch Zusammenschmelzen von rotem Phosphor und Schwefel erhält man in Abhängigkeit von den Mengenverhältnissen verschiedene, meist gelbe, kristalline, in Schwefelkohlenstoff lösliche Phosphorsulfide, z. B. **Tetraphosphortrisulfid,** P_4S_3, Schmelz-P. 172 °C, das auch zur Herstellung von Zündhölzern dient. Aus Phosphorpentachlorid und Ammoniak entsteht **Phosphornitriddichlorid,** $PNCl_2$, das beim weiteren Erhitzen in hochpolymere Verbindungen mit kautschukartigen Eigenschaften (›anorgan. Kautschuk‹) übergeht. Es sind auch viele organ. P. bekannt, die teils esterartig gebundene, teils direkt mit Phosphoratomen verbundene organ. Reste enthalten. Einige sind wichtige →Insektizide und →Pflanzenschutzmittel. Die Phosphorwasserstoffe sind starke Stoffwechselgifte und rufen bes. Schädigungen von Leber und Niere hervor. Die als Pflanzenschutzmittel benutzten organ. Phosphorsäureester können über die Atemwege, den Magen-Darm-

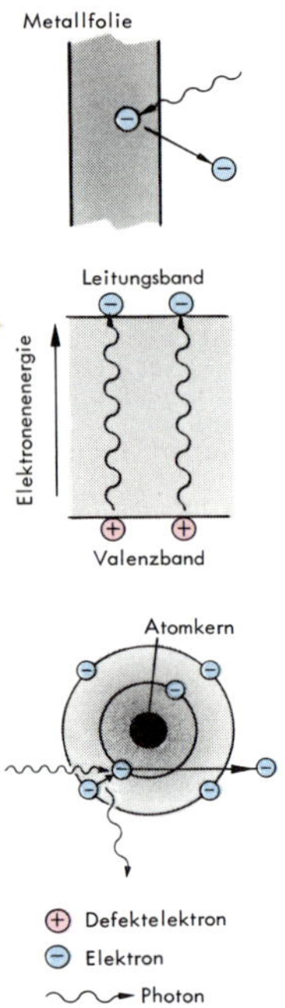

Photoeffekt:
OBEN äußerer P.,
MITTE innerer P.,
UNTEN atomarer P.

Kanal und durch die Haut in den Organismus gelangen. Sie verursachen schwere Krankheitserscheinungen.

Phosphorylase, Enzym, das durch Abbau der Glucose-Speicherform → Glykogen zur Aufrechterhaltung der Blutglucose-Konzentration **(Leber-P.)** und zur Bereitstellung von Muskelenergie **(Muskel-P.)** beiträgt.

Phosphorylierung, i. a. Einführung von Phosphor in eine organ. Verbindung; i. e. S. die Einführung der Atomgruppe $(HO)_2P(O)O-$ in Alkohole und Amine, bes. bedeutend in der Biochemie.

Phosphuranylit-Gruppe, → Uranglimmer.

Phot, Einheitenzeichen **ph,** nicht gesetzl. Einheit der → spezifischen Lichtausstrahlung; 1 ph = 1 lm/cm^2.

Photochemie, Lehre von den durch elektromagnet. Strahlung (ultraviolettes, sichtbares oder infrarotes Licht) ausgelösten chemischen Reaktionen; der Aufbau von Stoffen heißt **Photosynthese,** der Abbau **Photolyse.** In der P. besteht die Primärreaktion stets in einer Absorption von Licht, wodurch die Moleküle oder Atome in einen angeregten Zustand überführt werden. Die anschließenden Sekundärreaktionen unterscheiden sich nicht prinzipiell von den thermischen Umsetzungen. – Ein modernes Teilgebiet der P. ist die → Laserchemie.

photochromes Glas, → phototropes Glas.

Photochromie, Bez. für Vorgänge bei best. chem. Verbindungen, bei denen durch Einwirkung von Licht eintretende stoffl. Umsetzungen zu reversiblen Farbänderungen führen; nutzbar für photograph. Verfahren und zur Informationsspeicherung.

Photodetektoren, Photoempfänger, Lichtdetektoren, optisch-elektrische Wandler, Bauelemente der → Optoelektronik, die eine auftreffende elektromagnet. Strahlung (ultravioletter, sichtbarer, infraroter Bereich) in elektr. Signale umwandeln. Eine Einteilung der P. ist nach der Art des in dem Detektor ausgenutzten → Photoeffekts möglich:

1) P. mit äußerem Photoeffekt; Elektronen werden durch Photonenanregung aus dem Festkörper herausgeschlagen, z. B. → Photozelle, Photo-Multiplier, Röhrendiode.

2) P. mit innerem Photoeffekt; Ladungsträger werden durch Photonen aus dem Valenzband in das Leitungsband gebracht, z. B. beim → Photowiderstand.

Bes. wichtig sind die Halbleiter-P. mit Sperrschicht, bei denen die Ladungsträger durch Lichtabsorption innerhalb einer Sperrschicht erzeugt werden, z. B. → Photodiode, → Photoelement, → Phototransistor, → Solarzelle.

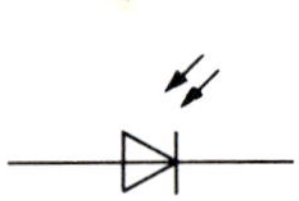

Photodiode

Photodiode, Halbleiterdiode (→ Diode), deren Sperrstrom (Photostrom) unter Lichteinwirkung ansteigt. Ohne Lichteinfall fließt nur ein sehr geringer Dunkelstrom. I. Ggs. zum → Photoelement wird die P. mit einer von außen angelegten Spannung in Sperrichtung betrieben. Anwendung: Wegen des linearen Zusammenhangs zw. Sperrstrom und Beleuchtungsstärke bes. für meßtechn. Aufgaben (z. B. in der Photographie) geeignet.

Photo|effekt, lichtelektrischer Effekt, photoelektrischer Effekt, ein quantenmechan. Vorgang, bei dem durch die Einwirkung von Licht Atomelektronen aus ihrem Bindungszustand losgelöst und für den elektr. Ladungstransport verfügbar werden. Der **äußere P. (Hallwachs-Effekt)** wird z. B. beobachtet, wenn ultraviolettes Licht auf eine Zinkplatte fällt: Von der Metallplatte gehen Elektronen **(Photoelektronen)** aus **(Photoemission),** die in einem elektr. Feld beschleunigt werden und einen Strom erzeugen können. Derselbe Effekt tritt auf, wenn im Hochvakuum Metallelektroden mit dünnen Überzügen aus Alkalimetall von sichtbarem Licht getroffen werden (→ Photozelle). – PH. LENARD beobachtete 1902, daß die kinet. Energie W_k der Photoelektronen unabhängig von der Intensität der einfallenden Strahlung ist, aber proportional mit deren Frequenz ν zunimmt. Auf der Grundlage der Wellentheorie des Lichts ist dieser Zusammenhang nicht zu erklären. Er wurde verständlich, als A. EINSTEIN 1905 postulierte, daß Licht aus Teilchen, den Photonen, der Energie $h\nu$ (h = Plancksches Wirkungsquantum) besteht. Aus diesem Postulat ergibt sich für die aus dem Metall ausgelösten Photoelektronen eine kinet. Energie $W_k = h\nu - A$ **(photoelektr. Gesetz, Einsteinsches Gesetz).** Die Austrittsarbeit A ist eine für das verwendete Metall charakterist. Größe und stellt ein Maß für die Bindung der Elektronen im Metall dar. Ist die Energie $h\nu$ kleiner als A, so tritt kein äußerer P. auf (langwellige Grenze des P.). Um mit sichtbarem und infrarotem Licht einen P. zu erhalten, sind Stoffe mit kleiner Austrittsarbeit zu verwenden (Alkalimetalle oder bes. präparierte Cäsiumoxidschichten).

Andere P. treten auf, wenn elektromagnet. Wellen best. Kristalle (Zinksulfid, Diamant, Cadmiumsulfid) treffen, die im Dunkeln sehr gute Isolatoren sind. Durch die Bestrahlung wird einzelnen Kristallelektronen Energie zugeführt, die ihnen erlaubt, sich nun fast wie freie Teilchen im Kristallverband zu bewegen **(innerer P.).** Dadurch erhält der Isolator plötzlich eine kleine elektr. Leitfähigkeit, die z. B. zum Strahlungsnachweis dienen kann (→ Kristallzähler). Auch für den inneren P. gilt das Einsteinsche Gesetz. Die Austrittsarbeit ist hier durch die Größe der Energiedifferenz ΔE zw. Bindungszustand (Valenzband) und ›fast freiem‹ Zustand (Leitungsband) zu ersetzen. Da in einigen Halbleitern, z. B. Bleisulfid, ΔE sehr klein ist, sind diese als infrarote Strahlungsempfänger von großer Bedeutung.

Bestrahlt man Sperrschichten in Halbleitern, so tritt der **Sperrschicht-P. (photovolta|ischer Effekt)** auf, der zu einer Photospannung an der Sperrschicht führt (→ Photodetektoren). Man kann damit auch einen Stromfluß erreichen, ohne eine äußere elektr. Spannung anlegen zu müssen, wie es bei dem äußeren und inneren P. erforderlich ist. Damit gelingt die direkte Umwandlung von Lichtenergie in elektr. Energie (→ Photoelement).

Bei der Bestrahlung einiger Kristalle (z. B. CuO, ZnS) tritt der **Kristall-P. (Dember-Effekt)** auf. Durch die Lichtabsorption im Kristall ändert sich die Konzentration der durch den inneren P. freigesetzten Elektronen längs des Lichtweges (maximale Konzentration an der Eintrittsfläche). Durch das Konzentrationsgefälle der Elektronen treten Diffusionserscheinungen in Lichtrichtung auf, die zur Ausbildung einer Photospannung führen.

I. w. S. versteht man unter P. die Wechselwirkung von Photonen (des gesamten elektromagnet. Spektrums) mit Materie, z. B. wird beim **atomaren P. (Photo|ionisation)** ein Licht-, Röntgen- oder γ-Quant durch die Elektronenhülle eines freien Atoms vollständig absorbiert, wobei die Photonenenergie auf ein Elektron übergeht, das die Atomhülle verläßt. – Sehr harte Gammastrahlung kann den → Kernphotoeffekt auslösen. – Beim **Becquerel-Effekt** [bɛkr'ɛl-] treten Potentialdifferenzen zw. zwei gleichen Elektroden auf, die in einen Elektrolyten eintauchen, wenn eine von ihnen belichtet wird.

photo|elektromagnetischer Effekt, Abk. **PEM-Effekt,** tritt in Halbleitern bei Lichteinstrahlung auf, wenn senkrecht zum Lichtstrom ein Magnetfeld angelegt ist. Der durch den Dember-Effekt (→ Photoeffekt) ins Innere fließende Diffusionsstrom der Elektronen und Defektelektronen wird durch das Magnetfeld in entgegengesetzter Richtung abgelenkt. So bildet sich senkrecht zum Magnetfeld und senkrecht zum Lichtstrom ein Spannungsunterschied aus. Es liegt damit ein Hall-Effekt **(Photo-Hall-Effekt)** vor, der verursacht wird von den durch Photoeffekt erzeugten freien Ladungsträgern.

Photo|elektronenspektroskopie, → ESCA.

Photo|element, aus Halbleitermaterial bestehendes optoelektron. Bauelement, das bei Lichteinstrahlung eine elektr. Spannung abgibt. I. Ggs. zur → Photodiode benötigt das P. keine von außen angelegte Spannung, sondern erzeugt selbst auf Grund der durch die Beleuchtung hervorgerufenen Photospannung einen im Außenkreis fließenden Strom. P. können (wie ein Generator) elektr. Leistung an einen Verbraucher abgeben. Das P. stellt also einen Energiewandler zw. Licht- und elektr. Energie dar. Anwendungen: als → Solarzelle zur Stromversorgung, außerdem in der Meß-, Steuer- und Regelungstechnik.

Photo|emission, der äußere → Photoeffekt.

Photogeologie, Luftbildgeologie, A|erogeologie, geolog. Auswertung von Luft- und Satellitenbildern für geolog. Kartierungen und zur Lagerstättenprospektion. Sie erlaubt Aussagen über Schichtenverlauf und -lagerung, Tektonik und Faltenstruktur.

Photogrammetrie, Bildmessung; Wissenschaft und Technik der Aufnahme und Auswertung urspr. nur photographisch aufgezeichneter Meßbilder zur Bestimmung von Beschaffenheit, Form, Größe oder Lage beliebiger Objekte. Heute erfährt die P. eine bedeutende Ausweitung (→ Fernerkundung) dank neuartiger Bildaufnahmegeräte und der digitalen Bildverarbeitung als Folge der neuen Möglichkeiten von → Optoelektronik, Computertechnik und digitalen Massenspeichern.

Aufnahmeverfahren. Als Träger der Informationen zw. den aufzunehmenden Objekten und ihren Bildern nutzte man urspr. nur den sichtbaren Teil des elektromagnet. Spektrums, später auch das nahe Infrarot. Heute werden weitere Bereiche des Infraroten sowie Mikrowellen verwendet, die zur Bildaufzeichnung neue Geräte erfordern: Infrarot- und Multispektral-Zeilenabtaster, Seitensicht-Radar u. a. Für Unterwasseraufnahmen des Meeresbodens dient Ultraschall mit der Bildaufzeichnung nach dem Seitensicht-Sonar-Verfahren. Bildträger sind meist hochwertige photograph. Materialien; die neueren Sensoren verwenden auch Digital-Datenträger (z. B. Magnetbänder).

Photogrammetrie: Schema eines Doppelprojektors

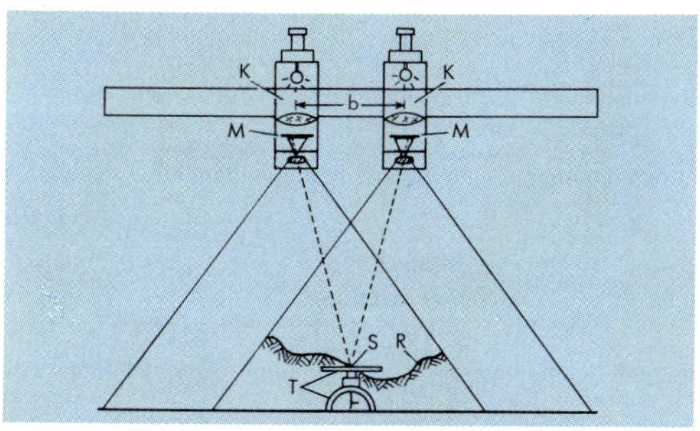

Die Aufnahmen werden vom Erdboden, Flugzeug, von Erdsatelliten und Weltraumsonden aus vorgenommen (Erdbildmessung, Aerophotogrammetrie, → Luftbild). Aufnahmegeräte der Erdbildmessung sind meist Phototheodolite oder Stereo-Meßkammern, der Luftbildmessung Reihenmeßkammern (→ Meßkammer).

Die Auswerteverfahren der P. bestehen aus Meß- und Verarbeitungsprozessen mit Hilfe von Geräten sowie aus Verfahren der Ergebnisdarstellung, meist in graph., photograph. oder digitaler Form. Je nach Zielen und Genauigkeitsanforderungen können im Aufwand abgestufte Verfahren eingesetzt werden: vom einfachen graph. Prozeß bis zu aufwendigen, sehr schnellen numer. Verfahren, neuerdings auch die digitale Bildverarbeitung. Die Verfahren werden zunehmend durch Automation geprägt (Computer- und Digitaltechnik).

Im Prinzip basieren die Auswertungsprozesse auf einer Rekonstruktion der Abbildungsstrahlen im Zeitpunkt der Aufnahme; dies ist mit Meßbildern stets möglich. Bei der Erd- und Luftbildmessung werden je nach Anzahl der verwendeten Bilder, auf denen ein bestimmtes Objekt erscheint, die Verfahren der Einbild-, Zweibild- und Mehrbildmessung unterschieden. Die **Einbildmessung** wird bevorzugt für die Auswertung ebener Objekte (ebenes Gelände, Fassaden u. a.) eingesetzt. Zur instrumentellen Durchführung werden Entzerrungsgeräte (→ Entzerrung 2) benutzt, die Entzerrung einzelner Bilder nicht ebener Objekte ist durch das → Orthophoto-Verfahren möglich. Die **Zweibildmessung** setzt zwei Aufnahmen des betreffenden Objektes von unterschiedl. Aufnahmeorten voraus. Sie ermöglicht durch graph., mechan., opt., elektron. oder numer. Zuordnung korrespondierender Punkte der Meßbilder eine räuml. Rekonstruktion des Objektes. Die meistangewandte Form der Zweibildmessung und der P. überhaupt ist die **Stereophotogrammetrie** (Raumbildmessung), bei der die Achsen der benutzten Meßkammern möglichst parallel ausgerichtet werden. Die Anordnung ermöglicht die räuml. Betrachtung des Bildpaares mit einem Stereoskop. Für die Ausmessung von Doppelbildern stehen die **Doppelbildauswertegeräte** zur Verfügung. Am häufigsten ist heute noch der Gerätetyp, der die korrespondierenden Aufnahmestrahlen zweier Meßbilder auf opt. oder mechan. Weg nachbildet. Sie erlauben es, die Meßbilder linienweise zu Grundriß- und Höhendarstellungen der aufgenommenen Objekte auszuwerten (BILD): Die beiden Meßbilder (M) eines Bildpaares werden in Projektoren eingelegt und von der Rückseite mit einem Kondensor (K) in den Dingraum projiziert. Entspricht die räuml. Lage der Projektoren den Verhältnissen im Augenblick der Aufnahme, so schneiden sich die zu einem Objektpunkt (S) gehörigen Projektionsstrahlen im Raum. Mit Hilfe eines Meßtischchens (T) kann dann die Höhe bestimmt und der Grundriß kartiert werden. Die Gesamtheit der Strahlenschnitte liefert ein

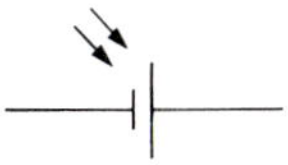

Photoelement

Photographie 1—4

1

2

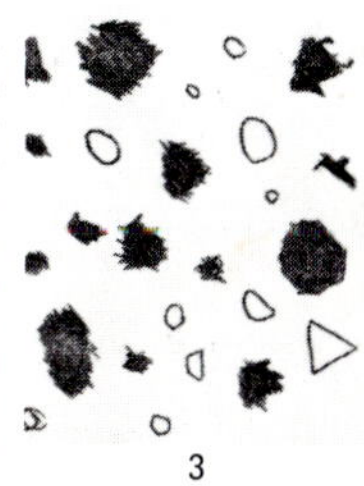

3

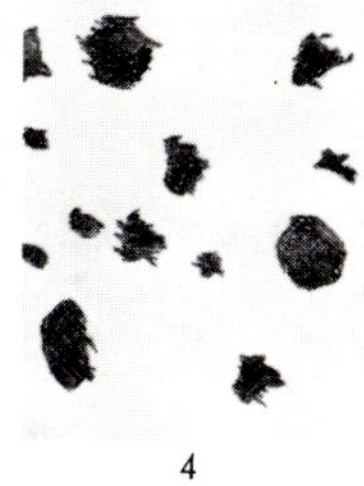

4

Photographie 1—4: Physikalische und chemische Grundlagen. Photographischer Elementarprozeß (schematisch, etwa in 3000facher Vergr.). **1** Unbelichtete, hochempfindliche Schicht. Sie enthält Körner verschiedener Form und Größe. **2** Belichtete Schicht. In einzelnen Körnern haben sich ein oder mehrere Keime gebildet (hier durch Punkte dargestellt), die Ansatzstellen für die Entwicklung des ganzen Korns. **3** Entwickeln. Körner, die bei der Belichtung Keime erhielten, werden durch Entwicklerlösung zu metallischem Silber reduziert und sehen infolge der feinen Verteilung des ausgeschiedenen Silbers schwarz aus. **4** Fixieren. Nichtentwickelte Bromsilberkristalle werden durch das Fixierbad aufgelöst und dann durch Wässern entfernt

maßstäbliches Raummodell (R) des aufgenommenen Objekts.

Die **analytische P.** genannte rechner. Auswertung geht von der punktweisen Ausmessung der linearen Bildkoordinaten an einem Bildmeßgerät aus. Sie löst alle Probleme der Einbild-, Doppelbild- oder Mehrbildmessung auf mathematisch-numer. Weg und liefert die genauesten Auswerteergebnisse. Wichtigste Verfahren der **Mehrbildmessung** stellen die →Aerotriangulationen dar.

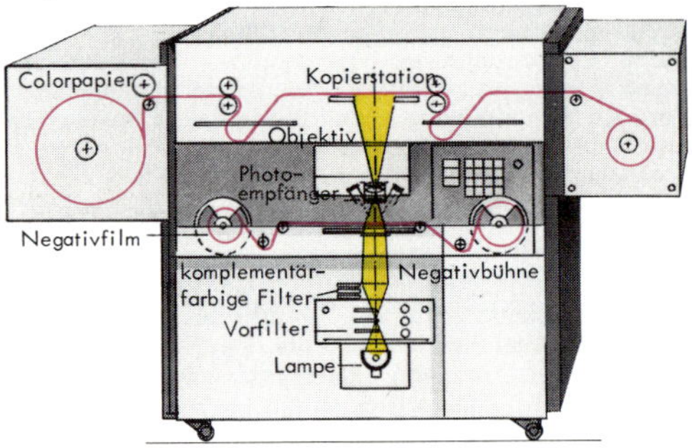

Photographie 5:
Kopierstation (Printer), schematisch dargestellt

Bilder der neueren Sensoren werden in der P. und Fernerkundung in zunehmendem Maß nach Verfahren der **digitalen Bildverarbeitung** ausgewertet. Sie umfassen im wesentl. die Elemente der geometr. Verarbeitung (Entzerrung, Umbildung u. ä.), der radiometr. Korrektur (z. B. aus Eichdaten des Sensors), der Manipulation der Bildschwärzungen oder -farben (durch Filterungen, Farbkodierungen u. a.). Auch Computer-Interpretationen nach sogenannten Klassifizierungsverfahren sind möglich.

Anwendungsgebiete. Das Luftbild und seine Auswertung zu Karten beliebiger Maßstäbe für die Zwecke der Landesvermessung (→Kartographie), der Landes- und Städteplanung sowie des Ingenieurwesens stehen auch heute im Mittelpunkt der Anwendungen der P., oft auch die Grundlagen für Folgearbeiten (Flächen- und Erdmassenberechnungen, Trassierung von Verkehrswegen u. a.). Methoden der P. werden angewandt in der Wolkenmessung, in der Röntgenmedizin oder der Elektronenmikroskopie. Oft ist der dokumentar. Wert der Aufnahmen von großer Bedeutung (Archäologie, Erfassung von Bauwerken, Hochwasserständen, Unfällen u. a.). Anwendungen der neueren Sensoren finden sich v. a. in den Wissensgebieten, die sich der Umwelterfassung und -kontrolle widmen (Geowissenschaften, Ökologie, Meteorologie, Vegetationskunde, Rohstoffexploration u. a.).

R. Finsterwalder u. W. Hofmann: P. ([3]1968); G. Lehmann: P. ([3]1969); W. Jordan u. a.: Hb. der Vermessungskunde, 3a: P., hg. v. K. Rinner u. R. Burkhardt ([10]1972); Manual of remote sensing, hg. v. d. American Society of Photogrammetry, 2 Bde. (Washington 1975); K. Schwidefsky u. F. Ackermann: P. ([7]1976); W. Rüger u. a.: P., Verfahren u. Geräte ([4]1978); Photogrammetrisches Tb., hg. v. J. Albertz u. W. Kreiling ([3]1980).

Photographie, die Gesamtheit der Verfahren, Beschäftigung und Geräte zur Herstellung dauerhafter Abbildungen von beliebigen Objekten durch Einwirkung von Strahlung (i. w. S. Ultraviolett-, Infrarot-, Röntgen-, Elektronen-, Ionen, Gammastrahlen, i. e. S. sichtbares Licht) auf Schichten, deren physikal. oder chem. Eigenschaften unter dieser Energieeinwirkung verändert wer-

Photographie 6: OBEN Schema der Filmherstellung; UNTEN Entstehung einer photograph. Schwarz-Weiß-Aufnahme (schematisch)

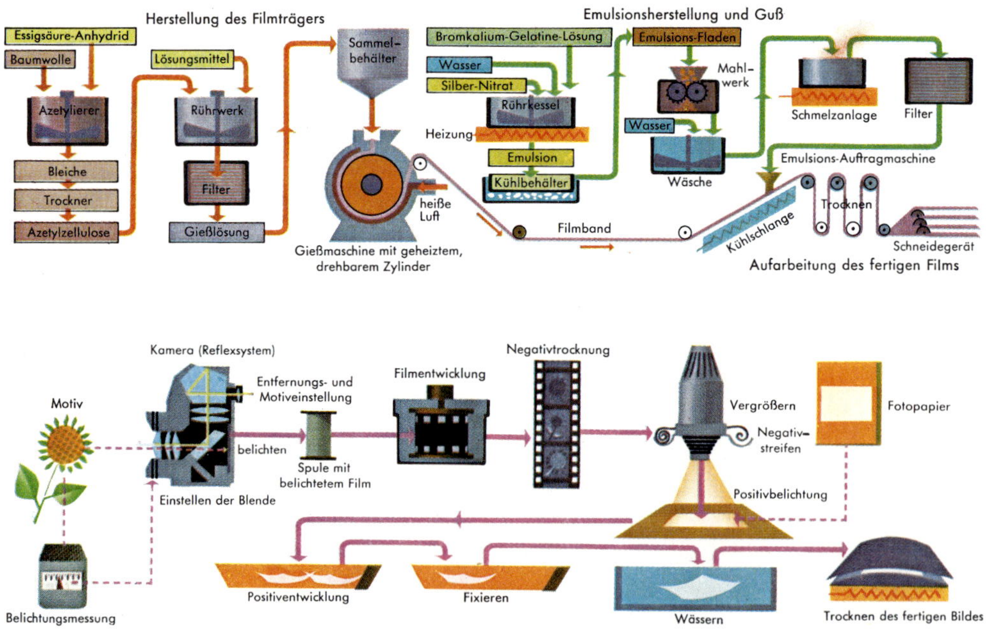

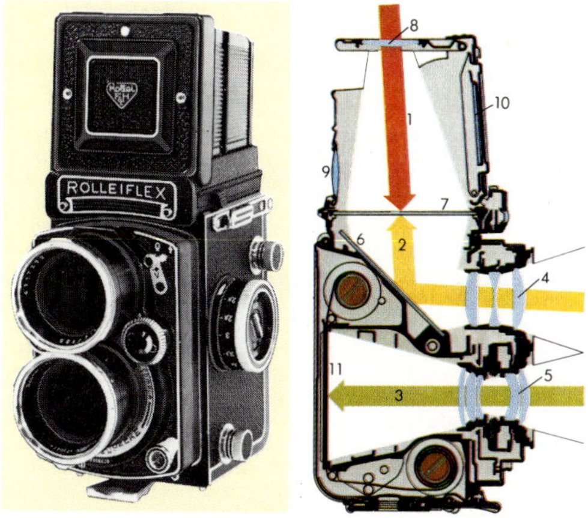

Photographie 7:
Zweiäugige Spiegelreflexkamera: LINKS Tele-Rolleiflex (Objektiv: C. Zeiss Sonnar, fünflinsig, 1:4/135 mm). RECHTS Schnittzeichnung der Rolleiflex: 1 Einblick in den Lichtschacht (rot), 2 Sucherbild-Strahlengang (gelb), 3 bilderzeugender Strahlengang (grün), 4 Sucherobjektiv, 5 Aufnahmeobjektiv, 6 Reflexspiegel, 7 Sucherbildebene, 8 und 9 Sucherokulare, 10 Reflexspiegel, 11 Bildebene

den; auch das dadurch erzeugte Bild (i. e. S. **Lichtbild, Photo)** selbst. Man unterscheidet die **wissenschaftl. P.**, die sich jeweils mit der Theorie und Erforschung der spektralen Sensibilisierung, des photograph. Elementarprozesses, der Entwicklung, der Schärfe, der Farbwiedergabe u. a. befaßt, und die **angewandte P.**, die ihre Anwendung in Kunst, Wissenschaft und Technik zum Gegenstand hat.

PHYSIKALISCHE UND CHEMISCHE GRUNDLAGEN

Wenn auch für spezielle Zwecke andere lichtempfindl. Materialien verwendet werden (→ Diazotypie-Verfahren, → Elektrophotographie, → Lichtpause, → Photolacke, → Reproduktionstechnik, → Vesikularverfahren), so spielen für die P. die Silberhalogenide (Silberbromid, Silberchlorid, Silberjodid) wegen ihrer hohen Lichtempfindlichkeit noch immer die wichtigste Rolle. Die auf einem Glas- oder Kunststoffträger (photograph. Platte oder Film) befindl. lichtempfindl. Schicht, die aus einer festen Suspension (→ Emulsion) von feinsten Silberhalogenidkörnern in einem Schutzkolloid (heute meist Gelatine) besteht, wird i. a. in einer Stehbild- oder Filmkamera belichtet, wobei mit Hilfe eines photograph. Objektivs das Bild des Aufnahmegegenstandes auf die lichtempfindl. Schicht optisch abgebildet wird. Die einfallenden Lichtquanten spalten aus den Halogenidionen Elektronen ab, die Silberionen zu Silberatomen reduzieren können. Wenn an einer Stelle eines Silberhalogenidkristalls eine best. Mindestanzahl von Silberatomen entstanden ist, bilden diese einen ›Keim‹ (→ latentes Bild), an dem der Entwickler angreifen und den ganzen Kristall zu metall., in der feinen Verteilung schwarz erscheinendem Silber reduzieren kann. Das nach der Entwicklung entstandene Negativ, das an den Stellen intensivster Belichtung die stärkste Schwärzung aufweist, wird durch Herauslösen des unbelichteten Silberhalogenids fixiert und lichtunempfindlich gemacht. Durch → Kopieren 1) erhält man vom Negativ- ein Positivbild. (Weitere BILDER S. 79, S. 85)

PHOTOGRAPHISCHES MATERIAL

Man unterscheidet je nach der Unterlage für die lichtempfindl. Schicht photograph. Platten, Filme und Papiere. Glasplatten als Träger sind heute bis auf Spezialanwendungen, bei denen es auf höchste Maßhaltigkeit und Planlage ankommt, vom → Film 2) verdrängt. Auf den Platten und Filmen befindet sich eine Haftschicht, die eine ausreichende Verbindung zw. Unterlage und lichtempfindl. Schicht gewährleistet und ein ›Abschwimmen‹ letzterer in den Verarbeitungsbädern verhindert. Papierträger sind mit einer Barytschicht (Bariumsulfat) oder einer Polyäthylenkaschierung versehen. Die photograph. Materialien können ferner mit Schutzschichten gegen Verkratzen oder leitfähigen Schichten zur Verhinderung elektrostat. Aufladung (›Verblitzen‹) versehen werden. (→ Auflösungsvermögen, → Belichtung, → Lichtempfindlichkeit, → Gradation 2, → Schwärzung, → Sensibilisierung)

ENTWICKLUNG

Im photograph. Entwicklerbad werden die belichteten, Entwicklungskeime aufweisenden Silberhalogenidkörner zu schwarzem Silber reduziert. Je nach Verwendungszweck haben sich verschiedene Entwicklertypen herausgebildet: Schnell-, Feinkorn-, Ausgleichs-Entwickler, steil arbeitende Entwickler u. a. Die Entwickler bestehen aus einer wäßrig-alkal. Lösung mit den wesentl. Bestandteilen: Kalium- oder Natriumhydroxid oder Kalium- oder Natriumcarbonat oder -borat als Alkali; 1-Phenyl-3-pyrazolidon (Phenidon) oder Benzolderivate mit Hydroxyl- und/oder Aminogruppen in o- oder p-Stellung als Reduktionsmittel (›Entwicklersubstanzen‹), z. B. Hydrochinon, Metol, Brenzcatechin, Pyrogallol oder (im Farbentwickler) p-Phenylendiaminderivate; Sulfit als Schutz vor

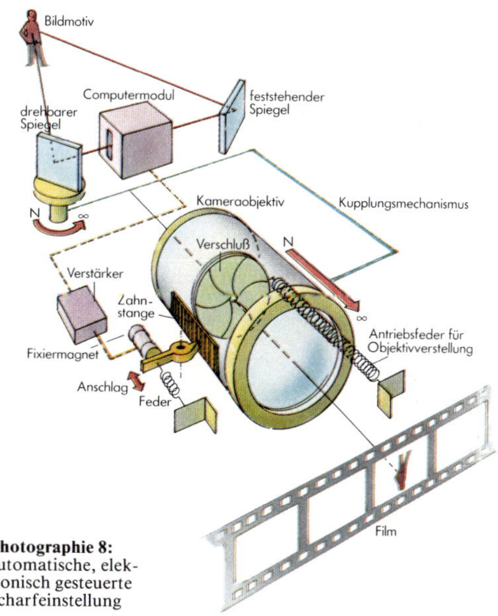

Photographie 8:
automatische, elektronisch gesteuerte Scharfeinstellung

der Oxidation des Entwicklers durch Luftsauerstoff; Kaliumbromid zur Verzögerung der Reduzierung von unbelichtetem Silberhalogenid (Antischleiermittel). Bei der

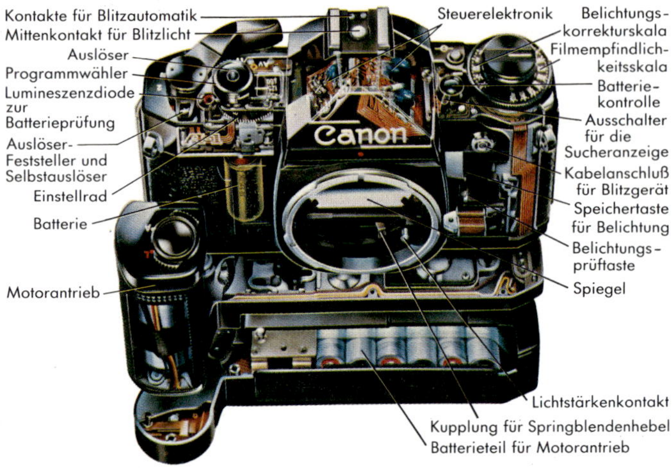

Photographie 9:
Teilschnitt durch eine Spiegelreflexkamera ohne Objektiv

→ Umkehrentwicklung wird das bei der Erstentwicklung entstandene negative Bildsilber in einem Bleichbad oxidiert und gelöst und das restl. Silberhalogenid nach einer diffusen Belichtung in einem Zweitentwickler zu einem Positiv entwickelt. Zur Herstellung von **Farbbildern** wird die Entwicklung in Gegenwart von Farbkupplern durchgeführt, welche in den belichteten Bereichen mit den bei der Reduktion des Silberhalogenids entstandenen Entwickleroxidationsprodukten zu Bildfarbstoffen kuppeln (chromogene Entwicklung, → Farbphotographie).

Bei der **physikal. Entwicklung** stammen die Silbersalze, die nach ihrer Reduktion das Bildsilber ergeben, nicht aus der bildaufbauenden Schicht, sondern aus der Entwicklerlösung. Die im Entwickler gelösten Silbersalze scheiden sich in der bildaufbauenden Schicht an Entwicklungskeimen nieder (→ Diffusionskopierverfahren).

PHOTOGRAPHISCHES LABOR

Entwicklungs- und Kopieranstalten verfügen meist über automatisierte Labors. In **Durchlaufentwicklungsmaschinen** werden z. B. je Stunde rd. 1 000 Farbnegativfilme entwickelt und getrocknet. Im anschließenden **Printer** werden ebenfalls automatisch die Papierkopien hergestellt, rd. 7 000 Bilder je Stunde. Zur Ausrüstung einer auf die Bedürfnisse des Amateurs abgestimmten → Dunkelkammer gehören u. a. ein → Vergrößerungsapparat für Schwarz-Weiß- und/oder Farbabzüge, eine Zeituhr, Entwicklungsdosen, -trommeln, Kunststoffschalen für verschiedene Bäder, Chemikalien, Photopapiere u. a. Hilfsmittel je nach Art der Arbeiten und Anforderungen an die Ergebnisse.

PHOTOGRAPHISCHE KAMERAS

Der **Photoapparat (Stehbildkamera)** hält nach dem Prinzip der → Camera obscura das von einem opt. System erzeugte reelle Bild auf einer lichtempfindl. Schicht fest. Er besteht im wesentlichen aus einem lichtdichten Gehäuse, aus Bildbühne, Aufbewahrungs- und ggf. Transportvorrichtung für das lichtempfindl. Material (Platte, Film), Objektiv, Blende, Verschluß und einer Einrichtung zur Motivbeobachtung (Sucher, Einstellscheibe, meist Mattscheibe). Zur Scharfeinstellung wird die Bildweite (Entfernung zw. Objektiv und Film) bei der **Balgenkamera** durch einen ausziehbaren Balgen, bei der **Tubuskamera** durch Verschieben der Brennebene des Objektivs verändert (außer bei **Fixfocuskameras,** d. h. solchen mit unveränderl. Brennweite). Zwischen (selten vor oder hinter) den Linsen des Objektivs ist eine → Blende 1) angebracht, die die wirksame Linsenfläche begrenzt (→ Öffnungsverhältnis). Der → Verschluß ist als Zentralverschluß im Objektiv, bei Kameras mit Wechselobjektiven meist als Hinterlinsenverschluß (Schlitzverschluß) konstruiert. Zur Bildbetrachtung und Entfernungseinstellung wird das aufzunehmende Objekt entweder unmittelbar durch einen → Sucher betrachtet **(Sucherkamera),** oder man beobachtet ein auf einer Mattscheibe erzeugtes reelles Bild des Aufnahmegegenstands **(Mattscheibenkamera,** meist großformatig). Bei **einäugigen Spiegelreflexkameras** ist zw. Objektiv und Einstellscheibe ein bewegl. Spiegel eingebaut, der im Moment der Aufnahme hochklappt. **Zweiäugige Spiegelreflexkameras** haben ein eigenes, mit dem Aufnahmeobjektiv gekoppeltes Sucherobjektiv und einen starren Spiegel. Bei Sucherkameras muß die einzustellende Entfernung geschätzt oder mit Hilfe eines Entfernungsmessers (→ Entfernungsmessung) bestimmt werden. Im Unterschied zu den heute vorherrschenden starren Kameragehäusen ist das der **Klapp-** und **Springkameras** einklappbar. Zur Ermittlung der richtigen Belichtungszeit dient meist ein → Belichtungsmesser, häufig auch die → Belichtungsautomatik. Diese gehört zur elektron. Ausrüstung, die sich zunehmend auch auf andere Funktionen erstreckt, z. B. auf die automat. Entfernungseinstellung. Dieses auch **Autofocus** genannte Prinzip beruht meist auf einem Doppelbildsystem. Im Augenblick der Verschlußauslösung werden die beiden Bilder über einen feststehenden und einen bewegl. Spiegel auf einen lichtempfindl. Halbleitersensor (→ CCD) geleitet. Aus den ihm zugeleiteten elektr. Impulsen ermittelt der Mikrocomputer die Bildschärfe und bestimmt die Entfernung. Die Autofocus-Einstellung des Objektivs wird in kürzester Zeit mit Hilfe eines Elektromagneten fixiert. Es gibt auch andere Autofocussysteme, die auf Ultraschall- oder Infrarotbasis arbeiten.

Photographie 10:
Sucherkamera für Kleinbildformat (Kompaktkamera)

Weitere Zusatzeinrichtungen zu elektronisch gesteuerten Kameras sind der **Winder** [w'aındə, engl.] zum motorischen Filmtransport, die **Datenrückwand** zur zusätzl. Belichtung des Films mit den gewünschten Angaben (z. B. Datum der Aufnahme), an die Elektronik des Kamerasystems angepaßte → Elektronenblitzgeräte u. a.

Die Kameras werden nach dem Aufnahmeformat ge-

Photographie 11: Pocketkamera AGFAMATIC tele pocket mit 2 eingebauten Objektiven

wöhnlich eingeteilt in: 1) **Großformatkameras (Großbildkameras)** in Form von Balgenkameras, überwiegend für professionelle Zwecke; häufigste Formate 6,5 × 9, 9 × 12 oder 18 × 24 cm. 2) **Mittelformatkameras** im Format ab 4 × 4 cm (meist 6 × 6, 6 × 7 oder 5,6 × 7,2 cm). 3) **Kleinbildkameras,** mit den Formaten 24 × 36, 24 × 24 oder 18 × 24 mm. Aufnahmematerial ist perforierter Kinefilm in Patronen oder in Kassetten 126 (28 × 28 mm), die kein Einfädeln und Rückspulen erfordern. **Kleinbild-Sucherkameras,** wegen ihrer gedrängten Bauweise auch **Kompaktkameras** genannt, ermöglichen heute einfachste Bedienung (Blenden- und/oder Belichtungsautomatik, z. T. automat. Entfernungseinstellung). **Systemkameras** (Format meist 24 × 36 mm) werden wegen des vielseitigen Zubehörs (v. a. Wechselobjektive) für gehobene Ansprüche verwendet. 4) **Kleinstbildkameras** mit den Formaten 8 × 11 (Minox) oder 13 × 17 mm (Pocket 110). Bes. die **Pocketkameras** (mit einfachem Fixfocus-Objektiv oder neuerdings z. T. mit Mehrfach- oder Wechselobjektiven und Spiegelreflexsystem) haben sich beim Amateur stark verbreitet. 5) Die neu entwickelte **Disc-Kamera** verwendet keinen Rollfilm mehr, sondern eine 5,5 mm dicke Kassette, die eine Filmscheibe (Disc) enthält. Auf dieser Scheibe befinden sich kreisförmig angeordnet 15 Filmnegative im Format 8 × 10,5 mm. Verwendet wird ein verbesserter Farbfilm mit einer Empfindlichkeit von 24 DIN, entsprechend 200 ASA. Des weiteren befinden sich eine Reihe von Nummern, Codes und Markierungen auf der Kunststoffscheibe sowie eine Magnetschicht zur Speicherung von Nachbestelldaten. 6) **Sofortbildkameras** sind Sucher- oder Spiegelreflexkameras für verschiedene Mittel- oder Großformate (→ Sofortbildphotographie). 7) **Spezialkameras** sind z. B. die Stereo-, Panorama-, Luftbild-, Unterwasser-, Reproduktions- (BILD Reproduktionstechnik) oder Dreifarbenkameras (Strahlenteilerkamera, → Farbphotographie). 8) Vollelektronisch arbeitet eine neuartige vom japan. Hersteller als **Video-Einzelbildkamera** bezeichnete Kleinbildkamera, die äußerlich kaum von herkömml. Spiegelreflexkameras zu unterscheiden ist. Der Aufnahmeablauf und das Aufnahmematerial weichen jedoch grundsätzlich vom photograph. Verfahren ab. Ein Teil des durch das Objektiv fallenden Lichts wird durch einen Strahlenteiler zum opt. Sucher gelenkt, der andere Teil trifft auf einen Halbleitersensor (→ CCD), der das Licht in elektr. Signale umwandelt. Eine elektron. Schaltung bereitet die Informationen auf, so daß sie auf einer Magnetscheibe in Kassette aufgezeichnet werden können. Eine Magnetscheibe faßt 50 Aufnahmen, die mit Hilfe eines normalen Farbfernsehgerätes und eines besonderen Abspielgerätes sichtbar gemacht werden.

Über Filmkamera (Laufbildkamera): → Film 3).

PHOTOGRAPHISCHE OBJEKTIVE

Das → Objektiv bildet den Aufnahmegegenstand auf die Ebene der lichtempfindl. Schicht ab. Die Brennweite (Entfernung zw. Objektivhauptebene und Filmebene bei ∞) entspricht bei **Normal-(Standard-)Objektiven** meist etwa der Diagonalen des Bildformates (bei Kleinbildkameras etwa 45 – 75 mm, Bildwinkel 50 – 35°). Einen größeren Bildwinkel erfaßt man mit **Weitwinkelobjektiven:** 60 – 140° bei Brennweiten von 35 – 16 mm. **Superweitwinkel-(Fischaugen-** oder **Fish-Eye-**[f'ɪʃaɪ-]**)Objektive,** die alle nicht zur opt. Achse parallelen Geraden als Kreisbögen abbilden, erreichen Bildwinkel bis zu 220° bei etwa 6 mm Brennweite. Eine verbindl. Abgrenzung zw. Weitwinkel-, Superweitwinkel- und Fischaugenobjektiv gibt es nicht. Zur vergrößerten Abbildung weit entfernter Gegenstände verwendet man **Teleobjektive** mit Brennweiten von 85 – 2000 mm und Bildwinkeln von 30 – 2° (Angaben jeweils für Kleinbildkameras). Zur Brennweitenverlängerung dienen auch → Konverter 5). Spezialobjektive sind solche mit veränderl. Brennweite (Zoom- oder → Vario-Objektiv), Spiegelobjektive mit fester Blende und **Makroobjektive.** Letztere gestatten durch eine bes. gestaltete Linsenanordnung und durch Verlängerung ihres Auszugs Nahaufnahmen (bis zu 0 cm Abstand vom Objekt) ohne Verwendung von Zusatzgeräten (→ Makrophotographie). Um stürzende Linien bei Aufnahmen von z. B. hohen Gebäuden bei verhältnismäßig tiefem Kamerastandort zu vermeiden, sind **Shift-Objektive** [ʃɪft-] entwickelt worden, deren optische Achse sich gegenüber der Bildmitte dezentrieren läßt.

Während für einfachste Kameras ein aus zwei verkitteten Linsen zusammengesetztes Objektiv **(Achromat)** genügt, wird für Normalobjektive meist das aus drei Linsen zusammengesetzte Cookesche (Taylorsche) **Triplet** verwendet. Für Objektive mit höherer Lichtstärke (→ Öffnungsverhältnis) oder Weitwinkelobjektive setzt man Varianten des vierlinsigen **Gauß-**Typs oder Objektive mit noch höherer Linsenzahl ein. Durch Erhöhung der Linsenzahl erreicht man bei Weitwinkelobjektiven ferner eine Verkürzung der Baulänge (›echte Weitwinkelobjektive‹). Vario-Objektive weisen 10–15 Linsen auf. Bei **Satzobjektiven** werden zur Erzielung verschiedener Brennweiten nur einzelne Glieder (meist Vorderglieder) ausgetauscht. Reflexionen und Streulicht werden durch mehrfach aufgedampfte Entspiegelungsschichten (Mehrfachvergütung) fast völlig ausgeschaltet. **Wechselobjektive** werden entweder über ein Schraubgewinde (M 42 × 1) oder mittels Bajonettfassung mit dem Kamerakörper verbunden. Die Art der Fassung ist an das spezielle Kamerasystem gebunden, Bajonettfassungen von verschiedenen Herstellern sind untereinander meist nicht kompatibel.

ANWENDUNGSGEBIETE

Neben der Amateur- und Berufs-P. (Photojournalismus, Industrie-P., künstler. P.) und der Filmtechnik (→ Film 3) spielt die P. in vielen Bereichen der Wissenschaft und Technik eine bedeutende Rolle: → Mikrophotographie, → Mikrofilm, → Hochgeschwindigkeitsphotographie, → Infrarotphotographie, → Elektrophotographie, → Photokopie, → Reproduktionstechnik, → Photolacke, → Astrophotographie, → Photogrammetrie, Röntgen-P. (→ Röntgenstrahlung), → Autoradiographie, → Elektronenmikroskop, → Kernemulsion, → Holographie.

GESCHICHTE

Die Lichtempfindlichkeit der Silbersalze entdeckte 1727 J. H. SCHULZE aus Halle, indem er Gegenstände auf eine Schicht aus Silbernitrat im Gemisch mit weißer Kreide legte und durch Lichteinwirkung Kopien erhielt. J. N. NIEPCE begann 1816 Versuche mit silberchloridbeschichtetem Papier, das er in einer Camera obscura belichtete; er konnte das Bild jedoch nicht fixieren. 1822 stellte er unter Verwendung einer Asphaltschicht, die bei Lichteinwirkung polymerisiert, eine Kontaktkopie eines Stiches her. Die unbelichteten Bereiche der Asphaltschicht wurden mit Terpentinöl weggewaschen (1826 erste befriedigende Kameraaufnahme nach diesem Verfahren). In den folgenden Jahren diente das photopolymerisierte Asphaltmuster als Ätzgrund für Kupfer- und Zinkplatten, von denen nach Einfärbung Kopien abgezogen wurden (photomechan. Druckverfahren, ›Heliogra-

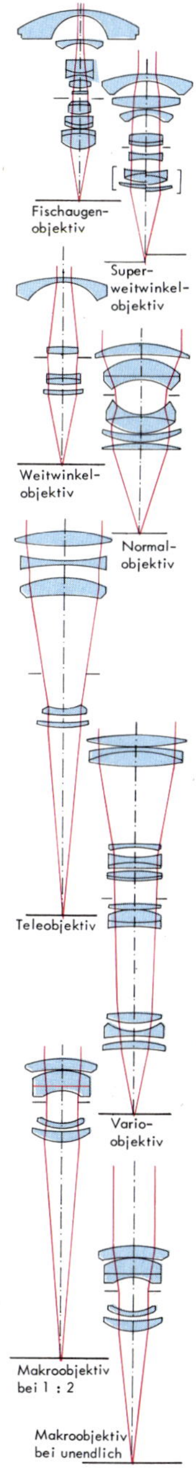

Photographie 12: Objektive

Photographie 13: Brennweitenvergleich;
1 17-mm-Objektiv, **2** 35-mm-Objektiv, **3** 100-mm-Objektiv, **4** 300-mm-Objektiv, **5** 600-mm-Objektiv, **6** 1200-mm-Objektiv

phie‹). L. J. M. Daguerre entdeckte, daß durch Jodbehandlung lichtempfindlich gemachte, versilberte Kupferplatten mit Quecksilberdampf entwickelt (1835) und mit Natriumchloridlösung fixiert werden können (1837). Dieses Verfahren (›Daguerrotypie‹) gab der Physiker F. Arago 1839 in Paris bekannt. 1839–41 veröffentlichte der Engländer W. H. F. Talbot sein Kopierverfahren: Ein in der Kamera auf Silberjodidpapier erzeugtes latentes Bild wurde durch Einwickeln mit Gallussäure sichtbar gemacht (wesentl. Verkürzung der Belichtungszeit). Das nach Fixieren mit Natriumsulfit erhaltene Papiernegativ wurde dann auf Silberchlorid- oder -bromidpapier unter Ausbildung eines Positivs kopiert (›Calotypie‹). Damit konnte man von einem Negativ viele Abzüge herstellen. Beim ›nassen Kollodiumverfahren‹ (F. S. Archer, London, 1851) wurden mit bromid- oder jodidhaltigem Kollodium (Cellulosenitratlösung) beschichtete Glasplatten in Silbernitratlösung gebadet und noch naß belichtet und entwickelt. Es beherrschte die photograph. Praxis bis zur fabrikmäßigen Herstellung der Silberbromid-Gelatine-Trockenplatten (seit 1878), die auf einer Erfindung des Engländers R. L. Maddox (1871) fußten. Erst durch die Entdeckung der spektralen → Sensibilisierung (H. W. Vogel, Berlin 1873) wurden eine ›farbrichtige‹ Wiedergabe in der Schwarzweiß-P. und die → Farbphotographie ermöglicht. 1887 stellte der Amerikaner H. Goodwin Cellulosenitrat-Filmbänder her, die die Produktion von Rollfilmen erlaubten. Nach 1930 wurden sie durch den nichtbrennbaren Celluloseacetatfilm (Sicherheitsfilm) abgelöst.

Die Daguerresche Kastenkamera (›Camera obscura‹) wurde zur zusammenklappbaren Reisekamera und um 1880 zur Balgenkamera mit Plattenwechselmagazinen weiterentwickelt. 1888 erschien die kastenförmige Rollfilmkamera (›Box-Kamera‹) von Kodak. Die Kleinbildkameras setzten sich nach 1920 durch (›Leica‹). Bereits 1860 hatte T. Sutton ein Patent auf eine Spiegelreflex-Kamera erhalten.

Wissenschaftl. P., Grundlagen: Die wiss. und angewandte P., hg. v. K. Michel u. J. Stüper, bisher 7 Bde. (1955 ff.); H. Frieser: Photogr. Informationsaufzeichnung (1975); E. Bauer: Foto-Optik ([5]1977); The theory of photographic process, hg. v. T. H. James (New York [4]1977); G. Schröder: Technische Fotografie (1981).

Prakt. P.: H. Schöttle: DuMont's Lexikon der Fotografie (1978); H. Freytag: ABC der Spiegelreflex-Fotografie ([6]1978); M. Buselle: Das große Buch der Fotopraxis (a. d. Engl., 1980); A. Feininger: Große Fotolehre (1981); ders.: Licht und Beleuchtung in der Fotografie (1982); K. D. Solf: Fotografie. Grundlagen, Technik, Praxis ([11]1982); W. Freihen: Moderne Fotopraxis ([11]1982).

Gesch.: H. u. A. Gernsheim: Die Fotografie. Gesch. und Technik (a. d. Amerik., 1971); W. Baier: Quellendarstellungen zur Gesch. der Fotografie (1977); P. Tausk: Die Gesch. der Fotografie im 20. Jh. (a. d. Tschech., 1977).

Photographik, Kombination von graph. und Phototechniken, bes. graph. Entwurfsarbeit unter Verwendung von Photos, entwickelte sich zu einem besonderen Zweig der Werbegraphik.

photographische Effekte, bei der Belichtung oder Entwicklung durch besondere Behandlung auftretende Erscheinungen, die Abweichungen der Wiedergabe von der Vorlage bewirken. Die wichtigsten, meist nach ihrem Entdecker benannten Effekte sind:

Belichtungseffekte. **Becquerel-Effekt** [bɛkr'ɛl-]: die v. a. an Auskopierpapier festgestellte Erscheinung, wenn dieses blauvioletten Strahlen so lange ausgesetzt

Photographie 14:
Aufnahme mit einem Fischaugenobjektiv ($f = 7{,}5$ mm)

a b

Photographie 15:
a Aufnahme mit einem Zoom-Objektiv ($f = 250$—85 mm); während der Belichtung wurde gleichzeitig gezoomt und die Kamera gedreht. b Agfacontour-Umwandlung von einem Farbnegativfilm ($f = 500$ mm)

wird, bis es leicht angelaufen ist. Durch Nachbelichtung mit gelbem oder grünem Licht kann es weiter geschwärzt werden, obwohl dafür urspr. keine Empfindlichkeit vorlag. **Schwarzschild-Effekt:** Die Reziprozitätsregel, daß die Schwärzung einer photograph. Schicht nur von dem Produkt aus Beleuchtungsstärke und Belichtungszeit abhängt, gilt nicht bei geringen Belichtungsintensitäten oder längeren Belichtungszeiten. **Herschel-Effekt:** Wird eine nicht rotempfindl. Schicht normal belichtet und anschließend roten oder infraroten Strahlen ausgesetzt, so verringert sich die latente Schwärzung des ersten Bildes. **Weinland-Effekt:** Eine kurzzeitige hochintensive diffuse Vorbelichtung erhöht die Empfindlichkeit für die nachfolgende Belichtung mit niedriger Intensität. **Clayden-Effekt** [klˈeɪdən]: Folgt einer sehr kurzen hochintensiven Aufnahmebelichtung (z. B. Elektronenblitz) eine diffuse gering-intensive Nachbelichtung, so verringert sich die latente Schwärzung. **Ultrakurzzeiteffekt:** Bei Belichtungszeiten von weniger als 10^{-3}s tritt eine Gradationsverflachung auf. – Weiteres → Hypersensibilisierung, → Latensifikation, → Solarisation.

Entwicklungseffekte. **Sabattier-Effekt** [-tjˈeː-] oder **Pseudosolarisation:** Durch diffuse Nachbelichtung eines anentwickelten Materials und anschließende Weiterentwicklung wird eine Bildumkehr erzielt. **Eberhard-Effekt** oder **Nachbar-Effekt:** Erhöhung der Kantenschwärzung an der Grenze von schwach und stark belichteten Partien.

Photo-Hall-Effekt, → photoelektromagnetischer Effekt.

Photo|ionisation, → Photoeffekt, → Ionen.

Photokathode, Elektrode, aus der durch äußeren → Photoeffekt Elektronen ausgelöst werden.

Photokopie, i. e. S. Bez. für eine maßstabgetreue oder verkleinerte Wiedergabe eines Dokumentes durch ein photograph. → Kopierverfahren. Umgangssprachlich werden auch auf andere Weise hergestellte Duplikate als P. bezeichnet, z. B. Lichtpausen, elektrophotographische oder Thermokopien.

Photolacke, Lacke mit polymeren Verbindungen, die bei Einwirkung ultravioletter Strahlung ihre Löslichkeit ändern. Für **Negativlacke** werden z. B. Zimtsäureester des Polyvinylalkohols verwendet, deren Moleküle bei Bestrahlung vernetzen und damit unlöslich werden. **Positivlacke** enthalten z. B. Diazoniumverbindungen, die bei Bestrahlung unter Stickstoffabgabe zerfallen. Die noch vorhandenen (nicht bestrahlten) Diazoniumverbindungen können → Kupplungsreaktionen eingehen und werden dadurch unlöslich. P. dienen zur Herstellung feiner Strukturen (z. B. integrierte Schaltkreise, Scherfolien von Rasierapparaten). Dazu wird eine Vorlage der Struktur mit einer Spezialkamera auf Originalgröße verkleinert. Durch die erhaltene Photomaske wird das mit P. beschichtete Substrat (z. B. Siliciumscheibe, Metallfolie) belichtet. Nach Entfernen der Photomaske und Herauslösen der unbelichteten Lackteile (bei Negativlacken) kann

photographische Effekte:
LINKS Sabattier-Effekt (M. Hoepffner). RECHTS Duplikation; Reliefwirkung durch gemeinsames Vergrößern von Negativ und Diapositiv, die etwas seitlich verschoben werden (O. Croy)

die Struktur auf den lackfreien Stellen des Substrates durch Ätzen, Galvanisieren, Aufdampfen erzeugt werden.

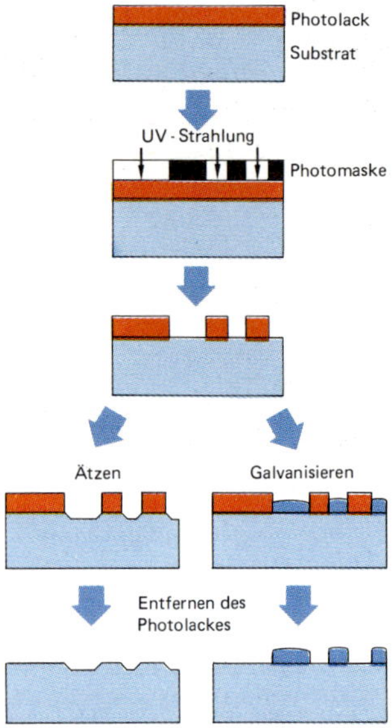

Photolacke: Strukturerzeugung durch Photolacktechnik

Photolithographie, 1) Drucktechnik: lithograph. Verfahren (→ Lithographie 1) bei denen nach der Vorlage ein photograph. Negativ, bei Halbtönen mit Rasterzerlegung, angefertigt wird, das nach Retusche (Tonwertkorrektur) auf Stein, heute direkt auf Metallplatten (›Litho‹) kopiert wird. Die Bearbeitung der Kopiervorlagen für den Offsetdruck wird vielfach nicht mehr als P., sondern als **Offsetretusche** bezeichnet.

2) Halbleitertechnologie: → Lithographie.

Photolyse, Chemie: Bez. für die Zersetzung oder Dissoziation von Molekülen durch Absorption von elektromagnet. Strahlung. Die dabei entstehenden Radikale reagieren in Folgeprozessen weiter.

photomechanische Reproduktion beruht auf photochem. Vorgängen und umfaßt photograph., kopiertechn. und ätztechn. Arbeitsgänge in der Reproduktion, bei der Klischee- und Druckplattenherstellung. (→ Reproduktionstechnik)

Photometeore, atmosphär. Lichterscheinungen, die durch Spiegelung, Brechung, Beugung oder Interferenz des Sonnen- oder Mondlichts entstehen. Häufig beobachtet werden → Halo 1), → Glorie, → Regenbogen.

Photometer, Gerät zur Strahlungsmessung durch Leuchtdichte- oder Beleuchtungsstärke-Vergleich (→ Photometrie).

Photometerwürfel, der → Lummer-Brodhun-Würfel.

Photometrie, Arbeitsgebiet der → Lichttechnik, befaßt sich mit Definition und Messung der → photometrischen Größen. Die sichtbare Strahlung soll eindeutig und gemäß der Helligkeit so bewertet werden, daß zwei unter gleichen Bedingungen gleich hell erscheinende Strahlungen auch die gleiche Maßzahl erhalten. Das wichtigste photometr. System beruht auf der → Hellempfindlichkeitskurve für das Tagessehen. Die darin vorkommende Konstante ist das maximale → photometrische Strahlungsäquivalent.

Für spezielle Anwendungen (Filmbelichtung, Pflanzenwachstum) ist das Produkt einer photometr. Größe mit der Zeitdauer ihrer Einwirkung von Bedeutung, z. B. die Belichtung als Zeitintegral der Beleuchtungsstärke, gemessen in lm · s, oder die Lichtmenge als Zeitintegral des Lichtstroms, gemessen in lm · h. Die Anwendung der allg. Feldtheorie (Maxwellsche Gleichungen) auf die Lichtstrahlung führt zur Definition eines Beleuchtungsstärkevektors und einer (skalaren) Raumbeleuchtungsstärke. Beide Größen dienen zur quantitativen Beschreibung eines Lichtfeldes.

Messung. Geräte zur direkten Messung der photometr. Größen heißen **Photometer.** Dient das Auge eines Normalbeobachters als Lichtempfänger, so spricht man von **visueller** (früher auch **subjektiver) P.,** bei Verwendung eines lichtelektr. Empfängers von **physikal.** (früher auch **objektiver) P.**

Die kaum noch verwendeten **visuellen Photometer** bestehen im Prinzip aus einem zweigeteilten Gesichtsfeld zur Beobachtung der Vergleichsstrahlung und einer Einrichtung zur meßbaren Lichtschwächung. Als Abgleichmethoden gibt es den Direktabgleich und Flimmerabgleich. Visuelle Photometer sind in erster Linie Leuchtdichtemesser; indirekt lassen sich auch Lichtstärken und Beleuchtungsstärken messen, wenn man die Lichtauffangflächen des Photometers aus diffus streuendem Material ausführt. Ein Hilfsmittel zur Messung des Gesamtlichtstroms einer Lichtquelle ist die → Ulbrichtsche Kugel.

Physikal. Photometer bestehen im Prinzip aus einem lichtelektr. Empfänger, dessen spektrale Empfindlichkeit der Hellempfindlichkeit $V(\lambda)$ der photometr. Meßeinrichtung angepaßt ist, und einer Anzeige des verstärkten Photostromes. Bes. geeignet sind Silicium-Photoelemente und Photodioden, weil sie bei hoher elektr. Verstärkung über einen weiten Bereich linear arbeiten. Physikal. Photometer sind im Prinzip Beleuchtungsstärkemesser, auf deren Messung sich alle anderen photometr. Größen und Stoffkennzahlen zurückführen lassen.

E. HELBIG: Grundlagen der Lichtmeßtechnik ([2]1977); B. LANGE u. Z. J. VEJDĚLEK: Photometrische Analyse ([7]1980).

photometrische Größen, die aus den physikal. (energet.) → Strahlungsgrößen durch Gewichtung mit der relativen spektralen Hellempfindlichkeit des menschl. Auges abgeleiteten Größen. (ÜBERSICHT S. 87). Für den Zusammenhang zw. der p. G. X_v (v für visible, sichtbar) und der ihr entsprechenden strahlungsphysikal. Größe X_e (e für energetisch) gilt

$$X_v = K_m \int X_{e\lambda} \cdot V(\lambda) \cdot d\lambda = \int X_{e\lambda} \cdot K(\lambda) \cdot d\lambda.$$

Hierbei ist $X_{e\lambda}(\lambda) = dX_e/d\lambda$ die X_e entsprechende spektrale Größe, $V(\lambda)$ der spektrale Hellempfindlichkeitsgrad für das Tagessehen und K_m der Maximalwert des spektralen → photometrischen Strahlungsäquivalents $K(\lambda)$; $K(\lambda) = K_m \cdot V(\lambda)$.

photometrisches Entfernungsgesetz, Beziehung zw. Beleuchtungsstärke auf einem Flächenelement und Lichtstärke einer punktartigen Lichtquelle:

$$E = I \cdot \cos \varepsilon / r^2$$

(ε = Winkel zw. Flächennormale und Achse des auf die Fläche auftreffenden Lichtkegels). Man erhält die Beleuchtungsstärke E in Lux, wenn die Lichtstärke I in Candela und der Abstand r in Meter eingesetzt werden.

photometrisches Strahlungsäquivalent. Bei einer Lichtquelle ist das **p. S. der Gesamtstrahlung** K das Verhältnis von abgestrahltem Lichtstrom Φ_v (in Lumen) und abgestrahlter Strahlungsleistung Φ_e (in Watt): $K = \Phi_v/\Phi_e$. Das **spektrale p. S.** $K(\lambda)$ ist gegeben durch $K(\lambda) = \Phi_{v\lambda}/\Phi_{e\lambda}$, $\Phi_\lambda = \mathrm{d}\Phi/\mathrm{d}\lambda$; es hängt nur von der spektralen Zusammensetzung des Lichtes ab und ist ein oberster theoret. Grenzwert für die Lichtausbeute von Lichtquellen. Der **Maximalwert des spektralen p. S.** K_m ergibt sich aus der Definition der Lichtstärkeeinheit → Candela; $K_m = 683$ lm/W, früher $K_m = 685$ lm/W. Typ. Werte für das p. S. zusammengesetzter Strahlung sind etwa 105 lm/W für die Globalstrahlung von Sonne und Himmel, 12–16 lm/W für Glühlampenlicht (bis zu 33 lm/W für Halogenglühlampen), bis zu 290 lm/W für neuere techn. Lichtquellen (→ Beleuchtungstechnik).

Photo-Multiplier [-mʹʌltɪplaɪə, engl.], **Photovervielfacher, Sekundär|elektronenvervielfacher,** → Elektronenvervielfacher.

Photonen, masselose Quanten des elektromagnetischen Feldes; die → Lichtquanten.

Photonen|antrieb, hypothetischer Raketenantrieb, → Rakete.

Photonenzähler, photoelektr. Strahlungsmeßgerät zur Messung sehr kleiner Lichtintensitäten. Als Detektor dient die Photokathode eines → Elektronenvervielfachers. Die von den Photonen freigesetzten Photoelektronen lösen wegen der Sekundärelektronenvervielfachung Elektronenlawinen aus; diese erzeugen am Anodenarbeitswiderstand Spannungsimpulse, die mit einem Impulszählgerät registriert werden. Auf diese Weise können sogar einzelne Photonen nachgewiesen werden, falls der zeitl. Abstand zw. dem Eintreffen zweier Photonen auf der Kathode größer als 10 ns ist.

Photopapier, durch Beschichtung mit einer Suspension von Silberhalogeniden in Gelatine lichtempfindlich gemachte Papiere in Rollen- oder Formatform zur Herstellung von photograph. Abzügen (Kontaktkopien oder Vergrößerungen) von Filmnegativen oder Diapositiven. Farbphotograph. Papiere enthalten weiterhin Farbkuppler (→ Farbphotographie). An Stelle der früheren Bariumsulfatunterschicht (Barytschicht) wird der Papierträger heute beidseitig mit einer Polyäthylenschicht versehen, wodurch ein Eindringen von photograph. Verarbeitungslösungen in den Träger verhindert wird. Gängige Papierbildformate sind z. B. 8,9 × 8,9 cm, 8,9 × 12,7 cm, DIN A6 (Weltpostkarte), 12,7 × 17,8 cm, 17,8 × 25,4 cm und 30 × 40 cm.

photopisches Sehen, → Hellempfindlichkeitskurven.

Photosatz, die photomechan. Herstellung von Schriftsatz in **Photosetzmaschinen,** die die Buchstaben nicht als Lettern oder Matrizen (→ Setzmaschine 1), sondern als Abbildungen aneinanderreihen; ihr Produkt ist Film oder Papier mit Text für die Druckformen des Flach- und Tiefdrucks.

Die Buchstabenvorlagen sind Negative, je nach Maschinentyp auf gläsernen viereckigen Schriftrahmen oder runden Schriftscheiben, flachen oder zylindr. Filmstreifen. Für Photosetzmaschinen, die das Buchstabenbild elektronisch speichern und nach Art des Fernsehbildes zur Belichtung abbilden, hat sich die Bez. **Lichtsatz** eingebürgert. Die möglichen hohen Arbeitsgeschwindigkeiten machen eine Koppelung der Setzmaschine mit EDV-Anlage (Satzrechner) zweckmäßig. Dies geschieht durch Lochstreifen, Magnetband oder in der Setzmaschine selbst (→ Computer-Satz).

Fehlerkorrektur. Vom Lochstreifen wird eine Klarschrift angefertigt, die man auf Fehler prüft. Verbesserungen werden mit einer ›Adressierung‹, d. h. einer codierten Ortsbestimmung, auf einen Korrekturstreifen getastet. Aus beiden Lochstreifen macht der Satzrechner einen neuen bereinigten Lochstreifen (›Bandverschmelzung‹). An Stelle der Klarschrift kann der Text des Lochstreifens auch auf einem Bildschirm kontrolliert werden. Diese ›Terminals‹ gestatten es, die Korrektur sofort beim Auffinden des Fehlers einzutasten, ersparen somit Bandverschmelzung und Zeit. Im belichteten Film korrigiert man durch Ausschneiden und Einkleben. Bei Verwendung von magnet. Speicherung an Stelle des Lochstreifens geschieht die Verschmelzung elektronisch. Moderne Photosetzmaschinen besorgen die Adressierung automatisch.

Vorteile des P. gegenüber dem Bleisatz: weit höhere Setzleistungen (bis zu 1 Mio. belichtete Buchstaben je Stunde gegenüber 8000 beim Bleisatz); an keinen starren Körper gebundene Buchstaben, die sich daher flexibel rücken, verzerren oder schräg stellen lassen. Dank der fast immer eingebauten Vergrößerungseinrichtung sind beliebige Schriftgrade möglich ohne den bei Bleisatz nötigen großen Bestand an Lettern oder Matrizen. Seit einiger Zeit gewinnt der Lichtsatz (mehrere Mio. Buchstaben je Stunde) zunehmend an Boden gegenüber dem langsameren Photosatz. (BILDER S. 88)

Photosolubilisierung, Bez. für ein photograph. Positiv-Verfahren. Durch Zugabe einer organ. Verbindung (z. B. heterozykl. Mercaptane) zur Silberhalogenidschicht wird die Löslichkeit des Silberhalogenids herabgesetzt. Bei Belichtung wird dieser Effekt aufgehoben, und das Silberhalogenid läßt sich in den belichteten Bereichen mit einem üblichen Fixierbad herauslösen. Das restl. Silberhalogenid kann dann in ein positives Silberbild, ein gefärbtes oder ein getontes Bild überführt werden.

photometrische Größen: Gegenüberstellung der wichtigsten strahlungsphysikal. und p. G.

Strahlung			Photometrie (Lichttechnik)		
Größe	Formelzeichen	Einheit	Größe	Formelzeichen	Einheit
Strahlstärke	I, I_e	W/sr	Lichtstärke	I, I_v	Candela (cd)
Strahlungsfluß, (-leistung)	Φ, Φ_e	W	Lichtstrom	Φ, Φ_v	Lumen (lm) = cd · sr
Strahlungsmenge Strahlungsenergie	Q_e	W · s	Lichtmenge	Q, Q_v	lm · s
Strahldichte	L, L_e	W/(sr · m²)	Leuchtdichte	L, L_v	cd/m²
Spezifische Ausstrahlung	M, M_e	W/m²	Spezifische Lichtausstrahlung	M, M_v	lm/m²
Bestrahlungsstärke	E, E_e	W/m²	Beleuchtungsstärke	E, E_v	Lux (lx) = lm/m²
Bestrahlung	H, H_e	Ws/m²	Belichtung	H, H_v	lx · s

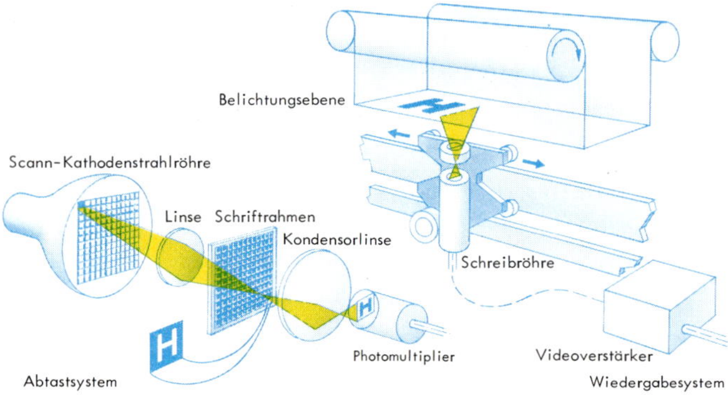

Photosatz 1: Abtast- und Wiedergabesystem beim Lichtsatz

Photosphäre, gasförmige Schicht der → Sonne, aus der das sichtbare Licht der Sonne stammt; wird auch als **Sonnenoberfläche** bezeichnet.

Photosynthese, Biochemie: der wichtigste photochem. Prozeß auf der Erde. Die P. ist ein Grundvorgang der grünen Pflanzen. Die Bildung energiereicher Kohlenhydrate aus energiearmem Kohlendioxid und Wasser unter Einwirkung des Sonnenlichtes bewirkt die Speicherung von Strahlungsenergie der Sonne in der lebenden organ. Substanz und in den Resten früherer Organismen (Kohle, Erdöl) und ermöglicht erst das tier. Leben. Die P. verläuft summarisch nach folgender Formel ab:

$$6\,CO_2 + 6\,H_2O \longrightarrow C_6H_{12}O_6 + 6\,O_2;$$

sie ist damit die Umkehrung der Atmung. Es werden zwei Reaktionsfolgen unterschieden: Bei der **Lichtreaktion** führt die Absorption von Lichtquanten durch Pigmentsysteme (→ Chlorophyll) der → Chloroplasten zu photolyt. Spaltung von Wasser, wobei Sauerstoff und ATP (→ Adenosin) sowie reduziertes → Nicotinamid-adenin-dinucleotid(-Phosphat) entstehen. Bei der **Dunkelreaktion** wird das in der Lichtreaktion gebildete Kohlendioxid durch enzymat. Reaktionen mit einer → Pentose (Ribulosebisphosphat) unter Verwendung des NADPH und ATP in D-Glucose überführt **(Calvinzyklus).**

Photosatz 2: P. mit Lochstreifen

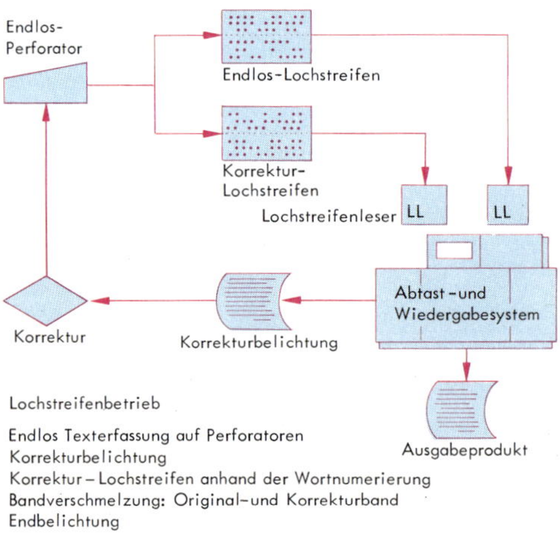

Photothyristor, ein → Thyristor, der nicht mit elektr. Impulsen, sondern mit Lichtenergie gesteuert (›gezündet‹) wird. Ausgelöst wird der Schaltvorgang durch die Lichteinstrahlung, die Ladungsträger in der Sperrschicht des mittleren pn-Übergangs freisetzt.

Phototransistor, ein → Transistor mit pnp- oder npn-Schichtenfolge, dessen Basis-Kollektor-Sperrschicht einer externen Lichtquelle zugänglich ist. Der P. besteht im Prinzip aus einer mit einer zusätzl. Sperrschicht zum Transistor erweiterten → Photodiode. Die durch den Lichteinfall erzeugte Spannung steuert den P., ähnlich wie die Basisspannung einen üblichen Transistor. Der P. ist wesentlich empfindlicher als eine Photodiode, da er gleichzeitig als Verstärker wirkt. Anwendung als Strahlungsmesser, lichtempfindl. Schalt- und Signalelemente. (→ Photodetektoren)

phototropes Glas, photochromes Glas, zeigt reversible Zunahme der Lichtabsorption bei Bestrahlung mit ultraviolettem und kurzwelligem, sichtbarem Licht. P. G. des Handels enthält mit Kupfer sensibilisierte Silberhalogenidkriställchen in feinster Verteilung; meist als Brillengläser verwendet.

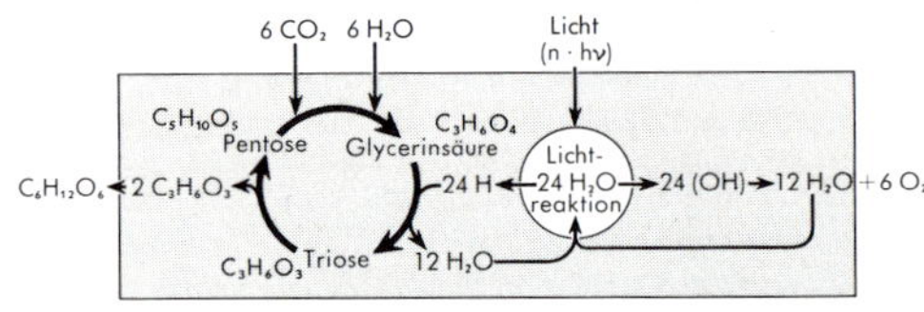

Photosynthese

Photo|voltaik, Gebiet, das sich mit der direkten Umsetzung von Lichtenergie in elektr. Energie befaßt. Ausgenutzt wird der **photo|voltaische Effekt (Sperrschicht-Photoeffekt,** → Photoeffekt) in Halbleitermaterialien (→ Solarzelle), mit denen u. a. photovoltaische → Sonnenkraftwerke aufgebaut werden können.

Photowiderstand, lichtempfindl. Halbleiterbauelement, dessen Widerstand bei Beleuchtung abnimmt. Die aufgedampfte, aufgesprühte oder chemisch aufgebrachte lichtempfindl. Schicht besteht aus Cadmium- oder Bleisulfid (daher auch Bleisulfidzelle), Blei- oder Cadmiumselenid, Bleitellurid u. a. Der P. muß mit einer Spannungsquelle zusammengeschaltet werden, um einen von der Beleuchtung abhängigen Strom zu erhalten. (→ Photodetektoren)

Photozelle, optoelektron. Bauelement (Röhre), dessen Wirkungsweise auf dem äußeren → Photoeffekt beruht. Die **Vakuum-P.** besteht aus einem hochevakuierten Glas- oder Quarzgefäß mit zwei Elektroden. Die Photokathode ist mit einer lichtempfindl. Schicht aus Alkalimetallen (z. B. Cäsium, Lithium, Natrium, Kalium) versehen, ihr steht eine stab- oder netzförmige Anode gegenüber. Bei Lichteinwirkung werden aus der Photokathode Elektronen ausgelöst und durch die von außen an die Röhre angelegte Spannung von der Anode angesaugt. Der **Photostrom** ist proportional der Intensität des eingestrahlten Lichtes und folgt dessen Schwankungen bis zu Frequenzen von 1 bis 10 GHz trägheitslos, es ist allerdings sehr gering, so daß er verstärkt werden muß. Die Empfindlichkeit der P. zeigt eine ausgeprägte Abhängigkeit von der Wellenlänge der bestrahlenden Lichtquelle. Zu den Vakuum-P. zählt auch der **Photo-Multiplier** [-mˈʌltɪplaɪə, ›Photovervielfacher‹], bei dem der Photostrom verstärkt wird, indem die anfängl. Elektronen an zusätzl. Elektroden Sekundärelektronen auslösen (BILD Elektronenvervielfacher). In **gasgefüllten P.** wird der Photostrom etwa fünfmal verstärkt, indem die von der Kathode emittierten Elektronen auf dem Weg zur Anode Sekundärelektronen aus den Gasteilchen auslösen und somit die Zahl der Ladungsträger erhöhen. (→ Photodetektoren)

phreatischer Vulkanausbruch, Bez. für einen plötzlichen vulkan. Ausbruch, wie er entstehen kann, wenn eine magmat. Schmelze mit Wasser zusammenkommt und dieses dadurch beschleunigt verdampft.

Phthaleine, Gruppe synthet. Triphenylmethan-Farbstoffe. Sie dienen als Säure-Basen-Indikatoren (Umschlag bei pH 8,0–9,2). Wichtigste Vertreter: Eosin, Fluorescein, Phenolphthalein.

Phthalocyanine, blaue bis grüne, sehr temperaturbeständige und farbechte organische Farbmittel. P. werden aus Phthalsäureanhydrid oder seinen Derivaten durch Umsetzung mit Metallen erhalten. Von Bedeutung sind v. a. Kupfer-P., die zu etwa 90% als → Pigmente verwendet werden. Durch Einführung geeigneter chemischer Gruppen können lösliche Farbstoffe für Textilien, Papier und Leder erhalten werden.

Phthalsäure, 1,2-Benzoldicarbonsäure, farblose Kristalle, die beim Erhitzen in das Anhydrid übergehen. **Phthalsäureanhydrid** ist ein bedeutendes Zwischenprodukt, das durch Luftoxidation von o-Xylol oder Naphthalin bei 400 °C in Gegenwart von Vanadiumoxid-Katalysatoren hergestellt wird. Der überwiegende Anteil (etwa 60%) wird zu P.-Estern weiterverarbeitet, die als Weichmacher für PVC große Bedeutung haben. P. dient außerdem zur Herstellung von Alkydharzen und Farbstoffen.

pH-Wert, pH, Chemie: 1) negativer dekad. Logarithmus der Aktivität (näherungsweise der Konzentration Mol/l) der Hydroniumionen in einer Lösung (→ Wasserstoffionenkonzentration). 2) von dem dän. Chemiker S. P. L. SØRENSEN 1912 eingeführte Maßzahl für die Konzentration der Hydroniumionen in einer Lösung. Reines Wasser hat einen pH-W. von 7, saure Lösungen haben einen kleineren, alkalische einen größeren pH-W. als 7.

Phygoidbewegung, Längsbewegung eines Flugzeugs in Form einer sinusartigen Bahnschwingung großer Schwingungsdauer, die von einer Nickschwingung überlagert und mit kleinen Änderungen der Fluggeschwindigkeit verbunden ist. Da bei Hochleistungsflugzeugen diese Schwingung nur schwach gedämpft ist, wird sie meist durch Dämpfungsregler (Teil eines → Flugreglers) unterdrückt.

Phyllit, Gruppe metamorpher Gesteine der Epizone mit schiefrigem Gefüge; grüngrau, violettgrau, auch schwarz (Graphit), feinkörnig, seidiger Flächenglanz; Mineralbestand: Sericit, Chlorit, Quarz; ferner z. B. auch Albit, Carbonate, Chloritoid. P. sind → Paragesteine.

Phyllochinon, das Vitamin K_1.

Phyllonit *der,* ⊕ phyllitähnliches, durch → Diaphthorese entstandenes Gestein.

Physik, die Lehre von solchen Eigenschaften, Strukturen und Vorgängen der unbelebten Materie, die experimenteller Erforschung, messender Erfassung und mathemat. Darstellung zugänglich sind und allgemeingültigen Gesetzen unterliegen. Innerhalb des weiten Rahmens der exakten Naturwissenschaften nimmt die P. die zentrale Stellung ein, weil die physikal. Gesetzmäßigkeiten auch die Grundlage zum Verständnis der in anderen Naturwissenschaften beobachteten Naturvorgänge bilden. So sind im Prinzip die Gesetze der Chemie aus den quantentheoret. Gesetzen der Atomphysik mathematisch herleitbar; das Grenzgebiet der **physikal. Chemie** nimmt hier eine vermittelnde Stellung ein. Auch die Grenzen zw. P. und Biologie verschwimmen in dem Maß, in dem die quantitativen physikal. Methoden durch ihre Verfeinerung auf die hochkomplizierten biolog. Systeme anwendbar werden **(Biophysik).** P. und Astronomie sind durch **Astrophysik** und **Kosmologie** auf das engste miteinander verknüpft. Die **Geophysik** stellt die Verbindung zw. P. und den Geowissenschaften her. Enge Wechselbeziehungen bestehen auch zw. P. und Mathematik, da einerseits viele abstrakte mathemat. Strukturen historisch aus physikal. Problemstellungen erwachsen sind und andererseits bereits entwickelte mathemat. Strukturen häufig in der physikal. Forschung zur modellmäßigen Beschreibung real existierender Gegebenheiten verwendet werden können.

Da die P. als Ganzes eine untrennbare Einheit von experimenteller Beobachtung und theoret. Beschreibung bildet, ist die Unterteilung in **experimentelle P.** und **theoret. P.** (auch **mathemat. P.** genannt) nur in dem Sinn zu verstehen, daß der Experimentalphysiker sich mehr um die method. Feinheiten der Experimentierkunst kümmert, während der theoret. Physiker sich mehr um die mathemat. Formulierungen der experimentell gefundenen Tatsachen bemüht. Die **angewandte P.** oder **techn. P.** stellt die Brücke zu den techn. Wissenschaften her.

Die **klass. P.** wird eingeteilt in → Mechanik, → Akustik, → Thermodynamik, Elektrodynamik (→ Elektrizität), → Optik 1), wobei die Optik der Elektrodynamik eingeordnet werden kann (→ Maxwellsche Theorie). Auf Grund der Entwicklung der **modernen P.** seit 1900 (→ Relativitätstheorie und → Quantentheorie) wird die P. eingeteilt in **Makrophysik** (welche die klass. P. enthält) und **Mikrophysik,** deren Denkweisen sich grundsätzlich unterscheiden. Obwohl die Relativitätstheorie bezüglich ihrer Fragestellung und Methodik noch zur Makrophysik gehört, gelten ihre Gesetze auch für die Mikrophysik, in der die Atomistik und die Quantenerscheinungen voll zur Geltung kommen. Kennzeichnend für den Bereich der klass. P. ist, daß Vorgänge in ›anschaul.‹ (makrophysikal.) Dimensionen von Raum und Zeit beschrieben werden. Kräfte zw. materiellen Körpern werden im leeren Raum durch → Felder übertragen (klass. Feldtheorie). Wesentlich ist, daß die materiellen Teilchen keine Geschwindigkeiten von der Größenordnung der Lichtgeschwindigkeit erreichen und daß alle auftretenden Wirkungen groß gegen das Plancksche Wirkungsquantum sind. Diese Einschränkungen bewirken, daß die Gesetze der klass. P. sowohl in atomaren und noch kleineren als auch in kosmolog. Dimensionen ihre Gültigkeit verlieren.

Wichtigste Ausgangspunkte der modernen P. sind die Quantenhypothese sowie die (zur Relativitätstheorie führende) Erkenntnis, daß die Lichtgeschwindigkeit eine obere Grenze für die Ausbreitung von Signalen darstellt. In der speziellen Relativitätstheorie werden die Gesetzmäßigkeiten der klass. Mechanik durch Neudefinition der Grundbegriffe Raum und Zeit so modifiziert, daß auch die Bewegung von Teilchen, deren Geschwindigkeit nicht mehr vernachlässigbar gegenüber der Lichtgeschwindigkeit ist, richtig beschrieben wird. Die aus dieser Theorie folgende Äquivalenz von Masse und Energie hebt die

Phthalocyanine

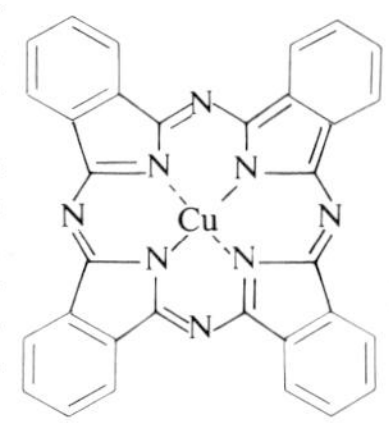

Kupferphthalocyanin

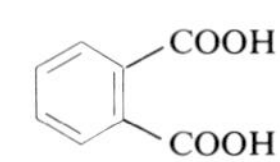

Phthalsäure

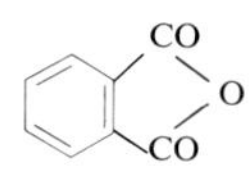

Phthalsäureanhydrid

Phygoidbewegung: typische Bahnkurven

strenge Unterscheidung der klass. P. zw. Materie und Feldern weitgehend auf. Durch die Umwandelbarkeit von Masse in Energie sind neue Möglichkeiten zur Energiegewinnung eröffnet worden (→Kernenergie, →Kernfusion, →Kernwaffen), die die gesamte Entwicklung der Welt entscheidend beeinflußt haben.

In der allg. Relativitätstheorie wird berücksichtigt, daß die Metrik des Raum-Zeit-Kontinuums von den vorhandenen, die →Gravitation erzeugenden Massen abhängig ist.

Die Quantenhypothese führte zur →Wellenmechanik, →Quantenmechanik und zur Theorie des Atombaus, dessen Gesetzmäßigkeiten experimentell im wesentl. mit Hilfe der opt. →Spektroskopie aufgeklärt worden sind. Die eigentl. Atomphysik, die v. a. Phänomene untersucht, die sich im Bereich der Elektronenhülle der →Atome abspielen, hat von allen Wissenschaften die präzisesten Meßverfahren entwickelt (→Meter, →Sekunde). Ausgehend von der Atomphysik, deren Gesetze im großen und ganzen grundsätzlich verstanden sind, führte die Verbesserung der Meßtechnik zur Entdeckung feinerer Strukturen und damit zur →Kernphysik und Physik der →Elementarteilchen (→Hochenergiephysik), wodurch die Kenntnisse über Aufbau und Struktur der Materie erheblich vertieft wurden. Für die mehr als 200 bekannten Elementarteilchen werden einfache Aufbauprinzipien aus den als fundamentale Bausteine zu betrachtenden →Leptonen und →Quarks erkennbar. Bis zur Entdekkung des Atomkerns konnten alle physikal. Phänomene als Folge von zwei unterschiedl. Wechselwirkungen, nämlich der Gravitation und der elektromagnet. Kräfte verstanden werden. Die Erforschung der nuklearen und subnuklearen Welt hat zur Entdeckung der schwachen und starken →Wechselwirkung geführt, für die Existenz einer fünften (superschwachen) gibt es Hinweise. Diese fundamentalen zw. Leptonen und Quarks wirkenden Kräfte, mit denen alle physikal. Erscheinungen und Vorgänge letztendlich zu beschreiben sind, lassen sich mit der Quantenfeldtheorie, die die klass. (den Gesetzen der speziellen Relativitätstheorie gehorchende) Feldtheorie mit der Quantentheorie verknüpft, durch den Austausch von Bosonen erklären. Die Quantenfeldtheorie betrachtet alle gleichartigen Elementarteilchen als Aspekt eines einzigen Feldes, das den gesamten Weltraum erfüllt. So gehören alle Elektronen zum allgegenwärtigen Elektronenfeld, alle Protonen zum Protonenfeld. Die Idee, daß alle Teilchen Materialisierungen von Feldern sind, führt zur Vereinigung der Begriffe Kraft und Teilchen. Durch die Entwicklung der →Weinberg-Salam-Theorie und der →Quantenchromodynamik sind die schwache und die starke Wechselwirkung auf eine ähnl. Grundstruktur wie die →Quantenelektrodynamik zurückgeführt worden, so daß die Zusammenfassung zu einer einheitl. Theorie naheliegt. Die bisher entwickelten Modelle für die Vereinigung der elektromagnet. mit der schwachen und der starken Wechselwirkung können im Prinzip alle Elementarteilchen und die Kräfte zw. ihnen mit Ausnahme der Gravitation theoretisch erklären und liefern Aussagen, die entscheidende Konsequenzen für die Stabilität der Materie (→Proton), den Aufbau des Universums (→Kosmologie, →Neutrino) sowie bisher postulierte Symmetrie- und Invarianzprinzipien und Erhaltungssätze für Elementarteilchenreaktionen haben (→CP-Invarianz). Erste Schritte zu einer Synthese von Quantenfeldtheorie und Gravitationstheorie sind getan.

Parallel zum Vordringen zu immer feineren Strukturen ist es gelungen, durch Anwendung der atomphysikal. und quantentheoret. Gesetze auf Objekte mit wachsender Komplexität (Atom, Molekül, Gas oder Plasma, Festkörper bis hin zu galakt. Systemen) die Eigenschaften der Materie, die im Rahmen der klass. P. rein phänomenologisch durch Parameter wie Druck und Temperatur oder durch Materialkonstanten (z. B. Leitfähigkeit, Dielektrizitätskonstante) beschrieben worden sind, aus ihrem atomaren Aufbau abzuleiten (Molekülphysik, →Quantenchemie, Plasmaphysik, →Festkörperphysik, →Biophysik, →Astrophysik).

So ist die Entwicklung der P. seit Beginn des 20. Jh. geprägt durch die kontinuierl. Verschiebung der Grenzen von Raum und Zeit, innerhalb derer die physikal. Gesetzmäßigkeiten durch ständige Verfeinerungen der Meßmethoden experimentell untersucht und mit Hilfe theoret. Modelle beschrieben werden können. Die mit großen →Beschleunigern erreichbare Auflösungsgrenze liegt bei 10^{-18} m und damit um 44 Größenordnungen unter den Dimensionen des Universums (10^{26} m). Die Zeitskale umfaßt sogar mehr als 60 Größenordnungen. Die Elementarteilchenphysiker können instabile Teilchen beobachten, die nur für die Dauer von 10^{-24} s existieren und bemühen sich andererseits, den Zerfall des Protons nachzuweisen, für das neue Theorien eine Lebensdauer von 10^{31} Jahren voraussagen, was das geschätzte Alter unseres Universums noch um viele Größenordnungen übertrifft.

Auf vielen Gebieten der P. können neue Erkenntnisse nur mit großem techn. Aufwand und unter Einsatz modernster Methoden der elektron. Datenverarbeitung zur Steuerung und Kontrolle der Experimente, zur Auswertung der Meßdaten und für theoret. Modellrechnungen gewonnen werden. Die Weiterentwicklung der Technik ist auf vielen Gebieten durch die Forderungen der physikal. Forschung vorangetrieben worden. Der Bau und Betrieb von Großgeräten der experimentellen Elementarteilchen-, Kern- und Astrophysik erfordert einen Personal- und Kostenaufwand, der auf nationaler Ebene nur noch durch Koordination aller Anstrengungen in staatlich finanzierten Großforschungseinrichtungen (wie z. B. dem →Deutschen Elektronen-Synchrotron) getragen werden kann.

Viele gewohnte anschaul. Denkweisen müssen in der modernen P. revidiert werden, was zu tiefgreifenden Konsequenzen für die allg. Erkenntnistheorie geführt hat:

1) Alle atomaren Objekte (Elektronen, Protonen, Neutronen, Atome, Photonen sowie alle übrigen Elementarteilchen) besitzen sowohl Teilchen- wie auch Wellennatur (→Dualismus), wobei je nach Versuchsbedingungen entweder die Wellen- oder die Teilcheneigenschaften hervortreten.

2) Das Kausalitätsprinzip, nach dem jedes Geschehen seine Ursache hat und aus der Ursache heraus erklärbar ist, ist auf den Bereich der Makro-P. beschränkt. In der Quantenphysik hat sich eine statist. Naturgesetzlichkeit als primär gültig erwiesen. Da bei den Quantensprüngen ein gewisser Spielraum existiert, können nur (mit Hilfe der Quantentheorie allerdings exakt berechenbare) Wahrscheinlichkeiten für das Eintreten eines best. Prozesses angegeben werden. Der Determinismus makrophysikal. Geschehens wird durch das statist. Verhalten großer Atomkollektive erklärt.

3) Die gewohnte Objektivierung physikal. Vorgänge erfährt in der Mikro-P. Einschränkungen. Da Meßinstrumente makrophysikalisch sind, kann ihre Anwendung auf mikrophysikal. Objekte nicht mehr als Wahrnehmung eines unabhängig davon existierenden Sachverhalts verstanden werden. Vielmehr werden durch den Meßvor-

gang, d. h. die Wechselwirkung des Objekts mit dem Meßinstrument die empir. Resultate der Messung in einer Weise beeinflußt, die bei der heute erreichbaren Meßgenauigkeit nicht mehr vernachlässigbar ist (→ Komplementarität, Heisenbergsche → Unschärferelation).

⇨ Hochdruckphysik · Mikroskopie · Schwerionenforschung · Synergetik · Tieftemperaturphysik

GESCHICHTE

Der physikal. Gedanke eines Urstoffes wurde von den grch. Philosophen THALES VON MILET (Wasser), ANAXIMANDER (das ›Unbegrenzte‹), ANAXIMENES (Luft) in versch. Weise entwickelt. Weitergehende theoret. Annahmen vertraten ANAXAGORAS (Homöomerienlehre), EMPEDOKLES (Vier-Elementen-Lehre), die Atomisten LEUKIPP und DEMOKRIT (Atome) sowie ARISTOTELES (geozentr. Kosmologie). Fachwissenschaftl. Entwicklungen, die sich teils schon auf erste planmäßige Versuche (Experimente) stützten, stammten von KTESIBIOS, PHILON VON BYZANZ (techn. Mechanik, Pneumatik), EUKLID (geometr. Optik), ARCHIMEDES (Statik, Hydrostatik). Zu wichtigen Erkenntnissen gelangten ferner HERON VON ALEXANDRIA (Begriff des virtuellen Hebelarms, erstes Minimalprinzip der P.), PTOLEMÄUS (Strahlenbrechung) und PAPPUS (Guldinsche Regeln) sowie ERATOSTHENES (Ausmessung der Erdkugel). Das grch. Wissen wurde seit dem 9. Jh. von islam. Gelehrten fortgebildet und an das Abendland weitergegeben. Vertreter der Pariser Nominalistenschule (J. BURIDAN, N. ORESME, ALBERT VON SACHSEN) gestalteten nach dem 12. Jh. die Grundlagen der Mechanik um; N. KOPERNIKUS schuf das heliozentr. Weltbild. Das 17. Jh. sah den Sieg des Kopernikanisch-Keplerschen Systems, die Ausbildung der Lehre vom Erdmagnetismus (W. GILBERT) und der Kinematik von Fall und Wurf (G. GALILEI). J. JUNGIUS, P. GASSENDI und R. BOYLE erneuerten die Atomistik, E. TORRICELLI, B. PASCAL und O. v. GUERICKE schufen die Lehre vom Luftdruck und die Vakuumtechnik; Statik und Dynamik machten durch S. STEVIN und J. KEPLER, die Optik durch CH. HUYGENS, R. DESCARTES und W. SNELLIUS entscheidende Fortschritte. I. NEWTON und CH. HUYGENS skizzierten erstmals die gegensätzl. Auffassungen vom Licht als Teilchen- und als Wellenerscheinung. Eine Krönung dieser Epoche bildete Newtons Zusammenfassung der neuen Statik und Dynamik und seine Aufstellung des Gravitationsgesetzes (1682). Im Anschluß an Newton entwickelten die BERNOULLIS, J.-B. D'ALEMBERT, L. EULER, J. L. LAGRANGE u. a. im 18. Jh. die theoret. Mechanik weiter. Die Wärmelehre wurde durch D. G. FAHRENHEIT, R.-A. RÉAUMUR, A. CELSIUS, die Photometrie durch J. H. LAMBERT, die Elektrizitätslehre durch CH. A. COULOMB u. a. gefördert; ausgebaut und vertieft wurde sie im 19. Jh. durch A. VOLTA (galvan. Stromerzeugung), H. CH. ØRSTED (Elektromagnetismus), A.-M. AMPÈRE (Elektrodynamik) und M. FARADAY (Induktionserscheinungen, elektrochem. Grundgesetze). Neue Entdeckungen führten zur Bestätigung der Wellentheorie des Lichts (T. YOUNG, A.-J. FRESNEL), die 1865 durch J. C. MAXWELL (Theorie des elektromagnet. Feldes) mit der Elektrodynamik vereinigt wurde. Inzwischen hatte sich auch die Wärmelehre zu einem umfangreichen Forschungsgebiet entwickelt. J. R. MAYER hatte 1842 das Prinzip von der Erhaltung der Energie entdeckt; A. KRÖNIG, R. CLAUSIUS, J. C. MAXWELL und L. BOLTZMANN war es gelungen, die Gasgesetze mit Hilfe der kinet. Gastheorie statistisch zu begründen; sie gab in Verbindung mit den sich häufenden Hinweisen auf die atomist. Struktur der Materie und der Elektrizität an der Wende des 20. Jh. den Anlaß zur Aufstellung der Quantenhypothese durch M. PLANCK (1900). Sie stellt den Ausgangspunkt der Quantentheorie dar und veranlaßte A. EINSTEIN zur Annahme einer teilchenartigen Struktur des Lichts (Welle-Teilchen-Dualismus). Der Einbruch in die Mikrophysik wurde ferner durch die Entdeckung der Röntgenstrahlen (W. C. RÖNTGEN) und der Radioaktivität (A. H. BEQUEREL, P. und MARIE CURIE, E. RUTHERFORD) vorbereitet. Die folgerichtige Entwicklung führte zur Theorie des Atombaus (N. BOHR), zur Quantenmechanik und Wellenmechanik der Atome (L. V. DE BROGLIE, W. K. HEISENBERG, E. SCHRÖDINGER, M. BORN, P. JORDAN, P. A. M. DIRAC, W. PAULI, A. H. COMPTON). Fast unabhängig davon lieferte die Relativitätstheorie (A. Einstein) unerwartete Einblicke in die Zusammenhänge von Raum und Zeit und in die Natur der Gravitation. Arbeiten von O. HAHN, LISE MEITNER, F. STRASSMANN u. a. führten zur Entdeckung der Kernspaltung und schließlich zur Gewinnung von Kernenergie (E. FERMI u. a.).

L. D. LANDAU u. E. M. LIFSCHITZ: Lb. der Theoret. P., 10 Bde. (a. d. Russ., 1962–83, mehrere Bde. in Neuaufl.); P. KOHLRAUSCH: Praktische P., 3 Bde. (^{22}1968); R. P. FEYNMAN: Vorlesungen über P., 3 Bde. (a. d. Amerikan., 1973–75); L. BERGMANN u. C. SCHAEFER: Lb. der Experimentalphysik, 4 Bde., 1 (^{9}1974), 2 (^{6}1971), 3 (^{7}1978), 4 Tl. 1 (^{2}1981), 4 Tl. 2 (^{2}1981); W. WALCHER u. a.: Praktikum der P. (^{4}1979); E. LÜSCHER: Pipers Buch der modernen P. (Neuausg. 1980); H. KUCHLING: Tb. der P. (1981); O. HÖFLING: P. (^{13}1981); CHR. GERTHSEN u. a.: P. (^{14}1982).

physikalische Chemie, Physikochemie, Grenzgebiet zw. Chemie und Physik, das sich mit theoretischen und praktischen Fragen auseinandersetzt. Die Abgrenzung zur theoretischen Chemie und zur Physik ist oft nicht vollziehbar. Die p. C. erarbeitet die Grundlagen für eine Reihe von Teilgebieten der Chemie. Generell versteht sie sich als der Zweig der Chemie, der makroskopisch sicht- und meßbare Eigenschaften von Atomen und Molekülen im mikroskopischen Bereich untersucht. Die p. C. liefert daher immer mehr Kenntnisse über atomare und molekulare Bausteine und darüber hinaus tieferes Wissen über die Eigenschaften der Materie, aus der diese Bausteine bestehen.

Zu den klass. Gebieten der p. C. zählen: Beschreibung der Aggregatzustände, Quantentheorie und Atommodelle, Thermodynamik, Atom- und Molekularspektroskopie, Reaktionskinetik. Dazu kommen noch einige weitere Bereiche, die in ihren prakt. Auswirkungen weit in die chem. Verfahrenstechnik hineinreichen: z. B. Elektro-, Thermo-, Magneto-, Photo-, Ultraschall-, Kern- und Strahlenchemie. In den vergangenen Jahren haben physikochem. Phänomene, die bislang überwiegend theoret. Charakter besaßen, zunehmend in die Praxis Eingang gefunden (z. B. flüssige Kristalle).

W. J. MOORE u. D. O. HUMMEL: P. C. (a. d. Engl., ^{2}1976); G. M. BARROW: P. C. 1 (a. d. Engl., ^{5}1982); 2 (a. d. Engl., ^{4}1982); 3 (a. d. Engl., ^{3}1977); G. KORTÜM u. H. LACHMANN: Einf. in die chem. Thermodynamik (^{7}1981); G. WEDLER: Lb. der P. C. (1982).

physikalische Größen, → Größen 2).

physikalische Konstanten, die → Naturkonstanten.

Physiologie, die Wissenschaft von den Lebensvorgängen der Zellen, dem Gewebe und den Organen der Lebewesen und von den Gesetzen ihrer Verknüpfung im Gesamtorganismus. Die P. stützt sich auf die Kenntnisse der Morphologie, Anatomie und Histologie über Gestalt und Bau des menschl., tier. und pflanzl. Körpers und versucht, die einzelnen Lebensvorgänge mit physikal. und chem. Methoden im Versuch zu analysieren, in ihren Beziehungen aufzuklären und durch Synthese die Gesamtfunktion des Organismus zu verstehen.

physiologische Chemie, Lehre von der chem. Funktion der Lebensvorgänge (Assimilation, Atmung, Stoffwechsel u. a.) und ihre Erforschung mit chem. und physikal. Methodik. Grenzgebiet zw. Biochemie und Physiologie.

physiologische Lautstärkeregelung, schaltungstechn. Einrichtung zur gehörrichtigen, dem menschl. Ohr angepaßten →Lautstärkeeinstellung in elektroakust. Geräten.

Physi|sorption, →Adsorption.

Physostigmin, Eserin, Alkaloid aus den Samen der Kalabarbohne; ein parasympath. Gift, das in größeren Dosen zunächst Erregungen, dann Lähmungen des Zentralnervensystem hervorruft. In physiolog. Dosen in der Medizin verwendet.

Phytal, Zone des bodenständigen pflanzl. Lebens im Meer.

Phytinsäure, →Inosite.

Phytochrom, pflanzl. blau-grünes Chromoproteid, das an der Steuerung lichtabhängiger Entwicklungsvorgänge (z. B. Photomorphogenese und -periodismus, Samenkeimung) von Pflanzen beteiligt ist.

Phytohormone, die →Pflanzenhormone.

Phytol, einfach ungesättigter aliphat. Diterpenalkohol, $C_{20}H_{40}O$. P. bedingt die Lipoidlöslichkeit des Chlorophylls und ist Baustein für die Vitamine E und K_1.

Phytolithe, Geologie: pflanzl. →Biolithe.

Pi (π, Π), ein →griechischer Buchstabe (ÜBERSICHT).

1) Mathematik: **Ludolphsche Zahl,** die **Kreiszahl** $\pi = 3{,}1415926536\ldots$, eine transzendente reelle Zahl, die bei der Berechnung der Fläche des Kreises mit dem Radius 1 als Flächeninhalt auftritt, →Kreis, →Kugel.

2) π, physikal. Symbol für das Pion.

3) Π, Formelzeichen für →Produkt.

PI, Abk. für →**P**oly**i**mide.

PIA, Abk. für **Peripheral Interface Adapter,** [pər'ɪfərəl ɪntəf'eɪs əd'æptə, engl.], Datenverarbeitung: elektron. Baugruppe, die zur Datenübertragung zw. der Zentraleinheit eines Mikroprozessors und den Peripheriegeräten (Ein-, Ausgabeeinheiten) dient. Über PIAs kann auch der Datenaustausch zw. mehreren Mikroprozessoren abgewickelt werden.

PIB, Abk. für →**P**oly**i**so**b**utene.

Picardscher Satz [pik'a:r-, n. dem frz. Mathematiker C. E. Picard, * 1856, † 1941], Satz der Funktionentheorie, wonach jede nicht konstante transzendente Funktion alle vorgeschriebenen Werte mit Ausnahme von höchstens einem annimmt.

Picker, Treiber, Teil der Webmaschine, der den →Schützen schlagartig durch das →Fach treibt.

Pickhammer, der →Abbauhammer.

Picoline

β-Picolin (3-Methylpyridin)

Picoline, Methylpyridine, flüssige heterozykl. Verbindungen, die im Steinkohlenteer vorkommen. **β-P.** wird durch katalyt. Reaktion von Acrolein mit Ammoniak erhalten und zur Herstellung von Nicotinsäurederivaten verwendet. Aus **α-P.** wird 2-Vinylpyridin hergestellt, dient als Bestandteil von Copolymeren.

Picotit *der,* Mineral, schwarzer →Spinell.

Pictor, Malerstaffelei, Maler, ein →Sternbild des südl. Himmels.

PID-Regler, allgemeinster Grundtyp eines →Reglers, bestehend aus der Parallelschaltung von →PD-Regler und →I-Regler, deren Eigenschaften (frühes Erfassen von Störungen, rasches Ausregeln und Beseitigung der bleibenden →Regelabweichung) er vereinigt. Wegen des D-Anteils ist der PID-R. jedoch bei Regelstrecken mit Totzeitverhalten (→Totzeitsystem) unbrauchbar.

Piedmontfläche [p'i:dmənt-, engl.], flachwellige Rumpfflächen am Fuß eines Berglandes, durch Erosion und Denudation entstanden während einer langdauernden epirogenen Stillstandsphase.

Pi|emontit, Mineral, Varietät des →Epidot.

Pier *der* oder *die,* Kaizunge (→Kai).

Pi|ezodiode, Diode aus einem Halbleitermaterial, bei dem die Breite der ›verbotenen Zone‹ (→Bändermodell), d. h. der energet. Abstand zw. Valenz- und Leitungsband, eine starke Druckabhängigkeit aufweist (→Piezoelektrizität). Die elektr. Eigenschaften des pn-Übergangs können somit durch Einwirkung von mechan. Druck auf das Bauelement verändert werden. P. sind kompakte mechano-elektr. Bauelemente, in denen mechan. Größen direkt in elektr. Signale umgesetzt werden.

Piezo|elektrizität, Piezo|effekt, piezo|elektrischer Effekt, von J. und P. CURIE 1880 entdeckte Erscheinung, daß Quarzkristalle sich bei Deformation unter mechan. Beanspruchungen (Druck, Zug, Torsion) auf Prismenflächen (senkrecht zu polaren Richtungen) elektrisch positiv und negativ aufladen. P. wird in Isolator-Kristallen ohne Symmetriezentrum beobachtet, deren Struktur durch eine oder mehrere (polare) Achsen gekennzeichnet ist. Die positiven und negativen Gitterbausteine in piezoelektr. Kristallen werden durch die Deformation so verschoben, daß ein elektr. Dipolmoment entsteht, was sich im Auftreten von (scheinbaren) Ladungen an der Oberfläche des im ganzen neutralen Kristalls äußert. Von den 32 Kristallklassen zeigen 20 P., zehn davon zusätzlich →Pyroelektrizität. Die Umkehrung der P. ist die →Elektrostriktion **(umgekehrter Piezoeffekt).** Außer den natürl. piezoelektr. Kristallen haben best. keram. Materialien (z. B. Titanate, Niobate) gute piezoelektr. Eigenschaften. – Neuerdings konnten auch Kunststoffe entwickelt werden, die P. zeigen. Durch ein elektr. Verfahren konnte in Polyvinylidenfluorid (PVF_2) – ein synthet. Polymer, das ebenso leicht herstellbar ist wie Polyvinylchlorid (PVC) – ein piezoelektr. Effekt induziert werden, der den von kristallinem Quarz um das drei- bis fünffache übertrifft. Flexibilität und Plastizität des Materials erlauben neuartige Anwendungen.

Pi|ezometer *das,* Gerät zur Messung der Kompressibilität von Flüssigkeiten. Die Flüssigkeit füllt einen oben geschlossenen Glaskolben, der nach unten in eine Röhre ausläuft. Diese taucht in eine Wanne mit Quecksilber, das die Flüssigkeit abschließt. Das Ganze befindet sich in einem Gefäß mit Wasser, das von außen unter Druck gesetzt wird. Aus dem Steigen des Quecksilberspiegels kann die Volumenabnahme der Flüssigkeit bestimmt werden.

Piezotransistor, bipolarer Transistor aus einem Halbleitermaterial, dessen Bandstruktur und elektr. Eigenschaften stark druckabhängig sind (→Piezoelektrizität). Unter Ausnutzung dieses Effekts kann der Kollektorstrom durch eine auf das System einwirkende mechan. Kraft gesteuert werden. Kollektorstrom und damit die Stromverstärkung sinken bei festem Basisstrom mit steigender Druckbelastung. P. finden in der Meß- und Regeltechnik zur direkten Umwandlung mechan. Größen (Druck, Länge, Kraft, Geschwindigkeit u. a.) in elektr. Signale Anwendung.

Piẹzozünder, Gerät zur Entzündung brennbarer Gas-Luft-Gemische mit Hilfe eines Hochspannungsfunkens. Das Zündelement besteht aus zwei aufeinanderliegenden piezoelektr. Zylindern, die bei starker, durch einen Schlagbolzen ausgeübten Druckeinwirkung eine Hochspannung von 15 bis 20 kV liefern und in einer Funkenstrecke eine kurzzeitige Entladung zw. den Elektroden zünden. P. werden in Haushaltsgasanzündern und Gasfeuerzeugen verwendet. Der Einsatz als Zündelement in Benzinmotoren scheitert bisher an der schnellen Abnahme der elektr. Polarisation bei häufiger Betätigung.

Pigeonit [pɪdʒon ' ɪt] *der,* Mineral, dem → Diopsid nahestehender Pyroxen; meist in Basalten.

Pigmẹntdruck, Verfahren des → Textildrucks.

Pigmẹnte, im Anwendungsmedium unlösliche anorganische oder organische → Farbmittel. Durch Fällen von gelösten Farbstoffen mit Fällungsmitteln erzeugte P. werden als **Farblacke** bezeichnet. Natürliche anorganische P. (z. B. Ocker, Graphit) werden durch Mahlen, Schlämmen u. a. von in der Natur vorkommenden Stoffen hergestellt. Natürliche organische P. sind pflanzl. oder tier. Ursprungs (z. B. Chlorophyll, Indigo). Besondere Bedeutung haben synthetische anorganische und organische P. Sie werden unterteilt in **Weiß-P.** (z. B. Titandioxid, Bleiweiß), **Schwarz-P.** (z. B. Ruß, Eisenoxidschwarz, Anilinschwarz), **Bunt-P.** (z. B. Eisenoxidrot, Ultramarin, Phthalocyanine) und **Glanz-P.** (z. B. Aluminiumbronze). **Leucht-P.** werden durch kurzwelliges Licht oder ultraviolette Strahlung zu Fluoreszenz oder Phosphoreszenz angeregt (z. B. mit Schwermetallionen dotiertes Zinksulfid, Naphthaldazin-Derivate). Titandioxid, das wichtigste Weiß-P., wird zu etwa 65% in Anstrichstoffen und Druckfarben und zu etwa 20% zum Einfärben von Kunststoffen verwendet. Ruße spielen bei der Herstellung von Druckfarben, Eisenoxid-P. bei der Einfärbung von Baustoffen (z. B. Betonsteine) eine große Rolle. Die wichtigsten organischen P. gehören zu den **Azo-P.** oder **Phthalocyaninen.** Sie werden ebenso wie die bes. temperaturbeständigen anorgan. Mischoxide (z. B. Rutilgelb) und Cadmium-P. in Anstrichstoffen, Druckfarben, Kunststoffen, Künstlerfarben u. a. verwendet.

Piko, Vorsatzzeichen **p**, ein → Vorsatz vor Einheiten für den Faktor 10^{-12} (Billionstel); z. B.: 1 Pikofarad = $1\,pF = 10^{-12}\,F$.

Pikrạte, Salze der Pikrinsäure und Molekülverbindungen aus Pikrinsäure und kondensierten aromat. Kohlenwasserstoffen.

Pikrinsäure, 2,4,6-Trinitrotoluol, gelbe, bitter schmeckende Kristalle. P. oder ihre Salze **(Pikrate)** wurden früher zum Färben von Wolle und als Sprengstoff verwendet. In Lösung mit Zitronensäure dient sie zur Eiweißbestimmung im Urin (Esbachs Reagens).

Pikrịt *der,* grünlichschwarzes bis schwarzes, körniges Ergußgestein, bestehend aus Olivin (meist serpentinisiert), Pyroxen (Augit) sowie z. T. Hornblende und Biotit; überwiegend paläozoisch. (→ magmatische Gesteine)

Pikromerịt, der → Schönit.

Pile [paɪl, engl.], Bez. für → Kernreaktor.

Pilling-Effekt, das Austreten knötchenförmiger Zusammenballungen von Chemie- oder Wollfasern aus Geweben oder Gestricken (Gewirken) während des Gebrauchs; dagegen **Antipilling-Ausrüstung.**

Pillowlava [p ' ɪləʊ-, engl.], Lava mit kissenförmiger Absonderung; kennzeichnend für untermeerische basalt. Lavaergüsse.

Pilọt|anlage, Bez. für eine im halbtechn. Maßstab betriebene Versuchsanlage, die sich größenordnungsmäßig zw. Laborversuch und großtechn. Anlage befindet. In ihr sollen techn. Erfahrungen in der Prozeßführung gesammelt und die techn. und wirtschaftl. Parameter optimiert werden.

Pilọtballon, kleiner, unbemannter, frei fliegender Ballon, dessen Abdrift durch Radar-, Funk- oder opt. Peilung gemessen wird. Dadurch lassen sich bei bekannter Steiggeschwindigkeit die Richtung und Geschwindigkeit des Windes in der Höhe berechnen. (→ Radiosonde)

Pilọt|ton, Nachrichtentechnik: zusätzlich zum Nutzsignal übertragenes leistungsschwaches Referenzsignal zur Steuerung oder Regelung best. Vorgänge am Empfangsort. Referenzgröße ist meist die Amplitude (z. B. zur Pegelregelung bei Trägerfrequenzsystemen) oder die Frequenz **(Pilotfrequenz,** z. B. zur Decodierung bei der Rundfunk-Stereophonie, → Stereophonie). Mit P. können auch Schaltvorgänge in Nachrichtensystemen bewirkt werden.

Pilzdecke, kreuzweise bewehrte, mit den Stahlbetonstützen biegefest verbundene, ebene Stahlbetondecke ohne Unterzüge und Balken.

Pilzfelsen, pilzförmiger Einzelfels, in Wüsten durch bodennahen Windschliff, im feuchten Klima durch schnellere Abtragung weniger widerstandsfähiger Gesteine an seinem Stiel, an Küsten durch Bildung einer umlaufenden Brandungshohlkehle entstanden.

Pinakoịd *das,* zweiflächige, aus Fläche und paralleler Gegenfläche bestehende, offene Kristallform (TAFEL Kristall I, E 2), allgemeine Form der **(triklin-)pinakoidạlen Kristallklasse.** Die beiden Flächen eines P. müssen mindestens inversions-symmetrisch zueinander sein.

Pinạsse, motorgetriebenes Beiboot der Kriegsschiffe.

Pincheffekt [p ' ɪntʃ-, engl.], das Zusammenziehen eines von genügend großen elektr. Strömen durchflossenen → Plasmas (Gasentladung, elektr. Lichtbogen) durch das eigene Magnetfeld, das durch die parallelen Stromfäden entsteht (Anziehung paralleler Ströme). Der P. wird bes. zur Aufheizung und Begrenzung eines Plasmas für extrem hohe Temperaturen, wie sie bei der → Kernfusion benötigt werden, genutzt. Man kann je nach der räuml. Anordnung des Plasmas lineare oder auch kreisförmige P. erzeugen.

pin-Diode, aus drei Schichten aufgebaute Halbleiterdiode. Zw. der p- und der n-leitenden Schicht befindet sich zusätzlich eine aus möglichst schwach dotiertem Silicium erzeugte hochohmige (eigenleitende) i-(intrinsic-)Zone. Derartige Dioden eignen sich wegen ihrer hohen Durchbruchspannung zum Gleichrichten hoher Spannungen aber auch zur Verwendung als Photodioden, da deren Ansprechzeit mit wachsender Vorspannung abnimmt.

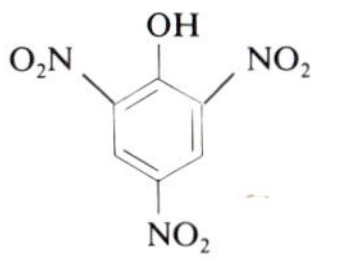

Pikrinsäure

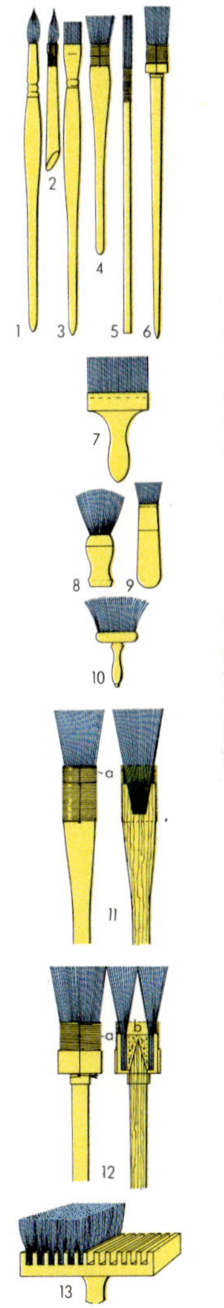

Pinsel: **1** Marderhaarpinsel, **2** Fischpinsel, **3** Flachpinsel (für Ölmalerei), **4** Kluppenpinsel, **5** Strichzieher (Schlepper), **6** Ringpinsel (abgebunden), **7** Flachpinsel (zum Verputzen), **8** Rasierpinsel, **9** Schablonenpinsel, **10** Staubpinsel, **11** Kluppenpinsel, a wie bei 12, **12** Ringpinsel (a ablösbarer Schnurteil zur Verlängerung der Borsten, b Hohlraum), **13** Weißbinderpinsel

Pinsel

Pinene

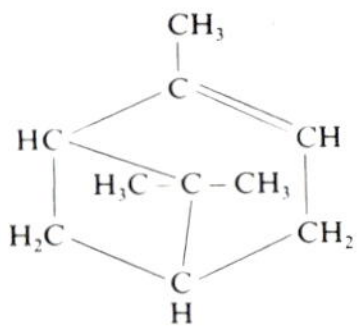

α-Pinen

Pipette

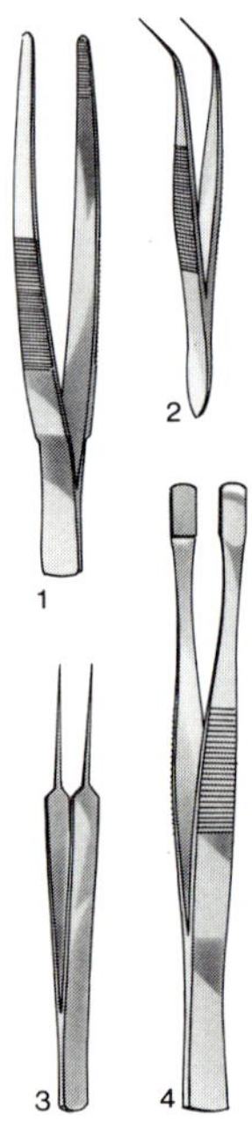

Pinzette:
1 P. für allgemeine Verwendungszwecke,
2 College-P.,
3 Uhrmacher-P.,
4 Wärmeableit-P. (Kühl-P.)

Pinene, ungesättigte bizykl. Terpenkohlenwasserstoffe, die in Terpentinölen enthalten sind (α-P. bis zu 95%). P. dienen zur Herstellung von Campher und Riechstoffen.

Pinge, die → Binge.

Pingo, Hydrolakkolith, Eisvulkan, kleine Hügel im Dauerfrostboden der arkt. und subarkt. Gebiete, bisweilen auch mehrere 10 m hoch, entstehen durch wachsende Eislinsen, sacken beim Abschmelzen zusammen und bilden runde Hohlformen.

Pinksalz, → Zinnverbindungen.

Pinne *die,* **1)** kurzer Nagel mit breitem Kopf; Reißzwecke.

2) Hebelarm zum Bedienen des Steuerruders auf Booten.

3) der spitze oder schmale Teil des Hammers.

Pinole *die,* in Längsrichtung verschiebbares Maschinenteil von meist kreiszylindr. Form, z. B. im Reitstock der Drehmaschine (→ Drehen).

Pinsel, Handwerkszeug zum Auftragen von Flüssigkeiten oder zum Reinigen. – Beim **Kluppen-P.** hat der Holzstiel eine Höhlung, in die die ›Besteckung‹ eingeklebt wird. Ein Ring nimmt beim **Ring-P.** die Borsten auf, die von innen her durch einen Korkkeil fest an den Ring gedrückt und eingeklebt werden; der dünne Stiel wird von unten hineingetrieben. Kluppen- und Ring-P. versieht man zum Halt außen mit einem ›Vorband‹ aus Schnur. Bei den **Bürsten** genannten P. werden die Borsten in Rillen des Holzkörpers gepreßt und geklebt. Der runde, ellipt. oder rechteckige Querschnitt der P. ist genormt. Es werden Tierhaare und synthet. Borsten, oft vermischt, verwendet. (BILDER S. 93)

pint [paɪnt], noch gebräuchl. Hohlmaß in Großbritannien: 1 pint = 1/8 gallon = 0,568261 dm^3; in den USA für Flüssigkeiten: 1 **liquid pint** [lˈɪkwɪd-] = 1 liq pt = 4 gills = 0,473179 dm^3 und für Trockensubstanzen: 1 **dry pint** [draɪ-] = 1 dry pt = 0,550610 dm^3. (ÜBERSICHT Einheiten, angloamerikanische Einheiten)

Pinzette, Federzange, zangenartiges Instrument mit federnden Armen zum Fassen und Halten. Die Enden können je nach Verwendungszweck (Feinwerktechnik, Medizin, Kosmetik, Briefmarkensammeln) rechteckig, spitz, abgerundet, löffelartig gekröpft, stumpf, scharf, glatt, gezähnt oder geriffelt sein.

Pioneer [paɪənˈɪə], Raumsonden der NASA zur Erforschung des Sonnensystems. Seit Okt. 1958 (P. 1) wurden 15 P.-Sonden gestartet; darunter waren sieben Fehlschläge. Die bisher letzten und erfolgreichsten Geräte waren P. 10 (Start 2. 3. 1972) und P. 11 (6. 4. 1973). P. 10 passierte im Dez. 1973 den Planeten Jupiter in 131 400 km., P. 11 den gleichen Planeten im Dez. 1974 in nur 42 000 km Abstand, den Planeten Saturn im Sept. 1979 als erster Raumflugkörper (daher in **P.-Saturn** umbenannt) in einer Entfernung von etwa 21 400 km, wobei neben vielen wissenschaftl. Meßdaten die ersten Nahaufnahmen des Saturns und seines Ringsystems übertragen wurden. P. 10 kreuzte am 13. 6. 1983 die Neptunbahn, die derzeit äußerste Planetenbahn, und verließ damit als erster das Sonnensystem.

Pioneer-Venus [paɪənˈɪə vˈiːnəs], amerikan. Venus-Planetenforschungsprogramm v. a. zum Studium der Venusatmosphäre und -wolken; bestand aus einem → Orbiter und einer Eintauchsonde, diese wiederum aus einem Träger (›Bus‹) mit vier (einer größeren und drei kleineren) → Raumkapseln (Abstiegskapseln). Der im Mai 1978 gestartete Orbiter wurde am 4. 12. 1978 in eine Venus-Umlaufbahn umgelenkt. Die Eintauchsonde, am 8. 8. 1978 gestartet, erreichte ihr Ziel am 9. 12. 1978. Die bereits im Nov. abgetrennten vier Abstiegskapseln durchquerten getrennt voneinander die dichte Atmosphäre und prallten wenig später auf der Venusoberfläche auf. (BILD S. 95)

Pionen, die π-Mesonen (→ Mesonen).

Pionium, kurzlebiges → exotisches Atom, das aus einem Pion und einem entgegengesetzt geladenen Myon besteht, die einander umkreisen. Die beiden Elementarteilchen entstehen beim Zerfall des langlebigen neutralen K-Mesons K_L^0, wenn das ebenfalls gebildete Neutrino die gesamte beim Zerfall freigesetzte Energie forträgt (1 von 10 Mio. Fällen), dann bleiben sie in gebundenem Zustand als P. zurück. Das P. wurde erstmals 1976 am Brookhaven-Beschleuniger von M. SCHWARTZ nachgewiesen.

Pipe [paɪp, engl.], vulkan. → Durchschlagsröhre.

Pipeline [pˈaɪplaɪn, engl.], Rohrleitung zum Transport von Flüssigkeiten (Rohöl, Mineralöle) und Gasen (Erdgas) über große Entfernungen. Bei kürzeren Entfernungen werden P. auch für Milch und techn. Gase sowie für den pneumat. Transport fester Stoffe (Getreide, Zement, Kohle, Eisenerz) benutzt.

Fernleitungen bis etwa 1 000 mm Durchmesser werden aus Stahlrohren zusammengeschweißt und 2,0–2,5 m tief im Boden frostsicher verlegt, mitunter auch wärmeisoliert auf Stützen über der Erde. Das Fördergut wird von Pumpen (Flüssigkeiten) oder Verdichtern (Gase) kontinuierlich mit Fließgeschwindigkeiten bis etwa 3 m/s gefördert. Zu hohe Drücke werden durch Aufteilung der Fördereinrichtungen auf mehrere Zwischenstationen vermieden.

Der Transport großer Mengen durch eine P. ist im Vergleich zu anderen Verkehrsträgern sehr wirtschaftlich; nur zur Bewegung des Transportgutes ist Energie notwendig. P. zeichnen sich durch hohe techn. Sicherheit, Unabhängigkeit von Witterungseinflüssen und niedrige Personalkosten aus. Allerdings sind sie kapitalintensiv und nur bei konstanter, hoher Auslastung wirtschaftlich. Rd. 70% der Flüssigkeits-P. sind Rohöl-Leitungen zum Transport von den Erdölfeldern zu den Verladehäfen, von den Anlandehäfen zu den Raffinerien und von Feldern direkt zu Raffinerien. Mineralölprodukte werden von Raffinerien zu Großverbrauchern transportiert, z. B. Rohbenzin zu petrochem. Werken. Das westeuropäische P.-Netz für Rohöl und Mineralölprodukte hatte 1980 eine Länge von 19 000 km. Die seit 1981 im Bau befindliche P. zw. Sibirien und Westeuropa soll Erdgas unter einem Druck von 75 bar transportieren. Sie wird mit 5 500 km die längste P. der Erde sein.

Die P. haben auch militär. Bedeutung, hauptsächlich für Benzin und Flugturbinenkraftstoffe. Es gibt bei Versorgungstruppen oder Pionieren der NATO P.-Einheiten und -Verbände, die in der Lage sind, das feste P.-Netz durch bewegl. Rohrleitungen zu ergänzen, zu überbrükken oder zu verlängern.

Tb. Rohrleitungstechnik, hg. v. L. u. C. STEINMÜLLER ([3]1978); P.-Technik, hg. v. W. KRASS u. a. (1979); ARG-Tabellenbuch für den Rohrleitungsbau, hg. v. ARG-Mineralölbau GmbH ([10]1980); Hb. für den Rohrleitungsbau, hg. v. G. WOSSOG u. a. ([8]1981); Jb. Rohrleitungstechnik (seit 1982/83).

Pipeline-Theorie [pˈaɪplaɪn-, engl.], Hypothese, nach der die Ausbreitung von Radiowellen in der hohen Atmosphäre dadurch begünstigt oder ermöglicht wird, daß dort die Elektronenverteilung eine längs der erdmagnet. Kraftlinien ausgerichtete Struktur aufweist, wodurch die Wellen längs der Magnetfeldlinien wie in Hohlleitern geführt werden.

Piperazin, kristalline, basische, heterozykl. Verbindung, die durch katalyt. Umsetzung von Äthanolamin mit Ammoniak hergestellt wird. P. dient in der Human- und Veterinärmedizin als Wurmmittel.

Piperidin, basische Flüssigkeit, die durch Hydrierung von Pyridin hergestellt wird; Zwischenprodukt für Pharmazeutika. P.-Derivate sind u. a. die Alkaloide **Piperin** (im Pfeffer, daher der Name) und **Coniin** (im Schierling).

Piperonal, Heliotropin, Riechstoff mit süß-blumiger Duftnote, der aus Safrol synthetisch hergestellt wird.

Pipette *die,* geeichter Stechbecher zur Volumenmessung von Flüssigkeiten (→ Heber). Man unterscheidet **Voll-P.** (mit vorgegebenem Volumen) und **Meß-P.** mit Graduierung. (BILD S. 94)

PI-Regler, häufigster Typ eines → Reglers, gebildet durch Parallelschalten von → P-Regler und → I-Regler. Durch diese Kombination werden die Vorzüge des P-Reglers (rasches Ausregeln) und des I-Reglers (Beseitigung der bleibenden → Regelabweichung) zusammengefaßt. Er ist geeignet zur Regelung von Strecken mit Ausgleich und mit Totzeitverhalten (→ Totzeitsystem).

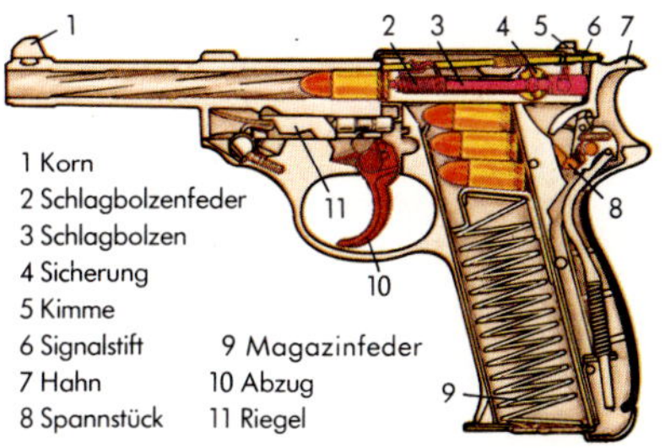

Pistole

Pisces, lat. Name des Sternbilds → Fische.

Pi-Schaltung, π-Schaltung, elektr. Vierpolschaltung mit je einer Querimpedanz parallel zum Eingangs- und zum Ausgangsklemmenpaar und einer Längsimpedanz (BILDER Bandpaß, Bandsperre); so benannt, weil die graph. Darstellung dieses Schaltungstyps dem grch. Buchstaben π ähnelt; Ggs.: → T-Schaltung.

Piscis austrinus, Südlicher Fisch, ein → Sternbild am Südhimmel.

Pisé|bau, jede Bauart, bei der die Wände aus breiigem, später erhärtendem Material (Lehm, Kalksand, kein Beton) durch Einstampfen zw. hölzernen Schalungen hergestellt werden.

Pisolith, Erbsenstein, aus kleinen kugelförmigen Körpern zusammengesetztes Gestein, auch für größere → Oolithe oder → Onkolithe. (→ Sprudelstein)

Pistazit, Mineral, der → Epidot.

Pistill *das,* Chemie: Reibschalen- und Mörserkeule, Stampfer.

Pistole, urspr. einschüssige, heute i. a. mehrschüssige Faustfeuerwaffe mit Stangenmagazin für den Nahkampf, als Selbstverteidigungswaffe und sportl. Wettbewerbe. Bei den derzeit verwendeten **Selbstlade-P.** wird nach dem Schuß durch den Rückstoß die Hülse ausgeworfen und die P. von selbst neu geladen und gepannt.

Pistonphon, Gerät zur Erzeugung eines Wechseldrucks mit Hilfe eines in einem Zylinder bewegten Kolbens. Das P. wird zur Druckeichung von Mikrophonen im unteren Frequenzbereich eingesetzt. Mit ihm läßt sich die Frequenzabhängigkeit der Empfindlichkeit, bezogen auf den tatsächlich an der Membran wirkenden Druck, feststellen.

Pitot-Rohr, Pitotsche Röhre [pit'o-, n. dem frz. Ingenieur H. Pitot, * 1695, † 1771], Gerät zur Messung des Gesamtdruckes in einem strömenden Medium; meist als Teil eines → Staurohres angeordnet.

Pittsburgh-Verfahren [p'ɪtsbəːg-], Ziehverfahren zur kontinuierlichen Herstellung von → Tafelglas.

Pivalinsäure, Trimethylessigsäure, tertiäre Carbonsäure, die aus i-Buten und Kohlenoxid in Gegenwart saurer Katalysatoren hergestellt wird (Koch-Synthese). **Pivalinsäureester** sind sehr hydrolysestabil und werden deshalb zur Herstellung hitzebeständiger Schmiermittel und witterungsbeständiger Lacke (Polyvinylester) verwendet. (FORMEL S. 96)

Pixel, Bez. für die durch Aufrasterung eines Bildes (z. B. Fernsehbild) entstandenen Bildpunkte (Auflösungspunkte), die als digitale Werte der Verarbeitung durch einen Computer zugeführt werden können (graph. Datenverarbeitung).

pk, Einheitenzeichen für → **peck.**

p-Kanal-MOSFET, Elektronik: ein in → MOS-Technologie hergestellter Feldeffekttransistor mit p-leitendem Kanal (→ MOSFET).

Pkw, Abk. für **P**ersonen**k**raft**w**agen.

pK-Wert, Chemie: Bez. für den negativen dekad. Logarithmus der → Gleichgewichtskonstanten einer chem. Reaktion, meistens zur Kennzeichnung der Stärke schwacher Basen, schwacher Säuren und Komplex-Ionen. Bei der elektrolyt. Dissoziation ist allg. der pK-Wert um so höher, je schwächer ein Elektrolyt ist. Unterschied zu → pH-Wert.

PL/1, Abk. für **Programming Language No. 1** [prˈəʊgræmɪŋ lˈæŋgwɪdʒ nˈʌmbə wʌn, engl.], problem-orientierte → Programmiersprache. Die Mischsprache PL/1 vereinigt in sich Elemente und Vorteile mehrerer anderer Programmiersprachen wie ALGOL, FORTRAN und COBOL und kann dementsprechend sowohl im mathematisch-wissenschaftl. als auch im kaufmänn. Bereich eingesetzt werden.

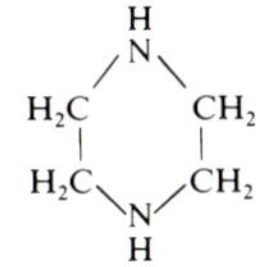
Piperazin

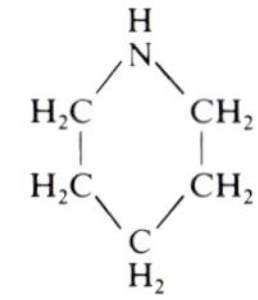
Piperidin

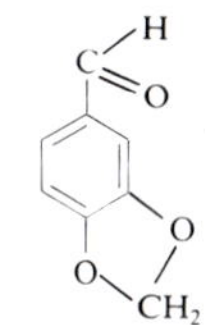
Piperonal

Pioneer-Venus: Endphase des Programmablaufs der Eintauchsonde

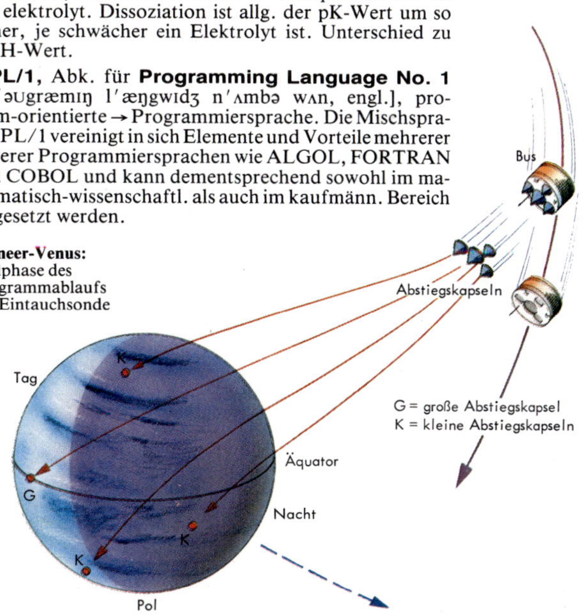

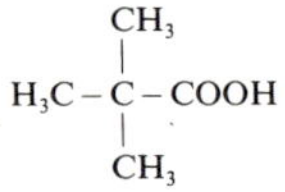

Pivalinsäure

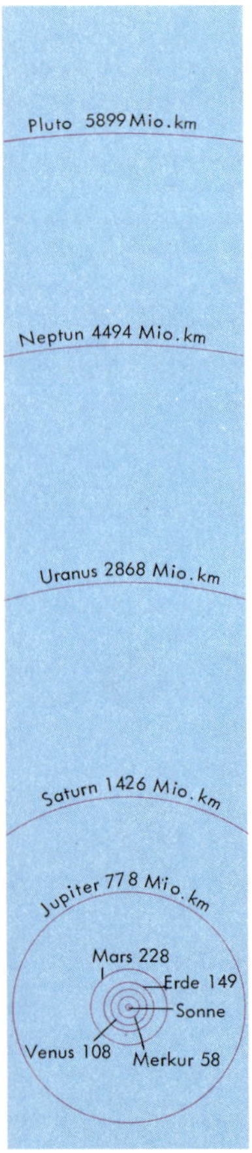

Planeten 1: Entfernungen der P. von der Sonne

Plagi|eder *das,* urspr. ein von sechs Trapezoiden begrenzter Körper **(Querflach)**; dann für das → Pentagonikositetraeder gebraucht. **Plagiedrische Hemiedrie,** veraltet für die pentagonikositetraedrische Kristallklasse.

Plagioklase *Mz.,* **Kalknatronfeldspate,** Minerale, wichtigste Gruppe der triklinen → Feldspate. Häufigste gesteinsbildende Minerale (→ Geochemie).

Plan, Kartographie: Begriff verschiedener Bedeutungen: 1) in zunehmendem Maß für die kartograph. Darstellung eines angestrebten Zustandes, oft in Verbindung mit einem Textteil (z. B. **Regionalplan, Bebauungsplan);** 2) in überlieferter Auffassung eine geometrisch exakte, aber kartographisch einfache Darstellung in sehr großen Maßstäben (z. B. Katasterplan 1:1000); 3) oft auch eine Karte, die vorwiegend der Übersicht dient und daher geometrisch und inhaltlich stärker vereinfacht ist (z. B. **Stadtplan);** 4) mitunter auch eine Karte, die nur einen Teil der endgültigen Darstellung enthält (z. B. **Lageplan).**

Planartechnik, Prozeßschritte zur Herstellung von Halbleiterbauelementen. Dabei wird das Halbleitermaterial an ausgewählten Bereichen der Oberfläche dotiert, so daß ›planare‹, d. h. der Oberfläche parallele und flache Bauelementstrukturen (→ integrierte Schaltung) entstehen. Wichtigste Teilschritte: Erzeugung und Abtragung von Schichten aus Siliciumdioxid (SiO_2) an ausgewählten Stellen der Halbleiteroberfläche mittels Photolithographie (→ Lithographie 2). Die SiO_2-Eigenschaften werden auf mehrfache Weise genutzt: Die Schichten wirken diffusionshemmend bei hoher Prozeßtemperatur (1000 °C) gegenüber den wichtigsten Dotierstoffen Bor und Phosphor, sie sind fein-strukturierbar und somit für → Miniaturisierung verwendbar, sie passivieren die Halbleiteroberfläche, d. h. schützen sie vor chem. Umwandlung. Die P. wurde für Silicium um 1960 entwickelt, sie kann jedoch auch auf andere Materialien (z. B. Galliumarsenid) angewendet werden.

Planck-Konstante [n. dem dt. Physiker M. Planck, * 1858, † 1947], das → Plancksche Wirkungsquantum.

Planck-Masse, → Wechselwirkung.

Plancksche Beziehung, → Einsteinsches Gesetz 2).

Planckscher Strahler, der → schwarze Körper.

Plancksches Strahlungsgesetz. Das P. S. beschreibt die Abhängigkeit der Ausstrahlung elektromagnet. Energie eines → schwarzen Körpers von seiner (thermodynam.) Temperatur T und von der Wellenlänge λ der Strahlung. Für die insgesamt abgegebene (unpolarisierte) spektrale → Strahldichte $L_{e\lambda}(=\mathrm{d}L_e/\mathrm{d}\lambda)$ gilt:

$$L_{e\lambda}(T)=c_1\cdot\lambda^{-5}\cdot(e^{c_2/\lambda T}-1)^{-1}\cdot\pi^{-1}\cdot\Omega_0^{-1},$$

wobei $c_1=2\pi hc^2$ die **1. Planck-Strahlungskonstante,** $c_2=hc/k$ die **2. Planck-Strahlungskonstante,** h das Plancksche Wirkungsquantum, c die Lichtgeschwindigkeit, k die Boltzmann-Konstante, $\Omega_0=1$ sr den Einheitsraumwinkel bedeuten. Für den Fall genügend großer Werte von $\lambda\cdot T$ erhält man aus dem P. S. als Näherungsformel das → Rayleigh-Jeanssche Strahlungsgesetz

$$L_{e\lambda}(T)=c_1\cdot c_2^{-1}\cdot\lambda^{-4}\cdot T\cdot\pi^{-1}\cdot\Omega_0^{-1}.$$

Plancksches Wirkungsquantum, Planck-Konstante, Formelzeichen h, eine universelle Konstante, die in den Gesetzen der Atom-, Kern- und Elementarteilchenphysik auftritt, u. a. als Proportionalitätsfaktor in der Beziehung zw. Energie E eines Strahlungsquants und Frequenz ν einer elektromagnet. Strahlung: $E=h\cdot\nu$, $h\approx 6{,}626\cdot 10^{-34}$ Js. Häufig wird auch die Größe $\hbar$, $\hbar=h/2\pi$ verwendet (ÜBERSICHT Naturkonstanten). Für $h\longrightarrow 0$ lassen sich z. T. aus manchen quantenmechanischen Formen Gesetze der klass. Physik ableiten.

Pläner, tonige, oft etwas kieselige Kalksteine oder Mergel, weiß, grau oder rötlich, küstennahe Fazies, i. Ggs. zur küstenferneren Schreibkreide. (→ Kreide 2)

planetarische Grenzschicht, der am Boden anliegende Teil der Atmosphäre, in dem der Wind zusätzlich durch die Reibung beeinflußt wird, während darüber allein eine isobarenparallele Strömung vorliegt. Im oberen Teil der p. G., der **Ekman-Schicht,** kommt es dadurch zu einer Winddrehung zum tiefen Druck hin. In der darunter liegenden **Prandtl-Schicht** nimmt die Windgeschwindigkeit nach unten hin ab, und zwar linear, wenn der Logarithmus der Höhe als vertikale Achse gewählt wird und die Schichtung adiabatisch ist. Das tritt nur bei kleiner Strahlungsbilanz auf. Die Höhe der p. G. hängt stark vom vertikalen Temperaturgradienten und von der Bodenrauhigkeit ab. Im Mittel beträgt sie etwa 1 km, von dem etwa 3% auf die Prandtl-Schicht entfallen.

Planetarische Nebel, gasförmige galaktische → Nebel 1), oft ring- oder kreisförmig, aber auch mit unregelmäßiger Gestalt. Der Name wurde deshalb gewählt, weil sie in kleineren Fernrohren den Planetenscheibchen ähneln. Bekannte P. N. sind der → Ringnebel im Sternbild Leier (BILD interstellare Materie) und der → Crabnebel im Sternbild Stier (BILD Nebel). Im Zentrum steht meist ein lichtschwacher **Zentralstern** mit sehr hoher Leuchtkraft (Oberflächentemperatur etwa 100000 K). Das Maximum der Ausstrahlung liegt bei diesen hohen Temperaturen im Ultraviolett-Bereich, also im unsichtbaren Bereich des Spektrums. Diese kurzwellige Sternstrahlung regt die Nebel zum Leuchten an, d. h., sie wird von diesen in sichtbare Strahlung umgewandelt. Man kennt etwa 1000 P. N., die bes. das Gebiet des galakt. Zentrums einnehmen. Die Durchmesser liegen zw. 0,02 und 5 Parsec. In den P. N. werden vom Zentralstern ausgestoßene Gashüllen vermutet, die mit Geschwindigkeiten zw. 10 und 50 km/s expandieren. Wesentlich höhere Geschwindigkeiten treten beim Crabnebel auf, der von seiner Entstehung her kein typ. P. N. ist. Das Emissionsspektrum der P. N. enthält ›verbotene‹ Linien von ionisiertem Sauerstoff und Stickstoff (→ Nebellinien). Man nimmt an, daß alle Sterne, deren Masse zw. einer und fünf Sonnenmassen liegt, P. N. erzeugen, bevor sie sich zu → Weißen Zwergen entwickeln (→ Sternentwicklung).

Planetarium, Vorrichtung zur anschaul. Darstellung des Sternhimmels, der scheinbaren Bahnen von Sonne, Mond und Planeten, deren Stellung für beliebige Erdorte in Vergangenheit und Zukunft und zur Vorführung vieler Vorgänge aus Astronomie und Raumfahrt. Die alten P. waren rein mechan. Konstruktionen. Heutige P. können durch opt. Projektion an die Innenfläche einer Projektionskuppel (∅ um 20 m) das Bild und die Bewegungen des Sternhimmels wiedergeben.

In der Bundesrep. Dtl. gibt es Groß-P. in Berlin, Bochum, Hamburg, München, Nürnberg, Stuttgart.

Das erste mechan. P. baute ARCHIMEDES (um 220 v. Chr.). Seit dem Spätmittelalter errichtete man in Verbindung mit großen astronom. Uhren zuweilen auch mechan. P. Das erste Projektions-P., entwickelt von W. BAUERSFELD, wurde 1923 in Jena aufgestellt.

Planeten, Wandelsterne, nur im reflektierten Licht eines Sterns, nicht aus sich selbst leuchtende Himmelskörper, die sich in ellipt. Bahnen um den sie beleuchtenden Zentralstern bewegen (→ Keplersche Gesetze). P. sind bis jetzt nur im Sonnensystem sicher nachgewiesen,

Planeten								
Planet	Masse (Erde = 1)	mittlere Dichte (g/cm³)	Äquatordurchmesser (km)	Rotationsperiode	mittlerer Sonnenabstand (AE)	siderische Umlaufszeit (Jahre)	kleinster Erdabstand (AE)	größter Erdabstand (AE)
Merkur	0,055	5,44	4 878	58d 15h 30min	0,39	0,24	0,5	1,5
Venus	0,815	5,24	12 104	243d 3h 50min	0,72	0,62	0,3	1,3
Erde	1	5,52	12 756	23h 56min 4,09s	1,00	1	—	—
Mars	0,107	3,92	6 789	24h 37min 22,6s	1,52	1,88	0,4	2,7
Jupiter	317,9	1,31	142 796	9h 55min 30s	5,2	11,86	4,0	6,4
Saturn	95,2	0,69	120 870	10h 39min 24s	9,54	29,46	8,0	11,1
Uranus	14,5	1,19	51 800	22,5h ± 2h	19,18	84,01	17,3	21,2
Neptun	17,63	1,76	48 600	18h 12min ± 24min	30,06	164,79	28,8	31,3
Pluto	0,003	1,5	≈ 3 000	6d 9h 22min	39,6	248	28,7	50,5

der Nachweis anderer P. aus period. Änderungen von Sternbewegungen (z. B. bei → Barnards Stern) ist umstritten. Im Sonnensystem gibt es, nach steigender Entfernung von der Sonne geordnet, folgende neun P.: → Merkur, → Venus, → Erde, → Mars 1), → Jupiter 1), → Saturn 1), → Uranus, → Neptun, → Pluto. Die letzten drei P. sind mit freiem Auge unsichtbar. Die Erdbahn trennt die **unteren P.** Merkur und Venus von den **oberen P.**, die → Planetoiden die **inneren P.** Merkur bis Mars von den **äußeren P.** Jupiter bis Pluto. Durch eine feste Oberfläche, geringe Rotationsgeschwindigkeit und höhere Dichte unterscheiden sich die relativ kleinen **terrestr.** oder **erdähnlichen P.** Merkur bis Mars von den **iovian.** oder **jupiterähnlichen P. (Riesen-P.)**, die hauptsächlich aus gasförmiger Materie bestehen. Pluto gehört zu keiner der beiden Gruppen.

Eine Beziehung zw. den mittleren Entfernungen der P. von der Sonne ist durch die → Titius-Bodesche Reihe gegeben. Die → Konstellationen 1) bezeichnen bestimmte Stellungen der P. in bezug auf Erde und Sonne. Da sich die inneren P. auf ihrer scheinbaren Bahn nie weit von der Sonne entfernen, sind sie in östl. Elongation nur als Abendstern, in westl. nur als Morgenstern sichtbar; in unterer und oberer Konjunktion kulminieren sie mit der Sonne. Die äußeren P. können auch in Opposition zur Sonne gelangen. Im Bereich der unteren Konjunktion oder der Opposition wird die sonst rechtläufige scheinbare Bewegung der P. rückläufig. Nur bei den inneren P., allenfalls noch beim Mars, treten → Phasen 1) deutlich in Erscheinung. Die meisten P. drehen sich im gleichen Sinn wie die Erde, und zwar um Achsen, die i. d. R. weniger geneigt sind als die Erdachse, Ausnahmen: Venus dreht sich in entgegengesetzter Richtung, die Uranusachse ist um 98 Grad geneigt, die Plutoachse möglicherweise um 100 Grad. Bis auf Merkur und Venus werden alle Planeten von → Monden umrundet. (BILDER S. 98 und 99).

Die Beschaffenheit der P.-Oberfläche und der P.-Atmosphäre bedingt die jeweilige → Albedo (TABELLE).

Planetengetriebe, ein → Umlaufrädergetriebe.

Planetensonden, → Raumsonden.

Planetensystem, i. e. S. die Gesamtheit der die Sonne (oder einen anderen Fixstern) umkreisenden → Planeten, i. w. S. das gesamte → Sonnensystem.

Planetentafeln, Tafeln, in denen die vorausberechneten Örter von Mond und Planeten angegeben werden. Histor. Bedeutung haben v. a. die → Alfonsinischen Tafeln und die → Rudolfinischen Tafeln. Heute werden die P. in den Astronomischen → Jahrbüchern angegeben. (→ Ephemeriden)

Planetoiden, Asteroiden, Kleinplaneten, große Gruppe z. T. sehr kleiner Himmelskörper, die die Sonne v. a. im Bereich zw. Mars- und Jupiterbahn umrunden und damit die Lücke der → Titius-Bodeschen Reihe füllen. Unter Umständen existiert ein zweiter P.-Gürtel jenseits der Jupiterbahn (→ Chiron). Gegenwärtig sind die Bahnen von mehr als 2000 Objekten hinreichend genau bekannt, um eine ständige Identifizierung zu ermöglichen. Die Gesamtzahl der P. bis zu einer Helligkeit von 19. Größenklasse (entsprechend einem Durchmesser von etwa 100 m) wird auf 40000 geschätzt; ihre Gesamtmasse wird mit $4/10000$ der Erdmasse angegeben. Auf Grund beobachteter period. Lichtwechsel scheinen die P. i. d. R. keine sphär. Gestalt aufzuweisen, sondern dürften unregelmäßig geformte, rotierende Felsbrocken sein, ähnlich den beiden Marsmonden. Die vier größten und zuerst entdeckten P. sind: Ceres (∅ rd. 1000 km), Pallas (∅ rd. 560 km), Vesta (∅ rd. 525 km) und Juno (∅ rd. 190 km). Die P.-Bahnen verteilen sich nicht gleichmäßig über den Raum zw. Mars- und Jupiterbahn, sondern weisen auffällige Lücken auf **(Kirkwood-Lücken** [kˈɘːkwʊd-]), die auf Grund einfacher Kommensurabilitäten zur Umlaufzeit des Jupiter als Folge der von diesem Planeten ausgehenden Bahnstörungen angesehen werden. I. Ggs. zu den Planeten umrunden die P. die Sonne auf z. T. recht exzentr. Bahnen: So kann Icarus (Bahnexzentrizität 0,827) die Erdbahn kreuzen (→ Apollo-Objekte) und der Sonne bis auf 28 Mio. km nahe kommen (kleinster bekannter Sonnenabstand), während Hidalgo (Bahnexzentrizität 0,66) im sonnenfernsten Bahnpunkt bis fast an den Saturn herankommt. Eine Gruppe von P. umläuft die Sonne im gleichen Abstand wie Jupiter, jedoch jeweils 60 Grad vorauseilend oder nachfolgend (→ Trojaner). Auf Grund der spektralen Verteilung des von den P. reflektierten Sonnenlichtes unterscheidet man mehrere Klassen von P.: **C-P.** weisen eine sehr geringe → Albedo auf (kleiner als 0,065) und dürften entsprechend eine extrem dunkle Oberfläche besitzen, d. h., vermutlich aus kohlenstoffhaltigem chondritischem Material bestehen; die Albedo der **S-P.** liegt zw. 0,065 und 0,23, während **M-P.** bei ähnlicher Albedo einen höheren Rotanteil im reflektierten Licht aufweisen; etwa 10% der P. ist unklassifizierbar **(U-P.)**.

Da die P. in Gruppen auftreten, in der die Einzelobjekte jeweils ähnliche Bahnen aufweisen, wird ein gemeinsamer Ursprung aus einigen wenigen ›Mutterkörpern‹ nicht ausgeschlossen. Die Entstehung der P. aus einem zerplatzten Planeten (→ Phaeton) ist jedoch umstritten; als wahrscheinlicher gilt, daß auf Grund der Bahnstörungen des Jupiter schon in der Frühphase der Entwicklung des Planetensystems die Materie zw. Mars- und Jupiterbahn an der Bildung eines großen Planeten gehindert wurde. – Seit 1978 häufen sich Beobachtungshinweise, die auf die Existenz von P.-Monden hindeuten (→ Herculina).

Planeten 2: Stand Ende 1981 (die 1979 entdeckten Jupitermonde 1979 J2 und 1979 J3 wurden 1982 offiziell benannt in Thebe und Meti

Planfläche, Optik: ebene Begrenzungsfläche bei Prismen, Linsen oder Spiegeln.

planieren, eine Fläche einebnen, z. B. im Eisenbahn- und Straßenbau. Bei der Metallbearbeitung werden Werkstückflächen durch Prägen zw. ebenen Werkzeugen oder Eindrücken rasterförmiger Vertiefungen gerichtet (planiert).

Planigloben, kartograph. Wiedergabe der Erdoberfläche in zwei Kreisflächen (Erdhalbkugelkarten; BILD Kartennetzentwürfe).

Planimeter *das,* Gerät zum Messen des Flächeninhalts ebener Figuren, meist durch Umfahren der Randlinie. Beim **Polar-P.** geschieht dies mit dem einen Ende des

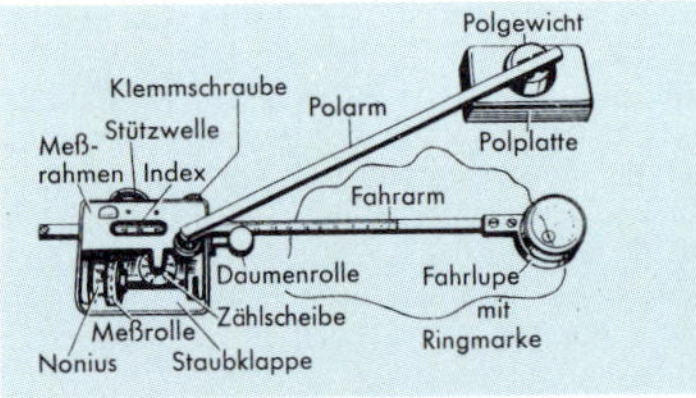

Planimeter: Kompensations-Polarplanimeter

Fahrarmes, dessen anderes Ende auf einer Kreisbogenführung um den beliebig gelegenen Pol gleitet. Der Fahrarm trägt eine Meßrolle, die zugleich rollt und gleitet und deren Drehung dem umfahrenen Flächeninhalt proportional ist. Die Meßgenauigkeit liegt bei 0,1 cm^2. Mit dem **Kompensations-P.** kann man durch doppeltes Umfahren Fehler infolge Achsenschiefe der Meßrolle ausschalten. Andere Arten sind **Linear-, Scheiben-, Radial-, Schneiden-** und **Beil-P., Integrimeter** (→ Integriergerät), **Potenz-P.** u. a. Eine Sonderform ist das **Stieltjes-P.,** ein harmon. Analysator, der zur Bestimmung der Amplituden und Phasen von Teilschwingungen bei period. Kurven dient (→ harmonische Analyse). P. werden zunehmend durch Computer und Rechenverfahren ersetzt.

Planimetrie, die Elementargeometrie der Ebene.

Planisphäre, 1) Astronomie: historisches Gerät (→ Astrolabium).

2) Kartographie: zusammenhängende Wiedergabe der gesamten Erdoberfläche, meist mit elliptischem Umriß, teils auch mit Darstellung der Pole als Linien (BILD Kartennetzentwürfe).

plankonkav, auf der einen Seite eben (plan), auf der anderen nach innen, bei **plankonvex** nach außen gekrümmt; z. B. bei → Linsen 2 (BILD).

Plankton *das,* Lebensgemeinschaft im Wasser frei lebender Tiere, Pflanzen und Mikroorganismen, die infolge geringer oder fehlender Eigenbewegung von Strömungen fortgeführt werden können. Die einzelnen Lebewesen heißen **Plankter;** die während ihres ganzen Lebens zum P. gehören sind **holoplanktisch,** die nur im Jugendstadium dazugehören **meroplanktisch.** Das P. besteht aus vielen, meist einzelligen Algen, Bakterien, Einzellern, Hydrozoen, Krebstieren und besonders pelag. Lebewesen. Nach der Größe wird das P. eingeteilt in **Ultranano-P.** (bis 2 µm), **Nanno-P.** (2–20 µm), **Mikro-P.** (20 bis 200 µm), **Meso-P.** (200–2000 µm), **Mega-P.** (über 2000µm), **Makro-P.** (2–10mm), **Megalo-P.** (über 10mm).

Das pflanzl. **Phyto-P.** scheidet man vom tier. **Zoo-P.;** als **kinet. P.** werden Dinoflagellaten, plankt. Proto- und Metazoen dem aus Diatomeen ohne aktive Bewegung gebildeten **akinet. P.** gegenübergestellt. Das P. des Süßwassers wird als **Limno-P.,** das des Salzwassers als **Hali-P.** (Meeres-P.) bezeichnet; zw. beiden steht das **Hyphalmiro-P.** (Brackwasser-P.). Das Meeres-P. wird außerdem in **neritisches** (küstennahes) und **Hochsee-P.** oder in das

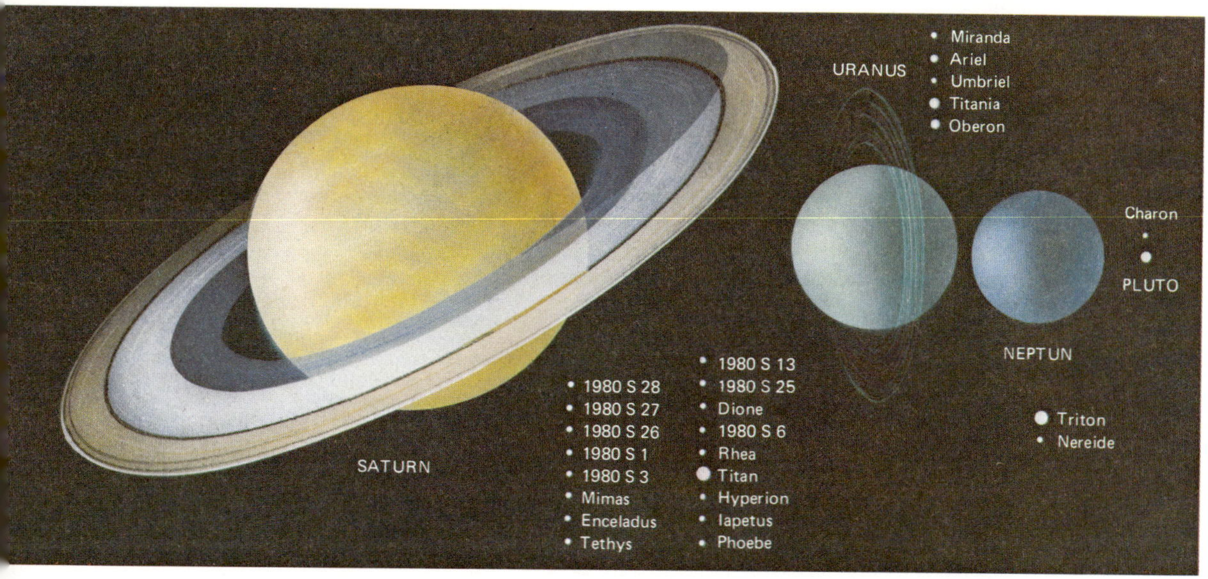

Epi-P. der oberen und das **Bathy-P.** der tiefen Wasserschichten geschieden; die an der Oberfläche treibenden Lebewesen, wie Segelquallen, bilden das **Planktopneuston.**

Ausbildung und Zusammensetzung des P. sind abhängig von Temperatur, Salzgehalt, Sauerstoff und Licht. Der Schwebefähigkeit vieler Plankter dienen Öl- oder Gaseinlagerungen, die Sinkgeschwindigkeit wird z. B. durch Stacheln, blattförmige Anhänge, Kettenbildung verringert; häufig sind die Körper durchsichtig; viele P.-Tiere haben Leuchtvermögen. Planktonarmes Meerwasser erscheint blau, planktonreiches grün. Eine große Rolle spielt das P. als Sauerstofflieferant und als Nahrung, z. B. für Fische.

Planobogen, flachliegende ungefalzte Papier- oder Druckbogen. – **Planodruck,** Einzelbogendruck i. Ggs. zum Rotationsdruck von der Rolle.

planparallele Platte, von zwei parallelen Ebenen begrenzte Platte, z. B. aus Glas für optische Zwecke.

Planscheibe, Scheibe zum Aufspannen großer, auch unregelmäßig geformter Arbeitsstücke auf der Drehmaschine.

Planum *das,* im Eisenbahn-, Erd- und Straßenbau die verdichtete Oberfläche des Erdkörpers zur Aufnahme des Straßenunter- oder Eisenbahnoberbaues (→ Bahnkörper).

Planzeiger, Kartographie: ein rechter Winkel mit Maßstabsteilung auf beiden Schenkeln, der, an das quadrat. Kartengitter angelegt, die Lagebestimmung von Kartenpunkten durch → geographische Koordinaten erlaubt.

Plasma, 1) Mineral, glas- bis lauchgrüner, durch Chlorit gefärbter → Jaspis; lange Zeit nur als Material ägypt. Skarabäen und antiker, in röm. Ruinen gefundener Gemmen bekannt. Fundgebiet: Deccan, Ostindien.

2) Physik: ionisiertes heißes Gas aus Ionen, Elektronen und neutralen Teilchen. Ein P. ist **quasineutral,** d. h., es hat im Mittel die gleiche Anzahl von positiven und negativen Ladungen. P. hat eine große elektr. Leitfähigkeit und ist diamagnetisch. Die **Plasmadynamik** beschreibt die Bewegungs-, Transport- und Nichtgleichgewichts-Eigenschaften eines **P.-Zustandes** (auch **4. Aggregatzustand).** Die Verknüpfung von Dichte, Temperatur, Druck, Geschwindigkeit und Strom mit den elektromagnet. Feldgrößen liefert magnetohydrodynam. Gleichungen, deren Lösungen → Plasmaschwingungen darstellen. Im Labor wird P. durch → Gasentladungen in zylinder- oder ringförmigen Röhren erzeugt. Das Eigenmagnetfeld der Entladungsströme schnürt durch den → Pincheffekt das P. zu einem dünnen Schlauch zusammen, wodurch es sich stark erhitzt; das umgebende Vakuum verhindert die unmittelbare Wärmeübertragung auf die materiellen Wände. In anderen Geräten wird das zusammenhaltende Magnetfeld durch Ströme in äußeren Spulen erzeugt. In den Industriestaaten werden große Anstrengungen unternommen, um ein P. aus Deuterium oder Tritium von so hoher Temperatur und Dichte zu erzeugen, daß eine kontrollierte Kernfusion stattfindet. Ein Fusionsreaktor soll die dabei frei werdende Energie in technisch nutzbare Energie umwandeln. Um das hochaufgeheizte P. von den Wänden der Apparatur fernzuhalten, wählt man bei den großen P.-Maschinen besondere Formen des Magnetfelds, z. B. Verdrillungen (→ Kernfusion).

In der Natur findet man P. in den höchsten Atmosphärenschichten, im Weltraum (interstellares Gas), in den Sternatmosphären und im Inneren der Sterne. P. treten auch in Büschel- oder Koronaentladungen, ferner bei elektrischen Durchschlägen, Blitzen oder in Flammen auf.

Plasma|antrieb, Bez. für elektrotherm. und elektromagnetische Raketenantriebe (→ Rakete).

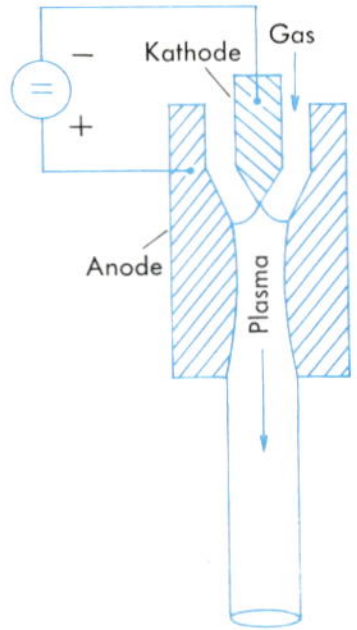

Plasmabrenner 1: Lichtbogen-P.

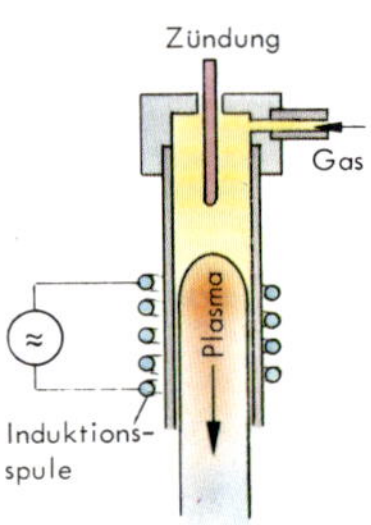

Plasmabrenner 2: Induktions-P.

Plasmabrenner, Gerät, in dem Gase wie Argon, Wasserstoff, Stickstoff oder Luft durch Lichtbogenentladungen so hoch aufgeheizt werden, daß sie ionisiert und so elektrisch leitend werden. Das Plasma erreicht Temperaturen bis zu 20000 K. Das Gas wird dem Entladungsraum zw. den Elektroden radial oder axial von außen unter Druck zugeführt, durch eine durchbohrte Elektrode aus dem Entladungsraum herausgeblasen und tritt als sehr heiße Flamme aus dieser Bohrung aus. Die Elektroden bestehen meist aus Kupfer (Verringerung des Abbrandes infolge guter Wärmeleitung an außen strömendes Kühlwasser). Wegen der besseren Lichtbogenstabilität wird häufig Gleichstrom angelegt. Dabei ist für sauerstofffreie Gase die Kathode aus thoriertem Wolfram gefertigt (gute Temperaturbeständigkeit, kleine Elektronenaustrittsarbeit). Form der Kathode: bis etwa 150 kW Stab, bei größeren Leistungen Hohlkathode.

Man verwendet den P., um hochschmelzende Substanzen, die im zugeführten Gas zerstäubt oder in der Plasmaflamme verdampft werden, auf kalte Werkstücke aufzuspritzen **(Plasmapistole)** und so einen zusammenhängenden Überzug zu erzeugen, zum Trennen oder Schweißen von hochschmelzenden Metallen, zur Simulation der Oberflächenbelastung von Raumflugkörpern beim Wiedereintritt in die Erdatmosphäre, zur Spektralanalyse, zur Synthese von Kristallen aus hochschmelzenden Verbindungen, zur Durchführung von chem. Reaktionen, die bei hoher Temperatur ablaufen, u. a. Die im Lichtbogen umgesetzte elektr. Energie beträgt bis zu rd. 3 MW **(Lichtbogen-P.).**

Ein anderes Gerät zur Erzeugung von Plasmen ist der **Hochfrequenz-P. (Induktions-P., Plasmafackel),** der Schwierigkeiten mit dem Elektrodenmaterial (Abbrand und Verunreinigung der Flamme) vermeidet. Hier brennt die Gasentladung im Inneren einer Spule oder eines Hohlraumresonators. Typische Frequenzen im MHz-Bereich. Der Gasstrahl wird durch ein Quarzrohr stabilisiert, aus dessen Mündung die Plasmaflamme austritt. Außer den genannten Anwendungen befinden sich andere in Erprobung, z. T. in halbtechn. Maßstab (Erzreduktion).

Plasma|chemie, Teilgebiet der Hochtemperatur- und Niedertemperatur-Chemie, das sich mit den Eigenschaften von Stoffen und dem Ablauf von chem. Reaktionen in Plasmen befaßt. Die Reaktionen der P. sind hauptsächlich Ionen-Molekül-Reaktionen, z. B. die Bildung von Acetylen aus Methan.

Plasmafrequenz, diejenige Frequenz einer elektromagnet. Welle, für die die Brechzahl eines verlustlos gedachten ionisierten Mediums gleich Null wird. Sie ist proportional der Wurzel aus der Konzentration der freien Elektronen. Positive Ionen spielen nur dann eine Rolle, wenn sie 10000mal häufiger sind als Elektronen. Nur elektromagnet. Wellen mit Frequenzen, die höher sind als die P., können sich in einem ionisierten Medium ausbreiten. Nimmt in einem Medium die Elektronenkonzentration örtlich allmählich zu, so werden Radiowellen an der Stelle total reflektiert, an der ihre Frequenz gleich der P. ist. Dies spielt bei der Untersuchung der Ionosphäre mit der →Ionosonde eine wichtige Rolle. (→Plasmaschwingungen)

Plasmaphysik, Teilgebiet der Physik, das sich mit dem →Plasma 2) beschäftigt.

Plasmaprote|ine, Gemisch aus etwa 100 unterschiedl. Proteinen und Proteiden (meist Glykoproteiden), die im Blutplasma in einer Gesamtkonzentration von 60 bis 80 g/l vorkommen und von Leber und lymphat. Gewebe synthetisiert werden. Mit Hilfe der →Elektrophorese erfolgt eine Trennung der P. in fünf Klassen: 1) etwa 60% **Albumin** (Transportmolekül für freie Fettsäuren, Vitamine, Pharmaka, Kationen u. a.; osmot. Funktionen); 2) etwa 4% **α_1-Globuline** (Transport einiger Lipide und Hormone; Hemmung von →Proteasen; Proteine des Gerinnungssystems); 3) etwa 8% **α_2-Globuline** (Eisen-II-oxidase; Hemmstoffe des Gerinnungssystems; Hämoglobin-Bindungsprotein); 4) etwa 12% **β-Globuline** (Lipidtransport; Eisenbindung und -transport, Blutgerinnung); 5) etwa 16% **γ-Globuline** (Antikörper, Immunabwehr). Die Bestimmung von P.-Konzentration und relativer Verteilung auf die Klassen 1) bis 5) gehören zu den häufig durchgeführten klinisch-chem. Analyseverfahren zur Diagnose von Krankheiten.

Plasmaschwingungen. Schwingungen in einem →Plasma 2). Örtl. Störungen in einem Plasma verursachen Bewegungen der Elektronen und Ionen, wodurch ein rücktreibendes elektr. Feld entsteht, so daß die Teilchen mit einer für die Teilchensorte charakterist. **Plasmafrequenz** (Elektronen- und Ionenfrequenz) schwingen. Infolge der hohen Drucke und der therm. Bewegung können sich diese P. auch als longitudinale **Plasmawellen** ausbreiten (→Magnetohydrodynamik). Dabei schwingen die Teilchen parallel zum Magnetfeld, ohne von ihm beeinflußt zu werden. Bei transversalen Wellen laufen die Teilchen infolge der Lorentz-Kraft in Spiralen um die Feldlinien **(Alfvén-Wellen).**

Plasmaspritzen, das Aufbringen auf Metalle von Überzügen aus sehr hoch schmelzenden Metallen oder anorgan. Verbindungen, die in einem Plasma aufgeschmolzen und mit Schutzgas, z. B. Argon, zerstäubt werden. Das Plasma wird durch Einschnürung eines Lichtbogens erzeugt. Es lassen sich so hochverschleißfeste und korrosionsbeständige Schichten erzeugen.

Plasmoid *das,* innerhalb eines Gases erzeugtes kleines torusförmiges →Plasma (wie ein Rauchring). P. werden meist durch Stoßentladung zwischen zwei Elektroden erzeugt.

Plasmolyse, Ablösung des Zytoplasten von der Zellwand, eine künstlich auslösbare osmot. Erscheinung in einer hyperton. Lösung eines Salzes oder Nichtelektrolyten, deren osmot. Druck höher ist als der des Zellsaftes; dabei wird der Zelle Wasser entzogen, indem die Plasmagrenzschichten als semipermeable Membranen wirken. Ersetzt man die hyperton. Lösung durch Wasser, so tritt der rückläufige Vorgang, die **Deplasmolyse,** ein: Die Zelle nimmt Wasser auf und wird wieder turgeszent (prall); es wird ein Ausgleich zw. Außen- und Innendruck hergestellt. (→Osmose)

Plasmon, Schwingungsquant der Plasmawellen, die bei kollektiven Anregungen von Elektronen in Festkörpern auftreten; ein →Quasiteilchen mit (näherungsweise) der Energie $\hbar\omega_p$ ($\hbar = h/2\pi$, h = Plancksches Wirkungsquantum, ω_p = Plasmafrequenz). P. können v. a. in Metallen, aber auch in Halbleitern mit hoher Leitungselektronendichte durch Beschuß mit schnellen Elektronen angeregt werden. Da ihre Energie ziemlich hoch ist (sie beträgt in Metallen mehrere eV), ist eine thermische Anregung nicht möglich.

Plaste, i. w. S. →Kunststoffe; i. e. S. Thermoplaste.

Plastifizieren, Verfahren zum Plastischmachen von Kunststoffen, entweder vorübergehend durch mechan. und therm. Einwirkung, wodurch das Material für die Formung erweicht wird (→Spritzgießen 1, →Strangpressen), oder dauernd z. B. durch →Weichmacher.

Plastik, gleichbedeutend mit → Kunststoffen.

Plastikbomben, Mischungen aus 80–90% eines brisanten Sprengstoffes (z. B. Hexogen) und Plastifizierungsmitteln (z. B. Vaseline, Wachse).

Plastizität, 1) Verformbarkeit von Werkstoffen und Festkörpern durch äußere Kraft, die eine nach Aufhören der Beanspruchung fortdauernde Verformung ergibt; i. Ggs. zur → Elastizität 1). Bei Metallen und spröden Werkstoffen (z. B. Marmor, Glas, Kristalle) tritt P. bei Belastung über die Fließgrenze (deren Höhe von der Temperatur abhängt) hinaus auf. Die P. wird zur spanlosen Formung angewendet. Bei Bauteilen aus Metallen tritt u. U. eine plastische, d. h. bleibende Formänderung nur in begrenzten Bereichen auf. Dies wird in der **P.-Theorie,** einem Teilgebiet der Festigkeitslehre, behandelt.

2) Kristallographie: die Fähigkeit von Einkristallen, sich durch mechan. Einwirkung nicht reversibel, ohne Verlust des inneren Zusammenhangs und ohne Änderung der beobachtbaren Eigenschaften verformen zu lassen **(plast. Deformation,** → Gleitung). P. und Rekristallisations-Eigenschaften der Kristalle spielen bei der Metallbearbeitung und in der Natur bei der tekton. Verformung der Gesteine (→ Tektonik, → Metamorphose) eine große Rolle.

Plastomere, → Kunststoffe.

Plastoponik, Bodenverbesserung durch Zugabe von 4 bis 12 mm großen Kunststoff-Flocken; verdichtete Böden lassen sich auf diese Weise nachhaltig verbessern.

Plateau [plat'o, frz.], Hochebene, Tafelland, allg. jede (nicht immer ebene) Fläche auf Gebirgen oder Einzelbergen, die nach allen Seiten abfällt. **Plateaugebirge** sind Gebirge mit vorherrschenden Hochflächen ohne ausgeprägte Gipfelregion.

Platformat, → Reformat.

Platforming [pl'ætfɔ:mɪŋ, engl.], → Reformieren.

Platin *das,* chem. Symbol **Pt,** ein → chemisches Element; Ordnungszahl 78. Von den mehr als 30 Isotopen kommen 6 natürlich vor. P. ist ein grauweißes, dehnbares Metall, das an der Luft und gegen nichtoxidierende Säuren beständig ist. Von einigen Elementen wie Schwefel, Phosphor, Blei, Arsen wird es bei höherer Temperatur angegriffen, bei gewöhnl. Temperatur schon von → Königswasser. Feinverteiltes P. **(Platinschwamm, Platinmohr)** absorbiert ähnlich wie Palladium Sauerstoff. In dieser Form ist P. ein Katalysator für viele techn. Prozesse, z. B. zur Herstellung der Salpeter- und der Schwefelsäure. – P. wurde erstmals 1750 von R. WATSON als neues Metall beschrieben. In Legierungen mit anderen Platinmetallen war es schon früher bekannt.

P. kommt in Meteoriten mit durchschnittlich 20 g/t vor; ähnliche Werte werden auch für den Erdkern angenommen. In der oberen Erdkruste liegt der P.-Gehalt bei 0,005 g/t. In abbauwürdigen Lagerstätten muß P. auf ein Vielfaches dieses Wertes angereichert sein. P. kommt als Mineral **Sperrylith,** $PtAs_2$, **Cooperit** [ku:-], PtS, **Braggit,** (Pt, Pd, Ni)S, und mit anderen Sulfiden in einigen primären Chromeisenerzen und Magnetkiesen vor. Das in diesen Gesteinen auch gediegen enthaltene P. wird nach Verwitterung und Einwirkung von fließenden Wässern auf Seifen-Lagerstätten angereichert. Neuere Untersuchungen erlauben den Schluß, daß P. auch hydrothermal mit Kupfer- und Nickelmineralen vorkommt. – Die Isolierung des P. aus Seifenerzen erfolgt durch mechan. Waschverfahren. Bei der Gewinnung aus primären Lagerstätten reichert sich P. mit dem Nickel an und kann aus den Rückständen der Nickel-Darstellung gewonnen werden. Die Reinigung des Rohplatins geschieht nach chlorierendem Rösten oder nach Lösen in Königswasser mit verschiedenen chem. Fällungsverfahren oder durch → Ionenaustauscher. – P. wird in der Schmuckwarenindustrie, für chem. Laboratoriumsgeräte, elektr. Kontakte und Thermometer, Elektroden, für korrosionsbeständige Apparateteile (z. B. Spinndüsen), in steigendem Maß in der Raumfahrt- und Luftfahrtind. und in feinverteiltem Zustand als Katalysator verwendet.

Platine, 1) Elektronik: → gedruckte Schaltung.

2) Hüttentechnik: nur auf zwei Flächen gewalztes Walzerzeugnis (Halbzeug) von 6 bis 50 mm Dicke und 150 bis 500 mm Breite.

3) Textiltechnik: allg. haken- oder schiebeartiges Gerät an Web-, Wirk- und Strickmaschinen.

4) umformende Fertigung: ein Blechzuschnitt als ebene Ausgangsform, z. B. zum Drücken oder Tiefziehen. Die runde P. heißt auch **Ronde** [rɔ̃d].

Platinlegierungen. Eine Legierung aus 96% Platin und 4% Kupfer oder aus 90% Platin und 10% Palladium ist **Juwelierplatin.** Chem. Geräte werden aus **Geräteplatin,** bestehend aus 99,5% Platin und 0,5% Rubidium, Rhodium und Palladium oder aus einer P. mit 5–30% Iridium, Rhodium und Rubidium hergestellt. Als Dentallegierung dient **Platinersatz,** Legierungen, die nur zum Teil Platin enthalten. Für Thermoelemente werden P. mit 2–40% Rhodium verwendet.

Platinmetalle, die miteinander verwandten, in der VIII. Gruppe des Periodensystems der Elemente stehenden Metalle Platin, Ruthenium, Rhodium, Palladium, Osmium und Iridium. Sie treten als **Platinerze** in der Natur fast nur gediegen auf, meist in Form platinreicher Legierungen. Außerdem sind sie in den Rückständen enthalten, die bei der Verarbeitung edelmetallhaltiger Kupfer-Nickel-Legierungen anfallen. Diese Rückstände und die Platinerze werden zu Rohplatin verarbeitet, in dem Platin stets der Hauptbestandteil ist, während die Gehalte der anderen P. unter 10% liegen. Die weitere Trennung der P. voneinander erfordert mehrere Arbeitsgänge.

Platinmohr, sehr fein verteiltes → Platin.

Platinschwamm, sehr fein verteiltes → Platin.

Platinverbindungen enthalten Platin in den Oxidationsstufen 0 bis +6 (mit Ausnahme von +3). Am häufigsten sind die Verbindungen des zwei- und vierwertigen Platins. Die wichtigste P. ist die Platin(IV)-chlorwasserstoffsäure **(Hexachloroplatin(IV)-säure),** $H_2PtCl_6 \cdot 6\,H_2O$, die beim Lösen von Platin in Königswasser entsteht und in Form gelber Kristalle auskristallisiert. Diese, kurz **Platinchlorid** genannt, wird in der Technik bei der galvan. Platinierung und bei anderen Methoden zur Abscheidung von Platin auf der Oberfläche von Gegenständen gebraucht. Das gelbgefärbte Kaliumsalz, $K_2[PtCl_6]$, ist schwer löslich, ebenso das Ammoniumsalz, $(NH_4)_2[PtCl_6]$, **Platinsalmiak.** Aus letzterem entsteht beim Erhitzen reines Platin in feinverteilter Form **(Platinschwamm).** Tiefrotes **Platinhexafluorid,** PtF_6, Siede-P. 69,1 °C, ist eines der stärksten Oxidationsmittel. Das **Bariumtetracyanoplatinat(II),** $Ba[Pt(CN)_4] \cdot 4\,H_2O$, wird zum Nachweis von Röntgen- und radioaktiven Strahlen benutzt, unter deren Einwirkung es leuchtend gelbgrün fluoresziert, ist aber heute oft durch billigere Leuchtstoffe ersetzt.

Platonische Körper [n. dem grch. Philosophen Platon, * 427 v. Chr., † 347 v. Chr.], die fünf → regelmäßigen Körper.

Platonisches Jahr, die Zeitspanne von rd. 25 700 Jahren, in der die Erdachse infolge der Anziehungskräfte v. a. der Sonne und des Mondes den Pol der Ekliptik einmal umläuft (→ Präzession 1).

Platte, 1) Geographie: ebene Landoberfläche, auch eine flache Erhebung im Bett von Strommündungen. In Grundmoränengebieten sind P. oft mit Seen erfüllt (Mecklenburg. Seenplatte). Liegt die P. in Hebungsgebieten, so wird sie von Tälern begrenzt (Alpenvorland: Iller-Lech-P.).

2) Geologie: → Plattentektonik.

3) Technik: von zwei parallelen Ebenen begrenzter Körper. Der Abstand dieser Ebenen (die Dicke der P.) ist klein im Vergleich zu den anderen Maßen, jedoch ausreichend zur Erhaltung der Biegesteifigkeit. P. werden senkrecht zur Mittelebene belastet und punkt- oder linienförmig unterstützt. Als Flächentragwerke werden P. am häufigsten im Stahlbetonbau angewendet (→ Bauplatten, → Tragwerk 1). Als plattenförmiger Holzwerkstoff: → Holzfaserplatten, → Holzspanplatten, → Holzwolle-Leichtbauplatten.

plätten, → bügeln.

Plattenbalken, Balkenform des Stahlbetonbaus: Die Druckplatte ist mit dem Balken (oder der Rippe) durch Bewehrung schubfest so verbunden, daß ein T-förmiger Verbundkörper entsteht, oft verstärkt durch Vouten. **Plattenbalkendecke,** die Stahlbeton-Rippendecke (→ Decke 2).

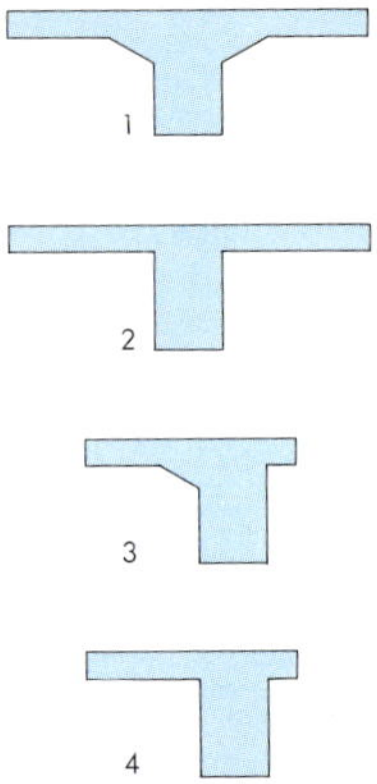

Plattenbalken 1–4: **1** P. mit beidseitigen Vouten; **2** P. ohne Vouten; **3** einseitiger P. mit Voute; **4** einseitiger P. ohne Voute

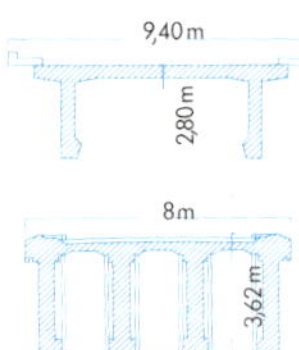

Plattenbalken 5: Brückenquerschnitte mit verschiedenen Formen von P.

Plattengang, horizontale Plattenreihe der → Außenhaut 2) eines Schiffes.

Plattenheizkörper, ein → Heizkörper geringer Bautiefe aus Stahlbändern oder Stahlblech (→ Flachheizkörper).

Plattenkondensator, → Kapazität, → Kondensator.

Plattenschneider, Schneidmaschine zur Herstellung der Masterfolie bei der Produktion von → Schallplatten. Ein Schneidstichel ritzt die Schallrillen ein.

Plattenspeicher, als externer Massenspeicher für elektron. Datenverarbeitungsanlagen verwendeter → Magnetschichtspeicher.

Plattenspieler, Abspielgerät für → Schallplatten (Toninformationen liegen in analoger Form vor), → Compact Discs (Toninformationen in digitaler Form) und → Bildplatten (Bild- und Toninformationen in digitaler Form). Zum → Abtasten der digitalen Informationen sind spezielle Abspielgeräte erforderlich, die optische oder kapazitive Verfahren verwenden.

Der herkömml. mechanisch abtastende P. besteht aus Laufwerk, Tonarm und Tonabnehmersystem. Das **Laufwerk** wird über ein umschaltbares Getriebe von einem Motor durch Reibrad, Riemen (›Belt Drive‹) oder direkt (›Direct Drive‹, z. T. mit Quarzsteuerung des Antriebsmotors) angetrieben und dreht den **Plattenteller.** Üblich sind Drehzahlen von $33^1/_3$ und 45 Umdrehungen pro Minute, selten noch 78 wie bei älteren P. für Schallplatten mit Normalrillen. Zur Abtastung dient das am **Tonarm** befestigte Tonabnehmersystem. Der Tonarm ist drehbar gelagert und zur Verminderung des horizontalen Fehlwinkels (→ tangentialer Spurfehlwinkel) nach innen gekröpft. Noch geringeren Fehlwinkel bewirkt die Parallelogrammführung. Zur Kompensation der zur Plattenmitte gerichteten Skatingkraft, die durch die Kröpfung des Tonarms hervorgerufen wird, dienen → Antiskating-Einrichtungen. Ohne Fehlwinkel und Skatingkräfte ist nur der tangential geführte Tonarm, der aber einen eigenen Antrieb benötigt.

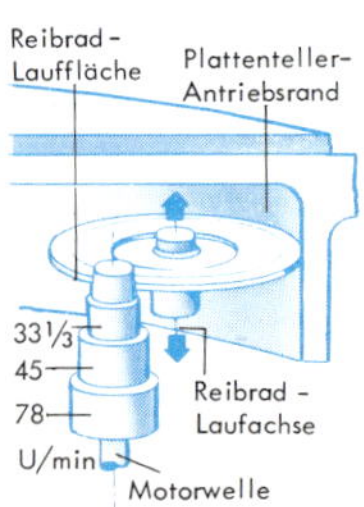

Plattenspieler 3: Reibradantrieb

Das **Tonabnehmersystem** (Abtastkopf) besteht aus dem Abtaststift und dem Tonabnehmer. Als **Abtaststift** verwendet man heute Diamant- oder Saphirnadeln, die sphärisch geschnitten oder zur besseren Wiedergabe elliptisch oder auch bielliptisch geschliffen sind. Der **Tonabnehmer** ist ein mechanisch-elektr. Wandler, der die seitl. Schwingungen der Nadel in den Plattenrillen in elektr. Spannungen umwandelt. Die vom Tonabnehmer gelieferten Wechselspannungen werden verstärkt und einem Lautsprecher zugeführt. Bei dem am meisten verbreiteten magnetodynam. Tonabnehmer, kurz Magnet-Tonabnehmer, bewegt die Nadel einen kleinen Permanentmagneten relativ zu einer feststehenden Spule und induziert dadurch entsprechende Spannungen in der Spule.

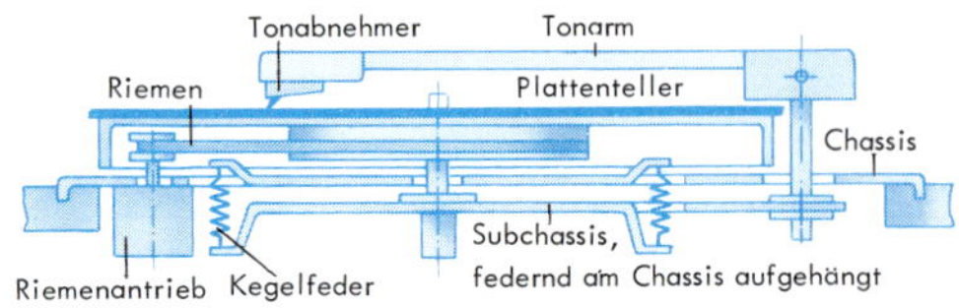

Plattenspieler 1:
Aufbau eines P. mit Subchassis; der Tonarm und der Plattenteller sind mit dem Chassis federnd verbunden; Riemenantrieb

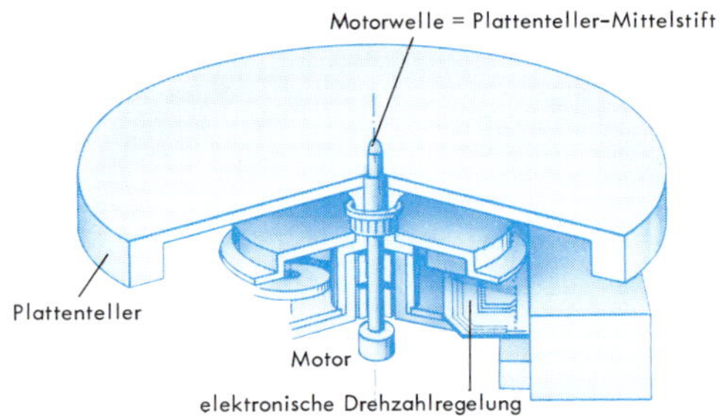

Plattenspieler 2: Direktantrieb

Daneben gibt es dynam. Tonabnehmer mit festem Magneten und bewegter Spule. Beide Systeme erfordern einen Entzerrervorverstärker. Bekannt sind ferner Kristall-, Keramik-, Kondensator- und photoelektr. Tonabnehmer, früher auch magnet. Tonabnehmer. Bei **Stereo-P.** sind einige Elemente im Tonabnehmer doppelt und werten die in den Rillen von Stereoschallplatten gespeicherten Informationen (Zweikomponentenschrift) für die Aussteuerung der beiden beim Stereoverfahren erforderl. Kanäle getrennt aus. Die so gewonnenen beiden Wechselspannungen werden getrennt verstärkt und über zwei Lautsprecher abgestrahlt. Für Quadrophonie sind Vierkanal-Tonabnehmer erforderlich.

Automatik-P. setzen den Tonarm selbsttätig am Plattenanfang auf und führen ihn nach Abspielende zurück,

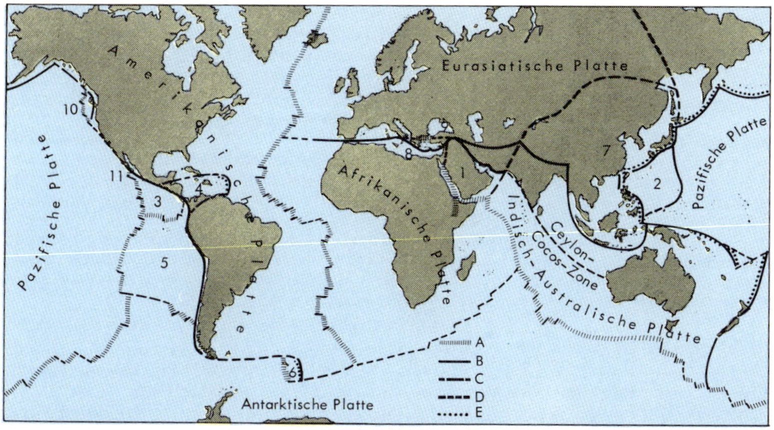

Plattentektonik 1

Plattengrenzen:
A – Spreadingachsen
B – Subduktionszonen
C – Transformströmungen
D – Charakter unsicher
E – Vulkanische Inselbögen

Platten:
1 – Arabische Platte
2 – Philippinen-Platte
3 – Kokos-Platte
4 – Karibische Platte
5 – Ostpazifische oder Nazca-Platte
6 – Südsandwich-Platte
7 – Südasiatische Platte
8 – Ägäische Platte
9 – Türkische Platte
10 – Juan-de-Fuca-Platte
11 – Rivaer-Platte

bei Halbautomaten wird nur eine dieser Funktionen automatisch ausgeführt.

Plattenwechsler sind P. mit einer Stapelachse für mehrere Schallplatten, die nach Abtasten einer Platte automatisch die nächste Platte im Stapel abspielen. P. sind als Einzelgeräte, z. T. mit eingebautem Verstärker, oder als integraler Bestandteil einer Kompaktanlage ausgeführt. Sie können mit zusätzl. Einrichtungen, z. B. Drehzahlkontrolle mit Leuchtstroboskop, Drehzahlfeineinstellung zur Tonhöhenregulierung (engl. ›pitch‹), gedämpftem Tonarmlift, Sensortasten u. a. ausgestattet sein.

Plattentektonik, auch **Großschollentektonik,** wissenschaftl. Hypothese zur Erklärung der Großtektonik, die v. a. auf geophysikal. und geolog. Untersuchungen im ozean. Bereich fußt. Danach besteht die → Lithosphäre aus sechs großen mehr oder weniger starren **Platten** (BILD 1), zw. die kleinere Platten eingeschaltet sind, die sich auf der Asthenosphäre bewegen. Wo diese Platten auseinanderdriften, entstehen **Dehnungsfugen** A (→ Sea-floor-Spreading), in denen aufsteigende vulkan. Schmelzen untermeer. Schwellen bilden, deren Umgebung sich durch hohe Seismizität und starke Wärmestrahlung auszeichnet. Zugleich wird ständig neue ozean. Kruste gebildet, die sich symmetrisch nach beiden Seiten ausbreitet. Dort, wo sich die Platten aufeinander zu bewegen, werden durch Unterschiebung der einen unter die andere Platte **(Subduktionszone** B) die überlagernden Sedimente gestaucht und zu Kettengebirgen oder Inselbögen aufgefaltet. Bei **Transformströmungen** C bewegen sich Platten horizontal aneinander vorbei. Argumente gegen die P. werden vorgebracht. (→ Kontinentalverschiebungstheorie)

Implications of continental drift of the earth sciences, hg. v. D. H. TARLING u. S. K. RUNCORN, 2 Bde. (New York 1973); H.-G. WUNDERLICH in: Ztschr. der Dt. Geolog. Ges., 124 (1973); W. W. BELOUSSOW: Geotectonics (Berlin 1980).

Plattenzähler, Parallelplattenzähler, gasgefülltes Nachweisgerät für geladene Teilchen (Zählrohr) mit zwei Elektroden aus planparallelen Metallplatten, die sich in geringem Abstand gegenüberstehen.

plattieren, 1) Metallbearbeitung: eine relativ dicke korrosionsbeständige Metallschicht (z. B. Chrom-Nikkel-Stähle) auf ein anderes billiges Grundmetall aufbringen, um eine höherwertige Oberfläche zu erzielen, durch Angießen, Aufwalzen, Aufschweißen oder mit den Verfahren der Galvanotechnik **(elektroplattieren);** → Doublé. P. spielt im chemischen Apparatebau (bei Reaktionsapparaten, Kolonnen) eine große Rolle.

2) Textiltechnik: eine Masche oder Maschenfolge mit einem zweiten stärkeren oder andersfarbigen Faden überdecken (z. B. Strumpfferse und -spitze) oder zur Erzielung

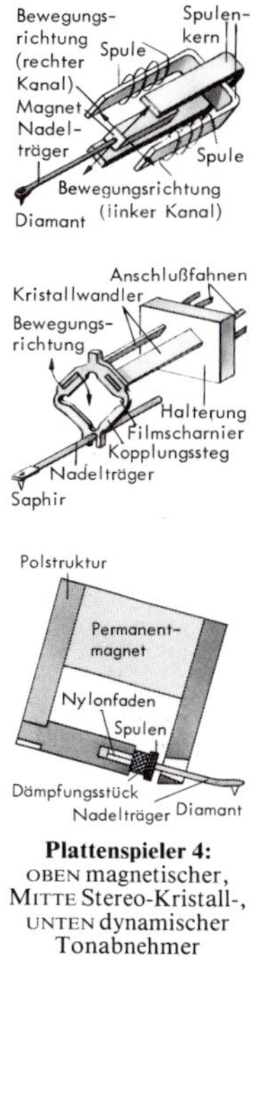

Plattenspieler 4:
OBEN magnetischer,
MITTE Stereo-Kristall-,
UNTEN dynamischer
Tonabnehmer

Plattentektonik 2: links Unterschiebung der Ostpazifischen unter die Amerikan. Platte (mit Tiefseegraben und Kordillere); rechts Auseinanderdriften der Amerikan. und der Afrikan. Platte (mit jungmagmatischem Mittelatlant. Rücken im Bereich der Dehnungsfuge)

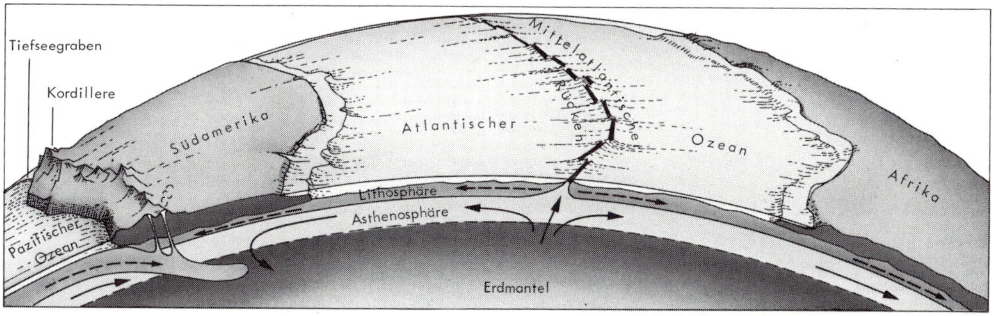

von Aufplattiereffekten bei gemusterter Oberbekleidung.

Platzbuchungs|anlage, elektron. Datenverarbeitungsanlage zur Erfassung, Auswertung und Sicherung von Platzbelegungswünschen in öffentl. Verkehrsmitteln, bes. im Luft- und Eisenbahnverkehr. Über Ein- und Ausgabegeräte in den Flugschein- und Fahrkartenverkaufsstellen, die mit dem zentralen Rechner verbunden sind, werden die Buchungswünsche sofort bearbeitet und entsprechende Belege ausgegeben. Buchungswünsche für den internat. Reiseverkehr können durch Nachrichtenaustausch zw. nationalen P. über besondere Datenübertragungsnetze bearbeitet werden (z. B. das Datenübertragungssystem der europ. Bahnverwaltungen ›HERMES‹, Abk. für ›Handling European Railways Message Exchange System‹).

Playback [pl'eɪbæk, engl.], **1)** das Abspielen von Schall-, Bild- und Filmaufzeichnungen.

2) bei Schallplatten-, Tonband-, Film-, Hörfunk- oder Fernsehaufnahmen angewandtes Verfahren des Rückspielens bereits aufgezeichneter Sprach- oder Musikdarbietungen. Bei Schallplattenaufnahmen wird z. B. die Begleitmusik zuerst aufgenommen und später bei der Aufnahme von Gesang o. ä. in die neue Aufzeichnung hineingespielt. Beim Fernsehen nimmt man vielfach den Ton vorher auf und spielt ihn während der Bildaufzeichnung ab; der Darsteller hat dabei nur die Lippen zu bewegen.

Pleistozän *das,* das quartäre Eiszeitalter (→Quartär, →Eiszeit).

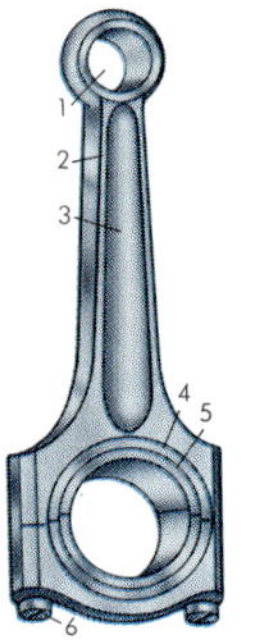

Pleuelstange eines Verbrennungsmotors:
1 Kolbenbolzenauge, 2 Schaft, 3 Steg, 4 Pleuellager, 5 Lagerschalen, 6 Pleuelschrauben

p-Leitung, die Defektelektronenleitung (→Defektelektron, →Halbleiter).

Plejaden, Siebengestirn, mit bloßem Auge sichtbarer offener Sternhaufen (M 45) im Sternbild Stier, der wahrscheinlich aus 300 bis 500 Sternen besteht. Sechs

Plejaden

Sterne sind heller als 5^m, neun heller als 6^m. Die Entfernung des Sternhaufens von der Erde beträgt etwa 130 pc, sein Durchmesser etwa 10 pc. Die P.-Sterne sind in interstellare Staubmaterie eingebettet, die im Streulicht dieser Sterne leuchtet und den auf photograph. Aufnahmen erkennbaren **P.-Nebel** (einen Reflexionsnebel) bildet.

Pleochro|ismus *der,* Kristalloptik: Eigenschaft farbiger, anisotroper, d. h. doppelbrechender Kristalle, Licht verschiedener Wellenlängen in Abhängigkeit von der Schwingungs- und Ausbreitungsrichtung bezogen auf die kristallograph. Hauptachsen verschieden stark zu absorbieren. Dadurch tritt, je nach Durchstrahlungs-(Beobachtungs-)Richtung eine mit Hilfe eines Polarisators (Dichroskop) oder bei sehr starkem P. auch mit bloßem Auge erkennbare Farbänderung auf. Optisch einachsige Kristalle (→Kristalloptik) können zwei (**Dichroismus,** z. B. Turmalin), optisch zweiachsige Kristalle drei Hauptfarben zeigen (**Trichroismus,** z. B. Cordierit).

pleochroitische Höfe, die →radioaktiven Höfe.

Pleonast *der,* Mineral, eisenreicher, dunkelgrüner bis schwarzer →Spinell; in sehr bas. Magmatiten sowie in Gneisen. Als Edelstein **Ceylanit, Ceylonit.**

Pleuelstange, Schubstange, Kurbelstange, Treibstange, beim →Kurbelgetriebe von Kraft- und Arbeitsmaschinen das Organ, das die hin- und hergehende Bewegung (eines Kolbens) in die Drehbewegung (eines Rades) umwandelt und umgekehrt. Die P. haben an jedem Ende einen Kopf (offen, d. h. geteilt, oder geschlossen, auch gabelförmig), der lagerartig einen der Zapfen (Kolben- oder Kreuzkopfbolzen, Kurbelzapfen) umschließt.

Pleuston *das,* Gesamtheit der Lebewesen, die auf oder in der Wasseroberfläche treiben, z. B. Quallen, Wasserpflanzen.

Plicht *die,* verbildet **Pflicht,** auch **Cockpit,** Schiffbau: der offene, tiefgelegene Sitzraum auf Segel- und Motorbooten.

Plimsoll-Marke [n. S. Plimsoll, * 1824, † 1898], die Freibordmarke eines Schiffes (→Freibord 1).

Plinthe *die,* niedrige quadrat. oder rechteckige Sokkelplatte unter Säulenbasen oder Fußprofilen von Monumenten, Standbildern, Wandsockelprofilen.

Pliozän, obere Abteilung des Neogen; →Tertiär.

Plissé, Plissee, Gewebe oder Maschenwaren mit schmalen Falten, die durch Pressen (**Plissieren**), Kreppgarne, geschrumpfte und ungeschrumpfte synthet. Chemiefäden oder besondere Webtechnik (z. B. Hohlschußbindung) oder besondere Wirkbindungen oder durch örtl. Bedrucken einer Baumwollware mit Natronlauge (**Kräuselkrepp**) entstehen.

PLL, Abk. für **Phase Locked Loop** [feɪz lɔkt lu:p, engl.], Elektronik: geschlossener Phasenregelkreis, der z. B. zur Beseitigung von Phasendifferenzen, zur Erzeugung von Signalen mit einer bestimmten gewünschten Frequenz von hoher Genauigkeit oder auch zum Decodieren frequenzmodulierter Signale dient.

PL/M, Abk. für **Programming Language for Microprocessors** [pr'əʊgræmɪŋ l'æŋgwɪdʒ fɔ: m'aɪkrəʊpr'əʊsesəz, engl.], speziell für Mikrocomputer geschaffene höhere (d. h. der menschl. Sprachform nähere) →Programmiersprache, die erst in die Maschinensprache umgesetzt werden muß, ehe der Computer das betreffende Programm verarbeiten kann.

Plombe, Metallstück, das die Enden von Schnüren oder Drähten miteinander verschließt; Sicherungssiegel, z. B. im Zollverkehr, bei Notbremsen, Elektrizitätszählern u. a.

Plotter [pl'ɔtə, engl.], Peripheriegerät für elektron. Datenverarbeitungsanlagen. Der P. ist eine rechnergesteuerte Ausgabeeinheit zur graphischen Darstellung von Kurven, Schriften, Zeichen u. a., er stellt eine Weiterentwicklung des in der Meßtechnik verwendeten XY-Schreibers dar. Zu unterscheiden sind zwei Bauarten: Der **Tisch-P.** besitzt einen beweglich angeordneten Zeichenstift, der auf einem festeingespannten Zeichenblatt auf Grund von Steuerbefehlen des Computers alle für die Zeichnung notwendigen Bewegungen durchführt. Beim **Trommel-P.** befindet sich das Zeichenblatt auf einer rotierenden Trommel, der Schreibstift bewegt sich lediglich in Querrichtung.

Plumbicon, Handelsname für eine Fernsehaufnahmeröhre nach dem Prinzip des →Vidikons mit einer Photoleiterschicht aus Bleimonoxid.

Plume [plu:m, engl.], diapirartig aufdringendes Magma, →Hot spot.

plus, Zeichen +, Symbol für die Verknüpfung zweier Zahlen *a* und *b* zu ihrer **Summe** $a+b$. Das Vorzeichen + gibt an, daß eine reelle Zahl **positiv** ist, z. B. $+\sqrt{2}$.

Pluspol, →Pol 4).

Pluto, Zeichen ♇, der von der Sonne aus gezählt neunte →Planet im Sonnensystem. P. bewegt sich in rd. 248 Jahren (= 1 Plutojahr) auf einer stark ellipt. Bahn (die mit rd. 0,25 die größte Exzentrizität unter den Planetenbahnen aufweist) mit einer mittleren Entfernung von 5,9 Mrd. km oder 39,6 astronom. Einheiten um die Sonne (Periheldistanz 4,44 Mrd. km, Apheldistanz 7,4 Mrd. km); die P.-Bahn ist um mehr als 17 Grad zur Ekliptik geneigt (größte Bahnneigung unter den Planetenbahnen).

Astronomische und physikalische Daten des P.

Durchmesser	≈ 3000 km
Masse	$\approx 1{,}5\cdot10^{19}$ t
mittlere Dichte	$\approx 1{,}5$ g/cm³
Rotationsdauer	6,4 Tage
Dauer eines Umlaufes um die Sonne	248 Jahre
mittlere Entfernung zur Sonne	5,92 Mrd. km
bekannte Monde	1

P. wurde 1930 entdeckt, nachdem mehrere Jahrzehnte nach ihm gesucht wurde, weil nach Berücksichtigung der Neptunstörung noch Unregelmäßigkeiten in der Uranusbewegung verblieben. Wie neuere Durchmesser- und Massebestimmungen ergaben, die durch die Entdeckung eines P.-Mondes (1978) möglich wurden, reicht die Gravitationswirkung von P. nicht aus, um die beobachteten Reststörungen von Uranus- und Neptunbahn zu erklären, was auf einen mögl. weiteren Planeten **Transpluto** hindeutet. P. hat einen Durchmesser von etwa 3000 km, sein – rund halb so großer – Mond **Charon** umkreist ihn in 6,4 Tagen in einer Entfernung von annähernd 20000 km, woraus sich die Masse des Gesamtsystems zu etwa 15 Trillionen Tonnen oder 0,003 Erdmassen bestimmen läßt. Da man für P. eine Rotationsdauer von ebenfalls 6,4 Tagen bestimmt hat, vollführen beide Körper als Folge ihrer gegenseitigen Gezeitenkräfte eine ›doppeltgebundene‹ Rotation (›Hantelrotation‹). Geht man davon aus, daß Charon sich in der Äquatorebene des P. bewegt, dann ist die Drehachse des P. je nach Drehsinn um rund 80 oder 100 Grad geneigt. 1976 konnte im Infrarotspektrum des P. Methaneis nachgewiesen werden; vermutlich ist die Atmosphäre bei Temperaturen unter –230 °C ›ausgefroren‹.

Pluton *der,* Tiefengesteinskörper von verschiedenartiger Form und Größe (bis mehrere hundert km Durchmesser) in meist mehr als 5 km Tiefe aus aufgedrungenem, langsam erstarrtem Magma entstanden. Die P. stehen oft mit der Bildung von →Orogenen in Zusammenhang und sind häufig mit einem Netz von Ganggesteinen verbunden und als Erzbringer von wirtschaftl. Bedeutung.

Plutonismus, alle Erscheinungen, die mit der Bewegung und Erstarrung des →Magmas in der Erdkruste zusammenhängen; auch die von J. HUTTON begr. Anschauung, daß die wesentl. Gestaltungskräfte der Erde, wie Gesteins- und Gebirgsbildung oder Vulkanismus, aus dem Erdinnern (Zentralfeuer) kämen. Ggs.: →Neptunismus.

Plutonite, plutonische Gesteine, die →Tiefengesteine.

Plutonium *das,* chem. Symbol **Pu,** radioaktives →chemisches Element aus der Gruppe der →Transurane und →Actinoide, Ordnungszahl 94. Es sind mehr als 15 meist künstlich hergestellte instabile Isotope bekannt, die langlebigsten ^{244}Pu mit 82,6 Mio. und ^{242}Pu mit 376300 Jahren Halbwertszeit. In der Natur kommt P. in sehr kleinen Mengen in Uranmineralen vor, wo es aus natürl. Uran entsteht. Das technisch wichtigste Isotop ^{239}Pu (α-Strahler, Halbwertszeit 24110 Jahre) wird in größeren Mengen im Brutreaktor erzeugt. Es kann, ähnlich wie ^{235}U, durch Einfang therm. Neutronen zur Kernspaltung veranlaßt werden; zur krit. Masse angehäuft, kann es dabei zu einer kernphysikal. Kettenreaktion kommen. Es wird daher als Spaltstoff **(Kernbrennstoff)** für gewisse Kernreaktoren und für Kernwaffen verwendet. Außerdem dient P. als Ausgangsstoff für die Herstellung radioaktiver Isotope und weiterer Transurane. – ^{238}Pu wurde 1940 als zweites Transuran von G. SEABORG und Mitarbeitern identifiziert und 1942 von B. B. CUNNINGHAM und C. B. WERNER rein dargestellt. – P. ist ein silberweißes unedles Metall, das in seinen Verbindungen mit den Oxidationszahlen +2 bis +7 auftritt, von denen +3 und +4 bevorzugt sind. In seinem chem. Verhalten ähnelt es dem Uran; es bildet entsprechend **Plutonylverbindungen** mit dem $(PuO_2)^{2+}$-Ion, z. B. das Nitrat, $PuO_2(NO_3)_2\cdot H_2O$. – P. kommt in sechs allotropen Modifikationen vor. Die δ-Phase zeigt einen negativen Ausdehnungskoeffizienten. – Wegen seiner hohen α-Aktivität und seiner starken Neigung zur Ablagerung im Knochenmark gehört P. zu den gefährlichsten giftigen Stoffen, Einatmung kann Lungenkrebs hervorrufen.

Pluvialzeit, Zeit erhöhter Niederschläge in den niederen Breiten während der Kaltzeiten höherer Breiten (→Eiszeit). Heute differenzierter und mehr regional betrachtet **(Pluvial-Problem).**

Ply-Rating-Zahl [pl'aɪ reɪtɪŋ-, engl.], →PR-Zahl.

Pm, chemisches Symbol für →Promethium.

PMMA, Abk. für **Polymethylmethacrylat,** →Polymethacrylate.

PMOS-Technologie, eine →MOS-Technologie zur Herstellung von integrierten Schaltungen, bei der nur MOS-Feldeffekttransistoren mit p-leitendem Kanal verwendet werden. PMOS-Schaltkreise sind langsamer als NMOS-Schaltungen, lassen sich jedoch preiswerter produzieren.

PMR-Spektroskopie, →NMR-Spektroskopie.

pn, →pn-Übergang.

Pneumatik, mit der →Hydraulik vergleichbares Teilgebiet der Technik, das sich mit den Verfahren und Geräten zur Anwendung von Gasen, bes. → Druckluft, in Maschinenanlagen als Energieträger für Arbeitsprozesse und Steuerungen befaßt, z. B. für Bremsanlagen, Kupplungen, Fördermittel, Pressen, Werkzeugmaschinenantriebe. Ein Sondergebiet der P. ist die Verwendung strömungsmechan. Elemente in Analog- und Digitalschaltungen **(Fluidik)**, denen (analog zur ›Elektronik‹) die **Pneumonik** entspricht. Eine Koppelung pneumat. und hydraul. Regeleinrichtungen heißt **Pneumo-Hydraulik.**

P.-Kompendium, hg. v. Atlas-Copco-Deutschland-GmbH. (1977); O. JAKUBASCHKE: Grundlagen der P. (1978); H. SCHROWANG: Grundlagen der pneumatischen Regelung (1978); R. HAUG: P. (1980); D. WILL: Einführung in die Hydraulik und P. ([2]1981).

pneumatische Baukonstruktionen, als Gebäude **(Tragluft-Gebäude)** oder Gebäudeteil eingesetzte → pneumatische Konstruktionen. Man unterscheidet Niederdruck- (0,98–0,99 bar) und Hochdrucksysteme (1,2–7,0 bar), Einfach- und Mehrfachmembransysteme sowie Systeme mit und ohne zusätzl. Unterstützung. Als Membranmaterial verwendet man beschichtete Gewebe und Kunststoffolien. – Bereits 1918 ließ sich der engl. Ingenieur F. W. LANCHESTER ein pneumat. Gebäude patentieren. Prakt. Eingang in das Bauwesen fand das pneumat. Prinzip (Vorteil: minimaler Materialaufwand) erst nach 1945 (pneumat. Radome von W. BIRD). Heutige Nutzungsmöglichkeiten sind bes. die **Traglufthallen** (Sport-, Lagerhallen, Gewächshäuser).

pneumatische Förderung, Rohrförderung von Schütt- und Stückgütern mittels eines strömenden Gases, z. B. Luft. (→ Pipeline, → Rohrpost)

pneumatische Konstruktionen, durch Druckdifferenz von Gasen (im Normalfall Luft) in ihrer Lage und Form stabilisierte biegeweiche Membranen (→ pneumatische Baukonstruktionen).

pneumato-hydatogen heißen alle Vorgänge der magmat. Mineralbildung, die unter wesentl. Beteiligung leichtflüchtiger Bestandteile ablaufen, z. B. die Bildung der Pegmatite, die Pneumatolyse, hydrothermale und exhalative Vorgänge.

Pneumatolyse, Vorgang der magmat. Mineralbildung. Am Ende der Kristallisation eines → Magmas sind in der Restschmelze überkrit. Dämpfe so stark angereichert, daß es bei Überschreitung des Außendrucks der auflastenden Gesteine zum Absieden einer aus leichtflüchtigen Schwermetallverbindungen bestehenden Gasphase kommt. Diese kann sowohl auf die bereits erstarrte Schmelze als auch auf das Nebengestein einwirken **(Kontakt-P.)**, wobei durch Umwandlung, Imprägnation und Verdrängung wichtige → Erzlagerstätten entstehen. (→ Greisen)

pnp-Transistor, einer der beiden Grundtypen des bipolaren → Transistors mit der Halbleiterschichtenfolge **p**ositiv-**n**egativ-**p**ositiv.

pn-Übergang, der Übergang von einem p- zu einem n-leitenden Bereich in einem → Halbleiter. Das starke Konzentrationsgefälle der Ladungsträger an der Grenze bewirkt, daß einige Löcher in den n-leitenden und einige Elektronen in den p-leitenden Bereich diffundieren und dort mit den Majoritätsladungsträgern rekombinieren (BILD 2). Da die Akzeptoren und Donatoren, die die Ladung der Elektronen und Löcher kompensieren, ortsfest eingebaut sind, führt das wechselseitige Eindringen von Elektronen und Löchern in das andere Gebiet zu einer elektr. Aufladung des pn-Ü., und zwar führen die Donatoren zu einer positiven Aufladung des n-Gebiets, die Akzeptoren zu einer negativen Aufladung des p-Gebiets (BILD 3). Da das elektr. Feld dieser Raumladungen der Diffusion entgegenwirkt, bildet sich ein Gleichgewichtszustand aus, der durch Anlegen einer äußeren elektr. Spannung beeinflußt werden kann. Liegt der Pluspol der Spannungsquelle an der n-leitenden, der Minuspol an der p-leitenden Seite (BILD 4), hat das elektr. Feld die gleiche

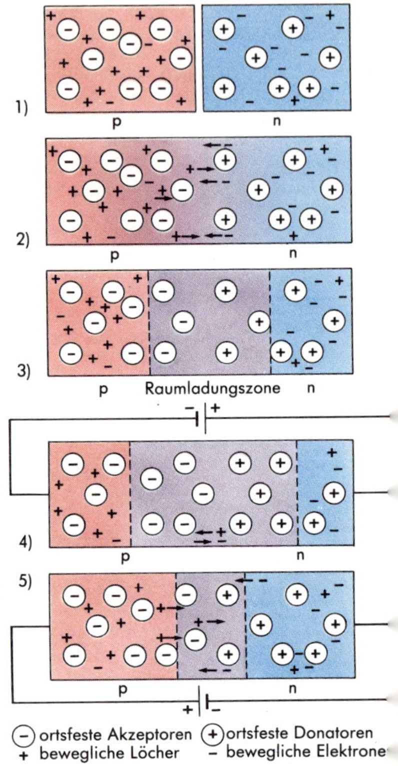

pn-Übergang (schematisch): **1** p-Material (links) und n-Material (rechts) sind noch getrennt. **2** Die Zusammenfügung von p- und n-Material bewirkt, daß die beweglichen Elektronen und Löcher ins jeweilige benachbarte Gebiet diffundieren. **3** Nach einiger Zeit bildet sich ein Gleichgewichtszustand, da die entstehende Raumladungszone einer weiteren Diffusion entgegenwirkt. **4** Die angelegte Gleichspannung verbreitert die Raumladungszone (Sperrfall). **5** Die angelegte Gleichspannung reduziert die Raumladungszone (Flußfall)

Richtung wie das Raumladungsfeld und verstärkt dessen Wirkung **(Sperrfall)**, d. h., es kann kein Strom durch den pn-Ü. fließen. Ein geringer **Sperrstrom** fließt jedoch auch im Sperrfall, weil durch therm. Energie in der Raumladungszone ständig Elektron-Loch-Paare gebildet werden, die vom Raumladungsfeld getrennt werden. Bei Umkehrung der Polung (Pluspol an der p-Seite, Minuspol an der n-Seite) wird das Raumladungsfeld reduziert (BILD 5), so daß laufend neue Ladungsträger über die Grenze fließen und einen Strom aufrechterhalten, der steil mit der angelegten Spannung anwächst **(Flußfall).** Auf dieser Gleichrichterwirkung beruht die techn. Bedeutung des pn-Ü. Sie wird in Halbleiterdioden und Transistoren zur Steuerung elektr. Ströme ausgenutzt.

Po, chemisches Symbol für → Polonium.

Pochwerk, Anlage zum Schlagzerkleinern spröder Stoffe: Ein mechanisch oder hydraulisch angetriebener schwerer **Pochstempel** fällt senkrecht auf die **Pochsohle** und zerkleinert dabei das Gut; heute noch zur Golderzaufbereitung benutzt.

Pockels-Effekt [n. dem Physiker F. C. A. Pockels, * 1865, † 1913], **linearer elektro|optischer Effekt,** das Auftreten oder die Verstärkung der Doppelbrechung in Kristallen mit best. Symmetrieeigenschaften in elektr. Feldern auf Grund der unterschiedl. Änderung der Brechzahlen mit der Feldstärke für die verschiedenen Kristall- und Schwingungsrichtungen (→ Pockels-Zelle).

Pockels-Zelle, ein Modulator und Schalter für polarisiertes Licht auf der Grundlage des → Pockels-Effekts. Die P. besteht aus einem elektroopt. Kristall, z. B. Kalium- oder Ammoniumdihydrogenphosphat, dessen Doppelbrechung bei Anlegen einer Spannung verändert wird.

Podsol, Bleich|erde, Bodentyp feuchter Klimate, der unter einer Rohhumusdecke einen im oberen Teil meist schwarzgrauen, nach unten heller grau werdenden A-Horizont und darunter einen durch Eisenhumatanreicherung und oft -verkittung gekennzeichneten B-Horizont (→ Ortstein) hat. Wichtige Voraussetzung zur Bildung des P. ist der Bewuchs durch Heide (zur Erzeugung von saurem Rohhumus). BILD Boden.

Poggendorffsches Kompensationsverfahren [n. dem dt. Physiker J. C. Poggendorff, * 1796, † 1877], eine → Kompensationsmethode zur Messung elektromotor. Kräfte von Spannungsquellen, 1841 erstmals angewendet.

Poggendorffsche Täuschung, geometr. → optische Täuschung (BILD): Eine schräg durch zwei oder mehrere parallele Geraden unterbrochene Linie erscheint in ihren Teilstücken gegeneinander versetzt.

poikilitisch, Gefügetyp magmatischer, **poikiloblastisch,** Gefügetyp metamorpher Gesteine, wobei große Mineralkörner zahlreiche kleine, artfremde, früher auskristallisierte Körner umschließen.

Poinsotsche Bewegung [pwɛ̃s'o-, n. dem frz. Mathematiker und Physiker L. Poinsot, * 1777, † 1859], die Bewegung eines kräftefreien → Kreisels (einschließlich der Bewegung des unsymmetr. kräftefreien Kreisels).

point [pɔınt, engl.], angloamerikan. Längeneinheit (→ typographischer Punkt).

Pointerregister [p'ɔıntə-, engl.], Adreßregister in elektron. Datenverarbeitungsanlagen, das auf den Arbeitsspeicher Zugriff hat. Das P. kann auch als zählendes Register aufgebaut werden.

Poise [pwaz, frz., n. dem frz. Arzt J. L. M. Poiseuille, * 1799, † 1869] *das,* Einheitenzeichen **P**, nicht gesetzl. Einheit der dynamischen → Viskosität im CGS-System: $1\,P = 1\,dyn \cdot s/cm^2 = 0{,}1\,Pa \cdot s$. Verwendet wurde meist die Einheit **Zentipoise:** $1\,cP = 1\,mPa \cdot s$.

Poiseuille-Hartmann-Strömung [pwaz'œj-, n. J.-L. M. Poiseuille und dem dän. Physiker J. F. Hartmann, * 1881, † 1951], die → Hartmann-Strömung.

Poissonsche Gleichung [pwas'ɔ̃-, n. dem frz. Mathematiker und Physiker S. D. Poisson, * 1781, † 1840], → adiabatisch.

Poisson-Verteilung [pwas'ɔ̃-], Grenzfall der → Binomialverteilung, bei der die Wahrscheinlichkeit für das Eintreffen eines best. Ereignisses sehr klein, die Anzahl der unabhängigen Wiederholungen aber sehr groß ist **(Gesetz der seltenen Ereignisse).**

Poisson-Zahl [pwas'ɔ̃-], → Dehnung.

Pol, 1) Astronomie, Geographie: Durchstoßpunkt der Rotationsachse eines sich drehenden Körpers durch die Oberfläche. Bei Himmelskörpern, bes. der Erde, werden → Nordpol und → Südpol unterschieden. Die **Himmelspole** sind die Durchstoßpunkte der Rotationsachse der Erde durch die → Himmelskugel.

2) Bei elektr. Maschinen bestehen die magnet. P. aus dem **Polkern** (Eisen), der die meist mit Gleichstrom erregte **Polwicklung** trägt, und dem **Polschuh,** dem verbreiterten Ende des P., wo der magnet. Fluß über den Luftspalt zum anderen Maschinenteil übertritt. Die Breite des Polschuhs längs des Umfangs ist der **Polbogen.** Der auf einen P. entfallende Teil des Umfangs ist die **Polteilung.** Befinden sich die P. im Läufer (Innenpolmaschine), ist dies ein **Polrad.**

3) Mathematik: a) auf der Kugel ausgezeichneter Punkt zur Festlegung eines Systems von Polarkoordinaten; b) in der Funktionentheorie eine Singularität, eine analytische Funktion $f(z)$ hat an der Stelle $z = a$ einen P. n-ter Ordnung, wenn in ihrer → Laurent-Reihe

$$f(z) = \sum_{i=-\infty}^{+\infty} a_i \cdot (z-a)^i$$

gilt: $a_{-n} \neq 0$, $a_{-m} = 0$ für $m > n$ (→ Polstellenbestimmung); c) in der analyt. Geometrie → Polare.

4) Physik, Geophysik: **magnetischer P.,** Ende eines magnet. → Dipols. Bei Magneten der Teil, aus dem die Feldlinien aus- **(Nordpol)** oder eintreten **(Südpol).** – **Geomagnetische P.,** → erdmagnetisches Feld.

Elektrischer P., Anschlußstelle einer Spannungsquelle. Der P. mit Elektronenmangel wird **Pluspol** (Anode), der mit Elektronenüberschuß **Minuspol** (Kathode) genannt.

5) Textiltechnik: die aus Schnitt- oder Zugnoppen gebildete rechte Warenseite der Teppiche, Samt- und Plüschgewebe. In der Webmaschine wird das Material für die P.-Bildung von einem gesonderten **Polkettenbaum** oder von den **Polspulen** direkt zugeliefert.

polar, die Pole betreffend.

Polardiagramm, diagrammat. Darstellung der aerodynam. Eigenschaften eines → Tragflügels oder eines Flugzeugs in einem rechtwinkligen Koordinatensystem durch einen als **Polare** bezeichneten Kurvenzug. Jeder Punkt dieser Kurve beschreibt für einen zugehörigen und beigeschriebenen Anstellwinkel α Größe und Richtung der resultierenden Luftkraft F_R durch deren Komponenten Widerstandskraft F_W (in Zuströmrichtung) und Auftriebskraft F_A (senkrecht dazu). An Stelle dieser Kraftkomponenten können auch deren dimensionslose Beiwerte (Widerstandsbeiwert C_W und Auftriebsbeiwert C_A) aufgetragen werden.

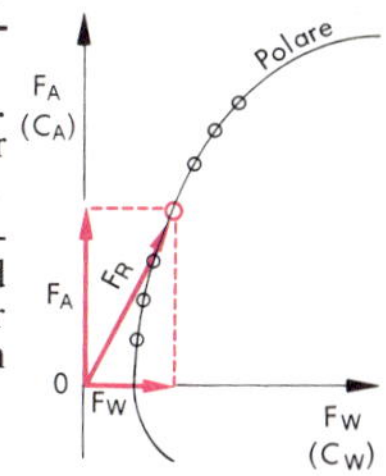

Polardiagramm

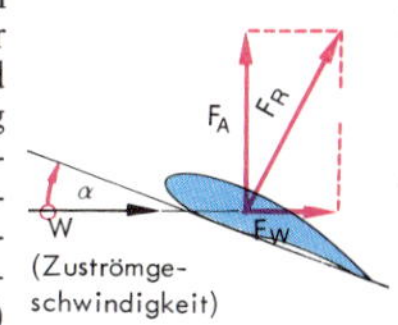

Polardiagramm: zu einem Punkt des P. zugehöriger Kräfteplan

Polare, Mathematik: die Verbindungsgerade der Berührungspunkte A und B der beiden Tangenten durch einen Punkt P der Ebene an einen Kegelschnitt. P heißt der **Pol** zur P. bezüglich des Kegelschnittes.

polare Achsen, Kristallsymmetrie: polare, einseitige Symmetrieachsen lassen sich durch keine → Symmetrieoperation mit sich selbst zur Deckung bringen (Richtung und Gegenrichtung sind nicht gleichwertig). Sie sind an beiden Enden durch verschiedene Flächenkombinationen begrenzt; die betreffenden Kristallformen werden als **Hemimorphien** bezeichnet (TAFEL Kristall I, H).

polare Bindung, Art der → chemischen Bindung.

polare Moleküle, Moleküle mit permanentem elektr. Dipolmoment (→ Elektrizität).

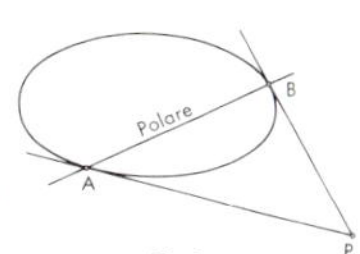

Polare

Polarfront, 1) Meereskunde: Grenze zw. den kalten polaren und subpolaren Wassermassen der Kaltwassersphäre und den warmen subtrop. Wassermassen der

Warmwassersphäre. Die P. der Südhalbkugel verläuft zirkumpolar im Bereich um 50° s. Br., die der Nordhalbkugel im Westen an den linken Flanken von Golfstrom und Kuro Shio und setzt sich jeweils in vorwiegend nordöstlicher Richtung fort.

2) Meteorologie: die → Front zw. der urspr. polaren Kaltluft und der tropisch-subtrop. Warmluft. Wegen der therm. Änderungen der Luftmassen gibt es fast immer mehrere sich ablösende Fronten.

Polarimeter *das,* Gerät zum Messen der Drehung der Polarisationsebene (→ Polarisation 3) von Licht durch optisch aktive Substanzen (→ optische Aktivität), z. B. in einer Zuckerlösung oder in einem Kristall mit → Doppelbrechung; besteht in der einfachsten Ausführung aus Lichtquelle, Polarisator, Analysator und Detektor. P. werden v. a. zur Bestimmung der Konzentration von optisch aktiven Stoffen in Lösungen benutzt, z. B. dienen Saccharimeter zur Bestimmung des Zuckergehalts wäßriger Lösungen. Ein spezielles P. ist der → Halbschattenapparat.

Polaris, 1) Astronomie: der → Polarstern.

2) von U-Booten aus startende zweistufige amerikan. Mittelstreckenrakete. Die Version **P. A-2** hat eine Startmasse von etwa 14,5 t und eine Reichweite von etwa 3000 km. Bessere Leistungen erzielt die 9,85 m lange **P. A-3** (drei Sprengköpfe, Reichweite 4600 km).

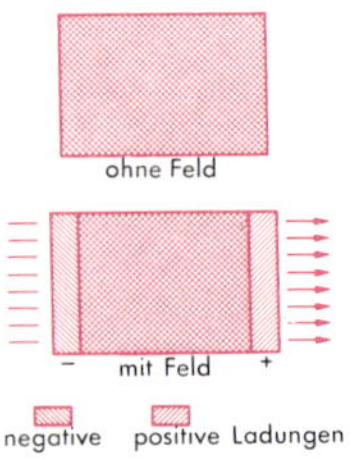

Polarisation 1): dielektrische P.

Polarisation, 1) Elektrizitätslehre: a) **dielektrische P.**, durch ein äußeres elektr. Feld hervorgerufene Verschiebung der zuvor zusammenfallenden Schwerpunkte der negativen und positiven elektr. Ladungen (d. h. die Erzeugung elektr. Dipolmomente in einer dielektr. Substanz) durch Deformation der Elektronenhüllen oder Verschiebung geladener Atome oder Atomgruppen in Kristallen (temperaturunabhängige **Elektronen-P.** bzw. **Atom-P.**). b) **parelektr. P.**, die Verstärkung und Ausrichtung vorhandener permanenter elektr. Dipolmomente in parelektr. Substanzen (wodurch ein makroskopisches elektr. Dipolmoment entsteht) durch Vergrößerung des Abstands der Ladungsschwerpunkte polarer Moleküle (temperaturabhängige **Atom-P.**) oder Ausrichtung der vorher regellos orientierten Dipolmomente (temperaturabhängige **Orientierungs-P.**). c) Als quantitatives Maß für die Erscheinungen der dielektr. und der parelektr. P. wird die vektorielle Feldgröße $\boldsymbol{P}$, die **elektrische P.**, verwendet, $\boldsymbol{P} = \boldsymbol{D} - \varepsilon_0 \boldsymbol{E}$ ($\boldsymbol{D}$ = elektr. Flußdichte, $\boldsymbol{E}$ = elektr. Feldstärke, ε_0 = elektr. Feldkonstante). Die Größe $\boldsymbol{P}/\varepsilon_0$ heißt **Elektrisierung.** d) Als quantitatives Maß für die → Magnetisierung dient die analog zur elektr. P. gebildete **magnetische P.** $\boldsymbol{J}$, $\boldsymbol{J} = \boldsymbol{B} - \mu_0 \boldsymbol{H}$ ($\boldsymbol{B}$ = magnet. Flußdichte, $\boldsymbol{H}$ = magnet. Feldstärke, μ_0 = magnet. Feldkonstante). Die Größe $\boldsymbol{M} = \boldsymbol{J}/\mu_0$ heißt **Magnetisierung.**

2) elektrochemische (galvan. oder **elektrolyt.) P.** Stört man das Gleichgewicht eines elektrochemischen Elements, indem man es Arbeit leisten läßt oder ihm solche zuführt, so müssen zur Aufrechterhaltung des elektr. Stroms an den Elektroden chem. Reaktionen ablaufen. Ist dieser Stoffumsatz zu langsam im Vergleich zur Belastung der Zelle, kommt es zu Veränderungen gegenüber dem Gleichgewichtspotential, die man P. nennt.

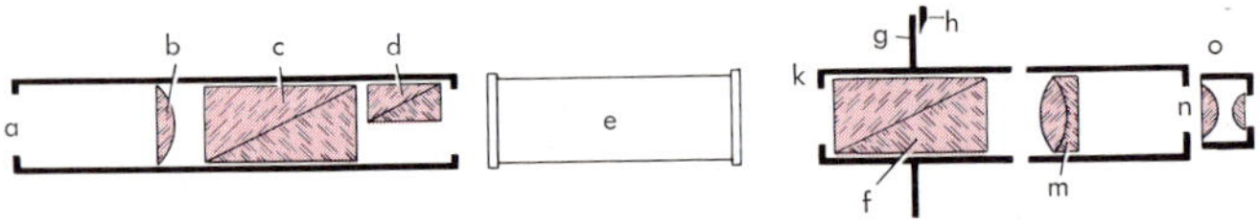

Polarimeter (schematisch): a Eintrittsöffnung, b Sammellinse, c Polarisator, d kleiner Nicol zur Halbierung des Gesichtsfeldes, e Polarisationsrohr, f Analysator, g Teilkreis mit Ablesevorrichtung, h (Nonius), k Blende, m Objektiv, n Blende, o Okular

3) Optik: Eigenschaft aller elektromagnet. Strahlung, bes. des Lichts, unter best. Bedingungen eine innere Ausrichtung senkrecht zur Ausbreitungsrichtung zu zeigen.

Polarisation 3) 1: Aus einem transversal schwingenden Lichtbündel wird durch P. Licht herausgefiltert, das nur in einer Ebene schwingt

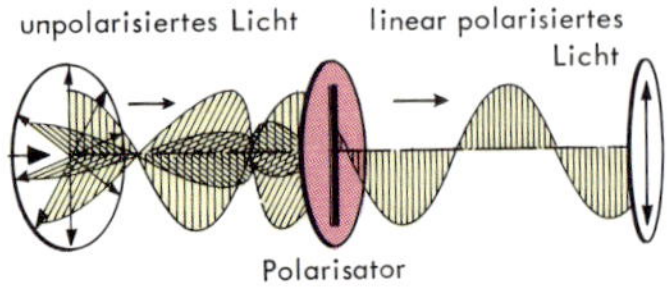

Sie erklärt sich aus dem transversalen Charakter der elektromagnet. Wellen: In einer ebenen Welle schwingen die elektr. und die magnet. Feldstärke senkrecht zueinander und senkrecht zur Ausbreitungsrichtung. Dabei definiert man die durch den elektr. Vektor der Lichtwelle und die Ausbreitungsrichtung aufgespannte Ebene als **Schwingungsebene,** die zu ihr senkrechte Ebene, in der die magnet. Feldstärke schwingt, als **Polarisationsebene.** In natürl. Licht kommen im zeitl. Mittel alle Schwingungsrichtungen senkrecht zum Strahl gleich häufig vor; alle Lichtquellen mit Ausnahme des Lasers emittieren wegen der

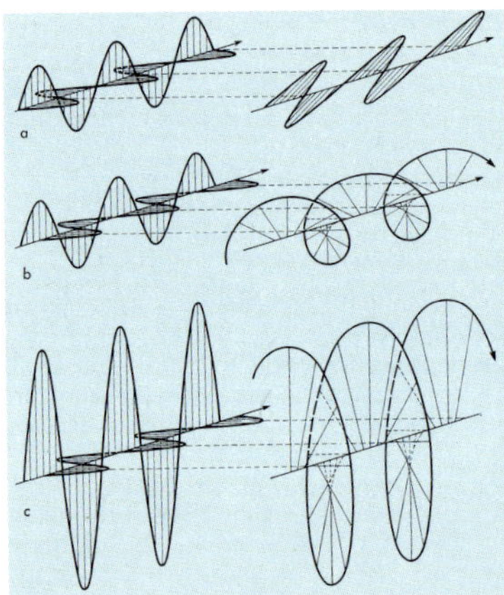

Polarisation 3) 2: Zusammensetzung zweier senkrecht zueinander linear polarisierter Wellen gleicher Frequenz durch Addition zusammengehöriger Schwingungsvektoren. a Bei Amplituden- und Phasengleichheit entsteht eine linear polarisierte Welle, deren Schwingungsebene um 45° gegen die Vertikale geneigt ist. b Bei Amplitudengleichheit und um 90° verschiedenen Phasen entsteht eine zirkular polarisierte Welle. c Bei verschiedenen Amplituden und verschiedenen Phasen entsteht eine elliptisch polarisierte Welle

statist. Natur des Emissionsprozesses unpolarisiertes Licht. Beim Durchgang des Lichts durch eine best. opt. Vorrichtung, dem **Polarisator,** werden jedoch nur noch best. Richtungen als Schwingungsrichtungen zugelassen (BILD 1). Bei **linearer P.** bleibt die Schwingungsrichtung zeitlich konstant, bei **zirkularer P.** läuft der Endpunkt des elektr. Vektors mit best. Geschwindigkeit auf einem Kreis (Drehfeld), bei **ellipt. P.** auf einer Ellipse um. Man unterscheidet links und rechts zirkular (bzw. links und rechts elliptisch) polarisiertes Licht, je nachdem, ob der Vektor der elektr. Feldstärke links oder rechts herum läuft, wenn man entgegen der Ausbreitungsrichtung blickt. Das aus dem Polarisator kommende Licht wird von einer zweiten

Vorrichtung der gleichen Art, dem **Analysator,** nur dann voll durchgelassen, wenn deren Vorzugsrichtung zur ersten parallel steht **(Parallelstellung).** Im anderen Fall wird es je nach dem Winkel der Verdrehung des Analysators gegen den Polarisator geschwächt und in der 90°-Stellung ausgelöscht **(gekreuzte Stellung).** Mit dem Analysator kann man daher die P. nachweisen und die Polarisationsrichtung ermitteln. Natürl. Licht kann in zwei senkrecht zueinander linear polarisierte Wellen zerlegt werden. Der **Polarisationsgrad** P ist ein Maß für den linear polarisierten Anteil an der Gesamtintensität einer Strahlung. Sind $I_\perp$ und $I_\parallel$ die Intensitäten in zwei zueinander senkrechten Polarisationsrichtungen, so gilt $P=(I_\perp - I_\parallel)/(I_\perp + I_\parallel)$.

Die einfachste P.-Vorrichtung erhält man mit der **Reflexions-P.** Läßt man natürl. Licht unter dem **Polarisationswinkel** α_p oder Brewster-Winkel (→ Brewstersches Gesetz) auf eine ebene Glasplatte fallen (für das übl. Kronglas mit der Brechzahl $n = 1{,}53$ ist das ein Einfallswinkel von $\alpha_p \approx 57°$), so ist das reflektierte Licht vollständig linear polarisiert, wobei der elektr. Vektor senkrecht zur Einfallsebene schwingt. Das durchgehende Licht besteht aus einem Gemisch von natürl. und linear (senkrecht zum reflektierten Licht) polarisiertem Licht. Weitere Methoden zur Erzeugung polarisierten Lichts nutzen die → Doppelbrechung (→ Polarisationsprisma) oder die verschiedene Absorbierbarkeit der beiden senkrecht zueinander linear polarisierten Anteile des natürl. Lichtes in gefärbten doppelbrechenden Kristallen (→ Pleochroismus) wie Turmalin. Einige durchsichtige polymere Kunststoffe werden, etwa durch Strecken in einer Richtung, dichroitisch. Solche **P.-Folien** und **P.-Filter** finden zunehmend Verwendung. Durch Reflexion an Metallschichten entsteht ellipt. polarisiertes Licht. Bei Beugung entsteht teilweise polarisiertes Licht. Auch bei der Streuung an Teilchen, die klein gegenüber der Wellenlänge sind (→ Rayleigh-Streuung), wird das gestreute Licht teilweise polarisiert (→ Himmelsstrahlung). Eine Drehung der Polarisationsrichtung um die Fortpflanzungsrichtung als Achse bewirken Stoffe, die eine schraubenartige Struktur haben, wie Kristalle (Quarz), Moleküle und Lösungen (Zukker). Je nach dem Drehsinn dieses **opt. Drehvermögens** unterscheidet man linksdrehende und rechtsdrehende Stoffe, z. B. Links- und Rechtsquarz (→ optische Aktivität).

Künstlich erzeugte elektromagnet. Radio- oder Funkwellen sind immer linear polarisiert. Die P.-Richtung ist vertikal bei Lang-, Mittel- und Kurzwellen und horizontal bei den Ultrakurzwellen des Funkverkehrs (wegen geringen Störungseinflusses).

4) Quantenelektrodynamik: **P. des Vakuums, Vakuumpolarisation,** eine der dielektr. P. der Materie analoge Eigenschaft des Vakuums; sie beruht auf der vorübergehenden virtuellen, d. h. nicht direkt beobachtbaren Erzeugung von Elektron-Positron-Paaren durch ein elektromagnet. Feld (v. a. in den starken Feldern in der Nähe von Ladungen). Die P. des Vakuums bewirkt z. B. eine geringfügige Abschirmung eines Elektrons und hat zur Folge, daß die elektr. Feldstärke und die elektr. Flußdichte auch im Vakuum voneinander abweichen, so daß die Maxwellschen Gleichungen nur näherungsweise gelten.

5) Quantenmechanik: Materiewellen werden als polarisiert bezeichnet, wenn die Spins der Elementarteilchen, z. B. Elektronen, Protonen u. a., parallel ausgerichtet sind.

Polarisationsfilter, v. a. in der Photographie als Vorsatzfilter verwendet zur Verringerung störender Reflexionen auf spiegelnden Oberflächen (→ Lichtfilter).

Polarisationsmikroskop, ein → Mikroskop 2) zur Untersuchung von Kristallen, Mineralen und Gesteinen unter Ausnutzung der auf der Doppelbrechung des Lichts beruhenden Interferenzerscheinungen (→ Kristalloptik).

Polarisations|prisma, Anordnung zur Herstellung und Analyse von linear polarisiertem Licht (→ Polarisation 3), die i. a. aus zwei oder mehreren zusammengesetzten Teilprismen besteht, von denen mindestens eines → Doppelbrechung zeigt, wodurch das Licht in zwei linear polarisierte Komponenten zerlegt wird, von denen eine ausgesondert wird. Das bekannteste P. ist das Nicolsche Prisma (→ Nicol).

Polarisationswinkel, der Brewster-Winkel (→ Brewstersches Gesetz, → Polarisation 3).

Polarisator, Vorrichtung zur → Polarisation 3) einer elektromagnet. Welle; z. B. werden häufig → Polarisationsprismen benutzt.

Polarisierbarkeit, kurz für **elektrische Polarisierbarkeit,** Formelzeichen α, der Quotient aus dem induzierten elektr. Dipolmoment p (→ Polarisation 1) und der induzierenden elektr. Feldstärke E, $\alpha = p/E$. SI-Einheit: $[\alpha] = \mathrm{C \cdot m^2/V}$.

Polarissima *die,* Stern 9. Größe, der um 1930/40 dem Nordpol des Himmels näher als der Polarstern stand.

Polariton, ein → Quasiteilchen in einem Festkörper, das bei starker Wechselwirkung von Photonen (Licht) mit nichtlokalisierten Anregungszuständen eines Kristalls erzeugt wird. Photonen können entsprechend stark gekoppelt sein mit den Phononen der infrarotaktiven Gitterschwingungen, mit transversalen Exzitonen sowie mit Magnonen (Elementaranregungen gekoppelter Elektronenspins). Dann können die beiden Teilsysteme (z. B. das der Photonen und das der Phononen) nicht mehr getrennt behandelt werden, sondern es treten neue Quasiteilchen, die P., als Elementaranregungen des Gesamtsystems auf.

Polarkappen-Absorption, Zunahme der Absorption von Radiowellen innerhalb der von der Polarlichtzone eingeschlossenen Kalotte. Die P.-A. wird hervorgerufen durch Protonen mit 1/3 bis 1/10 Lichtgeschwindigkeit, die gleichzeitig mit starken chromosphär. Eruptionen der Sonne emittiert werden (→ Protonenstürme) und längs der Kraftlinien des interplanetaren Feldes bis in Erdnähe gelangen. Der Effekt dauert 1–10 Tage und ist wegen der zusätzl. Ionisierung durch Sonnenlicht bei Tag stärker als nachts. Er ist fast immer Vorläufer eines Ionosphärensturms.

Polarko|ordinaten, → Koordinaten.

Polarko|ordinaten-Verfahren bieten bes. in der → Funkortung den Vorteil, daß die Entfernung ρ und der Winkel Θ von einer Bodenstation aus gemessen werden **(Rho-Theta-Verfahren** wie VOR/DME, TACAN).

Polarkreis, die Breitenkreise in 66°33′ nördl. **(nördl. P.)** und südl. **(südl. P.)** Breite. Sie trennen (im mathemat. Sinn) die Polarzonen der Erde von den gemäßigten Zonen.

Polarlicht, nachts sichtbare, in den Polargebieten der nördl. **(Nordlicht;** lat. **Aurora borealis)** und südl. Erdhalbkugel **(Südlicht;** lat. **Aurora australis)** zu beobachtende Leuchterscheinung der hohen Atmosphäre zw. etwa 70 und 1 000 km Höhe (Maximum bei 100 km). Das P. wird durch eine solare Korpuskularstrahlung (bes. nach starker Sonnenfleckentätigkeit) ausgelöst (→ Ionosphäre). Die elektrisch geladenen Teilchen können wegen des Magnetfeldes der Erde nur in den Zonen um die ma-

Polarlicht:
›Rote Draperie‹

gnet. Pole in die Atmosphäre eindringen und dort durch Stoß Atome und Moleküle ionisieren und zum Eigenleuchten anregen; bei starken Störungen des erdmagnet. Feldes können Nordlichter bis in den Mittelmeerraum auftreten. Im P.-Spektrum dominieren die ›verbotenen‹ Linien des atomaren Sauerstoffs (grün und rot) und die Linien des molekularen Stickstoffs (blau-violett). Intensität, Farbe und Struktur (Bänder, Draperien, Kronen, diffuse Erhellungen) variieren zeitlich und örtlich in schneller Folge.

Polarnacht, die Zeit, während der die Sonne für die Gebiete zw. den Polen und den Polarkreisen länger als 24 Stunden nicht über den Horizont kommt. Infolge der Strahlenbrechung in der Erdatmosphäre erscheint die Sonne über den Horizont gehoben, sonst würde die P. an den Polen ein halbes Jahr dauern; in Wirklichkeit ist sie deshalb kürzer. **Polartag** ist entsprechend die Zeit, in der in den Polarzonen die Sonne länger als 24 Stunden nicht unter den Horizont sinkt (→ Mitternachtssonne).

Polarographie, von J. HEYROVSKÝ entwickeltes Verfahren der chem. Analyse zur qualitativen und quantitativen Bestimmung von gelösten Stoffen auf Grund elektrochem. Vorgänge. Die P. beruht auf der Messung von diffusionskontrollierten Elektrolyse-Strömen an Mikroelektroden, meist der Quecksilbertropf-Elektrode. Es werden Strom-Spannungskurven mit geeigneten Geräten **(Polarographen)** aufgezeichnet, die im Fall der klass. **Gleichstrom-P.** die Gestalt einer Stromstufe haben. Die Höhe dieser Stufe ist der Konzentration des elektrochemisch aktiven Stoffes proportional, das Potential der halben Stufe, das **Halbstufenpotential,** wird von der Art des Stoffes bestimmt. Neuere polarograph. Verfahren arbeiten mit zusätzlich überlagerten Wechselspannungen **(Wechselstrom-P.),** Rechteckspannungsimpulsen **(Puls-P.)** oder mit vorausgehender elektrolytischer Anreicherung **(Inverse P.).**

Polaron, ein → Quasiteilchen in einem Festkörper, das den kombinierten Zustand aus einem Elektron und der durch seine elektr. Ladung hervorgerufenen lokalen Gitterdeformation beschreibt, die sich mit dem Elektron durch den Kristall bewegt und dessen Wellenfunktion wesentlich verändert.

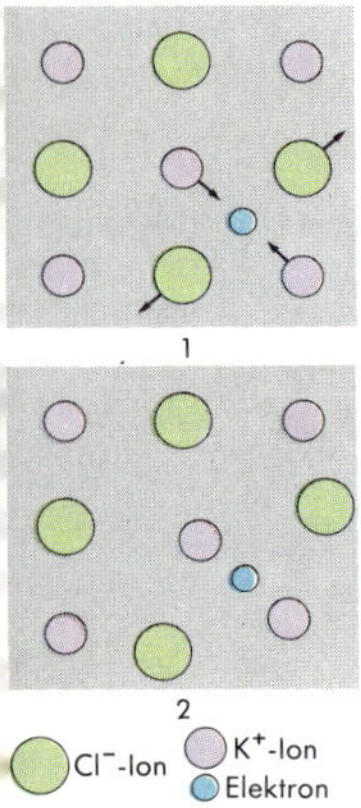

Polaron: Ein Leitungselektron übt auf die benachbarten Ionen Kräfte aus (1), die in einem elastischen Gitter (2) zu einer lokalen Gitterdeformation führen

Polarprojektion, Bez. für azimutale → Kartennetzentwürfe in normaler Lage.

Polarstern, Nordpolarstern, Nordstern, Polaris, Stern 2. Größe, α im Sternbild Kleiner Bär (daher auch **Alpha Ursae minoris);** so benannt, weil er z. Z. nur etwa 1° vom Nordpol des Himmels entfernt steht, so daß sich das Himmelsgewölbe um ihn zu drehen scheint. Auf der Nordhalbkugel kann der P., der die Nordrichtung anzeigt, zum Auffinden der Himmelsrichtungen dienen. Infolge der → Präzession 1) nähert er sich bis zum Jahr 2100 dem Pol auf etwa 0,5°. Nach 13000 Jahren wird er einen Polabstand von 47° haben; dann wird die → Wega den P. bilden. In der Nähe des Himmelssüdpols (z. Z. näher als 1°) befindet sich der lichtschwache Stern 6. Größe Sigma Octantis.

Polartag, → Polarnacht.

Polarzonen, die beiden Kugelkappen der Erde jenseits der → Polarkreise.

Polbewegung, Polschwankung, Breitenschwankung. Die Rotationsachse des Erdkörpers fällt nicht genau mit seiner Symmetrieachse, der kleinen Achse des Erdellipsoids (→ Erde), zusammen. Diese Abweichung bewirkt eine freie Nutation des Erdkörpers, bei der die Rotationspole ihre Mittellagen in ungefähr 430 Tagen umlaufen **(Chandlersche Periode** [tʃ'ændlə-]). Wäre die Erde vollkommen starr, so wären die Polbahnen Kreise und die Umlaufperiode betrüge 304 Tage **(Eulersche Periode).** Die P. muß bei genauen Ortsbestimmungen als Korrektur berücksichtigt werden; sie wird von den Observatorien des Internat. Breitendienstes mit Beobachtung der Breitenschwankungen laufend verfolgt.

Polder *der,* → Marsch.

Pol der Unzugänglichkeit, abgelegenster Punkt in den Polargebieten; im Nordpolargebiet in 83°40′ n. Br. und 170° w. L. in der Beaufort-See (1927 von H. WILKINS erstmals aufgesucht), im Südpolargebiet in 82°06′ s. Br. und 54°58′ ö. L. in der Ost-Antarktis (1958 von E. TOLSTIKOW erstmals erreicht).

Poldistanz, Polardistanz, Winkelabstand eines Gestirns vom Nordpol der Sphäre, gezählt von 0° über 90° (Äquator) bis 180° (Südpol).

pole [pəʊl, engl.], Längenmaß, → rod.

polen, Bauelement, Baueinheit oder Gerät mit Polen versehen oder an Plus- und Minuspol anschließen; geschmolzene Metalle, z. B. Kupfer oder Blei, entgasen und desoxidieren; ein Raffinationsverfahren.

Polflucht, langsames Verschieben der Kontinente in Richtung auf den Äquator infolge der durch Erdrotation und Schwereverteilung bedingten **Polfluchtkraft;** nach A. WEGENER eine Ursache der Kontinentalverschiebung.

Polhodiekegel, der Gangpolkegel (→ Kreisel).

Polhöhe, in Grad gemessene Höhe des Himmelspols über dem Nordhorizont; ist der geograph. Breite gleich. Die P. ist infolge der → Polbewegung nicht konstant **(P.-Schwankung).**

Polianit *der,* **Graumangan|erz,** Bez. für die seltenen tetragonalen Kristalle des Minerals → Pyrolusit.

Polieren, Fertigungstechnik: das Herstellen hochglänzender glatter Oberflächen.

Auf Holz und Holzwerkstoffen werden polierte Flächen mit Lacken erzeugt.

Natur- und Kunststeine werden mit pulverig feinen Schleifmitteln poliert.

Metalle werden maschinell poliert in rotierenden Trommeln oder auf rotierenden Scheiben mit einem weichen Tuch oder Leder, mit gröberem, dann feinerem, mit Öl oder Alkohol versetztem Pulver wie Eisenoxid **(Polierrot),** geschlämmter Knochenasche, Wiener Kalk u. a. **(Glanzschleifen),** harte Metalle auch mit **Polierstahl,** weiche Metalle mit Achat **(Polierstein).**

Glas wird glatt geschliffen, dann unter Zugabe von Wasser mit Eisenoxid, Mischungen von feinstkörnigen Oxiden oder Kieselgur poliert. **Feuerpolitur** entsteht durch kräftige Wärmeeinwirkung.

Kunststoffe werden von Hand, mit Schwabbelscheiben, Kleinteile auch in umlaufenden Trommeln poliert, oft unter Zugabe spezieller Poliermittel.

Poliergold, → Goldpräparate.

Poliment, → Rötel.

Polizeirufanlagen, fernmeldetechn. Einrichtungen zum Alarmieren der Polizei in Notfällen. Öffentl. P. sind das Fernsprechnetz (→Notruf) und die →Fernsprech-Notrufsäulen. Daneben gibt es nichtöffentl. P. zum Schutz von Banken, Geschäften u. a., die von Hand ausgelöst werden oder automatisch als →Raumschutzanlagen arbeiten.

Polje *das,* großes, wannenförmiges Becken im →Karst, mit flachem Boden.

Pollen|analyse, Palynologie, statist. Untersuchungsmethode der in Gesteinen zu findenden Pollen und Sporen zur Rekonstruktion fossiler Pflanzengemeinschaften und damit des Klimas des betreffenden geolog. Zeitraumes. Auf Grund ihrer wachsartigen Außenschicht widerstehen diese lange der Zerstörung. Die prozentualen Anteile der Pollen einzelner Pflanzenarten werden in **Pollendiagrammen** zusammengefaßt. Pollen sind seit dem Paläozoikum bekannt. Mit Hilfe der P. konnte die postglaziale Waldgeschichte Mittel- und Nordeuropas ermittelt werden.

Poller *der,* oben mit Deckel oder Wulst versehene, pfahlstumpfartige Vorrichtung zum Festmachen von Schiffen an Land (Kai, Reede, Dalben, Landebrücke) und an Bord; oft als **Doppel-P.,** seltener als **Haltekreuz** ausgeführt. **Nischen-P.** sind in den Wänden von Schleusenkammern lotrecht übereinander angeordnet; **Schwimm-P.** sind auf einem Schwimmkörper montiert, der in einer Wandnische geführt wird.

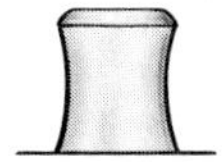

einfacher P.

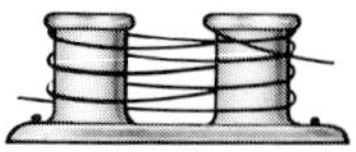

Doppel-P.

Haltekreuz

Poller

Polling [p'ɔlɪŋ, engl.], **Sende|aufruf,** Datenverarbeitung: Betriebsweise zum Datenabruf bei EDV-Anlagen. Der Empfänger (Zentraleinheit eines Computers) sendet ein vereinbartes Zeichen (Sendeaufrufzeichen) an eine Datenendstation mit der Aufforderung, die dort gespeicherten oder aufgenommenen Daten über dafür vorgesehene Datenübertragungsleitungen der Zentrale zuzusenden.

Pollucit, Mineral, $Cs[AlSi_2O_6] \cdot 1/2\ H_2O$, weißlich-trüb; meist derbe Massen in Granitpegmatiten. Einziges selbständiges Cäsium-Mineral.

Pollux, Stern 1. Größe (scheinbare Helligkeit $1^{m}15$), hellster Stern im Sternbild Zwillinge **(Beta Geminorum);** gehört zum →Wintersechseck. P. ist mit einer Entfernung von rd. 35 Lichtjahren der dem Sonnensystem nächste Riesenstern.

Polonium *das,* chem. Symbol **Po,** radioaktives, →chemisches Element aus der 6. Hauptgruppe des Periodensystems; Ordnungszahl 84. Von den mehr als 30 instabilen Isotopen kommen viele in den radioaktiven Uran-, Radium-, Actinium- und Thorium-Zerfallsreihen vor und tragen eigene Bez., z. B. **Radium F.** für ^{210}Po, **Radium A.** für ^{218}Po, **Thorium A.** für ^{216}Po. ^{209}Po hat mit 102 Jahren die größte Halbwertszeit. P. findet sich in sehr kleiner Konzentration in der Pechblende, in der es 1898 von P. und MARIE CURIE als erstes der radioaktiven Elemente entdeckt und isoliert wurde.

^{210}Po läßt sich durch Neutronenbeschuß von Wismut 209 darstellen. In seinen chem. Eigenschaften liegt P. zw. Tellur und Wismut. Das silberweiße glänzende Metall tritt in zwei Modifikationen auf. Infolge seiner Radioaktivität regt es im Dunkeln die umgebende Luft zu hellblauem Leuchten an. Es besitzt in seinen Verbindungen die Oxidationsstufen −2, 0, +2, +4 und +6. **P.-Wasserstoff,** PoH_2, ist flüchtig und wenig beständig. Vom **P.-Dioxid,** PoO_2, sind eine gelbe und eine rote Form bekannt. Mit Schwefelwasserstoff fällt schwarzes **P.-Sulfid,** PoS_2, aus. Es sind zahlreiche verschiedenfarbige Halogenide bekannt. – P. wird als Strahlungs- und Ionisationsquelle verwendet.

POL-Pulver, →Schießpulver.

Polreagenzpapier, mit einer alkohol. Lösung von Phenolphthalein oder Lackmus und Natriumsulfat getränktes ungeleimtes, holzfreies Papier. Durch Einwirkung von elektr. Strom entsteht am Minuspol eine alkal., am Pluspol eine saure Reaktion.

Polschwankung, die →Polbewegung.

Polsequenz, um den Nordpol des Himmels gruppierte Anzahl von Sternen mit abnehmender, genau bestimmter Helligkeit, dient als Standard bei der Helligkeitsbestimmung anderer Sterne.

Polstärke, magnetische Polstärke, Formelzeichen *p,* magnetostat. Größe, die der elektr. Ladung der Elektrostatik entspricht (›magnet. Ladung‹). Einheit: $[p] = Vs$. Für die Kräfte zw. zwei punktförmigen Magnetpolen kann mit Hilfe der P. in analoger Weise wie für die Kräfte zw. zwei punktförmigen Ladungen ein →Coulombsches Gesetz formuliert werden. Da i. Ggs. zu freien positiven und negativen elektr. Ladungen keine isolierten Magnetpole gefunden wurden (→Monopole), entspricht die Vorstellung räumlich konzentrierter ›magnet. Ladungen‹ nicht den physikal. Gegebenheiten. Daher wurde der fiktive Begriff der P. an den Begriff des magnet. Dipols angeschlossen (→magnetisches Moment).

Polstellenbestimmung. Die Pole einer gebrochen rationalen Funktion bestimmt man, indem die Nullstellen des Zähler- und Nennerpolynoms ermittelt werden, eine Polstelle liegt vor, wenn das Nennerpolynom eine Nullstelle hat, das Zählerpolynom aber an dieser Stelle ungleich Null ist. Beispiel:

$$\frac{x^2+4x+4}{x^3-x^2-5x-3} = \frac{(x+2)(x+2)}{(x+1)(x+1)(x-3)}$$

hat für $x = -1$ eine doppelte Polstelle, für $x = 3$ eine einfache Polstelle.

Pol|umschaltung, Änderung der Polzahl einer elektr. Maschine (Synchronmaschine, Asynchronmaschine) zum Zweck einer stufenweisen Drehzahländerung mittels entsprechender Umschaltung der Wicklungen. Bei Asynchronmotoren mit Kurzschlußläufer wird nur die Ständerwicklung umgeschaltet.

Polwanderung, vermutete Verlagerung der Rotationspole der Erde relativ zur Erdoberfläche im Lauf der Erdgeschichte. Sie wird aus geolog., paläogeograph., paläoklimatolog. und bes. paläomagnet. Beobachtungen gefolgert und auf Konvektionsströme im Erdmantel zurückgeführt.

poly . . ., viel . . .; Chemie: Vorsilbe für Verbindungen mit sich wiederholenden Atomgruppen, →Polymerisation.

Polyacetylen-Akkumulator, Neuentwicklung auf dem Gebiet der Energiespeicher, →Akkumulator 1).

Polyacrylate, die →Polyacrylsäureester.

Polyacrylnitril, Abk. **PAN,** durch Fällungspolymerisation von Acrylnitril hergestellter Thermoplast. Wegen der stark polaren CN-Gruppen sind die Anziehungskräfte zw. den Kettenmolekülen sehr groß, so daß P. nicht unzersetzt geschmolzen werden kann. P. spielt deshalb als Kunststoff keine Rolle. Es kann aber in stark polaren →Lösemitteln gelöst und zu Synthesefasern versponnen werden.

Polyacrylsäure, wasserlösl. Polymere von Acrylsäure. P., P.-Amid und ihre Copolymere haben v. a. Bedeutung als Flockungshilfsmittel.

Polyamid 66

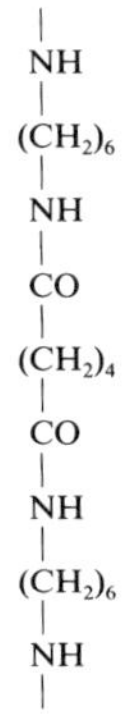

Polyäthylen

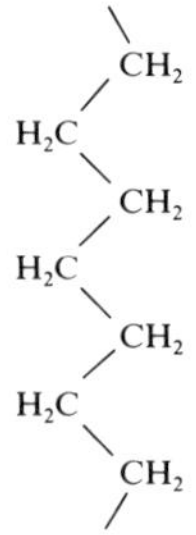

unverzweigte Molekülkette von HDPE

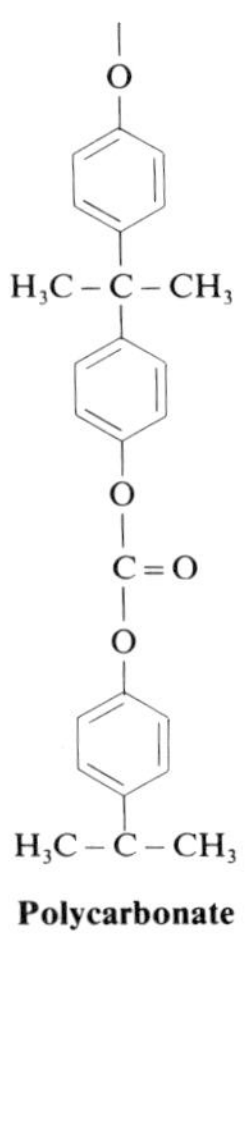

Polycarbonate

Polyacrylsäureester, Polyacrylate, zähflüssige, bis weichgummiartige, farblose Polymerisationsprodukte der Acrylsäureester ($CH_2=CH-COOR$), wobei R ein Alkylrest ist; allg. Formel der P. $(-CH_2-\underset{COOR}{\underset{|}{CH}})_n$.

Copolymere mit Styrol, Vinylchlorid oder -acetat, Methacrylsäureester mit Acrylnitril werden u. a. für elast. Harze (→Acrylharze), Appreturen, Klebstoffe und als Acrylkautschuk für Dichtungsmassen verwendet.

Polyaddition, Reaktion meist verschiedener Monomerer zu Polymeren (Polyaddukte) unter Anlagerung reaktionsfähiger Gruppen (z. B. $-OH$) an Mehrfachbindungen (z. B. →Polyurethane) oder unter Öffnung ringförmiger Moleküle (z. B. →Epoxidharze). Die P. verläuft ohne Abspaltung niedermolekularer Stoffe (z. B. Wasser). BILD Kunststoff.

Polyamide, Abk. **PA,** Thermoplaste mit der wiederkehrenden Gruppe $-CO-NH-$. P. werden durch Polykondensation von Aminocarbonsäuren oder von Diaminen mit Dicarbonsäuren bei 200–300 °C hergestellt. Zur Polykondensation von Hexamethylendiamin mit Adipinsäure verwendet man eine wäßrige Lösung von →AH-Salz. P. werden auch durch Polymerisation von Lactamen (bes. Caprolactam) in Gegenwart von etwas Wasser gewonnen, z. B.

$$\underbrace{HN-(CH_2)_5-CO}+H_2O \longrightarrow H_2N-(CH_2)_5-COOH$$

$$\underbrace{HN-(CH_2)_5-CO}+H_2N-(CH_2)_5-COOH \longrightarrow$$

$$H_2N-(CH_2)_5-CO-NH-(CH_2)_5-COOH \text{ usw. zu PA 6.}$$

P. werden nach der Anzahl der zusammenhängenden C-Atome bezeichnet, z. B. P. 6 (PA 6). Bei P., die aus zwei Bausteinen bestehen, wird zuerst die C-Zahl des Diamins, dann die der Carbonsäure angegeben, z. B. P. 66 (PA 66) bei Hexamethylendiamin und Adipinsäure. Synonym wird häufig die Bez. Nylon (z. B. Nylon 6) verwendet. Wegen ihrer großen Reißfestigkeit und Verschleißfestigkeit dienen P. v. a. zur Herstellung von Textilfasern **(Polyamidfasern).** Daneben haben sie Bedeutung in der Elektrotechnik, im Maschinen- und Apparatebau und für Verpackungsfolien.

Polyäther, Polymere verschiedener Struktur, in denen Bausteine der Polymerkette durch Sauerstoffatome (Ätherbindungen) miteinander verknüpft sind. Zu den P. gehören →Polyoxymethylen, →Polytetrahydrofuran, Polyäthylenglykole (→Glykoläther), die bes. zur Herstellung von →Polyurethanen verwendet werden, und alle Cellulosederivate.

Polyäthylen, internat. **Polyethylen,** Abk. **PE,** durch Polymerisation von Äthylen hergestellter, teilkristalliner, thermoplastischer →Kunststoff. P. niedriger Dichte (Low Density Polyethylene, Abk. **LDPE), Weich-P.,** wird durch Polymerisation bei hohem Druck (meist 2000–2500 bar) in Gegenwart radikalischer →Initiatoren in Rührautoklaven oder Rohrreaktoren hergestellt. P. fällt dabei als geschmolzene Masse an, die in Extrudern zu Granulat verarbeitet wird. Die geringe Dichte (0,92 g/cm^3) ist auf verzweigte, und damit sperrige Molekülketten zurückzuführen. P. hoher Dichte (High Density Polyethylene, Abk. **HDPE), Hart-P.,** wird in Westeuropa v. a. in Gegenwart von →Ziegler-Natta-Katalysatoren bei niedrigem Druck und Temperaturen unter 100 °C hergestellt. Das gebildete P. ist im Reaktionsmedium (Benzin, Hexan) unlöslich und fällt als Brei aus. Das gereinigte und getrocknete Produkt ist pulverförmig. HDPE besteht überwiegend aus unverzweigten Molekülketten. Dadurch kommt es zu einem Zustand höherer Ordnung (bis 70% kristallin) und einer größeren Dichte (0,95 g/cm^3). P. besitzt im Vergleich zu anderen Kunststoffen niedrige Festigkeit und Härte, aber hohe Zähigkeit. Die Zugfestigkeit von HDPE ist höher als die von LDPE. Die maximalen Einsatztemperaturen liegen für LDPE bei etwa 80 °C, für HDPE bei etwa 100 °C. P. ist ein Massenkunststoff mit breitem Anwendungsspektrum. Aus LDPE werden überwiegend Folien (Tragetaschen, Säcke) hergestellt. HDPE wird v. a. durch Blasformen (zu Flaschen für Reinigungsmittel, Benzinkanister u. a.) und Spritzgießen (zu Mülltonnen, Flaschenkästen u. a.) verarbeitet. Ultrahochmolekulares P. zeichnet sich durch hohe Zugfestigkeit und Abriebfestigkeit aus.

Polybutadi|en, engl. **Butadiene-Rubber** [bju:təˈdaɪi:n rˈʌbə], Abk. **BR,** →Kautschuk.

Poly-1-buten, Abk. **PB,** durch Polymerisation von 1-Buten mit →Ziegler-Natta-Katalysatoren hergestellter thermoplast. Kunststoff. P. neigt bei höherer Temperatur weniger zum Kriechen und hat eine höhere Spannungsrißbeständigkeit als andere Polyolefine. Es wird für Heißwasserleitungen und Folien verwendet.

Polycarbonate, Abk. **PC,** Polyester der Kohlensäure, die durch Polykondensation von Diphenolen (meist →Bisphenol A) mit Phosgen oder Diphenylcarbonat (aus Phenol und Phosgen) zw. 180 und 300 °C erhalten werden. P. sind besonders schlagzähe, glasklare →Kunststoffe mit Dauereinsatztemperaturen bis etwa 135 °C. Sie werden, z. T. glasfaserverstärkt, für Gehäuse (Trafos, Kameras u. a.), Verglasungen, Schutzhelme, Verkehrszeichen, Eßgeschirr u. a. verwendet.

Polychlorbiphenyle, polychlorierte Biphenyle, Abk. **PCB,** organ. Verbindungen, die durch Substitution mehrerer H-Atome durch Chlor aus Biphenyl entstehen. P. sind wegen ihrer hohen therm. und chem. Stabilität und ihres hohen elektr. Widerstandes als Isolier-, Hydraulik- und Kühlflüssigkeiten bes. geeignet. Durch P. können Leberschäden, Hautkrankheiten (Chlorakne) und Schädigungen des Fötus im Mutterleib (›Schwarze Babies‹ in Japan) hervorgerufen werden. Wegen seiner hohen Beständigkeit und Fettlöslichkeit besteht die Gefahr der Anreicherung über die Nahrungskette. Die Anwendung von P. ist deshalb heute auf geschlossene Systeme beschränkt.

polychromatisches Glas, ein für das gesamte Farbspektrum photoempfindl. Glas, bei dem durch Belichtung und einen geeigneten ›Entwicklungs‹-Prozeß Farbmuster in dem zunächst transparenten oder undurchsichtigen Glas erzeugt werden.

P. G. ist das erste photograph. Trägermaterial mit echter Farbpermanenz. Es kann in der Photographie für Wandbilder, Diapositive, Porträt- und Landschaftsphotos, Reproduktionen von Kunstwerken, zur permanenten Informationsspeicherung in Archiven sowie als Farbträger in Farben, Füllstoffen und Glasierungen eingesetzt werden.

Polydymit *der,* **Nickelkies,** Mineral, Ni_3S_4, ein →Kobaltnickelkies, auf hydrothermalen Lagerstätten.

Polyeder, Vielflach, im dreidimensionalen Raum ein beschränkter zusammenhängender Körper, der durch ebene Vielecke begrenzt ist; z. B. einer der →regelmäßigen

Körper. Verallgemeinerungen werden in der algebraischen Topologie verwendet.

Polyedergruppe. Die Menge aller Drehungen eines Polyeders, welche dieses in sich überführen, bildet eine Gruppe, die P.; z. B. ist die **Dieder-Gruppe** die P. des Dieders.

Polyelektrolyte, Polymere, an deren Molekülketten negativ (anion. P.) oder positiv (kation. P.) geladene Atomgruppen gebunden sind und die dadurch wasserlöslich sind. Techn. Bedeutung bei der → Flockung und beim Polymerfluten (→ Erdöl) haben z. B. Copolymere aus Acrylamid und Acrylsäure.

Polyelektrolyte

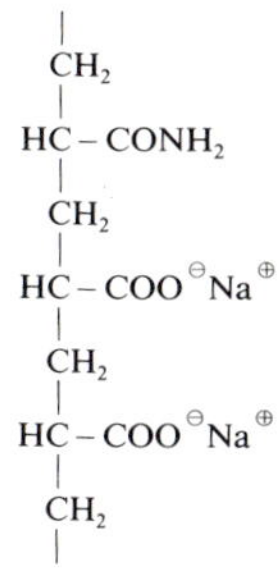

anionischer Polyelektrolyt

Polyene, organische Verbindungen mit mehreren C = C-Doppelbindungen, z. B. → Diene.

Polyester, Polymere mit der wiederkehrenden Gruppe – CO – O – , die durch Polykondensation von Dicarbonsäuren mit mehrwertigen Alkoholen hergestellt werden. Gesättigte P. werden meist aus Terephthalsäure (oder ihrem Methylester) und Äthylenglykol (Polyäthylenterephthalat, Abk. PETP) oder 1,4-Butandiol (Polybutylenterephthalat, Abk. PBTP) hergestellt, z. B. (nebenstehende FORMEL):

Gesättigte P. sind amorphe oder teilkristalline **Thermoplaste** mit hoher Steifigkeit und Härte. Teilkristalline P. sind für Dauereinsatztemperaturen bis zu etwa 100 °C geeignet, sie werden aber von heißem Wasser bereits bei niedrigerer Temperatur angegriffen. PBTP zeigt besseres Fließverhalten als PETP und kann deshalb leichter durch Spritzgießen verarbeitet werden. Gesättigte P. werden zur Herstellung von Synthesefasern (Handelsnamen z. B. Diolen, Trevira, Terylene), Folien und techn. Artikeln sowie als Lackharze verwendet. Bei der Polykondensation von Alkoholen mit ungesättigten Dicarbonsäuren (z. B. Maleinsäure) entstehen **ungesättigte P. (UP),** die meist in Styrol gelöst als flüssige Reaktionsharze in den Handel kommen. Die Doppelbindungen der ungesättigten P. können mit der des Styrols nach Zugabe von → Initiatoren (Härtern) in der Wärme (Warmhärtung) oder Initiatoren

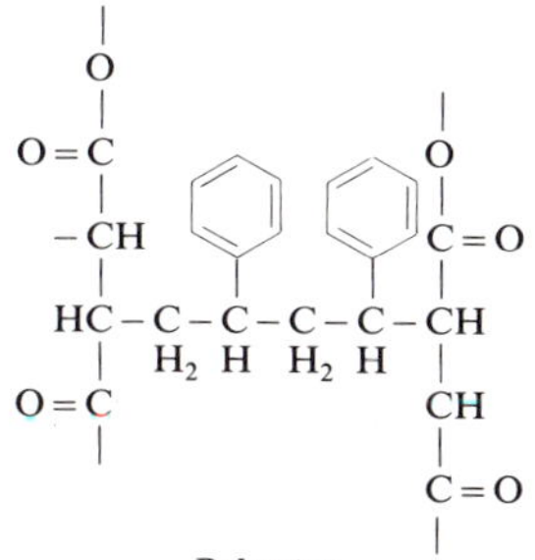

Polyester:
Vernetzung von ungesättigten Polyesterharzen durch Styrol

und Beschleunigern (z. B. Kobaltnaphthenat) bei Raumtemperatur (Kalthärtung) polymerisieren. Dabei vernetzen die P.-Moleküle über Styrolbrücken unter Bildung von **Thermoduren.** Ungesättigte P. werden ohne Zusätze als → Gießharze sowie als Bindemittel in härtbaren → Formmassen und Lacken verwendet. Durch schichtweisen Aufbau aus ungesättigten P. und Glasgeweben (Laminieren) werden z. B. Tanks, Schwimmbecken, Bootskörper u. a. hergestellt; Formmassen und Laminate können bis zu Dauertemperaturen von etwa 160 °C eingesetzt werden (→ Alkydharze).

Polyfructosane, Fruct(os)ane, Polysaccharide mit ≈ 10 bis 40 Fructose-Einheiten. Reservekohlenhydrate mancher Pflanzen, z. B. in Gramineen.

Polygon, Vieleck, Figur, die entsteht, wenn man eine feste Anzahl von Punkten $P_1, P_2, \ldots, P_n$ der Reihe nach durch ein Geradenstück verbindet: P_1 mit P_2, P_2 mit $P_3 \ldots$ und P_n mit P_1. P. spielen u. a. als → Approximationen von Kurven eine wichtige Rolle.

Polygonalzahlen, die → figurierten Zahlen.

Polygonboden, in Periglazialgebieten auftretender → Strukturboden, ein → Frostboden, der durch polygonale, meist sechseckige, aber auch viereckige oder unregelmäßige Spaltensysteme gekennzeichnet ist. Der Durchmesser der Polygone beträgt bis mehrere Meter. Das Innere ist von Feinerde, der polygonartige Rahmen von gröberem steinigen Material erfüllt. Die netzartig geschlossenen Bodenrisse und -spalten entstehen durch Kontraktion des Frostbodens, während die Materialsortierung durch die Frosthebung der Steine und ihr seitliches Abwandern erfolgt. P. sind im arkt. und subarkt. Bereich, in allen Hochgebirgen und auch in höheren Mittelgebirgen der gemäßigten Breiten weit verbreitet.

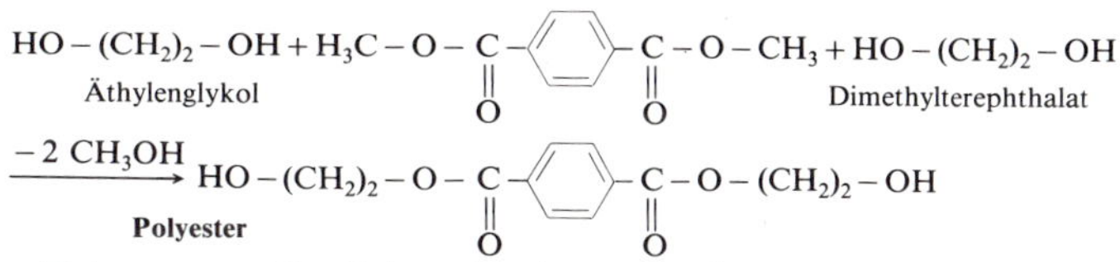

Polygonzug, Geodäsie: gebrochener Streckenzug zw. zwei Festpunkten (A, E), der zur Koordinatenbestimmung der Brechpunkte dient (P.-Punkte 1, 2 . . .; BILD S. 114). Hierzu sind die Winkel β und die Strecken s zu messen, i. a. werden auch die Winkel β_a, β_e zu den Anschlußfestpunkten B und F beobachtet. P. werden in großem Umfang zur Bestimmung von Lagefestpunkten angelegt.

Polyhalit *der,* Mineral $K_2Ca_2Mg[SO_4]_4 \cdot 2\,H_2O$, rot (durch Eisenoxid), gelb und weiß; Kristalle klein, meist derb oder faserig. P. kommt in großen Mengen in Salzlagern vor (P.-Region); wird wegen geringem Kali-Gehalt (16%) oft nicht abgebaut.

Polyhydroxy|di|carbonsäuren, die → Zuckersäuren.

Poly|imide, Abk. **PI,** hochtemperaturbeständige Kunststoffe, die Imidgruppen enthalten. Kettenförmige, aber wegen ihres hohen Aromatengehaltes unschmelzbare P. werden durch Polykondensation von Pyromellithsäureanhydrid mit aromat. Diaminen erhalten. Aus Maleinsäureanhydrid und aromat. Diaminen erhält man ungesättigte **Bis-malein-imide,** die durch Polymerisation zu P. vernetzt werden können. P. haben hohe Festigkeit und können bis zu Dauertemperaturen von 260 °C (in einigen Fällen kurzfristig bis 650 °C) eingesetzt werden. Anwendungsgebiete liegen in der Elektrotechnik, Elektronik, Flugzeug- und Raumfahrttechnik. (FORMEL S. 114)

Polyisobutene, Abk. **PIB,** durch kation. Lösungspolymerisation von i-Buten in Gegenwart von Aluminiumchlorid oder Bortrifluorid hergestellte Thermoplaste. Je nach Polymerisationsbedingungen werden Produkte mit unterschiedl. molarer Masse (M) erhalten. **Niedermolekulares P.** (M = 330–1 600 g/mol) ist ein viskoses Öl, das als Klebrigmacher in Klebstoffen und Dichtungs-

Polygonboden
in S-Island (∅ eines Polygons rd. 30 cm)

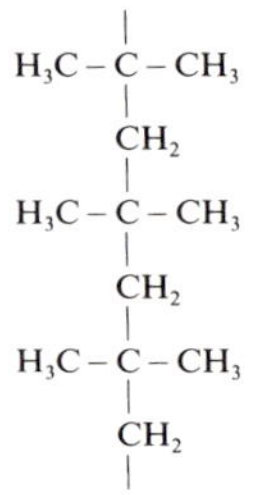

Polyisobuten

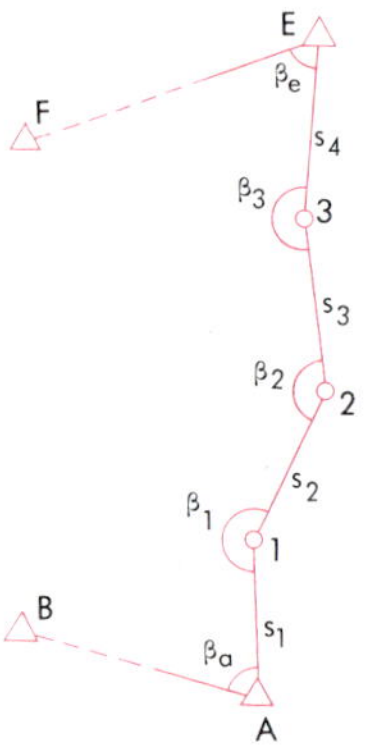

Polygonzug

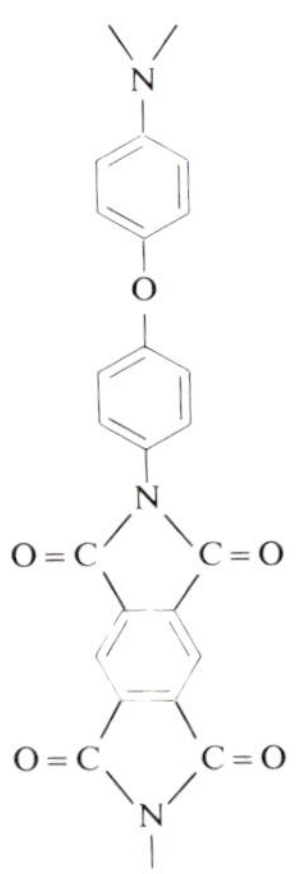

Polyimide

massen sowie als Isolieröl dient. **Mittelmolekulares P.** (M = 20000–100000 g/mol) ist klebrig-plastisch. Es wird als Bestandteil von Klebstoffen und Dichtungsmassen sowie als Verbesserer des → Viskositätsindex verwendet. **Hochmolekulares P.** (M > 1 Mio.) ist gummiartig, wenig fest und neigt zur Kriechverformung. Es wird in Form von Folien für Behälterauskleidungen, Abdichtungen u. a. verwendet.

Polyi|sopren, → Kautschuk.

Polykondensation, Reaktion, bei der meist zwei verschiedene, mit reaktionsfähigen Gruppen ausgestattete Monomere unter Abspaltung kleinerer Moleküle (z. B. H_2O, CH_3OH) zu Polymeren (Polykondensatoren) umgesetzt werden (z. B. → Aminoplaste, → Polyester). Bei der **Schmelz-P.** wird bei etwa 200–300 °C ohne Zusatz von Verdünnungsmitteln gearbeitet. Bei der **Lösungs-P.** werden die Monomeren in einem, bei der **Grenzflächen-P.** in zwei nicht mischbaren Lösemitteln gelöst.

Polykristall, Vielkristall, aus vielen Kristalliten (Kriställchen) aufgebautes **Kristallaggregat;** Ggs.: **Einkristall.**

Polykristallmethoden, die → Pulvermethoden.

Polymere, Verbindungen, deren Moleküle aus einer großen Anzahl Struktureinheiten (Monomere) aufgebaut sind. Die → Homopolymere bestehen aus gleichen, die → Copolymere aus verschiedenen Struktureinheiten. Die mittlere Anzahl der im P.-Molekül enthaltenen Struktureinheiten wird **Polymerisationsgrad** genannt. Der Polymerisationsgrad und damit die molare Masse eines P. variieren fast immer in gewissen Grenzen. **Bio-P.** sind am Aufbau der belebten Natur beteiligt, z. B. Cellulose, Stärke, Nucleinsäuren. **Synthet. P.** werden durch Polyreaktionen (Polymerisation, Polykondensation, Polyaddition) hergestellt. Sie haben als → Kunststoffe große Bedeutung. P. mit Seitengruppen an der Molekülkette können verschiedene räuml. Anordnungen haben (Stereoregularität, Taktizität). Die Seitengruppen sind bei **isotakt. P.** alle auf der gleichen Seite, bei **syndiotakt. P.** abwechselnd auf der einen und der anderen Seite der Hauptkette angeordnet. Isotakt. P. (z. B. Polypropylen) zeichnen sich durch hohe Kristallisationsfähigkeit aus. P. mit unregelmäßigem Wechsel der Seitenkette werden als **ataktisch** bezeichnet (→ Makromoleküle). FORMELN S. 115

Polymerholz, Verbundwerkstoff, der durch Behandlung von Holz mit Monomeren oder härtbaren Kunstharzen und anschließende Polymerisation hergestellt wird. P. hat höhere Festigkeit und geringeres Wasseraufnahmevermögen als Holz. Es wird für Parkett, Sportgeräte, Werkzeugstiele u. a. verwendet.

Polymerisation, Reaktion zur Synthese von → Polymeren, bei der ungesättigte → Monomere (meist mit Doppelbindungen) an aktive Atomgruppen (Radikale, Ionen) angelagert werden. Die P. wird durch Energie (Wärme, Strahlung) und/oder Initiatoren eingeleitet und läuft als Kettenreaktion ab. Zum Start radikalischer P. dienen Initiatoren, die beim Erwärmen in Radikale zerfallen (Dibenzoylperoxid u. a.), z. B.

$$\underset{\text{Äthylen}}{CH_2 = CH_2} + I\cdot \longrightarrow I - CH_2 - CH_2\cdot \qquad I = \text{Initiatorradikal}$$

Die beim Kettenstart gebildeten Radikale können in der Sekunde 2000–20000 Monomermoleküle nacheinander addieren (Kettenwachstum), z. B.

$$I - CH_2 - CH_2\cdot + CH_2 = CH_2 \longrightarrow I - CH_2 - CH_2 - CH_2 - CH_2\cdot \text{ usw.}$$

Der Start einer P. ist auch durch Ionen (z. B. aus Bortrifluorid oder Aluminiumchlorid gebildet) oder Metallkomplexe (z. B. → Ziegler-Natta-Katalysatoren) möglich. Techn. P. werden diskontinuierlich oder kontinuierlich meist in Rührkesseln oder Turmreaktoren durchgeführt. Bei der **Substanz-** oder **Block-P.** wird ohne Verdünnungsmittel gearbeitet (z. B. bei Polystyrol, Hochdruckpolyäthylen). Das entstehende Polymere löst sich im Monomeren, so daß sich die Viskosität des Reaktionsgemisches mit fortschreitender P. stark erhöht. Das erschwert u. a. die Abführung der bei der P. auftretenden Reaktionswärme (z. B. durch Kühlmäntel oder Kühlschlangen). Bei der **Lösungs-P.** wird mit einem Lösemittel gearbeitet (z. B. Äthylbenzol bei Polystyrol, Wasser bei Polyacrylsäure). Durch Verdampfung des Lösemittels und Rückführung des Kondensates (Rückflußkühlung) kann die Reaktionswärme abgeführt werden. Bei der **Fällungs-P.** ist das Polymere im Monomeren (und u. U. in einem Lösemittel) unlöslich (z. B. bei Niederdruck-Polyäthylen), so daß es in fester Form ausfällt. Bei der **Suspensions-P.** wird das Monomere durch Rühren und unter Verwendung von Dispergatoren (Schutzkolloide wie Alginate, Carboxymethylcellulose u. a. oder pulverförmige Stoffe wie Bariumsulfat, Talkum u. a.) in Wasser emulgiert. Ist das Polymere im Monomeren löslich, wandeln sich die Emulsionstropfen mit fortschreitender P. in feste Kügelchen um **(Perl-P.** z. B. bei PVC). Im Monomeren unlösl. Polymere fallen als Pulver aus. Bei der **Emulsions-P.** wird das Monomere in Gegenwart eines Emulgators und eines wasserlösl. Initiators zu sehr feinen Tröpfchen (50–300 nm) in Wasser emulgiert. Das Polymere (z. B. Styrol-Butadien-Kautschuk) fällt in diesem Fall als feinverteilte Dispersion (synthet. Latex) an. – **stereospezifische P.** → Polypropylen.

Polymerisationsgrad, → Polymere.

Polymerwerkstoffe, → Kunststoffe.

Polymethacrylate, thermoplastische → Kunststoffe, die durch radikalische Polymerisation von Methacrylsäureestern hergestellt werden. Besondere Bedeutung hat **Polymethylmeth|acrylat** (Abk. **PMMA),** das sich durch optische Klarheit und Witterungsbeständigkeit auszeichnet und eine etwa sechsmal höhere Schlagzähigkeit als Glas hat. Es wird als Acrylglas für Verglasungen (z. B. Flugzeuge, Uhrgläser, Schutzverglasungen), Zeichengeräte, Einbettungen empfindlicher Präparate u. a. verwendet. PMMA-Formteile (→ Formmassen) werden u. a. im Sanitärbereich (Waschbecken, Badewannen) eingesetzt. (FORMEL S. 115)

Polymorphie *die,* Kristallographie, Chemie: Als P. bezeichnete E. MITSCHERLICH 1821 die Erscheinung, daß ein chem. Element oder eine Verbindung in zwei **(Dimorphie)** oder mehr **(Tri-, Tetramorphie)** kristallinen Phasen (polymorphe → Modifikationen) auftreten kann, z. B. FeS_2: Pyrit-Markasit, SiO_2: Quarz-Tridymit-Cristobalit-Coesit; TiO_2: Rutil-Anatas-Brookit; $CaCO_3$: Calcit-Aragonit. Die Modifikationen eines Stoffes unterscheiden sich oft durch ihre Kristallklassenzugehörigkeit, stets aber nach dem Kristallgitter, wobei drei Grade der Strukturdifferenz vorliegen können: **Polytropie, Polysyngonie, Polytypie** (→ Typiebeziehungen). Modifikationsänderungen (→ Umwandlung 1) verlaufen entweder nur in eine Richtung (→ Monotropie) oder erfolgen an einem scharf definierten Umwandlungspunkt beliebig oft nach beiden Seiten (→ Enantiotropie).

Polynom. Gegeben sei ein kommutativer Ring *R* mit

Einselement und ein Symbol x, die **Unbestimmte;** eine Funktion der Form

$$f(x) = a_n x^n + a_{n-1} x^{n-1} + \ldots + a_1 x + a_0$$

heißt P. in einer Unbestimmten über R, wobei $a_0, a_1, \ldots, a_n \in R$ gegebene Zahlen, die **Ko|effizienten,** sind und n eine natürliche Zahl oder Null ist. Ist $a_n \neq 0$, so heißt der Exponent n **Grad** des P., a_0 bezeichnet man als das **absolute Glied** des P., ist $a_n = 1$, ist das P. **normiert.** Ein P. ist reell (rational, ganz), wenn die Koeffizienten reelle (rationale, ganze) Zahlen sind. Die Summe (Differenz) von P. ist wieder ein P. Das Produkt zweier P. des Grades n und m ist ein P. vom Grad $n+m$. Die P. bilden einen Ring, den **Polynomring** $R[x]$. Der Quotient $f(x)/g(x)$ zweier P. (vorausgesetzt $g(x) \neq 0$) heißt rationale Funktion. Er kann in einen ganzen Teil Q und einen gebrochenen Teil R/g (R heißt Rest) zerlegt werden, also $f/g = Q + R/g$ mit Grad $R <$ Grad g. Q und R sind wieder P. Ist $R = 0$, so heißt g **Teiler** von f und f **Vielfaches** von g.

Setzt man ein P. n-ten Grades gleich Null, erhält man eine → algebraische Gleichung n-ten Grades, deren Wurzeln die **Nullstellen** des P. sind. Man erhält diese dadurch, daß ein beliebiges P. n-ten Grades als Produkt dargestellt werden kann:

$$f(x) = k(x - x_1)(x - x_2) \ldots (x - x_n).$$

Die Zahlen $x_1, \ldots, x_n$ bilden das vollständige System der Nullstellen. Ein P. vom Grad n besitzt höchstens n Nullstellen. Die Ableitung eines P. ist wieder ein P.; die Koeffizienten des P. können durch die Ableitungen ausgedrückt werden. Man erhält dann Formeln, mit deren Hilfe die Werte des P. für beliebige x berechnet werden können, wenn der Wert und die Ableitungen in einem bestimmten Punkt gegeben sind (→ Horner-Schema).

Polynosicfasern, modifizierte Chemiefasern auf Viskosebasis mit erhöhtem Polymerisationsgrad, von höherer Festigkeit und Laugenbeständigkeit, geringerer Quellung und Dehnung als Viskosefasern; Gruppe der → Modalfasern.

Polynucleotide, linear gebaute Moleküle aus mehr als 20 → Nucleotiden. Die 3′-Position eines Monomers ist mit der 5′-Position des folgenden Zuckers durch eine Phosphatgruppe verbunden. Hochmolekulare P. sind die Nucleinsäuren.

Polyolefine, durch Polymerisation von Alkenen (Olefinen) hergestellte Thermoplaste (→ Polyäthylen, → Polypropylen, → Poly-1-buten, → Polyisobutene).

Polyosen, die → Hemicellulosen.

Polyoxymethylen, Abk. **POM,** thermoplast. Kunststoff dessen Molekülketten aus Oxymethyleneinheiten $-CH_2-O-$ aufgebaut ist und der zu den Polyäthern gehört. P. wird durch Polymerisation von Formaldehyd oder Trioxan hergestellt. Es ist milchig-trüb und zeichnet sich durch hohe Härte, Steifigkeit, Zähigkeit (bis −40 °C) und Formbeständigkeit in der Wärme aus. P. wird als Konstruktionswerkstoff häufig an Stelle von Metallen (z. B. für Zahnräder, Armaturen, Schrauben, Vergaserteile) verwendet.

Polypeptide, aus mehr als zehn durch Peptidbindungen verknüpften Aminosäuren bestehende lineare Peptide, die chemisch durch Peptidsynthesen hergestellt werden können, biologisch durch → Proteinbiosynthese in der Zelle oder durch einen Synthesemechanismus an Proteinmatrizen gebildet werden und zumeist Hormoncharakter (→ Peptidhormone) besitzen.

Polypropylen, Abk. **PP,** durch Polymerisation von Propylen hergestellter thermoplast. Kunststoff. Bei 30–80 °C, niedrigem Druck (1–5 bar) und in Gegenwart von → Ziegler-Natta-Katalysatoren wird durch stereospezif. Polymerisation überwiegend isotaktisches P. (→ Polymere) gebildet. **Isotaktisches P.** ist teilkristallin und hat höhere Festigkeit und eine höhere Erweichungstemperatur (maximale Einsatztemperatur etwa 150 °C) als Polyäthylen. Es wird u. a. zu Spritzgießteilen für die Elektrotechnik, den Automobilbau, Chemieapparate, Haushaltsgeräte und zu Rohren verarbeitet. **Ataktisches P.** ist klebrig-weich bis gummiartig.

Polyribosom, das → Polysom.

Polysaccharide, Glykane, hochpolymere Kohlenhydrate, in denen Monosaccharide oder ihre Derivate durch glykosid. Bindungen miteinander verknüpft sind. **Homo-P. (Homoglykane)** enthalten nur ein Monosaccharid als Baustein (z. B. Cellulose, Stärke, Glykogen), **Hetero-P. (Heteroglykane)** sind aus verschiedenen Monosacchariden zusammengesetzt (z. B. Pektin, Alginate, Hyaluronsäure) und in der Natur meist an Proteine oder Lipide gebunden.

Polysäuren, chem. Verbindungen, die durch Wasserabspaltung aus einfachen anorgan. Säuren entstehen. Bei den **Isopolysäuren** ist am Aufbau der P. nur ein säurebildendes Element beteiligt (z. B. → Wolframverbindungen, → Kieselsäure). Bei den **Heteropolysäuren** sind zwei verschiedene säurebildende Elemente beteiligt, z. B. die Phosphormolybdänsäure (→ Phosphorverbindungen). BILD S. 116

Polysom, Polyribosom, Aggregat aus mehreren Ribosomen und einem messenger-Ribonucleinsäure-Molekül (Abk. mRNS). Sie dienen als Struktureinheit bei der Proteinbiosynthese.

Polystyrol, Abk. **PS,** durch → Polymerisation von Styrol hergestellter amorpher, thermoplast. → Kunststoff. Bedeutung für die techn. Herstellung haben v. a. die radikalische Block- und Suspensionspolymerisation. P. ist glasklar, hat mittlere Festigkeit und Härte sowie geringe Schlagzähigkeit. Die maximale Dauereinsatztemperatur liegt bei etwa 50 °C. P. ist ein billiger Massenkunststoff, der durch Extrudieren, Spritzgießen u. a. Verfahren zu Bauteilen für Radio- und Fernsehgeräte, Einwegverpackungen für Lebensmittel, Textilien und Spielzeug, Tablettenröhrchen u. a. verarbeitet wird. **Schlagfestes P.** ist ein Zweiphasensystem aus hartem P. und darin eingelagerten feinen Kautschukpartikeln (Styrol-Butadien-Copolymerisate), die dem Werkstoff höhere Zähigkeit verleihen. (FORMEL S. 116)

Polysulfone, hochtemperaturbeständige, thermoplast. Kunststoffe mit der wiederkehrenden Gruppe $-C_6H_4-SO_2-C_6H_4-$, die z. B. in der Elektrotechnik, für thermisch beanspruchte Bauteile von Haushaltsgeräten oder heißsterilisierbare medizinisch-techn. Teile verwendet werden.

Polytetrafluoräthylen, Abk. **PTFE,** durch Suspensions- oder Emulsionspolymerisation hergestellter Kunststoff. P. läßt sich nicht unzersetzt schmelzen, so daß eine Formgebung nur durch Pressen und Sintern möglich ist. Es ist chemikalienbeständig, temperaturbeständig (maximale Dauertemperatur 250 °C) und unbrennbar und zeichnet sich außerdem durch geringe Haftfähigkeit und sehr gute Gleiteigenschaften aus. P. wird im chem. Apparatebau, in der Elektrotechnik, zum Beschichten von Bratpfannen u. a. verwendet (→ Fluorofasern). FORMEL S. 116

Polymere

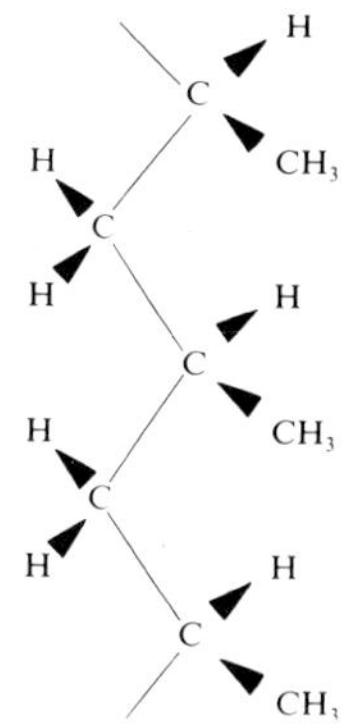

isotaktisches Polypropylen

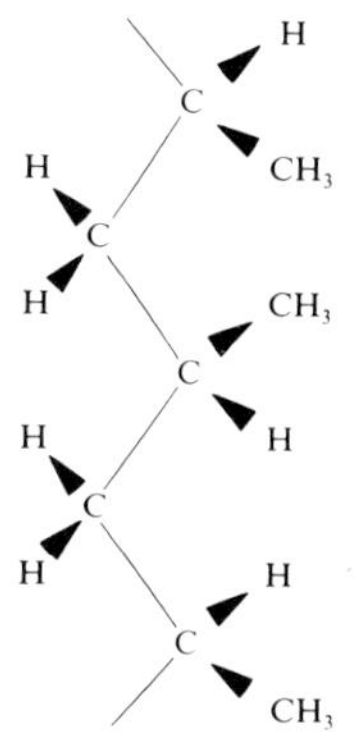

syndiotaktisches Polypropylen

Polymethacrylate

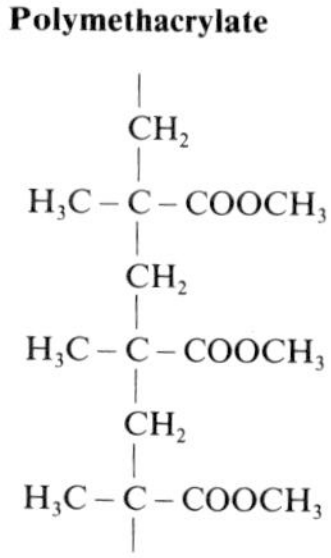

Polymethylmethacrylat

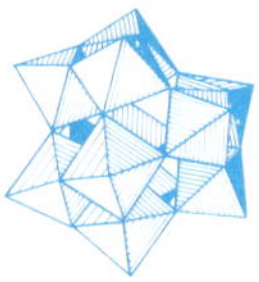

Polysäuren: Struktur der Phosphormolybdänsäure

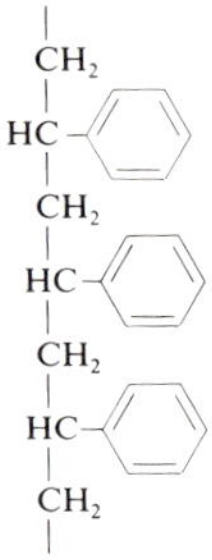

Polystyrol

Polytetrahydrofuran, dickflüssige bis wachsartige Polymere mit dem Strukturelement $-O-CH_2-CH_2-CH_2-CH_2-$. Das zu den Polyäthern gehörende P. wird durch Polymerisation von Tetrahydrofuran gewonnen und zur Herstellung von Elastomerfasern verwendet.

Polytrope, Funktion der Form $yx^n = const$, mit deren Hilfe durch die geeignete Wahl des **P.-Exponenten** n (reelle Zahl) eine Vielzahl unterschiedl. Kurvenverläufe wiedergegeben werden kann. P. finden Anwendung zur

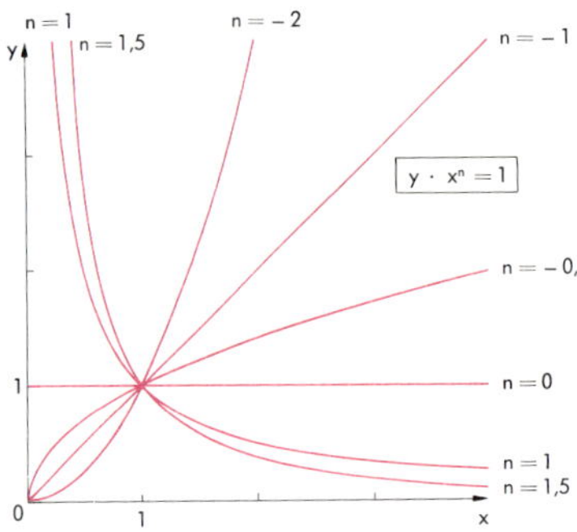

Polytrope

analyt. Darstellung experimentell ermittelter Zusammenhänge zw. zwei Meßgrößen x und y, z. B. von techn. Kreisprozessen oder Zustandsänderungen von Gasen (x = Volumen V, y = Druck p).

Polyurethane, Abk. **PUR,** Polymere, die durch Umsetzung (Polyaddition) von mehrwertigen Alkoholen (z. B. 1,4-Butandiol, Polyäther und Polyester mit endständigen OH-Gruppen) mit mehrwertigen Isocyanaten (z. B. Toluylendiisocyanat) hergestellt werden und die Gruppe $-NH-CO-O-$ enthalten, z. B.

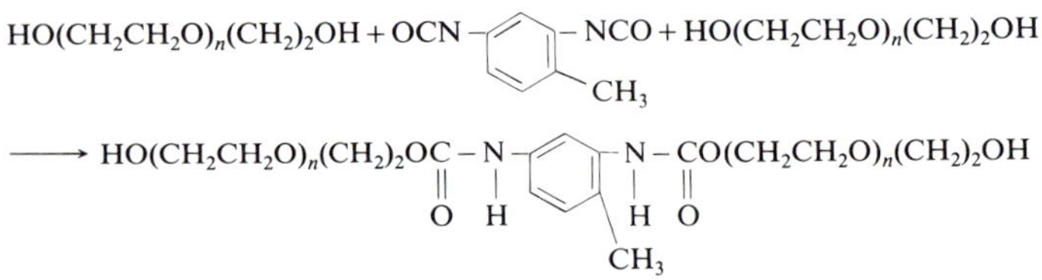

usw. Kurzkettige Diole **(Hartsegmente)** erhöhen die Härte, langkettige Polyole **(Weichsegmente)** erhöhen die Elastizität der P. Die →Schaumstoffe und thermoplastisch verarbeitbare Elastomere werden durch direktes Vermischen der Komponenten unter Zusatz von Hilfsstoffen (z. B. Katalysatoren, Treibmittel) hergestellt. Für Lacke, Klebstoffe u. a. werden Zwischenstufen der Polyaddition (Präpolymere) hergestellt, die in Lösung oder als Dispersion angewandt werden. Sie härten z. B. durch Fortsetzung der Polyaddition unter Kettenverlängerung oder durch Reaktion mit Luftfeuchtigkeit unter Vernetzung der Molekülketten. P. werden auch zu Synthesefasern (Borsten, Elastomerfasern) verarbeitet. (BILD S. 117)

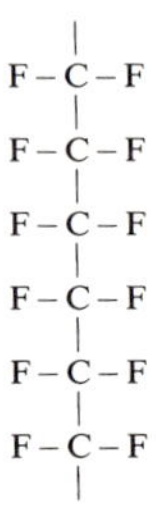

Polytetrafluoräthylen

Polyvinylacetale, Polymere, die durch Umsetzung von Polyvinylalkohol mit Aldehyden hergestellt werden. **Polyvinylbutyral** (aus n-Butyraldehyd) hat Bedeutung für die Herstellung von Verbundglasfolien.

Polyvinyl|acetat, →Polyvinylester.

Polyvinyl|alkohol, kristallines, wasserlösl. Polymeres, das z. B. durch Umesterung von Polyvinylacetat mit Methanol in Gegenwart von Natriummetylat hergestellt wird. P. wird u. a. als Schutzkolloid bei der Emulsions- und Suspensionspolymerisation, als Klebstoff, bei der Papierleimung und als Schlichtemittel in der Textilindustrie verwendet. (FORMEL S. 117)

Polyvinyl|äther, durch Polymerisation von Vinyläthern meist in Gegenwart kation. Initiatoren hergestellte Homo- und Copolymere. Polyvinyläthyl- und Polyvinylisobutyläther werden z. B. als viskose Öle, klebrige Weichharze und kautschukähnliche Produkte hergestellt. Sie dienen u. a. als Bestandteile von Klebstoffen (Haftkleber), als Lackbindemittel und Weichmacher. (FORMEL S. 117)

Polyvinylbutyral, →Polyvinylacetale.

Polyvinylchlorid, Abk. **PVC,** durch Polymerisation von Vinylchlorid hergestellter amorpher, thermoplast. Massenkunststoff. Bei der Emulsionspolymerisation in Gegenwart wasserlösl. Initiatoren (z. B. Kaliumpersulfat) entsteht eine wäßrige P.-Dispersion, die direkt für Beschichtungen verwendet oder durch Sprühtrocknung zu Pulver verarbeitet werden kann. Die so gewonnenen **E-PVC-Typen** haben einen relativ hohen Gehalt an Verunreinigungen (z. B. Emulgatoren). Bei der Suspensionspolymerisation fallen Kügelchen (BILD) von 0,02–0,2 mm Durchmesser an **(S-PVC).** Die größte Reinheit hat P., das ohne Verdünnungsmittel hergestellt wird **(M-PVC).** Bei sämtlichen Polymerisaten wird der Vinylchloridgehalt durch eine Nachbehandlung auf Werte unterhalb des TRK-Wertes (→MAK-Wert) gebracht. P. ist empfindlich gegenüber Wärme und muß deshalb vor der Verarbeitung mit Stabilisatoren versetzt werden (z. B. Bleiverbindungen). **Hart-P.** enthält keine Weichmacher. Es zeichnet sich durch hohe Steifigkeit, Härte, Säure- und Basenbeständigkeit aus und kann bei Dauertemperaturen bis zu etwa 65 °C eingesetzt werden. Es wird für Elektroisolierrohre, Rohrleitungen, im chem. Apparatebau u. a. verwendet. Durch Modifizierung mit weichelast. Polymeren (z. B. chlorierte Polyäthylene, ABS-Copolymerisate) wird bes. schlagfestes P. **(HIPVC)** erhalten. Chloriertes P. **(PVCC),** das durch Einleiten von Chlor in P.-Suspensionen hergestellt wird, zeichnet sich u. a. durch höhere Wärmebeständigkeit aus. **Weich-P.** wird aus den Polymerisaten durch Einarbeitung von →Weichmachern gewonnen. Es ist meist weichgummi- bis lederähnlich und wird für Kabelisolierungen, Fußbodenbeläge, Folien, Kunstleder u. a. verwendet. (FORMEL S. 117; BILD S. 118)

Polyvinyl|ester, durch Polymerisation von Vinylestern hergestellte Polymere. **Polyvinylacetat,** der wichtigste P., zeichnet sich durch hohe Licht- und Wetterbeständigkeit aus. Es wird v. a. durch Emulsionspolymerisation hergestellt und als Bindemittel für Dispersionsfarben und in Klebstoffen verwendet. Durch Lösungspolymerisation gewonnenes Polyvinylacetat dient zur Herstellung von Polyvinylalkohol. Durch Polymerisation mit Comonomeren (z. B. Äthylen) können weichere, hydrolysestabilere Produkte erhalten werden. (FORMEL S. 118)

Polyvinylharze, Kunstharze (→Harze), die durch Polymerisation von Monomeren mit Vinylgruppe erhalten werden, z. B. Polyvinylester, Polyvinyläther, Polyvinylchlorid.

Polyvinylidenchlorid, Abk. **PVDC,** durch Polymerisation von Vinylidenchlorid hergestellte Polymere. Copolymere mit Vinylchlorid, Acrylnitril u. a. zeichnen sich durch geringe Wasserdampfdurchlässigkeit aus und werden zum Beschichten von Papier, Cellophan u. a. verwendet.

polyzyklische Aromaten, polyzyklische aromatische Kohlenwasserstoffe, Abk. **PAK,** Kohlenwasserstoffe, die aus mehreren kondensierten Benzolringen aufgebaut sind. Sie kommen im Steinkohlenteer vor und konnten aus Zigarettenrauch und Autoabgasen isoliert werden. P. A. mit vier bis sechs Benzolringen, z. B. → Benzo(a)pyren, gehören zu den krebserzeugenden Stoffen.

POM, Abk. für → **P**oly**o**xy**m**ethylen.

Pond *das,* Einheitenzeichen **p**, nicht gesetzl. Einheit der Kraft im techn. Maßsystem. Das P. wurde für die Norm-Gewichtskraft der Masse eines Gramms (Masse mal → Normfallbeschleunigung) 1939 zunächst intern bei der früheren Physikalisch-Techn. Reichsanstalt eingeführt und 1955 in die DIN-Normen übernommen, um deutlich zw. der Masse eines Gramms und dessen Gewichtskraft – die früher beide gleich mit g bezeichnet wurden – unterscheiden zu können: 1 p = 9,80665 mN. 1 Kilopond = 1 kp = 10^3 p = 1 000 p. 1 Megapond = 1 Mp = 10^6 p = 1 000 kp. (→ Kilopond)

Ponor, → Karst.

Ponton [pɔ̃t'ɔ̃, frz.] *der* oder *das,* urspr. kahnartiges, flaches, offenes Wasserfahrzeug, heute kastenförmiger schwimmender Hohlkörper meist aus Stahl, dient häufig zur Herstellung von **Pontonbrücken** (Schiffbrücken). Militärisch werden die P. auf besonderen Fahrzeugen (früher ›Haketts‹) von den Pionieren mitgeführt. **Anlege-P.** sind durch gelenkig gelagerte Stege mit dem Ufer und miteinander verbunden, um bei veränderl. Wasserstand benutzbar zu sein.

Poop [pu:p, engl.] *die,* früher auch **Hütte,** hinterer, von Bord zu Bord gehender Aufbau eines Schiffes. (→ Deck)

Populationen, Sternpopulationen, Sterngruppen, die sich in ihren physikal. Eigenschaften, ihrem Alter und ihrer räuml. Verteilung in unserer Galaxis voneinander unterscheiden. Nach der Anordnung der Sterne im → Hertzsprung-Russell-Diagramm unterschied W. Baade 1944 die **P. I** in der galakt. Ebene von der **P. II** des galakt. Halos (→ Milchstraßensystem). Heute unterscheidet man fünf P.: die **extreme P. I** (Alter bis 0,1 Mrd. Jahre) u. a. mit den O- und B-Sternen (→ Spektralklassen), den Cepheiden, Überriesen, offenen Sternhaufen und der interstellaren Materie; die **ältere P. I** (0,1–2 Mrd. Jahre) mit A-Sternen, normalen Riesen und Sternen mit starken Metallinien; die **Scheiben-P.** (10 Mrd. Jahre) mit Sternen des Milchstraßenzentrums, solchen schwächerer Metallinien, planetar. Nebeln und Novae; die **Zwischen-P. II** mit Mira-Sternen kleiner Periode und Schnelläufern, die Geschwindigkeiten größer als 30 km/s senkrecht zur galakt. Ebene haben, und die **Halopopulation II** des galakt. Halos mit den ältesten Objekten des Milchstraßensystems (10–15 Mrd. Jahre), wie Kugelsternhaufen, RR-Lyrae-Sterne und Unterzwerge.

Poren, natürl. Hohlräume, z. B. in Gesteinen oder durch Herstellung und Verwendung bedingte Hohlräume in Werkstücken und -stoffen sowie Überzügen, die mit Luft oder anderen werkstofffremden Stoffen ausgefüllt sind. Nach der Größe werden **Grob-P.** (≧ 20 µm) und **Fein-P.** (≦ 20 µm), nach der Form **offene P.** (Kanäle), **einseitig offene P.** (Säcke) und **geschlossene P.** (Blasen) unterschieden. Das P.-Volumen wird mit Hilfe von **Porimetern** bestimmt, bei denen eine Flüssigkeit (z. B. Quecksilber) durch stufenweise Druckerhöhung in die P. eines evakuierten Probekörpers gepreßt wird. Gemessen wird Druck und Menge der eingedrungenen Flüssigkeit. In anderen Geräten wird die verdrängte Luftmenge eines Probekörpers bestimmt.

Porenvolumen, Porenraum, Gesamtheit der mit Gasen und Flüssigkeiten erfüllten Hohlräume von Gesteinen (einschließlich der Klüfte) und Böden. P. kann bei unverfestigten Tonen > 80 Vol.-% betragen, verringert sich aber bei der → Diagenese auf wenige Prozent. Das **wirksame** oder **effektive P. (Porosität),** d. h. das Volumen aller miteinander verbundenen Poren, und die → Permeabilität 1) sind wichtig für die Bildung und Nutzung von Erdöl, Erdgas und Wasservorkommen.

Porphin, dunkelrote kristalline Substanz. Vom heterozykl. Ringsystem des P. leiten sich wichtige Naturfarbstoffe ab (z. B. Hämoglobin, Chlorophyll, Vitamin B_{12}).

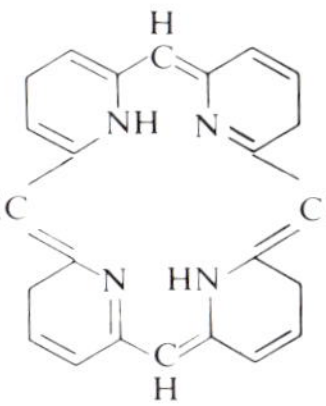

Porphin

Porphyr *der,* Sammelname für vulkan. und subvulkan. Gesteine mit groben, idiomorphen Einsprenglingen (meist Alkalifeldspate und/oder Quarz) in einer feinkörnigen bis dichten Grundmasse **(porphyr. Gefüge).** Der Name bezog sich früher nur auf quarzfreie Gesteine, wird aber heute nur noch in Zusammensetzungen gebraucht, z. B. **Quarz-P., Granit-P.**

Porphyrine, körpereigene Farbstoffe, die sich vom Porphin durch Substitution der Wasserstoffatome in den CH-Gruppen der Pyrrolkerne durch Methyl-, Vinyl-, Essigsäure- und Propionsäurereste ableiten. Die P. sind mit Ausnahme der **Ätioporphyrine,** die keine Naturstoffe sind, biochemisch außerordentlich wichtig. P.-Derivate sind das → Chlorophyll und das hieraus durch Abbau entstehende → Phäophytin, weiter die tier. Blut- und Muskelfarbstoffe Hämoglobin und Myoglobin sowie die Enzyme Peroxidasen, Katalase, Oxygenasen und Cytochrome.

Porphyrit *der,* dem Andesit nahestehendes vulkan. oder subvulkan. Gestein mit porphyr. Gefüge; Einsprenglinge von Plagioklas und Biotit, Hornblende oder Pyroxen. **Quarz-P.** enthält mehr als 10% Quarz.

Porphyroblast, metamorph gebildete große, einzelne Mineralkörner in feinkörnigem Gesteinsgrundgewebe; Kennzeichen des **porphyroblast. Gefüges** von Metamorphiten.

Porphyroid *das,* schwach dynamometamorphes Gestein der Epizone, entstanden aus Quarzporphyren, Quarzkeratophyren u. ä. Gesteinen, deren ehemalige Struktur noch erkennbar ist.

Porphyry Copper Ores [p'ɔ:fɪrɪ k'ɔpə ɔ:z, engl.], Geologie: → Disseminated Copper Ores.

Port [pɔ:t, engl.] *der,* Einrichtung zur Informationsein- und -ausgabe an Datenverarbeitungsanlagen.

Polyurethan (etwa 40fach vergr.)

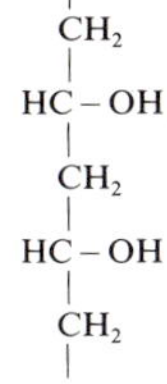

Polyvinylalkohol

Polyvinyläther

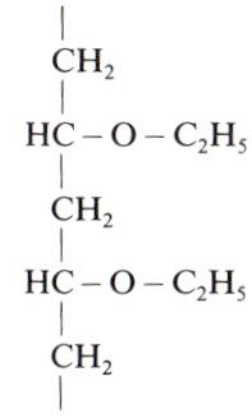

Polyvinyläthyläther

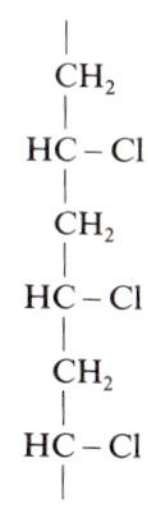

Polyvinylchlorid

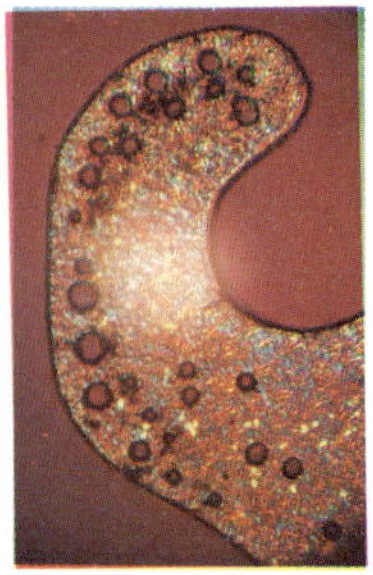

Polyvinylchlorid
(etwa 120fach vergr.)

Polyvinylester

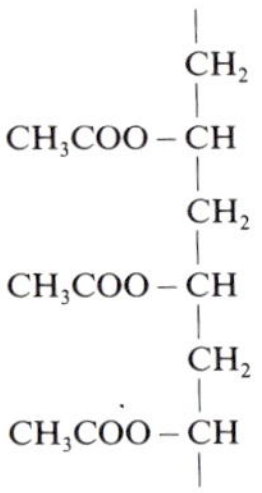

Polyvinylacetat

Portable [p'ɔ:təbl, engl.] *das,* tragbarer Fernsehapparat.

Portlandit *der,* Mineral $Ca(OH)_2$, weißes Verwitterungsprodukt von Kalken am Kontakt mit Basalt; entspricht dem Löschkalk.

Porzellan, keramisches Erzeugnis (→Keramik) mit dichtem weißem, meist durchscheinendem →Scherben. P. i. e. S. ist das kontinentaleurop. **Hart-P.,** das bei Temperaturen um 1400 °C gebrannt wird. Nach der Zollklassifikation und im angelsächs. Sprachgebrauch schließt P. alle weißen, dichtgebrannten keram. Erzeugnisse ein, also auch die flußmittelreicheren **Weich-P.,** die bei Temperaturen zw. 1200 und 1300 °C gebrannt werden. **Technische P.** für Isolatoren, chem. Apparate u. ä. enthalten zusätzl. Aluminiumoxid zur Erhöhung der Festigkeit und der Hitzebeständigkeit.

Herstellung. Hauptrohstoff für Hart-P. ist geschlämmter →Kaolin, der der Masse die Bindung und die Standfestigkeit im Feuer verleiht. Weitere Bestandteile sind 12–35% Quarz und 18–30% Kalifeldspat, beide feinst gemahlen. Zur Erzielung eines weißen Scherbens müssen die Rohstoffe eisenarm sein; deshalb sind die Trommelmühlen mit Flintsteinen ausgemauert und mit Flintsteinen als Mahlkörper gefüllt. Die Rohstoffe werden mit Wasser aufgequirlt und ggf. nachgemahlen. Nach Zugabe von Verflüssigungsmitteln ist die Masse für das Gießverfahren verarbeitungsfertig. Plast. Arbeitsmasse erhält man durch Abpressen und anschließendes Homogenisieren in Knetern und Strangpressen. Heutige Großanlagen verwenden statt dessen Sprühtrockner, in denen ein Teil des Schlickers pulverisiert wird; diese Trockenmasse wird dann mit Schlicker zu plast. Masse vermischt. Die Formgebung geschieht nach dem Gieß- oder den verschiedenen plast. Verfahren. Becher und Teller werden heute fast ausschließlich auf Rollermaschinen (meist mit automat. Massezufuhr und automat. Abtransport der Formlinge) gefertigt. Henkel werden getrennt gegossen, im plast. Zustand geschnitten, verputzt und angarniert. Nach dem Durchgang durch den Trockner folgt der für Hart-P. typische **Verglühbrand** bei 900 °C zur ersten Verfestigung. Auf den noch porösen Scherben wird die →Glasur aufgetragen. Nach dem Antrocknen der Glasur folgt der **Glattbrand,** bei dem sich ein großer Teil der Masse in Glasphase umwandelt. Damit die Stücke nicht zusammenbacken, stehen sie frei in regalartigen Aufbauten oder Kapseln aus dünnwandigem feuerfestem Material. (→keramische Öfen)

Der Herstellungsgang für Weich-P. gleicht dem des Hart-P. bis auf die Brenntechnik. **Vitro-** und **Sanitär-P.** haben erhöhten Feldspatgehalt; der Kaolin ist teilweise oder ganz durch plast. Tone ersetzt. **Knochen-P.** enthält Calciumphosphat in Form von Knochenasche. Die ostasiat. P. sind kieselsäurereicher als Hart-P.

Dekorieren. P. kann handbemalt, bedruckt oder mit Abziehbildern belegt werden; weitere Techniken sind Rändern, Fondspritzen sowie Stahlstich. Bei **Unterglasurdekor** können nur solche Farben verwendet werden, die die Glattbrandtemperatur vertragen (z. B. Kobaltblau, Chromgrün). Bei **Aufglasurdekor** erfolgt ein besonderer Dekorbrand (›Schmelze‹) bei 700–850 °C, bei **Inglasurdekor** bei 1000–1200 °C. Gold- und Platindekore werden entweder in Pulverform mit Flußmitteln vermischt (Poliergold) oder als organ. Edelmetallverbindung (Glanzgold) aufgetragen und eingebrannt. (BILD S. 119)

Geschichte. Heimatland des P. ist China, wo es vermutlich vom 7. Jh. an hergestellt wurde. Die Japaner übernahmen die P.-Herstellung von den Chinesen und übten sie in großem Umfang seit Beginn des 17. Jh. aus. Seit Ende des 13. Jh. gelangten Einzelstücke von chines. P. nach Europa. Versuche, P. nachzuahmen, wurden bereits um 1500 in Venedig und in der 2. Hälfte des 16. Jh. an mehreren italien. Höfen unternommen. In Dtl. machte seit 1693 E. W. v. TSCHIRNHAUS keram. Schmelzversuche mit großen Brennlinsen. Seinem Gehilfen J. F. BÖTTGER gelang es, 1706 rotes Steinzeug, 1708 weißes Hart-P. im Brennofen herzustellen. 1710 wurde die P.-Manufaktur Meißen gegründet. Neben rotem Steinzeug begann man weißes P. herzustellen. Seit den 20er Jahren des 18. Jh. wurde die Gefäßkeramik, ihre Bemalung und Vergoldung sowie die dekorative Klein- und Großbildnerei ausgebildet. Meißen behauptete jahrzehntelang seine führende Stellung, auch als andere Manufakturen in Dtl. und im Ausland P. herstellten: in Wien seit 1717, in Berlin seit 1751, in Höchst seit 1746, in Fürstenberg, Nymphenburg, Frankenthal und Ludwigsburg etwa seit der gleichen Zeit.

G. WEISS: P.-Buch ([3]1973); E. ZIMMERMANN: Die Erfindung und Frühzeit des Meissner P. (Nachdr. 1978).

Porzellan|erde, der →Kaolin.

Poseidon, zweistufige amerikan. U-Boot-Mittelstreckenrakete mit etwa 4000 km Reichweite; mit der neuesten Version P. C 3 leistungsfähigere Nachfolgerin der →Polaris.

Position, Ort eines Gestirns an der Himmelskugel (→astronomischer Ort).

Positions|astronomie, die →Astrometrie.

Positionskataloge, Bez. für →Sternkataloge, in denen die genauen Örter (Positionen) der Sterne an der Himmelskugel verzeichnet sind.

Positionslampen, an einem Schiff, Flugzeug oder einer ortsfesten Station (z. B. Boje) angebrachte, in Richtung bestimmter Winkelsektoren strahlende Lampen, die bei Dunkelheit die Fahrtrichtung und Lage eines Fahrzeuges angeben oder die azimutale Richtung eines Beobachters bezüglich der Station. (→Lichterführung)

positiv heißen alle reellen Zahlen $x \in \mathbb{R}$, für die gilt $x > 0$. Sie lassen sich als Quadrat einer reellen Zahl schreiben. – Eine Drehung heißt p., wenn sie der Drehung des Uhrzeigers entgegengesetzt ist. – **p. definit** →quadratische Form.

Positiv *das,* Photographie: beim **Schwarzweiß-P.** ein Bild, bei dem die Helligkeiten des Objekts als entsprechende Grauwerte dargestellt sind, beim **Farb-P.** ein Bild, das die Farben möglichst naturgetreu und die Helligkeiten des Objekts als entsprechende optische Dichte wiedergibt (→Kopierverfahren).

positive Logik, →Logikpegel.

Positivlacke, →Photolacke.

Positiv-Positiv-Verfahren, ein →Kopierverfahren, das von einer positiven Vorlage eine positive Kopie oder von einem Negativ ein Negativduplikat liefert.

Positron *das,* Symbol e^+, ein →Elementarteilchen aus der Gruppe der →Leptonen mit gleicher Masse und dem Betrag nach gleicher Ladung wie das Elektron, jedoch mit positivem Vorzeichen der Ladung. Das P. ist das Antiteilchen des →Elektrons. Die Existenz des P. wurde 1928 von P. A. M. DIRAC auf Grund seiner relativist. Theorie des Elektrons postuliert (→Löchertheorie), 1932 wurde es von C. D. ANDERSON in der kosm. Strahlung nachgewiesen. P. entstehen u. a. beim Zerfall bestimmter radioaktiver Atomkerne (→Betazerfall), durch →Paar-

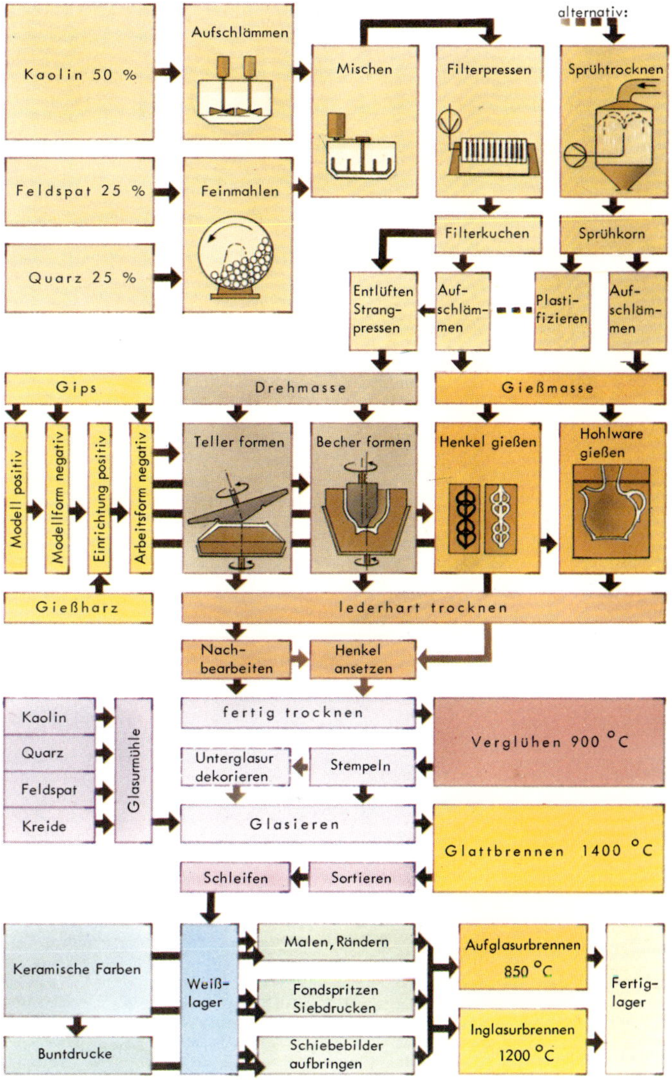

Porzellan: Schema der Herstellung

erzeugung und beim Zerfall positiv geladener → Myonen. P. können mit einem Elektron zu 2 oder 3 Gammaquanten zerstrahlen.

Positronium, Symbol **Ps,** kurzlebiges → exotisches Atom, das beim Einschuß niederenerget. Positronen in Materie aus einem Positron (e^+) und einem Hüllenelektron (e^-) entsteht. Die gleich schweren Elementarteilchen kreisen um den gemeinsamen Masse- und Ladungsschwerpunkt. Sind die Spins der beiden Teilchen parallel gerichtet, liegt das P. in einem Triplett-Zustand **(Ortho-P.)** vor, sind sie antiparallel gerichtet, in einem Singulett-Zustand **(Para-P.).** Es konnten auch negative P.-Ionen Ps^- erzeugt werden, bei denen der Komplex e^+e^- ein zusätzl. e^- analog dem negativen Wasserstoff-Ion H^- aufweist.

postvulkanisch, Bez. für Nachwirkungen vulkanischer Tätigkeiten, wie Dampf- oder Kohlendioxid-Exhalationen, Thermal- oder Mineralquellen (→ Vulkan).

Postwertzeichen-Automaten, → Münz-Wertzeichendrucker.

Potamologie, Flußkunde, Zweig der Gewässerkunde; befaßt sich mit den fließenden Gewässern (→ Fluß).

Potée, geschlämmtes Eisenoxidrot zum Polieren von Glas, Metall, Stein u. a. (→ Pyrit).

Potential, urspr. und i. e. S. eine skalare, ortsabhängige Größe $V(\mathbf{r}) = V(x, y, z)$ eines physikal. Systems, die nur von den Koordinaten (x, y, z) abhängt; $\mathbf{r} = (x, y, z)$ ist der Ortsvektor. Das P. ist eine für ein wirbelfreies Kraftfeld oder Geschwindigkeitsfeld (→ Feld) kennzeichnende Größe, deren Zu- und Abnahme in Abhängigkeit vom Ort **(P.-Gefälle)** die Feldstärken (beim **Gravitations-P., elektr. P.)** oder die Geschwindigkeiten (beim **Geschwindigkeits-P., Strömungs-P.)** bestimmt; z. B. erhält man die elektr. Feldstärke $\boldsymbol{E}$ eines elektrostat. Feldes durch Gradientenbildung aus dem elektr. P. $V(\mathbf{r})$, $\boldsymbol{E}(\mathbf{r}) = -\operatorname{grad} V(\mathbf{r})$. Das elektr. P. ist bis auf einen Faktor gleich der potentiellen Energie der Ladungseinheit; die **P.-Differenz** U zweier Feldpunkte ist die elektr. Spannung (→ Elektrizität). Ein P. kann nicht unmittelbar gemessen werden, sondern nur dann, wenn das P. eines Bezugspunktes willkürlich festgelegt wird. Flächen und Kurven, in denen das P. den gleichen Wert hat, heißen **Äquipotentialflächen** und **Äquipotentialkurven.**

I. w. S. bezeichnet man als **thermodynamische P.** best. Funktionen der Thermodynamik wie → innere Energie, → Enthalpie, → freie Energie, → freie Enthalpie u. a., aus denen durch Differentiationsprozesse die wichtigsten Zustandsgrößen wie Energie, Druck, Volumen, Entropie abgeleitet werden können. Bei Stoffgemischen wird als weitere Größe das **chemische P.** eingeführt, oder wenn geladene Teilchen vorliegen das **elektrochemische P.**

Potential|ausgleich, Schutzmaßnahme gegen → Berührungsspannungen 2), bei der der Nulleiter (Schutzleiter) der elektr. Hauptleitung mit allen metallischen Leitungssystemen im Gebäude verbunden wird.

Potentialbeschleuniger, → Linearbeschleuniger.

Potentialfunktion, harmonische Funktion, Funktion, die der → Laplaceschen Differentialgleichung $\Delta f = 0$ genügt. P. spielen in der Analysis und deren Anwendung auf die Naturwissenschaften eine große Rolle. Wichtige Eigenschaften für P., definiert auf einem Gebiet D mit Rand δD, sind u. a.: 1) P. sind unter gewissen Bedingungen für δD durch ihre Randwerte eindeutig bestimmt. 2) Der Funktionswert des Mittelpunktes Q einer Kugel $u(Q)$ einer P. läßt sich mit Hilfe der Werte von u als Oberflächenintegral darstellen **(Mittelwerteigenschaft).** 3) Eine nichtkonstante P. nimmt unter gewissen Voraussetzungen Maxima oder Minima niemals im Inneren von D an **(Maximumprinzip).** 4) Unter gewissen Voraussetzungen über den Rand δD gibt es zu einer stetigen Funktion g auf δD genau eine P., die als Randwerte die Werte von g besitzt (→ Dirichletsches Problem). 5) Eine P. ist in einer geeigneten Umgebung von $Q \in D$ durch eine Potenzreihe in n Veränderlichen darstellbar.

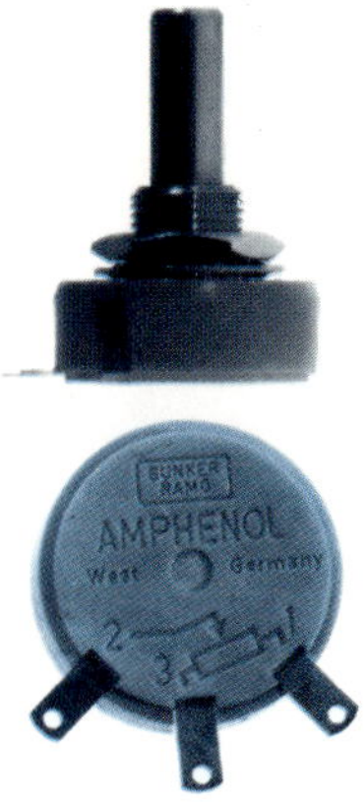

Potentiometer 1

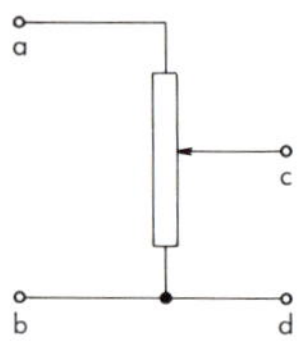

Potentiometer 2: Von einer an den Klemmen a und b angelegten Spannung erscheint zw. den Klemmen c und d eine Teilspannung, die dem abgegriffenen Widerstandsteil proportional ist

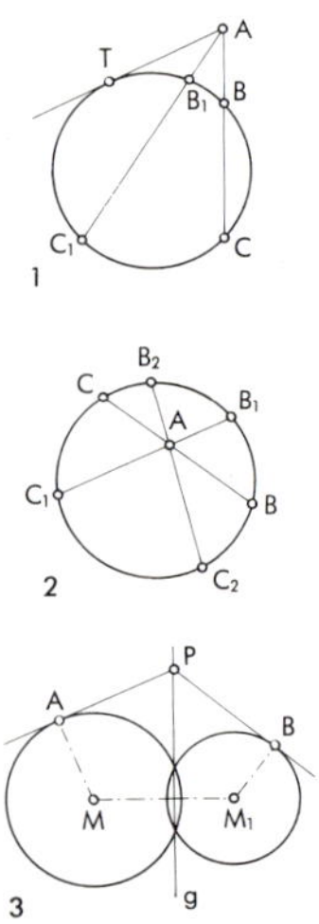

Potenz

Potenz: 1 P. des Kreises für einen außerhalb eines Kreises liegenden Punkt A; die Produkte $\overline{AB}\cdot\overline{AC}$, $\overline{AB_1}\cdot\overline{AC_1}$ sind gleich und gleich dem Quadrat der Tangente $\overline{AT}$. **2** P. des Kreises für einen innerhalb eines Kreises liegenden Punkt A; die Produkte $\overline{AB}\cdot\overline{AC}$, $\overline{AB_1}\cdot\overline{AC_1}$, $\overline{AB_2}\cdot\overline{AC_2}$ sind gleich. **3** Potenzlinie P zweier einander schneidender Kreise ist die gemeinsame Sekante; Tangenten, die von beliebigen Punkten der Potenzlinie aus an beide Kreise gelegt werden, sind gleich lang (z. B. $\overline{PA} = \overline{PB}$)

Potentialkräfte, die → konservativen Kräfte.

Potentialwall, Bez. für ein sich räumlich änderndes Potentialfeld $V(r)$, das von einem meist konstanten Wert innerhalb eines schmalen Bereiches ansteigt und dann wieder abnimmt (→ Coulomb-Wall). Ein **Potentialtopf** liegt dann vor, wenn das Potential ein Minimum durchläuft. In der Kernphysik werden Zustände von Nukleonen im Atomkern durch einen Potentialtopf beschrieben, der durch einen P. abgeschlossen wird (BILD). Der Durchgang eines Teilchens durch den P. heißt → Tunneleffekt.

Potentiometer, kurz **Poti,** stetig regelbarer elektr. → Widerstand mit einem Schleifkontakt zum Abgreifen von Teilwiderständen; ausgeführt als Schiebe- oder Drehwiderstand (BILD 1). Die Widerstandsbahn besteht aus einem auf einen Keramikkörper aufgewickelten Widerstandsdraht oder für P. kleinerer Leistung aus einer (möglichst abriebfesten) Widerstandsschicht. Als Werkstoffe werden Kohle, Kohlegemische oder → Cermet verwendet, die auf einem nichtleitenden Träger aufgebracht sind. Der Widerstandsverlauf auf der vom Schleifer abgefahrenen Bahn kann linear aber auch positiv-logarithmisch oder negativ-logarithmisch sein. P. mit positiv-logarithmischer Kennlinie werden bes. zur Lautstärkeeinstellung bei Rundfunk- und Fernsehgeräten eingesetzt. Bei Verwendung als **Spannungsteiler** (BILD 2) legt man eine Spannung an die Enden eines P., die abgegriffene Teilspannung ist dem Weg des Schleifkontaktes oder dem Drehwinkel proportional. P. sind Bauelemente v. a. in der Nachrichtentechnik, z. B. als Lautstärkeregler bei Verstärkern sowie in der Meß- und Regeltechnik, z. B. zur Fernanzeige von Winkelstellungen.

Potentiometrie, elektrochem. Methode zur Messung des Äquivalenzpunktes bei Titrationen. Es wird der Verlauf des Elektrodenpotentials in Abhängigkeit zugesetzter Maßlösung gemessen. Zur graph. Auswertung der Meßwerte nach der **Wendepunktmethode** (bei Neutralisationstitrationen) wird nach jeder Zugabe von Maßlösung das gemessene Potential aufgetragen. Der Neutralpunkt ist mit dem Wendepunkt der Kurve identisch. Bei der **Potentialschrittmethode** wird nach Zugabe von Maßlösung die aufgetretene Potentialänderung eingetragen. Im Äquivalenzpunkt hat die Kurve ein scharfes Maximum.

Potenz. a) Für eine reelle Zahl a und eine natürliche Zahl n ist die n-te P. von a, geschrieben a^n, Sprechweise a hoch n, der Wert des n-fachen Produkts von a mit sich selbst, z. B. $3^4 = 3\cdot 3\cdot 3\cdot 3$. a heißt **Basis,** n **Exponent** oder **Hochzahl.** Für $a \neq 0$ wird a^0 als 1 definiert. Für positive a und beliebige natürl. Zahlen n und m gilt allgemeiner

$$a^{-n} = \frac{1}{a^n},\; a^{n/m} = \sqrt[m]{a^n}.$$

Für reelle Zahlen r und $a>0$ wird $a^r := e^{r \ln a}$ definiert, wobei e die Eulersche Zahl bedeutet und $\ln a$ den natürl. Logarithmus von a darstellt. Es gelten die als **P.-Gesetze** bezeichneten Formeln für $a>0$, $b>0$, r, $s \in \mathbb{R}$:

a) $a^r \cdot a^s = a^{r+s}$;
b) $a^r : a^s = a^{r-s}$;
c) $(a^r)^s = a^{r\cdot s}$;
d) $a^r \cdot b^r = (a\cdot b)^r$.

b) **P. eines Punktes** A bezügl. eines Kreises K: Liegt A nicht auf der Kreislinie, so gilt für jede Gerade g durch A, die K in B und C trifft: Das Produkt der Abstände $AB\cdot AC$ ist eine Konstante $k>0$, unabhängig von der Lage von g, auch, wenn g Tangente ist, also für $B=C=T$. k ist der Absolutbetrag der P. von A bezüglich K. Die P. wird als $+k$ $(-k)$ definiert, wenn A außerhalb (innerhalb) von K liegt. Analytisch berechnet sich die P., indem man die Koordinaten (a_1, a_2) von A in die Kreisgleichung einsetzt, d. h. also $k = (a_1 - m_1)^2 + (a_2 - m_2)^2 - r^2 = 0$. Liegt A auf K, so ist die P. gleich Null.

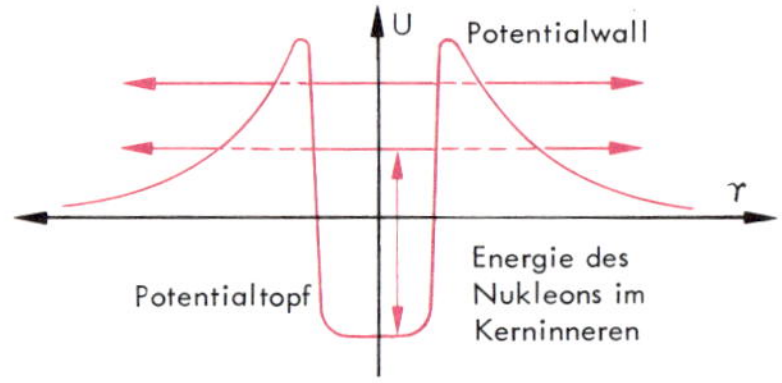

Potentialwall:
Deutung der Emission eines Nukleons durch den Tunneleffekt

Potenzlinie, Chordale, der geometr. Ort der Punkte, die gleiche → Potenz bezüglich zweier Kreise besitzen. Sie ist eine Gerade, die senkrecht auf der Verbindungsgeraden der Kreismittelpunkte steht. Die P. dreier Kreise schneiden sich in einem Punkt. Damit läßt sich die P. zweier sich nicht schneidender Kreise bestimmen. Bei sich schneidenden Kreisen ist es die Verbindungsgerade der Schnittpunkte der beiden Kreise. (BILD S. 121)

Potenzmenge, die Menge aller Teilmengen einer Menge M und man schreibt $\mathfrak{P}(M)$. Ist z. B. $M = \{1, 2\}$, so ist $\mathfrak{P}(M) = \{\emptyset, \{1\}, \{2\}, \{1, 2\}\}$ ($\emptyset$ = leere Menge).

Potenzreihe, Funktionenreihe der Form

$$c_0 + c_1 x + c_2 x^2 + \ldots,$$

deren einzelne Glieder, die **Monome** $c_i x^i$, aus dem Produkt einer Zahl c_i mit der Potenz x^i der Veränderlichen x bestehen. Z. B. lassen sich die → Winkelfunktionen auf diese Weise darstellen, auch Exponentialfunktion, Logarithmus u. a. Ist eine Funktion $f(x)$ in einer Umgebung der Stelle x_0 beliebig oft differenzierbar, läßt sie sich häufig in eine P. in $(x - x_0)$ entwickeln **(Taylor-Reihe** [t'eılə-], → Taylorscher Satz); für $x_0 = 0$ ergibt sich die → Maclaurinsche Reihe. P., in denen Glieder mit negativen Exponenten auftreten, sind die → Laurent-Reihen.

Zu jeder P. der Form $\sum_{i=0}^{\infty} c_i z^i$ ($z \in \mathbb{C}$) gibt es entweder eine nichtnegative reelle Zahl r **(Konvergenzradius),** so daß die Reihe $\sum_{i=0}^{\infty} c_i z^i$ in dem **Konvergenzradius** für alle z mit $|z| < r$ konvergiert oder $\sum_{i=0}^{\infty} c_i z^i$ konvergiert für alle z (Konvergenzradius ∞). Z. B.

a) $\sum_{i=0}^{\infty} \frac{z^i}{i!}$ konvergiert für alle $z \in \mathbb{R}$ und hat den Wert e^z.

b) $\sum_{i=0}^{\infty} \frac{(-1)^i}{(2i+1)} z^{2i+1}$ konvergiert für alle z mit $|z| \leq 1$ und stimmt dort mit arctg z überein (Konvergenzradius 1). P. definieren also innerhalb des Konvergenzbereiches $\{x| |x| < r\}$ vereinigt mit den Randpunkten, in denen die Reihe konvergiert, Funktionen f mit $f(z)$ = Wert von $\sum_{i=0}^{\infty} c_i z^i$.

Falls eine Laurent-Reihe in einem Kreis um z_0 mit Ausnahme von z_0 konvergiert, kann man aus der Anzahl der Glieder mit negativen Exponenten auf das Verhalten der durch die Reihe dargestellten Funktion f schließen. Hat die Reihe nur endlich viele solche Glieder, so liegt bei z_0 eine **Polstelle** von f vor, wenn jedoch unendlich viele solche Glieder auftreten, hat f bei z_0 eine **wesentliche Singularität** (→ singulär).

In der → Funktionentheorie sind P. eine der Grundlagen der Theorie der analyt. Funktionen.

Pott|asche, Holzasche, Kaliumcarbonat, → Kaliumverbindungen.

pound [paʊnd], Einheitenzeichen **lb,** in Großbritannien und den USA noch gebräuchl. Gewichts- und Masseneinheit des → Avoirdupois system (Handelsgewicht). Der vereinheitlichte Wert: 1 lb = 0,453 592 37 kg. (ÜBERSICHT Einheiten, angloamerikanische Einheiten)

poundal [paʊndl], Einheitenzeichen **pdl,** in Großbritannien noch gebräuchl., für ein absolutes pound-foot-System geschaffene Krafteinheit: 1 pdl ist jene Kraft, die einem Körper von der Masse 1 lb die Beschleunigung von 1 ft/s^2 erteilt; 1 pdl = 0,138 254 95 N.

pound-force [p'aʊnd fɔ:s], Einheitenzeichen **lbf,** in Großbritannien die (noch gebräuchl.) techn. Krafteinheit: 1 lbf ist jene Kraft, die einem Körper von der Masse 1 lb die → Normfallbeschleunigung erteilt; 1 lbf = 4,448 221 6 N. (ÜBERSICHT Einheiten, angloamerikanische Einheiten)

Pour Point [pɔ: pɔɪnt, engl.], → Stockpunkt.

Power-Fail-Logik [p'aʊə feɪl-, engl.], bei Computeranlagen eine Schaltung zur Sicherung der in flüchtigen Halbleiterspeichern erfaßten Daten. Damit diese bei einem Stromausfall oder Unterbrechung der Energieversorgung nicht verlorengehen, übernehmen Akkumulatoren oder Batterien die zwischenzeitl. Stromversorgung.

Poynting-Vektor [p'ɔɪntɪŋ-, n. dem brit. Physiker J. H. Poynting, * 1852, † 1914] beschreibt die Stärke der Energieströmung eines elektromagnet. Feldes je Zeiteinheit durch eine zur Strömungsrichtung senkrechte Flächeneinheit. Der P.-V. S ist das Vektorprodukt aus elektr. Feldstärke $\boldsymbol{E}$ und magnet. Feldstärke $\boldsymbol{H}$, $\boldsymbol{S} = \boldsymbol{E} \times \boldsymbol{H}$. SI-Einheit: $[S]$ = W/m^2. Der Betrag des P.-V. ist die **Energiestromdichte (elektromagnet. Leistungsdichte).**

PP, Abk. für → **Poly**propylen.

ppb, Einheitenzeichen für **parts per billion** [pɑ:ts pə b'ɪljən, engl.], → pp-Einheiten.

pp-Einheiten dienen für Konzentrationsangaben u.a. in der Chemie, **parts per million** [pɑ:ts pə m'ɪljən, engl.], Einheitenzeichen **ppm,** bedeutet 1 Teil auf 1 Mio. Teile, **parts per billion** [-b'ɪljən], Einheitenzeichen **ppb,** 1 Teil auf 1 Mrd. Teile, und **parts per trillion** [-tr'ɪljən], Einheitenzeichen **ppt,** 1 Teil auf 1 Billion Teile. Die pp-E. entsprechen nicht dem SI-System. Korrekt muß es heißen: 1 g/t an Stelle 1 ppm, 1 mg/t an Stelle 1 ppb und 1 µg/t an Stelle 1 ppt.

ppm, Einheitenzeichen für **parts per million** [pɑ:ts pə m'ɪljən, engl.], → pp-Einheiten.

PPM, Abk. für **Pulse Position Modulation** [puls pos'ɪʃn mɔdjul'eɪʃn, engl.], Impuls-Phasen-Modulation, → Modulation.

ppt, Einheitenzeichen für **parts per trillion** [pɑ:ts pə tr'ɪljən], → pp-Einheiten.

PP-Weg, Abk. für → **P**entose**p**hosphat-Weg.

Pr, chemisches Symbol für → Praseodym.

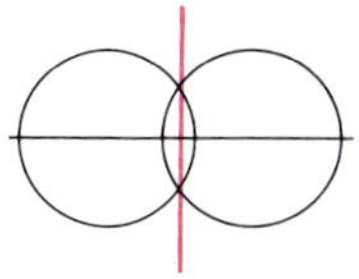

Potenzlinie

Prädikatenlogik, elementarer Bestandteil der → mathematischen Logik. In der **elementaren P.** werden i. Ggs. zur → Aussagenlogik die Aussagen nicht als Einheiten betrachtet, sondern auf ihre Subjekt-Prädikat-Struktur untersucht. Bedeutet z. B. die Aussage $U(x)$: x ist eine ungerade Zahl, so ist $U(\ )$ das **Prädikat** und x das **Subjekt;** die Aussage $U(17)$ ist wahr, die Aussage $U(18)$ falsch. Mit Hilfe von → Quantoren kann man generelle Sätze aufstellen mit der Form: ›Für jedes Ding x gilt: x hat die Eigenschaft F.‹ Beispiel: Für jede natürliche Zahl n gilt: n hat eine natürliche Zahl $n+1$ als Nachfolger, in Zeichen $\forall n \in \mathbb{N} \exists n+1 \in \mathbb{N}$. In der **höheren P.** oder **Typenlogik** werden Prädikate höherer Stufe betrachtet.

Praesepe, lat. Name des Sternhaufens → Krippe.

Prägedruck, 1) Drucktechnik: reliefbildender Druck auf Papier oder Karton, z. B. für Buchdecken, Verpackungen, Werbeartikel, Brief- und Siegelmarken, Briefköpfe. Die erhabene oder vertiefte Prägung wird mit einer gravierten oder geätzten Platte auf Buchdruckmaschinen mit oder ohne Farbübertragung oder auf Prägepressen ausgeführt (→ Blinddruck).

2) Textilveredlung: **Gaufrage** [gofr'a:ʒ, frz.], → gaufrieren.

prägen, 1) Drucktechnik: ein Druckbild durch → Prägedruck 1) herstellen; auch Druckplatten in die daraufliegende Mater mit einer **Prägepresse** abformen zum Zweck der Duplikatherstellung (Stereo oder Galvano).

2) umformende Fertigung: reliefartige Oberflächen vorwiegend auf Metallteilen durch den Druck eines zweiteiligen, formgebenden Werkzeugs herstellen. Im Unterschied zum → Hohlprägen können beim **Vollprägen** beide Werkstückseiten unterschiedl. Profilierung erhalten.

präge|polieren, vorbearbeitete Flächen mit hochglanzpolierten Werkzeugen unter starkem Druck glätten.

Präkambrium *das,* der gesamte Zeitraum (Äon) seit Entstehung der Erdkruste vor dem Kambrium, der von größerer Dauer war als alle späteren Ären zus. (die ganze spätere Erdgeschichte). Seine Ablagerungen werden als präkambrisch zusammengefaßt.

Gliederung	Ende vor etwa
	570 Mio. Jahre
Proterozoikum (Algonkium, Eozoikum)	2 600 Mio. Jahre
Kryptozoikum (Archäikum, Archäozoikum) (Azoikum)	3 600 Mio. Jahre
	4 600 Mio. Jahre

Unveränderte Reste der ersten Erstarrungskruste der Erde sind durch die ständigen exogenen und endogenen Veränderungen nicht zu erwarten. Das bisher bekannte älteste Sediment mit biolog. Kohlenstoff ist etwa 3 800 Mio. Jahre (Grönland) alt. Die obere Grenze zum Kambrium ist etwas willkürlich festgelegt, gekennzeichnet durch Schichtlücken, Diskordanzen (→ Faltungsphasen), durch den Rückgang von Stromatolithen und das Aufblühen der Metazoen mit Hartschalen oder Gerüsten, bes.

der Archaeocyathiden, ist aber keine biostratigraph. Grenze (→ Präkambrium-Kambrium-Problem). Der Mangel an biolog. Zeitmarken erfordert andere stratigraph. Arbeitsweisen als im Phanerozoikum. Die Gliederung durch große tektogenetisch-magmat. Zyklen (Schichtlücken, Diskordanzen, Metamorphosegrade) hat zu regionalen lithostratigraph. Abfolgen geführt, die nicht einfach zu parallelisieren sind, vielmehr ist die radiometr. Zeitmessung (→ Altersbestimmung) zu einem wichtigen stratigraph. Hilfsmittel geworden. Die älteste Tektogenese ist die **laurent.**, die Wende zum Proterozoikum kennzeichnet die **kenor. (algom.)**, abgeschlossen wurde das P. durch die **assynt. (cadom.) Tektogenese**, jeweils durch mehrere Zyklen und Phasen unterteilt. Kristallines P. (metamorph veränderte Magmen und Sedimente) bildet auf allen Kontinenten das Grundgebirge. P. ist in den Zentralzonen der Faltengebirge (Massive) wie in den Urkratonen (→ Kraton) weit verbreitet. Die paläogeograph. Lage der Kontinente war im P. vermutlich völlig anders als heute. Fünf große Kratone sollen sich bis zum Ende des P. herausgebildet haben: Laurasia, Fennosarmatia, Angaria, ein ostasiat. Kraton und ein Superkontinent Gondwana.

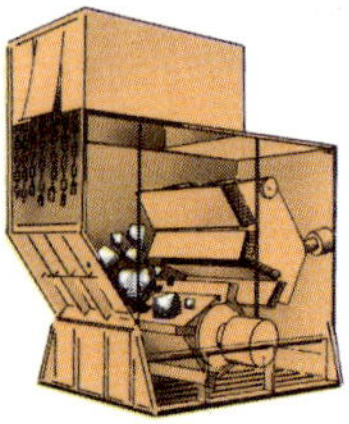
Prallbrecher

Chem. Verwitterung war in den ältesten Zeiten kaum wirksam, so daß unvollkommen aufbereitete, grauwakkenartige Ablagerungen, Fanglomerate, Arkosen die Regel sind. Besser gesonderte Klastika wie Schiefertone und Quarzite erscheinen erst im mittleren P. Karbonatgesteine treten ebenfalls erst später auf, Evaporite fehlen im P. fast ganz, Gips- und Steinsalzmetamorphosen gibt es gelegentlich im jüngeren Proterozoikum. Die einzigen weitverbreiteten chem. Ausscheidungen sind Hornsteine und Bändereisenerze (→ Itabirite). Für fehlenden freien Sauerstoff spricht weiter Transport von Fe^{2+}-Verbindungen, ferner Pyrit- und Uraninitgerölle in den Konglomeraten von Witwatersrand und Kanada. Älteste festländ. Rotgesteine treten erstmals vor etwa 1,8 Mrd. Jahren auf und deuten auf größere Anteile freien Sauerstoffs. Sie kennzeichnen mit den weitverbreiteten Stromatolithen das jüngere P. Das Klima war vermutlich über längere Zeiten kühl-feucht, eine Vegetationsdecke fehlte. Vereisungen sind durch → Tillite belegt (Kanada, Afrika).

Das P. ist reich an großen Erzlagerstätten, gebunden an granit. oder bas. Gesteine oder deren Abtragungsprodukte. In umgewandelten Sedimentgesteinen finden sich die größten Eisenerzlagerstätten der Erde (Oberer See, Labrador, Brasilien, Indien, S-Rußland). Die Hälfte der Welt-Goldproduktion stammt aus den metamorphen Konglomeraten (fossile Flußseifen) des Witwatersrand (S-Afrika). Die großen Kupferlagerstätten (Sambia, Katanga) sowie Uranerze sind an die alten Schilde gebunden. Das größte Nickelerzvorkommen (70–75% der Weltproduktion) wird aus bas. Gesteinen bei Sudbury (Kanada) abgebaut.

Als älteste Lebensspuren gelten kohlige Reste im 3,8 Mrd. Jahre alten Isua-Konglomerat Grönlands, als älteste Fossilien mehr als 3,1–3,2 Mrd. Jahre alte kugelige organismenähnliche Gebilde aus S-Afrika. Erste Blaualgen und Bakterien erscheinen vor etwa 2,6 Mrd. Jahren (erste Photosynthese). Bei der Bildung vieler sedimentärer Erzlagerstätten haben vermutlich Bakterien mitgewirkt. Nachgewiesene Reste von Aminosäuren in Sedimenten heißen Chemofossilien. Kohlige Substanz in Geröllen der südafrikan. Witwatersrandserie (2,6 Mrd. Jahre) sowie ähnlich alte pyritisierte Mikrostrukturen Nordamerikas sind möglicherweise organ. Ursprungs. Kohlige Flöze gibt es im Bayer. Wald, Nordamerika und bes. in Karelien (→ Schungit). Während alle organ. Reste älter als 2 Mrd. Jahre auf prokaryonte (›kernlose‹) Organismen zurückgeführt werden, kennt man aus den jüngeren Ablagerungen die vermutlich ältesten eukaryonten (›kernbesitzenden‹, rd. 1,9 Mrd. Jahre). Reichhaltigere Mikroflora sowie tier. Lebewesen treten erst im → Proterozoikum auf.

Präkambrium-Kambrium-Problem, der überraschend einsetzende Fossilreichtum am Beginn des Kambriums mit Vertretern praktisch aller Stämme der Wirbellosen gegenüber den fossilarmen präkambr. Schichten ist bis heute noch nicht ausreichend erklärt.

praktische Mathematik, Teilgebiet der Mathematik, das sich mit der Lösung mathemat. Aufgaben durch numer. (→ numerische Mathematik) und zeichner. (→ Nomographie) Methoden befaßt.

Prallbrecher, Prallmühle, Maschine zur Zerkleinerung grober bis mittelgrober Rohstoffe durch Schlagwirkung rotierender Pralleisten und durch Aufprall gegen elastisch aufgehängte Prallplatten.

Prallhang, Prall|ufer, der steile, äußere Talhang einer Flußkrümmung, gegen den die Hauptströmung des Wassers gerichtet ist und der deshalb dauernd angegriffen wird (→ Mäander).

Prallhöhe, von einem Luftballon oder Luftschiff erreichte Höhe, in der der am Erdboden nur teilweise mit Traggas gefüllte Körper infolge der Ausdehnung des Gases prall gefüllt ist. Die P. hängt ab von Luftdruck, Temperatur und Art des Füllgases.

Prandtl-Rohr, Prandtlsches Staurohr [n. dem dt. Physiker L. Prandtl, * 1875, † 1953], → Staurohr.

Prandtlsche Regeln, Ähnlichkeitsregeln, die einen Vergleich kompressibler, von einer Parallelströmung wenig abweichender Unterschallströmungen mit inkompressiblen Strömungen ermöglichen. Z. B. können Unterschallströmungen um schlanke Körper (flache Tragflügel) aus bekannten inkompressiblen Strömungen berechnet werden.

Prandtl-Zahl, Formelzeichen *Pr,* das Verhältnis von der in einer Strömung erzeugten Reibungswärme zur fortgeleiteten Wärme, $Pr = \nu/a = \eta c_p/\lambda$ (ν = kinemat. Viskosität = η/ϱ, η = dynam. Viskosität, ϱ = Dichte, a = Temperaturleitfähigkeit = $\lambda/\varrho c_p$, λ = Wärmeleitfähigkeit, c_p = spezif. Wärmekapazität bei konstantem Druck p). Die P.-Z. ist eine dimensionslose Größe, durch die die therm. Ähnlichkeit von Strömungen gekennzeichnet werden kann. Bei idealen Gasen ist sie unabhängig von Druck und Temperatur.

präparative Chemie, Teilgebiet der Chemie, befaßt sich mit der Herstellung von chem. Verbindungen in chem. Laboratorien im kleinen Maßstab (Grammengen), durch Synthese aus den Elementen oder aus einfachen Verbindungen durch Veränderung vorhandener Stoffe oder Isolierung aus natürl. Rohstoffen; wichtig in der chem. Grundlagenforschung. – Ggs.: **techn. Chemie.**

Prasem *der,* Mineral, durch eingelagerte Strahlsteinnadeln lauchgrün gefärbter Quarz **(Smaragdquarz);** Schmuckstein.

Präsenzfilter, Elektroakustik: schmalbandiger elektr. Filter im Bereich von etwa 1 bis 5 kHz. Der P. dient in elektroakust. Anlagen zum Hervorheben des Frequenzbereiches, der bes. für eine deutliche Sprachwiedergabe von Bedeutung ist.

Praseodym, chem. Symbol **Pr,** ein → chemisches Element aus der Gruppe der → Lanthanoide; Ordnungszahl

59. Neben dem natürl. ^{141}Pr sind rd. 20 weitere, künstlich hergestellte instabile Isotope bekannt. P. ist ein silberglänzendes, relativ unedles Metall. In seinen Verbindungen hat es die Oxidationsstufe + 3, seltener + 4. Die Pr^{3+}-Salze sind grün gefärbt. **P.-Verbindungen** werden zum Färben von Gläsern und für Unterglasurfarben verwendet. P. wurde erstmalig 1885 von AUER VON WELSBACH aus Didymverbindungen isoliert.

Prasiolith *der,* Mineral, Handelsname für durch Brennen grün gewordenen Amethyst, bes. von Minas Gerais.

Prasopal *der,* Mineral, durch Nickel grün gefärbter Opal.

Präzession, 1) Astronomie: Verlagerung der Rotationsachse der Erde v. a. auf Grund des von Sonne und Mond auf die abgeplattete Erde ausgeübten Drehmoments **(Lunisolar-P.).** Entsprechend dem Kreiselverhalten bewegt sich dadurch die Erdachse auf einem Kegelmantel um den Pol der Ekliptik in rechtläufiger Drehung. Der halbe Öffnungswinkel des P.-Kegels ist gleich der Schiefe der Ekliptik (23°27′). Ein voller Umlauf dauert etwa 25 700 Jahre **(Platon. Jahr).** Der P. überlagert ist eine period. Schwankung von etwa 19 Jahren, die Nutation. Auf Grund der Nutation beschreibt die Rotationsachse der Erde keinen glatten, sondern einen gewellten P.-Kegel (BILD). Die Einwirkung der Planeten auf die Erde bewirkt außerdem die **Planeten-P.**, die zur Folge hat, daß sich die Schiefe der Ekliptik ändert und dadurch der → Frühlingspunkt jährlich um 0,12″ in Richtung wachsender Rektaszension verschoben wird. Lunisolar- und Planeten-P. ergeben zus. die **allg. P.**, die bewirkt, daß der Frühlingspunkt auf der Ekliptik jährlich um 50,26″ zurückläuft. – Durch die P. verschiebt sich auch die Lage der Himmelspole. Dadurch kann jeder Stern → Polarstern werden, der um den Betrag der Schiefe der Ekliptik von deren Pol entfernt ist. – Die P. wurde um 150 v. Chr. von HIPPARCH entdeckt.

2) Mechanik: a) **reguläre P.**, die allg. Bewegung des kräftefreien symmetr. → Kreisels, bei der die Figurenachse des Kreisels um die raumfeste Drehimpulsachse den **P.-Kegel** beschreibt. Zuweilen wird diese Bewegung auch **Nutation,** der P.-Kegel auch **Nutationskegel** genannt.

b) **pseudoreguläre P.**, die allg. Bewegung des rasch rotierenden schweren symmetr. Kreisels, die sich von der regulären P. nur durch kleine überlagerte → Nutationen 2) unterscheidet. Bei geeigneten Anfangsbedingungen kann der schwere symmetr. Kreisel auch eine reguläre P. durchführen.

Präzipitat *das* oder *der,* früher für chem. → Niederschlag 1); Bez. für → Quecksilberverbindungen.

Präzipitation, Niederschlagsbildung aus einem tox. Antikörper und einem lösl. Antigen; es entsteht ein unlösl. inaktiver Antigen-Antikörper-Komplex. (→ Fällung)

P-Regler, Abk. für **Proportional-Regler,** stetiger → Regler, der ein der → Regelabweichung proportionales Stellsignal (→ Stellgröße) bildet. Ein P-R. kann nur wirksam sein, solange eine Regelabweichung vorhanden ist, was ein völliges Ausregeln konstanter Störungen und ein exaktes Erreichen des → Sollwerts ausschließt (bleibende → Regelabweichung). Hauptanwendungsgebiet für den P-R. sind → Regelstrecken mit integralem Verhalten (Strecken ›ohne Ausgleich‹).

Pregnan, einfacher, gesättigter Steroidkohlenwasserstoff, $C_{21}H_{36}$, Grundbaustein der Gelbkörper- und Nebennierenrinden-Hormone.

Prehnit [n. dem niederländ. Oberst Prehn] *der,* Mineral $Ca_2Al[(OH)_2|AlSi_3O_{10}]$, farblos, weiß, grünlich; H. 6–6,5, D. 2,8–3,0; Kristalle tafelig, säulig, oft gekrümmt und zu fächerartigen oder kugeligen Aggregaten vereinigt; häufig Pseudomorphosen bildend; kommt gesteinsbildend oder in Hohlräumen von basischen Magmatiten sowie in kristallinen Schiefern vor.

Prellbock, Gleisabschluß zum Auffangen von Fahrzeugen.

Prellen, Elektronik: unerwünschte Erscheinung bei Relais und anderen mechan. Schaltkontakten. Durch Federwirkung der Schaltstücke kommt es beim Einschaltvorgang zu ein- oder mehrmaligem kurzzeitigen Öffnen und Schließen des Kontaktes, bevor der Stromkreis endgültig geschlossen ist. Dieser Vorgang kann bei der Ansteuerung elektron. Schaltkreise (insbes. digitaler Baugruppen) zur Erzeugung ungewollter Impulse und somit zu fehlerhaftem Verhalten führen. Durch konstruktive Maßnahmen und/oder Nachschaltung von elektron. Schaltungen (z. B. monostabile Kippschaltung, Integrierglied) kann das P. vermieden werden.

Preßbeton, Feinbeton (Größtkorn < 7 mm), der mit Hilfe von Druckluft im flüssigen Zustand in Hohlräume oder zw. die Schalungen gepreßt wird.

Presse, Maschine, die durch das Aufbringen von Druckkräften Anpreß-, Umform- oder Trennvorgänge bewirkt. Ein Gestell enthält den festen oder bewegl. P.-Tisch und den in Führungen bewegl. P.-Schlitten (Stößel), die jeweils Ober- und Unterwerkzeug (Gesenk, Matrize) aufnehmen. P. werden als **Ständer-P.** oder **Säulen-P.** gebaut.

Mechanische P. (Antrieb durch Schwungmasse und mechan. Getriebe) sind: **Kurbel-P., Exzenter-P., Kniehebel-P., Spindel-P., Reibspindel-** oder **Friktions-P.**

Hydraulische oder Kolben-P. (Antrieb über Kolben und Zylinder; Medien: Wasser, Öl, Luft, Dampf) sind einfach- und mehrfachwirkend. Zur Massivumformung dienen: **Schmiede-P.** zum Freiform- oder Gesenkschmieden; **Präge-P.; Strang-P.** zum Herstellen von Profilen durch Pressen des Werkstoffs durch eine profilierte Düse; **Fließ-P.** z. B. zum Tubenpressen; **Richt-P.** zum Richten von Maschinenteilen, z. B. Wellen. In der Blechbearbeitung werden verwendet: **Tiefzieh-P.; Streckzieh-P.; Abkant-P.** zum Abkanten und Biegen von Blechen.

In der Kunststofftechnik dienen P. zum Herstellen von meist duroplast. Formteilen und Halbzeugen. Zum

Präzession 1): P. und Nutation

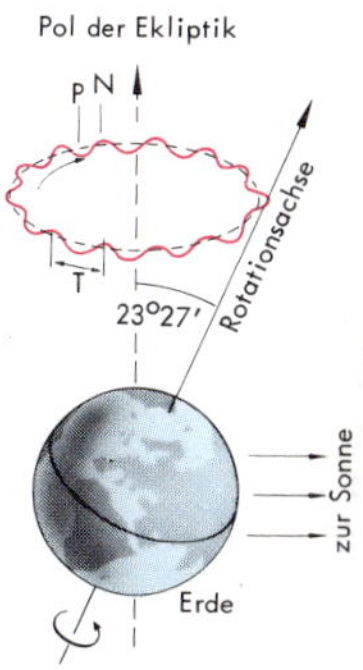

P = Präzession
N = Nutation
T = Nutations-Schwankung

Presse 1

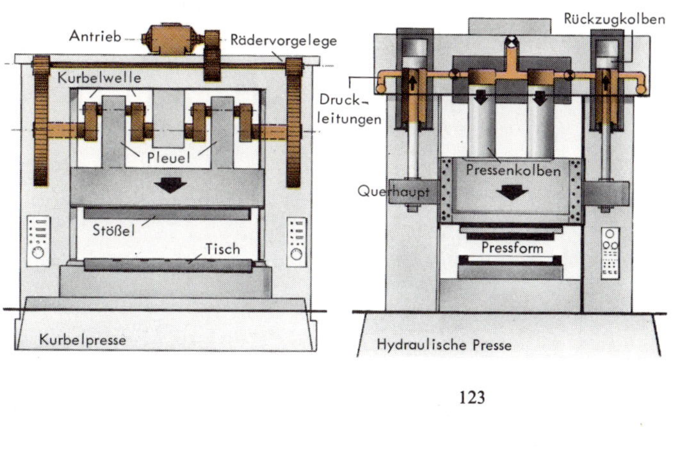

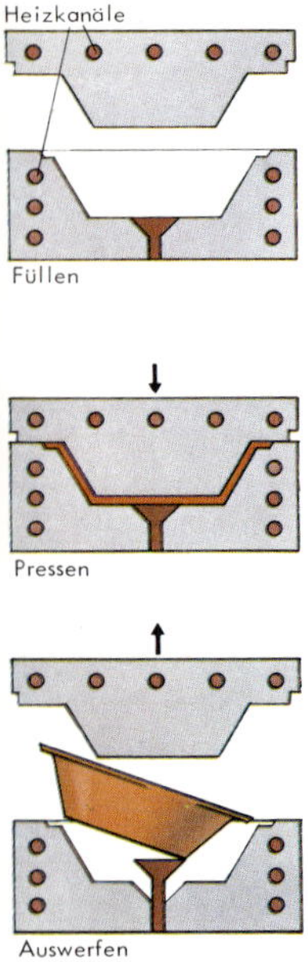

Presse 2:
Pressen in der Kunststofftechnik

Pressen von Formteilen aus härtbaren Formmassen sind Stempel und Gesenk der Form beheizt und fest auf den Tischen der P. montiert. Schichtpreßstofftafeln werden oft auf Etagen-P. (mit mehreren Preßplatten übereinander) hergestellt. Maschinentechnisch rechnet man auch Spritzgießmaschinen (→ Spritzgießen 1) zu den P.

In der Holzverarbeitung verwendet man heizbare P. zur Formgebung von Sperrholzteilen u. a., **Furnier-P.** und **Verleim-P.** – Weitere P. dienen z. B. als **Brikett-P.**, **Pack-P.**, **Schrott-P.**, **Frucht-P.**, **Buchbinder-P.**, **Drukker-P.**, **Tiegeldruck-P.**

Preßglas, Sammelbegriff für Glasgegenstände, die durch Pressen zähflüssiger Glasmasse in Formen erzeugt wurden. Beispiele: Haushaltswaren und Schmuckartikel (oft mit Schliffnachahmung), Glasbausteine, Prismen- und Linsenrohlinge **(Preßlinge).**

Preßholz, durch hohe Drücke (bis 400 bar) bei hohen Temperaturen (bis 180 °C) quer zur Faserrichtung verdichtetes Holz, das infolge der zusammengedrückten Zellhohlräume eine erhöhte Dichte (1,1–1,45 g/cm^3) und entsprechend erhöhte Festigkeit hat. **Preßvollholz** wird v. a. aus zerstreutporigen Laubhölzern (Buche, Birke, Ahorn, Pappel, Persimmon) hergestellt. Beim **Preßlagenholz** unterscheidet man nach dem Aufbau **Preßschichtholz, Preßsperrholz** und **Preßsternholz** (→ Lagenholz). **Kunstharz-Preßlagenholz** (mit oft 25–75 Lagen je cm Plattendicke) enthält mindestens 8% Phenolharz. Anwendungsgebiete: Bautechnik, Möbelbau, Malerei, spezielle Bereiche des Maschinenbaus (Webschütze, Zahnräder).

Preßluft, veraltet für → Druckluft.

Preßluft|atmer, Behältergeräte, frei tragbare → Atemschutzgeräte (BILD), in denen der Atemluftvorrat in einem Behälter unter Druck gespeichert mitgeführt und dem Geräteträger dosiert und mit reduziertem Druck zugeführt wird. Die ausgeatmete Luft kann ins Freie entweichen (offener Kreislauf). Übliche Zweiflaschengeräte mit einem Luftvorrat von 1600 l haben 30–45 min Gebrauchsdauer.

Preßmassen, veraltet für härtbare → Formmassen.

Preßsintern, ein → Sintern unter Druck. Thermoplast., aber nicht spritzgießbare Kunststoffe, z. B. Polytetrafluoräthylen, werden als Pulver kalt in einer Form gepreßt und bei hoher Temperatur zu Halbzeug oder einfachen Formteilen gesintert.

Prestel, Name des → Bildschirmtextes der brit. Post.

Preventer, Hochdruckabsperrvorrichtung an Bohranlagen für Erdöl- und Erdgasbohrungen zur Vermeidung von Gasausbrüchen (→ Bohrlochabsperrvorrichtung).

Pricke, dünner Baum oder Ast mit Zweigen, der als Schiffahrtszeichen in den Grund gesteckt wird.

Priel *der,* Nebenwasserlauf im → Watt, verästelt sich landeinwärts.

prim, → Primelement.

primär, in der Chemie Abk. **prim., p.** In **p. Salzen** ist nur ein Wasserstoffatom einer mehrbasigen → Säure durch Metall ersetzt. – In der organ. Chemie ist in **p. Verbindungen** der Substituent an ein Kohlenstoffatom gebunden, das höchstens mit einem weiteren Kohlenstoffatom direkt verbunden ist. (→ Amine)

Primär|element, svw. → galvanisches Element.

Primär|energie, Energieinhalt der natürl. Energieträger, z. B. der fossilen Brennstoffe Kohle, Erdöl, Erdgas, des Urans (als Ausgangsstoff für die Kernspaltung) sowie der regenerativen (sich ständig erneuernden) Energiequellen Sonnenstrahlung, Wind, Wasserkraft, Gezeiten, Wellen, Erdwärme, Vegetation (z. B. Holz). Aus P. durch Energieumwandlung gewonnene Wärme, mechan. Arbeit oder elektr. Energie wird als **Sekundärenergie** bezeichnet.

Primärspannung, → Primärwicklung.

Primärstrom, → Primärwicklung.

Primärstruktur, Makromolekülen zugrunde liegende Sequenz der Monomeren, bes. die biologisch festgelegte Sequenz der durch → Peptidbindungen verknüpften Aminosäuren in Peptiden und Proteinen, durch die wahrscheinlich auch räuml. Struktur und biolog. Funktion geprägt werden. (→ Eiweiße)

Primärtektogenese, → Oszillationstheorie.

Primärvalenzen, Farbmetrik: jeweils drei linear unabhängige → Farbvalenzen, aus denen alle anderen Farbvalenzen durch additive Farbmischung erzeugt werden können. Geometrisch gesehen sind die P. die Basisvektoren des → Farbenraumes (→ Farbgleichung). Im heute praktisch wichtigsten Farbsystem **(Normvalenzsystem)** werden die P. als → Normvalenzen *X, Y, Z* bezeichnet. Es sind virtuelle, also nicht darstellbare Farben, die mit den reellen P. des RGB-(Rot-Grün-Blau-)Systems in linearer Beziehung stehen. (BILD Farbtafel)

Primärverfahren, → Erdöl.

Primärwicklung, Wicklung, von der elektr. Leistung aufgenommen wird, z. B. bei einem Transformator die dem Netz oder dem Generator zugewandte Seite. Die an dieser Wicklung anliegende Spannung wird **Primärspannung,** der durch sie fließende Strom **Primärstrom** genannt. Bei einem Synchron- oder Asynchronmotor (→ Elektromotor) ist dies meist die Ständerwicklung.

Primärzellen, nicht wiederaufladbare → Batterien, deren elektrochem. Reaktionen nur in einer Richtung verlaufen (galvan. Elemente); Ggs.: → Sekundärzellen.

Prim|element, Bez. für ein Element $p \neq 0$ eines → Integritätsbereichs *I,* wenn gilt: Ist p Teiler eines Produktes $a \cdot b$, ist p Teiler von a oder Teiler von b. $a \neq 0$ und $b \neq 0$ heißen **relativ prim** oder **teilerfremd,** wenn ihr größter gemeinsamer Teiler 1 ist.

Primfaktor, Primzahlen, aus denen eine Nichtprimzahl multiplikativ gebildet wird (→ Faktorzerlegung).

primitive Funktion, die Stammfunktion, → Integralrechnung.

primitive Wurzel. 1) Eine komplexe Zahl z ist **primitive n-te Einheitswurzel,** wenn $z^n = 1$, aber $z^i \neq 1$ für $i = 1, \ldots n-1$. – 2) Eine Zahl g heißt **p. W. einer Primzahl** p oder **primitive Kongruenzwurzel,** wenn g^{p-1} bei Division durch p den Rest 1 läßt; z. B. ist 2 p. W. von $p = 13$, denn $2^{12}:13$ ergibt den Rest 1. Zu jeder Primzahl gibt es eine p. W.

Primitivgitter, die → Bravais-Gitter.

Primitivität, → Bravais-Gitter.

primordiale Nuklide, bei der Elementsynthese (→ Sternentwicklung) entstandene natürlich radioaktive Kerne, die infolge ihrer langen Halbwertszeit bis heute überlebt haben. Die schwersten dieser p. N. sind die Uranisotope ^{235}U (Halbwertszeit $\approx 7{,}04 \cdot 10^8$a) und ^{238}U ($\approx 4{,}47 \cdot 10^9$a).

Primzahl, natürl. Zahl $p \neq 1$, die nur durch 1 und sich selbst teilbar ist. Es gibt unendlich viele P. Das wurde bereits von EUKLID nachgewiesen: Hat man bereits n P. $p_1, \ldots, p_n$, so ist der kleinste Teiler von $z = p_1 \cdot p_2 \cdot \ldots \cdot p_n + 1$ eine von diesen verschiedene P. Die P. sind die ›Bausteine‹ der multiplikativen Struktur der Menge $\mathbb{Z}$ der ganzen Zahlen, denn jede natürl. Zahl n ist, bis auf die Reihenfolge der Faktoren, eindeutig als Produkt von P.-Potenzen darstellbar (Fundamentalsatz der elementaren Zahlentheorie). Beispiel: $4200 = 2^3 \cdot 3^1 \cdot 5^2 \cdot 7^1$. Mit Hilfe dieser Darstellung ist z. B. sofort der größte gemeinsame Teiler oder das kleinste gemeisame Vielfache einer endlichen Anzahl von natürl. Zahlen anzugeben. Die derzeit größte bekannte P. ist $2^{44497} - 1$, sie hat 13395 Stellen. Die Verteilung der P. in der Menge aller natürl. Zahlen wird durch das → Sieb des Erathostenes angegeben. Durch dieses Verfahren erhält man im Prinzip alle P., die kleiner sind als eine vorgegebene Zahl x, ihre Anzahl ist eine Funktion von x und wird mit $\pi(x)$ bezeichnet. Könnte man $\pi(x)$ exakt angeben, wäre sehr viel über die Verteilung der P. bekannt. Der **P.-Satz,** schon von C. F. GAUSS vermutet, aber erst Ende des 19. Jh. von J. S. HADAMARD und DE LA VALLÉE-POUSSIN bewiesen, besagt:

$$\lim_{x \to \infty} \frac{\pi(x) \ln x}{x} = 1,$$

d. h. $\pi(x)$ verhält sich für große x ungefähr wie $x/\ln x$. Die Untersuchungen über den Fehler, der begangen wird, wenn $\pi(x)$ durch diese Funktionen approximiert wird, sind noch nicht abgeschlossen. Es gibt noch viele offene Probleme im Zusammenhang mit P., z. B. die → Goldbachsche Vermutung. Begriffe, Methoden und Ergebnisse der Zahlentheorie von $\mathbb{Z}$, die im Zusammenhang mit P. entwickelt und gewonnen wurden, waren vielfach Ausgangspunkte für allg. Untersuchungen z. B. in der algebraischen Zahlentheorie oder Algebra, in Bewertungstheorie, Idealtheorie.

D. ZAIGER: Die ersten 50 Millionen P. (1977).

Primzahlzwillinge, zwei → Primzahlen mit der Differenz 2. Beispiele: 5, 7; 11, 13; 29, 31. Es ist noch unbekannt, ob es unendlich viele P. gibt.

Prinzip der geradesten Bahn, das → Hertzsche Prinzip.

Prinzip der kleinsten Verrückungen, Prinzip der kleinsten potentiellen Energie, Prinzip der virtuellen Verrückungen der Elastizitätstheorie, Extremalprinzip der Elastizitätstheorie, nach dem sich in einem elastisch deformierten Körper bei vorgegebenen Randbedingungen die miteinander gekoppelten Teilchen im Gleichgewicht so einstellen, daß für die wirklich eintretenden Verrückungen die potentielle Energie ein Minimum annimmt.

Prinzip der kleinsten Wirkung, 1) das → Hamiltonsche Prinzip (der kleinsten Wirkung), 2) das → Maupertuissche Prinzip (der kleinsten Wirkung).

Prinzip der virtuellen Arbeit, Prinzip der virtuellen Verrückungen (Verschiebungen), ein → Extremalprinzip der Mechanik: Befindet sich ein mechan. System (bestehend aus vielen, miteinander gekoppelten Massenpunkten) im Gleichgewicht, so leisten die bei einer → virtuellen Verrückung angreifenden Kräfte keine Arbeit. – Diese Aussage ist eine direkte Folge des Postulats, daß es grundsätzlich kein Perpetuum mobile 1. Art geben kann. Eine Weiterentwicklung stellt das → Alembertsche Prinzip dar, das durch Einführung der Trägheitskräfte das P. d. v. A. auf dynam. Probleme erweitert.

Prinzip des kleinsten Zwangs, 1) das → Gaußsche Prinzip (des kleinsten Zwangs), 2) das → Le Chateliersche Prinzip.

Prinzipi|en der Mechanik und der Optik, → Extremalprinzipien.

Prinzip vom ausgeschlossenen Dritten, in der Logik der Grundsatz, daß eine Eigenschaft einem Gegenstand stets entweder zugesprochen oder abgesprochen werden kann, ein Drittes gibt es nicht (tertium non datur), formallogisch ›A oder nicht A‹, in Zeichen $A \vee \neg A$.

Prinzip von Kraft und Gegenkraft, das → Reaktionsprinzip.

Prioritäts|streit, die Auseinandersetzung zw. I. NEWTON und G. W. LEIBNIZ um die Entwicklung der Infinitesimalrechnung. Die Originalhandschriften und -briefe von Leibniz ergeben eindeutig, daß Leibniz unabhängig von Newton die Infinitesimalrechnung entwikkelte.

Prisma *das,* **1)** Kristallographie: offene Kristallformen, die in der monoklin-prismatischen (allg. Form, → Kristall, TAFEL I, BILD E 5) und allen rhombischen Kristallklassen als vierseitige, in tetragonalen als vier- und/oder achtseitige und in hexagonalen als drei- und/oder sechsseitige auftreten, wobei im einzelnen noch solche in versch. Stellungen zum jeweiligen Achsenkreuz zu unterscheiden sind. Gemeinsam ist allen P., daß ihre Flächen jeweils einer Richtung parallel laufen.

2) Mathematik: ein Körper, begrenzt von zwei parallelen kongruenten n-Ecken (Grund- und Deckfläche) und von n Parallelogrammen (Seitenflächen).

3) Optik: Körper aus lichtdurchlässigem und lichtbrechendem Stoff, der von mindestens zwei sich schneidenden Ebenen begrenzt ist. Die Schnittkante dieser Ebenen heißt **brechende Kante.** Der Winkel γ an der brechenden Kante ist der **Prismenwinkel (brechender Winkel).** Ein im Einfallswinkel α auftreffender Lichtstrahl wird aus seiner urspr. Richtung um den **Ablenkwinkel** β des P. abgelenkt (BILD 1). Ein Lichtbündel wird durch ein P. infolge Brechung und → Dispersion 2) spektral zerlegt (BILD 2). Nach Wirkungsweise und Anwendung unterscheidet man **Dispersions-** oder **Refraktions-P.** zur spektralen Zerlegung des Lichts, **Reflexions-P.** zur Richtungsänderung abbildender Strahlen und zur Bilddrehung unter Ausnutzung von Totalreflexion oder mit Hilfe einer Spiegelschicht auf einer der P.-Flächen. Einfachster Fall ist das **Dreikant-P.** Durch Kombination von P. versch. Glasarten erhält man **achromat. P. (Ablenk-P.,** d. h. ohne spektrale Zerlegung, aber mit korrigiertem Farbfehler) und **Geradsicht-P.** (spektrale Zerlegung ohne Ablenkung des Schwerpunktstrahls, BILD 3). Weitere P. und P.-Sätze ermöglichen best. Ablenkungen mit Reflexion, Bilddrehungen mit und ohne Ablenkung, Bildumkehr (wie der Porrosche Prismensatz, der im Prinzip eine Kombination aus vier rechtwinkligen P. ist), Versetzung der optischen Achse u. dgl. → Polarisationsprismen aus doppelbrechenden Materialien (Kalkspat, kristalliner Quarz) dienen zur Zerlegung unpolarisierten Lichts in zwei senkrecht zueinander linear polarisierte Teilstrahlen.

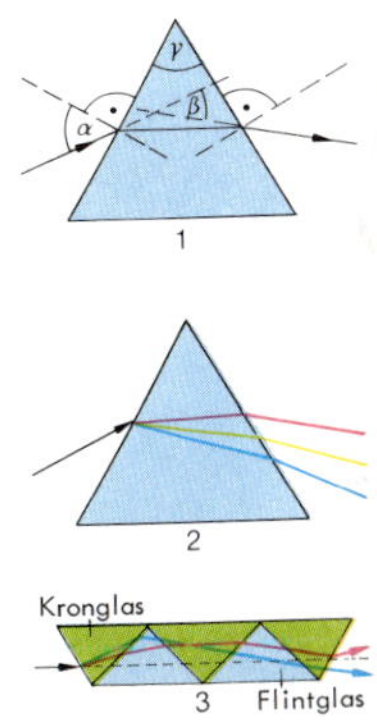

Prisma 3)

Prismen|astrolab(ium) *das,* sehr genau arbeitendes Winkelmeßinstrument zur Bestimmung von Sterndurchgängen durch einen best. Höhenkreis. Das P. besteht aus einem waagerecht liegenden Fernrohr (BILD), vor dessen Objektiv sich ein gleichseitiges Prisma befindet, und einem davor aufgestellten Quecksilberhorizont. Durch diesen und das Prisma werden die von einem Gestirn kommenden Lichtstrahlen so reflektiert, daß im Fernrohr zwei

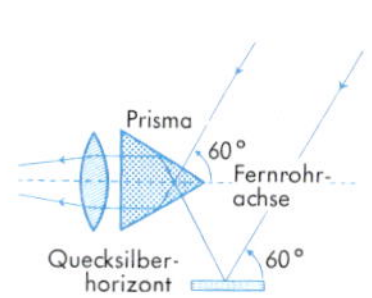

Prismenastrolab(ium)

Bilder des Sterns entstehen. Die Koinzidenz beider Bilder bestimmt den Zeitpunkt, in dem die Höhe des Gestirns genau 60° ist.

Prismenglas, ein → Fernrohr.

Prismen|instrumente, Vermessungskunde: einfache opt. Geräte zum Abstecken von Winkeln im Gelände, beruhen auf der mehrfachen Ablenkung des in ein Glasprima einfallenden Lichtstrahls durch Brechung und Reflexion. Zum Absetzen rechter Winkel und Einrichten in eine Gerade dient das → Winkelprisma.

Prismenkamera, Verbindung eines astronom. Fernrohres mit einem Spektralapparat zu photograph. Aufzeichnungen von Sternspektren.

Prismenspektrograph, Prismenspektrometer, → Spektralapparate.

Probe, Verfahren zum Nachweis der Richtigkeit einer Rechnung, → Elferprobe, → Neunerprobe.

Probedruck, der → Andruck 1).

Probekörper, 1) Bauwesen: Prüfkörper aus Baustoffen, meist in festgelegten Abmessungen hergestellt, zur versuchsmäßigen Bestimmung der Eigenschaften.

2) Physik: Körper zur Bestimmung der Stärke eines Feldes. Ein idealer P. sollte z. B. zur Ausmessung des elektr. Feldes eine **Punktladung,** zu der des Gravitationsfeldes eine **Punktmasse** sein und das Feld selbst nicht verändern.

Probenahme, die Entnahme einer Probe aus Lagerstätten, Rohstofflagern und -lieferungen u. ä. Diese Teilmenge soll dem Durchschnitt der ganzen Menge oder eines best. Anteils entsprechen. Die ermittelten Merkmale sind Grundlage der Beurteilung der Gesamtmenge.

Probierglas, das → Reagenzglas.

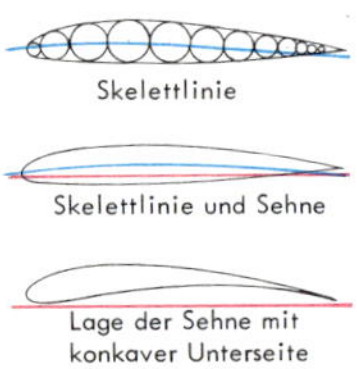

Profil 7) 1: Bezugslinien am P.

Probierkunst, Dokimasie, Edelmetallverarbeitung: Verfahren zur schnellen Bestimmung einzelner Bestandteile in Erzen, Zwischen- und Enderzeugnissen; i. a. ein Versuchsschmelzen in kleinem Maßstab, um von dem erhaltenen Ausbringen auf den Metallgehalt und den Wert des Erzes zu schließen. Die P. umfaßt trockene, nasse und elektrolyt. Methoden. Die Schmelzproben auf Gold und Silber gehören zu den genauesten Bestimmungsmethoden für diese Metalle, viele andere sind für den prakt. Betrieb ausreichend genau. – Die P., schon im Altertum angewandt, ist Vorläufer der chem. Analyse.

Probierstein, schwarzer → Kieselschiefer.

Process Design [pr'əuses dız'aın, engl.], Planung verfahrenstechn. Anlagen. Beim P. D., das sich an eine → Feasibility-Studie anschließt, werden u. a. die optimalen Betriebsbedingungen (z. B. Druck, Temperatur) sowie Art und Dimensionierung von Apparaten festgelegt.

Proctor-Dichte [n. dem amerikan. Bauingenieur R. R. Proctor, † 1962], Erdbau: die höchste Dichte, die eine Bodenprobe durch eine festgelegte Verdichtungsarbeit in einem genormten Gefäß bei ihrem günstigsten Wassergehalt erreicht. Die P.-D. wird durch den **Proctor-Versuch** ermittelt.

Produkt, Mathematik: Ergebnis der → Multiplikation; auch Bez. für den Ausdruck $a \cdot b$, wobei die **Faktoren** $a \cdot b$ z. B. Zahlen, Vektoren (→ Skalarprodukt, → Vektorprodukt), → Abbildungen, Mengen (→ kartesisches Produkt), Matrizen (→ Matrix 2), → Permutationen oder Gruppen (→ direktes Produkt) sein können.

Das P. $\prod_{i=1}^{n} a_i$ mit $a_i = a_1, \ldots, a_n$ wird rekursiv als

$$\prod_{i=1}^{n} a_i := \left(\prod_{i=1}^{n-1} a_i\right) \cdot a_n$$

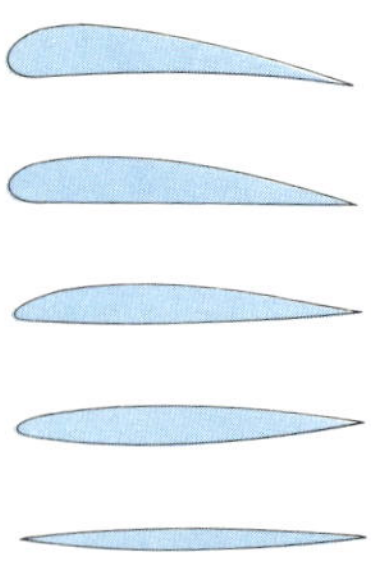

Profil 7) 2: Tragflächenprofile für unterschiedliche Anforderungen

definiert, wobei $\prod$ das **P.-Zeichen** symbolisiert. In der Analysis bezeichnet man eine Folge der Gestalt $\prod_{i=1}^{\infty} a_i$ als **unendl. P.;** gelegentlich auch nur dann, wenn die Folge konvergiert.

Produkthemmung, Hemmung der Aktivität eines Enzyms durch das in einer enzymat. Reaktion gebildete Produkt durch dessen Anlagerung an das aktive Zentrum des Enzyms. Die P. ist eines der Regulations-Prinzipien für enzymatische Reaktionen.

Produktregel, → Differentialrechnung.

Pro|enzyme, Fermente, Biochemie: inaktive Vorstufen von Enzymen, die durch Abspaltung eines Peptidrestes aktiviert werden, z. B. Trypsinogen (inaktiv) zu Trypsin (aktiv) + Hexapeptid.

Profil, Seitenansicht, Schnitt in oder senkrecht zu einer Achse.

1) Bautechnik: die Umrißlinie eines Schnittes durch einen Baukörper (Haus, Brücke, Damm), einen Wasserlauf u. a.; in der Architektur Vorsprünge, Hohlkehlen, Wülste, Stäbe u. ä. an einem Baukörper oder Möbel.

2) Eisenbahn- und Straßenbau: → Lichtraumprofil.

3) Fertigungstechnik: → Profilmaterial.

4) Geographie: Aufrißzeichnung eines Teils der Erdoberfläche zum Veranschaulichen der Höhenverhältnisse **(Reliefprofil)** und/oder seiner Natur- und Kulturausstattung, wie Vegetation, Besiedlung, Wirtschaft. Die Höhen werden meist in größerem Maßstab eingetragen als die Längen, wodurch eine → Überhöhung 3) eintritt.

5) Geologie: graph. Darstellung der Schichtenfolge in einem geolog. Aufschluß sowie auf Grund anderer Beobachtungen und Erkenntnisse. Ein P. stellt einen senkrechten Schnitt durch die Erdkruste zur Verdeutlichung der Lagerungsverhältnisse der Gesteinsschichten dar (BILD Braunkohle).

6) Kfz: → Reifen 2).

7) Luftfahrzeuge: Querschnittsform des → Tragflügels (auch des Leitwerks, der Luftschraube) eines Flugzeugs, hat wesentl. Einfluß auf Flugleistungen und Flugeigenschaften und wird deshalb einem vorgesehenen Verwendungszweck des Flugzeugs angepaßt. Das P. läßt sich beschreiben durch eine **P.-Mittellinie** oder **Skelettlinie** (gerade oder gekrümmt), der eine symmetr. tropfenförmige Dickenverteilung mit unterschiedlich stark gerundeter Vorderkante und keilförmiger Hinterkante überlagert wird. Verlauf von Skelettlinie und Dickenverteilung bestimmen weitgehend die Profileigenschaften, wobei durch unterschiedl. Formgebungsprinzipien bestimmte Eigenschaftsforderungen erfüllt werden können (→ Laminarprofil, → superkritischer Flügel). P. für hohe Fluggeschwindigkeiten benötigen geringere Dicke und Nasenrundung, meist auch geringere Krümmung der Skelettlinie als P. für mäßige Geschwindigkeiten.

Profilfasern, synthet. → Chemiefasern auf Polyamid- und Polyesterbasis mit von der runden Form wesentlich abweichendem Querschnitt, z. B. sternförmig, trilobal (dreilappig, kleeblattförmig), grobgezähnt, hantelförmig, woraus sich eine im Verhältnis zum Faservolumen viel größere Oberfläche als beim runden Querschnitt ergibt. Dadurch lassen sich besondere Farb- und Glanzwirkungen erzielen, der → Pilling-Effekt verringern, das Haftvermögen der Fasern erhöhen. Verwendung v. a. für Bekleidungstextilien und Teppichgarne.

Profilmaterial, Halbzeug oder Fertigerzeugnis mit

verschieden gestaltetem, über die ganze Länge unverändert bleibendem Querschnitt, aus Metall, Kunststoff, Holz oder Gummi (z. B. Draht, Kasten, Rohr, Schlauch, Stab, Winkel). P. aus Metall wird durch Walzen, Biegen (Abkanten), Strangpressen oder Ziehen aus der Schmelze hergestellt, Kunststoff-P. meist durch Strangpressen, aber auch durch Spanen aus dem vollen, Gießen oder Wickeln; Holz-P. wird aus dem vollen herausgearbeitet.

Profundal *das,* tiefe Bodenzone der Seen; daher keine lichtabhängige Photosynthese und Vorherrschen der mikrobiellen Zersetzung organ. Reste aus oberen Schichten.

Programm, Ankündigung, Plan, Ziel; festgelegte Folge (z. B. bei einer Veranstaltung oder in Fernsehen und Rundfunk); Ankündigungszettel; Warenangebot.

In der Informationsverarbeitung versteht man unter einem P. eine zur Lösung einer Aufgabe vollständige Anweisung zus. mit allen erforderl. Vereinbarungen (Software). Die einzelnen Anweisungen werden im Steuerwerk einer Datenverarbeitungsanlage zeitlich nacheinander verarbeitet und in Rechenoperationen oder Steuerfunktionen umgesetzt. Bei programmgesteuerten Maschinen, z. B. Werkzeugmaschinen, enthält das P. alle Anweisungen, nach denen die zur Bearbeitung einer Aufgabe erforderl. Arbeitsgänge, z. T. auch gleichzeitig, ablaufen sollen. Bei der Ausführung ist das P. gespeichert, z. B. in analoger Form in Kurvenscheiben oder digital in Lochstreifen, Magnetbändern, -platten, Kernspeichern, Halbleiterspeichern (→Speicher).

Bei der →elektronischen Datenverarbeitung mit digitalen Rechenanlagen (→Computer) stellt man den Lösungsgang der auszuführenden Aufgaben derart in allen Einzelheiten dar, daß der Computer eindeutige Anweisungen für den Arbeitsablauf erhält. Um von techn. Besonderheiten eines Anlagentyps frei zu sein und um das P. mit verschiedenen Anlagen ausführen zu können, wird meist eine eigens für die vorliegende Aufgabenart (z. B. kaufmännische oder wissenschaftliche) entworfene, problemorientierte →Programmiersprache verwendet. Der bei der Ausführung benutzte Computer übersetzt das P. mit Hilfe eines →Compilers oder →Interpreters in die eigene Maschinensprache.

Die Struktur des für eine Aufgabe ausgearbeiteten P. ist im →Ablaufplan (Flußdiagramm) dargestellt, der alle beim P.-Ablauf möglichen Operationsfolgen zeigt. Die große Flexibilität der Datenverarbeitung auch für Aufgaben mit vielfältigen inneren Abhängigkeiten beruht wesentlich auf der **bedingten Anweisung:** An einer **Verzweigung** des Ablaufs ist die Fortführung in einem von mehreren vorgesehenen Zweigen davon abhängig, welches Ergebnis bei einer vorangegangenen Operation entstanden war. Bei einer **Schleife** (z. B. zur Abarbeitung eines →Unterprogramms) führt ein P.-Zweig zu einer bereits durchlaufenen Stelle im P. zurück. Die Schleife wird mehrmals durchlaufen, z. B. um mehrere Datengruppen gleichartig zu verarbeiten oder um bei Näherungsberechnungen Einzelschritte bis zum Erreichen der erforderl. Genauigkeitsgrenze zu wiederholen. Danach führt wieder eine bedingte Anweisung zu dem nach der Schleife zu durchlaufenden P.-Zweig. So kann die Anzahl der im P. enthaltenen Anweisungen beträchtlich kleiner gehalten werden als die Anzahl der beim P.-Ablauf ausgeführten Anweisungen. Eine einfache Anweisung, die selbst keine Anweisung enthält, heißt →Befehl. Dieser ist in der →Maschinensprache durch eine Zeichengruppe, das **Befehlswort** (→Wort), dargestellt. Sein Operationsteil gibt die auszuführende Operation an, z. B. Addition, Vergleich, Übertragung zu oder von einem Speicher. Der Operandenteil gibt an, wo zu verarbeitende Daten (Operanden) entnommen oder Ergebnisse abgelegt werden sollen; im besonderen bezeichnet der Adreßteil (→Adresse) einen für Operanden benutzten Speicherplatz oder Speicherbereich. Die meisten in einem Computer vorgesehenen Maschinenbefehle veranlassen Operationen in den zur Anlage gehörenden Funktionseinheiten (Rechenwerk, Speicher, Ein- und Ausgabeeinheit) oder Übertragungen von Daten zw. diesen Einheiten. Für den P.-Ablauf hat der **Sprungbefehl** besondere Bedeutung: Er beendet eine Folge nacheinander ausgeführter Befehle und setzt den Ablauf an einer anderen, im Operandenteil angegebenen Stelle des P. fort. Beim bedingten Sprungbefehl (zur Ausführung einer bedingten Anweisung) geschieht der Sprung zur im Operandenteil angegebenen Stelle nur, wenn eine im Befehl bezeichnete Bedingung erfüllt ist, sonst wird das P. mit dem auf den Sprungbefehl folgenden Befehl fortgesetzt. Das →Betriebssystem ist eine Gruppe übergeordneter P., die zur Abwicklung der für die einzelnen Anwendungsfälle hergestellten P. dienen und die Leistung großer Rechenanlagen in ähnl. Maß bestimmen wie die verfügbaren techn. Einrichtungen (Software- und Hardware-Ausstattung der Anlage).

Programmiersprache, zum Abfassen von →Programmen für elektron. Datenverarbeitungsanlagen (→Computer) geschaffene Sprache. Als →Maschinensprache werden alle direkt vom Rechner interpretierbaren Befehle und ihre Verknüpfungen bezeichnet. In Maschinensprache geschriebene Programme zeichnen sich durch minimalen Speicherplatzbedarf und hohe Rechengeschwindigkeit aus, erfordern aber einen sehr hohen Zeitaufwand und gute Maschinenkenntnisse bei der Abfassung. Um dem Benutzer die Programmierung zu erleichtern, sind höhere P. entwickelt worden. In einer **maschinenorientierten P.** kennzeichnet jede Anweisung einen Befehl oder eine Befehlsfolge eines bestimmten Rechenanlagen-Typs in leicht merkbarer Form. Während der Ausführung bildet die Rechenanlage nach einem übergeordneten Übersetzerprogramm, dem →Assembler, aus jeder Anweisung die entsprechende Befehlsfolge in Maschinensprache und führt sie meist sofort aus. Die **problemorientierte P.** ist auf ein best. Anwendungsgebiet zugeschnitten und lehnt sich an die hier gebräuchl. Sprech- und Schreibweisen an. Wichtige P. sind: →ALGOL und →FORTRAN für technisch-wissenschaftl. Berechnungen auf Großrechenanlagen, →BASIC als Dialogsprache (z. B. bei Personal-Computern) und für techn. Berechnungen, →COBOL für kaufmänn. Aufgaben, →PL/1 für kommerzielle und technisch-wissenschaftl. Anwendungen, →PASCAL für strukturierte Programmierung numerischer und auch nichtnumer. Probleme, →PEARL für Automatisierungsaufgaben, →ADA als Neuentwicklung auch für Mikroprozessoren geeignet, ferner →PL/M, →APL, C, LOGO, LISP, FORTH, RPG, SIMULA, SIMSCRIPT u. a., z. T. für spezielle Anwendungen entwickelt. Als Übersetzungsprogramm für problemorientierte (höhere) P. dient der →Compiler, mit dem die Datenverarbeitungsanlage das Maschinenprogramm gewinnt und für spätere Bearbeitung speichert.

G. MAY: Strukturiertes Programmieren mit FORTRAN (1980); F. L. BAUER u. H. WÖSSNER: Algorithm. Sprache und Programmentwicklung (1981); W. BRAUCH: Programmierung mit BASIC (1981); R. HAHN: Höhere P. im Vergleich (1981); D. KREKEL u. W. TRIER: Einführung in die P. APL (1981); H. LEDGARD: ADA (1981); D. D. MCCRACKEN: COBOL. Anleitung zur strukturierten Programmierung (a. d. Amerikan., 21981); J. SCHÄRF: BASIC für Anfänger (71981); H. J. SCHNEIDER: Problemorientierte P. (1981); W. BÜTTNER: Probleme lösen mit PASCAL (1982).

Profilmaterial: Walzstahlprofile; **1** I-Träger, **2** T-Stahl, **3** U-Stahl, **4** Z-Stahl, **5** Winkelstahl

Programmierung, Datenverarbeitung: das Erstellen eines → Programms.

Programmregler, ein → Regler, dessen → Führungsgröße in ihrem Verlauf einem fest vorgegebenen Programm folgt. Man spricht dabei von **Zeitplan-Reglern,** wenn der Zeitverlauf der Führungsgröße festliegt (z. B. Nachführung eines astronom. Teleskops), und von **Ablaufplan-Reglern,** wenn die Führungsgröße vom Ablauf eines Arbeitsvorgangs abhängt (Regelung von Werkzeugmaschinen).

Programmsteuerung, selbsttätige → Steuerung 3) von Arbeits- und Bewegungsabläufen nach einem mechanisch oder elektrisch gespeicherten Programm.

Programmzähler, Datenverarbeitung: ein in der Zentraleinheit (→ CPU) eines Computers enthaltenes Adreßregister, das denjenigen Befehl im Programmspeicher spezifiziert, der als nächster auszuführen ist.

Progress, erstmals im Januar 1978 von der UdSSR eingesetztes unbemanntes Weltraum-Transportfahrzeug zur Versorgung der Raumstationen vom Typ → Saljut und deren Besatzungen mit Treibstoff, Gasen, Ausrüstungen und Lebensmitteln von der Erde. P. ist im Prinzip ein modifiziertes Raumschiff vom Typ → Sojus, das nach dem Entladen von Saljut abkoppelt und in der Atmosphäre verglüht. Es kann nach dem Umladen mittels seines Triebwerkes die Raumstation in eine höhere Umlaufbahn befördern. P. nimmt auch die Abfälle von Saljut/Sojus auf.

Prohormone, inaktive Vorstufen von Hormonen, die im Bildungsorgan gespeichert und erst durch einen Sekretionsreiz in die biologisch aktive Form überführt und freigesetzt werden (z. B. Insulin, Glucagon).

Projektion, 1) Kartographie: → Kartennetzentwürfe.

2) Kristallographie: Zur Konstruktion von Kristallabbildungen (Flächenlagen) werden v. a. die → gnomonische Projektion und die → stereographische Projektion verwendet.

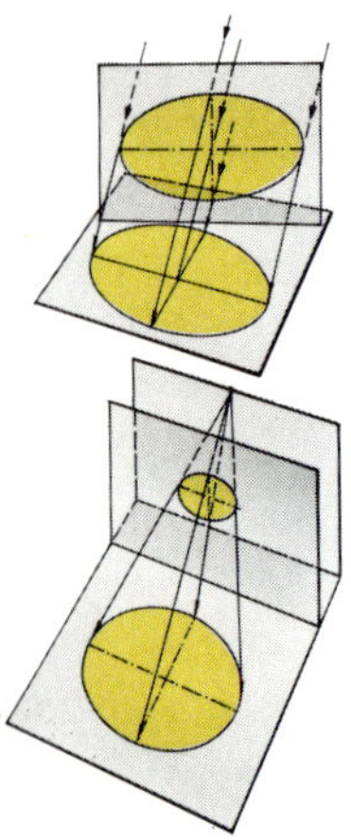

Projektion 2): OBEN Parallelprojektion, UNTEN Zentralprojektion

3) Mathematik: Abbildung von Punkten auf eine Ebene oder eine Gerade. Zu unterscheiden ist die **Zentral-P.** (→ Perspektive) von der **Parallel-P.**, bei der das Projektionszentrum (Auge) unendlich weit weg ist (BILD). Die Parallel-P. gibt es als **schiefe Parallel-P.** und als **senkrechte Parallel-P.**, bei der die P.-Strahlen senkrecht zur Bildebene oder -geraden verlaufen. Die Parallel-P. wird bei **Ein-** und **Zweitafelverfahren** zur Darstellung von räuml. Gegenständen benutzt. (Weitere BILDER Aufriß, Grundriß). – **Stereographische P.**, → Riemannsche Zahlenkugel.

4) Photographie, Film: die Wiedergabe von Bildern mit einem → Projektor, so daß sie auf einer Bildwand (→ Projektionswand) sichtbar werden.

Projektionslampe, spezielle Glühlampe für Film- und Diaprojektoren; für Diaprojektoren werden heute meist Niedervolt-Halogen-Glühlampen, in Kinoprojektoren Xenon-Entladungslampen (statt der früheren Kohlenbogenlampen) verwendet.

Projektionsröhre, in Fernsehempfängern eine Bildröhre, bei der das Bild nicht direkt betrachtet, sondern mit einem Linsensystem (selten) auf eine Mattscheibe im Empfänger oder (häufig bei Großempfang) auf eine Leinwand projiziert wird.

Projektionswand, Bildwand, Auffangfläche für das von einem → Projektor abgestrahlte Bild. Bei P. für die **Aufprojektion** werden Weißpigmente mit hoher Reflexionswirkung (Zinkweiß, Titandioxid) auf feste Wände, Textil- oder Kunststoffbahnen gebracht **(Leinwand).** Zur Erhöhung der Rückstrahlung können die P. mit einer Schicht kleinster Glasperlen bedeckt werden **(Perlwand).** P. mit rauher, metallisierter Oberfläche (Aluminiumfarbe) depolarisieren auftreffendes Licht nicht. Diese **Metallwände** eignen sich für die **Stereoprojektion** mit polarisiertem Licht. **Riffelwände** mit vertikaler zylindr. Prägung streuen mehr in die Breite als die vorgenannten P. mit gerichteter Reflexion. **Tonfilmwände** sind porös, damit der Ton von hinten durchtreten kann. Für die **Durchprojektion** (→ Rückprojektionsverfahren) werden durchscheinende P. verwendet.

projektive Geometrie, Teilgebiet der Mathematik, das neben seiner eigenständigen geometr. Bedeutung auch für andere mathemat. Disziplinen wichtig ist. Die p. G. entstand u. a. aus dem Bemühen, gewisse Fallunterscheidungen, z. B. beim Schnitt von Geraden, in der affinen Geometrie zu vermeiden oder um die Projektion des Raumes von einem Punkt auf eine Ebene präzise erfassen zu können.

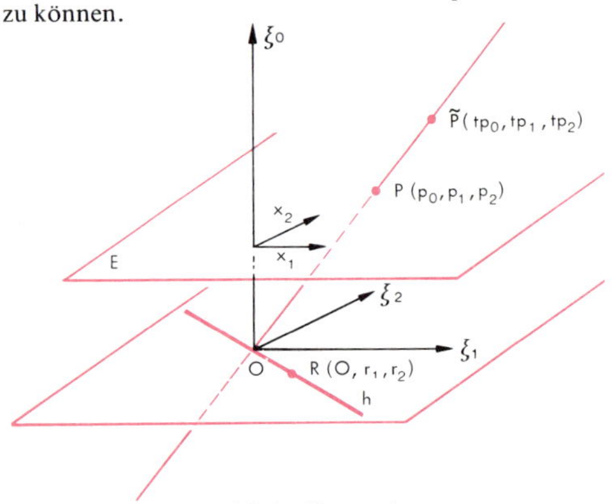

projektive Geometrie

Anschaulich läßt sich die p. G. begründen, indem man die affine Ebene zur projektiven Ebene erweitert. In der affinen Ebene wird zunächst ein Parallelkoordinatensystem zugrunde gelegt. Zw. allen geordneten Zahlentripeln (ξ_0, ξ_1, ξ_2) und den Punkten der Ebene, repräsentiert durch die geordneten reellen Zahlenpaare (x_1, x_2), wird nun folgende Zuordnung hergestellt: $x_1 = \xi_1/\xi_0$, $x_2 = \xi_2/\xi_0$; das bedeutet, daß jedem Zahlentripel genau ein Zahlenpaar entspricht. Umgekehrt entsprechen dagegen einem Zahlenpaar (x_1, x_2) unendlich viele Zahlentripel, da die Brüche ξ_1/ξ_0 und ξ_2/ξ_0 nicht eindeutig darstellbar sind. Dem Zahlenpaar (x_1, x_2) ist die Klasse der Zahlentripel zugeordnet, die aus dem Tripel (1, x_1, x_2) durch Multiplikation der einzelnen Zahlen mit einer beliebigen reellen Zahl $t \neq 0$ entstehen. Eine solche Klasse von geordneten Zahlentripeln nennt man **homogene Koordinaten.** Um den Begriff ›projektiv‹ anschaulich zu erklären, geht man folgendermaßen vor: In einer Ebene E ist ein Parallelkoordinatensystem mit den Koordinatenachsen x_1 und x_2 festgelegt. Man fügt nun ein räuml. Koordinatensystem so hinzu, daß im Abstand 1 von der Ebene E parallel zur x_1- und x_2-Achse die ξ_1- und ξ_2-Achsen verlaufen und die ξ_0-Achse senkrecht die Ebene E im Nullpunkt schneidet. Jede Gerade durch den Nullpunkt des räuml. Koordinatensystems schneidet dann die Ebene E in genau einem Punkt P (BILD). Hat P bezüglich des (x_1, x_2)-Koordinatensystems die Koordinaten (p_1', p_2'), so hat P bezüglich des räuml. Koordinatensystems die Koordinaten (p_0, p_1, p_2). Durch dieses Zahlentripel ist die Gerade durch P eindeutig festgelegt. Das Zahlentripel (tp_0, tp_1, tp_2) für $t \neq 0$, reell, stellt wiederum einen Punkt P auf derselben Geraden dar, so daß man auch durch dieses den Punkt P kennzeichnen kann. Es besteht also eine umkehrbar eindeutige Zuordnung zw. allen Punkten der Ebene E und allen Geraden durch den Nullpunkt des räuml. Koordinatensystems. Algebraisch formuliert: Es besteht eine umkehrbar eindeutige Zuordnung zw. den geordneten Zahlpaaren (x_1, x_2) und den Klassen geordneter Zahlentripel $(t\xi_0, t\xi_1, t\xi_2)$. Wegen der Anlage des räuml. Koordinatensystems ist $t\xi_0 = 1$, also $t = 1/\xi_0$. Es gibt aber auch Geraden durch den Nullpunkt des räuml. Koordinatensystems, die die Ebene E nicht mehr schneiden, dies sind alle zur Ebene E parallelen Geraden, z. B. die Gerade h durch den Punkt $R\,(0, r_1, r_2)$. Diese Geraden sind durch Klassen von Zahlentripeln gekennzeichnet, deren erste Zahl 0 ist: $(0, tr_1, tr_2)$. Fügt man diese Klassen zu den übrigen hinzu, hat man die **projektive Ebene.** Eine Klasse der Form $(0, tr_1, tr_2)$ heißt **uneigentl. Punkt** oder auch **Fernpunkt** der Ebene, dabei werden alle Punkte von h und den Parallelen von h auf den uneigentl. Punkt π_h abgebildet, in dem sie sich ›schneiden‹.

Axiomatisch kann die p. G. durch das einfachste Axiomensystem einer projektiven Inzidenzgeometrie begründet werden: 1) Zwei Punkte bestimmen genau eine Gerade, mit der sie inzidieren. 2) Zwei verschiedene Geraden bestimmen genau einen Punkt, mit dem sie inzidieren. 3) Es gibt vier verschiedene Punkte, von denen keine drei mit einer Geraden inzidieren. Die p. G. ist eine →nichteuklidische Geometrie, es gilt das Prinzip der →Dualität.

In projektiven Räumen lassen sich geometr. Eigenschaften oft übersichtlicher als in affinen darstellen. Das gilt nicht nur für Gebilde, die mit linearen Gleichungssystemen erfaßbar sind, sondern v. a. für solche, die Gleichungen höheren Grades genügen. Affine Eigenschaften erhält man aus projektiven, indem man die obige Einbettung des affinen Raumes in den projektiven ausnutzt.

Projektor, Projektions|apparat, Bildwerfer, Gerät zur optisch vergrößerten Wiedergabe von Bildvorlagen auf einer →Projektionswand.

Zur Wiedergabe von durchsichtigen Stehbildern (→Diapositiv) wird ein **Diaprojektor** verwendet (Diaskop, Diabildwerfer). Undurchsichtige Stehbilder werden mit dem **Episkop** (Epiprojektor, -bildwerfer) projiziert. P. für beide Bilderarten heißen **Epidiaskop** (Epidiaprojektor -bildwerfer). Moderne Diaprojektoren besitzen z. T. hohen Bedienungskomfort, z. B.: automat. Bildwechsel durch Fernbedienung (mit oder ohne Kabel) oder Zeitschalter; Autofocus (automat. Schärferegulierung); Tonbandanschluß für die Tonprojektion. Sonderformen sind u. a.: **Tageslichtprojektor** (Overhead-, Schreib-, Zeichen-, Arbeitsprojektor), der die Projektion von bewegl. Arbeitsvorlagen und ein Schreiben und Zeichnen während der Projektion gestattet; **Mikrofilmlesegerät; Stereoprojektor** (Raumbildwerfer); **Röntgenprojektor** (Röntgendiaskop) zur Projektion von Röntgenaufnahmen; **Mikroprojektor** (Mikroskopprojektor) zur Wiedergabe mikroskopischer Präparate.

Große P. für Kinefilme **(Kino-, Filmprojektoren)** enthalten zusätzlich Vorrichtungen zum Filmtransport und ein Tonlaufwerk zur opt. Abtastung der Tonspur. Näheres →Film 3), →Verschmelzungsfrequenz, →optischer Ausgleich. Amateur-Schmalfilmprojektoren sind einfacher, haben heute aber hohen Bedienungskomfort und ggf. versch. Zusatzeinrichtungen; automat. Filmeinfädelung, Einzelbildprojektion, Zeitraffer- und -dehnereinrichtung, Kassettentonbandanschluß u. a.

Prokyon, Hauptstern im Sternbild Kleiner Hund (**Alpha Canis minoris);** wird von einem Weißen Zwergstern begleitet und gehört zum →Wintersechseck. Mit einer scheinbaren Helligkeit von 0,34 Größenklassen ist der nur 11 Lj entfernte P. der achthellste Fixstern.

Prolactin, →Geschlechtshormone.

Prolamine, Pflanzenproteine, die ausschließlich in den Samen der Getreidearten vorkommen.

Prolin *das,* nichtessentielle Aminosäure, sehr gut in Wasser löslich, z. B. in Casein (6,7%), Gelatine (bis 26%).

PROM, 1) Datenverarbeitung: Abk. für **Programmable Read Only Memory** [pr'əugræməbl ri:d 'əunlı m'emərı, engl.], Halbleiter-Festwertspeicher (→ROM), in den nicht bereits bei der Fertigung ein bestimmtes Programm eingeschrieben wird, sondern der vom Benutzer programmiert werden kann, z. B. bei Halbleiterdiodenfeldern mittels Durchschmelzen oder Ausbrennen von Diodenverbindungen. Manche PROMs können durch Bestrahlung mit UV-Licht gelöscht und anschließend elektrisch durch Einschreiben bestimmter Spannungs- oder Strompegel in jeden Speicherplatz neu programmiert werden. Dies ist mit einem PROM-Programmiergerät und einem Steuerprogramm in weniger als 1 min möglich. Halbleiter-PROMs sind meist in →MOS-Technologie aufgebaut.

2) Optoelektronik: Abk. für **Pockels Readout Optical Modulator** [p'ɔkəls r'i:daʊt 'ɔptıkl m'ɔdjʊleıtə, engl.], auf der Basis des →Pockels-Effektes arbeitendes optoelektron. Bauelement, das log. Verknüpfungen und optisch lesbare Speicherung von Informationen erlaubt.

Promethium, chem. Symbol **Pm,** radioaktives →chemisches Element aus der Gruppe der →Lanthanoide; Ordnungszahl 61. Von den rd. 20 meist kurzlebigen Isotopen ist das langlebigste das ^{145}Pm, ein β-Strahler mit einer Halbwertszeit von 17,7 Jahren. P. wurde 1945 von L. GLENDENIN, J. A. MAVINSKY und J. SIEGEL in Uran-Spaltprodukten identifiziert. P. wird für Leuchtmassen verwendet. In seinen meist rosa gefärbten Verbindungen ist es stets dreiwertig.

Promille, Zeichen ‰, $^1/_{10}$ eines →Prozents.

Promotor, Chemie: →Katalyse.

Pronyscher Zaum [n. dem frz. Ingenieur M. R. de Prony, * 1755, † 1839], ein Bremsdynamometer, →Dynamometer.

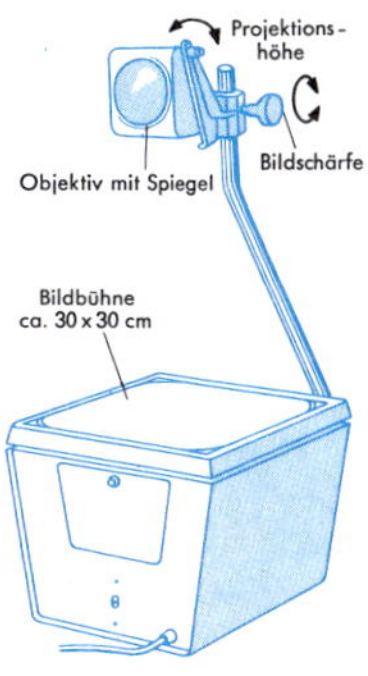

Projektor 1: Tageslichtprojektor

Projektor 2: Epidiaskop, als Episkop (roter Strahlengang) und als Diaskop (gelber Strahlengang) schaltbar

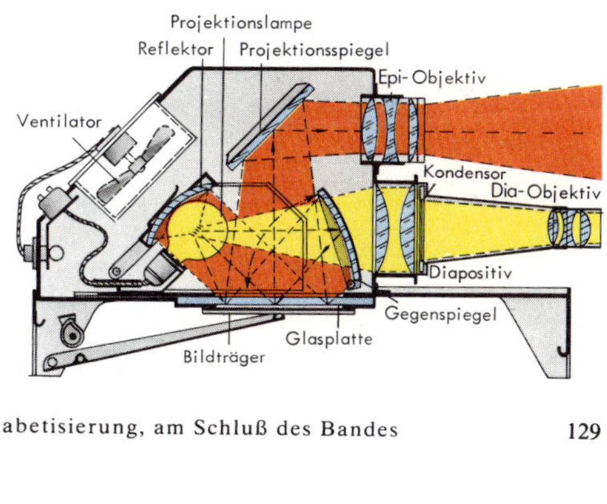

Propadi|en, das →Allen.

Propagator, Elementarteilchenphysik: →Feynman-Graphen.

$CH_3-CH_2-CH_3$

Propan

Propan, gasförmiges →Alkan, das bei der Erdölverarbeitung und durch Kondensation aus Erdgas gewonnen wird. P. gehört zu den →Flüssiggasen. Es dient als Brenngas, Kraftstoff für Ottomotoren und chem. Rohstoff (z. B. für das Steamcracken).

Propandiol, 1,2-Propandiol, →Propylenglykol.

Propan|disäure, die →Malonsäure.

Propanol

$CH_3-CH_2-CH_2OH$

1-Propanol

Propanol, 1-Propanol, n-Propylalkohol, mit Wasser und organ. Lösemitteln mischbarer →Alkohol, der im Fuselöl enthalten ist. P. wird über die Oxosynthese aus Äthylen hergestellt. Es dient als chem. Zwischenprodukt und in geringerem Maße als →Isopropylalkohol als Lösemittel.

2-Propanol, der →Isopropylalkohol.

Propanon, das →Aceton.

Propansäure, die →Propionsäure.

1,2,3-Propantriol, das →Glycerin.

$HC\equiv C-CH_2OH$

Propargylalkohol

Propargyl|alkohol, ungesättigter Alkohol, der bei der Synthese von 1,4-Butandiol aus Acetylen als Zwischenprodukt auftritt.

Propeller, →Luftschraube, →Schiffsschraube.

Propeller-Turbinen-Luftstrahltriebwerk, PTL-Triebwerk, Turbo-Prop, ein →Strahltriebwerk, dessen Turbine neben dem Verdichter noch einen Propeller antreibt, der den Hauptanteil der Vortriebskraft erzeugt.

$HC\equiv C-CH_3$

Propin

Propen, das →Propylen.

Propenal, das →Acrolein.

$HC\equiv C-COOH$

Propiolsäure

Properdin, Serumeiweiß im Blut von Säugetieren; P. erhöht die Infektresistenz im Körper durch Abtötung von Bakterien und Inaktivierung von Viren.

Propfan [prˈɔpfæn, engl.], →Luftschraube.

CH_3-CH_2-COOH

Propionsäure

Propin, Allylen, Methyl|acetylen, unangenehm riechendes, sehr reaktionsfähiges Gas der Alkin-Reihe. Verwendung mit Allen (als stabilisierendes Gemisch) als Schweiß- und Schneidgas und für organ. Synthesen.

$CH_3-CH=CH_2$

Propylen

Propiolsäure, Acetylencarbonsäure, ungesättigte Carbonsäure, die durch elektrochem. Oxidation von Propargylalkohol hergestellt wird.

Propionsäure, Propansäure, stechend riechende →Carbonsäure, die u. a. im Pansen von Wiederkäuern vorkommt. Ihre Salze heißen **Propionate.** P. wird durch Oxidation von Kohlenwasserstoffen (neben Essigsäure) oder →Carbonylierung von Äthylen hergestellt. Sie dient zur Konservierung von Futtermitteln und zur Herstellung von Estern (z. B. Celluloseester). **Calcium-** und **Natriumpropionat** werden zur Schimmelverhütung bei Backwaren verwendet.

Propylenoxid

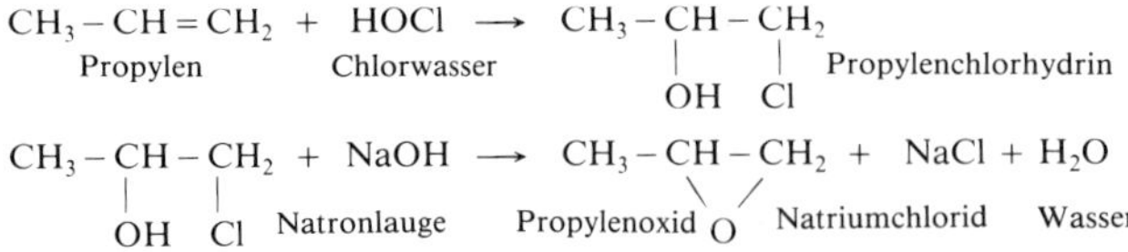

Proportion, Verhältnisgleichung $a:b=c:d$ mit reellen Zahlen *a, b, c, d.* Zu jeder P. ist die Produktgleichung $bc=ad$ äquivalent. Gilt $a:x=x:b$, so nennt man *x* die **mittlere Proportionale** zu *a* und *b*; →Proportionalität.

Proportionalität zweier variabler Größen *x* und *y* liegt dann vor, wenn der aus beiden Größen gebildete Quotient $y/x=c$ einen festen (konstanten) Wert hat; *c* heißt dann **Proportionalitätskonstante.** Die Größen *x* und *y* sind **(direkt) proportional** (zueinander); Formelschreibweise $y \sim x$. Die graph. Darstellung von $y=cx$ ergibt eine Gerade durch den Nullpunkt des von *x* und *y* aufgespannten Koordinatensystems. Bei der elast. Schraubenfeder ist z. B. innerhalb der Elastizitätsgrenze die rücktreibende Kraft der jeweiligen Federdehnung proportional (→Hookesches Gesetz). – **Indirekte P.,** auch **umgekehrte P.,** zw. zwei Variablen liegt vor, wenn ihr Produkt konstant ist; z. B. bei der isothermen Zustandsänderung eines idealen Gases: $pV = const.$ (p = Druck, V = Volumen des Gases). Die graph. Darstellung indirekt proportionaler Größen ergibt Hyperbeln.

Proportional-Regler, der →P-Regler.

Proportionalzähler, ein →Zählrohr, dessen Spannung so gewählt wird, daß die Anzahl der durch Stoßionisation gebildeten sekundären Elektronen, d. h. der im Zählrohr erzeugte Stromstoß, proportional ist zu der von der einfallenden Strahlung erzeugten Zahl primärer Ionenpaare. P. eignen sich bes. zur Energiebestimmung und zur Unterscheidung zw. verschieden ionisierenden Teilchenstrahlen.

Propyl . . ., einbindige, vom Propan abgeleitete Kohlenwasserstoffgruppe $CH_3-CH_2-CH_2-$.

Propyl|alkohol, →Propanol.

Propylen, Propen, gasförmiger Kohlenwasserstoff aus der Gruppe der →Alkene. P. wird neben Äthylen beim Steamcracken von Benzin gewonnen und ist eines der wichtigsten Primärprodukte der Petrochemie. Es dient zur Herstellung von Polypropylen, Acrylnitril, Oxo-Alkoholen, Propylenoxid, Cumol und Isopropylalkohol.

Propylenchlorhydrin, Zwischenprodukt bei der Herstellung von →Propylenoxid.

Propylenglykol, 1,2-Propandiol, ölige, hygroskopische Flüssigkeit, die durch Hydratisierung von Propylenoxid hergestellt wird:

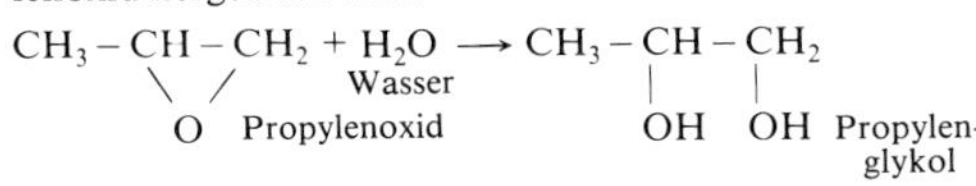

P. dient als Gefrierschutzmittel, ist Bestandteil von Hydraulikflüssigkeiten und Feuchthaltemitteln (z. B. für Tabak) und wird zur Herstellung von Polyestern, Epoxidharzen, Polyurethanen sowie auch als Bestandteil von Kosmetika verwendet.

Propylen|oxid, ätherartig riechende Flüssigkeit, die durch Reaktion von Chlorwasser mit Propylen aus dem entstehenden Propylenchlorhydrin hergestellt wird (nebenstehende FORMEL). P. dient zur Herstellung von Polyurethanen (über Polypropylenglykole), Propylenglykol und Tensiden.

Propylgallat, →Gallussäure.

Propylit *der,* durch hydrothermale Autometamorphose umgewandelter Andesit oder Dazit mit vorherrschend Chlorit, Sericit, Epidot u. a. (›Vergrünung‹); an P. sind subvulkan. Gold- und Silberlager gebunden **(Propylitisierung).**

Prospektion, Aufsuchen und Untersuchen von Lagerstätten nach geolog., geophysikal., geochem. und bergmännischen Methoden.

Prostaglandine, Gruppe ungesättigter Fettsäuren (20 C-Atome) mit einem Fünfring im Molekül, die aus essentiellen, langkettigen ungesättigten Fettsäuren im Organismus entstehen. P. werden in unterschiedl. Geweben gebildet, v. a. in der Prostata.

prosthetische Gruppe, 1) der nichteiweißartige Bestandteil im Molekül bei Proteiden (→Eiweiße). 2) die Wirkungsgruppe bei →Enzymen, soweit diese chemisch Proteide sind.

Prot|actinium, chem. Symbol **Pa,** radioaktives →chemisches Element aus der Reihe der →Actinoide; Ordnungszahl 91. Es sind mehr als 20 instabile Isotope bekannt. ^{231}Pa, ein α-Strahler von 32500 Jahren Halbwertszeit, findet sich als Zerfallsprodukt des $^{235}_{92}$U in geringen Mengen in Uranmineralen. ^{231}Pa wurde 1918 von O. HAHN und LISE MEITNER identifiziert. Das silberweiße reine Metall kann durch Reduktion von **P.-Fluorid,** PaF_4, mit Barium hergestellt werden. Im chem. Verhalten ähnelt P. dem Tantal. P. ist eines der seltensten und teuersten Elemente.

Prot|actinium-Methode, Methode der radioaktiven →Altersbestimmung: $^{231}Pa \longrightarrow {}^{227}Ac$, Anwendungsbereich $5 \cdot 10^3$ bis $120 \cdot 10^3$ Jahre.

Prot|amine, stark bas. Proteine, die mit der DNS assoziiert sind (Molekulargewicht 1000 bis 5000). P. zeichnen sich durch hohen Argininanteil (80–85%) aus.

Proteasen, Prote|inasen, proteolytische Enzyme, Peptidasen (Endo- und Exopeptidasen), Bez. für Peptidbindungen spaltende Enzyme **(Peptidyl-peptid-hydrolasen).** P. kommen im Magen-Darm-Trakt (z. B. Pepsine, Trypsin), im Blut (z. B. Thrombin), intrazellulär (Kathepsine), in Bakterien (z. B. Kollagenase) oder Pflanzen (z. B. Papain) vor.

Prote|inbiosynthese, zykl. Mehrstufenprozeß, bei dem freie Aminosäuren der Zellen zu genetisch festgelegten Sequenzen synthetisiert werden. Nach teilweiser Entspiralisierung der DNS-Doppelstruktur wird die mRNS (als ›Negativ‹ der Information) hergestellt. Aus mRNS und Ribosomen entstehen Polysome, an denen die P. stattfindet. An das Polysom lagern sich tRNS-Moleküle an, die aktivierte Aminosäuren enthalten. Je ein Basentriplett codiert eine Aminosäure, das von der tRNS erkannt und besetzt wird. Dadurch kommen die Aminosäuren in die richtige Reihenfolge (Primärstruktur). Sie werden durch Peptidyltransferase miteinander verknüpft. Der Vorgang läuft so lange ab, bis ein Stop-Codon den Kettenabbruch und die Ablösung des fertigen Proteins vom Polysom veranlaßt.

Prote|ine, einfache →Eiweiße. – **Proteinfasern,** Eiweiß-Chemiefasern, aber auch natürl. Fasern wie Wolle, Seide, Haare.

Proteohormone, diejenigen →Hormone, die nach ihrer chem. Zusammensetzung zu den Eiweißen oder Polypeptiden gehören.

Proteolyse, hydrolyt. (→Hydrolyse) Aufspaltung von Eiweißen durch **proteolyt. Enzyme** (Proteasen, Peptidasen) oder Säuren.

proteolytische Enzyme, die →Proteasen.

Proterozoikum, früher **Algonkium, Eozoikum,** jüngerer Abschnitt des →Präkambriums (auch **Jungpräkambrium),** an dessen Beginn die **kenor. Gebirgsbildung** steht, und der durch die assynt. abgeschlossen wird. Mangels biostratigraph. Daten gibt es keine einheitl. Gliederung, und neue radiometr. Gesteinsdaten haben frühere durch neue regionale Begriffe in der Gliederung ersetzt. Wiederholte Gebirgsbildungen sind durch Diskordanzen belegt. Im jüngsten P. ist eine weltweite Vereisung nachweisbar, darüber folgt oft eine Periode mit verbindenden Zügen zum Kambrium, das **Eo-** oder **Infrakambrium** (etwa 600 Mio. Jahre), mit der ältesten marinen Metazoenfauna, Vorläufer der Coelenteraten, Medusen, Ringelwürmer und Trilobiten, sowie einigen Problematica **(Ediacara-Fauna** Australiens, ferner Funde im Baltikum, Sibirien, S-Afrika).

Prothrombin, Faktor II, Glycoprotein des Blutplasmas; inaktive Vorstufe des Thrombins.

Protium, das Wasserstoffisotop ^1_1H mit der Massenzahl 1 (→Wasserstoff).

Protobitumen, erstes, chemisch nicht wesentlich verändertes Abbauprodukt organ. Substanzen im Sediment, z. T. Vorstufe der Erdölbildung.

Protolyse, chem. Reaktion, bei denen ein Proton transportiert wird, z. B. von einer Säure an eine Base. Die Protonen abgebenden oder aufnehmenden Atomprotonen-Gruppierungen heißen **Protolyte.**

Proton *das,* Symbol **p,** zu den →Baryonen gehörendes positiv geladenes Elementarteilchen, mit dem Neutron zus. Baustein der Atomkerne. P. und Neutron lassen sich als zwei verschiedene Zustände des Nukleons auffassen. Das P. ist Träger einer positiven Elementarladung ($e \approx 1{,}602 \cdot 10^{-19}$C), seine Ruhemasse beträgt $m_p \approx 1{,}673 \cdot 10^{-27}$ kg, sein Spin 1/2 (Weiteres ÜBERSICHT Elementarteilchen). Das P. bildet den Kern des leichtesten Wasserstoffisotops mit der Massenzahl 1 und kann aus diesem gewonnen werden, indem man den Wasserstoff ionisiert (Ionisierungsenergie 13,53 eV). Bei zahlreichen Kernprozessen entstehen freie P. In der Physik benutzt man in →Beschleunigern erzeugte, energiereiche (nahezu auf Lichtgeschwindigkeit beschleunigte) **Protonenstrahlen,** um Kernreaktionen zur Herstellung künstl. Isotope durchzuführen, zur Gewinnung anderer Elementarteilchen oder um die Natur der Kernkräfte zu untersuchen. Die P. bilden den wesentl. Teil der →kosmischen Strahlung. Das Antiteilchen des P., das **Antiproton,** wurde 1955 beim Beschuß von Kupfer mit hochenerget. P. entdeckt. Die Georgi-Glashow-Theorie, die einen ersten Ansatz zur Vereinheitlichung der starken mit der elektroschwachen →Wechselwirkung darstellt, sagt eine Lebensdauer des P. von 10^{31} Jahren (zum Vergleich: das Alter des Universums wird auf $1{,}5 \cdot 10^{10}$ Jahre geschätzt) voraus, was i. Ggs. zur bisherigen Annahme einer unendlich langen Lebensdauer steht. Danach sollen zwei der drei →Quarks, aus denen ein P. nach den Vorstellungen der Quantenchromodynamik aufgebaut ist, ein Lepto-Quark mit der für Elementarteilchen enorm großen Masse von etwa 10^{-9} g bilden, das in ein Antiquark und ein Lepton (i. d. R. ein Positron) zerfällt. Antiquark und das verbliebene dritte Quark vereinigen sich zu einem neutralen Pion. Die bisher experimentell ermittelte untere Grenze für die P.-Lebensdauer liegt bei 10^{30} Jahren. Da der Nachweis des P.-Zerfalls u. U. in naher Zukunft der einzige Weg zum Test der Georgi-Glashow-Theorie zu sein scheint (die u. a. auch die Gleichheit der Beträge der elektr. Ladungen von Elektron und P. erklärt), sind mehrere Experimente angelaufen. Als Detektor sind große Kammern vorgesehen, die mit bis zu 10000 Tonnen hochgereinigten Wassers gefüllt sind. Diese Wassermenge enthält so viele P., daß bei einer mittleren Zerfallszeit von 10^{31} Jahren mehrere 100 Zerfälle je Jahr eintreten müßten. Um die Kammer herum sollen mehrere 1000 Photomultiplier angeordnet werden, um die Tscherenkow-Strahlung der Teilchen, die beim P.-Zerfall gebildet werden, nachzuweisen. Um störende Einflüsse durch Myonen und Neutrinos der kosm. Höhenstrahlung zu reduzieren, werden die Detektoren tief unterhalb der Erdoberfläche in den Schachtanlagen stillgelegter Bergwerke aufgebaut.

Protonenabstrahlung, Art des radioaktiven Zerfalls (→Radioaktivität).

Protonenakzeptor, →Wasserstoffbrückenbindung.

Protonendonator, →Wasserstoffbrückenbindung.

Protonenmikroskop, ein →Feldionenmikroskop, das mit Wasserstoffgas arbeitet. Durch Feldionisation entstehen Protonen, die die Struktur des Materials der Probenspitze, d. h. die Anordnung der Gitterbausteine, abbilden.

Protonenpräzessions-Magneto|meter, →Kerninduktion.

Protonenresonanz, die →Kerninduktion oder →Kernspinresonanz von Protonen. – **P.-Spektroskopie,** →NMR-Spektroskopie.

Protonenstürme, Protonen sehr verschiedener Energie, die zu der von der Sonne teils dauernd, teils nur zeitweise emittierten gasförmigen Materie gehören (neben dem kontinuierlichen →Sonnenwind und den Teilchen, die das →Polarlicht hervorrufen). Während Protonen von etwa 1/10 Lichtgeschwindigkeit die →Polarkappen-Absorption erzeugen, dringen gelegentlich Protonen von bis zu 1/3 Lichtgeschwindigkeit tief in die Erdatmosphäre ein und verstärken die →kosmische Strahlung. Ihre Sekundärprodukte können auf der Erde nachgewiesen werden. Außerhalb der Atmosphäre können P. wegen ihrer biolog. Wirkung eine Gefahr für die bemannte Raumfahrt darstellen.

Protonenzahl, die →Kernladungszahl.

Protonium, gebundenes System aus einem Proton p und einem Antiproton $\bar{p}$. Das P. ist ein dem Wasserstoffatom ähnl. →exotisches Atom, bei dem das Hüllenelektron durch ein Antiproton ersetzt ist. In Analogie zum →Positronium können die Spins von Proton und Antiproton entgegengesetzt **(Para-P.)** oder gleichgerichtet **(Ortho-P.)** sein.

Proton-Proton-Reaktion, Kernumwandlungsprozeß, der nach H. A. BETHE und C. L. CRITCHFIELD als Energiequelle im Innern der Sterne betrachtet werden kann. Aus zwei zusammenstoßenden Protonen entstehen ein Deuteron, ein Positron und ein Neutrino. Dabei wird eine Energie von 1,44 MeV frei. Eine Weiterführung des Prozesses führt zur Bildung von Heliumkernen: $^2H + {}^1H \longrightarrow {}^3He + \gamma$; $^3He + {}^3He \longrightarrow {}^4He + 2\ {}^1H$. Bilanz: $4\ {}^1H \longrightarrow {}^4He + 2e^+ + 2\nu + 2\gamma + 26{,}21$ MeV. Es wird vermutet, daß bei Temperaturen unter 15 Mio. K bes. P.-P.-R. auftreten, bei höheren Temperaturen der →Bethe-Weizsäcker-Zyklus vorherrscht.

Protoplasma, früher für Zytoplasma (→Zelle).

Protosphäre, Teil der →Atmosphäre 2), enthält vollständig ionisierten Wasserstoff.

Protostern, Vorstufe bei der →Sternentwicklung.

Prototyp *der,* erste betriebsfähige Ausfertigung, z. B. eines Autos oder Flugzeugs, der die →Nullserie folgt.

Protozoen, Protozoa, Urtiere, meist mikroskopisch kleine tier. Organismen, die aus einer einzigen Zelle bestehen **(Einzeller).** Manche P. mit Kalkschalen (z. B. Nummuliten) waren gesteinsbildend.

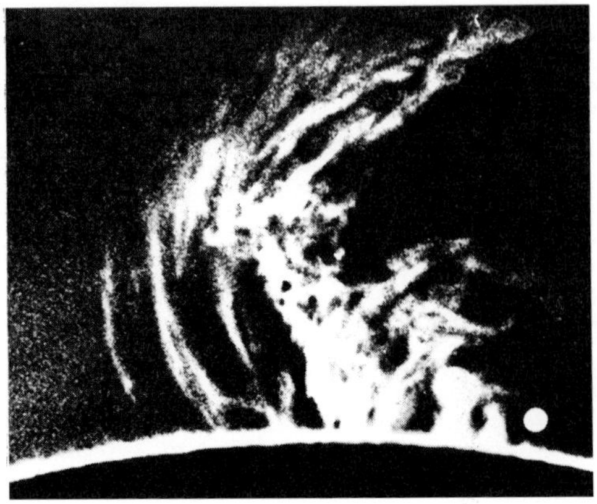

Protuberanz am Sonnenrand;
zum Größenvergleich ist die Erde als helle Scheibe eingezeichnet

Protuberanzen, aus der Chromosphäre der →Sonne ausströmende, über diese hinausragende leuchtende Gasmassen sehr geringer Dichte. Die P. lassen sich bei totaler Sonnenfinsternis oder jederzeit mit dem →Koronographen am Sonnenrand (BILD) beobachten. Auf Spektroheliogrammen erscheinen P. auf der Sonnenscheibe als dunkle, fadenartige Gebilde **(Filamente).** Da die P. an der Sonnenrotation teilnehmen, kann man genügend langlebige P. zunächst am östl. Sonnenrand als helle Erhebung, dann als dunkles Filament vor der Sonnenscheibe und schließlich wieder als helle Erhebung am westl. Sonnenrand beobachten. Die **ruhenden P.** sind Gebilde, die mehrere Sonnenrotationen überdauern können. **Aufsteigende P.** können mit Geschwindigkeiten bis zu 700 km/s große Höhen (bis 2 Mio. km über der Sonnenoberfläche) erreichen, wobei sie ihre Geschwindigkeit sprunghaft ändern können. Meist fallen sie nach Erreichen des Gipfelpunktes wieder in die Chromosphäre zurück, nicht selten auf bestimmten Bahnen, die durch das Zusammenwirken von Schwerkraft und magnet. Kräften zustande kommen. In der Nähe ihres Einströmungspunktes befindet sich oft ein Sonnenfleck. Teile einer aufsteigenden P. können sich auch ganz von der Sonne ablösen. Die **Flecken-P.** sind kleiner und auf einzelne Sonnenflecken beschränkt. Zahl und Größe der P. variieren mit der elfjährigen Fleckenperiode. Die P. sind als relativ kühle Materie (Temp. 10000–20000 K) in die dünnere, 100fach heißere Korona eingebettet.

Proustit [prust'it, n. dem frz. Chemiker J. L. Proust, * 1754, † 1826] *der,* Mineral Ag_3AsS_3, das lichte →Rotgültigerz.

Proxima Centauri, sonnennächster Fixstern (Entfernung 4,28 Lichtjahre); gehört zum Mehrfachsystem **Alpha Centauri (Toliman),** dem Hauptstern 1. Größenklasse im Sternbild Kentaur. P. C. ist nur im Fernrohr zu sehen (scheinbare Helligkeit etwa 10. Größenklasse).

Prozedur, Datenverarbeitung: 1) in einer problemorientierten Programmiersprache geschriebenes Programm oder auch ein Programmteil (entsprechend einem Unterprogramm), der über eine bestimmte **P.-Anweisung** aufgerufen werden kann. 2) Bei einem COBOL-Programm wird der vierte Hauptteil, der Anweisungen für die Verarbeitung von Eingabedaten und die Erzeugung von

Ausgabedaten enthält, als **P.-Teil** (engl. ›procedure division‹) bezeichnet. 3) Bei Datenübertragungssystemen sind die Regeln und Verfahren für die zeitl. Reihenfolge des Datenaustauschs in einer **Übertragungs-P.** zusammengefaßt.

Prozent, vom Hundert, Abk. **v. H.,** Zeichen %, 1% bedeutet 1/100 vom Ganzen. Nimmt man p % von einer Größe A, dann heißt A **Grundwert,** p **Prozentsatz** und $A \cdot p/100 = w$ **Prozentwert.** Es gilt die Proportion $A{:}100 = w{:}p$ oder $w{:}A = p{:}100$.

Prozessor, allg. Bez. für die aus Steuer- und Rechenwerk bestehende Funktionseinheit (Zentraleinheit) in elektron. Datenverarbeitungsanlagen. Große Anlagen können mehrere P. enthalten, die mit dem gleichen Hauptspeicher zusammenarbeiten **(Mehrprozessorsystem,** engl. **Multiprocessor** [mʌltɪprəsˈesə]).

Prozeßrechensystem, aus dem **Prozeßrechnergerätesystem** und dem **Prozeßrechnerprogrammsystem** bestehende Einrichtung zur elektron. Verarbeitung von **Prozeßdaten** (→ Prozeßrechner).

Prozeßrechner, elektron. Datenverarbeitungsanlage, die über periphere Einheiten (Prozeßperipherie) mit einem Prozeß gekoppelt arbeitet und i. a. zu dessen Steuerung eingesetzt wird. Zu den Merkmalen herkömmlicher, kommerzieller Datenverarbeitungsanlagen (→ Computer) kommt beim P. der direkt prozeßgekoppelte (engl. ›on-line‹) Datenverkehr im → Echtzeitbetrieb dazu. Elektr. Signale eines Prozesses werden über Analog-Digital-Umsetzer vom P. als Daten verarbeitet. Daten können über Digital-Analog-Umsetzer als elektr. Signale ausgegeben werden. Wichtiges Merkmal ist die Unterbrechbarkeit gerade ablaufender Programme zugunsten wichtigerer, die z. B. auf best. Prozeßalarme schnell reagieren sollen. Hierzu sind spezielle Unterbrechungssteuerungen (engl. ›interrupt control‹) vorgesehen, die an unterbrechbaren Stellen des Programms eine Datensicherung bewirken und die Zentraleinheit für die angeforderte Bearbeitung freigeben. P. übernehmen wesentl. Aufgaben der konventionellen Meß-, Steuer- und Regelungstechnik sowie in zunehmendem Maße auch der Schutztechnik.

Prozeßwärme, therm. Energie, die bei chem., physikal. oder kernphysikal. Vorgängen (z. B. in der Form von **Prozeßdampf)** frei wird und im Produktionsprozeß wiederverwendet (z. B. beim Hochofenprozeß) oder anderweitig genutzt werden kann (→ Abwärme).

Prüf|feld, Gesamtheit der Prüfeinrichtungen zur meist stichprobenartigen Produktionsüberwachung oder Erprobung von Werkstoffen, Einzelteilen und gesamten Konstruktionen, v. a. bezüglich der Zuverlässigkeit unter Gebrauchsbedingungen. (→ Umwelttestmethoden)

Prüfmotor, → CFR-Motor.

Prüfreaktor, der → Materialprüfreaktor.

Prüfstand, Versuchsanlage zur Prüfung von Werkstoffen, Bauteilen, Anlagenteilen, Geräten, Maschinen u. a. unter reproduzierbaren Betriebsbedingungen; bei Verbrennungsmotoren und Gasturbinen meist zur Bestimmung von Leistung, Verbrauch und Abgaszusammensetzung. Häufig sind versch. Prüfstände zu einem → Prüffeld zusammengefaßt.

Prüftransformator, einphasiger → Transformator zur Erzeugung einer einstellbaren, hohen Spannung bei kleiner Leistung zum Prüfen von Isolieröl und der Wicklungen elektr. Maschinen und Geräte auf Isolationsfestigkeit nach festgelegten Vorschriften.

Prussiate, → Eisenverbindungen.

Prüßwand, durch senkrechte und waagerechte Stahlbänder bewehrte, freitragende Backsteinwand.

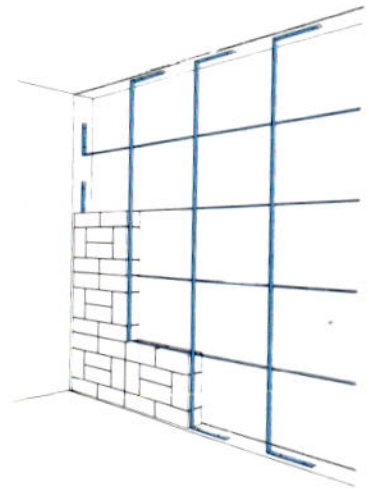

Prüßwand

Prutenische Tafeln, die ersten auf Grund der kopernikan. Lehre von E. REINHOLD (* 1511, † 1553) berechneten Planetentafeln (Wittenberg 1551).

PR-Zahl, Abk. für engl. **Ply Rating** [plˈaɪ reɪtɪŋ], Kfz: Maß für die Unterbaufestigkeit und Höchsttragfähigkeit eines → Reifens, angegeben hinter dessen Größenbezeichnung.

ps, Einheitenzeichen für **Pikosekunde** (→ Sekunde 2).

PS, 1) Abk. für → **P**olystyrol.

2) Einheitenzeichen für → **P**ferdestärke.

Psammit *der,* mittelkörniges → Trümmergestein mit Korndurchmessern von 0,02 bis 2 mm; z. B. Sand und Sandstein.

P-Schale, die zur Hauptquantenzahl $n = 6$ gehörige Hauptschale der → Atome, die maximal 72 Elektronen aufnehmen kann.

Psephit *der,* grobkörniges → Trümmergestein mit Korndurchmesser >2 mm. Eckige (gerundete) Gesteinstrümmer heißen **Schutt (Kies),** verfestigte **Brekzie (Konglomerat** oder **Nagelfluh).**

Pseudogleye, sehr wechselfeuchte Böden mit Stauwasser dicht unter der Bodenoberfläche; es fehlt ein Grundwasserspiegel. P. gibt es bes. auf Feinsanden oder Lößlehmen; wenig fruchtbar.

Pseudohalogene, Bez. für Gruppen, deren Molekül aus mindestens zwei elektronegativen Atomen bestehen und in ihren physikal. und chem. Eigenschaften den → Halogenen ähneln; → Cyanverbindungen.

Pseudo|impuls, der → Quasiimpuls.

Pseudomorphosen *Mz.,* Nachbildungen der Kristallgestalt einer Mineralart A durch feinkristalline Substanz einer Mineralart B, indem die Substanz A durch Verwitterung oder Metamorphose langsam gelöst oder verändert und durch die Substanz B ersetzt wird. Es entsteht eine P. ›von B nach A‹. Es werden unterschieden: a) **Verdrängungs-** oder **Ausfällungs-P.** mit völligem Wechsel der Substanz, z. B. Quarz nach Kalkspat, Gips oder Dolomit nach Steinsalz, b) **Umwandlungs-P.** durch Stoffzufuhr (Silberglanz nach Silber), Stoffabgabe (Kupfer nach Rotkupfererz) oder teilweisem Stoffaustausch (Aragonit nach Gips), c) **Perimorphosen** oder **Umhüllungs-P.,** wobei der Kristall A zunächst umhüllt und nach Herauslösung der Substanz zum ›negativen‹ Kristall wird, d) die **Paramorphosen,** bei denen durch polymorphe Umwandlung der Zerfall eines primären Einkristalls in das sekundäre Aggregat erfolgt (rhomb. Tief-Leucit nach kubischem Hoch-Leucit).

Pseudo|solarisation, der Sabattier-Effekt (→ photographische Effekte).

Pseudosphäre, Fläche mit konstantem negativem Gaußschen Krümmungsmaß (→ Krümmung); sie ist die Umdrehungsfläche einer → Traktrix.

Pseudotektonik, Erscheinungen, die tektonischen ähneln, aber auf andere Vorgänge zurückgehen, z. B. → Rutschungen, → Kryoturbation.

Pseudotetrade, die bei Binärcodierung der zehn Dezimalziffern in Tetradenform keiner Dezimalziffer zugeordneten übrigbleibenden sechs Tetraden. Welche der 16 möglichen Tetraden nicht zugeordnet werden, hängt von dem verwendeten Binärcode ab. Beim BCD-Code sind die letzten sechs Tetraden P., beim Aiken-Code die mittleren sechs, beim Exzeß-3-Code die ersten und die letzten drei Tetraden. Um beim Rechnen mit diesen Codes auf jeden Fall zu richtigen Ergebnissen kommen zu können, muß immer dann eine **Dezimalkorrektur** durchgeführt werden, d. h., es muß zusätzlich eine binäre 6 (›0110‹) addiert werden, wenn bei einer Rechenoperation eine P. entstehen oder durch einen Übertrag erzeugt würde.

Psi (ψ, Ψ), ein → griechischer Buchstabe (ÜBERSICHT).

1) *ψ*, *Ψ*, Formelzeichen für die den Zustand eines quantenmechan. Systems beschreibende → Wellenfunktion **(Psi-Funktion).**

2) *Ψ*, Formelzeichen für den elektr. Fluß.

Psilocybin, Indolalkaloid, u. a. aus dem mexikan. Pilz Psilocybe mexicana, eines der bekanntesten Rauschgifte. Ähnlich wirkt das in der gleichen Pflanze vorkommende, mit ihm verwandte **Psilocin.**

Psilomelan: tropfenförmig (Siegen, Westfalen)

Psilomelan *der,* **Schwarzer Glaskopf,** Mineral $(Ba, H_2O)_2Mn_5O_{10}$ (→ Manganomelan).

Psi-Teilchen, 1974 von B. RICHTER und unabhängig davon von S. C. C. TING (der es **J-Teilchen** nannte) entdecktes schweres Meson (aufgebaut aus einem Quark-Antiquark-Paar $c\bar{c}$) mit einer Ruhemasse von 3098 MeV. Durch den Nachweis des P.-T. sind die Vorstellungen vom Aufbau der → Elementarteilchen und den zw. ihnen wirkenden Kräften grundlegend verändert worden. Zur Erklärung seiner Eigenschaften mußten eine neue ladungsartige Quantenzahl → Charm und die Existenz eines neuartigen vierten → Quarks c (Charm-Quark) postuliert werden. Das P.-T. wird als Grundzustand des → Charmoniums aufgefaßt.

PSK, Abk. für engl. **Phase Shift Keying** [f'eız ʃıft k'i:ıŋ], **digitale Phasenmodulation,** Nachrichtenübertragung: Jeder Amplitudenstufe eines digitalen → Signals 2) wird eine best. Phasenlage der Trägerschwingung zugeordnet (›Phasenumtastung‹). Die Anzahl der verwendeten Stufen wird oft durch eine Vorzahl angegeben, z. B. 4PSK, 8PSK.

Psychrometer, → Aspirationspsychrometer.

pt, Einheitenzeichen für → **pint.**

Pt, chem. Symbol für → Platin.

PTC-Widerstand, → Kaltleiter.

Pterine

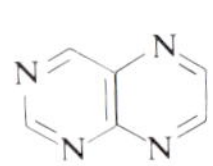

Pteridin

Pterine, Stoffklasse, die sich vom bizykl. Ringsystem des **Pteridins** ableitet. P. sind u. a. das gelbe Xanthopterin und das farblose Leucopterin, die als Pigmente in Schmetterlingsflügeln vorkommen, sowie das Vitamin Folsäure.

Pteropodenschlamm, Sediment der tieferen Meeresteile, v. a. von Pteropoden (Flügelschnecken) stammende kalkreiche Ablagerungen.

PTFE, Abk. für → Polytetrafluoräthylen.

PTH, Abk. für **Parathyrin** und **Parathormon,** das → Nebenschilddrüsenhormon.

Ptolemäisches Weltsystem [n. dem grch. Naturforscher Ptolemäus, * um 100, † vermutl. um 160], ein → geozentrisches Weltsystem, bei dem sich die (damals bekannten) Planeten Merkur, Venus, Mars, Jupiter und Saturn sowie Sonne und Mond um die Erde als Mittelpunkt bewegen. Zur Beschreibung der Planetenbewegung kombinierte Ptolemäus die ältere → Epizykeltheorie und → Exzentertheorie und führte zusätzlich eine Ausgleichsbewegung (→ punctum aequans) ein, um die Phänomene entsprechend den aristotelischen Forderungen nach Gleich- und Kreisförmigkeit aller (Einzel-)Bewegungen am Himmel wiedergeben zu können. Das P. W. wurde vom Kopernikanischen Weltsystem, einem heliozentrischen Weltsystem, verdrängt (→ Astronomie).

Ptomaine, bei der Leichenfäulnis entstehende Amine, z. B. Cadaverin, Neurin, Putrescin.

ptygmatische Textur, Geologie: in → Migmatiten schlangen-, falten- oder mäanderartige unregelmäßig dicke helle Lagen. Es ist unklar, ob die p. T. während der Deformation oder nach der Erstarrung sekundär entstanden.

Pu, chem. Symbol für → Plutonium.

Pudermetalle, die → Bronzepigmente.

Puffer, 1) allgemein Stoßfänger, bes. Stoßvorrichtung an Eisenbahnfahrzeugen, je zwei an den Stirnseiten des Untergestells. Früher hatte der, in Fahrtrichtung gesehen, rechte P. einen gewölbten, der linke einen ebenen Pufferteller, heute überwiegen (lt. Vorschrift) leicht gewölbte Pufferteller auf beiden Seiten.

2) Chemie: Stoffgemisch, in dem die Wasserstoffionenkonzentration (pH-Wert) deutlich unempfindlicher ist gegen den Zusatz von Säuren oder Basen als in anderen vergleichbaren Systemen. Die P.-Wirkung beruht auf der Anwesenheit von schwachen Säuren oder Basen und ihren Salzen. Beispiel: Stellt man eine Lösung her aus vergleichbaren Mengen von Essigsäure, CH_3COOH, und Natriumacetat, CH_3COONa, so liegt die Säure wegen ihrer niedrigen Dissoziationskonstanten ($1{,}8 \cdot 10^{-5}$ Mol/l; → Dissoziation) praktisch quantitativ undissoziiert vor, während das Salz völlig in Acetat- und Natriumionen zerfällt. Entsprechend den niedrigen Gleichgewichtskonstanten der unten formulierten Reaktionen werden nun die H^+-Ionen einer zugegebenen Säure entsprechend $CH_3COO^- + H^+ \rightleftarrows CH_3COOH$ abgefangen, während die OH^--Ionen einer zugegebenen Base nach

$$CH_3COOH + OH^- \rightleftarrows CH_3COO^- + H_2O$$

weitgehend abreagieren und so den pH-Wert nur geringfügig verändern.

Blut stellt einen biologisch wichtigen P. dar; auf Grund seines Gehaltes an Phosphor- und Kohlesäuresalzen wird der pH-Wert zw. 7,28 und 7,40 gehalten. In Böden spielen P. für den Pflanzenbewuchs eine wichtige Rolle.

3) Datenverarbeitung: ein Zwischenspeicher (engl. **buffer** [b'ʌfə]), der bei der Übertragung von Daten zw. unterschiedlich schnell arbeitenden Baugruppen und Geräten eingesetzt wird, um einen zeitl. Ausgleich z. B. zw. dem Rechenwerk eines Computers und einem wesentlich langsameren Peripheriegerät (Drucker) zu schaffen.

Puls, bes. in der Elektronik, aber auch allgemein in der Technik Bez. für eine regelmäßige Impulsfolge (→ Impulstechnik).

Pulsare, Quellen kosm. Radiofrequenzstrahlung, die regelmäßig Strahlungspulse unterschiedl. Form und Intensität und sehr kurzer Dauer abstrahlen. Die Perioden der Pulse schwanken zw. 0,0016 und mehreren Sekunden. Der erste P. wurde 1967 von J. BELL und A. HEWISH entdeckt; heute sind mit Hilfe der Radioastronomie mehr als 300 P. bekannt. 1969 gelang es, einen P. mit einem opt. Objekt zu identifizieren, dem Zentralstern des einem Supernova-Ausbruch zugeschriebenen → Crabnebels. Die Stärke der sichtbaren und der Röntgen-Strahlung dieses Sterns ändert sich im gleichen Rhythmus wie die der Radiostrahlung. Auch andere P. scheinen Überreste von

Sternen zu sein, die einen Supernova-Ausbruch erlitten haben. Theoret. Überlegungen auf Grund des Beobachtungsmaterials führten dazu, P. als schnell rotierende → Neutronensterne anzusehen, deren Rotationsdauer der Pulsperiode entspricht. Ihre starken Magnetfelder beschleunigen die vom Stern als Plasmawolke abströmenden Protonen und Elektronen nahezu auf Lichtgeschwindigkeit. Die hierbei gebildete gerichtete Radiofrequenzstrahlung überstreicht auf Grund der Rotation des Neutronensterns periodisch die Erde. – Es konnten auch außerhalb unseres Milchstraßensystems P. nachgewiesen werden. So wurden über 20 P. in der Großen Magellanschen Wolke entdeckt. Einige P. wurden als Partner eines Doppelsternsystems identifiziert **(Binär-P.).** Der Binär-P. PSR 1913 + 16 hat als Begleiter wahrscheinlich einen weiteren Neutronenstern. Dieses Doppelsternsystem erscheint zur Nachprüfung von Voraussagen der allgemeinen Relativitätstheorie bes. geeignet (→ Gravitationswellen). Gepulste Röntgenstrahlung wird nicht nur von isolierten, rotierenden Neutronensternen empfangen, sondern auch von rotierenden Neutronensternen in engen Doppelsternsystemen, bei denen Materie vom Begleitstern auf den Neutronenstern überströmt. Bei diesen ›Röntgen-P.‹ ist ein anderer Mechanismus für die Entstehung der Röntgenstrahlung verantwortlich (→ Sternentwicklung).

Pulsations|theorie, Gebirgsbildungstheorie, die einen gesetzmäßigen Wechsel von Einengungs- und Ausweitungsetappen vertritt, die tekton. Strukturen erzeugen. Faltungen und Überschiebungen werden auf Kontraktion, die Bildung von Geosynklinalen, Graben- und Bruchzonen auf Expansion des Erdinneren zurückgeführt. Zykl. Erwärmung und Abkühlung der innerird. Materie sollen die langsame Volumenänderung **(Pulsationen)** der Erde bewirken. Die P. kann als modifizierte Kontraktionstheorie angesehen werden.

Pulsationsveränderliche, Gruppe von → Veränderlichen 1), deren Lichtwechsel durch regelmäßige Expansion und Kontraktion **(Pulsation)** ihrer äußeren Schichten hervorgerufen wird. P. sind u. a. die → Cepheiden, die → Mira-Sterne und die → RR Lyrae-Sterne.

Puls-Code-Modulation [-ko:d-], Abk. **PCM,** universelles Verfahren zur digitalen Übertragung analoger → Signale 2), das auf der Beschränkung jeder → Nachrichtenübertragung durch Frequenzband und Störsignale beruht. Das zeitkontinuierl., analoge Signal wird durch → Abtasten und → Quantisierung 1) in ein zeitdiskretes digitales Signal (endl. Informationsgehaltes) umgewandelt. Übertragen wird lediglich in regelmäßigen Abständen ein Zeichen für die jeweilige Quantisierungsstufe, meist binär, jedoch prinzipiell durch → Codierung den Eigenschaften des Kanals weitgehend anpaßbar. – Die digitale Übertragung kann praktisch fehlerfrei gehalten werden, wofür jedoch bei Rekonstruktion des Signals im Empfänger die durch Quantisierung verursachten Verzerrungen auftreten. Hauptvorteil der PCM ist die Streckenunabhängigkeit dieser Verzerrungen sowie die bes. gute Ausnutzung eines verbreiterten Frequenzbandes bezüglich Fehlerarmut oder Leistungsersparnis.

Die PCM ermöglicht → Multiplex-Systeme im Zeitmultiplex. Wichtiges Anwendungsgebiet ist u. a. die Fernsprechtechnik: Mit dem Grundsystem PCM-30 und dessen Kombinationen lassen sich 30, 120, 480 usw. Ferngespräche im Multiplex übertragen. Diese Technik befindet sich in Konkurrenz zur hochentwickelten → Trägerfrequenztechnik.

pulsierender Gleichstrom, Elektrotechnik: → Gleichstrom.

Pulsmodulation, Impulsmodulation, Oberbegriff für alle Arten der → Modulation, bei denen Pulse als Träger verwendet werden.

Pulsometer, Dampfdruckpumpe, kolbenlose, mit Dampf betriebene Verdrängerpumpe für Wasser, besteht aus zwei für Wasser und Dampf gemeinsamen Arbeitskammern mit Saug- und Druckventilen.

Pulsotriebwerk, Pulse-Jet [p'ʌlsdʒet, engl.], das Verpuffungsstrahltriebwerk, → Strahltriebwerk.

Pulver, 1) sehr fein zerkleinerter, trockener, fester Stoff, der in weithalsigen **P.-Flaschen** aufbewahrt werden kann.

2) das → Schießpulver.

Pulvermetallurgie, früher **Metallkeramik** oder **Sintermetallurgie,** Herstellung von Formkörpern und Halbzeug aus Metallpulvern, -körnern, -pellets oder -spänen, indem diese bei Raumtemperatur gepreßt **(Kaltpressen)** und anschließend gesintert oder bei Sintertemperatur gleichzeitig gepreßt **(Warmpressen)** und gesintert werden. Formkörper werden in Formen mittels Preßstempeln oder durch allseitigen hydraul. Druck in einer Gummiform verdichtet, bei Bändern oder Blechen wird das Pulver kontinuierlich auf ein Förderband gegeben und von diesem durch beheizte Preßwalzen geführt.

Anwendung: 1) bei hochschmelzenden Metallen (z. B. Wolfram); 2) wenn Legierungen aus Metallen (u. a. wegen der schlechten Löslichkeit der Komponenten ineinander) schwer durch Schmelzen herstellbar sind; 3) wenn Metalle mit Nichtmetallen (z. B. Graphit) oder chem. Verbindungen wie Karbiden, Oxiden verbunden werden sollen. Durch Veränderung der Pulverkorngröße, der Preß- und Sinterbindungen lassen sich die Eigenschaften der Preßkörper, bes. ihre Porosität, in weiten Grenzen verändern.

Pulvermethoden, Polykristallmethoden, Kristallographie: Methoden zur Untersuchung von Kristallpulver v. a. mit Hilfe (fast) monochromat. Röntgenstrahlen. Bei deren Beugung werden an einer ausreichend großen Zahl von Kristalliten, auf Grund der Bragg-Gleichung (→ Röntgenstrukturanalyse), Interferenzmaxima gleichzeitig erzeugt. Diese können mit Filmmethoden synchron aufgezeichnet werden, während sie bei Diffraktometer-Methoden einzeln nacheinander registriert werden. Am weitesten verbreitet ist die zu ersteren gehörende **Debye-Scherrer-(auch Hull-)Methode** [dəb'ɛjə-], bei der das parallele Röntgenstrahlbündel das in ein Mark-Röhrchen eingeschlossene Pulverpräparat durchsetzt. Wird dieses um die Achse einer zylindr. Kammer gedreht, deren Innenrand mit einem Röntgenfilm belegt ist, ergeben sich durch Beugung des Primärstrahls an best. Gruppen von Netzebenen in den Kristalliten kegelförmige Interferenzen (Sekundärstrahlen), die sich auf dem Film als eine Schar konzentr. Ringe **(Debye-Scherrer-Diagramm)** abbilden. Aus ihrer Lage und Intensität sind v. a. Aussagen über die Kristallstruktur möglich. Eine genauere Auswertung der **Debye-Scherrer-Linien** erlaubt das **Straumanis-Jevins-Verfahren** [strɔm'ænɪs dʒ'evinz-], bei dem der Film asymmetrisch zum Primärstrahl in die Kammer eingelegt wird. – Eine Verbesserung des Auflösungsvermögens wird durch fokussierende Röntgenverfahren erzielt, bei denen in einer Ebene liegende reflektierte Strah-

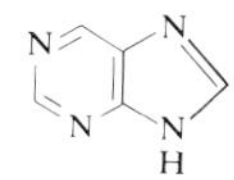

Purin

1

2

3

4

Putz 1–4:

Putz: 1 Kratzputz, grob. **2** Münchener Rauhputz. **3** Patschputz. **4** Nesterputz (Nach H. Leithäuser)

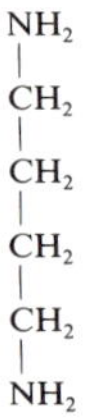

Putrescin

5

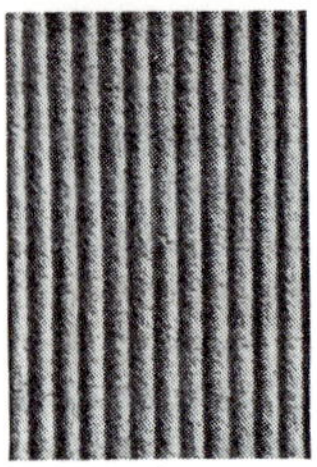

6

Putz 5 und 6:
5 Runder Kellenstrich.
6 Kammputz, Rillenputz.
(Nach H. Leithäuser, Werkkunde)

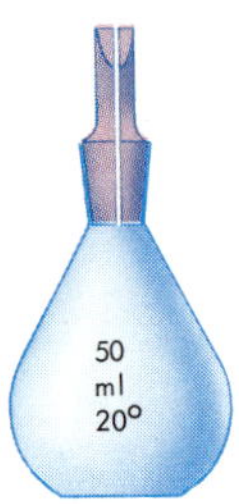

Pyknometer

len auf einen Punkt gerichtet werden und dadurch Interferenzlinien geringerer Breite erscheinen. Dazu sind beim **Seemann-Bohlin-Verfahren** [-bul'i:n-] das fächerförmige Präparat und der Film auf einer zylindr. Fläche angeordnet, die auch den Fokussierungskreis enthält. Durch Verwendung streng monochromat. Strahlung wird beim **Guinier-Verfahren** [ginjé-] das Auflösungsvermögen zusätzlich verbessert. – Zu den Diffraktometer-Methoden gehört das **Bragg-Brentano-Verfahren** [bræg - -].

Pulverwolle, → Nitrocellulose.

Pumpbeton, durch Kolben- oder Rotationspumpen geförderter → Beton.

Pumpen, Maschinen und Geräte zum Fördern von Flüssigkeiten und Gasen. An das zu fördernde Gut wird mechan. Energie übertragen und damit das für das Fließen durch eine gegebene Leitung notwendige Energiegefälle erzeugt. Nach der Wirkungsweise unterscheidet man: → Gasmischheber, → Kreiselpumpen, → Schneckenpumpen, → Stoßheber, → Dampfstrahlpumpen und → Verdrängerpumpen (Kolben-, Flügel- und Rotationspumpen).

Die günstigste P.-Bauart wird nach Betriebsbedingungen und nach der Förderflüssigkeit gewählt. Durch Regelung wird der Förderstrom dem Verbrauch angepaßt, z. B. durch Drosselung in der Druckleitung, durch Zurückleiten eines Teiles des Förderstromes in die Saugleitung, durch Kolbenhubänderung, durch Verstellen der Laufradschaufeln, durch Drehzahländerung, durch Erzeugung eines Vordralles.

Die Größe einer P. wird bestimmt durch die **Förderwerte** (Förderstrom in m^3/s und Förderhöhe in m) und die **Antriebswerte** (Drehzahl oder Hubzahl in 1/min und Leistungsbedarf in kW). Die hydraul. Güte der P. wird beschrieben durch den Wirkungsgrad. Die **Saugfähigkeit** wird durch die spezif. Haltedruckenergie in m^2/s^2 (oft noch durch NPSH in m, die Abkürzung für den in den USA gebräuchl. Begriff ›net positiv suction head‹) ausgedrückt. Es ist dies der Überschuß der auf den Saugstutzen bezogenen, im Betrieb gemessenen spezif. Energie über der spezif. Verdampfungsdruck-Energie im gleichen Querschnitt. Bei Überschreitung des noch zulässigen Wertes tritt → Kavitation auf. – **Selbstentlüftende P.** arbeiten als Verdichter und entlüften ihre Saugleitungen.

P. werden in nahezu allen Bereichen der Technik benötigt, v. a. im Bergbau, in der Verfahrens-, Kraftwerk-, Wasserversorgungs-, Abwasser-, Bau-, Fahrzeug-, Haus- und Hausgerätetechnik; in der Physik und Elektronik spielen v. a. → Vakuumpumpen eine besondere Rolle.

W. Pohlenz: Grundlagen für P. ([2]1977); H. Schulz: Die P. ([13]1977); W. Bohl u. a.: P. und P.-Anlagen ([2]1981).

Pump|energie, → Laser.

Pumpenturbine, eine → Strömungsmaschine, die in einer Drehrichtung als Überdruckwasserturbine und in der anderen Drehrichtung als Kreiselpumpe arbeitet; in Pumpspeicherwerken verwendet. P. haben niedrigere Wirkungsgrade als spezielle Turbinen und Pumpen, sind aber raum- und kostensparend.

Pump|frequenz, Frequenz, mit der Wechselleistung einem → parametrischen Verstärker zugeführt wird.

Pump|speicherwerk, ein → Wasserkraftwerk, das in Schwachlastzeiten (z. B. nachts) die elektr. Überschußenergie von Dampf- und Laufkraftwerken hydraulisch speichert. Dabei arbeitet der Synchrongenerator als Motor und treibt eine Pumpe oder Pumpenturbine an, die Wasser aus einem Unterbecken in ein hoch gelegenes Oberbecken (Speicherbecken) pumpt. Zur Zeit der Bedarfsspitze treibt man mit dem gespeicherten Wasser die Turbine und damit auch den Generator an, der nun hochwertige Spitzenenergie in das Netz einspeist. P. stellen als **Spitzenkraftwerk** eine sehr wirtschaftl. Momentanreserve dar mit niedrigen Betriebskosten. Oft werden P. mit einem Hochdruck-Wasserkraftwerk mit natürl. Wasserzulauf kombiniert.

Pumpversuch, an Versuchsbrunnen oder bestehenden Grundwassergewinnungsanlagen über längere Zeit (z. B. 72 Std.) ohne Unterbrechung unter Beobachtung der Absenkung durchgeführtes Abpumpen von Grundwasser zum Nachweis der gewinnbaren Wassermenge.

punctum aequans, Ausgleichspunkt, Bestandteil der Planetentheorie des Ptolemäus (→ Ptolemäisches Weltsystem). Das p. a. liegt auf der Apsidenlinie des Exzenters, das den Epizykel trägt (→ Epizykeltheorie, → Exzentertheorie) im gleichen Abstand vom Exzentermittelpunkt wie die Erde, nur jenseits von dieser. Der Epizykelmittelpunkt bewegt sich mit gleichförmiger Winkelgeschwindigkeit um das p. a. J. Kepler erkannte im p. a. den zweiten Brennpunkt der ellipt. Planetenbahnen.

Punkt, 1) Drucktechnik: a) → typographischer Punkt; b) **autotypischer P.**, auch ›Raster-P.‹, druckendes Element einer → Autotypie oder einer Platte für Offsetdruck.

2) Mathematik: in der Geometrie ein Gebilde ohne Ausdehnung, z. B. erzeugt durch den Schnitt von zwei Geraden, allgemeiner ein Grundbegriff in den Definitionen der → Räume, ein Element einer Menge, die den Charakter eines bestimmten Raumes (z. B. des Euklidischen Raumes) hat.

Punktgitter, → Elementarzelle.

Punktgruppe, Punktsymmetriegruppe, Gruppe von Symmetrieelementen, die alle durch einen bestimmten Punkt gehen **(Punktsymmetrieelemente).** Die → Symmetrieoperationen einer P., die **Punktsymmetrieoperationen** (welche die Elemente der P. im mathemat. Sinn darstellen), lassen diesen Punkt fest. Als Punktsymmetrieoperationen können auftreten: Drehungen, Spiegelungen, Inversion, Drehinversionen, Drehspiegelungen. Eine besondere Rolle spielen die 32 möglichen **kristallograph. P.**, die zu einer Einteilung der → Kristalle in 32 Kristallklassen führen. (→ Raumgruppe)

Punktmenge, Menge von Punkten eines Raumes, wenn von jedem der Punkte festgelegt ist, ob er zur Menge gehört oder nicht, z. B. bilden alle Punkte des Umfangs eines Dreiecks eine eindimensionale P., die Punkte der Oberfläche eines Würfels eine zweidimensionale P., alle Punkte außerhalb dieses Würfels eine dreidimensionale P., ebenso kann man *n*-dimensionale P. definieren; man unterscheidet auch zw. endlichen und unendlichen Punktmengen.

Punktsymmetrie, Punktspiegelung, → Symmetrie, → Spiegelung.

Pupille, Optik: die den → Strahlenraum der optischen Abbildung begrenzenden Blenden, die von dem abbildenden System als dingseitiges **(Eintrittspupille)** oder bildseitiges Bild **(Austrittspupille)** der reellen Aperturblende (Öffnungsblende) erzeugt werden.

Pupinisierung [n. dem jugoslaw. Elektroingenieur M. I. Pupin, * 1858, † 1935], die Einfügung von Spulen **(Pupin-Spule)** in Fernsprechleitungen in regelmäßigen Abständen (Bespulung), wodurch im Frequenzbereich unterhalb einer charakterist. Frequenz (›Grenzfrequenz‹)

die Dämpfung je km der Leitung vermindert wird. Vor Einführung der Verstärker in die Fernsprechtechnik war die P. das einzige Mittel, Fernsprechen über einige 100 km Kabelleitungen mit wirtschaftlich tragbaren Drahtdurchmessern zu ermöglichen. Auch auf Leitungen, die mit Verstärkern ausgerüstet wurden, behielt die P. erhebliche Bedeutung, erst durch die Trägerfrequenztechnik ging die Verwendung von Pupin-Spulen zurück.

Puppis, das Sternbild → Heck des Schiffes.

PUR, Abk. für →**Polyur**ethane.

Purcell-Methode [pʼə:səl-, n. dem amerikan. Physiker E. M. Purcell, * 1912], → Kernspinresonanz.

Purex-Verfahren, Verfahren zur → Wiederaufarbeitung von Kernbrennstoffen; diese werden in Salpetersäure gelöst; Plutonium (Pu) und Uran (U) lassen sich durch Tri-n-butylphosphat aus der Lösung extrahieren.

Purinbasen, am Aufbau von Nucleosiden, Nucleotiden und Nucleinsäuren (DNS und RNS) beteiligte bas. Verbindungen, die sich vom Purin ableiten. Die wichtigsten sind **Adenin, Guanin, Hypoxanthin** (6-Hydroxy-purin) und **Xanthin.**

Purine, im Tier- und Pflanzenreich weitverbreitete Stoffklasse, die sich vom bizykl. Ringsystem des Purins ableitet. Wichtige P. sind Harnsäure, die Nucleinsäurebausteine Adenin und Guanin sowie Coffein und das in Kakaobohnen enthaltene Theobromin. (FORMEL S. 135)

Purple Ore [pə:pl ɔ:, engl.], → Pyrit.

Purpur, überwiegend aus rotviolettem Dibromindigo bestehender Farbstoff, der als Leukoverbindung in der Hypobronchialdrüse von P.-Schnecken vorkommt. P. wurde im Altertum bis zum 13. Jh. zum Färben kostbarer Gewänder verwendet.

Purpurlicht, Farberscheinung der → Dämmerung.

Putrescin, 1,4-Butandiamin, übelriechende Substanz, die bei der Fäulnis von Eiweißstoffen durch Decarboxylierung von Ornithin entsteht. (FORMEL S. 136)

Püttmaschine, Maschine, die die fruchtbare Erde des Untergrundes (bes. der Marschen) mittels eines Bohrrohrs mit Schnecke an die Oberfläche befördert.

Putz, an Wandflächen oder Deckenflächen einlagig oder mehrlagig aufgetragener Mörtelbelag. P. an Innenflächen wird **Innenputz,** P. an Außenflächen **Außenputz** genannt. Eine obere Putzlage wird als **Oberputz,** darunterliegende Putzlagen als **Unterputz** bezeichnet. Die Putzweise kennzeichnet die Oberfläche, z. B. bei **Kratzputz, Spritzputz** oder **Scheibenputz.** (BILDER S. 135, 136)

Putzmittel, Reinigungsmittel aus feinpulvrigen Polier- und Schleifmitteln (Schmirgel, Kaolin, gefälltes Calciumcarbonat) und Zusätzen von Seifen und fettemulgierenden Stoffen (Soda, Alkaliphosphat, Tenside), Bindemitteln und organ. Lösungsmitteln oder oxidauflösenden chemischen Beizen.

Putz- und Mauerbinder, hydraul. Bindemittel aus Zement, Gesteinsmehl und Zusätzen (Luftporenbildner) für Putz- und Mauermörtel.

Puzzolane, Gesteinsmehle mit latent hydraul. Eigenschaften, seit dem Altertum bekannt **(Puzzolanerde).**

PVC, Abk. für →**P**oly**v**inyl**c**hlorid.

PVCC, Abk. für **c**hloriertes →**P**oly**v**inyl**c**hlorid.

PVDC, Abk. für →**P**oly**v**inyli**d**en**c**hlorid.

pV-Diagramm, Kurzbez. für **Druck-Volumen-Diagramm,** bei Kolbenmaschinen mittels → Indikator aufgezeichnetes Diagramm. Allg. in der Thermodynamik benutzte Darstellung zur Kennzeichnung der Eigenschaften eines Gases.

PVD-Verfahren, Abk. für engl. **Physical Vapour Deposition-Verfahren** [fʼɪzɪkl vʼeɪpə depəzʼɪʃn-], die Beschichtung vorzugsweise metallischer Werkstoffe durch physikal. Dampfabscheide-Prozesse mit Hilfe plasmaaktivierter Verfahren. Hierzu gehören das reaktive Ionenplattieren, das aktivierte reaktive Bedampfen, die Hohlkathoden-Ionenplattierung sowie das Hochfrequenz- und Magnetronsputtern. Abgeschieden werden Hartstoffverbindungen mit hoher Verschleißbeständigkeit, wobei im Gegensatz zum → CVD-Verfahren die Hartstoffverbindung im Fein- und Hochvakuumbereich aus den Ausgangselementen synthetisiert wird. Der metallische Anteil des Hartstoffes wird unmittelbar verdampft; eine Reaktion in der Dampfphase oder auf der zu beschichtenden Oberfläche führt zu der gewünschten Verbindung. Hartstoffschichten aus Titannitrid können bei wesentlich niedrigeren Werkstücktemperaturen als beim CVD-Verfahren mit vergleichbaren Eigenschaften abgeschieden werden. Kompliziert geformte Teile und Bohrungen können nach dem PVD-V. nicht beschichtet werden.

P-Wellen, → Erdbeben.

PWM, Abk. für **Pulse Width Modulation** [puls wɪdð mɔdjulʼeɪʃn, engl.], Impuls-Längen-Modulation, → Modulation.

PWR, Abk. für **Pressurized Water Reactor** [prʼeʃəraɪzd wʼɔ:tə rɪʼæktə, engl.], svw. Druckwasserreaktor (→ Kernreaktor).

Pyknit, stengelige Aggregate von → Topas.

Pyknometer *das,* Wägefläschchen mit eingeschliffenem Stopfen, durch den eine Kapillare führt. P. dienen der Dichtemessung von Flüssigkeiten oder zerkleinerten Feststoffen bei Raumtemperatur. Soll die Dichte bei höheren oder niedrigeren Temperaturen bestimmt werden, benutzt man ein P. mit Thermometer. (BILD S. 136)

Pylon, 1) Brückenbau: Stahl- oder Betonstütze, die hoch über die Fahrbahn von Hänge- oder Schrägseilbrükken hinausragt und auf der die Kabel gelagert sind.

2) meist stielförmiger Träger unter Flugzeugtragflügeln zur Befestigung von Triebwerken, militär. Außenlasten (Abwurf- oder Raketenwaffen, Aufklärungssensoren u. a.) oder von Kraftstoffzusatzbehältern.

Pyramide, 1) Kristallographie: P. sind offene Kristallformen und zugleich allg. Kristallformen der **pyramidalen Klassen** des rhomb., trigonalen, hexagonalen und tetragonalen Kristallsystems mit entsprechend vier (rhomb., tetragonal), drei (trigonal) oder sechs (hexagonal) kongruenten Flächen, die die kristallograph. *c*-Achse in einem Punkt (der geometr. **P.-Spitze)** schneiden (TAFEL Kristall I, BILDER E 6, 9, 16, 21). Durch Verdoppelung der Flächenzahl entstehen ditrigonale, dihexagonale und ditetragonale P. als allg. Formen entsprechender Klassen (TAFEL Kristall I, BILDER E 10, 18, 23). Durch Spiegelung der Flächen einer P. an einer zur *c*-Achse senkrechten Spiegelebene entsteht eine analoge **Bipyramide** (Dipyramide) als geschlossene und allg. Form **bipyramidaler Klassen** (TAFEL Kristall I).

Besondere Kristallformen: **Pyramiden|okta|eder,** das → Triakisoktaeder. – **Pyramidentetra|eder,** das → Triakistetraeder. – **Pyramidenwürfel,** das → Tetrakishexaeder.

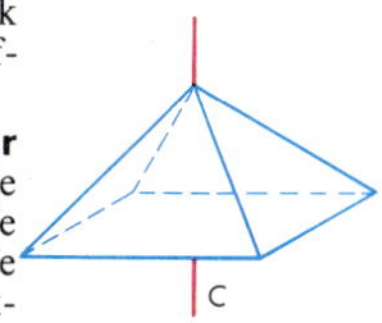

Pyramide (tetragonal)

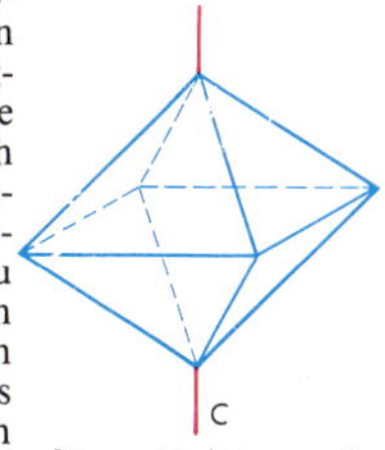

Bipyramide (tetragonal)

Pyramide 1)

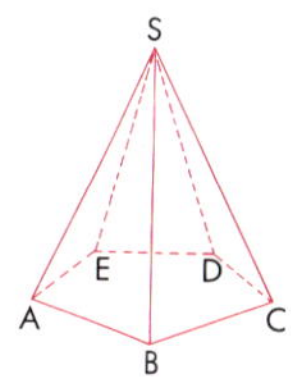

Pyramide 2)

Pyran

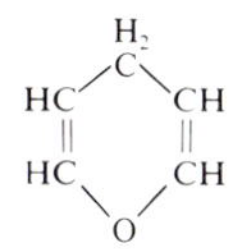
Pyran

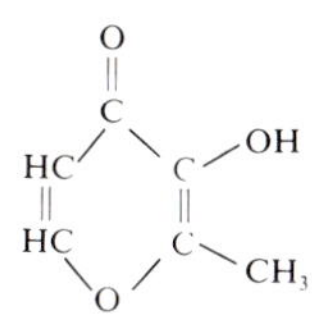
Maltol

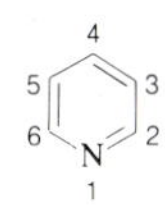
Pyridin

Pyrazolone

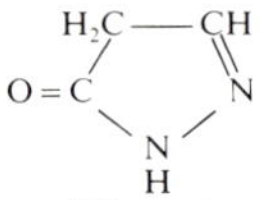

5-Pyrazolon

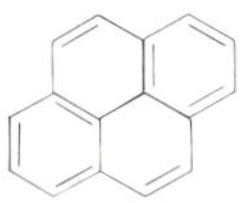

Pyren

Pyrimidin

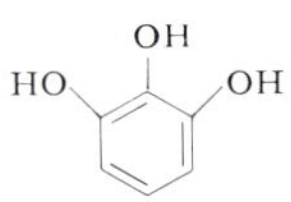

Pyrogallol

Pyrit 5: verwachsene Kristalle (Rio Marina, Elba)

2) Mathematik: spitz zulaufender geometr. Körper, dessen Grundfläche ein *n*-Eck ist. Er entsteht aus allen Punkten aller Verbindungsstrecken eines Punktes, der **P.-Spitze** *S*, mit allen Punkten eines ebenen Vielecks (z. B. Fünfeck *A B C D E*). Dabei darf *S* nicht in der Ebene des Vielecks liegen. Das Volumen beträgt $\frac{1}{3}G \cdot h$, wobei *G* den Flächeninhalt des Vielecks, *h* den Abstand der Spitze *S* vom Vieleck bedeutet. Ist das Vieleck regelmäßig und liegt *S* senkrecht über dessen Mittelpunkt, so heißt die P. **regelmäßig.** Wird die P. durch eine zur Grundfläche parallele Ebene geschnitten, erhält man den **P.-Stumpf** und die **Ergänzungspyramide.** (BILD S. 137)

Pyran, heterozyklische Verbindung mit sauerstoffhaltigem Sechsring. **Pyrone** sind vom P. abgeleitete Ketone, wie z. B. das beim Brotbacken entstehende **Maltol.** (FORMELN S. 137)

Pyranometer, Gerät zur Messung der Intensität der Globalstrahlung (→ Strahlung 1), die sich aus der direkten Sonnen- und der diffusen Himmelsstrahlung zusammensetzt.

Pyranosen, → Zuckerarten.

Pyrargyrit *der,* Mineral, das dunkle → Rotgültigerz.

Pyrazol, schwach basische, kristalline heterozykl. Verbindung. Durch stufenweise Hydrierung entstehen aus P. **Pyrazolin** und **Pyrazolidin.**

Pyrazol

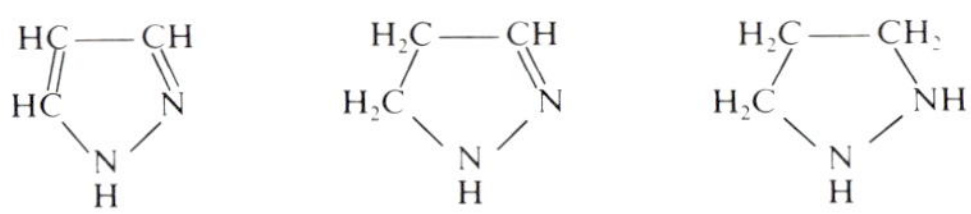

Pyrazol — Pyrazolin — Pyrazolidin

Pyrazolone, farblose bis gelbe kristalline Verbindungen, die sich meist vom 5-Pyrazolon ableiten. P. sind wichtige Ausgangsstoffe für Arzneimittel (z. B. Antipyrin, Pyramidon) und Azofarbstoffe (Textilfarbstoffe und Farbkuppler in der Farbphotographie). Die Verwendung pyrazolonhaltiger Arzneimittel soll wegen schädlicher Nebenwirkungen eingeschränkt werden.

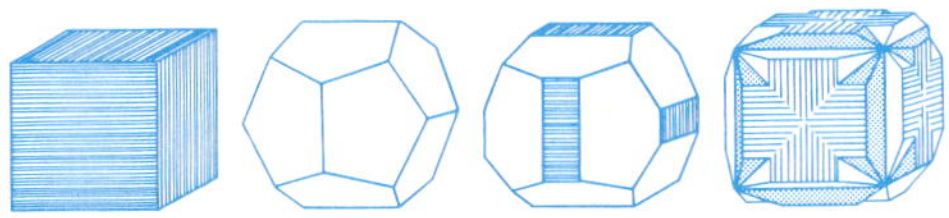

1 2 3 4

Pyrit 1–4

Pyren, farblose, blau fluoreszierende kristalline Substanz, die im Steinkohlenteer enthalten ist und zur Synthese von Farbstoffen verwendet wird.

Pyrgeometer *das,* Gerät zur Messung der vom Erdboden (entsprechend seiner Temperatur) emittierten langwelligen elektromagnet. → Strahlung.

Pyrheliometer *das,* Gerät zum Messen der absoluten Strahlungsintensitäten der direkten Sonnenstrahlung (→ Strahlung 1), d. h. des ungestreut die Atmosphäre durchdringenden Strahlungsanteils. (→ Aktinometrie)

Pyridin, heterozykl. Verbindung mit aromat. Eigenschaften (→ Aromaten). P. ist eine unangenehm riechende, mit Wasser mischbare, schwach basische Flüssigkeit, die aus Steinkohlenteer isoliert oder aus Acetaldehyd, Formaldehyd und Ammoniak synthetisch hergestellt wird. Im Gemisch mit Picolinen **(P.-Basen)** wird es zum Denaturieren von Alkohol verwendet. P.-Derivate sind Nicotinsäure sowie bed. Arzneimittel und Herbizide. (FORMEL S. 137)

Pyridoxine, 1) Bez. für die Pyridinderivate, die Vitamin-B_6-Aktivität aufweisen, z. B. **Pyridoxal, Pyridoxamin** und **Pyridoxol.** Die P. werden enzymatisch ineinander umgewandelt; als Phosphate sind sie an vielen enzymat. Prozessen beteiligt. – 2) **Pyridoxin,** Freiname für **Pyridoxol;** hat Vitamin-B_6-Eigenschaften.

Pyrimidin, 1,3-Diazin, in Wasser lösliche organ. Base. P.-Derivate sind wichtige Naturstoffe wie Vitamin B_1 und die Nucleinsäurebausteine Cytosin, Thymin und Uracil.

Pyrit *der,* **Schwefelkies, Eisenkies,** Mineral FeS_2 (theoretisch 46,6% Fe und 53,4% S, geringe Gehalte an Ni, Co, As; wirtschaftlich wichtige Gehalte an Cu, Ag, Au u. a. beruhen auf Durchmischung mit anderen Erzen), licht-messingfarben (›speisgelb‹) bis goldgelb **(Katzengold),** zuweilen bunt angelaufen, oft rostfarbene Verwitterungsrinde von Brauneisen; H. 6–6,5, D. 5–5,2. P. bildet derbe Massen, häufig auch metallglänzende, gut ausgebildete kub. Kristalle (> 60 Formvarianten), am häufigsten der Würfel (BILD 1) und das Pentagondodekaeder **(Pyritoeder,** BILD 2) sowie Kombinationen beider (BILD 3). Ergänzungszwillinge aus zwei Pyritoedern werden als **Eisernes Kreuz** (BILD 4) bezeichnet. – P. kommt weltweit vor, u. a. a) als Hauptbestandteil kontaktmetasomatisch, hydrothermal oder sedimentär gebildeter ›Kieslager‹, b) als Nebenbestandteil sulfid. Erz- und oxid. Eisenlager, c) in goldführenden Lagerstätten, d) untergeordnet in bas. Tiefengesteinen, e) eingesprengt in verschiedensten Sedimenten (z. B. bituminösen Tonschiefern, Alaunschiefern, kohligen Bildungen), häufig auch als Versteinerungsmittel von Fossilien. – P. wird zur Gewinnung von → Schwefelsäure verwendet; die Abröstrückstände geben Eisenerz **(Purple Ore** [pə:pl ɔ:]), rotbraune Farben und Polierpulver **(Potée).**

pyro . . ., pyr . . ., Vorsilbe zur Bez. 1) von Stoffen, die bei hoher Temperatur oder durch therm. Zersetzung (Pyren, Pyrogallol) gebildet werden; 2) von Säuren und Basen, die sich formal durch Verlust eines Wassermoleküls aus zwei Molekülen der Orthosäure ableiten (Pyroschwefelsäure); 3) von Prozessen, die bei hohen Temperaturen oder bei der Verbrennung ablaufen (Pyrolyse, Pyrotechnik).

Pyro|elektrizität, Erscheinung, daß sich Ionenkristalle mit permanenter elektr. Polarisation bei Erwärmung oder Abkühlung auf gegenüberliegenden Flächen entgegengesetzt elektrisch aufladen, wobei das sich beim Erwärmen positiv aufladende Ende **analoger,** das andere **antiloger Pol** heißt. Da das permanente elektr. Dipolmoment i. a. durch aus der Umgebung aufgenommene Ladungsträger kompensiert wird, treten (scheinbare) Oberflächenladungen nur dann auf, wenn sich durch plötzl. Temperaturänderung der Abstand der Gitterionen und damit die Polarisation ändert. Dieser **pyroelektr. Effekt** wurde zuerst beim Turmalin festgestellt. Seine Umkehrung, d. h. die Erzeugung von Wärme (Kälte) beim Anlegen (Zusammenbrechen) eines elektr. Feldes heißt **elektrokalor. Effekt.** P. tritt nur bei piezoelektr. Kristallen auf, jedoch nicht bei allen (→ Piezoelektrizität).

Pyrogallol, 1,2,3-Trihydroxybenzol, farblose, an der Luft nachdunkelnde Kristalle, die in wäßriger Lösung reduzierend wirken. P. wird durch Decarboxylierung von Gallussäuren hergestellt und als photograph. Entwickler, Haarfärbemittel sowie beim Galvanisieren und zur Sauerstoffbestimmung verwendet. (FORMEL S. 138)

Pyroklastite, Sammelbez. für alle klastischen, vulkan. Produkte wie Aschen, Brekzien u. ä.

Pyrolusit *der,* Mineral β-MnO_2, grauweißmetallisch bis dunkelgrau; H. bis 6,5, D. um 5; Formvarietäten: a) idiomorphe, tetragonale Kristalle, →Polianit, b) Pseudomorphosen, vorzugsweise nach →Manganit, c) kollomorphe bis strahlig-kristalline Massen. Zusammen mit anderen →Manganomelanen ist P. wichtigstes sedimentäres Mn-Erz; z. T. durch Auslaugung und Oxidation angereichert.

Pyrolyse, therm. Spaltung chem. Verbindungen. Von techn. Bedeutung sind die P. von Benzin zu Olefinen, →Pyrolysebenzin u. a. bei etwa 850 °C **(Mitteltemperatur-P.,** →Steamcracken) und von Erdgas zu Acetylen bei etwa 1 500 °C **(Hochtemperatur-P.).** Neuerdings wird die P. von Abfällen (z. B. Autoreifen, Klärschlamm) zur Erzeugung von chem. Rohstoffen und Brennstoffen in Erwägung gezogen. P. findet auch bei der ›trockenen Destillation‹ statt.

Pyrolysebenzin, aromatenreiche Benzinfraktion, die beim →Steamcracken von Rohbenzin anfällt. P. hat eine hohe →Oktanzahl (ROZ: 92–100). Es wird als Mischkomponente für Ottokraftstoffe und zur Gewinnung von Aromaten (bes. Benzol) verwendet.

Pyromellithsäure, 1,2,4,5-Benzoltetracarbonsäure, kristalline organ. Säure. **P.-Anhydrid** wird durch Oxidation von 1,2,4,5-alkylierten Benzolen (z. B. Durol) hergestellt und v. a. zur Herstellung von Polyimiden verwendet.

Pyrometallurgie, Teilgebiet der Metallurgie, gekennzeichnet durch die Anwendung ›trockener‹ Prozesse zur Metallgewinnung und Raffination bei hohen Temperaturen, z. B. Rösten, Sintern, carbo- und metallotherm. Reduktionsverfahren.

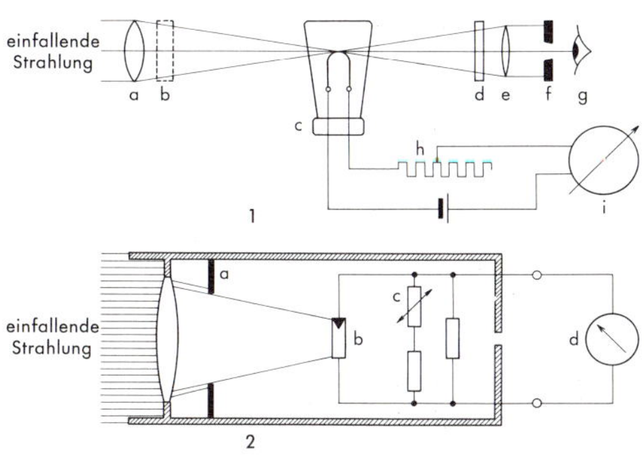

Pyrometer: 1 Glühfaden-Pyrometer (nach Holborn-Kurlbaum); a Objektiv, b Graufilter, c Glühfadenlampe, d Farbfilter, e Okular, f Blende, g Beobachter, h Drehwiderstand, i Meßgerät. **2** Photoelement-Pyrometer (Siemens); a Blende, b Photoelement, c Widerstand für Temperatur-Kompensation, d Meßgerät

Pyrometer *das,* Gerät zur Messung der Temperatur eines Gegenstandes aus der von ihm ausgesandten Temperaturstrahlung **(Strahlungs-P.).** P. sind vorteilhaft für Temperaturen über 1 400 °C, für die Messung bewegter oder unzugängl. Objekte sowie zeitlich rasch veränderl. Temperaturen. Der empfangene Strahlungsfluß hängt außer von der Temperatur des Strahlers auch vom Emissionsgrad seiner Oberfläche ab. P. müssen i. a. auf die betrachtete techn. Fläche geeicht werden.

Nach der spektralen (wellenlängenabhängigen) Empfindlichkeit unterscheidet man **Spektral-P.** (der Strahlungsdetektor ist nur in einem engen Bereich empfindlich), **Bandstrahlungs-P.** (endlicher Bereich), **Gesamtstrahlungs-P.** (Bereich umfaßt 90% der emittierten Strahlung) und **Verhältnis-P.** (Messung bei zwei Wellenlängen und Quotientenbildung).

Die Strahlung wird meist mittels Glaslinsen oder Hohlspiegel auf den Detektor gebracht. Beim opt. **Leuchtdichte-** oder **Glühfaden-P.** (BILD 1) wird die einfallende Strahlung visuell mit der Strahlung des Fadens einer geeichten Glühlampe verglichen, deren Heizstrom so lange verändert wird, bis beide Strahlungen dieselbe Helligkeit haben. Der Strom der Vergleichsstrahlungsquelle ist ein direktes Maß für die Temperatur. Im üblichen Meßbereich von 800–3 000 °C werden Genauigkeiten von ± 10 °C erreicht. **Therm. Detektoren** (Thermoelemente, Widerstandsthermometer) setzen die eintretende Erwärmung in ein elektr. Signal um (→Thermometer), ihre Empfindlichkeit ist daher von der Wellenlänge unabhängig (›schwarze‹ Detektoren); sie sind träge. **Quantendetektoren,** z. B. Cadmiumsulfid-, Silicium-, Germanium-Photoelemente, haben sehr ausgeprägte spektrale Empfindlichkeiten, sie müssen meist gekühlt betrieben werden, um Detektorrauschen zu unterdrücken, ihre Einstellzeiten liegen dafür im Millisekunden-Bereich. Bei Verhältnis-P., die das Verhältnis der Strahldichten oder Strahlungsenergien in mindestens zwei verschiedenen Spektralbereichen zur Temperaturbestimmung auswerten, ist das Meßergebnis weitgehend unabhängig vom Emissionsverhalten des Strahlers. Mit P. können auch Temperaturen unter 0 °C gemessen werden.

Pyrometrie, Verfahren der berührungslosen Messung der (Oberflächen-)Temperatur glühender Körper und Stoffe (→Pyrometer).

Pyromorphit *der,* Mineral $Pb_5[Cl|(PO_4)_3]$, weiß oder farblos, gelb, orangenrot, am häufigsten grün **(Grünbleierz)** oder braun **(Braunbleierz);** oft gekrümmte Kristalle, auch in traubig-nierigen Aggregaten, als dünne Kruste und in Pseudomorphosen. Verwitterungsmineral von Bleiglanzlagerstätten; sehr ähnlich dem Mimetesit.

Pyrone, →Pyran.

Pyrop, Mineral, dunkelroter →Granat.

pyrophor heißen feinst verteilte Metalle, die sich bei Berührung mit Luftsauerstoff durch die bei der Oxidation frei werdende Wärme entzünden (Luftzünder). So verglimmt z. B. Eisenpulver, das durch Reduktion von Eisenoxid mit Wasserstoff bei tiefer Temperatur hergestellt wird, sobald es der Luft ausgesetzt wird. Bes. p. sind Pulver und Späne von Leichtmetallen.

Pyrophyllit *der,* Mineral $Al_2[(OH)_2|Si_4O_{10}]$, dem →Talk ähnl. Schichtsilikat, weiß, gelblich, auch apfelgrün; tafelige, biegsame Kristalle in groben Aggregaten oder auch derbe, dichte, lagenförmig in kristallinen Schiefern auftretende Massen, verwendet u. a. für Bildschnitzereien **(Agalmatolith).**

Pyropissit, helle, harzreiche Mattbraunkohle, →Kohle.

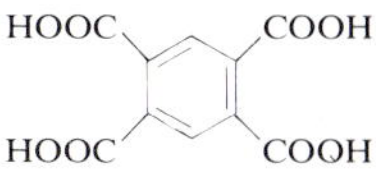

Pyromellithsäure

Pyrolusit: Kristallaggregate auf weißem Schwerspat (Ilmenau, Dt. Dem. Rep.)

Pyromorphit: grüner kristalliner Überzug (Wildberg, Bergisches Land)

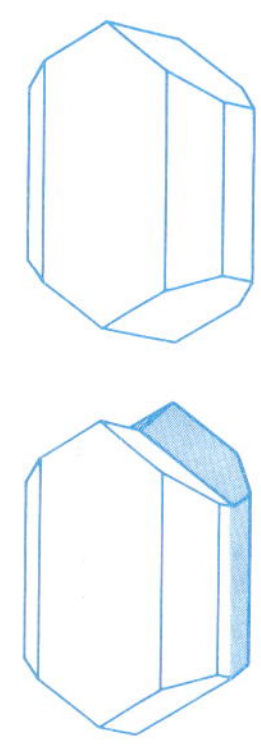

Pyroxene 1: OBEN prismat. Einkristall, UNTEN Zwilling

Pyroxene 2: Augit, Kristalle (Daun, Eifel)

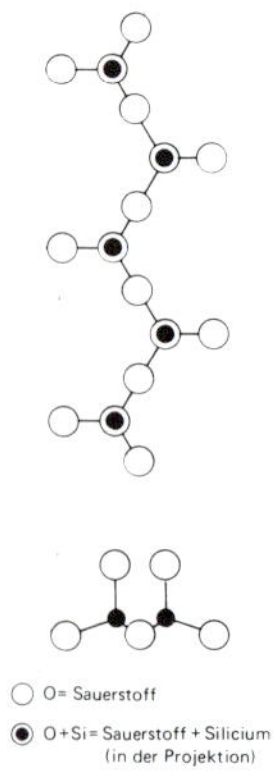

Pyroxene 3: Kettenstruktur; Schnitte, OBEN längs, UNTEN quer zur c-Achse

Pyrrhotin: kugeliges Kristallaggregat (Bodenmais, Bayerischer Wald)

Pyrotechnik, Technik der Herstellung von Feuerwerkskörpern für Vergnügungs- und techn. Zwecke. **Feuerwerkskörper** enthalten einen Feuerwerkssatz in einer Umhüllung aus Pappe, Kunststoff u. a. Feuerwerkssätze bestehen aus Oxidationsmitteln (z. B. Nitrate, Chlorate), Brennstoffen (z. B. Holzkohle, Harze, Metalle) und je nach Verwendungszweck aus anderen Bestandteilen. Einer der ältesten auch heute noch verwendeten pyrotechn. Sätze ist → Schwarzpulver. **Leuchtsätze** (z. B. Leuchtkugeln, Bengalfackeln) müssen hohe Verbrennungstemperaturen erreichen. Sie enthalten Nitrate als Oxidationsmittel und Brennstoffe, die feste Verbrennungsprodukte mit hohem Schmelzpunkt bilden (z. B. Magnesium, Aluminium). Farbiges Licht wird durch Alkali-, Erdalkali- und Kupfersalze erzeugt, z. B. Gelb mit Natriumnitrat oder Kryolith, Rot mit Strontiumoxalat und Grün mit Bariumnitrat. Brisante **Knallsätze** bestehen z. B. aus Aluminiumpulver und Kaliumperchlorat. **Pfeifsätze** erzeugen in einer einseitig geöffneten Hülse einen Pfeifton. Sie bestehen aus aromat. Carbonsäuren, Phenolen oder deren Salzen (z. B. Gallussäure, Natriumbenzoat, Kaliumdinitrophenolat) und Chloraten oder Perchloraten als Oxidationsmittel.

Pyroxene *Mz.,* z. T. **Augite,** wichtige Gruppe gesteinsbildender Minerale, meist grün, braun bis schwarz; H. um 6, D. 3–3,5; Kristalle säulig bis stengelig, stets auch derb, eingewachsen und in Aggregaten. Die allg. Formel der monoklinen P. ist XY Z_2O_6; X = Ca, Na, K, Mg; Y = Mg, Fe^{II}, Fe^{III}, Al, Ti, selten Li, Mn; Z = Si, z. T. Al, Fe^{III} (Valenzausgleich); die Formel der rhomb. P. ist $Y_2Si_2O_6$. – **Monokline P., Klino-P., Klinaugite,** sind: 1) **Klino|enstatit** (XY = Mg_2), **Klinoferrosilit** (XY = Fe_2), beide selten, in Ergußgesteinen; 2) Diopsid-Reihe: a) **Diopsid** (XY = CaMg) mit den Abarten **Chromdiopsid** (smaragdgrün, in Diamantlagerstätten), **Pigeonit** (ein Hochtemperatur-P.) und dem weitverbreiteten, grünlichgrauen bis bräunl. **Diallag,** b) **Hedenbergit** (XY = CaFe), schwarzgrün, in Magnetitlagerstätten, c) **Johannsenit** (XY = CaMn), braungrau, faserig; 3) Augit-Reihe: a) **Augit** (XY = CaMg, z. T. sehr kompliziert zusammengesetzt), meist pech- oder grünlichschwarze kurzsäulige Kristalle, in Laven auch nadelförmig **(Porricin);** weit verbreitet als ›gemeiner‹ oder als ›basaltischer‹ Augit (in Ergußgesteinen), b) **Fassait,** grün, kontaktmetamorph und auf Klüften, c) grüner, meist körniger **Omphacit** in kristallinen Schiefern; 4) **Spodumen** (XY = LiAl), trüb, farblos, aschgrau; Kristalle in Pegmatiten z. T. bis mehrere Meter groß (Edelspodumene: **Hiddenit, Kunzit**); 5) Jadeit-Reihe: a) **Jadeit** (XY = NaAl), lichtgrüne, zähe, feinfilzige Aggregate, sehr ähnlich dem dunkelgrünen **Chloromelanit,** b) **Ägirin, Akmit** (XY = NaFe), schwärzlich und rötlichbraun, in Alkaligraniten und -syeniten. – Die **rhomb. P., Ortho-P.,** sind Mischkristalle von $Mg_2Si_2O_6$ mit $Fe_2Si_2O_6$: a) **Enstatit** (0–5% FeO), grau-weiß, gelb-grünlich, z. T. halbmetergroße Kristalle, b) **Bronzit** (5–15% FeO), braun, grün; u. a. in Meteoriten; durch Wasseraufnahme entsteht grüner **Schillerspat (Bastit),** c) **Hypersthen** (15–34% FeO), schwarzbraun, pechschwarz. Die rhomb. P. sind gesteinsbildend in basischen Tiefengesteinen. (Weiteres BILD S. 139)

Pyroxenite, Gruppe dunkler, feldspatfreier, v. a. aus → Pyroxen bestehender Tiefengesteine; meist nach vorherrschender Pyroxenvarietät benannt (→ magmatische Gesteine).

Pyroxmangit, Mineral, → Rhodonit.

Pyrrhotin *der,* **Magnetkies, Magnetopyrit,** Mineral, dessen allg. Zusammensetzung FeS nur der ausschließlich in Meteoriten vorkommende → Troilit aufweist. Die ird. Abarten (zugleich Strukturvarianten) haben Fe-Gehalte nur bis zur Zusammensetzung $Fe_{11}S_{12}$, dazu etwas Ni. P. ist undurchsichtig, metallglänzend und von brauner Farbe; wird von Magneten angezogen; H. 4, D. 4,6; Kristalle selten und meist klein, sechsseitig-tafelig, oft in Rosetten, sonst körnige bis dichte Massen, zuweilen pseudomorphisiert durch Pyrit, Magnetit oder Siderit. P. gilt nicht als Eisenerz, wird aber in Verbindung mit Pentlandit (Ni-Gehalt) wirtschaftlich wichtig. Vorkommen in allen Bildungsformen von → Erzlagerstätten, v. a. liquidmagmatisch in Verbindung mit Gabbros; selten sedimentär.

Pyrrol, heterozykl. Verbindung, die im Steinkohlenteer vorkommt. Das Ringsystem des P. ist u. a. im Hämoglobin, Chlorophyll und in Gallenfarbstoffen enthalten. Durch stufenweise Hydrierung entstehen aus P. **Pyrrolin** und **Pyrrolidin.** Technisch wichtige P.-Derivate sind Methylpyrrolidon und Vinylpyrrolidon, das zur Herstellung von Polymeren dient.

Pyrrol

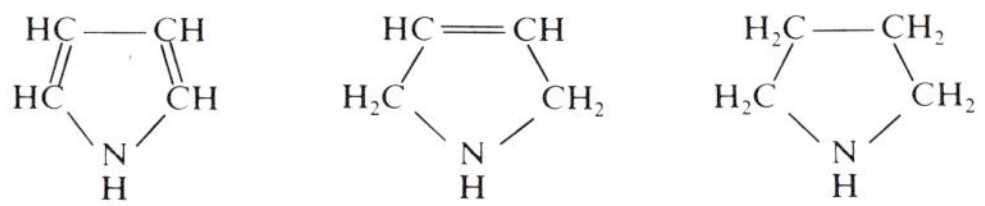

Pyrrol — Pyrrolin — Pyrrolidin

Pyruvat, Salz oder Ester der → Brenztraubensäure; wichtiges Zwischenprodukt bei der → Glykolyse, das in der Säugetierzelle bei Sauerstoffmangel mit Hilfe des Enzyms Lactatdehydrogenase (→ Oxidoreductasen) und des Coenzyms Nicotinamid-Adenin-Dinucleotid zu Lactat reduziert wird (anaerobe Glykolyse). In Gegenwart von Sauerstoff geht es unter Decarboxylierung in Acetyl-Coenzym A über, das im → Zitronensäurezyklus durch dessen Kopplung mit der → Atmungskette unter Energiegewinn (ATP) vollständig zu Kohlendioxid und Wasser abgebaut wird.

Pyruvat

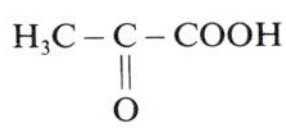

Brenztraubensäure, $C_3H_4O_3$

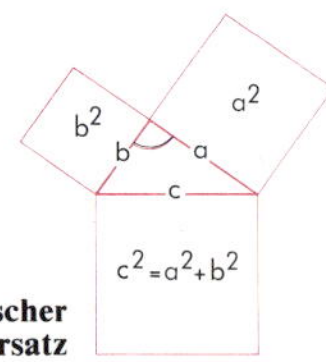

Pythagoreischer Lehrsatz

Pythagoreischer Lehrsatz [n. dem grch. Philosophen Pythagoras, * um 570 v. Chr., † um 497/96 v. Chr.], in einem rechtwinkligen Dreieck ist das Quadrat über der Hypotenuse *c* flächengleich der Summe der Quadrate über den beiden Katheten *a, b*; d. h. $a^2 + b^2 = c^2$. Zahlentripel, die diese Gleichung erfüllen, heißen **Pythagoreische Zahlen,** z. B. $a = 3$, $b = 4$, $c = 5$. Auf nichtrechtwinklige Dreiecke verallgemeinert erhält man den **Kosinussatz** der Trigonometrie $c^2 = a^2 + b^2 - 2ab \cdot \cos\gamma$. Für $\gamma = 90°$ ($\cos 90° = 0$) ergibt sich der gewöhnliche P. L.

Pyxis, das Sternbild → Kompaß 2).

p-Zustand, Energiezustand eines Elektrons mit der Nebenquantenzahl $l = 1$ **(p-Elektron)** in einem → Atom.

Q

q, physikal. Symbol für ein Quark.

Q, 1) Q, Formelzeichen für → Blindleistung, elektr. Ladung, Lichtmenge, Wärmemenge.

2) $\mathbb{Q}$, Bez. für den Körper der → rationalen Zahlen.

QCD, Abk. für → Quantenchromodynamik.

qcm, qdm, qkm, qm, qmm, gesetzlich nicht mehr zugelassene Schreibweise für cm^2, dm^2, km^2, m^2, mm^2.

q. e. d., Abk. für → **q**uod **e**rat **d**emonstrandum.

QED, Abk. für → Quantenelektrodynamik.

QFD, Abk. für → Quantenflavourdynamik.

QGD, Abk. für → Quantengeometrodynamik.

Q-Gruppen, im Sprechfunkverkehr verwendete Kürzel, die aus drei Buchstaben (beginnend mit einem Q) bestehen.

QS, 1) Abk. für **Quadrosonic System** [kwɔdrəʊs'ɔnɪk s'ɪstɪm, engl.], Verfahren der → Quadrophonie.

2) Abk. für → **Q**ualitäts**s**icherung.

Q-Schale, die zur Hauptquantenzahl $n=7$ gehörige Hauptschale der → Atome, die maximal 98 Elektronen aufnehmen kann.

Q-switch [kj'u:swɪtʃ, engl.], → Laser.

qt, Einheitenzeichen für → **q**uar**t**.

Quader, 1) Bauwesen: Natur- oder Kunststeine von prismat. Form, mit bruchrauhen oder bearbeiteten Ansichtsflächen.

2) Mathematik: von sechs Rechtecken begrenztes Parallelepiped.

Quad-in-line-Gehäuse [kwɔd ɪn l'aɪn-, engl.], Abk. **QUIL,** Gehäuseform für integrierte Schaltungen mit vierreihiger Anordnung der Anschlußstifte. Diese gegenüber den zweireihigen → Dual-in-line-Gehäusen weiterentwickelte Bauform erlaubt eine höhere Packungsdichte von gedruckten Schaltungen.

Quadrant, 1) Astronomie und Nautik: histor. astronom. Instrument aus einem schwenkbaren Stab mit Visiereinrichtung, mit dem das Gestirn anvisiert wurde. An einem Viertelkreis mit Gradeinteilung wurde die Neigung des Stabes und damit die Gestirnshöhe abgelesen.

2) Mathematik: vierter Teil einer Kreisfläche, der von zwei aufeinander senkrechten Radien begrenzt wird; auch jede der vier Teilebenen der durch ein kartes. Koordinatensystem zerlegten euklid. Ebene.

Quadrantiden, ein → Meteorstrom.

Quadrat, 1) Parallelogramm mit gleich langen Seiten und gleich großen Winkeln (jeder 90°). Seite und Diagonale sind → inkommensurable Strecken. Die Meßzahl des Flächeninhalts eines Q. mit der Seitenlänge a ist a^2. 2) Das **Q. einer Zahl** z ist die zweite Potenz z^2. Die Maßeinheiten für Flächeninhalte werden mit der zweiten Potenz der Maßeinheiten für Längen bezeichnet (mm^2, cm^2, m^2, ... gesprochen: Quadratmillimeter, ...). 3) → magisches Quadrat.

quadratische Form, Mathematik: eine → Form 3) vom Grad 2 in n Unbestimmten x_i,

$$\sum_{i,\,k=1}^{n} a_{ik} x_i x_k,$$

deren **Koeffizienten** a_{ik} ganzrationale oder reelle Zahlen sein können, allgemeiner aber auch Elemente aus einem → Ring oder einem → Körper 1). Eine q. F. mit reellen Koeffizienten ist **positiv,** wenn alle ihre Werte (für reelle Argumente) größer oder gleich 0 sind; sie ist **positiv definit,** wenn ihr Wert bereits dann positiv ist, wenn mindestens eines ihrer Argumente von 0 verschieden ist. Welche ganzrationalen Zahlen sich bei ganzrationalen Koeffizienten a_{ik} durch ganzrationale x_i darstellen lassen, ist ein Problem der → Zahlentheorie.

quadratische Gleichung, algebraische Gleichung 2. Grades mit einer Variablen: $ax^2+bx+c=0$, mit den zwei Lösungen

$$x_{1,2} = \frac{-b \pm \sqrt{b^2-4ac}}{2a},$$

die reell sind für $b^2 \geqq 4ac$, sonst komplex.

quadratischer Mittelwert einer Wechselgröße: → Effektivwert.

Quadratix, Kurve, mit deren Hilfe man die Probleme der → Quadratur des Kreises und der Dreiteilung eines Winkels zu lösen versuchte.

Quadratsäure, nach der charakterist. Struktur bezeichnete kristalline, relativ starke organ. Säure.

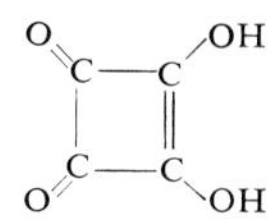

Quadratsäure

Quadratur, 1) Astronomie: eine → Konstellation 1).

2) Mathematik: die Berechnung des Flächeninhaltes eines von Kurven berandeten Bereiches. Allgemeine Verfahren wurden in der → Exhaustionsmethode und in der mit dieser zusammenhängenden → Integralrechnung entwickelt.

Quadratur des Kreises, die Aufgabe, durch eine → Konstruktion mit Zirkel und Lineal in einem endl. Teil der Ebene einen vorgegebenen Kreis in ein flächengleiches Quadrat überzuführen. Daß diese Aufgabe unlösbar ist, kann man mit der Galois-Theorie zeigen, seit die Transzendenz der Kreiszahl π nachgewiesen wurde. Daneben sind jedoch ausgezeichnete Näherungskonstruktionen, die gleichzeitig Näherungen für die Zahl π liefern, entwickelt worden.

Quadraturmodulation, beim → Farbfernsehen die Modulation der Amplituden zweier hochfrequenter Träger gleicher Frequenz, die in der Phase um 90° gegeneinander verschoben sind. Beim NTSC- und PAL-System werden die beiden Farbträger mit Farbsignalen (z. B. Farbdifferenzsignalen) moduliert und einander überlagert. Vor der Übertragung wird der Farbträger unterdrückt. Zur Wiedereinführung des Trägers im Empfänger dient ein Farbsynchronsignal.

Quadratwurzel, i. w. S. die 2. → Wurzel aus einer Zahl, i. e. S. die 2. Wurzel aus einer reellen Zahl $a>0$, sie ist die nichtnegative Zahl x, deren Quadrat a ist, geschrieben $\sqrt{a}$; z. B. ist 5 die Q. von 25.

Quadratzahlen, Bez. für die Quadrate der ganzen rationalen Zahlen: 0, 1, 4, 9, 16, . . .

Quadrik, Mathematik: zusammenfassende Bez. für Kurven und Flächen zweiter Ordnung; allgemeiner im n-dimensionalen Raum eine → Hyperfläche, die sich durch eine → Form 3) vom Grad 2 in n Unbestimmten beschreiben läßt.

Quadrilliarde, die Zahl 10^{27}, 1000 Quadrillionen.

Quadrillion *die,* die vierte Potenz einer Million (10^{24}); in den USA Bez. für Billiarde (10^{15}).

Quadrophonie, eine → Stereophonie, die mit vier Mikrophonen und vier Lautsprechern (oder Lautsprechergruppen) zur Verbesserung der Wiedergabe der akust. Raumwirkung des Aufnahmeraumes arbeitet. Zur Übertragung gibt es zwei grundsätzl. Systeme: die diskrete (getrennte) Übertragung auf vier Kanälen und die Matrix-Übertragung auf zwei Kanälen.

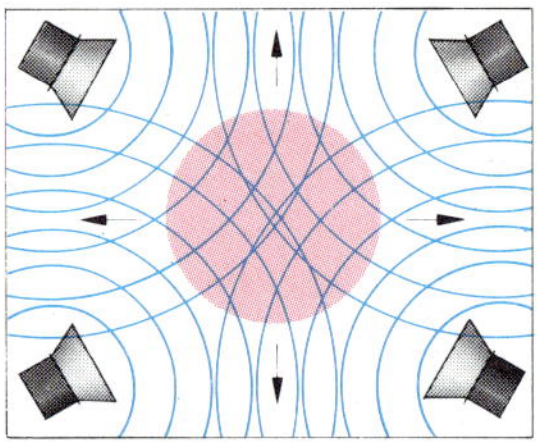

Quadrophonie: Schallverteilung bei vier Lautsprecherboxen

Die **diskrete Übertragung, System 4-4-4** (die Ziffern bedeuten der Reihe nach die Anzahl der Mikrophone, Kanäle und Lautsprecher), wäre am einfachsten beim Tonband mit vier Spuren anwendbar, hat sich jedoch nicht eingeführt. Bei der Schallplatte wird das CD-4-System (compatible-discrete) verwendet (Victor Comp. of Japan, Nivico, Matsushita, RCA), bei dem zwei Summensignale direkt und zwei Differenzsignale auf einem Hilfsträger von 30 kHz in den Rillen gespeichert werden.

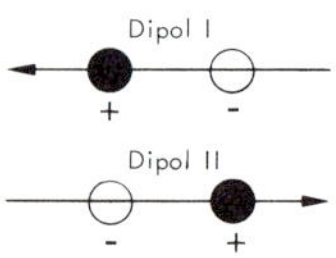

Quadrupol: elektr. Q.

Die **Matrix-Übertragung, System 4-2-4,** braucht nur zwei Kanäle (CBS, Elektrola, EMI, Sony). Die urspr. vier Kanäle werden in einer Matrix (Netzwerk mit Widerständen und Phasendrehern) zu zwei Kanälen kombiniert und auf der Wiedergabeseite in einer entsprechenden Matrix in vier Kanäle zurückverwandelt. Zu diesem System gehören das SQ-System (Stereo Quadrophonic Record) und QS-System (Quadrosonic System). Ein kombiniertes System ist das noch nicht praktisch angewendete **UMX-System** (Universal-Matrix), das in drei Varianten vorgeschlagen wurde: BMX mit zwei, TMX mit drei, QMX mit vier Kanälen.

Die Q. ist einige Jahre bei Schallplatten angewendet worden, hat sich jedoch nicht durchgesetzt.

Die **Pseudo-Q.** versucht bei Geräten für zweikanalige Stereophonie, mit vier Lautsprechern die Raumklangwirkung der Q. näherungsweise zu erreichen. Im einfachsten Fall werden jedem von zwei zusätzl., hinten angeordneten Lautsprechern abgeschwächte Signale der beiden vorderen Lautsprecher zugeführt. Günstiger ist es, die zusätzl. Lautsprecher nur mit Nachhallsignalen zu speisen, die in einer Matrix durch Differenzbildung des Links- und Rechtssignales zur Auslöschung des direkten Schalles gewonnen werden.

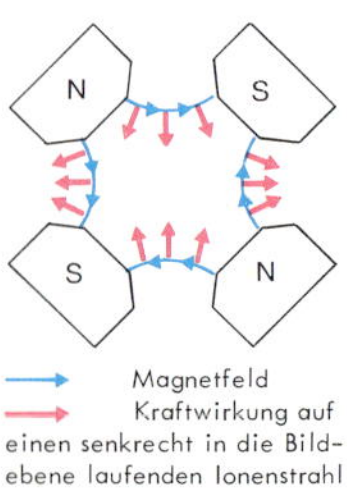

Quadrupollinse: magnet. Q.

Quadrupel, Erweiterung des Begriffs ›Paar‹ auf vier Dinge (→ n-Tupel).

Quadrupol, das auf den Dipol in der Reihe der → Multipole folgende Glied. Es gibt **elektr.** und **magnet. Q.** Ein elektr. Q. entsteht z. B., wenn man zwei elektr. Dipole in einander entgegengesetzten Richtungen in sehr kleinem Abstand zusammenfügt (BILD). Das Produkt aus Stärke und Abstand der Dipole gibt das **Quadrupolmoment** des Systems. Auch jede nicht kugelsymmetr. homogene Ladungsverteilung, z. B. viele Atomkerne, besitzt ein elektr. Q.-Moment. Es beeinflußt die → Hyperfeinstruktur des Atomspektrums und kann aus diesem bestimmt werden.

Quadrupol|linse, elektronen- und ionenopt. Instrument (→ Elektronenoptik) zur Führung und Fokussierung von geladenen Teilchen, das aus vier parallel zur opt. Achse angeordneten zylindr. Elektroden **(elektr. Q.)** oder Polschuhen **(magnet. Q.)** besteht. Ein Quadrupolfeld wirkt in einer Ebene fokussierend, in der anderen (dazu senkrechten) defokussierend (BILD). Zwei Q. **(Dublett),** die mit zusammenfallenden opt. Achsen so hintereinander angeordnet sind, daß die fokussierende Ebene der einen mit der defokussierenden Ebene der anderen zusammenfällt, wirken in allen Ebenen fokussierend.

Quadrupolstrahlung, elektromagnet. Strahlung eines elektr. oder magnet. → Quadrupols **(elektr. Q., magnet. Q.),** v. a. aus metastabilen Zuständen von Atomen und Atomkernen.

Qualität, die Beschaffenheit eines Erzeugnisses, die es für seinen Verwendungszweck geeignet macht. Geeignet ist ein Produkt, wenn es die direkt prüfbaren Eigenschaften der Ausführungs-Q. **(Güte)** für die vorgesehene Verwendung erfüllt (dazu gehören Gebrauchstauglichkeit und auch ästhetische Merkmale) und der geforderten Betriebs-, Bereitschafts- oder Lagerzeit entspricht. Wichtige Merkmale der Q. (engl. ›quality‹) sind ferner die durch ihre Zeitabhängigkeit geprägten Begriffe der → Zuverlässigkeit (engl. ›reliability‹) und der → Verfügbarkeit (engl. ›availability‹). Fachbereiche zur Sicherstellung und Kontrolle von Qualitätsanforderungen sind → Qualitätssicherung und → Qualitätskontrolle.

Qualitätskontrolle, die Überwachung der Qualität von techn. Erzeugnissen, wird in vielen Produktionszweigen durchgeführt. Dazu gehören alle Kontrollen und Prüfungen von der Wareneingangs- über die Fertigungs- bis zur Endkontrolle vor Ablieferung der Ware an den Kunden, i. w. S. die Durchführung der zur → Qualitätssicherung notwendigen Maßnahmen.

Qualitäts|sicherung, Abk. **QS,** umfaßt alle Maßnahmen, die nötig sind, eine dem Verwendungszweck angemessene Beschaffenheit **(Qualität, Güte)** eines Produktes sicherzustellen. Bei großen Projekten (z. B. in der Raumfahrttechnik) beginnen QS-Maßnahmen bereits frühzeitig mit einer Analyse der Spezifikationen und der Kontroll- und Prüfplanung für den gesamten Produktionsablauf von der Konstruktion bis zur endgültigen Auslieferung an den Anwender (Kunden). Je nach Anforderungen werden Analysen über die → Wartbarkeit und die zu erwartende → Zuverlässigkeit des Produkts bei gegebenen Betriebsbedingungen erstellt. Durch die → Qualitätskontrolle werden notwendige Untersuchungen vor Fertigungsbeginn in der Wareneingangskontrolle an Materialien und Bauelementen durchgeführt, die von anderen Firmen geliefert wurden. Während der Produktion werden Stichproben- und Vollkontrollen gemacht und die zur Abnahme erforderl. Funktions- und Umwelttests (→ Umwelttestmethoden) überwacht. Ziel dieser Maßnahmen beim Auftragnehmer ist, einen lückenlosen Nachweis über die vom Auftraggeber geforderten Fähigkeiten und Beschaffenheit des Produktes führen zu können. Bes. in der Militär-, Luft- und Raumfahrttechnik, aber auch in der Medizin u. a. Bereichen haben QS-Maßnahmen große Bedeutung.

Qualitäts|stähle, Stahlsorten, die wegen der Anforderungen an ihre Gebrauchseigenschaften (Eignung z. B. zum Abkanten, Kaltprofilieren, Streck- und Tiefziehen) bes. sorgfältig hergestellt werden müssen, die jedoch keine Edelstähle sind (→Stahl).

Qualmdeich, Notdeich, der örtlich begrenztes →Qualmwasser abriegelt.

Qualmwasser, Grundwasser, das in einer Niederung, durch Wasser von außen hochgedrückt, zutage tritt.

Quant, kleinste, unteilbare Menge einer physikal. Größe, z. B. der elektr. Ladung (**elektr. Elementarquantum,** die →Elementarladung), der Wirkung (→Plancksches Wirkungsquantum) oder des magnet. Flusses (**Flußquant,** →Flußquantisierung). Die Aufnahme und Abgabe von elektromagnet. Strahlungsenergie geschieht in Form von **Energiequanten** (Energieportionen). Auch die elektromagnet. Strahlungsenergie selbst tritt in Form von Quanten auf (→Einsteinsches Gesetz 2, →Quantentheorie). Diese →Lichtquanten (Photonen) sind die →Feldquanten der elektromagnet. Wechselwirkung.

Quantelung, die →Quantisierung; **zweite Q.,** →Quantenelektrodynamik.

Quantenbiologie, physikalisch-chemische Arbeitsrichtung der Biologie, die unter Beachtung der →Quantentheorie energet. Vorgänge in Organismen untersucht.

Quantenchemie, Teilgebiet der theoret. Chemie, das die Grundlagen der Quantentheorie und -mechanik zur Untersuchung besonderer chem. Fragen anwendet, z. B. solche von Art und Stärke chem. Bindungen im Grund- und Anregungszustand, von chem. und physikal. Eigenschaften von Atomen und Molekülen, von Resonanz, Konjugation u. a. Probleme des Zusammenhangs zw. Konstitution und Farbigkeit oder biolog. Wirkung werden in der **Quantenbiochemie** behandelt.

Quanten|chromodynamik, Abk. **QCD, Farbdynamik,** in Anlehnung an die →Quantenelektrodynamik entwickelte Theorie zur Beschreibung der starken →Wechselwirkung zw. den →Quarks. Das dem Photon entsprechende Feldquant der Q. ist das →Gluon, an die Stelle der Ladung tritt die **Farbe** (auch **Farbladung**) der Quarks, wobei mit dem Begriff Farbe ein neuer Freiheitsgrad der Quarks bezeichnet wird, der drei als ›rot‹, ›blau‹ und ›grün‹ bezeichnete Zustände annehmen kann. Somit kann also jede Quarkart (›Up‹, ›Down‹, ›Strange‹ usw.) in drei verschiedenen Farbzuständen auftreten. Bei Absorption oder Emission eines Gluons wird eine ›Farbeinheit‹ zw. dem Quark und dem Gluon ausgetauscht. Die Tatsache, daß das Feldquant ›Farbe‹ trägt (dies ist ein wesentl. Unterschied zur Quantenelektrodynamik: das Photon trägt keine Ladung), führt zu einer abstandsabhängigen Kopplung der Quarks. Bei kleinen Abständen (innerhalb eines Hadrons) sind die Kräfte zw. den Teilchen nahezu null, während sie mit zunehmendem Abstand wahrscheinlich stark anwachsen. Die Zunahme der Kopplung mit dem Abstand könnte erklären, warum es nicht gelungen ist, isolierte Quarks nachzuweisen.

Die Q. legt die Annahme nahe, daß freie Quarks nur innerhalb begrenzter Raumgebiete existieren können, die man als Taschen bezeichnet (Taschenmodell der Hadronen), deren Oberflächen sie nicht durchdringen können. Mit drei Quarks gefüllte Taschen entsprechen den Baryonen, mit Quark-Antiquark-Paaren gefüllte den Mesonen. Da außerhalb der Taschen kein Gluonenfeld existiert, müssen die Quarks beim Aufbau eines Hadrons so kombiniert sein, daß Hadronen ›farblos‹ sind, was entweder durch Kombination von drei Quarks mit den drei Quarkfarben (Baryonen) oder durch Bildung eines Quark-Antiquark-Paars (Mesonen) erreichbar ist.

Die Vorstellungen der Q. und insbes. die Gluonentheorie sind durch den 1979 bei DESY (→Deutsches Elektronen-Synchrotron) mit den Speicherringanlagen DORIS und PETRA beobachteten Zerfall des aus einem Quarkpaar aufgebauten →Y-Teilchens in drei gut unterscheidbare Bündel (Jets) von bekannten, leichteren Hadronen bestätigt worden.

Quanten|elektrodynamik, Abk. **QED,** Anwendung des in der Atomtheorie bewährten mathemat. Formalismus der Quantenmechanik auf das elektromagnet. Feld und das Wellenfeld der Elektronen. Die Quantelung des elektromagnet. Feldes im Vakuum (Abwesenheit von Elektronen) liefert eine Theorie, in der die dualist. Natur des Lichtes (Interferenzfähigkeit einerseits, Existenz von Lichtquanten andererseits) genau zum Ausdruck kommt. Um auch die Elektronen mit zu berücksichtigen, wird ein ihnen entsprechendes Materiewellenfeld eingeführt, dessen Wellenamplitude ebenfalls gequantelt wird (**zweite Quantelung).** Dadurch wird das Auftreten von Teilchen im Elektronenwellenfeld in grundsätzlich gleicher Weise gedeutet wie etwa das Auftreten diskreter Energiewerte (Lichtquanten) in der elektromagnet. Strahlung. Die Q. konnte u. a. Feinheiten in den Spektren von normalen (→Lamb-Shift) und myonischen Atomen sowie das anomale magnet. Moment des Elektrons und Myons quantitativ erklären. – Die Q. wurde zum Vorbild für andere →Quantenfeldtheorien zur Beschreibung fundamentaler Naturkräfte.

Quanten|elektronik, Teilgebiet der Elektronik, das sich mit der Wechselwirkung elektromagnet. Wellen mit Elementarteilchen befaßt, die in atomaren Systemen oder Kristallen gebunden sind; i. Ggs. dazu liegt der klass. Elektronik die Wechselwirkung des elektromagnet. Feldes mit freien Elektronen zugrunde. Anwendungsbeispiele der Q. sind elektron. Bauelemente und Geräte, bei denen überwiegend Phänomene der Quantenmechanik eine Rolle spielen, wie →Maser und →Laser, die sehr große Verstärkung elektromagnet. Wellen ermöglichen und in der Spektroskopie des Atoms und des Festkörpers neue Ergebnisse brachten.

Quantenfeldtheorie, Verallgemeinerung von klass. Feldtheorie und Quantentheorie durch Quantisierung der Felder (**Quantentheorie der Wellenfelder).** Die Q. dient zur Beschreibung des Verhaltens von Elementarteilchen und deren Wechselwirkungen. Zunächst wurde eine Q. für die Wechselwirkung der Photonen (der →Feldquanten des elektromagnet. Feldes) mit den Elektronen und Positronen entwickelt, die →Quantenelektrodynamik, auf deren Formalismus aufbauend weitere Q. zur Beschreibung der anderen fundamentalen →Wechselwirkungen (ÜBERSICHT) aufgestellt wurden.

E. M. HENLEY und W. THIRRING: Elementare Q. (a. d. Engl., 1975); C. ITZYKSON u. J.-B. ZUBER: Quantum field theory (New York 1981); R. U. SEXL u. H. K. URBANTKE: Relativität, Gruppen, Teilchen . . . ([2]1982).

Quantenflavourdynamik [-fl'eɪvə-], Abk. **QFD,** Quantenfeldtheorie zur Beschreibung der elektroschwachen →Wechselwirkung (→Weinberg-Salam-Theorie), die die elektromagnet. und die schwache Wechselwirkung zusammenfaßt.

Quantengas, → Bose-Einstein-Kondensation.

Quantengeo|metrodynamik, Quantengeodynamik, Abk. **QGD,** Quantenfeldtheorie zur Beschreibung der → Gravitation (→ Wechselwirkung, ÜBERSICHT).

Quantenlogik, Bez. für die Tatsache, daß man den Übergang von der klass. Mechanik zur Quantenmechanik auch als einen Ersatz der die möglichen Zustände eines physikal. Systems bezeichnenden Booleschen Aussagenlogik durch eine mathematisch kompliziertere Logik kennzeichnen kann.

Quantenmechanik, physikal. Theorie, die eine widerspruchsfreie Beschreibung aller nichtrelativist. Vorgänge in der Mikrophysik (Moleküle, Atome, Festkörper) gestattet. Obwohl die mathemat. Gesetze der Q. formale Ähnlichkeit mit denen der klass. Mechanik besitzen, sind die zugrunde liegenden Begriffe und Vorstellungen wesentlich verschieden und neuartig: in der klass. Mechanik stetige Bewegungsabläufe (Bahnkurven), in der Q. unstetige Energiestufen und → Quantensprünge nach den Gesetzen der → Quantentheorie. – In der um 1925 von W. HEISENBERG, P. JORDAN, M. BORN und P. A. M. DIRAC formulierten Q., der → Matrizenmechanik, werden beobachtbare Größen (die → Observablen) wie Ort, Impuls, Energie durch Operatoren ersetzt, wobei die → Vertauschungsrelationen beachtet werden müssen. In der klass. Mechanik besitzen Ort und Impuls eines Teilchens in jedem Augenblick ganz bestimmte Werte, in der Q. besitzen diese Werte eine von Ort zu Ort wechselnde Wahrscheinlichkeit (statist. Deutung). – E. SCHRÖDINGER fand einen zweiten Zugang zu den Gesetzen der Q. in der Form der → Wellenmechanik, die sich als mathematisch äquivalent herausstellte.

Eine Ausdehnung der Q. auf relativist. Vorgänge ist nur für einzelne Teilchen möglich; für Elektronen gilt die → Dirac-Gleichung, für Teilchen ohne → Spin die → Klein-Gordon-Gleichung. Für die Beschreibung mehrerer relativistischer Teilchen mit Wechselwirkung muß die → Quantenfeldtheorie herangezogen werden.

A. MESSIAH: Q., 2 Bde. (a. d. Frz., 1976, 1979); D. I. BLOCHINZEW: Grundlagen der Q. (a. d. Russ., [7]1977); E. FICK: Einführung in die Grundlagen der Quantentheorie ([4]1979).

Quanten|optik, Gebiet der Optik, das sich insbes. mit denjenigen opt. Erscheinungen beschäftigt, die nicht mit der Wellennatur des Lichts, sondern nur aus dessen Korpuskeleigenschaften (→ Lichtquanten) im Rahmen der Quantentheorie erklärt werden können, z. B. der → Photoeffekt, → Compton-Effekt, die Absorption und Emission von Strahlung, die Funktionsweise von → Masern und → Lasern.

Quanten|oszillation, die Oszillation zahlreicher physikal. Meßgrößen von Metallen (und Halbleitern hoher Ladungsträgerkonzentration) in Abhängigkeit von der Stärke eines äußeren homogenen Magnetfeldes. Q. können nur an sauberen Kristallen bei tiefen Temperaturen (≤ 4 K) und in hohen Magnetfeldern (magnet. Flußdichte einige Tesla) beobachtet werden. Sie werden durch die Quantisierung der Energiezustände der Ladungsträger im Magnetfeld verursacht und sind für die magnet. Suszeptibilität (→ De-Haas-van-Alphen-Effekt), den elektr. Widerstand (→ Schubnikow-de-Haas-Effekt), die therm. Leitfähigkeit, die Mikrowellen- und Ultraschallabsorption sowie die spezif. Wärmekapazität von Metallen nachgewiesen worden (→ magnetoakustischer Effekt).

Quantenphysik, Zusammenfassung aller Teilgebiete der Physik, in denen die → Quantentheorie berücksichtigt werden muß.

Quantensprung, unstetiger Vorgang der Mikrophysik, um 1900 entdeckt von M. PLANCK bei der Ableitung des → Planckschen Strahlungsgesetzes. Der Energieinhalt eines mikrophysikal. Systems ändert sich nicht stetig, sondern nur portionsweise. Dabei wird ein Energiebetrag $h\nu$ (h = Plancksches Wirkungsquantum, ν = Frequenz) bei der Absorption aufgenommen und bei der Emission abgegeben. Ein → Atom oder ein Atomkern z. B. emittiert oder absorbiert beim Übergang von einem Zustand 1 mit der Energie E_1 in einen Zustand 2 mit der Energie E_2 ein → Lichtquant der Energie $h\nu = |E_1 - E_2|$ (→ Quantentheorie); in analoger Weise nimmt z. B. das Gitter eines Festkörpers ein → Phonon auf oder gibt es ab. Den (mit dem Austausch eines Energiequants verbundenen) Übergang eines mikrophysikal. Systems aus einem stationären Energiezustand in einen anderen bezeichnet man auch als **Quantenübergang.**

Quantenstatistik, Verallgemeinerung der → statistischen Mechanik durch die Quantentheorie; dabei werden die Gesetze der Wärmeerscheinungen auf die quantentheoret. Reaktionsgesetze der einzelnen Atome zurückgeführt. Gegenüber der klass. Statistik berücksichtigt die Q. u. a. die diskreten Energiestufen eines Atoms (→ Quantensprung), berechnet die → Übergangswahrscheinlichkeiten nach den Regeln der Quantenmechanik und beachtet bes. die → Nichtunterscheidbarkeit identischer atomarer Teilchen (auf die die → Gasentartung zurückzuführen ist). Auf Grund der Nichtunterscheidbarkeit ergibt sich für Teilchen mit halbzahligem Spin (z. B. Elektronen, Nukleonen) unter Berücksichtigung des Pauli-Prinzips die → Fermi-Dirac-Statistik, für Teilchen mit ganzzahligem Spin (z. B. Photonen, He 4-Atome) die → Bose-Einstein-Statistik. Die Q. begründet u. a. den dritten Hauptsatz der Wärmelehre und damit das Verhalten der spezif. Wärme fester Körper bei tiefen Temperaturen.

Quantentheorie, die Theorie des physikal. Verhaltens mikrophysikalischer Systeme (wie Moleküle, Atome, Atomkerne, Elementarteilchen u. a.). Sie berücksichtigt, daß das mikrophysikal. Geschehen nicht stetig, sondern sprunghaft (quantenhaft) ist (→ Quantensprung). Ihre Gesetze sind von statist. Art; eine entscheidende Rolle spielt das Plancksche Wirkungsquantum h; sie enthält wesentliche physikal. Naturgesetze, aus denen sich die Gesetze der Makrophysik durch Mittelung über eine große Zahl von Mikroteilchen gewinnen lassen.

Die Q. wurde 1899/1900 von M. PLANCK begründet. Den Zugang zur Q. lieferte das von ihm entwickelte → Plancksche Strahlungsgesetz für die Intensitätsverteilung der Strahlung des → schwarzen Körpers, das i. Ggs. zu zwei bis dahin bekannten Strahlungsgesetzen (→ Ultraviolettkatastrophe) im gesamten Wellenlängenbereich mit dem Experiment übereinstimmte. Die theoret. Begründung dieses Gesetzes führte zur damals völlig neuartigen Vorstellung **(Quantenhypothese),** daß die Atome Strahlungsenergie nicht stetig in jeder beliebigen Größe, sondern nur stoßweise in best. **Quanten** (Energieportionen) aussenden oder aufnehmen, wobei die Größe der Energiequanten E gegeben ist durch die Frequenz ν der betreffenden Strahlungsart, multipliziert mit dem → Planckschen Wirkungsquantum h, $E = h\nu$.

1905 stellte A. EINSTEIN die Hypothese auf, daß die elektromagnet. Strahlungsenergie selbst in Form von Lichtquanten $h \cdot \nu$ auftrete. Ferner benutzte er die Plancksche Hypothese zur Berechnung der spezif. Wärme eines festen Körpers (→Quantenstatistik). 1913 wandte N. BOHR die Quantenhypothese in geeigneter Form auf das Rutherfordsche Atommodell an und schuf damit eine **Q. des Wasserstoffatoms (Bohrsches Atommodell,** →Atom), die die experimentell gefundenen Gesetzmäßigkeiten des Wasserstoffspektrums erklärte. Diese Q. wurde in den folgenden Jahren von zahlreichen Forschern (u. a. A. SOMMERFELD) weiterentwickelt und erlaubte es, zahlreiche Feinheiten der Atomspektren zu deuten. Dabei zeigte es sich, daß die Formulierung der älteren Q. noch nicht als umfassend und widerspruchsfrei angesehen werden konnte. 1923 entwickelte L. DE BROGLIE die Hypothese, daß der beim Licht entdeckte →Dualismus von Welle und Teilchen auch bei Materie (z. B. Elektronen, →Materiewellen) bestehe. Vorbereitet durch das Bohrsche →Korrespondenzprinzip ergab sich aus der **Q. der Atomspektren** um 1925 die →Quantenmechanik als eine mathematisch exakte Theorie, die die Lücken der älteren Q. zu schließen und ihre inneren Widersprüche zu beseitigen vermochte. Gleichzeitig entwickelte E. SCHRÖDINGER (ausgehend von de Broglies Hypothese der Materiewellen) die →Wellenmechanik.

Als die sehr verschiedenartig erscheinenden Formulierungen der Quantenmechanik und Wellenmechanik sich als mathematisch äquivalent erwiesen, konnten die Gesetze der Q. nach der mathemat. Seite hin als endgültig geklärt angesehen werden. Ihr physikal. Sinn und die mit ihnen gegebene neuartige Erkenntnissituation wurde durch die Aufstellung der Heisenbergschen →Unschärferelation und durch Bohrs Erläuterungen zum Begriff der →Komplementarität aufgehellt. – Die Quantisierung der Felder führte schließlich zur **Q. der Wellenfelder** (→Quantenfeldtheorie).

Lit. →Quantenmechanik.

Quantenübergang, →Quantensprung.

Quantenzahlen bezeichnen die verschiedenen, nach der Quantentheorie möglichen diskreten Zustände eines mikrophysikal. Systems (Atom, Atomkern, Elementarteilchen, Molekül u. a.). Der Zustand eines derartigen Systems wird durch Angabe eines vollständigen Satzes von Q. eindeutig bestimmt. Beim Wasserstoffatom als dem einfachsten →Atom wird der Aufenthalt eines Elektrons in verschiedenen Schalen (Energieniveaus) der Elektronenhülle durch die **Haupt-Q.** $n = 1, 2, 3, \ldots$, unterschieden, verschiedene Bahndrehimpulse in den Schalen durch die **Bahndrehimpuls-Q.** $l = 0, 1, 2, \ldots$ $(l < n)$. Die Orientierung der Bahnebene bezüglich einer Vorzugsrichtung, z. B. der Richtung eines äußeren Magnetfeldes, wird durch die **magnet. Q.** $m = -l, -(l-1), \ldots, l$ festgelegt. Der Eigendrehimpuls (Spin) des Elektrons wird durch die **Spin-Q.** $s = 1/2$ gekennzeichnet.

Für die Elektronenhüllen der anderen Atome gelten ähnliche Definitionen der Q. Wesentlich ist die **Gesamtdrehimpuls-Q.** J der Atomhülle. Bei Vorliegen der →Russell-Saunders-Kopplung verwendet man außerdem die **Gesamtbahndrehimpuls-Q.** L und die **Gesamtspindrehimpuls-Q.** S der Atomhülle, bei jj-Kopplung dagegen die **Gesamtdrehimpuls-Q.** $j_i = l_i \pm 1/2$ der einzelnen Elektronen. Zum Kerndrehimpuls (Kernspin) $\boldsymbol{I}$ gehört die **Kernspin-Q.** I. Zur Erklärung der →Hyperfeinstruktur wird die Kopplung von $\boldsymbol{I}$ und dem Gesamtdrehimpuls $\boldsymbol{J}$ der Elektronenhülle zum gesamten Atomdrehimpuls $\boldsymbol{F}$ herangezogen, wobei F die zugehörige **Hyperfeinstruktur-Q.** ist. – Für Moleküle sind bes. die **Schwingungs-Q.** v und die **Rotations-Q.** K wichtig. – Die die →Elementarteilchen kennzeichnenden **inneren Q.** (wie →Isospin, →Strangeness u. a.) haben keine unmittelbare anschaul. Bedeutung.

Quantile, ein Streuungsmaß, $n-1$ Q. teilen die gesamte Häufigkeit einer statist. Verteilung in n gleiche Teile. Z. B. spricht man bei $n = 100$ von **Perzentilen,** $n = 10$ von **Dezilen,** $n = 5$ von **Quintilen.**

Quantisierung, 1) Nachrichtentechnik: Umwandlung eines analogen (amplitudenkontinuierlichen) in ein digitales (amplitudendiskretes) →Signal 2): Jedem analogen Wert wird die nächstgelegene Quantisierungsstufe zugeordnet. Es entsteht ein treppenförmiges Signal, das nur diskrete Amplitudenwerte einnimmt und damit nur einen endlichen Zeichenvorrat besitzt, der sich zudem beliebig durch →Codierung umformen und praktisch fehlerfrei übertragen läßt. Dafür ist jedoch aus dem quantisierten das urspr. Signal wegen der verlorengegangenen Feinstruktur nur mit Quantisierungsverzerrungen rekonstruierbar (→Puls-Code-Modulation).

2) Physik: **Quantelung,** Ersetzung kontinuierl. Zustände und Übergänge durch diskrete, d. h. ganz bestimmte Zustände und Übergänge, zw. denen keine anderen erlaubt sind. Die Q. kennzeichnet den Übergang der klass. Mechanik in die Quantenmechanik. – Die Q. der Feldgrößen eines Feldes in der →Quantenfeldtheorie heißt **Feld-Q. (Feldquantelung).**

Quantoren, logische Partikel, mit deren Hilfe man aus Aussageformen, die eine freie Variable enthalten, eine neue Aussage gewinnt; zu ihnen rechnen der **Generalisator** (›für alle‹, Zeichen $\wedge x$ oder $\forall x$) und der **Partikularisator** (›es existieren‹: $\vee x$ oder $\exists x$). Q. werden in der Mathematik und der →Prädikatenlogik zur abgekürzten Schreibweise verwendet.

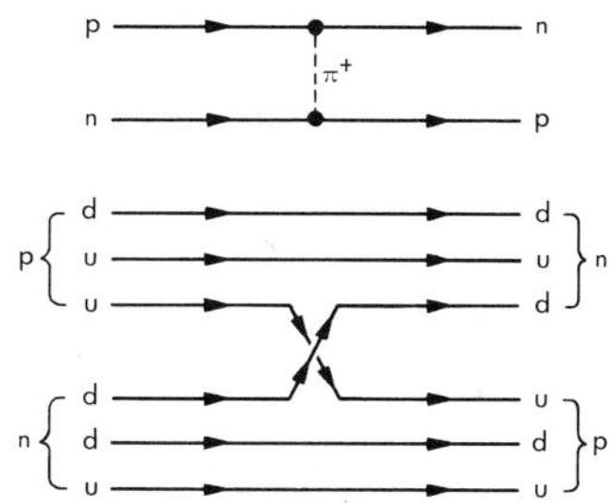

Quarks: Diagramme der Wechselwirkung zwischen einem Proton (p) und einem Neutron (n), z. B. in einem Atomkern. Im oberen Diagramm ist die Wechselwirkung als Austausch eines Pi-Mesons oder Pions (π^+) dargestellt. Darunter ist die gleiche Reaktion durch ein Quarkliniendiagramm dargestellt

Quarks [kwɔ:ks, engl.], fundamentale Bausteine der Materie, die bisher nicht als freie Elementarteilchen nachgewiesen werden konnten, weil sie möglicherweise nur in gebundener Form als Bestandteile der Hadronen (d. h. der stark wechselwirkenden →Elementarteilchen) existieren (→Confinement). Man nimmt an, daß alle Hadronen aus Q. aufgebaut sind, und zwar Baryonen aus je drei Q. (qqq), Antibaryonen aus je drei **Antiquarks** ($\bar{q}\bar{q}\bar{q}$), Mesonen dagegen aus je einem Quark und einem Antiquark ($q\bar{q}$). Bisher kennt man fünf Q.-Arten **(Up** [ʌp], **Down** [daʊn], **Strange** [streɪndʒ], **Charm** [tʃɑ:m], **Beauty** [bj'u:tɪ] oder **Bottom** [b'ɔtəm]), eine sechste **(Truth** [tru:θ] oder **Top)** wird vermutet. Zu jeder Q.-Art gibt es die entsprechende Antiquark-Art. Q. weisen drittelzahlige Elementarladungen auf (TABELLE), bei den entsprechenden Antiquarks ändert sich das Vorzeichen.

Die Hypothese, daß Hadronen aus Q. aufgebaut sind, ist durch eine Reihe neuer experimenteller Befunde erhär-

Quarks: Fundamentale Bausteine der Materie
(Spin-½-Teilchen)

Quarks:

Bezeichnung	Ladung (e)	Isospin 3. Komp.	Strangeness	Charm	Beauty	(Truth)
u (Up)	2/3	1/2	0	0	0	0
d (Down)	–1/3	–1/2	0	0	0	0
s (Strange)	–1/3	0	–1	0	0	0
c (Charm)	2/3	0	0	1	0	0
b (Beauty oder Bottom)	–1/3	0	0	0	1	0
(t) (Truth oder Top)?	2/3	0	0	0	0	1

Leptonen:

Bezeichnung	Ladung (e)	Masse (MeV)	Elektronzahl	Myonzahl	τ-Zahl
e^- (Elektron)	–1	0,51	1	0	0
ν_e (e-Neutrino)	0	0?	1	0	0
μ^- (Myon)	–1	105,66	0	1	0
ν_μ (μ-Neutrino)	0	0?	0	1	0
τ^- (τ-Teilchen)	–1	1 807	0	0	1
ν_τ (τ-Neutrino)	0	0?	0	0	1

tet worden (→ Elementarteilchen). Die bei der Streuung von Elektronen und Neutrinos an Protonen beobachteten Streuwinkel deuten auf eine körnige Struktur der Ladungsverteilung im Proton hin, die als experimenteller Nachweis von Untereinheiten der Elementarladung interpretierbar ist.

Bis 1974 reichten die von M. GELL-MANN eingeführten drei Q.-Arten (›Up‹, ›Down‹, ›Strange‹) zus. mit den drei zugehörigen Anti-Q. aus, um alle bis dahin bekannten Hadronen aufzubauen. Die Entdeckung des → Psi-Teilchens zwang zur Einführung der 4. Q.-Art (›Charm‹), die Auffindung des → Y-Teilchens zur Einführung der 5. Q.-Art (›Beauty‹ oder ›Bottom‹). Die verschiedenen Q.-Arten unterscheiden sich durch ihren ›Geschmack‹ (engl. ›flavour‹), der als eine Art Ladung aufzufassen ist, die für die schwache Wechselwirkung verantwortlich ist.

›Gewöhnliche‹ Materie ist nach dem Q.-Modell lediglich aus Up-Q. (u) und Down-Q. (d) aufgebaut, da nur diese in den Protonen und Neutronen der Atomkerne vorkommen. Das Proton wird von zwei Up-Q. und einem Down-Q. gebildet (Formel: uud); für das Neutron gilt die Formel udd. Die Bindung der Nukleonen im Kern, d. h. die Kraft zw. den Nukleonen, kommt durch den Austausch von Q. zustande (BILD).

Q. und → Leptonen werden heute als die fundamentalen Bausteine der Materie betrachtet, für die i. Ggs. z. B. zu den Photonen Erhaltungssätze für die Teilchenzahl gelten. Es gibt Vorstellungen, daß die Zahl der fundamentalen Q. und Leptonen gleich groß ist **(Quark-Leptonen-Symmetrie).** Da die Zahl der bekannten Leptonen durch die Entdeckung des → Tau-Teilchens und des zugehörigen τ-Neutrinos auf sechs stieg, wird die Existenz eines sechsten Q. vermutet, für das die Namen ›Truth‹ oder ›Top‹ vorgeschlagen worden sind. Prinzipiell kann auch nicht ausgeschlossen werden, daß in Zukunft mit steigenden Energien der → Beschleuniger eine unendl. Folge von weiteren noch schwereren Q. und Leptonen entdeckt werden. Dann wäre zu prüfen, ob nicht alle Q. und Leptonen als Anregungszustände der leichtesten Teilchen, d. h. des Up-Quarks bzw. des Elektrons, zu erklären sind. Dann müßten diese Teilchen eine innere Struktur besitzen (→ Rishonen). Durch Experimente an den derzeit verfügbaren Beschleunigern konnte jedoch gezeigt werden, daß sich das Elektron bis zu einer Auflösung von 10^{-16} cm wie ein mathemat. Punkt verhält.

Die Entdeckung des vierten Q. hat auch weitreichende Konsequenzen für die theoret. Vorstellungen über die starke Wechselwirkung gehabt. Man nimmt heute an, daß die Kraftwirkung zw. zwei Q. durch den Austausch von → Gluonen hervorgerufen wird, ähnlich wie in der Quantenelektrodynamik die Kraft zw. geladenen Teilchen durch den Austausch von Photonen, den Quanten des elektromagnet. Feldes, beschrieben wird. Die Kräfte scheinen unabhängig von der Q.-Art zu sein. Als ihre Quelle wird die ›Farbe‹ der Q. (→ Quantenchromodynamik) angesehen.

H. FRITZSCH: Q., Urstoff unserer Welt ([2]1981).

quart [kwɔ:t], in Großbritannien verwendetes Hohlmaß: 1 quart = 2 pints = 1,136 52 dm^3; in den USA für Flüssigkeiten: 1 **liquid quart** [l'ɪkwɪd-] = 1 liq qt = 2 liq pt = 0,946 357 dm^3, und für Trockensubstanzen: 1 **dry quart** [draɪ-] = 1 dry qt = 2 dry pt = 1,101 22 dm^3. (ÜBERSICHT Einheiten, angloamerikanische Einheiten)

Quartär *das,* jüngstes System (Periode) der Erdneuzeit (Känozoikum), gegliedert in **Pleistozän** (Beginn vor etwa 1,8 Mio. Jahren) und **Holozän** (Beginn vor etwa 10 000 Jahren). Die Untergrenze zum Pliozän (→ Tertiär) ist klimatologisch und paläomagnetisch definiert. So tritt mit Beginn des ältesten Pleistozän eine deutl. Abkühlung ein; gleichzeitig ist innerhalb einer Epoche mit umgekehrter magnet. Polarität (→ Paläomagnetismus) ein kurzer Abschnitt normaler magnet. Polarität **(Olduvai-Ereignis)** ermittelt. Das kontinentale **Pleistozän** (Diluvium) ist zyklisch durch Glazial- und Interglazialzeiten sowie Pluvial- und Interpluvialzeiten gegliedert (→ Eiszeit), die schwierig zu synchronisieren sind und daher regional verschiedene Namen haben.

Als jüngstes System der Erdgeschichte hat das Q. weltweite Verbreitung; es gab dem Erdbild sein heutiges Aussehen. Vulkan. Aschenlagen (→ Tephrochronologie), Löß-, Terrassen- und Paläoböden-Datierungen, Pollenanalysen, Dendrochronologie und Warven sind bedeutend für die Chronologie. – Am Beginn des Q. stehen die letzten jungalpid. Gebirgsbildungen. Das **Holozän** (Alluvium) entspricht der Postglazialzeit (Rezent).

quartäre Verbindungen

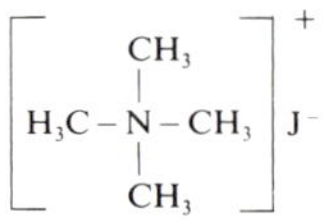

Tetramethylammonium-jodid

quartäre Verbindungen, Verbindungen, bei denen ein Zentralatom, wie Kohlenstoff oder Stickstoff, an vier Kohlenwasserstoffgruppen gebunden ist.

Quartärstruktur, durch Zusammenlagerung mehrerer (wenige bis einige tausend) identischer oder nichtidentischer tertiärstrukturierter Peptidketten entstehendes biologisch aktives Proteinmolekül. Bei der Reaktion einer Untereinheit wird die Reaktivität der anderen Untereinheiten durch Konformationsänderungen beeinflußt. Z. B. bindet das aus vier (je zwei gleichen) Peptidketten aufgebaute Sauerstoff transportierende Hämoglobin zunächst ein Sauerstoffmolekül an eine Untereinheit, wodurch die Bindung weiterer O_2-Moleküle an die anderen Untereinheiten erleichtert wird. Die Q. ist ein Regulationsprinzip von Stoffwechselprozessen.

Quartation, → Gold-Silber-Scheidung.

quarter [kw'ɔ:tə], in Großbritannien noch gebräuchl. Massen- und Gewichtseinheit im → Avoirdupois system (Handelsgewicht): 1 quarter = 28 pounds = 28 lb = 12,700 586 kg. Auch ein in Großbritannien verwendetes Hohlmaß: 1 quarter = 64 gallons = 290,950 dm^3. (ÜBERSICHT Einheiten, angloamerikanische Einheiten)

Quarterdeck, Achterdeck auf Schiffen, z. T. erhöht. Auf Großseglern Standort der Schiffsführung. Auf größeren Kriegsschiffen auch **Schanz** genannt.

Quarz *der,* n. engl. und frz. Schreibung **Quartz, Tief-Quarz, β-Quarz,** Geologie: Mineral, die trigonal-rhomboedr. Modifikation des Siliciumdioxids, SiO_2, farblos oder infolge Verunreinigung mit Fremdatomen mannigfach gefärbt, durchsichtig bis undurchsichtig, mit Glasglanz auf Kristall-, Fettglanz auf den muscheligen Bruchflächen; H. 7, D. 2,65; optisch aktiv sowie piezoelektrisch **(Schwing-, Oszillator-, Steuer-Q.).** Bei 573 °C geht der Tief-Q. durch Gitterumbau reversibel in den hexagonal-trapezoedr. **Hoch-Q. (α-Quarz)** über (→geologische Thermometer). – Q. ist nach den Feldspaten das häufigste Mineral, Gemengteil in allen drei genet. Gruppen der →Gesteine; Hauptbestandteil vieler Gänge und Mineralparagenesen. Infolge seiner Härte und Schwerlöslichkeit ist er angereichert in Sanden und Geröllen. Q. bildet Pseudomorphosen und ist Versteinerungsmittel; die künstl. Darstellung **(Kunstquarz)** erfolgt durch Hydrothermalsynthese.

Die Kristallgestalt des Q. ist nach Vorkommen und Entstehungsart sehr unterschiedlich: Am **gemeinen Q.** (auf Gangdrusen oder in Kalken u. a. eingewachsen) sind nur (BILD 1) die beiden meist gleich groß entwickelten Rhomboeder r und z mit dem quergestreiften (→Kombinationsstreifung) Prisma m vorhanden (hexagonaler Habitus). **Bergkristalle** und **Rauch-Q.** (aus Klüften und Drusen kristalliner Schiefer und Granite) sind flächenreicher und am Auftreten linker (y) und rechter (x) Trapezoederflächen als Links- oder Rechts-Q. (BILDER 2 und 3) zu unterscheiden (s entspricht der linken oder rechten trigonalen Bipyramide). Nach Ausbildung der Flächen können bei alpinen Q. Maderaner, Tessiner, Dauphinéer Typen unterschieden werden. Unverzwillingte Q. sind in der Natur selten; von den 18 beim Tief-Q. vorkommenden **Zwillingsgesetzen** sind am häufigsten: a) **Dauphinéer Gesetz** [dofiné- -], auch **alpines Gesetz** oder **Schweizer Gesetz:** zwei Rechts-Q. (BILD 4) oder zwei Links-Q. durchdringen sich so, daß ihre r- und z-Flächen zusammenfallen. Die Zwillinge können nur am Fehlen der Piezoelektrizität erkannt werden, b) **Brasilianer Gesetz:** Gegenseitige Durchdringung eines Rechts- und eines Links-Q. (BILD 5), c) **Japaner Gesetz:** Die c-Achsen (Längsachsen) der Zwillingsindividuen bilden einen Winkel von 84° 33′ (BILD 6).

Besondere Formvarietäten sind: a) ›**gedrehte**‹ oder ›**gewundene**‹ **Q.** (›Quarz-Gewindel‹), entstanden durch nichtparallele, windschiefe Verwachsung mehrerer linker (BILD 7) oder rechter Individuen, b) **Szepter-Q.** mit längs der c-Achse aufeinandergewachsenen Kristallen unterschiedl. Durchmessers, c) **Babylon-Q.** mit treppenartig verjüngtem Kristallprisma, d) **Stern-Q.** mit radialer Anordnung, e) **Kappen-Q.** mit deutl. Zonarbau infolge Wachstumsunterbrechungen (BILD 8), f) **Phantom-** oder **Gespenster-Q.** mit Einlagerung von Fremdmaterial zw. den Wachstumszonen, g) parallelfaseriger **Faser-Q.,** h) **Skelett-Q.** mit durch Wachstumsstörungen entstandener unvollständiger Form, i) **Fenster-Q.** mit bevorzugtem Wachstum der Kristallkanten, j) doppelendig ausgebildete Kristalle, z. B. Suttroper Quarz (BILD 9).

Farbvarietäten. a) **gemeiner Q., Gang-Q., Milch-Q.,** weiß, trüb (BILD 10), b) farblos klarer **Bergkristall** (BILD 11), c) hell- bis dunkelbrauner **Rauch-Q.** (BILD 12), der nach Brennen Gelbfärbung zeigt (›Citrin‹), d) fast schwarzer **Morion** (BILD 13), e) hellgelber **Citrin** mit seltenem natürl. Vorkommen, meist durch Brennen aus anderen Q., f) rosafarbener **Rosen-Q.,** meist in derben Bruchstücken (BILD 14), g) violetter **Amethyst,** meist derbstrahlig in Drusen (BILD 15); wird gebrannt als tiefgelber **Goldtopas,** hellgelber **Citrin,** bräunlich-roter **Madeiratopas** oder grüner **Prasiolit** gehandelt, h) durch Eisenoxide gelb, braun oder rot gefärbter **Eisenkiesel.**

Von den zahlreichen Einschlußvarietäten des Q. sind recht häufig die des **Faser-Q.** (Falkenauge, Katzenauge, Tigerauge), weiterhin der →Aventurin, der Prasem und der Saphirquarz. Es treten auch Einschlüsse von Gasen und Flüssigkeiten (›fluid inclusions‹) auf. Außer den bisher genannten phanerokristallinen Varietäten werden zum Q. zuweilen noch mehrere z. T. kryptokristalline Varietäten gerechnet, u. a. die SiO_2-Modifikationen →Cristobalit, →Tridymit, →Coesit und →Stishovit sowie die →Chalcedone. (Weitere BILDER S. 148–150)

Q. in der Elektronik: →Schwingquarz.

Quarzbänder|erz, →Itabirite, →Taconite.

Quarzdiorit, ein Tiefengestein, →magmatische Gesteine, →Diorit.

Quarzgenerator, mit einem →Schwingquarz als frequenzbestimmendes Bauelement aufgebauter →Oszillator zur Erzeugung hochfrequenter sinusförmiger Schwingungen.

Quarzglas, Kieselglas, die amorphe Modifikation des Siliciumdioxids, SiO_2. Eigenschaften: niedrige Wärmeausdehnung, hohe Temperaturwechselbeständigkeit, hohe Lichtdurchlässigkeit, hohe Erweichungstemperatur, sehr gute chem. Widerstandsfähigkeit, gute Wärmeleitfähigkeit, sehr guter elektr. Isolator. Herstellung durch Schmelzen von reinem Quarz, durch Oxidation von Siliciumtetrachlorid, $SiCl_4$, im Knallgasgebläse, in dünnen Schichten auch durch Hydrolyse von organ. Siliciumverbindungen, weniger rein durch Auslaugen und Wiedererhitzen von thermisch behandeltem Alkali-Boro-Silikatglas besonderer Zusammensetzung.

Quarzglimmerfels, ein →Hornfels mit Quarz, Glimmer und Cordierit als wesentl. Mineralbestand. – **Quarzglimmerschiefer,** ein quarzreicher →Glimmerschiefer.

Quarzgut, durch feine Bläschen getrübtes, unreines →Quarzglas.

Quarzit *der,* sehr stark verfestigtes oder metamorphes Sedimentgestein, das fast nur aus eng verzahnten Quarzkörnern besteht. **Fels-Q.** bilden sich aus Sandsteinen durch Verkieselung, indem die durch Gebirgsdruck randlich angelösten Sandkörner zusammenwachsen. Durch sekundäre Einkieselung von tonigen Sanden entstehen die **Tertiär-Q.** Lagig-schiefrige Abarten von metamorphem Q. heißen **Quarzitschiefer,** sie enthalten oft u. a. Muskovit, Sericit oder Chlorit.

Quarzjodlampe, die urspr. mit Jod gefüllte →Halogen-Glühlampe.

Quarzkeil, Optik: schwach keilförmiger →Kompensator aus Bergkristall zur Bestimmung opt. Gangunterschiede an doppelbrechenden Mineralen oder Körpern.

Quarzkeratophyr, ein →Keratophyr mit Einsprenglingen von Quarz und Albit.

Quarzlampe, eine →Entladungslampe mit Quarzgefäß, das Quecksilber enthält (→Quecksilberdampflampe). Niederdruck-Q. werden als **Entkeimungsstrahler** verwendet. Das dabei hauptsächlich abgestrahlte Licht mit der Wellenlänge von 253,7 nm tötet Bakterien, Viren, Sporen, Hefen, Protozoen, Algen und Schimmelpilze. Einige Lampenausführungen **(Ozonstrahler)** können durch ihre UV-Strahlung im Bereich zw. 100 und 200 nm Ozon erzeugen und lassen sich damit zur Beseitigung von Gerüchen (z. B. in Dunstabzugshauben) einsetzen. Quecksil-

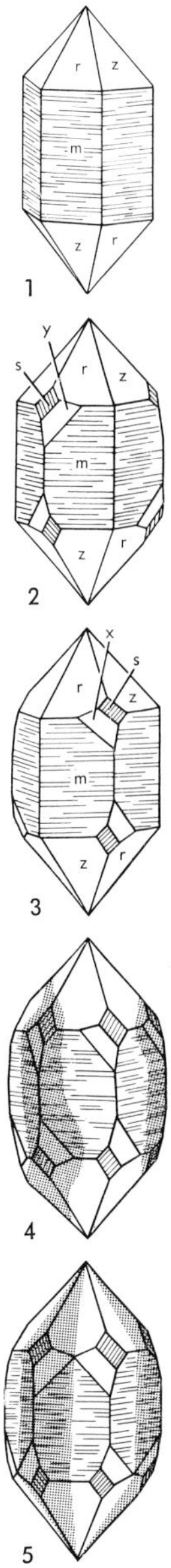

Quarz 1–5

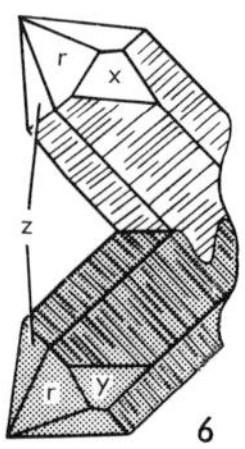

6

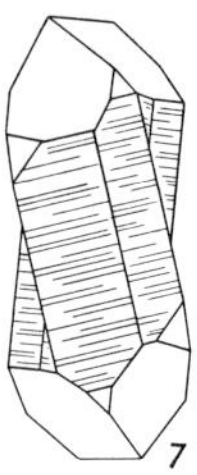

7

Quarz 6 und 7

berhochdruck-Q. werden wegen ihrer überwiegend im nahen Ultraviolett liegenden Strahlung als Heimsonnen und Solarien verwendet. Mit vorgesetztem Schwarzglasfilter (UV-durchlässig, aber lichtundurchlässig) dienen sie auch zur Anregung von → Leuchtstoffen, als Prüfgerät in der Kriminologie, der Werkstoffprüfung und bei Gemälden sowie zu medizin. Zwecken (Photochemotherapie).

Quarzphyllit, ein → Phyllit mit Quarzlinsen und -lagen.

Quarzporphyr, jungpaläozoisches, anchimetamorphes Ergußgestein granit. Zusammensetzung, das in einer dichten, meist rötlich-grau bis -braun gefärbten Grundmasse Einsprenglinge von Quarz, Kalifeldspat, wenig Plagioklas und Biotit enthält; tritt v. a. in Gängen, Stökken und Deckenergüssen im Rotliegenden auf. Q. wird bes. als Schottermaterial verwendet.

Quarzsteuerung, Steuerung von elektron. Geräten, bei denen das frequenz-(oder zeit-)bestimmende Glied durch einen → Schwingquarz gebildet wird.

Quarztopas, im Schmucksteinhandel Bez. für den Citrin (→ Quarz).

Quarzuhr, Uhr, deren Schwingungsnormal aus einem → Schwingquarz besteht, der piezoelektrisch erregt wird. Durch Frequenzteilerschaltungen können aus der Quarzfrequenz niederfrequente Schwingungen erzeugt werden, die zum Antrieb eines Uhrwerkes benutzt werden, über ein Schrittschaltwerk (Sekundenspringer, 1 Hz), über einen Synchronmotor oder durch Synchronisieren eines elektr. Unruhschwingers oder indem über eine elektron. Schaltung die Zeit ohne mechanische Zwischenglieder digital durch Flüssigkristallzellen oder Leuchtdioden angezeigt wird. Bei einfachen Q. beträgt die Gangabweichung 10^{-6} bis 10^{-8}, bei temperaturstabilisierten Q.-Anlagen kurzzeitig (etwa über 1 s) 10^{-12}.

Quasar, Abk. für **quasistellare Radioquelle,** astronom. Objekt von sternähnl. Aussehen im opt. Spektralbereich, jedoch mit extrem starker Radiofrequenzstrahlung. Das Spektrum ist neben einer starken Abstrahlung im UV- und Infrarot-Bereich durch eine extreme Rotverschiebung der Spektrallinien gekennzeichnet. Zu den Q. werden auch die **quasistellaren Objekte** gezählt, die sich von den Q. nur dadurch unterscheiden, daß sie keine intensive Radiostrahlung aussenden. Der erste Q. wurde 1960 von A. R. SANDAGE entdeckt. 1973 wurde der Q. OQ 172 mit der extremen → Rotverschiebung von $z = 3{,}53$ gefunden. Wird diese mit dem Doppler-Effekt als Folge einer Fluchtbewegung (→ Hubble-Effekt) gedeutet, so müßte OQ 172 eine Entfernung von mehr als 15 Mrd. Lichtjahren aufweisen, d. h., Q. wären damit die fernsten noch erfaßbaren astronom. Objekte. Bei Annahme dieser **kosmolog. Hypothese** der Q. übertrifft ihre Leuchtkraft weit mehr als das 100fache einer großen Galaxis. Wird dagegen die Rotverschiebung als relativist. Gravitationseffekt nahestehender kollabierender Sterne (→ Gravitationskollaps) oder durch Explosion einer Galaxie erklärt, könnten Q. als relativ nahe Objekte betrachtet werden **(lokale Hypothese).**

Mit dem Satelliten HEAO 2, dem Einstein-Observatorium (→ Röntgenastronomie), konnten mehr als 90 Q. auf Grund ihrer Röntgenstrahlung erkannt werden, darunter der Q. OQ 172, sowie 20 bis dahin mit opt. Teleskopen und Radioteleskopen noch nicht entdeckte Q. Die Gesamtzahl der bekannten Q. beträgt rd. 1500. Dabei sind die ›funkstillen‹ Q., d. h. solche, die keine beobachtbare Radiostrahlung emittieren, mindestens zehnfach häufiger als die ›radiolauten‹ Q.

Auf Grund der Beobachtungen des Einstein-Satelliten werden die großen Entfernungen der Q. (kosmolog. Hypothese) als gesichert betrachtet. Es konnte auch gezeigt werden, daß die BL Lac-Objekte (→ Blasar) sich in großen kosmolog. Entfernungen im Zentralbereich von ellipt. Galaxien befinden. Da es sich bei den Blasaren um eine Unterklasse der Q. handeln dürfte, scheint es wahrscheinlich, daß auch die Q. in den Zentren von Galaxien liegen. Für den Fall des Q. 3C48 konnte dies inzwischen mit Hilfe des 5-m-Teleskops am Mount-Palomar-Observatorium in Kalifornien und neuester elektron. Detektoren und Bildverstärker bestätigt werden. Die derzeit gängigen Erklärungsversuche für den gigant. Energieausstoß der Q. gehen davon aus, daß dieser durch das Hineinstürzen von Gasmassen in einen kompakten massereichen Kern zustande kommt. Dabei könnte es sich um ein übermassereiches → Schwarzes Loch von etwa 100 Mio. Sonnenmassen oder um eine Vorstufe davon handeln.

Das 1979 entdeckte **Quasarzwillingspaar** 0957 + 561 A, B zeigte erstmals die Existenz einer → Gravitationslinse an. 1982 wurde die Entdeckung eines Q. (PKS 2000–330) mit einer noch größeren Rotverschiebung als bei OQ 172 gemeldet ($z = 3{,}78$).

Quasi|atome, → Quasimoleküle.

quasi|elastische Kraft, Bez. für eine nichtelast. rücktreibende Kraft (→ Rückstellkraft) $\boldsymbol{F}$, die proportional zur Auslenkung $\boldsymbol{r}$ eines physikal. Systems aus der stabilen Gleichgewichtslage ist. Es liegt also wie beim → Hookeschen Gesetz der Elastizitätstheorie ein lineares Kraftgesetz $\boldsymbol{F} = -D\boldsymbol{r}$ vor, wobei die Richtgröße D im allg. Fall ein Tensor ist.

Quasi|impuls, Pseudo|impuls, bei Phononen der mit $\hbar$ ($\hbar = h/2\pi$, h = Plancksches Wirkungsquantum) multiplizierte → Wellenvektor $\boldsymbol{k}$ der entsprechenden Gitterschwingungen. Obwohl ein Kristall, in dem eine Schwingung mit $\boldsymbol{k} \neq 0$ angeregt ist, immer den tatsächl. Impuls Null hat, wird die Größe $\hbar\boldsymbol{k}$ als Q. bezeichnet, da sich die Phononen bei Wechselwirkungen mit anderen Elementaranregungen oder Feldern so verhalten, als ob sie einen Impuls der Größe $\hbar\boldsymbol{k}$ besäßen. Das bedeutet, für die erlaubten Wechselwirkungsprozesse gelten Auswahlregeln für erlaubte Übergänge zw. Quantenzuständen, in denen das Phonon durch die Größe $\hbar\boldsymbol{k}$ repräsentiert wird und die als Impulserhaltungssätze interpretierbar sind. – Auch bei Kristallelektronen wird die Größe $\hbar\boldsymbol{k}$ als Q. **(Kristallimpuls)** bezeichnet.

quasikristallin, svw. nahezu kristallin, Bez. für Substanzen, die in kleinen Bereichen noch kristallinisch geordnet, in größeren Dimensionen aber völlig ungeordnet erscheinen.

Quasimoleküle, Reaktionsprodukte, die kurzzeitig entstehen, wenn zwei schwere Atomkerne mit den Kernladungszahlen Z_1 und Z_2 (z. B. in einem Schwerionenbeschleuniger) kollidieren, wobei die Elektronen in den Atomhüllen molekulare Zustände bilden. Im Grenzfall kommt es zur Bildung von **Quasiatomen,** d. h., die Elektronenhüllen der beiden Stoßpartner lagern sich kurzzeitig so zu einer gemeinsamen Elektronenhülle um, als ob sich im Zentrum ein superschwerer Kern mit der Kernladungszahl $Z = Z_1 + Z_2$ befände. Es können so atomphysikal. Effekte an Kernen mit $Z > 109$ untersucht werden, die weder in der Natur vorkommen noch bisher künstlich dargestellt werden konnten. Dabei treten bisher unbekannte atomphysikal. Erscheinungen auf, z. B. wurden beim Beschuß von Blei mit Bleiionen sowie von Blei und Uran mit Uranionen hoher Energie Positronen nachgewiesen

(→ Schwerionenforschung), da bei solch schweren Quasiatomen die Bindungsenergie der Elektronen in der innersten Schale die doppelte Ruheenergie eines Elektrons von 1,022 MeV überschreitet, wird die Emission von Positronen möglich.

quasi|optisch, Bez. für die Ultrakurzwellen unter 10 m Wellenlänge, die sich praktisch gradlinig ausbreiten und ähnlich dem Licht reflektiert und gebrochen werden.

Quasi|reflexion, der dreidimensionale Beugungsvorgang von Röntgenstrahlen an Kristallgittern nach der Braggschen Gleichung (→ Röntgenstrukturanalyse).

quasi|stationär, zeitlich langsam veränderlich. In manchen Fällen wird q. exakt definiert, z. B. sind in der Elektrodynamik **q. Ströme** solche, bei denen der Verschiebungsstrom gegenüber dem Leitungsstrom vernachlässigt werden kann. Wegen der beträchtl. Vereinfachung der Maxwellschen Gleichungen ist die mathemat. Behandlung wesentlich erleichtert.

quasi|statisch werden Vorgänge bes. in der Thermodynamik genannt, die so langsam ablaufen, daß das System behandelt werden kann, als ob es sich in jedem Zeitpunkt im Gleichgewicht befindet.

quasi|stellare Radioquelle, → Quasar.

Quasi|teilchen, Bez. für die sich wie Teilchen verhaltenden → Elementaranregungen in Vielteilchensystemen, die i. Ggs. zu → Elementarteilchen aber nie als freie Teilchen auftreten, sondern nach der begrenzten Lebensdauer des angeregten Zustands wieder verschwinden. Jedes Q. wird durch Angabe seiner Energie und seines Impulses (→ Quasiimpuls) sowie der Dispersionsrelation zw. diesen beiden Größen charakterisiert. Der Grundzustand des Systems, in dem keine Q. existieren, entspricht dem Vakuumzustand der Quantenfeldtheorie. Die Anregung in ein höheres Niveau und die nach der Lebensdauer erfolgende Relaxation in den Ausgangszustand werden durch die Erzeugung bzw. Vernichtung von Q. unter Energie- und Impulserhaltung beschrieben. Q. sind z. B. → Defektelektronen, → Phononen, → Exzitonen, → Magnonen, → Plasmonen, → Polaronen, → Polaritonen in Festkörpern oder die → Cooper-Paare in Supraleitern.

quaternär, aus vier Teilen (Elementen, Komponenten) bestehend.

Quaternionen, Verallgemeinerung komplexer Zahlen, die als geordnete Quadrupel reeller Zahlen definiert werden können: $q = (a, b, c, d) = a + bi + cj + dk$ mit $a, b, c, d \in \mathbb{R}$ und $i^2 = j^2 = k^2 = -1$; $ij = k$; $jk = i$; $ki = j$; $ji = -k$; $kj = -i$; $ik = -j$. Q. bilden einen Schiefkörper (→ Körper 1) und einen linearen Vektorraum der Dimension 4 über $\mathbb{R}$. a heißt **Realteil,** $bi + cj + dk$ **Vektorteil** von q. Man bezeichnet $\bar{q} := a - bi - cj - dk$ als konjugierte Q. und $|q| := \sqrt{q\bar{q}}$ als absoluten Betrag.

Quebrachin, das → Yohimbin.

Quecksilber, grch.-lat. **Hydrargyrum,** chem. Symbol **Hg,** silberweißes, bei gewöhnl. Temperatur flüssiges Metall; Ordnungszahl 80, ein → chemisches Element; von den rd. 30 Isotopen sind sieben natürliche stabil. Reines Q. ist ziemlich beständig, an der Luft oxidiert es erst oberhalb 300 °C und verliert dabei seinen Glanz. Der Sättigungsdampfdruck des Q. bei Zimmertemperatur führt bereits zu einer Q.-Menge von etwa 15 mg/m^3 Luft; die tox. Menge beträgt 0,1 mg/m^3 (→ MAK-Wert). Da Q.-Dämpfe sehr giftig sind, ist bei Verspritzen von Q. eine sehr gute Lüftung der Räume notwendig. Viele Metalle lösen sich in Q. unter Bildung von Amalgamen (→ Quecksilberlegierungen). **Alkaliamalgame** dienen als Reduktionsmittel. In der zugängl. Erdrinde sind etwa 0,5 g Q. je Tonne enthalten. Es kommt selten gediegen in Form feinverteilter Tröpfchen vor; in abbauwürdiger Form v. a. als **Zinnober,** HgS. Da Kohle durchschnittlich 1 g Q./t enthält, gelangen durch Verbrennung einige tausend t Q. jährlich in die Atmosphäre und über Niederschläge in die Gewässer. Auch quecksilberhaltige Pflanzenschutzmittel können den Q.-Spiegel der Umwelt erhöhen.

Zur Gewinnung des Q. werden zinnoberhaltige Erze in Öfen bei 400–700 °C abgeröstet und die entweichenden Q.-Dämpfe in Vorlagen kondensiert. Das so erhaltene flüssige Q. ist bereits verhältnismäßig rein. Elementares Q. wird zur Herstellung von Thermometern und anderen wissenschaftl. Instrumenten benutzt, ferner für Q.-Dampflampen und Batterien, als Kathodenmaterial bei der techn. Elektrolyse (→ Chloralkali-Elektrolyse), zur Amalgamation, zur Trennung von Metallgemischen u. a. Der größte Teil des Q. dient zur Herstellung von → Quecksilberverbindungen.

Q. gehört zu den sieben im Altertum bekannten Metallen. Seine Darstellung wurde bereits 315 v. Chr. von THEOPHRASTUS beschrieben. Obwohl die Giftigkeit des Q. und seiner Verbindungen seit der Antike bekannt sind, spielte es bis etwa Ende des 18. Jh. eine wichtige Rolle als Heilmittel.

Quecksilberdampfgefäß, Hg-Ventil, steuerbares → elektrisches Ventil, bei dem in einem evakuierten Eisengefäß der Lichtbogen zw. einer Quecksilberkathode und einer Hilfsanode eine Elektronenquelle bildet, von der aus Elektronen zur Hauptanode gelangen. Durch Ionisation entstehen beim Stromfluß weitere Ladungsträger, dabei stellt sich eine nur wenig stromabhängige Lichtbogenspannung von etwa 20 V ein. Etwa von 1920 bis 1970 sind Q. bei → Stromrichtern bis zu größten Leistungen viel verwendet worden. Mit dem Aufkommen der → Thyristoren für hohe Ströme haben die Q. ihre Bedeutung fast ganz verloren.

Quecksilberdampflampe, eine → Entladungslampe mit Quecksilberfüllung. Bei großer Oberfläche und kleiner Leistung der Lampe bildet sich eine Niederdruckentladung aus wie in der → Leuchtstofflampe. Ohne Leuchtstoff wird die Niederdrucklampe heute nur noch als → Quarzlampe benutzt. In den heutigen **Quecksilberdampf-Hochdrucklampen** wird der Mangel an rotem Licht fast stets durch eine rot leuchtende Leuchtstoffschicht auf der Innenfläche des Außenkolbens ausgeglichen (Lichtausbeute 30–60 lm/W). **Quecksilberdampf-Höchstdrucklampen** bilden eine kompakte Entladung (Abmessung einige mm) extrem hoher Leucht- und Strahldichte (in Spezialfällen für Projektion und Scheinwerfer).

Quecksilberhorizont, offene Schale mit Quecksilber, deren horizontale Oberfläche als Spiegel wirkt, in dem man das Licht von Sternen in Reflexion beobachten kann; u. a. Bestandteil des → Prismenastrolabiums.

Quecksilberlegierungen, Amalgame, lassen sich in teigigem, plastischem Zustand leicht in die verschiedensten Formen (v. a. Zahnfüllungen) bringen. Sie härten verhältnismäßig schnell, sind chemisch sehr widerstandsfähig und haften fest an den Wandungen. Da die früher verwendeten **Zahnamalgame** im Lauf der Zeit nachdun-

Quarz 8–11

8

9

10

11

Quarz: 8 Kappen-Q. (Eschbach bei Usingen, Taunus). **9** Suttroper Q. (Suttrop, Westfalen). **10** Milchquarzadern (Georgenborn, Taunus). **11** Bergkristall (Schweizer Alpen)

kelten, verwendet man heute silber-, zinn-, kupfer- und zinkhaltige Edelmetallamalgame. Diese Metalle werden zu einer Vorlegierung erschmolzen, pulverisiert und kurz vor der Verwendung mit etwa 50% Quecksilber gemischt und geknetet, wobei das überschüssige Quecksilber abgepreßt wird.

Quecksilber|oxidzelle, eine Primärzelle (→ Batterie) mit einer Nennspannung von 1,35 V. Der Pluspol besteht aus Quecksilberoxid (mit Kohlepulver vermischt), der Minuspol aus Zink. Die Spannung sinkt während der Batterielebensdauer kaum ab, die Energieentnahme wird auch durch Dauerbelastung kaum beeinträchtigt. Dies zeichnet sie gegenüber der → Kohle-Zink-Zelle und auch der → Alkali-Mangan-Zelle aus.

Quecksilberschalter, lageabhängiger Schalter. In einem evakuierten Glasgefäß befindet sich ein Quecksilbertropfen, der – je nach räuml. Lage des Schalters – zwei in das Glasröhrchen eingeschmolzene Kontakte miteinander verbindet oder unterbricht.

Quecksilberverbindungen. Quecksilber hat in seinen Verbindungen die Oxidationszahlen + 1 und + 2. Die Quecksilber(I)verbindungen enthalten zweiatomige Hg_2^{2+}-Ionen. Sie wurden früher als **Merkuro-Verbindungen** bezeichnet, die des zweiwertigen Quecksilbers als **Merkuri-Verbindungen.** – **Quecksilber(II)oxid (Rotes Präzipitat),** HgO, entsteht beim Erhitzen von Quecksilber an der Luft auf etwa 300 °C als rotes bis gelbes Pulver. Beim Erhitzen über 400 °C zerfällt es wieder in seine Bestandteile. Die Beobachtung dieser Reaktion führte J. PRIESTLEY zur Entdeckung des Sauerstoffs. HgO dient zur Synthese anderer Q. und für Anstrichmittel und Porzellanfarben. **Quecksilber(I)chlorid (Kalomel),** Hg_2Cl_2, eine weiße kristalline, unlösl. Substanz, wird durch Erhitzen von Quecksilber mit Quecksilber(II)chlorid gewonnen. Verwendet u. a. in der Porzellanmalerei, in Zeugdruck und Galvanoplastik, für Kalomelelektroden. **Quecksiber(II)chlorid (Sublimat),** $HgCl_2$, entsteht aus Quecksilber(II)sulfat und Natriumchlorid beim Erhitzen auf über 300 °C als weiße kristalline sublimierbare Verbindung, die in Wasser leicht löslich ist. Es ist ein sehr starkes Gift und wird als Desinfektionsmittel und zur Holzkonservierung verwendet. **Quecksilber(II)jodid,** HgJ_2, ein leuchtendrotes Pulver, geht bei 127 °C in eine gelbe Modifikation über (→ Thermochromie), es wird verwendet u. a. zur Darstellung von Neßlers Reagenz und in der Photographie. **Quecksilber(II)sulfid,** HgS, entsteht aus Quecksilbersalzlösungen mit Schwefelwasserstoff als schwarzer, in Säure unlösl. Niederschlag, der beim Erwärmen in Natriumsulfidlösung in die beständigere rote Modifikation übergeht, die in der Natur als **Zinnober** vorkommt. **Quecksilber(I)sulfat,** Hg_2SO_4, und **Quecksilber(II)sulfat,** $HgSO_4$, sind farblose in Wasser lösl. Salze, deren Lösungen infolge Hydrolyse schwerlösl. basische Salze bilden. Sie werden als Katalysatoren verwendet. **Quecksilber(II)acetat,** $Hg(OCOCH_3)_2$, wird als Katalysator bei organ. Synthesen verwendet. Die **Quecksilberalkylverbindungen** entstehen aus Alkylmagnesiumhalogeniden und Quecksilberchlorid. Sie bilden farblose, stark riechende, sehr giftige Verbindungen, z. B. das **Dimethylquecksilber,** $Hg(CH_3)_2$. **Diphenylquecksilber,** $Hg(C_6H_5)_2$, u. a. **Quecksilberorganyle** werden als Fungizide und zum Beizen von Saatgut verwendet. **Quecksilberfulminat (Knallquecksilber),** $Hg(ONC)_2$, ist im trockenen Zustand leicht detonierbar und dient als Initialzünder.

Quarz 12–15

12

13

14

15

12 Rauch-Q. (St. Gotthard, Schweiz). **13** Morion (St. Gotthard, Schweiz). **14** Rosen-Q. (Böhmen, ČSSR). **15** Amethystdruse (Idar-Oberstein)

Quecksilberverfahren, ein Verfahren der → Chloralkali-Elektrolyse.

Quelle, 1) Elektronik: engl. **Source** [sɔ:s], einer der Anschlüsse des → Feldeffekttransistors.

2) Geologie: i. w. S. jedes Ausströmen von Flüssigkeit oder Gasen aus der Erde wie Wasser, Erdöl, Gas, i. e. S. die natürl. Austrittstelle von Grundwasser. In den meisten Fällen ist das Wasser der Q. atmosphär. Ursprungs (in wasserdurchlässige Gesteine eingedrungene Niederschläge). Die **Quellschüttung** (Abflußmenge des Quellwassers je Sekunde) ist abhängig von Niederschlag, Versickerung, Verdunstung, Größe des Einzugsgebiets und des Grundwasservorrats. Ist die Ergiebigkeit der Q. so gering, daß das Wasser nicht abfließt, sondern den Boden nur durchfeuchtet, wird die Q. **Naßgalle (Rasengalle)** genannt. Ist die Schüttung sehr stark, können durch Erosion **Quellmulden** oder in festem Gestein schalen-, trichter- oder schlotförmige **Quelltöpfe** (Blautopf bei Blaubeuren: 2240 l/s) entstehen. Ist der eigtl. Q.-Austritt durch Hangschutt verdeckt, erscheint das Wasser etwas tiefer am Hang als **Schuttquelle.** Q. können auch (in Flüssen, Seen, im Meer) unter Wasser auftreten.

Quelltypen. Je nachdem, ob das ausfließende Wasser einen Sumpf, Tümpel oder Bach bildet, spricht man von **Helokrenen, Limnokrenen** und **Rheokrenen.**

Nach Art der Wasserbewegung werden unterschieden: 1) **Absteigende und Auslaufquellen** (Hang-Q., Tal-Q., Schicht-Q., Stau-Q., Überlauf- oder Überfall-Q.) entstehen, wenn wasserführende Schichten von der Erdoberfläche geschnitten werden und hierbei das sich abwärts bewegende Grundwasser zutage tritt, durch Stau vor wasserundurchlässigen Schichten oder durch Ansammlung von Grundwasser in einer Schichtmulde, bis es überläuft. 2) **Aufsteigende Quellen** (meist Spalten- und Verwerfungs-Q.) finden sich dort, wo unter hydrostat. Druck stehendes Grundwasser in Spalten, Klüften oder Schichtfugen aufsteigen und austreten kann. Bei den artesischen → Brunnen erfolgt der Wasseraustritt nicht natürlich, sondern erst durch Anbohren des hydrostatisch gespannten Grundwassers. 3) Bei **Karstquellen** fehlt ein zusammenhängender Grundwasserspiegel. Sie bilden die ergiebigsten Q., v. a. wo Höhlenflüsse zutage treten (Achquellen nördlich des Bodensees, Schüttung 8530 l/s).

Nach Art der Wasserschüttung werden unterschieden: 1) **permanente oder perennierende Q.,** d. h. beständig fließende Q.; 2) **period. Q.,** die nur in niederschlagsreichen Jahreszeiten Wasser führen; 3) **episod. Q.,** die nur in bes. nassen Jahren (›Hungerquelle‹) oder – in ariden und semiariden Gebieten – nach Niederschlägen tätig werden; 4) **intermittierende Q.,** die – meist durch Entladung gespannter Gas- oder Luftmassen bedingt – in mehr oder weniger regelmäßigen, kurzen Zeitabständen fließen oder ausbrechen (Springquellen) wie die Geysire.

Nach der Wassertemperatur werden unterschieden: 1) **Pegen,** deren mittlere Temperatur etwa der mittleren Jahrestemperatur der Umgebung entspricht. 2) **Thermen** oder **warme Q.** besitzen Temperaturen über 20 °C. 3) **heiße Q.** haben über 50 °C, sie kommen meist aus großer Erdtiefe.

Nach dem Charakter des Quellwassers werden unterschieden: 1) **indifferente Q.** mit chemisch sehr reinem Wasser; 2) **Mineralquellen,** die auf ihrem Weg durch das Gestein best. Mengen an gelösten (festen oder gasförmigen) Stoffen aufnehmen, aber frei von organ. Bestandteilen sind. Q. mit mehr als einem Gramm Kohlensäure je Kilo Wasser heißen **Säuerlinge** (oder **Sauerbrunnen).** Wasser aus **Solquellen** hat außer für die Kochsalzgewinnung auch als Heilmittel Bedeutung (→ Heilquellen). Sprudel sind aufsteigende (Mineral-)Q., deren Auftrieb durch gepreßte Gase (Kohlensäure, Wasserdampf, Kohlenwasserstoffe) erzeugt wird.

3) Nachrichtentechnik: die Nachrichtenquelle in einem → Nachrichtensystem.

4) Physik: Stelle in einem **Quellenfeld** (→ Feld), in der Feldlinien beginnen; Ggs.: **Senke.**

Quellenspannung, → Elektromotorische Kraft, → Klemmenspannung.

Queller, Salicornia europaea, bis 30 cm hohes, blattloses Meldengewächs der Meeresküsten mit gegenständigen, fetten, gegliederten Ästen und unscheinbaren Blütchen. Zur → Landgewinnung wird der Q. gepflanzt oder ausgesät, sobald das Watt eine Höhe von 0,5 m unter mittlerem Tidehochwasser (MThw) erreicht hat. In kleinerem Umfang siedelt er sich auch selber an. Der Q. wirkt dabei als Schlickfänger und beschleunigt so die Neulandbildung.

Quellfaltung, innere Faltung oder Stauchung eines Gesteins durch Volumenvergrößerung infolge Wasseraufnahme, z. B. bei → Schlangengips.

Quellfestausrüstung, Verfahren der Textilveredlung, mit dem Gewebe aus Cellulose- und regenerierten Cellulosefasern durch Behandlung mit Kunstharzen waschbeständiger und knitterfester gemacht werden.

Quellkuppe, keulenförmige Lavakuppe, die über einem Vulkanschlot durch Aufstau zähflüssigen Magmas unter einer Tuffüberdeckung entsteht. Ohne Tuffbedekkung bilden sich **Staukuppen.** Wird durch vulkan. Gase ein fast erstarrter Lavapfropfen nach oben gepreßt, entstehen **Stoßkuppen.**

Quellmittel, Quellungsmittel, die → Verdickungsmittel.

Quellung, Vorgang der Volumenzunahme und Gestaltänderung eines Festkörpers bei Einwirkung von Flüssigkeiten, Dämpfen und Gasen. **Unbegrenzte Q.** führt die quellende Substanz über in eine Lösung (z. B. Gelatinegel und Wasser) oder in eine Suspension.

Quenching [kwˈentʃɪŋ, engl.], **Quenchen,** Abschrecken von heißen Reaktionsprodukten mit Wasser, Öl, Gas u. a., um die chem. Reaktion zum Stillstand zu bringen.

Querbau, Abbauverfahren mit pfeilerartiger → Bauweise 2) für steil stehende, mächtige Lagerstätten. Die Lagerstätte wird in horizontale Scheiben von 2–3 m Höhe eingeteilt, durch streichende Strecken vorgerichtet und von diesen aus durch querverlaufende Örter (→ Ort) abgebaut.

Querdehnung, → Querkontraktion, → Dehnung.

Querdehnungszahl, → Dehnung.

Querfeldröhre, eine → Wanderfeldröhre, die als Leistungsverstärkerröhre im Mikrowellenbereich eingesetzt wird. In ihr bewegen sich die Elektronen in gekreuzten elektr. und magnet. Gleichfeldern entlang einer gestreckten oder einer zu einem Ring zusammengebogenen → Verzögerungsleitung. Die Q. liefert hohe Ausgangsleistung bei allerdings geringer Leistungsverstärkung (15–20 dB).

Querkontraktion, Querkürzung, durch Längung eines Bauteils hervorgerufene Verkürzung seiner Querdimensionen, ein von den elast. Eigenschaften des Stoffes abhängiger Bruchteil der Längenänderung. Bei Stauchung eines Bauteils entsteht eine Vergrößerung seiner Querdimension **(Querdehnung;** → Dehnung).

Quer|ruder, an der Tragflügelhinterkante eines Flugzeugs beweglich angeordnete Steuerflächen, deren gegensinniger Ausschlag eine Drehung des Flugzeugs um seine Längsachse bewirkt. Bei Nurflügelflugzeugen können die Q. außerdem meist auch gleichsinnig ausgeschlagen werden; bewirkt eine Drehung um die Querachse.

Querschlag, Bergbau: quer zum Streichen der Schichten aufgefahrene Strecke.

Querschnitt, Schnitt senkrecht zur Achse eines geometrischen Körpers; Ggs.: **Längsschnitt.**

Querschnittsregel, Flächenregel, im Schallgrenzbereich gültige Aussage über den Einfluß der Querschnittsverteilung eines Flugzeugs auf dessen Strömungswiderstand, wonach dieser vermindert wird, wenn sich die Summe aller Querschnittsflächen in Rumpflängsrichtung stetig ändert. Die Anwendung der Q. führt zur Einschnürung des Rumpfes im Bereich der Tragflügel (Wespentaillenrumpf; BILD S. 152).

Quersumme, Summe der Ziffern einer natürl. Zahl. Ist die Q. durch 3 oder 9 teilbar, so ist es auch die Zahl selbst. Durch 11 sind die Zahlen mit den aufeinanderfolgenden Ziffern $a_n a_{n-1} a_{n-2} \ldots a_3 a_2 a_1$ teilbar, für die die **alternierende Q.** $a_1 - a_2 + a_3 - a_4 + \ldots$ durch 11 teilbar ist. Beispiel: Die Zahl 43 659 hat die Q. 27 (teilbar durch 9) und die alternierende Q. 11 (teilbar durch 11).

Querverband, in einem Bauwerk, einem Fahrzeug (Schiff, Flugzeug) quer zur Längsrichtung der Hauptverbände angeordnetes Bauglied.

Querwandbauart, Schottenbauart, im Hausbau angewandte Bauart, bei der alle Lasten durch Querwände (nicht durch Längs- und Außenwände) in den Baugrund übertragen werden.

Quetschgrenze, Grenzbelastung eines verformungsfähigen Werkstoffs (Metall), bei der dieser unter Druck mit → Fließen 3) beginnt (→ Elastizität).

Quetschhahn, metall. Schlauchklemme zum Verschluß von Gummischläuchen.

Quetschmaschine, Spinnerei: 1) **Softener** [sˈɔfnə, engl.], Maschine der Jutespinnerei zum → Batschen von Bastfasern. 2) **Flor-** oder **Vliesquetsche** an → Krempeln zur Zerstörung von Unreinigkeiten.

Quetschraum, Teil des → Brennraumes eines Ottomotors, aus dem durch besondere Gestaltung von Kolben und Zylinderkopf bei der Verdichtung im oberen Totpunkt die Ladung bes. beschleunigt und verwirbelt wird. Durch schnelleres Durchbrennen der Ladung werden das → Brenngesetz und die Abgaszusammensetzung beeinflußt. Brennt die Ladung im Q. nicht durch, steigt der HC-Anteil (→ HC) im Abgas.

Quickton, schluffiger bis feinsandiger, sehr wasserhaltiger Ton, der bei Erschütterung oder Überbelastung kurzzeitig flüssig (→ Thixotropie) wird.

QUIL, Abk. für → **Qu**ad-**in**-**l**ine-Gehäuse.

Quinckesches Rohr [n. dem dt. Physiker G. H. Quincke, * 1834, † 1924], das → Interferenzrohr.

Quintilliarde, die Zahl 10^{33}, 1 000 Quintillionen.

Quintillion, die 5. Potenz einer Million, geschrieben 10^{30}; in den USA Bez. für Trillion (10^{18}).

quod erat demonstrandum, Abk. **q. e. d.,** lat. ›was zu beweisen war‹, auf EUKLID zurückgehende Formel, die das Ende des Beweises anzeigt.

Quoti|ent, Ergebnis der Division zweier Zahlen a und b, geschrieben $\frac{a}{b}$, $a{:}b$, $a \cdot b^{-1}$ oder a/b.

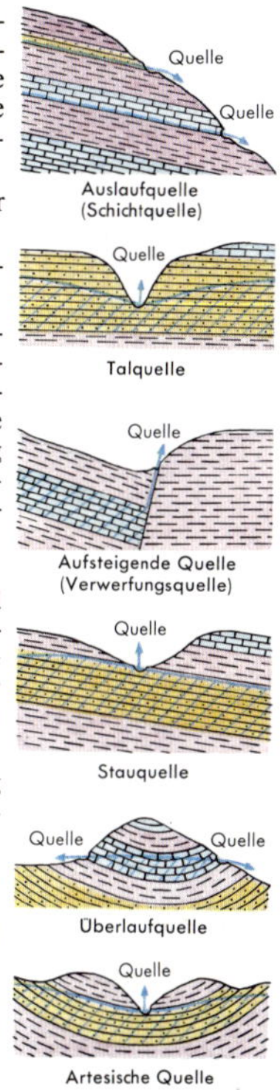

Quelle 2)

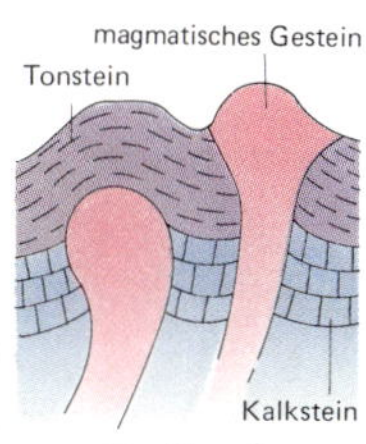

Quellkuppe und Staukuppe

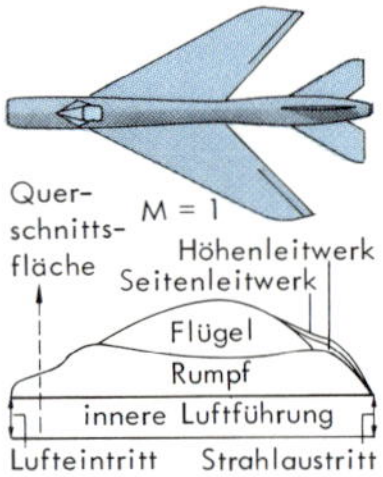

Querschnittsregel: Querschnittsflächenverlauf eines Flugzeugs mit im Rumpf eingebautem Strahltriebwerk bei angewandter Q. (M = 1 = Schallgeschwindigkeit)

Quoti|entenkörper. Sind *a, b, c, d* Elemente eines → Ringes ohne Nullteiler, *b* und $d \neq 0$, und definiert man für die Quotienten folgende Regeln

$$\frac{a}{b}=\frac{c}{d} \Leftrightarrow a\cdot d=b\cdot c, \frac{a}{b}+\frac{c}{d}=\frac{a\cdot d+b\cdot c}{b\cdot d}, \frac{a}{b}\cdot\frac{c}{d}=\frac{a\cdot c}{b\cdot d},$$

wobei + und · die Verknüpfungen zw. den Ringelementen bedeuten, so ist damit ein → Körper 1), der Q., konstruiert, in den der urspr. Ring eingebettet ist. Jeder → Integritätsbereich läßt sich in einen Q. einbetten, der bis auf den → Isomorphismus eindeutig bestimmt ist. Z. B. ist der Körper der → rationalen Zahlen der Q. des Ringes der ganzen Zahlen.

Quoti|entenkriterium, ein Konvergenzkriterium für unendl. Reihen: Die unendliche Reihe $\sum a_i$ mit $a_i > 0$ für alle *i* konvergiert, wenn für den limes superior gilt

$$\limsup \frac{a_{i+1}}{a_i} < 1.$$

Quoti|entenmeß|instrument. Elektr. Q. messen das Verhältnis zweier gleichartiger Größen, z. B. Ströme, Spannungen, magnet. Flüsse, elektr. Felder. Sie sind im wesentlichen aus zwei gegeneinander verdrehten Spulen aufgebaut, die entweder den bewegl. oder den feststehenden Teil des Meßwerks bilden. Es gibt Q. für Gleich- und Wechselströme, eine verbreitete Ausführungsform ist das → Kreuzspulinstrument.

Quoti|entenregel, → Differentialrechnung.

R

r, 1) Einheitenzeichen für → Umdrehung.

2) *r*, Formelzeichen für Radius.

3) ***r***, Formelzeichen für Ortsvektor.

R, 1) Abk. für **Rest,** bezeichnet beliebige einbindige Kohlenwasserstoffgruppen (→Alkyl . . ., →Aryl . . .). **R-H,** Bez. für einen beliebigen Kohlenwasserstoff.

2) Einheitenzeichen für → Röntgen.

3) *R*, Formelzeichen für universelle molare Gaskonstante, elektrischen Widerstand, Gittervektor (→ Elementarzelle).

4) ℝ, in der Mathematik Abk. für den Körper der → reellen Zahlen.

°R, Einheitenzeichen für → Grad Rankine und → Grad Reaumur.

R_∞, R_∞, zu unterscheiden von R_H, Formelzeichen für die → Rydberg-Konstante.

Ra, chem. Symbol für → Radium.

Rabe, lat. **Corvus,** ein → Sternbild des Südhimmels, im Frühjahr am Abendhimmel sichtbar.

Rabi-Methode [r'eɪbɪ-, n. dem amerikan. Physiker poln. Herkunft I. I. Rabi, * 1898], die →Atomstrahlresonanzmethode.

Rabitz-Wand, die von K. RABITZ 1878 erfundene → Drahtputzwand.

Racemate, Chemie: Gemische gleicher Mengen der rechts- und linksdrehenden Form optisch aktiver Verbindungen (→ Stereochemie, → optische Aktivität).

Racemisierung, Chemie: Übergang einer optisch aktiven Substanz in das entsprechende Racemat, eine meist unerwünschte Reaktion; wird bei der →Aminosäuredatierung **(Racematmethode)** genutzt. Enzymat. R. werden durch **Racemasen** bewirkt.

Racheln, meist dicht nebeneinander auftretende kerbförmige Furchen, Rinnen, Gräben und Tobel auf Hängen, bes. in semihumidem und semiaridem Klima, v. a. auf Hängen aus Lockergesteinen (Mergel, Ton, Lehm, Sand). Durch R. wird der Zusammenhang der Vegetationsdecke gestört und die Entwaldung verstärkt.

Rack, 1) *das,* Stahllager, in dem die → Rah bei Segelschiffen am Mast befestigt wird.

2) [ræk, engl.], Gestell, Rahmen, Regal; Rechen, Zahnstange.

rad, Einheitenzeichen für → Radiant 2).

Rad, Abk. für **radiation absorbed dose** [reɪdɪ'eɪʃn əbs'ɔ:bd dəʊz, engl.], Einheitenzeichen **rd,** nicht gesetzl., jedoch bis zum 31. 12. 1985 zugelassene Einheit der Energiedosis: 1 rd = 0,01 Gy.

Rad, Rollkörper, dessen äußerer runder Kranz **(Radkranz, Felge)** durch Speichen oder durch eine Scheibe mit der Nabe verbunden ist; durch diese ist das R. fest oder drehbar an der Achse befestigt.

Das **Wagen-R.** (aus Holz) besteht aus Nabe, Speichen, Felge, eisernem Reifen. Heutige **Straßenfahrzeug-R.** werden hergestellt als Scheibenräder (mit stählerner Scheibe zw. Nabe und Felge), als Drahtspeichen-R. (mit vielen dünnen Speichen aus Stahldraht), als Stahlblechspeichen-R. und als gegossene R. aus Leichtmetall. **Schienenfahrzeug-R.** bestehen aus der Radscheibe, auf die der Laufkreis (Radreifen) mit Spurkranz aufgeschrumpft ist. **Zahn-R.** und **Reibungs-R.** dienen zur Kraftübertragung. Das R. ist ein wichtiges Maschinenelement.

Geschichte. Älteste Darstellungen von Rädern aus zusammengesetzten Holzscheiben finden sich auf einem Relief aus dem sumerischen Ur (etwa 2600 v. Chr.) oder als Tonmodell eines Büffelkarrens aus der Induskultur des 3. Jahrtsd. v. Chr. In Europa stammen die ältesten Komposit-Scheiben-Räder aus einer schnurkeram. Siedlung (etwa 2000 v. Chr.) in Zürich. Aus Mooren N- und W-Europas sind aus jungsteinzeitl. Fundzusammenhang Reste von Scheiben-R. von 50 bis 90 cm Durchmesser erhalten, die urspr. Bestandteile von Wagen waren. Seit der jüngeren Steinzeit tritt das R. als Ornament auf Gefäßen und Geräten auf. Wagen-R. mit Speichen finden sich um 2000 v. Chr. in N-Mesopotamien und um 1600 v. Chr. bei dem ägypt. Streitwagen. Im Laufe der Bronzezeit wurde das aus Bronze gegossene vier- bis achtspeichige R. in ganz Europa verbreitet. Seit der späten Hallstattzeit wurde das R. mit Felge und Speichen aus Holz und eisernen Radreifen hergestellt. In China kannte man bereits im 4. Jh. v. Chr. R. mit schräg eingesetzten Speichen; in Europa tauchte dieser Radsturz erst im 15./16. Jh. n. Chr. auf. – Im vorkolumb. Amerika war das R. als Gebrauchsgerät unbekannt.

W. TREUE: Achse, Rad und Wagen (1965); L. TARR: Karren, Kutschen, Karossen (a. d. Ungar., ²1978); O. PATZELT: Triumph des R. Gesch. u. Bedeutung einer Erfindung (Berlin-Ost 1979).

Radar, Abk. für engl. **Radio Detecting And Ranging** [r'eɪdɪəʊ dɪ'ektɪŋ ænd r'eɪndʒɪŋ], im Bereich von 500 MHz (60 cm Wellenlänge) bis 40 GHz (0,75 cm) arbeitendes Funkverfahren zur Erfassung von Zielen sowie zu deren Richtungs- und Entfernungsbestimmung auf der Grundlage passiver Rückstrahlung **(Primär-R.).** Unter Ausnutzung des → Doppler-Effektes ist auch eine Messung der (Radial-)Geschwindigkeit möglich. Im Ggs. zum Primär-R. wird beim **Sekundär-R.** ein → Abfragefunkfeuer verwendet, auf dessen Anfragen vom Boden ein Antwortgerät an Bord codiert (Rufzeichen, Höhe) antwortet.

Die Vorzüge des R. liegen in der großen Entdeckungsreichweite von Objekten, der guten Entfernungsmeßgenauigkeit und v. a. in der Tatsache, daß seine Leistungen von Dunkelheit, weitgehend auch von Nebel, Regen oder Schneefall nicht beeinflußt werden. Außer Erfassung und Vermessung ist auch die Verfolgung eines Zieles (automat. Nachlauf) möglich sowie die Unterscheidung von festen und bewegten Objekten.

Wirkungsweise. Das R.-Prinzip besteht darin, daß eine elektromagnet. Welle scharf gerichtet gesendet und an Hindernissen im Ausbreitungsweg der Strahlung reflektiert wird. Aus der Zeitdifferenz zw. Aussenden der Signale und Empfang der Echos wird die Entfernung der Ziele bestimmt; die Richtungsbestimmung folgt aus der Strahlrichtung der Antenne für gleichzeitiges Senden und Empfangen. Eine große Gruppe bilden die **Puls-Radargeräte,** die kurze Pulse (~ 1 µs) senden, mit denen Entfernungen von mehr als 150 m gemessen oder zwei Ziele in gleicher Richtung einzeln erkannt (aufgelöst) werden können, die diesen Entfernungsabstand haben. Eine weitere Gruppe bilden die **Dauerstrich-Radargeräte,** zu denen der Doppler-Navigator (→ Doppler-Navigationsverfahren) und der frequenzmodulierte Funkhöhenmesser gehören.

Beim Puls-R. werden die einzelnen Pulse von einem Impulsgenerator (Zeitgeber) erzeugt, sie modulieren einen Sender und speisen über eine Sende-Empfangs-Weiche, über Hohlleiter und Hornstrahler die Parabolantenne. Die von der gleichen Antenne aufgenommenen Echos werden über die Weiche dem Empfänger zugeführt, der während der Sendezeit (Pulsdauer) gesperrt ist, und lösen im einfachsten Falle (Entfernungsmessung) einen vertikalen Zacken auf einer horizontalen Zeile aus, die auf dem Schirm einer Kathodenstrahlröhre durch einen Elektronenstrahl von links nach rechts entfernungsproportional geschrieben wird. Bei den Schirmbildern der Rundsichtgeräte wird der Elektronenstrahl von der Schirmmitte als Entfernungslinie zum Schirmrand ausgelenkt, springt nach jedem Radial zur Mitte zurück und schreibt synchron mit der Antennendrehung das nächste Radial. Hier wird das Echo nicht als Zacken, sondern durch Helligkeitssteuerung als Leuchtpunkt auf dem dunklen Schirm entsprechend seiner Entfernung und Richtung dargestellt. Die Winkelstellung der Antenne

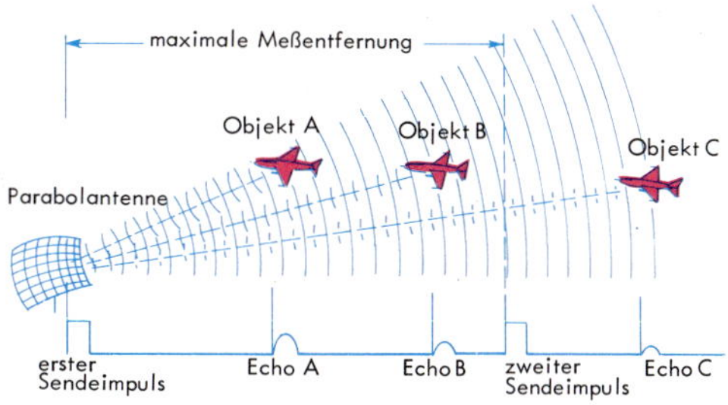

1

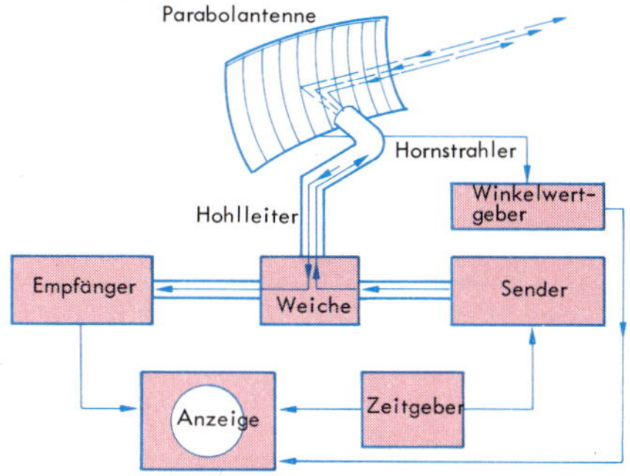

2

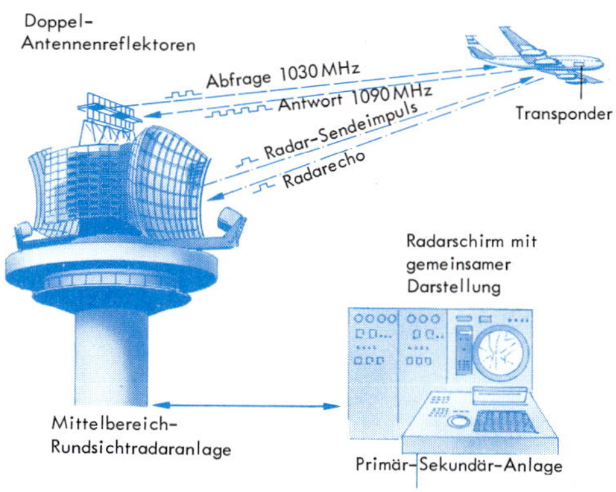

3

Radar: 1 impulsmodulierte Radaranlage (Schema). **2** Primärradaranlage (Blockdiagramm). **3** Primär- mit Sekundärradaranlage kombiniert

zum Anzeigegerät wird durch einen Winkelwertgeber übertragen (Drehwinkelübertragung).

Um bewegte Ziele aus den Bodenreflexionen herauszuheben **(Festzielunterdrückung,** engl. **MTI,** Abk. für **Moving Target Indicator** [m'u:vɪŋ t'ɑ:gɪt 'ɪndɪkeɪtə]), wird jeweils der erste Impuls in einer Laufzeitkette als Trägerphase gespeichert und vom folgenden Impuls subtrahiert: Festziele werden so ausgelöscht, bewegte Ziele dagegen bleiben infolge der Doppler-Frequenzverschiebung ihres Echos erhalten.

Einsatz von R.-Geräten. 1) Luftverkehr: Überwa-

Radar: Kennwerte charakteristischer Radaranlagen

Anwendung	Luft-straßen-Überwa-chungs-Radar	Flughafen-Rundsicht-Radar	Flughafen-Rollfeld-Überwa-chungs-Radar	Land-Radar für Schiffs-sicherung	Schiffs-Radar für Navigation und Anti-kollision
Bereich km	280	110	5	10	0,25—48 sm³)
Höhenbereich m	22000	12000	—	—	—
Frequenz GHz	1,3	2,8	18—26	8,2—9,2	9,4
Impulsleistung kW	3 × 5000¹)	500	50	25	7
Pulsfrequenz Hz	400	1000	14000	2300	3400/850
Pulsdauer µs	4,5	1	0,02	0,08	0,05/0,75
Antenne U/min	2—7,5	16/24	60	20	28
Breite m	14,5	3,7	4,0	4,4/6,3	1,2/1,8
Höhe m	9	4,7	1,3	·	·
Bündelung horizontal	1,2°	1,9°	0,25°	0,28°	1,9°/1,2°
vertikal	2,3° ²)	2,0°	1,0°	+ 6°/ − 10°	20°

¹) 2 Parabolreflektoren Rücken an Rücken. ²) Keulen-Diagramm. ³) 9 Bereiche.

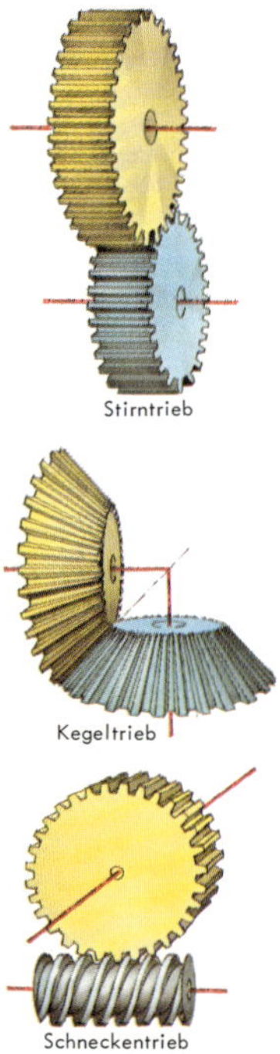

Rädergetriebe

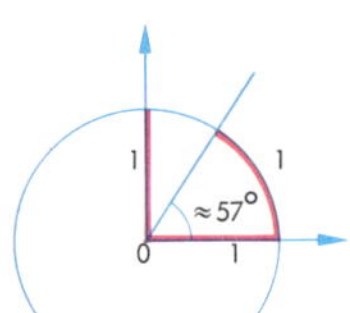

Radiant 2)

chung des Luftraumes, Navigationshilfe durch Bordradar-Abtastung des Bodens, Landehilfe beim → GCA, Überwachung von Landeplätzen (Flugfeld-Überwachungs-R.). 2) Schiffsverkehr: Überwachung von Flußläufen und Häfen von Land aus, durch Bord-R. Kollisionsverhütung und Navigationshilfe durch Beobachtung der Bojen und Uferlinien. 3) Wetterradar am Boden und an Bord: Erkennen von Gewitterfronten, Regen-, Hagel- und Schneegebieten, Sturmzentren (Ausweichen vor Schlechtwettergebieten). 4) polizeil. Geschwindigkeitsüberwachung von Straßenfahrzeugen durch Verkehrs-R. (Doppler-Effekt). 5) Militär. Anwendungen: Luftraumüberwachung, Luftabwehr, Zielsuchverfahren.

Radarastronomie, Untersuchung astronom. Objekte mit Hilfe der Radartechnik, deren Prinzip auf der Messung der Laufzeit von (aus elektromagnet. Wellen des Radiofrequenzbereichs bestehenden) Signalen beruht, die von großen Radioteleskopen ausgesandt und (nach der Reflexion am Himmelskörper) empfangen werden. Neben genauen Entfernungsmessungen gelang es damit auch, Rückschlüsse auf die Topographie erdnaher Planeten zu ziehen. Die R. wird auch bei der Beobachtung von Meteorströmen am Tage eingesetzt.

Radarbug, → Radom.

Radarmeteorologie erforscht meteorolog. Vorgänge in der Atmosphäre durch Einsatz von → Radar. Von ihren Erkenntnissen sind die über die räumlich-zeitl. Entwicklung von Regengebieten für die Praxis bes. bedeutend. Die dafür eingesetzten Geräte erfassen ein Gebiet mit einem Radius von etwa 100 km. Zur quantitativen Niederschlagsmessung ist Radar jedoch nur bedingt geeignet.

Rad|aufhängung, Kfz: die Art der → Achsanordnung 2) je nach → Federung und Dämpfung sowie Radantrieb (→ Kraftwagen, Abschnitt Fahrwerk).

Rad|dampfer, ein → Dampfschiff mit Schaufelradantrieb am Heck oder an beiden Schiffsseiten, heute veraltet.

Rädergetriebe, in der Grundform zwei Räder, die in einem dritten Glied, dem meist feststehenden Steg oder Gestell, in Gelenken drehbar geführt werden und miteinander kraft- **(Reibradgetriebe)** oder formschlüssig **(Zahnradgetriebe)** in Berührung stehen. **Stirn-R.** besitzen parallele, **Kegel-R.** sich schneidende, **Schrauben-R.** sich kreuzende Drehachsen. Über R. mit umlaufendem Steg → Umlaufrädergetriebe. (BILD Getriebe)

radial, vom Mittelpunkt ausgehend, strahlenförmig, in der Richtung des Umfangs; Ggs.: → axial. **Radiallager,** Querlager. **Radialturbine,** in radialer Richtung durchströmte Turbine. **Radialverdichter,** in radialer Richtung durchströmter Verdichter.

Radialbeschleunigung, die zum Krümmungsmittelpunkt einer Bahnkurve hin gerichtete → Beschleunigung.

Radialgeschwindigkeit, 1) Astronomie: bei der Bewegung eines Gestirns die Geschwindigkeitskomponente, die in der Verbindungslinie Beobachter-Gestirn **(Sichtlinie)** liegt. Sie kann mittels → Doppler-Effekt ermittelt werden. Die andere Komponente der Bewegung eines Gestirns ist die → Eigenbewegung.

2) Physik: in Richtung des Radiusvektors weisende Geschwindigkeitskomponente.

Radialkraft, die → Zentripetalkraft.

Radialziegel, Schornsteinziegel, Formziegel im Radialformat für ringförmige Wandquerschnitte von Schornsteinen, Brunnen u. ä.

Radiant, 1) Astronomie: **Radiationspunkt,** scheinbarer Ausstrahlungspunkt eines → Meteorstroms.

2) Einheitenzeichen **rad,** ergänzende SI-Einheit des ebenen Winkels, definiert als jener Winkel, dessen → Bogen 2) am Kreis gleich ist dem Radius dieses Kreises. $1 \text{ rad} = 1 \text{ m/m} = 180°/\pi = 57{,}2957795°$ (→ Steradiant).

Radiator, ein → Heizkörper aus einzelnen gußeisernen oder stählernen Hohlkörpern (Gliedern), die jeweils miteinander verbunden sind. Die Bez. ›R.‹ ist insofern irreführend, als dieser Heizkörper nur einen geringen Teil der Wärme durch Strahlung, den größten Teil durch Konvektion abgibt.

Radi|enquoti|entenregel, Kristallographie: Regel, nach der sich die zu erwartenden Gittertypen von Ionenkristallen der Verbindungsarten AX (z. B. CsCl) und AX_2 (z. B. SrF_2) abschätzen lassen. Der Wert des Quotienten r_A: r_X (Radius des kleinen Ions/Radius des großen Ions) läßt sich unter best. Voraussetzungen nach rein geometrischen Gesichtspunkten berechnen.

Radiergummi, weichgemachter Gummi zum Entfernen von Bleistiftstrichen, unter Zusatz von Glas- und/oder Bimssteinpulver auch für Tinte oder Tusche.

Radierung, weiterführende Tiefdrucktechnik des → Kupferstichs. Der Druckträger (Kupfer- oder Zinkplatte) wird mit einem säurefesten Deckgrund (Wachs, Asphalt, Mastix, Ruß) beschichtet, der durch die Zeichnung mit der Radiernadel oder für Kaltnadelarbeiten mit dem Diamanten freigelegt wird. In einem Bad mit Salpetersäure (Scheidewasser) oder Eisenchlorid ätzt die Säure das durch die Zeichnung freigelegte Metall und vertieft diese in der Platte. Im weiteren Verlauf der Arbeit können nach und nach einzelne Partien erneut abgedeckt und dem Zugriff der Säure entzogen werden, wodurch zugleich die freibleibenden tiefer geätzt werden. Außerdem ist es möglich, die geätzte Platte mit den Techniken des Kupferstichs, wie der ›kalten Nadel‹, weiter zu behandeln. Zuletzt wird der Deckgrund abgewaschen, die Platte mit Farbe eingerieben und die Oberfläche abgewischt. Aus der R. entstand u. a. auch das → Vernis mou.

Radikal *das,* Mathematik: Ausdruck, der sich durch rationale Rechenoperationen und Wurzelziehen aus einer oder mehreren Zahlen oder Unbestimmten bilden läßt, z. B. $\sqrt[6]{3x + \sqrt[3]{4y} - z}$. Ob ein Körper durch Radikale aus einem anderen Körper gewonnen werden kann, zeigt die →Galois-Theorie.

Radikale, Chemie: Atome oder Moleküle mit ungepaarten Elektronen (gekennzeichnet durch einen Punkt) und dadurch mit paramagnet. Eigenschaften. R. können unter Einwirkung von UV-Licht oder Wärme gebildet werden. Sie sind meistens sehr reaktiv und reagieren miteinander unter Kupplung, z. B.

$$CH_3\cdot + \cdot CH_3 \longrightarrow CH_3-CH_3,$$

mit ungesättigten Verbindungen unter Addition, z. B.

$$CH_3\cdot + CH_2=CH_2 \longrightarrow CH_3-CH_2-CH_2\cdot$$

oder mit anderen Molekülen unter Abstraktion eines Atoms, z. B.

$$Cl\cdot + CH_3-CH_3 \longrightarrow HCl + CH_3-CH_2\cdot .$$

Bei den Reaktionen entstehen häufig neue R., die in einer Kettenreaktion weiterreagieren. Relativ stabil sind R. mit konjugierten Doppelbindungen oder aromat. Ringsystemen (z. B. das Triphenylmethyl-R.). Wichtige chem. Reaktionen wie radikal. →Polymerisation, →Autoxidation, therm. Cracken und Chlorierung laufen über R. ab. **Bi-R.** enthalten zwei ungepaarte Elektronen.

Radikal

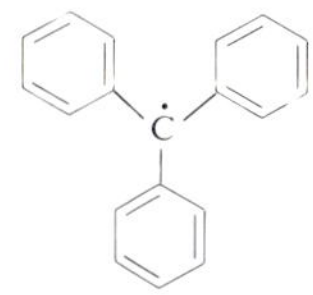

Triphenylmethyl-radikal

Radikand, Mathematik: Zahl, aus der die →Wurzel gezogen wird; z. B. ist 5 der R. von $\sqrt{5}$.

Radio, Kurzwort für →Rundfunk und Rundfunkempfänger.

radio|aktive Höfe, pleochroitische Höfe, in manchen Mineralen (z. B. Glimmer) durch den radioaktiven Zerfall von Uran und Thorium in Reichweite der abgestrahlten α-Teilchen gebildete Ringe oder Höfe; sie können zur →Altersbestimmung des betreffenden Gesteins herangezogen werden.

radio|aktiver Niederschlag, ein Niederschlag, der radioaktive Partikel natürl. oder künstl. Ursprungs enthält. Letztere gelangen bes. bei Explosionen von →Kernwaffen in die Atmosphäre. Auch bei Kernkraftwerken und kernverfahrenstechn. Anlagen entstehen radioaktive Edelgase und Aerosole, die an die Atmosphäre abgegeben werden können. Sie können durch ›trockenes‹ Absinken **(Fallout** [fˈɔːlaʊt]) oder mit dem Regen auf die Erde gelangen: Dabei spricht man von **Rainout** [rˈeɪnaʊt], wenn die radioaktiven Teilchen bei der Bildung der Regentropfen eingelagert werden, von **Washout** [wˈɔʃaʊt], wenn sie beim Fallen des Niederschlags angelagert werden.

Radio|aktivität, Eigenschaft einer Reihe von Atomkernen, sich spontan, d. h. ohne äußere Einwirkung wie Temperatur und Druck, in andere Atomkerne umzuwandeln, wobei Energie in Form von Teilchen und/oder elektromagnet. Strahlung frei wird. Die R. wurde 1896 von H. BECQUEREL am Uran entdeckt und danach bei zahlreichen, in der Natur vorkommenden Elementen nachgewiesen **(natürl. R.)**; die R. künstlich (d. h. im Laboratorium) erzeugter Atomkerne wurde 1934 von F. und IRÈNE JOLIOT entdeckt und dann an vielen im Teilchenbeschleuniger oder Reaktor hergestellten Atomkernen untersucht **(künstl. R.)**.

Zerfallsarten. Die R. beruht stets auf einer Instabilität der Atomkerne infolge eines Überschusses an Protonen oder Neutronen, der bei den verschiedenen radioaktiven Zerfallsarten durch Aussendung verschiedener Teilchenarten beseitigt wird. Beim **α(Alpha)-Zerfall** wird ein α-Teilchen (ein Heliumkern $^4_2$He mit der Massenzahl 4 und mit 2 Protonen) ausgesandt; daher verwandelt sich ein α-Strahler bei seinem radioaktiven Zerfall in ein neues Element, dessen Protonenzahl und damit Ordnungszahl Z um 2 und dessen Massenzahl A um 4 Einheiten geringer sind als die des α-Strahlers (→Verschiebungssätze); z. B. zerfällt Radium $^{226}_{88}$Ra mit $A=226$ und $Z=88$ in Radon $^{222}_{86}$Rn mit $A=222$ und $Z=86$.

Beim **β⁻(Beta minus)-Zerfall** werden ein β^--Teilchen (= Elektron e^-) und ein Antineutrino $\bar{\nu}$ ausgesandt; ein β^--Strahler ändert dabei seine Massenzahl A nicht und erhöht seine Ordnungszahl Z um eine Einheit; z. B. zerfällt Thallium $^{206}_{81}$Tl in Blei $^{206}_{82}$Pb. Zusätzlich zu diesen bei der natürl. R. anzutreffenden Zerfallsarten tritt bei der künstl. R. **β^+ (Beta plus)-Zerfall** (BILD Betazerfall) auf. Dabei werden ein β^+-Teilchen (= Positron e^+) und ein Neutrino ν ausgesandt; die Massenzahl A des β^+-Strahlers ändert sich dabei nicht, die Ordnungszahl Z erniedrigt sich um eine Einheit. Weiterhin tritt bei der künstl. R. der **Elektroneneinfang** auf: Der Atomkern fängt aus einer der inneren Elektronenschalen seiner eigenen Elektronenhülle ein Elektron ein und strahlt dabei gleichzeitig die frei gewordene Energie in Form eines Röntgenquants aus. Dabei ändert sich A nicht, während Z sich um eine Einheit erniedrigt. Die beim β-Zerfall auftretenden Änderungen des Atomkerns lassen sich auch durch eine Umwandlung eines Neutrons n in ein Proton p und umgekehrt beschreiben:

Radioaktive Umwandlung

Zerfallsart	von	in
β^--Zerfall:	n	$\longrightarrow p + e^- + \bar{\nu}$
β^+-Zerfall:	p	$\longrightarrow n + e^+ + \nu$
Elektroneneinfang:	$p + e^-$	$\longrightarrow n + \nu$

Fast immer wird beim α- und β-Zerfall auch elektromagnet. Strahlung (→Gammastrahlung) ausgesandt, die weder A noch Z ändert, sondern nur die innere Energie eines

Uran-Radium-Reihe	Thorium-Reihe	Uran-Actinium-Reihe	Neptunium-Reihe
^{238}U *(UI)* α ↓ ^{234}Th *(UX₁)* β ↓ ^{234}Pa *(UX₂)* β ↓ ^{234}U *(UII)* α ↓ ^{230}Th *(Io)* α ↓ ^{226}Ra *(Ra)* α ↓ ^{222}Rn *(Rn)* α ↓ ^{218}Po *(RaA)* α ↙ ↘ β ^{214}Pb ^{218}At *(RaB)* | β ↘ ↙ α ^{214}Bi *(RaC)* β ↙ ↘ α ^{214}Po ^{210}Tl *(RaC′) (RaC″)* α ↘ ↙ β ^{210}Pb *(RaD)* β ↓ ^{210}Bi *(RaE)* β ↙ ↘ α ^{210}Po ^{206}Tl *(RaF)* | α ↘ ↙ β ^{206}Pb *(RaG)*	^{232}Th *(Th)* α ↓ ^{228}Ra *(MsThI)* β ↓ ^{228}Ac *(MsThII)* β ↓ ^{228}Th *(RdTh)* α ↓ ^{224}Ra *(RhX)* α ↓ ^{220}Rn *(Tn)* α ↓ ^{216}Po *(ThA)* α ↙ ↘ β ^{212}Pb ^{216}At *(ThB)* | β ↘ ↙ α ^{212}Bi *(ThC)* β ↙ ↘ α ^{212}Po ^{208}Tl *(ThC′) (ThC″)* α ↘ ↙ β ^{208}Pb *(ThD)*	^{235}U α ↓ ^{231}Th *(UY)* β ↓ ^{231}Pa *(Pa)* α ↓ ^{227}Ac *(Ac)* β ↙ ↘ α ^{227}Th ^{223}Fr *(RdAc) (AcK)* α ↘ ↙ β ^{223}Ra *(AcX)* α ↓ ^{219}Rn *(An)* α ↓ ^{215}Po *(AcA)* α ↙ ↘ β ^{211}Pb ^{215}At *(AcB)* | β ↘ ↙ α ^{211}Bi *(AcC)* β ↙ ↘ α ^{211}Po ^{207}Tl *(AcC′) (AcC″)* ↘ ↙ ^{207}Pb *(AcD)*	^{241}Pu β ↓ ^{241}Am α ↓ ^{237}Np α ↓ ^{233}Pa β ↓ ^{233}U α ↓ ^{229}Th α ↓ ^{225}Ra β ↓ ^{225}Ac α ↓ ^{221}Fr α ↓ ^{217}At α ↓ ^{213}Bi β ↙ ↘ α ^{213}Po ^{209}Tl α ↘ ↙ β ^{209}Pb β ↓ ^{209}Bi

Gewöhnliche Schrift:
Chem. Zeichen der radioaktiven Isotope;
kursive Schrift:
Zugehörige historische Namen.

angeregten Kerns erniedrigt. Seit 1940 ist die Umwandlung von Atomkernen mit $Z > 90$ durch → Spontanspaltung bekannt.

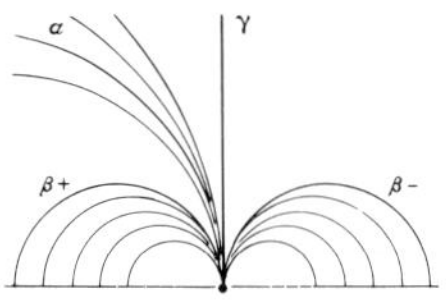

Radioaktivität: Ablenkung der radioaktiven Strahlen im Magnetfeld. Das Magnetfeld ist senkrecht zur Papierebene gerichtet. α = Alphastrahlen, β^- = Betastrahlen (Elektronenstrahlen), β^+ = Positronenstrahlen, γ = Gammastrahlen

Bei der Gesellschaft für Schwerionenforschung in Darmstadt wurde 1981 eine weitere Art des radioaktiven Zerfalls (bei Atomen mit sehr großem Protonenüberschuß) gefunden, bei dem durch Aussendung eines Protons der Atomkern des Elements mit der Ordnungszahl Z in einen Atomkern des Elements mit der Ordnungszahl Z-1 umgewandelt wird. Thulium 147 zerfällt mit einer Halbwertszeit von 0,42 s durch Protonenabstrahlung mit der Energie von 1,04 MeV, Lutetium 151 mit einer Halbwertszeit von 0,085 s durch Protonenabstrahlung mit der Energie von 1,22 MeV.

Zerfallseigenschaften. Die beim radioaktiven Zerfall ausgesandten Teilchen oder Strahlen können im Magnetfeld voneinander getrennt werden (BILD). Jeder α-Strahler sendet α-Teilchen diskreter, d. h. bestimmter, für ihn charakterist. Energie und damit Reichweite aus. Typisch sind Energiewerte von einigen MeV (→ Alphastrahlung). Das Energiespektrum der Elektronen oder Positronen eines β-Strahlers in kontinuierlich, d. h., es reicht von Null bis zu einer oberen Grenze; die Maximalenergie kann im Bereich von einigen keV bis zu einigen MeV liegen. Da die Energiedifferenz zw. Ausgangs- und Folgekern eine unveränderl. Größe ist, folgt aus dem Satz von der Erhaltung der Energie, daß in den Fällen, in denen β-Teilchen mit einer geringeren Energie als die Maximalenergie ausgesandt werden, die Restenergie von den Antineutrinos oder Neutrinos mitgenommen wird (→ Betastrahlung). Die ebenfalls aus dem Atomkern stammende γ-Strahlung tritt nach einem α- oder β-Zerfall auf und ist für den Folgekern charakteristisch; die Energie reicht von einigen keV bis zu einigen MeV. Die Ionisationsfähigkeiten der α-, β- und γ-Strahlung verhalten sich grob wie $10^4 : 10^2 : 1$; umgekehrt verhalten sich ihre Durchdringungsfähigkeiten von Materie.

Der radioaktive Zerfall verläuft nach rein statist. Gesetzen. Welche Atomkerne aus einer Anzahl radioaktiver Atomkerne in einem Zeitelement zerfallen werden, läßt sich nicht voraussagen. Dagegen zerfällt in der Zeiteinheit stets der gleiche, der vorhandenen Gesamtmenge proportionale Bruchteil; von N_0 radioaktiven Atomkernen zur Zeit $t = 0$ sind zur Zeit t nur noch $N = N_0 e^{-\lambda t}$ vorhanden. Die Zahl λ heißt **Zerfallskonstante** und hat für jede Kernart einen best. Wert. Anschaulicher beschreibt man den radioaktiven Zerfall durch die → Halbwertszeit $T_{1/2}$, innerhalb derer eine vorhandene Anzahl von radioaktiven Atomkernen auf die Hälfte abgesunken ist: $T_{1/2} = \ln 2/\lambda \approx 0{,}693/\lambda$. In der Natur treten Halbwertszeiten von weniger als 10^{-9} s bis zu mehr als 10^{10}a auf. Für die mittlere → Lebensdauer τ eines Radionuklids gilt: $\tau = 1/\lambda$.

Häufigkeit und Vorkommen. Es gibt in der Natur etwa 50 radioaktive Atomkernarten, deren Ordnungszahl Z zum größten Teil über 81 liegt. Sie lassen sich z. T. in drei natürl. **Zerfallsreihen (Uran-Radium-, Thorium- und Uran-Actiniumreihe)** einordnen, innerhalb derer sie in einem genet. Zusammenhang stehen. Die vierte Zerfallsreihe **(Neptuniumreihe)** kann nur künstlich hergestellt werden, da ihre Glieder Halbwertszeiten von höchstens einigen Mio. Jahren besitzen und somit im Lauf des Erdalters von mehreren Mrd. Jahren praktisch vollständig zerfallen sind. Man kennt außerdem mehrere Hundert künstlich radioaktiver Atomkernarten, darunter alle → Transurane, d. h. alle auf das Uran folgenden Elemente. Sie finden rasch wachsende Anwendung in Wissenschaft und Industrie, bes. in der Medizin (→ Radionuklide).

Messung. Zur Messung der R. zählt man die beim Zerfall ausgesandten Teilchen einzeln z. B. im → Zählrohr oder bestimmt die von ihnen hervorgerufene Ionisation in Luft oder geeigneten Halbleiterzählern oder registriert die Leuchterscheinungen im → Szintillationszähler. Für die → Aktivität 1) eines radioaktiven Stoffes dient als Einheit das → Becquerel oder das → Curie, für die physikal. Wirkung der radioaktiven Strahlung, d. h. für die Ionendosis (→ Dosis 1), das → Röntgen, für die biolog. Wirkung am menschl. Körper, d. h. für die Äquivalentdosis (→ Dosis), das → Sievert oder das → Rem. Die natürl. Strahlenbelastung des Menschen durch → kosmische Strahlung, Luft- und Gesteinsaktivität beträgt etwa 130 Millirem pro Jahr.

Radio|astronomie, Teilgebiet der → Astronomie, das sich mit der von kosm. → Radioquellen herrührenden → Radiofrequenzstrahlung (kurz Radiostrahlung) befaßt. Diese vermag, ebenso wie das sichtbare Licht, die Erdatmosphäre zu durchdringen (→ astronomische Fenster). Sie wird durch atmosphär. Absorption (v. a. durch Sauerstoff und H_2O-Dampf) bei Wellenlängen von etwa 1 bis 5 mm und durch Reflexion an der → Ionosphäre bei Wellenlängen um 30 m, begrenzt. Zu ihrem Empfang wurden besondere → Radioteleskope konstruiert. – Entsprechend der Vielfalt kosm. Radioquellen und der Entstehungsmechanismen kann die Radiostrahlung Kontinuum- oder Linienstrahlung sein. Es wird therm. und nichttherm. (v. a. die Synchrotron-)Strahlung ausgesendet. Unter den diskreten Radiostrahlungen gewann die 1951 nachgewiesene, von H. C. VAN DE HULST 1944 vorhergesagte **21-cm-Strahlung** des interstellaren neutralen atomaren Wasserstoffs für die Klärung der Spiralstruktur des Milchstraßensystems besondere Bedeutung. Mit Hilfe der R. wurden in der → interstellaren Materie inzwischen mehr als 50 verschiedene interstellare Molekülarten entdeckt. – Es zeigte sich, daß die R. weitere Bereiche des Weltalls erfassen kann als die opt. Astronomie, und daß ihr Objekte zugänglich sind, die im Radiofrequenzbereich eine höhere Energieabstrahlung haben als im opt. (→ Radiogalaxie, → Quasare, → Pulsare). Die radioastronomisch nachgewiesene kosm. → Hintergrundstrahlung erwies sich für das Verständnis der kosmolog. Entwicklung des Weltalls als bedeutend.

Mit dem Nachweis der Radiostrahlung der Milchstraße 1931 durch K. G. JANSKY nahm die R. ihren Anfang. Es entstanden radioastronom. Forschungszentren in vielen Ländern, z. B. in Großbritannien (Jodrell Bank), den Niederlanden (Westerbork), USA (Goldstone), der UdSSR (Selentschuk: RATAN-600), Bundesrep. Dtl. (Effelsberg), in Puerto Rico (Arecibo), Australien (Parkes). Das erste Radioteleskop für die **Millimeterwellen-Astronomie** wurde 1963 bei Los Angeles errichtet (Spiegeldurchmesser 4,6 m). 1982 wurde in Nobeyama (Japan) ein 45-m-Teleskop für Wellenlängen bis 2,5 mm in Betrieb genommen. Das 30-m-Teleskop des dt.-frz. Instituts für R. im Millimeterbereich (IRAM) in Südspanien, mit dem man Wellenlängen bis etwa 1,1 mm beobachten will, begann 1983 mit dem Betrieb. – Ein 10-m-Teleskop für die **Sub-**

millimeterwellen-Astronomie wird in Arizona (USA) errichtet, mit ihm soll die Strahlung im Bereich von einigen Zehntel Millimetern untersucht werden. Die Beobachtung in diesen Wellenlängenbereichen wird möglich, wenn man die atmosphär. Absorption durch die Wahl hochgelegener Beobachtungsstationen in Gebieten geringer Luftfeuchtigkeit weitgehend ausschaltet.

Die wichtigsten Aufgaben der Millimeterwellen- und Submillimeterwellen-Astronomie sind die Untersuchungen der Frühstadien von Galaxien und Sternen sowie die Erforschung der Molekülwolken.

K. ROHLFS: R.-Instrumente, Meßmethoden und Ergebnisse (1980).

Radiobake, ein → Funkfeuer zur Standlinien- oder Standortpeilung (Kreuzpeiler, → Funkpeiler) durch Eigenpeilung, zu Zielfahrt oder -flug für See- und Luftfahrt.

Radiobiologie, die → Strahlenbiologie.

Radiochemie, Teilgebiet der Kernchemie, das sich mit der Herstellung und dem chem. Verhalten von → Radionukliden beschäftigt. Gearbeitet wird v. a. im Submikromaßstab. Die quantitative Bestimmung sehr kleiner Stoffmengen gelingt mit Hilfe der Hevesy-Paneth-Analyse mittels Indikatoren. Zur R. gehören nach DIN auch die Aufbereitung von Brennelementen, die Herstellung von Strahlungsquellen (z. B. Röntgenröhren) und von → markierten Verbindungen. – Radiochem. Methoden werden heute in nahezu allen Bereichen der Naturwissenschaften und Medizin eingesetzt, z. B. in der Archäologie zur Altersbestimmung metall. Gegenstände durch die → Aktivierungsanalyse. Mittels → Isotopenindikatoren (Tracer) werden Reaktionsmechanismen in Chemie und Biochemie sowie Stoffwechselprozesse in der klin. Chemie aufgeklärt. Der Umgang mit Aktivitäten mit mehr als $37 \cdot 10^{10}$ Becquerel wird als **heiße Chemie** oder im techn. Bereich als → Kernchemie bezeichnet. Die **Chemie der heißen Atome** beschäftigt sich dagegen mit den chem. Reaktionen, die durch Rückstoßenergie bei Kernprozessen ablaufen. Mit radiochem. Methoden wiesen O. HAHN und F. STRASSMANN 1938 die Kernspaltung nach.

Radio|element, nach DIN ein Element, das nur instabile Isotope hat (d. h. Technetium, Promethium und Elemente mit Ordnungszahlen >83), nach ISO ein Element, das ein oder mehrere natürl. Radioisotope hat, z. B. Wasserstoff, Kalium, Rubidium, Platin, nicht dagegen Technetium, Promethium, Astatin, Francium und die Transurane.

Radiofenster, 1) → astronomische Fenster.

2) → Funkverkehr.

Radiofrequenzspektroskopie, Teilgebiet der → Hochfrequenzspektroskopie, Wellenlängenbereich 1 mm bis 20 m. I. e. S. die Bestimmung der elektr. und magnet. Momente von Atomkernen mit der → Atomstrahlresonanzmethode, von Molekülen mit der → Molekülstrahlresonanzmethode.

Radiofrequenzstrahlung, Radiostrahlung, elektromagnet. Kurz-, Ultrakurz- und Mikrowellenstrahlung von kosm. → Radioquellen; ihre Erforschung ist Gegenstand der → Radioastronomie. Die R. kann die Erdatmosphäre durchdringen (Radiofenster) und auf der Erdoberfläche beobachtet werden (→ astronomische Fenster).

Radiogalaxie, Sternsystem, das eine sehr starke Radiofrequenzstrahlung nichttherm. Ursprungs (magnet. → Bremsstrahlung) aussendet, die um mehrere Größenordnungen höher ist als die therm. Strahlung seiner sämtlichen Sterne. R. können kompakte (etwa 30%) oder ausgedehnte Radioquellen haben, wobei für letztere v. a. Doppelquellen (>50%) kennzeichnend sind. Diese liegen i. d. R. symmetrisch zum opt. Bild der betreffenden Galaxie. Die erste optisch aufgefundene R. war Cygnus A.

Radiographie, das Sichtbarmachen ionisierender Strahlung mittels photograph. Materials. In der **angewandten R.,** einem Teilgebiet der → Radiologie, werden Organismen, Organe, Körperteile oder Werkstoffstücke (z. B. zur Prüfung von Schweißnähten) mit Hilfe von Röntgen- **(Röntgenographie),** Gamma- **(Gammagraphie)** oder Protonenstrahlen **(Protonen-R.)** durchstrahlt und photographiert. Bei der **Auto-R.** werden mit Hilfe radioaktiver Indikatoren v. a. biolog. Transportvorgänge sichtbar gemacht. Die erhaltenen photograph. Aufnahmen heißen **Radiogramme,** bei der Röntgenographie **Röntgenogramme.** (→ Mikroradiographie)

Radio|immuno|assay [reɪdɪəʊɪmj'u:nəʊəs'eɪ, engl.], Abk. **RIA, Radio|immuntest,** spezifische und empfindliche radioimmunolog. Nachweismethode für kleinste Mengen (ng-Bereich) antigen wirkender Substanzen (z. B. Enzyme, Serumproteine, Hormone, Vitamine, Pharmaka, Tumorantigene u. a.). Es gibt verschiedene Varianten, bei denen v. a. die → Antigen-Antikörper-Reaktion eine Rolle spielt.

Radio|indikatoren, die radioaktiven → Isotopenindikatoren.

Radio|interferometer, Anlage zur Verbesserung des Auflösungsvermögens von → Radioteleskopen, wobei zwei oder mehrere Radioteleskope in möglichst großem Abstand voneinander aufgestellt und mit einem gemeinsamen Empfänger **(Korrelator)** gekoppelt werden. Durch Interferenz der empfangenen Signale wird das Auflösungsvermögen einer Antenne erzielt, deren Durchmesser der Entfernung zw. den Teleskopen entspricht.

Radio|isotope, natürl. oder künstl. radioaktive → Isotope eines best. chem. Elementes. R. sind → Radionuklide gleicher Kernladungszahl, aber unterschiedl. Massenzahl; z. B. Deuterium (^2H) und Tritium (^3H).

Radiokarbonmethode, Radiokohlenstoffdatierung, C14-Datierung, von W. F. LIBBY 1947 entwickeltes Verfahren zur → Altersbestimmung geolog. und historischer organ. Gegenstände. Die R. beruht darauf, daß in der Atmosphäre durch die kosm. Strahlung Neutronen erzeugt werden, die durch eine Kernreaktion mit dem Stickstoffisotop ^{14}N der Luft ^{14}C bilden. Dieses ist radioaktiv und zerfällt mit einer Halbwertszeit von 5730 ± 40 Jahren (13,5 Zerfälle je Minute und Gramm Kohlenstoff) in ^{14}N. Da Erzeugung und Zerfall im Gleichgewicht stehen, ist der ^{14}C-Anteil im Kohlenstoffgehalt der Atmosphäre konstant (Isotopenverhältnis $^{14}C/^{12}C = 10^{-12}$). Wird bei einem organ. Aufbauprozeß Kohlenstoff eingebaut, so befindet sich darunter ständig ein bestimmter, wenn auch kleiner Prozentsatz ^{14}C, der entsprechend seiner Halbwertszeit zerfällt. Da nach dem Absterben des Organismus kein ^{14}C mehr eingebaut wird, kann aus dem heute noch vorhandenen Anteil an ^{14}C in einem solchen Objekt auf dessen Alter geschlossen werden. Die Methode ist bes. bei der Altersbestimmung von Holz u. ä. organ. Stoffen nützlich. Sie ist bei bis zu 50000–70000 Jahre alten Proben angewandt worden. Änderungen in der Intensität der Höhenstrahlung sowie Kohleteilchen aus Verbrennungsvorgängen beeinträchtigen die Genauigkeit der R., die etwa ±100 Jahre beträgt. Wenn kurzzeitige Schwankungen des ^{14}C-Gehalts der Atmosphäre berücksichtigt werden, die für die letzten 5000 Jahre durch ^{14}C-

Analyse der einzelnen Jahresringe von in Kalifornien wachsenden alten Borstenkiefern ermittelt werden können, kann der Fehler erheblich reduziert werden.

Radiokompaß, Navigation: →ADF, →Funkpeiler.

Radiolari|en, Strahlentierchen, Klasse im Meer planktonisch lebender Wurzelfüßer mit fadenförmigen Pseudopodien und innerem Kieselskelett. Die gerüstartigen Skelette bestehen aus radiären Stäben, ineinandergeschachtelten Gitterkugeln oder glockenförmigen Gebilden u. ä. R. werden im **R.-Schlamm** (→Meeresablagerungen) sedimentiert. Im **Radiolarit,** einem kieseligen, oft tonhaltigen Sedimentgestein, sind R enthalten. Dieser kommt seit dem Paläozoikum, u. a. im oberen Jura der Nördl. Kalkalpen, vor.

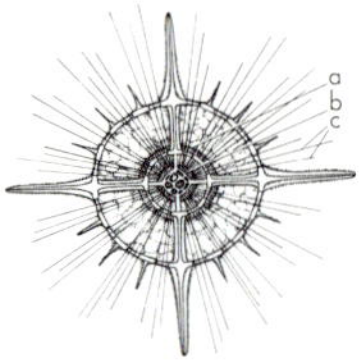

Radiolarien: Hexacontum asteracanthium mit innerem Kieselskelett, bestehend aus Radiärstäben und drei konzentrischen Gitterkugeln. Von diesen sind zwei innerhalb der Zentralkapsel **(a)** entwickelt, die innerste ist vom Kern **(b)** umgeben. **c** Pseudopodien (nach R. Hertwig)

Radiologie, Lehre von der →ionisierenden Strahlung, v. a. radioaktiver (→Radioaktivität) und →Röntgenstrahlung und ihrer Anwendung bes. in Medizin, Biologie, Landwirtschaft und Technik.

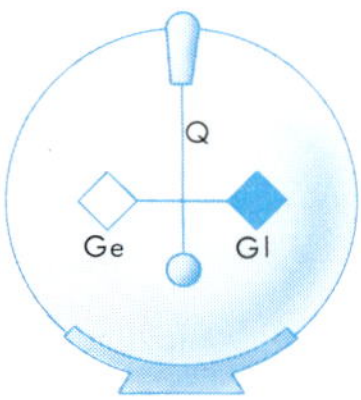

Radiometer

Radiometer, sehr empfindl. Strahlungsmeßgerät, das aus einem evakuierten Glasgefäß besteht, in dem an einem Quarzfaden Q ein leichter Balken hängt, der eine einseitig berußte Metall- oder Glimmerplatte Gl und ein Gegengewicht Ge trägt **(Quarzfaden-R.,** BILD).

Bei Bestrahlung erwärmt sich die berußte Seite des Plättchens stärker als die blanke, d. h., ein Temperaturgradient mit Richtung zur geschwärzten Seite wird aufgebaut. Dabei ist es unwichtig, von welcher Seite die Bestrahlung erfolgt. Da die auf der heißeren (schwarzen) Seite auffallenden Gasmoleküle mit einem größeren Impuls als diejenigen der Gegenseite reflektiert werden, erfährt das Plättchen einen Rückstoß entgegengesetzt zur Richtung des Temperaturgradienten, so daß sich der Balken dreht, bis sich ein Gleichgewicht zw. den R.-Kräften und der rücktreibenden Torsionskraft des Quarzfadens einstellt. Entscheidend für die Drehrichtung ist nur der Temperaturverlauf im Plättchen. Der Drehwinkel, der mit einem am Quarzfaden angebrachten kleinen Drehspiegel über einen Lichtzeiger bestimmt werden kann, ist ein Maß für den einfallenden Strahlungsfluß. – Der R.-Effekt ist druckabhängig. Bei niederer Gasdichte wächst er proportional mit dem Druck, bei großer Gasdichte nimmt er umgekehrt proportional zum Druck ab.

Die **Crookessche Lichtmühle** [kruks-] ist ein physikal. Spielzeug auf der Grundlage dieses R.-Effektes, bei der sich ein leicht drehbares Flügelrädchen um eine vertikale Achse dreht. – Als R. werden auch das →Pyranometer und das →Pyrheliometer bezeichnet.

Radiosonde:
LINKS a mit Wasserstoff gefüllter Gummiballon, b Fallschirm (geschlossen), c Radiosonde (700 g schwer, 21 × 11 × 20 cm groß), d Antenne. MITTE u. RECHTS Darstellung der Radiosonde (LINKS **c**): a Bimetall-Thermometer, a Aneroid-Barometer, c Haarhygrometer, d Kontaktwalze, e Motor, f Batterie (4,5 V), g Sender

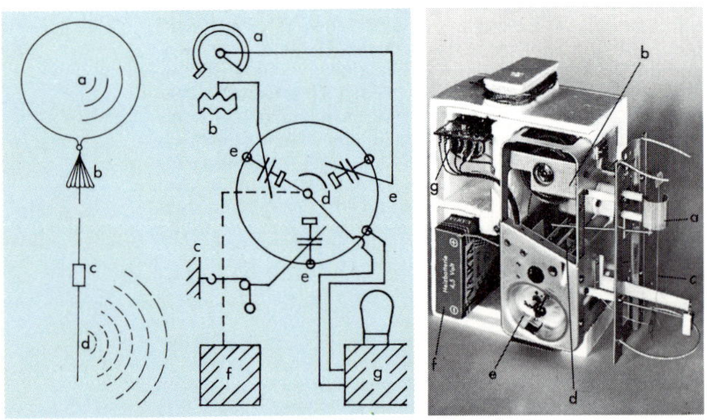

Radiometrie, Verfahren der qualitativen und quantitativen Bestimmung von Substanzen auf Grund der von ihnen emittierten ionisierenden Strahlung, z. B. in der angewandten Geophysik zur Ermittlung des unterschiedl. Gehalts der Gesteine an radioaktiven Mineralen oder Emanationen bei der Prospektion von Lagerstätten radioaktiver Erze.

Radionuklidbatterie, die →Isotopenbatterie.

Radionuklide, radioaktive →Nuklide, die sich durch radioaktiven Zerfall (→Radioaktivität) v. a. unter Aussendung von α-, β- oder γ-Strahlung in stabile Nuklide umwandeln. R. eines best. chem. Elements mit unterschiedl. Massenzahlen heißen →Radioisotope. R. können natürl. Ursprungs sein (z. B. ^{40}K oder die Glieder der radioaktiven Zerfallsreihen) oder künstlich erzeugt werden (z. B. die →Transurane). R. lassen sich von allen Elementen künstlich herstellen, z. B. durch Bestrahlung mit energiereichen geladenen Teilchen oder Neutronen (meist im Kernreaktor). Von den über 1500 bekannten R. sind etwa 50 natürl. Ursprungs. – Die Bedeutung der R. liegt in ihrer Anwendung als **Radioindikatoren** (→Isotopenindikatoren), als Strahlenquelle, z. B. in der zerstörungsfreien Werkstoffprüfung (→Radiographie), oder bei der →Altersbestimmung. In der Nuklearmedizin werden R. für diagnost. und therapeut. Zwecke verwendet.

Radio|ökologie, Teilgebiet der Ökologie, erforscht die Strahlenwirkung auf unbelebte und belebte Systeme der Umwelt (→Strahlenbiologie). Aufgaben sind z. B. Untersuchung der biozykl. Weitergabe und Akkumulation von Radionukliden sowie der Strahlenwirkung auf Einzelorganismen und Ökosysteme, der experimentelle Einsatz radioaktiver Isotope zur Markierung und Verfolgung von Lebensvorgängen, so bei Rückstandsforschung von Pflanzenschutzmitteln.

Radioquelle, größeres oder eng begrenztes Gebiet relativ starker Radiofrequenzstrahlung am Himmel wie Emissionsnebel, Reste von Supernovae, →Pulsare. Radiostrahlung wurde im Sonnensystem von der Chromosphäre und der Korona der Sonne, den Planeten und vom Mond nachgewiesen, im extragalakt. Raum von Sternsystemen, →Radiogalaxien und →Quasaren **(quasistellare R.).** Eine isotrope Radiostrahlung ist die kosm. →Hintergrundstrahlung. (→Radioastronomie).

Radiosextant, Winkelmeßgerät auf Schiffen, das durch sehr scharf bündelnde Richtantennen die im Weltall vorhandene, von best. Objekten ausgesandte Radiostrahlung zur Ortsbestimmung anpeilt.

Radiosonde, Meteorologie: das wichtigste Meßgerät der →Aerologie, besteht aus der Kombination von Luftdruck-, Temperatur- und Feuchtefühler mit einem Kurzwellensender, der ihre Ergebnisse zur Bodenstation übermittelt. Der Aufstieg der R. erfolgt an einem frei fliegenden Ballon (Startdurchmesser von rd. 2 m), der sie mit ei-

1

2

3

Radioteleskop:
1 Very Large Array (VLA), Antennenanlage in Y-Form bei Socorro, New Mexico, mit 27 Radioteleskopen auf den 21, 21 und 19 km langen Armen des Y.
2 Das größte zusammenhängende R. (Durchmesser 305 m) in einem Talkessel bei Arecibo (Puerto Rico). Das ortsfeste Sphäroid kann auf Grund seiner Unbeweglichkeit nur einen etwa 15 Grad breiten Himmelsstreifen beobachten, der sich aber wegen der Erdrotation rund um die gesamte Sphäre erstreckt.
3 Das größte frei schwenkbare R. mit 100 m Reflektordurchmesser in Effelsberg, Münstereifel

ner Geschwindigkeit von 5–6 m/s anhebt. Die dabei auftretende Abdrift wird durch Radar- oder Funkpeilung ermittelt und aus ihr Richtung und Geschwindigkeit des Höhenwindes berechnet. R. steigen fast regelmäßig bis 30 km, unter günstigen Umständen bis 50 km auf. Nach Platzen des Ballons fallen die Instrumente an einem Fallschirm zu Boden. Eine Sondierung dauert im Mittel 100 min. Ihre Ergebnisse werden in verschlüsselter Form über Funk oder Fernschreiber verbreitet. Im Rahmen der Wetterdienste werden weltweit von über 400 Stationen aus zweimal täglich (00 und 12 Uhr Weltzeit) Aufstiege mit R. durchgeführt, selbst in entlegenen Gebieten (Polarzonen, Wüsten, Ozeane).

Radiostern, veraltet für eine eng begrenzte → Radioquelle. Die Bez. ist irreführend, weil es sich bei solchen Objekten häufig nicht um Sterne, sondern z. B. um → Radiogalaxien handelt.

Radiostrahlung, die → Radiofrequenzstrahlung.

Radioteleskop, Instrument der → Radioastronomie zum Empfang der von kosm. Objekten (→ Radioquellen) oder aus dem Weltraum (→ Hintergrundstrahlung) kommenden → Radiofrequenzstrahlung. Um diese oft intensitätsschwache Strahlung empfangen und ihren Ursprung lokalisieren zu können, müssen R. eine hohe Empfindlichkeit (große Auffangfläche) und ein großes Auflösungsvermögen (Richtwirkung) haben. Dazu wurden drei Gerätetypen entwickelt: Einzelteleskope, Arrays oder Syntheseteleskope sowie Langstrecken-Interferometer. – **Einzelteleskope** empfangen mit einem metall. Parabolspiegel die Radiostrahlung, die auf einen Dipol oder ein Antennensystem im Brennpunkt fokussiert und anschließend verstärkt und aufgezeichnet wird. Geräte dieses Typs eignen sich v. a. zu Intensitäts- und Polarisationsmessungen. Sie können frei schwenkbar montiert, unbeweglich (wie das R. von Arecibo, BILD 2) oder nur im Meridian schwenkbar (ähnlich einem Durchgangsinstrument) sein. Das größte frei schwenkbare R. (Durchmesser 100 m) steht bei Effelsberg südlich von Bonn (BILD 3); weitere große frei schwenkbare R. stehen in England (Jodrell Bank, Durchmesser 76 m), Kalifornien (Goldstone, Durchmesser 64 m) und Australien (Parkes, New South Wales, Durchmesser 64 m). Das Auflösungsvermögen eines Einzelteleskops ist vom Reflektordurchmesser und der benutzten Wellenlänge abhängig und beträgt beim

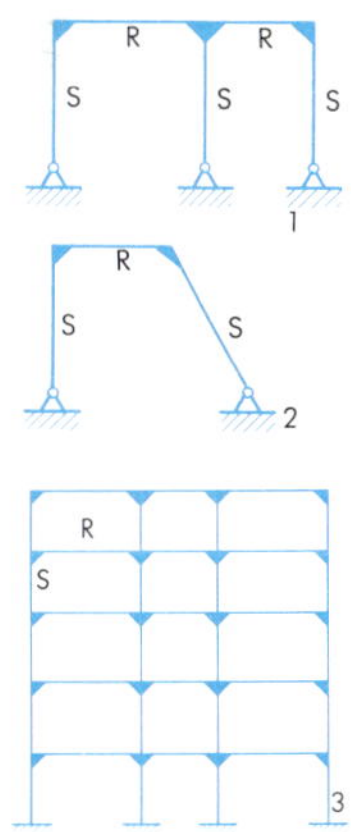

Rahmentragwerke

Rahmentragwerke: 1 Zweifeldriger, rechtwinkliger Rahmen. **2** Einfeldriger, schiefer Rahmen. **3** Mehrstöckiger Hochhausrahmen. R = Riegel, S = Stützen.

100-m-Spiegel von Effelsberg maximal rd. 4 Bogenminuten. Eine wesentl. Verbesserung der Auflösung ist mit Interferometeranordnungen möglich. Dabei werden die von mindestens zwei getrennten Antennen empfangenen Signale elektronisch überlagert. Bei **Arrays** [ər'eɪz, engl.] oder **Syntheseteleskopen** werden mehrere mittelgroße Radioteleskope auf Schienen, die kreuz-, Y- oder T-förmig angeordnet sind, so verschoben, daß ein möglichst großes Auflösungsvermögen erzielt wird. Das bei Socorro in New Mexico (USA) errichtete **Very Large Array** [v'erɪ la:dʒ-] besteht aus 27 bewegl. Parabolantennen (Durchmesser je 25 m), die in Form eines Y angeordnet sind, wobei die Einzelteleskope längs der 21 km langen Arme des Y verschoben werden können (BILD 1). Es erreicht das Auflösungsvermögen einer Parabolantenne von rd. 35 km Durchmesser. – Bei **Langstrecken-Interferometern** haben die Antennen einen sehr großen Basisabstand (z. T. über Kontinente hinweg). Die Radiosignale werden auf Magnetband gespeichert und dann mit einer Rechenanlage ausgewertet. Voraussetzung ist eine genaue Synchronisation der Signale, die mit Zeitmarken höchster Genauigkeit versehen sind. Die größte bisher verwirklichte Basisstrecke betrug etwa 12000 km. Bei dieser **Großbasis-Interferometrie,** auch **VLB-Interferometrie,** Abk. **VLBI** von engl. **Very Long Baseline Interferometry** [v'erɪ lɔŋ b'eɪslaɪn ɪntəfer'ɔmətri:] lassen sich Auflösungsvermögen von besser als 0,001 Bogensekunden erzielen.

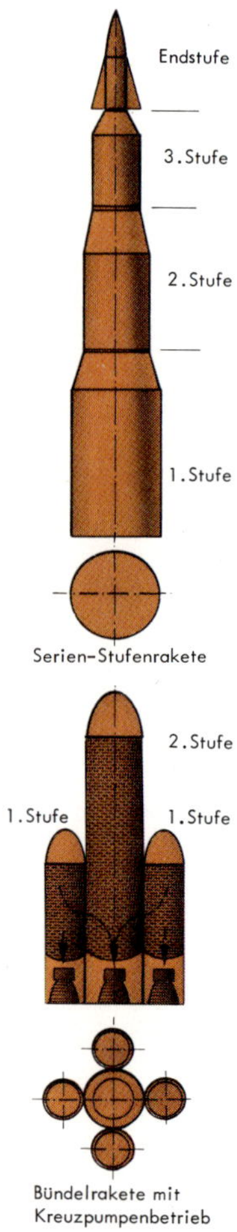

Rakete 2: Stufenanordnungen

Rạdium, chem. Symbol **Ra,** radioaktives → chemisches Element aus der Gruppe der Erdalkalimetalle; Ordnungszahl 88. Von den mehr als 20 meist künstlich hergestellten Isotopen kommen einige auch in der Natur in den Zerfallsreihen vor (→ Radioaktivität). Das wichtigste und langlebigste Isotop ist ^{226}Ra (Halbwertszeit 1600 Jahre), das in der Uranzerfallsreihe auftritt und letztlich zu Blei (^{206}Pb) zerfällt **(Uranblei,** → Bleimethode). R. kommt daher in allen Uranmineralen vor. Zur techn. Gewinnung dient überwiegend die → Pechblende, die etwa 0,14 g R./t enthält. R. wurde 1898 vom Ehepaar P. und MARIE CURIE entdeckt und 1910 von MARIE CURIE erstmals rein dargestellt.

R. ist in seinen Eigenschaften dem Barium sehr ähnlich, so ist **Radiumsulfat,** $RaSO_4$, schwer löslich. **Radiumbromid,** $RaBr_2$, läßt sich durch Umkristallisieren gut reinigen und ist die gebräuchlichste R.-Verbindung. R. und seine Verbindungen färben die Flamme intensiv rot. In der ersten Hälfte des 20. Jh. hatte R. große Bedeutung für die Erforschung der Radioaktivität und der Radiochemie, v. a. aber zur medizin. R.-Behandlung, die jedoch mit der Herstellung künstl. → Radionuklide stark zurückgegangen ist.

Rạdium-Emanation, → Radon.

Rạdius, Geometrie: der → Halbmesser eines Kreises oder einer Kugel.

Rạdiusvektor, Formelzeichen ***r,*** der Vektor, dessen Anfangspunkt in den Koordinatenursprung fällt. Der Betrag des R. ist die erste → Koordinate *r* eines Punktes, der durch Polarkoordinaten (*r*, *φ*) gegeben ist.

Rạdixschreibweise, → Zahlensystem.

radizieren, Mathematik: die → Wurzel aus einer Zahl oder einem Term berechnen.

Radlenker, Eisenbahnbau: Führungsschienen innerhalb von → Weichen und → Gleiskreuzungen.

Radọm, Abk. für **Radar Dome** [r'eɪdɑ:dəʊm, engl.], **Radarkuppel,** für elektromagnet. Strahlung durchlässiges Gehäuse für Radarantennen zum Schutz gegen Witterung und bei Flugzeugen zur aerodynam. Verkleidung **(Radarbug, Radarnase);** auch bei Erdefunkstellen für Satelliten und bei Richtfunkstationen.

Rạdon *das,* chem. Symbol **Rn,** früher auch **Emanation, Em,** radioaktives → chemisches Element aus der Gruppe der Edelgase; Ordnungszahl 86. R. ist ein farbloses Gas, das im festen Zustand phosphoresziert. Es sind mehr als 20 Isotope bekannt, die z. T. in den natürl. radioaktiven Zerfallsreihen (→ Radioaktivität) auftreten und dann nach ihren Mutterelementen bezeichnet werden, z. B. ^{219}Rn, **Actinium-Emanation, Actinon;** ^{220}Rn, **Thoron,** wurde 1899 von E. RUTHERFORD entdeckt, ^{222}Rn, **Radium-Emanation,** 1901 von dem Physiker F. E. DORN. Elementares R. wird ausschließlich für therapeut. Zwecke verwendet. Das in der Natur in vielen Heilquellen, Heilschlämmen und Höhlen mit radioaktivem Gestein vorkommende R. dient ebenfalls als Heilmittel.

Radsatz, Eisenbahn: die Einheit von zwei mit hohem Druck auf eine Achswelle aufgepreßten Eisenbahnrädern; sie bestehen aus Radkörper (Radnabe, Radscheibe und Felgenkranz), Radreifen und Sprengring. Bei außerdt. Bahnverwaltungen gibt es auch aus einem Stück gegossene Räder (Hartgußräder). Bei Dampflokomotiven wird zw. Treib-, Kuppel- und Laufradsätzen, bei Brennkraft- und elektr. Lokomotiven zw. Treib- und Laufradsätzen (letztere veraltet) unterschieden.

Radstand, Kfz: Abstand zw. den Radmitten der Vorder- und Hinterräder. Bei Schienenfahrzeugen → Achsstand.

Radsturz, Sturz, Kfz: Neigung des Rades gegen die Fahrzeuglängsebene, gemessen in der Fahrzeugquerebene. Bei Neigung oben nach außen ist der R. positiv (i. a. 0,5–1,5°; bewirkt bei gewölbter Fahrbahn gleichmäßige Reifenabnutzung). Leicht negativer Sturz erhöht die Seitenführungskraft.

Raffinade, → Zucker.

Raffination, Reinigung und Veredelung von chem. Produkten, Nahrungsmitteln u. a.

Raffinerịe, techn. Anlage zur Raffination, meist zur Verarbeitung von → Erdöl.

Raffinerịegas, überwiegend aus Äthan, Methan und Wasserstoff bestehendes Gasgemisch, entsteht bei der Verarbeitung von Erdöl, wird meist als Brenngas verwendet.

Rakete 1: Raketengrundgleichung in graph. Darstellung

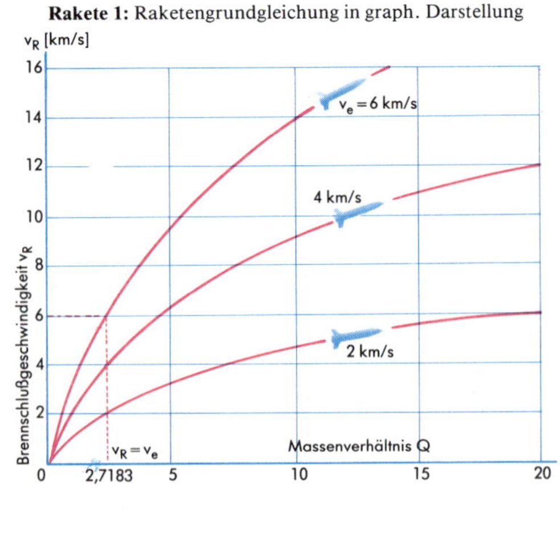

Raffinose, Melitose, Melitriose, aus D-Glucose, D-Fructose und D-Galactose aufgebautes, nicht süß schmeckendes Trisaccharid (→ Zuckerarten). R. kommt in Zuckerrüben vor und wird als Zusatz für Bakteriennährböden verwendet.

Rah, Rahe, Raa *die,* am Mast von Segelschiffen horizontal schwenkbar angebrachtes Rundholz zum Befestigen und Handhaben der viereckigen **R.-Segel** (→ Segelschiff); auch Rundholz am Mast zur Aufnahme von Antennen und Leinen für Flaggensignale **(Funk-R., Flaggen-R.).**

Rähm *der,* bei Sparren- und Kehlbalkendächern die waagerechten Rahmenhölzer, die zus. mit Stielen und Kopfbändern die Längsaussteifung des Dachtragwerks gewährleisten (→ Dach, BILD Dachkonstruktionen 1).

Rahmen, 1) Bautechnik: → Rahmentragwerke.

2) Möbel- und Holzbau: Konstruktionselement des Möbel- und Bautischlers, meist viereckig und oft mit Zapfen auf Gehrung verbunden, z. B. bei Fenstern und Türen; als Einfassung von Bildern, Spiegeln oder als tragendes Element von flächigen Möbel- und Konstruktionsteilen sowie von Decken- und Wandverkleidungen.

3) Maschinenbau: Gestell, das die Triebwerksteile einer Maschine oder eines Fahrzeugs trägt und die entwickelten Kräfte aufnimmt.

Rahmen|antenne, Antenne, die aus einer oder mehreren Windungen besteht und für elektromagnet. Wellen, die senkrecht zur Rahmenfläche einfallen, zwei Empfangsminima aufweist (→ Funkpeiler). R. werden auch bei Richtsendeanlagen verwendet.

Rahmentragwerke, Rohbauskelette, bes. des Stahlbetonbaus, aus biegefest miteinander verbundenen waage-, senkrechten wie auch schiefen biegesteifen Stäben, angewendet als Einfach-, Mehrfach- und Stockwerkrahmen (BILD S. 159). – Ggs.: → Fachwerk.

Rainout [rˈeɪnaʊt, engl.], → radioaktiver Niederschlag.

Rakel *die,* breite, dünne, elastisch anliegende Schiene oder Messer aus Holz, Metall oder Gummi; streift an Druck- und Appretiermaschinen überschüssige Farbe oder überschüssiges Appretiermittel von den Druckwalzen oder von der Ware ab. (→ Tiefdruck, → Siebdruck)

Rakete, durch → Rückstoß angetriebener Flugkörper, im einfachsten Fall ein vorn geschlossener, hinten offener länglicher Behälter, der alle Mittel für die Erzeugung eines Antriebsstrahls (Energie und Masse) mit sich führt. Die R. ist deshalb nicht, wie die luftverbrauchenden → Strahltriebwerke, an die umgebende Lufthülle als Sauerstofflieferant gebunden und so das einzige Antriebsprinzip für die → Raumfahrt. Wegen seiner hohen Energiedichte wird der chem. R.-Antrieb auch für militärische Flugkörper verwendet (→ Raketenwaffen).

Aufbau und physikalische Grundlagen. Eine R. besteht i. a. aus dem Antriebssystem einschließlich Nebenaggregaten (Tanks, Treibstoff-Fördersystem, Leitungen) und Schubdüsen, durch die der Gasstrahl entgegen der Flugrichtung austritt, aus dem Steuer- und Lageregelungssystem und aus der im R.-Kopf untergebrachten Nutzlast (Satellit, Raumkapsel, wissenschaftliche Geräte, Sprengsätze).

Die freigesetzte und beschleunigte Strahlmasse tritt durch die Schubdüse als gerichteter Strahl mit großem Impuls aus; die R. erhält dadurch einen entgegengesetzt gerichteten Impuls (Schub), der sie vorwärts treibt. Der Schub eines R.-Triebwerks errechnet sich nach dem Produkt von der pro Zeiteinheit ausgestoßenen Treibstoffmasse und der Geschwindigkeit der Reaktionsgase beim Verlassen des R.-Triebwerks. Der Schub bewirkt die Geschwindigkeitsänderung der R. Vernachlässigt man Luftreibung und Schwerkraftwirkung, so errechnet sich die End-, Höchst- oder Brennschlußgeschwindigkeit v_R wie folgt:

$$v_R = v_e \cdot \ln Q = v_e \cdot \ln (m_0/m_L).$$

In dieser **R.-Grundgleichung (Ziolkowski-Raketenformel)** bedeuten v_e die Ausströmgeschwindigkeit und Q das Massenverhältnis, d. h. das Verhältnis der Anfangsmasse (Startmasse) m_0 zur Endmasse (Leermasse) m_L der leergebrannten R. Bei $Q = 2{,}718$ (entspricht etwa 63% Treibstoffanteil an der R.-Gesamtmasse) ist $v_R = v_e$ (gestrichelte Linie in BILD 1, S. 160). Die Verluste durch Luftwiderstand und Schwerkraft können durch ein geeignetes Flugbahn- und Schublenkprogramm reduziert werden.

Die R.-Bahn umfaßt während der Wirkungszeit des Antriebs die **Antriebsbahn** und nach Beendigung der Treibstoffwirkung im Brennschlußpunkt die **Freiflugbahn** (→ Flugbahn). Hohe Beschleunigungen und damit hohe Endgeschwindigkeiten werden nur durch Aufeinandersetzen mehrerer (meist zwei bis vier) **Raketenstufen (Stufenprinzip, Mehrstufen-R.)** mit jeweils eigenem Antrieb erzielt. Nach Verbrauch ihres Treibstoffs wird die jeweilige Stufe abgetrennt und die nächste gezündet; nur der verbleibende Restflugkörper fliegt weiter. Bei hohen Nutzlasten führt dieses Prinzip zwangsläufig zum Bau sehr großer Träger-R., z. B. → Saturn.

Raketenantriebe und Raketentreibstoffe. Man unterscheidet die Raketenantriebe nach der Art ihrer Energiequelle. Prakt. Bedeutung haben bis jetzt nur die chem. und elektr. Antriebe.

Chemische R.-Antriebe (Feststoff-, Flüssigkeits-, Hybrid-R.) sind am weitesten verbreitet. Bei den verwendeten Treibstoffen handelt es sich um chem. Systeme, deren Energie durch chem. Reaktionen freigesetzt wird.

Beim **Feststoffraketen-Antrieb** wird der feste Treibstoff als gepreßter Block in die Brennkammer eingeschoben oder direkt in sie eingegossen. Fest-Raketentreibstoffe sind bei Raumtemperatur beständige, feste Stoffe.

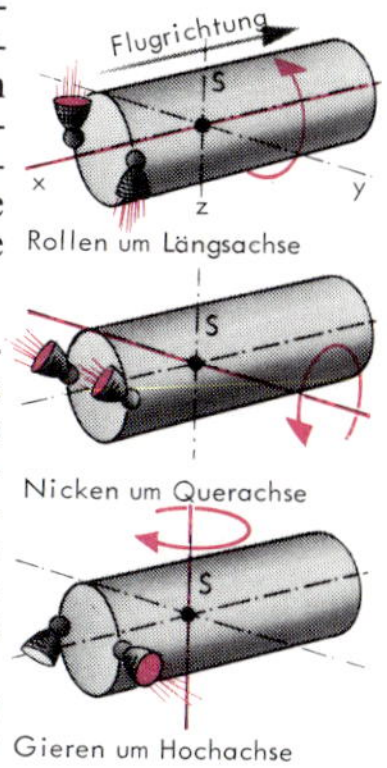

Rakete 3: Lageregelung durch Schwenken zweier gegenüberliegender Steuertriebwerke

Rakete 4: Lageregelung durch verschiedene Arten der Schubvektorregelung. Der Pfeil gibt die Drehrichtung der R. bei der angenommenen Schwerpunktlage (S) an

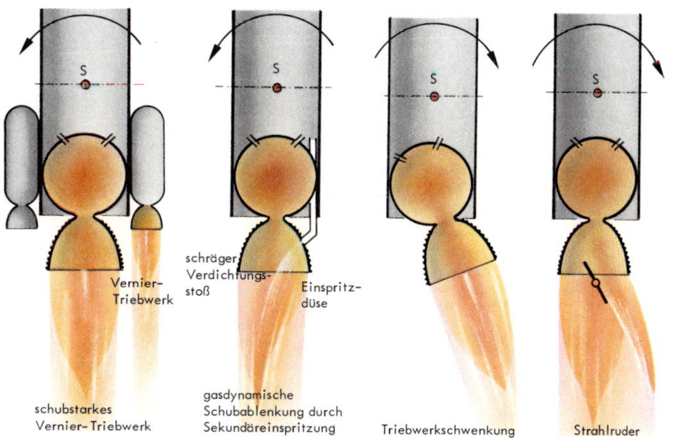

Man unterscheidet doppelbasige (DB) und Composite-Raketentreibstoffe. **Doppelbasige (DB)** Raketentreibstoffe bestehen aus einem Gel von Nitrocellulose und Nitroglycerin. **Composite-Raketentreibstoffe** [k'ɔmpəzɪt-] sind heterogene feste Systeme, die Perchlorate oder Nitrate als Oxidationsmittel, Metallpulver (z. B. Aluminium) als Brennstoff und organ. Polymere (z. B. Polyurethane, Polybutadien) als Brennstoffbinder und gaserzeugende Komponente enthalten. Vorteile: mit Zünder, Brennkammer, Düse und Treibstoff einfacher Aufbau, zuverlässig, jederzeit einsatzfähig, lagerfähig, Möglichkeit der Segment-Bauweise, hohe Startbeschleunigung. Nachteile gegenüber Flüssigkeits-Raketenantrieben: geringere Leistung, geringe Brennzeiten, weniger gute Schub-Regelbarkeit und Abschalt- und Wiederzündbarkeit. Entsprechend diesen Eigenschaften Verwendung als → Höhenforschungsraketen, → Raketenwaffen und als → Booster. Die einzige Feststoff-Trägerrakete für (kleinere) Satelliten ist die amerikan. → Scout.

Der **Flüssigkeitsraketen-Antrieb** dient zur Schuberzeugung in nahezu allen Satelliten-Trägerraketen. Aufbau: Die flüssigen Treibstoffe sind in getrennten Tanks für Oxidator und Brennstoff gelagert und müssen gesondert über Einspritzsysteme in die Brennkammer gefördert werden, die aus Einspritzsystem, Brennraum, Düse, Zünd- und Kühlsystem besteht. **Flüssig-Raketentreibstoffe** sind meist **Diergole**, d. h. sie bestehen aus Oxidationsmittel und Brennstoff. Als Oxidationsmittel werden u. a. Flüssigsauerstoff, Stickstoff (IV)-oxid, Wasserstoffperoxid und Salpetersäure, als Brennstoff Kerosin (unter den Bez. JP = Jet Propulsion oder RP = Rocket Propulsion), Flüssigwasserstoff und Dimethylhydrazin (UDMH) verwendet. Die Komponenten können sich beim Zusammentreffen spontan **(hypergol)** entzünden oder sie können extern (z. B. elektrisch) gezündet werden. **Monergole** bestehen nur aus einer Flüssigkeit (z. B. Wasserstoffperoxid, Hydrazin, Methylnitrat/Methanol = Myrol 80), die durch Katalysatoren oder Zündung zum Zerfall gebracht wird. Sie haben geringe Leistung und werden meist für Hilfstriebwerke verwendet. Bei den **Triergolen** (Dreistoffsysteme), z. B. Wasserstoff/Sauerstoff/Beryllium oder Hydrazin/Fluor/Lithium, kommt zu den zwei flüssigen Hauptkomponenten noch eine dritte, meist Festkomponente, hinzu. Eine R. mit Monergolantrieb benötigt nur einen Treibstoffbehälter, eine mit Triergolantrieb drei Behälter. Die energiereichste der heute regelmäßig verwendeten Treibstoffkombinationen ist Flüssigwasserstoff/Flüssigsauerstoff. Vorteile: hohe Leistung, Möglichkeit der Schubdrosselung, Abschalt- und Wiederzündbarkeit auch im Vakuum, lange Brennzeiten. Nachteile: R. wegen Betankung nicht kurzfristig einsetzbar, wegen ihres komplizierten Aufbaues hoher Preis. Verwendung vom kleinen Steuertriebwerk mit 100 N Schub bis zu Großtriebwerken von rd. 7000 kN (vorwiegend im Bereich der zivilen Raumfahrt).

Beim **Hybrid-Raketenantrieb (Lithergolantrieb)** liegt eine der beiden Treibstoffkomponenten (meist der Oxidator) in flüssiger Form, die andere in fester Form vor. Dadurch werden die Vorteile von Flüssigkeits- und Feststoff-Raketenantrieben miteinander kombiniert, jedoch konnte sich der Hybrid-Raketenantrieb bis heute noch nicht durchsetzen.

Elektrische R.-Antriebe benötigen eine eigene solare oder nukleare (→ Isotopenbatterie) Energiequelle. Je nach der Art der elektr. Beschleunigung des Treibstoffes unterscheidet man: Beim **elektrotherm. Triebwerk** (›Resistojet‹) wird der Treibstoff (Ammoniak, Stickstoff, Wasserstoff) in einem widerstandsbeheizten Wolframelement erhitzt und anschließend in einer Düse expandiert. Beim **elektromagnet. (elektrodynam.) Triebwerk** (›Plasmarakete‹) wird der Treibstoff (Ammoniak, Lithium, Helium, Wasserstoff) in einem Lichtbogen elektrisch leitfähig gemacht, das so erhaltene Plasma magnetisch beschleunigt und in einer Düse expandiert. In einem **elektrostat. Triebwerk** (→ Ionenantrieb), dem am meisten erprobten und fortgeschrittenen elektr. Triebwerkstyp, wird der Treibstoff (Quecksilber, Cäsium) zunächst aufgeladen, dann werden die Ionen durch elektrostat. Felder beschleunigt. Elektr. Antriebe haben die derzeit maximal erreichbaren Ausströmgeschwindigkeiten (bis 120 km/s), lange Betriebszeiten (bis zu mehreren Monaten), außerordentlich geringe Massendurchsätze und entsprechend niedrige Schubkräfte (bis heute etwa 30 N).

Weitere R.-Antriebe befinden sich derzeit nicht im prakt. Einsatz. Die Entwicklung eines thermonuklearen Antriebs (Kernenergie-R., ›Atom-R.‹), bei dem ein Arbeitsmedium in einem Kernreaktor erhitzt und anschließend in einer Düse zur Schubgewinnung entspannt wird, wurde in den USA 1973 eingestellt (→ Kernenergieantrieb). Ein unmittelbarer Ausstoß von bei Kernreaktionen frei werdenden Teilchen (Fissions-R., Fusions-R.) liegt noch außerhalb der techn. Möglichkeiten. Das gleiche gilt für den von E. SÄNGER vorgeschlagenen **Photonenantrieb**, bei dem ein gerichtetes Bündel elektromagnet. Wellen (z. B. Licht) ausgestoßen wird, dessen Rückstoß Schub erzeugt.

Verwendung. Kleine Feststoff-R. werden als **Feuerwerks-**, **Signal-** und **Leucht-R.** sowie als **Seenotrettungs-R.** verwendet, größere als **Starthilfe-R.** für Flugzeuge oder als Haupttriebwerk von → Raketenflugzeugen oder → Raketenschlitten. Wichtige Verwendungsmöglichkeiten der R. sind ihr Einsatz als → Höhenforschungsrakete, als Trägerrakete in der → Raumfahrt (für Satelliten, Sonden, Raumfahrzeuge) und für militär. Zwecke (→ Raketenwaffen, → militärische Satelliten). Die bekanntesten Träger-R. sind → Atlas 2), → Delta 3), Saturn, → Titan 3) und die Feststoff-R. Scout (alle USA), die Sojus-Wostok-A2 (UdSSR), → Ariane (Europa).

Geschichte. Von einem ersten sagenhaften Auftreten einfachster Feuerwerksraketen wird bereits um 3000 v. Chr. bei Chinesen und Ägyptern berichtet, zuerst nachgewiesen ist die R. in China aber erst im 13. Jh. Sie wurde in den folgenden Jhh. meist als Waffe und Feuerwerkskörper verwendet und gelangte zu Mongolen und Arabern, über die sie nach Europa kam. Im 17. Jh. wurde von PETER DEM GROSSEN in Moskau eine Raketenanstalt gegr. Der brit. Oberst W. CONGREVE gab 1808 den Anstoß zur Entwicklung von Pulverraketen, die von mehreren Armeen in Europa verwendet wurden. Die militär. Bedeutung der R. ging jedoch in der zweiten Hälfte des 19. Jh. mit der Weiterentwicklung der Kanonen wieder zurück.

Drei Raketenpioniere wiesen den Weg für den späteren Einsatz der R. für die Raumfahrt: seit 1903 der Russe K. E. ZIOLKOWSKI, seit 1919 der Amerikaner R. H. GODDARD und seit 1923 der Rumäniendeutsche H. OBERTH. In Dtl. startete 1928 der R.-Wagen von M. VALIER und F. v. OPEL und 1929 das erste R.-Flugzeug. 1927 wurden in

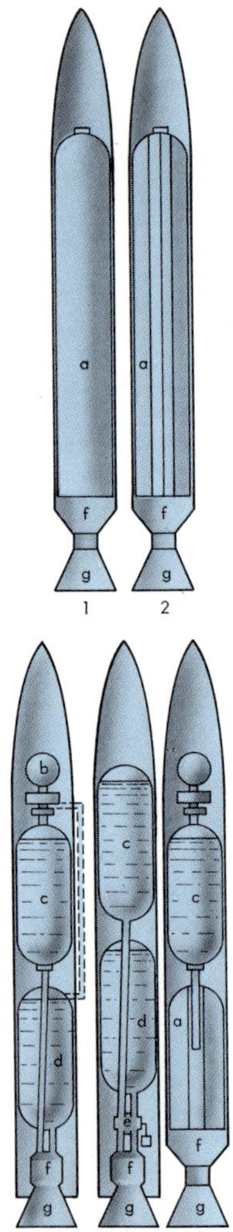

Rakete 5: chemische Raketentriebwerke: **1** und **2** Feststoffraketen; **1** Stirnbrenner, **2** Innenbrenner. **3** und **4** Flüssigkeitsraketen (Zweistoffsystem); **3** mit Druckgasförderung, **4** mit Turbopumpenförderung. **5** Hybridrakete. — a fester Treibstoff, b Druckgasbehälter, c flüssiger Treibstoff, d flüssiger Oxidator, e Turbopumpe, f Brennkammer, g Schubdüse

Berlin der Verein für Weltraumschiffahrt und 1930 in Berlin-Tegel der erste Raketenstartplatz der Erde gegr. Dieser ersten astronaut. Vereinigung gehörten u. a. J. WINKLER, M. VALIER, H. OBERTH, R. NEBEL, K. RIEDEL, K. HEINRICH, W. v. BRAUN an. Im Mai 1931 gelang ihnen der Start der ersten dt. Flüssigkeitsrakete (Mirak 1); eine Weiterentwicklung erreichte im August 1931 rd. 1 000 m Höhe. Viele Vereinsmitglieder wurden in den frühen 30er Jahren Mitarbeiter des damaligen Heereswaffenamtes (zuerst Kummersdorf, seit 1937 Peenemünde), dessen Raketenerprobungsprogramm in der ersten Großrakete, der 1942 erstmals gestarteten Rakete A 4 (V 2) mündete.

Infanterie-R., die im 2. Weltkrieg erstmals eingesetzt wurden, waren Panzerfaust, Panzerschreck und ›Bazooka‹. Zu den Artillerie-R. gehören die ebenfalls im 2. Weltkrieg entwickelten Raketenwerfer und Salvengeschütze, z. B. die sowjet. ›Stalinorgel‹ und der dt. Nebelwerfer (Tarnbezeichnung).

Nach dem 2. Weltkrieg wurde die R. in den USA und der UdSSR als strateg. (interkontinentale) und takt. Waffe weiterentwickelt, zugleich auch in den Dienst der Wissenschaft gestellt (Meteorologie, Weltraumforschung). Eine zweistufige R. (V 2 mit aufgesetzter WAC-Corporal-R.) erreichte 1949 bei senkrechtem Aufstieg mehr als 400 km Höhe. 1957 wurden beim Abschuß von Forschungs-R. Höhen bis 960 km erreicht. Die Mehrstufen-Träger-R. ermöglicht es seit 1957, auch künstl. Satelliten u. a. Raumfahrzeuge in den Weltraum zu senden (→ Raumfahrt). Weitere BILDER S. 160, 164, 165

Technik: A. DADIEU u. a.: R.-Treibstoffe (1968); E. v. KOVACS: R.-Einmaleins (1970); H. W. KÖHLER: Feststoffraketenantriebe, 2 Bde. (1972/73); ders.: 100 × Raumfahrt (1977); H. MIELKE: dtv-Lexikon zur Raumfahrt und Raketentechnik (1972); R. H. SCHMUCKER: Hybridraketenantriebe (1972); P. STACHE: Typenbuch der R. (1973); W. WOLFF: R. und R.-Ballistik (⁴1976).

Geschichte: K. E. ZIOLKOWSKI: Erforschung des Weltraums mittels Reaktionsapparaten (1903); H. OBERTH: Die R. zu den Planetenräumen (1923); R. H. GODDARD: Rocket development 1929–41 (Worcester, Mass., 1960); H. GARTMANN: Jh. der R. (²1961); W. v. BRAUN u. F. J. ORDWAY: History of rocketry and space travel (New York ²1969); dies.: R. (1979); R. NEBEL: Die Narren von Tegel (1972); M. u. J. W. TAYLOR: Die R.-Waffen und Flugkörper der Welt (1973); H. BARTH: Hermann Oberth (1974); E. BERGAUST: Wernher v. Braun (1976); H. KLEIN: Vom Geschoß zum Feuerpfeil. Der große Umbruch der Waffentechnik in Dtl. 1900–70 (1977); J. ENGELMANN: Geheime Waffenschmiede Peenemünde (1979).

Raketenflugzeug, Flugzeug mit Raketentriebwerk als Hauptantrieb. Das R. erreicht außergewöhnl. Steigleistungen, Fluggeschwindigkeiten und Flughöhen. Wegen des hohen Treibstoffverbrauchs ist die Flugdauer jedoch sehr gering, weshalb das R. bisher nur als Forschungs- und Versuchsflugzeug verwendet wurde. Erste Versuche wurden in Dtl. 1928/29 mit kleinen Feststoffraketen (F. v. OPEL) und 1939 mit Flüssigkeitstriebwerken (Versuchsflugzeug He 176 mit Walter-Antrieb) unternommen; erste militär. Verwendung 1943 (Raketenjäger Me 163). Das amerikan. Forschungsflugzeug Bell X-1 überschritt 1947 erstmals die Schallgeschwindigkeit. Bisherige Höchstleistungen erzielte das R. North American X-15.

Raketenschlitten, raketengetriebener, auf Schienen gleitender Schlitten für bemannte und unbemannte Höchstgeschwindigkeitsversuche bis zu mehrfacher Schallgeschwindigkeit, v. a. verwendet zur Untersuchung von physiolog. Auswirkungen hoher Beschleunigungen auf Personen, Erprobung von → Schleudersitzen, Untersuchung des Verhaltens von Bauteilen. Bremsung durch Ausfahren von Klappen, durch Bremsschirme oder Eintauchen spezieller Flächen in ein Wasserbecken.

Raketen-Start|anlagen, mit Gebäuden, Montagestellen, Transportfahrzeugen, Aufrichthilfen, Starteinrichtungen, Betankungsanlagen, Startkontroll- und Flugleitzentralen ausgestattete Gelände zum Start von Raketen; aus Sicherheitsgründen meist in dünnbesiedelten Gebieten, auf Inseln oder an Meeresküsten gelegen. Äquatornähe ist zum Ausnützen der Erddrehung vorteilhaft. Die bekanntesten R.-S. sind; Baikonur, Kapustin Jar und Pleseck (alle UdSSR), Tanegashima (Japan), Kourou (Französisch-Guayana), Wallops Island, Cape Canaveral, Vandenberg (alle USA), schwimmende ital. R.-S. vor der Küste von Kenia, Kiruna (Schweden). In Zaire und Libyen befanden sich zeitweise die R.-S. des privaten dt. Unternehmens Otrag (München).

Raketentreibstoffe, → Rakete.

Raketenwaffen, auch **Kampfraketen,** ungelenkte oder gelenkte → Flugkörper mit Raketenantrieb zum Transport von Gefechtsköpfen. R. können größere Weiten als aus Rohrwaffen verschossene Geschosse (Wurfkörper) erreichen und benötigen keine rückstoßaufnehmenden Abschußvorrichtungen, wodurch schwerere Gefechtsköpfe auch von einzelnen Schützen (Einmannwaffen) oder leichten Trägerfahrzeugen verschossen werden können. Als Abschußvorrichtungen dienen Startschienen oder leichte Führungsrohre sowie bei vertikaler Startrichtung auch Starttische oder Startschächte (verbunkerte Startanlagen für interkontinentale Fernwaffen). Als Antriebe werden bislang nur chem. Raketentriebwerke verwendet, wobei wegen guter Lagerfähigkeit und kurzer Startvorbereitungszeit die Feststofftriebwerke bevorzugt werden. Triebwerke mit flüssigen Treibstoffen erlauben jedoch eine bessere Schubregulierung und sind nach Abstellen meist wiederzündbar.

Ungelenkte R. haben geringere Treffgenauigkeit als aus Rohrwaffen verschossene Geschosse; sie werden deshalb nur gegen Flächenziele eingesetzt, wobei überwiegend konventionelle Sprengköpfe und nur in Ausnahmefällen Kernsprengköpfe vorgesehen sind. Ungelenkte R. können von den Truppenverbänden der **Raketen-Artillerie** als Boden-Boden-Waffen oder von Jagdbombern oder Erdkampfflugzeugen als Luft-Boden-Waffen aus **Mehrfachraketenwerfern** in Salven (bis zu 40 Einzelraketen) verschossen werden.

Gelenkte R. besitzen zumindest bei großen Schußweiten größere Treffsicherheit als Geschosse, da die Streuung schußweitenunabhängig werden kann. Diese R. werden daher bevorzugt gegen Punktziele eingesetzt. Einsatzzweck, Lenkverfahren und Art des Sprengkopfes können dabei sehr unterschiedlich sein: 1) Zur Panzerabwehr werden R. mit konventionellen Sprengköpfen und meist mit Drahtlenkung (einfach und fremdstörsicher) verwendet, als Einmannwaffen aus Startrohren oder von leichten mobilen Startvorrichtungen verschossen. 2) **Boden-Boden-Waffen** können mit konventionellen oder atomaren Einfach- oder Mehrfachsprengköpfen und mit unterschiedl. Lenkverfahren (Fern- oder Eigenlenkung) gegen Land- oder Seeziele in unterschiedl. Entfernungen eingesetzt werden **(Gefechtsfeld-R.,** → Mittelstreckenrakete, → Interkontinentalrakete). 3) **Boden-Luft-R. (Flugabwehr-Raketen)** dienen zur Bekämpfung von Flugzielen in mittleren und großen Höhen mit meist konventionellen Sprengköpfen und unterschiedl. Lenkverfahren. Sie werden aus einfachen Startrohren (Einmannwaffen) wie auch mit aufwendigeren stationären oder mobilen Startanla-

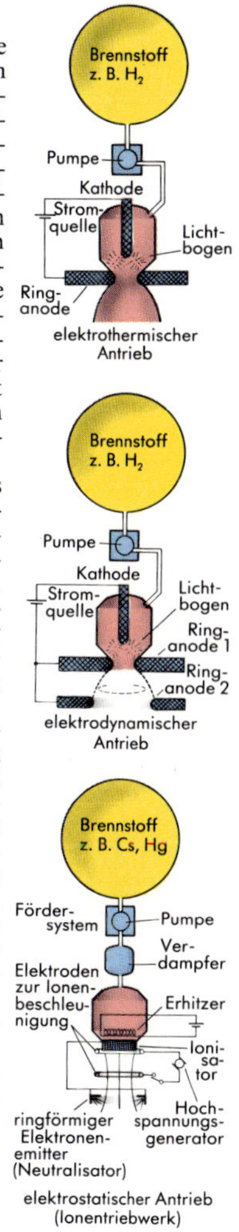

Rakete 6

Rakete 6: elektrische Triebwerke (schematisch): OBEN elektrothermisch, MITTE elektrodynamisch, UNTEN elektrostatisch

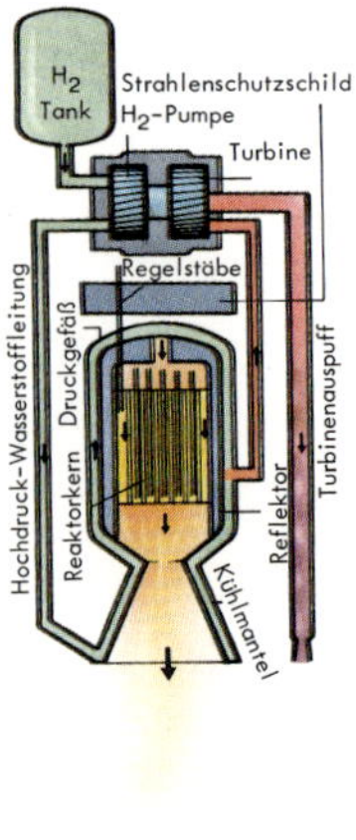

Rakete 7: Aufbau eines Kernenergietriebwerks

gen **(Fla-Rak-Panzer)** verschossen. Sonderform: die zur Bekämpfung von Interkontinentalraketen entwickelten R. 4) **Luft-Luft-R.** werden i. d. R. mit konventionellen Sprengköpfen von Flugzeugen gegen Flugziele eingesetzt und überwiegend durch zielsuchende Lenkverfahren (Infrarot- und halbaktive Radarlenkung) geführt. 5) **Luft-Boden-R.** werden von Flugzeugen zur Bekämpfung ruhender oder bewegter Bodenziele (Panzer und Schiffe) im Nah- und Fernbereich (→Abstandswaffen) verwendet, wobei konventionelle und atomare Sprengköpfe sowie unterschiedliche Lenkverfahren in Frage kommen.

Gelenkte und ungelenkte R. gelten seit ihrer verstärkten Einführung im 2. Weltkrieg als wesentl. Bestandteile der Bewaffnung leistungsfähiger Steitkräfte. – Geschichte und Literatur →Rakete.

RAM, Abk. für **Random Access Memory** [r'ændəm 'ækses m'emərı, engl.], Halbleiter-Speicherbaustein (→Speicher) mit wahlfreiem Zugriff für elektron. Datenverarbeitungsanlagen, der sowohl für das Auslesen als auch zum Einschreiben oder Verändern von Informationen (Daten) geeignet ist. Die gelegentlich verwendete Bez. Schreib-Lese-Speicher (Abk. **RWM** von engl. **R**ead/**W**rite **M**emory), die zur Abgrenzung gegenüber dem →ROM besser geeignet wäre, hat sich nicht durchgesetzt.

Ein RAM besteht aus einzelnen, direkt adressierbaren Speicherelementen, die matrixförmig angeordnet sind und in beliebiger Reihenfolge über Zeilen- und Spaltenleitungen ausgewählt werden können. Dazu ist es notwendig, allen Daten (bestehend aus einzelnen oder zu Wörtern zusammengefaßten Bits) bestimmte Adressen zuzuordnen, unter denen sie wiederauffindbar im RAM abgespeichert worden sind. Man kann zwei Speicherprinzipien unterscheiden:

Bei den **dynam. RAMs** wird die Information als elektr. Ladung in den Gate-Kapazitäten der MOS-Transistoren gespeichert. Da jeder Kondensator Leckströme aufweist, würde die Information nach kurzer Zeit verlorengehen, wenn die Ladungen der Kondensatoren nicht in gewissen Zeitabständen (üblich sind 2 ms) regeneriert würden (›Refreshzyklen‹).

Statische RAMs brauchen hingegen keine Auffrischung ihrer gespeicherten Informationen, da die Speicherzellen als →bistabile Kippschaltungen (Flipflops) mit den log. Zuständen 0 und 1 aufgebaut sind. Nachteilig ist der gegenüber dynam.RAMs höhere Leistungsbedarf, da über den leitenden Zweig der Kippstufe ständig ein Strom fließt. RAMs finden Anwendung u. a. als Arbeitsspeicher in Rechnersystemen und bei Prozeßsteueranlagen.

Raman-Effekt, Smekal-Raman-Effekt [n. dem ind. Physiker Ch. V. Raman, * 1888, † 1970 und dem österr. Physiker A. G. S. Smekal, * 1895, † 1959], von SMEKAL 1923 vorausgesagte und 1928 von RAMAN (gleichzeitig von den russ. Physikern G. S. LANDSBERG und L. J. MANDELSCHTAM) nachgewiesene Erscheinung, daß das Streulicht-Spektrum von festen, flüssigen oder gasförmigen, mit monochromat. Licht bestrahlten chem. Verbindungen neben der Linie des anregenden Lichtes **(Rayleigh-Streuung** [r'eılı-], Frequenz ν) noch die schwachen **Raman-Linien** (Frequenzen $\nu \pm \varepsilon$) enthält; ε ist eine Schwingungs- oder Rotationsfrequenz des streuenden Moleküls, deren Anregung die elektr. Polarisierbarkeit des Moleküls ändert. I. Ggs. zur Rayleigh-Streuung wird bei der **Raman-Streuung** Energie und Impuls zw. einfallendem Lichtquant und streuendem Medium (Molekül) ausgetauscht. Wird beim Streuprozeß Energie auf das Molekül übertragen, beobachtet man Streustrahlung bei der Frequenz $\nu - \varepsilon$ **(Stokes-Linie** [stəuks-]). Bei Streuung an angeregten Molekülen kann die Anregungsenergie vom Molekül an das Lichtquant abgegeben werden, so daß die Frequenz der Raman-Linie ($\nu + \varepsilon$), größer als die des Anregungslichts wird **(Anti-Stokes-Linie).** Der R.-E. wird in der **Raman-Spektroskopie** zur Aufklärung der Konstitution komplizierter, v. a. organ. Moleküle sowie zur quantitativen chem. Analyse von Substanzen eingesetzt. In der Festkörperphysik liefern die Raman-Spektren von Einkristallen Informationen über Gitterschwingungen sowie Kristallstruktur und -symmetrien.

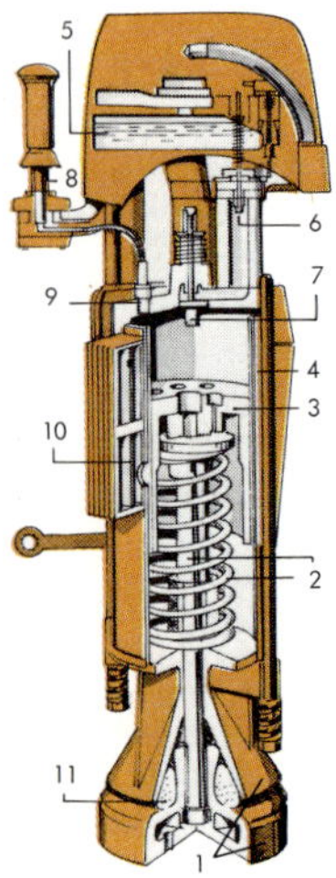

Ramme: Handramme: **1** Stampffuß und Stampfplatte; **2** Kolbenstange und Feder; **3** Kolben; **4** Zylinder; **5** Kraftstofftank mit Ausgleichsraum; **6** Mischventil; **7** Einlaßventil; **8** Zünder; **9** Zündkerze; **10** Schalldämpfer; **11** Aufschlagring

Ram-Jet [r'æm dʒet, engl.], Staustrahltriebwerk (→Strahltriebwerk).

Ramme, durch Schwerkraft wirkendes Schlagwerkzeug zum Verdichten des Bodens, Einrammen von Pfählen, Spundwänden u. ä. Das gesamte Gerät besteht aus Unterwagen, Oberwagen mit Antrieb, Rammgerüst zur Führung des Rammbären und des Rammkörpers. Man unterscheidet Dampf-, Druckluft- oder Dieselantrieb. – Bei handgeführten **Explosionsrammen** oder **Explosionsstampfern** entsteht in einer Explosionskammer ein Kraftstoff-Luft-Gemisch, das nach der Zündung einen Stempel nach unten und die R. nach oben treibt (→Rüttelgeräte).

Rammelsbergit [n. dem Chemiker K. F. Rammelsberg, * 1813, † 1899], **Weißnickelkies,** Mineral, $NiAs_2$, zinnweiß, metallglänzend, derb, H. 5,5, D. 7,1, oft im Mansfelder Rücken, Schneeberg, St. Joachimsthal.

Rampe, schiefe Ebene zur stufenlosen Überbrückung von Höhenunterschieden, z. B. bei Verkehrsanlagen. **Rampenband,** im Straßenbau die graph. Darstellung des Verlaufs der Fahrbahnränder in bezug auf die Gradiente der Straße (→Gradient).

Ramrocket [r'æmrɔkıt, engl.], Kombination aus Raketentriebwerk und ummantelndem Staustrahltriebwerk (→Strahltriebwerk).

Ramsauer-Effekt [n. dem dt. Physiker C. W. Ramsauer, * 1879, † 1955], von der klass. Theorie abweichender Streuquerschnitt von langsamen Elektronen (im Energiebereich um 1 eV) an Atomen bei Durchgang durch ein Gas (1920 von C. W. RAMSAUER an Argon entdeckt). Der R.-E. läßt sich quantenmechanisch als Beugung der Elektronenwellen an den Atomen deuten und war der erste Hinweis auf die Wellennatur des Elektrons (→Materiewellen).

Rand, →Randpunkt.

Rand|ausgleich, Einrichtung bei Setz- und manchen Schreibmaschinen zum Erzielen gleich langer Zeilen (Blocksatz).

Randbedingungen, →Randwertaufgaben.

Rand|eis, Eis, das sich an der Wasseroberfläche vom Ufer oder von Einbauten her gebildet oder dort angesammelt hat.

rändeln, Metallbearbeitung: Rillen auf dem äußeren Rand von Münzen u. ä. einprägen. Das Einprägen gekreuzter Rillen heißt **Kordieren.** BILD S. 166.

Randkluft, →Gletscher.

random [r'ændəm, engl.], Bez. für zufällig; in der

Statistik werden Tafeln mit Zufallszahlen auch als **Randomtafeln** bezeichnet.

Randpunkt, Bez. für einen Punkt x einer Teilmenge T eines topolog. Raumes A, wenn in jeder Umgebung von x sowohl Punkte von T als auch Punkte des Komplements (→Menge) von T liegen. Die Menge aller R. von T bildet den **Rand von T.**

Randsenke, Geologie: Vortiefe eines Orogens. Eine R. entsteht auch durch Nachsinken des Deckgebirges bei der Salzabwanderung zum Salzstock.

Randstreifen, Straßenbau: Streifen zu beiden Seiten einer Fahrbahn in Fahrbahnhöhe, gewährleistet einen seitl. Sicherheitsraum, begrenzt den Fahrbahnrand und kennzeichnet ihn optisch.

Randwasser, Ölfeldwasser, in Erdöllagerstätten auftretendes Salzwasser, das sich wegen seiner größeren Schwere unter das Erdöl schichtet.

Randwertaufgaben, Randwertprobleme, Mathematik, theoret. Physik: Aufgaben, bei denen eine Funktion innerhalb eines ebenen oder räuml. Gebiets gefunden werden soll, deren Funktionswerte am Rand gegeben sind **(Randbedingungen)** und die im Innern gewissen Bedingungen genügen, die gewöhnlich durch eine Differentialgleichung vorgeschrieben werden; ein Beispiel ist die Berechnung der Schwingungen einer auf beiden Seiten fest eingespannten Saite. Die R. bilden eines der Hauptanwendungsgebiete der Integralgleichungen.

Raney-Katalysatoren [r'eɪnɪ-, n. dem amerikan. Ingenieur M. Raney, * 1885, † 1966], Chemie: Hydrierungs- und Dehydrierungs-Katalysatoren aus hochaktiven, feinverteilten Metallen, die durch chem. Auflösung des inaktiven Bestandteils einer Legierung des katalytisch aktiven Metalls mit einem unedlen Metall, meist Aluminium, erhalten werden. Die R. K. sind pyrophor.

Rang einer Matrix, →lineares Gleichungssystem.

Ranger [r'eɪndʒə, engl.], Name unbemannter amerikan. Raumflugkörper (1961–65) zur Erforschung des Mondes, speziell seiner Oberfläche. R. war ein Vorprogramm zum unbemannten Mondlandeprogramm →Surveyor und damit auch für das →Apollo-Programm. Nur die letzten R.-Flüge (R. 7–9) waren voll erfolgreich. Die Sonden übertrugen während der letzten Minuten vor ihrem Aufprall auf dem Mond zahlreiche Aufnahmen seiner Oberfläche.

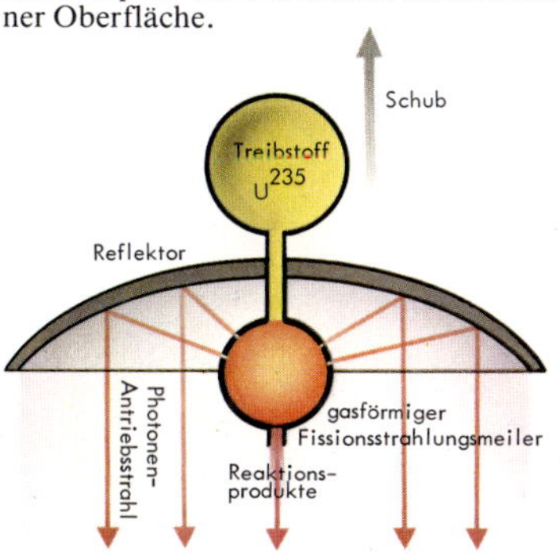

Rakete 8: Schema des Photonenantriebs

Rangierfunk [rãʒ-, raŋʒ'i:r-], Sprechfunkverbindung beim Rangieren zur Verständigung zw. Rangierkolonnen, Rangierloks und Betriebsstellen (Stellwerken). Der R. arbeitet als Wechselsprechfunk über ortsfeste oder tragbare Sende-/Empfangsgeräte in einem von der Postverwaltung zugelassenen Frequenzbereich. Über besondere Funkeinrichtungen können Rangierloks ferngesteuert werden. (→Zugbahnfunk)

rank, Eigenschaft eines Schiffes mit geringer Anfangsstabilität. Ggs.: **steif.** (→Stabilität 3)

°Rank, Einheitenzeichen für →Grad Rankine.

Ranker *Mz.* und *Ez.*, meist flachgründige Bodentypen aus silikat. und quarzit., tonarmen Gesteinen; meist in Mittel- und Hochgebirgen. Man unterscheidet R. nach Ausgangsgestein und Humusform. R. werden i. a. als Weide- und Waldstandorte genutzt.

Rankine-Prozeß [r'æŋkɪn-, n. dem schott. Ingenieur W. J. M. Rankine, * 1820, † 1872], der dem →Carnotschen Kreisprozeß für ideale Gase entsprechende thermodynamische Kreisprozeß für kondensierbare Medien. Dieser Prozeß findet z. B. Anwendung bei →Meereswärmekraftwerken.

Rankine-Skale [r'æŋkɪn-], →Grad Rankine.

Rankine-Temperatur [r'æŋkɪn-], →Grad Rankine.

Ranque-Effekt [rãk-, n. dem Physiker G. Ranque], →Wirbelrohr.

Ra̤pakivi, porphyr. Hornblende-Biotit-Granit (große rote Orthoklas-Einsprenglinge) S-Finnlands; Leitgeschiebe der pleistozänen Vereisung N-Dtl.s.

Rappo̤rt, die Wiederholungseinheit einer best. Fadenverkreuzung **(Bindungs-R.)** oder derselben Figur bei gemusterten Textilien oder Tapeten **(Muster-R.).**

Ras Alge̤thi, der Stern α im Sternbild Herkules **(Alpha Herculis).** Seine Entfernung beträgt 550 Lichtjahre. Die hellere Komponente des Doppelsterns ist ein halbregelmäßiger Veränderlicher, dessen scheinbare visuelle Helligkeit zw. etwa 3^m und 4^m schwankt.

Ras Alha̤gue, Stern 2. Größe, α im Sternbild Schlangenträger **(Alpha Ophinchi).** Seine Entfernung beträgt 55 Lichtjahre.

Rasa̤nz, Gestrecktheit der Flugbahn eines Geschosses, d. h. ihre möglichst geringe Krümmung. Die R. steigt mit der Anfangsgeschwindigkeit und der Querschnittsbelastung.

Raschelmaschine, Kettenwirkmaschine mit sehr vielseitiger Mustermöglichkeit zur Herstellung von Trikotagen, Jersey, Tüchern, Bändern, Spitzenstoffen, Gardinen, Netzen, Plüsch u. a. Die Zungennadeln, die als Wirkwerkzeuge dienen, sind in ganzer Breite in Nadelbarren zusammengefaßt; eine Maschenreihe wird gleichzeitig hergestellt.

Raschelware, auf der Raschelmaschine hergestellte Kettenwirkware (→Wirkerei).

Rasen|eisen|erz, Sumpf|erz, Wiesen|erz, meist unreines, dunkelbraunes bis schwarzes, amorphes Brauneisen, oft manganhaltig, das sich am Boden flacher, sumpfiger Senken aus eisenhaltigem Grundwasser durch Mischen mit Luftsauerstoff bildet (→Limonit).

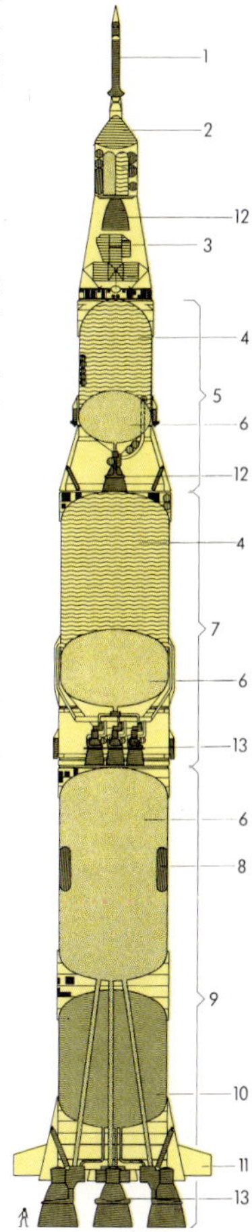

Rakete 9

Rakete 9: Trägerrakete ›Saturn 5‹ des Apollo-Mondlandeprogramms (Höhe 111 m, Startgewicht über 2700 t); 1 Rettungsrakete, 2 Apollo-Kapsel, 3 Mondfähre, 4 Flüssigwasserstofftank, 5 dritte Stufe, 6 Flüssigsauerstofftank, 7 zweite Stufe, 8 Heliumtank, 9 erste Stufe, 10 Kerosintank, 11 Leitwerkflosse, 12 ein Triebwerk, 13 fünf Triebwerke

Rasenmäher, hand- oder motorgetriebene Mähwerke zum Mähen von Rasenflächen. Der **Spindelmäher** besteht aus einer um eine horizontale Achse umlaufenden Messerspindel und einem in Bodennähe angeordneten geraden Gegenmesser. Bei Handmähern wird die Spindel durch die Fahrräder angetrieben, bei Motormähern treibt der Verbrennungs- oder Elektromotor Spindel und Fahrräder an. Für sehr große Rasenflächen werden oft von Kleinschleppern gezogene R. eingesetzt (mehrere neben- und hintereinander angeordnete Spindelmäher von der Schlepperzapfwelle angetrieben). Infolge ihres einfachen Aufbaus und ihrer geringen Störanfälligkeit werden für kleine Rasenflächen heute überwiegend **Sichelmäher** verwendet. Sie arbeiten ähnlich wie die → Kreiselmäher. Einziges Schneidewerkzeug ist ein mit hoher Umfangsgeschwindigkeit um eine vertikale Achse umlaufendes propelleráhnl. Messer ohne Gegenschneide; es wirft gleichzeitig das geschnittene Gras seitlich aus. – Manche R. können zu Vertikutiergeräten (→ Vertikutieren) umgerüstet werden. (BILD S. 167)

Rasenquelle, svw. → Naßgalle.

Raspel, eine Art grober Feile aus gehärtetem Stahl, zur Formgebung und Glättung von Holz, Horn, Kunststoffen, Leder u. ä.

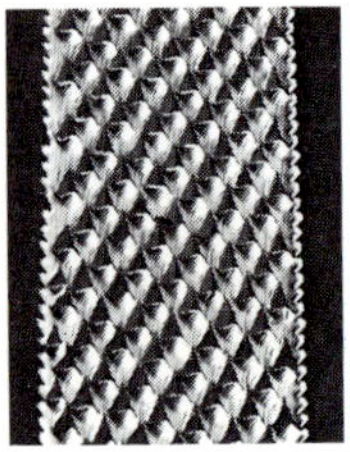

Raspel (Ausschnitt etwa Orig.-Gr.)

Rast, Hüttenkunde: der mittlere kegelförmige Teil eines Hochofens (BILDER Eisen, Industrieöfen).

Raster, 1) Bauwesen: Liniennetz mit quadrat. (seltener rechteckigen) Feldern für Entwürfe von Grund- und Aufrissen; entspricht einem immer wiederkehrenden Grundmaß **(Modul)** der Baumaßordnung. Der R. erleichtert elementiertes Bauen. Zum perspektiv. Skizzieren legt man unter das Transparentpapier einen **Perspektiv-R.** (vorgezeichnetes Fluchtbild-Liniennetz).

2) Drucktechnik: bei der Reproduktionsphotographie zur Druckformherstellung verwendete Folien oder Glasplatten mit regelmäßigen Linien, Punkten oder unregelmäßigem Korn. Mit ihnen lassen sich die Tonwerte von Halbtonvorlagen in druckfähige Elemente zerlegen (→ Autotypie, auch **R.-Ätzung** genannt). Je nach der **R.-Weite** enthalten R. auf dem Zentimeter 20–120 Linien. Im gedruckten Bild, bes. bei Zeitungen im Buchdruck, ist der R. deutlich sichtbar durch Auflösung v. a. der dunkleren Bildpartien in Punkte. (BILD S. 167)

3) Fernsehen: der Anteil der Zeilen eines Bildes, der während einer Bewegung des Abtaststrahles von oben nach unten abgetastet wird. Die **R.-Frequenz, Teilbildfrequenz, Vertikalfrequenz** gibt die Anzahl der je Sekunde abgetasteten Teilbilder. Sie ist mit zwei Teilbildern je vollständigem Bild doppelt so groß wie die Bildfrequenz.

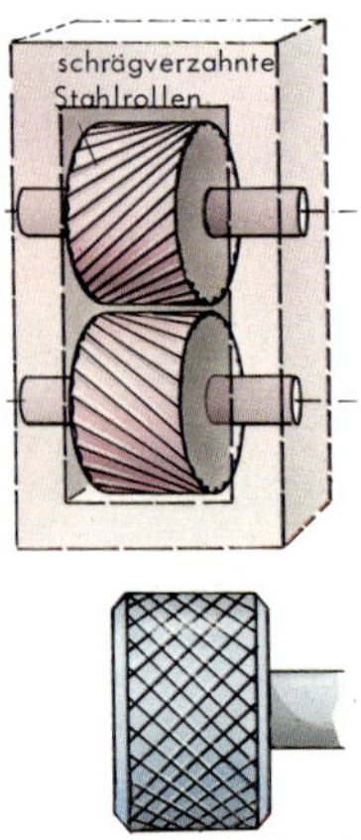

rändeln

Raster|elektronen|mikroskop, das Elektronenrastermikroskop (→ Elektronenmikroskop).

Rastpolkegel, einer der drei Kegel bei der Bewegung eines kräftefreien, symmetr. Kreisels (BILD Kreisel 1). Die Achse des raumfesten R. ist die Drehimpulsachse.

Rät, svw. → Rhät.

Rate, Grundwort für eine aus einer zeitlich sich ändernden physikal. Größe durch Bezug auf die Zeit gebildete neue Größe bei zeitlich stochastischen Vorgängen, z. B. ist die **Reaktionsrate** gleich der Anzahl der Reaktionen geteilt durch die Zeit. Bei zeitbezogenen radiolog. Dosisgrößen (→ Dosisleistung) wäre lt. DIN der Zeitbezug besser durch Wortzusammensetzungen mit ›-rate‹ als mit dem eingebürgerten ›-leistung‹ gekennzeichnet.

Ratemeter [reɪt-, engl.], elektron. Zählgerät zur Anzeige und Ermittlung der mittleren Zählrate (Impulse je s) von Zählrohren oder anderen Strahlungsmessern.

rationale Funktion, Bez. für den Quotienten zweier Polynome $R(z) = P(z)/Q(z)$.

rationale Rechenoperationen, die vier Grundrechnungsarten Addition, Subtraktion, Multiplikation und Division.

rationale Zahlen, alle Zahlen, die sich mit Hilfe der vier Grundrechnungsarten aus den positiven ganzen Zahlen darstellen lassen: die positiven und negativen ganzen Zahlen und Brüche und die Null. Im strengen Sinn faßt man die r. Z. auf als die Ergebnisse der Division je zweier ganzrationaler Zahlen durcheinander, d. h. zweier Zahlen aus der Folge ..., −3, −2, −1, 0, 1, 2, 3, 4, ..., wobei die Division durch 0 ausgeschlossen ist. Die ganzrationalen Zahlen bilden einen → Integritätsbereich, die r. Z. den → Körper $\mathbb{Q}$. Innerhalb der → Dezimalbrüche sind die r. Z. dadurch ausgezeichnet, daß sie genau diejenigen sind, die sich durch abbrechende oder durch periodische Dezimalbrüche darstellen lassen.

Rationalitätsbereich, Mathematik: der → Körper 1).

Rationalitätsgesetz, Gesetz der rationalen Indizes, Grundgesetz der Kristallgeometrie: Wählt man drei nicht in einer Ebene liegende, als Kristallkanten mögliche Richtungen mit den schon im Gitter vorgegebenen Maßstäben als Koordinatenachsen, so stehen die einander entsprechenden Achsenabschnitte aller am Kristall möglichen Flächen zueinander in einfachen, rationalen Verhältnissen. (→ Kristall)

Ratsche, Zahnkranz mit ein- oder ausschaltbarer Sperrklinke zum Feststellen eines Getriebeteils, z. B. der Handbremse beim Kraftwagen, oder mit aufsteckbaren Werkzeugen, z. B. zum Anziehen und Lösen von Schrauben und Muttern **(Knarre). Bohrratsche, Bohrknarre,** → Bohren 2).

rauben, Bergbau: den Ausbau aus Grubenbauen herausnehmen (zur Wiederverwendung oder zum planmäßigen Zu-Bruch-Werfen des Grubenbaus).

Rauch, schwebstoffhaltige Luft, deren fein verteilte feste oder flüssige Teilchen aus Verbrennungsvorgängen stammen. R. ist ein kolloides System, bei dem das Dispersionsmittel → Rauchgase sind. Die Teilchen (z. B. Ruß, Flugkoks, Flugasche, Teertröpfchen) sind zw. 10^{-6} und 1 mm groß und geben dem R. eine überwiegend graue bis schwarze Farbe. (→ Luftverschmutzung, → Rauchgasschäden)

Rauchfahnentypen, aus der angelsächs. Literatur übernommene Formentypen von Rauchfahnen. Die R. lassen Rückschlüsse auf meteorolog. Bedingungen bei der Emissionsausbreitung zu. Die Bez. der einzelnen R. sind: 1) **Fanning** [fˈænɪŋ], fächerförmig, gleichmäßig, tritt oft bei Inversion der Luftschichtung auf; 2) **Coning** [kˈɔnɪŋ], Verlauf der Fahne kegelförmig, gleichmäßig, entsteht bei gleichmäßigen Winden ohne vertikale Turbulenzen; 3) **Looping** [lˈu:pɪŋ], mäandrierende, unregelmäßige bis zerrissene Formen, hervorgerufen durch thermisch bedingte Turbulenzen; 4) **Fumigating** [fjˈu:migeɪtɪŋ], Rauch gleitet einseitig abwärts bei rasch zunehmender Verwehung, verursacht durch Vertikalturbulenzen, die asymmetrisch zur Fahnenachse auftreten; 5) **Lofting** [lˈɔftɪŋ], in Form und Ursache analog zum Fumigating, jedoch aufwärts gerichtet.

Raster 2): **1** Strichraster, **2** gekreuzter Strichraster, **3** Autotypieraster, **4** Punktraster (eckige Punkte), **5** Wellenraster, **6** Kornraster, **7** Fischgräraster, **8** Geweberaster

Rauchgase, die Abgase aus Verbrennungsvorgängen in Feuerungen, die mit festen, flüssigen oder gasförmigen Brennstoffen betrieben werden. R. bestehen im wesentlichen aus Kohlendioxid, Stickstoff, Wasserdampf, unverbrauchter Luft, Schwefeldioxid und -trioxid (aus den Schwefelverbindungen des Brennstoffs); sie enthalten bei dem gleichen Verbrennungsvorgang entstehende Schwebstoffe (→ Rauch). Bei unvollständiger Verbrennung treten in den R. auch Methan, Wasserstoff und Kohlenmonoxid auf. R. werden oft zu Heizzwecken verwendet, bevor sie durch den Schornstein abgeführt werden.

Die **Rauchgastemperatur** in und nach Austritt aus Feuerungsanlagen soll über dem Taupunkt liegen, um Niederschlag von Wasserdampf und dadurch geförderte Korrosion zu verhindern. Zu hohe Rauchgastemperatur nach Austritt aus der Feuerungsanlage vermindert den Wirkungsgrad. Sie wird durch die → Rauchgasüberwachung geregelt. – Die R. wirken schädlich auf die Atmungsorgane von Mensch und Tier, auf die Pflanzenwelt und Gegenstände (Bauwerke), sie vermindern die Sonneneinstrahlung und begünstigen die Nebelbildung. (→ Luftverschmutzung, → Rauchgasschäden, → Ringelmann-Skala)

Rauchgas|entschwefelung, Maßnahmen zur Vermeidung von → Schwefeldioxid-Immissionsschäden. Möglichkeiten liegen in der Rückhaltung von SO_2 (z. B. durch Absorption in Kalkmilch) und im Einsatz schwefelarmer Brennstoffe. (→ Entschwefelung)

Rauchgasprüfung, die analyt. Untersuchung von → Rauchgasen, z. B. auf Gehalte von Kohlenmonoxid, Kohlendioxid, Sauerstoff. Die R. wird mit → Gasprüfern (z. B. Orsatgerät) durchgeführt.

Rauchgasschäden, Schadwirkungen durch → Rauchgase, die in Abhängigkeit von Windrichtung, Windgeschwindigkeit, Höhe der Schornsteine und Wetterfaktoren Korrosion von Metallen, Zerstörung von Bauwerken (z. B. Kölner Dom), schwere bis tödl. Erkrankungen von Menschen (z. B. durch → Smog) und Schäden an Pflanzen bis zu deren völliger Vernichtung bewirken können. Auch der Säurezustand (Azidität) des Bodens kann durch in der Luft enthaltene Rauchgase beeinflußt werden.

Rauchgas|überwachung dient zur Erzielung des bestmöglichen Wirkungsgrades der Feuerungsanlage (z. B. für Dampfkessel) und der Vermeidung unnötiger Umweltverschmutzung. Dazu wird die Rauchgastemperatur gemessen und eine chem. Analyse durch → Gasprüfer vorgenommen; Staub wird getrennt analysiert.

Rauchgrenze, → Dieselmotor.

Rauchpulver, Sammelbez. für brennbare Pulver, die beim Abbrennen einen signalgebenden Rauch erzeugen.

Rauchtopas, irreführende Bez. für Rauchquarz.

Rauchwacke, Rauhwacke, Zellendolomit, Zellenkalk, durch Auslaugung zellig-porös gewordene Dolomite oder Kalksteine.

Rauchwaren, veredelte Pelzfelle, die vom Kürschner zu Pelzen verarbeitet werden (→ Pelz 1, → Rauchwarenveredlung).

Rauchwarenveredlung, Zurichten, Färben und Veredeln von Pelzfellen. Wegen der doppelten Struktur (Haar und Leder) werden Erfahrungen der Lederindustrie und der Textilveredlung berücksichtigt. Für jede Fellart sind besondere Zurichte- und Färbemethoden erforderlich.

Unter Zurichtung versteht man die spezielle Gerbung roher Pelzfelle: Das Pelzfell wird geweicht, gewaschen und die Lederseite von anhaftendem Fett und Bindegewebe befreit **(entfleischt).** Die Beize **(Gerbung)** besteht meist aus Bädern, in denen als Gerbstoffe überwiegend Kalialaun, Chromsalz, Formaldehyd, aber auch synthet. Produkte in Verbindung mit Kochsalz und organ. Säuren verwendet werden. Die Fettung des Leders wird durch Bürstauftrag durchgeführt. Wildfelle werden in der Kurbelwalke gefettet und gewalkt. Nach dem Trocknen werden Haar und Leder in rotierenden Trommeln mit harzfreien Sägespänen (Buche, Birke, Ahorn) aufgelockert **(geläutert).** Die mechan. Bearbeitung verleiht dem Pelzleder Weichheit und Zügigkeit. Die zugerichteten Felle werden ›naturell‹ verarbeitet oder gefärbt.

Das Färben der Pelzfelle geschieht vorwiegend mit Oxidationsfarbstoffen; zur Pigmentierung des Haares werden eine Beize mit Schwermetallsalzen sowie Wasserstoffperoxid verwendet. Daneben werden Farbstoffe der Textilindustrie angewendet, wofür jedoch eine Chromgerbung erforderlich ist. Auch pflanzl. Farbstoffe wie Blau-, Druck- oder Gelbholz sind mit Metallsalzen und pflanzl. Gerbstoffen infolge der sehr schonenden Anwendungsmöglichkeit und hohen Lichtechtheit, bes. bei Schwarz auf Edellammfellen (Persianern), gebräuchlich. Mod. Effekte werden durch Anbleichen des Naturpigments mit Oxidations- oder Reduktionsmitteln und nachfolgende Färbung erzielt. Gefärbt wird im Bad-, Streich- oder Spritzverfahren **(Blenden).** Kanin, Zickel, Kalb und Lammfell werden auch mit Wildfellzeichnungen von Leopard, Ozelot und Tiger **bedruckt.**

Die Veredlung umfaßt auch das Entfernen der Grannenhaare **(Rupfen)** bei Biber, Otter, Seal und Nutria sowie das **Bügeln** und **Scheren.**

Rauhbank, ein langer Hobel, → Hobeln.

Rauhbaum, der vorläufigen Sicherung eines Uferanbruchs dienender, verankerter, gut beasteter Nadel- oder Laubbaum, dessen Wipfel in Fließrichtung gerichtet ist.

Rauheit, regel- oder unregelmäßige, geringfügige geometr. Abweichungen von einer glatten Oberflächenform

1

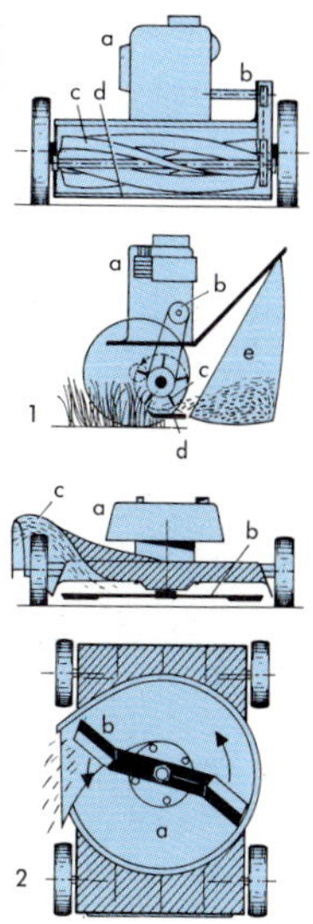

2

Rasenmäher

Rasenmäher: 1 Spindelmäher; a Motor, b Kraftübertragung, c Schneidzylinder, d Untermesser, e Grasfang. **2** Sichelmäher; a Motor, b Propellermesser, c Schwadenblech

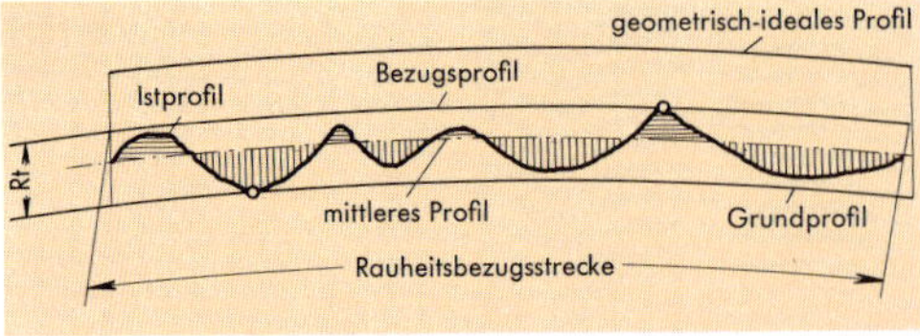

Rauheit: Lage des Bezugsprofils zum Istprofil. Mittleres Profil, Rauhtiefe Rt

fester Körper. Bei technisch hergestellten Gegenständen beeinflußt R. Aussehen (z. B. Sichtflächen) und Funktion (z. B. Reibungswiderstand) und ist eine Folge der Fertigungsverfahren, die eine rillige, muldige, porige, kuppige oder schuppige Struktur der Oberfläche ergeben. Geringe R. erfordert besonderen Bearbeitungsaufwand. Zur Prüfung der R. dienen **R.-Meßgeräte.** Eine wichtige Kenngröße ist die **Rauhtiefe.** Sie ist definiert als der größte Abstand des Istprofils vom geometrisch-idealen Profil als Bezugsprofil, i. a. also der größte Abstand zw. den Spitzen und Tiefen der Oberfläche innerhalb der Bezugsstrecke.

rauhen, die Faserenden aus dem Verband der Gewebe oder Gewirke an die Oberfläche bringen, um eine flaumige Decke zu erzeugen; wird auf **Rauhmaschinen** mit Karden oder Kratzen durchgeführt.

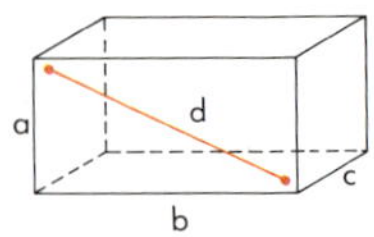

Raumdiagonale

Rauhreif, Rauhfrost, durch Lufteinschlüsse milchig erscheinende Eisanlagerungen aus Nadeln **(Haarfrost)** oder körnigen Teilchen an Gegenständen, entsteht durch Sublimation oder durch Anfrieren unterkühlter, nicht zerfließender Wassertröpfchen, wobei frei werdende Wärme an die kältere Umgebungsluft abgeführt wird. Die Bildung von R. erfordert daher keine Ausstrahlung (→ Reif). Sie tritt bes. an Luv-Seiten auf und nimmt gleich der Windgeschwindigkeit mit der Höhe zu.

Rauhtiefe, → Rauheit.

Rauhwacke, die → Rauchwacke.

Rauhwehr, Ufersicherung aus einer 5–20 cm dicken Reisigschicht, die mit Faschinen, Draht und Pfählen auf dem Untergrund befestigt wird. **Lebendes R.** aus bewurzelungsfähigem Reisig wird mit Kies, Sand oder Erde überdeckt.

Raum, 1) Mathematik: Die → Geometrie in ihrer klassischen, von EUKLID systematisierten Form präzisiert die anschaul. Raumvorstellung mit den drei Dimensionen Länge, Breite und Höhe und gibt damit das erste Beispiel eines abstrakten R. Im Sinn solcher Abstraktion bezeichnet man in der Mathematik als R. eine Menge von Dingen, die **Punkte** genannt werden, zw. denen je nach der Struktur des R. gewisse Beziehungen bestehen. In der → analytischen Geometrie geht man von der anschaulichen Tatsache aus, daß man die Punkte des R. durch ein Koordinatensystem festlegen kann, und definiert zur abstrakten, rein mathemat. Begründung der analyt. Geometrie den **affinen R.** als Menge aller geordneten Tripel (x, y, z) von

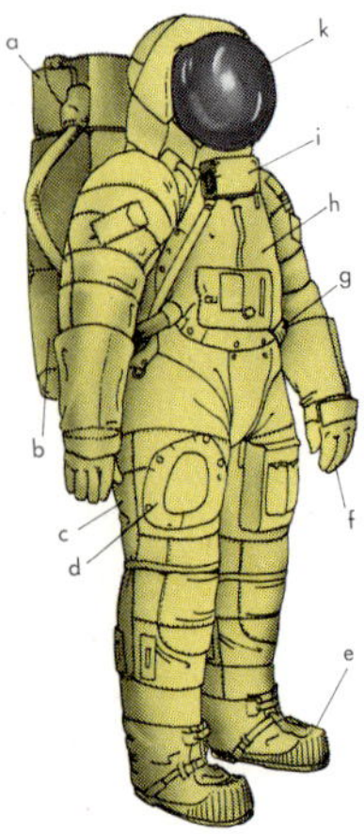

Raumanzug: Flexibler R., der beim Apollo-Programm für Arbeiten auf dem Mond getragen wurde; a Sauerstoff-Regenerator, b Lebenserhaltungs- und Nachrichtenübermittlungs-System, c Wärme/Meteorit-Schutzanzug, d Biomedizin. Verschluß (Urine Transfer), e Mond-Überschuhe, f Arbeits-Handschuhe für den Aufenthalt außerhalb des Raumfahrzeugs, g Anschluß (Nachrichten, Ventilation, Kühlung), h Abdeckung für Anschlüsse, i Regelgerät, k Helm mit ›Mond‹-Visier

reellen Zahlen x, y, z. Durch Erklärung des Abstandes d zw. zwei Punkten (x, y, z) und (x', y', z'), etwa durch

$$d=\sqrt{(x-x')^2+(y-y')^2+(z-z)^2}$$

erhält man einen → metrischen Raum. Um auch mit ›unendlich fernen‹ Punkten in exakter Weise arbeiten zu können, erweitert man den affinen R. zum **projektiven R.** (→ projektive Geometrie). Durch Gruppen von Abbildungen des R. in sich ist es möglich, jeden Punkt des R. in jeden anderen überzuführen, z. B. die unendlich fernen Punkte des projektiven R. in einen endlichen Teilraum hereinzuholen. – Über den **linearen R.** → Vektorraum.

Der Begriff des Abstandes zweier Punkte in einem metr. R. führt zu Definition der → Umgebung $U(P, \varepsilon)$ eines Punktes P als der Menge aller Punkte, deren Abstand von P kleiner ist als die positive reelle Zahl ε. Das kann man wiederum abstrahieren zum Begriff des **topologischen R.** (→ Topologie), der als Menge von Punkten so erklärt ist, daß jedem Punkt P eine Menge ihn enthaltender Punktmengen $U(P)$ als Umgebungen zugeordnet ist derart, daß bestimmte Trennungseigenschaften erfüllt sind, z. B. beim → Hausdorffschen Raum. Hier ist es auch möglich, die → Dimension 1) eines R. befriedigend zu definieren. Ganz allg. kann man sich von der Beschränkung auf die Dimensionszahl drei befreien und auch R. beliebiger Dimensionszahl betrachten.

Durch Anwendung dieser R.-Begriffe auf nicht mehr zur Geometrie oder zur Topologie gehörende Gegenstände der Mathematik kann man dort mitunter das Wesentliche besonders prägnant aussprechen. Beispiele dafür sind gewisse Mengen von stetigen reellen → Funktionen 2) in der Analysis, die einen linearen R. von unendlich vielen Dimensionen, den → Hilbert-Raum, bilden.

In der analyt. Geometrie untersucht man auch Räume, deren Koordinaten nicht mehr notwendig reelle Zahlen sind, sondern auch komplexe Zahlen sein dürfen, oder, noch allgemeiner, einem beliebigen → Körper 1) entnommen sind.

2) Physik: Die Vorstellung vom physikal. R. hat sich von der Geometrie her entwickelt. Man versteht hierunter seit I. NEWTON das durch Entfernungsmessungen in drei zueinander senkrechten Richtungen exakt ausmeßbare Vakuum (die Leere), in dem sich die Körper der Makrophysik (z. B. die Planeten) bewegen, in dem aber auch die durch quantenmechan. Meßakte vorgefundenen Größen lokalisiert sind (z. B. Impulse, elektromagnet. Feldgrößen). Dieser physikal. R. ist, sofern er leer gedacht wird, isotrop (d. h. er besitzt keine inneren Vorzugsrichtungen, z. B. ›oben‹, ›unten‹), zusammenhängend und kontinuierlich, also ein Abbild des mathemat. Kontinuums. Dieses Verständnis von einem physikal. R., der den Axiomen der euklid. Geometrie gehorcht, wurde durch die allg. → Relativitätstheorie dahingehend abgewandelt, daß die Maßverhältnisse des R. weitgehend von der in ihm enthaltenen Materie abhängen. Das bedeutet aber, daß die umfassendere Riemannsche Geometrie die physikal. Wirklichkeit besser erfaßt. Durch die Relativitätstheorie wurde ferner die → Zeit mit in den R. einbezogen, so daß die Abtrennung der vierten ›zeitlichen‹ Dimension von den drei ›räumlichen‹ Dimensionen des vollständigen Raumzeitkontinuums (kurz → Raumzeit) je nach dem Bewegungszustand des Beobachtenden verschieden ausfällt. Damit hat die Annahme der klass. Physik, der R. als Ganzes (der Weltraum) sei in sich ruhend, ihre Grundlage verloren, und auch die Vorstellung von der Unendlichkeit des Weltraums ist in Frage gestellt worden: Denkbar und mit der Erfahrung verträglich ist auch ein endl. R. (→ Kosmologie). – Die theoret. Physik macht auch in erhebl. Umfang Gebrauch von abstrakten R., insbes. solchen höherer Dimension, z. B. dem → Phasenraum der statist. Mechanik oder dem zu den quantenmechan. Operatoren gehörigen → Hilbert-Raum.

Raum|akustik, auf die Hörsamkeit von Räumen angewandte Akustik. An den Raumbegrenzungen wird der Schall teilweise reflektiert. Reflexionen, die kurz nach dem Direktschall eintreffen, verbessern die Hörsamkeit, d. h. die von der Nachhallzeit abhängigen akust. Eigenschaften des Raumes. Erreicht die erste Reflexion mehr als 1/10 s nach dem Direktschall den Hörer, so wird sie als störendes Echo empfunden. Für gute Sprachverständlichkeit soll die Nachhallzeit 1 s nicht überschreiten; 2,5 s gilt für Konzertsäle als günstiger Wert.

Raum|anzug, hermetisch abgeschlossene Schutzkleidung für Raumfahrer, wird meist nur während der Start- und Wiedereintritts-(Lande-)phasen bemannter Raumfahrzeuge sowie außerhalb davon bei Arbeiten im Weltraum getragen. Anforderungen an den R.: Schutz vor Strahlung, Hitze, Kälte und Mikrometeoriten; Gewährleistung ausreichender Beweglichkeit; anschließbar an ein Klimaversorgungsgerät (Belüftung, Kühlung/Erwärmung, Atemsauerstoff); Möglichkeit der Nahrungsaufnahme und der Verrichtung natürlicher Bedürfnisse. (BILD S. 168)

Raumbewegung, Bewegung eines Gestirns im Raum; die R. setzt sich aus der **Eigen-**(Tangential-)**bewegung (EB)** des Sterns (die Projektion seiner R. an die Himmelssphäre) und der spektroskopisch ermittelten Radialgeschwindigkeit (die Projektion seiner R. auf die Sehlinie) zusammen. Bei bekannter Entfernung kann sie in km/s angegeben werden.

Raumbildverfahren, Verfahren zur Aufnahme und Wiedergabe von Stereobildern (→ Stereoskopie).

Raumdiagonale, Gerade von einer Ecke eines Quaders zur gegenüberliegenden Ecke, für ihre Länge gilt nach dem ›räumlichen Pythagoras‹: $d = \sqrt{a^2 + b^2 + c^2}$. (BILD S. 168)

Räumen, spanendes Bearbeitungsverfahren, bei dem durch meist geradlinige Relativbewegung zw. Werkstück und Werkzeug beliebige Flächen herstellbar sind. In die **Räummaschine** eingespannte **Räumwerkzeuge** haben hintereinanderliegende Schneiden, die einen Vorschub erhalten. Durch R. können hohe Oberflächengüte, enge Toleranzen bei geringem Ausschuß und gleichzeitig hohe Zerspanungsleistung erzielt werden. Man unterscheidet **Außen-R.** zur Bearbeitung von Flächen oder Profilen an der Außenseite von Werkstücken und **Innen-R.,** bei dem Durchgangsbohrungen bearbeitet und profiliert werden.

Raumfahrt 1: Bahnparameter von Satellitenbahnen

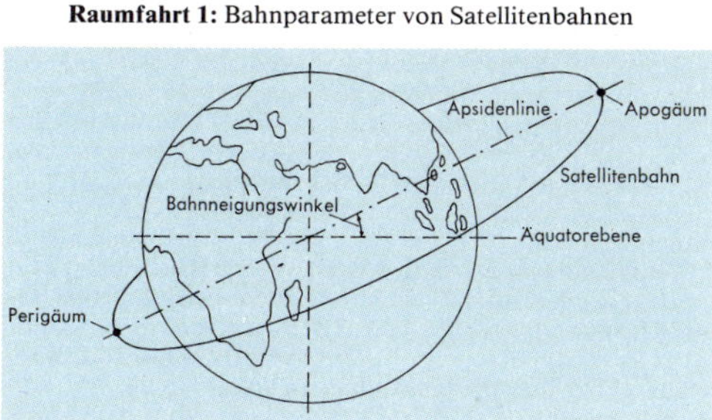

Wird in Sonderfällen der geradlinigen Bewegung eine Drehbewegung überlagert, erzielt man Drall- oder Spiralprofile.

Räumpraxis, hg. v. K. HOFFMANN (1976); R. OPFERKUCH: Die Werkzeugbeanspruchung beim R. (1981).

Raumfähre, andere Bez. für → Raumtransporter.

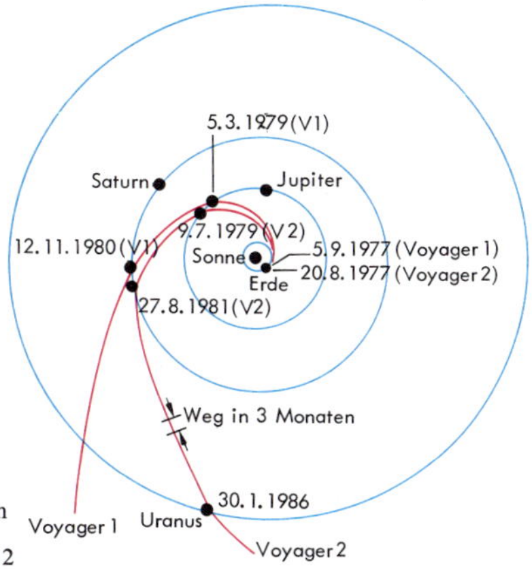

Raumfahrt 2: interplanetare Flugbahnen am Beispiel von Voyager 1 und 2

Raumfahrt, Weltraumfahrt, Astronautik, unbemannter und bemannter Vorstoß des Menschen mit Hilfe von Raumfahrzeugen, Satelliten oder anderen Raumflugkörpern in den erdnahen oder interplanetaren Weltraum. Unmittelbare Zielsetzung der R. ist die Überwachung und Erkundung der Erde, die Erforschung globaler meteorolog. Zusammenhänge, der in der hohen Atmosphäre, in der Magnetosphäre und in den Strahlungsgürteln ablaufenden Prozesse unter besonderer Berücksichtigung der Einflüsse der Sonne sowie die Erforschung des Erdmondes, der Planeten bis hin zur Sonne. Die gegenwärtige Phase der R. ist bestimmt durch den Übergang auf anwendungsorientierte Vorhaben (z. B. Wetter-, Nachrichten-, zivile Überwachungssatelliten, militär. Satelliten; ökonom. Nutzung des Weltraums auf verschiedenen Teildisziplinen), während bemannte Langzeit-Raumflüge innerhalb des Sonnensystems (z. B. bemannter Marsflug) vorerst zurückgestellt sind.

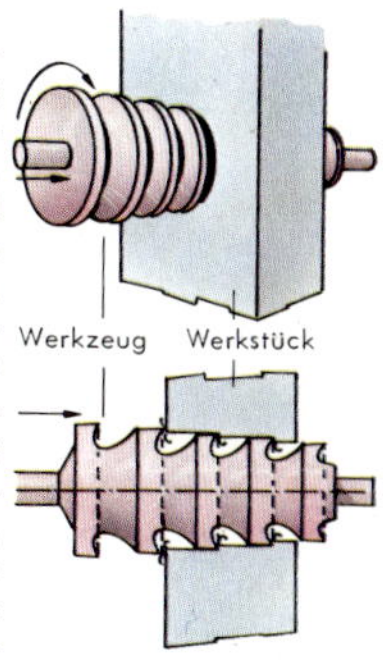

Räumen 1: Innenziehräumen

TECHNIK

Antriebe der Raumflugkörper. Die Voraussetzung, den luftleeren und schwerkraftfreien Weltraum zu erreichen und sich in ihm zu bewegen, erfüllt ausschließlich das Antriebsprinzip der → Rakete; sie muß den gesamten Treibstoffvorrat mit sich führen. Derzeit kommen in der R. zum Start von der Erdoberfläche ausschließlich chem. Raketenantriebe zum Einsatz. Bei ihnen wird die chem. Treibstoffenergie über die Verbrennung in der Raketenbrennkammer in kinet. Strahlenergie umgeformt, die nach I. NEWTONS Gesetz von ›Aktion und Reaktion‹ den gewünschten Schub (Rückstoß) erzeugt.

Für **Feststoffraketen** konnte durch die Entwicklung energiereicher Treibstoffgemische die für die Reichweite mit maßgebende Ausströmgeschwindigkeit (maximal etwa 3 500 m/s) wesentlich gesteigert werden. Das Einsatzspektrum reicht heute von kleinen → Höhenforschungsraketen über militär. Raumflugkörper und den einzigen Feststoff-Satellitenträger (→ Scout) bis zu den

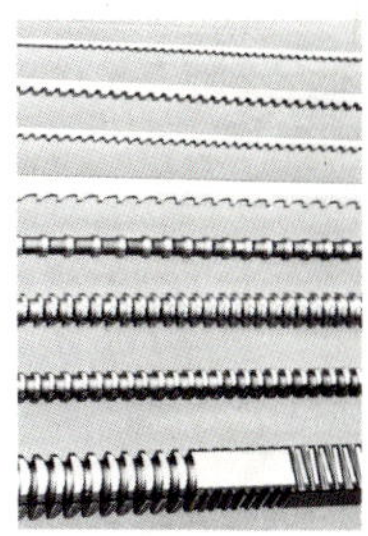

Räumen 2: Formen verschiedener Räumnadeln

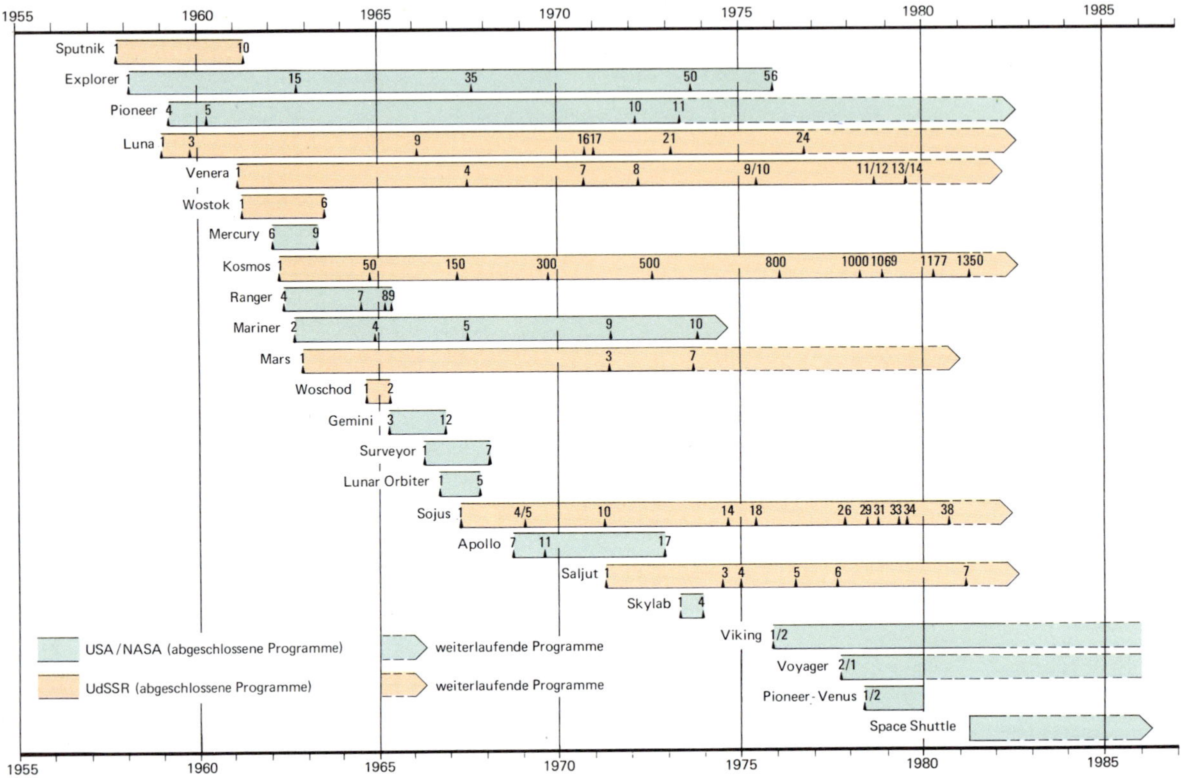

Raumfahrt 3:
Übersicht über die wichtigsten Programme. Die Zahlen in den Balken bedeuten die Nummern des jeweiligen Raumfahrtprogramms

großen Starthilfsraketen (Booster) des → Raumtransporters der NASA. Dagegen herrscht die **Flüssigkeitsrakete** dort vor, wo hohe Transportleistungen, hohe Einsatzbahnen, exakte Satelliten-Einschußmöglichkeiten, Wiederzündbarkeit des Raketentriebwerkes und Drosselmöglichkeit der Schubkraft gefordert werden (Ausströmgeschwindigkeiten im Vakuum bis nahezu 5000 m/s). Die Brennzeiten der heute verwirklichten chem. Raketentriebwerke liegen zw. wenigen Sekunden (Steuertriebwerke) und einer Stunde (Umlenktriebwerke von Planetensonden), die Schubkraft zw. einigen N und 1700 kN (13000 kN bei den größten Feststoff-Boostern).

Infolge der begrenzten Ausströmgeschwindigkeiten chem. Raketentriebwerke liegt die Endfluggeschwindigkeit von einstufigen chem. Raketen unterhalb der Kreisbahngeschwindigkeit, die für den Einschuß eines Satelliten in eine Erdumlaufbahn nötig ist. Deshalb sind mehrstufige Raketen erforderlich; die untere Stufe wird i. d. R. unmittelbar nach dem Ausbrennen abgeworfen, während die obere Stufe im Augenblick ihrer Zündung bereits die Geschwindigkeit der Unterstufe besitzt. Damit lassen sich die Brennschlußgeschwindigkeiten der einzelnen Stufen addieren, allerdings auf Kosten des Nutzlastanteils (Experimente, Satelliten, Raumfahrzeuge). Hohe Nutzlasten erfordern deshalb sehr große Raketen (z. B. die frühere Rakete → Saturn), zumal wenn der Geschwindigkeitsbedarf durch zusätzl. Manöver (z. B. Bahnkorrekturen, Einschuß in Planetenumlaufbahnen, Wiedereintritt in die Erdatmosphäre) erhöht wird.

Von anderen möglichen Raumfahrtantrieben haben nur die **elektr. Raketenantriebe** eine baldige Einsatzchance als Lage- und Bahnregelungstriebwerke; v. a. die Ionenraketen (→ Ionenantrieb) stehen unmittelbar vor ihrer operationellen Verwendung, können aber wie die übrigen elektr. Raketen nicht vom Erdboden aus starten.

Raumflugbahnen. Alle Körper im Weltraum sind in Bewegung und ziehen antriebslos ihre Bahnen (Freiflugbahnen) in Schwerefeldern (Gravitationsfeldern) von Himmelskörpern. Raumflugkörper und Raumfahrzeuge unterliegen den gleichen Gesetzen der → Himmelsmechanik. Unter Raumflugbahn (→ Flugbahn) versteht man i. d. R. die Bahn eines Satelliten um die Erde oder einen anderen Himmelskörper oder die Bahn von der Erde aus dorthin.

Damit ein Körper nicht wieder auf die Erde zurückfällt, muß er die **Kreisbahn-** oder **Satelliten-** oder **1. kosm. Geschwindigkeit** von 7,9 km/s (gilt für die Erdoberfläche) erreichen, die eine ellipt. oder kreisförmige Erdumlaufbahn (Orbit) ermöglicht. Ein genauer Kreisorbit wird meist erst durch nachträgl. Bahnkorrekturen möglich.

Mit steigender Höhe wird die Kreisbahngeschwindigkeit niedriger, während die Umlaufzeit wächst; in rd. 36000 km Höhe beträgt die Kreisbahngeschwindigkeit 3 km/s, die Umlaufzeit 24 Stunden (geostationäre Umlaufbahn von Synchronsatelliten). Um den Anziehungsbereich der Erde zu verlassen, ist die **Flucht-** oder **2. kosm. Geschwindigkeit** von 11,2 km/s erforderlich (→kosmische Geschwindigkeiten). Unter Ausnutzung der Schwerefelder von Himmelskörpern läßt sich die Flugbahn beeinflussen (→Fly-by).

Der aktive Teil der Flugbahn, die **Antriebsbahn,** dauert nur Minuten und damit einen kleinen Bruchteil des passiven Teils, der als **Freiflugbahn** antriebslos zurückgelegt wird. Bei Raumflügen zu anderen Himmelskörpern bringt man die letzte Raketenstufe mit der Nutzlast zunächst in eine Erdumlaufbahn **(Parkbahn),** auf der zu einem best. Zeitpunkt das Triebwerk wieder gezündet wird, um die Nutzlast auf Fluchtgeschwindigkeit zu beschleunigen. So läßt sich die Genauigkeit für den Einschuß in die berechnete Richtung (z. B. ›Mondkorridor‹) erzielen. Der **Einschußkorridor** liegt für einen jeweiligen Tag im Raum fest; er ist u. a. bestimmend für den oder die möglichen Starttage **(Startfenster).**

Bei einer interplanetaren R. sind gelegentlich Bahnkorrekturen unerläßlich, z. B. zum Ausgleich der durch den Start oder den Einfluß anderer Himmelskörper wie Erdmond oder Sonne hervorgerufenen Ungenauigkeiten, zur Ausrichtung von Solarzellenträgern auf die Sonne und von wissenschaftl. Instrumenten auf das Meßobjekt, zum Einschuß in Umlaufbahnen oder zur Landung auf anderen Planeten.

Bes. auf erdnahen Umlaufbahnen kreisende, aber nicht mehr überwachte, ›tote‹, Satelliten werden durch den Einfluß der Erdgravitation, den Lichtdruck und durch kosmische Teilchen abgebremst und nähern sich so allmählich immer mehr der Erde, bis sie in die dichter werdende Erdatmosphäre eintauchen. Durch die dabei entstehende Reibungshitze verglühen sie i. d. R.; bes. von größeren Raumflugkörpern können nicht verglühende Teile auf die Erde stürzen (so von Skylab am 11. 7. 1979 auf SW-Australien). Besondere Gefahren drohen von den (wenigen) mit einer →Isotopenbatterie ausgerüsteten Satelliten (so Absturz des sowjet. Satelliten Kosmos 954 am 24. 1. 1978 über Kanada, von Kosmos 1402 am 7. 2. 1983 über dem Südatlantik).

Raumflugführung. Die Raumflugführung oder Raumflugnavigation hat die Aufgabe, eine Rakete oder einen Raumflugkörper von der Erde zum vorgegebenen Ziel oder auf eine gewünschte Bahn zu bringen. Die Istwerte der augenblickl. Bahn werden dabei entweder autonom oder durch Abruf von der Bodenstation mit den Sollwerten verglichen. Daraus errechnen sich die Kommandowerte für die Bahnkorrektur. Je nachdem, ob die daraus abgeleiteten Steuerbefehle automatisch bestimmt und ausgelöst oder durch Funksignale von der Erde zum Raumflugkörper gesendet werden, spricht man von **Programmsteuerung** oder von **Kommandosteuerung.** Für die Programmsteuerung ist eine →Trägheitsnavigation erforderlich. Bemannte Raumfahrzeuge werden i. d. R. durch die Besatzung manuell gesteuert.

PROGRAMME

Unbemannte R. Seit dem Start des ersten →Satelliten, Sputnik 1 am 4. 10. 1957, wurden bis Dez. 1982 etwa 13800 Nutzlasten (einschl. der identifizierten Teile der Raketenoberstufen) auf ihre vorbestimmten Bahnen transportiert, davon von den USA über 5000 nationale, von der UdSSR etwa 8400, der Rest stammt von den übrigen raumfahrttreibenden Ländern. Von diesen Nutzlasten oder Raketenteilen waren im gleichen Zeitraum bereits 9000 in der Erdatmosphäre verglüht oder zur Erde zurückgekehrt, so daß noch 4775 Objekte um die Erde kreisten. Meist handelt es sich dabei um →militärische Satelliten. Eine weitere große Gruppe stellen die wissenschaftl. und →Erderkundungssatelliten, die →Nachrichtensatelliten und die →Wettersatelliten. Von großer künftiger Bedeutung sind die →Navigationssatelliten für den Flug- und Schiffsverkehr.

Zur unbemannten R. gehört auch die Erforschung des Sonnensystems durch interplanetare Raumflugkörper, die dazu das Gravitationsfeld der Erde überwinden müssen. Von den **Mondsonden** (→Raumsonde) bereiteten die amerikan. Sonden →Ranger, →Lunar Orbiter, →Surveyor das Apollo-Programm vor, von den sowjet. Sonden →Luna kehrten in bisher drei Fällen Oberstufen mit Mondproben (rd. 100 g) zur Erde zurück, zwei andere setzten je ein Fahrzeug auf der Mondoberfläche ab (→Lunochod, →Mondauto).

Von hohem wissenschaftl. Wert, zugleich auch von allg. Interesse sind Vorbeiflüge (Fly-by), Umkreisungen und Landungen auf anderen Planeten des Sonnensystems **(Planetensonden).** Der NASA-Raumflugkörper Mariner 10 flog 1975 in nur 327 km Abstand am Merkur vorbei und übertrug die ersten Detailaufnahmen seiner Oberfläche zur Erde. Der durch eine dichte Wolkenhülle verdeckte Planet Venus wurde seit 1961 von mehreren sowjet. und amerikan. Sonden (→Venera, →Mariner, →Pioneer-Venus) angesteuert; bis Ende 1982 gab es insgesamt sechs geglückte weiche Landungen auf der Venusoberfläche, seit Dezember 1978 wird die Venus von dem Pioneer-Orbiter umkreist. Die Marsforschung mittels Sondenexperimenten setzte 1962 mit dem sowjet. Raumflugkörper →Mars ein und wurde erfolgreich v. a. durch die NASA-Programme Mariner und →Viking fortgesetzt. Die Erforschung der äußeren Planeten Jupiter und Saturn blieb bisher der NASA vorbehalten (→Pioneer, →Voyager).

An zukünftigen Planetenmissionen werden von der NASA das Jupiterprogramm →Galileo und das Venusprogramm →Venus Radar Mapper (VRM) vorbereitet. Eine Mission zum Kometen Halley planen die ESA (→Giotto), die UdSSR (Venera-Halley) und Japan (Planet-A). Die R.-Technik in Europa hat als Schwerpunkt wissenschaftl. (→ISPM), Nachrichten- (→Marecs) und Wettersatelliten (→Meteosat), das Raumlabor →Spacelab und die Trägerrakete →Ariane.

Bemannte R. Während die Bemühungen der USA zu Beginn des R.-Zeitalters konsequent auf eine bemannte Landung auf dem Erdmond ausgerichtet waren (→Mercury-Programm, →Gemini-Programm, →Apollo-Programm, zw. Juli 1969 und Dezember 1972 sechs erfolgreiche Mondlandungen), steht bei den den sowjet. Unternehmungen die Aufgabe der Steigerung der Aufenthaltsdauer von Kosmonauten-Mannschaften im nahen Erdorbit im Vordergrund, v. a. im Blick auf bemannte →Raumstationen. Mit Hilfe der Raumstation →Saljut 6, des Zubringerfahrzeuges →Sojus 29 und des ›Versorgungsfrachters‹ →Progress gelang im Herbst 1978 den beiden Kosmonauten W. Kowaljonok und A. Iwantschenkow ein Aufenthaltsrekord im Weltall von über vier Monaten, der 1979 von W. Ljachow und W. Rjumin, ebenfalls an Bord von Saljut 6 (175 Tage), 1980 von L. Popow und W. Rjumin (rd. 185 Tage an Bord von Saljut 6), 1982/83 von A. Beresowoi und W. Lebedew (rd. 211 Tage an Bord von Saljut 7) überboten wurde. Seit 1978

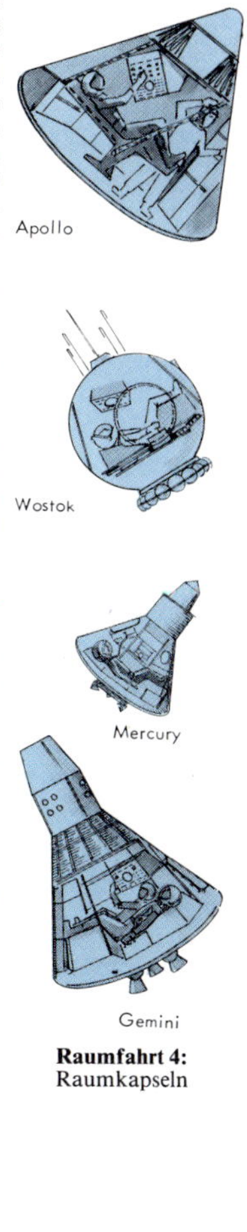

Raumfahrt 4: Raumkapseln

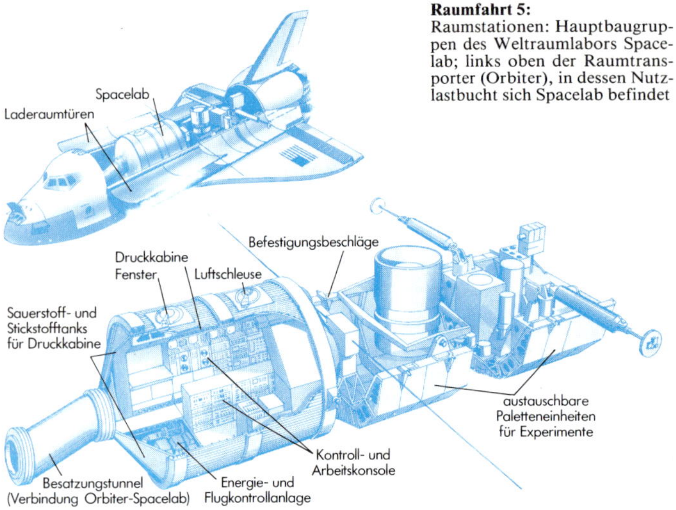

Raumfahrt 5:
Raumstationen: Hauptbaugruppen des Weltraumlabors Spacelab; links oben der Raumtransporter (Orbiter), in dessen Nutzlastbucht sich Spacelab befindet

nehmen auch Kosmonauten aus anderen Ostblockländern sowie aus Vietnam, Kuba, der Mongolei und aus Frankreich als Kopiloten der zwei- oder dreiköpfigen Sojus-Besatzungen teil. Auf diese Weise war S. JÄHN (Dt. Dem. Rep.) im Aug. 1978 der erste Deutsche im Weltall. Die erste Frau im Weltall war Walentina Tereschkowa 1963 an Bord von Wostok 6, die nächste Swetlena Sawizkaja 1982 an Bord von Sojus T 7/Saljut 7.

Der amerikan. Dauerrekord von 84 Tagen (→Skylab) datiert bereits von 1973/74. Auch in den nächsten Jahren werden die USA keine bemannten Langzeitflüge durchführen. Nach dem sowjetisch-amerikan. Raumflug →Apollo-Sojus (Juli 1975) fand der nächste amerikan. bemannte Raumflug erst im April 1981 mit dem ersten Testflug des →Raumtransporters (Space Shuttle) statt. Eine seiner wichtigsten Nutzlasten ist das europ. Raumlabor →Spacelab. Als erste Amerikanerin gelangte SALLY RIDE 1983 mit dem Raumtransporter STS-7 in den Weltraum.

An Raumfahrern werden beim Raumflug folgende medizin. Erscheinungen beobachtet: Die Anpassung an die Schwerelosigkeit ist in den ersten Tagen von Mattigkeit, Appetitlosigkeit und Übelkeit gekennzeichnet (›Raumkrankheit‹); bei lang andauernden Aufenthalten im Weltall kommt es u. a. zum Abbau des Blutvolumens und Verlust an roten Blutkörperchen, zu Veränderungen des Mineralhaushaltes und zu Knochenmarkhemmungen. Nach der Landung benötigt der Kreislauf zur Wiederanpassung an die Erdschwere mindestens zehn Tage, bis er wieder die normalen Werte erreicht. Das Schlafen an Bord des Raumschiffes bereitet dagegen kaum Probleme. Raumfahrtmedizin. Experimente werden auch an niederen Tieren und an Pflanzen in →Bio-Satelliten durchgeführt. Das Verhalten des Menschen wird v. a. in Raumfahrzeugen, aber auch bei Schwebeversuchen in Wassertanks und bei langzeitiger Bettruhe untersucht. Mit dem →Raumschlitten im europ. Raumlabor Spacelab soll die bei der Gewöhnung an die Schwerelosigkeit auftretende Raumkrankheit näher erforscht werden.

Unmittelbare Todesopfer der R. wurden 1967 drei Amerikaner bei einem Bodentest (V. GRISSOM, E. WHITE und R. CHAFFEE), der sowjet. Kosmonaut W. M. KOMAROW in Sojus 1, 1971 die sowjet. Kosmonauten G. DOBROWOLSKI, W. WOLKOW und V. PATSAJEW in Sojus 11 nach ihrem 22tägigen Aufenthalt in Saljut 1.

Weiteres →Weltraumnutzung, →Weltraumverteidigung. (Weiteres BILD S. 173)

GESCHICHTE

Die R. war lange vor ihrer techn. Realisierung ein literar. Thema: Das früheste bekannte Buch, das am Beispiel einer Reise zum Mond über einen Flug zu einem anderen Himmelskörper berichtet, war um 160 n. Chr. des griech. Satirikers LUKIAN ›Vera historia‹ (Wahre Geschichten). Im Jahr 1010 beschrieb der pers. Dichter FIRDAUSI in seinem ›Shah-Name‹ eine Eroberungsfahrt in das Weltall. Auch J. KEPLER, D. GONSALES, J. WILKINS, CYRANO DE BERGERAC, D. DEFOE, VOLTAIRE, E. A. POE, E. E. HALE, K. LASSWITZ, H. G. WELLS u. a. behandelten das Thema R. in Prosa oder Gedichtform. Bes. bekannt wurde J. VERNE u. a. mit den Romanen ›Von der Erde zum Mond‹ (1865) und ›Reise um den Mond‹ (1869).

In den letzten Jahrzehnten des 19. Jh. befaßten sich v. a. der russ. Sprengstoffchemiker N. I. KIBALTSCHITSCH und der Berliner Erfinder H. GANSWINDT intensiv mit den Möglichkeiten eines Fluges zu anderen Himmelskörpern mit Hilfe des Reaktionsantriebes. Die wesentlichsten Impulse gingen jedoch von drei Raketenpionieren aus: K. E. ZIOLKOWSKI, R. H. GODDARD, H. OBERTH. Auf ihnen fußten J. WINKLER, R. NEBEL, K. RIEDEL, W. v. BRAUN, E. SÄNGER, W. DORNBERGER, K. H. DEBUS u. a., denen der entscheidende Durchbruch zur Erfüllung der Raumfahrtziele durch Verwirklichung des Trägerraketenprinzips gelang. Nach 1945 nutzten die USA und die UdSSR das dt. Know-how und begannen eigene Raketenentwicklungen. Am 4. 10. 1957 startete in der UdSSR mit dem 83,5 kg schweren Sputnik 1 der erste Satellit. Der erste amerikan. Satellit, Explorer 1 (14 kg), folgte am 31. 1. 1958. Die bemannte R. begann mit dem Start des Russen J. GAGARIN (Wostok 1) am 12. 4. 1961, dem noch Wostok 2 folgte, bevor als erster Amerikaner J. GLENN mit Mercury 6 am 20. 2. 1962 die Erde dreimal umkreiste. Der Mond als bisher einziger Himmelskörper wurde nur im Rahmen des Apollo-Programms von Menschen betreten, zuerst am 21. 7. 1969 von N. ARMSTRONG (Apollo 11). Die erste experimentelle Raumstation richtete 1971 die UdSSR ein. Das erste wiederverwendbare Raumfahrzeug ist der Orbiter des amerikan. Raumtransporters, der mit Hilfe aerodynam. Auftriebserzeugung landen kann (erstmals 1981).

Allgemeines, Technik: Die Erforschung des Weltraums mit Satelliten und Raumsonden, hg. v. VDI-Verlag, 3 Bde. (1966); H. H. u. D. E. KOELLE: Theorie und Technik der Raumfahrzeuge (1967); H. SCHEFFOLD: Theoret. Grundlagen der Raumfahrttechnik (1973); H. PFAFFE u. P. STACHE: Raumflugkörper. Typenbuch ([3]1975); W. BÜDELER: R. in Dtl. (1976); H. W. KÖHLER: Klipp und klar. 100 × R. (1977); H. MIELKE: R. ([6]1980; Lexikon); H.-P. BANNOW: Astronautik ([3]1980); H.-O. RUPPE: Die grenzenlose Dimension: R., 2 Bde. (1980–82).

Einzelthemen, Geschichte: Entdecker des Weltraums, hg. v. E. LESSING u. W. STADLER (1967); W. BÜDELER: Projekt Apollo (1969); ders.: Gesch. der R. (1979); ders. u. S. KARAMANOLIS: Spacelab (1976); ders.: Die neue R., Ära des Raumtransporters (1983); J. v. PUTTKAMER: Columbia, hier spricht Adler [Apollo 11] ([2]1970); H. HEUSELER: Zw. Sonne und Jupiter. Weltraumbilder der Planeten (1975); A. KOKOREV: Mit dem Sputnik begann es (1976); P. HARTL: Fernwirktechnik der R. (1977); H. W. KÖHLER: Der Mars-Bericht über einen Nachbarplaneten (1978); ders.: Die Planeten (1983); BURDAKOW u. SIGEL: R. und Weltraumforschung (1979).

Raumfahrtnutzung, →Weltraumnutzung.

Raumfahrt 6: Mondlandung von Apollo 15 (30. 7. 1971); Mondlandefähre ›Falcon‹, rechts Elektrowagen ›Rover‹ (im Hintergrund die Mond-Apenninen)

Raumfahrzeug, allg. Begriff v. a. für bemanntes Raumfluggerät (›Raumschiff‹), seltener für unbemannte → Satelliten 2) und → Raumsonden.

Raumflugkörper, i. d. R. ein unbemannter → Satellit oder eine → Raumsonde, seltener wird darunter eine Rakete oder ein bemanntes Raumfahrzeug verstanden.

Raumgitter, → Raumgruppe, → Gitter 4).

Raumgleiter, → Raumtransporter.

Raumgruppe, eine mathemat. Gruppe von → Symmetrieoperationen, durch die ein Raumgitter mit sich selbst zur Deckung gebracht wird. Fügt man zu einem reinen Translationsgitter (→ Elementarzelle) die Gesamtheit aller Punktsymmetrie- und kombinierten Symmetrieelemente hinzu, so entsteht ein **Raumgitter.** Es gibt genau 230 R., denen 230 mögl. Raumgittertypen für den Aufbau von Kristallen entsprechen. Geht man von den 14 primitiven Translationsgittern (den → Bravais-Gittern) aus, so erhält man mit Hilfe der einzelnen Symmetrieoperationen die 230 Raumgitter, d. h. jedes Raumgitter kann erzeugt werden durch Angabe der drei Basisvektoren und der erzeugenden Punktsymmetrieelemente der Einheitszelle; durch Einbau einer **Basis** von Atomen, Molekülen oder Ionen in die Einheitszelle entsteht eine period. **Kristallstruktur.** Jede R. geht, wenn man ihre Translationen und mit Translationen verbundenen Symmetrieoperationen (Schraubungen, Gleit-Spiegelungen) wegläßt, in eine der 32 kristallograph. → Punktgruppen über, d. h. auf eine Kristallklasse entfallen i. a. mehrere R. (bis zu 28). Die röntgenographisch feststellbare Zugehörigkeit eines Kristallgitters zu einer best. R. ist ein wichtiges Merkmal bei der Bestimmung und Beschreibung von Mineralen.

Raum|inhalt, Volumen, Formelzeichen *V,* der → Inhalt eines dreidimensionalen geometr. Körpers, d. h. der von einer geschlossenen Fläche umfaßte Raum. SI-Einheit des R. ist Kubikmeter (Einheitenzeichen m^3). Die Berechnung des R. ist die Aufgabe der → Integralrechnung. Der R. läßt sich nur für wenige Körper als geschlossener Ausdruck angeben, z. B. für Kegel, Kugeln, Ellipsoide.

Raum|isomerie, die Stereoisomerie, → Isomerie 1).

Raumkapsel, 1) Raumkabine, Teil eines bemannten Raumfahrzeuges, in dem sich Astronauten vor schädl. Einflüssen des umgebenden Weltraums geschützt ohne oder auch mit Raumanzug aufhalten können.

2) kleiner unbemannter Raumflugkörper, z. B. bei Satelliten eine ausstoßbare Instrumentenkapsel.

Raumklang, räuml. Wirkung von Sprach- und Musikdarbietungen, wird bei Lautsprecherwiedergabe durch → Stereophonie, → Quadrophonie und **R.-Strahler** (Kombination eines Kugellautsprechers für hohe Frequenzen und eines Konuslautsprechers für tiefe Frequenzen) erzielt.

Raumklima, Zustand eines gegen äußere Witterungseinflüsse geschützten, geschlossenen Raumes, im wesentl. bestimmt durch Lufttemperatur, Temperatur der Raumumgrenzungsflächen, Luftgeschwindigkeit und Feuchtigkeit der Raumluft, daneben beeinflußt durch die Zusammensetzung der Raumluft. Die von der Bauweise eines Raumes abhängigen Größen stellen sich witterungsbedingt von selbst ein oder werden durch Anlagen der Heiztechnik (→ Heizung) und → Klimatechnik beeinflußt.

Raumkrümmung, Maß der Abweichung eines Raumes von den Gesetzen der euklidischen Geometrie, → Riemannsche Geometrie.

Raumkurve, Kurve, die nicht in einer Ebene liegt, z. B. eine Schraubenlinie. Ihre differentialgeometrisch wichtigsten Eigenschaften sind ihre **Krümmung,** d. h. ihre Abweichung vom geradlinigen Verlauf, und ihre **Windung,** d. h. ihre Abweichung vom ebenen Verlauf. In der Knotentheorie, einem Teil der Topologie, erfaßt man ihre **Verschlingung.** In der Flächentheorie spielen die auf einer Fläche liegenden R. eine große Rolle. Eine R. läßt sich durch den Ortsvektor $\mathbf{r}(t)$ darstellen, wobei *t,* der Parameter, eine unabhängige Variable ist.

2
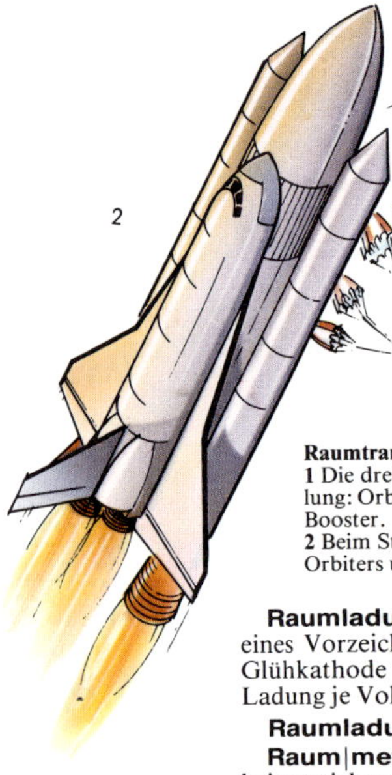

3
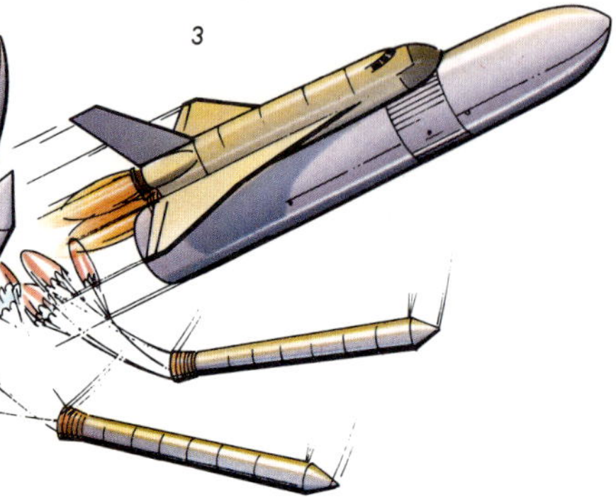

4
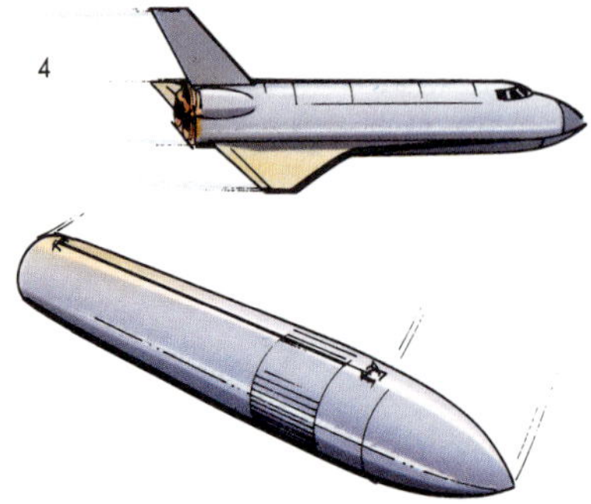

Raumtransporter: Start, Raumflug, Landung
1 Die drei Baugruppen des Raumtransporters in Startstellung: Orbiter, Treibstoff-Außentank, die beiden Feststoff-Booster.
2 Beim Start arbeiten die drei Flüssigkeits-Triebwerke des Orbiters und die zwei Feststoff-Triebwerke gleichzeitig.
3 In etwa 48 km Höhe werden die beiden ausgebrannten Booster vom Treibstofftank abgesprengt, die Triebwerke des Orbiters arbeiten weiter.
4 Kurz vor Erreichen der Umlaufbahn ist der Außentank leer, die Haupttriebwerke des Orbiters werden abgestellt, der Tank wird abgeworfen.

Raumladung, räumlich verteilte freie elektr. Ladung eines Vorzeichens, z. B. die Elektronenwolke, die eine Glühkathode umgibt. Die **R.-Dichte** ist definiert als die Ladung je Volumeneinheit, SI-Einheit ist C/m^3.

Raumladungszone, → pn-Übergang.

Raum|meter, Einheitenzeichen **Rm,** auch **Ster,** Einheitenzeichen **st,** nicht gesetzl. Name für 1 m^3 geschichtetes Holz einschließlich der Zwischenräume (→ Festmeter).

Raumschiff, an früheren Vorstellungen orientierte, populäre Bez. für ein bemanntes → Raumfahrzeug (→ Raumfahrt).

Raumschlitten, engl. **Space Sled** [sp'eɪs sled], geplante medizin. Experimentierplattform in → Spacelab zur Untersuchung der Raumkrankheit von Astronauten (→ Raumfahrt).

Raumschutz|anlagen gehören zu den → Alarmeinrichtungen und gliedern sich in **Überfall-** und **Einbruchmeldeanlagen** (EM). Bei EM werden hauptsächlich Detektoren verwendet, die elektromechanisch (Kontakte), akustisch (z. B. Ultraschall), optisch (z. B. Infrarotschranken) oder durch Feldänderung (elektr. Felder zw. Elektroden) arbeiten.

Raumsonde, unbemannter Raumflugkörper mit wissenschaftl. Meßinstrumenten zur Erforschung des interplanetaren Raumes, der Planeten und der Sonne. R. entfernen sich i. a. von der Erde (i. Ggs. zu Satelliten, die meist auf erdnahen Bahnen um die Erde kreisen). **Mondsonden** waren bisher u. a. → Luna, → Lunik, → Lunar Orbiter, → Ranger, → Surveyor. Mit den **Planetensonden** → Mars 2) und → Venera sowie → Mariner, → Pioneer, → Viking und → Voyager wurden bisher Merkur, Venus, Mars, Jupiter und Saturn angeflogen; weiche Landungen auf Venus und Mars. **Sonnensonden** bisher waren die beiden → Helios, geplant ist → ISPM.

1
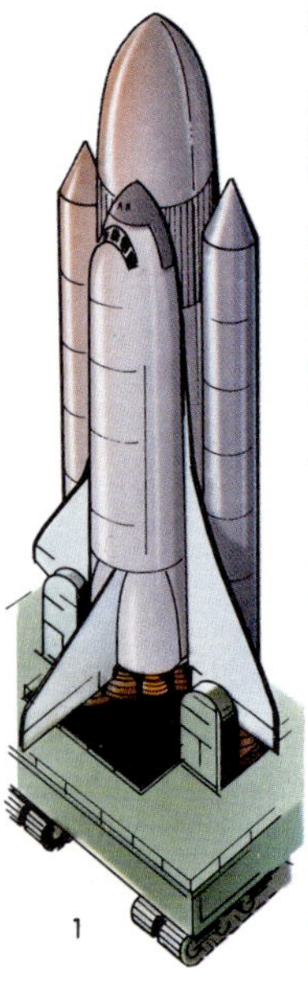

Raumstation, Weltraumstation, Orbitalstation, engl. **Space Station** [sp'eɪs steɪʃn], bemannter Weltraumstützpunkt, der auf einer weitgehend stabilen Bahn um die Erde läuft und auf Grund seiner Größe, Auslegung und Ausrüstung mehreren Raumfahrern einen Weltraumaufenthalt bis zu mehreren Monaten Dauer ermöglicht. Erste Erfahrungen sammelten die NASA mit ihrer experimentellen R. → Skylab, die sowjet. Raumfahrtstellen mit → Saljut. Die Aufgabenstellungen liegen im wissenschaftl., wirtschaftl., techn. und militär. Bereich (→ Weltraumnutzung). In den USA wird die Forderung nach einer größeren R. immer stärker; man denkt an eine ständig bemannte Station in niedriger Erdumlaufbahn (370 km Höhe), mit deren Hilfe die geostationären und planetaren Missionen von dem Haupttransport zur Station entkoppelt werden sollen. Dazu sind neben den Wohnquartieren für die Mannschaft auch Einrichtungen für Zusammenbau, Testen, Wartung und Start der **Raumschlepper** (Space Tug), die zur R. zurückkehren und dort wieder aufgetankt werden sollen, erforderlich.

In Europa bestehen Pläne, das zunächst fest in der Nutzlastbucht des → Raumtransporters verankerte Raumlabor → Spacelab (BILD Raumfahrt, S. 172) durch Umbauten zu einer frei fliegenden, zurückführbaren Trägerplattform EURECA (European Retrievable Carrier) mit 1 500 kg Nutzlastkapazität und mit Aufenthaltsdauern bis zu sechs Monaten zu verwandeln. Frankreich hat eine allerdings unbemannte R. ›Solaris‹ vorgeschlagen: um 1992–94 mit einer leistungsstarken Ariane-4 gestartet, könnte sie während ihrer 15jährigen Lebensdauer den Besuch von etwa 30 Versorgungsflügen unbemannter Zubringerfahrzeuge erhalten.

Nach einem früheren amerikan. Vorschlag soll der nach Erreichen der Umlaufbahn des Raumtransporters nicht mehr benötigte externe Treibstofftank als R. verwendet oder mehrere dieser Tanks zu einer größeren R. **(Raumbasis)** zusammengefügt werden, die von einem größeren Personenkreis bewohnt werden könnte. Für das Wohlbefinden der Besatzung wäre bei länger dauernden Missionen die Erzeugung von künstl. Schwerkraft erforderlich, z. B. durch Rotation der gesamten R. oder eines Teils von ihr. Ehrgeizigere Pläne, z. B. die Errichtung einer radförmigen R. für bis zu 100 Mann Besatzung, dürften aus Kostengründen vorerst scheitern, bes. die früher in den USA breiter diskutierten Raumkolonien (Weltraumbesiedlung) für mehrere tausend Menschen.

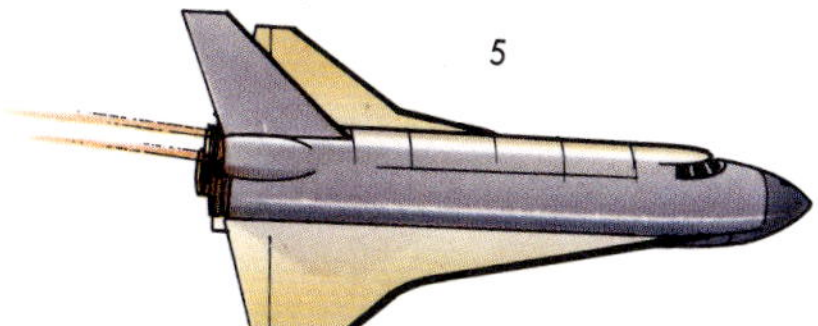

5

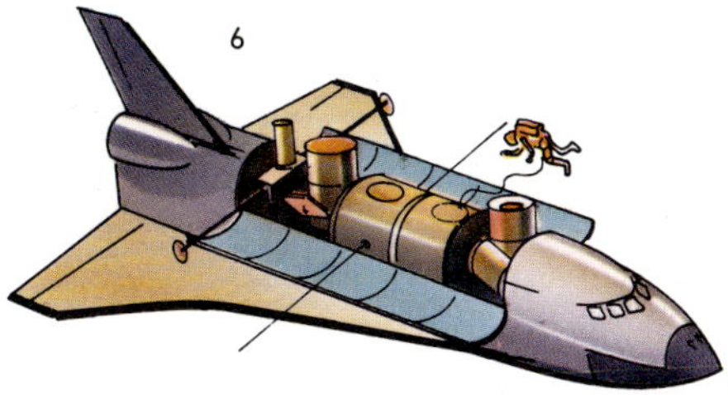

6

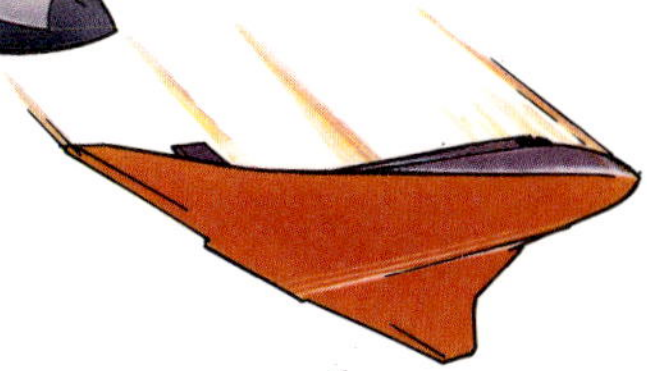

7

5 Die zwei Manövriertriebwerke werden gezündet, um den Orbiter in die genaue Umlaufbahn und Lage zu bringen.
6 Nach Überprüfung sämtlicher Bordsysteme führt die Besatzung die vorgesehene Aufgabe durch. Dazu werden die Tore der Nutzlastbucht geöffnet.

7 und **8** Die Mission ist beendet. Mit Hilfe der Manövriertriebwerke verläßt der Orbiter die Umlaufbahn, tritt in die Atmosphäre ein und beginnt den antriebslosen Gleitflug zurück zur Erde. Der Orbiter setzt mit etwa 350 km/h auf der Landebahn auf.

Raumtransporter, Raumgleiter, engl. **Space Shuttle** [sp'eıs ʃʌtl], teilweise wiederverwendbares zweistufiges Raketenfahrzeug der USA. Der Bau eines R. wurde schon 1944 in Dtl. von E. SÄNGER und nach dem 2. Weltkrieg von W. DORNBERGER (USA) angeregt. Hauptbestandteile des amerikan. R.: Die deltageflügelte bemannte Oberstufe **(Orbiter)** mit 23,8 m Spannweite und 37,24 m Länge, von drei Flüssigkeitstriebwerken (→ Rakete) angetrieben, sitzt ›Huckepack‹ auf einem externen Treibstofftank (8,38 m ∅, 47 m Länge), der von zwei Feststoff-Raketentriebwerken von 3,7 m ∅ und 45,46 m Länge zur Startunterstützung flankiert ist. Der Orbiter hat einen Nutzlastraum von 4,57 m ∅ und 18,3 m Länge (maximale Nutzlast rd. 29 t). Start in senkrechter Position: Startmasse 2,04 Mio. kg, Startschub etwa 31 000 kN; Abwurf der ausgebrannten Feststoff-Triebwerke nach 2 min in etwa 50 km Höhe, des Treibstofftanks (einziges Verlustteil) nach 8 min in etwa 110 km Höhe; Aufenthalt des Orbiters in der Erdumlaufbahn zw. sieben und (maximal, heute noch nicht erreichbar) 30 Tagen (Einsatzhöhe 185–1 100 km); Rückkehr zur Erde und horizontale Landung auf einer Piste; mindestens 14 Tage Überholungszeit bis zum nächsten Start. Erster bemannter Gleittestflug (vom Mutterflugzeug aus) 1978; der erste bemannte Erprobungsflug auf erdnaher Umlaufbahn fand vom 12. bis 14. 4. 1981 statt (ÜBERSICHT). Eine wichtige Nutzlast der ersten Jahre ist das europ. Raumlabor → Spacelab. Der Raumschlepper (→ Raumstation) soll später das R.-System ergänzen. Der 1982 aufgestellte Flugplan sieht bis 1994 insgesamt 311 Starts vor. (Weiteres BILD S. 176)

8

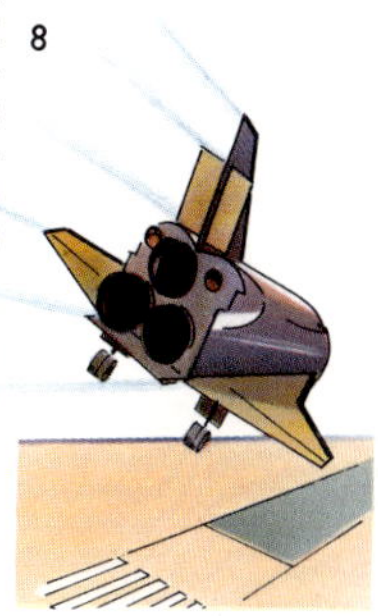

Raumwelle, 1) Funktechnik: die sich i. Ggs. zur → Bodenwelle durch den Raum ausbreitende elektroma-

Raumtransporter: Die ersten Space-Shuttle-Flüge

Bezeichnung	STS-1	STS-2	STS-3	STS-4	STS-5	STS-6	STS-7
Start	12. 4. 1981 Cape Canaveral	12. 11. 1981 Cape Canaveral	22. 3. 1982 Cape Canaveral	27. 6. 1982 Cape Canaveral	11. 11. 1982 Cape Canaveral	4. 4. 1983 Cape Canaveral	18. 6. 1983 Cape Canaveral
Landung	14. 4. 1981 Salzsee bei Edwards, Calif.	14. 11. 1981 Salzsee bei Edwards, Calif.	30. 3. 1982 White Sands, New Mexico	4. 7. 1982 Betonpiste bei Edwards, Calif.	16. 11. 1982 Betonpiste bei Edwards, Calif.	9. 4. 1983 Betonpiste bei Edwards, Calif.	24. 6. 1983 Betonpiste bei Edwards, Calif.
Flug	2d 6 h 20 min 54s	2d 6h 13min 10s	8d 0h 4min 46s	7d 1h 9min 52s	5d 2h 16min	5d 23min 42s	6d 2h 30min
Orbiter	Columbia OV-102	Columbia OV-102	Columbia OV-102	Columbia OV-102	Columbia OV-102	Challenger OV-099	Challenger OV-099
Besatzung	J. Young R. Crippen	J. Engle R. Truly	J. Lousma G. Fullerton	T. Mattingly H. Hartsfield	V. Brand, R. Overmyer, W. Lenoir J. Allen	P. Weitz, K. Bobko, D. Peterson, S. Musgrave	R. Crippen, F. Hauck, Sally Ride, J. Fabian, N. Thagard
Bemerkungen	1. Erprobungsstart des Raumtransporters	Wegen Ausfalls einer Brennstoffzelle Landung drei Tage früher als geplant	Wissenschaftl. Experimente. Landung einen Tag später als geplant wegen ungünstiger Witterungsbedingungen im Landegebiet	Experimente mit überwiegend militär. Geräten	Erstmals 4 Besatzungsmitglieder und Absetzen von 2 Nutzsatelliten. Geplantes Außenbordmanöver von Lenoir und Allen fand wegen defekter Raumanzüge nicht statt	Ausladen des Satelliten TDRS-1 gelang, doch versagte die 2. Stufe der Satellitenrakete. Außenbordmanöver von Peterson und Musgrave	Erstmals 5 Besatzungsmitgl., darunter die 1. Amerikanerin. Absetzen von 2 Nutzsatelliten. Absetzen und Einfangen des 1. wiederverwendbaren Forschungssatelliten SPAS-01 aus der Bundesrep. Dtl.

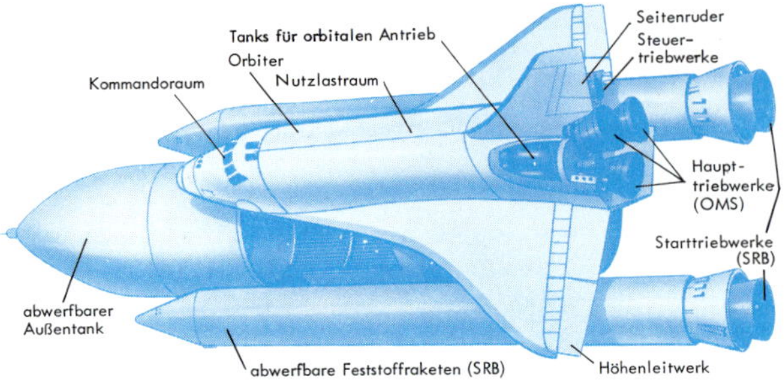

Raumtransporter: Orbiter mit Feststoffraketen und Außentank

gnet. Welle. Die R. gelangt infolge von Reflexionen in der Ionosphäre vom Sender zum Empfänger. Bei → Kurzwellen ist die R. die einzige Ausbreitungsart für den Fernbereich (daher auch die große Reichweite bei relativ geringer Senderleistung). R. treten bei → Mittelwellen während der Nachtstunden auf, bei → Langwellen kaum. Ultrakurzwellen werden von der Ionosphäre praktisch nicht reflektiert.

2) Geologie: durch das Erdinnere laufende Erdbebenwellen; → Erdbeben.

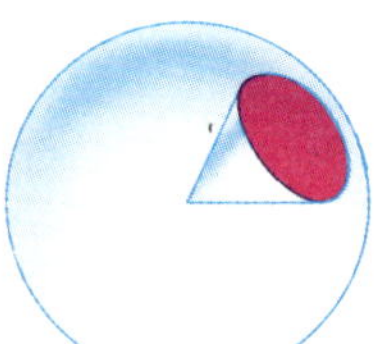

Raumwinkel

Raumwinkel, Räumlicher Winkel, Formelzeichen Ω, ω, der von einem Kegelmantel beliebiger Gestalt und mit unendlich langen Seitenlinien umschlossene Hohlraum. Seine Größe ist das Verhältnis der Fläche des Kegelausschnitts, den der Kegelmantel aus einer um den Scheitel gelegten Kugel ausschneidet, zum Quadrat des Radius dieser Kugel. Dabei können R. verschiedener Gestalt den gleichen Wert haben. (Ergänzende) SI-Einheit des R. ist der → Steradiant.

In der Lichttechnik der R., der durch die Randstrahlen eines von einem Lichtzentrum ausgehenden Strahlungsbündels begrenzt wird. Die in einem Strahlungsbündel mitgeführte Strahlungsleistung ist proportional zum R.

Raumzeit, kurz für **Raumzeitkontinu|um, Raumzeitwelt (Welt),** gemeinsame Betrachtung von → Raum und → Zeit, wobei zu den drei Raumkoordinaten durch die → Relativitätstheorie die Zeit als vierte Koordinate in dem Sinn hinzutritt, daß sie an den homogenen Transformationen (→ Lorentz-Transformation) teilnimmt. So wie bei Raumkoordinaten können auch perspektiv. Änderungen der Zeitkoordinaten auftreten (→ Zeitdilatation). Der Begriff der → Gleichzeitigkeit zweier Ereignisse, die sich in verschiedenen Weltpunkten (→ Minkowski-Raum) abspielen, besitzt relativen Charakter entsprechend den Bezugssystemen. Für jede Weltlinie eines Beobachters existiert ein Ereignishorizont, von dem kein Signal registriert werden kann, bedingt durch die endl. Lichtgeschwindigkeit (→ Kausalität). Für jede Weltlinie liegen dabei die Horizonte verschieden.

Raumzelle, vorgefertigter Bauwerksteil, geschlossen aus Decken und Wänden oder als tragendes Gerippe mit Leichtwänden. R. werden oft schon im Werk vollständig oder z. T. mit Fenstern, Türen, Einbauschränken, Installationen ausgestattet und auf der Baustelle nur noch zusammengeschlossen. Anwendung im Wohnungs-, Schul-, Ausstellungs-, Gefängnisbau.

raumzentriert, → Bravais-Gitter.

Raupenfahrzeuge, → Gleiskettenfahrzeuge.

Rausch|abstand, das in Dezibel (dB) angegebene Verhältnis der Nutzspannung eines Signals zur Rauschspannung, gemessen z. B. am Ausgang eines Verstärkers oder an einer Stelle eines Übertragungssystems (→ Störsignal).

Rauschen, Störungen bei der elektrischen Nachrichtenübertragung, die die Übertragung eines Signals beeinträchtigen. Bei akustisch wahrnehmbaren Signalen z. B. erscheint diesen ein Geräusch überlagert, das das Erkennen beliebig schwacher Signale verhindert. Ist die spektrale Intensitätsdichte innerhalb des interessierenden Frequenzbereiches frequenzunabhängig, verwendet man die Bez. **weißes R.;** fällt sie bei steigender Frequenz, spricht man von **rosa R.,** bei allg. Frequenzabhängigkeit auch von **farbigem R.** Rauschstörungen können auftreten bei der Signalquelle **(Senderrauschen),** v. a. auf dem Übertragungsweg und im Empfänger **(Empfängerrauschen).** Ursachen für das Empfängerrauschen sind die durch die Wärmebewegung der Elektronen in Wirkwiderständen hervorgerufenen Rauschleistungen **(thermisches R., Widerstands-R.)** sowie das **Schrot-R.** in Elektronenröhren und Halbleiterbauelementen als Folge des diskontinuierlichen Ladungstransportes. In beiden Fällen handelt es sich um ungeordnete Schwankungserscheinungen, die definierten, statist. Gesetzen folgen. Daneben existieren weiter Rauschursachen. R. kann nicht eliminiert, aber reduziert werden, z. B. durch Wahl des Modulationsverfahrens, der Schaltung und der Übertragungsbreite. Beim Fernsehbild wirken sich Rauschstörungen als ›Schnee‹ auf dem Bildschirm aus.

Rauschfaktor, → Rauschzahl.

Rauschgelb, das Mineral → Auripigment.

Rauschgenerator, Meßgenerator zur Erzeugung eines kontinuierl. Rauschspektrums. Der R. liefert eine einstellbare Rauschleistung, die zu Meßzwecken, insbes. zur Bestimmung der → Rauschzahl von Verstärkern und anderen Vierpolen, benötigt wird. – In elektron. Musikinstrumenten (→ Synthesizer) dient der R. in Verbindung mit anderen Baugruppen der künstl. Erzeugung von Geräuschen.

Rauschgifte, Rauschmittel, Gruppe verschiedenartiger Stoffe (Drogen), die beim Menschen erregend oder lähmend auf das Zentralnervensystem wirken, häufig zu Bewußtseinsveränderungen und Euphorie führen und psych. sowie körperl. Abhängigkeit hervorrufen können.

Rauschgold, Knittergold, Flittergold, 0,01–0,03 mm starkes, beim Anfassen knisterndes Messingblech mit goldähnl. Farbe, z. B. für Dekorationszwecke.

Rauschmaß, der in Dezibel (dB) angegebene zehnfache dekadische Logarithmus der → Rauschzahl.

Rauschmittel, die → Rauschgifte.

Rauschrot, das Mineral → Realgar.

Rauschunterdrückungssysteme, engl. **Noise Reduction Systems** [nɔɪz rɪd'ʌkʃən s'ɪstɪmz], elektron. Einrichtungen zur Unterdrückung der Dämpfung von Störspannungen (Rauchen) bei der Aufnahme und Wiedergabe von Toninformationen, bes. bei Kassettenrecordern und Tonbandgeräten verwendet. Gebräuchl. R. sind z. B. → Dolby-System, → High-Com-System, → DNL-Schaltung, dbx-System; für die Rauschunterdrückung bei Schallplatten wurde das CX-System (Abk. für ›Compatible Expansion‹) entwickelt. R. arbeiten i. a. nach dem Kompandierungsprinzip (→ Kompander): Bei der Aufnahme wird der Lautstärkeumfang (teilweise in mehrere Frequenzbereiche aufgeteilt) komprimiert und bei der Wiedergabe in umgekehrter Weise auf die urspr. → Dynamik expandiert.

Rauschzahl, Rauschfaktor, Größe zur Charakterisierung des Rauschverhaltens eines Verstärkers. Die R. gibt das Verhältnis von Eingangs- zu Ausgangsrauschabstand an, sie ist dimensionslos.

Raute, Mathematik: der → Rhombus.

Rayleigh-Jeanssches Strahlungsgesetz [rˈeɪlɪ dʒiːnz-, n. dem brit. Physiker J. W. Strutt, * 1842, † 1919, seit 1873 3. Baron Rayleigh, und Sir (1928) J. H. Jeans, * 1877, † 1946], Grenzfall des → Planckschen Strahlungsgesetzes für den langwelligen Bereich und hohe Temperaturen, das bereits vor dem Planckschen Strahlungsgesetz auf Grund rein klass. Überlegungen (→ Boltzmann-Statistik) gefunden wurde.

Rayleighsche Scheibe [rˈeɪlɪ-], an einem Quarzfaden aufgehängtes leichtes Scheibchen zur Messung der Schallschnelle und damit der Schallintensität im Tonfrequenzbereich und für tiefe Ultraschallfrequenzen.

Rayleigh-Streuung [rˈeɪlɪ-], die → Streuung 1) von elektromagnet. Wellen, z. B. Licht, an Teilchen, deren Durchmesser klein gegenüber der Wellenlänge ist. Bei der R.-S. wird Licht kleinerer Wellenlängen viel stärker gestreut als Licht größerer Wellenlängen, da die Streuamplitude (›Intensität‹) umgekehrt proportional zur 4. Potenz der Wellenlänge ist; hierauf beruht die blaue Farbe des Himmels (→ Himmelsblau).

Rayleigh-Wellen [rˈeɪlɪ-], an der spannungsfreien Oberfläche elastischer Medien auftretende Wellen; spielen als L-Wellen bei → Erdbeben eine Rolle.

Rayon [rˈeɪən, engl.], → Reyon.

Rb, chemisches Symbol für → Rubidium.

RBW-Faktor, → Dosis.

RC-Glied, aus einem Widerstand *R* und einem Kondensator *C* gebildeter frequenzabhängiger → Vierpol, eine in der Elektronik häufig benutzte Schaltungsanordnung. RC-G. werden u. a. verwendet zur Impulsformung (→ Impulstechnik), als → Differenzierglied oder als → Integrierglied; zum Aufbau von → Filtern 1 (→ Hochpaß, → Tiefpaß), zur → Glättung gleichgerichteter Wechselströme; als frequenzbestimmendes Glied im Rückkopplungszweig eines → Oszillators 2 (RC-Oszillator, RC-Generator); zur → Kopplung 1), z. B. von Verstärkerstufen (RC-Verstärker).

R Corọnae Boreạlis-Sterne, unregelmäßige → Veränderliche 1) der Spektralklasse F bis K, auch R, mit oft über Jahre andauerndem Helligkeitsmaximum, das von plötzlichen Helligkeitseinbrüchen (bis zu 8^m) unterbrochen wird.

rd, Einheitenzeichen für → Rad.

Re, 1) chem. Symbol für → Rhenium.

2) *Re,* Formelzeichen für die → Reynolds-Zahl.

Reagẹnti|en, Reagẹnzi|en, chem. Stoffe besonderer Reinheit zum qualitativen und/oder quantitativen Nachweis von Substanzen oder Substanzgruppen. – **Reagẹnzpapier,** das → Indikatorpapier.

Reagẹnzglas, Probi̯erglas, zylindr., einseitig geschlossenes, dünnwandiges Geräteglasröhrchen für chemische Umsetzungen mit kleinen Mengen.

Reagẹnzlösung, Chemie: → Maßanalyse.

Reaktạnd, Ausgangsstoff einer chem. → Reaktion.

Reaktạnz, der → Blindwiderstand im Wechselstromkreis, Kehrwert: **Sụszeptanz.**

Reaktạnzverstärker, → parametrischer Verstärker.

Reaktion, 1) Chemie: Umbau der in den Ausgangsstoffen **(Reaktạnden, Edụkte)** vorhandenen Atomsorten zu neuen, chem. Verbindungen **(Produkte)** unter Freisetzung oder Verbrauch der Reaktionswärme. Die **chem. Thermodynamik** untersucht dabei die Lage des **chem. Gleichgewichts,** die → Reaktionskinetik die Geschwindigkeit, mit der eine chem. R. diesem Gleichgewicht zustrebt. Im Ggs. zu den Kernreaktionen beruhen die chem. R. im wesentl. auf Wechselwirkungen zw. den Elektronenhüllen der Atome, wobei die bei chem. R. umgesetzten Energien in der Größenordnung von 1 eV je Elementarakt liegen. Der Ersatz eines Bestandteils einer Verbindung durch einen anderen heißt **Substitutions-R. Homogene R.** verlaufen in homogener → Phase zw. gasförmigen oder in Flüssigkeiten gelösten R.-Partnern. **Heterogene R.** laufen an Phasenflächen ab, z. B. an der Oberfläche fester Katalysatoren. (→ Kettenreaktion, → Massenwirkungsgesetz 2)

2) Physik: die Gegenwirkung, → Wirkung.

Reaktions|apparate, chemische Reaktọren, Apparate, in denen chem. Reaktionen zum Zweck der Gewinnung von Produkten (im Unterschied zu Öfen, Motoren u. a.) durchgeführt werden. R. können im → kontinuierlichen Betrieb oder im → diskontinuierlichen Betrieb

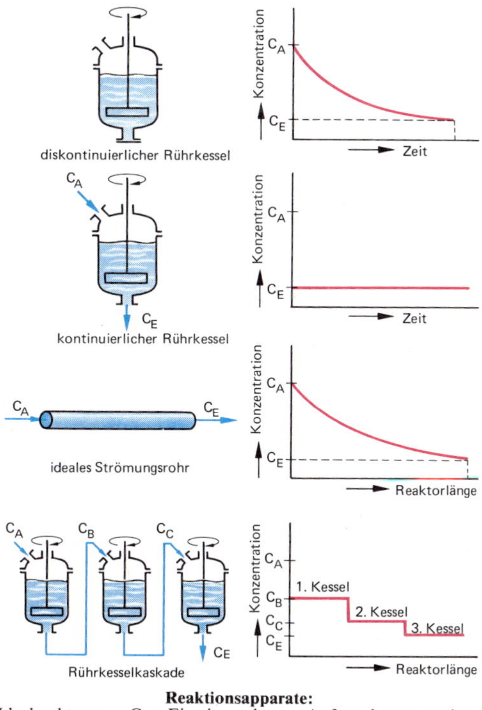

Reaktionsapparate:
Idealreaktoren; C_A = Eintritts- bzw. Anfangskonzentration, C_E = Austritts- bzw. Endkonzentration der Reaktionspartner

eingesetzt werden. Zur leichteren Berechnung unterteilt man R. in strömungs- und wärmetechn. Idealtypen. Im **diskontinuierl. Rührkessel** wird das Reaktionsmedium ideal durchmischt. Während der Dauer der Reaktion werden Stoffe weder zu- noch abgeführt. Die Konzentration der Reaktionspartner im R. nimmt mit fortlaufender Reaktion ab, alle Moleküle haben die gleiche Verweilzeit. Der **kontinuierl. Rührkessel** wird ebenfalls ideal durchmischt. Die Reaktionspartner werden aber stetig zu-, die Reaktionsprodukte stetig abgeführt. Die Konzentration der Reaktionspartner ist sehr niedrig und zeitlich konstant. Die zugeführten Moleküle haben, je nachdem, wie schnell sie zum Austritt des R. gelangen, eine kürzere oder längere Verweilzeit. Das ideale **Strömungsrohr** ist ein Rohr, das vom Reaktionsmedium ohne Rückvermischung durchströmt wird. Die Konzentration der Reaktionspartner ist an jeder Stelle des Rohres zeitlich konstant, sie nimmt aber auf dem Weg durch das Rohr ab. Die Verweilzeit ist für alle Moleküle gleich. Eine **Rührkesselkaskade** enthält mehrere hintereinander angeordnete kontinuierl. Rührkessel. Sie steht in ihrem Verhalten (Verweilzeit, Konzentration) zw. kontinuierl. Rührkessel und Strömungsrohr. Techn. R. weichen in ihrem Verhalten mehr oder weniger stark von den Idealtypen ab. Ihr Aufbau richtet sich nach den an der Reaktion beteiligten Phasen und den auftretenden Wärmeeffekten. Für endotherme Gasphasenreaktionen verwendet man u. a. → Röhrenöfen, für Reaktionen flüssiger Phasen → Rührkessel oder Rohrreaktoren, für Gas-Flüssigkeits-Reaktionen Rührkessel (z. B. → Fermenter), → Blasensäulen, → Dünnschichtreaktoren oder → Strahlwäscher, für Reaktionen, an denen Feststoffe (Reaktionspartner oder Katalysatoren) beteiligt sind, → Festbettreaktoren, Wirbelschichtreaktoren (→ Wirbelschicht), Etagenöfen oder → Drehrohröfen. Unter wärmetechn. Gesichtspunkten wird zw. adiabat. (Wärmeaustausch durch die Apparatewand ist vernachlässigbar), isothermen (infolge idealer Kühlung oder Heizung ist die Temperatur im R. überall gleich) und polytropen (Reaktionswärme kann durch Kühl- oder Heizmittel nur unvollständig ab- oder zugeführt werden) R. unterschieden.

Reaktionsbeschleuniger, → Katalyse.

Reaktions|chromatographie, sehr empfindl. Verfahren der Dünnschichtchromatographie, v. a. zum Nachweis von Pharmaka und deren Metaboliten.

Reaktionsgeschwindigkeit, → Katalyse.

Reaktionsgeschwindigkeit-Temperatur-Regel, die → RGT-Regel.

Reaktionsharze, flüssige oder verflüssigbare Harze, die für sich oder mit **Reaktionsmitteln** (Härter, Beschleuniger u. a.) ohne Abspaltung flüchtiger Komponenten durch Polyaddition oder Polymerisation härten, z. B. → Epoxidharze, ungesättigte → Polyester.

Reaktionskinetik, chemische Kinetik, Lehre von den Gesetzmäßigkeiten des zeitl. Ablaufs chem. Reaktionen und den sie beeinflussenden Faktoren, wie Druck, Temperatur, Strahlung oder Katalysatoren, sowie vom Mechanismus des Ablaufs chem. Reaktionen. Im Rahmen der R. werden auf Grund von experimentellen Beobachtungen zunächst mathemat. Beziehungen aufgestellt, die die Abhängigkeit der **Reaktionsgeschwindigkeit** von der Konzentration der beteiligten Stoffe **(Reaktionsordnung),** von der Temperatur **(Aktivierungsenergie)** und vom Druck sowie von vorhandenen **Reaktionsbeschleunigern** (→ Katalysator) wiedergeben. Die R. in heterogenen Systemen wird auch von Stoff-Transportvorgängen (z. B. Diffusion) und der Bildung von Keimen bei der Entstehung neuer Phasen stark beeinflußt. Mit Hilfe von Modellvorstellungen über die einzelnen Teilschritte von chem. Umsetzungen **(Reaktionsmechanismen)** lassen sich analoge theoret. Gleichungen ableiten, deren Übereinstimmung mit den experimentell ermittelten Beziehungen als notwendiges, jedoch nicht hinreichendes Kriterium für die Richtigkeit des angenommenen Reaktionsmechanismus zu werten ist.

Reaktionskleber, Reaktionsklebstoffe, die → Zweikomponentenkleber.

Reaktionsmittel, → Reaktionsharze.

Reaktionsmotor, ein Synchronmotor (→ Elektromotor) mit ausgeprägten Polzacken, jedoch ohne Erregerwicklung und ohne Dauermagnet-Erregung.

Reaktionsordnung, Begriff der → Reaktionskinetik, der den empir. Bruttoverlauf einer Reaktion beschreibt; z. B. ist eine Reaktion in bezug auf einen Ausgangsstoff 1., 2., ... *n*-ter Ordnung, wenn ihre Geschwindigkeit proportional der 1., 2., ... *n*-ten Potenz seiner Konzentration ist. Reaktionen, die unbeeinflußt von der Konzentration verlaufen, gehören zur nullten Ordnung.

Reaktions-Primer [-praɪmə, engl.], die → Haftgrundmittel.

Reaktions|prinzip, 1) Geologie: **Bowensches R.** [bˈəʊɪn-], → Kristallisationsdifferentiation.

2) Physik: **actio = reactio, Prinzip von Kraft und Gegenkraft, Wechselwirkungsprinzip,** das dritte → Newtonsche Axiom: Wirkt ein Körper A auf einen Körper B mit der Kraft $\boldsymbol{F}_1$, so wirkt auf den Körper A der Körper B mit einer gleichgroßen, aber entgegengesetzt zu $\boldsymbol{F}_1$ gerichteten Kraft $\boldsymbol{F}_2$, $\boldsymbol{F}_2 = -\boldsymbol{F}_1$.

Reaktions|technik, → Verfahrenstechnik.

Reaktions|turbine, Überdruckturbine, → Dampfturbine, → Wasserturbine.

Reaktionswärme, ältere Bez. **Wärmetönung,** Wärmemenge, die beim Ablauf einer chem. Reaktion freigesetzt oder verbraucht wird. Die auf die Stoffmenge von 1 Mol bezogene R. heißt **molare R.** Gibt das System Wärme an die Umgebung ab **(exotherme Reaktion),** so ist die R. negativ, bei Wärmeaufnahme **(endotherme Reaktion)** positiv. Die R. ist gleich der **Reaktionsenergie,** wenn die Reaktion bei konstantem Volumen verläuft, und gleich der **Reaktionsenthalpie** bei konstantem Druck.

Reaktivität, Reaktorphysik: Maß für die Abweichung des Kernreaktors vom krit. Zustand, das vom Temperatur- und Abbrandzustand der Brennelemente abhängt. Sie wird definiert: $\varrho = (k-1)/k$, k = Neutronenvermehrungsfaktor (→ Multiplikationsfaktor). Der Reaktor ist kritisch, wenn $k = 1$ und $\varrho = 0$; der Neutronenfluß wächst bei positiver R., d. h. wenn $k > 1$, $\varrho > 0$ ist.

Reaktor, 1) chem. Technik: → Fermenter, → Festbettreaktor, → Reaktionsapparate.

2) Kerntechnik: der → Kernreaktor.

Reaktordruckbehälter, Reaktordruckgefäß, gasdichter Druckbehälter, der den Reaktorkern (Spaltzone) eines → Kernreaktors umgibt.

Reaktorgifte, Substanzen mit großem Absorptionsquerschnitt für Neutronen, die während des Betriebs eines Kernreaktors unerwünschterweise Neutronen absorbieren, z. B. wirken einige der bei der Kernspaltung entstehenden Spaltprodukte so stark absorbierend, daß die Kettenreaktion durch Vergiftung mit Spaltprodukten zum Erliegen kommen kann.

Reaktorperiode, Kerntechnik: Zeit, in der sich die Leistung eines Kernreaktors um den Faktor e = 2,718281 . . infolge der Spaltneutronenvermehrung oder -absorption ändert.

Reaktorphysik, Teilgebiet der Kernphysik, das Grundlagenforschung der physikal. Phänomene betreibt, die im Kernreaktor ablaufen.

Reaktor|regelung, → Kernreaktor.

Reaktorsicherung, Einrichtung zur automat. Stillsetzung eines Kernreaktors bei Versagen der normalen Regelungs- und Sicherungsorgane im Falle unzulässig hoher Erwärmung. R. kann z. B. durch Einleiten von Borlösungen oder Bortrifluoridgas in den Reaktorkern erfolgen. Durch die starke Neutronenabsorption des Bors wird die Kettenreaktion unterbrochen.

Reaktortechnik, Teilbereich der Technik, der die Erkenntnisse der Reaktorphysik zur prakt. Ausnutzung der Kernenergie einsetzt. Besondere Aufgaben der R. sind die Dimensionierung eines Kernreaktors, die Umsetzung der Kernenergie in technisch verwertbare Energie, die Erzielung eines möglichst hohen Wirkungsgrades, die Gewährleistung der Sicherheits- und Strahlenschutzmaßnahmen, die Entwicklung neuer Reaktortypen und ihre Anwendung.

Realgar *der,* Mineral AsS, rot **(Rauschrot),** Diamantglanz, Strich orangegelb; H. 1,5–2, D. 3,5–3,6; geht im Sonnenlicht in Auripigment und Arsenik über. Kristalle meist klein, sonst derb, dicht oder als Anflug. Vorkommen auf hydrothermalen Erzgängen, als vulkan. Sublimat, Absatz heißer Quellen, Verwitterungsmineral von As-Erzen, auf brennenden Kohlenhalden und in Sedimenten.

Realkristall und **Idealkristall,** Kristallographie: In Natur und Technik sind beim normalen Kristallwachstum störende Einflüsse chem. (Reinheit) und energet. Art (Temperatur- und Druckschwankungen) unvermeidbar. Folglich bilden sich nicht chemisch und geometrisch völlig fehlerfreie Idealkristalle, sondern im Kristallwachstum und damit im Gitterbau stets sehr verschiedenartig gestörte Realkristalle. – Echte Idealkristalle gibt es nicht; eine gewisse Annäherung stellen solche R. dar, die lediglich unvermeidbare Fehler, also z. B. dynam. oder stabile stat. (Eigenfehlstellen) besitzen; so in der Natur kleine Partien in reinstem Bergkristall oder Doppelspat, bei Züchtungen z. B. → Whisker.

Durch die Fehlordnungen **(Gitterbaufehler, Gitterfehler, Baufehler, Defekte)** werden die verschiedenen Kristalleigenschaften unterschiedlich stark beeinflußt. Störungsempfindlich sind: Elastizitätsgrenze, Plastizitätsfähigkeit, Diffusionsvorgänge, Reaktionsfähigkeit gegenüber Lösungen und Gasen, Elektrizitäts- und Wärmeleitung sowie das lichtelektr. Verhalten. Als relativ störungsunempfindlich gelten Dichte, Energieinhalt und Wärmeausdehnung. Die Eigenschaften polykristalliner Aggregate (u. a. metall. Werkstücke) werden stark von der Art der Ausbildung ihrer Korngrenzen beeinflußt; u. a. gehen Ausscheidungs-, Diffusions- und Schmelzvorgänge bevorzugt von diesen aus.

Die zahlreichen Arten der Kristallgitterstörungen lassen sich in folgender Weise einteilen:

Dynam. Fehler: Hierher gehören die → Gitterschwingungen, deren Amplituden mit steigender Temperatur zunehmen, sowie die durch Zufuhr therm. Energie verursachte Rotation von Atomgruppen um eine oder mehrere Achsen.

Stat. Fehler (BILDER S. 180): a) **Atomare Fehler** (nulldimensionale → Fehlordnungen). Unvermeidbar sind die ›stabilen Leerstellen‹ (Eigenfehlstellen, ›thermodynam. Defekte‹). – In Ionenkristallen mit streng stöchiometr. Zusammensetzung sind z. B. folgende Arten von Eigenfehlstellen möglich: Leerstellen im Kationen- und entsprechende im Anionen-Teilgitter **(Schottky-Typ,** BILD 1), Leerstellen im Kationen-Teilgitter und ebenso viele Kationen auf Zwischengitterplätzen **(Frenkel-Typ,** BILD 2); die Kombination solcher Fehlordnungs-Typen führt zu zahlreichen komplizierten Formen der Gitterstörung. – Da es chemisch absolut reine Substanzen nicht gibt, enthält jeder R. auch → Fremdatome. b) **Mechan. Fehler** heißen alle Störungen der Periodizität von Kristallgittern in größeren als atomaren Bereichen. Solche Fehler werden makroskopisch sichtbar z. B. als Vizinalflächen, Flächen-Parkettierungen, Wachstumsspiralen, Haarrisse, Sprünge oder Einschlüsse von Fremdpartikeln; letztere werden auch als dreidimensionale Baufehler von den ein- und zweidimensionalen unterschieden. – Bei eindimensionalen Baufehlern hat die fehlerhafte Partie die Form einer Röhre mit atomarem Durchmesser entlang einer Versetzungslinie. Diese Versetzungen sind bei Metallen die Ursache der hohen Verformbarkeit. Bei der **Stufenversetzung** bildet sich durch plast. Verformung eine Gleitstufe aus (BILD 3–5); bei der **Schraubenversetzung** erfolgt eine schraubenförmige Versetzung der Atome um die Versetzungslinie (BILD 6); bei Schichtstrukturen führen regelmäßig wiederholte eindimensionale Baufehler (Stapelungsfehler) zur Ausbildung polytyper Strukturvarianten (→ Typiebeziehungen). – Zweidimensionale Baufehler werden als **Korngrenzen** bezeichnet und nach dem Grad der Gitterkohärenz zweier Kristallite entlang ihrer Haftfläche unterschieden. Zwillingsgrenzen zeigen infolge der kristallographisch strengen Orientierung meist gute Kohärenz; bei den **Kleinwinkelkorngrenzen** beträgt die Orientierungsabweichung benachbarter Körner höchstens 15% (Teilkohärenz, BILD 7), bei den **Großwinkelkorngrenzen** mit deutl. Orientierungsabweichungen sind Störungszonen ohne Gitterkohärenz anzunehmen (Inkohärenz, BILD 8). – Baufehler der verschiedensten Arten (einschließlich der dreidimensionalen) können schließlich **Mosaikkristalle** (Mosaikstrukturen, BILD 9) und **Verzweigungsstrukturen** (BILD 10) ergeben.

Realgar 1

Realgar 2: derb, zu gelbem Auripigment verwitternd (Neusohl, ČSSR)

Realteil, der nicht imaginäre, reelle Teil a einer → komplexen Zahl $z = a + ib$.

Realzeitbetrieb, Real Time Operation [rˈɪəl taɪm ɔpərˈeɪʃn, engl.], Datenverarbeitung: → Echtzeitbetrieb.

Reaumur-Skale [reomˈyr-, n. dem frz. Technologen R. A. Reaumur, * 1683, † 1757], **Reaumur-Temperatur,** → Grad Reaumur.

Receiver [rɪsˈi:və, engl.], Kombination von Abstimmeinheit (Tuner) und Verstärker zum Rundfunkempfang.

Rechen, 1) Harke, Handgerät oder Maschine zum Sammeln von Halmgut oder Blättern in Haufen oder Schwaden. **2)** Rost vor den Einläufen von Kraftwerken und Wasserentnahmen zum Zurückhalten sperriger Feststoffe. Räumung des Rechenguts von Hand oder mit Räummaschinen.

Rechen|anlage, techn. Einrichtung zur Verarbeitung von Daten: → Computer.

Rechen|arten, → Grundrechnungsarten.

Rechen|automat, Recheneinrichtung, bei der eine Folge von Rechenoperationen selbsttätig abläuft. Sowohl

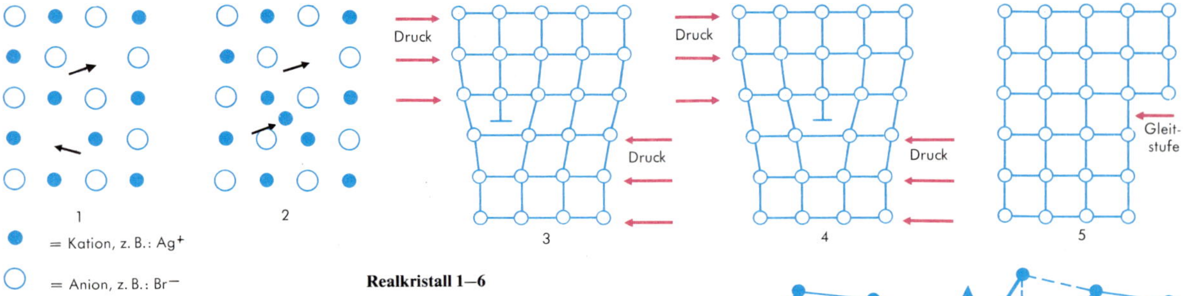

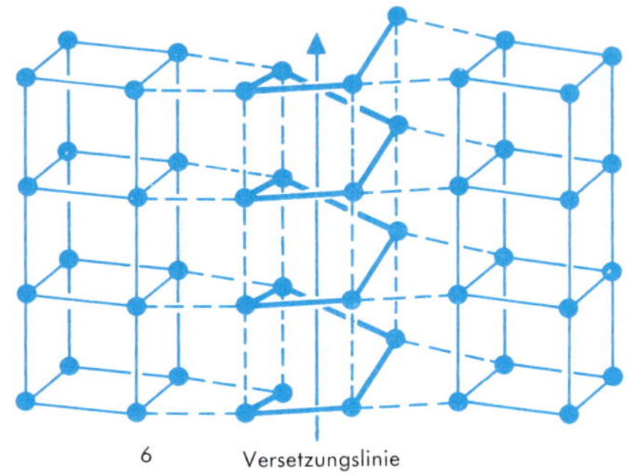

Realkristall 1–6

elektron. Rechengeräte (→Computer) als auch mechan. oder elektrische →Rechenmaschinen sind R.

Rechenbrett, der →Abakus.

Rechenkniffe, auf geschickter Anwendung der Rechengesetze und -regeln beruhende Verfahren zur Erleichterung des Zahlenrechnens, bes. des Kopfrechnens. Beim Addieren faßt man möglichst zu vollen Zehnern zusammen, ähnlich bei der Multiplikation, z. B. $2 \cdot 135 \cdot 5 = 10 \cdot 135 = 1350$. Das Fünffache einer Zahl ist die Hälfte ihres Zehnfachen; das Fünfundzwanzigfache ist der vierte Teil ihres Hundertfachen. Die Division einer Zahl durch fünf läuft auf dasselbe hinaus wie die Verdoppelung ihres zehnten Teils. – Kennt man das Quadrat einer Zahl a und sucht man das Quadrat ihres Nachfolgers $(a+1)^2$, so kann man sich bequem der Formel $(a+1)^2 = a^2 + 2a + 1$ bedienen, z. B. $21^2 = 20^2 + 2 \cdot 20 + 1 = 441$. – Mit der Formel $(a+b) \cdot (a-b) = a^2 - b^2$ berechnet man schnell $21 \cdot 19 = (20+1) \cdot (20-1) = 400 - 1 = 399$. Sind die Zehner z zweier Faktoren gleich und ergänzen sich die Einer e_1 und e_2 zu zehn, dann ist das Produkt der beiden Zahlen $100\ z\ (z+1) + e_1 \cdot e_2$; Beispiel: $63 \cdot 67 = 100 \cdot 6 \cdot 7 + 3 \cdot 7 = 4200 + 21 = 4221$. Bei der Ferrolschen Multiplikation werden die Anzahlen der Einer, Zehner, Hunderter usw. des Ergebnisses gesondert bestimmt, z. B. in $87 \cdot 53$ die Einer aus $7 \cdot 3 = 1$ Einer + 2 Zehner, die Zehner aus $8 \cdot 3 + 7 \cdot 5 + 2 = 1$ Zehner + 6 Hunderter, die Hunderter aus $8 \cdot 5 + 6 = 46$: das Ergebnis ist also 4611.

Rechenmaschine, mechanisch, elektrisch oder elektronisch arbeitende techn. Einrichtungen für Zahlenrechnungen; meist als Tisch-R. ausgeführt, wobei die Eingangswerte eingetastet, die Ergebnisse abgelesen oder ausgedruckt werden. Infolge der preisgünstigen Massenherstellung von hochintegrierten Halbleiterschaltungen sind heute mechan. R. von elektron. Geräten (→Taschenrechner, →Tischcomputer) praktisch restlos verdrängt worden. Elektron. Digitalrechner zeichnen sich durch kleinere Bauweise, höhere Rechengeschwindigkeit, fest eingebaute Programme für komplizierte mathemat. Operationen, einfache Programmierbarkeit, größere Betriebssicherheit und geringeren Verschleiß aus.

Rechenscheibe, Rechen|uhr, Rechenwalze, Geräte in Scheiben- oder Walzenform mit festen und gegen diese verschiebbaren (meist logarithm.) Skalen von mathemat. Funktionen zum Rechnen, in der Funktion dem →Rechenschieber ähnlich.

Rechenschieber, Rechenstab, mathemat. Gerät zum Multiplizieren, Dividieren, Potenzieren u. ä. Rechenoperationen. Grundlage bilden die Rechenregeln mit →Logarithmen, z. B. werden zum Multiplizieren und Dividieren die logarithm. Strecken aneinandergefügt und addiert und subtrahiert (BILD). Technisch besteht ein R. im wesentlichen aus zwei gegeneinander verschiebbaren

Realkristall 7–10

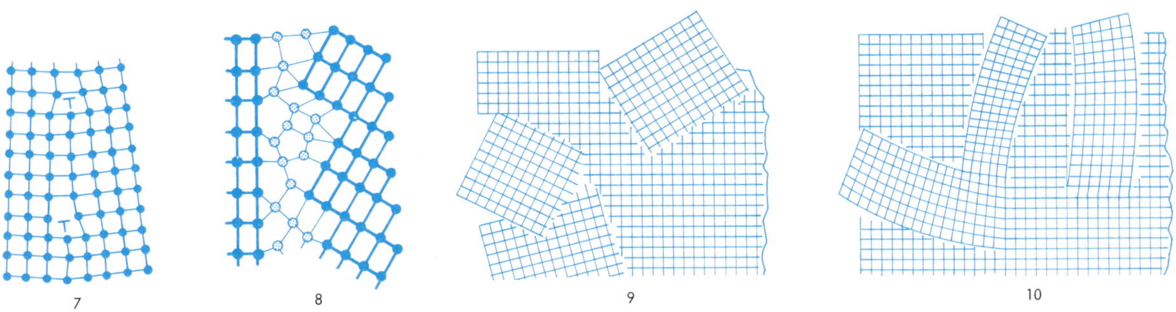

Stäben **(Stab** und **Zunge)** mit logarithm. Teilungen. Die Einteilung berücksichtigt nur Zahlen zw. 1 und 10, da die übrigen durch Multiplikation mit einer entsprechenden

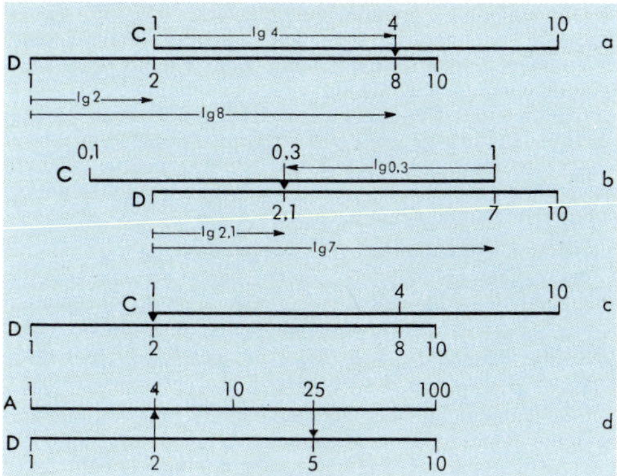

Rechenschieber:
a Multiplikation $2 \times 4 = 8$; b Multiplikation $7 \times 0{,}3 = 2{,}1$; c Division $8:4 = 2$; d Quadrierung $2^2 = 4$ oder Quadratwurzel $\sqrt{25} = 5$

Potenz von 10 normiert werden können. Spezielle R. besitzen Winkelfunktionen, doppellogarithm. Teilungen oder andere Skalen (ferner → Rechenscheibe). In der Praxis ist heute der R. durch den → Taschenrechner weitgehend verdrängt.

Rechentafel, gedrucktes Hilfsmittel zur Durchführung von Berechnungen, entweder auf graph. Weg (→ Nomographie) oder durch Tabellierung häufig gebrauchter Funktionen, z. B. in Logarithmentafeln.

Rechen|uhr, die → Rechenscheibe.

Rechenverstärker, im Zusammenhang mit → Analogrechnern verwendete Bez. für einen → Operationsverstärker.

Rechenwalze, die → Rechenscheibe.

Rechenwerk, Datenverarbeitung: Teil der Zentraleinheit (→ CPU) eines → Computers, der die Rechenoperationen ausführt, die vom → Steuerwerk (Leitwerk) dem R. zugewiesen werden. Das R. arbeitet entsprechend dem → Mikroprogramm die einzelnen Schritte eines Befehls durch und stellt das Ergebnis in das Ergebnisregister (→ Akkumulator 2).

Rechenzentrum, zentrale Organisationsstelle in einem Institut, einer Behörde oder einem Unternehmen, bei der eine Rechenanlage zur Erledigung umfangreicherer Datenverarbeitungsaufgaben aufgestellt ist, z. B. das **Deutsche Rechenzentrum** in Darmstadt. R. dienen der optimalen Nutzung aufwendiger Anlagen und u. U. einer integrierten Datenverarbeitung.

Rechnen, die Verknüpfung von Zahlen durch Addition und Multiplikation und deren Umkehrungen Subtraktion und Division, mit allen Folgerungen (z. B. Wurzelziehen), unter Befolgung der Rechengesetze und -regeln; in der Mathematik i. w. S. Operationen, die nach einem häufig auftretenden, festgelegten Verfahren durchgeführt werden. Man sagt z. B., daß für die Unbestimmten a und b das Quadrat $(a+b)$ sich zu $a^2 + 2ab + b^2$ ›berechnen‹ läßt. Auch die beim Differenzieren auftretenden Prozesse faßt man zur Differentialrechnung zusammen, ähnlich die Integralrechnung, Matrizenrechnung, Operatorenrechnung.

Recht|eck, Orthogon, Parallelogramm mit vier rechten Winkeln. Der Flächeninhalt F des R. mit den Seiten a und b ist $F = a \cdot b$, der Umfang $u = 2\,(a+b)$.

Rechteckschwingung, rechteckförmige Wechselspannung, die meist durch einen → Funktionsgenerator oder eine → astabile Kippschaltung erzeugt wird. Anwendungen in allen Bereichen der Elektronik, insbes. → Impulstechnik, → Digitaltechnik, → Meßtechnik.

Rechte-Faust-Regel. Den Umlaufssinn der geschlossenen magnet. Feldlinien, die einen stromdurchflossenen elektr. Leiter umgeben, zeigen die gekrümmten Finger der rechten Hand, wenn der Daumen in (konventionelle) Stromrichtung weist (BILD). Die Richtung dieser Feldlinien wird auch durch den Drehsinn eines Korkenziehers angegeben, den man sich in der Stromrichtung in den Leiter gebohrt denkt **(Maxwellsche Korkenzieherregel** [mˈækswel-]).

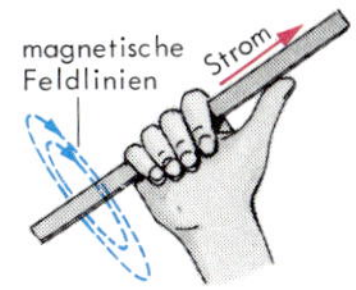

Rechte-Faust-Regel

Rechte-Hand-Regel, → Handregeln.

rechter Winkel, Rechter, Zeichen ∟ oder ⊾, Winkel von 90° oder 100 gon oder $\pi/2$ im Bogenmaß.

rechtläufig, im Sonnensystem vorherrschende Bewegungsrichtung der Himmelskörper, die vom Nordpol der Ekliptik betrachtet gegen den Uhrzeigersinn verläuft (Ggs.: **rückläufig);** die Bez. stammt aus der Zeit des geozentrischen Weltbildes und wurde für die ›normale‹ Bewegung der Planeten am Himmel (in westöstlicher Richtung) benutzt, um sie vor der rückläufigen Bewegung während der Oppositionsschleife auszuzeichnen.

rechtsdrehende Stoffe, → optische Aktivität.

Rechts-Links-Asymmetrie, → Parität.

Rechts-Links-Ware, Abk. **RL,** einflächige Maschenware, bei der auf der rechten Seite die Maschenschenkel oben liegen, auf der linken die Maschenköpfe hervortreten.

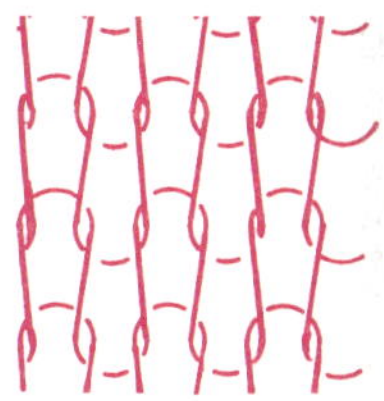

a

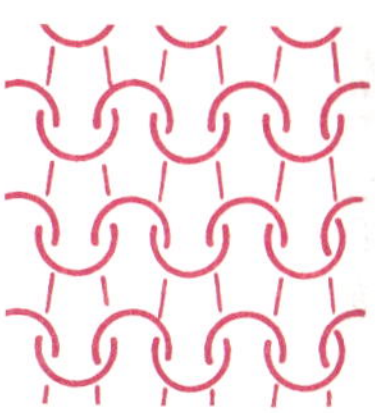

b

Rechts-Links-Ware:
a rechte Warenseite,
b linke Warenseite

Rechts-Rechts-Ware, Abk. **RR,** doppelflächige Maschenware, bei der auf beiden Seiten in jeder Querreihe ein Maschenschenkel (rechte Masche) mit einem Maschenkopf abwechselt; in Erscheinung treten die rechten Maschen. RR ist bes. querelastisch.

Rechts|system, räuml. orthogonales Koordinatensystem, in dem die Einheitsvektoren $\boldsymbol{e}_1$, $\boldsymbol{e}_2$, $\boldsymbol{e}_3$ durch Daumen ($\boldsymbol{e}_1$), Zeigefinger ($\boldsymbol{e}_2$) und Mittelfinger ($\boldsymbol{e}_3$) der rechten Hand dargestellt werden, von einem **Linkssystem** spricht man, wenn die Reihenfolge der der linken Hand entspricht.

Reck|alterung, eine → Alterung des Stahls nach vorausgegangener Kaltverformung **(Kaltreckung);** kann durch Erwärmen (370 bis 570 K) beschleunigt werden (künstliche Alterung).

Recken, 1) umformende Metallbearbeitung: schrittweise Verminderung des Werkstückquerschnitts durch Verdrängen des Werkstoffes in Längsrichtung, z. B. beim Freiformschmieden zw. balligen und ebenen Recksätteln und beim → Reckwalzen.

2) Kunststoff- und Kunstfasertechnik: bei Folien, Fasern oder Profilen das Erzeugen einer Längsorientierung der Fadenmoleküle durch Ziehen: Die Länge des Werkstoffes wird (oft auf das Mehrfache) vergrößert, die Zugfestigkeit in Reckrichtung steigt (oft auf das Mehrfache). Folien werden auch biaxial gereckt.

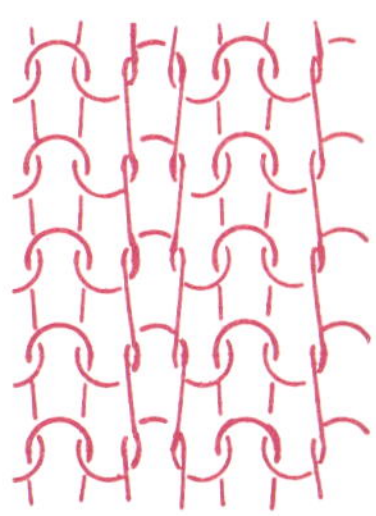

Rechts-Rechts-Ware

Reckversuch, Prüfverfahren für Ketten zwecks Typenprüfung, Abnahme oder Überwachung. Die Prüfbelastung (nach Norm) ist höher als die Nutzlast.

Reckwalzen, Schmiedewalzen, Vorformung für das →Gesenkschmieden: Längswalzen von Teilen bei Schmiedetemperatur in Kalibern, deren Profil sich in Umfangsrichtung ändert.

Recorder [rɪk'ɔ:də, engl.], Gerät zur→magnetischen Aufzeichnung von Musik, Sprache, Daten und Nachrichten auf Platten oder Bänder. Manche R. sind auch zur Wiedergabe geeignet. Ein **Kassetten-R.** ist ein Tonbandgerät mit einlegbarer Kassette, die das Tonband enthält. Ein **Radio-R.** (i. a. ein Kassetten-R.) enthält zusätzlich einen Rundfunkempfänger zur Aufzeichnung von Rundfunkdarbietungen. Ein **Video-R.** nimmt Fernsehbilder auf und speichert sie auf →Videoband. Zur Wiedergabe dient ein Fernsehempfänger oder Monitor mit Bildröhre.

Recycling [ri:s'aɪklɪŋ, engl.], kontinuierl. Rückgewinnung und Wiedereinführung der bei der Fabrikation nicht verbrauchten Ausgangsstoffe in den Produktionskreislauf sowie die vollständige Aufarbeitung anfallender Fabrikationsrückstände, die einen noch verwertbaren Anteil an Roh- oder eingesetzten Hilfsstoffen (Wertstoffen) enthalten. Beispiele: →Abwasserreinigung, →Abfallverwertung, Schrottverwertung. Die nicht mehr verwertbaren Rückstände werden in eine umweltverträgliche Form überführt, so daß sie ohne schädliche Umweltauswirkung deponiert werden können.

In der Kerntechnik wird nicht vollständig abgebranntes Uran oder im Kernreaktor erzeugtes Plutonium abgebrannter Brennelemente in neuen Brennelementen wieder in den Kernreaktor eingebracht. (→Brennstoffkreislauf)

Redox|elektrode, Elektrode eines elektrochemischen Elements, bei der das Elektrodenmaterial (meist Platin) nur zur Aufnahme oder Abgabe von Elektronen dient.

Redox|ionen|austauscher, Elektronenaustauscher, mit Redoxpaaren (z. B. Cu^{2+}/Cu^{+}; Fe^{3+}/Fe^{2+}) beladene organ. Polymere. R. können als feste Reduktions- oder Oxidationsmittel verwendet werden. Sie lassen sich aus der Lösung, mit der sie reagiert haben, leicht abtrennen und mit Oxidations- oder Reduktionsmitteln regenerieren.

Redoxmessung, elektrochem. Meßverfahren zur Bestimmung des Gleichgewichtszustandes zw. reduzierten und oxidierten Ionen (Redoxpotential) in einer Flüssigkeit. Die Spannung zw. einer Edelmetall-Meßelektrode und einer Bezugselektrode wird gemessen. Anwendung bei der Abwasser-Entgiftung, Galvanotechnik, Chlorung in Schwimmbädern, Farbstoffherstellung.

Redoxpotential, in Volt ausgedrücktes →Normalpotential eines Redoxsystems gegen die Normalwasserstoffelektrode.

Redoxsysteme, Oxidations-Reduktions-Systeme, Systeme aus Oxidations- und Reduktionsmitteln, deren chem. Gleichgewicht sich nach dem →Massenwirkungsgesetz 2) einstellt. Dieses Gleichgewicht ist durch das →Redoxpotential bestimmt. Jede Oxidation ist mit einem Reduktionsvorgang deshalb verbunden, weil die vom oxidierten Stoff abgegebenen Elektronen von einem gleichzeitig reduzierten aufgenommen werden. Bringt man z. B. ein Salz des dreiwertigen Eisens mit einem Salz des dreiwertigen Titans zusammen, so wird das Eisen selbst zu zweiwertigem Eisen reduziert, während das Titan z. T. zu vierwertigem Titan oxidiert wird. **Redoxgleichgewichte** spielen im physiolog. Geschehen eine große Rolle; so sind bei der Hefegärung Alkohol und Acetaldehyd durch ein solches verknüpft. Wichtige physiolog. R. sind auch Cystin ⇄ Cystein, Ascorbinsäure ⇄ Dehydro-Ascorbinsäure, Milchsäure ⇄ Brenztraubensäure, wobei die jeweilig zweiten Systemkomponenten meist Dehydrogenasen sind. – R. spielen auch bei der **Redoxpolymerisation,** insbes. auf dem Gebiet der Kautschuksynthese, eine Rolle.

Die Lage der Redoxgleichgewichte wird durch vergleichende Messung gegen das Normalpotential der Normalwasserstoffelektrode bestimmt. Vergleichende Messungen können einfacher durch Zufügung von **Redoxindikatoren** ausgeführt werden.

Redoxtitration, die →Oxidimetrie.

Reduktasen, Biochemie: Enzyme, die molekularen Wasserstoff zu atomarem aktivieren. – **Reduktaseprobe,** bakteriolog. Prüfverfahren zur Feststellung des Keimgehalts der Milch; die von Bakterien gebildete Reduktase entfärbt das zugesetzte Methylenblau.

Reduktion, 1) Chemie: urspr. die Entfernung von Sauerstoff aus sauerstoffhaltigen Verbindungen und damit der entgegengesetzte Vorgang zur Oxidation; dann auch die Einführung von Wasserstoff in Verbindungen (→Hydrierung); i. w. S. ein chem. Vorgang mit Übertragung von Elektronen von einem als **Reduktionsmittel** bezeichneten auf einen anderen Stoff, der reduziert wird. Da gleichzeitig das Reduktionsmittel oxidiert wird (Elektronenabgabe), sind Oxidation und R. stets gekoppelt (→Redoxsysteme). – Wichtige Reduktionsmittel sind unedle Metalle, Kohlenstoff und (naszierender) Wasserstoff. Eine elektrochem. R. findet bei der Elektrolyse an der Kathode statt. R.-Vorgänge haben techn. Bedeutung, z. B. bei der Verhüttung von Erzen.

2) Meteorologie: Umrechnen von Meßwerten auf gleiches Niveau (meist Normal Null), um den störenden Einfluß der Höhenlage der Station auszuschalten, üblich bei Darstellungen der weltweiten Temperaturverteilung, ferner Voraussetzung für die Wiedergabe des →Luftdrucks auf einer Bodenwetterkarte.

Reduktionsgas, im wesentlichen aus Kohlenmonoxid und Wasserstoff bestehendes Gasgemisch zur Direktreduktion von Eisenerzen.

Reduktions|ofen, Industrieofen, bei dem die Ofengase durch knappe Luftzufuhr bei der Verbrennung oder durch Zusatz besonderer Reduktionsmittel zum Einsatzgut sauerstoffarm sind, also reduzierend wirken, z. B. bei Schmelzöfen.

Reduktionszirkel, Doppelzirkel mit einstellbarem Übersetzungsverhältnis zur Unterteilung oder maßstäblichen Änderung von Strecken.

Redundanz, der Mehraufwand, der für die Funktion eines techn. Systems nicht direkt nötig ist. Das Einfügen von R. in ein System ist die gebräuchlichste Möglichkeit zur Erhöhung der →Zuverlässigkeit, dies kann auf Bauelemente- oder Geräteebene erfolgen. Beispiel: Parallelschaltung von zwei verschiedenen voneinander unabhängigen Stromversorgungen für lebenserhaltende Apparaturen in Krankenhäusern. Bei →Ausfall einer Stromversorgung kann der Betrieb durch die zweite aufrechterhalten werden. – In der Nachrichtentechnik und Datenverarbeitung stellt die R. ein Maß für den Anteil einer Nachricht dar, der keine Information enthält und daher für die reine Informationsvermittlung (z. B. Verständlichkeit von Sprache) überflüssig ist. Die R. kann zur Fehlererkennung und Fehlerkorrektur (z. B. bei codiert übertragenen Nachrichten, → Codierung) genutzt werden. (→ Informationstheorie)

reduzibel, Gegensatz von → irreduzibel.

reduzierte Masse, Formelzeichen μ, wird bei Berechnungen von Wechselwirkungen zw. zwei Körpern der Massen m_1 und m_2 im Schwerpunktssystem benutzt. Es ist $1/\mu = 1/m_1 + 1/m_2$.

Reduzierventil, Druckminderventil, mit dem der Druck von Gasflaschen von z. B. 200 bar auf Gebrauchsdrücke von wenigen bar reduziert werden kann. Der Gebrauchsdruck wird durch eine mit Feder versehene Stellschraube verändert. Mit ihrer Hilfe wird ein Ventilkegel

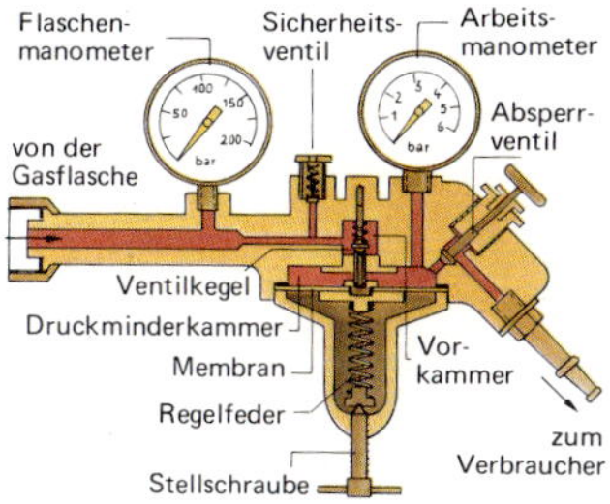

Reduzierventil

gehoben, so daß Gas in die Vorkammer strömen kann. Steigt der Druck in der Vorkammer über einen best. Wert an, wird über eine Membran das Ventil wieder geschlossen.

Reede, für das Warten von Schiffen ausgewiesener, nicht am Ufer gelegener Teil einer Wasserstraße.

Reed-Relais [rˈi:d rəlˈɛ], **Reed-Kontakt,** ein → Relais, aufgebaut aus flachen, federnden Kontaktzungen, die in ein mit Schutzgas gefülltes Glasröhrchen eingeschmolzen sind.

reelles Bild, → Abbildung 2).

reelle Zahlen, Zahlen, zu denen bei Benutzung der Dezimalschreibweise außer den → rationalen Zahlen noch die nichtperiodischen unendlichen Dezimalbrüche (→ irrationale Zahl) gehören, also alle durch Dezimalbrüche mit endlich oder unendlich vielen Stellen nach dem Komma darstellbaren Zahlen. Jede r. Z. hat genau eine Darstellung als Dezimalzahl, die r. Z. werden häufig als Punkte auf der Zahlengeraden veranschaulicht; sie entwickelten sich zuerst in der Mathematik über die rationalen Zahlen hinaus. R. Z. können über den Dedekindschen Schnitt, Intervallschachtelungen oder Cauchy-Folgen definiert werden. Die r. Z. bilden einen → Körper, der mit $\mathbb{R}$ bezeichnet wird.

Referenz|element, zur Erzeugung einer **Referenzspannung** in Stabilisierungs- und Kompensationsschaltungen verwendetes Bauelement. Dazu geeignet sind in Sperrichtung betriebene → Dioden und → Z-Dioden. Häufig wird auch eine Kombination aus Diode und Z-Diode verwendet, die wegen der sich in einem gewissen Bereich ausgleichenden Temperaturabhängigkeiten der Dioden eine bes. stabile Bezugsspannung liefert.

Referenz|ellipsoid, Geodäsie, Kartographie: als Rechenfläche für die Berechnung geographischer Koordinaten benutztes, an den Polen abgeplattetes Rotationsellipsoid. Die Geometrie des R. wird durch seine große Halbachse und die → Abplattung festgelegt. Die den Landesvermessungen zugrunde liegenden R. wurden i. a. aus → Gradmessungen hergeleitet; heute liefert die → Satellitengeodäsie ein dem → Geoid optimal angepaßtes R. (mittleres Erdellipsoid, → Erde). Wird dem R. zusätzlich die Masse und die Rotationsgeschwindigkeit der Erde zuerteilt, so entsteht ein **Normalschwerefeld** als Annäherung an das wirkliche äußere Schwerefeld der Erde.

Reflektor, 1) Astronomie: das → Spiegelteleskop; Ggs.: → Refraktor.

2) Kerntechnik: neutronenreflektierende Umhüllung des Kernreaktors aus Beryllium oder Graphit zur Verhinderung des Neutronenverlustes; der R. bewirkt eine Verkleinerung der → kritischen Masse. Auch Kernwaffen enthalten R.

3) Lichttechnik: Vorrichtung zum Zurückwerfen des Lichtes, wesentlicher Bestandteil einer → Leuchte, gerichtet oder gemischt reflektierend; seine Gestalt (rotationssymmetrisch, asymmetrisch u. a.) wird bestimmt durch die Aufgaben und die verwendeten Lichtquellen.

4) Nachrichtentechnik: metallisches Gebilde hinter einer → Antenne zur Vergrößerung ihrer Richtwirkung, z. B. Drahtgeflecht nach Art eines Hohlspiegels.

Reflektorlampen sind → Glühlampen und → Entladungslampen, die durch ihre Innenverspiegelung und je nach Formgebung des Glaskolbens Licht unterschiedlich stark gebündelt abstrahlen.

Reflektoskop, Gerät zur zerstörungsfreien Prüfung von Werkstoffen oder Bauteilen auf Risse oder Einschlüsse mittels Ultraschall. An Störstellen reflektierte Ultraschallwellen werden auf einem Oszilloskop abgebildet.

Reflex *der,* Optik: der von einem beleuchteten spiegelnden Körper zurückgeworfene Widerschein. (→ Reflexion)

Reflexion, das Zurückwerfen von Strahlen (elast., akust., elektromagnet. Wellen, Teilchenstrahlen) an Grenzflächen zw. zwei Medien. Bei der **regelmäßigen** oder **gerichteten R. (Spiegelung)** an hinreichend glatten Grenzflächen ist stets der **Einfallswinkel,** d. h. der Winkel zw. einfallendem Strahl und der im Einfallspunkt errichteten Flächensenkrechten **(Einfallslot),** gleich dem **Reflexionswinkel,** d. h. dem Winkel zw. reflektiertem Strahl und dem Einfallslot; einfallender Strahl, Flächensenkrechte und reflektierter Strahl liegen in einer Ebene **(Reflexionsgesetz).** Beim Übergang von Licht aus einem optisch dünneren in ein optisch dichteres Medium wird stets nur ein Teil des Lichts reflektiert, der Rest wird absorbiert oder gebrochen (→ Brechung). Sind die Unebenheiten der Begrenzungsfläche groß gegen die Wellenlänge der Strahlung, so ist die R. **zerstreut (diffus),** d. h., eine aus einer bestimmten Richtung einfallende Strahlung wird in viele verschiedene Richtungen reflektiert (→ Remission). Flächen, an denen sowohl diffuse als auch gerichtete Licht-R. auftreten **(gemischte R.),** zeigen → Glanz. Der **Reflexionsgrad** (das **Reflexionsvermögen)** eines Stoffes (Verhältnis der reflektierten zur auffallenden Strahlung) ist bei elektromagnet. Wellen abhängig vom Verhältnis der Brechzahlen der aneinandergrenzenden Medien, von der Wellenlänge und Polarisation der Strahlung, weiter vom Einfallswinkel und bes. bei Metallen vom Absorptionskoeffizienten. Ist die resultierende Wellenlängenabhängigkeit der R. erheblich, spricht man von **selektiver R.** Diese Selektivität im sichtbaren Spektralbereich läßt unsere Umwelt farbig erscheinen, wenn sie von nichtmonochromat. Licht eines breiteren Spektralbereiches bestrahlt wird.

Störende R. bei opt. Gläsern lassen sich durch Oberflä-

Reflexion

chenbehandlung (→Vergüten 2, →Antireflexglas) herabsetzen. Polierte Metallflächen haben bei senkrechtem Lichteinfall ein R.-Vermögen von 50 bis 95%, versilberte Glasspiegel etwa 88%. Mit dielektr. Mehrfachschichten, die auf die Oberfläche aufgedampft werden, kann das R.-Vermögen in einem begrenzten Spektralbereich durch Wahl der Schichtzahl nahezu kontinuierlich auf jeden Wert zw. 0,2% und 99,8% eingestellt werden. Beim Übergang aus dem optisch dichteren in das optisch dünnere Medium wird ebenfalls ein Teil des Lichts gebrochen, solange der Einfallswinkel kleiner als der Grenzwinkel für →Totalreflexion ist. Bei größeren Einfallswinkeln wird das Licht vollkommen reflektiert. Bei transversalen Wellen wird durch die R. i. a. die →Polarisation 3) der Strahlung beeinflußt. Deshalb ist reflektiertes Licht je nach Wellenlänge, Oberflächenbeschaffenheit und R.-Geometrie immer mehr oder weniger stark polarisiert. Vollständige Polarisation tritt für Einfall auf die Grenzfläche unter dem Brewster-Winkel (→Brewstersches Gesetz) auf. Der gebrochene und der reflektierte Strahl stehen in diesem Fall senkrecht aufeinander.

In der Astronomie läßt sich das Reflexionsvermögen aus den Messungen der Lichtintensität von nicht selbstleuchtenden Körpern berechnen (→Albedo). Bei Planeten und Monden erlaubt es Rückschlüsse auf die Natur ihrer Oberflächen.

In der Neutronenphysik wird als Reflexionsvermögen das Verhältnis der von einer Grenzfläche zw. zwei Medien zurückkommenden zu den auf die Fläche auftreffenden Neutronen definiert.

Auf der R. von Schallwellen beruht das →Echo 1).

Reflexionsnebel sind →galaktische Nebel, die aus wolkigen Verdichtungen interstellarer Materie bestehen und selbst nicht strahlen, sondern das Licht benachbarter Sterne zurückwerfen.

Reflexions|spektroskopie, Remissions|spektroskopie, Spektroskopie der von lichtundurchlässigen Stoffen reflektierten oder auch diffus gestreuten Strahlung, die u. a. zur Untersuchung von Pigmenten sowie amorphen und kristallinen Festkörpern eingesetzt wird.

Reflexionsvermögen, Reflexionsgrad, →Reflexion, →Absorption 1).

reflexiv, Mathematik: →Relation.

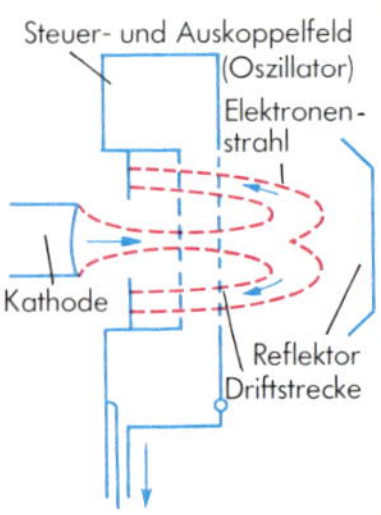

Reflexklystron

Reflex|klystron, Oszillatorklystron (→Klystron) mit nur einem elektr. Wechselfeld, in dem die von der Kathode ausgesandten Elektronen in ihrer Geschwindigkeit gesteuert werden. Die Elektronen durchlaufen einen Resonator, werden dann durch einen negativ vorgespannten Reflektor zur Umkehr gezwungen und geben am Auskoppelspalt des Resonators eine elektr. Leistung ab. Wegen kleiner Ausgangsleistung ist das R. heute weitgehend durch Halbleiterbauelemente ersetzt worden.

Reflexkopierverfahren, ein Kontaktkopierverfahren, →Kopierverfahren.

Reflexkoppler, elektron. Bauelement, das wie ein →Optokoppler aus einem lichtemittierenden Sender (z. B. Galliumarsenid-Lumineszenzdiode) und einem lichtempfindl. Empfänger (z. B. Silicium-Phototransistor) aufgebaut ist, nur daß deren opt. Achsen in einem spitzen Winkel zueinander stehen. Dadurch entsteht nur dann eine opt. Kopplung, wenn der ausgesandte Lichtstrahl von einem Gegenstand reflektiert wird. R. werden eingesetzt zur Zeichenerkennung (z. B. von Balkencodes), zur Codierscheibenabtastung, Lage- und Laufrichtungserkennung, Bandendabschaltung von Magnettonbandgeräten u. a.

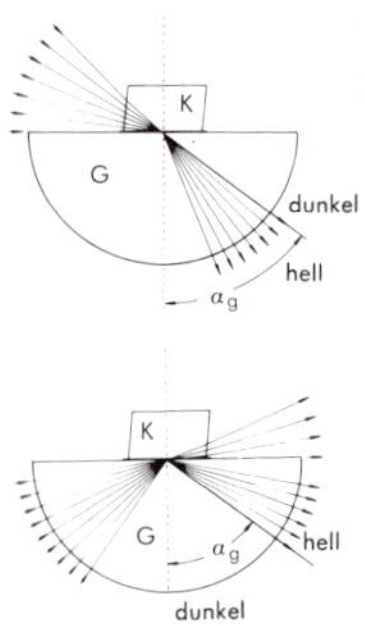

Refraktometer 1: Totalreflektometer; OBEN Lichteinfall vom Kristall K aus (›streifende Inzidenz‹), UNTEN durch die Glashalbkugel G (›schräge Inzidenz‹). Der Grenzwinkel α_g der Totalreflexion wird mit einem Fernrohr beobachtet und an einem Teilkreis abgelesen

Reformat, durch →Reformieren gewonnenes, aromatenreiches Benzin. Nach dem Platforming-Verfahren hergestelltes R. wird als **Platformat** bezeichnet. R. zeichnet sich durch hohe Klopffestigkeit aus und dient als Mischkomponente für Ottokraftstoffe sowie zur Gewinnung von Benzol, Toluol und Xylolen.

Reformieren, Verfahren der Erdölverarbeitung, bei dem Schwerbenzin mit niedriger →Oktanzahl (ROZ: 30–65) in klopffestes →Reformat (ROZ: 90–100) umgewandelt wird. Gleichzeitig wird Wasserstoff gewonnen, der v. a. für das Hydrotreating verwendet wird. Das R. wird bei etwa 500 °C und 10–40 bar an bifunktionellen Katalysatoren durchgeführt. Niedriger Druck ergibt bessere Ausbeuten, führt aber zu schnellerer Katalysatordesaktivierung durch Verkokung. Die wichtigsten Reaktionen sind die →Dehydrierung von Cyclohexanderivaten und die →Dehydrocyclisierung von Alkanen zu Aromaten sowie die Isomerisierung von geradkettigen zu verzweigten Alkanen. Das Reaktionsgemisch wird in einem Röhrenofen aufgeheizt und in drei hintereinander angeordneten Festbettreaktoren umgesetzt. Da die Reaktionen überwiegend endotherm sind, muß nach jeder Stufe erneut aufgeheizt werden. Die klass. Katalysatoren enthalten geringe Mengen Platin auf saurem Aluminiumoxid (bedeutendstes Verfahren: **Platforming** von **Plat**in **Reforming**). Neuere Katalysatoren, die neben Platin auch Rhenium, Germanium u. a. Metalle enthalten (Bimetallkatalysatoren), neigen weniger zur Desaktivierung, so daß sie bei niedrigerem Druck eingesetzt werden können. Neuerdings werden Reformer gebaut, die eine kontinuierl. Katalysatorregenerierung während des Betriebes erlauben.

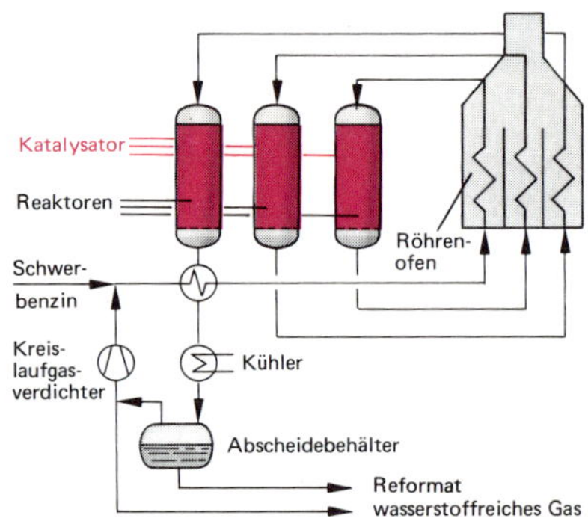

Reformieren: Schema einer Platforming-Anlage

Refraktion, die →Brechung der Lichtstrahlen, v. a. von Gestirnen in der Erdatmosphäre (→atmosphärische Lichtbrechung).

Refraktometer *das,* opt. Instrument zur Messung der Brechzahl n von festen, flüssigen oder gasförmigen Stoffen. **Totalreflektometer** bestimmen n durch Messung des Grenzwinkels α_g der Totalreflexion unter Verwendung eines Meßprimas mit bekannter Brechzahl n', das mit dem zu prüfenden Stoff in opt. Kontakt gebracht wird, über die Beziehung $n = n' \cdot \sin \alpha_g$ (BILD 1). Das v. a. zur Untersuchung von Flüssigkeiten verwendete Totalreflektometer nach E. ABBE **(Abbe-R.,** BILD 2) arbeitet mit weißem Licht, da die Einflüsse der Dispersion durch Verdrehung der zwei Geradsichtprismen im Beobachtungsfernrohr kompensiert werden können. Beim **Interferenz-R.** werden die zu untersuchende Probe und eine Referenzprobe in die beiden parallelen Strahlengänge eines **Mach-Zehnder-** oder **Jamin-Interferometers** (BILD 3)

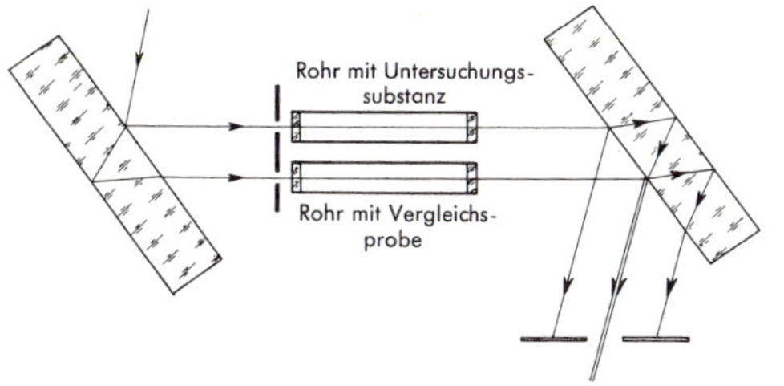

Refraktometer 3: Interferenz-R. nach Jamin

eingebracht und der Unterschied der opt. Weglänge der beiden Strahlenbündel gemessen. Auf diese Weise ist eine sehr präzise Bestimmung von n (Genauigkeit etwa 10^{-10}) sowie die Messung kleiner Brechzahlunterschiede, z. B. von zwei Gasen oder an zwei räumlich getrennten Orten einer Probe (Brechzahlinhomogenitäten) möglich.

Da die Brechzahl stoffspezifisch ist, werden R. auch für analyt. Zwecke verwendet, z. B. zur Identifizierung von Gläsern und Kristallen oder zur Bestimmung der chem. Zusammensetzung und Konzentration von Lösungen.

Refraktometrie, Bestimmung von Brechzahlen mit Hilfe des → Refraktometers.

Refraktor *der,* **Linsenfernrohr,** ein → Fernrohr 1) mit einer Sammellinse oder Linsenkombination als Objektiv, v. a. als → astronomisches Instrument, i. Ggs. zum Reflektor (→ Spiegelteleskop) mit einer Spiegeloptik.

Regalförderzeug, Fördermittel in einem → Hochregallager zur Ein- oder Auslagerung von Paletten oder Behältern; fährt auf einer Bodenschiene, besitzt ein oder zwei Hubmaste, an denen sich ein Lastaufnahmemittel mit oder ohne Fahrerkabine vertikal bewegt.

Regel|abweichung, Differenz zw. dem → Istwert und dem → Sollwert der → Regelgröße. Der → Regler hat die Aufgabe, den Betrag der R. möglichst klein zu halten. Falls die R. nach einem Sprung der → Störgröße oder → Führungsgröße einem konstanten Wert zustrebt, spricht man von **bleibender R.**

Re|gelation *die,* das Wiedergefrieren des Wassers zu Eis (bei Druckentlastung), das vorher durch erhöhten Druck zum Schmelzen gebracht war; z. B. kann ein durch ein Wägestück straff gespannter Draht durch einen Eisstab hindurchwandern, ohne daß dieser zerschnitten wird, weil das unter dem Draht unter Druck geschmolzene Wasser von diesem verdrängt wird und oberhalb des Drahtes sofort wieder erstarrt. Die R. spielt bei der Gletscherbewegung **(R.-Theorie)** und für Bewegungsvorgänge im Dauerfrostboden eine Rolle.

Regeldetri, → Dreisatz.

Regelfläche, die → geradlinige Fläche.

Regelgetriebe, Getriebe zur Drehzahlregelung.

Regelgröße, physikal. Größe im → Regelkreis, die geregelt wird. Sie ist Ausgangsgröße der → Regelstrecke. Bei Mehrfachregelungen hat man es mit mehreren R. zu tun, die mathematisch zu einem R.-Vektor zusammengefaßt werden können.

Regelkraftheber, mit Regelfunktionen ausgestatteter → Kraftheber am Ackerschlepper. Bei der **Zugkraftregelung** wird z. B. während des Pflügens die Zugkraft konstant gehalten; gerät der Pflug an eine feste Bodenstelle, die die Zugkraft erhöhen würde, hebt der R. den Pflugkörper so lange an, bis die eingestellte Zugkraft erreicht ist. Bei der **Lageregelung** wird die Lage des Gerätes zum Schlepper konstant gehalten. Moderne R. arbeiten wahlweise nach Lage oder nach Zugkraft oder beiden **(Mischregelung).**

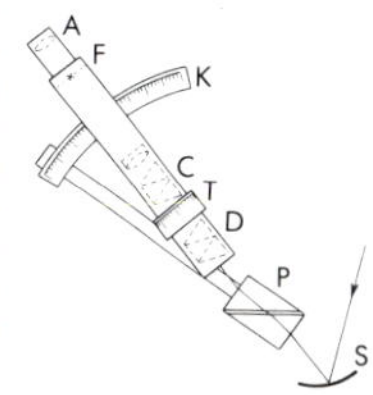

Refraktometer 2

Refraktometer 2: Abbe-R.; S Beleuchtungsspiegel, P Doppelprisma (die Flüssigkeit wird in den Spalt eingefüllt), C und D Geradsicht-Prismen zur Aufhebung der Dispersion, T Meßtrommel zum Ablesen der mittleren Dispersion, K Meßskala zum Ablesen der Brechzahl für Fraunhoferlinie D, F Fadenkreuz, A Okular. (Nach Kohlrausch, Prakt. Physik)

Regelkreis, zykl. Schaltung aus → Regelstrecke und → Regler derart, daß ein geschlossener Wirkungsablauf (→ Rückführung 1) zustande kommt. Dies ermöglicht eine Verminderung oder Unterdrückung des Einflusses auch unvorhergesehener → Störgrößen. R. treten nicht nur in der → Regelungstechnik auf, sondern sind allg. kennzeichnend für kybernet. Systeme, z. B. auch in Biologie, Ökonomie und Soziologie.

Regel|lasten, genormte → Lastannahmen, die der Berechnung von Bauwerken zugrunde zu legen sind.

regelmäßige Körper, reguläre Körper, Platonische Körper, konvexe → Polyeder, die von kongruenten regelmäßigen Vielecken begrenzt werden und deren Ecken dieselbe Kantenzahl haben. Es gibt fünf r. K., drei davon haben als Begrenzungsflächen gleichseitige Dreiecke: **Tetraeder** (4 Flächen, 6 Kanten, 4 Ecken), **Oktaeder** (8 Flächen, 12 Kanten, 6 Ecken), **Ikosaeder** (20 Flächen, 30 Kanten, 12 Ecken), außerdem gibt es einen r. K., der von Quadraten begrenzt wird, das **Hexaeder (Würfel,** 6 Flächen, 12 Kanten, 8 Ecken) und einen r. K., dessen Begrenzungsflächen regelmäßige Fünfecke sind, das **Dodekaeder** (12 Flächen, 30 Kanten, 20 Ecken).

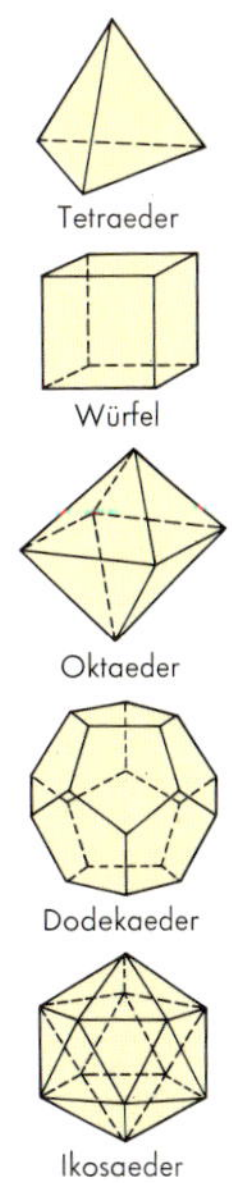

regelmäßige Körper

Regelspur, Vollspur, Spurweite von 1,435 m (→ Eisenbahn).

Regelstab, Steuerstab, Kerntechnik: ein → Absorberstab aus neutronenabsorbierendem Material zur Regelung des Neutronenflusses im Kernreaktor.

Regelstrecke, Zusammenfassung derjenigen Glieder eines → Regelkreises, die die zu regelnde techn. Anlage bilden. Nach Maßgabe der Steuerung durch die → Stellgröße und des Einflusses der → Störgrößen erzeugt die R. an ihrem Ausgang die → Regelgröße.

Regelungsbauwerk, Bauwerk zur → Flußregelung, z. B. Buhne, Parallelwerk, Sohlschwelle.

Regelungstechnik, eine der Grundlagen der Automatisierung techn. Prozesse. Die R. befaßt sich mit der Aufgabe, v. a. in techn. Anlagen gewisse physikal. Größen (→ Regelgröße) trotz des Einflusses äußerer Störungen konstant zu halten oder, allgemeiner, dem zeitlichen Verlauf vorgegebener Größen (→ Führungsgröße) möglichst genau nachzuführen. I. Ggs. zur Steuerungstechnik (→ Steuerung 3), die dieselben Ziele verfolgt, bedient sich die R. des Prinzips der → Rückführung 1), das man sowohl in lebenden Organismen wie in ökonom. und soziolog. Systemen vorfindet. Man kann die R. daher auch als den techn. Zweig der → Kybernetik definieren. Wie diese verbindet die R. viele (techn.) Disziplinen, indem sie die Vielfalt geregelter techn. Systeme auf die Grundform des → Regelkreises zurückführt. Demzufolge hat man es mit nur zwei rückwirkungsfreien Baugliedern zu tun, mit der → Regelstrecke, die von der vorgegebenen techn. Anlage gebildet wird, und dem → Regler, der das Zeitverhalten der Strecke kontrolliert und auf sie im Sinne der Aufgabenstellung korrigierend einwirkt. Dabei kommt folgender geschlossener Wirkungsablauf zustande: Die von der Strecke abgegebene Regelgröße wird (fortlaufend) vom Regler gemessen und ihre Differenz (→ Regelabweichung) gegenüber dem jeweiligen → Sollwert ermittelt. Der Regler gibt nun seinerseits fortlaufend ein vom Zeitverlauf der Regelabweichung abhängiges Signal an das → Stellglied der Regelstrecke ab, das diese zu einer Korrektur der Regelgröße im Sinn einer Verminderung des Betrags der Regelabweichung veranlaßt. Die so im Regelkreis wirksame Rückführung ist also, zumindest solange man hinreichend langsame zeitl. Änderungen betrachtet, eine Gegenkopplung. Dies schließt aber nicht aus, daß der Regelkreis für gewisse Frequenzen ein mitgekoppeltes System darstellt und somit die Gefahr der Schwingungsanregung besteht. Daher stellt sich beim Entwurf einer Regelung stets die Frage nach der Stabilität.

In BILD 1 ist der Flüssigkeitsstand die Regelgröße. Sinkt er, so öffnet der Regler, der hier aus Schwimmer und Differentialhebel gebildet wird, den Schieber (Stellglied) und

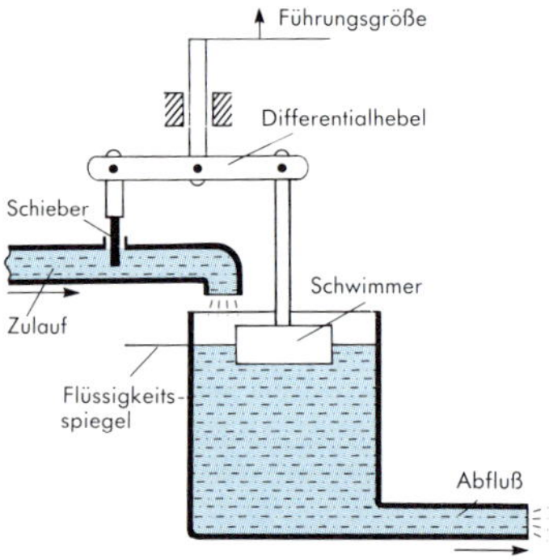

Regelungstechnik 1: Schema einer Flüssigkeitsstandsregelung

wirkt dadurch dem Absinken des Flüssigkeitsspiegels entgegen. Umgekehrt schließt er den Schieber, wenn der Flüssigkeitsstand steigt. Als Störgröße kommen bei dieser Anordnung Schwankungen des Drucks im Zulaufrohr in Frage. Die Führungsgröße kann durch Verschieben des Hebeldrehpunkts eingestellt werden. Die Temperaturregelung in BILD 2 ist eine → Zweipunktregelung mit einem Schaltmechanismus als Regler, der einen Kontakt schließt und damit die Heizung einschaltet, sobald er einen → Istwert der Raumtemperatur mißt, der unterhalb des → Sollwerts liegt. Umgekehrt schaltet er wieder aus, wenn er eine positive Regelabweichung feststellt.

Der Entwurf einer Regelung besteht i. a. aus 1) theoret. oder experimenteller Analyse des Zeitverhaltens der vorgegebenen Regelstrecke. Üblicherweise läuft dies auf eine Ermittlung des → Frequenzgangs oder der Übergangsfunktion (→ Sprungantwort) hinaus; 2) Festlegung einer der Strecke angemessenen Reglerstruktur, wobei in einfachen Fällen eine Auswahl aus den Grundtypen (→ P-Regler, → I-Regler, → PI-Regler, → PD-Regler oder → PID-Regler) genügt; 3) Dimensionierung der Reglerparameter

Regelungstechnik 2: Prinzip einer Zweipunkt-Temperaturregelung

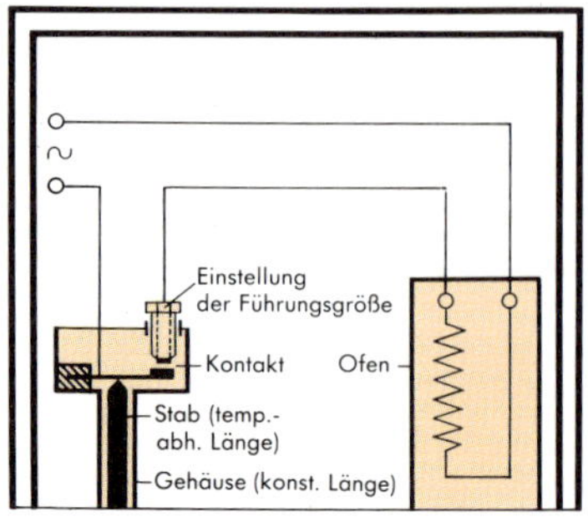

(Verstärkungsfaktoren und Zeitkonstanten), dabei ist unbedingt die Stabilität des Regelkreises sicherzustellen. Darüber hinaus wird man für das Einschwingen des Regelkreises (beim Übergang von einem Beharrungszustand zu einem anderen) eine günstige Dämpfung verwirklichen. Einen anderen Weg, geeignete Reglerparameter zu bestimmen, bildet die Optimierung des Regelkreises; 4) gerätetechn. Realisierung des Reglers, hierbei ist z. B. zu wählen zw. mechan., hydraul., pneumat. oder elektr. Ausführungen, im Vordergrund stehen Fragen der nötigen Leistung und der Kosten.

Neben den einfachen Regelkreisen treten in der R. auch kompliziertere Strukturen auf, etwa in Form von Hilfsregelkreisen (unterlagerten Regelkreisen, Kaskadenregelungen). Hier werden zur Verbesserung des Zeitverhaltens an der Strecke ›Hilfsregelgrößen‹ abgegriffen und über zusätzl. Regler (Hilfsregler) rückgeführt, wodurch Störeinflüsse früher erfaßt und damit besser ausgeregelt werden können. Eine noch stärkere Vermaschung von Regelkreisen liegt bei Mehrfachregelungen vor. Die Regelstrecke liefert hier mehrere Regelgrößen, die gleichzeitig zu regeln sind. Dazu stehen meist auch mehrere Stellgrößen zur Verfügung (Beispiel: Klimaregelung als gleichzeitige Regelung von Temperatur und Luftfeuchtigkeit). Eine wesentl. Maßnahme ist in solchen Fällen die Entkopplung der Regelkreise, durch die man auf mehrere einschleifige Regelkreise zurückgeführt wird. Schließlich gibt es Strecken, deren räuml. Ausdehnung nicht vernachlässigt werden darf (Systeme mit örtlich verteilten Parametern). Beispiele sind Wärmetauscher, chem. Rohrreaktoren und elektr. Leitungen. Bei diesen Systemen begegnet man häufig der Aufgabe, ein bestimmtes örtl. Profil der Regelgröße, die eine Funktion von Ort und Zeit ist, also z. B. einen örtl. Verlauf der Temperatur, durch die Regelung zu verwirklichen und aufrechtzuerhalten.

Einen wichtigen Typ von Regelsystemen bilden die Abtastregelungen, bei denen die Regelgröße nur in bestimmten diskreten Zeitpunkten gemessen wird, was z. B. bei der Probenentnahme aus chem. Apparaturen geschieht. – Unterliegen die Parameter des Regelkreises zeitl. Schwankungen (etwa infolge Alterung oder äußerer Einflüsse), greift man oft zu selbstanpassenden (adaptiven) Regelungen. In einer Hierarchie von Reglern hat hier der übergeordnete Regelkreis die Parameterwerte des untergeordneten als Regelgrößen, deren Schwankung er entgegenzuwirken hat.

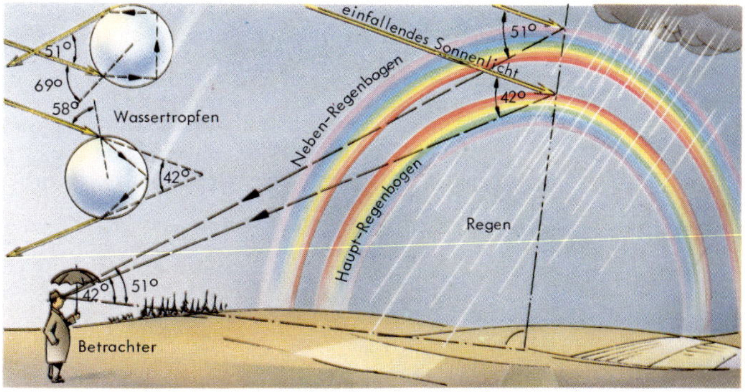

Regenbogen:
Entstehung des Haupt- und Neben-Regenbogens; oben links Brechung und Reflexion des Lichtes in einzelnen Wassertropfen

W. Oppelt: Kleines Hb. techn. Regelvorgänge ([5]1972); O. Föllinger u. a.: R. ([3]1980); F. Fröhr u. F. Orttenburger: Einf. in die elektron. R. ([5]1981); W. Leonhard: Einf. in die R. (1981); T. Ebel: R. ([3]1982).

Regen, flüssiger → Niederschlag 2) mit einer Tropfengröße von 0,5 bis 7 mm Durchmesser (< 0,5 mm ›Nieseln‹). Werte zw. 1 und 2 mm mit einer Fallgeschwindigkeit um 5 m/s treten am häufigsten auf, während Tropfen > 5 mm leicht zu mehreren kleinen zerplatzen und daher selten sind. Die **Regenintensität** (Menge je Zeiteinheit) wird mit einem Niederschlagsmesser (umgangssprachlich auch **Regenmesser)** bestimmt. Sie variiert zw. weniger als 0,1 mm/h bei **leichtem R.** und mehr als 100 mm in einigen min bei **Starkregen.** Je nach Größe des vom R. betroffenen Gebietes werden Landregen und → Schauer 1) unterschieden. Bei → Inversionen 5) mit Temperaturen unter 0 °C kann **unterkühlter R.** auftreten, dessen Tropfen beim Auftreffen auf Gegenstände sofort gefrieren (→ Glatteis). R. wäscht die Luft aus und enthält daher neben Staub, gelöstem Sauerstoff und Stickstoff auch Substanzen wie Kohlensäure, schweflige Säure, Schwefelsäure, Salpetersäure. Dadurch fördert er die → Verwitterung von Gesteinen und wirkt als Dünger. Die Beimengungen können so stark sein, daß sie das R.-Wasser anfärben (Schwefel-, Blutregen). **Regenschatten** heißt die nicht nur bei R. beobachtete Verminderung des Niederschlages im Lee von Gebirgen durch die Wirkung von → Föhn.

Regenbogen, atmosphärisch-optische Erscheinung (→ atmosphärische Optik), die entsteht, wenn die hinter dem Beobachter stehende Sonne eine vor ihm befindl. Regenwolke oder -wand bescheint. Sie besteht aus einem in den Spektralfarben leuchtenden **Haupt-R.** von etwa 42° Halbmesser und 1,5° Breite, oft auch noch aus einem zweiten, lichtschwächeren **Neben-R.** von 51° Halbmesser mit 3° Breite und zuweilen weiteren sekundären Bögen, die innerhalb des Haupt-R. oder außerhalb des Neben-R. auftreten können. Der gemeinsame Mittelpunkt liegt auf einer vom Sonnenmittelpunkt durch das Auge des Beobachters gehenden Geraden. Von einem erhöhten Standpunkt ist gelegentlich ein voller Kreis sichtbar. Beim Haupt-R. ist die Farbfolge von innen nach außen: Violett, Indigo, Blau, Grün, Gelb, Orange, Rot, beim Neben-R. umgekehrt. Der R. ensteht durch Brechung und Reflexion der Sonnenstrahlen in den einzelnen Regentropfen. Die bei deren Ein- und Austritt stattfindende Brechung zerlegt das Sonnenlicht in die Spektralfarben, die Reflexion lenkt die Strahlen in das Auge des Beobachters. Einmalige Reflexion im Tropfen ergibt den Haupt-, zweimalige den Neben-R. (Bild). Unterschiede in Breite, Färbung u. a. werden durch verschiedene Größen der Regentropfen verursacht. Fast weiße R. (bei Tropfengröße von maximal 0,05 mm) heißen **Nebel-R.** Vom Mond verursachte R. sind sehr selten, lichtschwach und fast stets weiß. Regenbogenähnl. Erscheinungen sieht man häufig an Springbrunnen und Wasserfällen.

Regenerate, techn. Produkte, die durch Aufarbeitung ge- oder verbrauchter Verbrauchsartikel zurückgewonnen und als Rohstoffe wieder verwendet werden können (→ Recycling). So ergeben z. B. physikalisch und chemisch aufbereitete Altschmierstoffe R. mit den für Neuschmierstoffen festgelegten Gütewerten.

Regeneration, 1) Geologie: Rückführung durch Konsolidation versteifter Erdkrustenbereiche in den bewegl., faltbaren Zustand (→ Geosynklinale) durch Absinken in tiefere Erdkrustenzonen. Man hat die kurzzeitigen R.-Phasen von den **Umbrüchen** weltweiten Ausmaßes unterschieden, von denen die Erde im Archaikum (postlaurentischer Umbruch) und im Jungproterozoikum (algonkischer Umbruch) betroffen wurde.

2) Wiederherstellung best. chem. oder physikal. Eigenschaften eines Stoffs (→ Regenerate) sowie die Rückgewinnung chemischer Stoffe.

regenerative Energiequellen, erneuerbare Energiequellen, wie etwa die direkte oder indirekte Nutzung der → Sonnenenergie, geotherm. Energie (→ Erdwärme) und die Gezeiten (→ Gezeitenkraftwerk).

Regenerativfeuerung, Regenerativgasfeuerung, Feuerung zur Vorwärmung von Gas und Luft durch Ausnutzung der Abgaswärme, angewendet bei Schmelzöfen, Hochöfen, Glasschmelzöfen **(Regenerativofen).** Gas und Luft werden getrennt vor ihrer Verbrennung auf 1 000–1 200 °C erhitzt. Mit der R. werden Ofentemperaturen von 1 700 °C erreicht.

Regen|erosion, Bez. für → Erosion 2) an Bauteilen von Luftfahrzeugen (Rumpfnasen, Flügelvorderkanten, Hubschrauberrotoren) durch den Aufprall von Regentropfen mit hohen Auftreffgeschwindigkeiten. Die dadurch verursachten hohen Druckbeanspruchungen führen zu Kaltverfestigung und Kaltversprödung metall. Werkstoffe mit anschließender Rißbildung und dadurch verursachten Materialausbrüchen.

Regengestirn, die → Hyaden.

Regimefaktoren [reʒ'iːm-, frz.], klimatische, geolog., flußmorpholog., vegetationskundl. und anthropogene Gegebenheiten eines Einzugsgebiets.

Regionalmetamorphose, weiträumige, durch Einwirkung erhöhter Drucke (meist > 2 Kilobar) und Temperaturen (zw. 200 und 800 °C) bedingte Umwandlung von Gesteinen. Ursache der R. ist die Versenkung von in → Geosynklinalen gebildeten Gesteinskomplexen in tiefere Bereiche der Erdkruste. Dabei sind tekton. Durchbewegung und Um- und Neukristallisation von Mineralen zeitlich eng verknüpft. Durch R. entstand die Mehrzahl der metamorphen Gesteine, z. B. die kristallinen Schiefer. Der gebietsweise sehr unterschiedl. Intensitätsgrad der Umwandlung ist durch das Auftreten best. → Indexminerale und Mineralparagenesen gekennzeichnet, wodurch eine Zonengliederung (→ Tiefenstufen 2) möglich ist.

Regionaltechnik, Anpassung techn. Verfahren, Geräte, Werk- und Baustoffe sowie der Bauformen an die regionalen (landschaftl.) und lokalen Natur- und Kulturverhältnisse; wichtig wegen der Notwendigkeit der Entwicklung ›alternativer Technologien‹ (›Mittlere Technologie‹, ›Angepaßte Technologie‹) und für den Aufbau der Industrie in den Entwicklungsländern.

Register, 1) Datenverarbeitung: besonderer Speicher z. B. in einer Datenverarbeitungsanlage, der kleine Einheiten (z. B. ein Wort) digitaler Informationen vorübergehend speichern und mit kurzer → Zugriffszeit abgeben kann. R. sind bestimmten Aufgaben zugeordnet und haben deshalb begrenzte Funktionen (z. B. Multiplikator-, Befehls-R., Akkumulator). **Schiebe-** oder **Zähl-R.** enthalten zusätzl. Schalteinrichtungen zum Verschieben der im R. enthaltenen Informationen oder zum Zählen. Mit zusätzl. Ausgängen (Eingängen) an jedem Speicherelement dient das Schiebe-R. als → Serien-Parallel-Umsetzer (→ Parallel-Serien-Umsetzer).

2) Drucktechnik: paßgenauer Druck, das genaue Aufeinanderpassen der Druckformen für Schön- und Widerdruck auf den einzelnen Seiten eines Buches **(R. halten,** ›guter Passer‹).

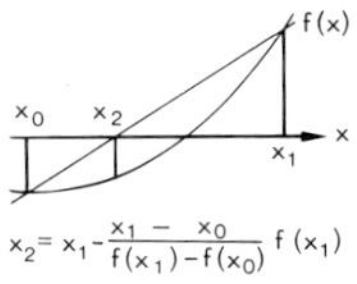

Regula falsi

Registerschnitt, abgestufte Ausstanzungen am Kopf-, Vorder- oder Fußschnitt eines Buchblocks zum übersichtl. Abteilen einzelner Blockabschnitte, z. B. in Fernsprechbüchern.

Registertonne, Einheitenzeichen **RT** oder **Reg.T.**, engl. **register ton** [rˈedʒɪstə tʌn], Einheitenzeichen **reg ton**, anglo-amerikan., internat. bis 1982 üblich gewesene Volumeneinheit zur Größenangabe von Seeschiffen, bes. Handelsschiffen: 1 reg ton = 100 cubic feet = 2,831 684 7 m^3. Der Brutto-Rauminhalt einschl. der Räume für Antriebsanlage, Betriebsstoffe, Schiffsführung und Unterbringung der Besatzung wird in **Bruttoregistertonnen** (Abk. **BRT)** angegeben, der gewinnbringende Raum für Fahrgäste und Ladung in **Nettoregistertonnen** (Abk. **NRT).** Die Einheit bleibt dabei dieselbe. Die R. wurde in der → Schiffsvermessung durch die → Bruttoraumzahl und Nettoraumzahl ersetzt.

Registriergerät, der Registrierung von Meßwerten dienendes Gerät (→ Meßtechnik), das den Meßwert meist in Abhängigkeit von der Zeit analog oder digital sowie mittels eines XY-Schreibers, Plotters, Oszillographen, Magnetbandgerätes oder dgl. aufzeichnet. Die Art des verwendeten R. richtet sich nach der zur Verfügung stehenden Meßleistung, der erstrebten Genauigkeit, der Anzahl der gleichzeitig zu registrierenden Größen und der Maximalfrequenz der Meßgröße.

Reglage [reglˈa:ʒə, frz.], Regulierung einer Uhr. Hierzu zählen alle Maßnahmen des Uhrmachers, um den → Gang einer Uhr auf den günstigsten Wert zu bringen und zu erhalten, z. B. durch Einstellung am → Rücker, Kompensation von Isochronismusfehlern (→ Isochronismus), Kontrolle und Einstellung der richtigen Amplitude.

Regler, Gerät (Glied des → Regelkreises), das fortlaufend die → Regelabweichung mißt und auf deren Verminderung hinwirkt, indem es auf Grund der Messung ein geeignetes Signal bildet, das als → Stellgröße die → Regelstrecke beeinflußt. Man unterscheidet stetige und unstetige, kontinuierlich wirkende und Abtastregler; bezüglich ihres Zeitverhaltens kann man die R. in fünf Grundtypen einteilen: → P-Regler, → PI-Regler, → PD-Regler, → PID-Regler und → I-Regler. (BILD)

Reglette, der → Durchschuß beim Buchdruck (Bleisatz).

Regolith, Bez. für unverfestigtes Gesteinsmaterial über dem Anstehenden; Bez. auch für Mondsedimente.

Regression, 1) Geologie: Zurückweichen des Meeres, verursacht durch Landhebung (→ Epirogenese) oder Absinken des Meeresspiegels (→ eustatische Bewegungen). – Ggs.: → Transgression.

2) Statistik: die Aufspaltung einer Zufallsvariablen Y (mit den Realisationen y) in einen systemat. Teil $f(X)$ und einen zufälligen Teil ε, wobei gilt $y = f(X) + \varepsilon$ **(R.-Funktion).** Dabei heißt y abhängige oder endogene Variable oder (seltener) **Regressand,** X heißt unabhängige oder exogene Variable oder **Regressor;** seine ›Realisationen‹ x werden meist als fest vorgegeben betrachtet. Hat die R. nur einen Regressor, spricht man von **einfacher R.,** hat die R. mehrere Regressoren, von **multipler R.:** $y = f(X_1, X_2, \ldots, X_n) + \varepsilon$. Regressand und Regressoren sind beobachtbar, die Zufallskomponente ε ist es nicht; ihre ›Realisationen‹ sind nur indirekt über die R. beobachtbar und heißen **Residuen.** Die graph. Darstellung der R. heißt **Regressionskurve,** im linearen Fall **Regressionslinie.**

Regula falsi, Verfahren, mit dessen Hilfe man angenähert Nullstellen von → Funktionen 2) berechnet. Man wählt dazu zwei Argumentwerte, die möglichst dicht beieinanderliegen und zw. denen ein Vorzeichenwechsel der Funktion $f(x)$ stattfindet. Man ersetzt zw. diesen Werten die Funktion durch eine Sekante, deren Nullstelle x_2 eine erste Näherung darstellt. Wiederholt man dieses Verfahren, indem x_2 als neuer Wert x_0 gesetzt wird, so konvergiert die so entstehende Folge bei stetigen Funktionen gegen eine Nullstelle.

reguläre Funktion, → analytische Funktion.

reguläre Körper, die → regelmäßigen Körper.

Regulation des Stoffwechsels, Steuerung und Koordination der biochem. Reaktionen innerhalb einer Zelle, eines Gewebes und eines Gesamtorganismus mit dem Ziel, durch Aufrechterhaltung eines Fließgleichgewichtes, Bildung von Zwischenprodukten für die Synthese notwendiger Substanzen sowie Bereitstellung von Energie die Integrität von Zelle und Organismus zu gewährleisten. Es können 1) intrazelluläre und 2) interzelluläre Regulationsmechanismen unterschieden werden. Zu

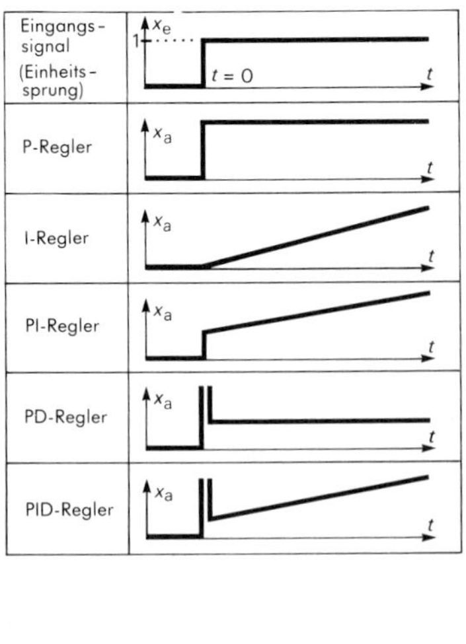

Regler: Übergangsfunktionen idealer Reglertypen

1) gehören folgende Prinzipien: Kompartimentierung einzelner Stoffwechselwege, Veränderung der Enzymaktivität, Veränderung der Enzymmenge; zu 2) hormonelle und nervöse Steuerungsprinzipien.

Regulator, Pendeluhr, meist mit Halbsekundenpendel.

Regulus, 1) Astronomie: Hauptstern 1. Größenklasse (scheinbare Helligkeit $1^{m},31$) im Sternbild Löwe **(Alpha Leonis);** gehört zum → Frühjahrsdreieck. R. ist ein Dreifachsystem.

2) Bez. für Metallklumpen, der sich beim Schmelzen von Metallen unter der Schlacke bildet. – Auch Bez. gediegenen Metalls im Unterschied zum vererzten.

Reiben, spanendes Bearbeitungsverfahren zur Feinbearbeitung von Bohrungen. Von Hand oder maschinell bewegtes Werkzeug ist die **Reibahle** mit am Umfang in Achsrichtung angeordneten parallelen Schneiden, die fest oder einstellbar sein können.

Reibräder, Reibungsräder, Friktionsräder, Räder mit glatten Umfangsflächen, die so gegeneinandergepreßt werden, daß durch die entstehende Reibung Kräfte oder Drehmomente übertragen werden können; angewendet im **Reibradgetriebe** (→ Rädergetriebe, → Getriebe). Die übertragbare Leistung ist begrenzt durch die zulässige Pressung, den erreichbaren Reibungsbeiwert, die Erwärmung und den Verschleiß durch Schlupf.

Reibschale, flache, starkwandige Schale, meist aus Porzellan zum Zerkleinern grobkörniger Substanzen mit Hilfe des Pistills (→ Mörser 1).

Reibung, die Hemmung der relativen Bewegung sich berührender Körper **(äußere R.)** oder von Teilen eines Körpers gegeneinander **(innere R.).** R. beruht bei festen Körpern vorwiegend auf mikroskop. Unebenheiten, bei der R. von Flüssigkeiten an Gefäßwänden auf der → Adhäsion.

Wenn ebene Flächen fester Körper aufeinander gleiten, tritt **Gleitreibung** auf. Die in der Berührungsebene liegende **Reibungskraft** F_R ist der Kraft F_N (Normalkraft), mit der die Körper gegeneinander gedrückt werden, angenähert proportional **(Coulombsches Reibungsgesetz** [kul'õ-]) $F_R = \mu \cdot F_N$; sie ist in der Ruhelage **(Haftreibung)** am größten und nimmt mit wachsender Geschwindigkeit ab. Die Proportionalitätskonstante μ heißt **Reibungszahl** (früher **Reibungskoeffizient).** Die Haftreibung ermöglicht den festen Halt von Nägeln und Schrauben, das Gehen auf ebenen und geneigten Flächen sowie den Antrieb selbstfahrender Räderfahrzeuge. Bei **trockener R.** gleiten die Flächen direkt aufeinander, bei **flüssiger** oder **schwimmender R.** sind die Flächen durch einen Schmierfilm vollständig voneinander getrennt, so daß sich die R. in der Flüssigkeitsschicht vollzieht und nur von deren **innerer R.** (→ Viskosität) bestimmt wird. **Halbflüssige R.** oder **Misch-R.** tritt im Übergangsgebiet zw. trockener und flüssiger R. auf, in dem der Schmierfilm nicht vollständig ausgebildet ist, z. B. beim Anlaufen von Maschinen. Die **Rollreibung** beruht auf der mit der Rollbewegung fortschreitenden Deformation der Fläche. Sie ist wesentlich kleiner als die Gleitreibung. – Die Lehre von der R. heißt → Tribologie.

Reibungsbahn, Adhäsionsbahn, Schienenbahn mit Ausnutzung der Haftreibung zw. Rad und Schiene. (→ Fahrdynamik 2, → Reibungsgewicht).

Reibungsbeiwert, Reibungsko|effizi|ent, Reibungszahl, bei festen Körpern das Verhältnis der Kraft entgegen der Bewegungsrichtung zur senkrecht auf die Berührungsfläche wirkenden Normalkraft. Der R. hängt v. a. vom Material und der Oberflächenbeschaffenheit der Körper ab.

Reibungs|elektrizität, Tribo|elektrizität, entgegengesetzte elektr. Aufladung zweier verschiedener, aneinandergeriebener Körper, z. B. Glasstab (+) mit Lederlappen (–) oder Hartgummi (–) mit Wolltuch (+). Die Reibungsbewegung dient dabei nur der Intensivierung der Berührung (→ Berührungsspannung). R. wird in → Elektrisiermaschinen zur Erzeugung hoher Spannungen ausgenutzt.

Reibungsgesperre, ein → Sperrgetriebe.

Reibungsgewicht, Gesamtgewicht eines Triebfahrzeugs, das über Treibräder auf die Schiene oder Fahrbahn übertragen wird. Aus R. und dem größten Haftreibungswert zw. Rad und Schiene oder Fahrbahn ergibt sich die größte erreichbare Zugkraft.

Reibungswiderstand, die auf einen umströmten Körper in der Anströmrichtung wirkende Kraft, die durch die Reibung zw. strömendem Medium und Körper hervorgerufen wird. Der R. hängt ab von der Zähigkeit des strömenden Mediums und von der Anströmgeschwindigkeit.

Reichblei, bei der Bleigewinnung anfallendes, silberhaltiges Blei (8–12% Silber).

Reichweite, 1) größte Entfernung, die bei (meist drahtloser) Nachrichtenübertragung noch ein ausreichend gutes Empfangssignal ergibt. Maßgebend dafür ist die Einhaltung eines vorgegebenen Störabstandes (→ Störsignal, → Funkverkehr).

2) v. a. bei Luftfahrzeugen die Strecke, die ohne Nachtanken auf direktem Kurs zurückgelegt werden kann, entspricht (meist) dem doppelten → Aktionsradius.

3) Physik: Flugweg geladener Teilchen bis zur völligen Abbremsung in Materie. So haben z. B. Elektronen bei einer Energie von 1 MeV in Aluminium eine R. von 1,5 mm, Protonen von 0,013 mm. Für γ-Strahlung und Neutronen kann keine R. angegeben werden (→ Halbwertsdicke).

4) bei Waffen die Schußentfernung, Schußweite.

Reif, Eisanlagerungen in Form von Nadeln, Schuppen oder Fächern, die durch Sublimation von Wasserdampf auf Oberflächen mit einer Temperatur unter 0 °C entstehen (über 0 °C → Tau 1). Da diese Flächen meist kälter sind als die Luft, setzt die Bildung von R. starke → Ausstrahlung voraus, die den Wärmestrom aus der Umgebung und die Sublimationswärme ausgleicht. R. tritt daher bes. auf exponiertem, schwach wärmeleitendem Material auf (Grasspitzen, lockeres Erdreich).

Reifen, 1) biegsames Band, meist aus Stahl oder gespaltenem Holz, das Holzgefäße zusammenhält, oder starre Stahlringe an Metallfässern.

2) die Radfelge umgebender, meist abnehmbarer Teil des Fahrzeugrades, z. B. als **Stahl-R.** oder als **Gummi-R. (Vollgummi-R., Luft-R.).**

Der **Luft-R. (Pneu),** vorwiegend bei Straßen- und landwirtschaftl. Fahrzeugen, Flugzeugen und gelegentlich bei Schienenfahrzeugen, enthält unter Überdruck stehende Luft, unterstützt die Fahrzeugfederung, in geringem Umfang die Dämpfung von Schwingungen, muß Umfangskräfte für Antrieb und Bremsen des Fahrzeugs sowie Sei-

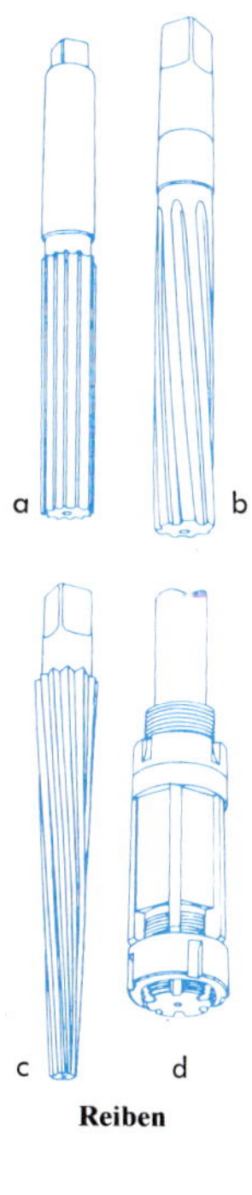

Reiben

Reiben: a Reibahle mit zylindrischem Schaft und geraden Nuten, b Reibahle mit zylindrischem Schaft und schraubenförmig gewundenen Nuten, c kegelförmige Reibahle, d Maschinen-Reibahle mit nachstellbaren Schneiden

1

2

3

Reifen 2) 1–3:
1 Motorradreifen,
2 Pkw-Stahlgürtelreifen,
3 Pkw-Winterreifen

tenkräfte bei Kurvenfahrt übertragen. Die **Aufstandsfläche** ist die Berührungsfläche zw. R. und Fahrbahn, abgeplattet zum **Latsch.**

Aufbau und Herstellung. Die wichtigsten R.-Bauarten (Diagonal- und Gürtel-R.) können jeweils als Schlauch-R. oder schlauchlose R. ausgeführt sein.

Der früher übliche **Diagonal-R.** besteht aus Decke und dem luftgefüllten, durch ein Ventil verschlossenen Schlauch. Die Decke setzt sich aus dem von mehreren Cordgewebelagen gebildeten **Unterbau (Karkasse)** mit Wulst und Drahteinlage und der profilierten **Lauffläche (Protektor)** zusammen. Die diagonal verlaufenden Fäden des Gewebes (Baumwoll-, Kunstseide-, Nyloncord) überkreuzen sich, in Gummi eingebettet, von Lage zu Lage. Diagonal-R. haben gute Dämpfungseigenschaften, aber unerwünschte Längs- und Querbewegungen der Profilelemente (d. h. höhere Laufflächenabnutzung, geringere Bodenhaftung, höherer Rollwiderstand).

Der heute vorherrschende **Gürtel-R. (Radial-R.)** ist vorwiegend auf einer Karkasse mit radialem Fadenverlauf (senkrecht zum Reifenumfang von Wulst zu Wulst) aufgebaut, mitunter (v. a. in den USA) auf einer Diagonalkarkasse **(Diagonal-Gürtel-R.).** Zw. Karkasse und Lauffläche ist eine Verstärkungseinlage (Gürtel) angeordnet. Beim **Textilgürtel-R.** besteht der Gürtel meist aus vier Lagen Textilfaser (Rayon, Nylon), beim **Stahlgürtel-R.** meist aus zwei Lagen verdrillter dünner Stahlseile (Stahlcord). Vorteile des Gürtel-R. sind geringerer Rollwiderstand, reduzierte Abnutzung, besseres Hochgeschwindigkeitsverhalten, bessere Kraftübertragung, größere Variationsmöglichkeiten bei der Profilgestaltung. Nachteilig ist die geringe Dämpfung.

Bei **schlauchlosen R.** dichtet die Decke unmittelbar am Felgenrand; die Innenseite besteht aus einer luftdichten Gummischicht. Schlauchlose R. haben längere Lebensdauer (Wegfall der Reibung zw. Schlauch und Decke) und sind unempfindlicher.

Der R. wird, beginnend mit dem Unterbau, auf besonderen Wickeltrommeln aufgebaut, der zylindr. Rohling in Bombiermaschinen auf die eigentliche R.-Form gebracht. Die Rohlinge können auch in Pressen in einem Arbeitsgang geformt und vulkanisiert werden (→Vulkanisation).

Bei **R.-Profilen** wird gute Seitenführung mit durchlaufenden Längsrillen (z. B. Vorderrad am Kraftrad), Griffigkeit und Verzahnung im weichen Boden durch große Stollen (z. B. Ackerschlepper) erreicht, i. d. R. werden Kombinationen von Rippen und Rillen oder Rillen in Zickzackform verwendet. Für winterl. Fahrbedingungen werden **M + S-**(engl. Mud and Snow-)**Profile** verwendet, auch **Spikes-R.** [spaɪks-], bei denen in die Lauffläche Hartmetallstifte (Spikes) zur Übertragung von Kräften auf Eis eingesetzt sind (in der Bundesrep. Dtl. seit 1975 verboten). Bei **Haft-R.** sorgt eine griffige Gummimischung für besseren Kraftschluß. **Regen-R.** mit ›Drainage-Düsen‹ (Aquajets) sollen das →Aquaplaning vermindern. – R. von Flugzeugfahrwerken haben ein Längsrillen- oder punktförmiges Profil. Sie werden bei der Landung am stärksten beansprucht.

Kennzeichnung. Auf den Reifenflanken sind (neben Firmennamen) angegeben: Nennbreite (bei Diagonalreifen in Zoll, bei Gürtelreifen in mm); Querschnittsverhältnis (Reifenhöhe/Reifenbreite); C für Lkw; Geschwindigkeitsklasse (in der Reihenfolge S, H, V für zunehmende Höchstgrenze); Bauart (R für Gürtelreifen, ohne R Diagonal-R.); Felgendurchmesser (meist in Zoll); Tragfähigkeits-Kennzahl (Ply-Rating-Zahl, →PR-Zahl); Profilbezeichnung; Reifentyp (z. B. Tubeless = schlauchlos); Europa-Zulassungsnummer (E . . .) oder DOT (Department of Transportation = Verkehrsministerium der USA).

Geschichtliches. 1845 erhielt R. W. THOMSON ein engl. Patent auf einen Luft-R. mit ledernem Laufmantel, innerem Gummischlauch, Füllventil und Luftpumpe. Die Erfindung setzte sich für Pferdefuhrwerke nicht durch; erst W. THOMAS hatte 1889 in Philadelphia damit mehr Erfolg. Für Fahrräder wurde der Luft-R. in England 1888 durch J. B. DUNLOP eingeführt. Seit 1895 (A. und E. MICHELIN) wurde der Luft-R. v. a. für Kraftwagen verwendet. (Weitere BILDER S. 191, 192)

Jb. für Vulkanisation und Reifentechnik (seit 1973, jährlich).

Reihe, 1) Mathematik: als **endliche R.** wird die Summe der Elemente der endl. Folge $a_1, \ldots, a_n$ bezeichnet. Z. B. a) **arithmet. R.,** hierbei ist die Differenz $(a_{i+1} - a_i)$ benachbarter Summanden konstant, für die Summe gilt

$$\sum_{i=1}^{n} a_i = \frac{n}{2}(a_1 + a_n); \text{ Beispiel: } 1+2+3+4\ldots+100 = \sum_{i=1}^{100} i = \frac{100}{2}(1+100) = 5050.$$

b) **geometr. R.:** der Quotient benachbarter Summanden ist konstant:

$$\frac{a_{i+1}}{a_i} = q \ (q \neq 1): \sum_{i=1}^{n} a_i = a_1 \frac{q^n - 1}{q - 1};$$

$$\text{Beispiel: } 3+9+27+81+243 = \sum_{i=1}^{5} 3^i = 3 \cdot \frac{3^5 - 1}{3 - 1} = 363.$$

Unendliche R. ist die Bez. für folgenden Sachverhalt: Gegeben ist eine Folge $a_1, a_2 \ldots$ von Elementen aus einem geeigneten Körper, z. B. $\mathbb{R}$, $\mathbb{C}$ oder einem geeigneten Funktionenraum. Daraus bilde man die Folge (s_k) der **Partialsummen** $s := \sum_{i=1}^{k} a_i$, $k = 1, 2 \ldots$ Das Paar der Folgen $((a_i), (s_k))$ heißt eine unendliche R. Diese heißt **konvergent,** wenn die Folge (s_k) der Partialsummen einen Grenzwert $s = \lim_{k\to\infty} s_k$ besitzt, sonst **divergent;** s heißt **Summe** oder Wert der R. Für unendl. R. gibt es mehrere Konvergenzkriterien (→Leibniz-Kriterium, →Quotientenkriterium, →Wurzelkriterium). Beispiele:

a) Die **harmon. R.** $1 + \frac{1}{2} + \frac{1}{3} + \frac{1}{4} + \frac{1}{5} + \ldots$ ist divergent, die alternierende harmon. R. $1 - \frac{1}{2} + \frac{1}{3} - \frac{1}{4} + \frac{1}{5} - \ldots$ hingegen konvergiert. Konvergiert nicht nur die R. $\sum_{i=0}^{\infty} a_i$, sondern auch die R. ihrer absoluten Beträge $\sum_{i=0}^{\infty} |a_i|$, so heißt die R. **absolut konvergent.**

b) Ist $|q| < 1$, so ist die geometr. R. konvergent mit dem Wert $\frac{a_1}{1-q}$. So ist z. B.

$$\sum_{i=1}^{\infty} \frac{1}{2^i} = \frac{1}{2} + \frac{1}{4} + \frac{1}{8} + \frac{1}{16} + \ldots + \frac{1}{2^n} + \ldots$$

konvergent, da $a_1 = \frac{1}{2}$ und $q = \frac{1}{2}$; ihr Wert ist 1. Dabei heißt $\sum_{i=1}^{\infty} a_i$ wie im endl. Fall eine geometr. R., wenn es ein q gibt, so daß für alle i gilt $\frac{a_{i+1}}{a_i} = q$.

In der Analysis sind R. wichtig, in denen die a_i Funktionen sind **(Funktionenreihen),** z. B. →Potenzreihen mit $a_i = c_i(x - x_0)^i$, $i = 0, 1, \ldots$, die u. a. zur Darstellung von Funktionen in der Umgebung von x_0 (Taylor-Entwicklung) benutzt werden. Wenn die Funktion periodisch ist, verwendet man oft →Fourier-Reihen.

2) Statistik: Aneinanderreihung gleichartiger Massen

Reihe 1):
unendl. konvergente geometrische R.
$\frac{1}{2} + \frac{1}{4} + \frac{1}{8} + \ldots$

(Teilmassen oder Gesamtmassen) sowie von beobachteten oder berechneten statist. Größen. Die R.-Werte müssen gleichartig sein, sich aber in dem Reihungsgrund (Reihungsmerkmal) voneinander unterscheiden. Je nach dem Reihungsmerkmal gibt es **qualitative** oder **kategoriale R.**, außerdem Häufigkeits-R., → Zeitreihen.

Reihenfertigung, → Serienfertigung.

Reihenhaus, Element der geschlossenen Bebauungsweise in Giebel- oder Traufenstellung zur Straße, in Reihen parallel oder in Zeilen senkrecht zur Straße, ohne Bauabstand nebeneinander, auch versetzt oder gestaffelt, eingeschossig oder mehrgeschossig. (BILD S. 192)

Reihenmotor, ein → Verbrennungsmotor, bei dem die Zylinder hintereinander in einer Reihe stehen.

Reihenresonanzkreis, Reihenschwingkreis, → Schwingkreis.

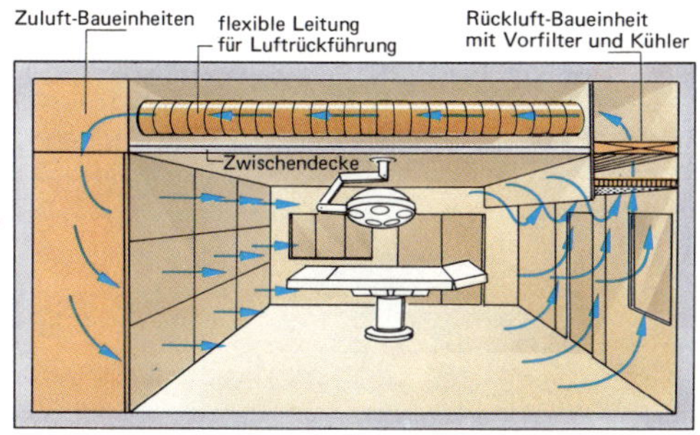

Reinraumtechnik: Querstrom-Luftführung mit turbulenzarmer Verdrängungsströmung in einem Operationsraum (Werkbild CEAG)

Reihenschaltung, Serienschaltung, Hintereinanderschaltung, elektr. Grundschaltung, bei der zwei oder mehrere Bauelemente (Stromerzeuger, -verbraucher) hintereinandergeschaltet sind und alle vom gleichen Strom durchflossen werden. Dabei tritt an jedem Bauelement eine Teilspannung auf, die bei linearen Gliedern dem Strom proportional ist. Die R. von Widerständen ergibt einen Gesamtwiderstand, der größer ist als der größte Einzelwiderstand; bei in Reihe geschalteten Kondensatoren erhält man eine kleinere Gesamtkapazität als die des kleinsten Einzelkondensators; bei Batterien in R. addieren sich die Teilspannungen.

Reihenschlußmotor, ein → Elektromotor, bei dem Anker- und Erregerwicklung in Reihe geschaltet sind.

Rein|absorptionsgrad, → Absorption 1).

Rein|eisen, Eisen mit mindestens 99,5% Fe, z. B. Armco-Eisen, Elektrolyteisen.

Rein|elemente, an|isotope Elemente, Bez. für → chemische Elemente, von denen es nur ein einziges stabiles Isotop gibt; R. sind z. B. Al, As, Be, Cs, F, Au, Ho, J, Co, Mn, Na, Nb, P, Pr, Rh, Sc, Tb, Th, Tm, Bi, Y.

Reinhaltung der Luft, → Luftverschmutzung, → TA Luft.

Reinhaltung des Wassers, → Gewässerschutz, → Gewässeruntersuchung, → Wasser, → Wasseranalyse.

Reinigung, von Textilien und Lederwaren: → Chemischreinigung, → Fleckentfernung, → Waschen; Umwelttechnik: → Abgasreinigung, → Abwasserreinigung, → Luftfilter, → Luftverschmutzung.

Reinigungsmittel, Mittel zur Reinigung harter, nichttextiler Flächen in Haushalt, Lebensmittelind. u. a. Bereichen. Feste Scheuermittel bestehen aus fein gemahlenem Quarz oder Marmor und Zusätzen (z. B. Tenside, Polyphosphate), flüssige enthalten zusätzlich Wasser und Verdickungsmittel. R. für die allg. Raum- oder Fußbodenreinigung enthalten Tenside, Phosphate und gegebenenfalls Alkalien, Ammoniak, Alkohole, Glykoläther und Lösungsvermittler. Die Hauptbestandteile von Geschirrspülmitteln für manuelles Spülen sind Tenside, Lösungsvermittler und Hautschutzstoffe. R. für Spülmaschinen enthalten u. a. Phosphate, Silicate, Soda und eventuell chlorabgebende Mittel. Fenster-R. sind z. B. Lösungen von Butylglykol und wenig Tensiden und Ammoniak in Isopropylalkohol. In der Lebensmittelindustrie werden R. häufig mit → Desinfektionsmitteln kombiniert.

Reinraumtechnik, Technik zur Herstellung von Bedingungen besonderer äußerer Reinheit, unter denen Fertigungsverfahren, medizin. Operationen oder andere gegenüber Verunreinigungen empfindl. Tätigkeiten durchgeführt werden. Das Prinzip der R. wird in besonderen Verfahren und Anlagenarten der → Klimatechnik angewendet, z. B. bei der turbulenzarmen Verdrängungsströmung (engl. ›laminar flow‹), bei der durch extrem gute Luftfilterung und großen Luftdurchsatz niedrige Luftkeimzahlen im Raum erreicht werden.

Reintransmissionsgrad, → Absorption 1).

Reinwasser, durch → Wasseraufbereitung hergestelltes Trink- oder Betriebswasser i. Ggs. zum Rohwasser (Grund- oder Oberflächenwasser).

Reinwasserbakterien, aus Boden und Luft stammende Bakterien, die in reinem, vor Verunreinigungen geschütztem Quell-, Grund- und Leitungswasser vorkommen können und zur → Koloniezahl beitragen, aber keine Krankheitserreger sind.

Reisegeschwindigkeit, die durchschnittl. → Geschwindigkeit von Verkehrsmitteln, das Verhältnis zw. zurückgelegter Strecke und tatsächl. Reisedauer; bei Schiffen und Flugzeugen dagegen eine wirtschaftl. Dauer-(Marsch-)Geschwindigkeit ohne Einbeziehung von Aufenthalten. (→ Blockgeschwindigkeit)

Reisemobil, → Wohnmobil.

Reißbahn, → Freiballon.

Reißfestigkeit, Spannung in einer Werkstoffprobe beim Reißen, bes. von Papier und Textilien i. Ggs. zur → Zugfestigkeit von Metallen.

Reißlänge, Werkstoffprüfung: errechnetes Maß für die Festigkeit von Fäden, Seilen u. a.: Länge, bei der die Probe infolge Eigengewichts reißen würde.

Reißleine, 1) Leine zum Abreißen der **Reißbahn** des → Freiballons.

2) Aufziehleine, → Fallschirm.

Reißspinnfasern, regenerierte Faserstoffe, aus Abfällen und Altmaterial von Spinnerei, Weberei, Wirkerei und Konfektion, v. a. aber aus abgetragenen Kleidungsstücken (Lumpen) durch Reinigen **(Lumpenklopfer)** und Öffnen (Reißen auf dem **Reißwolf)** in der **Reißerei** zurückgewonnene Fasern. In geringen Anteilen kön-

Reifen 2) 4–7: 4 Lkw-›Ganzstahlreifen‹ (auch die Karkasse ist aus Stahl) mit Ganzjahresprofil, **5** Stahlgürtelreifen für Erdbaufahrzeuge, **6** Agrar-Diagonal-Treibradreifen für landwirtschaftl. Fahrzeuge, **7** Diagonalreifen für Industriekarren

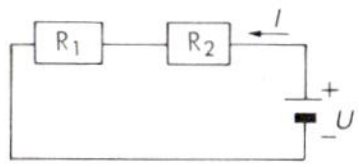

Reihenschaltung

4

5

6

7

Reifen 2) 4–7

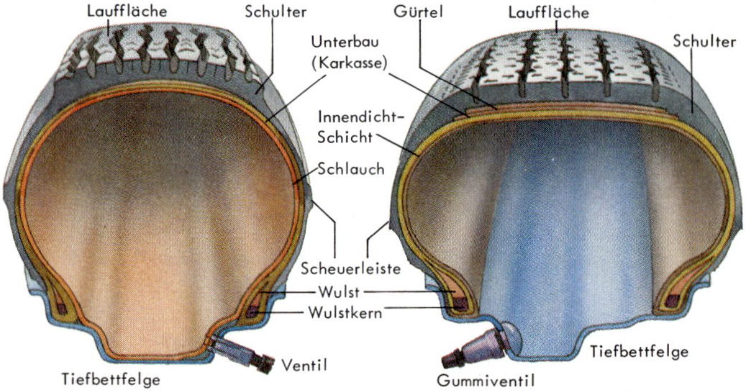

Reifen 2) 8: Querschnitte eines Schlauchreifens (LINKS) und eines schlauchlosen R. (RECHTS)

nen R. bei der Garnherstellung den Originalrohstoffen beigemischt werden. (→Abfallspinnerei)

Reißverschluß, Verschlußvorrichtung für Kleidung, Taschen u. a., bei der an zwei Bändern befestigte Schließketten (Zähne, Spiralen, Rillen) durch einen Schieber wechselseitig ineinander- und beim Öffnen auseinandergehakt werden. **Klettenverschlüsse** aus zwei Textilbändern haften mit Häkchen aneinander. (BILDER S. 193)

Reißwolf, 1) Papier: → Papierwolf.

2) Textiltechnik: Maschine zur Herstellung von → Reißspinnfasern.

Reißwolle, aus Wollabfällen zurückgewonnene → Reißspinnfasern, die in geringen Anteilen einer Neuwolle zugemischt werden **(Reißwollgewebe).**

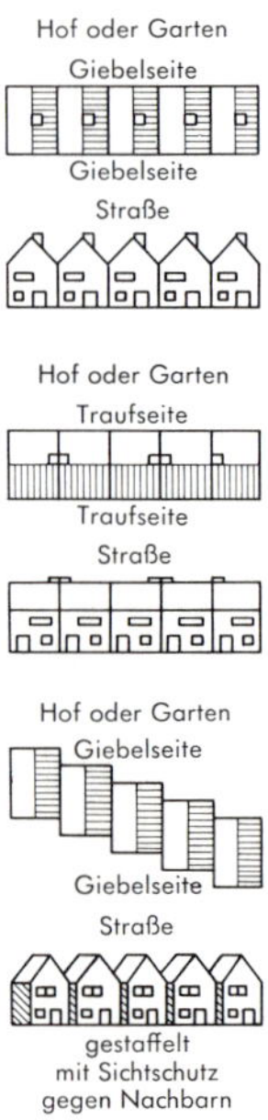

Reihenhaus

Reiterlein, volkstüml. Bez. für den Stern →Alkor.

Reitstock, Baueinheit von Werkzeugmaschinen, bes. von Drehmaschinen (→Drehen).

Reizkampfstoffe, →chemische Kampfstoffe.

Rekombination, die Wiedervereinigung von getrennten Teilchen, z. B. von Radikalen oder von Ladungsträgern mit entgegengesetzter Ladung, die zum Verschwinden freier → Ladungsträger führt, wie die R. von Ionen und Elektronen in ionisierten Gasen, von Elektronen und Defektelektronen in → Halbleitern oder von Anionen und Kationen in Elektrolyten (Ggs.: Generation von Ladungsträgern). Bei der R. wird Energie frei, die z. B. bei der → Lumineszenzdiode in Form von sichtbarem Licht **(R.-Leuchten)** abgestrahlt wird.

Rekristallisation, 1) Geologie: Wiederherstellung der Kristallgitter tektonisch deformierter Minerale. Dabei entstehen aus großen, zerbrochenen Kristallen kleine, ungestörte Kriställchen. R.-Vorgänge von Salzmineralen sind wichtig z. B. beim Aufsteigen von Salzstöcken.

2) Metallkunde: bei der Glühung **(R.-Glühung)** verformter Metalle und Legierungen oberhalb bestimmter Temperaturen **(R.-Grenze)** eintretende Gefügeneubildung, durch welche die bei der Verformung entstandenen Störungen des Kristallgitters (Gitterverzerrungen und Versetzungen) beseitigt werden. Bei starken Verformungen werden daher zw. den Verformungsstufen R.-Glühungen eingeschaltet, um die Verformungsfähigkeit wiederherzustellen. Da bei der Spannungseinwirkung bei Temperaturen oberhalb der R.-Grenze das Material ständig verformt wird (›fließt‹), stellt die R.-Grenze auch die höchste Temperatur dar, bei der der Werkstoff eingesetzt werden darf.

Rekt|aszension, Abk. **AR,** Formelzeichen α, **gerade Aufsteigung,** der Winkel zw. dem → Frühlingspunkt und dem Schnittpunkt des Himmelsäquators mit dem Stundenkreis eines Gestirns (→ astronomische Koordinaten). Die R. wird vom Frühlingspunkt entgegengesetzt der tägl. Bewegung der Gestirne in Stunden, Minuten und Sekunden von 0^h bis 24^h gemessen.

Rektifikation, 1) Chemie: die Gegenstromdestillation, → Destillation.

2) Mathematik: Bestimmung der (Bogen-)Länge einer Kurve. Man teilt dazu das Bogenstück $P_0, \ldots, P_n$ in n Intervalle. Verbindet man diese Punkte, so wird die Kurve durch einen Polygonzug der Länge s_n ersetzt (BILD 1, S. 194), der sich der Kurve um so besser anpaßt, je größer n ist. Wächst n gegen Unendlich und gehen zugleich die Teilintervalle gegen Null, so kann die Folge der Polygonzuglängen s_n gegen einen endl. Wert, die Bogenlänge s, konvergieren. Die Kurve heißt dann **rektifizierbar.** Alle stetig differenzierbaren Kurven sind rektifizierbar. Ein Beispiel für eine nicht rektifizierbare Kurve ist $f(x) = x \cdot \sin \frac{1}{x}$ (Bogenlänge geht gegen ∞ für $n \longrightarrow \infty$). Weiteres BILD S. 194.

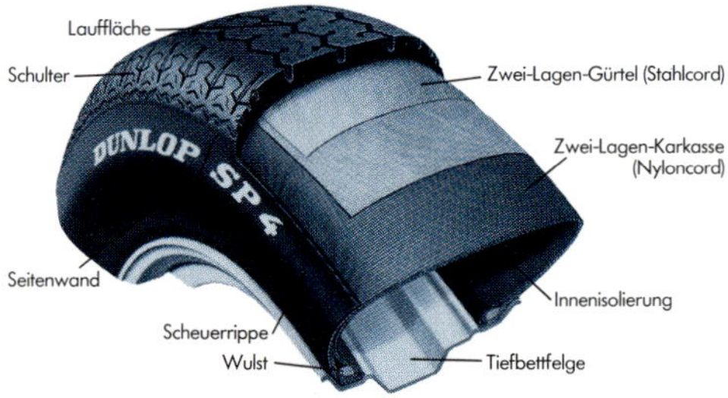

Reifen 2) 9: aufgeschnittener Radial-Gürtelreifen

Rekuperativ|ofen, gas- oder ölbeheizter Schmelzofen, bei dem frische Verbrennungsluft in durch heiße Abgase gespeisten Wärmetauschern vorgewärmt wird.

Rekuperator, Wärmetauscher aus zwei parallellaufenden Systemen von möglichst dünnwandigen Kanälen, Rohren oder Lamellen. In dem einen System strömt das Wärme- oder Kühlmittel, im anderen das zu erwärmende oder zu kühlende Medium (Gas oder Flüssigkeit) im Gleichstrom oder im Gegenstrom. Anwendungsgebiete z. B.: Ausnutzung der Abgaswärme in Feuerungen und der Kälte in Luftzerlegungsanlagen.

rekursiv, in der Mathematik und der mathematischen Logik Bez. für Funktionen, für die es ein **(rekurrentes)** Berechnungsverfahren der Funktionswerte gibt, z. B. die primitiv-rekursiven Funktionen f, die durch $f(1) = a, f(n+1) = g(n, f[n])$ **(Rekursionsformel)** bei gegebenem a und gegebener Funktion g für alle natürl. Zahlen $n = 1, 2, \ldots$ definiert sind. Rekursionsverfahren spielen in der Analysis eine wichtige Rolle. Beispiel:

$$\int \sin^n x \, dx = -\frac{1}{n} \cdot \sin^{n-1} x \cdot \cos x + \frac{n-1}{n} \int \sin^{n-2} x \, dx.$$

Hier wird das erste Integral auf ein anderes gleicher Art zurückgeführt. Durch wiederholte Anwendung der Rekursionsformel läßt sich das vorgegebene Integral lösen.

Relais [rəlˈɛ, frz.], als Schalter wirkendes elektromechan. Bauelement, dessen Arbeitsstromkreis durch Änderung physikal. Größen (z. B. Druck, Temperatur), meist aber durch elektr. Größen (Strom, Spannung) betätigt wird. Beim **elektromagnet. R.** zieht ein vom Steuerstrom erregter Elektromagnet einen beweglich gelagerten Anker an, der durch seine Bewegung einen oder mehrere Kontakte öffnet und/oder schließt. Der den Steuerkreis durchfließende Strom ist i. a. wesentlich geringer als der Strom im Arbeitskreis, beide Stromkreise sind galvanisch voneinander getrennt. Das R. stellt somit einen rückwirkungsfreien Vierpol dar. **Ungepolte R.** sind unabhängig von der Stromrichtung in der Magnetspule, bei den **gepolten R.** wird die Lage der Schaltkontakte durch die Polung der Steuerspannung bestimmt.

Nach ihrer Bauform lassen sich **Rund-R., Flach-R., Keil-R., Kamm-R., Karten-R.** unterscheiden. R. mit in Glasröhrchen eingeschmolzenen Kontakten **(Schutzgaskontakt, Reed-Kontakt, Reed-R.)** sind funktionssicher und unabhängig von atmosphär. Einflüssen. Beim **therm. R.** erwärmt der Steuerstrom durch eine Heizwicklung einen Bimetallstreifen, dessen Bewegung auf die Schaltkontakte übertragen wird.

R. werden heute noch vielfach in der Vermittlungs-, in der Regelungs- und Steuerungstechnik, zum Schutz elektr. Anlagen **(Schutz-R.)** u. a. eingesetzt; die Vorteile liegen in der galvan. Trennung von Steuerstromkreis und geschalteten Stromkreisen sowie in der Möglichkeit, mit einem Steuerstrom viele Kontakte unterschiedl. Art (Schließer, Öffner und Wechsler) zu betätigen. In vielen Bereichen sind R. durch Halbleiterbauelemente (Transistoren, Thyristoren) abgelöst worden, insbes. dort, wo es auf hohe Schaltgeschwindigkeiten und geringe Ansprechempfindlichkeit ankommt. Diese Halbleiterschaltungen werden auch als **elektron. R.** bezeichnet. (BILDER S. 194)

Relaisstation [rəlˈɛ-], **Zwischensender,** Zwischenstation mit Empfänger und Sender, z. B. beim Richtfunk; vergrößert die durch geradlinige Ausbreitung und Erdkrümmung beschränkte Reichweite durch Verstärkung und Umsetzung auf eine andere Frequenz. Eine durch R. überbrückte Strecke heißt **Relaisstrecke.**

Relation, präzise Fassung des intuitiven Sachverhalts, daß zw. zwei oder mehreren Dingen eine Beziehung besteht, z. B. $a < b$. Die Definition erfolgt mengentheoretisch über den Umfang der betreffenden Elemente. Eine zweistellige oder binäre R. über einer Menge M ist eine Teilmenge $R \subset M \times M$ des kartes. Produkts von M mit sich selbst, also eine Menge von geordneten Paaren von Elementen aus M. Eine binäre R. R zw. zwei Mengen A und B oder von A nach B ist eine Teilmenge $R \subset A \times B$ des kartes. Produkts von A und B. Schreibweise für $(x, y) \in R{:}\, xRy$ oder $x \sim y$. Entsprechend sind n-stellige oder n-äre R. S zw. Mengen $M_1, \ldots, M_n$ als Teilmenge $S \subset M_1 \times \ldots \times M_n$ des n-fachen kartes. Produkts der M_i definiert. Im folgenden sei R eine zweistellige R., R hat die folgenden Eigenschaften:

a) Transitivität: aus xRy und yRz folgt xRz;
b) Reflexivität: xRx;
c) Symmetrie: aus xRy folgt yRx;
d) Antisymmetrie **(identive R.):** aus xRy und yRx folgt $x = y$. – Eine R., die transitiv, reflexiv und symmetrisch ist, heißt **Äquivalenz-R.** (→ Klasse).

relativ, svw. bezogen, z. B. sind **relative Größen** Verhältnisse zweier Größen gleicher Dimension, wenn ein festgelegter Wert der im Nenner stehenden Bezugsgröße benutzt wird.

relative Adresse, Relativ|adresse, Datenverarbeitung: die in Relation zu einer festen Bezugsadresse (Basisadresse) angegebene →Adresse eines Speicherplatzes, in dem der für die Ausführung eines Befehls gesuchte Operand zu finden ist.

relative Atom|masse, früher **Atomgewicht,** →Atommasse 1).

relative biologische Wirksamkeit, Abk. **RBW,** veraltete Bez. für Bewertungsfaktor (→ Dosis).

relativistisch, Bez. für physikal. Größen, Theorien usw., die darauf hinweist, daß die Gesetze der Relativitätstheorie berücksichtigt werden (müssen). Z. B. können Geschwindigkeiten, die nicht mehr klein gegen die Lichtgeschwindigkeit sind **(relativistische Geschwindigkeiten),** nicht einfach addiert werden, wie es für **nichtrelativistische** in der (nichtrelativist.) klassischen Physik üblich ist, sondern es gilt das Einsteinsche Additionstheorem der Geschwindigkeiten (→ Relativitätstheorie).

relativistische Mechanik, durch die →Relativitätstheorie modifizierte Mechanik.

relativistische Zeitdehnung, die →Zeitdilatation.

Relativitäts|theorie, von E. MACH, H. A. LORENTZ und H. POINCARÉ vorbereitete, von A. EINSTEIN seit 1905 geschaffene und von ihm und anderen Physikern und Mathematikern ausgebaute physikal. Theorie, die das Relativitätsprinzip der Mechanik nicht nur für diese, sondern für die gesamte Physik als gültig nachweist. Die spezielle R. handelt von der Gleichberechtigung aller → Inertialsysteme, die von Einstein seit 1913 entwickelte allgemeine R. von der grundsätzl. Gleichberechtigung aller raumzeitl. Koordinatensysteme. Einstein hat mit der R. schwierige Probleme gelöst, vermeintliche Selbstverständlichkeiten und Denknotwendigkeiten beseitigt und die physikal. Vorstellungen von Raum und Zeit einschneidend verändert und fortentwickelt (→ Raum, → Raumzeit, → Minkowski-Raum).

Die **spezielle R.** liefert eine zusammenhängende Aufklärung für einige Erscheinungen, die sich bei Untersuchungen sehr schneller Bewegungen ergeben hatten. Den Ausgangspunkt bildete das schon in der Newtonschen Mechanik erkannte **Relativitätsprinzip,** d. h. die Gleichwertigkeit aller Inertialsysteme hinsichtlich der Darstellung der physikal. Gesetze. Danach ist es unmöglich, durch mechan. Experimente festzustellen, ob man in ›absoluter Ruhe‹ oder in gleichförmig geradliniger Bewegung ist; nur relative Bewegung gegenüber anderen Körpern kann beobachtet werden. Der Begriff der absoluten Ruhe oder Bewegung ist danach als physikalisch sinnlos zu bezeichnen. Dagegen ist jede Beschleunigung ohne äußeren Bezugskörper nachweisbar.

Solange man glaubte, daß das Licht eine Wellenbewegung in einem feinen Medium (dem ›Äther‹) sei, mußte man erwarten, daß durch optische (oder allg. elektromagnet.) Experimente die Bewegung der Erde relativ zum Äther ermittelt werden könnte. Die Ausführung solcher Experimente, v. a. der → Fizeau-Versuch (1851) und der → Michelson-Versuch (1881), erwiesen, daß eine Bewegung relativ zum Äther nicht beobachtet werden kann. Es zeigt sich dagegen das paradoxe Ergebnis, daß das von einem Stern auf die Erde kommende Licht relativ zur Erde stets die gleiche Geschwindigkeit $c \approx 3 \cdot 10^8$ m/s hat, einerlei, ob die Erde (Bahngeschwindigkeit 30 km/s) sich dem Licht entgegen oder von ihm weg bewegt. Nur die Wellenlänge des Lichts ändert sich dadurch (→ Doppler-Effekt). Die empirische Tatsache der **Konstanz der Lichtgeschwin-**

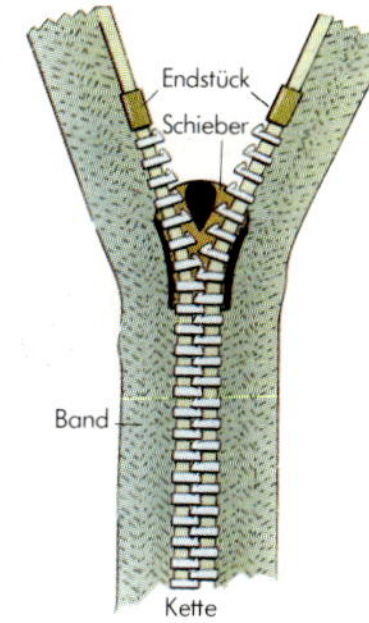

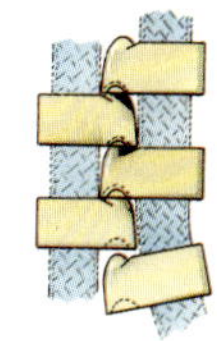

Reißverschluß 1: Krampen-R.

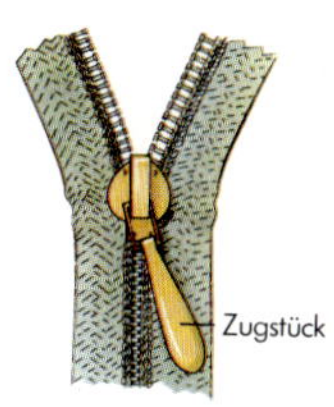

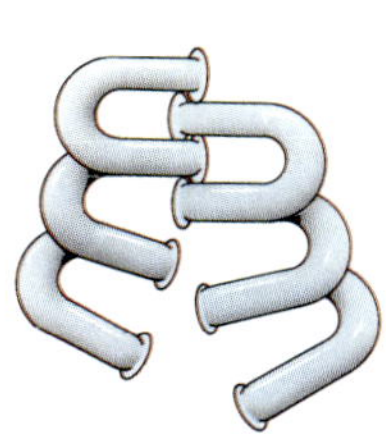

Reißverschluß 2: Kunststoff-Wendel-R.

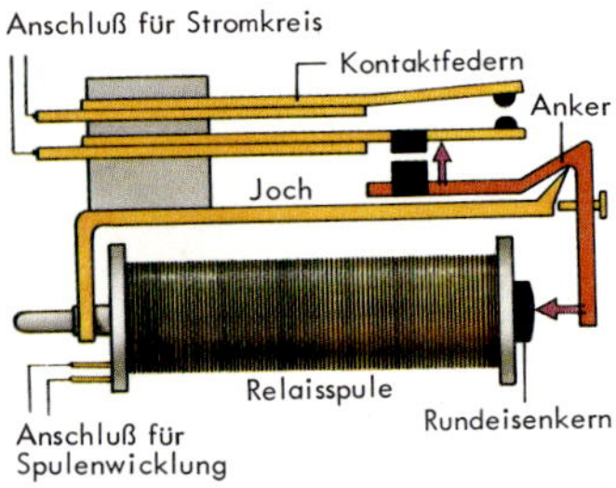

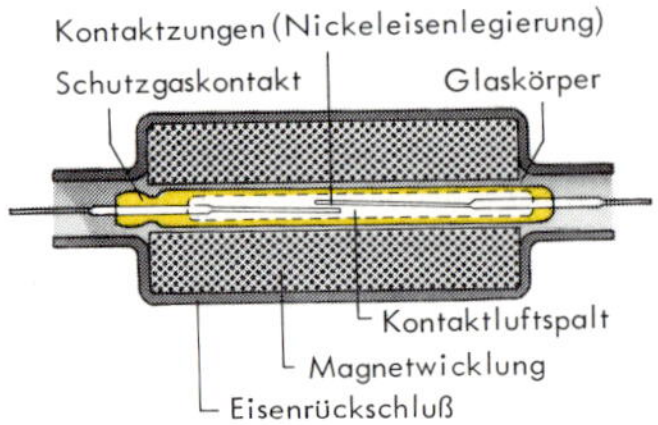

Relais 1: LINKS Prinzip des elektromagnetischen R. (Rund-R.). RECHTS Schutzgaskontakt mit Magnetwicklung (Reed-R.)

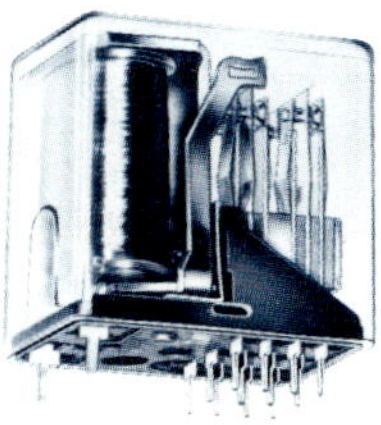

Relais 2: Kamm-R. (Siemens)

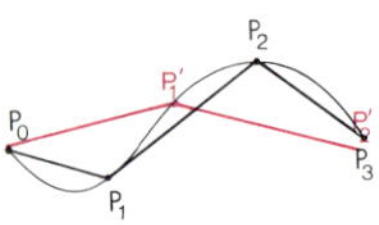

Rektifikation 2) 1:

$n = 2: \overline{P_0P'_1} + \overline{P'_1P'_2} = s_2$

$n = 3: \overline{P_0P_1} + \overline{P_1P_2} + \overline{P_2P_3} = s_3$

$s > s_3 > s_2$

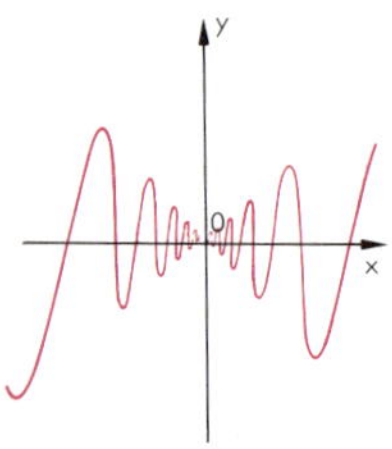

Rektifikation 2) 2: nicht rektifizierbare Kurve $f(x) = x \sin \frac{1}{x}$

digkeit (im leeren Raum) ist so paradox, daß sie nur durch eine tiefgehende Kritik der Begriffe von Raum und Zeit aufgeklärt werden konnte. Einstein relativierte daher den Begriff der **Gleichzeitigkeit:** Wenn zwei Ereignisse, die sich in weiter räuml. Entfernung voneinander abspielen (etwa auf der Erde und auf dem Sirius), darauf geprüft werden sollen, ob sie gleichzeitig geschehen, so hat der Beobachter dazu einen Austausch von Lichtsignalen mit den Orten der Ereignisse auszuführen. Das bedingt aber, daß das Urteil ›gleichzeitig oder nicht gleichzeitig‹ innerhalb gewisser Grenzen davon abhängig ist, wie der Beobachter sich relativ zur Erde oder zum Sirius bewegt: Gleichzeitigkeit ist ein relativer, d. h. vom Bezugssystem abhängiger Begriff. Von hier aus, unter folgerichtigem Festhalten des Prinzips der Konstanz der Lichtgeschwindigkeit, gelingt es, die experimentellen Erfahrungen einheitlich zu verstehen; jedoch muß man sich abfinden mit so überraschenden Feststellungen wie der, daß auch Längen- und Zeitmaße relativ, d. h. vom Bewegungszustand des Beobachters abhängig sind. Die Meßergebnisse eines bestimmten Beobachters in seinem Inertialsystem werden in die entsprechenden anderen Meßergebnisse in dem Inertialsystem eines relativ zu ihm mit der Geschwindigkeit v bewegten Beobachters umgerechnet; dies geschieht nicht mehr nach den klass. Formeln der → Galilei-Transformation, sondern nach der → Lorentz-Transformation. Daraus folgt z. B., daß zwei sich mit Geschwindigkeiten u und v entgegengesetzt bewegende Körper relativ zueinander nicht die Geschwindigkeit $w = u + v$ haben, sondern $w = (u + v)/(1 + uv/c^2)$ **(Additionstheorem der Geschwindigkeiten).** Nur bei langsamer Bewegung, d. h. wenn u und v, sehr klein gegenüber der Lichtgeschwindigkeit c sind, gilt die alte, der gewohnten Raum-Zeit-Vorstellung entsprechende Formel. Entgegenkommendes Licht mit $v = c$ behält immer die Relativgeschwindigkeit $w = c$, unabhängig von der Geschwindigkeit u.

Folgerungen aus der Lorentz-Transformation sind die → Längenkontraktion und die → Zeitdilatation (→ Zwillingsparadoxon). Ein weiteres Ergebnis der speziellen R. ist die **relativistische Massenveränderlichkeit,** d. h. die Zunahme der Masse m eines Körpers mit der Geschwindigkeit v, gemäß der Formel $m = m_0/\sqrt{1 - v^2/c^2}$, die zeigt, daß die Masse eines bewegten Teilchens mit der Ruhmasse m_0 über alle Grenzen wächst, wenn sich v der Lichtgeschwindigkeit nähert; die Vakuumlichtgeschwindigkeit c ist somit nicht nur für die Signalübertragung durch elektromagnet. Wellen die Grenzgeschwindigkeit, sondern auch für die Signalübertragung durch materielle Teilchen. Die klass. (Newtonsche) Mechanik ist nur für kleine Geschwindigkeiten $v \ll c$ anwendbar, da dann die relativist. Massenzunahme vernachlässigt werden kann. – Das nach Einstein wichtigste Ergebnis der speziellen R. ist die **Äquivalenz von Masse und Energie:** Einer Masse m entspricht stets eine Energie $E = mc^2$ und umgekehrt. Diese Erkenntnis ist von grundlegender Bedeutung für die Physik der Atomkerne und hat den Weg zur Gewinnung von Kernenergie gewiesen (→ Massendefekt).

Die **allgemeine R.** führt das Relativitätsprinzip noch umfassender durch: es kann auch für beschleunigte Bewegungen aufrechterhalten werden, wenn man **Gravitationsfelder** mit in Betracht zieht. Entscheidend ist hierfür die **Äquivalenz träger und schwerer Masse,** nach der ein Physiker in einem geschlossenen Kasten die Auswirkung einer gleichförmigen Beschleunigung des Kastens von der eines homogenen Schwerefeldes nicht unterscheiden kann (→ Äquivalenzprinzip). Nach der allgemeinen R. ist auch diese physikal. Erfahrung auf Struktureigenschaften des Raumes und der Zeit zurückzuführen: diese gehorchen im allgemeinen nicht mehr den Gesetzen der euklidischen Geometrie; vielmehr bedingt das Vorhandensein von Gravitationsfeldern eine (von Ort zu Ort wechselnde) ›Krümmung‹ der vierdimensionalen Raum-Zeit-Welt. I. Ggs. zur speziellen R., die für eine Fülle experimenteller Tatsachen Aufklärung bringt, hat die allgemeine R. zunächst nur in einigen wenigen Punkten zu empirisch prüfbaren Folgerungen geführt (→ Periheldrehung der Merkurbahn, → Lichtablenkung im Schwerefeld der Sonne, → Rotverschiebung im Sonnenspektrum und in entsprechenden terrestr. Experimenten). Alle bisherigen Prüfungen haben die Voraussagen der allgemeinen R. innerhalb der Fehlergrenzen bestätigt. Wegweisende Anregungen hat sie gebracht für die → Kosmologie, indem sie Einstein die Unterlagen gab für seine Vermutung, daß der kosmische Raum ein geschlossener, endlicher (nichteuklidischer) Raum sei.

Der Nachweis der von der allg. R. – die eine klass. Feldtheorie der → Gravitation **(Einsteinsche Gravitationstheorie)** ist – vorhergesagten → Gravitationswellen (BILDER) ist umstritten. 1979 wurde die erste → Gravitationslinse entdeckt. In den letzten Jahren wurden zur genauen Überprüfung einiger Vorhersagen der R. u. a. das Maryland-Experiment und das Shapiro-Experiment durchgeführt.

Im **Maryland-Experiment** (1976) wurden von einer Forschergruppe der Universität von Maryland zwei relativist. Effekte gemessen: die Zeitdilatation, nach der der Gang einer mit der Geschwindigkeit v bewegten Uhr um $\sqrt{1 - (v/c)^2}$ langsamer ist als der Gang einer relativ dazu ruhenden Uhr, sowie der Einfluß des Schwerefeldes auf den Gang einer Uhr, wonach z. B. eine in der Höhe h über der Erdoberfläche befindl. Uhr schneller geht als eine Uhr auf der Erdoberfläche. Mit Flugzeugen wurden hierzu Atomuhren für 15 Stunden auf eine Höhe von etwa $h = 10\,000$ m gebracht. Die Höhe und die Geschwindigkeit der Flugzeuge wurden laufend registriert. Mit Hilfe von sehr kurzen Laserpulsen wurde der Gang der Flugzeuguhren ständig mit dem Gang von Atomuhren auf der Erde verglichen. Es wurde ein Gangunterschied von etwa 50 ns (1 ns = 10^{-9}s) gemessen. Die Vorhersage der R. stimmte mit diesem Experiment auf 1% überein.

Das von I. I. SHAPIRO durchgeführte **Shapiro-Experiment** bestimmte die Laufzeitverlängerung von Radarsignalen im Schwerefeld der Sonne. Von der Erde wurden Radarpulse nahe an der Sonne vorbei auf einen Planeten geschickt, dort reflektiert und zurückgeschickt. Infolge der Raumkrümmung muß die elektromagnet. Welle einen etwas längeren Weg zurücklegen, als man nach der euklid. Geometrie erwarten würde. Weiterhin trägt die beschriebene Verlangsamung des Uhrengangs im Schwerefeld zur Verlängerung der Laufzeit bei. Der Meßwert stimmt bis auf einige Promille mit der Vorhersage der R. überein.

M. BORN: Die R. Einsteins ([5]1969); H. WEYL: Raum, Zeit, Materie. Vorlesungen über allg. R. ([6]1970); A. EINSTEIN: Über die spezielle und die allg. R. ([22]1972); ders.: Grundzüge der R., hg. v. H.-J. TREDER (Nachdr. 1982); N. CALDER: Einsteins Universum (a. d. Engl., [3]1980); R. U. SEXL und H. K. URBANTKE: Gravitation und Kosmologie. Eine Einf. in die allg. R. (1981).

relativ prim, teilerfremd, → Primelement, → Teiler.

Relaxation, 1) Chemie: Wiedereinstellung eines chem. → Gleichgewichtes nach vorausgegangenen schnellen Störungen z. B. durch Druck- oder Temperaturänderungen oder Einwirkung elektr. Felder. Die kurzen R.-Zeiten (zw. 10^{-10} s und 1 min) lassen sich spektroskopisch oder durch Leitfähigkeitsmessungen bestimmen. (→ Desaktivierung)

2) Physik: infolge innerer Widerstände (meist Reibung) verzögertes Einstellen eines neuen Gleichgewichtszustandes bei Einwirkung oder Aufhebung äußerer Kräfte.

Relaxationszeit, die Abklingzeit (→Abklingen).

Releasing-Faktoren [rɪl'i:zɪŋ-, engl.], **Releasing-Hormone, hypophyseotrope Hormone,** Biochemie: Peptidhormone, die die Sekretion von bestimmten Hormonen anregen (z. B. die → Neurohormone).

Relief, 1) Geographie: die Höhengestaltung der Erdoberfläche; wird von der Geomorphologie untersucht.

2) Kartographie: auch **Hochbild,** dreidimensionale Geländedarstellung, oft in stärkerer → Überhöhung 3). Neben der einfachen Sandkastenmethode wurde bisher meist ein Stufenrelief in Höhenschichten aus Holz oder Pappe geschnitten und mit Gips modelliert. Durch Abfahren von → Höhenlinien läßt sich mit speziellen Fräsen aus einem Gipsblock ein R. mechanisch erzeugen. Die kartograph. Bearbeitung eines R. führt zum **Kartenrelief.** Dieses entsteht heute meist als Kunststoff-R. durch Aufprägen einer bedruckten und erwärmten Folie auf ein Gips-R. Als **Reliefkarten** gelten zweidimensionale Darstellungen mit bes. plastisch wirkender Geländewiedergabe (z. B. durch Schummerung).

Relief|umkehr, Relief|inversion, entsteht, wenn ehemals tief gelegene Gebiete durch Heraushebung oder durch unterschiedl. Abtragung (infolge verschiedener Widerstandsfähigkeit der Gesteine) zu Erhebungen werden; z. B. geolog. Mulden und Gräben zu Sätteln und Horsten, lavaverschüttete Gräben und Becken zu Rücken und Plateaus.

Relikt, in metamorphen Gesteinen Minerale oder Gefügemerkmale, die Rückschlüsse auf das Ausgangsmaterial oder eine vorausgegangene Metamorphose zulassen. Mineral-R. sind oft von Reaktionssäumen umgeben (›gepanzerte R.‹).

Reliktboden, → Paläosol.

Rem, Abk. für **Radiation equivalent men** [reɪdɪ'eɪʃn ɪkw'ɪvələnt men, engl.], Einheitenzeichen **rem,** nicht gesetzl., jedoch bis zum 31. 12. 1985 zugelassene Einheit der Äquivalentdosis (→ Dosis): 1 rem = 0,01 J/kg = 0,01 Sv (Sv, Einheitenzeichen für → Sievert).

REM, Abk. für **Rasterelektronenmikroskop** (→ Elektronenmikroskop).

Remanenz, 1) Geologie: → Paläomagnetismus.

2) Physik: **magnet. R., Restmagnetisierung,** die bleibende Magnetisierung, die beim Durchlaufen der Hysteresisschleife (→ Hysterese) eines Ferromagneten (→ Ferromagnetismus) bei verschwindendem äußerem Magnetfeld übrigbleibt.

Remission, spezielle Bez. für die diffuse → Reflexion. Ein quantitatives Maß der R. ist der Leuchtdichtefaktor einer nichtselbstleuchtenden Probe, in der Farbmetrik auch als **Remissionsgrad** bezeichnet, definiert als das Verhältnis der in Beobachtungsrichtung (Meßrichtung) gemessenen Leuchtdichte der Probe und der Leuchtdichte einer vollkommen mattweißen Fläche **(Weißstandard)** bei gleicher Beleuchtungs- und Beobachtungsgeometrie. Der zur farbmetr. Kennzeichnung von Körperfarben erforderl. spektrale Remissionsgrad wird normalerweise bei Beleuchtung unter 45° gegen die Probennormale und bei Beobachtung in Richtung der Probennormale gemessen. Nicht zu verwechseln mit dem Remissionsgrad ist der **Reflektometerwert,** der lediglich die Remission im Spiegelwinkel erfaßt.

Remissions|spektroskopie, → Reflexionsspektroskopie.

Rendzina *die,* Bodentyp mit humosem, schwarzem bis schwarzbraunem Oberboden auf kalkhaltigem Ausgangsmaterial; ein Übergangshorizont fehlt. Meist flachgründige, gut krümelige Böden, die schnell austrocknen. R. wird nach Humusform **(Mull-, Moder-R.)** und Gesteinsart unterschieden. R. sind erosionsanfällig.

Renin *das,* in der Niere gebildetes Enzym, entsteht bes. bei Natriummangel und Abnahme der Nierendurchblutung. R. bewirkt indirekt eine Blutdrucksteigerung und eine Freisetzung von → Aldosteron, das den Blutdruck erhöht.

Renkverbindung, Verbindung von zwei Bauteilen, die zusammengesteckt, dann verschoben oder verdreht werden; kann meist ohne Werkzeug einfach und schnell hergestellt und gelöst werden, z. B. → Bajonettverbindung.

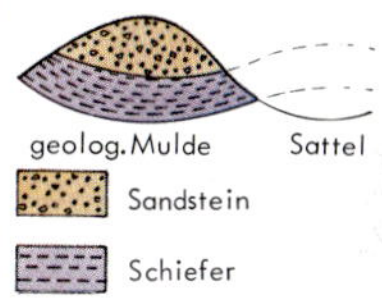

Reliefumkehr

Rennin, das → Labferment.

Renormierung, Renormalisierung, Verfahren, um die zu unendlich großen Werten physikal. Größen führenden Anwendungen der Quantenelektrodynamik so abzuändern, daß endliche, der Beobachtung entsprechende Größen zurückbleiben. Die R. läßt sich auch auf best. andere Quantenfeldtheorien anwenden.

Rentenrechnung, einfache Rechenverfahren zur Berechnung von Renten; durch eine einmalige Zahlung des Barwertes m wird eine Rente r erworben, die ein Jahr nach der Zahlung des Barwertes zu laufen beginnt und n mal in Abständen von einem Jahr ausgezahlt wird. Beträgt der Zinsfuß p%, so nennt man die Zahl

$$q = 1 + \frac{p}{100}$$

den **Aufzinsfaktor,** z. B. ist für $p = 5\%$ $q = 1{,}05$. Soll die Rente eine bestimmte Höhe r haben, so berechnet sich in diesem Fall die einmalige Einzahlung m (Mise) aus der

Rentenformel: $m = \frac{100\,r}{p}\,(1 - n).$

Repetenz, die → Wellenzahl.

Reppe-Chemie [n. dem dt. Chemiker W. J. Reppe, * 1892, † 1969], 1928 erschlossenes Arbeitsgebiet der Herstellung organ. Zwischenprodukte aus → Acetylen. **Reppe-Verfahren,** → Acrylsäure.

Repräsentant, Mathematik: → Klasse.

Repressor, Biochemie: im Rahmen der Regulation der → Proteinbiosynthese vom Regulatorgen codiertes

Proteinmolekül zur Blockierung des Operatorgens und als Bindungspartner für das Substrat (Induktor) oder niedermolekulare Produkte (Corepressor).

Reprocessing [ri:prəus'esıŋ, engl.] *das,* Kerntechnik: chem. Aufarbeitung (→Wiederaufarbeitung) von Kernreaktorbrennstoffen.

Reproduktion, drucktechn. Wiedergabe von Vorlagen (Bildern oder Text, auch nicht originaler Drucke) mit Hilfe der Photographie (→Reproduktionsphotographie, →Reproduktionstechnik).

Reproduktions|photographie, Reprophotographie, Verfahren zur Herstellung von Halbton- oder Rasternegativen oder -positiven nach Vorlagen (Strichzeichnungen, Gemälden, graph. Entwürfen, Photographien u. a.) mit Hilfe von **Reproduktionskameras (Reprokameras),** Vergrößerungs- und Kopiergeräten zur Herstellung von Kopiervorlagen für die →Reproduktionstechnik.

Reproduktions|technik, Reproduktionsverfahren, das Gesamtgebiet der photograph., photomechan. und elektromechan. Verfahren zur Herstellung von Druckformen für die Wiedergabe von Vorlagen in den verschiedenen Druckverfahren bis zum Andruck der fertigen Druckform.

Die **photograph. Reproduktion** führt von der photograph. Aufnahme über die Ausführung von Retuschen bis zur Herstellung und Montage der Kopiervorlage. Für die autotyp. Druckverfahren (→Autotypie) werden unmittelbar von der Vorlage Rasterfilme hergestellt (direkte Verfahren), oder es werden Halbtonfilme angefertigt, die nach Retusche oder Maskierung aufgerastert werden (indirekte Verfahren). **Photomechan. Reproduktion** beruht auf photochem. Vorgängen und erfordert sowohl photograph. als auch ätztechn. Arbeitsgänge (z. B. →Chemigraphie). Die **elektromechan. Reproduktion** arbeitet mit lichtelektr. Abtastung der Vorlage und mit elektronisch gesteuerter Belichtung oder Gravur (→Scanner). Sie liefert Kopiervorlagen für Offset oder direkt Druckplatten für Buchdruck und Druckzylinder für Tiefdruck.

H. WILLKOMM: Grundlagen der R. ([2]1978); D. FIEBIG u. K.-H. BECK: Reprotechnik ([2]1980); H. SEICHTER: ABC der Reprotechnik ([8]1980); R. IHME: Lb. der R. (1981).

Reproduzierbarkeit, Wiederholbarkeit v. a. von technisch-naturwissenschaftl. Messungen, Untersuchungen u. a. mit geringen Abweichungen der Einzelergebnisse voneinander.

Reprographie, Sammelbez. für die Kopierverfahren mittels elektromagnet. Strahlung (Licht, Wärme, Röntgen u. a.).

REPROM, Abk. für **Reprogrammable Read Only Memory** [ri:prəugr'æməbl ri:d əunlı m'emərı, engl.], Datenverarbeitung: Sammelbezeichnung für alle als Festwertspeicher eingesetzten löschbaren und wieder programmierbaren Halbleiterspeicher (→EAROM, →EPROM).

Repulsivkraft, Kraft, die i. Ggs. zur Anziehungskraft ein Teilchen von einem Zentrum abstößt.

Resene, stark ungesättigte, sauerstoffhaltige organische Stoffe in Naturharzen.

Reservedruck, Verfahren des →Textildrucks.

Reserven, →Rohstoffe.

Residualgebirge, durch Auslaugung von Salzgesteinen gebildeter Rückstand aus Gips, Ton u. a. schwer- oder unlöslichen Gesteinen. (→Subrosion)

Residuum, Mathematik: das R. einer komplexwertigen →Funktion $f(z)$ einer komplexen Variablen z an der Stelle z_0 ist ein Wert

$$\operatorname{Res}_{z_0} f = \frac{1}{2\pi i}\int_K f(z)\mathrm{d}z, \text{ wobei das Symbol } \int_K f(z)\mathrm{d}z \text{ das}$$

→Kurvenintegral über einen Kreis K um z_0 bedeutet. Ist f in z_0 (und einer Umgebung) holomorph (→Funktionentheorie), so ist $\operatorname{Res}_{z_0} f = 0$. Der **Residuensatz** besagt: Ist f in einem Gebiet G holomorph außer in endlich vielen Singularitäten $z_1, \ldots, z_n$, so gilt

$$\frac{1}{2\pi i}\int_C f(z)\mathrm{d}z = \sum_{j=1}^{n} \operatorname{Res}_{z_j} f,$$

wobei die geschlossene Kurve C, die in $G\setminus\{z_1, \ldots, z_n\}$ verläuft, positiven Umlaufsinn hat. Mit Hilfe des R.-Satzes können also Kurvenintegrale berechnet werden.

Resinate, Salze der →Harzsäuren.

Resinit *der,* Gefügebestandteil der Kohle, v. a. aus strukturlosen Harz- und Wachspartikeln; →Streifenarten.

Resinoide, Extraktstoffe aus pflanzl. und tier. Drogen, Balsamen, Gummistoffen, Harzen u. a., verwendet v. a. in der Parfümerie.

Resistanz, der →Wirkwiderstand im Wechselstromkreis, Kehrwert: **Konduktanz.**

Resistivität, der →spezifische Widerstand.

Resit, →Phenolharze.

Resitole, →Phenolharze.

Resolvente, Hilfsgleichung zur Auflösung einer algebraischen Gleichung.

Resonanz, 1) Chemie: die →Mesomerie.

2) Funktechnik: das Mitschwingen eines →Schwingkreises mit einem erregenden Sender, wenn seine durch Kapazität und Induktivität bestimmte Frequenz mit der des Senders übereinstimmt; wird im Empfänger zur →Abstimmung auf einen Sender ausgenutzt.

3) Physik: urspr. das Mitklingen, allg. das starke Mitschwingen von Systemen mit schwach gedämpften →Eigenschwingungen, wenn sie durch relativ schwache äußere Kräfte periodisch erregt werden, mit einer Frequenz **(R.-Frequenz),** die einer Eigenfrequenz des Systems gleich oder nahezu gleich ist. Das schwingungsfähige System selbst wird als **Resonator** bezeichnet. Im Resonanzfall hat die erzwungene Schwingung eine Phasenverschiebung von $\pi/2$ gegenüber der erregenden Schwingung. Bei extrem geringer Dämpfung kann es zur **Resonanzkatastrophe** (Zerstörung des schwingungsfähigen Systems) kommen.

In andersartiger Anwendung des Wortes R. spricht man von **R.-Strahlung,** wenn ein Atom, das durch Einstrahlung einer elektromagnet. Strahlung best. Frequenz in einen Anregungszustand gebracht wurde, wieder Strahlung der gleichen Frequenz abstrahlt, wobei das Atom in seinen Grundzustand zurückkehrt. Übertragen heißen R. dann die bei Reaktionen in der Elektronenhülle oder im Atomkern in Abhängigkeit von der Energie der einfallenden Strahlung auftretenden Spitzen im Wirkungsquerschnitt. Die Halbwertsbreite dieser R. ist auf Grund der Heisenbergschen Unschärferelation mit der mittleren Lebensdauer des betreffenden Anregungszustandes gekoppelt. Auch die bei Stößen hochenerget. Elementarteilchen auftretenden →Massenresonanzen (kurz R.) machen sich im Wirkungsquerschnitt durch Maxima bei best. Energien **(Resonanzenergien)** bemerkbar.

Resonanz|absorption, Absorption einer Wellen- oder Teilchenstrahlung durch mikrophysikal. Systeme mit der Frequenz, die einem möglichen Übergang zw. zwei Energieniveaus entspricht. Diese Systeme absorbieren v. a. elektromagnet. Strahlung solcher Frequenzen, die sie auch emittieren können (→ Elektronenspinresonanz, → Kernspinresonanz, → Kerninduktion, → Kernresonanzfluoreszenz).

Resonanzfluoreszenz, Art der → Fluoreszenz, bei der die emittierte Strahlung die gleiche Frequenz wie die anregende aufweist. Der R. der Atomhülle entspricht die → Kernresonanzfluoreszenz des Atomkerns.

Resonanz|integral, Maß für die Stärke der Absorption von Neutronen durch Atomkerne in einem best. Energiebereich; wichtig zur Berechnung der Neutronenbilanz im Kernreaktor.

Resonator, 1) Mikrowellentechnik: → Hohlraumresonator, → Leitungsresonator, → Mikrostreifenleitung.

2) Optik: **optischer R.,** → Laser.

3) Schwingungslehre: → Resonanz 3).

Resorcin, 1,3-Dihydroxybenzol, farblose, kristalline Substanz, die durch Sulfonierung von Benzol und Alkalischmelze der entstehenden 1,3-Benzoldisulfonsäure hergestellt wird. R. wird überwiegend zu Klebstoffen und Harzen (R.-Formaldehyd-Harze), daneben auch zu Farbstoffen verarbeitet.

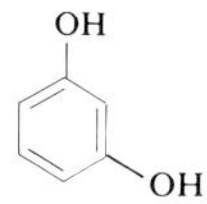

Resorcin

Resorption, Geologie: Wiederauflösung bereits auskristallisierter Minerale in einer magmat. Schmelze infolge chem. Ungleichgewichts (z. B. Olivin in basalt. Magma).

Resorptions-Kältemaschine, Bauart einer Absorptions-Kältemaschine, bei der die Kondensation der Kältemitteldämpfe durch eine Absorption von einer Lösung entsprechender Konzentration **(Resorption)** und die Verdampfung durch eine Entgasung aus der gleichen Lösung unter geringerem Druck ersetzt ist (→ Kältemaschine).

Ressourcen [rəs'ursən, frz.], → Rohstoffe.

Rest, 1) Chemie: → R1).

2) Mathematik: eine natürliche Zahl *r,* die bei der Division von *a* durch *b,* wobei *a* und $b > 0$ ganze rationale Zahlen bedeuten, dadurch eindeutig bestimmt ist, daß gilt: $a:b = q + r:b$ mit $0 \leqq r < b$, wobei *q* eine ganze rationale Zahl ist. Beispiel: $13:5 = 2 + 3:5$ mit 3 als Rest. Der Begriff des R. läßt sich entsprechend auf ganzrationale Funktionen übertragen.

Restberg, zusammenfassende Bez. für Erhebungen eines früher weiter verbreiteten Berglands oder für übriggebliebene Teile einer ehemals höheren Landoberfläche. Ihre Ausbildung und Erhaltung kann gesteinsbedingt (→ Härtling) oder klimabedingt (→ Inselberge) sein; i. w. S. sind auch die → Zeugenberge R.

Restglied, Mathematik: → Taylorscher Satz.

Restit, Restgestein, → Metatexis, → Migmatit.

Restklasse modulo p, Mathematik: → Klasse.

Restkristallisation, letzter Abschnitt bei der Erstarrung eines Magmas, gekennzeichnet durch zunehmende Anreicherung leichtflüchtiger Bestandteile, z. B. H_2O, HF, HCl, H_2S, CO_2 und H_3BO_3. Die R. umfaßt, bei abnehmender Temperatur, das Stadium der Bildung der → Pegmatite, das Stadium der → Pneumatolyse und das hydrothermale Stadium (→ Magma). Hierbei entstehen jeweils auch wichtige → Erzlagerstätten.

Restmagnetisierung, die magnet. → Remanenz.

Restriktions|enzyme, Restriktions|endo|nucleasen, in Bakterien vorkommende Enzyme, die Desoxyribonucleinsäure (DNS) an Nucleotidsequenzen spalten, die von spezif. R. erkannt werden. Die R. dienen zur gezielten Spaltung bei der Untersuchung von DNS in der Molekulargenetik.

Restseitenbandübertragung, trägerfrequente Übertragung mit Amplitudenmodulation, z. B. von Fernseh- oder Datensignalen (→ Fernsehnormen). Eines der beiden Seitenbänder wird so weit unterdrückt, daß nur noch ein dem Träger benachbarter Rest von z. B. 10–20% der Niederfrequenzbandbreite übrigbleibt, der dann zusammen mit dem anderen Seitenband übertragen wird. Nach der Demodulation des Signals würden die Amplituden der tiefen und hohen Frequenzen unterschiedlich stark auftreten. Um dies auszugleichen, wird vor der Demodulation mit Hilfe eines Filters eine → Nyquist-Flanke gebildet.

Reststrahlen, Infrarotstrahlung großer Wellenlänge (> 15 µm), die aus einem breiten Strahlungsspektrum nach mehrmaliger Reflexion zw. zwei selektiv reflektierenden Ionenkristallplatten als nahezu monochromat. Strahlung mit Wellenlängen zw. 15 und 200 µm übrigbleibt.

Resultante, 1) Hilfsmittel bei der Lösung algebraischer Gleichungssysteme. Diese sind lösbar, wenn die R. Null ist. Die R. eines homogenen linearen Gleichungssystems ist die → Determinante seiner Koeffizientenmatrix.

Sind zwei → Polynome $f(x)$ und $g(x)$ gegeben mit
$f(x) = a_0x^m + a_1x^{m-1} + \ldots + a_m$, $a_0 \neq 0$ und
$g(x) = b_0x^n + b_1x^{n-1} + \ldots + b_n$, $b_0 \neq 0$ mit $n < m$,
dann kann die R. dieser beiden Polynome durch die **Sylvestersche Determinante** dargestellt werden:

$$\left|\begin{matrix} a_0\, a_1\, a_2 \cdot\cdot\cdot & & a_m & 0 & 0 & \cdot\cdot\cdot & 0 \\ 0\;\, a_0\, a_1 \cdot\cdot\cdot & & a_{m-1} & a_m & 0 & \cdot\cdot\cdot & 0 \\ \cdot\;\cdot\;\cdot\;\cdot\;\cdot & \cdot & \cdot & \cdot & \cdot & \cdot\;\cdot & \cdot \\ 0\;\, 0\;\, 0 & a_0 & a_1 & & \cdot & \cdot\cdot\cdot & a_m \\ b_0\, b_1\, b_2 \cdot\cdot & b_n & 0 & & \cdot & \cdot\cdot\cdot & 0 \\ 0\;\, b_0\, b_1 \cdot\cdot & b_{n-1} & b_n & & 0 & \cdot\cdot\cdot & 0 \\ \cdot\;\cdot\;\cdot\;\cdot\;\cdot & \cdot & \cdot & \cdot & \cdot & \cdot\;\cdot & \cdot \\ 0 & & b_0 & & b_1 & \cdot\cdot\cdot & b_n \end{matrix}\right| \begin{matrix} \left.\vphantom{\begin{matrix}a\\a\\a\\a\end{matrix}}\right\} n \text{ Zeilen} \\ \left.\vphantom{\begin{matrix}a\\a\\a\\a\end{matrix}}\right\} m \text{ Zeilen} \end{matrix}$$

$f(x)$ und $g(x)$ haben genau dann gemeinsame Nullstellen, wenn diese Determinante gleich Null ist.

2) Resultierende, der Summenvektor (→ Vektor), z. B. die Summe von zwei oder mehreren → Kräften (BILD).

Retenat, die aufkonzentrierte Restlösung bei der Reversosmose (→ Membranverfahren).

Retention, 1) Chemie: Zurückhalten von Stoffen im Filter oder im Adsorptionsmittel in der Filtrations- und Chromatographietechnik. **R.-Faktor, Rf-Wert,** Größe zur Kennzeichnung der Wanderungsgeschwindigkeit eines Stoffes in der Papier- und Dünnschichtchromatographie.

2) Wasserbau: Rückhaltung, Hemmung und Verzögerung von Hochwasserabflüssen durch natürl. Gegebenheiten, z. B. in überschwemmten Flußauen, oder durch künstl. Maßnahmen, z. B. in Hochwasserrückhaltebecken.

Retentionszeit, → Gaschromatographie.

Reticulum, Netz, ein → Sternbild des südl. Himmels.

Retinal, Vitamin-A-Aldehyd, der chem. Struktur nach ein substituierter Cyclohexenring mit mehrfach ungesättigter Seitenkette und Aldehydgruppe. R. ist Bestandteil des →Sehpurpurs Rhodopsin.

Retinol, das Vitamin A, →Vitamine.

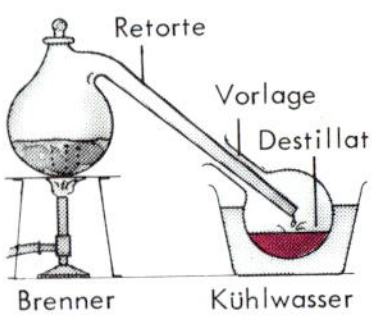

Retorte

Retorte *die,* im Laboratorium bei speziellen Destillationen verwendeter Glas- oder Metallkolben mit langem, abwärts geneigtem, zum Ende verjüngtem Ableitungsrohr.

retrograde Metamorphose, die →Diaphtorese.

Retrokristallisation, →Isotropisierung.

Rettungsboot, Boot zur Rettung Schiffbrüchiger, urspr. offenes Ruderboot, dann mit Propellerantrieb, dichten Luftkammern, teilweise geschlossener Bauweise; von →Rettungsfloß und →Rettungsinsel weitgehend abgelöst.

Rettungsfloß, behelfsmäßige Rettungseinrichtung aus Blech, Segeltuch/Kork o. ä. für Schiffbrüchige; wird an Bord so gelagert, daß es beim Sinken des Schiffes selbständig aufschwimmt. Heute meist durch →Rettungsinseln ersetzt.

Rettungsgeräte, Geräte und Einrichtungen zur Hilfe (Bergung und Versorgung) bei Katastrophen, Unfällen, Erkrankungen u. a. Notständen. – Zur Rettung vor dem Ertrinken und aus Seenot dienen Rettungsringe, Schwimmwesten, Rettungsboote, Rettungsflöße, Rettungsinseln, Raketenapparate, Hosenbojen, Tauchgeräte, Tauchretter. – Zur Rettung aus Feuersgefahr stehen als R. der Feuerwehr zur Verfügung: tragbare Leitern (Klappleitern, Hakenleiter, vierteilige Steckleiter, mehrteilige Schiebeleiter), fahrbare Leitern (Anhängeleitern 10, 12, 18 m), Hubrettungsfahrzeuge (Leitern, Leiterbühnen, Gelenk- und Teleskopmastbühnen), außerdem Sprungtuch, Sprungpolster, Sprungkissen (mit Generatoren aufblasbares großflächiges Luftkissen, zum Absprung aus großen Höhen, bis zu 60 m, geeignet), Rettungsschlauch und Abseilgeräte mit Gurt.

Zur Rettung aus Bergnot dienen das alpine Notsignal, Rettungsschlitten, Rettungshubschrauber, Unterkunftshütten. – Bei Straßenverkehrs- und Eisenbahnunfällen werden zur Bergung Kran- und Abschleppwagen, hydraulisch betriebene R. (Pumpen, Spreizer, Schneidgeräte), Schneidbrenner, ggf. Löschgeräte eingesetzt. Bei Flugzeugunfällen am Boden kommen Rettungsrutschen und Schaumteppich, über See Schwimmwesten und Rettungsinseln, in der Luft der Fallschirm hinzu. – Im Untertagebergbau kann Eingeschlossenen Hilfe mit Rettungsbohrungen (zur Versorgung mit Luft, Lebensmitteln und Medikamenten oder durch unmittelbare Bergung, z. B. mit der Dahlbusch-Bombe) gebracht werden. – Als R. bei Sauerstoffmangel dienen Atemschutzgeräte, Höhenatmer, Tauchgeräte.

Rettungs|insel, überdachtes, meist rundes Gummi- oder Kunststofffloß, an Bord in einem runden Kunststoffbehälter zusammengefaltet gelagert, bläst sich beim Zuwasserkommen selbsttätig auf; faßt 10–25 Personen, enthält Notproviant, Erste Hilfe-Ausrüstung, Seenotsignalmittel, z. T. auch Notsender.

Retusche, Reproduktionstechnik: die Durchführung (das Retuschieren) oder auch das Ergebnis von Korrekturen an photograph. Positiven und Negativen zur Beseitigung von fehlerhaften Stellen, zur Hervorhebung von Einzelheiten, zur Entfernung unerwünschter Bildteile und zur Verbesserung der Bildwirkung. Man unterscheidet **Positiv-R.** und **Negativ-R.** Für die R. von Halbton-Negativen oder -Positiven werden **R.-Farben,** Graphit u. a. verwendet, die Korrektur von Raster-Negativen und -Positiven geschieht durch partielles Abschwächen. Auf photograph. Vorlagen werden glatte Töne durch **Spritz-R.** verbessert. An Farbdias und Farbpapierbildern wird die Farbwiedergabe mit Farbstofflösungen, die Tonwertwiedergabe durch Korrekturen für Lichter- und Schattenpartien verbessert. Bei der Farbreproduktion kann die R. durch Maskierung (→Maske) erleichtert werden.

Reutertrocknung, Gerüsttrocknung, früher weitverbreitetes Verfahren zur Heutrocknung auf dem Feld. Das durch →Bodentrocknung auf etwa 45% Feuchtgehalt vorgetrocknete Halmgut wird dabei auf Holzgerüsten (Heinze, Reiter) oder drahtzaunähnl. Gerüsten bis zur Lagerfähigkeit von etwa 20% getrocknet. Die R. hat geringere Nährstoffverluste zur Folge als die Feldtrocknung, wegen des hohen Handarbeitsaufwands ist sie heute weitgehend durch die Trocknung in Belüftungsanlagen (→Belüftung 2) abgelöst.

reversibel, umkehrbar; r. heißen viele Prozesse in der Chemie, Thermodynamik (→Entropie) und Mechanik, die sowohl in der einen wie in der anderen Richtung verlaufen können. Reversible Prozesse stellen nicht realisierbare Grenzfälle einer Zustandsänderung dar, bei der ein System ohne zusätzl. Veränderung in seiner Umgebung wieder in den Ausgangszustand gebracht werden kann (Ggs.: →irreversibel).

Revers|osmose, →Membranverfahren.

Revolution, in der Astronomie des späten Mittelalters das naturgesetzmäßige Kreisen von Himmelskörpern um einen Zentralkörper (Planeten um die Sonne); von N. KOPERNIKUS in ›De revolutionibus orbium coelestium‹ (1507) beschrieben.

Revolver, 1) mehrschüssige Handfeuerwaffe mit einer Trommel als Magazin, allg. durch die →Pistole ersetzt.

2) Vorrichtung zur Aufnahme von Werkzeugen an Werkzeugmaschinen, z. B. der **R.-Drehmaschine** (→Drehen).

Reynolds-Zahl [rˈenəldz-, n. dem brit. Physiker O. Reynolds, * 1842, † 1912], Formelzeichen *Re,* wichtigste Größe zur Kennzeichnung von reibungsbehafteten Strömungsvorgängen. Die dimensionslose R.-Z. ist das Verhältnis der Trägheitskräfte zu den Reibungskräften, $Re = \upsilon\, l / \nu$ (υ Geschwindigkeit, ν kinemat. Zähigkeit des strömenden Mediums, l eine charakterist. Länge, z. B. der Durchmesser einer durchströmten Röhre). Bei der **krit. R.-Z.** tritt der Umschlag vom laminaren in den turbulenten Strömungszustand ein.

Reyon *das,* engl. **Rayon** [rˈeɪɔn], frz. **Rayonne** [rajˈɔn], seit 1951 Gattungsname für die Filamentgarne aus Viskose (→Chemiefasern).

Herstellung. Holz- oder Strohzellstoff wird mit Natronlauge alkalisiert, zerfasert und mit Schwefelkohlenstoff behandelt. Das entstehende Cellulosexanthogenat (kurz **Xanthat**) ergibt nach Behandeln mit verdünnter Natronlauge die zähflüssige Spinnlösung (**Viskose;** Cellulosegehalt etwa 8%). Die Viskose wird filtriert, entlüftet und im →Naßspinnverfahren ausgesponnen. Die erstarrten Cellulosefäden werden entschwefelt, entsäuert, gebleicht, gewaschen, für die Weiterverarbeitung präpariert, ausgeschrumpft und getrocknet.

R.-Garne werden fein-, mittel- und grobfädig, glänzend, halbmatt und tiefmatt sowie spinn-(düsen-)gefärbt hergestellt, auch als hochfeste und ermüdungstüchtige R.-Typen **(Cord-** oder **RT-Reyon)** für Autoreifen, Transportbänder u. a. techn. Artikel. **Textil-R.** wird für alle gewebten und gewirkten Konsumartikel verwendet (Futter-, Blusen-, Wäsche-, Kleider- und Dekostoffe, Steppdekkendamaste, Wirkwaren für Unterwäsche, Hutbänder, Posamenten).

rezent, gegenwärtig lebend, sich bildend oder auftretend; Ggs.: → fossil.

Rezeptor, Zellbestandteil, der → Hormone, Enzyme, Antikörper, Arzneimittel u. a. bindet und über intrazelluläre Mechanismen Stoffwechselvorgänge des Organismus beeinflußt.

Rezipient *der,* Glas- oder Metallglocke, die auf einen Teller gesetzt und mit Hilfe einer Vakuumpumpe evakuiert werden kann.

reziproke Radi|en, → Inversion 4).

reziproker Wert, der → Kehrwert.

reziprokes Gitter, wichtige Hilfskonstruktion der Kristallstrukturlehre, z. B. für die Auswertung von Röntgenaufnahmen bei der Strukturanalyse von Kristallen, sowie für theoret. Grundlagen der Festkörperphysik. Das r. G. leitet sich vom realen Kristallgitter ab und stellt eine gitterartige Anordnung von Punkten dar, von denen jeder einer Netzebene des realen Gitters entspricht. Die Basisvektoren $\boldsymbol{a}^*$, $\boldsymbol{b}^*$, $\boldsymbol{c}^*$ des r. G. sind definiert durch $\boldsymbol{a}^* = (\boldsymbol{b} \times \boldsymbol{c})/V_Z$, $\boldsymbol{b}^* = (\boldsymbol{c} \times \boldsymbol{a})/V_Z$, $\boldsymbol{c}^* = (\boldsymbol{a} \times \boldsymbol{b})/V_Z$, wobei $\boldsymbol{a}, \boldsymbol{b}, \boldsymbol{c}$, die Basisvektoren und $V_Z = \boldsymbol{a} \cdot (\boldsymbol{b} \times \boldsymbol{c})$ das Volumen der Einheitszelle (→ Elementarzelle) des reellen Translationsgitters sind. Aus diesen Gleichungen folgen die Beziehungen $\boldsymbol{a}^*\boldsymbol{a} = \boldsymbol{b}^*\boldsymbol{b} = \boldsymbol{c}^*\boldsymbol{c} = 1$ und $\boldsymbol{a}^*\boldsymbol{b} = \boldsymbol{a}^*\boldsymbol{c} = \boldsymbol{b}^*\boldsymbol{a} = \boldsymbol{b}^*\boldsymbol{c} = \boldsymbol{c}^*\boldsymbol{a} = \boldsymbol{c}^*\boldsymbol{b} = 0$. Die Vektoren $\boldsymbol{a}^*$, $\boldsymbol{b}^*$, $\boldsymbol{c}^*$ spannen die Einheitszelle im r. G. auf, aus der sich das ganze r. G. durch die Translationsvektoren $\boldsymbol{t}^* = h_1\boldsymbol{a}^* + h_2\boldsymbol{b}^* + h_3\boldsymbol{c}^* = m\ (h\boldsymbol{a}^* + k\boldsymbol{b}^* + l\boldsymbol{c}^*) = m\ \boldsymbol{t}^*_{hkl}$ aufbaut. $h_1 = mh$, $h_2 = mk$, $h_3 = ml$ sind ganze Zahlen, m ist ein gemeinsamer ganzzahliger positiver Faktor, so daß die h, k, l teilerfremde sonst beliebige ganze Zahlen sind. Der Vektor $\boldsymbol{t}^* = m\boldsymbol{t}^*_{hkl}$ steht senkrecht auf der Netzebenenschar (hkl) des Raumgitters (→Millersche Indizes) und seine Länge $|\boldsymbol{t}^*| = m\,|\boldsymbol{t}^*_{hkl}| = m \cdot (1/d_{hkl})$ ist der m-fache Kehrwert des Netzebenenabstands d_{hkl}.

Rf, chem. Symbol für → Rutherfordium.

R-Faktor, Rf-Wert, → Retention 1).

RGT-Regel, Abk. für **Reaktionsgeschwindigkeit-Temperatur-Regel,** auch **van't Hoffsche Regel,** Regel, die besagt, daß chem. Umsetzungen bei Temperaturerhöhung um 10 °C oft etwa doppelt bis viermal so schnell wie bei der Ausgangstemperatur verlaufen.

Rh, chem. Symbol für → Rhodium.

Rhamnose, von der Mannose abgeleiteter Desoxyzucker (→ Desoxy . . .), der in Form von Glykosiden z. B. in Strophanthin, im Xanthorhamnin der Gelbbeeren und im braunen Blütenfarbstoff Rutin vorkommt.

Rhät, Rät, Geologie: oberste Stufe der alpinen →Trias und damit auch des → Keupers.

Rhea, ein Mond des Planeten → Saturn.

rheinische Richtung, Geologie: in Mitteleuropa häufige Streichrichtung (→ Streichen und Fallen) Nordnordost nach Südsüdwest von geolog. und/oder tektonischen Elementen.

Rhenium, chem. Symbol **Re,** ein → chemisches Element aus der Gruppe der Übergangsmetalle, Ordnungszahl 75. Neben den natürl. Isotopen ^{185}Re, stabil, und ^{187}Re, ein Betastrahler (Halbwertszeit $5 \cdot 10^{10}$ Jahre), sind mehr als 25 künstliche instabile Isotope bekannt. In geringen Konzentrationen (unter 1 mg/t) weit verbreitet, kommt es angereichert in Molybdänglanz (bis 0,2%) vor, aus dem es auch meist gewonnen wird. R. ist ein silberweißes, hartes Metall, das chemisch sehr beständig ist und hervorragende mechan. Eigenschaften hat.

Reines R. wird für opt. Spiegel und elektr. Glühdrähte verwendet. Als Zusatz zu Platin-, Molybdän-, Wolfram- u. a. Legierungen wirkt es härtend und korrosionsverhindernd. Legierungen mit Platin finden Anwendung als Thermoelemente. – Metall. R. wird meist durch Reduktion von Kaliumperrhenat mit Wasserstoff bei höherer Temperatur gewonnen. – R. wurde 1925 von W. NODDACK und I. TACKE entdeckt.

In seinen Verbindungen tritt R. in allen Oxidationszahlen zw. – 1 und + 7 auf. Beim Erhitzen von R. im Luftstrom über 400 °C bildet sich hellgrünes **Rhenium-(VII) oxid,** Re_2O_7, das bei 450 °C destilliert werden kann. Mit Wasser bildet sich daraus die farblose **Perrheniumsäure,** $HReO_4$, deren Salze, z. B. das **Kaliumperrhenat,** $KReO_4$, ebenfalls farblos sind. Sie sind die wichtigsten handelsübl. Verbindungen des R.

Rhenoherzynische Zone, Teil des →Variskischen Gebirges.

Rheologie, Fließkunde, Teilgebiet der Physik, das sich mit Beschreibung, Erklärung und Messung der bei der Deformation und beim → Fließen 2) hochviskoser Flüssigkeiten, plast. Massen und fester Körper unter Einwirkung äußerer Kräfte auftretenden Erscheinungen befaßt.

Rheometrie, Viskosimetrie, Meßtechnik an viskosen, hochmolekularen Stoffen (Kohlenwasserstoffen). Durch Fließversuche werden außer der Viskosität auch andere charakterist. Eigenschaften ermittelt. (→ Rheologie)

Rheomorphose, teilweise oder vollständige Mobilisierung eines Gesteins unter Stoffzu- und -abfuhr durch Temperaturerhöhung bei der Metamorphose.

rheonom, → holonom.

Rheopexie, Erstarren eines Sols oder einer Suspension bei Bewegung (Schlagen oder Schwingen) zu einer festen Masse; Ggs.: →Thixotropie.

Rheostat *der,* Meßtechnik: Präzisionswiderstand, der durch Drehschalter oder Stöpsel (z. T. mit vergoldeten Kontaktflächen) eingestellt und für genaueste Messungen (z. B. für Eichzwecke) eingesetzt wird.

Rho (ϱ, P), ein → griechischer Buchstabe (ÜBERSICHT).

1) ϱ, Formelzeichen für Dichte, Ladungsdichte, spezif. elektr. Widerstand.

2) ϱ, physikal. Symbol für das Rho-Meson.

Rhodamine, zu den Phthaleinen gehörende Farbstoffgruppe, die durch Kondensation von 1 Mol Phthalsäureanhydrid mit 2 Mol eines 3. Aminophenols erhalten wird. R. verleihen Seide und Wolle lebhafte, fluoreszierende rote Färbung, einige R. dienen als Farbstoffe für Flüssigkeitslaser.

Rhodanide, veraltete Bez. für → Thiocyanate; → Cyanverbindungen.

Rhamnose

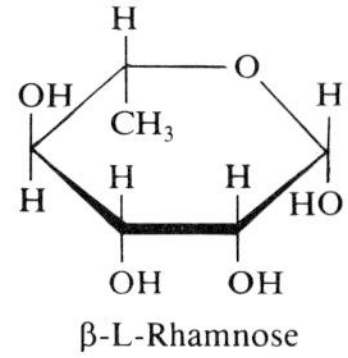

β-L-Rhamnose

Rhodanwasserstoffsäure, die → Thiocyansäure.

Rhodinieren, das Abscheiden von metall. Rhodium auf der Oberfläche von Gegenständen für dekorative oder techn. Zwecke, meist elektrolytisch oder durch Aufdampfen. Der Rhodiumüberzug ist chemisch und mechanisch sehr beständig und ein guter Reflektor für Licht.

Rhodium, chem. Symbol **Rh,** ein → chemisches Element aus der Gruppe der → Platinmetalle, Ordnungszahl 45. Neben dem natürlich vorkommenden stabilen Isotop 103 sind rd. 20 künstl. instabile Isotope bekannt. R. ist ein silberweißes, beständiges, selbst in Königswasser unlösl. Metall. Es kommt mit den übrigen Platinmetallen vor und ist etwa 100mal geringer in der Erdkruste verbreitet als Platin. R. wurde 1803 von W. H. WOLLASTON in Rohplatin entdeckt.

Als Legierungspartner von Palladium und Platin wird es für Heizdrähte, Thermoelemente, Laborgeräte und Katalysatoren verwendet, reines R. zur Herstellung beständiger opt. Spiegel und Schutzfilme.

In seinen Verbindungen besitzt R. die Oxidationszahlen 2, 3, 4 und 6. Am beständigsten sind die meist rosarot gefärbten dreiwertigen Verbindungen, z. B. das **R.-Chlorid,** $RhCl_3$, das auch als leichtlösl. Hydrat, $RhCl_3 \cdot 4\,H_2O$, bekannt ist.

Rhodochrosit: geschnitten und poliert (Peru)

Rhodochrosit *der,* **Manganspat, Himbeerspat,** Mineral $MnCO_3$; Mn z. T. durch Fe **(Oligonspat),** Ca **(Manganocalcit)** u. a. ersetzt; rosarot, sehr selten farblos, verunreinigt grau und braun, angewittert schwarz; Glasglanz, durchscheinend; H. 4, D. 3,3–3,6; Kristalle klein, meist derb-körnige, spätige, traubige und glaskopfartige Aggregate oder Krusten; wichtiges Manganerz, charakterist. subvulkanisch-hydrothermales Gangmineral, zuweilen im Eisernen Hut, auch lager- und stockförmig. Verschieden rosarot gebänderte Aggregate sind Schmuckstein.

Rhodonit *der,* Mineral $CaMn_4[Si_5O_{15}]$, fleisch-, rosen- oder braunrot, angewittert schwarzfleckig oder durchädert **(Mangankiesel),** Glas- bis Perlmuttglanz; große abgerundete, tafelige oder säulige Kristalle, sonst derbe, grobspätige, dichte Massen; bankartig mit Mangancarbonat und Quarz verwachsen zw. Ton- und Kieselschiefern, auf metamorphen und kontaktmetasomat. Lagerstätten, auf hydrothermalen Erzgängen mit Rhodochrosit verwachsen. R. ist gelegentlich Manganerz und dient, wie die Varietät **Pyroxmangit,** als Schmuckstein.

Ribose

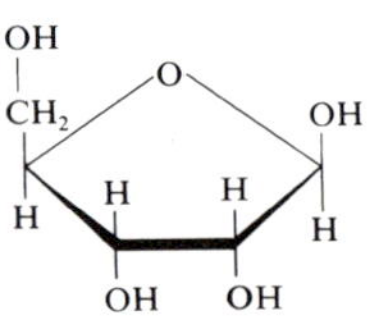

β-D-Ribose

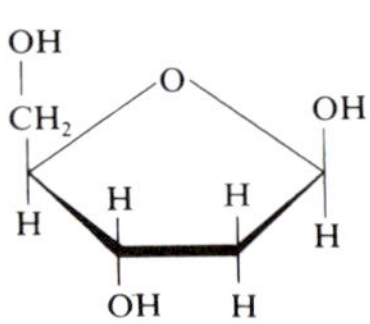

2-Desoxy-D-Ribose

Rhodopsin, der → Sehpurpur.

Rhomben|dodekaeder *das,* von zwölf Rhomben umschlossene Kristallform des kub. Systems (Rautenzwölfflächner) mit 24 Kanten und 14 Ecken (TAFEL Kristall I, F 6). Wegen der häufig guten Ausbildung bei Granat-Mineralen ist auch die Bez. **Granatoeder** gebräuchlich.

Rhombengetriebe, spezielles Getriebe für → Heißgasmotoren.

rhombisch, auch **orthorhombisch,** heißt eines der → Kristallsysteme, sowie die drei zugehörigen Kristallklassen (→ Kristall, ÜBERSICHT Symmetrieklassen) und Kristallformen (TAFEL Kristall I, E 6–8).

rhombischer Schnitt, Kristallographie: Verwachsungsfläche bei Plagioklas-Zwillingen des Periklin-Typs. Die Lage des r. S. dient polarisationsmikroskopisch zur Bestimmung des Albit-/Anorthit-Verhältnisses in Plagioklasen; beim reinen Anorthit variiert sie mit der Bildungstemperatur.

Rhomboeder, von sechs kongruenten Rhomben begrenztes Parallelepiped (Rautenflächner); geschlossene Kristallform des rhomboedr. Kristallsystems.

rhombo|edrisch heißt eine Abteilung des hexagonalen → Kristallsystems.

Rhomboid, Parallelogramm mit ungleichen Seiten.

Rhombus, Raute, Parallelogramm mit gleich langen Seiten.

Rho-Meson, ϱ-Meson, instabiles, zu den Mesonenresonanzen gehörendes Elementarteilchen (→ Massenresonanzen).

Rhyodazit, ein Ergußgestein, → magmatische Gesteine.

Rhyolith *der,* **Liparit,** hellgraues, rötl. oder grünl. Ergußgestein, mit Einsprenglingen von Sanidin, Plagioklas, Quarz, Biotit u. a. in einer oft glasführenden Grundmasse aus den gleichen Mineralen. R. bildet Ströme, Decken und Kuppen; erdgeschichtlich älterer R. heißt → Quarzporphyr.

RIA, Abk. für → **R**adio**i**mmuno**a**ssay.

Riboflavin, Vitamin B_2, früher **Lactoflavin,** organ. Verbindung, die von Pflanzen und Mikroorganismen gebildet wird und in Milch und Organen (z. B. Leber) von Pflanzenfressern vorkommt. Der Tagesbedarf des Menschen beträgt 1–2 mg.

Ribonucleasen, RNasen, phosphorsäurediesterspaltende Enzyme, die Ribonucleinsäuren zu Oligo- und Mononucleotiden abbauen. R. kommen in allen Zellen, in Membranen, an Ribosomen und in Lyosomen vor. (→ Nucleasen)

Ribonucleinsäuren, → RNS.

Ribose, Pentose (→ Zuckerarten), die als Baustein in Coenzymen und neben 2-Desoxy-R. in Nucleinsäuren vorkommt. R. wird im Körper durch Biosynthese aus Glucose gebildet.

Ribulose, ein zu den Pentosen gehörendes Monosaccharid. Als Ribulose-1,5-diphosphat spielt sie in der Photosynthese eine bedeutende Rolle.

Richardson-Effekt [rˈɪtʃədsn-, n. dem brit. Physiker Sir O. W. Richardson, * 1879, † 1959], die → Glühemission.

Richardson-Gleichung [rˈɪtʃədsn-], von O. W. RICHARDSON abgeleitete Formel, die die Abhängigkeit der Sättigungsstromdichte j_S von der absoluten Temperatur T der Glühkathode und der Austrittsarbeit W_A bei der → Glühemission angibt: $j_S = C \cdot T^{1/2} \cdot \exp\,(-W_A/kT)$, mit $C = n \cdot e \cdot (k/2\,\pi\,m_e)^{1/2}$, k = Boltzmann-Konstante, e = Elementarladung, m_e = Elektronenmasse (ÜBERSICHT Naturkonstanten), n = Elektronenzahldichte im emittierenden Metall. Diese **1. R.-G.** gibt die Temperaturabhängigkeit von j_S nicht genau wieder, weil sie von einer Maxwellschen Geschwindigkeitsverteilung der Leitungselektronen im Metall ausgeht. Bei Berücksichtigung der tatsächlich vorliegenden Fermi-Dirac-Verteilung ergibt sich die **2. R.-G.** $j_S = A \cdot T^2 \cdot \exp\,(-W_A/kT)$, wobei A die **Richardson-Konstante** ist. Die experimentelle Bestimmung von A liefert für verschiedene Emissionsmaterialien und kristallograph. Orientierung der Austrittsfläche teilweise erhebliche Abweichungen vom theoret. Wert $A = 4\,\pi\,m_e e k^2/h^3 = 120{,}4\ \mathrm{A/cm^2K^2}$ (h = Plancksches Wirkungsquantum), da für eine genaue Berechnung noch die Reflexion der Elektronen an der Grenze Metall-Vakuum berücksichtigt werden muß.

Richtcharakteristik, Richtdiagramm, Strahlungscharakteristik, Strahlungsdiagramm, Kennlinie oder -fläche, die den räuml. Verlauf der Feldstärke (Intensität) eines Sende- oder Empfangssystems für elektromagnet. oder Schallwellen in Abhängigkeit von der Richtung und Entfernung zeigt. Nach der Form der in Polarkoordinaten aufgetragenen R. unterscheidet man zw. Kugel-, Keulen-, Nieren- oder Kardioid-, auch Super- und Hyperkardioid-, und Achtercharakteristik. Bes. wichtig ist die R. bei →Antennen, →Mikrophonen (BILD) und →Lautsprechern.

Richten, 1) Fertigungstechnik: das Beseitigen von Verbiegungen an Werkstücken und Halbzeug durch Aufbringen äußerer Kräfte bis an die Fließgrenze des Werkstoffs, auch durch vorübergehendes örtl. Erwärmen. Draht, Bandstahl, Profile durchlaufen versetzt angeordnete Rollen **(Rollenrichtapparat, Richtmaschine),** Träger und Wellen werden unter **Richtpressen** geradegebogen, kleine Blechteile durch Strecken mit dem Hammer auf der **Richtplatte** oder durch **Richtprägen.** Stranggepreßte Profile werden auf hydraul. Pressen geradegestreckt **(Streckrichten).**

2) Schießtechnik: bei Geschützen das Festlegen der Schußlinie auf das Ziel: **direktes R.** gegen gut sichtbare Ziele und bei geringeren Entfernungen, **indirektes R.** gegen nicht oder schlecht sichtbare Ziele sowie bei größeren Entfernungen. Dabei wird rechnerisch nach der Karte oder mittels Hilfsziel geschossen. Richtmittel sind Richtaufsatz, Richtlatte zum Festlegen der Grundrichtung, Rundblickfernrohr und der →Richtkreis; bei schweren Waffen dienen Richtmaschinen zum Nehmen der Höhen- und Seitenrichtung. Laserentfernungsmesser sind meist mit Rechnern gekoppelt, die automatisch Erhöhung und Vorhalt bewirken. Aktive oder passive Nachtsichtgeräte (Infrarot) ermöglichen das Richten bei Nacht.

Richter-Skala [n. dem amerikan. Seismologen Ch. F. Richter, * 1900], nach oben nicht begrenzte Erdbebenskala zur objektiven Feststellung der bei einem Erdbeben ausgelösten Energie mit Hilfe von Seismographen.

Als Maß dient die **Magnitude,** die als der dekad. Logarithmus der auf dem Seismogramm eines genormten Seismometers aufgezeichneten Maximalamplituden der Erdbebenwellen in 100 km Entfernung vom Epizentrum definiert ist.

Erdbeben der Magnitude (M) 2,5 sind fühlbar, solche von M 4,5 richten leichte Schäden an, solche von M 7 können sich bereits zu Katastrophen ausweiten. Auf Grund des logarithm. Stärkemaßes ist ein Erdbeben von M 7 z. B. 10mal stärker als eines von M 6, dem eine freigesetzte Energie von 6×10^{13} Joule entspricht. Die bisher registrierten Magnituden reichen von etwa 0 bis 8,6. (→Mercalli-Skala)

Richtfunkverbindung, System zur drahtlosen Nachrichtenübertragung durch gerichtete Abstrahlung und gerichteten Empfang sehr kurzer elektromagnet. Wellen (Trägerfrequenzen etwa zw. 30 MHz und 15 GHz), besteht aus Sender **(Richtstrahler)** und Empfänger (z. B. Spiegel- oder Cassegrain-Antenne, →Antenne) und dazwischengeschalteten →Relaisstationen.

Auf Grund der Ausbreitungseigenschaften der kurzen elektromagnet. Wellen muß i. a. zw. benachbarten Stationen einer R. optische Sicht bestehen (durch Ausnutzung natürl. Geländeerhebungen, Türme, maximal 100 km), in Sonderfällen darüber hinaus unter Ausnutzung der troposphär. Streuung **(Überhorizontalverbindungen, Scatterstrecken).** Zur Überbrückung sehr großer Entfernungen, z. B. zw. Kontinenten, dienen R. mit einem Satelliten als Relaisstation.

I. w. S. werden auch Abstrahlungen anderer Frequenzen als Richtfunk bezeichnet, z. B. beim Kurzwellen-Rundfunk in best. Richtungen mit Hilfe von Dipolwänden (Vorhangantennen) als Richtstrahler.

Richtgröße, →Rückstellkraft.

Richtkoppler, Richtungskoppler, Verzweigung zw. drei oder vier Hochfrequenzleitungen, bei der zwei oder paarweise zwei Tore voneinander entkoppelt sind; entspricht einer Brückenschaltung. Anwendungen in der Hochfrequenz-Meßtechnik (z. B. Messung des Reflexionsfaktors und der Wirkleistung an einer Hochfrequenzleitung) und als Leistungsteiler.

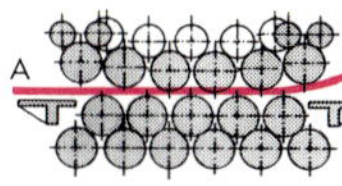

Richten 1)

Richten 1) Anordnung von Richtrollen in Richtmaschinen. Stellung der Richtrollen bei A liefert geraden, bei B gebogenen Auslauf

Richtkraft, die →Rückstellkraft.

Richtkreis, Winkelmeßgerät der Artillerie, besteht aus einem Visierfernrohr, das über einer Kreiseinteilung (6400 Strich) bewegt werden kann, einer Nordnadel und einer Libelle. (→Richten 2)

Richtmaß, Hochbau: die theoret. Achsmaße (die Abstände der Maßlinien der Fugenmitten) der Bauelemente, aus denen, z. B. durch Abzug der Fugen, die **Nennmaße** abgeleitet werden.

Richtmoment, das →Rückstellmoment.

Richtscheit, Richtholz, Richtlatte, Setzlatte, gerades Lineal mit genau parallelen Flächen, vom Maurer, Tischler u. a. benutzt zur Herstellung ebener und, durch Aufsetzen einer Wasserwaage, waagerechter Flächen.

Richtschnitt, petrographisch und biostratigraphisch kennzeichnendes natürl. und/oder künstl. Bezugsprofil zur Definition stratigraph. Grenzen.

Richt|strahler, →Antenne, →Richtfunkverbindung.

Richt|strecke, Bergbau: parallel zum Streichen der Gebirgsschichten aufgefahrene Strecke.

Richtungs|ableitung, die Ableitung einer skalaren Funktion $f(\boldsymbol{r})$ mit $\boldsymbol{r} = (x, y)$ nach dem Einheitsvektor $\boldsymbol{e}$, geschrieben

$$\frac{\partial f}{\partial \boldsymbol{e}}(\boldsymbol{r}) = \lim_{\varepsilon \to 0} \frac{f(\boldsymbol{r} + \varepsilon \boldsymbol{e}) - f(\boldsymbol{r})}{\varepsilon}$$

Die R. gibt den Zuwachs von f in Richtung $\boldsymbol{e}$ an. Sie ist gleich der Projektion von grad f auf die Richtung von $\boldsymbol{e}$:

$$\frac{\partial f}{\partial \boldsymbol{e}} = \boldsymbol{e} \cdot \operatorname{grad} f.$$

Richtungsbetrieb, Eisenbahnen: in Richtung und Gegenrichtung einander zugeordnete Gleisführung mehrerer zweigleisiger Strecken; Ggs.: →Linienbetrieb.

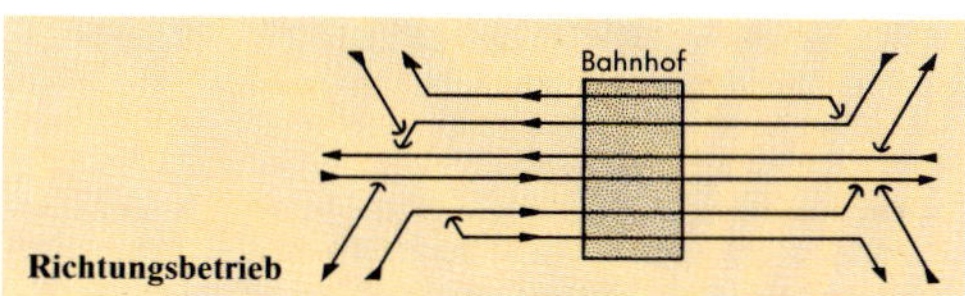

Richtungsbetrieb

Richtungsfahrbahn, Straßenfahrbahn, auf der der Verkehr nur in einer Richtung fließen darf; von der R. in entgegengesetzter Fahrtrichtung durch baul. Maßnahmen (z. B. Grünstreifen) oder Fahrbahnmarkierungen getrennt.

Richtungsfeld, die Gesamtheit der Richtungen der Tangenten einer gesuchten Kurve, die durch die Differentialgleichung $y' = f(x, y)$ in jedem Punkt definiert sind. Die Verbindung der Elemente des R. führt zu **Integralkurven,** deren Tangenten die Richtung des R. haben und die die gesuchte Kurve annähern.

Richtungshören, das Unterscheiden und Erkennen der Richtung von Schallquellen; bewirkt zus. mit dem Entfernungshören das akust. Raumerlebnis (→Stereophonie). Das R. beruht auf dem beidohrigen Hören. Je nach Position der Schallquelle ergeben sich infolge der Schallausbreitungszeit und der unterschiedlichen Entfernung der beiden Ohren zur Schallquelle minimale Zeitverschiebungen, die als Richtungseindruck verarbeitet werden. Bei Frequenzen über 1 000 Hz kommen auch Unterschiede in der Bestrahlungsstärke durch den Schattenwurf des Kopfes hinzu. Das menschliche Gehör spricht schon auf eine Zeitdifferenz von 30 µs an, das entspricht einer Richtungsempfindlichkeit von 3°.

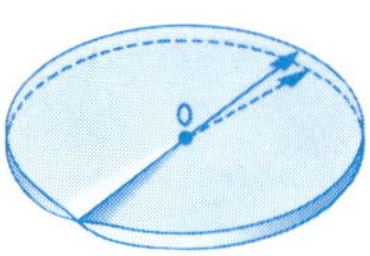

Riemannsche Fläche

Richtungskosinus, die Kosinuswerte (→Winkelfunktionen) der Winkel, die von einer gegebenen Richtung und den positiven Koordinatenachsen gebildet werden. Sie legen die Richtung im Raum fest. Die Summe der Quadrate der R. ist immer 1.

Richtungsleitung, ein →Wellenleiter, in dem durch Einbringen eines vormagnetisierten Ferritkörpers eine Wellenausbreitung im Idealfall nur in einer Vorzugsrichtung erfolgt. Eine rücklaufende Welle erfährt eine starke Dämpfung (15–40 dB). – Verwendet werden R. z. B. in der Meßtechnik, um den störenden Einfluß von Lastschwankungen auf einen Mikrowellengenerator zu reduzieren.

Richtungsquantelung, der Sachverhalt, daß in atomaren Systemen die Komponente eines beliebigen Drehimpulses auf eine gegebene, oft durch ein elektr. oder magnet. Feld ausgezeichnete Raumrichtung nur die Werte $m \cdot \hbar$ ($\hbar = h/2\pi$, h ist das Plancksche Wirkungsquantum, m eine ganze, bei Spins von Fermionen auch halbe Zahl) annehmen kann.

Richtungswinkel, Geodäsie, Kartographie: der im Uhrzeigersinn gezählte Winkel, den in einem Punkt der Erdoberfläche oder in einer Karte die nach Gitternord (→Gitter 2) weisende Netzlinie des Koordinatensystems und eine Gerade durch den Punkt miteinander bilden.

Richtvermögen, →Rückstellkraft.

Ricin *das,* hochmolekulares, äußerst giftiges Protein aus den Samen der Rizinuspflanze; sehr resistent gegenüber Verdauungsenzymen. Seine tox. Wirkung beruht auf der Hemmung der Proteinbiosynthese eukaryont. Ribosomen und der Agglutination und Hämolyse der roten Blutkörperchen.

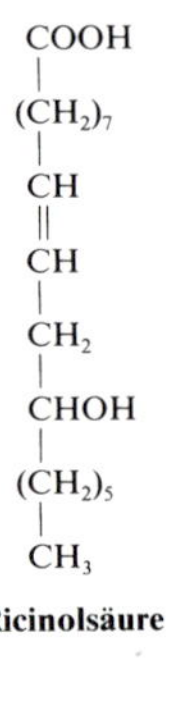

Ricinolsäure

Ricinolsäure, Rizinusölsäure, ungesättigte Hydroxycarbonsäure, die als Glycerinester im Rizinusöl (80–85%) vorkommt. R. dient v. a. als Ausgangsstoff für die Herstellung von Nylon 11.

Riechstoffe, organ. Verbindungen, die als Geruchskomponenten in Parfüms, anderen Kosmetika und techn. Produkten verwendet werden. In techn. Produkten dienen R. u. a. zur Korrektur eines unangenehmen Eigengeruchs (z. B. bei Mineralölen, Leimen, Gummiwaren), zur Erzeugung eines verkaufsfördernden Eigengeruchs (z. B. bei Kunstleder, Möbelpflegemitteln) und zur Charakterisierung von Markenartikeln (z. B. Geschirrspülmittel, Farben). Terpene (z. B. →Citral, →Citronellal, →Geraniol, →Linalool und →Jonone) geben frisch-blumige bis fruchtige, aber auch kienige bis holzige Geruchsnoten. Langkettige Aldehyde riechen fettig bis wachsig, ungesättigte aliphat. Alkohole (z. B. 3-Hexen-1-ol) ergeben typ. Blatt- und Grasgerüche. Unter den aromat. R. befinden sich süße und schwere Blumennoten, aber auch honigartige und würzige Nuancen. Beispiele sind Benzylacetat (Jasmin), →Cumarin (Waldmeister), Phenyläthylalkohol (Rose), →Piperonal (Flieder), →Vanillin und Zimtalkohol (Hyazinthe). Durch fraktionierende Destillation und z. T. chem. Reinigungsverfahren aus äther. Ölen gewonnene R. nennt man **isolierte R.** Synthet. R. werden aus chem. Grundprodukten oder Produkten der Fett- und Terpentinölchemie (z. B. →Pinene) hergestellt.

Riegel, 1) Bautechnik: beim →Fachwerk der waagerechte Balken zw. den senkrechten Stielen, beim →Rahmentragwerk der waagerechte Balken.

2) Feinwerktechnik: →Schloß 1).

Riemannsche Fläche [n. dem dt. Mathematiker B. Riemann, * 1826, † 1866], Hilfsmittel in der Funktionentheorie, um mehrdeutige Funktionen auf eindeutige zurückführen zu können. Mit dem übl. Funktionenbegriff ist eine Mehrdeutigkeit nicht vereinbar. Diese Schwierigkeit kann vermieden werden, wenn als Definitionsbereich eine der komplexen Ebene überlagerte Fläche verwendet wird. Gelangt man z. B. nach zweimaligem Umlaufen des Nullpunkts zum gleichen Funktionswert zurück (Quadratwurzelfunktion), legt man zwei Ebenen, **Blätter** genannt, über die komplexe Ebene. Diese denkt man sich über der negativen reellen Achse aufgeschnitten und kreuzweise zusammengeheftet. Diese Fläche ist eine R. F. Beim Überschreiten der negativen reellen Achse gelangt man von der oberen in die untere Ebene und umgekehrt. Die Funktion ist damit auf der gesamten Fläche eindeutig definiert. Bei höheren Wurzeln braucht man entsprechend mehr Blätter.

Riemannsche Geometrie, die geometr. Untersuchungen B. RIEMANNS, die in ein System geometr. Sätze zusammengefaßt wurden, das die nichteuklid. Geometrien als Sonderfälle in sich enthält. Sie beantwortet die Frage, welche Gestaltsverhältnisse der Raum haben kann, wenn nur anerkannt wird, daß infitinitesimal kleine Dreiecke stets die Winkelsumme von zwei rechten Winkeln haben. Es zeigt sich, daß der Raum dann eine von Ort zu Ort verschiedene Krümmung haben kann. Der Begriff der Geraden, die zwei Punkte verbindet, ist dabei zu ersetzen durch den Begriff der kürzesten Linie zw. diesen Punkten (geodät. Linie). Ein von solchen Linien gebildetes Dreieck kann von Fall zu Fall eine ganz verschiedene Winkelsumme haben.

Die nichteuklid. Geometrie im älteren Sinn behandelt Räume von konstanter Krümmung, in denen es zwar nicht mehr (wie in dem noch spezielleren euklid.) ähnl. Dreiecke verschiedener Größe gibt, immerhin aber jedes Dreieck verzerrungsfrei im Raum bewegt werden kann. (→Relativitätstheorie)

Riemannsche Mannigfaltigkeit, differenzierbare →Mannigfaltigkeit M, bei der zu jedem Punkt P eine symmetr., positiv-definite Bilinearform auf dem Tangentialraum $T_P(M)$ im Punkt P mit weiteren Bedingungen gegeben ist. Dabei heißt eine Funktion $b: V \times V \longrightarrow \mathbb{R}$ auf dem kartes. Produkt eines reellen Vektorraums V in $\mathbb{R}$ Bilinearform, wenn sie in jedem Argument linear ist. Sie heißt symmetrisch, wenn gilt $b(x, y) = b(y, x)$, positiv-definit, wenn für alle $x \neq 0$ gilt $b(x, x) > 0$, nicht ausgeartet, wenn aus $b(x, y) = 0$ für alle $y \in V$ folgt $x = 0$. Diese jedem Punkt P zugeordneten Bilinearformen auf $T_P(M)$ ermöglichen eine Winkelmessung zw. zwei sich schneidenden Kurven und eine Längenmessung von Kurven und eine Längenmessung von Kurven auf M. Damit kann auf zusammenhängenden R. M. eine → Metrik 1) eingeführt werden, so daß der Abstand zw. zwei Punkten das Infimum der Bogenlänge aller Kurven ist, die beide Punkte verbinden. Unter den R. M. konstanter Krümmung ungleich Null sind Modelle für nichteuklid. Geometrien (→ Riemannsche Geometrie). Sind die Bilinearformen auf den Tangentialräumen symmetrisch und nicht ausgeartet (also nicht notwendig positiv definit), spricht man von **pseudo-R. M.** Diese sind die mathemat. Grundlagen für die allgemeine Relativitätstheorie.

Riemannscher Abbildungssatz, Satz der Analysis, nach dem jedes einfach zusammenhängende → Gebiet mit mehr als einem → Randpunkt sich eineindeutig und konform (→ konforme Abbildung) auf das Innere des Einheitskreises abbilden läßt.

Riemannsches Integral, → Integralrechnung.

Riemannsche Vermutung, → Riemannsche Zetafunktion.

Riemannsche Zahlenkugel. Man betrachte die euklid. Ebene E als Gaußsche Zahlenebene (→ komplexe Zahlen) und weiter die Kugel mit dem Radius 1 und Mittelpunkt 0 im Ursprung von E. Die Kugeloberfläche S^2 werde

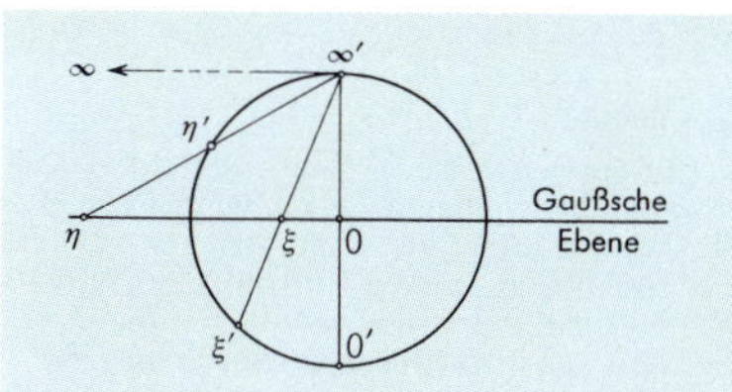

Riemannsche Zahlenkugel

vom Nordpol $N = (0, 0, 1)$ durch stereograph. Projektion auf die Ebene E projiziert, d. h. einem Punkt $\eta' \neq N$ ($\xi' \neq N$) auf S^2 ordne man den Punkt $\eta(\xi)$ auf E zu, der als Schnittpunkt der Geraden durch N und η' (ξ') mit E entsteht. Dies ist eine eineindeutige Abbildung von $S^2 \setminus \{N\}$ auf die komplexen Zahlen $\mathbb{C}$, die winkeltreu ist (→ konforme Abbildung). Die komplexen Zahlen kann man sich so als Punkte $\neq N = (0, 0, 1)$ auf S^2 dargestellt denken. Ordnet man $N = (0, 0, 1)$ das Element ∞ zu, so entspricht die erweiterte Gaußsche Zahlenebene $\bar{\mathbb{C}} := \mathbb{C} \cup \{\infty\}$ eineindeutig der Kugeloberfläche S^2 (Bild). Vermöge der so ergänzten stereograph. Projektion überträgt man die Topologie, die vom $\mathbb{R}^3$ auf S^2 induziert wird, auf $\bar{\mathbb{C}}$. Die Punkte von $\mathbb{C}$ behalten ihre bisherigen Umgebungen, der Punkt ∞ erhält dadurch als Basis seiner Umgebungen z. B. die Punktmengen, die außerhalb von Kreisen um den Nullpunkt liegen. $\bar{\mathbb{C}}$ mit der obigen Topologie oder ihre Darstellung als Kugeloberfläche S^2 heißt R. Z. Sie ist eine kompakte, d. h. um den Punkt ∞ erweiterte → Riemannsche Fläche. Mit ihrer Hilfe läßt sich die Bedeutung der Aussage über das Verhalten einer komplexen Funktion in ∞ erklären, da der Punkt ∞ jetzt keine Ausnahmestellung mehr einnimmt. Außerdem lassen sich viele funktionentheoret. Sätze übersichtlich formulieren.

Riemannsche Zetafunktion, die als Funktion auf den komplexen Zahlen $\mathbb{C}$ untersuchte Funktion

$$\zeta(s) = \sum_{n=1}^{\infty} \frac{1}{n^s}.$$

Sie besitzt die Eulersche Produktdarstellung

$$\zeta(s) = \prod_{n=1}^{\infty} (1 - p_n^{-s})^{-1},$$

wobei p_n die n-te Primzahl ist. Die von der obigen Reihe ausgehend für ganz $\mathbb{C}$ definierte ζ-Funktion ist eine meromorphe Funktion mit dem einzigen Pol bei $s = 1$. Für Realteil $s > 1$ ist sie holomorph und hat dort keine Nullstellen. Außer den einfachen Nullstellen in $s = -2, -4, \ldots, -2n, \ldots$ liegen alle anderen im Streifen $0 <$ Realteil $s < 1$. Die **Riemannsche Vermutung** lautet, daß alle Nullstellen in diesem Streifen auf der ›kritischen‹ Geraden Realteil $s = \frac{1}{2}$ liegen, also die Gestalt $s = \frac{1}{2} + \mathrm{i}y$ haben. Es gibt unendlich viele solche Nullstellen. Im angesprochenen Streifen wurden keine weiteren Nullstellen gefunden. Die Vermutung selbst ist jedoch bis jetzt unbewiesen. Die ζ-Funktion ist in der Mathematik von so großer Bedeutung, weil ihre Eigenschaften mit Sachverhalten verschiedener Gebiete korrespondieren, z. B. der Zahlentheorie. In Analogie zur R. Z. wurden viele andere Zetafunktionen u. a. im Zusammenhang mit algebraischen Zahlkörpern, algebraischen Mannigfaltigkeiten, Algebren oder gewissen Gruppen definiert und zur Untersuchung in diesen Gebieten herangezogen. Für einige dieser Zetafunktionen wurde das Anlogon zur Riemannschen Vermutung bewiesen.

Riemen, 1) Bauwesen: lange, schmale, meist 6–8 cm breite Bretter oder Parkettstäbe **(Parkett-R.)**, gespundet v. a. für Fußböden **(R.-Böden)** verwendet: in der Länge versetzt und parallel zueinander verlegt (→ Parkett).

2) Maschinenbau: elast. Band aus Leder, Gummi, Kunststoffen, Spinnstoffen, meist zur Kraftübertragung als **Treib-R.**

Flach-R. haben rechteckigen Querschnitt von (als Einfach-R.) 3–7 mm Höhe. **Mehrfach-R.** entstehen durch Verleimen von Flach-R. mit Höhen von 6–12 mm. **Hochkant-R.** bestehen aus hochkant gestellten schmalen, vernieteten Streifen, **Glieder-R.** aus einzelnen, gelenkig verbundenen Teilen. Flach-R. werden meist durch Kleben, sonst durch R.-Verbinder (Klammern, Krallen, Drahthaken, Drahtspiralen) verbunden.

Rund-R. sind massiv oder gerollt und werden nur für kleine Kräfte benutzt.

Keil-R. haben trapezförmigen Querschnitt mit Flankenwinkeln zw. 35° und 39°. **Breitkeil-R.** werden für R.-Triebe mit stufenlos veränderl. Drehzahl verwendet. **Schmalkeil-R.** zeichnen sich durch hohe spezif. Übertragungsfähigkeit aus und gestatten engere Biegeradien als Normalkeil-R. (Kraftfahrzeugbau). **Doppelkeil-R.** haben den sechseckigen Querschnitt von zwei aufeinandergelegten Normalkeil-R.

Zahn-R. übertragen schlupffrei Drehbewegungen. Die Zähne haben trapezförmigen Querschnitt mit kleiner Zahnhöhe.

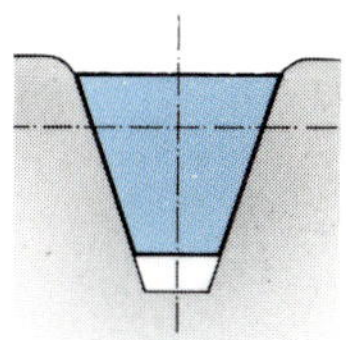

Riemen 2): Keilriemen

Riemengetriebe, Riementrieb, Zugmittelgetriebe (→ Getriebe) von einfachem Aufbau, weitgehender Wartungsfreiheit (keine Schmierung) und guter Schwingungsdämpfung.

Flachriemengetriebe können wegen der elast. Verformung des Riemens nur mit Schlupf arbeiten; neben der Arbeitskraftbeanspruchung treten Belastungen aus der

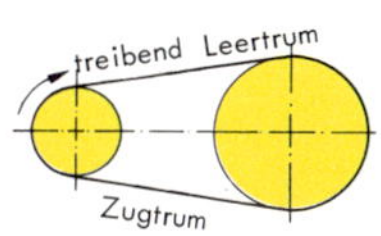

Offener Riementrieb

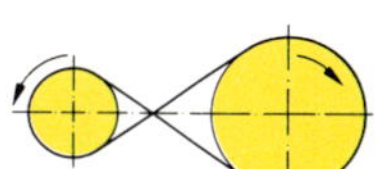

Trieb für sich kreuzende Riemen

Riemengetriebe

Vorspannkraft, Fliehkräften und Biegung auf. Neben dem offenen Trieb (äußere Umschlingung achsparalleler Scheiben) gibt es den gekreuzten, halb gekreuzten und Winkeltrieb. Zur Erzeugung der Vorspannkraft verwendet man Spannrollen und Motorwippen.

Keilriemengetriebe sind sehr geräuscharm. Wegen der Keilwirkung überträgt ein Keil-R. spezifisch höhere Umfangskräfte bei kleiner Achslast (Achslast ~2,5fache Umfangskraft). Durch Parallelschalten mehrerer Riemen kann die übertragbare Leistung erhöht werden. Zur Herabsetzung der Riemenbeanspruchung wird die Spannkraft an die Belastung des Antriebes mit einer Motorwippe oder einem Selbstspanntrieb angepaßt.

Zahnriemengetriebe benutzen verzahnte Riemen und arbeiten daher schlupffrei; verwendet u. a. bei Büromaschinen, Nähmaschinen, Nockenwellenantrieb.

Ries *das,* Zählmaß für Papier: früher = 20 Buch = 480 oder 500 Bogen, als **Neuries** 10 Buch = 100 Heft = 1 000 Bogen; 10 R. = 1 Ballen.

Riesel|anlagen, Anlagen zur → Bewässerung oder Düngung v. a. von Feldern und Wiesen, die mit Wasser und/oder mechanisch gereinigten Abwässern beschickt werden.

Rieselreaktor, Reaktionsapparat, in dem eine fest angeordnete Katalysatorschüttung mit einem flüssigen Reaktionspartner (z. B. Erdölfraktion) berieselt und gleichzeitig von einem gasförmigen Reaktionspartner (z. B. Wasserstoff) durchströmt wird. R. werden u. a. beim Hydrotreating und Hydrocracken verwendet.

Riesen, Riesensterne, Sterne größeren Durchmessers und daher größerer Leuchtkraft als Hauptreihensterne gleichen Spektraltyps, die somit im → Hertzsprung-Russell-Diagramm (BILD) über der Hauptreihe auf dem **Riesenast** liegen. Man unterscheidet zw. **normalen R.** (Leuchtkraftklasse III) und **hellen R.** (Leuchtkraftklasse II). Oberhalb der R. liegen im Hertzsprung-Russell-Diagramm die **Überriesen** (Leuchtkraftklasse I) unterhalb die **Unterriesen** (Leuchtkraftklasse IV). **Rote R.** sind R. später Spektralklassen, deren Strahlungsmaximum im roten Spektralbereich liegt. R. früher (mittlerer) Spektralklassen bezeichnet man entsprechend als **Weiße (Gelbe) R.**

Riesen|atome, populärwissenschaftl. Bez. für → Rydberg-Atome.

Riesenresonanzen, → Kernphotoeffekt.

Riff, . . .riff, → Korallenbauten.

Riffelblech, Blech mit in der Oberfläche vorspringenden, rautenförmig sich kreuzenden Riffeln für rutschsicheren Bodenbelag.

Riffelwand, eine → Projektionswand.

Riffkalk, seit dem Präkambrium bekannte, ungeschichtete, massige Kalksteine, aus riffbildenden Organismen (Algen, Korallen, Schwämmen, Bryozoen); oft epigenetisch in Dolomit umgewandelt. – Fossile R. sind gute Speichergesteine für Erdöl.

Rift *der,* Bruch- und Grabenzone; heute oft auf die Großgräben bezogen. – **Rift Systeme,** große Bruch- und Grabensysteme, deren ehemals zusammengehörige Erdkrustenteile getrennt und auseinandergerückt sind. Es sind v. a. junge tekton. Gebilde, die isostatisch noch nicht ausgeglichen sind und vulkan. und seism. Aktivität aufweisen. – **Rift Valleys** [-vˈælɪz] sind tiefe, tektonisch gebildete, festländ. (Ostafrikanisches Grabensystem) oder ozean. Gräben (→ Mittelozeanischer Rücken).

Rigel, hellster Stern im Sternbild → Orion **(Beta Orionis)** und Teil des → Wintersechsecks. Mit einer scheinbaren Helligkeit von 0,08 Größenklassen ist R. der sechsthellste Fixstern. R. ist ein Vierfachsystem.

Righeit, Widerstandsfähigkeit fester Körper gegen Formveränderungen. In der Geophysik Bez. für Schubmodul (Gleitmodul).

Righi-Leduc-Effekte [rˈigi ləd'yk-, n. dem ital. Physiker A. Righi, * 1850, † 1920, und dem frz. Physiker S. A. Leduc, * 1856, † 1937], zwei → thermomagnetische Effekte.

Rigole *die,* kleiner Entwässerungsgraben; **Rigolen, Roden,** auch **Rotten,** tiefe (40–60 cm) Bodenbearbeitung (Pflügen) zum Lockern, Mischen, Wenden des Bodens zur Vorbereitung als Kulturboden.

Rillenschrift, bei der → Schallplatte: 1) die Anordnung der Rillen relativ zueinander, z. B. Normalschrift oder Füllschrift; 2) die Veränderung der Rillenbreite, -tiefe oder -führung **(R.-Modulation)** in Abhängigkeit vom zu speichernden Signal, z. B. Seitenschrift oder Tiefenschrift.

Ring, Mathematik: algebraische Struktur, deren bekanntestes Beispiel der R. der ganzen rationalen Zahlen $\mathbb{Z} = \ldots, -2, -1, 0, 1, 2 \ldots$ ist. Ein R. ist eine Menge R mit zwei Operationen, Addition und Multiplikation genannt, mit folgenden Eigenschaften:

1) bezüglich der Addition ist R eine → Abelsche Gruppe,

2) bezüglich der Multiplikation ist R eine → Halbgruppe,

3) Addition und Multiplikation sind durch die beiden distributiven Gesetze

$$a \cdot (b + c) = ab + ac \text{ und } (b + c) \cdot a = ba + ca$$

miteinander verknüpft.

Hat R ein Einselement, d. h. ein Element 1 mit $1a = a = a1$ für alle a aus R, so heißt R ein **R. mit Einselement;** R ist ein **kommutativer R.,** wenn $ab = ba$ für alle Ringelemente a und b richtig ist. Ein kommutativer R. ohne Nullteiler, d. h. ohne Element $a \neq 0$, für die es ein $b \neq 0$ mit $a \cdot b = 0$ gibt, wird als **Integritätsbereich** bezeichnet. Falls R bezüglich der Multiplikation seiner von Null verschiedenen Elemente eine Gruppe ist, nennt man R einen **Divisions-R.** oder einen **Schiefkörper.** Ein kommutativer Divisions-R. wird → Körper 1) genannt. Ist R ein Ring und U eine Teilmenge von R, dann heißt U ein **Unterring,** wenn U mit der Einschränkung der Addition und Multiplikation auf U ein R. ist.

In der **R.-Theorie** spielen die → Ideale eine große Rolle, d. h. diejenigen Untergruppen der additiven Gruppe $(R, +)$ von R, die sowohl Links- als auch Rechtsideale sind. Nach einem Ideal A läßt sich der Faktor-R. R/A bilden. Er besteht aus den → Klassen $\bar{x} = x + A = \{x + a | a \in A\}$ von R modulo A mit den Operationen

$$\bar{x} + \bar{y} = \overline{x + y} \text{ und } \bar{x} \cdot \bar{y} = \overline{xy}.$$

Bei einem Homomorphismus A eines Ringes R auf einen Ring R' bilden die Urbilder des Nullelementes $0'$ in R' den Kern $\text{Ker}\, A = \{a \in R | Aa = 0'\}$, er ist ein Ideal A in R und R/A ist zu R' isomorph unter der Abbildung $\bar{x} \longrightarrow Ax$ für $x \in R/A$. Insofern beherrschen die Ideale die Kongruenzrelationen (→ kongruent 1) in R.

Beispiele: a) die nm-reihigen quadrat. Matrizen mit Elementen aus einem R. A mit Einselement bilden mit Matrizenaddition und -multiplikation einen nichtkommutativen R. $M_n\,(A)$ mit Einselement, das gleich der Einheitsmatrix ist (Diagonalmatrix, bei der alle Elemente 1 sind). – b) Der R. (0), der nur aus dem Nullelement besteht, heißt **Nullring.** – c) Der R. der linearen Abbildungen eines →Vektorraums *V* oder →Moduls *M* in sich mit punktweiser Addition und der Hintereinanderausführung als Multiplikation **(Endomorphismenring).** Er ist, falls *V* mehr als ein Basis-Element enthält, nicht kommutativ. – d) Die →Polynome über einem kommutativen R. *A* mit Einselement bilden den Polynomring *A* [*x*].

In der Funktionalanalysis werden R. verwendet, die vielfach noch eine topolog. Struktur tragen, die mit der R.-Struktur verträglich ist. Neben assoziativen R. werden ›nicht-assoziative‹, d. h. solche mit nicht-assoziativer Multiplikation untersucht. Wichtige Typen sind Liesche R. (→Liesche Algebra), Jordan-Algebren, in denen neben dem Kommutativgesetz für die Multiplikation statt des Assoziativ-Gesetzes gilt: $(x^2y)x = x^2(yx)$ oder alternative Algebren mit $x^2y = x(xy)$ und $yx^2 = (yx)x$.

Ringel|erz, das →Kokardenerz.

Ringelmann-Skala, Verfahren zur visuellen Bestimmung von Rauchdichten. Der Grauwert der Rauchfahne wird mit den vier Grauwerten der R.-S. verglichen, deren Felder aus Drahtgittern mit abgestuften Maschenweiten bestehen. Die R.-S. findet Anwendung nach der →TA Luft.

Ringfläche, Torus, Fläche, die entsteht, wenn ein Kreis *K* um eine in seiner Ebene liegende, ihn nicht schneidende Gerade *g* rotiert (→Guldinsche Regeln).

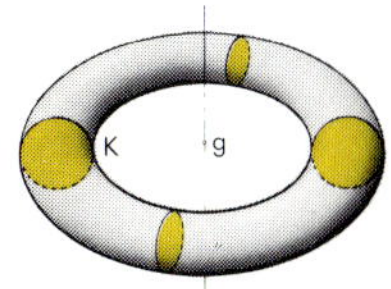

Ringfläche

Ringflügelflugzeug, Coleopter, Starrflügelflugzeug, dessen Tragflügel in Form eines beiderseits offenen Hohlzylinders ringförmig um den Rumpf angeordnet ist (bisher nur als Versuchsflugzeug erprobt). Der Ringflügel bietet hohe Festigkeit und Steifigkeit bei geringem Gewicht und kann als Triebwerksmantel für eine im Ringraum zw. Rumpf und Flügel unterzubringende Vortriebsanlage (Propeller- oder Staustrahltriebwerk) dienen.

ringförmige Verbindungen, die →zyklischen Verbindungen.

Ring|gebirge, Oberflächenform des →Mondes und des Mars.

Ringkerndrossel, eine →Spule 1), gebildet aus einem ringförmigen, weichmagnet. Kern und einer umgebenden Drahtwicklung.

Ringlinse, eine →Fresnel-Linse.

Ringmodulator, aus zwei Übertragern und vier ringförmig angeordneten Dioden gebildete Schaltung zur →Modulation von elektromagnet. Schwingungen. Die Trägerfrequenz wird an die Mittelanzapfungen der Übertrager gelegt, die modulierende NF-Spannung an den Eingang der Schaltung. Am Ausgang erhält man die beiden Seitenbänder, wobei der Träger selbst unterdrückt wird.

Ringnebel, i. w. S. Bez. für →planetarische Nebel, i. e. S. ein planetarischer Nebel im Sternbild Leier, der nach dem →Messier-Katalog als M57 bezeichnet wird (BILD interstellare Materie).

Ring|ofen, →keramische Öfen.

Ringspinnmaschine, universelle Spinnmaschine für alle Spinnfaserstoffe. Ein Streckwerk verzieht das Vorgarn bis zur gewünschten Garnfeinheit. Der **Ringläufer** (auf dem **Spinnring)** und die Spindel erteilen die Drehung und winden das Garn gleichzeitig auf den →Kops, der sich auf der Spindel befindet. (→Spinnerei)

Ringstrom, in sich geschlossener, die Erde von O nach W im Abstand von einigen Erdradien in der Ebene des magnet. Äquators umfließender elektr. Strom veränderl. Stärke. Für den **R.-Effekt** sind nach Satelliten-Beobachtungen niederenerget. Protonen und Elektronen verantwortlich, deren Dichte während eines magnet. Sturmes bis auf das 30fache ansteigen kann.

Ringwaage, Druckmeßgerät, das in Verbindung mit Drosselgeräten zur Durchflußmessung (→Durchfluß) von Niederdruckgasen verwendet wird. Niederdruck- und Hochdruck-R. unterscheiden sich durch den Meßbereich und den statischen Vordruck.

Rinnenseen, lange, schmale, oft perlschnurartig aneinandergereihte, von Schmelzwasser unter Gletschern ausgewaschene Seen in Gebieten ehemaliger Inlandvereisung, z. B. im Norddt. Tiefland.

Rinnenwäsche, Sortierverfahren für mineral. Haufwerke (z. B. Rohkohlen) nach der Dichte (unterschiedl. Sinkgeschwindigkeiten) in einem auf einer schwach geneigten Rinne fließenden Wasserstrom.

Riphäikum, Bez. für das jüngere →Proterozoikum.

Rippelmarken, Rippeln, Wellenfurchen, durch Wasser- oder Windströmung verursachte parallele, gerade oder schwach gebogene, niedrige (meist nur wenige Zentimeter hohe) Kämme und Furchen auf Sand, Schlamm oder Schnee, v. a. im Wattenmeer und auf Dünensand. Fossile R. finden sich in sandigen Gesteinen (Grauwacke, Buntsandstein).

Rishonen, hypothet. ›Teilchen‹, aus denen die Quarks und die Leptonen aufgebaut sein sollen. Nach dem R.-Modell wäre die gesamte Materie auf die R. **Tohu (T)** und **Wabohu (V),** auch **Vabohu** oder **Vohu** genannt, und deren jeweilige Antiteilchen zurückführbar. T soll eine Drittelladung und V keine Ladung tragen. Die Kombination TTT entspräche z. B. dem Positron, VVV dem Elektron-Neutrino und TTV dem Up-Quark. Da man die R. wahrscheinlich nie als einzelne Teilchen beobachten können wird, sind die R. nicht als bildhafte elementare Teilchen zu denken, sondern eher als eine abstrakte Hilfskonstruktion.

Risiko *das, Mz.* **Risiken,** Verlustgefahr, die mit jeder Betätigung verbunden ist; der Begriff findet zunehmend Eingang in Naturwissenschaften und Technik, v. a. im Zusammenhang mit der Sicherheitsbeurteilung techn. Produkte. Als quantitatives Maß für ein Wagnis betrachtet, ist ein R. um so größer, je höher Eintrittswahrscheinlichkeit und Ausmaß des potentiellen Verlustes (oder Schadens) sind. I. a. wird R. definiert als Produkt von Schadensausmaß und Schadenswahrscheinlichkeit, ggf. summiert über mehrere potentielle Schadensereignisse. Man erhält dann eine **Risikozahl.** R. kann aber auch durch andere funktionelle Verknüpfungen der beiden Komponenten dargestellt werden.

Betrachtet man das R. einer Einzelperson oder eines Einzelobjekts, so spricht man vom **Individualrisiko,** dabei entspricht für ein best. Schadensausmaß die Risikozahl der Wahrscheinlichkeit, mit der das Individuum, ggf. in einem best. Zeitraum, den betrachteten Schaden (z. B. Tod durch Unfall) erleidet. Bei R. einer Population **(Kollektivrisiko)** ist das Schadensausmaß i. a. eine variable Größe, der Zahlenwert von Kollektivrisiken wird meist als Schadensausmaß je Zeiteinheit (z. B. Todesfälle je Jahr) angegeben. Die Angabe einer Risikozahl reicht möglicherweise nicht mehr aus, wenn sie Beiträge aus Ereignissen enthält, die zwar sehr unwahrscheinlich, aber ggf. mit sehr großem Schadensausmaß verbunden sind. Um diesem Umstand gerecht zu werden, stellt man die Kompo-

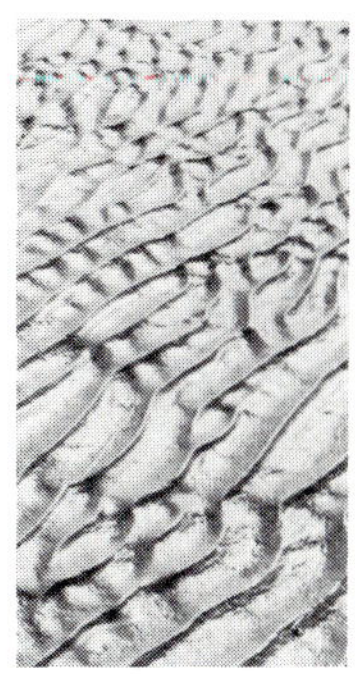
Rippelmarken im Watt

nenten Häufigkeit und Ausmaß getrennt dar, z. B. in Form von Kurven oder Tabellen, die sich auf Grund statist. Auswertung von Erfahrungen oder aus R.-Analysen ergeben. Gebräuchlich ist v. a. die ›komplementäre Wahrscheinlichkeitsverteilung‹, die angibt, mit welcher Wahrscheinlichkeit bestimmte Schadensumfänge (im betrachteten Zeitraum) erreicht oder überschritten werden.

Riß, die techn. Zeichnung, bes. im Maschinenbau und Bauwesen, als →Aufriß, →Grundriß, →Seitenriß, auch die Einritzung beim →Anreißen. Im Bergbau die zeichner. Darstellung der durch den Markscheider (→Markscheide) vermessenen Grubenbaue und ihrer Lage zu Gegenständen der Erdoberfläche; Bestandteil des für Bergwerksbetriebe bergbehördlich vorgeschriebenen Grubenbildes und Grundlage betrieblicher Planung und Betriebsüberwachung. Je nach Projektionsebene unterscheidet man **Grund-R., Seiger-R., Flach-R., Schnitt-R.,** nach dargestellten Gegenständen **Sohlen-R., Abbau-R., Wetter-R., Feuerlösch-R.** u. a.

Ritzel *das,* kleines →Zahnrad.

Ritzhärte, Werkstoffprüfung: →Härteprüfung.

Ritzsches Kombinationsprinzip [n. dem schweizer. Physiker W. Ritz, * 1878, † 1909], Prinzip zur Bestimmung von Energiewerten eines Quantensystems (Schema der Energieniveaus) aus der Form seines Spektrums. Danach gelangt man durch additive oder subtraktive Kombination der Frequenzen von Spektrallinien i. a. zu neuen Spektrallinien des betreffenden Systems. Das empirisch gefundene R. K. wurde 1908 von W. RITZ zur Beschreibung der Systematik der Spektrallinien in Atomspektren aufgestellt.

Rizinussäure, die →Ricinolsäure.

RL-Glied, aus Widerstand *R* und Induktivität *L* aufgebauter elektr. Vierpol; wie das →RC-Glied und das →LC-Glied eine frequenzabhängige Schaltungsanordnung, z. B. zur Anwendung als elektr. Filter.

Rm, Einheitenzeichen für →Raummeter.

Rn, chem. Symbol für →Radon.

RNA, Abk. für **Ribonucleic Acid** [raɪbəʊnjˈuːkliːɪkˈæsɪd, engl.], die Ribonucleinsäure, →RNS.

RNase, Abk. für →Ribonuclease.

RNS, Abk. für **Ribonucleinsäure,** engl. **Ribonucleic Acid** [raɪbəʊnjˈuːkliːɪkˈæsɪd], Abk. **RNA,** Biochemie: Polynucleotid (→Nucleinsäuren), dessen Monomer-Einheiten aus einer Pentose (Ribose), einer Purin-(Adenin, Guanin) oder Pyrimidin-Base (Cytosin, Uracil) und einem Phosphorsäurerest im Verhältnis 1:1:1 bestehen, wobei durch alternierende Verknüpfung von Phosphorsäurerest und Ribose eine unverzweigte Kette entsteht. R. ist zumeist einsträngig, man kennt mindestens vier unterschiedliche Klassen: 1) **Transfer-RNS (t-RNA)** als Aminosäureüberträger bei der Proteinbiosynthese, 2) **Boten-** oder **Matrizen-RNS (m-RNA)** als Informationsüberträger bei der Proteinbiosynthese, 3) **ribosomale RNS (r-RNA)** als Bestandteil von Ribosomen und 4) RNS als Bestandteil von RNA-Viren.

Roadster [rˈəʊdstə, engl.], Personenkraftwagen mit offenem Aufbau. Die mitunter nur einsteckbaren Seitenscheiben und das einfache Notverdeck können im Kofferraum verstaut werden.

Robertson-Decke [rˈɔbətsn-], →Metallprofildecke.

Roboter, 1921 von K. ČAPEK geschaffene Bez. für einen künstl. Menschen, eine Puppe, die Bewegungen scheinbar selbständig ausführt, z. B. auf Grund drahtlos übermittelter Befehle. Im allg. Sprachgebrauch wird unter R. eine menschenähnl. (anthropomorphe) Maschine verstanden, die dem Aussehen des Menschen nachgebildet ist oder Funktionen, die der Mensch ausführt, zumindest teilweise übernehmen kann.

Besonderes Kennzeichen gegenüber einem →Automaten ist die Lernfähigkeit. In der Forschung gibt es viele Ansätze, Geräte mit künstl. Intelligenz zu bauen. Sie können über Sensoren, z. B. Fernsehkameras, mit ihrer Umgebung in Wechselwirkung treten und wiederholen einmal gemachte Fehler nicht. Solche Geräte sind bisher nur im Laborstadium verwirklicht (z. B. Stanford Research Institute, San Francisco, Calif.). Ein zukünftiger Bedarf wird dort gesehen, wo der direkte Kontakt zum Menschen, z. B. wegen der Entfernung und der damit verbundenen Laufzeit von Informationen, nicht mehr gewährleistet ist, z. B. bei der Erforschung fremder Himmelskörper.

In der Entwicklung von R. stellen die seit Mitte der 60er Jahre einsatzfähigen →Industrieroboter die erste Generation dar. Parallel dazu gibt es die →Telemanipulatoren. R. der zweiten Generation besitzen Sensoren für Tast- und Sehfunktionen, R. im Sinn des eingangs gekennzeichneten Sprachgebrauchs könnten die dritte Generation werden.

H. H. v. MULDAU: Mensch und R. (1975); H. J. WARNECKE u. R. D. SCHRAFT: Industrieroboter ([2]1979); Robot vision, hg. v. A. PUGH (1983).

Rochellesalz [rɔʃˈɛl-, frz.], das Seignettesalz (→Weinsäure).

Rocken, Spinnrocken, Kunkel, Wocken, senkrechter Stab, um den das Fasergut so herumgeschlungen ist, daß es sich beim Handspinnen leicht in Fadenform ausziehen läßt.

Rockwell-Härte [rˈɔkwəl-, n. dem amerikan. Metallurgen S. P. Rockwell], Abk. **RH,** →Härteprüfung.

rod [rɔd, engl.], in Großbritannien auch **pole** [pəʊl] oder **perch** [pəːtʃ] genannt; in den USA Einheitenzeichen **rd:** 1 rd = 5,5 yd = 5,0292 m. (ÜBERSICHT Einheiten, angloamerikanische Einheiten)

Rogenstein, sandiger Kalkoolith des unteren Buntsandsteins in Nordwest-Dtl. (→Oolith).

Rohbau, der Teil eines in Ausführung befindl. Bauwerks, der das statisch-konstruktive Gefüge, Schornsteine, Brandwände, Treppen und Dachkonstruktion umfaßt; wird nach Vollendung durch die Baubehörde geprüft **(R.-Abnahme).** Dann folgt der →Ausbau 2).

Rohböden, unentwickelte Böden infolge junger Sedimentation (z. B. auf Schwemmland) oder ungünstiger Umwelteinflüsse (z. B. Hochgebirgsklima). R. sind humusarm und meist unfruchtbar.

Roh|eisen, das im Hochofen erschmolzene →Eisen mit hohem Kohlenstoffgehalt.

Roh|eisenmischer, trommelartiger Sammelbehälter zum Ausgleichen der unterschiedl. Zusammensetzung und Temperatur der einzelnen Roheisenabstiche und zur Entschwefelung des Roheisens. Am meisten angewendet wird der gas- oder ölbeheizte **Rollenmischer.**

Rohglas, gewalztes →Gußglas oder ungeschliffenes und nichtpoliertes →Spiegelglas. In der opt. Industrie Sammelbegriff für Barrenglas, Linsen- und Prismenpreßlinge u. a.

Rohr 1), 1: Stoßbankverfahren; Ausstrecken auf der Stoßbank

Roh|humus, Bez. für biologisch ungünstige, stark saure Humusformen, die bes. auf Mineralboden liegen und noch pflanzl. Strukturen aufweisen. Die wenigen Nährstoffe können von Pflanzen nur schwer aufgenommen werden. R. ist die Humusform der Podsole, Heideböden u. ä. in kühlfeuchten Klimagebieten auf basenarmen Gesteinen unter Nadelwald.

Rohling, aus der → Gießerei oder Schmiede kommendes rohes Guß- oder Schmiedestück zur Weiterverarbeitung.

Roh|öl, → Erdöl.

Rohr, 1) auch **Röhre,** Hohlkörper von vorwiegend rundem Querschnitt aus Metall, Steinzeug, Ton, Zement, Glas, Kautschuk, Kunststoff u. a. zur Fortleitung von Flüssigkeiten, Dämpfen, Gasen, Phasengemischen; Stahlrohr dient auch als Konstruktionselement.

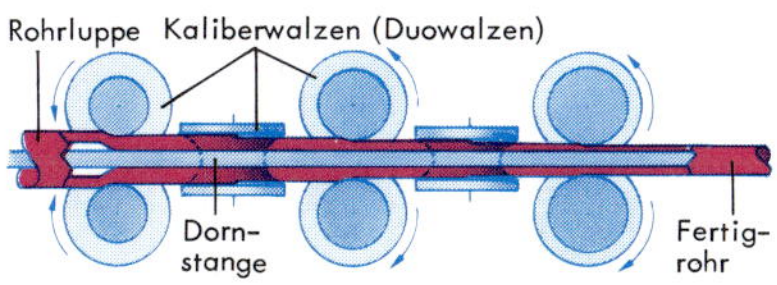

Rohr 1), 2: kontinuierliches Rohrwalzwerk

Herstellverfahren für Stahlrohre. **Schlitz-R.** biegt man maschinell aus Blech und verbindet die Naht durch Falzen, Nieten oder Heftschweißen. **Geschweißte R.** werden aus rechteckigen Blechtafeln gerollt, gebogen oder gepreßt. Man stellt sie aus Bandstahl her, der auf **R.-Schweißwerken** kontinuierlich mit gerader **(Längsnahtrohre)** oder schraubenförmiger Fuge **(Spiral-R.)** geformt wird. **Nahtlose R.** stellt man her durch: Gießen in Formen mit Kernen oder nach dem Schleudergußverfahren (gußeiserne R., → Gießerei); Lochpressen eines erhitzten Blokkes; Ausbohren zylindr. Werkstücke bei dickwandigen R.; Schmieden eines gelochten Blockes auf der Dornstange; Ziehen auf der Stoßbank oder auf der Ziehbank; Pressen oder Spritzen; elektrolyt. Abscheidung; Walzen nach verschiedenen Verfahren:

Beim **Schrägwalzverfahren** wird der warme Rundblock zw. zwei doppelkegeligen Walzen eingeführt, die in gleicher Drehrichtung umlaufen. Das **Stiefel-Kegelwalzwerk** hat zwei stumpfkegelige Walzen, der **Stiefel-Scheibenapparat** stumpfkegelige Scheiben, die im selben Drehsinn und parallel zueinander laufen. Das **Aufweitewalzwerk** mit zwei kegelförmigen Scheiben dient zum Aufweiten oder auch zum Glätten von R. In der **Stopfenstraße** mit halbkreisförmig kalibrierten Walzen wird das erwärmte R. über einen Stopfen ausgewalzt; dieser Vorgang wird auf Walzen mit engerem Kaliber wiederholt. Im **kontinuierlichen Rohrwalzwerk** geschieht das Walzen in mehreren hintereinanderliegenden und versetzt angeordneten Walzenpaaren, deren Kaliber mit jedem Walzenpaar abnimmt. Im **Reduzierwalzwerk** werden erwärmte R. ohne Innenwerkzeug auf kleinere Durchmesser gebracht. Im **Maßwalzwerk** wird dem R. nur ein genauer Außendurchmesser gegeben. Das **Pilgerschrittwalzwerk** bearbeitet die warme Rohrluppe mit Walzen, die über mehr als die Hälfte des Walzenumkreises konisch kalibriert sind. Das **Loch-** und **Streckwalzwerk** ist eine Kombination des Schrägwalzwerkes und der Stopfenstraße. Im **Trommelwalzwerk** ist eine Aufweitung von Rohren möglich. Das **Roeckner-Walzwerk** dient zur Herstellung dickwandiger, langer R., z. B. für Hochdruckbehälter. Es ist ein radial arbeitendes Schrägwalzwerk und besteht aus mehreren diametral auf dem Rohrumfang angeordneten Walzenpaaren von verschiedener Kalibergröße.

Herstellungsverfahren für R. aus anderen Materialien. Kupfer, Messing: wie nahtlose Stahl-R.; Blei, Zinn: Pressen des flüssigen Metalls durch ein Mundstück; Steinzeug: Pressen des plast. Tonteiges, Trocknen, Brennen und Glasieren; keram. Abfluß-R.: zusätzliche Sinterung zur Dichtung; Beton, Stahlbeton: Guß-, Stampf-, Rüttel- oder Schleuderverfahren, Holz- oder Stahlblechformen; Schamotte: Pressen des mit zerkleinerten, gebrannten Tonscherben gemischten Tonteiges; Asbestzement: Auswalzen eines ›Felles‹ der Masse, das über die Form gelegt und dessen Naht von Hand geschlossen wird; Glas: → Glasrohre; Kunststoffe: R. aus Thermoplasten werden bis etwa 1400 mm Durchmesser durch Extrudieren (Strangpressen) hergestellt, Groß-R. durch Schweißen aus gebogenen Platten, R. aus glasfaserverstärktem Polyester- oder Epoxidharz im Wickelverfahren (Niederdruckpreßverfahren). Verbunden werden die R. untereinander und mit Fittings durch Kleben, Schweißen oder mit Klemmverbindern. Anwendungen für Kunststoff-R. sind z. B. Wasser-, Abwasser-, Drän-, Gas-, Elektroisolierleitungen, Rohrpost.

Kunststoffrohr-Hb., hg. v. H. J. LAUER (1978); F. H. STRADTMANN: Stahlrohr-Hb. ([9]1982).

2) Waffenkunde: Hauptteil von Feuerwaffen, in welchem dem Geschoß durch die Pulvergase der Treibladung seine Bewegungsenergie erteilt wird (→ Geschütz, → Gewehr). – Im militär. Sprachgebrauch verwendet man den Begriff für alle Feuerwaffen, bei Gewehren und Faustfeuerwaffen für Jagd und Sport spricht man meist von **Lauf,** ebenso bei Luftdruckwaffen.

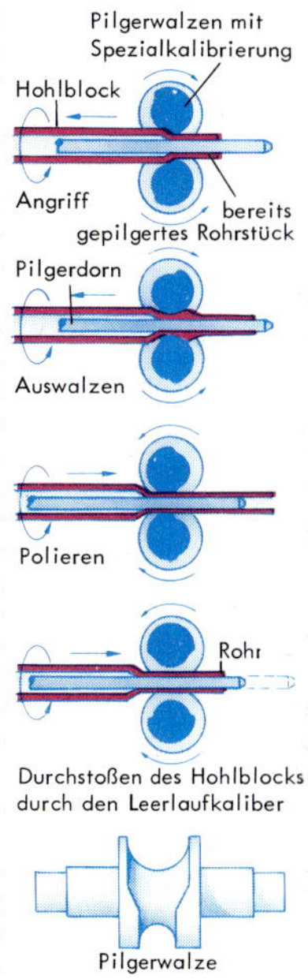

Rohr 1), 3: Pilgerschrittwalzwerk

Rohr|abschneider, Werkzeug mit einer oder mehreren gehärteten drehbaren Schneidrollen und meist gegenüberliegenden Führungsrollen zum Abschneiden dünnerer Metallrohre von Hand.

Rohrbrücke, eine Brücke, deren Hauptträger aus einem oder mehreren Rohren meist großen Durchmessers bestehen. R. nennt man auch das Überführungsbauwerk für Rohrleitungen.

Röhre, 1) → Rohr 1).

2) Elektrotechnik: → Elektronenröhre.

Röhrenöfen, Industrieöfen, bei denen Systeme von Rohren in einem mit feuerfesten Materialien ausgekleideten Ofenraum installiert sind. Die kontinuierlich vom Einsatzmaterial durchströmten Rohre werden mit Gas-

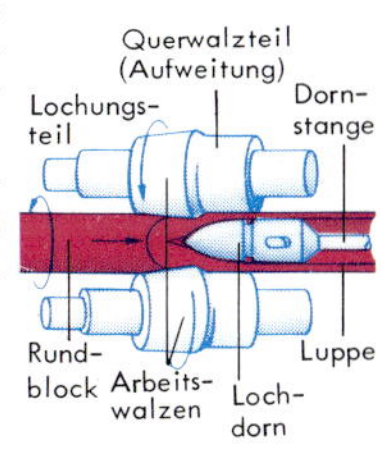

Rohr 1), 4: Lochen eines Rundblocks im Zweiwalzenschrägwalzwerk

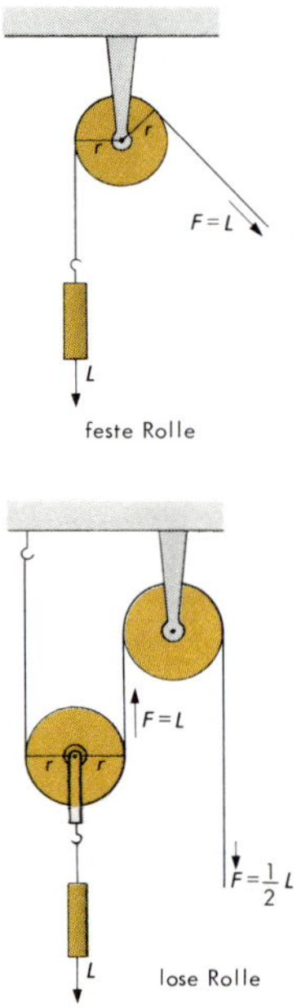

Rolle

oder Heizölbrennern beheizt. In der Strahlungszone des R. wird die Wärme überwiegend durch direkte Flammenstrahlung, in der Konvektionszone durch Konvektion der heißen Rauchgase übertragen. Übliche Bauformen sind Rundöfen mit vertikaler und Kastenöfen mit horizontaler Rohranordnung. R. werden in Raffinerien und chem. Anlagen verwendet, um Flüssigkeiten oder Gase für die Destillation oder für chem. Reaktionen (z. B. → Hydrotreating, → Reformieren, → Cracken) aufzuheizen.

Röhrenvoltmeter, elektr. Gerät zum Messen elektr. Spannungen. Bauart meist als Gleichspannungs-R. in Differenzverstärkerschaltung mit zwei Trioden. Vorteilhaft ist ein sehr hoher Eingangswiderstand (etwa 10^{12} Ω) mit entsprechend geringer Leistungsaufnahme und weitgehender Frequenzunabhängigkeit. Heute verwendet man statt des R. zunehmend elektron. Schaltungen, bei denen die entscheidende Funktion ein Feldeffekttransistor übernimmt.

Röhrichtwalze, Sumpfrasenwalze, mit Maschendraht zusammengehaltener walzenförmiger Baukörper zur Fußsicherung eines Bachufers mit einem Kern aus Kies oder Schotter und einer Außenhaut aus wuchsfähigen Röhrichtballen.

Rohrleger, Spezialschiff zum Verlegen von Unterwasser-Rohrleitungen für Erdöl, -gas u. a.

Rohrleitung, Rohrnetz, aus Rohren zusammengesetztes Verästelungs- oder Ringsystem. In R. werden Flüssigkeiten, Dämpfe und Gase, aber auch feste Güter (Getreide, Beton, Späne) und Gegenstände (Rohrpostkapseln) transportiert (→ Pipeline) und elektr. Leitungen verlegt. Bei der Auswahl der Rohre sind Werkstoff, Nenndruck (in bar), Nennweite (innerer Durchmesser in mm) und Wanddicke zu berücksichtigen. R. für Flüssigkeiten werden an höheren Stellen entlüftet, für Dämpfe und Gase an tieferen Stellen entwässert. Prüf- und Reinigungsschächte bei Abwasser-R. und Kontroll- und Montagestellen bei elektr. Leitungen werden oft an Knotenpunkten ausgeführt. R. für Flüssigkeiten müssen frostfrei verlegt, Temperaturdehnungen müssen durch Rohrschleifen, Dehnbogen oder Stopfbuchsen aufgenommen werden. Soll die Abkühlung des transportierten Stoffes vermieden werden, kann eine um die Rohre gewickelte Heizleitung angebracht werden. Wasser zum Feuerlöschen und Straßenreinigen wird den städt. R. durch → Hydranten entnommen. Lösbare Rohrverbindungen werden als Flansche, Muffen oder Gewinde, unlösbare Verbindungen durch Löten oder Schweißen hergestellt. Die verschiedenartigen Verbindungsstücke von R. heißen → Formstücke.

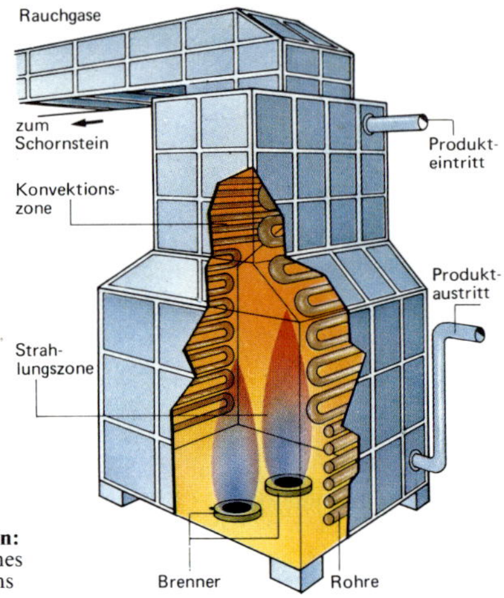

Röhrenöfen: Aufbau eines Kastenofens

Der Verwendungszweck einer R. soll nach DIN durch einen Farbanstrich kenntlich gemacht werden:

grün	für Wasser,	*blau*	für Luft,
braun	für brennbare Flüssigkeiten,	*gelb*	für Gas,
rot	für Dampf,	*grau*	für Vakuum,
orange	für Säuren,	*violett*	für Laugen.

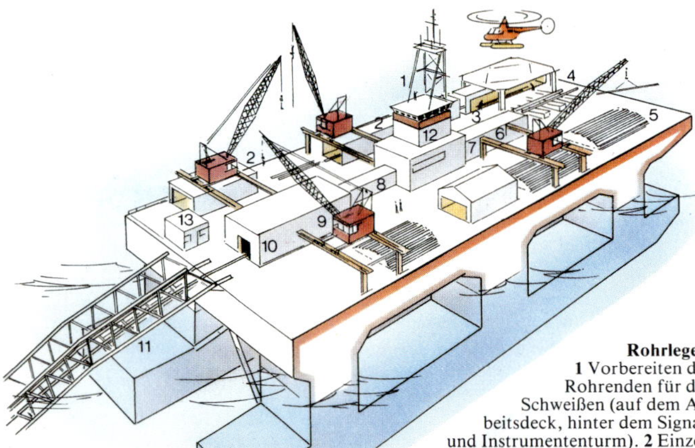

Rohrleger: **1** Vorbereiten der Rohrenden für das Schweißen (auf dem Arbeitsdeck, hinter dem Signal- und Instrumententurm). **2** Einzelrohre werden in drei Stationen zu einem Doppelrohr (etwa 24 m) zusammengeschweißt. **3** Die Doppelrohre werden geröntgt, Fehler bearbeitet (unter dem Hubschrauberlandeplatz). **4** Transfer-Rampe zum Verlegefließband. **5** Vorrat an Doppelrohren. **6** Aneinanderpassen der Doppelrohre auf Schweißabstand. **7** Schweißstraße: in drei Stationen werden die Doppelrohre mit der bereits verlegten Rohrleitung verbunden. **8** Der fertige Rohrstrang wird am Verlegeschiff flexibel festgehalten. **9** Röntgen-Station und Nachbesserung. **10** Isolierung der noch freiliegenden Schweißstellen mit einem Bitumengemisch. **11** Über die Heckrampe gleitet die Pipeline ins Wasser. **12** Kontrollturm: Auswertung aller Informationen über den Arbeitsprozeß, Steuerung jeder Schiffsbewegung und Navigation. **13** Taucher

Rohrmühle, Zerkleinerungsmaschine für Erze, Kohle, Düngemittel, Zementklinker u. a. in nasser und trockener Mahlweise; die R. besteht im Unterschied zur sonst ähnlichen → Kugelmühle aus einer langen zylindr. Mahltrommel, in der sich die Mahlkörper befinden.

Rohrpost, Art der pneumatischen Förderung für zylindr. Behälter, in denen Kleinteile (Schriftstücke, Akten, Medikamente u. ä.) in einem R.-Netz zw. Sender- und Empfangsstationen transportiert werden. Die R.-Büchsen werden an den Sendestellen mit einer Zieladresse versehen und an der Empfangsstation automatisch ausgeschleust. Bes. in Dienstleistungs- oder Verwaltungsbetrieben zur Versorgung von gekoppelten Dienststellen eingesetzt. (Bild S. 209)

Rohrströmung, die durch einen Druckunterschied oder eine Volumenkraft (z. B. Schwerkraft) erzwungene Strömung einer Flüssigkeit oder eines Gases durch eine

Rohrleitung. Man unterscheidet zw. **inkompressibler (laminarer** und **turbulenter)** und **kompressibler R.** Die wichtigste R. ist die stationäre laminare Strömung einer → Newtonschen Flüssigkeit durch ein gerades Rohr mit kreisförmigem Querschnitt **(Hagen-Poiseuille-Strömung** [-pwaz'œj-]).

Rohrzucker, die → Sacchararose.

Rohstoffe, im wesentl. unverarbeitete Stoffe natürl. Herkunft, die als Ausgangsstoffe in der gewerblich-industriellen Produktion gebraucht werden. Dabei wird zw. mineral. (z. B. Eisenerze, Bauxit, Phosphate), pflanzl. und tier. (z. B. Baumwolle, Holz, Naturkautschuk, Fette und Öle) und fossilen R. (z. B. Erdöl, Erdgas, Kohle) unterschieden. I. w. S. wird der Begriff auch für Stoffe verwendet, die schon wenige Verarbeitungsstufen durchlaufen haben (z. B. Roheisen, Rohbenzin). Als **Reserven** werden die R.-Vorkommen bezeichnet, die mit der gegenwärtigen Technologie unter wirtschaftl. Bedingungen erschließbar sind. Zu den **Ressourcen** [rəs'ursən] werden außer den Reserven auch gesicherte, aber z. Z. nicht abbauwürdige, und vermutete R.-Vorkommen gezählt. Durch verbesserte Prospektions- und Abbaumethoden konnten die Reserven vieler R. trotz steigenden Verbrauchs in den letzten Jahren erhöht werden. Die Ausbeutung ärmerer Erze und schwerer abbaubarer Lagerstätten (z. B. in arktischen Gebieten oder auf dem Meeresgrund) ist aber nur mit höherem Energieaufwand und unter höheren Kosten möglich. Steigende R.-Preise rechtfertigen höhere Erschließungskosten und führen damit automatisch zu einer Erhöhung der Reserven. Bessere R.-Nutzung ist durch sparsamere Verwendung, Recycling (Rücklaufquoten bei Stahl, Blei und Kupfer z. Z. 40–50%), Substitution (z. B. Metalle durch keram. Werkstoffe oder Kunststoffe) und längere Lebensdauer von Produkten (z. B. durch besseren Korrosionsschutz) zu erreichen.

Rollbock, Rollfahrzeug, meist zweiachsiges Eisenbahnfahrzeug zur Beförderung von Wagen der Normalspur auf Bahnanlagen anderer Spurweite. Auch Rahmengestell mit kleinen Eisenbahnrädern zum Aufsatteln von Schienenfahrzeugen mit blockierten Achsen.

Rolle, einfacher Körper in Form einer kreisrunden, um ihre Achse drehbaren Scheibe oder Walze. I. S. der Mechanik gehört die R. zu den einfachen Maschinen. Während die **feste R.** nur zur Umkehrung einer Kraftrichtung dient (Kraft F = Last L; BILD), benutzt man **lose R.** in Verbindung mit festen R. zur Verkleinerung einer Kraft bei Vergrößerung ihres Weges (→ Flaschenzug). BILD S. 208.

Rollen, 1) Rollbewegung, aus einer Dreh- und Translationsbewegung sich zusammensetzende Abwälzbewegung eines runden Körpers (z. B. Kugel, Walze, Rad) auf einer festen Unterlage (z. B. Fahrbahn). In der Praxis können der Rollbewegung (geringe) Gleit- oder Schlupfbewegungen überlagert sein. Der **Rollwiderstand** z. B. eines Fahrzeugrades entsteht durch Formänderungsarbeit an Rad und Fahrbahn (→ Fahrwiderstand). Er ist um so größer, je kleiner der Raddurchmesser und je größer die Formänderung ist. – Der allg. Sprachgebrauch versteht unter R. die Bewegung nicht angetriebener runder Körper und Fahrzeuge, z. B. Eisenbahnwagen, ausgekuppelter Kraftwagen. Das am Boden auf den nicht angetriebenen Rädern des Fahrwerks rollende Flugzeug überwindet den Rollwiderstand durch die Vortriebskraft des Flugtriebwerks.

2) Fahrzeugtechnik: Drehbewegung eines Fahrzeugs um seine Längsachse, während es sich zugleich in Rich-

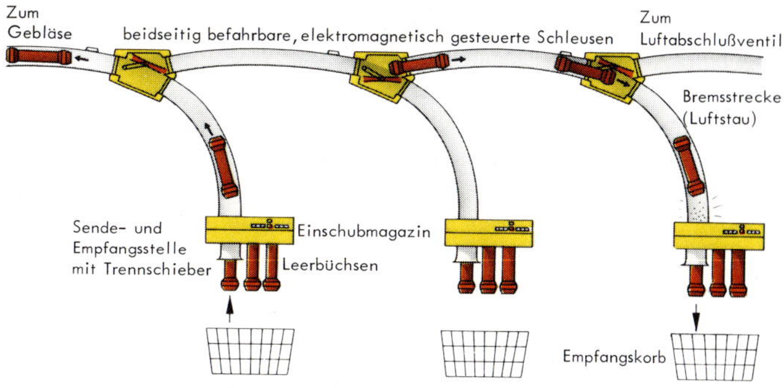

Rohrpost: Schema des Fördervorgangs

tung der Längsachse fortbewegt (beim Flugzeug im Flug). Beim Schiff setzt sich das R. zusammen aus der gleichzeitigen Bewegung um seine Längsachse **(Schlingern)** und Querachse **(Stampfen).** Bei Straßenfahrzeugen ist der vom Flugzeug übernommene Begriff gleichbedeutend mit **Wanken.**

3) umformende Fertigung: a) Umformung von Werkstücken mit walzenförmigen Werkzeugen, z. B. Gewindewalzen; b) Recken und Stauchen von Werkstücken beim Schmieden unter ständigem Drehen; c) stetiges Biegen von Draht, Rohr, Blechstreifen o. ä. durch Einführen in ein Werkzeug mit gekrümmter Wirkfläche.

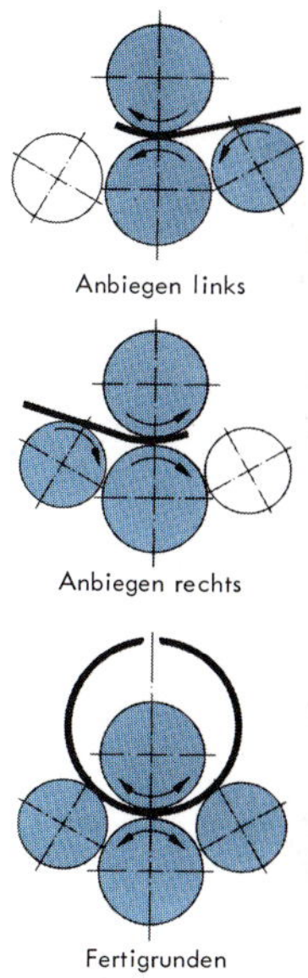

Rollen 3)

Rollenförderer, Fördermittel mit stationär angeordneten Rollen, durch deren Drehbewegung Kisten, Paletten u. a. transportiert werden. Arten: **Rollenbahn** mit zylindr. Rollen, die über die ganze Breite des Förderers reichen; **Röllchenbahn** aus scheibenförmigen Rollen, die in Achsen nebeneinander und versetzt angeordnet sind; **Rollgang** mit zylindr. Rollen für schwere Güter.

Rollenmeißel, → Bohrwerkzeuge 2).

Rollenzug, der → Flaschenzug.

Roller, Motorroller, → Kraftrad.

Rollescher Satz [r'ɔl-, n. dem frz. Mathematiker M. Rolle, * 1652, † 1719], Satz der → Differentialrechnung, nach dem es zu jeder stetigen Funktion $f(x)$, die in dem abgeschlossenen Intervall $[a, b]$ differenzierbar ist und für die gilt $f(a) = f(b) = 0$, einen Wert x_0 aus dem offenen Intervall (a, b) gibt, für den gilt $f'(x_0) = 0$. (→ Mittelwertsatz 1)

Rollfeder, Feder aus einem vorgekrümmten Federband, v. a. eingesetzt in mechan. Laufwerken mit nahezu konstantem Drehmoment. Beim Aufziehen wird die Feder von einer kleineren Speicherrolle auf die größere Arbeitsrolle gewickelt. Abhängig von der Wickelrichtung auf der Arbeitsrolle werden A-Motor und B-Motor unterschieden.

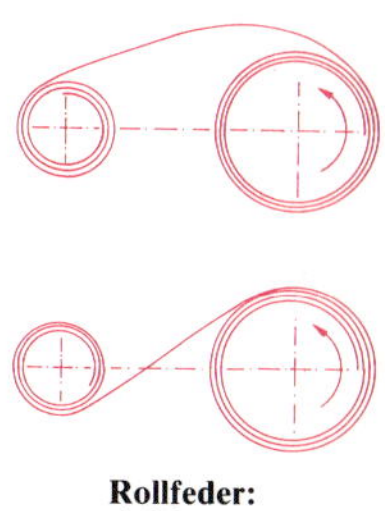
Rollfeder: A-Motor; OBEN gleichsinnig, UNTEN gegensinnig

Rollfilm, 61,5 mm breiter, auf eine Spule aufgerollter Aufnahmefilm für Mittelformatkameras **(R.-Kameras;** → Photographie). Der R. ist meist mit einem lichtdichten Schutzpapier bedeckt.

Rollgrenze, Grenzzustand eines gebremsten oder angetriebenen Rades vor dem Gleiten.

Rollkurven werden von den Punkten einer Kurve beschrieben, die auf einer anderen Kurve, ohne zu gleiten, rollt (→ Zykloide).

Rolloch, Rolle, senkrechte oder stark geneigte Verbindung von Sohlen unter Tage zur Abwärtsförderung von Haufwerk, zur Fahrung, Wetterführung, Aufnahme von Energie- und Wasserleitungen. R. werden bergmännisch aufgefahren (→Abhauen), in neuerer Zeit zunehmend gebohrt.

Roll-on/Roll-off-Schiff [rəʊl'ɔn rəʊl'ɔf-, engl.], Abk. **Ro-Ro-Schiff,** Spezialschiff zum Transport von rollenden Einheitsbehältern, die unmittelbar an und von Bord gefahren werden. (→Trailerschiff, →kombinierter Verkehr)

Rolltreppe, Fahrtreppe, Fördermittel für Personen, meist in Kaufhäusern und Verkehrsanlagen. Die stufenbildenden Teile hängen an einem endlosen umlaufenden Zugmittel und werden auf beiden Seiten mit Rollen in Schlitzen geführt. Die Stufen entstehen und verschwinden infolge kurvenförmigen Verlaufs der Schlitze.

ROM, Abk. für **Read Only Memory** [ri:d 'əʊnlı m'emərı, engl.], ein überwiegend in →MOS-Technologie aufgebauter Festwertspeicher (›Nur-Lese-Speicher‹) für elektron. Datenverarbeitungsanlagen, dessen Informationsgehalt schon bei der Herstellung entsprechend der späteren Anwendung fest eingeschrieben wird (maskenprogrammierte ROMs). Die einzelnen Speicherzellen sind, ebenso wie beim →RAM, matrixförmig angeordnet und können beliebig oft ausgelesen werden. I. Ggs. zum RAM kann der Speicherinhalt nach der Herstellung nicht mehr verändert oder gelöscht werden und kann daher auch nach Abschalten der Stromversorgung nicht verlorengehen (nichtflüchtiger Speicher).

ROMs sind bes. geeignet zur Speicherung häufig wiederkehrender Programmteile, sie können sowohl Teile von Betriebssystemen als auch Mikroprogramme, Compiler, Tabellenwerte, mathemat. Funktionen u. a. enthalten. Weiterentwickelte, durch den Anwender programmierbare Festwertspeicher: →PROM 1).

römische Ziffern, die im alten Rom bis ins christl. Spätmittelalter hinein, jetzt nur noch für ganz wenige Zwecke gebräuchlichen Zahlzeichen (→Ziffern).

I = 1	IX = 9	XXX = 30	CC = 200
II = 2	X = 10	XL = 40	CCC = 300
III = 3	XI = 11	L = 50	CCCC oder
IV = 4	usw.	LX = 60	CD = 400
V = 5	XX = 20	LXX = 70	D = 500
VI = 6	XXI = 21	LXXX = 80	DC = 600
VII = 7	usw.	XC = 90	M = 1 000
VIII = 8	XXIX = 29	C = 100	MCM = 1 900

Die Römer schrieben 50 auch als ↓, ⊥ oder ⊥, 500 als ꟼ oder ıↄ, 1000 als ↀ oder cıↄ, 10000 als ↂ oder ccıↄↄ, 100000 als ↈ oder cccıↄↄↄ. Erst das Mittelalter verschriftete zu M (Anfangsbuchstabe von mille, tausend), vielleicht in Anlehnung an das Zeichen für 100, das als Anfangsbuchstabe von centum (hundert) gedeutet werden konnte.

Bei der heutigen Verwendung von r. Z. dürfen höchstens drei gleiche Zahlzeichen I, X oder C hintereinandergeschrieben werden (also z. B. CD und nicht CCCC). Auch darf vor einem Zahlzeichen immer nur ein einziges kleineres stehen (nicht IIC, sondern XCVIII; nicht IXC, was als 89 und als 91 gelesen werden könnte, sondern LXXXIX oder XCI).

Röntgen [n. dem dt. Physiker W. C. Röntgen, * 1845, † 1923] *das,* Einheitenzeichen **R,** nicht gesetzliche, jedoch bis zum 31. 12. 1985 zugelassene Einheit der Ionendosis (→Dosis): 1 R = 258 μC/kg. 1 Milliröntgen = 1 mR = 10^{-3} R.

Röntgenastronomie, Teilgebiet der →Astronomie, das sich mit der Beobachtung und Deutung der von kosm. Strahlungsquellen ausgesandten Röntgenstrahlung befaßt. Da dieser kurzwellige Teil des elektromagnet. Spektrums von der Erdatmosphäre absorbiert wird, ist eine Beobachtung nur von hochfliegenden Ballonen oder aus der

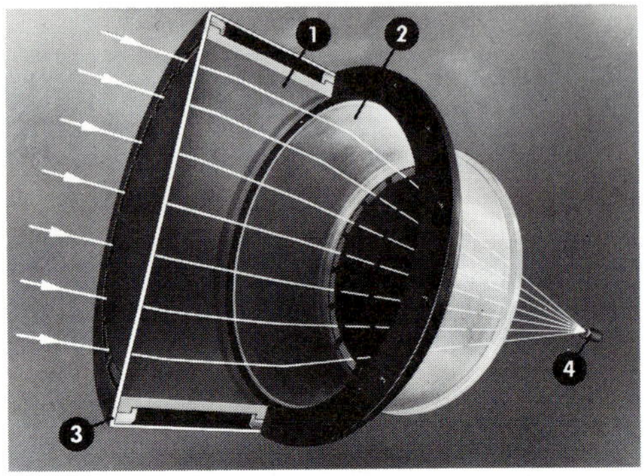

Röntgenastronomie:
Das Röntgenteleskop des Astronomie-Satelliten HEAO 2 besteht aus Quarzglasspiegeln mit parabolischem (1) und hyperbolischem (2) Schliff. Der Schutzmantel (3) hat am Eintritt 56 cm ∅; der Detektor (4) sitzt im Brennpunkt des Spiegelsystems

Erdumlaufbahn möglich. I. a. sind Röntgenstrahlen mit extrem energiereichen Prozessen im All verbunden, werden aber auch von sehr heißen Materiewolken ausgesandt, z. B. der Sonnenkorona (→Sonne) oder dem intergalakt. Gas. Nach ersten kurzzeitigen Beobachtungen von Höhenforschungsraketen aus wurde 1970 der Röntgensatellit Uhuru gestartet, der einige hundert diskrete Röntgenquellen am Himmel fand, darunter den pulsierenden Röntgenstern →Hercules X-1. Röntgensterne werden mit dem lat. Namen des Sternbildes, in dem sie liegen, mit einem X für Röntgenstrahlung und einer laufenden Nummer gekennzeichnet. Zw. 1977 und 1980 folgten drei amerikan. Satelliten (HEAO 1 bis 3), deren zweiter (›Einstein-Observatorium‹) ein abbildendes Röntgenteleskop (Wolter-Teleskop) von 56 cm Öffnungsdurchmesser enthielt (BILD). Mit seiner Hilfe konnte die Zahl der bekannten Quellen auf mehr als 5 000 gesteigert werden, darunter zahlreiche Supernova-Überreste, Quasare und aktive Galaxien. Der Nachweis der Röntgenstrahlen in der Erdumlaufbahn erfolgt mit Hilfe von Proportional- und Szintillationszählern, deren Meßwerte dann zur Erde übertragen werden. Für 1987 ist der Start eines bundesdeutschen Röntgensatelliten (ROSAT) geplant, der mit brit. und amerikan. Beteiligung gebaut werden soll.

Röntgenbeugung, die →Beugung von Röntgenstrahlen am Raumgitter der Kristalle, die durch Streuung der Röntgenstrahlen an den Elektronen der Atomhüllen (→Laue-Gleichungen) oder durch Reflexion an den Netzebenen (Bragg-Gleichung, →Röntgenstrukturanalyse) erklärt werden kann. R. gilt auch als Bez. für die Beugung am Spalt oder an einem in Metall geritzten Gitter.

Röntgenblitzröhre, Röhre zur Erzeugung kurzzeitiger (< 10^{-6} s) Röntgenlichtblitze, um Röntgenaufnahmen schnell ablaufender Vorgänge herzustellen.

Röntgendosismesser, Röntgendosimeter, Gerät zur Bestimmung der → Dosis 1) von Röntgen- und γ-Strahlung (→ Dosimeter).

Röntgenfluoreszenz|analyse, Abk. **RFA,** spektroskop. Verfahren zur quantitativen Analyse von Festkörpern (v. a. Metallen), Pulvern und Lösungen mit Hilfe der Röntgenfluoreszenz (→ Fluoreszenz). Die von der Probe bei Anregung mit polychromat. Strahlung aus einer Röntgenröhre emittierte charakterist. Sekundärstrahlung wird bezüglich Wellenlänge und Intensität der Linien analysiert.

Röntgenfokussierungsmikroskop, → Röntgenmikroskop.

Röntgengoniometer, Gerät zur Strukturanalyse mit Röntgenstrahlen, das bei → Röntgengoniometerverfahren zur Bewegung des Kristalls und des photograph. Films dient.

Röntgengoniometerverfahren, Weiterentwicklung der Drehkristallmethode (→ Röntgenstrukturanalyse) zur Indizierung von Kristallgittern, wobei bei dem meist benutzten **Weissenberg-Böhm-Verfahren** ein zylindrisch um die Drehachse des Kristalls liegender Film synchron mit dem Kristall parallel zur Drehachse verschoben wird.

Röntgenlinse, → Röntgenoptik.

Röntgenlithographie, Halbleitertechnologie: die → Lithographie 2) mit Röntgenstrahlen.

Röntgenmikroskop, Röntgenstrahlmikroskop, Mikroskop zur vergrößerten Abbildung von Objekten mittels Röntgenstrahlung. Man unterscheidet zw. 1) Geräten zur Erzeugung vergrößerter Schattenbilder durchstrahlbarer Objekte **(Röntgenschattenmikroskop, Röntgenprojektionsmikroskop),** bei denen eine durch Elektronenbeschuß eines Targets erzeugte nahezu punktförmige Röntgenlichtquelle Röntgenstrahlen aussendet, die nach dem Prinzip der Zentralprojektion von dem davor befindl. Objekt einen vergrößerten Schattenwurf auf einem in größerem Abstand befindl. Fluoreszenzschirm oder einer Photoplatte erzeugen, und 2) **Röntgenfokussierungsmikroskopen,** bei denen mit Röntgenstrahlen Abbildungen erzeugt werden (entsprechend den Abbildungen mit Lichtstrahlen bei gewöhnl. Mikroskopen). Obwohl bei der Entwicklung abbildender Systeme für Röntgenstrahlen beachtl. Fortschritte erzielt worden sind (→ Röntgenoptik), sind die bisher entweder mit Spiegeln, die unter streifendem Einfall benutzt werden, oder auch mit Zonenlinsen gebauten R. in ihrer Auflösung durch die Fertigungstoleranzen dieser Komponenten begrenzt. Mit einem **Zonenlinsen-R.,** das eine intensive monochromat. Röntgenquelle erfordert, ist mit der Röntgenstrahlung eines Elektronensynchrotrons eine Auflösung von 200 nm erreicht worden. Theoretisch müßte das R. Bilder gleicher Qualität wie die → Kontaktmikroradiographie liefern. Sein wesentl. Vorteil ist die um einen Faktor 100 geringere Strahlungsbelastung der Untersuchungsobjekte.

Röntgenogramm, → Radiographie.

Röntgenographie, → Radiographie.

röntgenographische Phasen|analyse, Untersuchung des Phasenzustandes (amorph, kristallin) und der Phasenzusammensetzung von ein- oder mehrphasiger fester Materie mit Hilfe von durch Röntgenstrahlen erzeugten Interferenzdiagrammen. Je nach Art der Materie und dem Untersuchungsziel werden verschiedene Verfahren der → Röntgenstrukturanalyse angewendet.

Röntgen|optik, Teilgebiet der Physik, das sich mit der Erzeugung von Abbildungen durch Röntgenstrahlen sowie der Konstruktion von Geräten für die Röntgenmikroskopie (→ Röntenmikroskop), → Röntgenastronomie und Röntgenlithographie (→ Lithographie) befaßt. Da alle Stoffe für Röntgenstrahlen eine Brechzahl von nahezu 1 haben, lassen sich Linsen im übl. opt. Sinn nicht herstellen. Eine Möglichkeit für die Fokussierung von Röntgenlicht sind → Zonenlinsen (BILD), deren Muster aus konzentr. Goldringen, die für Röntgenstrahlen undurchlässig sind, auf einer dünnen, für Röntgenlicht transparenten Trägerfolie besteht. Die Ringstärke und der Ringabstand werden um so kleiner, je größer der Radius ist. Bei den besten bisher durch Elektronenstrahlätzen gefertigten Zonenplatten betrug der Abstand der äußersten Ringe, durch den das erzielbare Auflösungsvermögen festgelegt wird, etwa 30 nm. Hauptnachteil der Zonenlinse ist der starke chromat. Fehler, da die Brennweite umgekehrt proportional zur Wellenlänge der einfallenden Röntgenstrahlung ist. Leistungsfähige abbildende Geräte können daher mit Zonenlinsen nur dann realisiert werden, wenn es gelänge, eine intensive monochromat. Röntgenquelle, z. B. einen Röntgenlaser, zu entwickeln. Eine Alternative zur Strahlführung bietet sich in der Ausnutzung der selektiven Reflexion von Röntgenstrahlen an Kristallgitterebenen. Nach diesem Prinzip lassen sich zur Abbildung geeignete ›Röntgenlinsen‹ durch ringförmige Rotationskörper mit konvexen oder konkaven Reflexionsflächen, die mit einer monomolekularen Kristallschicht überzogen sind, oder durch entsprechend sphärisch deformierte Einkristalle, wie Glimmer, für monochromatische Röntgenstrahlung herstellen.

Für senkrecht einfallendes Röntgenlicht ist das Reflexionsvermögen ϱ von Spiegeln wegen der großen Eindringtiefe (geringe Absorption) extrem niedrig (kleiner als 0,001%). Für langwelliges Röntgenlicht (5–20 nm) sollte sich ϱ auf Werte von bis zu 30% steigern lassen, wenn mehrere reflektierende Schichten so überlagert werden, daß jede Schicht mit einer Knotenfläche des aus einfallender und reflektierter Welle gebildeten stehenden Interferenzfeldes zusammenfällt. Hohes Reflexionsvermögen liefert die Ausnutzung der Totalreflexion der Röntgenstrahlen bei außerordentlich kleinen Winkeln in dünnen Metallschichten, die auf sphärisch oder asphärisch gekrümmten Glasflächen aufgebracht sind. Durch Anordnung zweier solcher Reflektoren, die unter streifendem Einfall in gekreuzter Stellung verwendet werden, gelingt eine röntgenopt. Abbildung. Im Röntgenteleskop von Skylab ist die Röntgenstrahlung mit Wellenlängen größer als 0,6 nm fokussiert worden, indem sie zunächst streifend auf einen Parabolspiegel und dann auf einen Hyperbolspiegel geschickt wurde. Das mit diesem Instrument erreichte Auflösungsvermögen von 1 Bogensekunde wurde durch die im Vergleich zur Wellenlänge große Rauhigkeit der Spiegeloberflächen auf etwa 1‰ des theoret. Wertes begrenzt. (BILD Röntgenastronomie)

Röntgenprojektionsmikroskop, → Röntgenmikroskop.

Röntgenpulsar, → Röntgenstern.

Röntgenquanten, die Energiequanten (→ Lichtquanten) der → Röntgenstrahlung.

Röntgenröhre, geschlossene Glasröhre, in der Elektronenstrahlen durch Aufprallen auf Metall Röntgenstrahlen auslösen. In den ältesten auf W. C. RÖNTGEN zurückgehenden Formen der R. wird der Elektronenstrahl durch eine Gasentladung erzeugt **(Ionenröhre);**

diese weisen i. a. drei Elektroden (Kathode, Anode und Antikathode) auf, wobei von der Antikathode die Rönt-

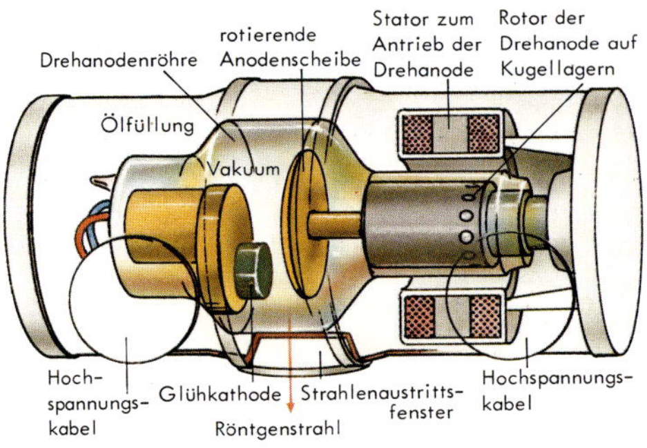

Röntgenröhre:
Schnittbild einer Doppelfokus-Drehanoden-R. für die Röntgendiagnostik; im Brennfleck entstehen maximale Temperaturen von 2500 °C

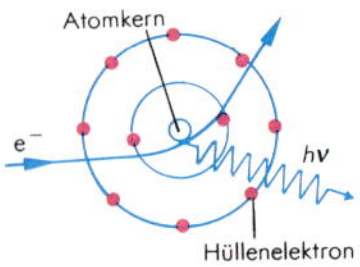

Röntgenstrahlung 1:
Entstehung
der Bremsstrahlung

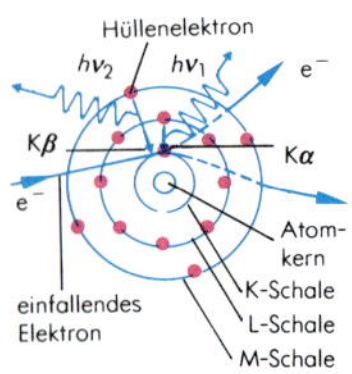

Röntgenstrahlung 2:
Entstehung
der charakteristischen
Röntgenstrahlung

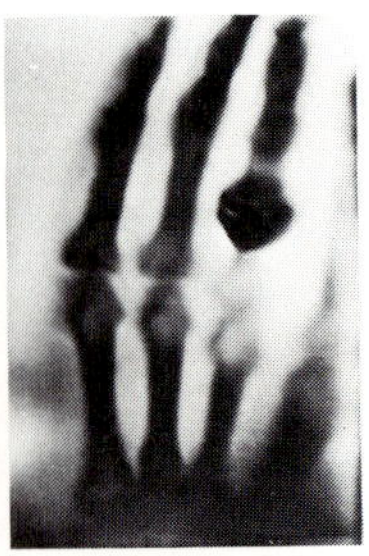

Röntgenstrahlung 3:
Eine der ersten
Röntgenaufnahmen
(22. 12. 1895)
von W. C. Röntgen

genstrahlen ausgehen. Die heute (fast) ausschließlich verwendete **Coolidge-Röhre** [k'u:lɪdʒ-] besteht aus einem hochevakuierten Glaskolben (Druck < 10^{-4} mbar), in den die elektrisch heizbare Wolframkathode als Elektronenquelle, der sie z. T. umgebende Wehnelt-Zylinder und die metallene Anode eingearbeitet sind. Die Anode ist bei leistungsfähigeren Röhren zur Kühlung rotierbar gebaut **(Drehanoden-R.,** BILD) oder kann mit hindurchströmender Flüssigkeit gekühlt werden. Durch hohe Röhrenspannung zw. Anode und Kathode ($0{,}5 \cdot 10^4$ bis 10^7 V) werden die aus der Glühkathode austretenden Elektronen stark beschleunigt, vom negativ geladenen Wehnelt-Zylinder fokussiert (gebündelt) und treffen mit hoher Geschwindigkeit im möglichst punktförmigen **Brennfleck** auf der Anode auf. Beim Aufprall geht ihre Bewegungsenergie zu rd. 99% in Wärme über und heizt die Anode auf. Der Rest regt die Atome des Anodenmaterials zur → Röntgenstrahlung an. Zum Zweck der Auswechselbarkeit der Anode werden v. a. für wissenschaftl. Zwecke zerlegbare, **offene R.** verwendet; die nicht zerlegbaren nennt man **technische R.**

Die Durchdringungsfähigkeit der Röntgenstrahlen ist um so größer, je höher die Elektronenbeschleunigungsspannung ist, sie kann durch Veränderung der Anodenspannung variiert werden. Da weiche Strahlen, z. B. für die Hauttherapie, bereits in der Glaswand der R. absorbiert werden, läßt man sie durch ein besonderes röntgenstrahldurchlässiges Fenster austreten, das z. B. aus Lindemann-Glas (→ Lindemann-Fenster) oder einer Berylliumfolie besteht. Damit die vom Brennfleck radial abgestrahlte Röntgenstrahlung seitlich aus der R. austreten kann, ist die Auftrefffläche der Anode geneigt. Bei der Erzeugung harter Röntgenstrahlung umgibt eine Bleiabschirmung die R., um die Abstrahlung nicht benötigter Teile des Strahlenbündels zu verhindern.

R. werden in der medizin. Diagnostik und Therapie, für Werkstoffprüfungen sowie Grob- und Feinstruktur-Materialuntersuchungen verwendet. Hohlräume und sonstige schwer zugängl. Stellen werden mit **Hohlanoden-R.** untersucht. Zur Aufnahme sehr schnell ablaufender Vorgänge dienen → Röntgenblitzröhren.

Röntgenschattenmikroskop, → Röntgenmikroskop.

Röntgenschutzglas, → Strahlenschutzglas.

Röntgenspektral|analyse, Bestimmung der chem. Zusammensetzung einer Probe durch spektrale Zerlegung der von ihr emittierten **(Emissions-R.,** → Röntgenfluoreszenzanalyse) oder durchgelassenen **(Absorptions-R.)** Röntgenstrahlung.

Röntgenspektroskopie, Teilgebiet der → Spektroskopie, das sich mit der Messung und Analyse von elektromagnet. Strahlung im Röntgenbereich (Wellenlängen 10^{-2}–80 nm) befaßt. Als → Spektralapparate werden für Wellenlängen größer 2 nm mechanisch hergestellte Beugungsgitter, für kürzere Wellenlängen die Gitterebenen von Einkristallen benutzt, an denen die Röntgenstrahlen nach dem Braggschen Gesetz reflektiert werden. Um Einblick in den inneren Bau der Atome zu gewinnen, werden diese zu charakterist. Eigenstrahlungen (→ Röntgenstrahlung) angeregt, die dann ausgewertet werden.

Röntgenstern, punktförmige kosm. Röntgenstrahlungsquelle (→ Röntgenastronomie). Die Beobachtungsdaten sprechen meist für eine Deutung als Neutronenstern (→ Hercules X-1) oder Schwarzes Loch in einem engen Doppelsternsystem, zu dem Wasserstoff vom Begleitstern (einem Hauptreihenstern) überströmt und dabei auf extreme Temperaturen aufgeheizt wird, was zur Aussendung von Röntgenstrahlung führt. Bei einem Neutronenstern mit starkem Magnetfeld kann der ionisierte Wasserstoff nur an den Magnetpolen auf die Oberfläche fallen. Bei einem rotierenden Neutronenstern verschwindet für einen Beobachter auf der Erde immer dann die Röntgenstrahlung, wenn ihm der Neutronenstern die magnet. Pole zuwendet, weil die in der Nähe der magnet. Achse einfallende Materie für Röntgenstrahlung undurchlässig ist **(Röntgenpulsar).**

Röntgenstrahlmikroskopie, Röntgenmikroskopie, alle mikroskop. Verfahren zur vergrößerten Abbildung von Objekten mit Hilfe von Röntgenstrahlen (→ Röntgenmikroskop, → Kontaktmikroradiographie). Die erhaltenen Bilder sind, verglichen mit der Lichtmikroskopie, sehr viel kontrastreicher. Im Unterschied zur Elektronenmikroskopie erlaubt die R. auch die Untersuchung lebender Objekte.

Röntgenstrahlung, englisch-amerikanisch **X-Strahlung,** Bez. für → elektromagnetische Wellen mit kürzeren Wellenlängen als das Licht, die sich von der Gammastrahlung und dem elektromagnet. Bestandteil der kosmischen Strahlung nur durch die Entstehungsweise, nicht in den physikal. Eigenschaften unterscheiden. R. ist unsichtbar, erzeugt Fluoreszenz, hat starke chem. Wirkung (z. B. Schwärzung von Photoplatten) und hohes Ionisationsvermögen. Röntgenstrahlen zeigen wie Lichtstrahlen Reflexion, Brechung, Beugung, Interferenz, Polarisation (→ Röntgenoptik), haben aber i. Ggs. zum Licht hohes Durchdringungsvermögen für die meisten Stoffe.

Entstehung. Nach der Entstehungsweise unterscheidet man die → Bremsstrahlung, die von Elektronen infolge plötzl. Abbremsens beim Aufprall auf Materie emittiert wird (BILD 1) und die **charakterist. Strahlung (Eigenstrahlung)** der Atome. Dabei erfolgt nach Ionisation eines der innersten Elektronen, z. B. aus der K-Schale (→ Atom), der Übergang eines Elektrons aus einem energetisch höheren Zustand E_2 (z. B. L- oder M-Schale) in den niedrigeren (E_1) unter Emission eines Röntgenquants (BILD 2) der Energie $h\nu = E_2 - E_1$ (h = Plancksches Wirkungsquantum, ν = Frequenz der R.). Bremsstrahlung hat ein kontinuierl. Spektrum **(Bremsspektrum),** das bei einer durch die kinet. Energie der Elektronen bestimmten Grenze nach der kurzwelligen Seite hin abbricht. Das Spektrum der charakterist. Eigenstrahlung dagegen besteht aus scharf getrennten Liniengruppen, die, je nachdem ob der Endzustand des strahlenden Elektrons in der K-, L-, M-, N- . . . -Schale liegt, mit K, L, M, N . . . bezeichnet werden. Sie verschieben sich nach dem → Moseleyschen Gesetz mit steigender Ordnungszahl des emittierenden Atoms nach der kurzwelligen Seite hin.

Technisch wird R. meist mit → Röntgenröhren erzeugt, wobei man **überweiche** (Wellenlängen 0,25–0,06 nm), **weiche** (0,06–0,02 nm), **mittelharte** (0,02–0,01 nm), **harte** (0,01–0,005 nm) und **überharte** ($< 5 \cdot 10^{-3}$ nm) **R.** unterscheidet. Sehr viel härtere (kurzwelligere) R. läßt sich mit Elektronenbeschleunigern (bis $< 10^{-7}$ nm) erzeugen.

Anwendung. Folgende Eigenschaften der R. werden in mannigfachen Verfahren medizinisch, technisch (metallurgisch), kristallographisch, chemisch-analytisch und für Echtheitsprüfungen (z. B. von Gemälden) benutzt: ihre hohe, bei chemisch verschiedenen Stoffen sehr unterschiedl. Durchdringungsfähigkeit bei der Schattenbilderzeugung (BILD 3) für medizin. **(Röntgendiagnostik)** und metallurg. Zwecke **(Röntgengrobstrukturuntersuchung** zur Prüfung von Werkstoffen, z. B. von Schweißnähten); ihre biolog. Wirkung, z. B. die Zerstörung oder die Förderung der Heilung lebenden Gewebes in der **Röntgentherapie;** ihre Fähigkeit, Ionen, Atomrümpfe u. a. in Kristallen so anzuregen, daß sie zur → Röntgenstrukturanalyse von Kristallen herangezogen werden können oder zur **Röntgenfeinstrukturuntersuchung** von Werkstoffen, wie die Untersuchung der Lage und Größe von Kriställchen in Werkstücken, sowie innerer elast. Verspannungen und Gitterstörungen; ihre Fähigkeit, Atome, Ionen u. a. zur Aussendung ihrer jeweiligen charakterist. R. anzuregen (→ Röntgenspektralanalyse, → Röntgenspektroskopie).

Geschichte. W. C. RÖNTGEN entdeckte die von ihm als X-Strahlen bezeichneten Strahlen im Nov. 1895 bei Versuchen mit Hittorfschen, Crookesschen und Lenardschen Röhren. Er vermutete, daß es sich um longitudinale Ätherwellen handele, während die meisten Physiker die Stoß- oder Impulstheorie von E. WIECHERT (1896) und G. G. STOKES für zutreffender hielten. Erst 1912 schufen die Untersuchungen über die Beugungen der R. beim Durchgang durch Kristalle (M. v. LAUE, W. FRIEDRICH, P. KNIPPING, W. H. und W. L. BRAGG) Klarheit.

Röntgenstruktur|analyse, Röntgenkristallstrukturanalyse, die Bestimmung der Kristallstruktur, d. h. der räumlich-period. Anordnung der Bauelemente (Atome, Ionen, Moleküle) eines Kristalls mit Hilfe der Beugung von Röntgenstrahlen am Kristallgitter; wesentl. Teilbereich der → Strukturanalyse von Kristallen. Die R. beruht auf dem **Laueschen Versuch** (MAX v. LAUE, 1912), in dem ein Bündel von Bremsstrahlen mit kontinuierl. Spektrum durch einen Kristall geschickt und an ihm nach bestimmten Richtungen gebeugt wird (BILD 1); die gebeugten Strahlen erzeugen auf einer photograph. Platte ein **Laue-Diagramm** (→ Laue-Verfahren). Seit W. H. und W. L. BRAGG (1913) benutzt man zur R. überwiegend die charakterist., meist an Kupfer, Eisen, Chrom, Wolfram oder Molybdän erregte Röntgenstrahlung. Nach Bragg läßt sich die Beugung auch als eine Reflexion der Strahlen an Netzebenen des Kristalls auffassen, wobei die an aufeinanderfolgenden Netzebenen reflektierten Strahlen um das n-fache der Wellenlänge λ zurückbleiben und n eine ganze Zahl ist. Ein Strahl wird daher nur unter dem Reflexionswinkel $\vartheta/2$ reflektiert, der nach BILD 2 gegeben ist durch $\sin \vartheta/2 = n\lambda/2d$ **(Bragg-Gleichung** [bræg-]); dabei ist d der Abstand zw. den benachbarten Netzebenen. Bei der **Bragg-Methode** fällt das Strahlenbündel auf einen rotierenden Kristall; die Richtung und Intensität der gebeugten Strahlen wird mit einer Ionisationskammer bestimmt. Diese ist bei der **Drehkristallmethode** und deren Abarten durch eine photograph. Platte oder einen zylindrisch um den Kristall gelegten Film ersetzt. Bei den **Bewegt-Film-Methoden** (→ Röntgengoniometerverfahren) werden die Einkristallreflexe auf einem bewegten Film aufgezeichnet. – Die vielen Kriställchen eines feinkristallinen Pulvers erzeugen auf dem Film statt der einzelnen Flecke zusammenhängende Kurven, z. B. bei der **Debye-Scherrer-Methode** [dəb'ɛjə-] (→ Pulvermethoden). Sind die Kriställchen annähernd parallel gerichtet, z. B. in Drähten, Blechen, Fasern, so erscheinen die Kurven in einzelne kürzere Bögen aufgelöst **(Faserdiagramm).**

Aus den Ablenkungswinkeln der Strahlen lassen sich die Gitterkonstanten (→ Kristall) berechnen. Zur vollständigen Strukturbestimmung einschließlich der Atomorte müssen die Intensitäten der gebeugten Strahlen herangezogen werden.

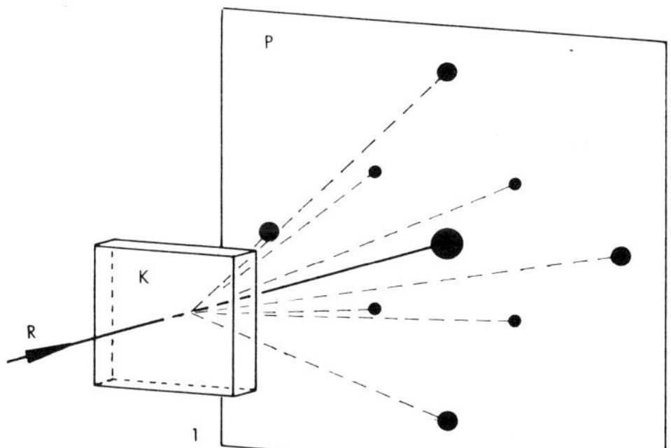

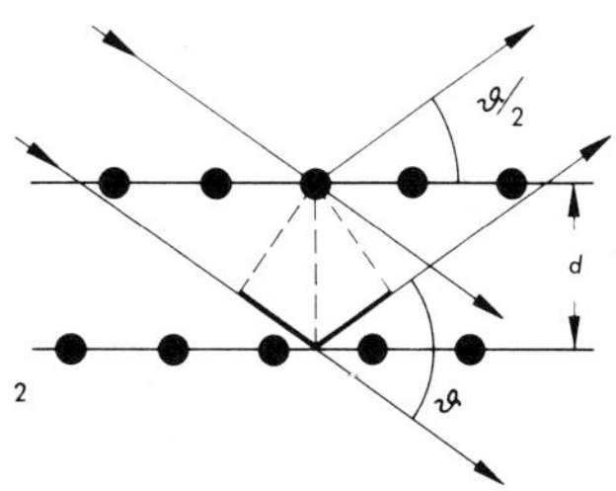

Röntgenstrukturanalyse:
1 Laue-Methode; R Röntgenstrahl, K Kristall, P photographische Platte.
2 Braggsche Reflexion

Die Strukturanalyse an vielen Tausenden von Kristallen hat ergeben, daß es vier Typen von Strukturen gibt: 1) die meisten anorgan. Kristalle sind aus positiven Kationen und negativen Anionen aufgebaut **(Ionengitter);** 2) einige, z. B. der Diamant, bestehen aus Atomen, die durch gemeinsame Elektronen verbunden sind **(Atomgitter);** 3) in den Metallen und vielen Sulfiden werden die positiven Metallionen durch frei bewegliche Elektronen zusammengehalten **(Metallgitter);** 4) die organ. Kristalle sind aus Molekülen aufgebaut **(Molekülgitter).** Zw. den vier Typen gibt es Übergänge. Hierzu gehören die → Schichtgitter, z. B. von MoS_2 und von Glimmer; sie bestehen aus dünnsten, durch den ganzen Kristall durchlaufenden Schichten, die wie Moleküle nur schwach miteinander verknüpft sind.

Röntgenteleskop, → Röntgenastronomie.

Röntgentopographie, zerstörungsfreies Prüfverfahren zur Untersuchung des Kristallaufbaus von Festkörpern und zum Nachweis von Gitterfehlern (→ Realkristall), von deren Anzahl die mechan. Festigkeit und die elektr. Eigenschaften des Materials abhängen. Der Kristall wird mit einem gebündelten Röntgenstrahl mit einer festen Wellenlänge abgetastet, wobei die Einfallsrichtung so gewählt wird, daß die Gitterebenen das Röntgenlicht gleichmäßig reflektieren. Hierbei wird eine Ortsauflösung von einigen Mikrometern erreicht. Durch Kristallbaufehler bewirkte Verzerrungen der Ebenen machen sich im Kontrast der abgebeugten Strahlung bemerkbar, die photographisch oder elektronisch registriert werden kann. Die Auswertung erlaubt die Lokalisierung der Baufehler und liefert Information über deren Struktur und Art. Die R. ist bes. für die Halbleiterindustrie interessant, da die Zuverlässigkeit elektron. Schaltkreise durch Fehler, die beim Kristallwachstum oder bei der späteren Herstellung der Halbleiterbauelemente auftreten, stark reduziert wird. Da Komponenten auch unter Betriebsbedingungen untersucht werden können, eröffnet die R. eventuell Möglichkeiten, die Prozesse im Kristall, die zur Alterung oder gar Zerstörung von Transistoren oder optoelektron. Bauelementen unter Belastung führen, direkt zu beobachten.

rood [ru:d], in Großbritannien noch gebräuchl. Einheit zur Angabe des Flächeninhalts von Grund- und Flurstücken: 1 rood = 40 square rods = 1011,714 m^2 = 10,11714 ar. (ÜBERSICHT Einheiten, angloamerikanische Einheiten)

Roots-Gebläse [ru:ts-, engl.], von J. D. Root um 1870 erfundener Drehkolbenverdichter (→ Verdichter) mit lemniskatenförmigen, sich aufeinander abwälzenden Drehkolben, die durch Zahnräder miteinander gekuppelt sind. Prinzip auch der **Roots-Rumpe.**

Rosenquarz, Farbvarietät des → Quarz; Färbung durch feinste Nädelchen von Rutil sowie durch Mangan (Mn^{III}).

Rosesches Metall, Rose-Metall [n. dem Pharmazeuten V. Rose, * 1762, † 1807], Legierung aus 50% Wismut, 28% Blei, 22% Zinn; Schmelzpunkt 94 °C.

Roßbreiten, → Kalme, → Zirkulation der Atmosphäre.

Rossby-Wellen [n. dem schwed. Meteorologen C. G. Rossby, * 1898, † 1957], Folge von drei bis sieben → Höhentrögen und -rücken, die mit einer Wellenlänge von mehr als 5 000 km die jeweilige Hemisphäre überdekken. Sie sind entweder stationär oder verlagern sich langsam nach Osten.

Roßhaar, Schweif- und/oder Mähnenhaare des Pferdes, verwendet zur Polsterung und, rein oder in Mischung mit anderen Faserstoffen, zur Herstellung von **R.-Garn** oder **Zwirn-R.,** aus denen v. a. Einlage-Futterstoffe gewebt werden. Reine **R.-Gewebe** werden für feine Haarsiebe verwendet. – **Chemie-R.** ist ein nach verschiedenen Verfahren (Viskose-, Acetat-, Polyamidverfahren u. a.) hergestelltes grobes monofiles Erzeugnis in Feinheiten wie natürliches Roßhaar.

Rost, 1) bei Eisen die unter Einwirkung von feuchter Luft oder sauerstoffhaltigem Wasser entstehende, aus wasserhaltigen Eisenoxiden und Eisenoxidhydraten zusammengesetzte, poröse, braunrote Schicht. Die **R.-Bildung** zu verhindern ist Aufgabe des → Metallschutzes. Die Entfernung des gebildeten R. kann mechanisch oder durch chem. Umwandlung der R.-Schicht mittels **Rostumwandler** erfolgen. Diese enthalten meist Phosphorsäure, Netzmittel u. a. Zusätze, um weitere → Korrosion des Eisens zu verhüten (Phosphat-Rostschutz, → Entroster). Vorbeugender **R.-Schutz** kleinerer Teile, z. B. Werkzeuge und Waffen, kann durch Behandlung mit R.-Schutzölen erfolgen. Wirksam sind auch Schutzanstriche mit Lacken und Farben (Mennige) oder Überzüge mit metall. Schutzschichten (Verzinken, Verchromen u. a.) und mit Email. Zum temporären R.-Schutz, z. B. bei Lagerung und Versand, kann man Gasphasen-Inhibitoren anwenden (VPI-Verfahren, → Korrosionsschutz).

2) Kreuzwerk, Tragwerk aus gitterartig verbundenen Längs- und Querträgern, meist als Stahlkonstruktion bei Brücken, Decken und Gründungen angewandt (→ Pfahlrost).

3) Gitter aus dünnen Stäben als durchlässiger Bodenbelag, Untersatz für heiße Gegenstände, Auflage für festes Brennmaterial (Ofenrost) oder als Unterlage zum Rösten und Backen.

rostbeständiger Stahl, → säurebeständiger Stahl.

Rösten, 1) Metallurgie: Sulfide, Arsenide und Antimonide in den metallurg. Vor- und Zwischenprodukten in andere Verbindungsformen durch Erhitzen unter Zutritt von Sauerstoff (Röstluft) überführen. Es entstehen Oxide **(oxidierendes R.),** Sulfate **(sulfatisierendes R.)** oder bei Zugabe von Chloriden der Alkali- oder Erdalkalimetalle Schwermetallchloride **(chlorierendes R.).** Bei dem heute bes. wichtigen **Pulver-R.** sind das Schwebe- und Wirbelschicht-R. die am meisten angewendeten Verfahren. Sie liefern ein feinkörniges, für die Laugung geeignetes Röstgut. Durch Kombination von R. mit Sintern **(Sinterrösten)** erhält man ein stückiges, für den Schachtofen geeignetes Röstgut (→ Röstöfen). – In einem Arbeitsgang lassen sich beim **Röstreaktionsverfahren** Metalloxide und -sulfide (z. B. Blei, Kupfer) durch oxidierende Schmelzen in das Rohmetall überführen. Zweistufig läuft dagegen das **Röstreduktionsverfahren,** bei dem zunächst sulfid. Erze (z. B. Blei, Zink, Antimon) ›totgeröstet‹ werden. In einem zweiten Arbeitsgang wird das erhaltene Röstgut mit Reduktionsmitteln (Kohlenstoff oder Kohlenmonoxid) zum Rohmetall reduziert.

2) Textiltechnik: Auflockerung der störenden Rinden-, Holz- und Markteile von Bastfasern auf biolog. oder chem. Weg, um das Fasermaterial isolieren zu können.

Rostlöser, → Entroster.

Röst|öfen, metallurgische Öfen zum → Rösten 1) von Erzen. Stückiges Erz röstet man meist in Schachtöfen, feinkörniges in Herdflammöfen oder mehrherdigen Schachtöfen mit zentraler Rührwelle und Krählarmen auf jeder Etage. Die **Sinterröstung** betreibt man auf festen, kippbaren (Sinterpfannen) oder auf bewegten Rosten (→ Dwight-Lloyd-Apparat). Zum **Röstschmelzen** dienen birnen- oder trommelförmige Gefäße (Konverter).

Röstreaktionsverfahren, → Rösten 1).

Röstreduktionsverfahren, → Rösten 1).

rot, Abk. für → Rotation 2).

Rotaryverfahren [rˈəʊtərɪ-, engl.], ein → Bohrverfahren 2); BILD Bohrgerät 2.

Rotation, allg. Drehung, Drehbewegung.

1) Astronomie: Eigendrehung eines Himmelskörpers. Man unterscheidet innerhalb des Planetensystems zw. **sider. R.** (einer Drehung um 360 Grad) und **synod. R.** (einer

Umdrehung bezogen auf die Sonne); letztere entspricht der Länge eines Sonnentages, erstere der eines Sterntages. Bei den sonnennahen Planeten weichen sider. und synod. R. z. T. stark voneinander ab: Merkur dreht sich zwar in 58,646 ird. Tagen einmal um seine Achse, doch dauert ein Sonnentag auf Grund der raschen Bahnbewegung 176 ird. Tage oder zwei Merkurjahre. Bei Venus führt die zur Bahnbewegung entgegengesetzt gerichtete R. (Rotationsperiode 243,16 Tage) zu einem Sonnentag von 116,78 Tagen Dauer. Sterntag und Sonnentag der Erde unterscheiden sich noch um knapp vier Minuten, während die Differenz bei Mars nur noch etwa zwei Minuten ausmacht.

Bei der **gebundenen R.** kehrt der Begleitkörper dem Hauptkörper immer die gleiche Seite zu (z. B. zeigt der Mond der Erde immer nur die Vorderseite). Seine Rotationsdauer ist gleich der Umlaufszeit um den Hauptkörper.

Die **R. der Sterne** und **Sternsysteme** ist mit dem Doppler-Effekt spektroskopisch bestimmbar. Bei rotierenden Sternen erscheinen die Spektrallinien verbreitert **(Rotationsverbreiterung)**, bei Sternsystemen sind sie an den beiden Enden des an die Sphäre projiziert erscheinenden Systems nach entgegengesetzten Seiten im Spektrum verschoben. Die Rotationsgeschwindigkeiten nehmen i. a. zu den späteren Spektraltypen hin ab. Sternsysteme rotieren i. a. in den Innenbezirken rascher als außen.

2) Mathematik: Abk. **rot**, engl. **curl** [kə:l], in der →Vektoranalysis ein Vektor, wobei einem Vektor υ eines Vektorfeldes ein Vektor rot υ zugeordnet wird. Für die Komponentendarstellung $\boldsymbol{v} = \upsilon_x \boldsymbol{e}_x + \upsilon_y \boldsymbol{e}_y + \upsilon_z \boldsymbol{e}_z$ in den kartesischen Koordinaten x, y, z mit den Einheitsvektoren $\boldsymbol{e}_x \boldsymbol{e}_y \boldsymbol{e}_z$ gilt

$$\operatorname{rot} \upsilon = \left(\frac{\partial \upsilon_z}{\partial y} - \frac{\partial \upsilon_y}{\partial z}\right) \boldsymbol{e}_x + \left(\frac{\partial \upsilon_x}{\partial z} - \frac{\partial \upsilon_z}{\partial x}\right) \boldsymbol{e}_y + \left(\frac{\partial \upsilon_y}{\partial x} - \frac{\partial \upsilon_x}{\partial y}\right) \boldsymbol{e}_z.$$

Häufig wird abkürzend der →Nablaoperator verwendet, mit dem sich rot $\upsilon = \nabla \times \upsilon$ ergibt. Anschaulich beschreibt die R. die Wirbel eines Vektorfeldes, ein Vektorfeld heißt **wirbelfrei**, wenn die R. in jedem Punkt verschwindet.

3) Physik: **Drehung**, die Umdrehung eines Körpers um eine Achse oder einen Punkt. Die für die R. eines starren Körpers kennzeichnenden Größen sind Trägheitsmoment, Winkelgeschwindigkeit, deren zeitl. Änderung (Winkelbeschleunigung), Drehimpuls, und Drehmoment. Auf bewegte Körper wirkt in rotierenden Systemen außer der Zentrifugalkraft noch eine Scheinkraft, die →Coriolis-Kraft. (→Kreisel)

Die Rotationsenergie (→Energie) von Molekülen ist gequantelt. Der →Spin von Elementarteilchen wird manchmal anschaulich durch eine R. des kugelförmig gedachten Teilchens um eine durch den Kugelmittelpunkt gehende Achse gedeutet **(Eigenrotation)**, da für manche Zwecke diese (nicht den realen Gegebenheiten entsprechende) Deutung ausreichend ist. – Über die Drehung der Polarisationsebene des Lichtes **(opt. R.)** →Polarisation 3).

Rotationsdispersion, bei optisch aktiven Körpern (→optische Aktivität) die Abhängigkeit des Drehvermögens für polarisiertes Licht (→Polarisation 3) von der Wellenlänge.

Rotationsdruckmaschine, Rotationsmaschine, schnellaufende Druckmaschine für **Rotationsdruck** (rotativer Druck), wobei Druckform oder Druckformträger zylindrisch sind. Unterschieden wird zw. direktem Druck (z. B. **Zeitungs-R., Rotationsbuchdruck-, Rotations-Tiefdruck-, Flexodruckmaschine)** und indirektem Druck (z. B. **Rotations-Offsetdruckmaschine;** →Druckmaschinen), ferner zw. **Bogen-R.** und **Rollen-R.** Bei Rollen-R. wird der Bedruckstoff in Rollen zugeführt, als Bahn bedruckt (bes. bei Zeitungen, Zeitschriften u. ä.) und meist gefalzt ausgelegt.

Rotationskörper, Mathematik: →Umdrehungsflächen.

Rotations|pumpe, eine →Verdrängerpumpe.

Rotations|spektrum, durch alleinige Änderung der gequantelten Rotationen eines atomaren Systems entstehendes Spektrum, das aus einer Reihe von äquidistanten Linien besteht. Ähnlich wie die Moleküle mit permanentem Dipolmoment, deren R. im fernen Infrarot und im Mikrowellenbereich liegen, zeigen auch statisch deformierte Atomkerne ein R. mit derselben Abhängigkeit vom Drehimpuls J. Die Trägheitsmomente sind bei den Atomkernen wesentlich kleiner. Durch Überlagerung des R. mit dem Schwingungsspektrum entsteht das **Rotations-Schwingungsspektrum.**

Rotator, Quantentheorie: einfachstes Modell eines Moleküls, bei dem nur seine Drehbewegung beachtet wird, wobei zwei Massenpunkte in einem festen Abstand starr miteinander verbunden sind **(starrer R.).**

Rotblei|erz, Mineral $PbCrO_4$, →Chromverbindungen.

Rotbruch, bei Stählen im Bereich der Rotglut auftretender Bruch durch zu hohe Schwefelgehalte oder zu niedrige Mangangehalte.

Rot|eisenstein, roter bis rotbrauner, dichter →Hämatit.

Rötel, Rotstein, rote Kreide, armenische Erde, erdiges, bräunlich- bis blutrotes, stark abfärbendes Gemenge von erdigem →Hämatit mit Ton und anderen Verunreinigungen. Als Mal- und Anstreichfarbe wird R. seit der Antike benutzt. In den Vergoldetechniken dient R. als polierfähiges Grundiermittel **(roter Bolus** und **Poliment).**

Rot|erden, lockere trop. Böden in heißen Klimaten mit längerer Trockenzeit, Entstehung wie →Rotlehme, gegenüber denen jedoch der Hämatit stark zunimmt; nur mäßig fruchtbar. In sehr trockenen Teilen Afrikas sind R. weit verbreitet, die z. T. unter Vererdung von Rotlehmen entstanden sind. R. und Rotlehme werden als **Latosole** zusammengefaßt. (BILD Boden). – **Mediterrane Roterde,** →Terra rossa.

Rote Riesen, Sterne geringer Temperatur, aber mit großen Durchmessern und entsprechend großer Leuchtkraft (→Riesen).

Roter Tiefseeton, toniges Meeressediment, das in Tiefen über 5 000 m vorkommt und etwa 28% des Meeresbodens einnimmt; es besteht aus Lösungsrückständen des Globigerinenschlamms (→Meeresablagerungen).

Rotfilter, Photographie: →Farbfilter.

Rotgültig|erz, die Minerale **Pyrargyrit,** Ag_3SbS_3, **dunkles R.,** und **Proustit** [pru-], Ag_3AsS_3, **lichtes R.,** scharlach- bis zinnoberrot, z. T. dunkelgrau; durchscheinend bis durchsichtig, Metall- bis Diamantglanz; H. 2,5–3, D. 5,57–5,85; schöne prismat. Kristalle, auch derb, eingesprengt; wichtiges und häufiges Silbererz, hydrothermal gebildet, neben anderen Ag-Mineralen und Bleiglanz auf Gängen. Seltene, helle rote Modifikationen sind **Feuerblende (Pyrostilpnit)** und **Xanthokon.**

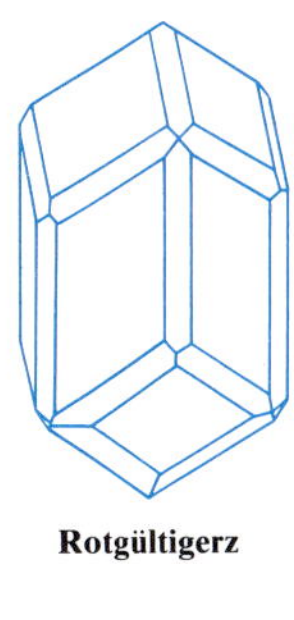

Rotgültigerz

Rotguß, zur Gruppe der →Bronzen gehörende Kupferlegierungen mit 4–10% Zinn, 2–7% Zink, bis zu 7% Blei, Rest Kupfer. Nach DIN 1705 mit ›Rg‹ und dem Zinngehalt bezeichnet (z. B. Rg 5: R. mit 5% Zinn). Aus R. werden Armaturen, Lagerschalen, Wellen u. a. hergestellt.

Rotkupfer|erz, Mineral Cu_2O, → Cuprit.

Rotlehme, trop. Böden in heißem, mäßig wechselfeuchtem Klima, entstanden aus silikat. Gesteinen durch Ausscheidung von Hämatit und Goethit innerhalb eines feinlehmigen Gefüges; mäßig fruchtbar, in Mitteleuropa nur als Relikte anzutreffen.

Rotliegendes, unteres → Perm in W- und Mitteleuropa. Das R. war eine Festlandszeit mit meist rötlichen, klast. Sedimenten, Zerstörungsprodukten des varisk. Gebirges (Molassefazies). Magmat. Gesteine sind weit verbreitet, Kohlevorkommen selten.

Rotnickelkies, der → Nickelin.

Rotonen, Quasiteilchen (Quanten) zur Beschreibung der wirbelförmigen Elementaranregungen in einer Supraflüssigkeit (→ Superfluidität).

Rotor, 1) Elektrotechnik: der rotierende (drehende) Teil einer elektrischen Maschine (→ Läufer).

2) Flugzeugbau: Drehflügel eines Drehflüglers (→ Hubschrauber, → Tragschrauber).

3) Schiffbau: → Flettner-Rotor.

4) Spinnerei: → Rotorspinnen.

5) Uhrentechnik: Schwungscheibe aus Schwermetall in Automatikuhren; ist in Verbindung mit der Körperbewegung des Uhrenträgers Energiequelle für den Triebfederaufzug.

Rotor|spinnen, Offen-End-Rotorspinnen, Abk. **OE-Rotorspinnen,** bekanntestes Verfahren des → Offen-End-Spinnens, bei dem die Drehungserteilung und die Garnbildung durch Einspeisen von Einzelfasern in einen **Rotor** (bis $90 \cdot 10^3$ min^{-1}) erfolgen. Aus dem Rotor kann das fertige Garn abgezogen werden (bis über $200\,m \cdot min^{-1}$).

Rotverschiebung, Verschiebung der Spektrallinien nach dem roten Ende des Spektrums (d. h. zu größeren Wellenlängen) hin. I. a. kennzeichnet man die R. durch einen Quotienten z, der sich ergibt, wenn man die unverschobene Ruhewellenlänge λ_0 von der beobachteten verschobenen Wellenlänge λ subtrahiert und durch die Ruhewellenlänge dividiert: $z = (\lambda - \lambda_0)/\lambda_0$.

Bei einer Vergrößerung der Entfernung von Strahlungsquelle und Beobachter tritt eine R. infolge des → Doppler-Effekts auf. Diese R. kann z. B. zur Bestimmung der Radialgeschwindigkeit eines Sterns oder der Umlaufgeschwindigkeit eines Doppelsterns herangezogen werden. Auch die R. in den Spektren extragalakt. Objekte **(Kosmolog. R.)**, wie die extreme Rotverschiebung bei → Quasaren (z. B. $z = 3{,}53$ beim Quasar OQ 172, bei dessen Spektrum die normalerweise im Ultraviolettbereich liegende Lyman-alpha-Linie des atomaren Wasserstoffs von $\lambda_0 = 121{,}6$ nm in den grüngelben Wellenlängenbereich von $\lambda = 550{,}8$ nm verschoben ist), wird i. a. als Doppler-Verschiebung gedeutet (→ Hubble-Effekt).

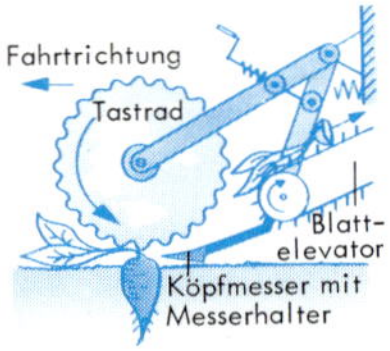

Rübenköpfer

Beim Verlassen eines Gravitationsfeldes erleiden Lichtquanten einen Energieverlust, der ebenfalls zu einer R. führt. Diese **gravitative R.**, die von der allg. Relativitätstheorie vorhergesagt wurde, konnte mit Hilfe des → Mößbauer-Effekts im Schwerefeld der Erde bestätigt werden.

Rot|zink|erz, das Mineral → Zinkit.

Rouleauxdruck [rul'o-, frz.], Verfahren des → Textildrucks.

Routine [ru-], Datenverarbeitung: in sich abgeschlossenes Unterprogramm, das als Teil eines größeren Programms genau umrissene Aufgaben durchführt.

Rowland-Gitter [r'əʊlənd-, n. dem amerikan. Physiker H. A. Rowland, * 1848, † 1901], **Konkavgitter,** ein → Gitter 5), bei dem die Gitterstriche auf der konkaven Seite eines Hohlspiegels eingeritzt sind, so daß dieser gleichzeitig abbildet, d. h., daß keine zusätzl. Abbildungssysteme benötigt werden.

Rowland-Versuch [r'əʊlənd-], Experiment, das zeigte, daß ein Konvektionsstrom (d. h. von bewegter Materie konvektiv mitgeführte Ladungen) die bekannten elektromagnet. Wirkungen wie ein Leitungsstrom aufweist. So erzeugt der durch eine rotierende geladene Platte hervorgerufene Konvektionsstrom ein Magnetfeld entsprechend einem Leitungsstrom.

ROZ, Abk. für **Research-Oktanzahl** [rɪs'ə:tʃ-, engl.], → Oktanzahlen.

RPV, Abk. für **Remotely Piloted Vehicle** [rɪm'əʊtlɪ p'aɪlətɪd v'i:ɪkl, engl.], → Fernlenkflugzeug.

RR Lyrae-Sterne, Bez. für → Pulsationsveränderliche mit einer Lichtwechselperiode kleiner als 1,5 Tage (daher manchmal auch kurzperiod. → Cepheiden genannt), Amplituden zw. 1 und 2 Größenklassen, einer absoluten Helligkeit um $0^m_{,}5$. Die RR L.-S. gehören meist zum Spektraltyp A und stehen meist in den Kugelhaufen des galakt. Halos; deshalb heißen sie auch **Haufenveränderliche.**

RT, Abk. für → **R**egister**t**onne.

RTL, Abk. für **Resistor-Transistor-Logic** [rɪs'ɪstə træns'ɪstə lɔdʒɪk, engl.], **Widerstand-Transistor-Logik,** elektron. Schaltkreisfamilie der Digitaltechnik, bei der das Nutzsignal über Widerstände und bipolare Transistoren ein- und ausgekoppelt wird.

Ru, chem. Symbol für → Ruthenium.

Rubefizierung, Bildungsvorgang in trop. und subtrop. Böden mit Trockenzeiten, in denen eine Entwässerung von Eisenoxidhydraten zu wasserfreien und wasserärmeren Oxiden unter starker Rotfärbung erfolgt, meist zu Hämatit.

Rubellit *der,* Mineral, roter → Turmalin. Klar durchsichtig als Edelstein geschätzt.

Rüben|erntemaschinen werden unterschieden in Vorrats- und Vollerntemaschinen. Der → Rübenköpfer schneidet zunächst das Rübenblatt von den im Boden stehenden Rüben ab, der **Rübenroder** (als Vorratserntemaschine) legt die Rüben auf dem Feld meist in Schwaden ab, aus denen sie wieder aufgenommen werden müssen. Für das Rübenvorratsroden können dieselben, nur mit einem anderen Rodeschar versehenen Maschinen wie für das Kartoffelroden, d. h. Siebketten- oder Schwingsiebroder, verwendet werden (→ Kartoffelerntemaschinen). **Rübenvollerntemaschinen** köpfen und roden in einem Arbeitsgang, reinigen die Rüben und sammeln Blätter und Rüben in getrennten Behältern.

Rübenköpfer, selbständige, fahrbare oder an Rübenvollerntemaschinen angebaute Geräte zum Abköpfen der Rübenblätter (→ Rübenerntemaschinen). Eine **Tastvorrichtung** wird über die in versch. Höhe über dem Boden stehenden Rübenköpfe geführt, sie steuert das nachfolgende **Köpfmesser** so, daß beim Abköpfen des Blattes wenig vom Rübenkörper mitabgeschnitten wird.

Rübenzucker, die → Saccharose.

Rubicell, Mineral, gelblichroter → Spinell.

Rubidium, chem. Symbol **Rb,** ein → chemisches Element aus der Gruppe der → Alkalimetalle; Ordnungszahl 37. Neben den natürlich vorkommenden Isotopen ^{87}Rb (27,83%), einem β-Strahler, der in ^{87}Sr übergeht (→ Rubidium-Strontium-Methode), und dem stabilen ^{85}Rb (72,17%) sind mehr als 20 instabile Isotope bekannt. R. ist ein weißglänzendes, weiches Metall mit ähnl. Eigenschaften wie → Cäsium; es wird auch in gleicher Weise gewonnen. R. wird wegen seiner hohen Herstellungskosten nur für besondere Zwecke, z. B. als Gettermetall, verwendet. In seinen, den entsprechenden Kaliumverbindungen sehr ähnl. Verbindungen tritt R. stets mit der Oxidationszahl + 1 auf. In geringen Gehalten weit verbreitet ist es im Lepidolith auf etwa 1,5% angereichert. Es wurde 1861 von R. BUNSEN und G. KIRCHHOFF mit Hilfe der Spektralanalyse entdeckt.

Rubidium-Strontium-Methode, Methode der geolog. → Altersbestimmung von sehr alten Mineralen, die auf dem Zerfall von ^{87}Rb in ^{87}Sr (Halbwertszeit $4{,}8 \cdot 10^{10}$ Jahre) beruht und das Alter der Probe aus dem massenspektrometrisch bestimmten Verhältnis ^{87}Sr/^{87}Rb berechnet.

Rubin, rote Edelsteinvarietät des → Korund (→ Granat).

Rubinbalais [-bal'ɛ], Mineral, blaßroter → Spinell.

Rubinblende, Mineral, roter → Sphalerit.

Rubinglas, durch Gold-, Kupfer-, Silber- oder Selenverbindungen rot gefärbtes Glas, als → Anlaufglas (seit dem 17. Jh.) oder als → Überfangglas.

Rubinglimmer, → Lepidokrokit.

Rücken, 1) Teil des → Buches, → Buchbinderei.

2) Erhebung mit deutlicher Längserstreckung und breiten Kammformen; sanftere Aufwölbungen werden als **Schwellen** bezeichnet. Den R. des Festlands stehen die ozean. Tiefseerücken (→ Meeresboden) gegenüber.

Rücker, Einrichtung zur Regulierung der Schwingungsdauer eines Unruhschwingsystems (→ Uhren), besteht aus **R.-Zeiger** und **Spiralfederschlüssel** zur veränderl. Längenbegrenzung der Spiralfeder.

Rückfahrscheinwerfer, ein oder zwei blendungsfreie Zusatzscheinwerfer an Kraftfahrzeugen zur Beleuchtung der Fahrbahn hinter dem Fahrzeug, nur bei Rückwärtsfahrt.

Rückflußverhinderer, Einrichtung in einer Wasserleitung zum Schutz gegen Rückfließen und Rücksaugen von Wasser. Eine dichtschließende Klappe öffnet sich nur in der normalen Strömungsrichtung.

Rückführung, 1) eine Rückkopplung, die entsteht, wenn das Ausgangssignal eines → Übertragungsglieds (Vorwärtsglied) über ein zweites Glied (R.) auf den Eingang des ersten zurückgeführt wird. Dies geschieht in jedem → Regelkreis. Häufig ist auch der → Regler selbst ein rückgekoppeltes System.

2) → Recycling.

Rückhaltebecken, → Hochwasser-Rückhaltebekken.

Rückhalte|einrichtungen dienen im Kraftwagen zum Festhalten der Insassen bei Unfällen, um gefährliches Anstoßen zu verhüten. **Aktive R.** ist der → Sicherheitsgurt, der vom Benutzer angelegt werden muß. **Passive R.** sind z. B. der Sicherheitsgurt, der sich beim Besteigen des Fahrzeugs selbsttätig anlegt, und der → Luftsack 2).

Rückkanal, mögl. Nachrichtenweg in Gegenrichtung zu prinzipiell einseitig gerichteter Übertragung in großen Verteilnetzen (Rundfunk, Fernsehen, Kabelfernsehen u. a.). Im Ggs. zu einem gleichwertigen Verkehr in beiden Richtungen überträgt ein R. nur geringerwertige (schmalbandige) Signale und dient z. B. zur Anforderung und Beurteilung von Programmen, zur Rückkopplung bei Bildungsprogrammen, zur Gebührenerfassung u. a. bei möglichen Formen der → Telekommunikation.

Rückkopplung, allg. die Beeinflussung eines Geschehens durch die Rückwirkung **(Feedback** [f'i:dbæk, engl.]) der Folgen auf seinen weiteren Verlauf. Das Prinzip der R. ist grundlegend für die Theorie der Regelvorgänge (→ Kybernetik, → Regelungstechnik) in Technik und Wissenschaft (z. B. Biologie, Medizin, Psychologie, Soziologie, Informations-, Kommunikations- und Systemtheorie).

In der Elektrotechnik (Elektronik, Funktechnik, Elektroakustik u. a. Teilbereichen) ist R. die Rückführung eines Teils des Ausgangssignals eines Verstärkers oder Übertragungssystems auf seinen Eingang auf elektr., akust. oder opt. Weg. Wirkt das rückgeführte Ausgangssignal gleichphasig auf das Eingangssignal, spricht man von **positiver R.** (→ Mitkopplung), bei gegenphasiger Rückführung von **negativer R.** (→ Gegenkopplung). Mitkopplung wirkt schwingungsanregend, d. h. die Eingangsleistung des Verstärkers wird erhöht. Diese Wirkungsweise wird bes. in → Oszillatoren zur Schwingungserzeugung ausgenutzt. Eine schwache positive R. dient z. B. in Empfängern zur Entdämpfung von Schwingkreisen, um die Trennschärfe und Verstärkung zu erhöhen. Durch unbeabsichtigte Mitkopplung kann es auch zu störender Schwingungsanregung kommen, z. B. bei mangelnder Abschirmung oder als **akustische R.** in elektroakust. Anlagen, wenn der vom Lautsprecher auf das Mikrophon zurückwirkende Schall bei einer oder mehreren Frequenzen zu stark ist. Gegenkopplung wirkt stabilisierend, d. h. man erhält eine Verringerung der Eingangsleistung am Verstärker. Zwar wird durch Gegenkopplung die wirksame Verstärkung vermindert, jedoch lassen sich durch Nichtlinearitäten im Verstärker bedingte Verzerrungen vermindern und bei Bauelementen Verschiebungen des Arbeitspunktes im Betrieb verkleinern. Je nachdem, wie das Rückkopplungssignal in einer elektron. Schaltung gewonnen wird, unterscheidet man auch zw. **Spannungsgegenkopplung** und **Stromgegenkopplung.**

Rückkühlanlage, Rückkühlwerk, Anlage zur Abkühlung von warmem Kühlwasser, z. B. für Kondensatoren von Dampfkraftanlagen (→ Kühlturm).

Rücklage, Bautechnik: der zurückspringende Teil einer Gebäudefront.

Rücklauf, bei der → Destillation der wieder in den Kolben zurückgeführte Anteil des Destillats.

rückläufig, Astronomie: Ggs. zu → rechtläufig.

Rückprojektionsverfahren, Rückprojektion, Durchprojektion, Projektion von hinten durch eine durchscheinende Bildwand **(Rückprowand).** Diese befindet sich zw. Projektor und Betrachter; auch für die Hintergrundgestaltung beim → Trickfilm angewendet.

Ruckregen, plötzlicher Starkregen in sonst niederschlagsarmen Gebieten, z. B. in Wüsten. Die dadurch ausgelösten Wasserabflüsse wirken in erheblichem Maß abspülend und abtragend, so daß sie mit Sinkstoffen stark

1

2

3

Rubin:
1 R. Birma;
2 R. Ceylon;
3 Sternrubin

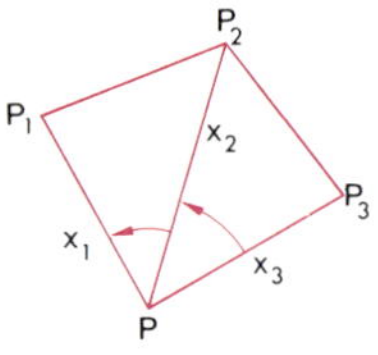

Bild 1 gesucht: x_1, x_2, x_3

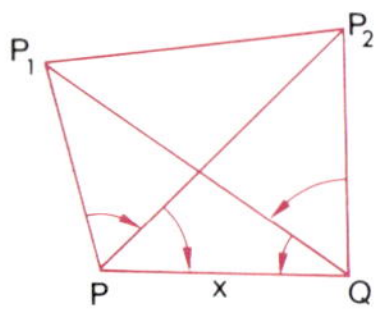

Bild 2 gesucht: x

Rückwärtseinschneiden

beladene → Schichtfluten erzeugen, die schnell voranrükken und katastrophale Wirkungen auslösen können.

Rückseitenwetter herrscht in dem Gebiet hinter einer Kaltfront (Rückseite eines → Tiefdruckgebiets), in dem sich die Wolken auflockern.

Rückspeise|anlage dient zur Rückführung von Kondenswasser zum Kessel von Niederdruckdampfheizungen aus einem Sammelbehälter mittels Pumpe.

Rückspiegel, Spiegel, der dem Fahrer eines Fahrzeugs die Beobachtung der Fahrbahn nach rückwärts ermöglicht.

Rückstau, in einem Wasserlauf die stromaufwärtige Hebung des Wasserspiegels durch Hindernisse wie Brükkenpfeiler, Geschiebebänke, Eisversetzungen, durch Stauanlagen (Talsperre, Wehr) oder durch von der Küste in Flußmündungen eindringende Flut.

Rückstauverschluß, Einrichtung in der Hausentwässerung zur Vermeidung der Überflutung tiefliegender Räume bei Rückstau von der Kanalisation.

Rückstell|eingang, Rücksetz|eingang, engl. **Reset** [ri:s'et], → Flipflop.

Rückstellkraft, Richtkraft, Direktionskraft, die Kraft F, die bei der Auslenkung x eines physikal. Systems aus einer stabilen Gleichgewichtslage auftritt (z. B. beim Spannen einer Feder) und die bestrebt ist, die ursprüngl. Lage wiederherzustellen. Gilt ein lineares Kraftgesetz $F = D \cdot x$ (→ Hookesches Gesetz), so heißt der Proportionalitätsfaktor D **Richtgröße** (auch **Federkonstante, Richtvermögen, Direktionsgröße).** Manchmal wird die Bez. Direktionskraft für D verwendet.

Rückstellmoment, Richtmoment, Direktionsmoment, rücktreibendes Drehmoment M, das z. B. bei einem verdrillten (tordierten) Stab oder Draht auftritt und das bestrebt ist, den ursprüngl. Zustand wiederherzustellen. Wächst das R. linear mit dem Torsionswinkel φ, $M = D_r \varphi$, so heißt der Proportionalitätsfaktor D_r **Winkelrichtgröße (Drehfederkonstante).** Manchmal wird die Bez. Richtmoment (Direktionsmoment) für D_r verwendet.

Rückstoß, die Kraft, die auf einen Körper wirkt, von dem eine Masse mit einer bestimmten Geschwindigkeit ab- oder ausgestoßen wird. Der R. wird bei Raketen und Strahltriebwerken zur Fortbewegung ausgenützt. Bei Feuerwaffen wird er durch die Schulter, die Rohrrücklaufbremse oder die Lafette aufgenommen oder zum selbsttätigen Laden und Abfeuern bei automat. Waffen ausgenützt.

rückstoßfreie Emission, → Mößbauer-Effekt.

Rückstoßprotonenspektrometer, ein → Neutronenspektrometer.

Rückstrahler, Geräte, die einfallendes Licht mit geringer Streuung in die Einfallsrichtung reflektieren. Dazu benutzt man **Tripelspiegel, Dom-** und **Eichellinse** und **Tellerlinse,** oft in größerer Anzahl zu einer Einheit zusammengefügt **(Würfelecken, Warzenlinsen)** und rot oder orangegelb gefärbt. R. sind Warnsignale an Fahrzeugen **(Katzenaugen).** An Verkehrszeichen, Leiteinrichtungen und Absperrgeräten werden R. in Form von **Reflexfolien,** in denen Glaskugeln von 0,05–0,1 mm Durchmesser eingebettet sind, verwendet.

Rückstrom, 1) Elektrotechnik: zur Leistungsrichtung entgegengesetzt fließender Strom, z. B. bei der Nutzbremsung von Elektromotoren.

2) Schiffbau: auch **Nachstrom, Vorstrom,** bei der Propellerberechnung zu berücksichtigende Differenz zw. der Schiffsgeschwindigkeit und der durch den voranschreitenden Schiffskörper beeinflußten Strömungsgeschwindigkeit des Wassers.

Rücktrittbremse, Reibungsbremse in den Freilaufnaben von Fahrrädern, Motorfahrrädern und Mopeds. Durch Rückwärtsbewegungen der Tretkurbel wird der Bremsmantel über den Bremskonus gegen die umlaufende Nabenhülse gepreßt. Beim Vorwärtsbewegen der Pedale klemmen sich die Antriebswalzen an der Nabenhülse fest und nehmen diese mit **(Gangstellung).** Bei **Freilaufstellung** sind Antriebswalzen und Bremsmantel von der Nabenhülse gelöst.

Rückwärtsdiode, → Backwarddiode.

Rückwärts|einschneiden, Verfahren zur Bestimmung von neuen Punkten bei der Landvermessung. Man unterscheidet R. nach drei oder nach zwei Punkten. Die in den BILDERN 1 und 2 angezeigten Winkel sind zu messen.

Rückwärts|erholzeit, → Sperrverzug.

Rückwärtswellenröhre, Carcinotron, eine → Wanderfeldröhre zur Erzeugung oder Verstärkung von Mikrowellen, bei der die Hochfrequenzenergie auf der Verzögerungsleitung in umgekehrter Richtung wie der Elektronenstrahl fortschreitet.

Rückwärtszähler, aus → Flipflops aufgebaute elektron. Zählschaltung, die beim ersten Impuls ihren größtmögl. Wert anzeigt und von diesem Zählerstand aus bei jedem weiteren Impuls rückwärts in Richtung ›Null‹ zählt.

Ruder, 1) Flugzeug: bewegl. Steuerflächen am Tragflügel und → Leitwerk 1) eines Flugzeugs, durch deren Ausschlag Luftkräfte erzeugt werden, die Drehungen des Flugzeugs um dessen Hauptachsen bewirken.

2) Schiff: eine oder mehrere, im oder außerhalb des Schraubenstroms liegende Leiteinrichtungen, die dem Kurshalten und der Steuerfähigkeit des Schiffes dienen; heute ausnahmslos profilförmig, vertikal am Hinterschiff angebracht, um etwa 30° nach jeder Seite schwenkbar. Schrauben- und/oder Fahrtstrom bewirken den R.-Druck, der sich in eine gegen die Fahrtrichtung gerichtete Widerstandskomponente und in die querschiffs gerichtete, die Reaktion des Schiffes bewirkende Steuerkraft aufteilt. Üblich sind **Balance-R.,** deren Schaft im vorderen R.-Drittel liegt. R. von Handelsschiffen sind schmal und hoch, um gutes Kurshalten mit geringen Ruderlagen und Wirksamkeit bei großen Tiefgangsunterschieden zu erzielen. Sie haben meist ein unteres R.-Lager in der Stevensohle (Hacke). Kriegsschiffe fahren breite **Balance-Schweberuder,** die Gewaltmanöver erlauben. Der R.-Schaft wird durch den R.-Koker in das Hinterschiff geführt und trägt am Ende einen R.-Quadranten oder ein R.-Joch. Auf diese wirkt die **R.-Maschine** direkt oder über eine **R.-Leitung,** die aus Zugstangen und Ketten mit zwischengeschalteten Schraubenfedern zum Ausgleich der Seegangsstöße besteht. Die heute meist elektr. R.-Maschine wird von der Kommandobrücke aus betätigt. Handbetrieb des R. über mechan. Gelenkwellen o. ä. (Axiometerleitung) ist nur noch als Reserve üblich. Verbessert wird die Ruderwirkung durch das **Aktiv-R.** (elektrisch angetriebener Hilfspropeller am Hinterende) sowie durch die → Kort-Düse. Früher übliche Bug-R. sind heute meist durch → Bugstrahlruder ersetzt. U-Boote besitzen am Vor- und Achterschiff, z. T. auch im Turmbereich, horizontal gelagerte **Tiefen-R.**

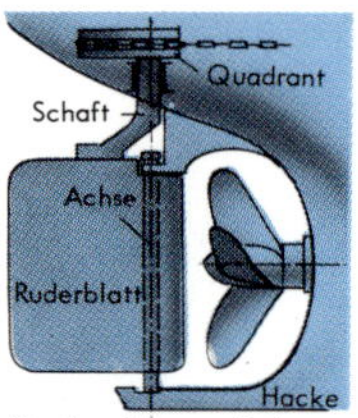

Simplex-Balance-Ruder

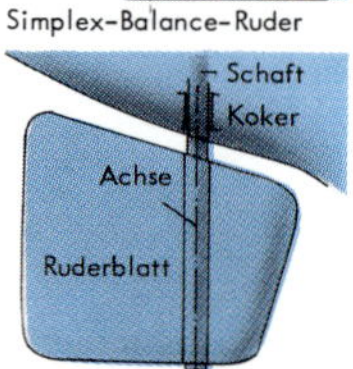

Schwebe-Ruder

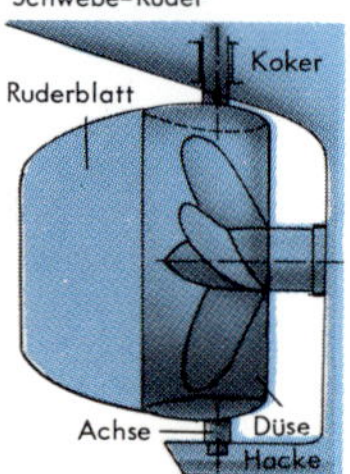

Kort-Düsen-Ruder

Ruder 2)

Ruderpropeller, Kombination von Vortrieb und Ruder für Schiffe, bekannt auch als **Schottel-Ruder-Propeller,** eine dem Außenbordmotor ähnl., um 360° schwenkbare Kombination, v. a. bei Binnen- und Spezialschiffen mit hohen Anforderungen an die Monövrierbarkeit.

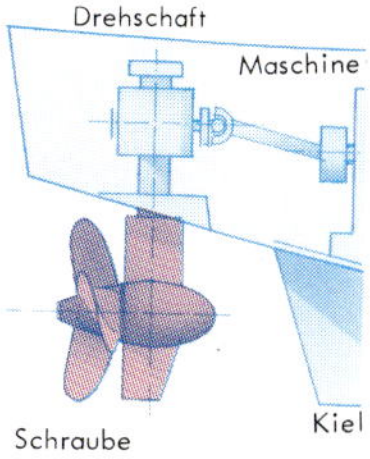

Ruderpropeller

Rudit, Bez. für klast. Karbonatsedimente mit Korngrößen über 2 mm (andere Autoren 1 mm). Zur chem. Kennzeichnung werden z. B. Kalk- oder Dolomit-R. unterschieden.

Rudolfinische Tafeln [n. Kaiser Rudolf II., * 1552, † 1612], von J. KEPLER auf der Grundlage der Beobachtungen T. BRAHES berechnetes Tabellenwerk zur Bestimmung der Himmelsörter von Sonne, Mond und (den fünf damals bekannten) Planeten mit ausführl. Einleitung und Anleitungen zur Benutzung. Das Werk blieb für mehr als 100 Jahre Grundlage astronom. Berechnungen und setzte sich wegen der größeren Genauigkeit schnell gegen die →Alfonsinischen Tafeln und →Prutenischen Tafeln durch.

Rufnummer, Fernsprechtechnik: Ziffernfolge zur Kennzeichnung eines Teilnehmeranschlusses innerhalb eines Numerierungsbereiches (Ortsnetz oder Nahbereich). Mehrere Anschlüsse eines Teilnehmers können eine **Sammelnummer** haben. Bei Durchwahl werden Nebenanschlüsse eines →Hauptanschlusses direkt erreicht, indem die letzte Ziffer der R. durch die Nummer des Nebenanschlusses ersetzt wird. Teilnehmer außerhalb eines Numerierungsbereiches werden durch Vorauswählen einer →Kennzahl erreicht.

Ruhemasse, die →Ruhmasse.

Ruh|energie, →Ruhmasse.

Ruhestrombetrieb, →Arbeitsstrombetrieb.

Ruh|impuls, Formelzeichen p_0, Produkt aus →Ruhmasse m_0 und Lichtgeschwindigkeit c, $p_0 = m_0c$.

Ruhmasse, Ruhemasse, diejenige Masse, die ein Körper für einen relativ zu ihm ruhenden Beobachter besitzt. Ist die R. gleich m_0, so ist m_0c^2 (c = Lichtgeschwindigkeit) die **Ruhenergie.** Für einen relativ zum Körper mit der Geschwindigkeit v bewegten Beobachter hat die Masse des Körpers nach der Relativitätstheorie einen größeren Wert $m = m_0/\sqrt{1-(v/c)^2}$.

Rührkessel, Rührreaktor, mit Rührer ausgestatteter Behälter zur Durchführung chem. Reaktionen (→Reaktionsapparate), an denen mindestens eine flüssige Phase beteiligt ist. R. bestehen meist aus Stahl und können zum Zweck des Korrosionsschutzes plattiert, emailliert oder gummiert sein. R. werden im →diskontinuierlichen Betrieb v. a. dann angewendet, wenn verschiedene Produkte in kleinen Mengen produziert werden sollen (z. B. Pharmazeutika, Farbstoffe). Bei schnellen und exothermen Reaktionen wird der →kontinuierliche Betrieb bevorzugt.

Rührkesselkaskade, →Reaktionsapparate.

Ruinenmarmor, Landschaftsmarmor, feinkörniger, fester Kalkstein, dessen Feinschichtung sowie eine große Zahl durchsetzender Klüftchen durch Braunstein imprägniert wurden, wodurch ruinen- oder landschaftsartige Farbzeichnungen entstanden (Dekor- und Schmuckstein).

Rumpeln, Rumpelgeräusch, niederfrequentes Störgeräusch bei Plattenspielern, hervorgerufen durch Erschütterungen im Laufwerk. Zur Unterdrückung des R. dient ein in den Vorverstärker eingebauter **Rumpelfilter,** der z. B. als →Hochpaß mit einer Grenzfrequenz von etwa 70 Hz ausgeführt ist.

Rumpf|elektronen, →Atomrümpfe.

Rumpf|fläche, Rumpf|ebene, Fast|ebene, Peneplain [pˈi:nɪpleɪn, engl.], ebene oder flachwellige Abtragungsfläche, die schräggestellte oder gefaltete Gesteinsschichten kappt **(Tafel-** oder **Faltenrumpf).** Die meist sehr einförmige Oberfläche steht daher in keinem Zusammenhang mit dem Schichtenbau. R., das Ergebnis lang andauernder Abtragung, trifft man in allen Erdteilen, in den verschiedensten Höhenlagen, in unterschiedl. Klimabereichen, wenn auch solche mit exzessiven Verhältnissen (wechselfeuchte Tropen und Subtropen, subarkt. Regionen) die Entwicklung zu R. begünstigen.

Rumpfgebirge, alte Faltengebirge, die infolge der starken Abtragung nur noch Rümpfe des ehem. Gebirges darstellen; sie sind (meist im Mesozoikum) zu →Rumpfflächen abgetragen, später (bes. im Känozoikum) erneut herausgehoben worden. Dabei entstanden Verbiegungen (Flexuren) der Rumpfflächen oder an den Verwerfungslinien Zerbrechungen in verschieden hoch liegende Bruchschollen **(Rumpfschollengebirge).** Die meisten R. sind von einer oder mehreren Rumpfflächen, die in unterschiedl. Höhe liegen können **(Rumpftreppe),** überzogen, z. B. das Rhein. Schiefergebirge.

Rumpfgeschwindigkeit, Grenzgeschwindigkeit, die bei günstigstem Wellenwiderstand (Bugwelle, Heckwelle) erreichbare Geschwindigkeit eines Verdrängungsschiffs. Die R. v_R ergibt sich aus der Wasserlinienlänge L nach der Formel $v_R = 2{,}43 \cdot \sqrt{L}$. Beispiel: Eine 9 m lange Kielyacht kann unter idealen Verhältnissen höchstens $2{,}43 \cdot 3 = 7{,}3$ kn erreichen. Der Rumpf liegt dann, eingebettet in Bug- und Heckwelle, in einem ausgeprägten Wellental und erzeugt eine schnell anwachsende Heckwelle, an der sich das Heck ›festsaugt‹. Leichte flachbodige Schiffe können dagegen ihre R. überwinden, indem sie sich durch aus dem Fahrtstrom entstehende dynam. Auftriebskräfte im Vorschiffbereich auf ihre Bugwelle hinaufschieben und die Heckwelle hinter sich lassen. Je weiter diese achteraus wandert, desto höher ist die Gleitfahrt.

Run [ran], engl. Bez. für einen Programmablauf bei Datenverarbeitungsanlagen.

Rundbrecher, Kreiselbrecher, der →Kegelbrecher.

runden, die zu einer Dezimalzahl gehörige Näherungszahl ermitteln. Die letzte beibehaltene Ziffer bleibt unverändert, wenn auf sie eine 0, 1, 2, 3, 4 folgt **(abrunden);** folgt eine Ziffer > 5, so wird die letzte Ziffer um 1 erhöht **(aufrunden).** Folgen eine ›5‹ und abschließend lauter Nullen, wird so gerundet, daß die letzte Stelle eine gerade Zahl wird; ist mindestens eine der folgenden Ziffern ungleich Null, wird aufgerundet. Aufgerundete Stellen werden z. T. durch Unterstreichen gekennzeichnet, abgerundete durch einen Punkt über der gerundeten Ziffer.

Rund|erneuern, Erneuerung der abgefahrenen Lauffläche von sonst unbeschädigten Kfz-Reifen durch Auflegen und Vulkanisieren einer neuen Lauffläche.

Rundfunk, Radio, in der Schweiz **Rundspruch,** engl. **Broadcasting** [brˈɔ:dkastɪŋ], frz. **Radiodiffusion** [-difyzjˈɔ̃], die Verbreitung von Darbietungen in Ton **(Hör-, Ton-R.)** oder Bild **(Fernseh-R., Television,** →Fernsehen) durch elektromagnet. Wellen meist drahtlos, aber auch über Fernsprech- oder Starkstromleitungen

(→Drahtfunk, →Kabelfernsehen), für einen unbegrenzten Personenkreis.

Technik. Darbietungen werden am Ort des Geschehens **(Live-Sendung** [laıv-, engl.]) oder in einem Aufnahmeraum **(Studio)** mit einem oder mehreren Mikrophonen oder einer Fernsehkamera in entsprechende elektr. Wechselspannungen (Schwingungen) umgewandelt. Die Schwingungen werden über ein Breitbandkabel oder eine Richtfunkstrecke zum **Sender** geleitet und dort auf Trägerschwingungen aufmoduliert (→Modulation), die eine viel höhere Schwingungszahl (Frequenz) als die der Darbietung entsprechenden Schwingungen haben (Hochfrequenz, HF). Die modulierten HF-Schwingungen werden der Sendeantenne (→Antenne) zugeführt und von ihr ausgestrahlt. Sie breiten sich in Form von elektromagnet. Wellen mit Lichtgeschwindigkeit aus und erzeugen (induzieren) in der Empfangsantenne hochfrequente Wechselspannungen. Aus ihnen werden im **Empfänger** – i. d. R. nach Verstärkung – durch Demodulation die der Darbietung entsprechenden Schwingungen herausgeholt, verstärkt und im Lautsprecher oder in der Bildröhre in die Darbietung zurückverwandelt.

Die von den Sendeantennen ausgestrahlten Wellen, die sich durch ihre Wellenlänge (2000 bis 0,6 m) und entsprechend durch ihre Frequenz voneinander unterscheiden, liegen in festgelegten →Frequenzbereichen, auf denen die Übertragungseigenschaften (→Reichweite 1, Einfluß von Tag und Nacht, →Fading 1, →Funkstörungen; →Bodenwelle, →Raumwelle 1) verschieden sind: →Langwellen, →Mittelwellen, →Kurzwellen, →Ultrakurzwellen. Stereo-Sendungen (→Stereophonie) werden wegen der erforderl. großen Bandbreite nur auf dem UKW-Bereich gesendet. Beim Fernsehen unterscheidet man zw. dem VHF-Bereich (ultrakurze Wellen, für das erste Programm) und dem UHF-Bereich (Dezimeterwellen, für das zweite und dritte Programm).

Sender. Die HF-Schwingungen werden in einem →Oszillator 2) erzeugt. Beim einfachsten Sender wird im Oszillator auch moduliert, z. B. dadurch, daß die Vorspannung des Oszillators im Takt der Modulationsfrequenzen geändert wird; sein Schwingkreis ist mit der Antenne gekoppelt. Ein solcher **eigenerregter Sender** ist jedoch in seiner Frequenz nicht genügend stabil und deshalb nicht mehr gebräuchlich. Man verwendet vielmehr **fremdgesteuerte Sender,** bei denen auf den Oszillator (›Steuerstufe‹) Verstärkerstufen folgen, von denen eine zugleich als Modulationsstufe dient. Zur Erzielung einer genügenden Frequenzkonstanz ist es erforderlich, in dem Oszillator einen →Schwingquarz zu verwenden. Die HF-Endstufe verstärkt die Schwingungen bis zur erforderl. Senderleistung und leitet sie der Antenne zu. Sender für Kurz-, Mittel- und Langwellen verwenden Amplitudenmodulation (AM) und erreichen eine Ausgangsleistung bis zu 2000 kW, UKW-Sender arbeiten mit Frequenzmodulation (FM) bis zu einer Leistung von 10 kW.

Hörrundfunkempfänger. Ein Empfänger (›Radioapparat‹) hat drei Aufgaben: Trennung des gewünschten Senders von den nicht gewünschten Sendern, Demodulation und Verstärkung. Der einfachste Empfänger ist der zu Anfang der Rundfunktechnik gebräuchlich gewesene →Detektor, der einen →Schwingkreis zur Abstimmung auf den gewünschten Sender und einen Kristall zur Demodulation (Gleichrichtung) enthielt und nur Kopfhörerempfang ermöglichte. Für die Lautsprecherwiedergabe und das Fernsehen ist eine Verstärkung – früher mit →Elektronenröhren, heute mit →Transistoren und integrierten Schaltungen – notwendig. Die für die Übertragung zur Verfügung stehende Bandbreite beträgt bei Kurz-, Mittel- und Langwelle 9 kHz, das entspricht einer oberen Grenzfrequenz von 4,5 kHz für die das Tonsignal bildende Niederfrequenz (bei UKW 15 kHz). Wegen des relativ geringen Abstandes benachbarter Sendefrequenzen ist eine hohe →Trennschärfe im Empfänger nötig. Zur Erzielung einer hohen Selektivität sind mehrere Schwingkreise erforderlich, die beim nicht mehr gebräuchl. **Geradeausempfänger** alle auf die Empfangsfrequenz abgestimmt werden müssen. Die heutigen Empfänger sind

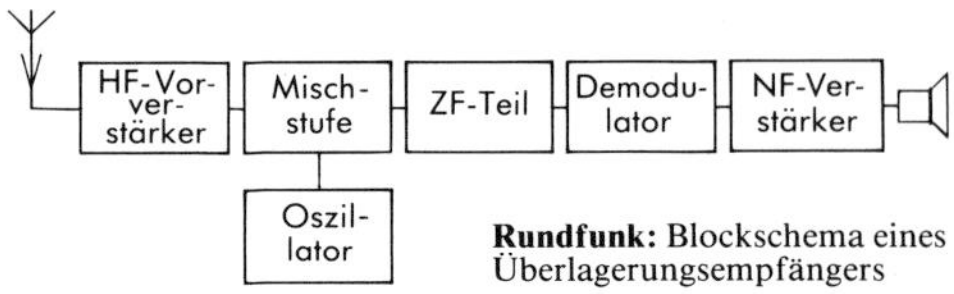

Rundfunk: Blockschema eines Überlagerungsempfängers

als **Überlagerungsempfänger (Superheterodyn-Empfänger,** kurz **Superhet** oder **Super)** ausgebildet. Sie wandeln die durch Abstimmung eines Schwingkreises grob ausgewählte Empfangsfrequenz mit einer im Empfänger erzeugten, einstellbaren Hilfsschwingung (Überlagerer-, Oszillatorfrequenz) in der **Mischstufe** in eine andere Frequenz, die **Zwischenfrequenz (ZF,** Differenz von Oszillator- und Empfangsfrequenz), um. Der Empfangs- und Oszillatorkreis sind mit einem gemeinsamen Bedienungsgriff abstimmbar. Die ZF ist i. Ggs. zur Empfangs- und Oszillatorfrequenz unveränderlich, damit mehrere Schwingkreise im ZF-Teil zur weiteren Trennung von den nicht gewünschten Sendern nur einmal vom Hersteller fest eingestellt zu werden brauchen. Der Name ›Überlagerungsempfänger‹ stammt daher, daß man durch →Überlagerung und anschließendes Gleichrichten mischen (→Mischstufe) kann.

Auf dem **UKW-Bereich** muß zur besseren Unterdrükkung von Spiegelfrequenzen (spiegelbildlich zur Oszillatorfrequenz) eine höhere ZF (10,7 MHz statt z. B. 460 kHz) verwendet werden. Ferner ist ein anderer Demodulator erforderlich, weil hier zur Erzielung einer besseren Störbefreiung (→Funkentstörung) die Frequenzmodulation (FM) statt der auf dem Lang-, Mittel- und Kurzwellenbereich gebräuchl. Amplitudenmodulation (AM) benutzt wird. Daher wird für den UKW-Bereich ein eigener Empfangsteil (Mischstufe mit Oszillator, ZF-Teil und Demodulator) vorgesehen. Der jeweils benötigte Empfangsteil wird durch Anschalten der Betriebsspannung wirksam gemacht. Zu den beiden Empfangsteilen gehört je ein eigener Antennenanschluß: einer für die AM-Bereiche und einer für den FM-Bereich (UKW). Wird nur die UKW-Antenne angeschlossen, so wirkt diese bei manchen Empfängern zugleich als Hilfsantenne für die AM-Bereiche.

Empfangsgeräte gibt es in verschiedenen Bauformen: **Heimempfänger** sind meist außer für den normalen Mono-Empfang auch für den Stereo-Empfang (→Stereophonie) eingerichtet. Sie sind i. a. für den Netzanschluß bestimmt. Sind die Lautsprecher getrennt vom Empfänger, so wird er als **Steuergerät** (engl. **Receiver** [rıs'i:və]) bezeichnet. Ein **Tuner** [tj'u:nə, engl.] ist ein Baustein, der aus einem Steuergerät ohne Endverstärker besteht. **Kofferempfänger** (Reiseempfänger) sind entweder für den Batteriebetrieb oder für den wahlweisen Batterie- oder Netzbetrieb eingerichtet. Der Bau von **Taschenempfängern** ist erst durch Transistoren möglich geworden. **Autoempfänger** (Kraftwagenempfänger) werden aus der Autobatterie betrieben.

Moderne Rundfunkempfänger sind mit einer Reihe von zusätzl. Einrichtungen ausgerüstet, die – je nach Ausstattung – v. a. der Erhöhung des Bedienungskomforts dienen: 1) Stationstasten, auf frei wählbare Empfangsfrequenzen fest einstellbare Druck- oder Sensortasten (meist ausgeführt durch spannungsabhängige →Kapazitätsdioden); 2) Abstimmanzeige, Meßinstrument zur Anzeige der empfangenen Feldstärke (in Röhrengeräten früher als magisches Auge ausgeführt); 3) UKW-Mittenanzeige, zur genauen Abstimmung des Empfängers auf die maximale Feldstärke; 4) digitale Frequenz- oder Kanalanzeige, z. B. als Zahlenwerte auf einem →Display angegeben oder als Leuchtdiodenkette; 5) elektron. Sendersuchlauf, durchläuft automatisch den UKW-Frequenzbereich und bleibt bei genügend stark einfallenden (›empfangswürdigen‹) Sendern stehen; 6) Stillabstimmung, Muting, Schaltung zur Unterdrückung des Rauschens zw. den UKW-Stationen beim Abstimmen; 7) automat. Frequenzregelung, →AFC; 8) Stereoanzeige, zur Kennzeichnung von Stereo-Sendern; 9) Kurzwellenlupe, Schaltung zur Spreizung des Kurzwellenbandes zur leichteren und genaueren manuellen Abstimmung; 10) Fernbedienung mit Infrarot oder Ultraschall u. a.

Über Fernsehempfänger →Fernsehen.

Geschichte. Der Nachweis der von J. C. MAXWELL vorausgesagten elektromagnet. Schwingungen gelang 1888 HEINRICH HERTZ. Nach Erfindung des Detektors (Kohärer) durch E. BRANLY (1890) und der Hochantenne durch A. POPOW (1895) schaltete G. MARCONI 1896 eine Funkenstrecke zw. Antenne und Erde. K. F. BRAUN verlegte 1898 die Funkenstrecke in einen Schwingkreis. 1903 verwendete V. POULSEN ungedämpfte Wellen, die eine drahtlose Telephonie ermöglichten. 1911 erfand O. v. BRONK die HF-Verstärkung. 1913 A. MEISSNER den Röhrensender mit Rückkopplung. Eine entscheidende Weiterentwicklung der Funktechnik gelang mit der Erfindung der →Elektronenröhre. Der Überlagerungsempfänger wurde 1918 von W. SCHOTTKY und E. H. ARMSTRONG erfunden.

Am 22. 12. 1920 veranstaltete die Hauptfunkstelle Königs Wusterhausen das erste drahtlose Instrumentalkonzert auf Langwelle. Der erste Mittelwellensender wurde 1921 in den USA (Pittsburgh) in Betrieb genommen, in Dtl. am 15. 10. 1923 (Pressevorführung) in Berlin; am 29. 10. 1923 begannen die regelmäßigen Sendungen, in Österreich und der Schweiz 1924.

Die Entwicklung der R.-Empfänger begann (1923 in Dtl.) mit Detektor- und Einröhren-Audion-Empfängern für Kopfhörerwiedergabe. Es folgten Empfänger in Baukastenform mit Hoch- und Niederfrequenzverstärker für Lautsprecherwiedergabe und 1926 Wechselstrom-Netzanschlußgeräte für die Lieferung der Anodenspannung aus dem Netz. Die Wiedergabequalität wurde durch Einführung des dynam. Lautsprechers (1930) und der Gegenkopplung in Verbindung mit größeren Endpentoden verbessert (1936). Nach der Schaffung der Misch-Hexode setzte sich seit 1933 der Überlagerungsempfänger allgemein durch. 1933 erschien auch die Diode als Empfangsgleichrichter. 1949 wurde der UKW-R. eingeführt. Eine Verbesserung der Klangqualität (›Raumton-Wirkung‹) wurde 1954 durch den Einbau von seitlich strahlenden Hochtonlautsprechern erreicht. Seit den 50er Jahren ermöglichte der →Transistor (an Stelle der Röhre) die Herstellung leichter, tragbarer Empfangsgeräte, die mit der Einführung der integrierten Schaltungen weiter wesentlich verkleinert werden konnten. Die jüngste Qualitätsverbesserung des R.-Empfängers im Sinne von ›High Fidelity‹ brachte die R.-Stereophonie (→Stereophonie), auch in der Form der →Kunstkopf-Stereophonie.

R. ZIERL: Wir bauen R.-Empfänger ([3]1978); U. PRESTIN: Standardschaltungen der R.- und Fernsehtechnik (1979); J. C. BOTH: Große Sender-Tabelle. R.-Sender der Welt und europ. Fernsehsender (1980); Hb. der Tonstudiotechnik, hg. v. M. DICKREITER ([4]1980); H. KLEMM: R.-Empfänger (1980); R. SCHNEIDER: Sendertabelle. R.-Sender, LW, MW, KW, UKW, die in Mitteleuropa empfangen werden (1980); Integrierte Analogschaltungen für R.- und NF-Anwendungen, hg. v. der Philips-GmbH (1981); Hb. für Hochfrequenz- und Elektro-Techniker, 5 Bde., hg. v. C. RINT, 1 und 2 ([13]1981), 3 ([12]1979), 4 ([10]1980), 5 (1981); M. SCHMIDBAUER: R.-Direktsatelliten (1982).

Rundhöcker, Rundbuckel, in ehem. Vereisungsgebieten durch Gletscher abgeschliffene, längliche, flachgewölbte Felsen und Felshügel mit flacher Luv- (in der ehem. Stoßrichtung des Eises) und steiler Leeseite, oft geglättet, zuweilen mit parallelen Ritzlinien (Gletscherschrammen). Sie sind in Richtung der Eisbewegung angeordnet, treten meist in großer Zahl auf **(R.-Landschaft).**

Rundkneten, Rundhämmern, das Recken von Stäben und Rohren mit mehreren gleichzeitig radial wirkenden Knetbacken oder Stößeln der **Rundknetmaschine** (Kalt- oder Warmumformung).

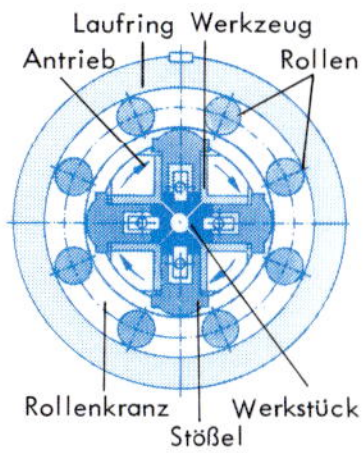

Rundkneten: Antrieb von Rundknetmaschinen mit Schubkurvengetriebe

Run down [rʹʌndaʊn, engl.] *der,* Kerntechnik: das →Abschalten eines Kernreaktors durch Einfahren der →Absorberstäbe.

Rundsel *die,* die mit Metall ausgelegten runden Ausschnitte im →Dollbord von Ruderbooten zum Einlegen der Riemen beim Rudern.

Rundsteuerung, Netz-Kommandotechnik, Zentralsteuerung, dient in elektr. Niederspannungsnetzen zur Übertragung von Schaltbefehlen beim Fernschalten von Straßen- und Schaufensterbeleuchtungen, elektr. Speicherheizungen, Heißwasserspeichern, Mehrfachtarifzählern u. a. Ein Tonfrequenzsender (150 bis 1350 Hz) speist über ein Kopplungsfilter tonfrequente Stromimpulse unterschiedl. Folge in das Stromversorgungsnetz und zu den Empfängern. So kann ohne besondere Leitungen die Netzbelastung beeinflußt werden.

Rundstrahler, Antennen oder Lautsprecher, die in der Horizontalebene in alle Richtungen strahlen.

Rundstrickmaschine, →Strickerei.

Rundstringer, Schiff: →Decksstringer.

Rundsuchgeräte, Rundsicht-Radaranlagen mit kartenähnl. Bildschirmdarstellung (→Panoramagerät).

Rundum-Kennleuchten, opt. Warnvorrichtungen, die ein umlaufendes oder blinkendes, blau, gelb oder rot gefärbtes Lichtbündel erzeugen.

Rundwebmaschine, Rundwirkmaschine, →Weberei bzw. →Wirkerei.

Runzelkorn, 1) Drucktechnik: für den Lichtdruck notwendige unregelmäßige, runzelförmige Kornstruktur auf der Druckplatte.

2) Photographie: Fehlererscheinung durch zu starke Temperaturunterschiede in den Verarbeitungsbädern; auch absichtlich zur Erzielung besonderer Effekte hervorgerufen.

Runzelung, auf Schicht- oder Schieferungsflächen durch schichten- oder schieferungsparallele Bewegungen gebildete Kleinstfältelung.

Ruschel, Ruschelzone, tektonisch verursachte unterschiedlich breite Zerrüttungszone im Gestein.

Ruß, schwarzes, zu 80–99,5% aus Kohlenstoff bestehendes Pulver, das aus kleinsten, kugelförmigen Teilchen aufgebaut ist, die zu kettenförmigen Aggregaten zusammengewachsen sind. Die spezif. Oberfläche beträgt meist etwa 100 m^2/g, bei feinstteiligem **Farb-R.** auch bis zu 1 000 m^2/g. R. wird durch unvollständige Verbrennung oder Pyrolyse von Kohlenwasserstoffen hergestellt. Das wichtigste Verfahren ist der **Furnace-Prozeß** [fˈəːnɪs-], bei dem in eine Gasflamme von 1 200–1 900 °C aromatenreiche Öle (z. B. Anthracenöl, Erdölprodukte) eingedüst und zu R. pyrolysiert werden. R. wird zu über 90% als Füllstoff in der Gummiindustrie, außerdem als Pigment für Druckfarben, Tuschen, Lacke und in der Elektroindustrie (z. B. für Trockenbatterien, Elektroden) verwendet. Am luftverunreinigenden R. können noch andere luftfremde Stoffe adsorptiv gebunden sein, z. B. Benzo(a)pyrene.

Rußbläser, mit Dampf- oder Luftstrahl, nötigenfalls mit Sand betriebene Vorrichtung zum Ausblasen von anhaftendem Ruß, Asche und Schlacke aus Heizflächen von Kesseln.

Russell-Saunders-Kopplung [n. dem amerikan. Astronomen H. N. Russell, * 1877, † 1957, und dem kanad. Physiker F. A. Saunders, * 1875, † 1963], **LS-Kopplung, normale Kopplung,** die Kopplung von Elektronen im Atom (oder Nukleonen im Atomkern), bei der sich alle Bahndrehimpulse $\boldsymbol{l}_i$ der einzelnen Teilchen zu einem Gesamtbahndrehimpuls $\boldsymbol{L}$ und alle Eigendrehimpulse (Spins) $\boldsymbol{s}_i$ zu einem Gesamtspin $\boldsymbol{S}$ vektoriell zusammensetzen und $\boldsymbol{L}$ und $\boldsymbol{S}$ sich schließlich zum Gesamtdrehimpuls $\boldsymbol{J}$ zusammensetzen, $\boldsymbol{J} = \boldsymbol{L} + \boldsymbol{S}$. Die R.-S.-K. gilt für die meisten leichten und mittelschweren Atome (Kerne). Bei den schweren Atomen (Kernen) ist dagegen die Wechselwirkung zw. dem Bahndrehimpuls $\boldsymbol{l}_i$ und dem Spin $\boldsymbol{s}_i$ jedes einzelnen Elektrons (Nukleons) groß gegenüber der Wechselwirkung der $\boldsymbol{l}_i$ und der $\boldsymbol{s}_i$ untereinander, so daß sich zunächst die einzelnen $\boldsymbol{l}_i$ und $\boldsymbol{s}_i$ zum Gesamtdrehimpuls $\boldsymbol{j}_i$ des einzelnen Elektrons (Nukleons) zusammensetzen, $\boldsymbol{l}_i + \boldsymbol{s}_i = \boldsymbol{j}_i$, so daß sich der Gesamtdrehimpuls $\boldsymbol{J}$ schließlich aus der vektoriellen Addition der einzelnen $\boldsymbol{j}_i$ ergibt **(jj-Kopplung).**

Rutil:
Kristalle in hellem Gestein (Graves Mountains, Georgia, USA)

Russellsche Antinomie [rˈʌsl-, n. dem engl. Philosophen B. Russell, * 1872, † 1970], Mengenlehre: Die Annahme der Existenz einer Menge aller Mengen, die sich selbst nicht als Element enthalten, führt zu dem Widerspruch, daß die Menge sowohl sich selbst enthält als auch sich selbst nicht enthält, in log. Zeichen $M \subset M \Leftrightarrow M \not\subset M$.

Rußgrenze, → Dieselmotor.

Russische Platte, der von ungefalteten jungproterozoischen bis känozoischen Sedimenten bedeckte Teil von Fennosarmatia.

Russische Tafel, → Osteuropäische Tafel.

Rüstgewicht, die Summe der Gewichte von Flugwerk, Triebwerk und Ausrüstung eines Flugzeugs. R. plus Zuladung (Besatzung, Betriebsstoffe und Nutzlast) ergeben das **Fluggewicht.**

Rüstung, Bautechnik: Behelfskonstruktionen aus Holz oder Stahl (Stahlrohr), z. B. als Maurer-, Förder-, Schalungs-, Lehrgerüste.

Rute, Samt-, Plüsch-, Teppichweberei: Drähte oder Stahlbänder, die als **Zug-** oder **Schneidruten** dazu dienen, die Polfäden in Schlingen oder geschnittene Noppen über dem Grundgewebe bis zum festen Einbinden zu halten.

Ruthenium, chem. Symbol **Ru,** 1844 von dem russ. Chemiker K. KLAUS entdecktes → chemisches Element aus der Gruppe der → Platinmetalle; Ordnungszahl 44. Von den mehr als 20 bekannten Isotopen haben die natürlich vorkommenden stabilen die Massenzahlen 96, 98–102 und 104. R. ist das seltenste der Platinmetalle, kommt stets mit diesen vor und wird aus Platinrückständen gewonnen; es ist ein grau-weißes, hartes, sprödes Metall, das nur von Königswasser angegriffen wird. R. dient als Legierungszusatz für Platin, Palladium und andere Metalle. In seinem chem. Verhalten ähnelt es dem → Osmium und hat in seinen Verbindungen die Oxidationszahlen 0 bis + 8. **Rutheniumdioxid,** RuO_2, ist ein schwarzes Pulver, das goldgelbe **Rutheniumtetroxid,** RuO_4, ist eine sublimierbare, toxische Verbindung.

Rutheniumlegierungen mit 20 bis 50% Ruthenium, 0 bis 10% Platin, Rhodium oder Palladium, Rest Wolfram und Kobalt, dienen u. a. zur Herstellung von Hartspitzen an Füllhalterfedern.

Rutherfordium [rʌðə-, n. dem brit. Physiker E. Rutherford, * 1871, † 1937], chem. Symbol **Rf,** von einer amerikan. Forschergruppe vorgeschlagene Bez. für das chem. Element mit der Ordnungszahl 104 (→ Unnilquadium).

Rutherfordsches Atommodell [rˈʌðəfəd-], → Atom.

Rutherford-Streuung [rˈʌðəfəd-], Streuung eines elektrisch geladenen Teilchens an einem anderen durch die elektrostat. Coulomb-Kraft (daher auch **Coulomb-Streuung** [kulˈɔ̃-]). Bei der Streuung von α-Teilchen an einer dünnen Goldfolie fand E. RUTHERFORD, daß nur einige wenige um einen sehr großen Winkel gestreut werden (BILD Atom 6). Aus diesen Beobachtungen zog er den Schluß, daß im positiv geladenen Kern des Atoms praktisch dessen gesamte Masse vereinigt sei. Die (klassisch und quantenmechanisch herleitbare) **Rutherfordsche Streuformel** gibt den differentiellen Wirkungsquerschnitt $d\sigma/d\Omega$ für die Streuung von Teilchen mit Ladung $Z'e$ und der kinet. Energie $^1/_2\, m\, v^2$ an einem Coulomb-Potential (z. B. eines Atomkerns) der Ladung Ze an:

$$\frac{d\sigma}{d\Omega} = \left(\frac{e^2 Z Z'}{2 m v^2}\right)^2 \frac{1}{\sin^4(\vartheta/2)},$$

wobei e die Elementarladung und ϑ der Streuwinkel ist. – Für die Streuung ident. Teilchen aneinander gilt die → Mottsche Streuformel. Bei hochenerget. Streuung muß an der Rutherfordschen Streuformel eine relativist. Korrektur angebracht werden. Diese erweiterte Streuformel heißt (ebenfalls) Mottsche Streuformel.

Ruths-Speicher [n. dem schwed. Ing. J. K. Ruths, * 1879, † 1935], ein → Wärmespeicher (Gefällespeicher), meist als Teil eines Dampferzeugers.

Rutil *der,* Mineral, häufigste der drei TiO_2-Modifikationen (→ Anatas, → Brookit) und wichtigstes Titan-Erz; dunkel- oder fuchsrot, braun bis gelblich; eisenschwarzer R. hat bis 30% Fe_2O_3 **(Nigrin);** H. 6, D. 4,2–4,3; Kristalle meist säulig bis feinstnadelig; häufig knie- oder herzförmige Zwillinge sowie versch. Drillinge und Viellinge; sich gitterförmig wiederholt durchkreuzende Strahlen und Nadeln heißen **Sagenit.** R. kommt auch in derben Massen und körnig und oft haarförmig eingewachsen in anderen Mineralen (z. B. in Bergkristall, **Venushaar)** vor, weiter auf Gabbropegmatit- und hydrothermalen Gängen, in Sedimenten, Metamorphiten, Seifen und Brandungssanden. Synthetisch hergestellte große, wasserklare Kristalle werden als Schmucksteine verwendet.

Rutin, gelber Naturfarbstoff, der in vielen Pflanzen (z. B. Buchweizenblätter, chinesische Gelbbeeren) vorkommt und in China zum Färben der Mandaringewänder verwendet wurde. R. gehört zu den vitaminähnlichen Wirkstoffen **(Vitamin P).**

Rutsche, Fördermittel mit geneigter (25–30°) Förderbahn, in dem Schütt- und Stückgüter auf Grund ihrer Schwerkraft transportiert werden. R. werden geradlinig, gekrümmt und schraubenförmig gebaut.

Rutsch|streifen, Geologie: → Harnisch 1).

Rutschungen, gravitative Abwärtsbewegungen von Gesteinsmassen an Hängen, v. a. bei starker Wasserdurchtränkung von tonigen oder lehmigen Gesteinen und/oder hangwärts geneigten Schichten (→ Bergsturz, → Solifluktion, → Mure, → Hangbewegungen). – **Subaquate** oder **submarine R.,** oft in Form einer Schlammwolke **(Suspensionsstrom)** oder Schlammdecke, haben starke Schichtstauchungen und -verknäuelungen zur Folge **(Gleit-** oder **Rutschfaltung);** fossil bes. im → Flysch.

Rüttelbeton, durch Rüttelgeräte (→ Betonrüttler) verdichteter Beton.

Rüttelgeräte, Rüttler, Geräte zur Rüttelverdichtung von Baustoffen (z. B. → Betonrüttler) und von Untergrund i. Ggs. zur Verdichtung durch statische Walzen

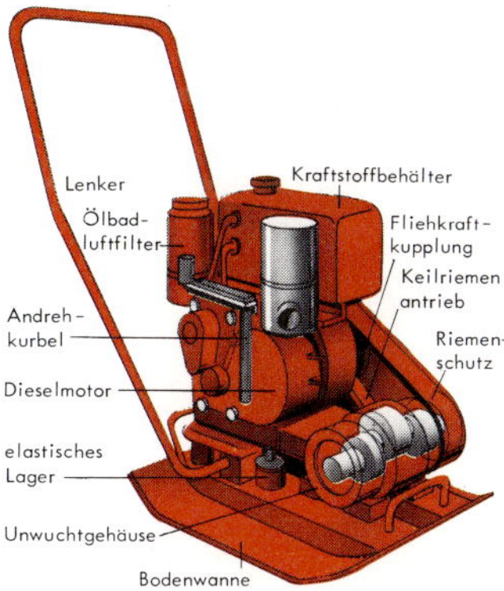

Rüttelgeräte: Rüttelplatte

sowie Fallgewichte und Explosionsrammen. **Rüttel-** oder **Vibrationswalzen** verdichten nichtbindige Böden oder Baustoffgemische durch vibrierende Walzen, **Plattenrüttler** oder **Rüttelplatten** lagenweise eingebrachte Schüttmassen mit einer schwingenden Platte, wobei sich durch Aufbringen von Belastungsgewichten bei best. Geräten die Verdichtungswirkung verstärken läßt. Mit **Tauchrüttlern** schwerer Bauart lassen sich nicht bindige Böden bis in größere Tiefen (bis 30 m) in situ verdichten. **Rüttelschotter** ist der durch R. verdichtete Schotterunterbau, bei dem die Zwischenräume mit Splitt-Brechsand-Gemischen verfüllt werden.

RV Tauri-Sterne, halbregelmäßige Pulsationsveränderliche mit Lichtwechselperioden zw. 30 und 150 Tagen und Amplituden zw. $0\overset{m}{,}3$ und $1\overset{m}{,}8$; RV T.-S. sind Überriesen vom Spektraltyp G – K.

RW Aurigae-Sterne, eruptive, unregelmäßige Veränderliche mit sehr schnellen Helligkeitsänderungen, Lichtamplituden zw. 1^m und 4^m. Da die Sterne, die in dieser Gruppe zusammengefaßt wurden, sich als physikalisch sehr unterschiedlich herausstellten, wird heute i. a. bei der Einteilung der → Veränderlichen 1) auf diese Gruppe verzichtet.

RWM, Abk. von engl. **Read/Write Memory** [ri:d raɪt mˈemərɪ], Schreib-Lese-Speicher für eine elektron. Datenverarbeitungsanlage; gebräuchlicher ist die Bez. → RAM.

Rydberg-Atome [n. dem schwed. Physiker J. Rydberg, * 1854, † 1919], Atome in hochangeregten Quantenzuständen **(Rydberg-Zuständen),** d. h. Atome, bei denen ein Elektron in ein sehr hohes Energieniveau gebracht wurde. Im Weltall sind R.-A. in Zuständen mit Hauptquantenzahlen bis zu $n = 350$ nachgewiesen worden. Man hat R.-A. mit Durchmessern von nahezu 0,01 mm entdeckt, d. h., R.-A. können hunderttausendmal so groß wie gewöhnl. Atome sein **(Riesenatome).** Sie weisen eine relativ lange Lebensdauer auf, üblicherweise zw. 1 ms und 1 s (Lebensdauer eines niedrig angeregten Atoms normalerweise $< 10^{-7}$s). Bei Laborexperimenten (n zw. 10 und 100) können R.-A. aus den Atomen im Grundzustand durch u. U. mehrstufige opt. Anregung mit intensiven abstimmbaren Lasern erzeugt werden. Da das angeregte Elektron nur noch locker an das Atom gebunden ist, kann das R.-A. schon durch eine Energiezufuhr von wenigen Millielektronenvolt ionisiert werden, z. B. durch elektr. Felder oder durch Bewegung in einem Magnetfeld. Dies macht die R.-A. für opt. Isotopentrennverfahren mit Lasern (→ Isotopentrennung) und für die Erzeugung heißer Fusionsplasmen interessant. Darüber hinaus eröffnen Rydberg-Zustände hochionisierter Teilchen eventuell eine Möglichkeit für den Bau eines Röntgenlasers.

Rydberg-Konstante, grundlegende, in den Serienformeln für die Spektrallinien des Wasserstoffatoms (→ Atom) auftretende Konstante R_H; es gilt

$$N = R_H \cdot \left(\frac{1}{n_e^2} - \frac{1}{n_a^2}\right),$$

wobei n_e und n_a die Hauptquantenzahlen des End- und Anfangszustandes und N die Wellenzahl ist ($N = 1/\lambda$, λ = Wellenlänge). Neben $R_H \approx 1{,}0968 \cdot 10^7 \mathrm{m}^{-1}$ wird auch die Größe $R_\infty = \mu_0^2 m_e e^4 c^3 / 8h^3 \approx 1{,}0974 \cdot 10^7 \mathrm{m}^{-1}$ als R.-K. bezeichnet. Zw. R_H und R_∞ besteht der Zusammenhang $R_H = R_\infty / (1 + m_e/m_p)$. Dabei ist μ_0 die magnet. Feldkonstante, m_e die Ruhemasse des Elektrons, e die Elementarladung, c die Vakuumlichtgeschwindigkeit, h die Planck-Konstante, m_p die Ruhemasse des Protons (ÜBERSICHT Naturkonstanten).

S

s, 1) Einheitenzeichen für → Sekunde 2) als Zeitspanne.

2) Physikal. Symbol für das Strange-Quark.

ˢ, Einheitenzeichen für → Sekunde 2) als Zeitpunkt, in der Astronomie auch als Zeitspanne.

S, 1) Abk. für Süden.

2) Chem. Symbol für → Schwefel.

3) Einheitenzeichen für → Siemens.

4) *S,* Formelzeichen für Entropie, Fläche, Scheinleistung, Seltsamkeit (Strangeness) und Wahrscheinlichkeitsstromdichte.

5) Mathematik: Das Integralzeichen ∫ (→ Integralrechnung) hat sich aus S (Abk. für Summe) durch Stilisierung entwickelt. Als Summenzeichen dient der grch. Buchstabe $\sum$.

Sabattier-Effekt [sabatj'e-, n. dem frz. Chemiker P. Sabatier, ein ›t‹ ist richtig, * 1854, † 1941], → photographische Effekte.

Saccharasen [-x-], **Glykosidhydrolasen,** in der Natur weitverbreitete Enzyme, die in **Gluco-S.** (z. B. in Verdauungssekreten von Tieren) und **Fructo-S.** (Hefe-Enzyme) unterteilt werden.

Saccharate [-x-], Salze und Ester der → Zuckersäure.

Saccharide [-x-], → Zuckerarten.

Saccharimetrie [-x-], Bestimmung der Konzentration wäßriger Rohrzuckerlösungen durch Messen der Lichtbrechung, der Dichte oder durch Messen der Rechtsdrehung der Ebene des polarisierten Lichts mit einem Polarisationsapparat **(Saccharimeter).** → Polarisation.

Saccharin [-x-], ältester synthet. Süßstoff mit der 300- bis 500fachen Süßkraft des Rohrzuckers, doch ohne Nährwert (es passiert den Körper unverändert, daher auch Zuckerersatz bei Zuckerkranken). S. ist in Wasser unlöslich, deshalb wird das Natriumsalz des S. verwendet. Nachteilig ist der metallisch-bittere Beigeschmack. (→ Zuckeraustauschstoffe)

Saccharose [-x-], **Rohrzucker, Rübenzucker, Sucrose,** wichtigstes Disaccharid, das aus α-D-Glucose und β-D-Fructose aufgebaut ist. S. kommt in vielen Pflanzensäften, v. a. aber in Rohrzucker und Zuckerrüben vor (→ Zuckerarten). Sie bildet farblose, süßschmeckende, in Wasser leicht (2,04 kg in 1 Liter Wasser bei 20 °C), in Alkohol schwer lösliche Kristalle. S. schmilzt bei 185–186 °C und zersetzt sich bei 200 °C zu braunem **Karamel.** Durch verdünnte Säuren oder das Enzym Invertase wird sie zu Glucose und Fructose **(Invertzucker)** gespalten (→ Inversion 1).

Sackgewebe, Sackleinwand, grobe Gewebe aus Jute oder Leinen für Säcke oder modische Röcke u. ä. **Sackgewirke** aus Chemiefolienband werden zu nahtlosen Transportsäcken auf Raschelmaschinen gewirkt.

SAE, Abk. für **Society of Automotive Engineers** [səs'aɪətɪ ɔv ɔ:təm'əʊtɪv endʒɪn'ɪəz], größte amerikan. Vereinigung von Ingenieuren.

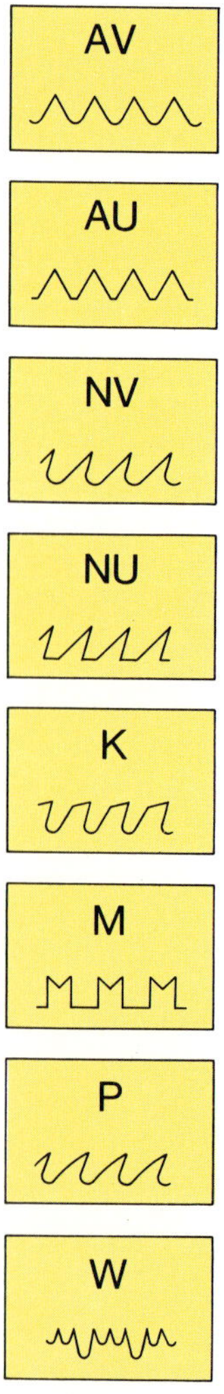

Sägen 1: Sägezahnformen mit ihren Benennungen

SAE-PS, Leistungsangabe für Verbrennungsmotoren, unterschieden nach einer ›Nettoleistung‹, die ähnlich wie die → DIN-Leistung bemessen wird, und einer i. d. R. im Handel angegebenen ›Bruttoleistung‹, gemessen ohne Saugleitung, Luftfilter, Auspuffleitung, Schalldämpfer und Nebenaggregate, oft auf überhöhte Drehzahl bezogen, daher 10–20% höher als die DIN-Leistung.

SAE-Viskositätsklassen, System für die Einteilung von → Motorenölen und → Getriebeölen nach der Viskosität. Für niedrig viskose **Winter-Motorenöle** (gekennzeichnet mit W) ist v. a. die dynam. Viskosität in der Kälte für die Zuordnung zu einer SAE-V. von Bedeutung, z. B. SAE 0 W: 3 250 mPas (Millipascalsekunden) bei maximal – 30 °C; SAE 5 W, 10 W und 15 W: 3 500 mPas bei maximal – 25 °C, – 20 °C, – 15 °C. Für **Sommeröle** ist die kinemat. Viskosität bei 100 °C ausschlaggebend, z. B. SAE 20: 5,6–9,3 mm^2/s; SAE 50: 16,3–21,9 mm^2/s.

Safflorit *der,* Mineral $CoAs_2$, frisch zinnweißer Metallglanz, jedoch schnell nachdunkelnd; H. 4,5–5,5, D. 6,9–7,3; kleine Kristalle, oft quirlförmige Drillinge, auch derb; Vorkommen in Erzgängen.

Safranine, zu den Phenazinfarbstoffen (→ Azinfarbstoffe) gehörende Farbstoffe. Rote bis violette, basische S. (z. T. Safranin T) werden zum Färben von Leder verwendet. Blaue bis violette, saure S. dienen als Wollfarbstoffe.

Safrol, herb-frisch riechende organ. Verbindung, die aus Sassafrasöl isoliert und als Riechstoff sowie zur Herstellung von Piperonal verwendet wird.

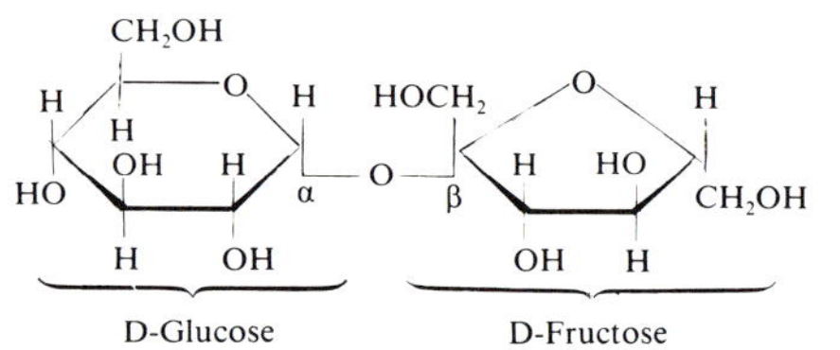

Saccharose

Sägen, Verfahren der spanenden Formung zum Trennen oder Schlitzen von Werkstoffen oder Werkstücken mit Hilfe gleichnamiger Werkzeuge. Das **Sägeblatt** trägt eine Anzahl von Schneiden, die in Form und Wirkungsweise den Schneiden eines dünnen Scheibenfräsers (→ Fräsen) ähneln. Damit das Sägeblatt in der Schnittfuge nicht klemmt, sind die **Sägezähne** geschränkt.

Handsägen sind **Fuchsschwanz, Stich-** oder **Lochsäge** mit dolchartigem Sägeblatt, **Zugsäge** (Schrot- oder Bauchsäge) mit zwei Griffen, **Spann-** und **Bügelsäge** mit eingespanntem Sägeblatt. Besondere Sägen sind **Furniersäge, Laubsäge, Schweif-** oder **Dekupiersäge, Nutsäge, Gehrungssäge, Klappsäge** und **Baumsäge.**

Beim maschinellen S. wird das Sägeblatt in der Sägemaschine eingespannt. Der elektr. oder hydraul. Antrieb erteilt dem Sägeblatt eine hin- und hergehende oder kontinuierl. Schnittbewegung; Vorschub von Hand oder selbsttätig. Sägemaschinen mit hin- und hergehender Schnittbewegung sind z. B. die **Bügelsäge** und die **Gattersäge.** Sägemaschinen mit kontinuierl. Schnittbewegung sind die **Bandsäge** mit einem Sägeblatt in Form eines endlosen Bandes und die **Kreissäge** mit rundem scheibenförmigem Blatt. Die **Wanknut-** oder **Taumelsäge** ist eine Kreissäge mit schräg auf der Achse aufgesetztem Sägeblatt. Bei der Drehung entsteht somit eine Schnittfuge, die breiter ist als das Sägeblatt selbst. Bei der **Kettensäge** sind die Glieder einer umlaufenden Kette nach außen als Sägezähne ausgebildet; sie wird meist von einem Verbrennungsmotor angetrieben.

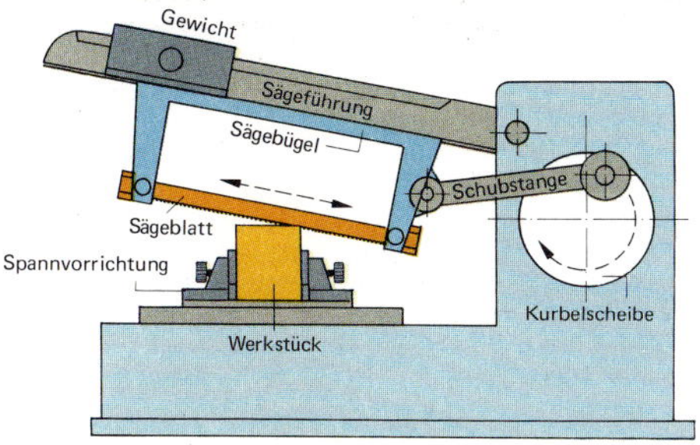

Sägen 3: Bügelsäge

Die Sägeblätter werden aus warm-, schmalere Blätter auch aus kaltgewalztem, gehärtetem Bandstahl hergestellt. Für hohe Schnittgeschwindigkeiten gibt es auch **Reibsägen** mit am Umfang kordierten Trennscheiben.

S. von Gestein, hg. v. H. Tönshoff (1975); G. Wölfing: Maschinen der Holzind. ([2]1975); Holzbearbeitung, hg. v. Forschungsinstitut für Holztechnologie, Dresden (1977); D. H. Bruins u. H.-J. Dräger: Werkzeuge u. Werkzeugmaschinen für die spanende Metallbearbeitung, Tl. 1 u. 2 ([2]1980).

Sagenit, → Rutil.

Sägespäne, ungenau **Sägemehl,** beim Sägen entstehende feinfaserige Holzabfälle. Verwendung: Brenn- und Isolierstoff, Streu, zum Räuchern von Fleisch- und Fischwaren, zur Herstellung von Holzmehl und Steinholz, Beimischung zum Rohmaterial von Holzspanplatten u. a.

Sägewerk, früher **Sägemühle,** durch Wasserkraft, Diesel- oder Elektromotoren betriebene Anlage für die Verarbeitung des Rundholzes zu → Schnittholz, mit Hilfe von Gatter-, Band- und Kreissägen sowie neuerdings Profilzerspanern. (Bild S. 226)

Sägezahnschwingung, periodische → Kippschwingung, die sich graphisch wie die Zähne einer Säge darstellt. Die **Sägezahnspannung** (oder der **Sägezahnstrom)** steigt während einer Schwingungsperiode zunächst linear an, um dann bei Erreichen einer best. Amplitudenhöhe in kürzester Zeit wieder auf den Anfangswert zurückzuspringen. S. werden von einem **Sägezahngenerator** erzeugt, der im einfachsten Fall aus einem RC-Glied und einer Kippschaltung besteht. Sägezahnströme fließen z. B. in den Ablenkspulen der Bildröhre eines Fernsehempfängers.

Sagitta, lat. Bez. für das Sternbild → Pfeil.

Sagittal|strahlen, Strahlen, die von einem außeraxialen Objektpunkt ausgehen, die opt. Achse nicht schneiden und in einer gemeinsamen Ebene, der **Sagittalebene,** liegen, die durch den Objektpunkt geht und senkrecht auf der **Meridionalebene** (Ebene durch den Objektpunkt und die opt. Achse des Systems) steht. Der Schnitt zw. Meridional- und Sagittalebene wird als **Meridionalstrahl** bezeichnet.

Sagittarius, lat. Bez. für das Sternbild → Schütze.

saiger, bergmännisch: senkrecht; vertikale → Lagerung von Gesteinen. – Ggs.: **söhlig.**

Saite, gespannter und transversal schwingender Tonerzeuger der Saiteninstrumente: ein fadenförmiger elast. Körper aus Stahl, zusammengedrehten Därmen, Pflanzenfasern oder Seide; gespannt ergibt er durch Zupfen, Schlagen oder Streichen einen Ton, dessen Höhe von der Spannung und der Länge der S. abhängt.

Neben der Grundschwingung von der Frequenz f_0 werden bei S. stets auch harmon. Oberschwingungen der Frequenz f_n angeregt mit $f_n = (n+1) \cdot f_0$, wobei $n = 1, 2, 3, \ldots$ ist. Für f_0 gilt:

$$f_0 = \sqrt{F/q\varrho}/2l$$

(l = S.-Länge, q = S.-Querschnitt, ϱ = Dichte der S., F = Kraft, mit der die Saite gespannt wird).

säkularflüssiger Zustand, Zustand der Materie im Erdinnern, die sich bei plötzl. und kurzperiod. Beanspruchung wie ein elast. Körper, bei lang andauernden Kräften wie eine zähe Flüssigkeit verhält.

Säkularjahr, jedes ein → Jahrhundert beschließende Jahr.

Säkularvariation, die langsamen Veränderungen auf der Erde oder im Weltall, die erst in Jahrhunderten merkliche Wirkungen hervorrufen, z. B. bei der Hebung oder Senkung von Teilen der Erdkruste, beim Erdmagnetismus (→ erdmagnetisches Feld) und in den Bahnelementen der Planeten.

Sal, das → Sial.

Salband, Geologie: Grenzfläche zw. einem Gang und seinem Nebengestein.

Salicin, Glucosid des 2-Hydroxybenzylalkohols, das in der Rinde einiger Weidenarten vorkommt.

Salicylaldehyd, 2-Hydroxybenzaldehyd, Zwischenprodukt bei der Herstellung von Cumarin, Farbstoffen und Pharmazeutika. (Formel S. 226)

Salicylsäure, 2-Hydroxybenzo|esäure, in der Natur weit verbreitete organ. Säure, die z. B. als Methylester in äther. Ölen (z. B. Wintergrünöl) und als Glykosid in Birkenrinde enthalten ist. S. wird durch Einwirkung von Kohlendioxid auf Natriumphenolat bei 150–160 °C hergestellt (Kolbe-Schmitt-Reaktion). Sie bildet farblose Kristalle, die in kaltem Wasser schwer, in heißem Wasser und Alkohol leicht löslich sind. S. wird überwiegend zu Acetyl-S. (bekannt u. a. unter dem Warenzeichen Aspirin), außerdem zu anderen Pharmazeutika, Farbstoffen, Pflanzenschutzmitteln, Riechstoffen und Harzen weiterverarbeitet. (Formel S. 226)

Salinar *das,* geologischer Gesteinskomplex oder Zeitabschnitt mit überwiegender Salzablagerung, z. B. der → Zechstein. – **Salinartektonik,** die → Salztektonik.

Saline, Betrieb zur Gewinnung von Kochsalz aus natürl. wäßrigen Salzlösungen, wie Meerwasser oder Wasser von kochsalzhaltigen Quellen, durch Verdunsten des Wassers. Häufig wird die Sole in Gradierwerken (→ gra-

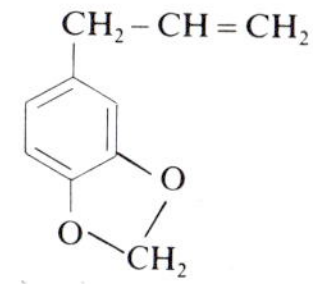

Safrol

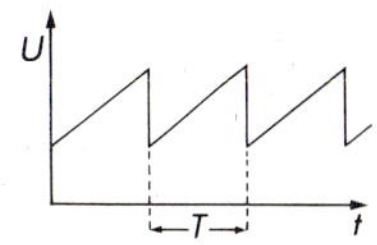

Sägezahnschwingung: Zeitlicher Verlauf einer Sägezahnspannung (T = Periodendauer)

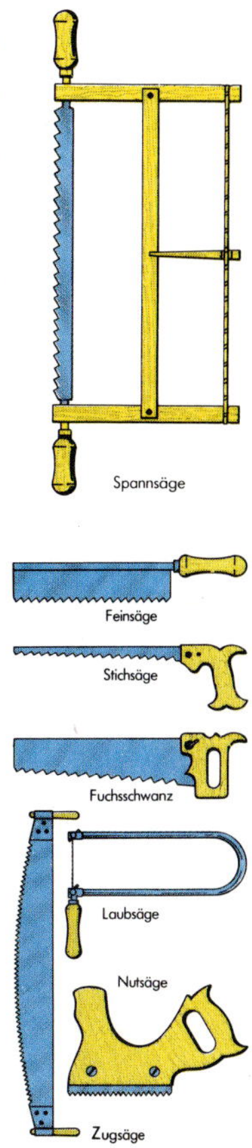

Sägen 2

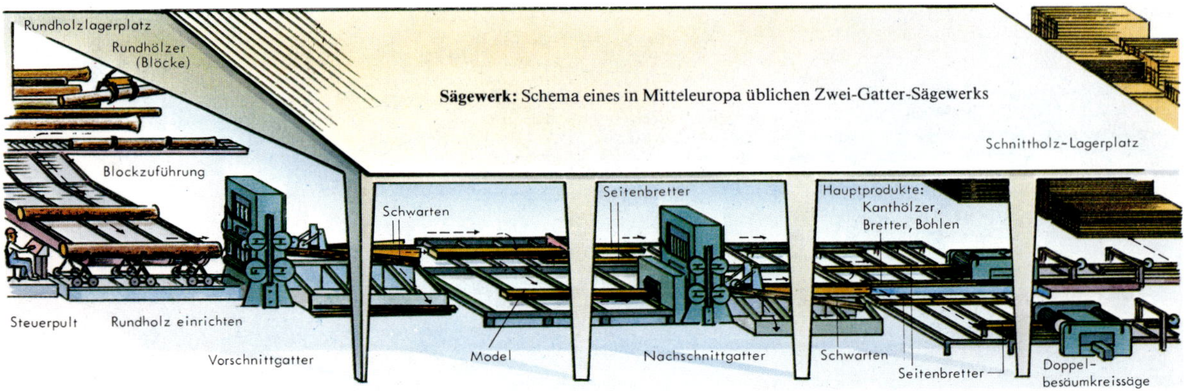

Sägewerk: Schema eines in Mitteleuropa üblichen Zwei-Gatter-Sägewerks

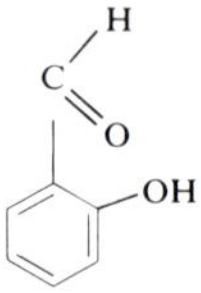

Salicylaldehyd

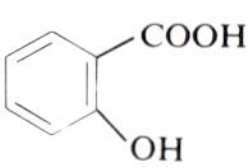

Salicylsäure

dieren) vorher angereichert, ehe sie in Sudpfannen oder Verdampfersystemen bearbeitet wird.

salinisches Wasser, ein Sulfatwasser; → Heilquellen.

salisch, Bez. für an Siliciumdioxid und Aluminium reiche Standardminerale in der Klassifikation der Gesteine.

Saljut, sowjet. experimentelles bemanntes Weltraumlaboratorium, erster Schritt zu einer späteren permanenten → Raumstation, besteht aus mehreren hintereinander angeordneten Zylindern unterschiedl. Größe, die Arbeits- und Wohnräume für die Besatzung, Umsteige- und Versorgungseinrichtungen sowie das Antriebsaggregat mit den Treibstofftanks beherbergen. Gesamtlänge rd. 16 m, Wohnvolumen rd. 100 m^3, Startgewicht 18 900 kg, Einsatzhöhe etwa 350 km; bisher sieben S.-Stationen (ÜBERSICHT). An S. können gleichzeitig zwei bemannte oder unbemannte Raumfahrzeuge ankoppeln. Die Möglichkeit modularen Zusammenbaus wurde aufgezeigt, als 1981 der 13,6 t schwere unbemannte Raumflugkörper Kosmos 1267 an S. 6 automatisch ankoppelte. Im März 1983 folgte ein ähnl. Manöver mit Kosmos 1443. Die Erfahrungen der 16 Expeditionen, die an Bord von S. 6 arbeiteten, wurden beim Bau von S. 7 weitgehend berücksichtigt. Ein Großteil der benötigten Bordenergie wird über Sonnenzellen erzeugt. Zubringerfahrzeug für die Kosmonauten ist → Sojus, für Nahrungsmittel, Treibstoffe, Atemgase und Wasser das unbemannte Raumschiff → Progress. (BILD S. 227)

Salmiak *der,* Mineral NH_4Cl, farblos, gelb, braun; H. 1,5, D. 1,53; meist krustig, stalaktitisch, erdig; stechender Geschmack; Vorkommen auf brennenden Kohlenhalden und -flözen, an Vulkanen, im Guano (→ Ammonium ...). – **S.-Geist,** wäßrige Lösung von Ammoniak.

Salpeter *der,* einige technisch wichtige Salze der Salpetersäure. **Natron-S., Natriumnitrat,** $NaNO_3$, kommt in der Natur als **Chilesalpeter** vor. Die Gewinnung von reinem Chilesalpeter erfolgt durch Umkristallisation. In reinem Zustand ist Natron-S. ein weißes, kristallines hygroskop. Salz, Schmelz-P. 317 °C. Chilesalpeter bildete jahrhundertelang fast den einzigen Rohstoff zur Darstellung von Salpetersäure, Anilinfarbstoffen, Schieß- und Sprengstoffen; bes. diente er als Düngemittel. – **Kali-S., Kaliumnitrat,** KNO_3, ein weißes kristallines, in Wasser leicht lösl. Salz, schmilzt bei 339 °C. In der Natur kommt er in kleinen Lagerstätten vor. Seit dem 19. Jh. wird er aus Chilesalpeter durch Umsetzung mit Kaliumchlorid hergestellt **(Konvertsalpeter),** jetzt vorwiegend durch Neutralisation synthet. Salpetersäure mit Kalilauge oder Kaliumcarbonat. Kali-S. dient bes. zur Herstellung von Schwarzpulver, Feuerwerkskörpern und für Düngemittel. – **Ammon-S., Ammoniumnitrat,** NH_4NO_3, ist ein weißes, hygroskop., in Wasser leicht lösl. Salz, das bei vorsichtigem Erhitzen in Distickstoffoxid, N_2O, und Wasser zerfällt. Bei raschem Erhitzen und mit Initialzündern kann er explodieren, er wird aus Salpetersäure und wäßrigen Ammoniaklösungen hergestellt und rein oder in Gemischen

Saljut

Name	Start	verglüht	Kopplungen mit	Bemerkungen
Saljut 1	19. 4. 1971	11. 10. 1971	Sojus 10 und 11	Kein Besatzungsumstieg von Sojus 10; Besatzung von Sojus 11 bei Landung getötet
Saljut 2	3. 4. 1973	28. 5. 1973	—	Fehlschlag
Saljut 3	25. 6. 1974	24. 1. 1975	Sojus 14	Kopplung mit Sojus 15 mißglückt
Saljut 4	26. 12. 1974	3. 2. 1977	Sojus 17, 18, 20	Sojus 20 unbemannt
Saljut 5	22. 6. 1976	8. 8. 1977	Sojus 21, 24	Kopplung mit Sojus 23 mißglückt
Saljut 6	29. 9. 1977	29. 7. 1982	bis 26. 5. 1981: Sojus 26, 27, 28, 29, 30, 31, 32, 34, 35, 36, 37, 38, 39, 40; Sojus T-1, T-2, T-3, T-4; Progress 1, 2, 3, 4, 5, 6, 7, 8, 9, 10, 11, 12	Kopplung mit Sojus 25, 33 mißglückt. Längster Aufenthalt im Orbit (185 Tage) durch Besatzung von Sojus 35. Unbemannte Versorgungsflüge durch Progress
Saljut 7	19. 4. 1982	—	Sojus T-5, T-6, T-7, T-9; Progress 13 und 14	Längster Aufenthalt im Orbit (211 Tage) durch Besatzung von Sojus T-5. Erste Frau in einer Raumstation. Kopplung mit Sojus T-8 mißglückt

(als **Leuna-S., Kalkammon-S.**) für Stickstoffdünger und mit Zuschlägen für Sicherheitssprengstoffe verwendet. – **Kalk-S., Calciumnitrat,** $Ca(NO_3)_2 \cdot 4\,H_2O$, wird aus Salpetersäure und Kalkstein gewonnen. Er bildet sich auch bei der Fäulnis stickstoffhaltiger organ. Verbindungen in Gegenwart von Kalk als **Mauer-S.,** z. B. in Viehställen. In **S.-Gruben** und **S.-Plantagen** wurde im 18. und 19. Jh. diese Reaktion in größerem Maßstab künstlich durchgeführt. Kalk-S., häufig unter Zusatz von Ammoniumsalzen **(Norge-S.),** findet v. a. als Düngemittel Verwendung. – Alle S. werden für wäßrige Kältemischungen und in der Metalltechnik zum Abbeizen von Metalloberflächen verwendet. – S. ist um 2000 v. Chr. erstmals in babylon. Texten erwähnt, im 13. und 14. Jh. in alchemist. Literatur.

Salpeter-Prozeß [n. dem österreichisch-amerikan. Physiker E. E. Salpeter, * 1924], **Drei-Alpha-Prozeß,** thermonukleare Synthese von ^{12}C aus drei α-Teilchen, wobei die Reaktion über den instabilen ^{8}Be-Zwischenkern führt; als Gesamtreaktion ergibt sich:

$$3\,^{4}He \longrightarrow {}^{12}C + \gamma + 7{,}274\ \text{MeV}.$$

Der S.-P. schließt sich bei Sternen mit mehr als etwa 0,5 Sonnenmassen im Verlauf der → Sternentwicklung an die Phase des Wasserstoffbrennens an. Er ist ein für die Synthese von schwereren Elementen als ^{4}He wichtiger Prozeß, da er durch weitere Fusionsreaktionen mit He-Kernen fortgesetzt werden kann. Er läuft nur bei sehr hohen Dichten und Temperaturen (um 100 Mio. K) ab.

Salpetersäure, HNO_3, wichtigste Sauerstoffsäure des Stickstoffs; in reinem Zustand farblose, stechend riechende Flüssigkeit der D. 1,522, die bei 84,1 °C siedet und bei −41,6 °C zu schneeweißen Kristallen erstarrt. Beim Stehen unter Lichteinwirkung tritt teilweise Zersetzung ein infolge Bildung von **Stickstoffdioxid,** NO_2, das der Säure eine gelb-braune Verfärbung verleiht. Größere Mengen NO_2 enthält die handelsübl. **rote rauchende S.** S. ist in jedem Verhältnis mit Wasser mischbar. Das bei 129 °C siedende azeotrope Gemisch mit 69% HNO_3 ist als **konzentrierte S.** handelsüblich. – S. ist eine der stärksten anorgan. Säuren, die in konzentrierteren Lösungen zunehmend oxidierend wirkt. Sie löst zahlreiche Metalle, eine 50%ige Lösung dient zur Trennung von Silber und Gold, das unlöslich bleibt **(Scheidewasser).** Im Gemisch mit Salzsäure (1:3) löst sie auch Gold **(Königswasser).** Einige unedle Metalle, z. B. Aluminium, Chrom, Eisen, werden von konzentrierter S. nicht angegriffen, was auf die Bildung einer dünnen, beständigen Oxidhaut zurückgeführt wird (→ Passivierung). Auf organ. Verbindungen wirkt S. teils zerstörend infolge Oxidation, teils nitrierend ein **(Nitriersäure,** → Nitrierung). Eiweißstoffe werden meist gelb verfärbt **(Xanthoprote|in-Reaktion).** Bei hoher Konzentration der S. kann die Reaktion mit brennbaren Stoffen zur Entflammung führen. Hochkonzentrierte S. dient als hypergole Raketentreibstoff-Komponente.

Die großtechn. Darstellung der S. erfolgt überwiegend durch Ammoniakverbrennung, zu einem kleinen Teil direkt aus den Bestandteilen der Luft (→ Stickstoffverbindungen). In beiden Fällen treten Stickstoffoxide, NO und NO_2, als Zwischenprodukte auf. Bei der **Ammoniakverbrennung (Ostwald-Verfahren)** wird Ammoniak mit überschüssiger Luft an Platinnetz-Katalysatoren bei 600–700 °C katalytisch zu Stickoxid, NO, verbrannt, das beim Abkühlen mit überschüssigem Sauerstoff Stickstoffdioxid, NO_2, bildet. Dieses wird mit Luft und Wasser in Rieseltürmen in S. überführt:

$$2\,NO_2 + H_2O + {}^1/_2\,O_2 \longrightarrow 2\,HNO_3.$$

Die Salze der S. sind die wasserlösl. **Nitrate,** die vielfache Anwendung finden, z. B. für Düngemittel, Schwarzpulver, Feuerwerkskörper. Die beim Arbeiten mit S. häufig sich bildenden **nitrosen Gase** sind außerordentlich giftig.

Geschichtliches. S. wurde schon im 12. Jh. in Italien aus Salpeter, Alaun und Kupfervitriol, im späten Mittelalter aus Salpeter und Schwefelsäure gewonnen. Ihre chem. Zusammensetzung wurde 1784–86 von A. L. DE LAVOISIER und J. PRIESTLEY gefunden.

Salpetrige Säure, → Stickstoffverbindungen.

Salse *die,* der → Schlammvulkan.

Salz, die → Salze, → Kochsalz, → Kalisalze.

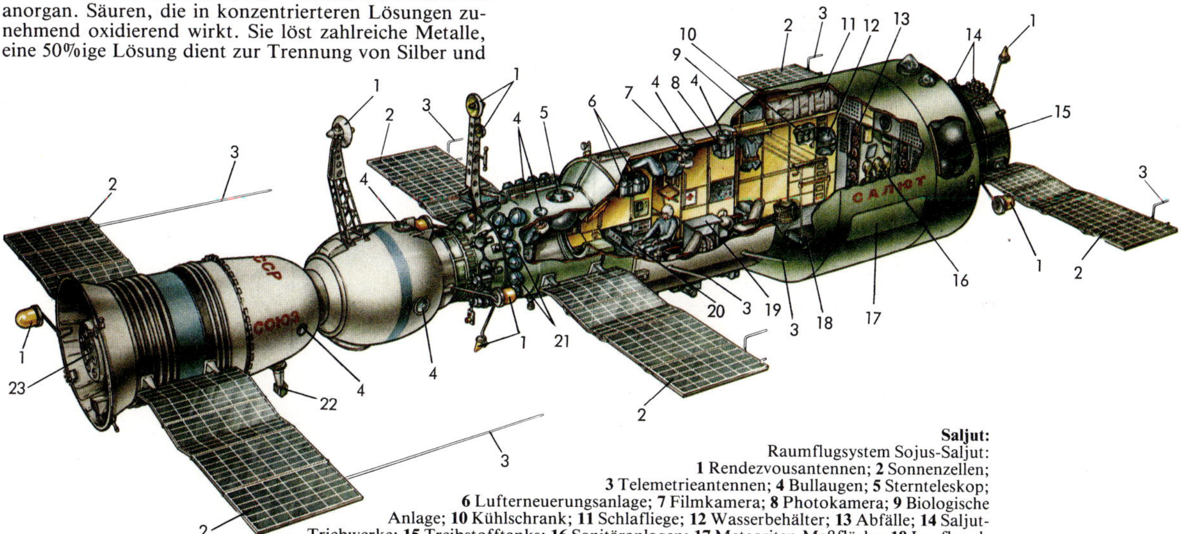

Saljut:
Raumflugsystem Sojus-Saljut:
1 Rendezvousantennen; **2** Sonnenzellen; **3** Telemetrieantennen; **4** Bullaugen; **5** Sternteleskop; **6** Lufterneuerungsanlage; **7** Filmkamera; **8** Photokamera; **9** Biologische Anlage; **10** Kühlschrank; **11** Schlafliege; **12** Wasserbehälter; **13** Abfälle; **14** Saljut-Triebwerke; **15** Treibstofftanks; **16** Sanitäranlagen; **17** Meteoriten-Meßfläche; **18** Laufband; **19** Arbeitstisch; **20** Steuerungspult; **21** Druckgasbehälter; **22** Sojus-Periskop; **23** Sojus-Triebwerke

Salzbelastung, Belastung von Gewässern mit Chloriden aus industriellen Abwässern. In der Bundesrep. Dtl. sind die Flüsse Rhein, Mosel, Weser, Werra und untere Lippe bes. stark belastet. Außer ökolog. Schäden (Veränderung der Artenzusammensetzung, Verminderung der Artenzahl in Wasserflora und -fauna) entstehen erhebl. Probleme für die Trinkwassergewinnung aus den belasteten Gewässern (Geschmacksbeeinträchtigungen, Korrosionsschäden) sowie für die Nutzung als Kühl- oder Brauchwasser (Salzanreicherung und -ablagerung in Kreislaufprozessen, verstärkte Korrosion). Außerdem entsteht eine S. der Umwelt durch Anreicherung von Chloriden im Grundwasser, z. B. durch intensive Beregnung zu landwirtschaftl. Zwecken.

Salzbildner, Chemie: die → Halogene.

Salzböden, Böden mit hohen Anteilen an Natriumsalzen (Kochsalz, Glaubersalz, Soda, z. T. etwas Natronsalpeter) als Salzkruste auf der Bodenoberfläche oder im Boden. S. gibt es in Gebieten hoher Verdunstungsintensität, wo aufsteigendes Grundwasser oder in Mulden zusammengeströmtes Wasser verdunstet, wobei Salze ausgeschieden werden. Diese werden infolge Regenmangels nicht wieder ausgewaschen. (→ Versalzung)

Salzdom, der → Salzstock.

Salze, i. w. S. chem. Verbindungen, die aus diskreten Kationen und Anionen aufgebaut sind; i. e. S. die bergbaulich geförderten Salze, einschließlich der Kalisalze (→ Salzlagerstätte); im engsten Sinn das → Kochsalz. – Als Kationen treten in den S. Metalle, Metallkomplexe, das Ammoniumion, NH_4^+, und in der organ. Chemie quaternäre Ammoniumionen, NR_4^+, und verschiedene andere positiv geladene Moleküle oder Radikale auf. Als Anionen in den S. kommen die Reste sämtlicher anorgan. und organ. Säuren, ferner Komplexionen und negativ geladene organ. Moleküle vor. In den **Neutral-S.** sind sämtliche H^+-Ionen der Säure durch andere Kationen ersetzt. Bei unvollständigem Ersatz der H^+-Ionen in mehrbasigen Säuren entstehen **saure S. (Hydrogen-S.),** die je nach der Zahl der ersetzten Wasserstoffatome als primäre, sekundäre, tertiäre S. bezeichnet werden. Bei unvollständigem Ersatz von OH^--Gruppen in Basen entstehen entsprechend **basische S., Hydroxidsalze,** z. B. bas. Kupferchlorid, Cu(OH)Cl. Viele S. reagieren in wäßriger Lösung infolge Hydrolyse sauer oder alkalisch. Weiteres: → Doppelsalze, → Koordinationsverbindungen, → Hydrate.

Biologische Bedeutung. Von den S. des Blutes spielen im Mineralstoffwechsel außer Natriumchlorid (Kochsalz) noch Kalium-, Magnesium-, Calcium- und Phosphat-Ionen eine bed. Rolle. – Die S. werden von den luftlebenden Tieren und dem Menschen v. a. mit der Nahrung aufgenommen. Pflanzen nehmen die S. als Ionen aus dem Wasser auf.

Salzgärten, künstl. flache Becken bes. am Meer in Gebieten mit hoher Verdunstungsintensität, in denen Salzwasser zur Speisesalzgewinnung eingedunstet wird.

Salzhang, Geologie: → Salzspiegel.

Salzhorst, Geologie: der → Salzstock.

Salzhut, Geologie: → Salzspiegel.

Salzlagerstätte, Lagerstätte bes. von Stein- und Kalisalz. **Salzgesteine (Evaporite, Halite)** sind durch Eindampfung von Wasser in abgeschlossenen marinen oder (seltener) kontinentalen Becken entstanden. Nach dem Grad der Löslichkeit erfolgt die Ausscheidung der versch. Salze in gesetzmäßiger Reihenfolge; i. d. R. mit Carbonaten und Sulfaten (Gips) beginnend, folgen Stein-, Kali- und Magnesiumsalze. Die Bildung von S. ist an trockenwarme Klimazonen gebunden. Optimale Bedingung ist

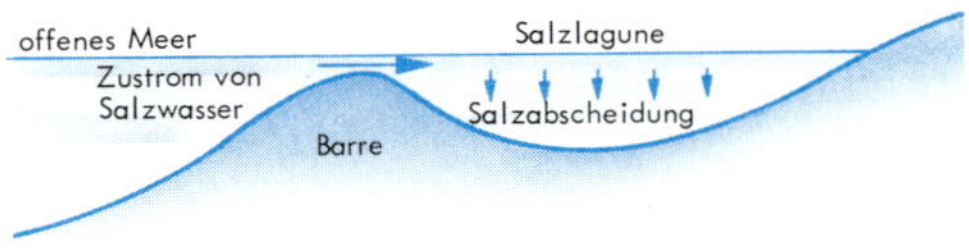

Salzlagerstätte: Schema zur Barrentheorie

anhaltender Wechsel von einströmendem Meerwasser und Wasserverdunstung über längere Zeit in durch Barren fast abgeschlossene Meeresbuchten **(Barrentheorie).** – S. sind in allen geolog. Zeiten seit dem Kambrium nachgewiesen. Große Vorkommen bes. von Kalisalzen stammen aus dem → Perm (Mittel- und Nord-Dtl., UdSSR, Texas, New Mexico u. a.) und dem Tertiär (Oberrhein, Ebro, Polen).

Salzsäure, Chlorwasserstoffsäure, wäßrige Lösung von Chlorwasserstoff, HCl, dessen Löslichkeit temperaturabhängig ist; bei 18 °C enthält die gesättigte wäßrige Lösung 42% HCl, eine farblose, an der Luft stark rauchende, sehr sauer reagierende Flüssigkeit der Dichte 1,21 g/cm^3 **(rauchende S.).** Sie läßt sich mit Wasser in jedem Verhältnis unter Selbsterwärmung verdünnen. Das azeotrope Gemisch mit 20% HCl siedet bei 109 °C; es entsteht beim Erhitzen einer S. beliebiger Konzentration. S. ist eine der stärksten Säuren und nahezu vollständig in H^+- und Cl^--Ionen dissoziiert. Sie löst viele unedle Metalle, Oxide und Carbonate unter Bildung von **Chloriden.**

In der Natur kommt S. als 0,1–0,5%ige Lösung in der Magensäure, manchmal auch in vulkan. Exhalationen vor. Die techn. Darstellung erfolgt durch Einleiten von Chlorwasserstoffgas in Wasser, das aus Kochsalz und Schwefelsäure oder in bes. reiner Form durch Synthese aus den Elementen hergestellt wird. Große Mengen von HCl fallen in der Technik bei der Chlorierung organ. Verbindungen an. In der Technik wird S. in erhebl. Mengen umgesetzt. Im Laboratorium ist sie eines der wichtigsten Reagentien. In der chem. Analyse wird sie als Maßlösung benutzt (→ Maßanalyse). S. ist nicht eigtl. giftig, in höheren Konzentrationen wirkt sie aber stark ätzend. – S. ist ein normaler Bestandteil des Magensaftes der Wirbeltiere und des Menschen und spielt eine wesentl. Rolle bei der Aktivierung der Fermente zur Eiweißverdauung.

Salzschmelzen, Elektrolytschmelzen, Chemie: Schmelzen anorgan. Salze, die im geschmolzenen Zustand in ihre Ionen zerfallen und neben ihrer Verwendung für Heizbäder und Wärmespeicher, zum Abdecken von Metallschmelzen und zur Wärmebehandlung metall. Werkstücke auch als Reaktionsmedien für präparative Zwecke Verwendung finden. S. sind oft das einzige nichtwäßrige Lösungsmittel, in dem eine best. Synthese erfolgen kann.

Salzseen, durch salzhaltige Quellen gespeiste Seen, in der Mehrheit aber abflußlose Seen der Trockengebiete, in denen es durch starke Verdunstung zu einer Salzanreicherung über 5% kommt (Totes Meer bis 26%; Großer Salzsee bis 27%; höchster gemessener Wert 37%). Die vorherrschenden Salze sind Kochsalz, daneben Magnesiumchlorid, Magnesiumsulfat, kohlensaures und schwefelsaures Natron. Wo letzteres stärker beteiligt ist, spricht man von **Natronseen;** am Grund von **Boraxseen** kommt Borax vor.

Salzspiegel, durch Ablaugungstätigkeit von Sickerwasser bes. über Salzstöcken gebildete horizontale Fläche. Die Auslaugungsprodukte bilden den **Salzhut** aus Anhydritgesteinen oder einen **Gipshut.** Seitl. Ablaugung am Salzstock bildet den **Salzhang.**

Salzsprengung, Salzverwitterung, mechan. Verwitterungsart in Trockengebieten, wo durch starke Oberflächenverdunstung auskristallisierendes Salz unter Volumenvergrößerung Gestein absprengt.

Salzstock, Salzdom, Salzhorst, stock-, dom- oder pilzartige Anreicherung großer Salzmassen, die an tekton. Schwächezonen infolge → Halokinese in die überlagernden Schichten aufgestiegen sind. Dabei werden die durchspießten Schichten randlich hochgeschleppt. Durch pilzartige Verbreiterung im oberen Teil des S. entstehen **Salzüberhänge,** die für das aus den aufgeschleppten Schichten emporwandernde Erdöl als Ölfallen von wirtschaftl. Bedeutung sein können. Die obere Grenze bildet der **Salzspiegel.** S. werden u. a. als Endlager für radioaktive Abfallstoffe vorgesehen.

Salzsümpfe, entstehen bei (meist nur vorübergehender) Austrocknung eines → Salzsees in regenloser Zeit (z. B. am Rand der Sahara). Bei weiterer Austrocknung bilden sich → Salztonebenen.

Salztektonik, Salinartektonik, durch Dichteunterschiede von Salz zum Deckgebirge und hydrostat. Druckunterschiede benachbarter Salzmassen **(Halokinese)** bewirkte Bewegungen in Sedimentgesteinen, die nicht tektonisch verursacht sind; sie führen zu einem plast. Verhalten der Salzgesteine (→ Salzstock).

Die Form der einzelnen Salzstöcke und ihr Abstand voneinander hängen von der Dicke der Salzflöze oder des ganzen Salzkörpers ab. Andererseits macht die Bevorzugung best. Richtungen im Verlauf der Salzstrukturen einen Zusammenhang mit Bruchlinien im vorsalinaren Grundgebirge deutlich (z. B. in N-Dtl.).

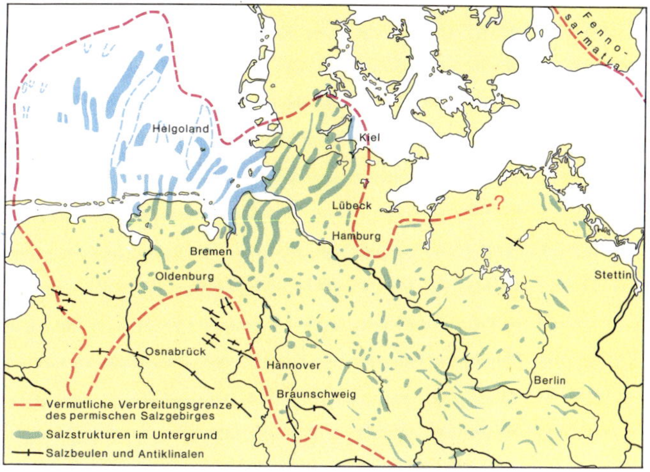

Salztektonik: Verbreitung der Salzstrukturen im Untergrund Norddeutschlands (nach P. Schmidt-Thomé)

Salzton, von Salzen durchsetzter, oft bituminöser Ton in Trockengebieten und an Salzlagerstätten.

Salzton|ebenen, Ton- oder Lehmebenen in flachen abflußlosen Bereichen der Trockengebiete. Von den umgebenden Bergländern entfalten sich durch die seltenen, aber heftigen Niederschläge Schuttkegel und Schwemmfächer gegen das Umland hin mit einem immer feineren, stark salzangereicherten Material, das ebene Flächen entstehen läßt. Nach Niederschlägen wandeln sich die S. zu → Salzsümpfen oder flachen → Salzseen um.

Salzverwitterung, die → Salzsprengung.

Samarium, chem. Symbol **Sm,** ein → chemisches Element aus der Gruppe der → Lanthanoide, Ordnungszahl 62. Es sind mehr als 20 z. T. künstlich hergestellte Isotope bekannt. S. ist ein unedles Metall, das i. d. R. durch metallotherm. Reduktion des Oxids hergestellt wird. In seinen Verbindungen ist es meist dreiwertig, seltener zweiwertig. S. wird für opt. Glaslegierungen und für Laser verwendet. Durch Kernspaltung entstehendes neutronenabsorbierendes S. behindert die weitere Kernspaltung **(S.-Vergiftung).** S. wurde 1879 von P. E. LECOQ DE BOISBAUDRAN entdeckt.

Samarskit [n. dem russ. Mineralogen W. J. Samarskij-Bychowez, * 1803, † 1870] *der,* Mineral $(Y,Er)_4[(Nb,Ta)_2O_7]_3$, tiefschwarz pechglänzend, meist isotropisiert (→ Isotropisierung); körnig oder massig, in Pegmatiten. Verschiedene Abarten, z. T. mit bis 22% UO_2.

Sä|maschinen, vom Schlepper gezogene oder getragene Landmaschinen zum Aussäen von Samen in den vorbereiteten Ackerboden. Maschinen für die **Breitsaat (Breit-S.)** verteilen das Saatgut breitwürfig und unregelmäßig über den Boden. Maschinen für **Drillsaat (Drillmaschinen)** legen die Samenkörner in Reihen mit gleichmäßigen Abständen ab, die Körner innerhalb der Reihe jedoch in unregelmäßigem Abstand voneinander. Die Schubräder entnehmen die Saatkörner aus dem Saatkasten und führen sie in die Saatleitung. Von dort werden sie in die von einem Drillschar erzeugte Saatrinne im Boden gefördert, die durch eine nachfolgende Druckrolle zugedrückt wird. Mit der in der 2. Hälfte des 18. Jh. erfundenen Reihensaat- oder Drillmaschine waren die Voraussetzungen für bessere Wachstumsbedingungen der Pflanzen und für die spätere maschinelle Unkrautbekämpfung mit → Hackgeräten geschaffen. – Maschinen für die **Dibbelsaat (Dibbelmaschinen)** säen das Saatgut so aus, daß mehrere Körner zusammen in Nestern zu liegen kommen. Für

Sämaschine: schematische Darstellung einer Einzelkorn-S.

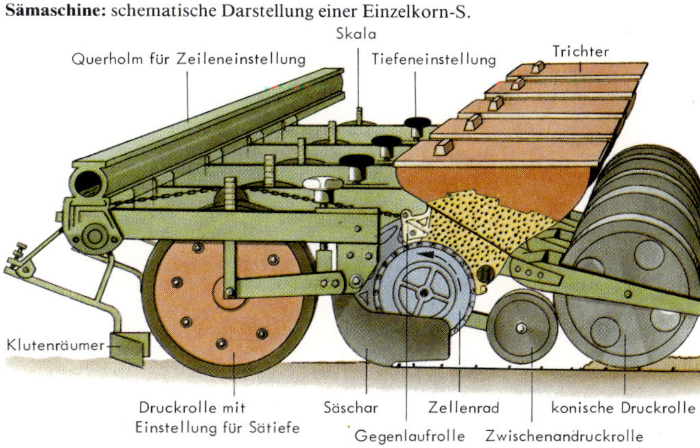

Sämaschine für Einzelkornbetrieb

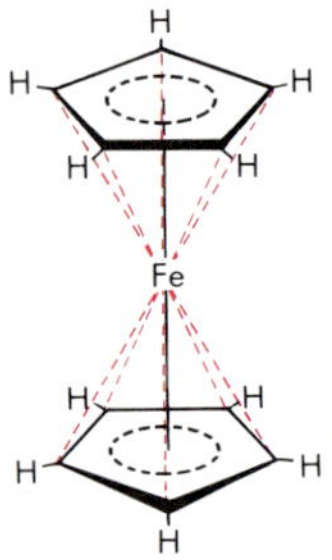

Sandwichverbindungen: Ferrocen

das Aussäen von pilliertem Saatgut (für Rübensamen) werden **Einzelkorn-S.** verwendet, die die Saatkörner auch innerhalb der Reihen in regelmäßigen Abständen einzeln ablegen.

Sämischgerbung, Gerben der Fleischspalte von Schaf-, Reh-, Rentier- u. ä. Häuten mit Dorsch- oder Robbentran. Der in die Spalte eingewalkte Tran läßt durch den oxidierenden Einfluß warmer Trocknungsluft gerbende Aldehyde entstehen. Das weiche, wassersaugende **Sämischleder** wird als Fensterleder, zum Waschen von Kraftwagen und für waschbare Lederhandschuhe verwendet. Aus Reh- oder Hirschfellen gewinnt man durch S. auch Bekleidungsleder z. B. für Trachtenhosen.

Sammel|antrieb, Gruppen|antrieb, Antrieb mehrerer Maschinen oder Vorrichtungen durch einen Motor (→Transmission 2); Ggs.: →Einzelantrieb.

Sammelkristallisation, bevorzugtes Wachstum von Kristallen in Gesteinen infolge Auf- oder Anlösung anderer Kristalle und Materialwanderung v. a. während der Diagenese und der Metamorphose.

Sammelnummer, gemeinsame Rufnummer für mehrere Fernsprech-Hauptanschlüsse eines Teilnehmers.

Sammelschiene, der Hauptverteilungsleiter in der →Schaltanlage eines Kraftwerks oder eines Umspannwerks, an den die ankommenden wie auch die abgehenden elektrischen Leitungen angeschlossen sind.

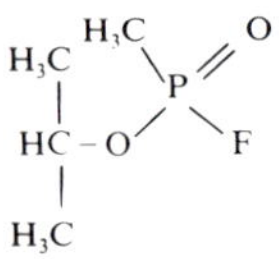

Sarin

Sampling-Oszilloskop [s'æmplıŋ-, engl.], ein →Oszilloskop zur punktweisen Abtastung von period. Vorgängen.

Samtblende, Mineral, Varietät des →Goethit.

SAN-Copolymerisate, Abk. für **Styrol-Acrylnitril-Copolymere,** amorphe, thermoplast. Kunststoffe, die durch gemeinsame Polymerisation von Styrol und Acrylnitril hergestellt werden. SAN-C. sind statist. →Copolymere. Sie haben höhere Festigkeit, Steifigkeit, Benzin- und Temperaturbeständigkeit (Dauereinsatztemp. etwa 85 °C), aber schlechtere elektr. Isoliereigenschaften als Polystyrol. SAN-C. werden für Gehäuse von Fernseh- und Radiogeräten, PKW-Lampengehäuse, Warndreiecke, Haushaltsmaschinen, Filmspulen u. a. verwendet.

Sand, lose Anhäufung kleiner Mineralkörner. S. ist (Haupt-)Bestandteil vieler Böden und Lockergesteine, wie **Fluß-S., See-S., Flug-S., Löß-S., Geschiebemergel** u. a. S. dient zur Glas- und Porzellanherstellung, als **Form-S., Schleif-S.** und **Strahl-S.** sowie als Zuschlag für Mörtel und Beton. Sand aus natürl. Vorkommen heißt **Natur-S.;** durch mechan. Aufbereitung (Brechen) wird **Brech-S.** gewonnen. S. kann aus versch. Mineralen gebildet werden, z. B. **Quarz-S., Kalk-S.** oder **Glaukonit-S.** Nach der Korngröße werden unterschieden: 1) bei Sedimenten: **Fein-S.** 0,063–0,2, **Mittel-S.** 0,2–0,63, **Grob-S.** 0,63–2 mm; 2) bei Zuschlag: **Feinst-S.** bis 0,25 mm, **Fein-S.** bis 1 mm, **Grob-S.** 1–4 mm; →Flottsand.

Sandwichbauweise: Querschnitt durch ein Rotorblatt der BO 105 (Mehrzweckhubschrauber)

Sandarak, hellgelbes, an frischen Bruchflächen glasglänzendes, wohlriechendes Baumharz aus der Rinde der Sandarakzypresse; dient u. a. zur Herstellung von Lakken, Kitten, Zahnzement sowie als Räuchermittel.

Sand|asphalt, hohlraumarme Masse aus Füllstoffen, Natur- und/oder Brechsand und Bitumen als Bindemittel, verwendet im Straßenbau als Fahrbahnbelag.

Sandböden, überwiegend aus Quarzsanden oder Sandsteinen entstandene Böden, deren Korngrößen meist zw. 0,1 und 2,0 mm Durchmesser liegen; meist wasserdurchlässig und trocken, oft von geringer Fruchtbarkeit. Eine dünne Auflage von Lößresten bei manchen Sandsteinen kann den Wert der S. wesentlich verbessern.

Sander, Sandr *der,* flache, oft weit ausgedehnte, fächerförmige Schotter- und Sandfläche, am Außenrand der Endmoränen durch Gletscherschmelzwässer abgelagert. Am oberen Ende ist die Neigung verhältnismäßig groß (bis 20%), nimmt nach außen hin rasch ab, wobei sich der S. stark verbreitet und oft mit benachbarten Flächen zusammenwächst. S.-Flächen sind wenig fruchtbar und tragen vielfach Kiefernwälder.

Sandersche Täuschung, Sandersches Parallelogramm [n. dem Psychologen F. Sander, * 1889, † 1971], eine →optische Täuschung (BILD).

Sandfang, Absetzbecken, durch das eine Strömung zur gezielten Sedimentation von mitgeführtem Sand geleitet wird, z. B. in der Kanalisation, in Kläranlagen, in Wasserentnahmen (→Geschiebe 2).

Sandhose, der →Sandwirbel.

Sandmeyer-Reaktion [n. dem schweizer. Chemiker T. Sandmeyer, * 1854, † 1922], Austauschreaktion, mit der sich die Aminogruppe aromat. Amine über Diazoniumverbindungen durch Halogene, Pseudohalogene u. ä. ersetzen läßt. Die chem. Reaktion wird durch Kupfer(I)-Salze katalysiert.

Sandpapier, Schmirgelpapier, mit Glasstaub, Sand- oder Quarzkörnern beschichtetes Papier zum Schleifen von Holz, Leder, Horn u. ä.

Sandrose, die →Wüstenrose.

Sandsackmodell, Kernphysik: von N. BOHR vorgeschlagenes →Kernmodell, bei dem ein energiereiches Teilchen auf den Atomkern geschossen wird, darin steckenbleibt und seine Energie auf die Nukleonen verteilt, ähnlich wie ein in einen Sandsack geschossenes Projektil.

Sandschliff, Windschliff, Form der äolischen Korrasion in den Trockenklimaten der heißen und kalten Zonen; bewirkt Glättung und Formung des Gesteinsmaterials durch die vom Wind mitgeführten Sandkörner (Gebläsewirkung). Dadurch entstehen, bes. bei einer vorherrschenden Windrichtung, →Windkanter, →Pilzfelsen und Wüstenlack. (→Korrasion)

Sandstein, Psammit, aus Sand bestehendes Sedimentgestein, das durch kalkiges, kieseliges oder toniges Bindemittel diagenetisch verfestigt ist. Nach dem Hauptgemengeteil werden Quarz- und Kalk-S., nach den Nebengemengeteilen Arkose (Feldspat) und Grauwacke, nach dem Bindemittel kalkiger, kieseliger oder toniger S. unterschieden. S. ist weit verbreitet und wird als Bau- und Werkstein verwendet. Dank seiner Porosität ist er ein guter Grundwasserleiter und bed. Erdgas- und Erdölspeichergestein.

Sandstrahlen, Sandstrahlgebläse, →Strahlverfahren.

Sandstreuer, Einrichtung an Triebfahrzeugen der Schienenbahnen zum Besanden der Schienenköpfe, um die Haftreibung zu erhöhen, bes. beim Anfahren und Bremsen.

Sandsturm, Staubsturm, sand-(staub-)führende Stürme in Trockengebieten (Chamsin, Samum). Der Sand wird in den untersten 20 m über dem Boden transportiert und lagert sich bald ab, der Staub dagegen kann über 1 km hoch aufgewirbelt und weit transportiert werden.

Sand|uhr, altes Zeitmeßgerät, heute noch als **Eieruhr** verwendet; besteht aus zwei birnenförmigen, an den Spitzen verbundenen Glasgefäßen, von denen eines mit feinem Sand gefüllt ist. Beim Kippen fließt der Sand vom oberen in das untere Gefäß.

Sandwichbauweise [s'ænwɪtʃ-], im Leicht-, bes. Flugzeugbau, und in der Bautechnik angewendete Bauweise zur Gewichtsersparnis, Erhöhung der Formsteifigkeit sowie zur Wärme- und Schalldämmung. Zwischen zwei Deckschichten **(Sandwichplatten)** aus Metall, Holz oder GFK ist ein wabenartiger Stützkern geklebt oder gelötet und Hartschaum, Balsaholz o. ä. eingebracht. (BILD S. 230)

Sandwichverbindungen [s'ænwɪtʃ-], Komplexverbindungen, in denen das Atom eines Übergangsmetalles zw. zwei Ringmolekülen mit aromat. Charakter (z. B. Cyclopentadien, Benzol) eingebettet ist. Beispiele sind Dicyclopentadienyleisen (Ferrocen), ein orangeroter, stabiler Feststoff und Bisbenzolchrom. Gemischte S. enthalten verschiedene Ringe, z. B. Cyclopentadienylbenzolmangan. (FORMEL S. 230)

Sandwirbel, Sandhose, Staubwirbel, Ansammlung von Sandteilchen (Staubteilchen), die bisweilen zus. mit anderen kleinen Gegenständen in Form eines säulenartigen Wirbels wechselnder Höhe und geringen Durchmessers mit etwa vertikaler Achse vom Erdboden weg emporgerissen werden. (→Trombe)

Sanforisieren [n. seinem Erfinder Sanford L. Cluett, * 1874, † 1968], Verfahren zum Krumpfechtmachen von Textilien (→Krumpfen) unter Einfluß feuchter Hitze. Das beim Waschen eintretende Einlaufen wird maschinell vorweggenommen.

Sanidin *der,* Mineral, glasiger →Feldspat.

Sanidinite, vulkan. Auswürflinge von Tiefengesteinen oder kristallinen Schiefern, die bes. reich an Sanidin sind. – **Sanidinit-Fazi|es,** →Mineralfazies.

Sanitätsflugzeug, Flugzeug für den Transport von Kranken und Verletzten, entsteht durch Umrüstung ziviler Passagierflugzeuge oder militär. Transportflugzeuge (Ausrüstung mit Tragbahren und Einbau ausreichend großer Rumpftüren).

Sankey-Diagramm [s'æŋkɪ-, n. dem irischen Ingenieur H. R. Sankey, * 1853, † 1921], graph. Darstellung eines Energieflusses (z. B. →Abwärme) durch bandförmige Unterteilung. Beginnend mit 100%, zweigen für die einzelnen Anteile, die für best. Zwecke benutzt werden, entsprechende Streifen ab.

Saphir *der,* Varietät des →Korund. S. ist einer der höchstwertigen Edelsteine. Seine Farbtöne reichen in allen Schattierungen von dunkel- bis hellblau, auch gelb, grün, braun und fleischfarben. Der größte geschliffene S., der ›Stern von Indien‹, hat 563,35 Karat. Die S. für Plattenspieler werden synthetisch hergestellt.

Saphirquarz, tiefblauer, durch Einschlüsse von Krokydolith-Nadeln gefärbter Quarz.

Saponine, Pflanzenglykoside, die Steroide oder Triterpene als Aglykon (→Glykoside) enthalten und die in Wasser seifenartige kolloidale Lösungen bilden. S. haben hämolytische und antibiot. Wirkungen und sind toxisch für Fische. Das Steroid-S. **Dioscin** wird aus den Wurzelknollen von Dioscorea-Arten (Mexico, China) gewonnen und zur Herstellung von Steroiden verwendet. **Triterpen-S.** werden z. B. aus der Rinde des Seifenbaumes (Chile) gewonnen. Sie dienen als oberflächenaktive Stoffe in Photoemulsionen, Feinwaschmitteln und Schaumlöschern.

Saponit *der,* **Seifenstein,** Mineral $Mg_3[(OH)_2|Al_{0,33}Si_{3,67}O_{10}]^{-0,33} \cdot Na_{0,33}(H_2O)_4$, weiß oder verschiedenfarbig, feinstnadelige dichte Massen; quellfähig, trocken seifenartig; Verwitterungsprodukt von Serpentin- und Amphibolgesteinen.

Saprobi|en, Lebewesen, die sich von verwesenden organ. Stoffen ernähren und z. B. die biolog. →Selbstreinigung von Gewässern bewirken. (→Saprobiensystem)

Saprobi|ensystem, biolog. System zur Ermittlung und Klassifizierung der Größenordnung des Abbaus organ. Substanz in Gewässern, d. h. zur Beurteilung der →Gewässergüte. Grundlage des S. ist der Zusammenhang zw. der Wasserverunreinigung und dem verstärkten Vorkommen bestimmter Gewässerorganismen (→Saprobien), die, in Gruppen zusammengefaßt, vier Gütestufen zugeordnet werden: I, oligosaprob = kaum verunreinigt; II, beta-mesosaprob = mäßig verunreinigt; III, alphamesosaprob = stark verunreinigt; IV, polysaprob = sehr stark verunreinigt.

Sapropel, der →Faulschlamm.

Sapropelit, das Faulschlammgestein.

Sarder *der,* hell- bis dunkelbraune Varietät des →Chalcedon.

Sardonyx, Mineral, zu den Achaten gezählter →Chalcedon; heute Bez. für (meist künstlich gefärbte) braun-weiß gebänderte Achate.

Sarin, Deckname für den nervenschädigenden →chemischen Kampfstoff Methylfluorophosphonsäureisopropylester. (FORMEL S. 230)

Sarkin, das →Hypoxantin.

Saros|periode, der schon den Chaldäern **(Chaldäische Periode)** bekannte Zeitabschnitt von ungefähr 18 Jahren und 11 Tagen bei vier Schaltjahren oder 18 Jahren und 10 Tagen bei fünf Schaltjahren, nach dem sich →Sonnenfinsternisse und →Mondfinsternisse wiederholen. Nach Ablauf der S. steht der →Mond in der gleichen Phase und in der gleichen Stellung bezüglich seiner Bahnknoten, weil die S. (in guter Näherung) einer ganzen Zahl von synod. (223) und drakonit. (242) →Monaten entspricht. Wegen der kleinen Zeitabweichung zw. 223 synod. Monaten ≈ 6585,32 Tage und 242 drakonit. Monaten ≈ 6585,36 Tage bleiben Mondfinsternisse nur rd. 900 Jahre, Sonnenfinsternisse nur rd. 1350 Jahre im **Saroszyklus (Saros).**

Sassolin *der,* Mineral $B(OH)_3$, Borsäure, H. 1, D. 1,45; weiße, perlmutterglänzende Blättchen in heißen Quellen und vulkan. Gasaustritten.

Satellit, 1) Astronomie: ein Mond (→Monde).

2) künstlicher S., Erdsatellit, unbemannter Raumflugkörper für wissenschaftl., zivile oder militär. Zwecke, kreist infolge des Gleichgewichts von Erdanziehungskraft und Zentrifugalkraft antriebslos um die Erde. Künstliche S. um andere Planeten, z. B. Mars oder Venus, werden in der Raumfahrt meist mit →Orbiter bezeichnet. S. werden von Trägerraketen (→Rakete) oder seit 1982 auch von →Raumtransportern in ihre Umlaufbahn gebracht.

Einteilung. Je nach Aufgabenstellung werden S. eingeteilt in:

wissenschaftl. S. zur Erforschung der näheren und wei-

Saphir

Saphir: 1 S. Birma, **2** Padparadscha, **3** S. Ceylon, **4** S. Ceylon gelb, **5** blauer Sternsaphir, **6** schwarzer Sternsaphir

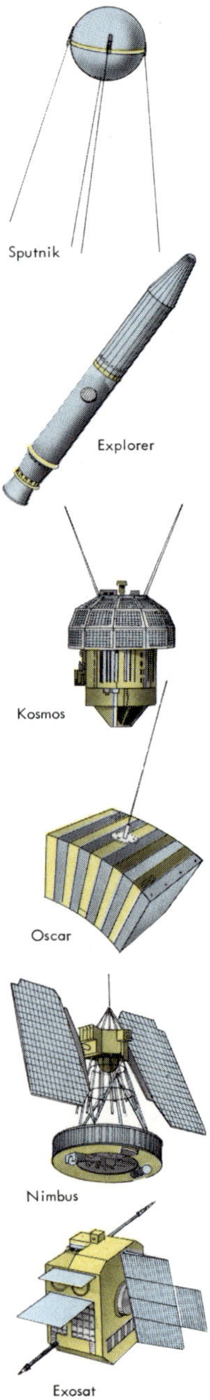

Satellit 2) 1: verschiedene S.-Typen

teren Umgebung der Erde, z. B. der hohen Atmosphäre, des Magnetfeldes, der kosm. Strahlung: Aeros, Azur, COS-B, Dial, Elektron, ESRO, Exosat, Explorer, GEOS, HEOS, INTASAT, Interkosmos, einige Kosmos-S., OSO, Sputnik, WRESAT;

astronom. S. zur Erforschung der Sonne, anderer Fixsterne, Suche nach Röntgenstrahlenquellen: ANS, Ariel, HEAO, Helios, OAO, SMM (→ Satellitenastronomie);

biomedizin. S. oder → Bio-Satelliten zum Studium des Verhaltens von Pflanzen und Tieren bei Schwerelosigkeit: z. B. Bios sowie einige Kosmos-S.;

meteorolog. S. oder → Wettersatelliten: ESSA, GOES, ITOS, Meteor, Meteosat, Nimbus, NOAA, TIROS;

Erderkundungs-S. oder **Erderforschungs-S.:** EOS, ERTS, OGO;

geodätische S. zu Vermessungszwecken in der Kartographie, Geophysik und Geodäsie, z. B. Erdbebenwarnung: GEOS (→ Satellitengeodäsie);

Kommunikations-S. oder → Nachrichtensatelliten zur Übertragung von Rundfunk- und Fernsehsendungen, Telegrammen, Telephongesprächen und Daten: Anik, ATS, Comstar, CTS, Early Bird, Echo, ECS, INTELSAT, L-Sat, Marecs, Marisat, Marots, Molnija, OSCAR, OTS, Relay, Statsionar, Symphonie, TDF, Telecom, Telstar, TV-Sat.

Navigations-S. zur kontinuierl. Positionsbestimmung im Schiffs- und Flugverkehr sowie in der Raumfahrt: früheres Projekt Aerosat, Navstar-GPS, TDRS, Transit (→ Satellitennavigation);

Geheim-S. oder → militärische Satelliten für Überwachungs- und Kommunikationsaufgaben: AFSATCOM, Discoverer, DMSP, DSCS, FLEETSATCOM, Kosmos, NATO, Orbiting Vehicle, SAMOS, Skynet, Vela Hotel.

Wetter-, Nachrichten- und Navigations-S. werden zur Gruppe der kommerziell bes. interessanten **Anwendungs-S.** zusammengefaßt. Mit Ausnahme der Bio-S. und einiger militär. S. verbleiben S. auf ihren Umlaufbahnen, bis sie in der Erdatmosphäre verglühen. Die Funktionsdauer von S. schwankt je nach Einsatzzweck zw. wenigen Tagen (z. B. militär. S.) und mehreren (bis zu zehn) Jahren (astronom. S.), die Verweilzeit im Orbit je nach der Bahnhöhe bis zu einigen tausend Jahren.

Aufbau. Die äußere Form von S. wird von der Zweckmäßigkeit sowie der Beschränkung durch den verfügbaren Nutzlastraum in der Raketenoberstufe oder im Raumtransporter bestimmt, das äußere Bild von Auslegern für die Meßinstrumente (Experimente) und Solarzellenflächen (→ Solarzelle) geprägt. S. bestehen aus den Hauptkomponenten: Struktur, Nutzlast, Telemetrie- und Kommandoanlage, Energieversorgungs-, Klimaregelungs-, Stabilisierungs- und Lageregelungsanlage. Moderne S., v. a. Kommunikations-S., sind dreiachsenstabilisiert: Durch ein System von kleinen Gasdüsen, kombiniert mit einem Stabilisierungsschwungrad, ist es möglich, einen S. gleichzeitig zum Erdmittelpunkt, senkrecht zur Äquatorebene und in Bahnrichtung zu stabilisieren. Nur wenn die Bord-Instrumentierung keine fest definierte Orientierung im Raum benötigt, wird auf ein aufwendiges Lageregelungssystem verzichtet.

Bahnen. Die Bahnen von S. um die Erde sind Raumflugbahnen (→ Flugbahn, → Raumfahrt). Sie haben die Form von Kegelschnitten und sind nur im Sonderfall ideale Kreisbahnen. Um eine gewünschte S.-Bahn erreichen zu können, muß der S. horizontal zur Erdoberfläche in die Umlaufbahn eingeschossen werden, und zwar gleichzeitig in best. Höhe, Geschwindigkeit und Richtung. Kleinere Abweichungen können durch Lagekorrekturen ausgeglichen werden. Der erdnächste Punkt einer Umlaufbahn ist das Perigäum, der erdfernste das Apogäum. In rd. 36000 km Höhe beträgt die Umlaufzeit genau 24 Stunden; der S. scheint für den irdischen Beobachter am Himmel fixiert (→ geostationäre Umlaufbahn).

Satellit 2) 4: Bei erdstabilisierten S. (z. B. Wetter-S.) fällt die Flugrichtung mit der Längsachse zusammen. Die Hochachse und die Sensoren für Fernseh- und Infrarotaufnahmen sind zum Erdmittelpunkt gerichtet. Die senkrecht zur Bahnebene stehende Querachse hat dieselbe Richtung wie die Drehachse der Sonnensegel

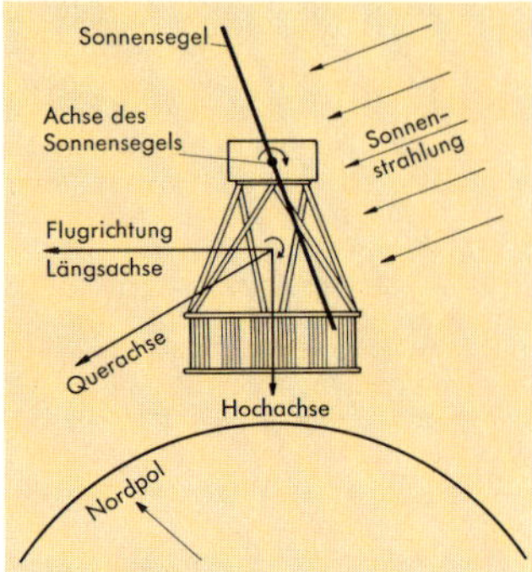

Wegen der Erddrehung ist es vorteilhaft, S. in Richtung Osten zu starten; die dadurch dem S. zusätzlich verliehene Geschwindigkeit ist am Äquator am größten. Deshalb sind Startgelände für Satellitenträger am oder im Bereich des Äquators am günstigsten. (Weitere BILDER S. 233, 234)

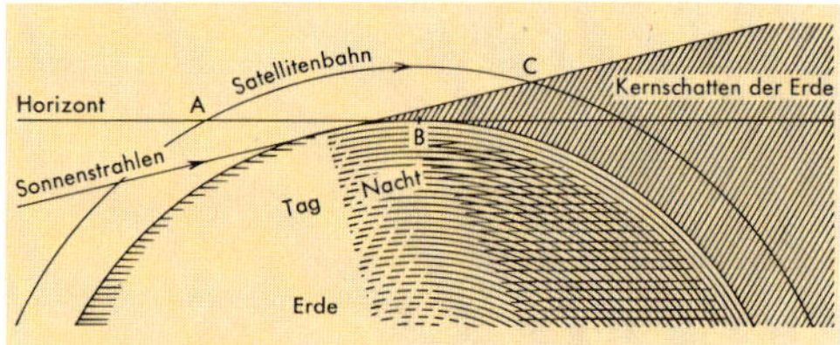

Satellit 2) 5: Vom Beobachtungsort B im Erdschatten ist der S. sichtbar auf dem Abschnitt AC seiner Bahn

Geschichte. Der erste erfolgreich gestartete S. am 4. 10. 1957 war der 83,5 kg schwere Sputnik 1 (UdSSR). Am 31. 1. 1958 gelang den USA mit Explorer 1 (Masse 14 kg) der erste S.-Start. Bis heute haben die UdSSR und die USA über dreitausend S. erfolgreich auf ihre Bahnen gebracht. Auch andere Nationen hatten oder haben eigene S., so Großbritannien, Australien, Kanada, Frankreich, Bundesrep. Dtl., Spanien, Japan, Indonesien, Indien, China. Z. T. wurden die S. dieser Länder mit eigenen, meist aber mit sowjet. oder amerikan. Trägerraketen gestartet. Da beim Transport von S. auch Teile der Raketen-Oberstufe eine Erdumlaufbahn erreichen, kreisen neben den S. auch eine große Zahl anderer Objekte um die Erde (Zahlen hierzu → Raumfahrt).

Lit. → Raumfahrt.

Satelliten|altimetrie, Geodäsie: Verfahren zur Bestimmung der Höhe eines Satelliten über der Meeresoberfläche durch Laufzeitmessung eines reflektierten Radarimpulses, dient u. a. zur Festlegung des → Geoids.

Satelliten|astronomie, astronom. Beobachtungen mit Hilfe von Forschungssatelliten und bemannten Raumstationen; sie erlauben, das gesamte Spektrum der elektromagnet. und der korpuskularen Strahlung ohne

Störung durch die Erdatmosphäre zu erfassen. Mit Hilfe von Satellitenobservatorien (z. B. die drei Satelliten HEAO-1, -2 und -3, Abk. für engl. High Energy Astronomy Observatory) wurden Untersuchungen bes. über Röntgenstrahlung (→ Röntgenastronomie), niederenerget. Gammastrahlung (→ Gammaastronomie) und UV-Strahlung (→ Ultraviolettastronomie) durchgeführt. Bemannte Raumstationen ermöglichen es darüber hinaus, ganze astronom. Laboratorien für umfangreiche Untersuchungen im extraterrestr. Raum einzusetzen (→ Skylab). Ein Großteil der neuen astronom. Erkenntnisse ist der S. zu verdanken.

Satellitengeodäsie, Teilgebiet der → Geodäsie, das sich mit Messungen zu künstl. Erdsatelliten und deren geodät. Nutzung befaßt (durch räuml. Richtungsmessungen, Distanzmessungen und Messungen mit Hilfe des → Doppler-Effektes). Hieraus lassen sich die räuml. Koordinaten der Beobachtungspunkte (Unsicherheit ± 1 m) und die großräumigen (> 1000 km) Strukturen des Schwerefeldes und des → Geoids berechnen. Ein detailliertes Bild des Geoids im Meeresbereich liefert die → Satellitenaltimetrie.

Satellitengeschwindigkeit, i. a. die Geschwindigkeit eines Satelliten auf seiner Bahn um einen Planeten, insbes. die → Kreisbahngeschwindigkeit.

Satellitenmeteorologie, die Erfassung meteorolog. Daten vom Satelliten aus durch Fernmessung. Zur vertikalen Temperatursondierung dienen polumkreisende Satelliten, die jeden Punkt der Erde mindestens zweimal täglich zur gleichen Ortszeit überblicken. Der Wolkenzug läßt sich dagegen nur von geostationären Satelliten aus bestimmen. Beide Typen sind mit Kameras zur Wolkenbeobachtung im sichtbaren und infraroten Bereich ausgestattet, ferner mit Spezialempfängern für Forschungsprojekte. – Wolkenaufnahmen werden vielfach dauernd ausgesandt und sind weltweit mit einfachem Gerät empfangbar. Die übrigen Daten können nur vom Eigentümer abgerufen werden.

Satelliten|navigation, Verfahren der → Funknavigation, beruht auf der Auswertung von Funksignalen, die von künstlichen Satelliten ausgestrahlt werden.

Bei modernen Navigationssatelliten wird die durch laufende Abstandsänderung zw. Beobachter und vorbeifliegenden Satelliten hervorgerufene Änderung der Empfangsfrequenz ausgewertet, deren Änderungsgeschwindigkeit (Steilheit der Doppler-Kurve über der Zeit) abhängig ist von der Entfernung, in der die Satellitenbahn seitlich vom Ort des Beobachters vorbeiläuft; die Uhrzeit, bei der der Wendepunkt der Frequenzkurve auftritt, zeigt die größte Annäherung und somit, vom Beobachter gesehen, die Richtung senkrecht zur Satellitenbahn an. Die genauen Bahndaten und die Weltzeit werden dem Benutzer dieses Verfahrens vom Satelliten direkt mitgeteilt; genaue Zeitmarken und gespeicherte, auf dem neuesten Stand gehaltene Bahnparameter werden einer der Satelliten-Meßfrequenzen aufmoduliert und laufend ausgestrahlt; diese Informationen werden vom Spezialempfänger des Verkehrsteilnehmers aufgenommen und mit einem Computer ausgewertet. Ein Netz von Beobachtungsstationen überwacht die Satellitenbahnen, eine Zentrale berechnet laufend die Bahnelemente, die in best. Zeitabständen über Funk zum Satelliten zur Erneuerung der Speicherdaten übermittelt werden. Dieses von der amerikan. Marine entwickelte und zunehmend auch bei der zivilen Schiffahrt angewendete Verfahren ermöglicht weltweit Standortbestimmungen hoher Genauigkeit (etwa 100 m). Insbesondere für die Luftfahrt ist in den USA ein aufwendigeres Verfahren (→ Navstar-GPS) in Entwicklung, dessen Endausbau (18 in der Äquatorebene jeweils um 60° versetzte und gegen diese um 63° geneigte Kreisbahnen) für 1985/86 vorgesehen ist. (Weitere BILDER S. 234)

Prinzip der **Satellitennavigation,** die an jedem Punkt der Erde eine Ortsbestimmung mit etwa 100 m Genauigkeit ermöglicht. Für die Ortsbestimmung ist nur ein einziger Satellit erforderlich, jedoch werden mehrere in Umlaufbahnen gehalten, um die Häufigkeit der Standortbestimmungen zu erhöhen

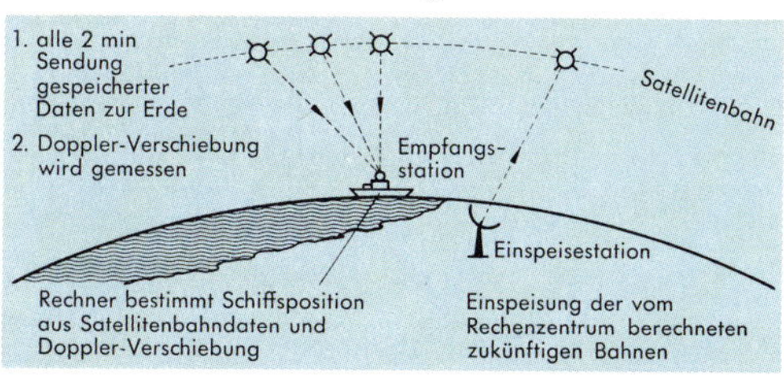

Satellitenphotographie, photograph. Erfassung von Land- und Meeresflächen von Erdsatelliten aus. Verwendung in Meteorologie, Kartographie, Hydrologie, Ozeanologie, Wald- und Forstwirtschaft, Umweltreinhaltung sowie zur Auffindung neuer Erdressourcen und für militär. Zwecke. Die techn. Perfektion der S. ist heute so weit, daß sich ihrer zunehmend auch Planungsinstitute, Behörden und kommerziell arbeitende Firmen bedienen. Weiteres → Luftbild.

Satellitenträger, Raketen zum Transport von Erdsatelliten und kleineren Raumstationen auf ihre Umlaufbahnen. Die bekanntesten S. sind Wostok A-2 (UdSSR), Ariane (Europa) sowie Scout, Delta, Atlas und Titan (USA). In den USA übernimmt seit 1982/83 weitgehend der → Raumtransporter die Aufgaben der S.

satinieren, Papier oder Gewebe auf Kalandern glätten.

Sattel, 1) Geographie: auch **Einsattelung,** niedrigerer (sattelartig eingebogener), für eine Überquerung günstiger Teil eines Berg- oder Gebirgskammes.

2) Geologie: **Antiklinale, Gewölbe,** nach oben konvexgekrümmte Gesteinsfolge, wobei die älteren Schichten im **S.-Kern** liegen (→ Falte).

Sattelkraftfahrzeug, ein Lastkraftwagen, besteht aus **Sattelzugmaschine** oder **Sattelschlepper** (ohne Nutzladung) und (auswechselbarem) Auflieger **(Sattelanhänger);** höchstzulässiges Gesamtgewicht 38 t. S. dürfen keine Anhänger mitführen.

Sattelpunkt, Mathematik: 1) Wendepunkt einer Kurve, in dem die erste Ableitung verschwindet (horizontale Tangente). – 2) isolierter singulärer Punkt (→ singulär), in den die Graphen endlich vieler Lösungen einer Differentialgleichung münden, während die übrigen an diesem Punkt vorbeilaufen. – 3) Flächenpunkt, in dem sich zwei aufeinander senkrecht stehende horizontale Tangenten schneiden, wobei die eine zu einem Maximum, die andere zu einem Minimum der Fläche gehört. (BILD S. 234)

Sattelschlepper, → Sattelkraftfahrzeug.

Sättigung, 1) Elektronik: möglicher Betriebszustand bei nichtlinearen Bauelementen, z. B. Elektronenröhren, Halbleiterdioden, Transistoren, Operationsverstärkern, Übertragern. Beim bipolaren Transistor wird die S., d. h. der durch Sättigungsstrom und Sättigungsspannung be-

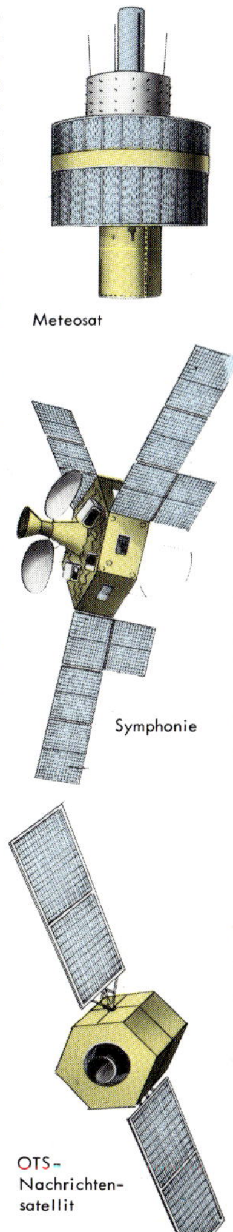

Satellit 2) 2: verschiedene S.-Typen

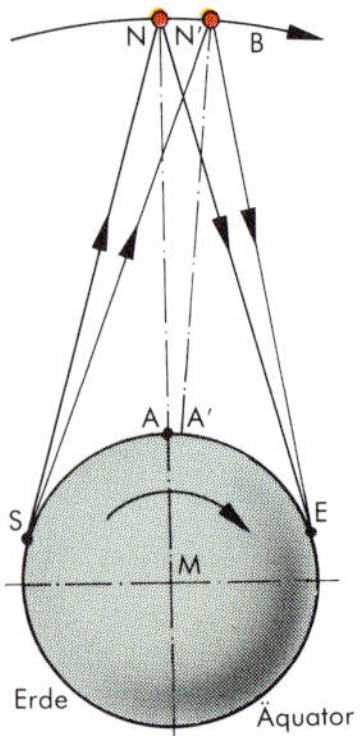

Satellit 2) 3: geostationärer S.

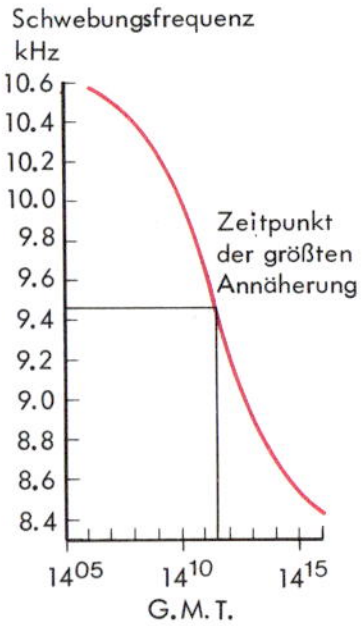

Satellitennavigation: Doppler-Kurve über der Zeit

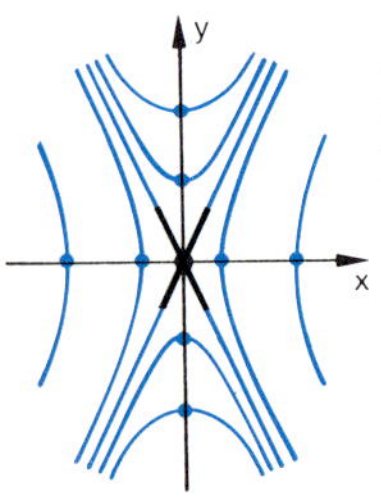

Sattelpunkt 2)

stimmte vollständig leitende Zustand, dadurch erreicht, daß der Basiszone weit mehr Ladungsträger zugeführt werden, als es das Kollektor/Basis-Stromverhältnis (Stromverstärkung *B*) erfordert. Der S.-Zustand ist i. Ggs. zum ungesättigten Betrieb dadurch gekennzeichnet, daß die Kollektor/Emitter-S.-Spannung U_{CEsat} (Restspannung) betragsmäßig wesentlich kleiner ist als die Basis/Emitter-Spannung U_{BE} (Steuerspannung). Typische Werte bei einem Silicium-Kleinsignal-Transistor:

$$U_{CEsat} \approx 50 \ldots 100 \text{ mV bei } U_{BE} \approx 700 \text{ mV}.$$

2) Farbmetrik: neben → Farbton und → Helligkeit einer der drei unmittelbar empfundenen Eigenschaften einer Farbe. Die S. beschreibt das Aussehen einer Farbe bezüglich spektraler Reinheit, d. h. die Ausgeprägtheit eines Farbtons. Unbunt hat den **Sättigungsgrad** Null, Spektralfarben haben die größtmögliche S. (→ Optimalfarbe). Als Maß für die S. dient der spektrale Farbanteil.

3) Meteorologie: S. herrscht, wenn eine frei verdunstende Fläche pro Zeit ebensoviel Wasser aus der Luft aufnimmt, wie sie an diese abgibt. S.-Werte gelten, wenn nicht anders angegeben, für eine ebene Wasserfläche. Der Dampfdruck bei dem so definierten Gleichgewicht hängt nur von der Temperatur (→ Taupunkt) ab. Die relative → Luftfeuchtigkeit beträgt dann 100%. Ob ein Überschreiten der S. zur **Übersättigung** oder zur Kondensation führt, hängt von den vorhandenen Kondensationskernen ab. Sind sie hygroskopisch oder aus Eis, tritt bereits bei relativen Luftfeuchtigkeiten unter 100% Kondensation auf, während dazu bei sehr kleinen oder fehlenden Kernen 100% überschritten werden müssen.

4) Physik: Erscheinung in einem physikal. System, daß bei der funktionalen Abhängigkeit einer Größe *y* von einer Größe *x* bei deren weiterer Zunahme der Wert der abhängigen Größe *y* sich ab einem Grenzwert x_S nicht mehr ändert, d. h., *y* kann den **Sättigungswert** y_S nicht überschreiten (BILD S. 235); z. B. in der Beziehung zw. Magnetisierung und magnet. Feldstärke bei ferromagnet. Stoffen (→ Ferromagnetismus, → Hysterese).

Sättigungsdampfdruck, → Dampf.

Sättigungsdampfmenge, → Trocknung.

Sättigungsdefizit, Meteorologie: die Differenz zw. dem Sättigungsdampfdruck und dem tatsächl. Dampfdruck. (→ Luftfeuchtigkeit)

Sättigungsgrad, 1) Bodenkunde: das Verhältnis der Metallkationen (bes. Calcium, Magnesium, Natrium und Kalium) zu der Gesamtmenge der Kationen (Metallkationen + H-Ionen), ausgedrückt in Milligramm-Äquivalenten. In humiden Klimaten beträgt der S. der Böden etwa 20–50, in semihumiden Klimaten, z. B. in Steppenschwarzerden, etwa 80–90.

2) Farbmetrik: → Sättigung 2).

3) techn. Thermodynamik: relatives Maß für den Dampfgehalt eines Dampf-Gas-(Luft-)Gemisches, definiert als Quotient aus Dampfgehalt (oder absoluter Feuchtigkeit) und dem maximal möglichen Dampfgehalt des Gemisches.

Sättigungskonzentration, Sättigungswert, → Lösung.

Sättigungs|stromgebiet, bei Elektronenemission aus Metallen der Bereich maximalen Thermoelektronenstroms (→ Glühemission), der bei gegebener Kathodentemperatur möglich ist, indem z. B. in einer Elektronenröhre alle von der Kathode emittierten Elektronen die Anode erreichen. Die **Sättigungsstromdichte** wird dabei durch die → Richardson-Gleichung beschrieben.

Saturn, 1) Astronomie: Zeichen ♄, von der Sonne aus gezählt 6. Planet im → Sonnensystem, der zweitgrößte der jupiterähnl. Planeten. S. bewegt sich in 29,46 ird. Jahren (= 1 Saturnjahr) auf einer ellipt. Bahn mit einer mittleren Entfernung von 1,43 Mrd. km oder 9,54 astronom. Einheiten um die Sonne (Periheldistanz 1,35 Mrd. km, Apheldistanz 1,5 Mrd. km); die S.-Bahn ist um 2,5° gegen die Ekliptik geneigt. Als oberer Planet erreicht S. etwa alle 12,5 Monate eine Opposition (→ Konstellation 1) zur Sonne und erscheint dann als stark abgeplattetes Scheibchen von etwa 19″ Durchmesser. Schon mit einem kleinen Fernrohr kann man die **Ringe des S.** erkennen, die – da in der um knapp 27° zur Bahnebene geneigten Äquatorebene befindlich – im Verlauf eines S.-Jahres aus unterschiedl. Blickwinkel zu beobachten sind. Sie wurden bereits von G. GALILEI beobachtet, aber erst 1655 von CHR. HUYGENS als solche erkannt. 1675 fand D. CASSINI eine Trennung zw. dem äußeren A- und dem inneren B-Ring **(Cassini-Teilung).** Später wurden weitere Ringe gefunden (BILD 1 S. 235). Die dichte S.-Atmosphäre zeigt im Fernrohr weit weniger Strukturen als die Gashülle des → Jupiter; trotzdem konnte man an Hand gelegentlich auftretender Formationen eine atmosphär. Rotationsdauer von 10 h 14 min ermitteln.

Bislang haben drei unbemannte Instrumententräger den S. erforscht: Pioneer 11 (1979), Voyager 1 (1980) und Voyager 2 (1981). Pioneer 11 entdeckte u. a. ein äußerst gleichmäßig geformtes Magnetfeld des S., zusätzl. Ringstrukturen und einen weiteren S.-Mond; Voyager 1 und 2 konnten mit ihren hochauflösenden Kameras dann in den klass. Ringbereichen viele hundert Einzelringe erkennen (BILD 2 S. 235), eine Reihe von weiteren Monden nachwei-

Astronomische und physikalische Daten des S.

Äquatordurchmesser	120 800 km
Poldurchmesser	108 100 km
Abplattung	1/9,51
Masse	$5{,}69 \cdot 10^{23}$ t
mittlere Dichte	0,69 g/cm³
Rotationsdauer	10h 39min 26s
Dauer eines Umlaufes um die Sonne	29,46 Jahre
mittlere Entfernung zur Sonne	1,427 Mrd. km

Saturnmonde (Stand Ende 1982)

Nummer/Name	Durchmesser (km)	Entfernung zu Saturn (km)	Umlaufzeit
1980S28	80 × 60 × 40	137 700	14h 25min 44s
1980S27	140 × 100 × 80	139 400	14h 42min 43s
1980S26	110 × 90 × 70	141 700	15h 05min 02s
1980S3	140 × 120 × 100	151 422	16h 39min 48s
1980S1	220 × 200 × 160	151 472	16h 40min 22s
Mimas	392	185 600	22h 37min 03s
Mimas B	10	185 600	22 h 37min
Enceladus	500	238 100	1,3702d
Tethys	1050	294 700	1,8878d
Tethys B	34	294 700	1,8878d
Tethys C	34	294 700	1,8878d
Tethys D	15	294 700	1,8878d
1980S34	15	350 000	2,44d
Dione	1120	377 500	2,7369d
Dione B	36	377 500	2,7369d
Dione C	20	377 500	2,7369d
Rhea	1530	527 200	4,5175d
Titan	5150	1 221 600	15,9454d
Hyperion	360	1 483 000	21,2767d
Iapetus	1 450	3 560 100	79,3308d
Phoebe	200	12 950 000	550,33d

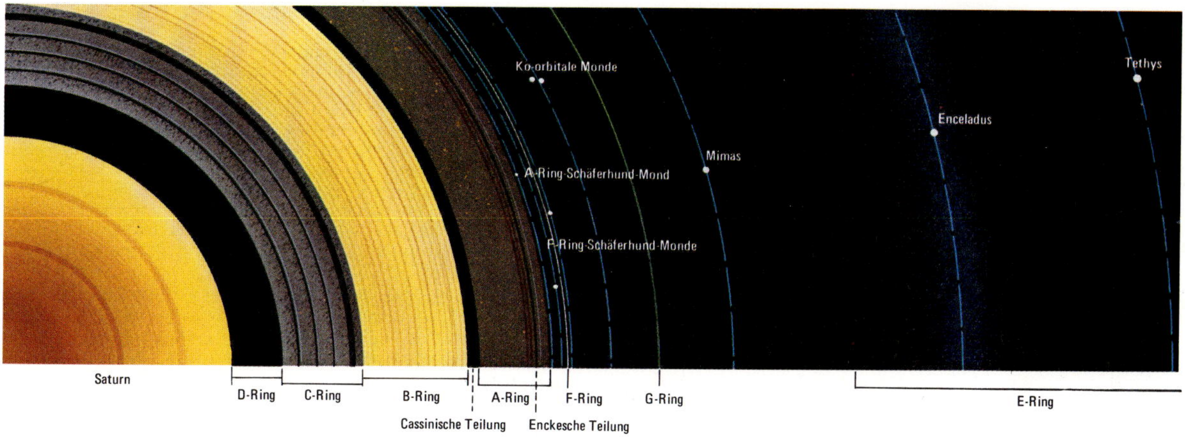

Saturn 1) 1: Ringe des S.

sen (BILD 3 S. 236) und die Turbulenzen sowie die chem. Zusammensetzung der S.-Atmosphäre studieren. Neben Wasserstoff und Helium, den Hauptbestandteilen, konnten Methan, Ammoniak, Phosphin, Äthan, Acetylen und verwandte Moleküle nachgewiesen werden. Die Wolken der S.-Atmosphäre dürften aus Methaneiskristallen und -tröpfchen bestehen, die durch beigemengte Spuren von Kohlenstoff-, Schwefel- und Phosphorverbindungen ›eingefärbt‹ erscheinen. In einem breiten Streifen nördlich und südlich des Äquators herrschen Windgeschwindigkeiten von bis zu 1500 km/h im Rotationssinn; diese Geschwindigkeit ›über Grund‹ ergibt sich aus der aus radioastronom. Beobachtungen der beiden Voyager-Sonden abgeleiteten Rotationsperiode des S.-Magnetfeldes, die zeitlich mit der Umdrehung des festen Planetenkörpers zusammenfallen dürfte; sie liegt bei 10h 39min 26s. Die magnet. Achse des S. fällt nahezu mit der Rotationsachse des Planeten zusammen. Der Einflußbereich der S.-Magnetosphäre reicht etwa 30 Planetenradien nach außen; die Stärke des magnet. Moments ist mit $4{,}6 \cdot 10^{24}$ Tesla $\cdot$ cm^3 knapp 600mal größer als die des ird. Magnetfeldes. S. gibt mehr Wärme an den umgebenden Weltraum ab als er von der Sonne empfängt. Da man ihm jedoch – anders als Jupiter – einen gestein- und metallhaltigen Kern von etwa drei Erdmassen und annähernd Erdgröße zuspricht, kann diese zusätzl. Energie nicht aus einer Kontraktion des gesamten Planeten stammen. Es wird daher vermutet, daß sich – bedingt durch die im Vergleich zu Jupiter geringeren Temperaturen im Innern des S. – Wasserstoff und Helium entmischen und das schwerere Helium nach innen absinkt: gestützt wird diese Annahme durch die Beobachtung, daß die S.-Atmosphäre deutlich weniger Helium enthält als die Gashülle des Jupiter.

Die Zahl der bekannten S.-Monde ist nach den Vorbeiflügen der amerikan. Sonden stark gestiegen. Ende 1982 galten 21 S.-Monde als ›gesichert‹, einige weitere werden noch vermutet; bis auf die neun ›klass.‹ S.-Monde **(Mimas, Enceladus, Tethys, Dione, Rhea, Titan, Hyperion, Iapetus, Phoebe)** handelt es sich aber um Objekte von nur bis zu etwa 300 km Durchmesser. Titan, der größte S.-Mond, ist von einer dichten Atmosphäre umgeben, die bei einem angenommenen Bodendruck von 1,5 bar zu 85% aus Stickstoff, 12% aus Argon, 3% aus Methan sowie Spuren komplexerer Moleküle besteht, darunter auch zahlreicher Kohlenwasserstoff-Verbindungen. Trotz dieser an die frühe Erdatmosphäre erinnernde Zusammensetzung dürfte auf Titan die notwendige Energie für die Synthese komplexer Makromoleküle gefehlt haben, die auf der Erde der Entstehung des Lebens vorausgegangen ist: die Temperatur an der Titanoberfläche liegt bei etwa −175 °C. Die meisten S.-Monde haben eine mittlere Dichte von wenig über 1 g/cm^3, was sie als im wesentl. aus gefrorenen Gasen bestehend ausweist, denen allenfalls vergleichbare Mengen an Gestein beigefügt sind. Sie weisen an ihren Oberflächen zahlreiche Einschlagkrater auf.

2) Raumfahrt: für das amerikan. →Apollo-Programm entwickelte →Raketen mit den Typen 1B und 5. S. 5 war mit rd. 111 m Gesamtlänge und etwa 2900 t Startmasse die größte jemals geflogene Rakete. Die beiden letzten S.-Raketen wurden für →Skylab und für →Apollo-Sojus verwendet. (BILDER Rakete, Raumfahrt)

Satz, 1) graph. Technik: der in der →Setzerei von Hand oder mit →Setzmaschinen 1) hergestellte Schriftsatz (Blei-, Photosatz), z. B. Werk-, Zeitungs-, Akzidenz-, Tabellensatz.

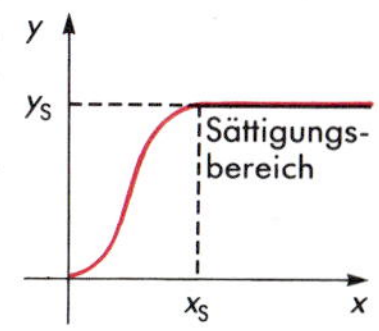

Sättigung 4)

Saturn 1) 2: Funkbild vom Ringsystem des Saturn, aufgenommen aus rd. 17 Mio. km Entfernung, gesendet am 30. Oktober 1980

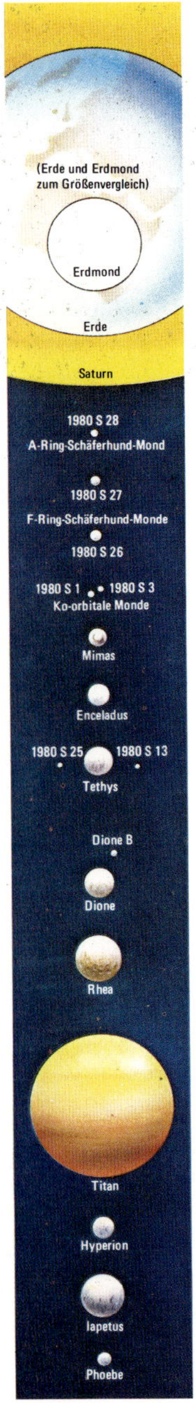

Saturn 1) 3: Monde des S. (Stand Ende 1981)

2) Mathematik: Bez. für Formeln oder Ausdrücke, die in formalen Systemen (Kalkülen) herleitbar (deduzierbar) sind.

Satzbetrieb, → diskontinuierlicher Betrieb.

Satz|objektiv, aus zwei Einzelobjektiven zusammengesetztes photograph. Objektiv, insbes. als Wechselobjektiv für Kameras mit Zentralverschluß (→ Verschluß 1), bei denen nur der vordere Objektivteil ausgetauscht wird.

Satzrechner, → Computer-Satz.

Satzspiegel, die bedruckte Fläche einer Buch-, Zeitungs- oder Zeitschriftenseite.

Satztrockner, Trockner, in denen das Gut absätzig, d. h. in ruhendem Zustand getrocknet wird; siloartiger Behälter mit Einrichtungen zum Zuführen der Trocknungsluft. Ggs.: → Durchlauftrockner.

Satzwerkzeuge, Fertigungstechnik: spanende Werkzeuge, die zur Erzielung zusammengesetzter Formen auf derselben Achse nebeneinander gleichzeitig arbeiten, z. B. Fräser **(Satzfräser).**

sauer, 1) Chemie: → saure Reaktion, → Wasserstoffionenkonzentration.

2) Geologie: reich an Silicium (→ magmatische Gesteine).

Sauergas, → Erdgas.

Säuerling, → Heilquellen.

Sauerstoff, grch.-lat. **oxygenium,** chem. Symbol **O,** → chemisches Element, Nichtmetall, Ordnungszahl 8. Neben drei stabilen natürl. Isotopen mit den Massenzahlen 16 (99,78%), 17 und 18 sind mehrere künstl., instabile Isotope bekannt. S. ist bei normaler Temperatur ein farb-, geruch- und geschmackloses Gas. Flüssiger und fester S. sind hellblau gefärbt. S. besteht aus O_2-Molekülen mit einer Doppelbindung. Sein Paramagnetismus deutet aber auf die Anwesenheit ungepaarter Elektronen hin. Eine besondere Form des S. mit O_3-Molekülen ist das → Ozon. S. in seiner natürl. Isotopenzusammensetzung war bis 1961 die Basis der chem. Atomgewichte, wobei das von S. willkürlich gleich 16 gesetzt wurde. S. ist ein sehr reaktionsfähiges Element, das sich mit vielen Stoffen z. T. erst bei höherer Temperatur unter Licht- und Wärmeentwicklung verbindet (Oxidation, Verbrennung). Langsam ablaufende Oxidationsprozesse sind z. B. das Rosten oder das Anlaufen von Metallen. Bei der Oxidation der Elemente entstehen die **Oxide,** gelegentlich auch **Peroxide** (→ Autoxidation).

Vorkommen. Im Kosmos ist S. das dritthäufigste, auf der Erdoberfläche das häufigste Element (gewichtsmäßig etwa 50% der Erdrinde, 89% des Wassers und 23% der Luft). Auf Grund seines großen Atomradius nimmt der S. in magmat. Gesteinen etwa 90% des Gesamtvolumens ein. Der menschl. Körper besteht zu 2/3 aus S. In Wasser sind 0,03 Raumteile S. bei 20 °C löslich.

Gewinnung. S. wird technisch überwiegend durch Verflüssigung der Luft und anschließende fraktionierte Destillation rein dargestellt. S. wird ferner durch Elektrolyse von Wasser und im Laboratorium durch Erhitzen von Verbindungen mit hohem S.-Gehalt, z. B. Kaliumpermanganat ($KMnO_4$), dargestellt. S. wird als Gas bei etwa 150 bar in blau gekennzeichneten Stahlflaschen transportiert.

In der Technik wird S. in großen Mengen zur Gewinnung von Stahl und zum Schweißen verwendet, ferner für zahlreiche großtechn. Synthesen. Flüssiger S. dient als Raketentreibstoffkomponente und für spezielle Sprengzwecke.

S. ist für die Atmung der meisten Lebewesen notwendig. Der Mensch kann Gasgemische, die weniger als 7% S. enthalten, nicht längere Zeit ohne Schädigungen einatmen. In der Natur wird die Sauerstoffbilanz durch die Assimilation der Pflanzen ausgeglichen. Die Löslichkeit des S. in Wasser hat für die Atmung unter Wasser lebender Organismen grundlegende Bedeutung.

Geschichte. S. wurde unabhängig voneinander von C. W. Scheele und J. Priestley entdeckt (1771–74) und von A. L. Lavoisier in seiner Bedeutung für die Oxidations-, Verbrennungs- und Atmungsvorgänge erkannt.

Sauerstoffbedarf, → biochemischer Sauerstoffbedarf, → chemischer Sauerstoffbedarf, → TSB. (→ Selbstreinigung)

Sauerstoffdefizit, → Sauerstoffsättigung des Wassers.

Sauerstoffgeräte, Atemgeräte, die durch dosierten Zusatz von Sauerstoff zur Atemluft normale Atmung unter besonderen Bedingungen ermöglichen (→ Höhenatemgeräte, → Sauerstoffschutzgeräte, → Tauchgeräte; Bild Atemschutzgeräte).

Sauerstofflanze, 1) Stahlrohr, durch das zum Brennschneiden Sauerstoff geblasen wird.

2) wassergekühlte Lanze zum Frischen (Entfernen von Begleitelementen) bei den Sauerstoff-Aufblasverfahren zur Erzeugung von Stahl (→ Eisen).

Sauerstoffmetallurgie, Auf- oder Einblasen von technisch reinem Sauerstoff (auch Beimischung von Kalkpulver möglich) zur Entfernung von Begleitelementen aus metallischen Schmelzen (→ Eisen).

Sauerstoffsättigung des Wassers, höchste Konzentration an gelöstem Sauerstoff, die ein Wasser in Abhängigkeit von seiner Temperatur, dem Druck der Atmosphäre und den im Wasser gelösten Stoffen haben kann. Die Differenz zw. der vorhandenen Konzentration an Sauerstoff und dem Sättigungswert heißt **Sauerstoffdefizit.** – Bei einer Temperatur von 30 °C beträgt der Sättigungswert für salzfreies Wasser 7,6 mg/dm^3, für Meerwasser 6,1 mg/dm^3. Bei einer Temperatur von 0 °C dagegen beträgt der Sättigungswert für salzfreies Wasser 14,6 mg/dm^3, für Meerwasser 11,3 mg/dm^3. Die Werte gelten für einen Massenanteil des Salzes im Meerwasser von etwa 3%.

Sauerstoffschutzgeräte, frei tragbare → Atemschutzgeräte (Bild), die den Träger von seiner Umgebungsluft unabhängig machen und eine Einsatzdauer von mindestens einer Stunde gewährleisten (für Grubenfeuerwehren bis zu acht Stunden). S. sind Kreislauf- und Regenerationsgeräte: Ausgeatmete Luft strömt nicht wie bei → Frischluftgeräten und → Preßluftatmern ins Freie, sondern wird im Kreislauf regeneriert, d. h., der verbrauchte Sauerstoffanteil wird ständig ersetzt und die Ausatemluft des Geräteträgers von Kohlendioxid und Wasserdampf befreit.

Sauerstoffsonde, → Superionenleiter.

Saugbeton, → Vakuumbeton.

Saugbohrverfahren, drehendes Gesteinsbohrverfahren mit umgekehrter Spülung. Die Spülungsflüssigkeit (meist Wasser) wird durch das Bohrgestänge zusammen mit dem Bohrklein angesaugt, über Tage im Klärbekken gereinigt und in den Ringraum zw. Bohrgestänge und

Bohrlochwand zurückgeführt. Das S. wird v. a. zum Abteufen großkalibriger Bohrbrunnen angewendet.

Saughöhe, bei Pumpenanlagen der Unterdruck am Pumpensaugstutzen, bei Wasserkraftanlagen der Höhenunterschied zw. dem Laufrad der Überdruckturbine und dem Unterwasserspiegel. Die S. ist beschränkt durch Kavitationsbildung; sie hängt von der Maschinenbauart und der Art der Flüssigkeit ab.

Saugkopf, Dachentlüfter (→Deflektor, →Savonius-Rotor).

Saugkorb, Sieb am unteren Ende der Pumpensaugleitung, das Verunreinigungen fernhalten soll.

Saugkreis, Schwingkreis, der einem Stromkreis, an den er angekoppelt ist, Leistung entzieht oder störende Spannungen einer best. Frequenz kurzschließt; angewendet z. B. zur Minderung der Verzerrungsleistungen in Stromrichterschaltungen oder zur Unterdrückung des Empfangs störender Funksender.

Saugkrümmer, Saugschlauch, Saugrohr von Wasserturbinen, meist aus Beton in Krümmerform.

Saugleitung, die Rohrleitung bei Pumpen und Verdichtern bis zum Saugstutzen, durch den die Förderflüssigkeit oder das Fördergas angesaugt wird.

Saugluftbremse, →Eisenbahnbremsen.

Saugstelle, offene →Löschwasserentnahmestelle.

Saugvermögen, oft noch **Sauggeschwindigkeit,** das von einer Vakuumpumpe geförderte Gasvolumen je Zeit in l/s oder m^3/h bei anzugebendem Ansaugdruck.

Säule, 1) Bautechnik: zylindr. oder schwach kegelstumpfförmige senkrechte Stütze aus Stein, seltener aus Holz oder Metall zum Tragen einer Baulast, i. a. mit (i. Ggs. zum Pfeiler) kreisförmigem Querschnitt. Sie steht meist frei, doch kann sie als **Halbsäule** in den Mauerverband einbezogen sein. Die S. gliedert sich in **Fuß** oder **Basis,** den glatten, kannelierten, gemusterten, spiralförmigen (gedrehte S.) oder aus mehreren S. gebündelten (Bündel-S.) **Schaft,** den **Hals** und den **Kopf (Kapitell).**

2) Kerntechnik: **thermische S.,** Graphitblock zur Abbremsung schneller Neutronen im Kernreaktor (für Experimente mit therm. [langsamen] Neutronen).

Säulenchromatographie, Verfahren der →Chromatographie, bei denen die Trennungsvorgänge längs einer säulenförmigen Trennstecke verlaufen.

Säumling, Spreißel, beim →Besäumen von Brettern abfallender baumkantiger (→Baumkante) Holzstreifen. Verwendung zur Zellstoff-, Papier-, Holzspan- und Holzfaserplattenherstellung, für Latten und Leisten sowie als Brennholz.

Saumtiefe, die Vortiefe; →Randsenke.

Säure, chem. Verbindung, die beim Lösen in Wasser infolge →Dissoziation als Kationen ausschließlich H^+-Ionen bildet (→Wasserstoffionenkonzentration). Die Lösungen schmecken sauer und verändern die Farbe von Indikatorfarbstoffen. Die **S.-Stärke** ist abhängig von der Dissoziation der Verbindung. Zu den stärksten S. mit Dissoziationsgraden von fast 100% gehören die Mineralsäuren (Salz-, Salpeter- und Schwefelsäure). Nach der erweiterten S.-Definition von J. N. BRØNSTED werden als S. alle Verbindungen und Ionen bezeichnet, die Protonen abgeben können. G. N. LEWIS bezeichnet als S. auch Verbindungen mit unvollständig aufgefüllten Elektronenschalen, die mit Lewis-Basen reagieren können (→Basen). Die Ausdehnung dieses S.-Begriffs auf Komplexbildungsreaktionen stammt von R. G. PEARSON – H-S., R-S., T-S., γ-S., Buchstabensäuren, →Naphtholsulfonsäuren.

Säure-Base-Titration, von der IUPAC für **Neutralisationstitration** vorgeschlagene Bez. als Oberbegriff von Acidi- und Alkalimetrie. Bei der S.-B.-T. erfolgt der Transport von Protonen von einem Reaktionspartner zum anderen in einer Lösung. Als **Acidimetrie** wird ein maßanalyt. Verfahren bezeichnet, bei dem die Konzentration von Säuren durch portionierte Zugabe von genau eingestellten Laugen (→Normallösung) bestimmt wird. Die **Alkalimetrie** ist die Umkehrung, d. h., bei ihr wird die Konzentration von Laugen durch Zugabe genau eingestellter Säuren bestimmt. Mit Hilfe eines →Indikatorfarbstoffes läßt sich der Äquivalenzpunkt (→Neutralisation) feststellen. Je mehr Lauge (Säure) bis zum Farbumschlag verbraucht wurde, um so konzentrierter war die Säure (Lauge).

säurebeständiger Stahl, rostbeständiger Stahl, gegenüber angreifenden chem. Stoffen und gegen Rosten beständiger Stahl; Chromgehalt i. a. 12 bis 19%, für bes. hohe Widerstandsfähigkeit zusätzlich mindestens 8% Nickel; weitere Erhöhung der Beständigkeit durch Zulegierung von Molybdän.

Säurehalogenide, chem. Verbindungen, die aus anorgan. und organ. Sauerstoffsäuren durch Ersatz der Hydroxylgruppe, –OH, durch Halogene entstehen. Am wichtigsten sind die **Säurechloride,** die als reaktionsfähige Verbindungen zu Synthesen benutzt werden. So bilden sie z. B. mit Ammoniak die Säureamide, mit Alkoholen Ester.

säurehärtende Harze, Phenoplaste (→Phenolharze), bei denen das Härten des Resolstadiums nicht durch Erhitzen, sondern durch Zusatz von Katalysatoren (Säuren oder Salze) erfolgt.

Säurekapazität, summarische Stoffkenngröße zur Beurteilung des Basegehaltes von Wasser (z. B. Hydrogencarbonationen, Ammoniak). Die S. (K_S) ist die Stoffmenge an Hydroniumionen (H_3O^+) in mmol (z. B. als Salzsäure zugegeben), die von 1 l Wasserprobe aufgenommen werden kann, bis der pH-Wert 8,2 (S. bis zum pH-Wert 8,2 = $K_{S8,2}$) oder 4,3 (S. bis zum pH-Wert 4,3 = $K_{S4,3}$) erreicht ist.

Säurekitte, Dichtungsmassen, die zum Verlegen oder Verfugen keram. Steine und Platten verwendet werden, die mit aggressiven Chemikalien in Berührung kommen (z. B. für Behälter und Fußböden). Bedeutung haben S. auf Basis Wasserglas (mit Aluminiumphosphaten als Härter und Quarzmehl als Füllstoff) und Kunstharze (z. B. Phenolharze, Epoxidharze).

Säure|raffination, Raffination von Schmierölen mit rauchender Schwefelsäure, wobei v. a. Aromaten und heterozykl. Verbindungen durch Sulfonierung aus dem Öl entfernt werden. Die S. dient u. a. zur Gewinnung von Weiß-, Turbinen-, Kältemaschinen- und Isolierölen. Wegen der anfallenden Säureteere wird die S. immer mehr durch Wasserstoffraffination ersetzt.

saure Reaktion, chem. Reaktion, die auf dem Vorhandensein von positiv geladenen Wasserstoff-(H^+) oder Oxonium-Ionen (H_3O^+) beruht bei wäßrigen Lösungen von Säuren, sauren Salzen oder Salzen schwacher Basen, deren pH-Wert weniger als 7 beträgt; sie röten Lackmus und entfärben Phenolphthalein. – Ggs.: →alkalische Reaktion.

Säurerest, Atom oder Atomgruppe mit negativer Ladung, die zurückbleiben, wenn von Säuremolekülen positive Wasserstoffionen (Protonen) abgespalten werden, z. B. Cl^-, PO_4^{3-}, CH_3COO^-.

saurer Regen, → Niederschlag 2).

Säurezahl, zur Bestimmung des Gehaltes an freien organ. Säuren in Fetten, fetten Ölen, Lösemitteln und Weichmachern dienende Zahl. Sie gibt die Anzahl der mg KOH an, die zur Neutralisation von 1 g der Probe verbraucht wird. (→ Neutralisationszahl)

Saussurit [sosyr'it, n. dem schweizer. Naturforscher H. B. de Saussure, * 1740, † 1799] *der,* dichtes, weißes bis lichtgrünes Mineralgemenge (u. a. Zoisit, Skapolith, Epidot), entstanden aus anorthitreichen Plagioklasen (→ Feldspate) bei der Thermometamorphose von Tiefengesteinen (z. B. Gabbros). Im Handel als **Schweizer Jade.**

Savanne, die klimat. Vegetationsgürtel der wechselfeuchten Tropen mit ausgeprägten Unterschieden von Regen- und Trockenzeit, mit relativ hohen Temperaturen. Es werden Feucht-, Trocken- und Dorn-S. unterschieden.

Savonius-Rotor, Windrad mit senkrechter Welle und gekrümmten Schaufeln, dient u. a. zum Antrieb von → Deflektoren, z. B. auf Fahrzeugen.

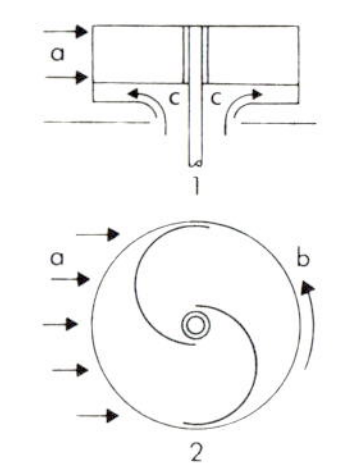

Savonius-Rotor als Luftabsauger (Prinzipskizze), **1** von der Seite, **2** von oben gesehen. – *a* Windrichtung, *b* Drehrichtung, *c* abgesaugte Luft

SAW-Bauelemente, Abk. für **Surface Acoustic Wave** [s'ə:fəs ək'u:stɪk weɪv, engl.], Elektronik: → Oberflächenwellen-Bauelemente.

saxonische Gebirgsbildung, Bez. für die mesozoisch-känozoisch germanotype Tektogenese in den dt. Mittelgebirgen.

Saxothuringische Zone, Teil des → Variskischen Gebirges.

sb, Einheitenzeichen für → Stilb.

Sb, chem. Symbol für → Antimon.

SB, Abk. für **Styrol-Butadien-Copolymerisate,** → Polystyrol.

S-Bahn, kurz für **Stadtschnellbahn,** hochleistungsfähiges Transportsystem der Eisenbahnen zur schnellen Personenbeförderung in Ballungs-(Verdichtungs-)Räumen, fährt meist auf eigenen Gleisen mit elektr. Triebwagenzügen oder Wendezügen, die sich weitgehend automatisch betreiben lassen. Kennzeichnend ist eine häufige und zeitlich regelmäßige Zugfolge (›Taktfahrplan‹), die auf innerstädt., von mehreren S-Bahn-Linien befahrenen Gemeinschaftsstrecken bis auf 90 s verdichtet werden kann. Die Leistungsfähigkeit einer zweigleisigen Strecke von max. 10 m Breite kann mehr als 40 000 Reisende je Stunde und Richtung betragen. Die S-B. verbindet teils über Hochbahnstrecken (wie in Berlin) oder Tunnelstrecken (wie in Berlin, Hamburg, München oder Frankfurt a. M.) Stadtteile untereinander und reicht mit ihrem Streckennetz bis zu etwa 25 km in das Stadtumland. Sie dient auch zur Erschließung von Stadtlandschaften (z. B. im Ruhrgebiet). Höchstgeschwindigkeit innerhalb der Städte etwa 80 km/h, außerhalb 120 km/h. Haltestellenentfernung minimal 500 m innerhalb, max. i. d. R. etwa 3000 m außerhalb der Städte.

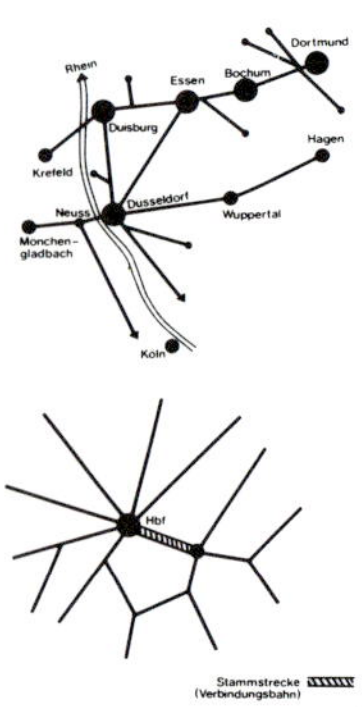

S-Bahn: Strukturierung von S-Bahn-Netzen; OBEN polyzentrisch, UNTEN monozentrisch

SBR, Abk. für **Styrol-Butadien-Rubber** [-r'ʌbə, engl.], → Kautschuk.

Sc, chem. Symbol für → Scandium.

Scale [skeɪl, engl.], Ordnungsprinzip der Meteorologie, das die Vorgänge in der Atmosphäre nach charakteristischer Ausdehnung (L) und Lebensdauer (T) einteilt. Dabei enthält die Gesamtheit derjenigen Phänomene relativ viel Energie, für die gilt: $L^{2/3} \cdot T^{-1} = c$. Für $L < 10$ m ist $c \approx 0{,}46$, für $L > 1$ km ist $c \approx 0{,}08$; dazwischen liegt eine Übergangszone. Da außerdem nur die Vorgänge einander direkt beeinflussen, deren S. von ungefähr gleicher Größenordnung sind, erhält man durch Scalebetrachtungen Auskunft darüber, welche Prozesse in einem → meteorologischen Modell berücksichtigt werden müssen.

Scandium, chem. Symbol **Sc,** ein → chemisches Element, Ordnungszahl 21. Neben dem natürl. stabilen Reinisotop $^{45}_{21}Sc$ sind mehr als zehn instabile künstl. Isotope bekannt. S. ist ein silberweißes, unedles Leichtmetall. Obwohl S. in der Natur viermal häufiger als Kupfer ist, kommt es nur fein verteilt vor; Ausnahme der seltene **Thortveitit,** $(Y, Sc)_2[Si_2O_7]$. In seinen Verbindungen ist S. stets dreiwertig und bildet dem Aluminium ähnl. Verbindungen. – S. wurde 1879 von L. F. NILSON entdeckt, nachdem es von D. I. MENDELEJEW 1871 als Eka-Bor vorausgesagt worden war.

Scanner [sk'ænə, engl.], Gerät, das ein auf bestimmte Eigenschaften zu untersuchendes Objekt punkt- und zeilenförmig abtastet (→ Abtasten), die ermittelten Daten aufzeichnet und weiterverarbeitet; z. B. ein photoelektr. S. bei Bildschirmgeräten als Eingabegerät einer DV-Anlage. Praktische Bedeutung hat der S. auch in der Nuklearmedizin (Szintigraphie, Computertomographie, Ultraschall). Der **Farbscanner** ist ein Gerät zur Herstellung von Kopiervorlagen für die Druckformherstellung; nach einem festgelegten Programm stellt er korrigierte Farbteilplatten der drei Grundfarben (Gelb, Blau, Rot) und Schwarz (Farbauszüge) her. Der reflektierte oder durchgehende Lichtstrom wird in elektr. Impulse umgewandelt, die – auf die notwendige Farbkorrektur abgestimmt – einen Gravierkopf oder eine Belichtungs-

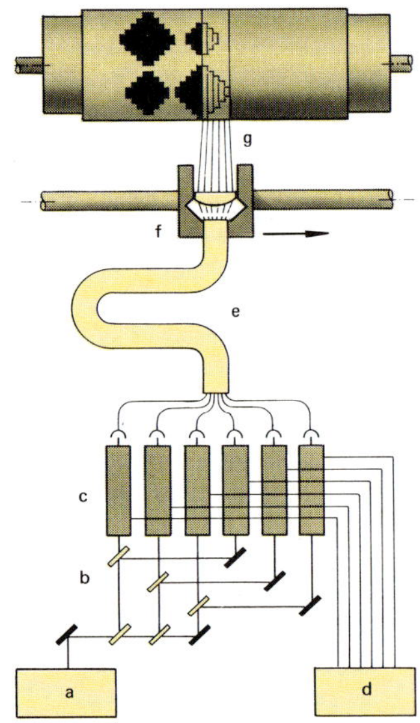

Scanner: Der Lichtstrahl des Lasers a) wird von einem Spiegelsystem b) in sechs Teilstrahlen zerlegt und der Modulationseinheit c) zugeführt. Die Teilstrahlen werden mit Hilfe digitaler Steuersignale aus dem Rasterrechner d) einzeln ein- oder ausgeschaltet und über ein Lichtleitkabel e) zum Schreibkopf f) geleitet. Durch ein Zoom-Objektiv auf die Schreibwalze g) projiziert, belichten sie die Rasterpunkte auf dem Film.

lampe steuern. (→Farbendruck, →Reproduktionstechnik)

Scanning [sk'ænɪŋ, engl.], das (punktweise) Abtasten mit Licht- oder Elektronenstrahlen, z. B. beim Rasterelektronenmikroskop (→Elektronenmikroskop), das daher auch **Scanning-Mikroskop** heißt; ferner die visuelle Durchmusterung von Spurbildern aus einer Vielzahl photographischer Aufnahmen zur Auswahl interessierender Ereignisse, wie sie Blasenkammern von Experimenten in der Hochenergiephysik liefern.

Scatter [sk'ætə, engl.], **Scattering** [sk'ætərɪŋ], amerikan. Bez. für die Streuung von UKW- und Mikrowellen in der Iono- oder Troposphäre, die eine Überreichweite (Überhorizontreichweite) zur Folge hat; ausgenutzt in Richtfunklinien.

Schaben, spanendes Feinbearbeitungsverfahren mit in einer Hauptrichtung bewegtem, meißelartigem Werkzeug zur Erhöhung der Ebenheit und Oberflächengüte metallischer Werkstückflächen. Durch S. werden die Rauhigkeitsspitzen (zu hohe Stellen) einer Fläche, die durch →Tuschieren sichtbar gemacht werden, von Hand mit dem **Schaber** oder (seltener) maschinell (z. B. beim Wälzschaben von Zahnrädern mit einem Schabezahnrad) abgetragen. Anwendung v. a. zur Endbearbeitung von Auflage-, Gleit- und Führungsbahnen, von denen ein hoher Traganteil (Anteil der eine andere Fläche berührenden Flächenteile) gefordert wird.

Schablonendruck, der →Siebdruck.

Schachcomputer [-kɔmpj'u:tər], elektron. Rechner mit der Fähigkeit, Schachpartien gegen Menschen oder andere S. spielen zu können. Die Eingabe der Züge erfolgt über eine Tastatur oder ein Sensorfeld, die Ausgabe des vom Computer gewählten Zuges i. a. über eine Flüssigkristallanzeige oder einen Bildschirm. Die Spielstärke des S. ist meist einstellbar, zusätzliche Speicher ermöglichen das Aufzeichnen der Partie.

Schacht, 1) allgemein ein vorwiegend senkrechter, röhrenartiger, kreisförmig oder rechteckig umgrenzter Raum, als Durchlaß für Menschen oder zur Durchleitung von Stoffen, z. B. Einstieg-S., Aufzug-S., Brunnen-S., Müllabwurf-S., Luft-S., Licht-S.

2) Bergbau: meist senkrechter **(Seiger-S.)**, gegentlich schräger **(tonnlägiger S.)** Grubenbau mit rundem, ovalem, quadrat. oder rechteckigem Querschnitt **(S.-Scheibe)** als Verbindung eines Untertage-Bergwerkes mit der Tagesoberfläche. S. werden ausschließlich geteuft, d. h. von oben nach unten hergestellt (→Schachtabteufen). Ein S. dient i. a. mehreren Zwecken gleichzeitig, wird aber nach der Hauptaufgabe benannt: Befördern von Personen (Fahrung, Seilfahrt, **Fahr-S.)**, Heraustransport der Bergwerksproduktion (Förderung, **Förder-S.)**, Abwärtstransport von Material (Einhängen, **Material-S.)**, Zufuhr von Frischluft, Abfuhr von Grubenluft (→Wetterführung, **Wetter-S.)**. Neben den für diese Aufgaben speziellen Installationen sind alle S. mit Leitern (Fahrten) ausgestattet (Fluchtweg, Inspektion) und bieten Raum für Rohrleitungen und Kabel zur Zufuhr von Wasser, Versatzmaterial und elektr. Energie sowie zur Abfuhr von Grubenwasser (→Wasserhaltung). Die S.-Scheibe ist in mehrere Abteilungen **(Trumm,** *Mz.* **Trumme, Trümmer)** aufgeteilt: meist zwei Fördertrumme, in denen, geführt durch Leitbäume (Spurlatten), Förderkörbe (Gestelle) oder Gefäße (Kübel-, Skip-Förderung) in gegenläufigem Verkehr (Treiben) auf- und abwärts bewegt werden (→Schachtförderung), ein Fahrtrumm mit Fahrten, der Rest mit Ver- und Entsorgungsleitungen. Die Trumme sind durch waagerecht liegende Ausbauteile aus Holz oder Stahlträgern (Einstriche) gegeneinander abgeteilt. Jede Grube muß aus Sicherheitsgründen und zur Wetterführung mindestens zwei S. haben, große Gruben haben häufig mehrere. (BILD S. 240)

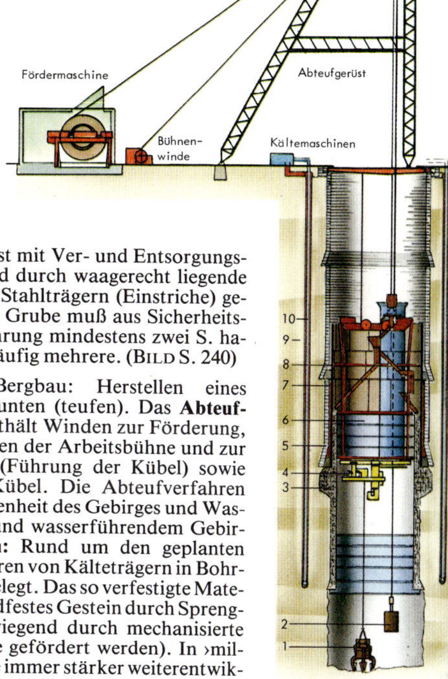

Schachtabteufen mit Verfestigen und Abdichten wasserführender Gebirgsstrecken im Gefrierverfahren. **1** Greifer, **2** Bergekübel, **3** Ringfundament auf standfestem Gebirge, **4** Teufgerät, **5** Betonformsteine, **6** Stahlumsetzschalung, **7** Asphalt, **8** Stahlmantel, **9** Frostmantel, **10** ringförmig eingebrachte Gefrierrohre

Schacht|abteufen, Bergbau: Herstellen eines Schachtes von oben nach unten (teufen). Das **Abteufgerüst** über dem Schacht enthält Winden zur Förderung, zum Tragen und Niederlassen der Arbeitsbühne und zur Halterung der Spannseile (Führung der Kübel) sowie Kippvorrichtung für die Kübel. Die Abteufverfahren sind abhängig von Beschaffenheit des Gebirges und Wasserzuflüssen. In lockerem und wasserführendem Gebirge **Gefrierschachtverfahren:** Rund um den geplanten Schacht wird durch Zirkulieren von Kälteträgern in Bohrlöchern ein Mantel aus Eis gelegt. Das so verfestigte Material wird wie sonst auch standfestes Gestein durch Sprengarbeit gelöst (Laden überwiegend durch mechanisierte Greifer in Kübel, die zutage gefördert werden). In ›mildem‹ Gebirge auch das heute immer stärker weiterentwickelte **Großbohrlochverfahren,** mit dem Schächte bis 5 m Durchmesser vollmechanisch abgeteuft werden. – Ausbau des Schachtes während des Teufens abschnittsweise je nach Beschaffenheit des Gebirges (→Grubenausbau).

Schachtförderung, Bergbau: Transport von Personen (Seilfahrt) und Materialien in Schächten. Personen, →Förderwagen und Stückgüter werden auf Gestellen **(Förderkörben),** lose Schüttgüter in Gefäßen **(Skips)** gefördert. Gestelle und Gefäße hängen an Förderseilen, die bei Flurfördermaschinen (→Fördermaschine) über Seilscheiben im Förderturm, bei Turmfördermaschinen direkt von der Seiltrommel in die Fördertrumme des Schachtes verlaufen. Zur Förderung aus großen Tiefen benutzt man wegen des hohen Eigengewichtes der Seile mehrere parallellaufende Förderseile zum Anhängen einer Last **(Mehrseilförderung).** Förderwagen werden vom Füllort aus über Kettenbahnen auf den Förderkorb aufgeschoben, Gefäße oder Meßtaschen aus Bunkern beladen. In modernen Anlagen laufen Be- und Entladen und Betrieb der Fördermaschine vollautomatisch ab.

Schachthöhle, →Karst.

Schacht|ofen, schachtförmiger metallurgischer →Industrieofen mit rundem, ovalem oder rechteckigem Querschnitt. Beschickung und Feuerung befinden sich in einem Raum, z. B. Hochofen (→Eisen) und →Kupolofen.

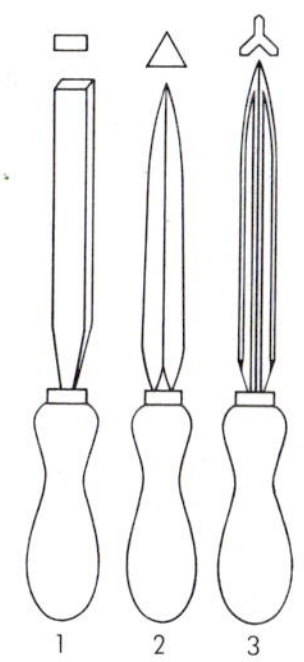

Schaben:
1 Flachschaber,
2 Dreikantschaber,
3 Hohlschaber

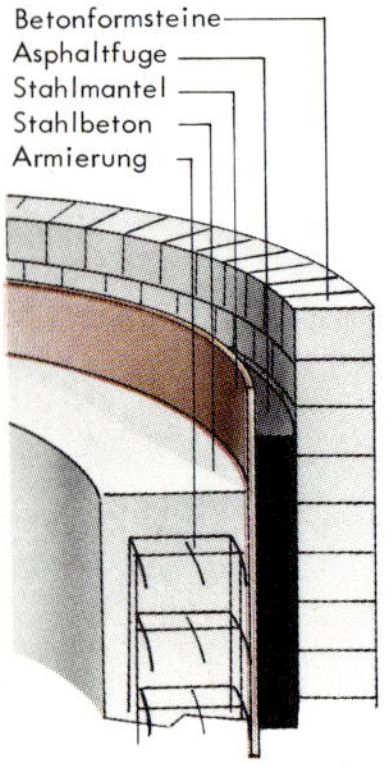

Schachtausbau im Bereich lockerer Sande und wasserführender Schichten.

Schacht 2)

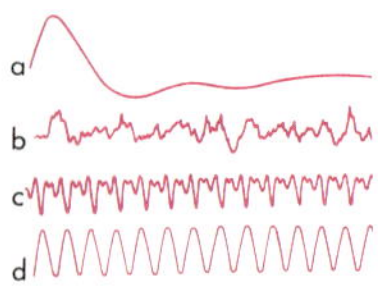

Schall: Druckschwankungen der Luft bei a Knallen, b Geräuschen, c Klängen, d Tönen

Schädlingsbekämpfung, Schädlingsabwehr, Maßnahmen und Mittel zur vorbeugenden oder unmittelbaren Abwehr oder Unterdrückung und Vernichtung von tier. und pflanzl. Schädlingen, um Schäden und Verluste beim Menschen, an Tieren oder Pflanzen zu verhüten oder zumindest zu verringern. Die Möglichkeiten der S. liegen in vorbeugenden Verfahren (z. B. Sortenwahl, geeignete Düngung) und in direkten Verfahren (bes. chem. und physikal. Methoden). Die S. umfaßt 1) chem., 2) physikal. und mechan., 3) biotechn., 4) biolog. Verfahren, 5) Kulturverfahren, 6) Resistenzzüchtung und 7) integrierte Methoden. Da viele Pflanzenschutzmittel, v. a. ein Teil der neueren Insektizide, unerwünschte Nebenwirkungen entfalten, wird zunehmend angestrebt, die Verwendung best. Wirkstoffe einzuschränken und auf andere zu verzichten. Eine Kombination von chem. u. a. Verfahren soll die Risiken verringern, ohne den Bekämpfungserfolg zu schmälern. (→ Pflanzenschutzmittel, → Pheromone)

Schadstoffe, → Gifte.

Schäfchenwolken, hohe Eis- oder Wasserwolken.

Schaf|fußwalze, Erdbau: mit schafsfußartigen Dornen versehene Anhängewalze zum Verdichten von bindigen Böden.

Schafkälte, Schafskälte, → Singularitäten 2).

Schaft, 1) Schäftung, Teil von Handfeuerwaffen aus Holz oder Metall, in den Lauf und Schloß eingebaut sind.

2) Webschaft, Vorrichtung zum Weben, durch deren Augen die Kettfäden gezogen werden. Durch das Heben und Senken der S. wird das Webfach gebildet.

Schäkel *der,* U-förmiger, mit einem Bolzen verschließbarer Bügel zum Verbinden von Ketten oder Takelageteilen.

Schale, 1) Physik: Bez. für eine Elektronengruppe mit gleicher Hauptquantenzahl in der Elektronenhülle des →Atoms: z. B. können sich in der **K-Schale** (Hauptquantenzahl $n = 1$) höchstens zwei Elektronen, in der **L-Schale** ($n = 2$) acht, der **M-Schale** ($n = 3$) 18, der **N-Schale** ($n = 4$) 32 Elektronen befinden, usw.

2) Technik: dreidimensionales, aber dünnes Tragwerk mit einfach oder doppelt gekrümmten Oberflächen und mit oder ohne Randaussteifung. Bei der **Membran-S.** werden die Lasten im wesentl. durch Spannungen in Richtung der S.-Fläche übertragen. Bei anderen S. wird auch die Biegesteifigkeit zur Übertragung der Lasten ausgenutzt. Die **Schalenbauweise** wird bes. im Stahlbeton- und im Stahlbau angewendet. Im Metallbau werden zur Verhinderung des Beulens die S. meist durch Profilieren (z. B. Wellen oder Sicken) der S.-Haut ausgesteift. Im Flugzeugbau herrscht die Schalen- und Doppelschalen- oder Sandwichbauweise vor (→ Flugzeug).

Schälen, 1) Fertigungstechnik: das Abdrehen langer Werkstücke mit Werkzeugen, die Bogenschneiden tragen; bes. zum Erhöhen der Durchmessergenauigkeit und Oberflächengüte von gewalztem Rundmaterial.

2) Holzbearbeitung: die → Entrindung von gefälltem Holz zur raschen Austrocknung und Gewichtsminderung für den Transport, zur Sicherung gegen Insektenschäden; auch Herstellung von → Furnier mit der **Furnierschälmaschine.**

3) Landtechnik: das Umbrechen einer Stoppel- oder Grasnarbe, z. B. mit dem Schälpflug.

Schalenblende, Leberblende, schalig-krustenartiges, im Innern feinfaseriges Mineralaggregat aus Zinkblende (→ Sphalerit), Wurtzit oder einem Gemenge beider.

Schalenmodell, Schalenmodell des Atomkerns, → Kernmodelle.

Schall, mechanische Schwingungen **(S.-Schwingungen)** und Wellen **(S.-Wellen)** eines elastischen Mediums (→ elastische Schwingungen), insbes. diejenigen, die im Frequenzbereich des menschl. → Hörens (Hörbereich etwa 16 Hz bis 20 kHz, lt. DIN bis 16 kHz) liegen **(Hörschall, S. i. e. S.).** Liegt die Frequenz des S. unter 16 Hz, so spricht man von → Infraschall, über 20 kHz (lt. DIN 16 kHz) von → Ultraschall, über etwa 1 GHz von → Hyperschall. Die Lehre vom S. ist die → Akustik.

S. im Medium Luft heißt **Luftschall,** im Wasser **Wasserschall,** in festen Körpern **Körperschall.** Der S. breitet sich wellenförmig, mit einer charakterist. → Schallgeschwindigkeit aus, die sich mit Hilfe einer → Wellengleichung für das → Schallfeld beschreiben läßt. In gasförmigen und flüssigen Medien treten nur longitudinale S.-Wellen, in festen Medien zusätzlich transversale S.-Wellen auf; im Vakuum ist die Ausbreitung des S. nicht möglich. Die **S.-Ausbreitung** erfolgt ohne Massentransport, dagegen werden mechan. Erhaltungsgrößen wie Energie und Impuls übertragen. Wie bei allen Wellenvorgängen treten auch beim S. Brechungs-, Beugungs-, Reflexions- und Interferenz-Erscheinungen (→ Hörbarkeitszonen) sowie der → Doppler-Effekt auf. Je nach **S.-Spektrum** (→ Schallanalyse) lassen sich S.-Ereignisse oder S.-Empfindungen in Knalle, → Geräusche, → Klänge oder → Töne unterteilen.

Schall|absorption, Schallschluckung, Abnahme der Schallenergie wegen innerer Reibung und Wärmeleitung bei der Schallausbreitung und ihre Umwandlung meist in Wärmeenergie. Die S. ist temperatur- und frequenzabhängig, sie entsteht vorwiegend durch Schalldämpfung, die sich von der → Schalldämmung unterscheidet. Auch bei der Reflexion einer Schallwelle an der Phasengrenze zweier Medien kann S. auftreten.

Schall|amplitude, → Schallfeld.

Schall|analyse, Schallspektroskopie, Verfahren zur Bestimmung von Frequenz, Amplitude und Phase der Teiltöne eines Schallsignals. Die S. wird durch **Schallanalysatoren** durchgeführt, die ein Frequenz-Schalldruck-Diagramm (→ Schallspektrum) liefern. Die früher verwendeten akust. Filter, z. B. → Helmholtz-Resonatoren, erlaubten nur eine subjektive Analyse. Bei den heutigen objektiven **elektr. Verfahren** wird der zu analysierende Schall durch ein Mikrophon in eine elektr. Schwingung umgewandelt und diese mit Hilfe elektr. Filter untersucht. Bei den **schallopt. Verfahren** mit Schallbeugungsgittern erzeugt der einer Ultraschallwelle aufmodulierte Schallvorgang ein Interferenzschallfeld, das mit einem Mikrophon abgetastet und aufgezeichnet wird.

Schall|aufzeichnung, Phonographie, 1) Elektroakustik: die Speicherung von Schallereignissen auf einem Träger (Platte, Band, Film) zur späteren Wiedergabe und ggf. zur Vervielfältigung. Mit Hilfe eines Mikrophons wird der Schall zunächst in ein entsprechendes elektr. Signal umgesetzt und dann mechanisch (→ Nadeltonverfahren), optisch (→ Lichttonverfahren) oder magnetisch (→ magnetische Aufzeichnung) gespeichert; digitale Verfahren der S. auf → Compact Discs (Abk. CD) wurden in den letzten Jahren entwickelt. Die Abtastung geschieht entsprechend der Aufzeichnung.

2) Meßtechnik: das Sichtbarmachen des zeitl. Verlaufs oder des Frequenzspektrums von Schallvorgängen, die zuvor in elektr. Signale umgewandelt wurden, auf einem Oszilloskop, Film oder dgl. zu Untersuchungszwecken **(Phonogramm).**

Schall|ausschlag, → Schallfeld.

Schalldämmstoffe, Stoffe, die Schallschwingungen und Erschütterungen in Gebäuden, Fahrzeugen, Maschinen, Haushaltsgeräten u. a. vernichten oder schwächen. Gegen → Luftschall dämmen dicke, schwere und auch mehrschalige Konstruktionen (z. B. Blei, Sandwichplatten), gegen → Körperschall elast. Stoffe und Konstruktionen (z. B. Gummi, Stahlfedern, Schichten aus Mineralfasern, Hüttenwolle, Seegras, Kork), gegen → Trittschall weiche Fußbodenbeläge oder elast. Zwischenschichten (z. B. Schaumstoff- oder Fasermatten).

Schalldämmung, die → Dämmung von Störschall (Luftschalldämmung und Trittschalldämmung) mit Hilfe von → Schalldämmstoffen. Zur Bewertung der S. von Bauteilen dienen spezielle Kriterien: **Sollkurve** (Festlegung der S.-Maße in Abhängigkeit von der Frequenz), **Schallschutzmaß** (Verschiebung der Sollkurve unter Berücksichtigung der noch zulässigen Abweichung), **Verbesserungsmaß** (Differenz des Trittschallpegels bei einer Bezugsdecke ohne und mit Deckenauflage), jeweils in Dezibel gemessen.

Schalldämpfer, Vorrichtung zur Minderung der Lärmstärke (→ Lärm), insbes. des Ansaug- und Auspuffgeräusches von Verbrennungsmotoren durch Absorption, Reflexion oder Interferenz des entstehenden Schalles, außerdem durch Verwirbelung und Abkühlung des Gasstroms; entsprechend gelegentlich an der Mündung von Handfeuerwaffen.

Schalldruck, Formelzeichen p, durch Schallschwingungen hervorgerufener Wechseldruck, der sich dem statischen Druck (z. B. atmosphär. Druck in Luft) überlagert; wird durch den → Schalldruckpegel gekennzeichnet.

Schalldruckpegel, Formelzeichen L_p, auf einen Bezugsschalldruck p_0 von $2 \cdot 10^{-5}$ Pa (Pascal) = $2 \cdot 10^{-5}$ N/m² = $2 \cdot 10^{-4}$ µbar bezogener Schalldruck p in Dezibel (dB), $L_p = 20 \lg (p/p_0)$ dB. Der Schalldruck p_0 wird auch als Hörschwelle des menschl. Ohres bezeichnet, er entspricht einem S. von 0 dB. (→ Lärm, → Schallpegelmesser, → Hören)

Schalleistungspegel, Formelzeichen L_P, analog zum → Schalldruckpegel gebildete Größe, $L_P = 10 \lg (P/P_0)$ dB, wobei P die **Schalleistung** (→ Schallfeld) und $P_0 = 1$ pW die **Bezugsschalleistung** ist.

Schall|emissions|analyse, Abk. **SEA,** zerstörungsfreies Werkstoffprüf- und Maschinenüberwachungsverfahren, beruht auf der Erscheinung, daß viele Werkstoffe (Metalle, Keramik, Holz, Kunststoffe) unter einer Belastung im elast., bes. aber im plast. Bereich Schallimpulse aussenden. Sie können mit Piezosonden aufgenommen und registriert werden, bei in Betrieb befindl. Maschinen mit Oszilloskopen oder Tonband. Die Verteilung der Frequenzen und deren Amplituden ermöglicht, Fehlerursachen zu erkennen.

Schall|empfänger, zur Aufnahme von Schallschwingungen geeigneter elektroakust. Wandler; → Elektroakustik.

Schall|energiedichte, → Schallfeld.

Schallfeld, von Schallwellen (→ Schall) erfüllter Bereich des Raumes, der durch die folgenden **S.-Größen** beschrieben wird: Der **Schallausschlag** (Formelzeichen ξ, η oder ζ) bezeichnet die Auslenkung eines in einer Schallwelle schwingenden Materieteilchens aus seiner Ruhelage, die **Schallschnelle** v den Momentanwert der Geschwindigkeit der schwingenden Teilchen, die **Schallamplitude** den maximalen Schallausschlag. Das zeitl. Mittel der von der Schallwelle transportierten Energie je Volumeneinheit ergibt die **Schallenergiedichte** w (auch E). Die **Schallintensität, -stärke** oder **-leistungsdichte** J ist die in der Zeiteinheit durch die senkrecht zur Schallausbreitungsrichtung stehende Einheitsfläche strömende Schallenergie; sie entspricht dem Produkt aus Schallenergiedichte und Schallgeschwindigkeit. Durch Integration der Schallintensität einer Schallquelle über eine sie umschließende Fläche erhält man die **Schalleistung** P (P_a), die gesamte von ihr je Zeiteinheit abgestrahlte Schallenergie. In seinem höchsten Empfindlichkeitsbereich erfaßt das menschl. Ohr eine Schallintensität von 10^{-16} Watt/cm² (= **Bezugsschallintensität** J_0), die Schmerzschwelle ist bei 10^{-3} Watt/cm² erreicht. Der **Schallintensitätspegel** $L_J = 10 \lg (J/J_0)$ mit der Einheit Dezibel (dB) stellt eine vereinfachte Kennzeichnung der Schallintensität dar: Ihrer Verzehnfachung entspricht eine Zunahme von L_J um 10 dB. In starken S. ist der zeitl. Mittelwert des Schalldrucks gleich der mittleren Energiedichte der Schallwelle; er heißt **Schallstrahlungsdruck** Π. Eine weitere Größe des S. ist der → Schalldruck (→ Schalldruckpegel, → Schalleistungspegel).

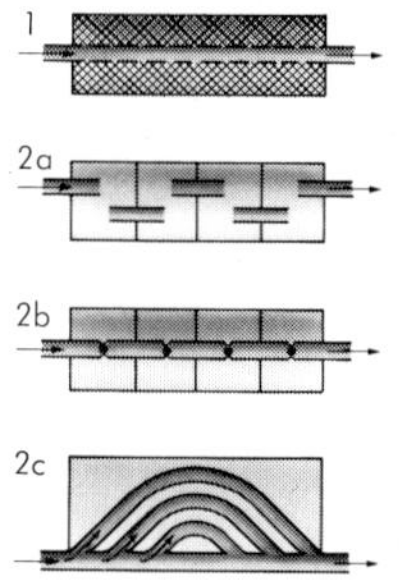

Schalldämpfer

Schalldämpfer: 1 Absorptionsschalldämpfer, wirksam durch Schallschluckstoff. **2a–2c** Reflexionsschalldämpfer; **2a** Reihen-(Tiefpaß-)Filter, **2b** Abzweig-(Hochpaß-)Filter, **2c** Interferenzschalldämpfer

Schallgeber, Schallquelle, zu mechan. Schwingungen im Hörbereich (Frequenzen: 16 Hz bis 20 kHz) fähige Schwinger. **Lineare S.** sind z. B. Saiten oder Stäbe, **flächenhafte S.** z. B. Membranen, Platten oder Glocken und **räumliche S.** z. B. Schwingquarze.

Schallgeschwindigkeit, Ausbreitungsgeschwindigkeit einer kleinen Druckänderung in einem Medium. Sie beträgt (bei 0 °C in m/s) in Luft 331,6, in Wasserstoff 1 284, in Wasser 1 407, in Flintglas 4 000, in Eisen 5 100. Die S. ist temperaturabhängig, sie ergibt sich in atmosphär. Luft zu $c_s = 331{,}6 \sqrt{T/273\,\mathrm{K}}$ m/s mit T = Temperatur in Kelvin. Da sich die Temperatur in der Troposhäre mit der Höhe ändert, wird auch die S. höhenabhängig. Nach DIN beträgt die S. in 0 km Höhe 341,2 m/s; danach nimmt sie linear ab bis auf 11 km Höhe (295,8 m/s); zw. 11 und 20 km Höhe verläuft sie konstant und steigt bis auf 30 km Höhe linear an (303 m/s). In der Luftfahrttechnik wird die S. in Luft als Bezugsgeschwindigkeit zur dimensionslosen Angabe der Fluggeschwindigkeit (→ Mach-Zahl) schnellfliegender Flugzeuge verwendet (→ Schallmauer, → Überschallflug).

Schall|intensität, → Schallfeld.

Schall|kenn|impedanz, Schallwellenwiderstand, Formelzeichen Z, der Quotient aus → Schalldruck p und Schallschnelle v (→ Schallfeld) bei ebenen fortschreitenden Schallwellen, $Z = p/v$; eine Materialkonstante, die bei verlustfreien Medien das Produkt aus deren Dichte ϱ und der Schallgeschwindigkeit c im Medium ist, $Z = \varrho c$.

Schallmauer, bildhafte Bez. für die bei Annäherung an die Schallgeschwindigkeit auftretende starke Zunahme des Luftwiderstands von Flugzeugen und Flugkörpern, die von Beeinträchtigungen des Auftriebs, der Stabilität und der Steuerbarkeit begleitet wird; diese Geschwindigkeitsgrenze ist deshalb nur durch besondere Maßnahmen und Aufwendungen überwindbar. Durch die Verdrängungswirkung des mit Schall- oder Überschallgeschwindigkeit bewegten Körpers werden auf einer

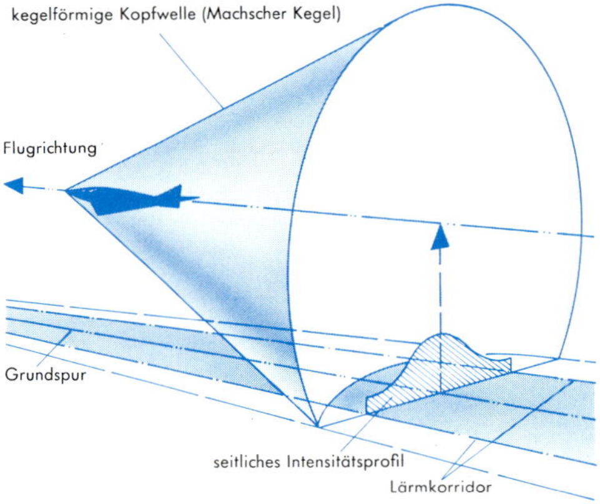

Schallmauer: Lärmteppich eines Überschallflugzeugs

mit dem Körper mitbewegten kegelmantelförmigen Fläche (→ Machscher Kegel) sprunghafte Druckänderungen (Verdichtungsstöße) verursacht, die bei Erreichen des Ohres eines am Boden befindlichen Beobachters als Knall wahrgenommen werden. Der Knall ist auf der Erde nur in einem Gebiet wahrnehmbar, das durch die Schnittlinie des Machschen Kegels mit der Erdoberfläche begrenzt wird **(Lärmteppich).** Durch die plötzl. Druckänderung beim ›Durchbrechen der S.‹ können Fensterscheiben bersten. Mit zunehmender Flughöhe wird ihre Wirkung am Boden geringer.

Schallmessung, → Schallpegelmesser.

Schall|ortung, Ortungsverfahren mit Hilfe von Schall- und Ultraschall-Unterwassergeräten zur Richtungsbestimmung, Entfernungsmessung und Lotung. Als Schallquellen werden Ton-, Magnetostriktions- und piezoelektr. Sender verwendet, meist in Gruppen, um eine Richtwirkung zu erzielen. Der Standort einer Geräuschquelle (z. B. Propellergeräusche eines fahrenden Schiffes) kann durch akust. Peilungen von mehreren Festpunkten aus festgestellt werden. Nach dem Prinzip des → Echolotes (Laufzeitmessung eines Schallimpulses bis zur Rückkehr des Echos) werden Wassertiefen gemessen oder die Tiefe von Fischschwärmen und Unterseebooten festgestellt.

Schallpegel, der → Schalldruckpegel.

Schallpegelmesser, Gerät zur objektiven Messung des → Schalldruckpegels, bestehend aus Mikrophon, Verstärker, Effektivwertgleichrichter und Anzeigeteil. Zur Frequenzbewertung entsprechend der Störwirkung des Schalls dienen elektr. Filter, die die starke Frequenzabhängigkeit der subjektiven Lautstärkeempfindung berücksichtigen. Von den vier international genormten **Bewertungskurven** A, B, C und D ist die Kurve A von größter Bedeutung, da sie den Schall ähnlich wie das menschl. Gehör bewertet. Durch die (meist am Meßinstrument wählbaren) Bewertungsfilter liefern tiefe (weniger stark ausgeprägt auch hohe) Töne niedrigere Anzeigen als ein 1-kHz-Ton gleichen Schallpegels: z. B. 125 Hz: – 16 dB, 250 Hz: – 8,6 dB, 500 Hz: – 3,2 dB. Der A-bewertete Schallpegel wird in dB (A) angegeben. Für Gutachten werden amtlich geprüfte **Präzisions-S.** verwendet.

Schallplatte, kreisrunde Scheibe als Träger von Schallaufzeichnungen nach dem → Nadeltonverfahren. Daneben sind digitale Tonträger (→ Compact Disc) entwickelt worden, bei denen die Schallaufzeichnung nicht als analoge Schwingungszüge in den Tonträger eingebracht werden, sondern (nach entsprechender Umwandlung) als digitale Signale in Form von spiralig angeordneten, mikroskopisch kleinen Vertiefungen (›Pits‹) eingeprägt werden. Die Abtastung geschieht (z. B. optisch mit einem Laserstrahl) in einem speziellen Abspielgerät.

Herstellung nach dem Nadeltonverfahren. Die Darbietung wird zunächst im Studio auf ein Magnetband (Masterband) aufgenommen (→ magnetische Aufzeichnung) und dann vom Bandgerät (Überspielapparatur) mit einem Schneidstichel (→ Plattenschneider) auf eine sich gleichmäßig drehende Lackfolie (Metallplatte mit Kunststoffschicht) überspielt, wobei die Schallrillen spiralförmig eingraviert werden. Vereinzelt wird auch der Direktschnitt unter Umgehung des Bandes angewandt. Die Wände der Rillen sind beidseitig unter einem Winkel von etwa 45° gegen die Oberfläche geneigt. Das Schneiden geschieht mit einer Vorverzerrung nach der genormten → Schneidkennlinie, wobei die Schnelle der Rillenauslenkung bei ganz tiefen Frequenzen und bei sehr hohen Frequenzen proportional mit der Frequenz wächst. Bei der Wiedergabe wird dieser Frequenzgang durch Entzerrer wieder rückgängig gemacht. Bei einer Stereoaufnahme setzen sich die Schwingungen aus zwei aufeinander senkrecht stehenden Komponenten zusammen.

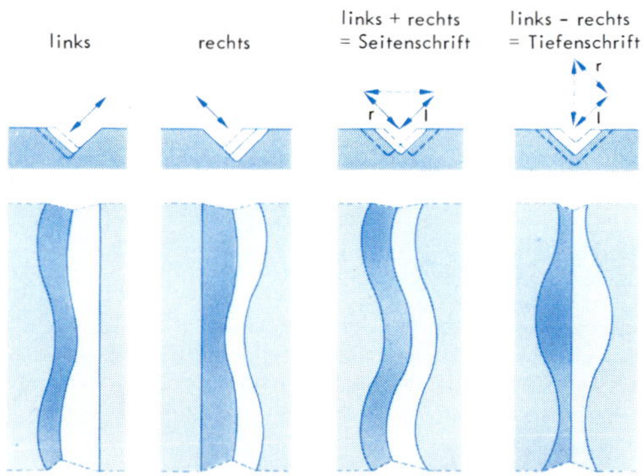

Schallplatte 1: Die vier Grundmöglichkeiten der Modulationsrichtungen bei der 45°-Stereoaufzeichnung

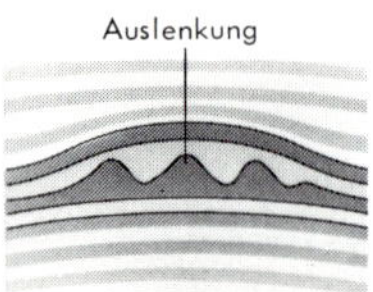

Schallplatte 2: Rheinsche Füllschrift

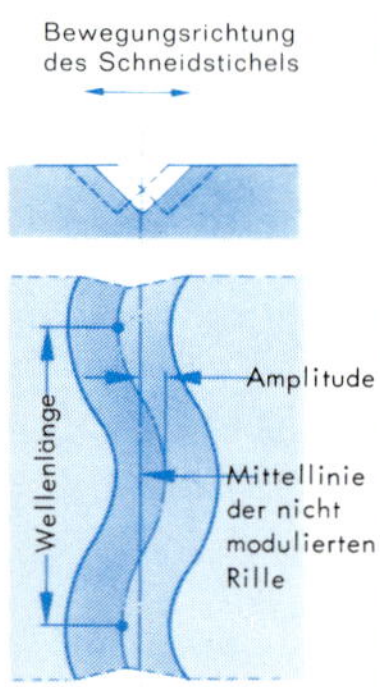

Schallplatte 3: Seitenschriftrille

Von der Lackfolie (Masterfolie) gewinnt man in einem galvanoplast. Nickelbad als Metallabdruck die erste Matrize mit erhabenen Konturen (›Vater‹). Sie dient zur Herstellung einer oder mehrerer Matrizen mit Rillen (›Mutter‹), von denen die eigtl. Preßmatrizen (›Söhne‹), wieder mit erhabenen Konturen, gewonnen werden. Die Preßmatrizen werden auf beide Seiten der als Kloß in die Form eingelegten Preßmasse unter Erhitzen mit Wasserdampf gepreßt. Vereinzelt werden S. auch durch Spritzguß hergestellt. Als Material diente früher Schellack, heute verwendet man Kunststoff auf Vinylgrundlage (Polyvinylchlorid und Polyvinylacetat) mit schwarzen Farbstoffen, Füllstoffen und Weichmachern.

Aufzeichnungsarten. Ältere S. haben **Normalrillen,** etwa 4 je mm, und werden mit 78 U/min abgespielt. Die jetzt übliche Stereotonschrift verwendet **Mikrorillen,** etwa 9 je mm, die mit 45 U/min oder 33¹/₃ U/min abgespielt werden. Es gibt aber auch schon Picorillen, etwa 20 je mm, die eine Herabsetzung der Umdrehungszahl auf 16²/₃ U/min zulassen. Für die Spieldauer ist neben der Drehzahl und der Rillenbreite auch der Rillenabstand maßgeblich. Bei konstantem Abstand **(Normalschrift)** muß dieser entsprechend den seitl. Auslenkungen des Schneidstichels bei der größten Lautstärke gewählt werden. Eine höhere Spieldauer haben S. mit **gedrängter Rillenschrift,** wobei die Lautstärke der aufzuzeichnenden Tonspur den Rillenabstand steuert. Noch höhere Ausnutzung der Plattenkapazität gewährt die **Füllschrift** von E. Rhein, die außer den momentanen Auslenkungen des Stichels auch noch den Verlauf der vorhergehenden Rille berücksichtigt.

Single-S. haben 17,5 cm Durchmesser und werden mit 45 U/min abgespielt, **Langspielplatten** mit 30 cm Durchmesser (früher auch mit 25 cm Durchmesser) werden überwiegend mit 33¹/₃ U/min abgespielt; die Spieldauer beträgt rd. 25 min.

Mono-S. enthalten die Schallaufzeichnung meist in **Seitenschrift,** nur für besondere Zwecke wie Studioaufnahmen wird **Tiefenschrift** verwendet. **Stereo-S.** sind für Zwei-Kanal-Stereophonie (→ Stereophonie) mit einer Zweikomponentenschrift versehen. Die eine Komponente der Schrift enthält die Linksanteile, die andere die Rechtsanteile des aufgezeichneten Schalls, wobei die linke Rillenflanke Informationen des linken Kanals und die rechte Flanke Informationen des rechten Kanals erhält. Beim Abspielen erfährt die Abtastnadel Auslenkungen, die sich aus den resultierenden Komponenten beider Kanäle zusammensetzen (Bild 1). Stereoaufnahmen dieses Systems sind bei der Wiedergabe kompatibel, d. h., sie können einkanalig (auf Mono-Platten) wiedergegeben werden. Die Schallaufzeichnung auf einer Stereo-S. setzt i. a. eine räuml. Darbietung voraus. Vielfach werden zur Aufnahme aber auch Mono-S. herangezogen und ihre Signale durch die Mittel der Pseudo-Stereophonie mit Raumklangwirkung versehen. – Bei heute nicht mehr hergestellten Stereo-S. für Vier-Kanal-Stereophonie (→ Quadrophonie) wurde nach dem CD-4-Verfahren an Stelle von Rechts- und Linkssignalen je ein aus Summen und Differenzen gebildetes Mischsignal in die beiden Rillenflanken eingeschnitten.

Zur Selbstaufnahme gibt es Kunststoff- oder dünne Metallplatten mit Lacküberzug, in die man mit Saphiren oder besonders geformten Schneidnadeln die Rillen einschneidet.

Über das Abspielen von S. → Plattenspieler.

Geschichtliches. T. A. Edison brachte 1877 den **Phonograph** heraus, der im wesentl. aus einer stanniolbespannten Walze bestand, in die mittels einer an einem Mikrophon befestigten Nadel die Schallschwingungen in Steilschrift (wellenförmige Erhebungen und Vertiefungen) eingeritzt wurden. Erst 1887 benutzte Edison einen mit Wachsmasse überzogenen Zylinder, wie schon 1886 Ch. Bell und Ch. S. Tainter; die Tonwiedergabe war unzureichend. 1887 entwickelte F. Berliner einen Apparat für Schallschwingungen in Flachschrift (Berlinerschrift, Seitenschrift mit Ausschlägen nach links und rechts) und schlug die flache, runde Platte vor; dadurch waren bessere Vervielfältigungen und Tonwiedergaben möglich. Die Dt. Grammophon-Gesellschaft brachte diesen Apparat als **Grammophon** auf den Markt. Als Antrieb der früheren S.-Wiedergabegeräte (Sprechmaschinen) diente ein Federwerk; die seitl. Auslenkungen der Abtastnadel wurden in einer Schalldose durch Hebel direkt auf eine Membran übertragen; zur besseren Schallabstrahlung war oft ein Trichter angeschlossen. Die elektr. Aufnahme- und Wiedergabeverfahren ermöglichen seit 1925 eine immer originalgetreuere Wiedergabe aller Klangbereiche. 1948 löste die Kunststoff-Langspielplatte die alte Schellackplatte ab. Die Stereo-S. kam 1958 auf den Markt.

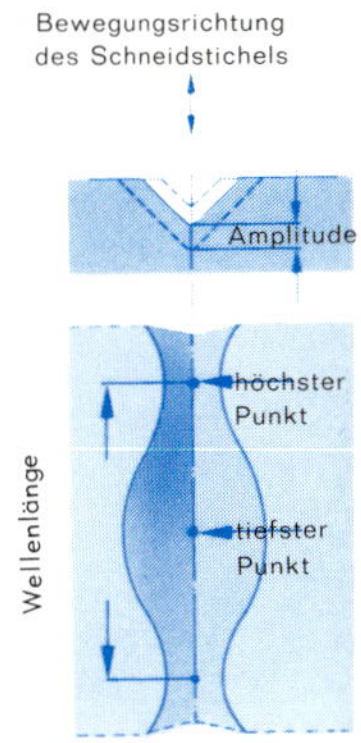

Schallplatte 4: Tiefenschriftrille

Schallquant, das akustische → Phonon.

Schallquelle, svw. → Schallgeber.

Schallschluckung, → Schallabsorption.

Schallschnelle, → Schallfeld.

Schallschutz, → Lärmschutz.

Schallsender, allg. Bez. für Anordnungen zur Schallerzeugung durch mechanische (Musikinstrumente, Sirenen) oder elektrische Mittel (Lautsprecher; → Elektroakustik).

Schallsichtgerät, Einrichtung zum Sichtbarmachen von Ultraschallwellen. Feinste Aluminiumflitter, die in Wasser schweben, werden durch Ultraschall ausgerichtet, was bei entsprechender Beleuchtung erkennbar wird. Dies kann zum Auffinden von Werkstoffehlern bei der Materialprüfung benutzt werden. Es wurde auch versucht, damit Spannungen im Werkstoff sichtbar zu machen (→ Spannungsakustik).

Schallspeicher, zur → Schallaufzeichnung 1) verwendeter, mechanisch verformbarer, magnetisierbarer oder lichtempfindl. **Schallträger,** z. B. Schallplatte, Lochstreifen, Magnetband, Film.

Schallspektroskopie, die → Schallanalyse.

Schallspektrum, Intensitäts- oder Schalldruckverteilung eines Schalls in Abhängigkeit von der Frequenz; auch die Darstellung eines Schalls in einem Frequenz-Amplituden-Diagramm. Klänge und Tongemische

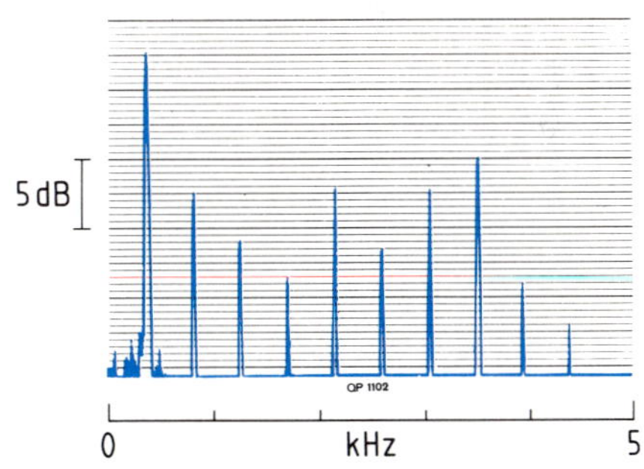

Schallspektrum eines Violintons ›a‹

(→ Klang) haben ein **diskontinuierl. S.,** also ein Linienspektrum, in dem jeder Teilton des Schallsignals durch eine senkrechte Linie dargestellt wird, deren Länge der Intensität des Teiltons entspricht. Bei den meisten Geräuschen folgen die Teiltöne und damit die Linien so dicht aufeinander, daß sie nicht mehr getrennt werden können und ein **kontinuierl. S.** ergeben. Meist kommen beide S. kombiniert miteinander vor.

Schallstrahlungsdruck, → Schallfeld.

schalltoter Raum, geschlossener, gegen Schall von außen abgeschirmter Raum, in dem Schallreflexion durch schalldämpfende Mittel an Wänden, Decke und Fußboden weitgehend verhindert wird; für hallfreie Rundfunkaufnahmen (→Hallraum), akust. Messungen u. a. benutzt.

Schallträger, →Schallspeicher, →Schallplatte.

Schalltrichter, trichterförmiges Gebilde, das die Impedanz eines Schallempfängers (Mikrophon) oder eines Schallsenders (Lautsprecher) an die Impedanz des freien Luftraums anpaßt. Am gebräuchlichsten ist der →Exponentialtrichter, dessen Querschnitt einer Exponentialfunktion folgt; außerdem gibt es hyperbolische, konische und elliptische S. Ein S. für direkte Sprachübermittlung ist das →Megaphon.

Schallwand, starre Trennwand zwischen der Vorder- und Rückseite einer Schallstrahlerfläche, insbes. einer Lautsprechermembran, die einen Druckausgleich zwischen beiden Seiten, den ›akustischen Kurzschluß‹, verhindert. Je größer die S. ist, in die die Membran eingesetzt wird, um so tiefere Frequenzen kann der Lautsprecher verlustfrei abstrahlen. Auch ein Gehäuse, mit dem man einen Lautsprecher umgibt (Lautsprecherbox), wirkt als Schallwand.

Schallwandler, allg. Bez. für Anordnungen zum Umwandeln von Schallenergie in elektrische oder mechanische Energie (Mikrophon) oder umgekehrt (Lautsprecher, Sirene).

Schallwellen, →Schall.

Schallwellenwiderstand, →Schallkennimpedanz.

Schal|stein, grüngrauer, auch rot gefärbter, verschieferter Diabas- oder Keratophyr-Tuff(it) im Devon v. a. des Lahn-Dill-Gebietes. Begleitgestein der devon. Eisenerze.

Schalt|algebra, von C. E. SHANNON erschlossenes Anwendungsgebiet der →Booleschen Algebra zur rechnerischen Behandlung beim Entwurf (→Schaltungssynthese) und zur Beschreibung binärer Schaltungen, bes. für Anlagen zur digitalen Informationsverarbeitung. Die S. verknüpft die Variablen **(Schaltvariablen),** die nur die beiden möglichen Zustände ›1‹ oder ›0‹ annehmen können, nach logischen Regeln. Die prakt. Ausführung derartiger Verknüpfungen erfolgt in →Verknüpfungsgliedern (Gatter, logische Schaltungen), deren Eingänge mit den Variablen beschaltet werden und die pneumatisch (z. B. über Ventile), mechanisch (z. B. über Hebel), bes. aber elektrisch (z. B. durch elektron. Schaltkreise) aufgebaut werden können. In der Elektronik sind die beiden Schaltzustände 1 und 0 gekennzeichnet durch das Vorhandensein oder Nichtvorhandensein einer Spannung oder eines Stroms. Die S. kennt drei Grundformen der **Verknüpfungsfunktionen,** die dem Katalog der 16 möglichen Funktionen von zwei Binärvariablen entstammen: Die **Negation (NICHT-Verknüpfung)** invertiert den Eingangssignalwert A, d. h., am Ausgang entsteht der Ausgangssignalwert $Q=\bar{A}$. Bei der **Konjunktion (UND-Verknüpfung)** $Q=A\wedge B$ ist der Ausgangssignalwert dann und nur dann gleich 1, wenn an allen Eingängen gleichzeitig der Signalwert 1 ansteht. Die **Disjunktion (ODER-Verknüpfung)** $Q=A\vee B$ liefert den Ausgangssignalwert 1 immer dann, wenn mindestens ein Eingangssignalwert gleich 1 ist. Weitere wichtige Verknüpfungsfunktionen sind die **NOR-** und **NAND-** sowie die **EXOR-(Antivalenz-)** und die **EX-NOR-(Äquivalenz-)Verknüpfung.** Zur Darstellung derartiger Verknüpfungen bedient man sich genormter **Schaltzeichen.** Es gibt verschiedene elektron. →Schaltkreisfamilien mit Gatterbausteinen, die elektr. Signale nach diesen Grundregeln verknüpfen, um damit z. B. umfangreiche, prozeßabhängige Ablaufsteuerungen aufzubauen.

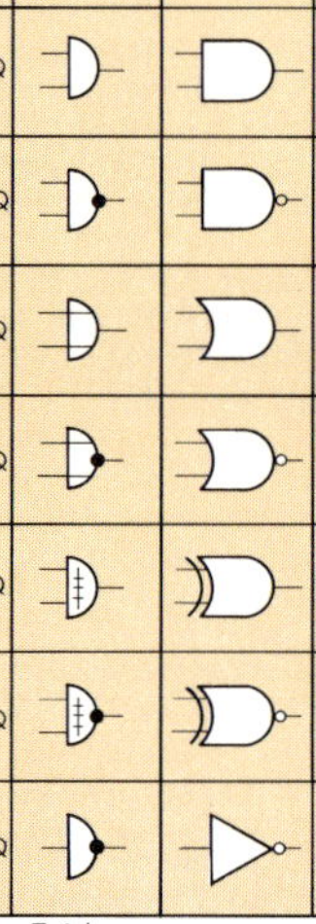

Neue Norm	Alte Norm	USA-Symbol	Benennung	Verknüpfungsgleichung
A, B – & – Q			UND - Verknüpfung (AND)	$Q=A\wedge B$
A, B – & –o Q			NAND	$Q=\overline{A\wedge B}$
A, B – ≧1 – Q			ODER - Verknüpfung (OR)	$Q=A\vee B$
A, B – ≧1 –o Q			NOR	$Q=\overline{A\vee B}$
A, B – =1 – Q			EXOR (Exklusiv ODER)	$Q=(\bar{A}\wedge B)\vee(A\wedge\bar{B})$
A, B – =1 –o Q			EX - NOR (Exklusiv NOR)	$Q=(A\wedge B)\vee(\bar{A}\wedge\bar{B})$
A – 1 –o Q			Negation (NICHT - Verknüpfung)	$Q=\bar{A}$

Erklärung der Zeichen:
$\wedge$ = und (Konjunktion); $\vee$ = oder (Disjunktion); ‾ über der Aussage = Negation der Aussage, z.B. $\overline{A\vee B}$ "nicht (A oder B)".

Schaltalgebra

In der S. gelten – ähnlich wie in der gewöhnl. Algebra – das kommutative, assoziative und distributive Gesetz. Das **kommutative Gesetz (Vertauschungsgesetz)** besagt, daß man die Reihenfolge der Variablen vertauschen darf:

$$A\wedge B=B\wedge A; \qquad A\vee B=B\vee A.$$

Das **assoziative Gesetz (Verbindungs-, Zuordnungsgesetz)** läßt beliebige Zusammenfassungen zu:

$$A\wedge B\wedge C=(A\wedge B)\wedge C=A\wedge(B\wedge C);$$
$$A\vee B\vee C=(A\vee B)\vee C=A\vee(B\vee C).$$

Das **distributive Gesetz (Verteilungsgesetz)** gestattet die Auflösung von Klammern:

$$A\wedge(B\vee C\vee D)=(A\wedge B)\vee(A\wedge C)\vee(A\wedge D);$$
$$A\vee(B\wedge C\wedge D)=(A\vee B)\wedge(A\vee C)\wedge(A\vee D).$$

Abweichend von der gewöhnl. Algebra gelten für das Rechnen mit Binärvariablen folgende Regeln (Postulate):

Konjunktionen	Disjunktionen
$A\wedge 0=0$	$A\vee 0=A$
$A\wedge 1=A$	$A\vee 1=1$
$A\wedge A=A$	$A\vee A=A$
$A\wedge\bar{A}=0$	$A\vee\bar{A}=1$

Eine Erweiterung der Booleschen Algebra stellen die nach dem engl. Mathematiker A. DE MORGAN benannten zwei **De Morganschen Gesetze** dar. Sie behandeln die Negation und deren Auflösung bei beliebigen Funktionen, sie sind hilfreich bei der Schaltungsvereinfachung und der Umrechnung, z. B. auf NAND-Verknüpfungen:

$$\overline{A\wedge B}=\bar{A}\vee\bar{B}; \qquad \overline{A\vee B}=\bar{A}\wedge\bar{B}.$$

Schalt|anlage, Anlage zum Sammeln, Messen, Überwachen und Verteilen elektr. Energie, verbunden oft mit einer →Umspannstation. Ankommende Leitungen werden über Trennschalter, Leistungsschalter (→Schalter) der Sammelschiene oder – wenn nötig – über einen Umspanner (→Transformator) und nochmals über Leistungsschalter und Trennschalter der Sammelschiene zugeführt. Aus Sicherheitsgründen werden S. oft mit zwei oder mehreren Sammelschienensystemen aufgebaut. Von der Sammelschiene werden Abnehmerleitungen über Leistungsschalter und Trennschalter aus der S. herausgeführt. Große S. erhalten oft eine →Schaltwarte zur zentralen Fernbedienung der ganzen Anlage.

S. mit 110 kV und darüber werden meist als **Freiluft-S.** ausgeführt. Nur in Ballungszentren werden Hochspannungs-S. als gekapselte SF_6-Anlagen (SF_6 = Schwefel-Hexafluorid) in geschlossenen Räumen untergebracht.

Schaltbild, →Schaltplan.

Schalter, Gerät mit zwei Kontaktstücken zum Schließen (Einschalten) und Öffnen (Ausschalten) von Stromkreisen; je nach der Anzahl der zu schaltenden Leiter eines Stromkreises ein- oder mehrpolig.

Niederspannungs-S. werden betätigt entweder willkürlich direkt als **Hand-** oder **Fuß-S.** oder indirekt über **Steuer-S.,** Steuerstromkreis und Kraftantrieb (Druckluft-, Motor-, Magnetantrieb) als **Fern-S.,** oder selbsttätig durch Überwachungseinrichtungen (Überstrom-, Fehlerstrom-, Unterspannungsauslöser, Grenztaster, Zeitrelais u. a.), z. B. **Schutz-S., Grenz-S.**

Rast-S. verbleiben in der jeweiligen Schaltstellung, bis sie erneut betätigt werden, z. B. **Dreh-, Kipp-, Wipp-, Druckknopf-S.** – **Tast-S.** kehren selbsttätig in ihre Ausgangslage zurück, wenn die Betätigungskraft nicht mehr einwirkt, z. B. **Steuertaster, Grenztaster, Schütze.** – **Schloß-S.** kehren nach Freigabe einer mechan. Sperre selbsttätig in ihre Ausgangslage zurück, z. B. **Leistungs-S., Schutz-S.**

Je nach ihrem Schaltvermögen (schaltbare Stromstärke) werden unterschieden: **Leer-S.** zum annähernd stromlosen Schalten von Stromkreisen, **Last-S.** zum Schalten etwa ihres doppelten Nennstromes, **Leistungs-S.** auch für Kurzschlußströme entsprechend ihrem Nenn-Einschalt- und Nenn-Ausschaltvermögen.

Hochspannungs-S. müssen als **Trenn-S.** annähernd stromlos geschaltet werden. Bei **Leistungs-S.** sind zum Löschen des Schaltlichtbogens besondere Maßnahmen erforderlich. Die früher verwendeten **Öl-S.** sind heute weitgehend durch die ölarmen **Ölströmungs-S.** und **Druckgas-S.** (mit trockener Luft oder mit dem schweren Gas Schwefelhexafluorid zur Lichtbogenlöschung) verdrängt worden. Sie werden heute bis zu den höchsten Spannungen (750 kV) mit Ausschaltvermögen von 6000 MVA (entsprechend einem Ausschaltstrom von 10 kA und mehr) hergestellt. Der **Leistungstrenn-S.** kann auch Last- und Überströme schalten, nicht aber große Kurzschlußströme.

Zum **kontaktlosen Schalten** verwendet man heute v. a. Halbleiterbauelemente (Transistoren, Thyristoren, integrierte Schaltkreise).

Schaltgetriebe, 1) ein →Rädergetriebe (→Getriebe), bei dem durch einen Schaltvorgang die Kupplung zw. An- und Abtrieb geändert wird, z. B. bei →Zahnradgetrieben durch Verschieben von Rädern, durch Betätigen formschlüssiger Klauenkupplungen im Stillstand und Synchronlauf (→Kraftwagengetriebe). Kraftschlüssig arbeitende →Kupplungen und Bremsen bei →Umlaufrädergetrieben lassen sich bei Drehzahlunterschieden zw. den zu kuppelnden Teilen schalten.

2) ein →Sperrgetriebe (→Getriebe), mit dem ein Getriebeglied schrittweise bewegt werden kann. Der während der Bewegungsphase vorhandene Zwanglauf ist in der Ruheperiode aufgehoben, so daß das Abtriebsglied durch ein Gesperre in seiner Ruhelage gesichert werden muß, z. B. beim **Klinken-S.** und **Räder-S.** (Malteserkreuzgetriebe).

Schaltglieder, Digitaltechnik: elektr. oder elektron. Baueinheiten zum Aufbau von digitalen **Schaltwerken.** S. dienen in erster Linie der Frequenzteilung, Impulszählung und Speicherung binär codierter Signale. Zu den S. zählen →Verknüpfungsglieder (z. B. →NAND-Glied, →NOR-Glied) und Speicherglieder (z. B. →Flipflop).

Schaltjahr, jedes Jahr, das durch Einschaltung von Tagen **(Schalttage)** oder Monaten **(Schaltmonate)** länger als ein Normaljahr ist. (→Kalender)

Schaltkreis, →Schaltung 1), auch →integrierte Schaltung.

Schaltkreisfamilie, Logikfamilie, in gleichartiger Technologie aufgebaute Gruppe von →Verknüpfungsgliedern, die übereinstimmende elektr. Eigenschaften haben, auf gleichen logischen Grundschaltungen basieren und beliebig zusammengeschaltet werden können. Zu den jeweils eine bestimmte S. charakterisierenden techn. Parametern gehören Arbeitsgeschwindigkeit, Schaltzeit, Störsicherheit, Logikpegel, Leistungsaufnahme, Versorgungsspannung, Lastfaktor (Fan-in und Fan-out). Einige Anforderungen können nicht immer gleichzeitig erfüllt werden, z. B. gleichermaßen hohe Arbeitsgeschwindigkeit wie hohe Störsicherheit. Es muß daher je nach Anwendungsfall die geeignetste S. ausgewählt werden. Verknüpfungsglieder verschiedener S. können meist nur durch spezielle Anpassungsschaltungen untereinander kombiniert werden.

Zu den heute bedeutenden monolithisch integrierten, digitalen S. gehören: 1) →DTL (Abk. für Diode Transistor Logic), insbes. in Form von LSL-Schaltungen (Abk. für langsame störsichere Logik), DTL-Schaltungen mit Z-Diode (DTLZ) als Pegelverschiebungsdiode; 2) →TTL (Abk. für Transistor Transistor Logic), hierzu gehören Standard TTL, Low Power TTL, High Speed TTL, Schottky TTL und Low Power Schottky TTL; 3) →I^2L (Abk. für Integrated Injection Logic), →I^3L (Abk. für Isoplanar Integrated Injection Logic), beide S. benötigen kleine Leistungen und haben sehr kurze Schaltzeiten; 4) ECL (→ECL-Technologie, Abk. für Emitter Coupled Logic), auch als CML (Abk. für Current Mode Logic), E^2CL (Abk. für Emitter Emitter Coupled Logic) oder ECTL (Abk. für Emitter Coupled Transistor Logic) bezeichnet; 5) in →MOS-Technologie (→CMOS-Technologie; →NMOS-Technologie, →PMOS-Technologie) hergestellte Schaltkreise.

Von geringerer Bedeutung sind die i. a. diskret aufgebauten RTL- (Abk. für Resistor Transistor Logic) und DCTL-S. (Abk. für Direct Coupled Transistor Logic).

Schaltkreis|technik umfaßt den durch Kombination von Bauelementen ermöglichten Aufbau von (komplexen) Schaltungen, z. B. Relais-S., Fluidik-S., Halbleiter-S., sowie das funktionelle Zusammenwirken und die

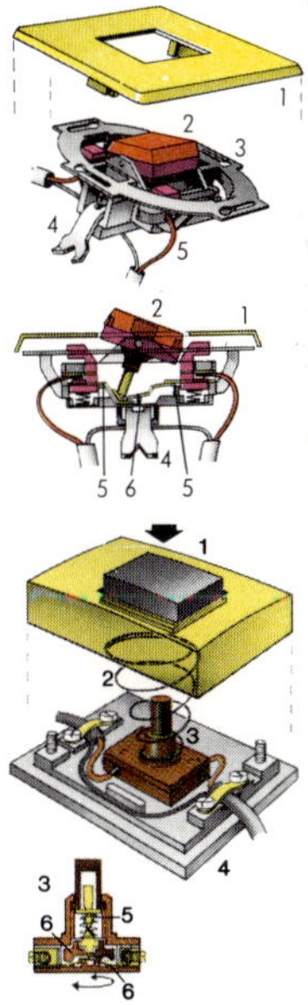

Schalter

Schalter: OBEN Kippschalter; **1** Abdeckplatte, **2** Kipptaste, **3** Montagescheibe, **4** Spreizklaue, **5** Anschlußklammern, **6** Kontaktwippe. UNTEN Druckschalter; **1** Drucktaste und Gehäuse, **2** Spiralfeder, **3** Druckschalter, **4** Bodenplatte, **5** Drillstift und Feder, **6** Drehscheibe mit Noppen (und Kontaktspange)

Dimensionierung der Schaltglieder. Halbleiterschaltkreise können diskret, als → Hybridschaltung, in → Dickfilmtechnologie, → Dünnfilmtechnologie oder als monolithisch → integrierte Schaltung aufgebaut werden. Innerhalb der monolith. Integration digitaler Schaltungen gibt es auf Grund unterschiedl. Herstellungstechnologien verschiedene → Schaltkreisfamilien mit voneinander abweichenden Parametern.

Schaltmonat, → Schaltjahr.

Schaltnetzteil, geregeltes → Netzgerät zur Stromversorgung elektron. Einrichtungen und Anlagen. In einem S. wird zunächst die Netzspannung gleichgerichtet und gesiebt. Die derart erzeugte Gleichspannung wird mit Leistungstransistoren oder Thyristoren zerhackt, d. h. in eine Rechteckspannung umgewandelt, deren Frequenz meist zw. 20 und 150 kHz liegt. Das Tastverhältnis der Rechteckspannung kann über einen Regelkreis eingestellt werden, wodurch eine Anpassung an die vom Verbraucher entnommene Leistung möglich wird. Die Rechteckspannung läßt sich dann auf die gewünschte(n) Ausgangsspannung(en) transformieren, gleichrichten und sieben. S. besitzen einen wesentlich höheren Wirkungsgrad als übliche linear geregelte Netzteile, ferner lassen sie sich besser regeln und wegen der hohen Schaltfrequenz kleiner aufbauen.

Schaltplan, Schaltbild, die zeichner. Darstellung elektr. → Schaltungen 1) mittels genormter Symbole, der **Schaltzeichen** (ÜBERSICHT S. 247). Man unterscheidet **Schaltbilder** von Motoren, Generatoren, Geräten, Bauelementen, Baugruppen, Funktionseinheiten u. a., **Übersichts-S.** ganzer Anlagen, oft in einpoliger Darstellung, **Wirk-S.** mit allen Einzelheiten und Hilfsleitungen, **Stromlaufpläne** in nach Stromwegen aufgelöster Darstellung, **Leistungs-** und **Anschlußpläne.**

Schaltsekunde, zur Anpassung der bürgerl. und astronom. Zeitmessung eingeschobene oder ausgelassene Sekunde. (→ UTC)

Schaltstufe, → Kippschaltung.

Schalt|tafel, Tafel zur Aufnahme der Schalt-, Meß-, Anzeige- und Reguliergeräte elektr. Anlagen, heute meist mit allen Einrichtungen für die Fernbedienung versehen. **Schaltpulte** sind schräg liegende S., meist in Schaltwarten von Kraftwerken und Schaltanlagen verwendet.

Schalt|tag, → Schaltjahr.

Schalt|transistor, für kontaktloses Schalten elektr. Spannungen und Ströme ausgelegter → Transistor.

Schalt|uhr, Uhr mit Schalteinrichtungen zum selbsttätigen Schalten elektr. Stromkreise. **Kurzzeit-S.** sind z. B. für die Treppenhausbeleuchtung und als Belichtungsuhr im Photolabor geeignet, **Programm-S.** dienen zur Steuerung eines durch die Uhr zeitlich bestimmten Programms, z. B. in Haushaltsgeräten und -maschinen, für Straßenbeleuchtung und Verkehrsampeln.

Schaltung, 1) Elektrotechnik: die Anordnung der elektr. Verbindungen zw. Bauteilen, Baugruppen, Stromquellen, Geräten, Maschinen u. a. elektr. Einrichtungen. Wichtige Grundschaltungen haben spezielle Bezeichnungen, z. B. → Dreieckschaltung, → Sternschaltung, → Reihenschaltung, → Parallelschaltung, → Emitterschaltung, → Kippschaltung. Auch die Gesamtheit von zu einer Funktionseinheit verbundenen Bauteilen (z. B. → gedruckte Schaltung, → integrierte Schaltung, → Hybridschaltung) wird als S. bezeichnet, ferner kurz für → Schaltplan.

2) Kfz: Bedienung und Anordnung der Gänge im Wechselgetriebe (→ Kraftwagengetriebe).

Schaltungssynthese, Entwurf von logischen Verknüpfungsschaltungen für Anwendungen der Digitaltechnik. Die S. erfolgt grundsätzlich in folgenden Schritten: 1) Funktionsbeschreibung (Problemstellung), 2) Festlegung der Ein- und Ausgangsvariablen, 3) Aufstellen einer Wahrheitstabelle, 4) Bestimmung der notwendigen Verknüpfungsschaltungen, 5) Umformung und Vereinfachung der entwickelten logischen Schaltung mit Hilfe der Regeln der → Schaltalgebra. Wegen seiner Übersichtlichkeit wird bei der S. häufig das von M. KARNAUGH und E. VEITCH angegebene **KV-Diagramm** (Karnaugh-Diagramm) verwendet, es gestattet u. a. die Vereinfachung von ODER-Normalformen.

Schaltvariable, Variable der Booleschen Algebra in ihrer Anwendung bei der → Schaltalgebra. Eine S. kann nur zwei mögliche Zustände annehmen, die in der elektron. Datenverarbeitung durch Spannungs- oder Strompegel dargestellt werden: HIGH(-Pegel), Abk. H oder 1, oder LOW(-Pegel), Abk. L oder 0. In der → Digitaltechnik stellt man **H-Pegel** z. B. durch +5 Volt und **L-Pegel** durch 0 Volt dar (→ Logikpegel). Diese Signale lassen sich elektrisch wesentlich einfacher erfassen und verarbeiten als etwa die Darstellung eines Signals in zehn Spannungsstufen.

Schaltwarte, die zentrale Stelle in Kraftwerken und großen Umspannwerken, von der aus die ganze Anlage überwacht und ferngesteuert wird.

Schaltwerk, Digitaltechnik: allg. eine elektr. oder elektron. Baugruppe, aufgebaut aus → Schaltgliedern.

Schaltzeichen, Symbol zur graph. Darstellung von elektr./elektron. Bauelementen in einem → Schaltplan oder einem Schaltbild.

Schalung, Bautechnik: 1) Form aus Holz, Stahl oder Kunststoff zur Aufnahme von Beton bis zu dessen Erhärtung. Größere S. wird vom → Lehrgerüst unterstützt, dies entfällt bei **Gleit-S.** oder **Kletter-S.** Hierbei wird die formgebende S. abschnittweise mechanisch oder hydraulisch während des Betonierens hochgezogen. Besondere **S.-Steine** gestatten die Herstellung von Wänden, Stützen und Pfeilern. 2) Bretterbelag von Dachflächen zur Aufnahme der Dachhaut. 3) Bretterverkleidung **(Verschalung)** von Wänden.

Schamotte *die,* im Stück vorgebrannter Ton. Feuerfeste S.-Körnung wird zusammen mit feuerfestem Bindeton zu **S.-Steinen** verarbeitet. Zum Vermauern dient **S.-Mörtel.** Schmelztiegel für Buntmetalle bestehen aus S. mit Graphitzusatz. Nicht feuerfeste S. dient als → Magerungsmittel von Steinzeugmassen.

Schanzkleid, bei Schiffen 1) feste, etwa 1,2 m hohe, das freie Oberdeck begrenzende Wand; 2) Segel- oder Kunststofftuchbezug der Reling.

Schappe, 1) Bergbau: seitlich geschlitztes Rohr mit schaufelförmigem Schneidblatt zum Bohren von Hand in Böden oder ähnlich weichem Material, v. a. zur Probenahme.

2) Textiltechnik: **Schappeseide,** Garn aus Rohseidenabfällen. Verspinnung **(S.-Spinnerei)** nach einem abgewandelten Kammgarnspinnverfahren. Die abfallenden Kämmlinge ergeben Bourettegarne (→ Abfallspinnerei).

Schar, 1) Geometrie: *die,* Menge von mathemat. Objekten im Raum (Kurven, die in einer Ebene oder auf einer festen Fläche liegen, Punkte auf einer ebenen Kurve oder

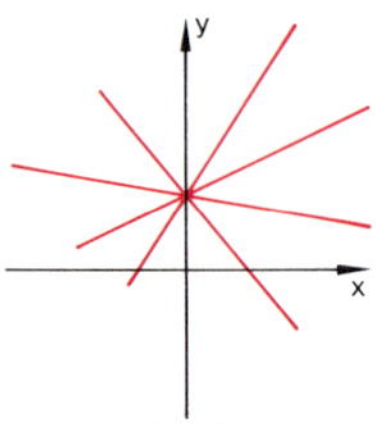

$y = mx + 2$ Parameter m

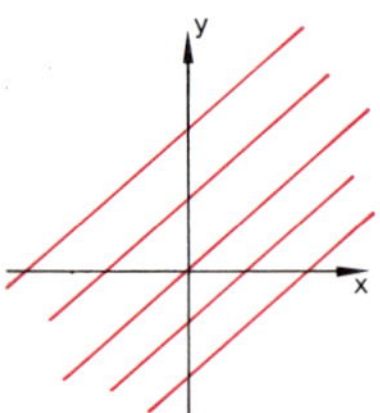

$y = x + b$ Parameter b

Schar 1)

SCHALTPLAN

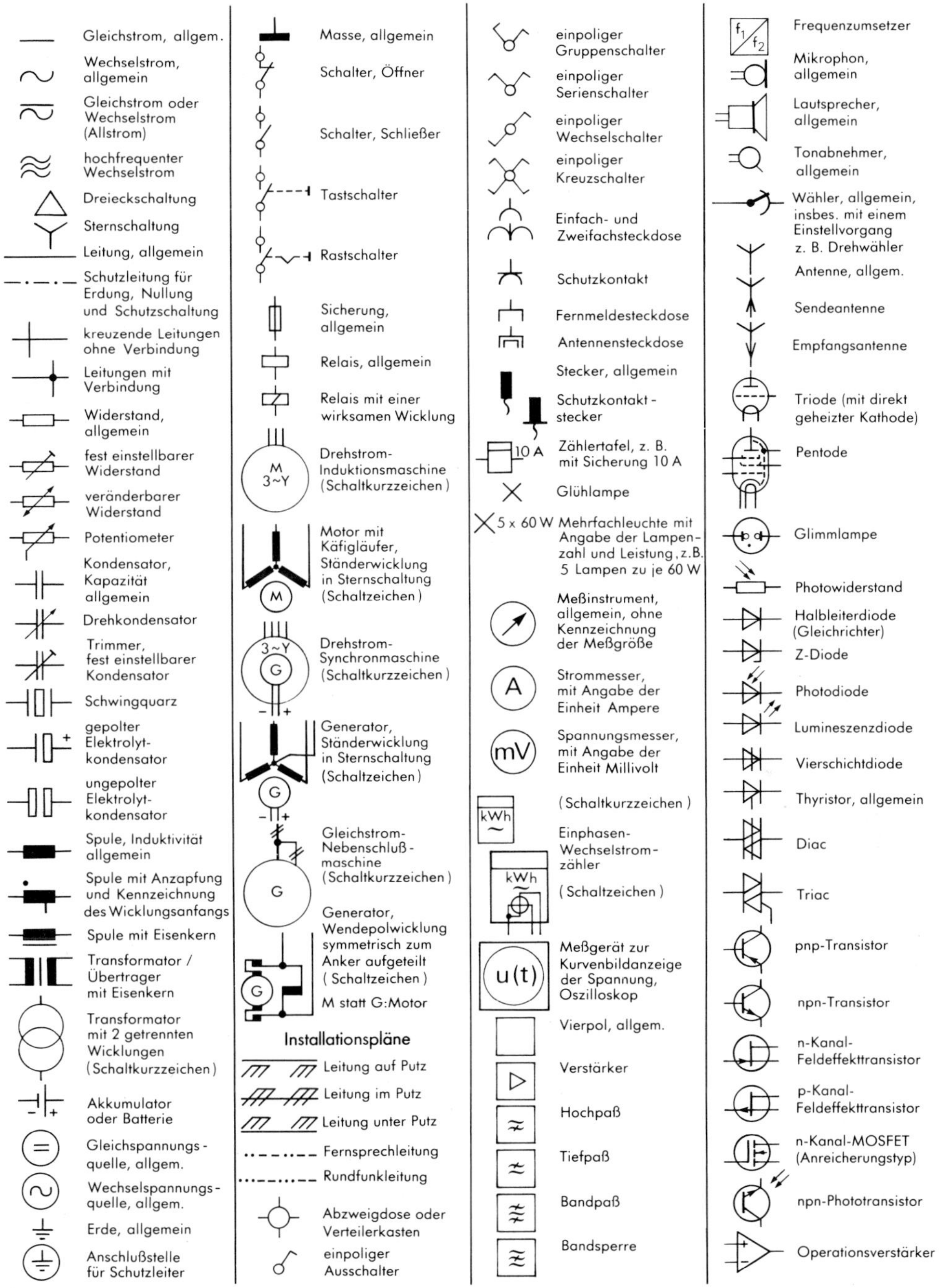
Gleichstrom, allgem.
Wechselstrom, allgemein
Gleichstrom oder Wechselstrom (Allstrom)
hochfrequenter Wechselstrom
Dreieckschaltung
Sternschaltung
Leitung, allgemein
Schutzleitung für Erdung, Nullung und Schutzschaltung
kreuzende Leitungen ohne Verbindung
Leitungen mit Verbindung
Widerstand, allgemein
fest einstellbarer Widerstand
veränderbarer Widerstand
Potentiometer
Kondensator, Kapazität allgemein
Drehkondensator
Trimmer, fest einstellbarer Kondensator
Schwingquarz
gepolter Elektrolyt-kondensator
ungepolter Elektrolyt-kondensator
Spule, Induktivität allgemein
Spule mit Anzapfung und Kennzeichnung des Wicklungsanfangs
Spule mit Eisenkern
Transformator / Übertrager mit Eisenkern
Transformator mit 2 getrennten Wicklungen (Schaltkurzzeichen)
Akkumulator oder Batterie
Gleichspannungs-quelle, allgem.
Wechselspannungs-quelle, allgem.
Erde, allgemein
Anschlußstelle für Schutzleiter
Masse, allgemein
Schalter, Öffner
Schalter, Schließer
Tastschalter
Rastschalter
Sicherung, allgemein
Relais, allgemein
Relais mit einer wirksamen Wicklung
M 3~Y
Drehstrom-Induktionsmaschine (Schaltkurzzeichen)
M
Motor mit Käfigläufer, Ständerwicklung in Sternschaltung (Schaltzeichen)
3~Y
G
Drehstrom-Synchronmaschine (Schaltkurzzeichen)
G
Generator, Ständerwicklung in Sternschaltung (Schaltzeichen)
G
Gleichstrom-Nebenschluß-maschine (Schaltkurzzeichen)
G
Generator, Wendepolwicklung symmetrisch zum Anker aufgeteilt (Schaltzeichen)
M statt G: Motor
Installationspläne
Leitung auf Putz
Leitung im Putz
Leitung unter Putz
Fernsprechleitung
Rundfunkleitung
Abzweigdose oder Verteilerkasten
einpoliger Ausschalter
einpoliger Gruppenschalter
einpoliger Serienschalter
einpoliger Wechselschalter
einpoliger Kreuzschalter
Einfach- und Zweifachsteckdose
Schutzkontakt
Fernmeldesteckdose
Antennensteckdose
Stecker, allgemein
Schutzkontakt-stecker
10 A
Zählertafel, z. B. mit Sicherung 10 A
Glühlampe
5 x 60 W
Mehrfachleuchte mit Angabe der Lampen-zahl und Leistung, z.B. 5 Lampen zu je 60 W
Meßinstrument, allgemein, ohne Kennzeichnung der Meßgröße
A
Strommesser, mit Angabe der Einheit Ampere
mV
Spannungsmesser, mit Angabe der Einheit Millivolt
kWh
(Schaltkurzzeichen)
Einphasen-Wechselstrom-zähler
kWh
(Schaltzeichen)
u(t)
Meßgerät zur Kurvenbildanzeige der Spannung, Oszilloskop
Vierpol, allgem.
Verstärker
Hochpaß
Tiefpaß
Bandpaß
Bandsperre
f1 f2
Frequenzumsetzer
Mikrophon, allgemein
Lautsprecher, allgemein
Tonabnehmer, allgemein
Wähler, allgemein, insbes. mit einem Einstellvorgang z. B. Drehwähler
Antenne, allgem.
Sendeantenne
Empfangsantenne
Triode (mit direkt geheizter Kathode)
Pentode
Glimmlampe
Photowiderstand
Halbleiterdiode (Gleichrichter)
Z-Diode
Photodiode
Lumineszenzdiode
Vierschichtdiode
Thyristor, allgemein
Diac
Triac
pnp-Transistor
npn-Transistor
n-Kanal-Feldeffekttransistor
p-Kanal-Feldeffekttransistor
n-Kanal-MOSFET (Anreicherungstyp)
npn-Phototransistor
Operationsverstärker

auf einer Raumkurve), deren einzelne Elemente durch die Koeffizienten der sie beschreibenden Gleichungen bestimmt werden **(Parameter der S.)**; die Anzahl der wesentlichen Parameter heißt **Dimension** der S. Eine S. heißt **linear,** wenn die vektorielle Summe (→Vektor) zweier Parametersysteme und ihre Produkte mit reellen Zahlen wieder Parametersysteme der S. liefern. – Eine lineare S. der Dimension $d = 1$ heißt **Büschel;** wenn $d = 2$ ist, **Bündel;** wenn $d = 3$ ist, **Netz.** Ein auf einer Fläche liegendes Netz von Kurven nennt man ein **Gewebe.** Eine **n-parametrige S.** ($n = 1, 2, \ldots$) ebener Kurven wird analytisch durch eine Differentialgleichung n-ter Ordnung repräsentiert, da ihr allg. Integral genau n Konstanten enthält.

2) Landtechnik: *die* oder *das,* Teil des →Pfluges, das den umzupflügenden Erdbalken in horizontaler Ebene vom liegenbleibenden Boden trennt.

schären, schweifen, Webereivorbereitungen: Kettfäden von in einem Gestell **(Schärrahmen, Schärgatter)** aufgesteckten Spulen abziehen und in mehreren Fadenscharen **(Schärbänder)** gleicher Länge und Spannung auf die waagerecht liegende Trommel einer **Schärmaschine** aufwickeln, so daß die Kettfäden die Dichte, die später in der Webware vorliegt, erhalten. Die gesamte Kette wird dann auf einem Kettbaum ›aufgebäumt‹.

Schären, kleine, buckelartige Felsinseln und -klippen, die in Schwärmen auftreten und als **Schärenhof** bes. der skandinav. Küste **(Schärenküste)** vorgelagert sind; entstanden durch Eindringen des Meer- oder Seewassers in die eiszeitlich geformte Rundhöckerlandschaft.

Scharf|abstimmung, elektron. Einrichtung zur automat. Frequenzregelung (→AFC) im Rundfunkempfänger.

Schärfegrad, Schlankheitsgrad, beim Schiff ein →Völligkeitsgrad.

schärfen, 1) die Schneidfähigkeit von Werkzeugen wiederherstellen, z. B. durch Schleifen, Feilen, Dengeln.

2) Leder am Rand dünner schneiden.

Schärfentiefe, Tiefenschärfe, die Tiefe des Raumes vor und hinter der Gegenstandsebene, die durch ein opt. Gerät noch genügend scharf abgebildet wird. Exakt scharf erscheint nur der genau in der Einstellebene des Objektivs liegende Gegenstandspunkt, alle anderen Punkte werden mehr oder weniger unscharf abgebildet, d. h., sie erzeugen in der Bildebene Zerstreuungskreise. Je kleiner diese sind, desto schärfer erscheint die Abbildung (bei photograph. Aufnahmen durch die Korngröße des Filmmaterials begrenzt). Fügt man in den Strahlengang eine Blende zur Verengung des Lichtbündels ein, erhält man kleinere Zerstreuungskreise und damit einen größeren S.-Bereich. Eine Verringerung der Brennweite des Objektivs führt ebenfalls zu einem größeren S.-Bereich.

Scharnier, Gelenk aus zwei Metallappen mit eingerollten Ösen, in die ein Verbindungsstift gesteckt wird. Der eine Lappen wird am Türrahmen oder Behälter (Dose, Uhrgehäuse), der andere an der dazugehörigen Tür oder am Deckel befestigt. Beim **Stangen-S. (Klavierband)** zur Befestigung von Möbeltüren sind die Ösen, hintereinander angeordnet, durch einen Draht zu einem endlosen S. verbunden. (BILD Band)

Scharte, schmaler Einschnitt in einem Gebirgskamm; schadhafte Kerbe oder Lücke in einer Schneide.

Scharung, spitzwinkliges Zusammenlaufen von Faltengebirgen, Falten oder Gängen.

Schatten, dunkler Raum hinter einem beleuchteten, undurchsichtigen Körper **(Schattenraum, Schlag-S.).** Eine punktförmige oder eine als solche wirkende Lichtquelle wirft einen scharf begrenzten S. Hat sie eine best. Ausdehnung (z. B. die Sonne), ist der von keinem Licht getroffene Raum **(Kern-S.)** umgeben von einem Gebiet, das nur von einem Teil der Lichtquelle Licht bekommt **(Halb-S.;** BILD Mondfinsternis). Bei verfeinerter Beobachtung werden im S., v. a. an den S.-Grenzen, durch →Beugung des Lichts am Körper hervorgerufene Strukturen sichtbar. – Scheinbar **farbige S. (Farbschatten),** die auf physiolog. Vorgängen im Auge beruhen, entstehen, wenn die von zwei verschiedenfarbigen Lichtquellen herrührenden S. eines Körpers nebeneinander auf eine weiße Fläche fallen. – Analog wird auch bei anderen Wellen (z. B. Schall-, Radiowellen) von S. gesprochen.

Schattenmaskenröhre, Fernsehen: eine Farbbildwiedergaberöhre mit einer Maske zur Farbtrennung, die zw. Leuchtschirm und Elektronenstrahlsystem angeordnet ist und für jedes Leuchtstofftripel (Rot, Grün, Blau) eine Öffnung hat. Die S. bewirkt durch Abschattung, daß die Elektronenstrahlen für die drei Primärfarben Rot, Grün, Blau nur auf die zugeordneten Leuchtstoffstellen treffen können. Die ältere **Lochmaskenröhre,** die die Farben mit einer Lochmaske selektiert, enthält drei deltaförmig angeordnete Strahlsysteme (›Deltaröhre‹). Die neuere **Schlitzmaskenröhre** hat eine Maske mit Schlitzen, und die drei Strahlsysteme sind in einer horizontalen Linie angeordnet (→In-line-Bildröhre).

Schattenverfahren, Methode zur Sichtbarmachung von Dichteänderungen in einem durchsichtigen Medium, z. B. bei Verdichtungsstößen in Gasen. Gebiete mit Dichteänderungen haben eine veränderte opt. Brechzahl, die dort zu diffuser Brechung des durchstrahlten Lichts führt, so daß diese Gebiete im Lichtwurf dunkel erscheinen. (→Schlierenverfahren)

Schattierung, Kartographie: →Schummerung.

Schätzung, Bestimmung von unbekannten →Parametern, d. h. Charakteristiken von Grundgesamtheiten. Ziel der statist. S. ist die möglichst gute Bestimmung ›wahrer‹ Größen und Zusammenhänge aus möglichst wenigen empir. Beobachtungen. (→Ausgleichsrechnung)

Schauer, 1) Meteorologie: räumlich begrenzte, kurzdauernde, meist kräftige →Niederschläge 2) aus hochreichenden Quellwolken. Ihre typische Dauer in mittleren Breiten beträgt mehrere Minuten, ihre Ausdehnung einige Kilometer. S. treten meist in Gruppen auf, wobei absterbende Schauerzellen direkt durch neue ersetzt werden. Folge davon sind rasche Intensitätsänderungen.

2) Physik: Erscheinung der →kosmischen Strahlung, bei der gleichzeitig Teilchen mit nahezu paralleler Richtung von einem gemeinsamen Ursprung in ein begrenztes Raumgebiet fallen. Dabei verteilt ein sehr energiereiches Primärteilchen seine Energie durch Wechselwirkung mit Materie auf mehrere Sekundärteilchen, die wiederum eine neue Generation erzeugen können, z. B. bei den **Elektronen-S.** (→Kaskade 2)

Schaufel, 1) Handwerkszeug mit eisernem oder hölzernem Blatt an einem Stiel, für Erdarbeiten und für körnige oder flüssige Stoffe.

2) in Strömungsmaschinen zylindrisch oder räumlich gekrümmte, blattähnliche Teile des →Laufrades und des →Leitrades.

Schaufelfläche, die →listrische Fläche.

Schaufel|lader, Lade- und Erdbewegungsgerät für Schüttgüter mit luftbereiftem Vierradfahrgestell oder Raupenfahrwerk, Verbrennungsmotor, Fahrersitz, Schaufel, die hydraulisch gehoben, gesenkt und gekippt wird, an der Stirnseite.

Schaufelrad, Antriebsmittel der veralteten Raddampfer.

Schaukelwellen, →Seiches.

Schaum, thermodynamisch instabiles Zweiphasensystem, bei dem meist ein großes Gasvolumen in einem kleinen Flüssigkeitsvolumen fein verteilt ist. Die einzelnen Gasblasen sind durch Flüssigkeitsfilme voneinander getrennt. Die S.-Bildung wird durch Tenside (S.-Stabilisatoren, Schäumer) ermöglicht, die eine Vereinigung einzelner Gasblasen durch Zerplatzen der Flüssigkeitsfilme (Koaleszenz) behindern. Unerwünschte S.-Bildung kann durch →Antischaummittel verhindert werden.

Schaumbeton, Bez. für →Leichtbeton mit guter Wärmedämmung, entsteht aus einem durch Unterrühren von Schaum geblähten Bindemittelleim aus Kalk, Zement und sehr feinem Sand durch Dampfdruckhärtung (Autoklavbehandlung) oder Aushärten an Luft (großes Schwinden).

Schaumglas, geblähtes, poriges Glas, entsteht durch Sintern von Glaspulver, das mit gasbildenden Pulvern (z. B. Kohle) vermengt wurde. S. besitzt hohe Wärme- und Schalldämmung, niedriges Raumgewicht; wird in der Bau- und Kältetechnik in Form von **S.-Steinen** und **S.-Platten** verwendet.

Schaumgummi, →Schaumstoffe.

Schaumkalk, 1) **Aphrit,** Pseudomorphose des Aragonits nach Gips. 2) gelblichgrauer, durch Auswitterung von Ooiden poröser Kalkstein im Unteren Muschelkalk.

Schaumkunst|stoffe, zu →Schaumstoffen verarbeitete →Kunststoffe.

Schaumlöscher, tragbares, fahrbares oder stationäres Löschgerät mit Schaum als →Feuerlöschmittel.

Schaumregulatoren, →Waschmittel.

Schaumstoffe, künstlich hergestellte Werkstoffe mit zelliger Struktur und geringer Dichte. Die Ausgangsbasis für S. können Kunststoffe (Schaumkunststoffe), Kautschuk (Schaumgummi), aber auch anorgan. Stoffe (z. B. für Gasbeton, Schaumglas) sein. Charakteristisch ist die niedrige Dichte (Raumgewicht) der S. Sie liegt bei Schaumkunststoffen zw. 10 und 1000 kg/m³, bei Glas- und Schaumbeton zw. 400 und 1200 kg/m³. S. zeichnen sich außerdem durch geringe Wärmeleitfähigkeit aus. Offenzellige S. enthalten Zellen, die untereinander und mit der Außenluft in Verbindung stehen. Geschlossenzellige S. bestehen praktisch nur aus in sich abgeschlossenen Zellen. Zur Herstellung von **Schaumkunststoffen** werden geschmolzene Thermoplaste oder niedermolekulare Vorstufen von Duromeren mit Gasen oder →Treibmitteln verschäumt. Der Schaumzustand wird anschließend durch Abkühlung oder Vernetzung der Polymerketten fixiert. **Hart-S.** sind durch hohen Verformungswiderstand und geringe elast. Verformbarkeit gekennzeichnet. **Weich-S.** lassen sich leicht elastisch verformen und zeigen schaumgummiähnliches Verhalten. **Struktur-S.** (Integral-S.) haben eine feste, nicht geschäumte Außenhaut; sie werden nach speziellen Verfahren als Formteil oder Halbzeug (Profilmaterial) in einem Arbeitsgang, z. B. durch Spritzgießen oder Strangpressen, hergestellt. Bei der Herstellung des wichtigen **Polystyrol-Partikel-S. (Styropor)** wird grießartiges Polystyrol mit Petroläther als Treibmittel bei 100 °C zu kleinen Bläschen vorgeschäumt. Diese ›Ballons‹ werden anschließend zu Blöcken oder Formteilen mit einer Dichte von 10–100 kg/m³ verschweißt. **Polyurethan-S.** werden aus mehreren Komponenten hergestellt, z. B. einem Polyisocyanat (→Polyurethane) und einem mehrwertigen Alkohol, dem Treibmittel, Aktivatoren, Emulgatoren u. a. Zusätze beigemischt werden können. Als Treibmittel dienen Chlorfluorkohlenstoffe und Wasser, das mit einem Teil der Isocyanatgruppen unter Bildung von Kohlendioxid reagiert. Zum Ausschäumen von Hohlräumen oder Beschichten von Flächen werden die Komponenten in Gießmaschinen oder Spritzpistolen verarbeitet. S. werden auch aus Weich-PVC, Phenolharzen (Phenoplast-S.), Aminoplasten (Harnstoff-S.) u. a. Kunststoffen hergestellt. **Schaumgummi** wird aus einer vulkanisationsfähigen Latexmischung hergestellt. Die Mischung wird nach Zusatz von Schaummitteln zu einem stabilen Schaum aufgeschlagen und anschließend in einer Form bei etwa 100 °C vulkanisiert. S. finden breite Anwendung als Dämmstoffe, zur Herstellung von Verbundstoffen, für stoßfeste Verpackungen, für Transportbehälter und Möbel (Struktur-S.) sowie für Matratzen, Polster und Schwämme (Weich-S.).

Schaumverhütungsmittel, die →Antischaummittel.

Scheat, Stern 2. Größe, β im Sternbild Pegasus.

Schedir, Stern 2. Größe, α im Sternbild Kassiopeia, scheinbare Helligkeit $2^m 39$.

Scheelbleierz, Mineral, →Stolzit.

Scheelit [n. dem schwed. Chemiker C. W. Scheele, * 1742, † 1786] *der,* **Tungstein,** Mineral $CaWO_4$, hellgrau bis gelb, auch braun, selten farblos; H. 4,5–5, D. um 6; bipyramidale oder tafelige Kristalle, auch krustenförmig, derb oder in Pseudomorphosen; mit 80,6% WO_3 eines der wichtigsten Wolframerze; Vorkommen: pegmatitisch, pneumatolytisch, hydrothermal, kontaktmetasomatisch; vielerorts abbauwürdig.

Scheibe, 1) allg.: im Verhältnis zum Durchmesser dünner, i. a. kreisförmiger Körper beliebigen Querschnitts, z. B. →Unterlegscheibe. Es sind aber auch andere als runde S. und solche ohne Bohrung möglich, z. B. Fenster-S.

2) Bautechnik: dünnes ebenes Flächentragwerk, das nur in seiner eigenen Ebene (Mittelebene) belastet ist. S. dienen v. a. der Aussteifung von Gebäuden gegen Windangriff, z. B. im →Großtafelbau und bei der →Querwandbauart.

Scheibenröhre, in der →Mikrowellentechnik bes. zur Schwingungserzeugung verwendete Elektronenröhre mit ebenen, scheibenförmigen Elektroden, ringförmigen Elektrodenanschlüssen und äußerst kleinen Gitter-Kathoden-Abständen (etwa 10 μm).

Scheibenschwingmühle, Maschine zur Zerkleinerung von Feinkorn durch Schlag und Reibung mittels eines Ringes und/oder eines metall. Vollkörpers in einem flachen, zylindr. Mahlgefäß, das in horizontaler Richtung schwingt.

Scheibenwicklung, eine Transformatorwicklung (→Transformator), bei der die Primär- und die Sekundärwicklung je aus mehreren scheibenförmigen Spulen besteht, die abwechselnd auf einen geblechten Schenkel aufgereiht sind.

Scheibenwischer, Gerät zum Reinigen der Windschutzscheibe (und/oder Heckscheibe) von Kraftwagen,

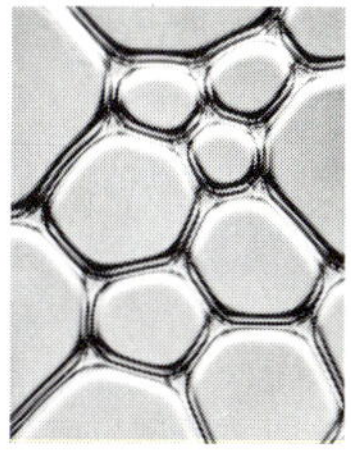

Schaum: Flüssigkeitslamelle von Seifenschaum

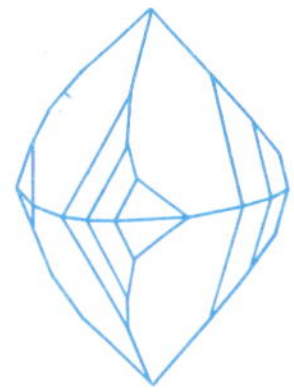

Scheelit 1

Scheelit 2: braune Kristalle auf Gestein, Framont bei Schirmeck (Elsaß)

Scheidetrichter

Schienenfahrzeugen, Schiffen, Flugzeugen, meist elektrisch, seltener mit Druckluft angetrieben; an einem meist über Gestänge angetriebenen und Pendelbewegungen ausübenden Wischerhebel ist das Wischerblatt mit einem Wischgummi angebracht. Bei starker Scheibenverunreinigung werden die S. von der **Scheibenwaschanlage** (unter Druck stehender Wasserbehälter oder Pumpe und auf die Wischfläche gerichtete Spritzdüsen) unterstützt.

Scheidekunde, Scheidekunst, früher für Chemie gebrauchte Bezeichnung.

scheiden, Einzelmetalle, bes. die Edelmetalle, aus Legierungen trennen (→ Gold-Silber-Scheidung).

Scheidetrichter, Schütteltrichter, verschließbares konisch-kugeliges oder zylindr. Glasgefäß mit Bodenablauf zur Trennung verschieden schwerer, nicht mischbarer Flüssigkeiten wie Wasser und Äthyläther.

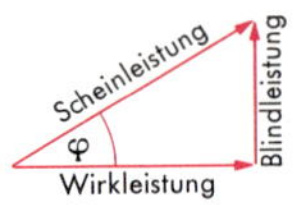

Scheinleistung: Leistungsdreieck

Scheidewasser, → Salpetersäure.

scheinbare Größe, Astronomie und Geodäsie: Winkel, unter dem ein Gegenstand einem Beobachter erscheint. Aus ihr und dem Abstand vom Beobachter kann die **wahre** oder **lineare Größe** berechnet werden. Verschieden große Objekte können gleiche s. G. haben, wenn ihre Entfernungen vom Beobachter entsprechend verschieden sind.

scheinbare Helligkeit, die → Helligkeit, in der die Gestirne am Himmel erscheinen.

Scheiner-Grade [n. dem dt. Astrophysiker J. Scheiner, * 1858, † 1913], Maßangabe über die Empfindlichkeit photograph. Aufnahmematerials, ermittelt mit dem von J. SCHEINER erfundenen Universalsensitometer (→ Sensitometrie).

Scheinkontinu|um, die Erscheinungsform von Kristallen bei makroskop. Betrachtung; ihre Materie erfüllt den Raum scheinbar kontinuierlich. Betrachtet man jedoch den atomaren Aufbau der Kristalle, so zeigen sie sich als → Diskontinua.

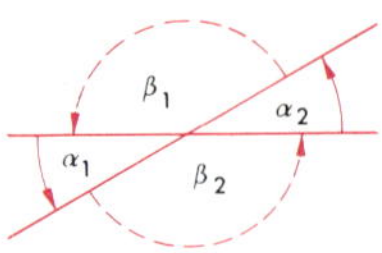

Scheitelwinkel

Scheinkraft, → Trägheitskraft.

Scheinleistung, Produkt aus den Effektivwerten von Strom und Spannung: $S = U_{eff} \cdot I_{eff}$. Verbraucher in einem realen Wechselstromkreis bestehen immer aus Wirk- und Blindwiderständen (z. B. verlustbehaftete Spule), entsprechend treten gleichzeitig → Wirkleistung und → Blindleistung auf. Da Strom und Spannung durch den Blindwiderstand gegeneinander um den Winkel φ phasenverschoben sind, müssen die Leistungen geometrisch addiert werden **(Leistungsdreieck,** BILD), wobei sich als Resultierende die S. zu

$$S = \sqrt{P^2 + Q^2}$$

ergibt (S = Scheinleistung in VA, P = Wirkleistung in W, Q = Blindleistung in var). Der Anteil der S., der als Wirkleistung umsetzbar ist, wird durch den → Leistungsfaktor $\cos \varphi$ bestimmt.

Scherbenkobalt, derb (Sankt Andreasberg, Harz)

Scheinleitwert, auch **Admittạnz,** der Kehrwert des → Scheinwiderstandes im Wechselstromkreis: $Y = 1/Z$.

Scheinwerfer, Leuchte für scharfe Bündelung eines Lichtstromes durch Reflektoren oder (seltener) Linsen in gewünschter Richtung, um entfernte Gegenstände erkennbar zu machen, auch zur Beleuchtung und Anstrahlung im Film- und Photoatelier, Theater, Zirkus u. a. – S. am Fahrzeug (Kraftwagen, Flugzeug) beleuchten begrenzte Teile der Fahr- oder Landebahn. Signal-S. sollen auf große Entfernung, aber nur aus einer best. Richtung wahrnehmbar sein.

Als Lichtquelle dienen bei kleineren S. Glühlampen (oft Halogen-Glühlampen), bei größeren Bogenlampen, Höchstdruck-Quecksilberdampflampen und Xenonlampen. Der Reflektor ist ein sphär. oder asphär. Spiegel aus belegtem Glas oder Metall. Die Streuscheibe ruft mit ihrer prismenförmigen Oberfläche durch Lichtbrechung die gewünschte Lichtverteilung des im Reflektor gebündelten Lichts hervor. (→ Kraftfahrzeugbeleuchtung)

Scheinwiderstand, Impedạnz, komplexer Wechselstromwiderstand Z, der sich aus dem reellen → Wirkwiderstand R und dem imaginären → Blindwiderstand $\mathrm{j}X$ zusammensetzt: $Z = R + \mathrm{j}X$. Aus dieser komplexen Schreibweise erhält man durch Umformung den Betrag des S. als

$$|Z| = \sqrt{R^2 + X^2}$$

und den Phasenwinkel zw. Strom und Spannung als $\varphi = \arctan X/R$. Kehrwert des S. ist der → Scheinleitwert (Admittanz).

Scheitel, Mathematik: 1) Schnittpunkt der Schenkel eines Winkels; 2) Schnittpunkt eines → Kegelschnitts oder einer Fläche zweiter Ordnung mit einer Achse; 3) Spitze eines Kegels.

Scheitelbrechwert, Kehrwert der in Metern gemessenen → Schnittweite.

Scheitelfaktor, Elektrotechnik: Verhältnis des Scheitelwertes (Höchstwertes) einer elektr. Spannung oder eines Stromes zum Effektivwert. Der S. ist abhängig von der Schwingungsform, z. B. sinusförmiger Verlauf: Faktor $\sqrt{2}$, rechteckiger Verlauf: Faktor 1, Dreiecksform: Faktor $\sqrt{3}$.

Scheitelpunkt, der → Zenit.

Scheitelweite, die → Schnittweite.

Scheitelwert, in einer Häufigkeitsverteilung der am häufigsten beobachtete Wert, in Schwingungslehre und Elektrotechnik die → Amplitude 2) einer sinusförmigen Wechselgröße. Der S. wird symbolisch mit einem Dach über der physikal. Größe gekennzeichnet (z. B. $\hat{u}$ für den S. einer Wechselspannung), im → Zeigerdiagramm entspricht er der Länge des Zeigers.

Scheitelwinkel, gleich große, einander gegenüberliegende → Winkel an zwei sich schneidenden Geraden.

Schelf *der* und *das,* **1)** Geographie: der vom Meer überspülte Saum der Kontinente bis etwa 200 m Tiefe (rd. 7,5% des Meeresbodens). **Schelfmeere** sind z. B. die Nordsee und die Ostsee. **Schelfeis** ist auf dem Land oder einem Eisschelf entstandenes, ins Meer hinausgetragenes Eis, bes. in den Polargebieten.

2) Geologie: Bildungsraum des größten Teils der marinen Ablagerungen und bedeutenden Lagerstätten, der im Lauf der Erdgeschichte erhebl. Veränderungen erfahren hat und deshalb für die Deutung paläogeograph. und geolog. Verhältnisse bes. wichtig ist. Es werden unterschieden der durch → Epirogenese sich abwechselnd hebende und senkende und dementsprechend Flachsee oder Flachland werdende **stabile S.** (z. B. Osteuropäische Tafel) und der durch Bruchfaltung geformte **labile S.,** bei dem Absenkung überwiegt, die durch Sedimentation kompensiert wird (z. B. Pariser Becken).

Schellack, hartes, zähes, in Alkohol lösliches Harz, das aus dem Sekret der Lackschildlaus (Indien, Burma) gewonnen wird. S. wird für Möbelpolituren, Isolierlacke, Klebstoffe, Druckfarben, Schleifscheiben, Siegellack u. a., früher auch für Schallplatten, verwendet.

Schellbachstreifen, auf Glasröhren aufgeschmolzener Farbglasstreifen; erleichtert das Ablesen z. B. an Büretten.

Schenkel, die einen →Winkel begrenzenden Halbgeraden.

Scherben *der,* gebranntes keramisches Material unter Glasur.

Scherbenkobalt, graue bis schwarze, dichte, derbe, schalige Massen des Minerals Arsen, auf Erzgängen neben arsenhaltigen Silber- und Kobalterzen. (BILD S. 250)

Schere, Werkzeug zum Trennen (Abscheren) oder Einschneiden von Werkstoffen. **Hand-S.** bestehen aus zwei um einen Bolzen drehbaren Schenkeln mit meist ösenförmigen Handgriffen an der einen und den Schneiden an der anderen Seite. Sie werden durch Hebelwirkung betätigt und je nach Verwendungszweck unterschiedlich gestaltet. Ortsfeste **Handhebel-S.** (BILD S. 252), z. B. zum Schneiden von Blechen oder dicken Papierlagen, haben eine feststehende und eine bewegl. Schneide (Obermesser) mit konstantem Neigungswinkel.

Maschinen-S., ebenfalls mit nur einer bewegl. Schneide, werden meist elektrisch betrieben. **Tafel-S.** dienen zum Schneiden von Blechtafeln, **Parallel-S.** zum Erzielen paralleler Kanten, **Paket-** und **Furnier-S.** zum Zerschneiden von Furnieren. **Messer-S.** haben gerade, bogenförmige oder einem Profil angepaßte Messer. Bei der **Rollen-S.** ist eine der Schneiden kreisförmig ausgebildet. **Vielstreifen-S.** schneiden ein Blech mit mehreren Rollen gleichzeitig in mehrere Streifen. Mit **Kreis-** und **Kurven-S.** werden beliebige Kurven ausgeschnitten. **Block-, Brammen-** und **Knüppel-S.** schneiden Warmwalzerzeugnisse in Hüttenwerken.

Scheren, 1) Mechanik: →Scherung 3).

2) Textilveredlung: Appreturverfahren zur Beseitigung von abstehenden Faserenden, um eine gleichmäßige Faseroberfläche der fertigen Ware herzustellen; geschieht in **Schermaschinen** an sich drehenden **Schermessern.**

Scherenfernrohr, binokulares Prismenglas mit unabhängig voneinander schwenkbaren Rohren (BILD S. 252), so daß bei dicht beieinanderstehenden Objektiven ein Beobachten über eine Deckung hinweg oder, bei weit auseinanderliegenden Objektiven, ein Sehen mit verstärktem räuml. Eindruck möglich ist.

Schergang, für die Längsfestigkeit wichtiger, dementsprechend verstärkter, an das Ober-(Festigkeits-)Deck angrenzender →Plattengang der Außenhaut eines Schiffes.

Scherung, 1) Geologie: Art der Gesteinsverformung, bei der das Gestein durch senkrecht zur Druckrichtung stehende Gleit-**(Scher-)Flächen** zerlegt wird, ohne seinen Zusammenhang zu verlieren.

2) Mathematik: flächentreue Abbildung der Ebene auf sich, sie wird durch eine Gerade, die **Scherungsachse** g und einen Winkel, den **Scherungswinkel** φ gegeben. Einem Punkt P wird dabei folgendermaßen ein Bildpunkt P' zugeordnet: 1) Liegt P auf der Scherungsachse a, so gilt $P = P'$. 2) Liegt P nicht auf g, so liegt P auf der Geraden g' durch P und P' parallel zu g, das Lot von P auf g ist der eine Schenkel des Scherungswinkels φ, der Schnittpunkt des anderen Schenkels mit der Geraden g' ist P'.

3) Mechanik: **Schub,** Verformung eines (an seiner Grundfläche festgehaltenen) elast. Körpers ohne Volumenänderung, wenn die verformenden Kräfte F tangential zu ihrer (parallel zur Grundfläche verlaufenden) Angriffsfläche gerichtet sind. Die **Schubspannung (Scherspannung)** $\tau = F/A$ ist (bei nicht zu großer S.) dem **Scherungswinkel** (der **Schiebung**) γ (BILD 1 S. 252) proportional: $F/A = G\gamma$. Der Proportionalitätsfaktor G heißt **Schubmodul (Scherungs-, Gleitmodul)** oder **Torsionsmodul (Verdrillungsmodul)** mit der Einheit N/m^2 (→Elastizität 1), sein Kehrwert $\beta = 1/G$ **Schubkoeffizient** (früher **Schubzahl).** Ein Sonderfall der S. ist die **Torsion (Drillung, Verwindung)** eines Zylinders (BILD 2 S. 252). Zw. der Verdrillung des Zylinders um den Winkel φ und dem Drehmoment $M = 2\,FR$ besteht die Beziehung:

$$\varphi = \frac{1}{G} \cdot \frac{2\,Ml}{\pi r^4} \quad (l = \text{Höhe},\ r = \text{Radius des Zylinders}).$$

Maßgebende Kennwerte eines Werkstoffes für sein **Verformungsverhalten** sind neben seiner Trennfestigkeit seine **krit. Schubspannung** und seine **Schubfestigkeit (Scherfestigkeit,** →Festigkeit). Sobald bei einer bestimmten Beanspruchung die krit. Schubspannung erreicht wird, beginnt der Werkstoff zu fließen; erreicht sie die Schubfestigkeit, so gibt es einen **Gleitbruch,** falls nicht schon vorher die größte Normalspannung die Trennfestigkeit erreicht hat **(Trennbruch).** Das Verhalten eines Werkstoffes hängt also außer von seinen Kennwerten auch von dem Spannungszustand ab.

Technisch wichtig ist die Scherfestigkeit z. B. bei auf Schub beanspruchten Niet- und Stiftverbindungen und beim scherenden Trennen eines Werkstoffes.

Scherungswellen, best. elast. →Wellen (→elastische Schwingungen), die z. B. bei →Erdbeben (BILD) auftreten.

Scheuerleiste, bei Schiffen starkes, im Bereich der größten Breite rund um Schlepper, Fähren, Holzboote u. a. laufendes, z. T. mit Flach- oder Halbrundeisen beschlagenes Holz zum Schutz des Schiffskörpers bei An- und Ablegen, Längsseitliegen o. ä.

Scheuermittel, →Reinigungsmittel.

Scheune, Scheuer, Gebäude zur Lagerung landwirtschaftl. Güter, z. B. Heu, Stroh, Getreide, Kartoffeln, Gemüse. S. haben zw. den Toren meist eine **Tenne,** die früher zum Abladen der Erntewagen, als Dreschplatz und zum Aufstellen der Dreschmaschine benutzt wurde. Heute werden S. meist mit mechan. oder pneumat. Fördergeräten befüllt und entladen, häufig sind Belüftungsanlagen eingebaut.

Schicht, Geologie: durch Ablagerung entstandener plattiger Gesteinskörper von großer flächenhafter Ausdehnung. Die **Dach-** und die **Sohlfläche** bilden die obere und untere **S.-Fläche.** Die Grenzfläche zw. zwei S. heißt **S.-Fuge.** Genetisch zusammengehörende S. werden als **S.-Folge, -Gruppe, -Komplex, -Reihe** oder **-Serie** zusammengefaßt, **S.-Kopf** heißt der Schnitt einer geneigten S. mit der Erdoberfläche.

Schichtenkunde, die →Stratigraphie.

Schichtflut, bei kräftigen Platzregen flächenhaft abströmende, schlammbeladene Wassermassen, bes. in den trockenen Subtropen und wechselfeuchten Tropen, in extremen Fällen bis 20 cm Höhe **(Wasserwalzen).** In vegetationsarmen Gebieten kommt es dadurch zu starker Abspülung des Lockermaterials.

Schichtgesteine, die →Sedimentgesteine.

Schichtgitter, Schichtstrukturen, Kristallgitter, in denen die chem. Einzelbausteine schichtenweise angeordnet sind; der Zusammenhalt ist innerhalb der Schichten stets stärker als zw. diesen. Die physikal. Eigenschaf-

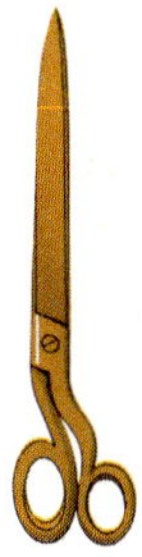

Gartenschere

Papierschere

Lochschere

Blechschere

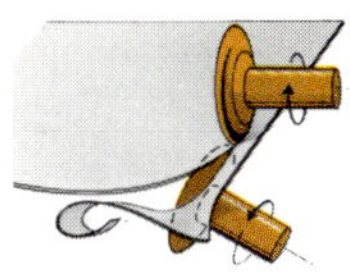

Rollenschere (für Bleche)

Durchgangsschere

Schere 1

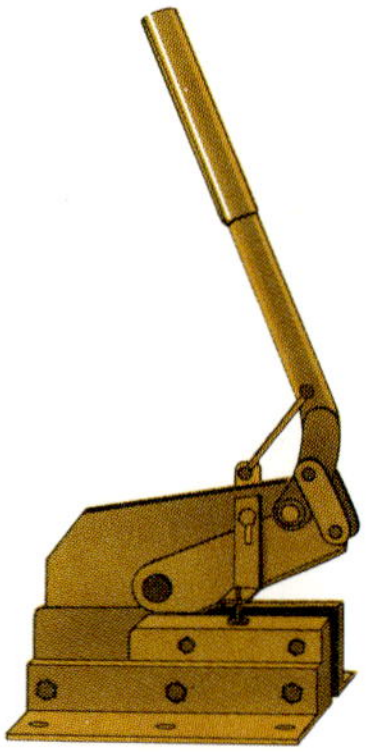

Handhebelschere

Schere 2

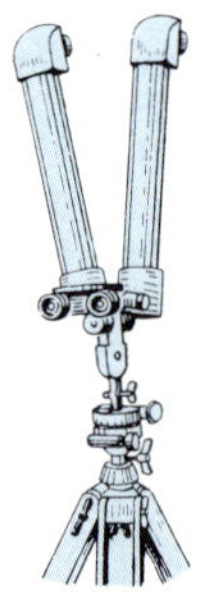

Scherenfernrohr

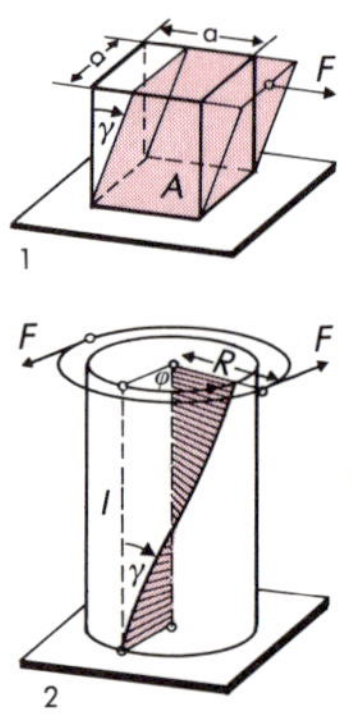

Scherung 3): **1** Scherung eines Würfels. **2** Torsion eines Zylinders

ten sind in S. meist richtungsabhängig: sehr gute Spaltbarkeit (z. B. Graphit) und bessere Wärmeleitfähigkeit parallel zu den Schichten, erheblich größere therm. Ausdehnung senkrecht zu diesen (z. B. bei Brucit wie 45:11). – Nach den in ihnen wirkenden Bindungsarten stellen S. immer Übergänge dar zw. Ionen-, Atom- und/oder metall. Gittern. Die S. können eingeteilt werden in: 1) S. mit in sich abgesättigten Dreiebenenschichten (X-A-X) von AX_2-Verbindungen (u. a. Bromide, Jodide, Hydroxide, Sulfide); 2) S. mit in sich nicht völlig abgesättigten Schichten (S. der → Silikate); 3) S. mit Zweiebenen- und Einebenenschichten, z. B. Arsen und Graphit, beide mit metallischen Bindungsanteilen. (BILD S. 253)

Schichtholz, ein → Lagenholz.

Schichtkopf, das Ausgehende geneigter Schichten an der Erdoberfläche.

Schichtkristalle, die → Zonenkristalle.

Schichtladung, Ladungsschichtung, bei Ottomotoren motorinterne Maßnahme, die bei einem günstigen Kraftstoffverbrauch die schädl. Abgasbestandteile (→Abgase) durch ein → Luftverhältnis $\lambda > 1$ verringern soll. (Mit größer werdendem λ sinkt der Anteil des Kohlenmonoxids CO; die unverbrannten Kohlenwasserstoffe HC sinken bis zu einem bestimmten λ und steigen dann durch Zündaussetzer wieder an; die Stickoxide NO_x haben bei $\lambda = 1$ ein Maximum.) Um bei $\lambda > 1{,}2$ den Motor noch sicher zünden zu können, muß an der Zündkerze ein kraftstoffreiches Gemisch ($\lambda < 1$) vorhanden sein; nach der Zündung brennt auch ein mageres Gemisch durch. Dies kann dadurch erreicht werden, daß im ungeteilten Brennraum das fette Gemisch an der Zündkerze konzentriert ist oder das fette Gemisch sich im unterteilten Brennraum in einer Nebenkammer mit Zündkerze und eigenem Einlaßventil befindet, das arme Gemisch im Hauptbrennraum (zweistufige Verbrennung, BILD S. 253).

Schichtlini|en, die → Höhenlinien.

Schichtlücke, Schichtenausfall in einem stratigraph. Verband infolge fehlender Sedimentation **(Hiạtus, Sedimentationslücke),** Abtragung **(Erosionsdiskordanz)** oder tekton. Bewegungen (→ Diskordanz). Kurzzeitige Sedimentationsunterbrechungen heißen **Diastẹme,** langzeitige **Insequẹnzen.**

Schichtpreßstoffe, Kunststoffhalbzeug (Tafeln, Rohre u. a.), aber auch -formteile, hergestellt durch Warmpressen aus mit härtbaren Kunstharzen getränkten Trägerbahnen (Papier, Gewebe, Matten). Tafeln werden meist auf Etagenpressen gepreßt, Rohre gewickelt und manchmal nachgepreßt. Je nach Art des Harzträgers unterscheidet man → Hartgewebe, → Hartmatten, → Hartpapiere. – **Dekorative S.** für widerstandsfähige Oberflächen von Möbeln und als Wandverkleidung bestehen aus einem Kern (meist Phenoplast-Hartpapier), dem als Decklagen mit Aminoplastharz imprägnierte Papierlagen aufgepreßt sind; die zweitoberste Papierlage ist oft gefärbt, gemustert oder bedruckt.

Schichtquelle, Schichtwasser, Quelle an der Schichtgrenze einer wasserdurchlässigen Schicht (Grundwasserleiter) über einer wasserundurchlässigen Schicht (Grundwasserstauer).

Schichtstoffe, Laminạte, aus einzelnen miteinander verbundenen Lagen hergestellte, meist plattenförmige Werkstoffe, z. B. Lagenholz, Schichtpreßstoffe, Polyesterharz-Glasfaser-Laminate, Verbundwerkstoffe, Verbund-Sicherheitsglas.

Schichtstufe, mehr oder weniger steile Geländestufe, die durch Herauswittern einer widerstandsfähigeren Schicht (z. B. Kalkstein) über einer leichter abtragbaren (Tonstein) entsteht. Der untere, flachere Teil des Stufenabfalls wird **Stufenlehne,** der obere, meist sehr steile **Stufenstirn** genannt, ihr oberster Teil **Stufentrauf** (z. B. Albtrauf) mit dem **First.** Durch Abtragungsvorgänge wird die S. ständig zurückverlegt, wobei sie streckenweise ihre Geschlossenheit verliert. Das Zurückweichen der S. wird durch isolierte Einzelberge (Auslieger- oder Zeugenberge) bezeugt.

Schichtstufenlandschaft, großräumige geomorpholog. Formengruppe in Gebieten mit schwach geneigten, wechselnd widerstandsfähigen Schichtgesteinen; durch stockwerkartigen Aufbau gekennzeichnet. Deutliche, verhältnismäßig steile, hohe **Landstufen** (→ Schichtstufe) wechseln ab mit weiten Flächen, den **Landterrassen.** Diese sind keine Schicht-, sondern Schnittflächen: Die Landoberfläche hat eine geringere Neigung als die Gesteinsschichten; diese werden von ihr unter einem spitzen Winkel geschnitten, und entsprechend treten jeweils jüngere Erdschichten an die Oberfläche. (BILD S. 254)

Schichtung, 1) Geologie: schichtenförmige Gesteinsablagerung bes. von Sedimentgesteinen und Tuffen. S. zeigt sich durch Wechsel im Gesteinsmaterial oder der Korngröße sowie durch Verfestigung einer Schicht vor Ablagerung der nächst jüngeren. Die sehr häufige **Parallel-S.** leitet über die **Flaser-S.** zur **Schräg-S.** über, die für Ablagerung in bewegtem Wasser oder bewegter Luft spricht. **Diagonal-** und **Kreuz-S.,** bei denen die Schichten unter spitzem Winkel aufeinandertreffen, bilden sich bei häufigem Schüttungswechsel. **Gezeiten-S.** entsteht durch Sedimentationsunterschiede von Ebbe und Flut, **Jahres-S.** durch klimatisch bedingten Sedimentationswechsel (→ Warven). **Repetitions-S.** nennt man die vielfache Wiederholung best. Schichtenkomplexe. (→ Diskordanz)

2) Meteorologie: vertikale Veteilung meteorolog. Parameter in der Atmosphäre, bes. die der Temperatur im Verhältnis zur Adiabaten (→ Labilität).

Schichtvulkan, der → Stratovulkan.

Schichtwiderstand, elektr. Bauelement, ein → Widerstand. S. bestehen i. a. aus einem Keramik- oder Glaskörper, auf den eine dünne Widerstandsschicht aufgebracht wurde. Die Schicht kann aus Kohle, Metall oder Metalloxid bestehen, die Anschlüsse sind meist axial ausgeführt. Am weitesten verbreitet sind **Kohleschichtwiderstände,** da sie bes. preiswert herzustellen sind.

Schiebebühne, Eisenbahn: brückenartig ausgebildetes, in Querrichtung verschiebbares Gleisstück zum Überstellen von Eisenbahnfahrzeugen auf nebeneinanderliegende, parallel verlaufende Gleise.

Schiebefestmachen, Textilveredlung: das Fixieren der Fadenlage bei locker eingestellten Geweben durch klebende Appreturmittel, um ein Verschieben des Gewebebildes zu vermeiden.

Schiebeflug, stationärer Flugzustand (unsymmetr. Seitenbewegung) eines Flugzeugs, der sich z. B. durch Seitenwindeinfluß einstellt und bei dem die Rumpflängsachse um den Schiebewinkel schräg zur Bewegungsrichtung steht. Vor der Landung muß der Schiebewinkel zu null gemacht werden, weil sonst das Fahrwerk durch Seitenkräfte überbeansprucht werden kann.

Schieber, ein → Absperrorgan an einer Rohrleitung.

Schiebe|register, engl. **Shift Register** [ʃɪft-], elektron. Schaltung aus mehreren → bistabilen Kippschaltungen (Flipflops), die so hintereinandergeschaltet sind, daß bei einem Taktimpuls eine Stufe stets den Signalzustand ihres Vorgängers vor dem Takt annimmt. Bei jedem Taktimpuls, der allen S.-Stufen gleichzeitig zugeführt wird, verschiebt sich die im vorangehenden Flipflop gespeicherte Information (1 Bit) um eine Stelle weiter zum nächstfolgenden Flipflop oder steht – nach Durchlaufen der Kette – als Ausgangssignal zur Verfügung. Für die einzelne S.-Stufe bedeutet dies, daß sie gleichzeitig eine Information aufnehmen und die bislang gespeicherte abgeben muß, was sich z. B. mit Master-Slave-Flipflops realisieren läßt. S. werden zur Parallel-Serien- oder Serien-Parallel-Umsetzung, als Ringzähler und Speicherregister benutzt.

Schiebermotor, Verbrennungsmotor, der statt der Ventile Schieber hat, die mit Öffnungen versehen sind und durch die Freigabe oder Überdeckung von Gegenöffnungen die Steuerung des Gaswechselvorganges bewirken. Schieber können gleichförmig (Drehschieber, z. B. Walzen-, Kegel-, Flachschieber) oder ungleichförmig bewegt werden (Antrieb durch Pleuelstangen). Schwierigkeiten ergeben sich durch die Abdichtung, Schmierung und Kühlung der Schieber.

Schiebetor, → Schleuse 2).

Schieblehre, Schublehre, Meßgerät zur Bestimmung von Außen-, Innen- und Tiefenmaßen. Verschiebbare Meßschnäbel zeigen mit → Nonius oder Anzeigeuhr den Meßwert auf einem Maßstab an. Es gibt verschiedene Ausführungen von 120 bis 2000 mm Meßbereich. Meßbar sind Längenunterschiede ab 0,05 mm bei kleinen, bis 0,25 mm bei großen Längen. (BILD S. 254)

Schiebung, 1) Kristallographie: plast., bruchlose Verformung eines Kristalls infolge Gitterdeformation durch einseitige mechan. Beanspruchung. Solche **Translationen** sind wichtig für die Metallbearbeitung. Eine Sonderform ist die Zwillingsgleitung (→ Zwillinge).

2) Mechanik: der Scherungswinkel γ (→ Scherung 3); SI-Einheit: rad.

Schiefe, Maß für die Abweichung einer Häufigkeitsverteilung (→ Häufigkeit) von der Symmetrie.

schiefe Ebene, 1) ungenau für → geneigte Ebene 1).

2) oft (nicht korrekt) für Schräghebewerke (→ Schiffshebewerk).

Schiefer, 1) i. w. S. Gesteine mit engständigem planarem Gefüge, die sich meist in dünne, ebene Platten spalten lassen.

2) allg. Bez. für tonige Gesteine mit schiefrigem Gefüge (z. B. **Öl-S., Kupfer-S.**).

3) nach genet. Merkmalen: a) Gesteine mit sedimentärem Anlagerungsgefüge **(Schieferton)**, b) tekton. geschieferte Gesteine **(Tonschiefer)**, c) metamorphe oder kristalline S. **(Phyllite, Glimmerschiefer)**.

Schieferöl, → Ölschiefer.

Schieferton, durch → Diagnese verfestigter Ton oder Schluff, der parallel der Schichtung spaltet und i. Ggs. zum Tonschiefer ungeschiefert ist. Schwach verfestigte S. heißen **Ton-** oder **Schluffstein** oder **Letten.** (BILD S. 254)

Schieferung, durch tekton. oder Auflagerungsdruck dem Gestein, unabhängig von der Schichtung, aufgeprägte Spaltbarkeit **(S.-Flächen,** auch **Schiefrigkeit)** in senkrecht zur Druckrichtung orientierte Platten. S. erfolgt durch tekton. und metamorphe Vorgänge **(innere Deformation)**, wie Mineraleinregelung (längste Achsen senkrecht zum Druck: **Druck-** oder **Quetsch-S.)** und Umkristallisation (Mineralwachstum entsprechend dem Druck: **Kristallisations-S.)**. Bei der **Isoklinal-** oder **Parallel-S.** verlaufen Schicht- und S.-Flächen parallel, bei der **Transversal-** oder **Quer-S.** gewinkelt zueinander. Manchmal wurde ein Gestein mehrfach von S.-Vorgängen betroffen wie beim Griffelschiefer (→ Dynamometamorphose).

Schiefkörper, Divisionsring, ein → Körper 1), bei dem die Multiplikation nicht kommutativ ist (→ Ring). Die → Quaternionen sind ein Beispiel eines S.

Schiefspiegler, der → Brachyt.

schiefwinklig, nicht rechtwinklig.

Schiene, Vorrichtung zur Führung eines Gegenstandes auf best. Bahn, bes. ein durchlaufender stählerner Träger, der der Fortbewegung und Führung von Fahrzeugen mit Spurkranzrädern dient; die S. nimmt dabei die Radlasten und Seitenkräfte auf. Man unterscheidet die heute allg. übliche **Breitfuß-S.** für den → Eisenbahnoberbau und die **Rillen-S.** für Gleise in der Straßenfahrbahn. Beide bestehen aus Kopf, Steg, Fuß (→ Gleis). BILD S. 256.

Schienenbahnen, Oberbegriff für alle in fester Spur laufenden Bahnen, wie Eisenbahnen, Straßenbahnen, Hoch- oder Untergrundbahnen, Magnetschwebebahnen.

Schienenkontakte, elektr. Kontakte **(Gleisschaltmittel)** an den Eisenbahnschienen zur Einwirkung auf die Signal- und Betriebssteueranlagen durch Züge. Die S. arbeiten druckbeeinflußt bei Durchbiegung der Schiene unter der Achslast **(Schienenstromschließer)** oder feldbeeinflußt bei Durchgang eines Fahrzeugrades durch ein Elektromagnetfeld **(Magnet-S.)**.

Schienen|omnibus, ein → Triebwagen in Leichtbauweise mit unterflur angeordnetem Verbrennungsmotor (ein- oder zweimotorig); bes. nach 1945 von der Dt. Bundesbahn kostengünstig vorwiegend auf Nebenstrecken eingesetzt. Bis zu zwei Einheiten, bestehend aus je einem Trieb-, Bei- und Steuerwagen, können zu einem Sechswagenzug gekuppelt und über Fernsteuereinrichtung von nur einem Triebwagenführer bedient werden.

Schienenprüfzug, Spezialzug zur Prüfung von Schäden an Schienen. Solche Schäden können durch Herstellungsfehler, unangemessen hohe Beanspruchungen oder Zerrüttung des Werkstoffes (Schienenbruch am Ende der Lebensdauer) eintreten und mit stationären oder transportablen Geräten unter Anwendung von elektr. oder magnet. Verfahren, Ultraschall oder Röntgenstrahlen festgestellt werden. Der S. der Dt. Bundesbahn besitzt auf den Schienen gleitende Prüfköpfe und registriert die Meßergebnisse photographisch.

Schienenschleifzug, Eisenbahn-Spezialzug mit gleisfahrbahrer Maschineneinheit zum Abschleifen von Unebenheiten auf den Laufflächen der Schienen.

Schießbaumwolle, Schießwolle, → Nitrocellulose.

Schießen, 1) Abfeuern von Geschossen auf ein Ziel durch Luftdruck- oder Feuerwaffen (→ Ballistik, → Richten 2, → Visier).

2) Sprengtechnik: bergmänn. Bez. für → Sprengen.

3) Wasserbau: → Fließwechsel, → Wechselsprung.

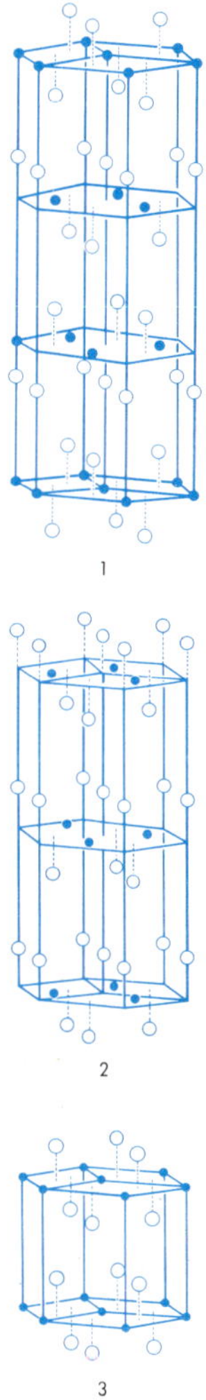

Schichtgitter

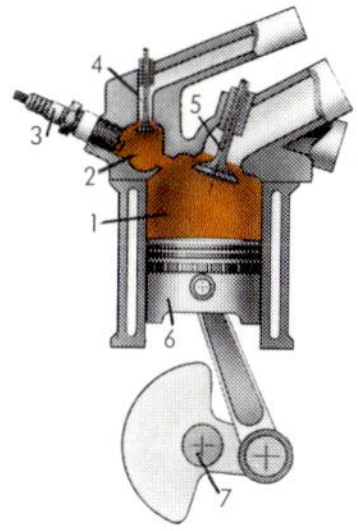

Schichtladung mit unterteiltem Brennraum für zweistufige Verbrennung. 1 Hauptbrennraum, 2 Nebenbrennraum, 3 Zündkerze, 4 Einlaßventil für Nebenbrennraum, 5 Einlaßventil für Hauptbrennraum, 6 Kolben, 7 Kurbelwelle

Schichtladung

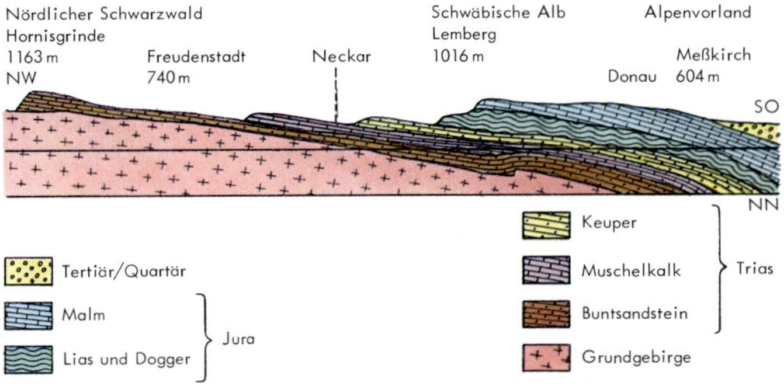

Schichtstufenlandschaft: Profil durch den westlichen Teil des Schwäbisch-Fränkischen Schichtstufenlandes

Schießlehre umfaßt die Darstellung der Vorgänge in der Feuerwaffe, der Flugbahn des Geschosses und der auf dieses einwirkenden, die Bahn verändernden Kräfte (→ Ballistik, → Flugbahn) sowie das Zielen (→ Visier).

Schießpulver, Treibladungspulver, Treibmittel für konventionelle Waffen, die nach einer Zündung unter Gasentwicklung und ohne zusätzl. Sauerstoff raucharm verbrennen. **Einbasige S.** bestehen aus Nitrocellulose (Gemisch aus Schießwolle und Collodiumwolle), die mit Alkohol und Äther gelatiniert und nach Zusatz von Stabilisatoren (z. B. Diphenylamin) in Strangpressen zu Bändern, Nudeln u. a. verformt werden. Die vorgetrockneten Stränge werden zu Körnern geschnitten, getrocknet und mit einem feinen Graphitüberzug versehen. **Zweibasige S.** werden aus Nitrocellulose und flüssigen Salpetersäureestern (z. B. Nitroglycerin, Diglykoldinitrat) ohne Lösemittel hergestellt (POL-Pulver = Pulver ohne Lösemittel). **Dreibasige S.,** die bes. für schwere Geschütze verwendet werden, enthalten neben Nitrocellulose und Salpetersäureestern noch Nitroguanidin. Die ballist. Eigenschaften von S. werden auch durch die Formgebung beeinflußt. Je nach Form wird zw. Röhrenpulver (für Kanonen), Blättchenpulver, Kugelpulver (z. B. für Infanteriepatronen) u. a. unterschieden.

Schieferton

Schiff, größeres Wasserfahrzeug; kleinere werden → Boot genannt.

Die **Schwimmfähigkeit** eines S. beruht auf den beiden Gleichgewichtsbedingungen des Schwimmens: 1) Nach dem Archimedischen Prinzip erfährt ein schwimmender Körper einen Auftrieb, der gleich der von ihm verdrängten Wassermenge ist. Wird ein S. durch Zuladung schwerer, so taucht es entsprechend tiefer ein; 2) Gewichts- und Auftriebsschwerpunkt müssen senkrecht übereinander liegen. Gewichtsverschiebungen innerhalb des S. führen dementsprechend zu Schwimmlagenänderungen in Längs- und Querrichtung (→ Stabilität 3, → Metazentrum).

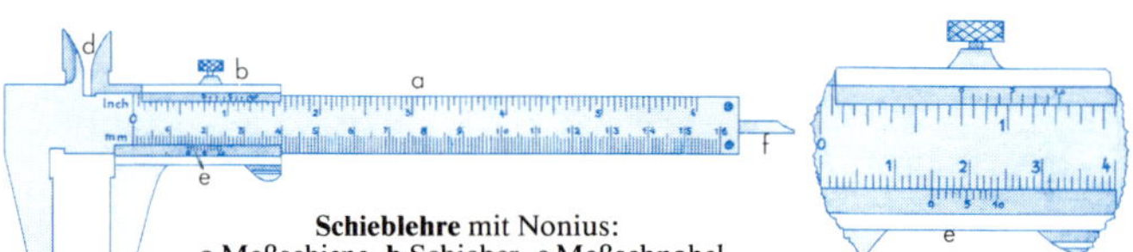

Schieblehre mit Nonius:
a Meßschiene, **b** Schieber, **c** Meßschnabel, **d** Meßschneiden, **e** Nonius, **f** Tiefenmaß

Arten, Hauptangaben. Man unterscheidet 1) nach Konstruktionsart: **Verdrängungs-S., Gleit-S., Unterwasser-S., Tragflügel-** und **Luftkissen-S.;** 2) nach Einsatzgebiet: **Binnen-(Fluß-)S., Küsten-S., See-S.;** 3) nach Zweck und Flagge: a) **Handels-S.:** Fahrgast-S., Fracht-S., Massengut-S. (engl. ›bulk carrier‹), Tank-S., Container-S., Fischerei-S. u. a. Durch Anpassen der S. an Ladung oder Aufgabe erscheint heute eine stetig zunehmende Zahl von Spezial-S. b) **Behörden-S.:** Feuer-S., Lotsen-S., Wasserschutzpolizei-S. u. a. c) **Kriegs-S.:** Flugzeugträger, Kreuzer, Zerstörer, Fregatten u. a. Manche keinere Kriegs-S. werden als Boote bezeichnet, z. B. U-Boot, Schnellboot.

Als Hauptangaben gelten:

1) **Hauptabmessungen:** LüA = Länge über Alles, Lwl = Länge in der Wasserlinie, Lpp = Länge zw. den Loten (Perpendikeln), B = Breite, gemessen bei Stahl-S. auf Außenkante (Mallkante) Spant, bei Holz-S. auf Außenkante Planken, Tg = Tiefgang.

2) **Größenangaben:** a) bei Handels-S. der Rauminhalt nach den Vorschriften der → Schiffsvermessung in → Bruttoraumzahl, früher in → Registertonnen (RT) als Brutto(BRT)- oder Netto(NRT)-Registertonnen und die Tragfähigkeit als → Deadweight (dw) in tdw zu 1000 kg oder tsdw zu 1016 kg; b) bei Kriegs-S. stets die Wasserverdrängung (→ Deplacement) in t oder ts.

Aufbau. Ein S.-Körper ist ein durch Kurven mit permanent sich ändernder Krümmung begrenzter Körper. Die Mittschiffsebene ist die Symmetrieebene: Backbord (von hinten nach vorn gesehen links) und Steuerbord-Seite sind spiegelbildlich gleich. Vorn ist der → Bug, hinten das → Heck. Zeichnerisch wird der S.-Körper im → Linienriß fixiert. Der konstruktive Aufbau besteht aus Längsverbänden (→ Kiel, → Längsband, → Deck, → Stringer 2, → Außenhaut 2) und Querverbänden (→ Spant 2, → Schott 2), die einen aus Rahmen und Trägerrosten gebildeten Kastenträger formieren (Weiteres im Abschnitt Schiffbau).

S.-Antrieb. Die S.-Antriebsanlage muß mindestens eine Leistung aufbringen, die den Gesamtwiderstand des S. (Wellen-, Wirbel-, Reibungs-, Luft- und Anhängewiderstand) überwindet und die Leistungsverluste bei der Übertragung zum Vortrieb (Reibungswiderstand) und beim Arbeitsprozeß des Vortriebs abdeckt. Der erforderl. Leistungsbedarf ist nur bedingt durch Näherungsrechnungen, konkret durch Schleppversuche in einer → Schleppversuchsanlage zu ermitteln. Die S.-Hauptantriebsanlage besteht entweder aus mit Öl oder durch Kernreaktor beheiztem Dampfkessel mit Turbine, Kondensator u. a. oder aus Dieselmotor oder Gasturbine, seltener mit diesel- oder turbo-elektr. Kraftübertragung. Daneben sind umfangreiche Hilfsmaschinen (Generatoren, Pumpen, Lüfter, Spille, Winden u. a.) erforderlich.

S.-Vortrieb erzeugt heute üblicherweise die → Schiffsschraube, bei kleineren Hochgeschwindigkeitsfahrzeugen auch der → Wasserstrahlantrieb oder ein Luftpropeller. Über Schiffsgeschwindigkeit → Geschwindigkeit.

Steuern. S. werden i. a. durch ein oder mehrere im oder außerhalb des Schraubenstroms angebrachte, durch eine elektr. Rudermaschine bediente → Ruder 2) am Hinterschiff gesteuert. Sonderruderformen wie → Bugstrahlruder und Kort-Düsenruder (→ Kort-Düse) verbessern die Steuerfähigkeit.

Sicherheitseinrichtungen sind Schwimmwesten, → Rettungsflöße, → Rettungsinseln und → Rettungsboote, Rauch- und Feuermeldeeinrichtungen, Sprinkleranlagen, Feuerlöscheinrichtungen, Ortungs- und Funk-

Schiff 1: Passagierschiff EUROPA, Baujahr 1981, Länge 199,92 m, Breite 28,66 m, 34 500 BRT, Dieselmotoren, 21 kn, 600 Passagiere

ausrüstung u. a. Allgemeine Sicherheitsforderungen wie das Erhalten der Schwimmfähigkeit bei Wassereinbruch (z. B. durch wasserdichte Schotte), Verwendung von nichtbrennbarem oder schwerentflammbarem Material werden von den Klassifikationsgesellschaften (→ Schiffsklassifikation) und Sicherheitsbehörden auf Grund internat. und nationaler Vorschriften gestellt.

Einrichtung und Ausrüstung moderner S. ergeben sich teils aus den Aufgaben, teils aus Vorschriften. Sie sind dementsprechend sehr unterschiedlich. Zur Einrichtung gehören Wohn-, Aufenthalts- und Sanitärräume, Kombüsen u. a., zur Ausrüstung → Anker 3), Ankergeschirr, Ladegeschirr (→ Ladebaum) u. a.

Schiffbau. Entscheidend ist im S.-Bau das Sicherstellen ausreichender lokaler und gesamtstruktureller Festigkeit bei leichtem Gewicht. Bes. wichtig ist die Längsfestigkeit, die für das im ruhigen Wasser schwimmende S. und für die beiden Permanent-Wechselfälle errechnet wird: Liegt das S. auf dem Wellenberg, so hängen die scharf zulaufenden Schiffsenden durch. Im Deck treten Zug-, im Boden Druckspannungen auf. Liegt das S. im Wellental, so kehren sich die Verhältnisse um.

S. werden auf Binnen- oder Seeschiffswerften gebaut. Nach der Art des für den eigtl. S.-Körper verwendeten Materials ist zw. Stahl-, Holz-, Leichtmetall-, Kunststoff- (GFK-)Schiffbau zu unterscheiden. Kompositbau ist eine Mischbauweise, z. B. stählerne Innenverbände, Außenhaut und Deck aus Holz. Bei großen S. wird für den S.-Körper ausschließlich Stahl verwendet. Im Klein-S.- und Bootsbau wird Holz zunehmend durch GFK, weniger durch Leichtmetall verdrängt.

Stahl-S. werden heute ausschließlich in Sektionen gebaut, die in einer geschlossenen Halle fertiggestellt und auf der → Helling nach dem Baukastensystem zusammengesetzt werden. Dadurch wird die Hellingzeit wesentlich verkürzt und die Produktivität gesteigert. Bei S. mit Hinterschiffsantriebsanlage wird mit dem Bau des Hinterschiffs begonnen. Parallel zum Einbau der Antriebsanlage wird das Mittel- und Vorschiff fertiggestellt. Im modernen Stahl-S.-Bau wird ausschließlich geschweißt (früher genietet).

Leichtmetall-S.-Bau ähnelt dem Stahl-S.-Bau. Vielfach ist neben dem Schweißen noch Nietung üblich.

Holz-S.-Bau ist heute durch die lamellierte Leimbauweise wesentlich vereinfacht und verbessert worden. Statt ›gewachsener‹ Hölzer werden dünne Bretter (›Lamellen‹) mit gegenläufiger Faserrichtung verleimt und – falls erforderlich – vor Abbinden des Leims in die gewünschte Form gebogen. Der Holz-S.-Bau ist im Kriegs-S.-Bau wegen der Forderung nach amagnetischen Eigenschaften (→ MES) und großer Elastizität der Verbände (Minen-

Schiff 2 und 3: 2 Containerschiff DART ATLANTIC, Baujahr 1971, Länge 232 m, Breite 31 m, 31 036 BRT, Dieselmotor, 23 kn, 3 070 20-Fuß-Container, davon 416 an Deck. **3** Roll-on/Roll-off-Schiff LILLOOET, Baujahr 1979, Länge 230 m, Breite 32 m, 22 094 BRT, Dieselmotor, 21 kn, 1 745 20-Fuß-Container, 160 Pkw

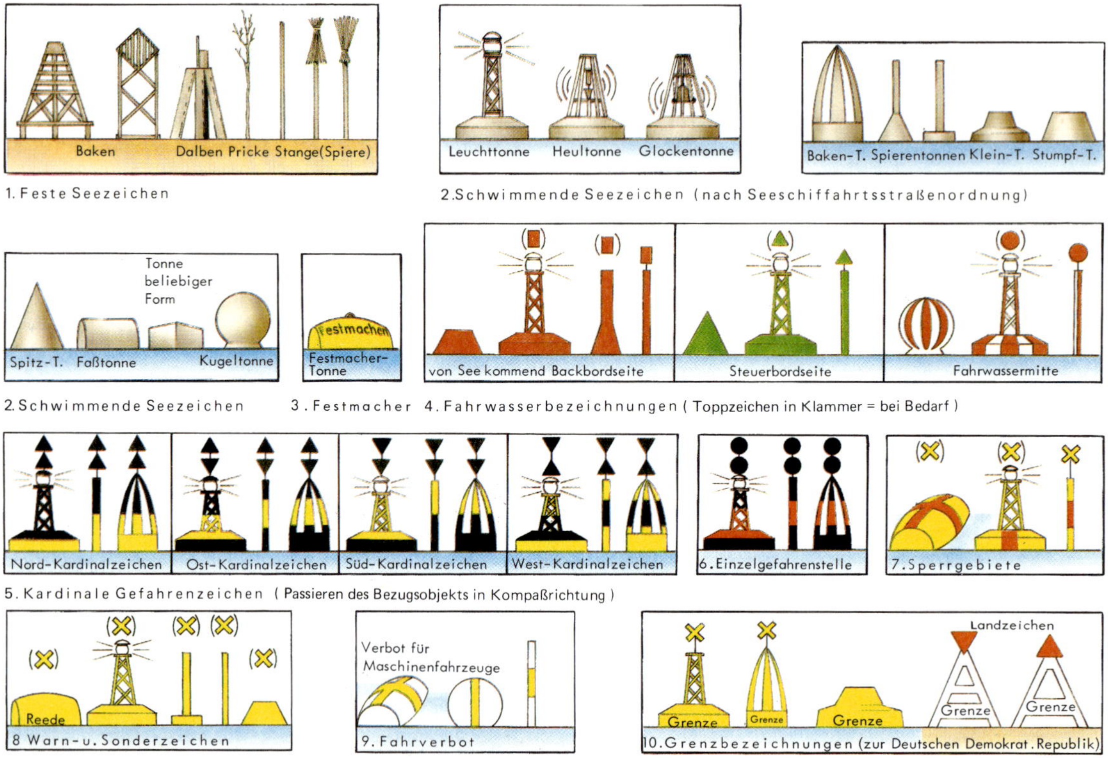

Schiffahrtszeichen 1: Seezeichen

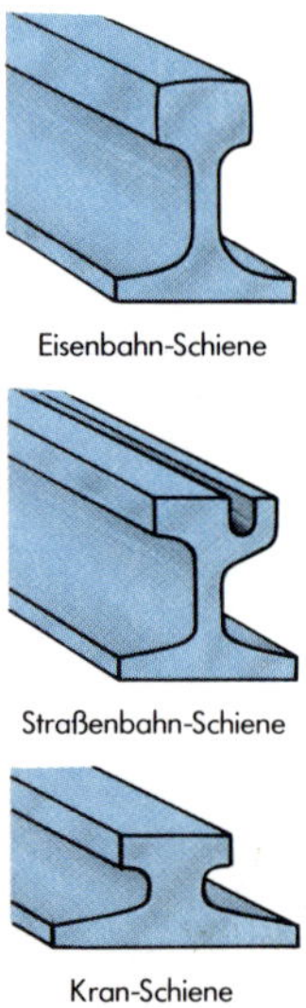

Schiene

such- und -räumboote, Schnellboote) wieder stark verbreitet.

Komposit-S.-Bau wird heute v. a. bei hochbeanspruchten Kleinkriegsschiffen (Schnellbooten) angewendet, wo die strukturelle Festigkeit des reinen Holz-S.-Baus nicht ausreicht.

Glasfaserverstärker Kunststoff (GFK) ist im Sportbootbau zunehmend beliebt wegen einfacher Fertigung, guten Aussehens und geringen Pflegebedarfs. Im Kriegs-S.-Bau sind neben Beibooten v. a. GFK-Landungsboote gebaut worden. GFK wird sich als S.-Baumaterial weiter durchsetzen. Der notwendige Vorrichtungsbau ist jedoch aufwendig und nur im Serienbau wirtschaftlich.

Geschichte. Der Urtyp des S. ist der Einbaum. Sehr alt sind auch Boote aus Rinde, Häuten, Binsen u. dgl. Aus dem Einbaum entstanden das Doppel- und Auslegerboot (Katamaran, urspr. in Ozeanien, heute auch als Sportboot) und schließlich das Kiel-S. mit Planken. Ruder-S. gab es auf den Flüssen Chinas bereits im 3. Jahrtsd. v. Chr., auf dem Nil unter den Pharaonen, ferner bei Phönikern und Griechen (Trieren). Das feste Steuerruder und der Kompaß boten die Voraussetzung für die Hochseetüchtigkeit der S. Im Mittelmeer wurden die geruderten Galeeren zu hoher Vollkommenheit durchgebildet, in N- und W-Europa entstanden die Segelboote (Wikinger-S.), die sich über Hulken und Koggen zu den großen Segelschiffen (nach 1800) entwickelten. Im 18. Jh. behandelte man das Problem der S.-Stabilität und des S.-Widerstands durch Versuche und Berechnungen. Der erste größere eiserne Segler entstand 1838 in England. Die Mitte des 19. Jh. war die Zeit der Klipper, scharfgebauter schneller Segler.

Die Anfänge des Dampfschiffs reichen bis zum Ende des 18. Jh. zurück; 1807 machte das von R. FULTON erbaute Rad-Dampf-S. ›Clermont‹ seine erste Fahrt auf dem Hudson. 1812 fuhr der Dampfer ›Comet‹ von H. BELL auf dem Clyde. Im Mai 1819 überquerte die ›Savannah‹ zum ersten Male unter Dampf (18 Tage) und Segel (8 Tage) den Atlantik. Die Dampfschiffahrt auf den dt. Strömen begann 1816. Die S.-Schraube wurde von J. RESSEL (1826) und J. ERICSSON (1836) erfunden. Als erstes eisernes transatlant. Schrauben-Dampf-S. wurde 1843 die ›Great Britain‹ erbaut. Der Rad-Schraubendampfer ›Great Eastern‹ (27400 ts Verdrängung, Länge 207 m, 1851 von I. K. BRUNEL entworfen, 1852/59 von J. SCOTT RUSSELL erbaut) griff weit über seine Zeit hinaus und wurde ein finanzieller Mißerfolg. Die Kolbendampfmaschine (auf ›Kaiser Wilhelm II.‹ 1902, 43000 PS) wurde seit der Jahrhundertwende durch die Dampfturbine (1898 C. A. PARSONS mit der ›Turbinia‹) und seit 1910 durch den Dieselmotor abgelöst, der heute allgemein bei Leistungen bis etwa 25000 kW vorherrscht. Nach den dt. Schnelldampfern ›Europa‹ (1928, 49700 BRT) und ›Bremen‹ (1929, 51660 BRT) wurden in den dreißiger Jah-

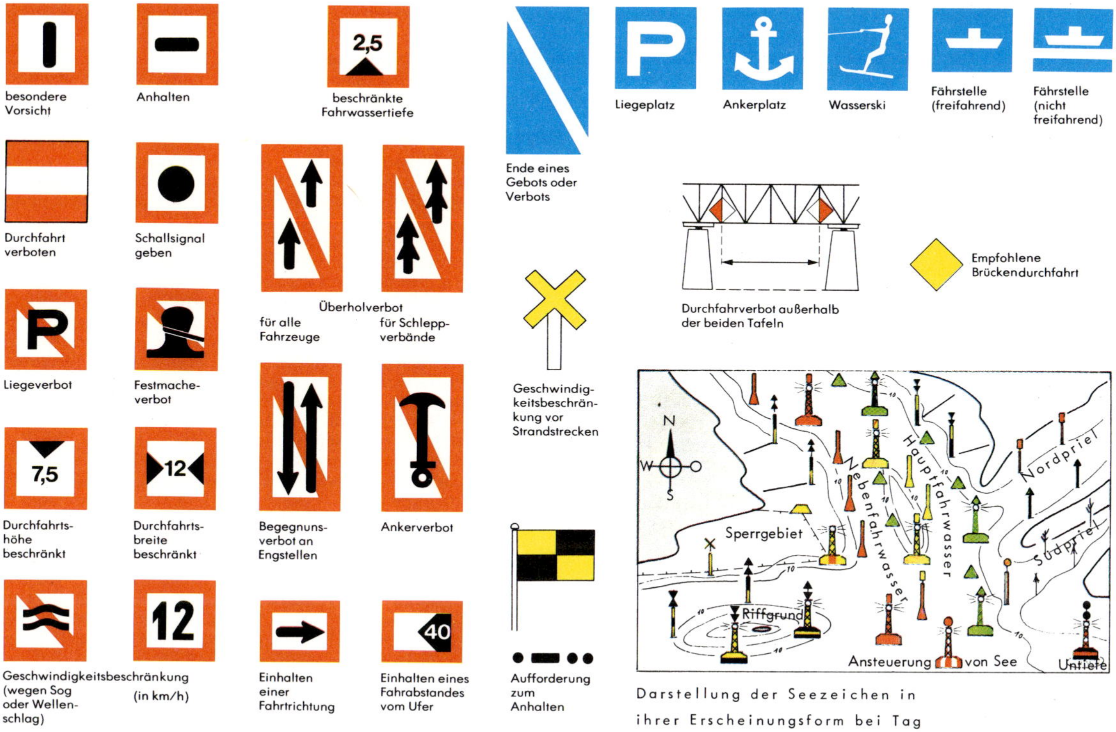

Schiffahrtszeichen 2:
S. auf den deutschen Binnenwasserstraßen und Seezeichen in ihrer Erscheinungsform bei Tag

ren besonders große Schnelldampfer gebaut, 1932 ›Normandie‹ (83 200 BRT), 1934 ›Queen Mary‹ (81 235 BRT), 1938 ›Queen Elizabeth‹ (83 600 BRT). Das Blaue Band, die Auszeichnung für die schnellste Überquerung des Atlantischen Ozeans, errang 1952 der amerikan. Vierschraubendampfer ›United States‹ (53 329 BRT) mit im Mittel 35 kn.

Das erste Handelsschiff mit Gasturbinenantrieb war das Containerschiff ›Admiral William M. Callaghan‹ (1966). Die erste S.-Antriebsanlage mit Kernenergie arbeitet seit 1954 auf dem amerikan. Unterwasser-S. ›Nautilus‹. Die UdSSR baute 1959 den Kernenergie-Eisbrecher ›Lenin‹. Das erste mit Kernenergie angetriebene Handels-S. war 1959 die amerikan. ›Savannah‹ (13 900 BRT), in Dtl. 1968 die ›Otto Hahn‹.

Schiffbau. W. Hadeler: Kriegsschiffbau (1968); J. Müller u. J. Krauss: Hb. für die Schiffsführung, 1 (7 1970), 2 (8 1979), 3 (8 1980); W. Weller: Schiffsautomatisierung (1972); G. Bott u. a.: Schiffbau und Meerestechnik (2 1980); H. Schneekluth: Hydromechanik zum Schiffsentwurf (2 1977); ders.: Stahlschiffbau (3 1977); ders.: Das Entwerfen von S. (2 1980); R. Schönknecht: S. und Schiffahrt von morgen (3 1977); Schiffsmaschinenbetrieb, hg. v. H. Thèremin u. H. Röbke (3 1978); R. Dopatka u. A. Perepeczko: Das Buch vom S. (3 1979).

Geschichte. G. Kroschel u. A.-L. Evers: Die dt. Flotte 1848–1945 (1962); P. Lächler u. H. Wirz: S. der Völker (1962); W. A. Baker: Vom Raddampfer zum Atom-S. (a. d. Schwed., 1966); D. Macintyre u. B. W. Bathe: Kriegs-S. in 5000 Jahren (a. d. Engl., 1970); L. Casson: Ships and seamanship in the ancient world (Princeton, New Jersey, 1971); A. Kludas: Die großen Passagier-S. der Welt, 1858 bis heute, 5 Bde. (1972–74); ders.: Die großen dt. Passagier-S. (3 1976); B. Landström: Das S. Vom Einbaum zum Atomboot (1976); A. Cucari u. a.: Das Bilderlexikon der S. (a. d. Ital., 1979); J. Hausen: Schiffbau in der Antike (1979).

Jahrbücher. Nauticus (seit 1899); Jahrb. der Schiffbautechn. Gesellschaft (seit 1900); Jahrb. der Studien-Gesellschaft zur Förderung der Kernenergieverwertung in Schiffbau und Schiffahrt (seit 1957).

Schiffahrtszeichen, im Seegebiet auch **Seezeichen,** Anlage als visuelles Zeichen mit oder ohne Einrichtungen zum Erzeugen und Aussenden von Licht-, Schall- und/oder Funkzeichen für die Sicherung und Erleichterung des Schiffsverkehrs sowie für den Schutz der Wasserstraßen und ihren Anlagen. (Weitere Bilder S. 256)

Schiff Argo, Argo, ein → Sternbild des Südhimmels, das wegen seiner Größe in die Sternbilder Segel des Schiffes (Vela), Heck des Schiffes (Puppis), Kiel des Schiffes (Carina) und Schiffskompaß (Pyxis) aufgeteilt wurde.

Schiffbrücke, auf → Pontons ruhende schwimmende Brücke.

Schiffchen, 1) Chemie: kleines, längl. Schälchen aus Porzellan, Quarz oder Platin, um Stoffe im Gasstrom zu erhitzen.

2) Näherei: der Greifer der → Nähmaschine.

3) Weberei: der → Schützen.

Schiffsblech, warmgewalztes Stahlblech von 5 bis

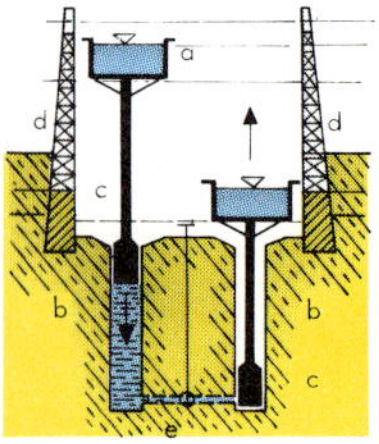
1

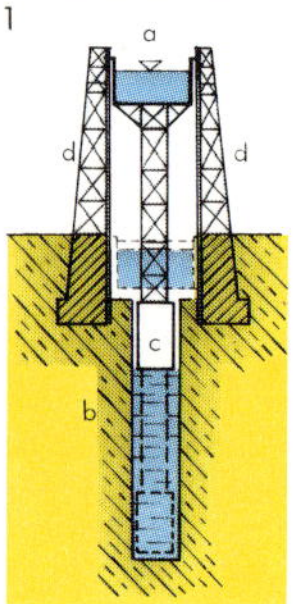
2

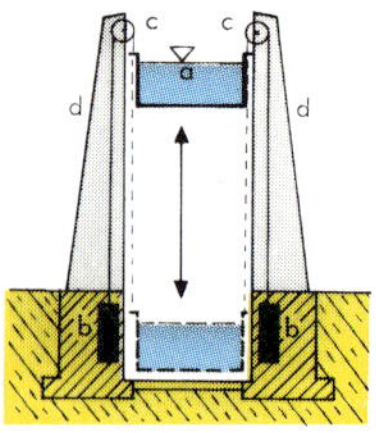
3

Schiffshebewerk 1-3 (Prinzipskizzen verschiedener Systeme): **1** Druckwasserhebewerk; **a** Trog, **b** Druckzylinder, **c** Druckkolben, **d** Führung, **e** Druckwasserleitung. **2** Schwimmerhebewerk; **a** Trog, **b** Schwimmerschacht, **c** Schwimmer, **d** Führung. **3** Gegengewichtshebewerk; **a** Trog, **b** Gegengewichte, **c** Umlenkrollen, **d** Trag- und Führungsturm

50 mm Dicke, 400–500 N/mm^2 Zugfestigkeit und guter Schweißbarkeit und Zähigkeit.

Schiffs|eichung, Binnenschiffahrt: amtl. Feststellung der von einem Schiff entsprechend seiner Eintauchung verdrängten Wassermenge. Durch die Eichung wird die Tragfähigkeit des Schiffes festgelegt und durch ein **Eichzeichen** gekennzeichnet. An der **Eichskala (Tiefgangskala, Ahmings,** →Tiefgang) läßt sich das Gewicht der Ladung ablesen.

Schiffshebebühne, Vorrichtung zum Trockenstellen von Schiffen, bei der diese auf einer zunächst abgesenkten Plattform mit Winden aus dem Wasser gehoben werden; meist mit einem landseitigen Gleissystem verbunden, um die Schiffe an und von Land bewegen zu können. Eine S. benötigt gegenüber der →Aufschleppe eine geringere Grundfläche.

Schiffshebewerk, Bauwerk zur Förderung von Schiffen über eine Gewässerstufe mit großer Höhendifferenz (heute meist über 30 m) in einem wassergefüllten Trog, dessen Gewicht zur Antriebserleichterung i. d. R. mit Gegengewichten oder Schwimmern ausgeglichen ist. Dabei unterscheidet man **Senkrecht-** und **Schräghebewerke.** In Frankreich wurde ein neuartiges System entwikkelt, bei dem das Schiff in einem Wasserkeil schwimmend eine sanft geneigte, im Querschnitt U-förmige Kanalstrecke heraufgeschoben oder heruntergelassen wird.

Schiffskiel, das Sternbild →Kiel des Schiffes.

Schiffsklassifikation, Klassifikation von Handelsschiffen auf Grund von Bauvorschriften, die Klassifikationsgesellschaften erlassen; dient zur schnellen und leichten Bestimmung der Hauptabmessungen von Verbandsteilen, der Ausrüstung u. a. – Schiffe, die in jeder Beziehung den Bau- und Ausrüstungsvorschriften entsprechen, erhalten ein **Klassenzertifikat,** das in best. Zeitabständen (üblicherweise vier Jahre) zu erneuern ist, außerdem nach Kollision, Grundberührung oder wenn eine Besichtigung es notwendig macht.

Schiffskompaß, das Sternbild →Kompaß 2).

Schiffskreisel, Schlingerkreisel, innerhalb des Schiffes rotierender Kreisel, der über die von ihm ausgeübte Präzession und elektro-hydraul. Übertragungseinrichtungen eine Schlingerdämpfungsanlage (ausfahrbare Stabilisierungsflossen, seltener noch Schlingertanks) steuert (→Schlingerdämpfung).

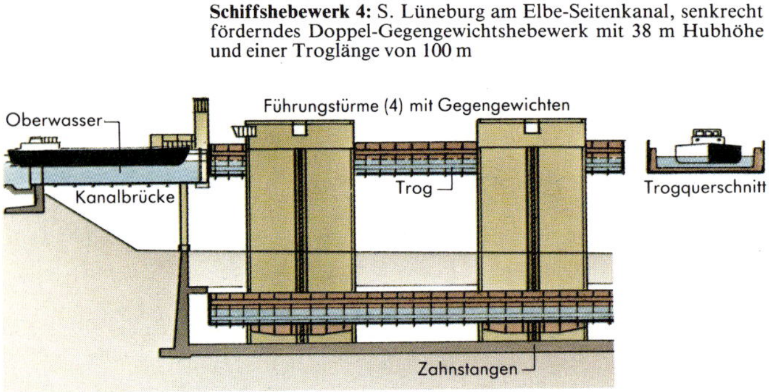

Schiffshebewerk 4: S. Lüneburg am Elbe-Seitenkanal, senkrecht förderndes Doppel-Gegengewichtshebewerk mit 38 m Hubhöhe und einer Troglänge von 100 m

Schiffsmagnetismus, Magnetisierung des Schiffskörpers. Die dadurch bewirkte Beeinflussung des Magnetkompasses (→Deviation) ist durch Kompensierung auszugleichen. Kriegsschiffe besitzen Entmagnetisierungsanlagen (→MES).

Schiffs|schraube, Schiffs|propeller, i. a. am Heck angeordnetes Vortriebsmittel für Schiffe, im Prinzip drei bis sieben aus einer archimedischen Spirale herausgeschnittene Flügel mit der Nabe als Mittelpunkt. Die Flügel haben tragflügelartigen Querschnitt; sie saugen mit der Vorderseite das Wasser an (Saugseite) und drükken es mit der Rückseite als Schub spiralig verdreht achteraus (Druckseite). Der Schub wird über Wellenleitung und Drucklager auf den Schiffskörper übertragen. **Festpropeller** haben feste Flügel. Das Umsteuern von Vor- auf Rückwärtsfahrt erfolgt über die Maschine, bei kleineren Anlagen über ein Wendegetriebe. **Verstellpropeller** haben verstellbare Steigung der Flügel, um diese jeweils optimal an die unterschiedl. Belastungen sowie an Vor- und Rückwärtsfahrt anpassen zu können. In Segelbooten, v. a. Regattabooten, gibt es auch **Klapp-Propeller,** deren Flügel bei stehendem Motor zur Widerstandsminderung zusammenklappen.

Im Bereich der Schiffsgeschwindigkeiten bis zu 40/50 kn werden konventionelle, **unterkavitierende Propeller** verwendet, d. h. sie unterliegen hier nicht der Dampfbläschenbildung (→Kavitation); ihr Profil hat relativ dicken Querschnitt und gewölbte Oberseite. Oberhalb der Geschwindigkeit, bei der der Druck auf der Saugseite der S. unter den Dampfdruck des Wassers sinkt und Kavitation eintritt, bewirkt diese bei konventionellen S. Vibrationen, Abfall des Vortriebsgütegrades, Drehzahlerhöhung durch Abbau von Schub und Drehmoment, Anfressungen des Propellermaterials und Flügelbrüche. Diese Folgen werden bei Hochgeschwindigkeitswasserfahrzeugen vermieden durch **überkavitierende** oder **Superkavitationspropeller,** deren Profile extrem schlank und keilförmig sind. Dies bewirkt eine Steigerung der Kavitation bis zur Freistrahlbildung: Die gesamte Saugseite dieses Propellers ist fast völlig trocken. (BILDER S. 259, 260)

Schiffs|telegraph, →Maschinentelegraph.

Schiffsvermessung, amtl. Feststellung der →Bruttoraumzahl (BRZ) und Nettoraumzahl (NRZ) von Seeschiffen nach dem 1969 in London geschlossenen und 1982 in Kraft getretenen **Internat. S.-Übereinkommen,** das alle Schiffe erfaßt, die nach dem 18. 7. 1982 gebaut oder umgebaut wurden. Das Übereinkommen gilt nicht für Kriegsschiffe und Schiffe von weniger als 24 m Länge. BRZ und NRZ lösen während einer zwölfjährigen Übergangszeit (bis zum 17. 7. 1994) die im Oslo-Übereinkommen 1947 vereinbarten Bez. BRT und NRT (→Registertonne) im **Schiffsmeßbrief** ab. Die S. dient als Unterlage für Abgaben und Gebühren aller Art auf Grund dieser Übereinkommen.

Das neue Übereinkommen soll eine gerechtere S. ermöglichen: Das bisherige System wies zahlreiche Lücken auf, so daß z. B. in den Hauptabmessungen (Länge, Breite, Seitenhöhe) gleiche Schiffe unterschiedliche Vermessungsergebnisse haben konnten, weil sie entweder als →Volldecker oder als Freidecker vermessen waren. Auch soll die Nutzbarkeit eines Schiffes besser ausgedrückt werden, Schiffe mit großer Seitenhöhe im Verhältnis zum Tiefgang – also mit großem Freibord – sollen begünstigt werden. Suez- und Panamakanal fordern Vermessung nach eigenen Vorschriften. – Zuständige Behörde in der Bundesrep. Dtl. ist das **Bundesamt für S.** in Hamburg. – Für Binnenschiffe → Schiffseichung.

Schiftung, Holzbau: das Anreißen und Zuschneiden schräger Schnittflächen von Bauhölzern beim → Abbund. **Schifter,** Bauholz mit schrägen Schnittflächen.

Schild *der,* **1)** Astronomie: **Sobieskischer S.,** lat. **Scutum,** ein → Sternbild der Äquatorzone inmitten heller Milchstraßenwolken, im Sommer am Abendhimmel sichtbar.

2) Geologie: Festlandskern aus präkambr. Gesteinen, die durch gebirgsbildende und metamorphe Vorgänge zusammengeschweißt worden sind und seitdem Hebungstendenz zeigen. Beispiele: Balt. S., Kanadischer S., Indischer S., Austral. S.

3) Kerntechnik: Ummantelung des Reaktorkerns eines Kernreaktors zur Verhinderung des Strahlungsaustritts.

Schild|drüsenhormone, von der Schilddrüse produzierte Hormone. Die wichtigsten S. sind das **Thyroxin** (Tetrajodthyronin) und das **Trijodthyronin.** Zu ihrer Synthese ist Jod notwendig.

Schildmauer, einen überwölbten Raum rechtwinklig zur Gewölbeachse abschließende Mauer.

Schill *der,* Geologie: Anreicherung vollständiger oder zerbrochener **(Bruch-S.)** Hartteile von Organismen.

Schillerspat *der,* Mineral Bastit (→ Pyroxene). **Schillerfels** ist Serpentin mit Bastit.

Schindel, durch radiales Spalten oder Sägen aus Lärchen-, Tannen- oder Fichtenholz gewonnenes Brettchen; als → Dachdeckung oder Wandbekleidung auf Dachlatten genagelt.

Schirm, 1) Schutz gegen Sonne und Regen. Der Bezugsstoff wird mittels eines an einem Stab befestigten Drahtgestelles aufgespannt. Beim **Taschen-S.** hat der Stab ineinanderschiebbare Teile; Gestell und Bezug werden gefaltet.

2) in der Röntgen-, Kern- und Nachrichtentechnik → Abschirmung. **Bildschirm,** → Leuchtschirm, → Bildröhre, → Fernsehen, → Röntgenstrahlung; → Projektionswand.

Schirmgitter, in Elektronenröhren für Hochfrequenzverstärkung ein Schutzgitter mit Abschirmwirkung gegen Schwingneigung.

Schlachtschiff, Großkampfschiff des 2. Weltkriegs mit schwerer und schwerster Artillerie und starker Panzerung. Die heute noch vorhandenen vier S. der ›Iowa‹-Klasse (USA) sollen wieder reaktiviert und mit weitreichenden Fernlenkwaffen ausgerüstet werden.

Schlacke, 1) Geologie: glasig-poröse, unregelmäßig geformte Lavabrocken als Auswürflinge **(Wurf-S.)** oder an der Unter- und Oberseite von Lavaströmen eines → Vulkans.

2) Metallurgie: Bez. für unterschiedl. Schmelzprodukte, die bei der Erzverhüttung im Schmelzfluß oder bei der Metallraffination auf dem Metallkonzentrat als leichte Phase entstehen. S. sind meist kieselsäure- oder kalkreiche Gemische, z. B. Hochofen-S.

Die bei der Raffination anfallenden S. sind metallreich und stellen oft wertvolle Zwischenprodukte dar, aus denen die Begleitmetalle des Erzvorlaufes gewonnen werden. Wichtig als Düngemittel sind die phosphorreichen S. aus dem Thomasprozeß **(Thomasphosphatmehl).** Als S. werden auch Verbrennungsrückstände von organ. Stoffen, wie Holz oder Kohle, bezeichnet.

Schlackenwolle, Schlackenfaser, → Hüttenwolle.

Schlag, Maschinenbau: die doppelte Abweichung eines umlaufenden Maschinenteiles vom Drehpunkt **(Radialschlag)** oder von der Drehebene **(Axialschlag).**

Schlagbohrmaschine, → Bohren 2).

Schlägel, bergmänn. alte Bez. für Hammer zum Treiben des Eisens (Stielmeißel). **S. und Eisen,** Wahrzeichen des Bergbaus.

Schlag|empfindlichkeit, Schlag|energie, → Explosivstoffe.

Schlagfestigkeit, Widerstandsfähigkeit eines Stoffes gegen schlagartige Beanspruchung, in der Werkstoffkunde der Arbeitsverbrauch z. B. beim Schlagbiegeversuch eines (genormten) gekerbten Probestabs in einer Schlagprüfmaschine. Die S. wird als verbrauchte Brucharbeit pro Stabvolumen angegeben, wobei das Versuchsergebnis vom Volumen abhängt.

Schlagfiguren, kennzeichnende Figuren **(Druckfiguren)** auf Kristallflächen, die durch einen Schlag mit einer Nadelspitze entstehen **(Körnerprobe)** und die Symmetrie dieser Flächen deutlich machen.

Schlagflügelflugzeug, Luftfahrzeug schwerer als Luft, bei dem Auftrieb und Vortrieb durch eine dem Vogelflug nachgebildete Bewegung von Tragflügeln oder Tragflügelteilen erzeugt werden. Schlagende Flügel wurden von vielen Flugpionieren erprobt, sind bislang jedoch ungeeignet für manntragende Flugzeuge.

Schlagmaschine, Textiltechnik: → Batteur.

Schlagmetall, Blattmetall, Franzgold, Pariser Gold, unechtes Blattgold, sehr dünn ausgewalzte und geschlagene Metallfolie aus 80% Kupfer und 20% Gold oder 70% Kupfer und 30% Zink.

Schlagmühle, Schlägermühle, zur Gruppe der → Schleudermühlen gehörende, den → Hammerbrechern ähnelnde Zerkleinerungsmaschine für mittelharte Stoffe wie Steinsalz, Gips, Asbest. Die **Schlagstiftmühle** ist für weiche, spröde Stoffe wie Kohle geeignet.

Schlagschott, Trennwand mit breiten Durchflußöffnungen in großen Schiffstanks, dämpft das Übergehen des Tankinhalts von Bord zu Bord im Seegang.

Schlagseite, durch einseitige Gewichtsverschiebung hervorgerufene Schräglage (→ Krängung) eines Schiffes; kann u. a. durch **Gegenfluten** (→ Fluten 2) ganz oder teilweise aufgehoben werden.

Schlagwerk, Teil einer → Uhr, dient zur akust. Zeitanzeige, z. B. zu jeder viertel, halben oder vollen Stunde.

Schlagwetter, zündfähiges Gemisch aus Luft und Methangas (CH_4), bes. in Steinkohlengruben. Bei einem CH_4-Gehalt von 5–14% kann das Gemisch durch eine Zündflamme (Sprengschuß, offene Flamme, Funken in Elektrogeräten) zur Verpuffung oder Explosion gebracht werden. Steinkohlen setzen bei ihrer Auflockerung durch die Gewinnung Methangas frei. Es ist eine der Aufgaben der → Wetterführung, das Gasgemisch unter der gefährl. Konzentration zu halten. S.-Explosionen verursachen häufig durch Aufwirbelung und Zündung von Kohlenstaub Kohlenstaubexplosionen. (→ Wettersprengstoffe)

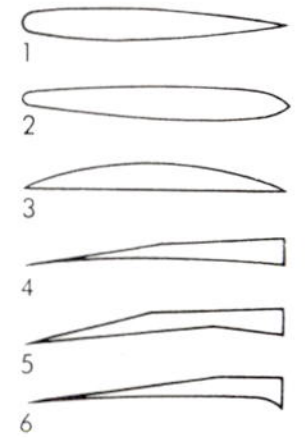

Schiffsschraube 1–6: 1–3 Profile unterkavitierender, **4–6** überkavitierender Propeller

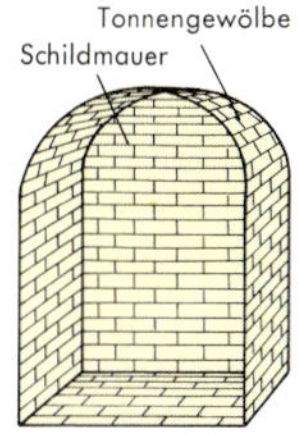

Schildmauer

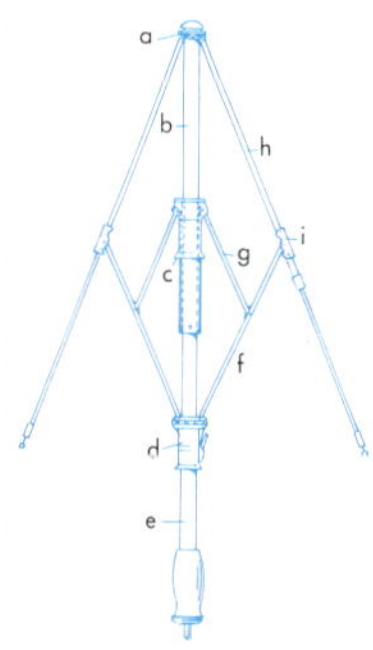

Schirm 1)

Schirm 1): Gestell eines zusammenschiebbaren Taschenschirms; **a** Krone, **b** Rohr 1, **c** Hilfsschieber, **d** Hauptschieber, **e** Rohr 2, **f** Hauptstrebe (Gabel), **g** Spreizstrebe, **h** Schiene, **i** Benäherbügel

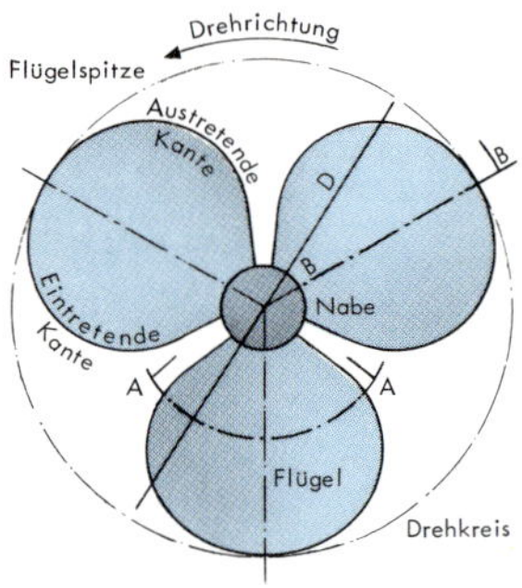

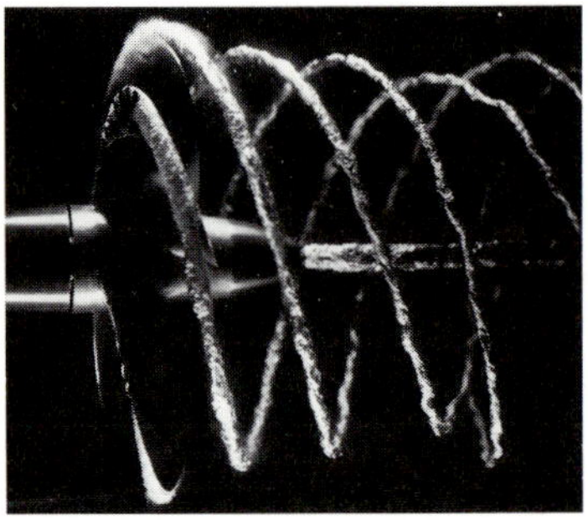

Schiffsschraube 7:
LINKS und UNTEN schemat. Darstellung eines Schraubenpropellers mit den wichtigsten Benennungen; RECHTS arbeitende S.

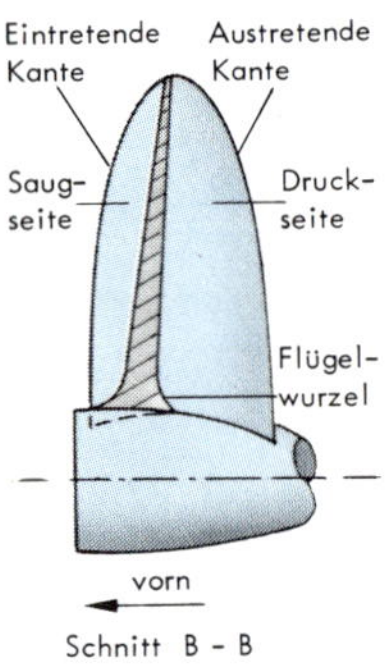

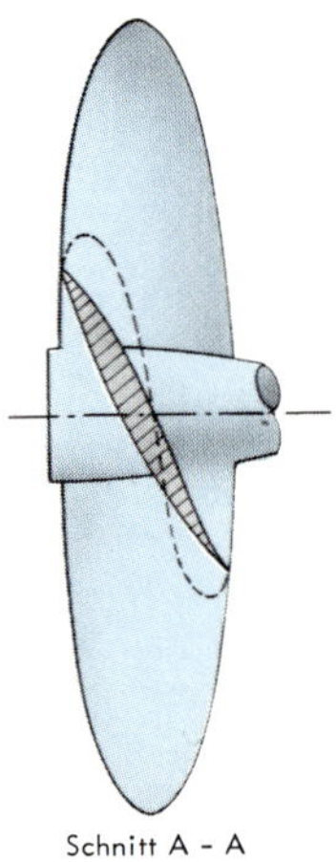

Schlamm, *Mz.* **Schlämme,** unverfestigte, feinkörnige, von Wasser durchtränkte Mischung aus Ton, Schluff und Feinsand sowie Mineral- und organ. Stoffen. S. entsteht primär als Sediment auf dem Grund von Gewässern, bes. in Überschwemmungsgebieten, oder sekundär infolge Durchtränkung mit Wasser und dadurch bewirkter Aufweichung feinkörniger Lockergesteine. Mit Wasser durchtränkter S. wird fließfähig (→ Schlammstrom). Bei Sauerstoffmangel bildet sich → Faulschlamm. In der Kläranlage entsteht S. aus sedimentierten Teilen bei der mechan. und der biolog. → Abwasserreinigung. Bestandteile sind mineral. und organ. Stoffe sowie Wasser. Unbehandelter Frischschlamm besteht zu rd. 95 Gew.-% aus Wasser, wobei etwa 70% der Feststoffe organisch, 30% mineralisch sind. Durch Stabilisierung (Faulung) des S. werden organ. Substanzen zu einem wesentl. Teil oxidiert, so daß ein Verhältnis von 45 Gew.-% organ. zu 55 Gew.-% mineral. Stoffe entsteht.

Schlämm|analyse, Methode zur quantitativen Bestimmung der durch → Siebanalyse nicht mehr erfaßbaren Korngrößen (< 0,063 mm ∅) von Lockergesteinen, v. a. von Böden und Tonen; die Sinkgeschwindigkeit des aufgeschlämmten Materials hängt von Korngröße und -form ab.

Schlammbeseitigung, Beseitigung von → Schlamm aus der → Abwasserreinigung; Methoden sind die Schlamm-Deponie (Voraussetzungen sind Entwässerung und Stabilisierung des Schlammes, gemeinsame Ablagerung mit → Müll ist möglich), die → Schlammverbrennung, → Schlammkompostierung sowie → Schlammverwertung.

Schlammbreccie, das → Fanglomerat.

Schlammbüchse, → Bohrwerkzeuge 2).

Schlämmen, Herausspülen von feinsten Bestandteilen aus einem körnigen Gut in fließendem Wasserstrom.

Schlamm|entwässerung, zur Schlammbehandlung notwendige Maßnahme mit dem Ziel, das Schlammvolumen zu verringern. Angewandte Verfahren sind die **natürl. S.** in Schlammtrockenbeeten oder in Schlammteichen durch Versickerung und Verdunstung sowie die **künstl. S.** durch Zentrifugen, Siebband- und Filterpressen, Vakuumfilter.

Schlammfaul|anlagen, Anlagen, in denen ein anaerober Abbau der organ. Substanz des Schlammes vorwiegend durch Methanbakterien erfolgt. Die wichtigsten Bauformen sind: **zweistöckige S.** (→ Emscherbrunnen), einfach in Konstruktion und Wartung, haben jedoch hohe Faulzeiten (bes. bei niedrigen Außentemperaturen); **getrennte unbeheizte Faulräume,** einfach konstruiert, weisen ebenfalls sehr hohe Faulzeiten auf; **getrennte beheizte Faulbehälter,** geschlossene Tanks oder Türme mit eingebauter Heizvorrichtung, die Faulung erfolgt bei Temperaturen zw. 32 und 35 °C, zu deren Erzeugung das beim Faulprozeß anfallende Methangas benutzt werden kann.

Schlammkompostierung, die aerobe Verrottung von → Klärschlamm. Wichtige Parameter bei der S. sind die Temperatur, der Wassergehalt, der Sauerstoffgehalt und das → C/N-Verhältnis. Häufig erfolgt die → Kompostierung von Schlamm gemeinsam mit → Müll.

Schlämmkreide, durch Schlämmen gereinigte und getrocknete Kreide; als Pigment für Farben und als Poliermittel u. a. in Zahnputzmitteln verwendet.

Schlammsprudel, der → Schlammvulkan.

Schlammstrom, 1) die in Gebirgen nach Regengüssen oder bei der Schneeschmelze als Schlamm-Schutt-Strom entstehende Mure; 2) das bei → Schlammvulkanen abströmende Gemisch von Schlamm und Steinen, dem auch Erdöl und Asphalt beigemengt sein können; 3) Entleerungen von Kraterseen als Ursachen von S. in Vulkangebieten, kommt auch unmittelbar bei Vulkanausbrüchen vor, bes. im Zusammentreffen mit Regengüssen oder Gletschereis, wobei sich ein Gemisch mit ausgeworfenen Aschen breiartig ergießt; 4) submarine → Rutschungen; 5) in Dauerfrostgebieten über dem gefrorenen Untergrund in Bewegung gekommene aufgestaute Erdmassen (→ Solifluktion).

Schlammverbrennung, Verfahren zur → Schlammbeseitigung. Die S. wird in Drehetagenöfen oder Wirbelschichtöfen durchgeführt. Der Energiebedarf der Anlagen hängt wesentlich vom Entwässerungsgrad des Schlammes ab; gut entwässerter Schlamm kann i. d. R. ohne Stützfeuer verbrannt werden. Für die Abgase ist in jedem Fall eine → Staubabscheidung notwendig.

Schlammverwertung. Auf Grund seines hohen Gehaltes an pflanzenverfügbaren Nährstoffen ist → Klärschlamm zur Düngung von land- und forstwirtschaftl. Nutzflächen geeignet. Die Ausbringung kann sowohl im nassen als auch im streufähigen Zustand geschehen. Aus hygien. Gründen wird meist eine Entseuchung des Schlammes vor der Verwertung durchgeführt, z. B. durch Pasteurisierung oder Gammabestrahlung.

Schlammvulkan, Schlammsprudel, Salse, an der Erdoberfläche brodelnd oder eruptionsartig austretendes Schlamm-Gas-Gemisch. S. sind nicht vulkan. Ursprungs, sondern an Gasquellen, v. a. in Erdölgebieten, gebunden. Dabei wird das durch Grundwasser zu Schlamm aufgeweichte tonige Gestein mitgerissen. Die hierdurch entstehenden **Schlammkegel** sind meist klein, werden jedoch z. T. bis zu 300 m hoch und tragen Schlammkrater. Von den größeren S. gehen → Schlammströme aus.

Schlange, lat. **Serpens,** Astronomie: ein → Sternbild der Äquatorzone, im Sommer am Abendhimmel sichtbar. Die S. ist das einzige zweigeteilte Sternbild, sie wird durch den **Schlangenträger** geteilt in den **Kopf der Schlange (Serpens Caput)** und den südöstlich davon gelegenen **Schwanz der Schlange (Serpens Cauda).**

Schlangengips, Schlangen|alabaster, Gipsgestein mit enger Fältelung der Schichten, die entweder durch → Quellfaltung oder als Folge von untermeer. Rutschungen des wasserhaltigen Sediments erklärt werden kann.

Schlangenstein, der → Serpentin.

Schlangenträger, lat. **Ophiuchus,** ein → Sternbild der Äquatorzone, im Sommer am Abendhimmel sichtbar; es teilt das Sternbild → Schlange in zwei Teile.

Schlankheitsgrad, Schärfegrad, ein → Völligkeitsgrad des Schiffes.

Schlauchboot, leichtes Wasserfahrzeug aus beschichtetem Gewebe oder Kunststoff mit einer schlauchartigen, aufblasbaren, in Kammern unterteilten Wandung; kann mit Riemen, Außenbordmotor oder Segel angetrieben werden. S. dienen als Sportfahrzeug, Pioniergerät und Rettungsboot für Flugzeuge und Schiffe.

Schlauchkops, Textiltechnik: ein → Kops, der ohne tragende Hülse in den Webschützen eingelegt und von innen abgezogen wird.

Schlechte *die,* alle natürlichen und nicht schichtparallelen Trennfugen im Kohlenflöz.

Schlechtwetterlandung, Allwetterlandung, → Landeführungssysteme, → Wetterminima.

Schleifdraht, Widerstandsdraht, an dem mit Hilfe eines Kontaktes (Schleifer) eine Teilspannung; z. B. bei einer → Meßbrücke, abgegriffen werden kann.

Schleife, Datenverarbeitung: Teil eines → Programms, der mehrfach durchlaufen werden kann. Die S. ermöglicht es, gleichartige Vorgänge für jeweils andere Daten immer wieder ablaufen zu lassen.

Schleifen, Verfahren der spanenden Formung zur Erzeugung von Flächen mit großer Maßgenauigkeit und hoher Oberflächengüte. Werkzeuge: feste **Schleifkörper** in Form von Scheiben, Ringen, Segmenten, deren **Schleifkörner** aus Korund, Siliciumcarbid (Karborundum), Bornitrid oder Diamant durch keram., Kunstharz- oder Metallbindung zusammengehalten werden. Durch das Ausbrechen abgestumpfter Körner aus der Bindung kommen neue scharfe Körner während des Schleifens zum Eingriff.

Ebene Metalloberflächen entstehen durch **Plan-S.** mit Stirn- oder Umfangsschleifscheiben; zylindr. Flächen werden durch **Rund-S.** bearbeitet (Außen- und Innenrund-S.). Beim **spitzenlosen Außenrund-S.** liegt das zylindr. Werkstück auf einer Schiene zw. Schleifscheibe und Regelscheibe. Beim **Einstech-S.** wird die Schleifscheibe stetig zugestellt bis zum Erreichen des Fertigmaßes. Je nach konstruktivem Aufbau und Verwendungszweck gibt es folgende **Schleifmaschinen:** nach Anordnung der Schleifspindel: Vertikal- und Horizontal-Schleifmaschinen; nach Verwendungszweck: Plan-, Außenrund-, Innenrund-, Trenn-, Gewinde-, Zahnrad-, Werkzeug-, Führungsbahnen-Schleifmaschinen. Durch **Hochgeschwindigkeits-S.,** das besondere Anforderungen an die Maschine stellt, lassen sich z. B. hochlegierte Stähle, die zum Fräsen zu zäh sind, schleifen.

Beim **Schrupp-S.** mit grober Körnung beträgt i. d. R. die Zustellung 0,02–0,2 mm, beim **Schlicht-S.** mit feiner Körnung 0,005–0,05 mm, beim **Fein-S.** mit feinster Körnung 0,001–0,008 mm. Nach der Kühlung unterscheidet man **Naßschliff** und **Trockenschliff.**

Holzoberflächen werden maschinell mit Schleifpapier geschliffen, das bei **Teller-** oder **Scheibenschleifmaschinen** auf die Oberfläche rotierender Scheiben geklemmt ist; bei den **Bandschleifmaschinen** läuft das endlose Schleifband über mindestens zwei Walzen, während das Schleifpapier bei der **Zylinderschleifmaschine** um rotierende, axial oszillierende Walzen gewickelt ist.

Über S. von Glas → Glas (BILD), → Glasschliff.

E. SALJÉ u. a.: Begriffe der Schleiftechnik (1976); Jb. S., Honen, Läppen und Polieren, hg. v. E. SALJÉ u. a., 50. Ausg. (1981).

Schleifenwicklung, eine Art der → Wicklungen elektrischer Maschinen.

Schleiflack, Lacke aus schnell trocknenden Kunstharzlacken und Lackfarben, deren getrocknete Lackschicht sich naß mit Schleifpapier oder Bimssteinpulver zu einer Fläche mit besonderem Mattefekt schleifen läßt; auch die mit S. erzeugte Oberfläche.

Schleif|öle, → Kühlschmierstoffe.

Schleifringe, auf der Welle des Läufers einer elektr. Maschine isoliert befestigte Metallringe, auf denen → Bürsten schleifen als leitende Verbindung vom Läufer zum Ständer.

Schleimsäure, 2,3,4,5-Tetrahydroxyadipinsäure, eine Zuckersäure, die durch Oxidation von D-Galactose mit Salpetersäure entsteht.

Schlengelsperre, → Ölsperre.

Schlenken, wassergefüllte oder -durchtränkte Dellen im → Moor.

Schlepper, 1) → Ackerschlepper.

2) a) **Hafen-S.,** kleines, kräftiges Boot zum Schleppen und Bugsieren von Schiffen in Häfen und engen Gewässern; b) **Fluß-** oder **See-S.,** größerer S. zum Schleppen von Schiffen, Leichtern u. a. auf Flüssen oder über See; c) **Bergungs-S.,** großer S. mit besonderen Einrichtungen zum Bergen von Havaristen. Die Übergänge zw. Hafen-See-Bergungs-S. sind z. T. fließend. Alle S. sind mit Feuerlöscheinrichtungen, die größeren mit Bergepumpen, Tauchereinrichtungen, Spezialgeräten (z. B. Unterwasserschweißen) ausgerüstet.

Schlepperhydraulik, die gesamte Hydraulikanlage am → Ackerschlepper: eine ölhydrostatische Anlage, besteht aus Hydraulikpumpe mit zugehörigen Ventilen und Rohrleitungen sowie den entsprechenden hydraul. Antrieben wie → Kraftheber, → Frontlader, → hydraulische Steckdose. Die S. hat die mechan. Antriebe, z. B. Mähbalkenantrieb, weitgehend verdrängt. Darüber hinaus werden weitere Einrichtungen des Schleppers, wie Lenkung, Bremsen, Kupplung, Schaltung, hydrostatisch betätigt. Auch die übl. mechan. Stufengetriebe sind bei einigen Schleppern durch hydrostat. Getriebe ersetzt. Man unterscheidet daher auch **Arbeitshydraulik, Bedienungshydraulik** und **Fahrhydraulik.**

Schleppkurve, die → Traktrix.

Schleppspannung, kritische Schubspannung, durch die Strömung hervorgerufene Schubspannung an einer Wasserlaufsohle, an der die Bewegung des Geschiebes oder die Zerstörung der Sohle beginnt; gemessen in kN/m^2.

Schleppung, Geologie: Schichtverbiegung an Verwerfungen oder Überschiebungen, wobei der abgesenkte Flügel an der Bewegungsfläche aufwärts, der gehobene oder stehengebliebene abwärts gebogen ist. (BILD S. 262)

Schleppversorger, Spezialschiff zum Schleppen, Versorgen, z. T. auch Verankern von Halbtauchern, Hub- und Bohrplattformen der → Offshore-Technik. Kennzeichnend ist die Konzentration der Aufbauten im vorderen Teil und ein dahinterliegender langer, flacher Deckraum.

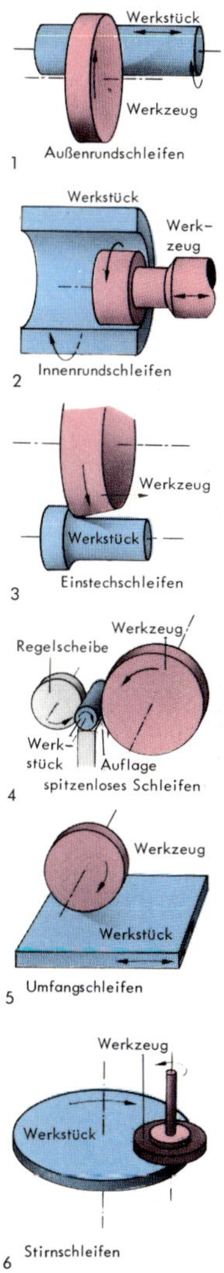

Schleifen: **1–4** Rundschleifverfahren, **5** und **6** Planschleifverfahren

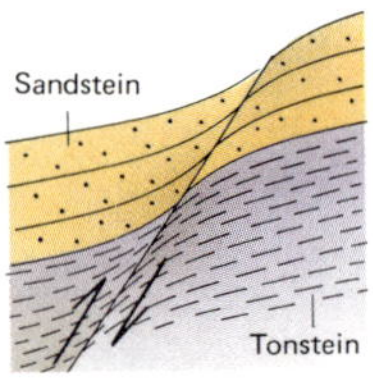

Schleppung von Schichten an einer Verwerfung

Schleppversuchs|anlage, Versuchsanlage, die durch Modellversuche die hydrodynam. Vorgänge von Schiffsneubauten prüft, optimale Schiffs- und Propellerformen ermittelt und das Widerstands- und Seeverhalten untersucht.

Schleuder, die → Zentrifuge, z. B. Siebschleuder.

Schleudermühle, Gruppe von Zerkleinerungsmaschinen, die einen weitgehend elast. Schlag gegen die Aufgabestücke ausführen. Bauarten: → Hammerbrecher, → Prallbrecher, → Schlagmühle.

Schleudern, bei Schienenfahrzeugen das Drehen **(Dreh-S.)** der Antriebsräder auf den Schienen bei stillstehendem Fahrzeug, gleichbedeutend mit vollständigem → Schlüpfen; bei Straßenfahrzeugen das seitl. Abgleiten **(Seiten-S.)** der hinteren Fahrzeugsachse, bes. beim zu raschen Durchfahren scharfer Kurven, bei ungleichmäßig wirkenden Bremsen, bei zu geringer Reibung zw. Straße und Reifen, bes. bei blockierten Hinterrädern.

Schleudersitz, als Rettungsgerät für Besatzungsmitglieder schneller Militärflugzeuge dienender Sitz, der im Gefahrenfall samt der darauf sitzenden Person mit Hilfe einer Pulvertreibladung oder eines Raketenantriebes aus dem Flugzeug ausgeworfen wird, und zwar bei allen Flugzuständen, auch beim Rollen am Boden. Nach dem Auswurf wird die Sitzwanne von der Person getrennt und deren Rettungsfallschirm automatisch geöffnet.

Schleuderzahl, die Zentrifugenkennzahl, → Zentrifugen.

Schleuse, 1) Druckschleuse, zweitürige Kammer zur Überwindung von Druckunterschieden, z. B. am Zugang zu Traglufthallen, zu einer im Schildvortrieb mit Druckluft arbeitenden Tunnelbaustelle oder in Raumfahrzeugen.

2) Schiffsschleuse, Bauwerk zur Förderung von Schiffen über eine → Gewässerstufe, indem durch Füllen oder Entleeren einer Kammer das darin liegende Schiff gehoben oder gesenkt wird. Die S.-Anlage besteht aus einem ober- und einem unterwasserseitigen **Vorhafen,** dem **Ober-** und dem **Unterhaupt** (→ Haupt), welche die S.-Tore aufnehmen, und einer **S.-Kammer** mit senkrechten Seitenwänden. Als **S.-Tore** werden z. B. Stemm-, Hub-, Senk-, Hubsenk-, Dreh- oder Schiebetore verwendet. Das Füllen und Entleeren der Kammer geschieht durch Schütze in den Toren, durch kurze Umlaufkanäle, die im S.-Haupt um das Tor herumgeführt sind, durch in der S.-Sohle oder der S.-Wand angeordnete Längskanäle oder bei Hub-, Hubsenk- und Drehtoren auch direkt unter das Tor hindurch.

Die **Zwillings-S.** hat zwei nebeneinander liegende Kammern; etwa die Hälfte des Entleerungswassers der einen wird zum Füllen der anderen verwendet. Eine noch weitergehende Einschränkung des Wasserverbrauchs ermöglichen **Spar-S.,** bei denen der größte Teil des Entleerungswassers in seitlich angeordnete Sparbecken fließt und zur nächsten Füllung wieder verwendet wird. Bei großen Stufenhöhen kommen **Schacht-S.** zum Einsatz, die im Unterhaupt durch eine Quermauer abgeschlossen sind, welche lediglich eine mit dem Untertor verschließbare Durchfahrtsöffnung enthält. Ebenfalls große Stufenhöhen ermöglichen **Koppel-S.,** die aus hintereinanderliegenden S.-Kammern bestehen; das Untertor der einen ist zugleich das Obertor der nächst tieferen Kammer.

Die größte Stufenhöhe einer Fluß-S. beträgt 42 m (am Irtysch, UdSSR). An Schiffahrtskanälen weicht man aus Wasserersparnisgründen i. d. R. bereits ab etwa 30 m Stufenhöhe auf → Schiffshebewerke aus. (BILDER S. 263)

schlicht, Mathematik: s. heißt eine auf einem Gebiet G definierte holomorphe Funktion $f: G \longrightarrow \mathbb{C}$, wenn sie injektiv ist, d. h. jeden Wert höchstens einmal annimmt. Sie bildet dann das Gebiet G s. auf ein **schlichtes Gebiet** der komplexen Zahlenebene ab.

Schlichten, 1) Fertigungstechnik: spanende Bearbeitungsart, bei der i. Ggs. zum Schruppen durch geringe Spanabnahme eine hohe Form- und Maßgenauigkeit sowie Oberflächengüte angestrebt werden.

2) Textiltechnik: Vorbehandlung von Garnen, die als Kette in Geweben verarbeitet werden, mit **Schlichtmitteln.** Der aufgebrachte Film der **Schlichten** schützt im Webprozeß vor mechan. Beanspruchung. Vor der späteren Veredlung muß die Schlichte jedoch meist wieder entfernt werden (→ Entschlichten).

Schlick *der,* schlammartige Ablagerung im Meer, in Seen und im Überschwemmungsbereich von Flüssen, mit Beimengungen von Feinsand **(Schlicksand),** Kalk **(Kalkschlick)** oder organ. Stoffen. Durch diese bildet er v. a. in den → Marschen fruchtbares Acker- und Grünland, wo durch Erd- und Buschdämme sowie Salzpflanzen **(S.-Fänger)** der S. zurückgehalten wird. Das Hauptgebiet der S.-Bildung liegt aber in 800–2 500 m Meerestiefe (→ Meeresablagerungen), wo die verbreitetste Art der (durch Pyrit und halbzersetzte organ. Substanzen gefärbte) **Blauschlick** ist, der etwa 11% des gesamten Meeresbodens bedeckt; küstennäher findet sich in trop. und subtrop. Meeren durch eingeschwemmten Laterit gefärbter **Rotschlick,** durch Beimengungen von Glaukonit bildet sich **Grünschlick.** Die organ. Stoffe des S. werden von einer reichen Fauna gebildet, im Küstenbereich bes. vom Sandröhrenwurm und Schlickkrebs (bis 15000 Tiere auf 1 m^2), im Schelfbereich von dickschaligeren Muscheln und Schnecken. Im tiefen Wasser der Polargebiete entsteht aus den Skeletten der Diatomeen der **Diatomeenschlamm.** – **Meeresschlamm,** der v. a. Quarz, saure Feldspate, Tonerdegele und Kieselsäuregele enthält, wird angewärmt als **Heilschlamm (Peloid)** verwendet.

Schlicker, Keramik: mit erhöhtem Wasseranteil und chem. Verflüssigungsmitteln flüssig gemachte keramische Masse.

Schlier *der,* blaugrauer, feinschichtiger, sandiger Mergel; oligozäne bis miozäne, marine Ablagerungen des Wiener Beckens.

Schlieren, 1) Geologie: unregelmäßig und unscharf begrenzte Bereiche in einem Gestein oder Erzkörper, die in Mineralbestand und -größe, Gefüge und meist auch in der Farbe vom Hauptgestein abweichen. **S.-Gefüge** sind typisch für Migmatite sowie bei liquider Entmischung von Sulfidschmelze in einem Silikatmagma.

2) Optik: unregelmäßig begrenzte Bereiche in einem sonst homogenen Medium (Glas, Kristall, Flüssigkeiten, Gas) mit abweichenden opt. Eigenschaften, optisch und meist auch spannungsoptisch erkennbar (→ Schlierenverfahren). Ursachen der S. sind Dichteunterschiede, die durch Schwankungen der chem. Zusammensetzung oder der Temperatur hervorgerufen werden. S. in Gläsern entstehen durch unvollkommene Durchmischung und selektive Verdampfung von Bestandteilen der Schmelze sowie durch Auflösung feuerfesten Materials in der Schmelze, z. B. aus Häfen.

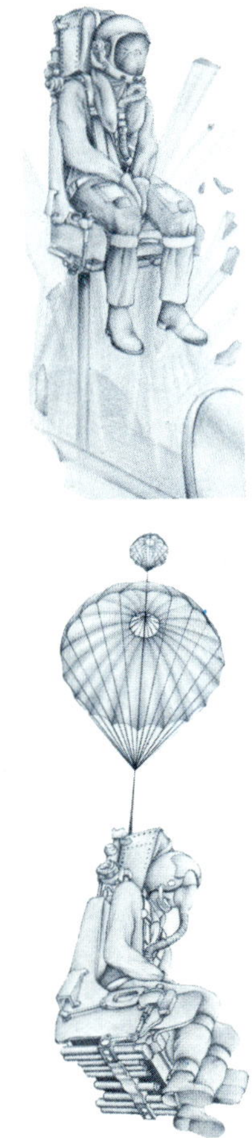

Schleudersitz: OBEN beim Absprengen aus der Flugzeugkanzel, UNTEN mit entfaltetem Rettungsschirm

Schlierenverfahren, opt. oder elektronenopt. Verfahren zur Untersuchung von Inhomogenitäten in transparenten Medien (→ Schlieren 2) bzw. in elektr. oder magnet. Feldern. **Opt. S.** dienen zur Sichtbarmachung und Vermessung geringer Lichtablenkungen in durchsichtigen Medien von nicht einheitl. Dichte; aus der Größe der Ablenkung kann auf den physikal. Zustand des Mediums geschlossen werden. Das **Schattenverfahren** arbeitet mit direkter Durchleuchtung ohne opt. Abbildung. Bei dem **Toeplerschen S.** wird das Schlierenobjekt mit einer möglichst punktförmigen Lichtquelle abgebildet, wobei nur die abgelenkten oder nur die unabgelenkten Lichtbündel verwendet werden. Mit opt. S. werden Linsen und Gläser z. B. auf Schlieren-, Spannungs- und Blasenfreiheit sowie Strömungsvorgänge in Flüssigkeiten und Gasen geprüft.

Elektronenopt. S. arbeiten ähnlich aber mit Elektronenstrahlen, die von elektr. oder magnet. Feldern in der Nähe eines felderzeugenden Meßobjektes abgelenkt werden. Die Größe der Ablenkung ist eine Funktion der Feldstärke.

Schliff, 1) allg.: Oberflächenteile von Gegenständen, die durch Schleifen oder Polieren bearbeitet worden sind.

2) Chemie: zugeschliffene gasdichte Verbindungsstücke von gläsernen Laboratoriumsgeräten, die aus **Hülse** und **Kern** bestehen. Unter den austauschbar genormten S. **(Normalschliff)** werden Kegel-, Kugel-, Zylinder- und Plan-S. unterschieden. (BILD S. 264)

3) Geologie: → Dünnschliffe.

Schliffbild, mikrophotograph. Aufnahme eines Metall- oder Mineralschliffes zur Ermittlung des mikrokristallinen → Gefüges (BILDER). Mit Rücksicht auf die geringe Schärfentiefe bei hohen Vergrößerungen müssen solche Schliffe vollkommen eben und kratzerfrei poliert sein. Das Gefüge wird meist noch durch → Ätzen 2) entwickelt.

Schlingenlösung, Bauweise der → Stauregelung, wobei das Wehr im Fluß, das Laufkraftwerk und die Schleusen jedoch in einem kurzen Umgehungskanal angeordnet sind.

Schlingerdämpfung, konstruktive Maßnahmen zur Dämpfung des → Schlingerns 2) von Schiffen. Es werden benutzt: 1) **Schlingerkiele,** in der → Kimm außen am Schiff beidseits angebrachte Bänder, die sich über einen beträchtl. Teil der Schiffslänge erstrecken; 2) durch **Schlingerkreisel** oder → Schiffskreisel gesteuerte **Schlingerdämpfungsflossen,** die, oberhalb der Kimm beweglich, auch einziehbar oder einschwenkbar angeordnet, stetig ein der Schlingerbewegung entgegengesetztes Moment erzeugen; 3) ebenfalls kreiselgesteuerte Schlingertanks, die sich aber nicht durchsetzen konnten.

Schlingern, 1) bei Schienenfahrzeugen Drehbewegung um ihre senkrechte Schwerpunktachse, hervorgerufen durch Seitenkräfte zw. Schiene und Spurkranz.

2) bei Schiffen durch Seegang o. ä. hervorgerufene gleichmäßige Pendelbewegung um die Schiffslängsachse nach Backbord und Steuerbord. Kurze, harte Schlingerbewegungen mit kleinen Ausschlagswinkeln führt ein ›steifes‹ Schiff aus, langsame, ruhige Bewegungen mit großen Ausschlagswinkeln ein ›weiches‹. Die Schlingerperiode nimmt mit wachsender metazentrischer Höhe ab (→ Metazentrum, → Schlingerdämpfung).

Schlingerverband, bei Eisenbahnbrücken mit offener Fahrbahn erforderl. Horizontalverband zw. den Längsträgern zur Aufnahme der Seitenstöße der Fahrzeuge.

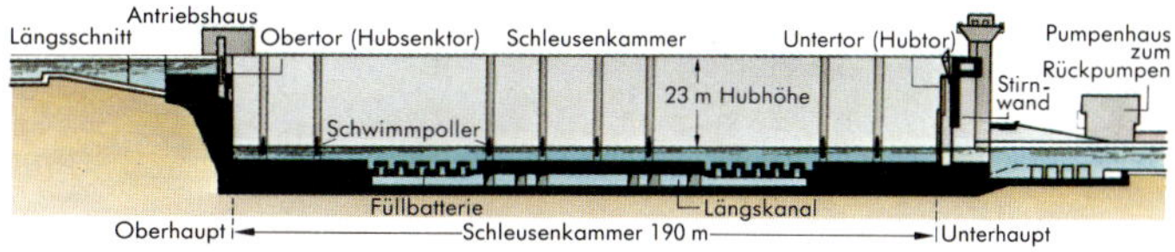

Schleuse 2): Spar- und Schacht-S. Uelzen am Elbe-Seitenkanal; OBEN Längsschnitt, UNTEN Grundriß mit dem Leitungssystem

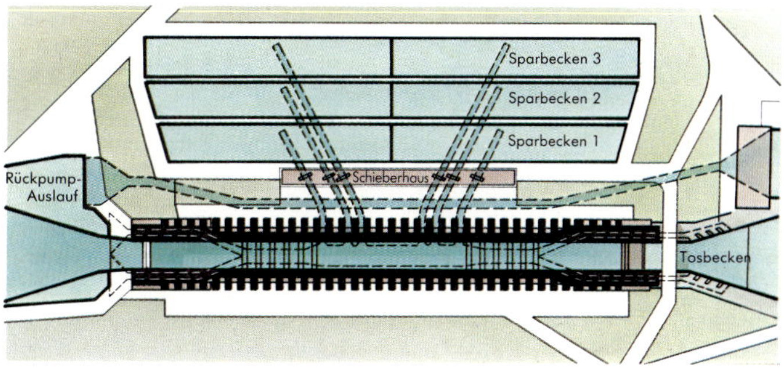

Schlitten, 1) Transportmittel auf Eis und Schnee, bes. für schnelle Talfahrten; besteht aus einem Sitzgestell auf zwei starren Kufen mit Querjoch. Weiterentwicklungen sind Bob und Rennschlitten. S. mit Motorantrieb → Motorschlitten.

2) Maschinenbau: auf Führungen verschiebbares Maschinenteil, das Arbeits- oder Steuerbewegungen ausführt.

3) Schiffbau: Holzgerüst, das den auf der Ablaufbahn gleitenden Schiffskörper beim → Stapellauf trägt.

Schlitzflügel, Spaltflügel, ein → Tragflügel mit einem festen oder verschließbaren Schlitz (Spalt), durch den Luft von der Flügeldruckseite (Unterseite) zur Flügelsaugseite (Oberseite) strömen kann, wodurch der → Grenzschicht auf der Saugseite Energie zugeführt wird, die deren Ablösung verzögert oder verhindert (→ Grenzschichtbeeinflussung). Spezielle Bauformen sind der feste oder ausfahrbare **Vorflügel (Hilfsflügel)** an der Flügelvorderkante, der größere Anstellwinkel des Tragflügels ermöglicht und die **Spaltklappe** an der Flügelhinterkante, bei der die Spaltströmung die Ablösung an der Saugseite der ausgeschlagenen Klappe zu größeren Ausschlagwinkeln verschiebt. Mit beiden Anordnungen sind bes. große Auftriebskräfte erzeugbar (→ Hochauftriebsmittel).

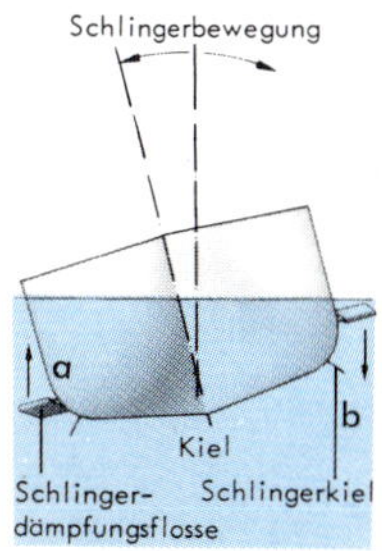

Schlingerdämpfung: schemat. dargestellte Wirkung der S.-Flosse; a Auftrieb, b Abtrieb

Schlitzmaskenröhre, Fernsehen: → Schattenmaskenröhre.

Schlitzsteuerung, die Steuerung des → Ladungswechsels von Zweitaktmotoren (→ Verbrennungsmotor) oder von → Schiebermotoren durch Schlitze.

Schlitzwandbauweise, v. a. im Tiefbau für die Erstellung von Baugrubenwänden angewandtes Verfahren. Ein zw. Beton-Leitwänden ausgehobener Schlitz wird mit einer Stützflüssigkeit (meist Bentonit-Suspension) gefüllt gehalten, in die die vorgefertigte Bewehrung abgesenkt wird. Danach wird der Beton durch ein bis auf

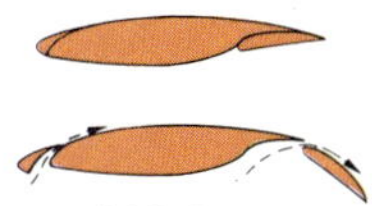

Schlitzflügel

Schlitzflügel: Vorflügel an der Flügelvorderkante und Spaltklappe an der Flügelhinterkante in ein- und in ausgefahrenem Zustand

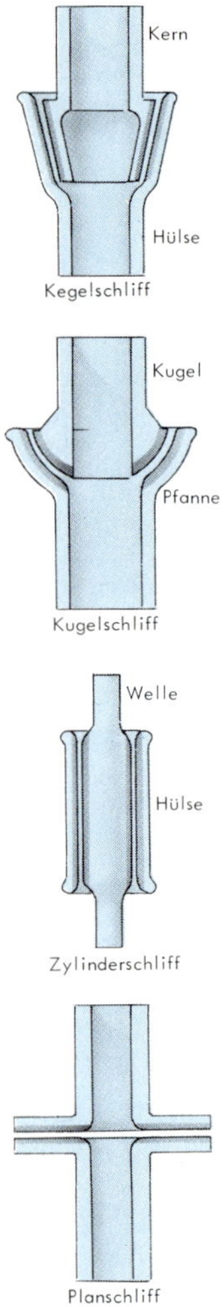

Schliff 2): Schlifftypen

den Schlitzgrund abgesenktes Rohr eingebracht. Die verdrängte Stützflüssigkeit wird oben abgepumpt. Durch Aneinanderreihen mehrerer Abschnitte kann man zusammenhängende **Schlitzwände** herstellen.

Schloß, 1) Vorrichtung zum Schließen oder Verriegeln gegeneinander bewegl. Teile, z. B. von Tür und Türrahmen, meist mit einem Schlüssel.

Arten. Die S. werden eingeteilt: 1) nach der Anbringung: **ortsfestes S.,** mit der Tür fest verbunden, und **abnehmbares S.,** z. B. **Vorhänge-S.** 2) nach der Befestigung an der Tür: **Kasten-,** auch **Anbau-** oder **aufgesetztes S., Einlaß-S., Einstech-** oder **Einstemm-S.** 3) nach dem Verwendungszweck: z. B. **Tür-, Sicherheits-, Tresor-, Auto-S.** Weitere Einteilungen nach den Hauptteilen des S., nach Art und Triebart der Riegel, nach Art, Anzahl und Lage der Zuhaltungen (Gesperre), nach Art des → Schlüssels 1).

Aufbau. Allen S.-Arten gemeinsam ist ein im Gehäuse geführter Riegel. Er wird in seinen Grenzlagen, beim mehrtourigen S. auch in Zwischenstellungen durch Zuhaltungen festgehalten oder fällt als einseitig abgeschrägte Falle durch Zuschlagen der Tür von selbst ein. Der Schlüssel ragt mit seinem Bart in Aussparungen (Angriffe) des Riegels und bewegt diesen bei Drehungen nach vorheriger Aufhebung der Zuhaltung(en). Beim **Schnapp-S.** schnellt der abgeschrägte Fallriegel durch Federkraft in die Verschlußlage, zum Zurückholen der Falle dient ein Bartschlüssel. Das **Zylinder-S.** ist eigtl. kein S. Der kleine Steckschlüssel bildet mit dem Zylinderkern und dessen Schließbart erst den ›Gesamtschlüssel‹ für ein normales Grund-S. **Kombinations-S.** werden ohne Schlüssel durch von außen verstellbare Zuhaltungen geöffnet, z. B. als nebeneinander angeordnete Ringe mit Ziffern- oder Buchstabenreihen **(Zahlen-S.).**

Verschlußanlagen. Mehrere verschiedene sperrende S. lassen sich von einem oder mehreren Schlüsseln betätigen oder ein best. S. ist für verschiedene Schlüssel geeignet. Dadurch braucht z. B. eine Person für alle ihr zugängl. S. nur einen Hauptschlüssel. (BILD S. 265)

Geschichtliches. Die ersten bekannten S. (aus Holz) stammen aus Ägypten. S. mit Drehschlüssel werden um 500 v. Chr. in Griechenland vermutet; im Rom der Kaiserzeit und bes. in Pompeji sind sie vielfach nachweisbar, auch als Vorhänge-S. Das Buchstaben-S. wurde wohl um 1420 in Italien (GIOVANNI DA FONTANA) erfunden. Um 1640 wurde das ›frz. S.‹ konstruiert, das von J. G. FREYTAG in Gera in der ersten Hälfte des 18. Jh. zur Grundlage des heutigen ›einfachen S.‹ gemacht wurde. Das Tour-S. mit mehr als einer Zuhaltung führte zur Entwicklung des Sicherheits-S. (J. BARRON, 1778). Bramah- und Chubb-S. werden nach ihren engl. Erfindern benannt (J. BRAMAH, 1784; J. CHUBB, 1818). Das Zylinder-S. brachte der Amerikaner L. YALE 1848 heraus, nachdem bereits 1805 auf ein gleichartiges System ein preuß. Patent erteilt worden war.

2) Strickschloß, → Strickerei.

Schlot, 1) Esse, → Schornstein.

2) Karstschlot, natürl. Schacht im → Karst, durch Sickerwasser entlang von Klüften entstanden, bis über 100 m tief.

3) Aufstiegskanal vulkan. Stoffe (→ Vulkan).

Schlotte, schlotartiger, steil stehender Hohlraum in lösl. Gesteinen (Gips, Anhydrit, Kalk), durch auslaugende Tätigkeit des Sickerwassers entstanden; → geologische Orgeln.

Schlucht, Tobel, enges, tiefeingerissenes Tal mit fast senkrecht einfallenden Hängen (→ Klamm).

Schluff, Silt, Lockergestein aus Mineralkörnern mit Durchmessern von 0,002–0,02 (geolog. bis 0,063) mm; S.-Böden liegen z. T. in ihren Eigenschaften zw. Sand- und Tonböden und geben bei hohem Gehalt an stickstoffreichen Huminstoffen, neutraler Bodenreaktion und Krümelstabilität hohe landwirtschaftl. Erträge. S. sind an Hängen und ohne Pflanzendecke stark der Verschlämmung und Bodenerosion ausgesetzt, bes. bei biologisch ungünstigen Huminstoffen. Verfestigt ergibt S. **Schluffstein.**

Schlundloch, → Karst.

Schlupf, 1) Elektrotechnik: das Zurückbleiben des Läufers eines Drehstrommotors gegenüber dem mit synchroner Drehzahl umlaufenden Drehfeld. Der Drehzahlunterschied ist die **Schlupfdrehzahl.** Aus S. multipliziert mit der Netzfrequenz ergibt sich die **Schlupffrequenz.** Die dabei im Läufer induzierte Spannung heißt **Schlupfspannung.** Im Stillstand ist der S. gleich 1, bei synchronem Lauf gleich 0.

2) bei Kraftfahrzeugen: der Unterschied zw. Produkt aus Raddrehzahl und Radumfang und der Fahrgeschwindigkeit; kann durch Reifenelastizität oder/und Gleiten im → Latsch entstehen. **Längsschlupf** ist bei Wirkung von Treib- und Bremskräften vorhanden, **Seitenschlupf** bei Wirkung von Seitenkräften.

3) Maschinenbau: das Zurückbleiben des angetriebenen Teils gegenüber dem treibenden Teil bei kraftschlüssiger Bewegungsübertragung, z. B. infolge Gleitreibung bei Reibungskupplungen, Reibrad- oder Riemengetrieben, ferner bei Flüssigkeitskupplungen und Strömungsgetrieben.

Schlüpfen, bei Schienenfahrzeugen ein Bewegungszustand, bei dem der Weg eines angetriebenen Rades auf der Schiene kleiner ist als der Rollweg des Radumfanges. S. tritt auf, wenn die maschinelle Zugkraft größer ist als die dem Haftwert entsprechende Haftungszugkraft zw. Rad und Schiene. – Ggs.: **Gleiten.**

Schlupfkupplung, elektromagnet. → Kupplung.

Schlüpfrigkeit, Lubrizität, Zeichen σ, das Verhältnis der totalen dynam. → Viskosität $\tau/c = \eta$ zur differentiellen dynam. Viskosität $d\tau/dc$:

$$\sigma = \frac{\tau/c}{d\tau/dc} = \frac{d \ln c}{d \ln \tau}$$

(c = Gleitgeschwindigkeit, τ = Schubspannung). Bei reinviskosen Flüssigkeiten ist $\sigma = 1$, bei strukturviskosen Stoffen bis 4 und mehr.

Schlüssel, 1) Werkzeug zum Schließen eines → Schlosses 1). Unterschieden werden: S. mit Bart oder Doppelbart, Flach-, Rund- oder Kreuzschlüssel.

2) Decodierungsvorschrift zur Entschlüsselung einer → Geheimschrift.

Schlüssel|enzym, Schrittmacher|enzym, Biochemie: eines von mehreren Enzymen eines Stoffwechselweges, das die langsamste Reaktion katalysiert und durch seine besondere Lage im Stoffwechselweg bei Aktivitätsänderungen auch weitere, vor und hinter diesem Reaktionsschritt liegende Reaktionen beeinflussen und den Stoffdurchsatz regulieren kann.

Schlußleuchte, Schlußlicht, Rücklicht, bei Kraftfahrzeugen u. a. Straßenfahrzeugen zwei vorgeschriebene nach hinten wirkende rote Leuchten, bei

Krafträdern ohne Beiwagen und Fahrrädern nur eine S. Straßenbahnen (Züge) müssen an der Rückseite mit mindestens einer S. ausgerüstet sein. Bei Eisenbahnen werden S. meist als **Zugschlußsignale** bezeichnet.

Schlußrechnung, → Dreisatz.

Schmalfilm, ein → Film 3) für Laufbildvorführungen mit einer maximalen Breite von 16 mm.

Schmalspurbahnen, eine → Eisenbahn mit Spurweite unter 1,435 m.

Schmälzen, Ölen, Spicken, Spinnerei: das Präparieren der Faserstoffe, v. a. Wolle, zur Verbesserung der Haft- oder Gleiteigenschaften, d. h. zur Verbesserung des Spinnvorgangs, Verhinderung von Fasereinkürzungen und Faserflug. Öle, Fettsäuren oder Mineralöle werden als wäßrige Emulsionen auf die Faserflocken gesprüht.

schmauchen, Keramik: das Restwasser aus getrockneten Formlingen vor dem Brennen austreiben. Ringöfen haben eine **Schmauchzone.**

Schmelz, Schmelzglas, Kunst|email [-em'aj], leicht schmelzendes, meist farbiges Glas zur Ausschmükkung von Metallarbeiten. Durchsichtiger S. heißt **Fluß,** getrübter S. → Email.

Schmelze, flüssiger Zustand von Metallen, Legierungen, Salzen (→ Salzschmelzen) u. a. Stoffen, z. B. das → Magma. (→ Schmelzen)

Schmelz|elektrolyse, Schmelzfluß|elektrolyse, Verfahren der → Elektrolyse, bei dem → Salzschmelzen eingesetzt werden; dient v. a. zur Gewinnung von Metallen (z. B. Aluminium).

Schmelzen, das Überführen eines festen Stoffes in den flüssigen Aggregatzustand durch Wärmezufuhr, die Umkehrung des Erstarrens. Ein reiner, kristallin. Stoff beginnt zu s., sobald seine Temperatur durch Wärmezufuhr einen best. Wert, die **Schmelztemperatur** (den **Schmelzpunkt**), erreicht hat. Bei dieser Temperatur werden die Wärmeschwingungen der Atome oder Moleküle um ihre Ruhelage im Gitter so heftig, daß die Gitterkräfte überwunden werden und die Bausteine freie Beweglichkeit bekommen. Bei weiterer Wärmezufuhr bleibt die Temperatur konstant, bis die feste Substanz vollständig geschmolzen ist. Erst dann steigt die Temperatur weiter. Die während des S. aufgenommene Wärme ist die → Schmelzwärme, die zur Überwindung der Gitterkräfte verbraucht wird; sie wird beim Erstarren als **Erstarrungswärme** wieder frei. Die Schmelzpunkte sind bei vielen Stoffen so genau erkennbar, daß mit ihnen als Fixpunkten (→ Festpunkt) die Temperaturskale festgelegt und Thermometer geeicht werden können. Beim S. vergrößern die meisten Stoffe ihr Volumen mit Ausnahme von Wasser (10% Volumenabnahme, → Anomalie des Wassers), Wismut und Gallium. Das Vorzeichen dieser Volumenänderung legt bei Reinstoffen fest (→ Le Chateliersches Prinzip), ob die Schmelztemperatur mit dem Druck steigt oder fällt. Unter erhöhtem Druck liegt der Schmelzpunkt i. a. höher (Ausnahme u. a. Wasser, → Regelation); eine Temperaturerhöhung um 1 °C erfordert i. a. Drucke von 10^6 bis 10^7 N/m². Amorphe (glasartige) Stoffe, die man als Flüssigkeiten mit großer innerer Reibung auffassen kann, haben keinen festen Schmelzpunkt. Ihre innere Reibung nimmt mit steigender Temperatur allmählich ab, bis schließlich ein leichtflüssiger Zustand erreicht ist.

Gemische aus zwei Stoffen (binäre Systeme) besitzen meist einen niedrigeren Schmelzpunkt als die reinen Bestandteile (→ Gefrierpunktserniedrigung). Die Abhängigkeit des Schmelzpunktes vom Mischungsverhältnis (→ Gefrierpunkt) wird im Schmelzdiagramm (→ Zustandsdiagramm) dargestellt, an dessen Gestalt die Bildung von Verbindungen, Mischkristallen oder Phasenumwandlungen abzulesen ist. Die Mischung mit dem niedrigsten Schmelzpunkt heißt **Eutektikum.** Bei Gemischen mit drei Bestandteilen (ternäre Systeme) können die viel verwickelteren Verhältnisse durch ein räuml. Modell wiedergegeben werden. Gemische aus einer größeren Anzahl von Bestandteilen (Wachs, Paraffin u. ä.) haben keinen best. Schmelzpunkt. Sie durchlaufen beim Erwärmen ähnlich wie amorphe Stoffe ein mehr oder weniger ausgedehntes **Schmelzintervall** der Temperatur mit beginnender Erweichung und vollkommener Verflüssigung.

Das S. ist auch von großem techn. Interesse, sowohl als physikal. Verfahren zur Trennung oder Reinigung von Stoffen als auch in Verbindung mit chem. Prozessen wie im Fall des oxidierenden S. (Frischen von Roheisen zu Stahl) oder des reduzierenden S. (Hochofenprozeß).

Schmelzfarben, Aufglasurfarben, umgangssprachlich für die → keramischen Farben.

Schmelzfeuerung, eine → Feuerung, bes. für Kohle mit hohem Gehalt von nicht brennbaren Stoffen. Die Temperatur in der Brennkammer wird auf 1 700–1 800 °C gehalten, so daß Schlacke schmilzt und abfließt, ohne zu stören.

Schmelz|intervall, → Schmelzen.

Schmelz|ofen, ein → Industrieofen zum Schmelzen von Metallen. Im **Kesselofen** werden leicht schmelzbare Metalle (Zinn, Blei, Zink) und deren Legierungen, im **Tiegelofen** schwer schmelzbare Metalle geschmolzen. Auf den Herden der **Flamm-** oder **Herdöfen** wird das Metall unmittelbar durch die darüber hinziehende Flamme erhitzt. Im **Schachtofen** rutscht das Metall mit den Brennstoffen nach unten in die Schmelzzone.

Schmelzpunktbestimmung, Methode der analyt. Chemie zur Charakterisierung reiner Substanzen durch langsames Erhitzen einer Probe bis zum **Schmelzpunkt** (→ Schmelzen), z. B. in Schmelzpunktapparaten.

Schmelzspinnverfahren, das Erspinnen synthet. → Chemiefasern aus dem geschmolzenen Granulat, das mit Spinnpumpen aus Düsen ausgepreßt wird.

Schmelztemperatur, Schmelzpunkt, → Schmelzen.

Schmelztuff, der → Ignimbrit.

Schmelzwanne, Schmelzofen für → Glas 1).

Schmelzwärme, die während des → Schmelzens aufgenommene Wärme. Die **spezif. S.** q eines Stoffes ist der Quotient Q/m, wenn Q die Wärmemenge ist, die benötigt wird, um die Masse m eines auf die Schmelztemperatur erhitzten festen Stoffes in Flüssigkeit der gleichen Temperatur zu überführen. Die spezif. S. ist gleich der spezif. Erstarrungswärme. Sie ist bei Eis, verglichen mit anderen Stoffen, mit 334 kJ/kg sehr groß. Die **molare S.** eines homogenen Körpers der Stoffmenge v ist der Quotient Q/v. Die molare S. des Eises beträgt ≈ 6030 J/mol bei 0 °C.

Schmelzziehverfahren, Verfahren der → Kristallzüchtung.

Schmerzschwelle, → Hören.

Schmidtsches Netz [n. dem österreich. Mineralogen Walter Schmidt, * 1885, † 1945], flächentreue Azimutalprojektion der mit einem Gradnetz versehenen unteren Hälfte einer Lagenkugel; dient zur geometr. und statist. Untersuchung von Korn- und Gesteinsgefügen.

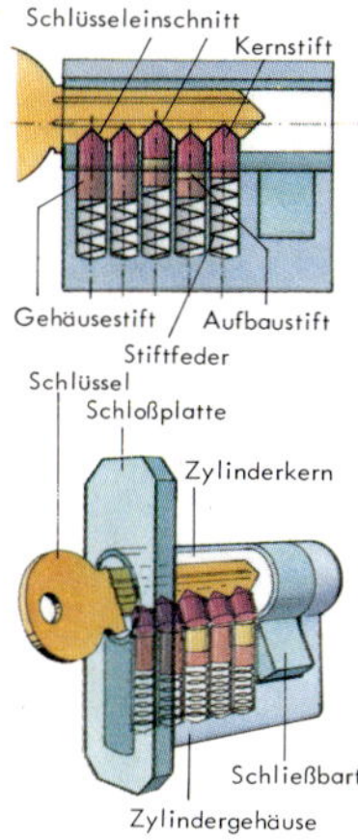

Schloß 1): Zylinder-S. mit steigenden Stiften

Schmidt-Spiegel, Schmidt-Spiegelteleskop [n. dem Optiker B. V. Schmidt, * 1879, † 1935], 1930/31 entwickeltes → Spiegelteleskop mit großem Gesichtsfeld

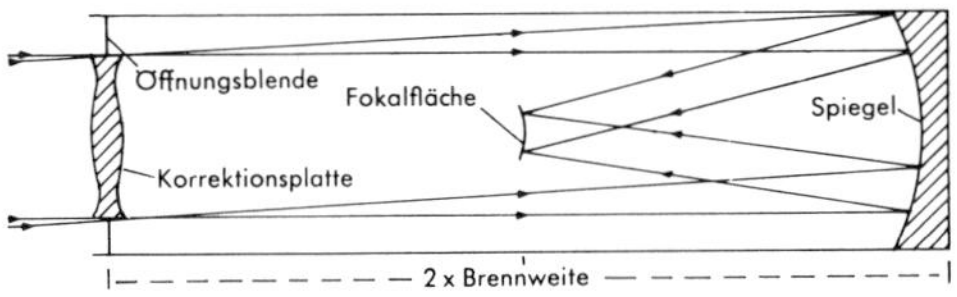

Schmidt-Spiegel

und sehr hoher Abbildungsgüte. Der Krümmungsmittelpunkt des sphär. Spiegels fällt mit dem Zentrum der Öffnungsblende zusammen, in der eine Korrektionsplatte **(Schmidt-Platte)** die sphär. Aberration des Spiegels kompensiert (BILD). Das Bild liegt auf einer zum Spiegel konzentr. Kugelfläche **(Fokalfläche)** im Abstand der Brennweite (= halber Krümmungsradius) des Spiegels. Wegen der Bildfeldwölbung werden leicht gebogene Filme oder Photoplatten benutzt, mit denen große Himmelsausschnitte photographiert werden können. Der S.-S. gibt eine punktförmige Abbildung von Sternen über ein Feld von mehreren Grad Durchmesser. Das Bildfeld läßt sich durch Einschalten einer plankonvexen Linse vor der photograph. Platte oder mit einem konvexen Hilfsspiegel ebnen **(Baker-Schmidt-System** [bˈeɪkə-]). Beim **Maksutow-Teleskop** ist die Korrektionsplatte durch eine zum Hauptspiegel konzentr. Meniskuslinse ersetzt. (BILD astronomische Instrumente)

Schmieden, das Warmumformen von Stahl und anderen Metallen auf Hämmern, Pressen, Schmiede-(Stauch-)Maschinen und Reckwalzen oder auf dem Amboß mit dem Handhammer. Das auf Schmiedetemperatur erwärmte Werkstück erhält seine Form beim **Freiformschmieden** (→ freiformen) durch → Recken 1), Breiten und Stauchen zw. flachen Werkzeugen (Sätteln). Durch → Gesenkschmieden werden räumlich geformte Werkstücke in mehrteiligen Werkzeugen (→ Gesenk 2), die das Werkstück ganz umschließen, hergestellt. Dazu sind i. a. Vor- und Zwischenformungen durch → Reckwalzen und in einfacheren Gesenken erforderlich. Das S. verbessert das Werkstoffgefüge; es werden Werkstücke hoher Festigkeit erzielt. Maschinen sind v. a. Gesenkschmiedehämmer und hydraul. Freiformpressen. Daneben werden zum Gesenkschmieden mechan. → Pressen (Kurbel- und Spindelpressen) eingesetzt, die gleichzeitig günstige Voraussetzungen für eine Automatisierung des Schmiedeprozesses bieten. Heutige Präzisionsschmiedestücke bedürfen i. a. keiner spanenden Nachbearbeitung mehr.

Geschichte. Das S. von Eisen ist eines der ältesten Handwerke der Menschheit. Über die **Schmiedekunst** des Altertums weiß man nur aus Schriftquellen und bildl. Darstellungen (Vasenmalereien). Das geschmiedete, genagelte Hufeisen kam im 9./10. Jh. in Gebrauch. Erst aus dem 11. und 12. Jh. sind geschmiedete Gitter und Beschläge erhalten. Eine besondere Rolle spielte die Waffenschmiedekunst, die im ausgehenden Mittelalter für Prunkwaffen den Eisenschnitt, die Gravierung und Ätzung sowie das Bläuen und Vergolden verwendete. Aber auch Kassetten, Türgriffe, Schlösser und Schlüssel wurden in diesen Techniken ausgeführt.

In voreurop. Zeit war das S. in Australien und fast ganz Ozeanien unbekannt, in Nord- und Mittelamerika wurde Meteoreisen oder Kupfer von einigen Eskimo- und Indianergruppen kalt gehämmert, nur im Andenraum kam dazu schon sehr früh die warme Bearbeitung von Kupfer, Bronze und Silber. Das S. von Eisen war auf Afrika und Asien beschränkt.

H. W. HALLER: Hb. des S. (1971); K. LANGE u. H. MEYER-NOLKEMPER: Gesenkschmieden ([2]1977); H. TSCHÄTSCH: Tb. Umformtechnik (1977).

Schmiege, Meßtechnik: älteres einfaches Winkelmeßzeug, heute häufig durch → Winkelmesser ersetzt.

Schmieg|ebene, vom Tangenten- und Hauptnormalenvektor einer Kurve aufgespannte Ebene.

Schmiegkreis, Krümmungskreis, Kreis, der eine ebene Kurve in einem Punkt *P* von zweiter Ordnung berührt, d. h., die Ableitungswerte stimmen bis zur zweiten Ordnung überein. Sein Mittelpunkt, der **Krümmungsmittelpunkt** *M*, liegt auf der → Normalen *n* der Kurve in *P* auf ihrer konkaven Seite, der **Krümmungsradius** ist gleich dem Kehrwert der → Krümmung.

Schmiegkugel, die in einem Kurvenpunkt von mindestens dritter Ordnung berührende Kugel, d. h., die Ableitungswerte stimmen bis zur dritten Ordnung überein.

Schmierfette, pastöse Schmierstoffe, die aus einem flüssigen Schmiermittel (Grundöl) und einem darin dispergierten Eindicker bestehen. S. können außerdem Additive (z. B. Antioxidantien, Verschleißminderer, Korrosionsinhibitoren) enthalten. Als Grundöle werden meist aus Erdöl gewonnene → Schmieröle, z. T. auch Syntheseöle verwendet. Als Eindicker dienen Seifen (z. B. Lithium- oder Calciumseifen), mit organ. Gruppen modifizierte Schichtsilikate (z. B. Bentonite), Polyharnstoffe, Ruß u. a. Eine Kenngröße für das Fließverhalten von S. ist die → Konsistenz. Die höchste Einsatztemperatur ist vom → Tropfpunkt abhängig. S. werden u. a. zur Schmierung von Wälzlagern, Gleitlagern und Gleitbahnen beim Stapellauf verwendet. (→ Staufferfette)

Schmier|öle, flüssige Schmierstoffe, die je nach Verwendungszweck als → Motorenöle, → Getriebeöle, Maschinen-S. (→ Kältemaschinenöle), Dampfzylinderöle, Turbinenöle, → Kühlschmierstoffe u. a. bezeichnet werden. Die wichtigste Eigenschaft von S. und Grundlage für ihre Klassifizierung ist die Viskosität (z. B. ISO-Viskositätsklassen für Industrie-S. und → SAE-Viskositätsklassen für Motorenöle). Weitere Qualitätsanforderungen sind u. a. die Alterungsbeständigkeit (bes. bei therm. Belastung) und Kältebeständigkeit (→ Stockpunkt). Grundöle zur Herstellung von S. werden überwiegend durch Vakuumdestillation von Erdöl oder → Entasphaltierung der Destillationsrückstände gewonnen. Die niedrigviskosen Fraktionen werden dabei meist als **Spindelöle,** die höherviskosen als **Maschinenöle** bezeichnet. Zur Verbesserung des → Viskositätsindex und der Alterungsbeständigkeit werden die Vakuumdestillate durch Extraktion mit Furfurol oder Phenol von Aromaten befreit. Die dabei entstehenden Solventraffinate werden einer → Entparaffinierung und gegebenenfalls einer → Säureraffination oder Wasserstoffraffination unterworfen. Je nach Anforderung an die Alterungsbeständigkeit u. a. Eigenschaften werden S. mit niedrigerem oder höherem Raffinationsgrad angewendet. Bei starker Belastung (hohe Betriebstemperatur, lange Gebrauchsdauer) müssen S. Additive (z. B. Antioxidantien, Verschleißminderer) zugesetzt werden (legierte S.).

Schmier|stoffe, → Schmierung, → Schmierfette, → Schmieröle.

Schmierung, Zuführung von Schmierstoffen zur

Verminderung der → Reibung aufeinander gleitender Flächen (z. B. bei Lagern, Zahnrädern, Gleitbahnen) und damit des Verschleißes. Der **Schmierstoff** kann außerdem zur Kühlung und Abführung etwaiger Verschleißpartikel beitragen. Bei der **Voll-S.** sind die Gleitpartner durch einen Schmierfilm vollständig voneinander getrennt **(hydrodynam. S.** oder, wenn der Schmierstoffdruck durch eine Hilfspumpe erzeugt wird, **hydrostat. S.).** Bei der **Mangel-S.** treten auch Trocken- und Mischreibung auf. Bei der **Grenz-S.** bildet der Schmierstoff durch Adsorption oder chem. Reaktionen schmierfähige Oberflächenschichten. Besondere Bedeutung für die S. haben → Schmieröle auf Mineralölbasis, → Schmierfette und in geringerem Maß → Syntheseöle. Unter extremen Bedingungen (z. B. hohe Temperatur) wird **Feststoff-S.** (z. B. mit Graphit oder Molybdänsulfid) oder **Gas-S.** (z. B. mit Druckluft) angewendet. Bei der Verwendung gleitfähiger Kunststoffe (z. B. Polytetrafluoräthylen) kann auf S. verzichtet werden.

Konsistente Fette werden von Hand durch Staufferbüchsen oder Fettpressen über Schmiernippel und selbsttätig durch angetriebene **Kolbenschmierpumpen (Pumpen-S.)** zugeführt. Bei der **Frisch-S.** oder **Frischöl-S.** gelangt immer frisches Öl durch eine Dosierpumpe an die Schmierstellen oder als Beimischung zum Kraftstoff **(Gemisch-S.,** früher 1:25, heute meist 1:50) bei Zweitaktmotoren, wodurch Kolbenlaufbahn und Kurbeltrieb geschmiert werden. Bei der **Umlauf-S.** fließt das an die Lager durch umlaufende Ringe **(Ring-S.),** Dochte oder bei der **Druckumlauf-S.** meist über eine Zahnradpumpe geförderte Öl über einen Ölsumpf und Filter wieder in den Vorratsbehälter zurück. Bei der **Tauch-S.** wird das Schmieröl durch Eintauchen umlaufender Teile aus dem Ölvorrat geschöpft, z. B. bei Zahnrädern. Die **Trockensumpf-S.** ähnelt der Druckumlauf-S., jedoch wird das abtropfende Öl nicht in einem Sumpf aufgefangen, sondern in den Ölbehälter zurückgepumpt, aus dem es eine andere Pumpe in den Ölkreislauf pumpt. **Spritz-** und **Ölnebel-S.** bewirken eine bessere (nicht zu hohe) Dosierung. Ist eine Schmierfilmausbildung wegen zu geringer Relativgeschwindigkeit oder aus konstruktiven Gründen nicht möglich, setzen **Trockenschmiermittel** Verschleiß und Reibung herab.

Fragen von S. und Verschleiß in Zusammenhang mit der Reibung behandelt die → Tribologie.

G. Spengler u. F. Wunsch: S. u. Lagerung in der Feinwerktechnik (1970); W.-D. Franke: Schmierstoffe und ihre Anwendung (1971); Richard Meyer: Schmierstoffe und Schmierungstechnik (1980).

Schmirgel, Schleifmittel aus feinkörnigem Gemenge von → Korund mit Magnetit, Hämatit und Quarz als natürliche Vorkommen, durch Metamorphose von Bauxit gebildet (Vorkommen: Naxos). Synthet. Korund und das härtere und reinere Carborundum (Siliciumcarbid) haben heute als Schleifmittel größere Bedeutung, daneben auch Bornitrid und Diamant.

Schmitt-Trigger [-trˈɪgə, engl., n. O. H. Schmitt], elektron. Schaltung, die wie die → bistabile Kippschaltung zwei stabile Schaltzustände besitzt. Das Ausgangssignal des S.-T. steigt sprungförmig an, wenn die Eingangsspannung einen best. Schwellwert überschreitet (Arbeitszustand). Unterschreitet die Eingangsspannung einen zweiten niedriger gelegenen Schwellwert, fällt das Ausgangssignal wieder sprungförmig auf den ursprüngl. Ausgangswert zurück (Ruhezustand). S.-T. können als diskrete Transistorschaltungen, mit Operationsverstärkern oder als integrierte TTL-Schaltungen realisiert werden; sie werden bes. als Schwellwertschalter und zur Impulsformung in vielen Anwendungsbereichen der Elektronik eingesetzt.

Schmitze, bergmännisch für geringmächtige, seitlich schnell auskeilende Einlagerung mit anderer Zusammensetzung als das Nebengestein, z. B. Kohle-S.

Schmutzwasser, → Abwasser.

Schnabelwagen, Tragschnabelwagen, vielachsiges Eisenbahn-Schwerlastfahrzeug; das größte der Dt. Bundesbahn hat 32 Achsen, Ladegewicht: 500 t. Die Tragschnäbel werden z. B. an einen zu transportierenden Transformator angeflanscht und stützen sich auf den Drehpfannen entsprechender Drehgestelle ab.

Schnecke, Technik: in einem zylindr. Schaft eingeschnittene, endlose Schraube (→ Zahnrad, → Zahnradgetriebe). **Förderschnecke,** → Schneckenförderer.

Schneckenförderer, ältester Stetigförderer (→ Fördermittel) für körniges bis zähflüssiges Schüttgut. Eine Transportschnecke bewegt durch Reibung das Schüttgut in einem Rohr oder Trog in Axialrichtung.

Schneckengetriebe, → Zahnradgetriebe.

Schneckenpumpe, Wendelpumpe, in Kläranlagen gebräuchl. Pumpenbauart. In einem halbzylindr. Trog aus Beton, dessen unteres Ende in den Saugsumpf taucht und dessen oberes Ende über den druckseitigen Flüssigkeitsspiegel reicht, rotiert langsam ein wendelförmiger Läufer aus Blech. Die bei jeder Umdrehung erfaßte Flüssigkeitsmenge wird entlang der Wendelfläche in den oberen Behälter gehoben **(Hebewerk).**

Schnee, aus Wolken ausfallender → Niederschlag 2) aus Eiskristallen. Sie entstehen bei Temperaturen unter −4 °C, sofern Gefrierkerne vorhanden sind, und gelangen zum Boden, wenn Fallgeschwindigkeit, Temperatur und Feuchte unterhalb der Wolke ein Schmelzen oder Verdampfen verhindern. In Abhängigkeit von Temperatur und Grad der Übersättigung bei der Entstehung haben sie unterschiedliche Form. Bei tiefen Temperaturen fallen sie als feiner trockener **Pulverschnee,** während sie nahe dem Gefrierpunkt aneinander haften und **Schneeflocken** bilden, die am Boden zu **Pappschnee** werden. Kleine Mengen undurchsichtiger Eiskörnchen von weniger als 1 mm

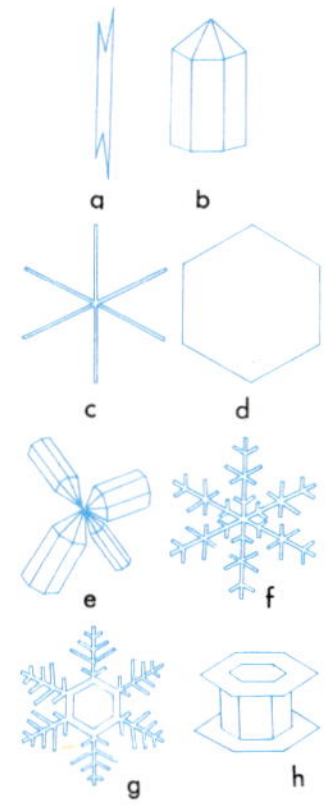

Schnee

Schnee: typische Schneekristallformen; **a–d** einfache Formen: **a** Nadeln, **b** Prismen, **c** Stern, **d** Plättchen; **e–h** zusammengesetzte Formen: **e** Prismenaggregat, **f** dendritischer Stern, **g** dendritisches Plättchen, **h** Prisma mit Plättchen

Durchmesser werden → Griesel oder **Schneegriesel** genannt. S. wird mit gewöhnl. Niederschlagsmessern aufgefangen und zur Messung geschmolzen. Die Höhe der Schneedecke wird mit dem S.-Pegel bestimmt, ihr Wassergehalt mit dem S.-Ausstecher. 1 m³ S. wiegt je nach Packung 60–200 kg, die äquivalente Niederschlagshöhe beträgt etwa 10% der S.-Decke. S. ist ein schlechter Wärmeleiter und schützt so den von ihm bedeckten Boden vor Auskühlung. Im Windschatten häuft sich S. oft zu **Schneeverwehungen** an. Eine festgefahrene S.-Decke am Boden verursacht **Schneeglätte** (→ Firn, → Harsch). – **Kunstschnee,** → Schnee-Erzeuger.

Schneebrett, Form der → Lawine; entsteht, wo an Hängen durch Winddruck Schnee zusammengepreßt wurde, der sich von der Unterlage mit lockerem Schnee löst, oder wo eine Schneewächte (→ Wächte) abbricht und brettförmig zu Tal geht.

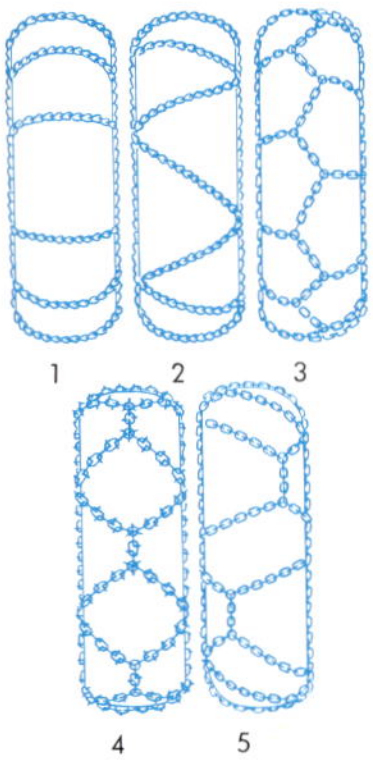

Schneeketten: **1** Leiterkette, **2** Zickzack-Kette, **3** Umlauf-Zickzack-Kette, **4** Spurkreuzkette, **5** asymmetrische Spurkreuzkette

Seitenschneeschleuder

Schneefräse

Schneeräumung

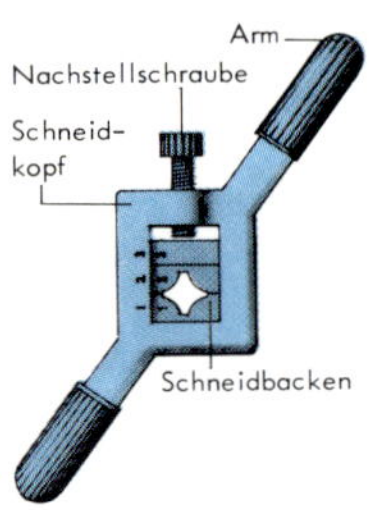

Schneidkluppe

Schnee-Erzeuger, Gebläse mit vielen Düsen, durch die ein feines Wasser-Luft-Gemisch ohne chem. Zusätze etwa 20–30 m weit versprüht **(Schneekanone)** und dabei in ›Kunstschnee‹ umgewandelt wird. Voraussetzung ist eine Außentemperatur unter 0 °C. S.-E. dienen zum Beschneien von Wintersportpisten sowie zur Ausbesserung aperer Stellen.

Schneegrenze, Grenze zw. schneebedecktem und schneefreiem Gelände; unterliegt jahreszeitl. Änderungen **(temporäre S.).** Die **klimat. S.** bezeichnet die mittlere Lage der Untergrenze des ganzjährigen Schnees. Sie wird bestimmt durch Neigung und Exposition der Hänge, Menge des festen Niederschlags und Andauer von Temperaturen über dem Gefrierpunkt. Ihre Höhenlage weist somit lokal wie von Jahr zu Jahr Unterschiede auf, die eine Angabe nur auf ± 100 m genau zuläßt. Mit abnehmender geograph. Breite nimmt die Höhe der S. zu, bis sie im Bereich der Trockengürtel der Erde zw. 35° und 20° mit über 6000 m ihre höchsten Werte erreicht. In der immerfeuchten Äquatorialzone liegt die S. dagegen rd. 2000 m tiefer. Vorwiegend thermisch bedingt ist dagegen der Unterschied in den Polargebieten; während die S. in der Arktis kaum das Meeresniveau erreicht, liegt sie auf der kälteren Südhalbkugel ab 65° Breite überall in diesem. In der postglazialen Warmzeit (in den Alpen sogar noch bis ins Hochmittelalter) lag sie um 200–300 m höher, in der Eiszeit 800–1300 m tiefer als heute.

Schneekanone, → Schnee-Erzeuger.

Schneeketten, Ketten, die als Gleitschutz in Leiter-, Zickzack- oder Kreuzform um die Räder von Kraftfahrzeugen gelegt werden.

Schneeräumung wird bei mäßiger Schneehöhe mit dem **Schneepflug** durchgeführt: ein oder zwei keilförmig verbundene feststellbare Räumschilde, die an Kraftfahrzeuge, Schlepper oder Lokomotiven angebaut werden können. Bei größerer Schneehöhe werden **Schneefräsen** oder **Schneeschleudern** eingesetzt (Wurfweiten bis 40 m). In Städten werden Schnee und Eis auch durch Streusalz beseitigt. Eis oder Schnee schmelzen infolge ihres höheren Dampfdrucks im Vergleich zu einer Kochsalzlösung gleicher Temperatur; daraus folgt eine Gefrierpunktserniedrigung. Wegen umweltschädigender Wirkungen (z. B. auf Straßenbäume und Grundwasser) wird der Streusalzeinsatz stark eingeschränkt und z. T. durch nur gegen Glätte wirksames Streugut (Granulat u. ä.) ersetzt. – Zum Freihalten von Schnee und Eis werden Eisenbahnweichen mit → Weichenheizungen ausgerüstet.

Schneestufe, Nivalstufe, Zone des ewigen Schnees und Eises; Untergrenze in den Alpen zw. 2450 und 3200 m.

Schneewächte, → Wächte.

Schneezement, Salzmischung, die schmelzenden Schnee bei Temperaturen um und über 0 °C härtet; dient zur Erhaltung von Skipisten und Sprungschanzen.

Schneidbrenner, → Brennschneiden.

Schneide, der geschärfte Teil eines Werkzeugs, der zuerst in den zu schneidenden Gegenstand eindringt (→ schneiden, → Zerspanung).

Schneid|eisen, Werkzeug zum Schneiden von Außengewinden (→ Gewinde), im **Schneideisenhalter** befestigt. Die um eine Bohrung verlaufenden Schneiden für das herzustellende Gewinde entstehen durch radiale Schlitze, die außerdem zur Spanabführung dienen.

schneiden, 1) Werkstoffe mit schneidentragendem Werkzeug zerteilen. Beim **Messerschnitt** wird der Werkstoff durch eine, beim **Beißschnitt** durch zwei aufeinander zubewegte keilförmige Schneiden auseinandergedrängt, beim **Scherschnitt** durch zwei sich aneinander vorbeibewegende Schneiden, z. B. Stempel und Schneidplatte, getrennt. 2) durch therm. Verfahren Werkstoffe trennen. Beim autogenen Schneiden, dem **Brennschneiden,** wird das Metall in der Schnittfuge durch eine Brenngas-Sauerstoffflamme erhitzt und im Sauerstoffstrahl verbrannt **(ausbrennen).** Schmelzschneidverfahren nutzen allein die Energiekonzentration im Plasma-, Elektronen- oder Laserstrahl.

Schneidentöne, infolge Wirbelablösung an einer angeblasenen scharfkantigen Schneide gebildete Töne, deren Frequenz mit der Strömungsgeschwindigkeit des Luftstrahls wächst. Die Töne der Flöten und Lippenpfeifen sind S.

Schneiderkreide, feingemahlener Speckstein, der, zu flachen Stücken geformt, zum Vorzeichnen der Schnittkonturen auf Kleiderstoffen dient.

Schneidflüssigkeit, Schneid|öle, → Kühlschmierstoffe.

Schneidgebläse, ein → Wurfgebläse zum Fördern und gleichzeitigen Schneiden halm- und blattförmiger landwirtschaftl. Güter. Das Gut wird dem Gebläseschaufelrad zugeführt und beim Einlauf in das Gehäuse von einfachen Schneidvorrichtungen zerkleinert.

Schneidkennlini|e, Schneidkurve, genormte Kennlinie, mit der → Schallplatten geschnitten werden, gibt die → Schnelle der Rillenauslenkung in Abhängigkeit von der Frequenz für konstanten Schalldruck an. Bis 50 Hz ist die Schnelle konstant, steigt dann bis zu 500 Hz mit 6 dB/Oktave an, ist von 500 bis 3180 Hz etwa konstant und steigt bis 15000 Hz erneut mit 6 dB/Oktave. Bei der Abtastung muß der Tonabnehmer oder der ihm nachgeschaltete Verstärker die S. wieder ausgleichen (Entzerrung).

Schneid-Klemm-Technik, Technik zur Herstellung von elektrisch gut leitenden Verbindungen zw. Kabeln (Einzelleiter, Bandleiter) und Kontaktstiften (z. B. für Steckverbinder). Der Kontaktstift besitzt geschlitzte Schneidklemmen, in die der Draht eingedrückt wird. Die Isolierung wird dabei so weit aufgeschnitten, daß es zu einer haltbaren Kontaktierung zw. der Schneidklemme und dem metall. Leiter des Kabels kommt. Diese Verbindungstechnik ist auch für halbautomat. und vollautomat. Fertigung geeignet. Von Vorteil ist, daß das Kabel vor der Kontaktierung nicht abisoliert zu werden braucht.

Schneidkluppe, Werkzeug zum Schneiden von Außengewinden (→ Gewinde), v. a. auf Rohren. Ein die austauschbaren Schneiden tragender zylindr. Teil wird auf das Werkstück aufgesetzt und von einem radial daran angebrachten Hebel mit Ratsche gedreht.

Schneidmetalle, Legierungen, aus denen Schneidwerkzeuge durch Gießen oder Sintern hergestellt werden, z. B. → Hartmetalle.

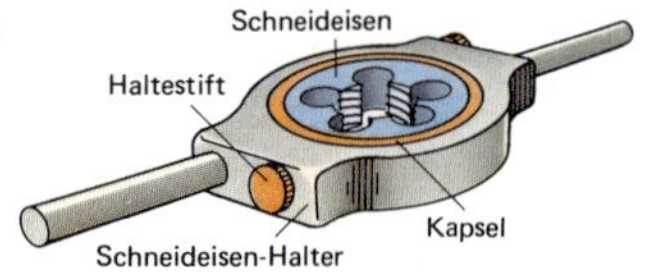

Schneideisen

Schneid|öle, Schneidflüssigkeit, → Kühlschmierstoffe.

Schnell|arbeitsstahl, Stahl für Werkzeuge der spanenden Formung für mittlere Beanspruchung. Durch Zulegieren von Wolfram, Chrom, Vanadium, Molybdän und Kobalt werden Festigkeit und Schneidhaltigkeit bis 600 °C erzielt.

Schnelläufer, 1) Astronomie: Sterne der Population II, die sich relativ zur Sonne mit Geschwindigkeiten größer als 65 km/s bewegen. Sie umlaufen i. a. das Milchstraßenzentrum auf stark exzentr. Bahnen. Bis heute sind mehr als 600 S. bekannt.

2) Maschinenbau: Maschine, die unter best. Bedingungen wesentlich schneller läuft als andere dieser Art, wobei die absolute Drehzahl oft nicht maßgebend sein muß, z. B. beim Vergleich von Pelton-Turbine und Kaplan-Turbine. (→ spezifische Drehzahl)

Schnellbahnen, Bez. für → Eisenbahnen oder Bahnen neuerer Technik (z. B. → Magnetschwebebahnen) mit bes. schnellen Zügen. Im Eisenbahnfernverkehr rechnen hierzu i. a. Züge mit mehr als 160 km/h Geschwindigkeit, z. B. in der Bundesrep. Dtl. einige Intercity-Züge (IC), in Frankreich der ›Train à Grande Vitesse‹ (TGV), in Großbritannien der ›Advanced Passenger Train‹ (APT) oder in Japan der ›Shinkansen-Zug‹. Im → Nahverkehr gilt die Bez. z. B. für → S-Bahnen.

Schnellbauweise, industrielles Bauverfahren zum schnelleren Errichten von Bauten (→ Fertigbau).

Schnellboot, kleines, zum überraschenden Angriff bestimmtes Kampfschiff mit bis zu 400 t Wasserverdrängung und 40–45 kn Geschwindigkeit. Bewaffnung: Flugkörper, Torpedos, leichte Artillerie. Neuerdings z. T. als → Tragflügelboot ausgeführt.

Schnelldrucker, Datenverarbeitung: Peripheriegerät zur Ausgabe der ermittelten Information auf Papier. Die Arbeitsgeschwindigkeit von S. liegt über je 300 Zeilen pro Minute. Technisch sind S. als Walzen-, Ketten-, Stab-, Band- oder Mosaikdrucker konstruiert. Andere Formen sind chem., photograph. und Laser-S. Besondere Bedeutung haben → Matrixdrucker und → Laserdrucker wegen ihrer hohen Druckgeschwindigkeit erlangt.

Schnelle, Elektroakustik: die Geschwindigkeit der Wechselbewegung, die die Abtastnadel des Plattenspielers oder der Schneidstichel des Plattenschneiders ausführt; sie entspricht dem Produkt aus Frequenz und Amplitude. Konstante S. wird bei Schallplatten nur im mittleren Teil des Hörfrequenzbereiches angewendet. Sie ergibt bei der Abtastung mit magnet. und dynam. Tonabnehmern die gleiche Spannung bei allen Frequenzen, jedoch mit Kristall-Tonabnehmern eine abnehmende Spannung bei zunehmender Frequenz.

Schneller Brüter, Schneller Brutreaktor, ein → Kernreaktor (BILD), bei dem die Kernspaltung durch schnelle Neutronen in einer Plutonium-Spaltzone erfolgt. Ein Teil der dabei entstehenden Neutronen erzeugt in einer Brutzone aus Uran 238 spaltbares Plutonium 239 (→ Brüten). Als Kühlmittel wird das sehr gut wärmeleitende Natrium mit einer Dreikreisanlage verwendet; es bremst i. Ggs. zu Wasser die Neutronen nicht ab **(Schneller Natriumgekühlter Brutreaktor,** Abk. **SNR,** engl. **Liquid Metal Fast Breeder Reactor** [lˈɪkwɪd metl fa:st brˈi:də rɪˈæktə], Abk. **LMFBR).** Für Versuchsanlagen wurde auch Helium oder hocherhitzter Wasserdampf als Kühlmittel eingesetzt. S. B. erreichen höhere Wirkungsgrade (40%) als Leichtwasserreaktoren, ihre → Abbrände sind wesentlich größer (rd. 100000 MWd/t). Ihr wesentl. Vorteil liegt in der Brutrate von 1,1 bis 1,16, d. h., pro gespaltenem Plutonium-(Pu-)Kern entstehen 1,1–1,16 neue Pu-Kerne aus Uran; damit ist eine erheblich bessere Nutzung des Energierohstoffs Uran möglich. Auf Grund der zahlreichen mit der ›Plutoniumtechnologie‹ verknüpften Probleme (→ Kernreaktor), wie die → Wiederaufarbeitung des abgebrannten Pu-haltigen Brennstoffs, ist dieser Reaktortyp bes. umstritten.

Schnellkochtopf, der → Dampfkochtopf.

Schnellschluß, Kerntechnik: → Abschalten eines Kernreaktors.

Schnell|umlauftrockner, eine → Heißlufttrocknungsanlage für landwirtschaftl. Halmgüter. Das Gut wird mit Heißluft durch ein senkrechtes Steigrohr geblasen und dabei getrocknet.

Schnellwaage, jede Waage, bei der ohne das umständl. Auflegen von Gewichten ein schnelles Wiegen möglich ist, z. B. Laufgewichts- und Neigungswaagen.

Schnitt, 1) Buchherstellung: beschnittene und gefärbte Kante des Buchblocks, z. B. **Farb-S., Gold-S.** (meist nur an der Oberkante).

2) Mathematik, a) Geometrie: die Menge derjenigen Punkte, die zu zwei geometr. Mannigfaltigkeiten gehören. Eine Kugel und ein Zylinder können sich z. B. in zwei Kreisen, ihrer **Durchdringungslinie,** schneiden. In der algebraischen Geometrie definiert man eine algebraische Kurve im Raum meist als S. von algebraischen Flächen. b) grundlegender Begriff in der Theorie der → Mengen, nämlich der → Durchschnitt zweier Mengen. c) → Dedekindscher Schnitt. d) → Goldener Schnitt.

3) zeichner. Darstellung eines Gegenstandes in einer Schnittebene **(Längs-, Quer-** und **Schrägschnitt).**

Schnittholz, beim Einschnitt von Rundholz erzeugte, meist 2–6 m lange Halbfabrikate mit mindestens zwei Längsschnittflächen. Dazu gehören → Balken, → Bohlen, → Bretter, → Kanthölzer, → Latten, → Rahmen sowie bearbeitete, d. h. gehobelte und profilierte Bohlen und Bretter. Für die Güte sind bes. Farbe, Äste, Risse, Baumkante, Maßhaltigkeit und Trockenheit maßgebend.

Schnittkräfte, 1) die in einem Querschnitt eines durch Lasten beanspruchten Bauteiles auftretenden Längs- und Querkräfte, Biege- und Drillungsmomente.

2) → Zerspanung.

Schnittstelle, Datenverarbeitung: das → Interface.

Schnittweite, Scheitelweite, Entfernung vom Scheitelpunkt einer brechenden oder spiegelnden Fläche zum Gegenstands- **(Gegenstands-S., Ding-S.)** oder Bildpunkt **(Bild-S.)** auf der opt. Achse.

Schnorchel, Luftmast, der z. B. einem dicht unter der Wasseroberfläche fahrenden, konventionell angetriebenen U-Boot das Wiederaufladen der Batterien durch den Dieselgenerator ermöglicht. Der S. wird durch ein Ventil offengehalten, das bei Überflutung das Eindringen von Wasser verhindert.

Schnur, scharf zusammengedrehter, dicker Fadenverband (bis zu 5 mm ∅), hergestellt aus mehreren Litzen auf der Seilerbahn oder Schnurmaschine.

Schnürboden, 1) Bautechnik: auch **Reißboden,** schweizer. **Werkbühne,** Arbeitsfläche des Zimmermanns oder Steinmetzen, auf der in natürl. Größe die für einen Bau nötigen Holzteile oder Werkstücke aufgezeichnet

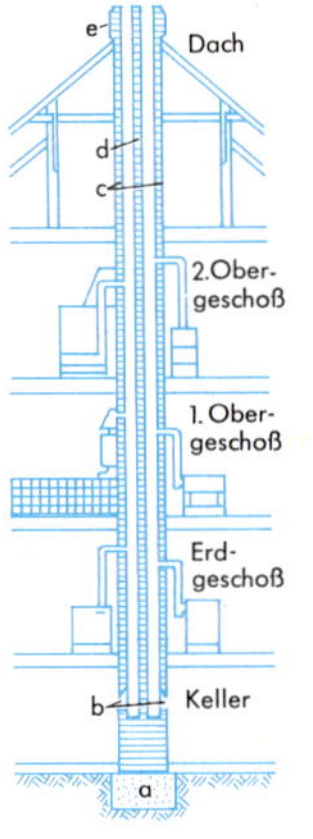

Schornstein 1: Aufbau eines Hausschornsteins; a Fundament, b Reinigungsöffnungen, c Wangen, d Zunge, e Kopf

(›aufgerissen‹), abgebunden, zugeschnitten und probeweise zusammengestellt werden.

2) Schiffbau: großer hellgestrichener Boden auf der Werft, auf dem die Schiffslinien in natürl. Größe aufgetragen und die Fertigungsmodelle hergestellt werden; heute weitgehend durch → optisches Anzeichnen ersetzt.

3) Theater: → Bühne 1).

Schnürgerüst, Bautechnik: Hilfsgerüst, von dem aus die Richtschnur gespannt wird.

Schockbeton, ein → Beton, bei dem die Verdichtung nicht durch hochfrequente Schwingungen (Rüttelbeton), sondern durch Stöße erzeugt wird.

Schockspritzen, Flamm-Schockspritzen, Detonationsspritzen, therm. Spritzverfahren zur Erzeugung verschleißfester Oberflächenschichten. In eine ›Detonationskanone‹, die aus einer rohrförmig verlängerten Reaktionskammer besteht, wird eine dosierte Menge an Sauerstoff, Acethylen und pulverisiertem Spritzwerkstoff eingebracht und durch einen elektr. Zündfunken die Detonation des Gemisches ausgelöst. Der dadurch erzeugte Gasstrahl schmilzt die Spritzwerkstoffteilchen an und beschleunigt sie auf Überschallgeschwindigkeit. Das Auftragen geschieht in schnell aufeinanderfolgenden Detonationsintervallen. Neben den spezif. Eigenschaften der jeweiligen Schichtkomponenten sind hohe Haftfestigkeiten (bis 1800 N/mm^2), geringe Porosität (unter 1%) und äußerste Härte der Schichten Hauptmerkmale der durch S. erzeugten Hartbeschichtungen.

Schockwellen, die → Stoßwellen.

Schockwellenmetamorphose, Geologie: die → Stoßwellenmetamorphose.

Schoenflies-Symbole [n. dem dt. Mathematiker und Kristallographen A. M. Schoenflies, * 1853, † 1928] dienen ebenso wie die Hermann-Mauguin-Symbole zur Kennzeichnung der 32 kristallograph. Punktgruppen (Kristallklassen, → Kristall, TABELLE Symmetrieklassen) und der 230 Raumgruppen.

Scholle, ganz oder z. T. von tekton. Störungen begrenztes Stück der Erdrinde. An Verwerfungen gegeneinander verschobene S. **(Bruch-S.)** können relativ gehoben **(Hoch-S.)**, abgesenkt **(Tief-S.)** oder gekippt **(Kipp-** oder **Pult-S.)** sein. **Deck-S.** sind Reste von Überschiebungsmassen.

Schollentreppe, der → Staffelbruch.

Schöndruck, zuerst bedruckte Seite eines Druckbogens; auf der anderen Seite steht der **Widerdruck.** Schön- und Widerdruckmaschinen (›Perfector‹) drucken beide Papierseiten gleichzeitig.

schönen, Färberei: eine Färbung mit geringen Mengen z. B. leuchtender basischer Farbstoffe nachbehandeln; verbessert die Lebhaftigkeit des Farbtons.

Schönit *der,* **Pikromerit,** Mineral $K_2Mg[SO_4]_2 \cdot 6\,H_2O$, weiß oder schwach gefärbt; sekundär gebildetes Doppelsalz neben Kainit in Kalisalzlagern; zur Gewinnung von Kaliumsulfat und Kalimagnesia.

Schöpfwerk, Anlage zum Heben von Ent- und Bewässerungswasser, i. d. R. mit Kreiselpumpen oder Förderschnecken.

Schörl *der,* Mineral, der schwarze → Turmalin.

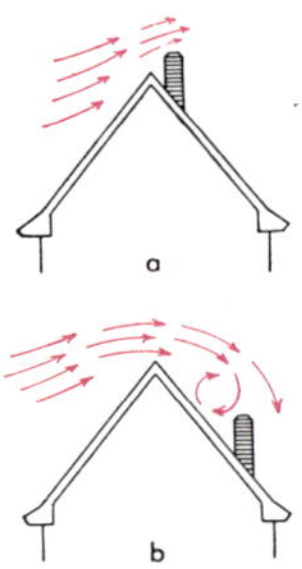

Schornstein 2: Richtige und falsche Anordnung eines Schornsteins am Haus; **a** richtig (der Schornstein mündet über dem Dachfirst aus), **b** falsch (der Schornstein liegt innerhalb des Wirbelgebiets der Luftströmung)

Schorlomit, schwarze Varietät des Andradit, enthält bis zu 25% TiO_2, → Granat.

Schornstein, Esse, Schlot, Kamin, senkrechter Schacht, in dem die Verbrennungsgase einer → Feuerung ins Freie entweichen und den zur Verbrennung erforderl. Zug erzeugen. Die Gase sind infolge ihrer höheren Temperatur spezifisch leichter als die kältere Luft der Umgebung und werden deshalb von der Außenluft nach oben gesogen. Die **S.-Zugstärke** ist der natürl. Druckunterschied am S.-Fuß zw. Außenluft und Gas im Schornstein.

Für S. sind best. Baustoffe, Dicken und Abstände von brennbaren Bauteilen vorgeschrieben. **Rauch-S.** (für Rauchgase von festen und flüssigen Brennstoffen) müssen wegen der höheren Temperaturen der Gase und der Gefahr von Rußbränden größeren Abstand von Holz u. a. haben. Bei **Abgas-S.** (für Abgase von gasförmigen Brennstoffen) ist beim Unterschreiten des Taupunkts der Abgase Wasserniederschlag aus den Abgasen möglich; deshalb ist u. U. ein innerer Schutzanstrich nötig.

S. sollen möglichst im Innern der Gebäude liegen, um gegen stärkere Abkühlung geschützt zu sein; sie werden deshalb auch zu S. mit mehreren Zügen zusammengefaßt. Die Mündung **(S.-Kopf)** muß von Fenstern (Belästigung, Feuersicherheit), Dachfirst oder Dachfläche ausreichenden Abstand haben (wirbelfreier Rauchabzug). Baustoff ist i. a. gebrannter Ton (Ziegel, Ziegelsplittbeton); Schlacken- und Naturstein sind i. d. R. ungeeignet und verboten; eiserne S. sind nur für gewerbl. Feuerstätten zulässig. S. müssen mindestens unten und, wenn sie nicht von der Mündung aus gereinigt werden können, auch oben Reinigungsöffnungen mit rauchdichten und wärmedämmenden Verschlüssen haben.

Fabrik-S. werden meist frei stehend aus Mauerwerk (z. B. Radialziegel) oder Stahlbeton mit nach oben abnehmender Wanddicke oder aus Stahl mit kreisförmigem Querschnitt (auch mit mehreren Rohren) in stählernem Traggerüst bis zu Höhen über 200 m ausgeführt. Die lufthygienisch wichtige **S.-Überhöhung** ist der in Meter gemessene senkrechte Abstand der in die Horizontale übergangenen Rauchfahne von der S.-Mündung **(Rauchfahnenerhöhung).**

F. BÖRNKE: Moderne Industrie-S. (1976); W. GÖTZEN: S. in Massivbauweise (1976); Industrie-S., hg. v. H. BOTTENBRUCH (1980).

Schornsteinhöhe bestimmt die Emissionsquellenhöhe bei Kaminen und damit auch die Emissionsausbreitung. In ebener Umgebung tritt das Immissionsmaximum in einer Entfernung vom Kamin auf, die (bei einer S. von 40 bis 100 m) das 10- bis 15fache der S. beträgt, wobei der Verdünnungsgrad (das Verhältnis der Immissions- zur Emissionskonzentration) bei geringer S. etwa 1:1000 und bei größerer S. 1:2000 bis 1:5000 erreicht.

Schornsteinziegel, → Radialziegel.

Schorre, Abrasionsplatte vor einem → Kliff.

Schott *das,* **1)** Bautechnik: vollwandiger oder fachwerkartiger Querverband von Hohlkastenstäben oder -konstruktionen, der bei Belastung die Form des Querschnittes gewährleistet.

2) Schiffbau: wasserdichte Quer- oder Längstrennwand in Schiffen. Leichte S. dienen der allg. Raumunterteilung, schwere S. sind wichtige Elemente der Festigkeit und Sicherheit.

Schotter, 1) Anhäufung von → Geröll. Viele Talböden sind von **S.-Fluren** eingenommen; die älteren bilden höher liegende **S.-Terrassen;** wo S. breitflächig auftreten, spricht man von **S.-Decken.** Verkittete oder verfestigte S. werden zu → Konglomeraten, im Alpenraum auch → Nagelfluh genannt. Die **S.-Analyse** gibt Hinweise auf Herkunft, Transportweg und Ablagerungsbedingungen.

2) beim Brechen und Sieben von Naturgestein anfallende Korngruppen zw. 25 und 65 mm Prüfkorngröße. S. wird zum Aufbau der Tragschicht (S.-Unterbau) von Fahrbahndecken und als Bettung für Eisenbahngleise verwendet.

Schotterfang, → Geschiebe 2).

Schottky-Defekt, Schottky-Fehl|ordnung [n. dem Physiker W. Schottky, * 1886, † 1976], nulldimensionale Fehlordnung in einem → Realkristall, bei der Leerstellen durch Abwanderungen von Atomen an die Oberfläche auftreten.

Schottky-Diode, Hot-Carrier-Diode [hɔt kˈærɪə-, engl.], Ausführungsform der Halbleiterdiode (→ Diode). Der → Gleichrichtereffekt **(Schottky-Effekt)** kommt durch die Ausbildung einer Potentialschwelle **(Schottky-Barriere)** am Übergang von Halbleitermaterial und Metall als Folge der unterschiedl. Austrittsarbeiten der Elektronen beider Materialien zustande. Die häufigste Ausführungsart ist das in Silicium-Planartechnologie mit einem Schwermetall (Gold, Platin) als Metallkontakt hergestellte Bauelement. S.-D. besitzen gegenüber den üblichen Halbleiterdioden mit pn-Übergang keine Trägheit beim Umschalten von Durchlaß- in Sperrichtung und eignen sich daher bes. gut zur Gleichrichtung hochfrequenter Wechselströme sowie für schnelle Schaltaufgaben.

Schottky-Kontakt, Metall-Halbleiter-Kontakt mit nichtlinearem Strom-Spannungs-Verhalten (→ Schottky-Diode).

Schraffen, Bergstriche, Geländedarstellung (bes. auf älteren Karten) durch kurze Striche, die in Fallrichtung zeigen und in horizontalen Reihen angeordnet sind. Heute wird statt S. meist die → Schummerung bevorzugt.

Schrägbau, Bergbau: Abbauverfahren mit langfrontartiger → Bauweise 2), v. a. für stark geneigt einfallende Flöze. Die Abbaufront steht unten vorgesetzt schräg zu den Abbaustrecken, der Abbaufortschritt ist streichend, meist ist Versatz erforderlich.

Schrägfederung, bei Kraftfahrzeugen Einfederungsrichtung des Rades in Stoßrichtung, meist von schräg vorn, wenn der Anlenkpunkt tiefer liegt als die Radmitte.

Schrägflügel, besondere Bauform eines → Schwenkflügels, bei dem nicht die Flügelhälften, sondern der Flügel als Ganzes im Flug um die Hochachse schwenkbar ist. Für Start, Landung und Langsamflug bleibt der Flügel in der Normalstellung (rechtwinklig zur Rumpflängsachse). Für den Hochgeschwindigkeitsflug können durch Schwenken des Flügels die Vorteile der Flügelpfeilung (→ Pfeilflügel) genutzt werden, wobei dann ein Halbflügel vorwärts, der andere rückwärts gepfeilt ist. Bislang nur als Versuchsgerät erprobt.

Schräghebewerk, ein → Schiffshebewerk auf geneigter Ebene, mit Quer- oder Längsförderung (bezogen auf die Troglängsachse).

Schräglaufwinkel, Kfz.: Winkel, unter dem das Rad schräg zu seiner Ebene abrollt. **Schräglauf** ist nötig, um Seitenführungskräfte von der Fahrbahn über ein gummibereiftes Rad auf das Fahrzeug zu übertragen.

Schräglenker|achse, eine → Achsanordnung 2) bei Kraftfahrzeugen.

Schrägrohrkessel, → Dampferzeuger.

Schrägschichtung, nicht horizontale → Schichtung, bes. bei Deltaablagerungen und an der Leeseite von Hindernissen (Dünen, in Flüssen).

Schram *der,* Bergbau: maschinell oder von Hand hergestellter tiefer Schlitz in hereinzugewinnendem Material.

Schräm|maschine, Bergbau: Maschine zur schneidenden Gewinnung, urspr. zur Herstellung eines meist horizontalen Schlitzes **(Schram)** von 0,1–0,2 m Höhe und 1–2 m Länge zur Erleichterung der Gewinnung von Kohlen und Salz durch Hand- oder Sprengarbeit, weiterentwickelt zu **Walzen-S.,** die mit einer oder zwei hintereinandergeschalteten, mit Schneidwerkzeugen bestückten Walzen Flöze in ihrer gesamten Mächtigkeit aus dem Stoß herausschneiden. Die Walzen drehen sich auf horizontalen Wellen. Die S. selbst wird an Ketten am Kohlenstoß entlanggezogen, manche fahren auf dem → Kettenkratzerförderer und laden selbsttätig das gelöste Gut auf das Fördermittel **(Walzenschrämlader).**

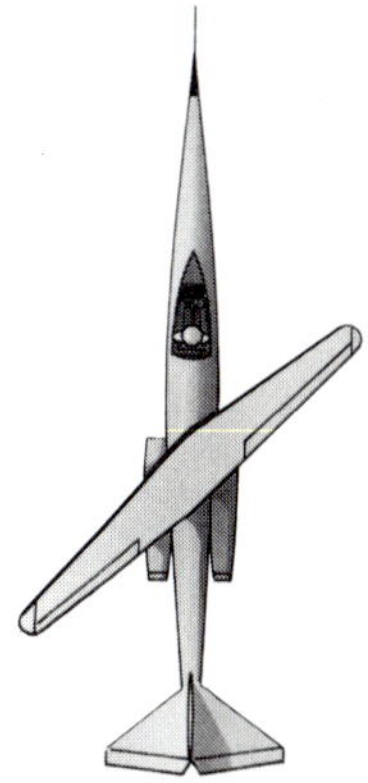

Schrägflügel

Schranke, Mathematik: Bez. für ein Element einer geordneten Menge M, das diese nach oben oder unten abschließt, **obere S.** ist ein Element $o \in M$, für das gilt $x \leqq o$ für alle $x \in M$, **untere S.** ist ein Element $u \in M$, für das gilt $x \geqq u$ für alle $x \in M$. Die kleinste obere S. bezeichnet man als → Supremum, die größte untere S. als → Infimum.

Schranken, Vorrichtung zur techn. Sicherung von → Bahnübergängen, auch zur Absperrung von Wegen, (Park-)Plätzen und Höfen. Bauteile: Schrankenbaum aus Holz, Stahlblech, Aluminium oder Kunststoff mit rotweiß gestreiftem Anstrich, Baumlager, evtl. Aufschlaggabel und Gehängegitter. Drehbewegung senkrecht als **Dreh-S.** oder **Schlagbaum-S.,** in Längsrichtung als **Schiebe-S.** Antrieb: mechanisch über Seilzugleitungen und Winde, elektrisch mit Steuerung über Tastenpult. Einsatz: **Voll-S.** zur Absperrung der Fahrbahn, **Halb-S.** zur Teilsperrung. Bedienung: bei Sicht auf den Bahnübergang als **nahbediente S.,** sonst als **fernbediente S.** Bei Wechselsprech- oder Klingeleinrichtungen Bedienung als **Anruf-S.**

schränken, die einzelnen Zähne des Sägeblattes nacheinander in axialer Richtung geringfügig versetzen, um ein Klemmen zu vermeiden. Es entsteht ein Sägespalt, der etwas breiter ist als das Sägeblatt selbst.

Schrapper, den Baggern verwandtes Fördermittel mit über Seilzug bewegtem, durch Eigenlast aufliegendem Schürfgefäß, das über die Schüttgutfläche gezogen wird und so das Gut sammelt. Einsatz in Untertage- und Tagebauen, zur Kiesgewinnung u. a. S.-Gefäße unter Tage haben Fassungsvermögen ab 1 m^3, in Tagebauen bis über 60 m^3, beim Schürfkübelbagger z. T. über 100 m^3.

Schratten, Geographie: Bez. für → Karren.

Schraube, das meistverwendete Verbindungselement. Gemeinsam ist den vielen verschiedenen Ausführungen ein → Gewinde auf einem Teil oder dem ganzen zylindr. oder konischen Schaft. In Dtl. werden S. durch Angabe von Gewindeart (z. B.: M = metrisches Gewinde) und Schaftdurchmesser bezeichnet.

Werkstoffe sind Stahl, Messing, Leichtmetalle, Kunststoffe, Holz. Zur Verminderung von Korrosion und aus opt. Gründen werden S. Oberflächenbehandlungen unterzogen (Vercadmen, Vernickeln, Verchromen).

Befestigungs-S. schaffen lösbare **Schraubenverbindungen,** die mit wenigen Ausnahmen (Paß-S.) kraftschlüssig (→ Kraftschluß) wirken, indem die verbundenen

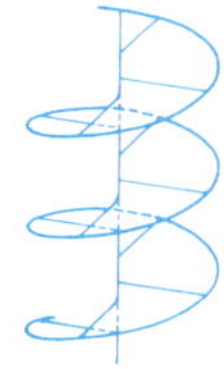

Schraubenfläche: Wendelfläche

Bauteile durch die axiale Vorspannung der S. aufeinandergepreßt werden. Ein Abbau der Vorspannung muß daher durch geeignete Maßnahmen (Dehn-S., → Schraubensicherung) verhindert werden. S. werden mit dem → Schraubenzieher oder dem → Schraubenschlüssel festgedreht oder gelöst, häufig auch maschinell, z. B. durch Schlagschrauber.

Grundformen: Kopf-S., Stift-S., Gewindestifte. Die **Kopf-S.** unterscheiden sich v. a. durch die Form ihres Kopfes. Im Maschinenbau herrschen **Sechskant-S.** vor, platzsparend als **Innensechskant-S.** (›Inbus-S.‹). Außerdem gibt es **Drei-** und **Vierkantkopf-S. – Zylinder-, Halbrund-, Linsen-** und **Senk-S.** mit Schlitz oder Kreuzschlitz finden in allen Gebieten der Technik Verwendung. Handbetätigte S. erhalten Köpfe mit Grifflächen, Rändelungen **(Rändel-S.)** und Flügeln **(Flügel-S.)**.

Stift-S. sind zylindr. Bolzen mit Gewinde auf beiden Enden. Sie werden mit dem Einschraub-Ende in das Werkstück eingeschraubt und spannen das zu befestigende Maschinenteil durch eine Mutter auf dem Aufschraub-Ende. **Gewindestifte (Maden-S.)** haben Gewinde längs des ganzen Schaftes. Sie dienen zur Befestigung von Bauteilen und zur Übertragung kleiner Drehmomente (z. B. bei Bedienungsknöpfen an elektr. Geräten). **Paß-S.** besitzen unterhalb des S.-Kopfes einen zylindr., tolerierten (→ Passung) Schaft, so daß eine genaue Fixierung und formschlüssige Kraftweiterleitung erreicht werden kann. **Flachrund-S. mit Vierkantansatz (Schloß-S.)** und **Senk.-S. mit Vierkantansatz** dienen zum Verbinden von Holzteilen oder von Holz mit Metall. **Holz-S.** haben ein Gewinde mit größerer Tiefe und Steigung, ihr Schaft läuft zu einer Spitze aus.

Zur Verankerung von Maschinen und Anlageteilen gibt es in Böden und Wänden einzusetzende **Stein-S.** Ihr gewindefreies Ende ist ösen-, haken-, anker-, wellen- oder pyramidenstumpfförmig ausgeschmiedet, um eine haltbare Verbindung mit dem Mauerwerk zu erzielen. **Verschluß-S.** und **Kernstopfen** sind kurze S. mit und ohne Bund, zylindrischem oder konischem Gewindeschaft für den Verschluß fertigungs- (Kernlöcher) oder wartungsbedingter (Ölablaßschraube) Öffnungen.

Bewegungs-S. ermöglichen mit der zugehörigen Mutter die Umsetzung von Drehmomenten in Längskräfte. Zur Erzielung eines günstigen Wirkungsgrades haben sie Gewinde mit geraden (Flachgewinde) oder trapezförmigen Flanken (Trapezgewinde). Man verwendet sie in Werkzeugmaschinen für Leit- und Zugspindeln sowie Spindelpressen, in der Fördertechnik in Wagenhebern, Kippvorrichtungen, in Armaturen u. a.

K.-H. Decker: Maschinenelemente ([7]1975); DIN-Tb. 10 ([16]1979); M. Klein: Einf. in die DIN-Normen ([8]1980); Hb. der Verschraubungstechnik, hg. v. der Bossard Schrauben AG (Zug 1981).

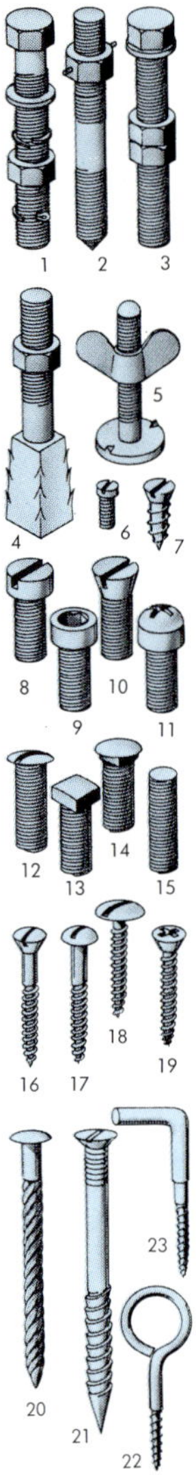

Schraube: **1** Sechskantschraube mit Unterlegscheibe, Federring, Mutter und Splint, **2** Kegelstiftschraube, **3** Bundschraube, **4** Steinschraube, **5** Schraube mit Flügelmutter, **6** Flachkopfschraube, **7** Senkkopf-(Blech-)Schraube, **8** Zylinderkopfschraube, **9** Innensechskantschraube, **10** Senkkopfschraube, **11** Linsenkopfschraube mit Kreuzschlitz, **12** Flachrundkopfschraube, **13** Vierkantschraube, **14** Vierkant-Rundkopfschraube, **15** Gewindestange; **16–23** Holzschrauben: **16** Linsensenkkopfschraube, **17** Halbrundkopfschraube, **18** Flachrundkopfschraube, **19** Senkkopfschraube mit Kreuzschlitz, **20** Schraubnagel mit Kordelgewinde, **21** Nagelschraube mit sägeförmigem Spezialgewinde, **22** Ringschraube, **23** Hakenschraube (Schraubhaken)

Schrauben|achse, zur Schraubung gehörendes → Symmetrieelement. (Bild Kristall 2)

Schraubenfläche, Fläche, die durch Schraubung einer Kurve entsteht. Z. B. entsteht die **Wendelfläche** durch Schraubung einer Geraden um eine zu ihr senkrechte Gerade. (Bild S. 271)

Schraubenlinie, eine Raumkurve, die **gewöhnliche S.** mit der Vektorgleichung $s = \left(r\cos\varphi,\ r\sin\varphi,\ \frac{h}{2\pi}\right)$ ($r > 0$ und h reelle Zahl, φ Drehwinkel), liegt auf dem Mantel eines Zylinders mit dem Radius r, h heißt die **Ganghöhe.** Beim Abrollen des Mantels in die Ebene entsteht eine Gerade. (Bild S. 273)

Schraubenpropeller, die → Schiffsschraube.

Schraubenschlüssel, meist handbetätigtes Werkzeug zum Festziehen und Lösen von Schrauben (mit nichtgeschlitztem Kopf) und Muttern. Man unterscheidet nach Ausbildung des die Schraube oder Mutter umschließenden Mauls den **Maul-** oder **Gabelschlüssel,** den **Steckschlüssel** für schwer zugängl. Schrauben oder Muttern, den **Stiftschlüssel,** den **Ringschlüssel.** Der **Hakenschlüssel** wird zur Betätigung von Wellenmuttern mit großem Durchmesser eingesetzt. S. mit verstellbarem Maul sind **Rollgabelschlüssel, Engländer, Franzose.** (Bild S. 273)

Schraubensicherung, Vorrichtung, die das ungewollte Lösen von Befestigungsschrauben verhüten soll. Überwiegend kraftschlüssige S. sind **Federring, Fächerscheibe, Zahnscheibe, Federscheibe,** die der Mutter untergelegt werden, ferner **Gegenmutter, Sicherungsmutter,** selbstsichernde und geschlitzte Mutter. Formschlüssige S. sind **Kronenmutter** mit **Splint, Sicherungsbleche** und **Drahtbügel** zur paarweisen Sicherung.

Schraubenverdichter, Drehkolbenverdichter, → Drehkolbenmaschine, → Verdichter.

Schraubenversetzung, eindimensionaler Gitterbaufehler im → Realkristall.

Schraubenzieher, genormte Bez. **Schraubendreher,** meist handbetätigtes Werkzeug zum Festziehen und Lösen von Schrauben mit einfach oder doppelt (kreuz-)geschlitztem Kopf. Der elektrisch angetriebene S. heißt häufig **Schrauber.**

Schraubgetriebe, Schraubengetriebe, ein → Getriebe mit wenigstens einem als Bewegungsschraube (→ Schraube) ausgebildeten Elementenpaar; ermöglicht die Umformung einer Drehbewegung in eine dazu senkrechte Schiebung, z. B. Leitspindel der Drehbank, Schraubenpresse, Schraubstock.

Schraubstock, auf Werkbänken oder auf Werkzeugmaschinen montierte Vorrichtung zum Einspannen von Werkstücken. (Bild S. 274)

Schraubung, eine → Symmetrieoperation, die durch Zusammensetzung einer Drehung mit einer Translation (in Richtung der Drehachse) entsteht.

Schraubzwinge, Spannwerkzeug zum Aufeinanderpressen von Teilen zw. zwei durch eine Schraubenspindel gegeneinander bewegl. Backen, z. B. zum Leimen von Holz.

Schreibfeder, Schreibgerät für Tinte oder Tusche, hergestellt aus Stahl oder Edelmetallegierungen. Die Federspitze wird bis zu einem Mittelloch gespalten; der Spalt verbreitert sich beim Schreiben und sorgt für stetigen Tintenzufluß. (Bild S. 274)

Schreibkreide, 1) Geologie: **Schulkreide,** Stoffe zum Schreiben und Malen. Bis Ende des 19. Jh. wurde natürl. → Kreide verwendet, heute Gips mit geringen Zusätzen an Bindemitteln. Bunte Kreiden enthalten anorgan. oder organ. Pigmente.

2) Petrographie: die → Kreide 2).

Schreib-Lese-Kopf, elektromagnet. Einrichtung zur → magnetischen Aufzeichnung (›Schreiben‹) auf magnetisierbaren Materialien (z. B. → Tonband, → Magnetschichtspeicher) und Wiedergabe (›Lesen‹) von → Zeichen (z. B. Sprache, Musik, Daten, Informationen).

Schreib-Lese-Speicher, → RAM.

Schreibmaschine, Büromaschine für maschinelle Schreibarbeiten. Durch Niederdrücken von Tasten werden Buchstaben-, Ziffern- und Zeichenstempel mittels ei-

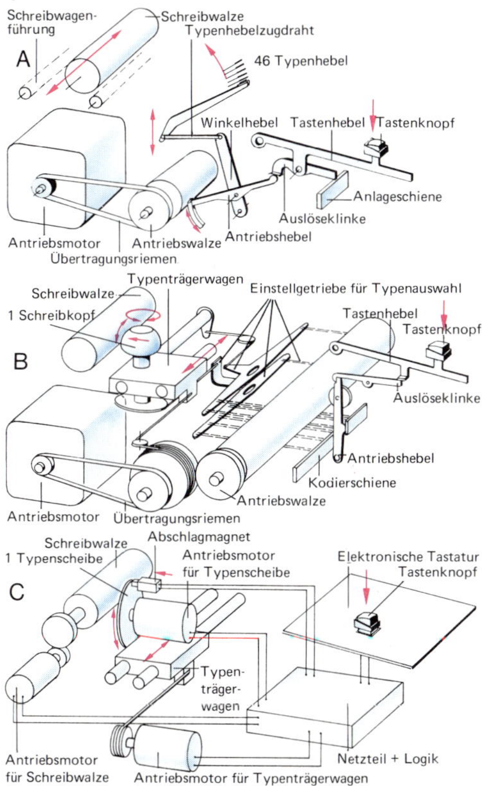

Schreibmaschine 1 (technische Entwicklung): **A** Mechanische Steuerung der Typenhebel-S. mit 46 Typenkörpern, 46 Getrieben für Abschlag, 1 Getriebe für Position, 1 Zentralantrieb. **B** Mechanisch-elektrische Steuerung der Schreibkopf-S. mit 1 Typenkörper, 1 Getriebe für Abschlag, 3 Getriebe für Position, 1 Zentralantrieb. **C** Elektronische Steuerung einer Typenrad-S. mit 1 Typenkörper, 1 Direktantrieb für Abschlag, 1 Direktantrieb für Position

nes Farbbandes auf Papier abgedruckt. Das genormte Tastenfeld, gelagert in einem Gestell aus Leichtmetall oder Stahl, enthält 44–46 Tasten mit je zwei Buchstaben oder Zeichen sowie etwa zehn (bei elektron. S. mehr) Funktionstasten. Das Gehäuse der S. besteht aus Leichtmetall, Stahlblech oder Kunststoff.

Nach der Größe unterscheidet man **Büro-, Groß-** oder **Standard-S.** von **Klein-** und **Flach-** oder **Reise-S.** Die für den Dauergebrauch bestimmten Büro-S. sind gegenüber den Klein- oder Reise-S. meist mit elektromechan. Antrieb **(elektr. S.)** der Typenhebel oder des Schreibkopfs, des Wagens und der Zeilenschaltung ausgerüstet, um ein gleichmäßiges Schriftbild zu erzielen und den Kraftaufwand für das Schreiben gegenüber rein mechan. S. zu verringern.

Nach der Art des Schreibwerks unterscheidet man Typenhebel-, Schreibkopf- und Typenrad-S. Bei der **Typenhebel-S.** sind im Gestell außer dem Tastenfeld der Typenhebelkorb und der nach links und rechts bewegl. Wagen mit der axial und radial bewegl., mit Gummi oder Kunststoff bezogenen Schreibwalze zur Aufnahme des Schreibpapiers gelagert. Beim Anschlag einer Taste wird der Typenhebel mit der Type zur Schreibwalze bewegt. Ein zw. Papier und anschlagender Type geführtes Farbband bewirkt den kontrastreichen Abdruck des Buchstabens oder Zeichens. Anschließend rückt der Wagen mit dem eingespannten Papier automatisch um eine Typenbreite nach links; gleichzeitig läuft das Farbband um eine Typenbreite weiter. Der Typenkorb oder der Wagen können durch eine Umschalttaste angehoben werden, z. B. wenn statt eines Kleinbuchstabens der zugehörige Großbuchstabe erscheinen soll. Am Ende der Zeile wird der Wagen wieder nach rechts bis zu einem einstellbaren Anschlag geschoben, wobei automatisch durch den einstellbaren Zeilenabstand auf die neue Schreibzeile weitergeschaltet wird.

Bei der elektr. **Schreibkopf-S.** sind die Typenhebel durch einen kugel- oder zylinderförmigen Schreibkopf **(Schreibkern, Kugelkopf, Schreibzylinder)** mit 88–96 Typen ersetzt. Die Schreibwalze bewegt sich nur radial, dafür wandert der Schreibkopf über die gesamte Schreibbreite. Bei Bedienung einer Taste wird der Schreibkopf so bewegt, daß er mit der entsprechenden Type das mitlaufende Farbband gegen das Schreibpapier schlägt. Vorzüge: hohe Schreibgeschwindigkeit, schneller Übergang zu einer anderen Schrift durch Auswechseln des Schreibkopfes, geringer Platzbedarf, da kein Wagen seitlich aus der Maschine heraus bewegt werden muß.

Auch die **elektron. S.** sind mit einem Schreibkopf oder aber mit einem **Typenrad (Typenscheibe)** ausgerüstet, das an seinem Umfang auf biegsamen Speichen radial angeordnete Typen trägt, die von einem Hammer gegen Farbband und Papier geschlagen werden. Wesentliches Merkmal der elektron. S. ist der Einsatz von Mikroprozessoren, die eine Vielzahl von Funktionen automatisieren, z. B. Papiereinzug, Zentrieren, Randausgleich, Blocksatz, Unterstreichung, Einzug, Dezimaltabulation, Fettdruck, Sperrung, Löschen und Korrigieren mit Hilfe interner Arbeitsspeicher und LCD-Textanzeige (→ Display). Die Ausstattung elektron. S. mit einem Textspeicher bildet den Übergang zu Systemen der → Textverarbeitung. Auch Eingabegeräte für die elektron. Datenerfassung (z. B. diejenigen der Anbieter beim → Bildschirmtext) werden als elektron. S. bezeichnet.

Sonder-S. sind Blindenschriftmaschinen, Musiknoten-S., Stenographiermaschinen, Buchungs-S.

Geschichtliches. 1714 meldete H. Mill in London

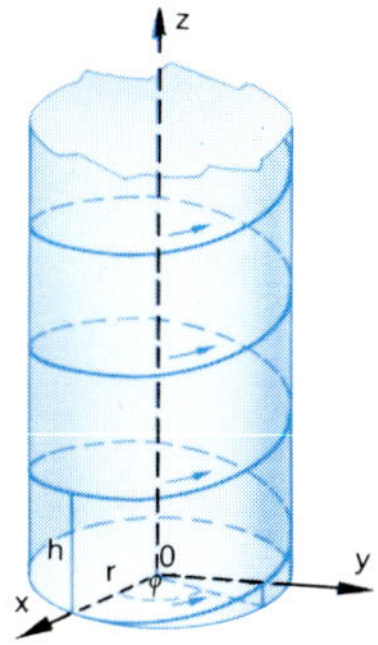

Schraubenlinie

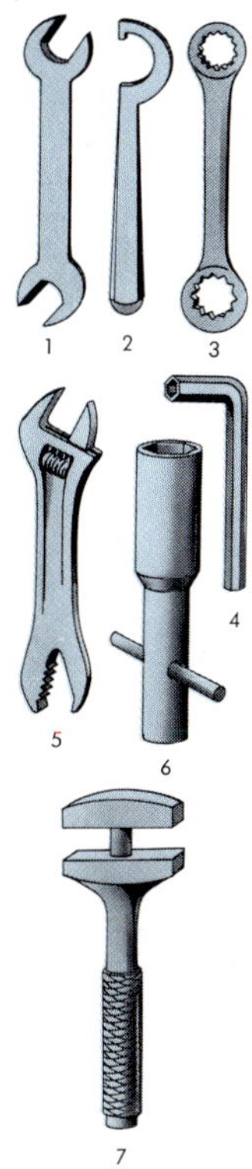

Schraubenschlüssel

Schraubenschlüssel: 1 Doppelgabelschlüssel, **2** Hakenschlüssel, **3** Doppelringschlüssel, **4** Sechskant-Stiftschlüssel, **5** Rollgabelschlüssel, **6** Hohlsteckschlüssel, **7** Engländer

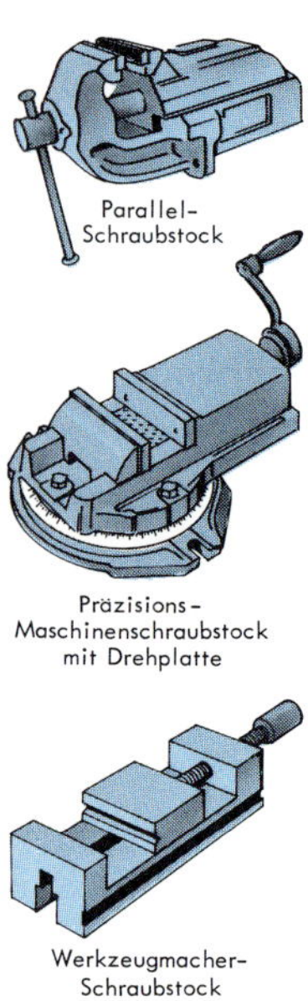

Schraubstock

eine S. zum Patent an. S. mit Typenhebeln stammen von K. F. DRAIS FRHR. VON SAUERBRONN (1832), X. PROGIN aus Marseille (1833), G. RAVIZZA aus Novara (1855), der kreisförmig aufgehängte Typenhebel anwendete und das Farbband einführte, und von P. MITTERHOFER aus Tirol, der von 1864 bis 1869 vier Modelle von Typenkorb-S. baute. Eine von CHR. L. SHOLES seit 1867 entwickelte S. wurde von der Firma Remington seit 1873/74 fabrikmäßig hergestellt. (Weiteres BILD S. 275)

Schreibsatz, auf Spezialschreibmaschinen mit besonderem Farbband hergestellter Satz als Druckvorlage, meist mit Randausgleich, d. h. gleichmäßiger Länge aller Zeilen.

Schrift, durch Zeichnen, Malen, Kerben, Ritzen, v. a. mit Schreibwerkzeugen (→Bleistift, →Füllfederhalter, →Kugelschreiber, →Schreibmaschine), durch Drucken (→Druckverfahren) oder auf einem Bildschirm (→Datensichtgerät, →Display, →Plotter) erzeugtes graph. Zeichensystem als Kommunikationsmittel, das sprachl. Mitteilungen aus der Hörbarkeit in die Sichtbarkeit umsetzt und dauernd verfügbar macht.

Das Drucken von S. geschieht beim Bleisatz mit →Lettern, die zusammengefügt werden (→Satz 1, →Setzmaschine 1), während der →Photosatz keine dreidimensionalen Lettern mehr kennt. Nach der opt. Ausformung des gedruckten Buchstabenbildes unterteilt man die **Druckschriften** in Balken-S. (Grotesk), Antiqua, Fraktur-, Schreib-, Pinsel-, Block-S. u. a. Die einzelnen im Schriftbild zusammengehörigen ›Schriftfamilien‹ haben meist Namen, z. B. ›Helvetica‹, ›Futura‹ oder (nach dem Schöpfer des Entwurfs) ›Bodoni‹, ›Garamond‹ u. a.

Nach dem Verwendungszweck unterteilt man in **Brot-** oder **Werk-S.** (für Bücher- und Zeitungsdruck) und **Akzidenz-S.** (Titel- und Zier-S. für Einzeldrucke, Anzeigen). Von jeder Druckschriftfamilie gibt es verschiedene →Schriftgrade. Zur Grundschrift kommen oftmals noch die Kursive, Kapitälchen (Großbuchstaben in der Größe eines Kleinbuchstabens) und Auszeichnungsgarnituren wie halbfett oder fett. (BILD S. 275)

Schrift|erz, Mineral, der →Sylvanit.

Schriftgießerei, Betrieb für die Herstellung des Setzmaterials (Lettern, Blind- und Ziermaterial) für den Handsatz aus Bleilegierungen durch Gießen. Die Gießformen (Matrizen) werden ausgehend von Originalstempeln (Patrizen) oder direkt hergestellt durch Stempelschneiden, galvan. Verfahren (Zeugschnitt) oder Matrizenbohren. In der Gießmaschine werden die vertieften Gießformen mit Letternmetall ausgegossen.

Die S. befassen sich heute überwiegend mit der Fertigung der für den Photosatz gebrauchten Schriftscheiben und -rahmen.

Schriftgrad, Größeneinteilung für Druckschriften, ausgehend vom →typographischen Punkt. Die S. werden nach altüberlieferten Namen oder Punkten bezeichnet (ÜBERSICHT S. 276). Das typograph. Punktsystem verliert nach dem Übergang zum Maschinen- und Photosatz seine techn. Bedeutung, denn hier kann auch mit mm gerechnet werden.

Schriftmetalle, im graph. Gewerbe verwendete →Bleilegierungen mit Antimon und Zinn.

Schrift|tellur, Mineral, der →Sylvanit.

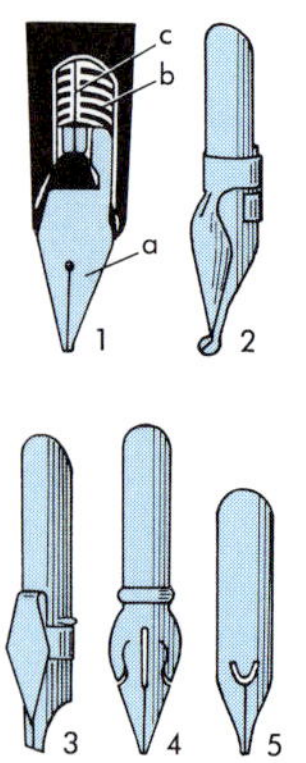

Schreibfeder: **1** Füllhalterfeder; a Feder, b Ausgleichskammern, c Tintenkanal. **2** und **3** Kunstschriftfeder mit Überfedern. **4** und **5** Schreibfedern

Schrittgeschwindigkeit und **Schrittdauer,** →Baud.

Schrittmacher|enzym, das →Schlüsselenzym.

Schrittmotor, Elektromotor, dessen Antriebswelle bei jedem Stromimpuls eine Drehung um einen gleich großen Winkelschritt ausführt. Die Anzahl der Impulse einer best. Impulsfolge ergibt die gewünschte Winkeldrehung als ganzzahliges Vielfaches der Teildrehungen. Anwendung: Umsetzer für digitale Angaben. – Außerdem gibt es schrittweise arbeitende Hubmagnete. Kombination beider Arten beim Hebdrehwähler (→Wähler) der Nachrichtentechnik.

Schrittschaltwerk dient der Umwandlung von kontinuierlichen Bewegungen in Schritte, Dreh- und Schiebebewegungen. Bewegungsumsetzung mit Klinken-, Reib- oder Greiferschaltwerken, mit kurvengesteuerten Schaltwerken oder aussetzenden Kurbelschleifengetrieben (z. B. das Malteserkreuzgetriebe als Filmschaltwerk).

Schrittspannung, Teil der elektr. Spannung an der Erdoberfläche, der von einem Menschen mit 1 m Schrittweite überbrückt werden kann, während infolge von Erdschlüssen (elektr. Anlagen, Freileitungen) oder Blitzeinschlägen kurzzeitig große →Erdströme fließen. Die S. nimmt mit zunehmender Entfernung von der Stromeintrittsstelle ab. Schutzmaßnahmen in der Nähe von Freileitungsmasten und Blitzschutzerdungen sind z. B. Umzäunung, Potentialsteuerung, isolierende Bodenbedeckung, insbes. wenn damit gerechnet werden muß, daß sich Menschen regelmäßig dort aufhalten (Campingplätze, Aussichtstürme).

Schrittzähler, Pedometer, kleines Gerät in Taschenuhrform zum Zählen der Schritte; die regelmäßigen Erschütterungen beim Gehen werden über ein pendelndes oder federndes Glied auf ein Zeiger- oder Rollenzählwerk übertragen.

Schrödinger-Gleichung [n. dem österr. Physiker E. Schrödinger, * 1887, † 1961], 1926 entwickelte grundlegende →Wellengleichung der →Wellenmechanik für nicht relativist. Teilchen ohne Eigendrehimpuls (Spin). Durch die statist. Interpretation (→Quantenmechanik) wurde sie zur quantenmechan. Bewegungsgleichung, die eine den Zustand eines mikrophysikal. Systems beschreibende →Wellenfunktion erfüllen muß. Die S.-G. enthält die 1. Ableitung der Wellenfunktion nach der Zeit, die 2. Ableitung der Wellenfunktion nach dem Ort sowie die Wellenfunktion selbst, multipliziert mit dem äußeren Feld (Potential), in dem sich das Teilchen befindet. Die Wellenfunktion der S.-G. ist komplex, zeit- und ortsabhängig. Das Quadrat des Betrages der Wellenfunktion kann als Wahrscheinlichkeit aufgefaßt werden, ein Teilchen zu einer best. Zeit an einem best. Ort zu finden. Die S.-G. läßt sich in vielen einfachen Fällen mathematisch exakt lösen (z. B. Wasserstoffatom); für kompliziertere Fälle wurden zahlreiche Näherungsmethoden entwickelt. Die S.-G. hat sich als Schlüssel zum Verständnis für die Vorgänge in der Mikrophysik (Atome, Moleküle, Festkörper) erwiesen und ist Grundlage des **Schrödingerschen Atommodells (de Broglie-Schrödinger-Modell,** →Atom).

Schrotmühlen, Maschinen zum Grobzerkleinern (Schroten) von Getreidekörnern.

Schrotrauschen, frequenzunabhängiges →Rauschen (›weißes Rauschen‹), das bei Ladungsträgerströmungen beim Überschreiten von elektr. Potentialbarrieren entsteht. S. tritt in Elektronenröhren auf Grund unregelmäßiger Emission von Elektronen aus der Kathode und in Halbleitern z. B. zw. zwei Halbleiterzonen oder an einem Metall-Halbleiter-Kontakt auf.

Schrott, Metallabfälle, die bei der Metallbearbeitung z. B. als Schmiede- oder Stanzabfälle, Späne, Gußbruch u. dgl. **(Neu-S.)** anfallen oder als **Alt-S.** aus dem Konsum zurückfließen. Wirtschaftlich wichtig ist der **Eisen-S.** bei der Stahlerzeugung, die Gewinnung von Aluminium, Kupfer, Blei und Zink aus **Buntmetall-S.** und die Aufarbeitung von Edelmetallabfällen. (→ Shredderanlage)

Schrumpfsitz, → Aufschrumpfen.

Schrumpfungstheorie, Geologie: die → Kontraktionstheorie.

Schrund *der,* Geographie: Riß, Spalte, bes. Fels- oder Gletscherspalte (→ Bergschrund).

Schruppen, bei allen spanenden Fertigungsverfahren eine Bearbeitungsart, bei der eine möglichst hohe Spanleistung angestrebt wird. – Ggs.: **Schlichten.**

Schub, 1) Dynamik: **Schubkraft,** die Vortriebskraft als Reaktionskraft einer in entgegengesetzter Richtung beschleunigten Stützmasse, wodurch Raketen sowie Schiffe und Flugzeuge mit Propeller- oder Strahlantrieb vorwärts bewegt werden. Die Maßeinheit des S. ist das Newton (früher Kilopond).

Ein rotierender **Propeller** beschleunigt das durch seine Kreisfläche A hindurchtretende Medium von der Anströmgeschwindigkeit w auf die Geschwindigkeit $w+\Delta w$. Hierbei entsteht (bei Vernachlässigung der Geschwindigkeitsverluste durch Reibung und durch Drehung des Strahls) ein Druckunterschied vor und hinter der Propellerkreisfläche von der Größe

$$\Delta p = \varrho \cdot \Delta w \cdot (w + {}^1\!/_2 \Delta w),$$

wenn ϱ die Dichte des Mediums bezeichnet. Der von dem Propeller erzeugte S. beträgt dann $F = A \cdot \Delta p$. – Der S. eines **Raketenantriebs** ergibt sich als Produkt aus dem sekundlichen Treibstoff-Massendurchsatz und der Gasaustrittsgeschwindigkeit aus der Düse; er ist von der Fluggeschwindigkeit unabhängig. Der S. eines **Luftstrahlantriebs** (Staustrahl- oder Turbinenluftstrahltriebwerk) ergibt sich als Differenz der Produkte aus austretendem Gas-Massendurchsatz und Austrittsgeschwindigkeit sowie eintretendem Luft-Massendurchsatz und Eintrittsgeschwindigkeit. Der S. solcher Triebwerke ist von der Fahrzeuggeschwindigkeit abhängig.

2) Festigkeitslehre: die → Scherung 3).

Schub-Gewichts-Verhältnis, Verhältniszahl zur Kennzeichnung von Eigenschaften und Leistungen strahlgetriebener Luft- und Raumfahrzeuge sowie auch der baul. Güte von Luftstrahltriebwerken; gebildet als Quotient aus Schub (i. d. R. Startschub) und dem Fahrzeug- oder Triebwerksgewicht. Das S.-G.-V. hat wesentlichen Einfluß auf Beschleunigungsfähigkeit, Steigfähigkeit und Starteigenschaften strahlgetriebener Fahrzeuge. Werte: Zivilflugzeuge etwa 0,25–0,4, militär. Hochleistungsflugzeuge 0,6–1,2, Raketen zw. 1,2 und 3, Turbinen-Luftstrahltriebwerke rd. 5–8.

Schubko|effizi|ent, 1) Mechanik: → Scherung 3).

2) Flugantriebe: **Schubbeiwert,** dimensionslose Zahl zur Beschreibung der **Schubkraft** von Strahl- oder Propellerantrieben. Diese ist das Produkt aus einer Querschnittsfläche, einem Bezugsdruck und dem S. Mit dem S. werden die dem jeweiligen Antrieb eigentüml. Betriebsbedingungen und der Einfluß von Bauweise und Bauart auf die Schubkraft berücksichtigt. Bei Raketentriebwerken werden der Düsenquerschnitt sowie der Brennkammerdruck in die Rechenbeziehung eingeführt, bei Propellerantrieben die vom Propeller überstrichene Kreisfläche (Schraubenkreisfläche) und der mit der Zuströmgeschwindigkeit gebildete Staudruck. Bei Turbinenluftstrahltriebwerken ist diese Darstellungsweise wenig gebräuchlich. Als Bezugsdruck müßte hier der Druck am Turbinenaustritt verwendet werden; die Festlegung einer Bezugsfläche ist erschwert, weil man häufig Schubdüsen mit während des Betriebes veränderl. Querschnitt einsetzt.

Schreibmaschine 2: Kugelkopf

Schublehre, die → Schieblehre.

Schubleichter, → Schubschiffahrt.

Schubmodul, → Elastizität 1), → Scherung 3).

Schubnikow-de-Haas-Effekt [n. A. W. Schubnikow, * 1887, und dem niederländ. Physiker W. J. de Haas, * 1887, † 1960], Oszillationen (→ Quantenoszillation) des elektr. Widerstandes von Metallen und (entarteten) Halbleitern in Abhängigkeit von der magnet. Feldstärke bei starken Magnetfeldern bei tiefen Temperaturen. Der S.-d.-H.-E. dient wie der → De-Haas-van-Alphen-Effekt zur Bestimmung der Fermi-Fläche und geht wie dieser auf die Änderung der elektron. Energieniveaus in starken Magnetfeldern zurück.

Schubnikow-Phase, → Supraleiter.

Schubschiffahrt, neuzeitl. Betriebsform der Binnenschiffahrt, bei der unbemannte Kähne **(Schubleichter)** zu einem starren Schubverband zusammengefaßt und von einem **Schubschiff** geschoben und gesteuert werden. Die Zahl der Leichter und deren Anordnung vor oder neben dem Schubschiff hängen von den jeweiligen Fahrwasserverhältnissen ab. Europaleichter haben genormte Größen von 76,50 m Länge und 11,40 m Breite. – Andere **Schubverbände** bestehen aus einem Motorschiff und einem mit diesem starr verbundenen Leichter **(Koppelverband).** Die S. ist sehr wirtschaftlich, weil nur das Schubschiff Besat-

Schrift: Auswahl verschiedener Druckschriften

Die großen Meister der Schriftkunst	Mediäval	Garamond
Die großen Meister der Schrift	Klassizist. Antiqua	Bodoni-A.
Die großen Meister der Schrift	Neuzeitl. Antiqua	Post-A.
Die großen Meister der Schriftkunst	Neuzeitl. Antiqua	Optima
Die großen Meister der Schriftkunst	Antiqua-Kursiv	Euphorion
Die großen Meister der Schrift	Egyptienne	Memphis
Die großen Meister der Schriftkunst	Grotesk	Futura
Die großen Meister der Schrift	Grotesk	Helvetica
Die großen Meister der Schr	Gotisch	Weiß-Gotisch
Die großen Meister der Schriftkunst	Fraktur	Breitkopf-F.
Die großen Meister der Schriftkunst	Schreibschrift	Lithographia

	Perl	Nonpareille	Colonel	Petit	Borgis	Korpus (Garmond)	Cicero	Mittel
Punkte	5	6	7	8	9	10	12	14
Geviertgrößen:	■	■	■	■	■	■	■	■
Typengrößen:								
Versalien	M	M	M	M	M	M	M	M
Gemeine	m	m	m	m	m	m	m	m

Schriftgrade von 5 bis 14 Punkten mit ihren auch im Photosatz üblichen Bezeichnungen und Größen

zung erfordert und die Baukosten der Leichter niedrig sind. (BILDER S. 278, 279)

Schubspannung, → Spannung 2), → Scherung 3).

Schubspiegelung, Gleitspiegelung, eine → Bewegung der Euklid. Ebene, die aus der Hintereinanderausführung einer Spiegelung an einer Geraden *g* und einer Schiebung in Richtung *g* besteht, wobei der die Translation bestimmende Vektor ***a*** die Richtung von *g* bestimmt. Eine S. kann auch als Produkt einer Spiegelung an einer Geraden und einer geeigneten Punktspiegelung dargestellt werden.

Schubstange, die → Pleuelstange.

Schubstreckung, Abbildung des Raumes auf sich, Produkt aus einer Streckung und einer Schiebung.

Schubtransformator, einphasiger Transformator zur stufenlosen Regelung der Sekundärspannung von $-U_2$ über Null bis $+U_2$. Ein Kern trägt die Sekundärwicklung. Im verschiebbaren Joch befindet sich die Primärwicklung, die aus zwei gleichen, aber entgegengesetzt wirkenden Teilspulen besteht. In einer Endstellung kommt nur die eine Teilspule, in der anderen Endstellung nur die andere Teilspule zur Wirkung. In der Mitte heben sich die Wirkungen der beiden Teilspulen auf, und es wird in der Sekundärwicklung keine Spannung induziert. Der S. kann als → Zusatztransformator geschaltet werden. Eine andere Möglichkeit der stufenlosen Spannungsänderung bietet der → Drehtransformator. (BILD S. 277)

Schub|umkehr, Methode zur Abbremsung eines gelandeten Strahlflugzeuges durch Umlenkung des Abgasstrahls, in den Klappen hineingefahren werden; dient zur Verkürzung der Landerollstrecke.

Schubvektorsteuerung, Beeinflussung der Richtung des die Düse eines Raketen- oder Strahltriebwerkes verlassenden Gasstrahles zur Steuerung der Rakete oder des Flugzeugs; möglich durch Strahlruder (in den Abgasstrahl eintauchende, drehbare Ruder, heute kaum noch praktiziert) oder durch Schwenken der Triebwerke, schubstarke Steuertriebwerke oder gasdynam. Schubablenkung durch Sekundäreinspritzung in die Düse. (BILD Rakete)

Schubverarbeitung, Datenverarbeitung: die → Stapelverarbeitung.

Schubzahl, Schubko|effizi|ent, der reziproke Wert des Schubmoduls (→ Scherung 3).

Schummerung, Schattierung, Kartographie: Flächentönung mit wechselnden Tonwerten zur plast. Veranschaulichung der Geländeformen. Unter Annahme einer das Relief senkrecht beleuchtenden Lichtquelle erscheinen z. B. die Hänge um so dunkler, je steiler sie sind **(Böschungs-S.)**; bei schräger Beleuchtung (meist von links oben) entstehen Licht- und Schattenhänge **(Schräglicht-S.)**. Die **kombinierte S.** verknüpft beide Beleuchtungsrichtungen. S. entstehen manuell, mechanisch (Photo eines Gipsmodells) oder automatisch.

Schungịt, unreine, z. T. in Graphit umgewandelte Kohle, v. a. in präkambr. Gesteinen Kareliens (NW-Ufer des Onegasees); vermutlich aus Sapropeliten entstanden.

Schuppe, Geologie: das → Gleitbrett.

Schuppung, Art der → Überschiebung, bei der entweder mehrere enge Falten dachziegelartig übereinander oder Faltenteile an hintereinanderliegenden Überschiebungen übereinander geschoben wurden. **Schuppenbau,** die entstehende tekton. Gebirgsstruktur.

Schürfen, Aufsuchen und Freilegen von nutzbaren Mineralen auf ihrer Lagerstätte zur Untersuchung, Kartierung, Probenahme durch **Schürfgräben, -löcher, -schächte, -stollen** oder **-bohrungen.**

Schürmannsche Regel [n. H. M. Schürmann], 1927 aufgestellte Regel, wonach mit zunehmendem Inkohlungsgrad der Wassergehalt der Braunkohle abnimmt.

Schurre, eine → Rutsche zum Einfüllen von Schüttgut.

Schuß, 1) Sprengtechnik: die Gesamtheit einer aus Einzelladungen bestehenden Sprengladung (→ Sprengen).

2) Textiltechnik: a) Weberei: **Einschlag,** der Faden, der in das offene, durch die → Kette 3) gebildete Webfach eingetragen wird. Entsprechend bei Gewebenamen vorgesetzte Bez., die angibt, daß die Musterung v. a. durch Schußfäden erzielt wird, z. B. S.-Atlas, S.-Köper. b) Strickerei: querliegende, von Maschen gehaltene, meist elastische Fäden. c) Kettenwirkerei: Bindungs-(Legungs-) Art sowie Fadeneintragung von Kante zu Kante.

3) Waffentechnik: das Abfeuern eines Geschosses; Abdrücken einer Feuerwaffe, auch das dabei entstehende Geräusch und das Geschoß selbst.

Schußrinne, steilgeneigte Rinne mit schießendem Wasserdurchfluß, oft als Hochwasser-Entlastungsanlage einer Talsperre, zum Wildbachausbau oder als steile → Sohlrampe (Neigung steiler als 1 : 10).

Schußwaffen, i. S. des Bundeswaffengesetzes tragbare Waffen, die zum Angriff, zur Verteidigung, zum Sport, zum Spiel oder zur Jagd bestimmt sind und bei denen Geschosse durch einen Lauf getrieben werden. S. mit einer Länge bis zu 40 cm sind **Kurzwaffen,** mit einer Länge von mehr als 40 cm sind **Langwaffen.**

Schusterkugel, mit Wasser gefüllte kugelförmige Glasflasche, die das Licht von dahinterstehenden Lichtquellen sammelt.

Schute, flaches Schleppfahrzeug im Hafenbetrieb oder zum Abtransport von Baggergut **(Bagger-S.)**; letztere mit Verklappeinrichtung im Boden.

Schutt, unverfestigte Massen von ungerollten Gesteinsbrocken, die durch mechan. → Verwitterung der Festgesteine entstehen. Größere Ansammlungen finden sich meist in Hangfußlagen, bes. in vegetationsarmen Gebieten, z. B. im Hochgebirge über der Waldgrenze und in Wüsten. Bleibt der S. an Ort und Stelle liegen, entstehen **Schuttdecken** (S.-Hülle, S.-Mantel). Am Fuß von Steilhängen bilden sich **Schutthalden** (in Form von **Schuttkegeln** und (flachere) **Schuttfächer.** Täler von Gebirgswüsten oder subpolaren Gebieten sind von **Schuttströmen** erfüllt; in den mittleren Breiten sind sie meist Hinterlassenschaften des Eiszeitklimas (→ Solifluktion). **Schuttgebirge** treten bes. in niederschlagsarmen, abflußlosen Gebieten auf. Von eckigen, bis faustgroßen Gesteinstrümmern bedeckte **Schuttwüsten** heißen auch ›Felswüsten‹. (→ Brekzie, → Psephit)

Schüttelrutsche, ein → Schwingförderer, v. a. im Bergbau.

Schütteltrichter, der → Scheidetrichter.

Schüttergebiet, Geologie: → Erdbeben.

Schüttgut, loses Fördergut in schüttbarer Form, z. B. Erz, Kohle, Sand, Getreide, Kies.

Schüttung, 1) Erd- und Wasserbau: Herstellung eines → Damms durch Auftrag waagerechter Schichten **(Lagen-S.)** oder durch S. in Längsrichtung des Dammes von voller Dammhöhe aus **(Kopf-S.).**

2) die in einer Zeiteinheit geförderte Wassermenge einer → Quelle 2).

Schütz, 1) Elektrotechnik: elektromagnetisch betätigter Schalter ohne Sperre, ähnlich dem → Relais, aber für höhere Leistungen. Ein Steuerstrom (Hilfsstrom) erregt den Schaltmagneten, dessen Anker die Kontakte im Laststromkreis geschlossen hält, solange der Steuerstrom fließt. Die Schaltkontakte arbeiten meist in Luft **(Luft-S.),** bei höherer Beanspruchung auch in Öl **(Öl-S.).** Sie dienen zum Steuern elektr. Maschinen und Geräte.

2) gehäuselose (i. Ggs. zum Schieber) Verschlußvorrichtung zur Regelung des Durchflusses durch Öffnungen, z. B. in Schleusen, Wehren und Wasserkraftanlagen. Ausführungsformen sind z. B. Tafel-, Roll-, Rollkeil-, Segment- und Zylinder-S. Die S.-Bewegung erfolgt in Richtung der plattenförmigen, ebenen oder gekrümmten Staufläche.

Schutzbau, Vorkehrung zum Schutz der Zivilbevölkerung und lebens- und verteidigungswichtiger Anlagen vor Kriegseinwirkungen, d. h. vor Detonationen, Trümmern, Brand, Radioaktivität u. a., durch den Bau von **Schutzräumen (Schutzraumbauten).** Dies sind Luftschutzräume wie **Schutzstollen, Schutzbunker** und **Schutzkeller.** S. müssen allseitig geschlossene, biegesteife Stahlbetonkonstruktionen mit räuml. Bewehrung sein und Wände best. Dicke aufweisen.

Schutzdeck, engl. **Shelterdeck** [ʃ'eltədek], von einem durchlaufenden Aufbau gebildetes Schiffsdeck, dessen Öffnungen den Vorschriften der → Schiffsvermessung entsprechen müssen. Schiffe dieser Art heißen **Schutz-** oder **Shelterdecker.**

Schütze, lat. **Sagittarius,** zum → Tierkreis gehörendes → Sternbild des Südhimmels, im Sommer am Abendhimmel sichtbar. Im S. liegt das Zentrum unseres Milchstraßensystems und der → Omeganebel.

Schützen *der,* **Webschützen, Weberschiffchen,** der Träger der Schußspule, der abwechselnd von einer Seite der Webmaschine zur anderen geschlagen (geworfen) wird. Beim Durchlaufen des Webfachs läuft der Schußfaden von der Spule im S. ab und wird durch das Webblatt an das bereits fertiggestellte Gewebe angeschlagen. **Greifer-S.** führen abgepaßte Fadenstücke, die von seitlich der Webmaschine gelagerten Kreuzspulen ablaufen, mittels Fadenklemmen ins Webfach ein. Der **S.-Wächter** setzt die Webmaschine still, wenn der S. seinen Weg nicht ordnungsgemäß einhalten kann.

Schutz|erdung, Erdung aller nicht Spannung führenden Metallteile in Hochspannungsanlagen mit Spannungen über 1 kV zum Schutz von Menschen gegen zu hohe Berührungsspannungen, die bei Isolationsfehlern oder Überschlägen auftreten können. Damit führt jeder Körperschluß elektr. Geräte zu einem Kurzschluß, der durch die vorgeschaltete Sicherung oder einen Schutzschalter abgeschaltet wird.

Schutzgas, das → Inertgas.

Schutzgaskontakt, Reed-Kontakt [ri:d-], → Relais.

Schutzgitter, Gitter in einer → Elektronenröhre, das die Rückwirkung der Anode auf den Elektronenstrom vermindert.

Schutzgruppen, organ. Reste, die in organ. Molekülen mit mehreren aktiven Zentren selektiv bestimmte funktionelle Gruppen vorübergehend so zu binden vermögen, daß Reaktionen nur an den gewünschten ungeschützten (freien) Stellen ablaufen.

Schutzkontaktsteckvorrichtung, elektromechanische → Steckvorrichtung, bestehend aus **Schutzkontaktstecker** und **Schutzkontaktsteckdose.** Beide Teile besitzen **Schutzkontakte** als Kontaktstücke zur Verbindung des → Schutzleiters.

Schutzleiter, der für die Wirksamkeit best. Schutzmaßnahmen an elektr. Betriebsmitteln notwendige Leiter (→ elektrischer Berührungsschutz). Vorhandensein und richtiger Anschluß des S. müssen vom Fachmann mittels Prüfgerät vor der Inbetriebnahme kontrolliert werden, an Arbeitsstätten zusätzlich in festgelegten Zeitabständen.

Schutzraumbauten, → Schutzbau.

Schutzschaltung, Schaltung des → elektrischen Berührungsschutzes, die beim Auftreten gefährl. Berührungsspannungen bei elektr. Niederspannungsanlagen diese innerhalb von 0,1 s abschaltet. Man unterscheidet → Fehlerspannungsschutzschalter (FU-Schutzschalter, meist nur für ein Gerät) und → Fehlerstromschutzschalter (FI-Schutzschalter, für eine Anlage). Beide Arten eignen sich bes. bei schlechten Erdungsverhältnissen, weil die S. schon auf geringe Fehlerströme ansprechen.

Schutztrennung, Maßnahme des → elektrischen Berührungsschutzes, angewendet v. a. beim Umgang mit elektr. Verbrauchsmitteln (Geräten) an Orten erhöhter elektr. Gefährdung (beengte Verhältnisse, Körperkontakt mit elektrisch leitfähiger Umgebung): Ein Trenntransformator (Trafo mit hohen Anforderungen an die innere Isolation) zw. Steckdose und Gerät verhindert durch galvan. Trennung vom Netz das Auftreten von Berührungsspannungen bei einem möglichen Defekt im Gerät.

Schwabbeln, maschinelle Feinstbearbeitung von Metall- oder Holzoberflächen mit **Schwabbelmaschinen** (schnell rotierende Schwabbelscheiben, -ringe oder -walzen aus Textilstoff) unter Verwendung von **Schwabbelpasten** und **-flüssigkeiten** zur Erzeugung von Hoch- oder Mattglanzeffekten.

Schwachstromtechnik, → Elektrotechnik.

Schwadenvolumen, → Explosivstoffe.

Schwadmäher, Mähmaschinen, die Halmgut mähen und in Schwaden ablegen; werden v. a. in feuchten

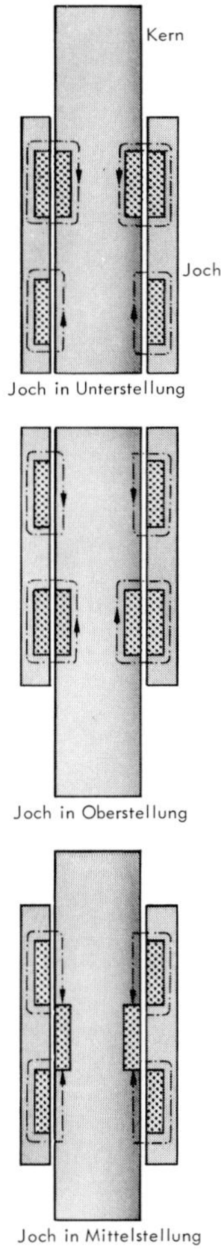

Schubtransformator: Joch in Unter-, Ober- und Mittelstellung

Gebieten eingesetzt, damit zu feuchtes Getreide, im Schwad auf dem Boden liegend, abtrocknen kann **(Schwadtrocknung),** bevor es vom Mähdrescher aufgenommen und ausgedroschen wird.

Schwalbenschwanz, trapezförmige Zinkenverbindung als Eckverbindung zweier Teile (BILD Holzverbindungen), auch als Führung des einen Teils in dem anderen angewendet (im Maschinenbau).

Schwallbetrieb, → Schwellbetrieb.

Schwall und Sunk, etwa mit Wellengeschwindigkeit fortschreitende Hebung und Senkung des Wasserspiegels in einem Gerinne, hervorgerufen z. B. durch die plötzl. Durchflußänderung eines Wehres oder Kraftwerks.

Schwamm, 1) Bautechnik: → Hausschwamm.

2) → Schwammkunststoffe.

3) Metallkunde: grobkörniges, poröses Endprodukt bei der Metallgewinnung durch Schmelzflußelektrolyse, wird durch Pressen und Sintern oder durch Schmelzen und Gießen weiterverarbeitet.

Schwammkunststoffe, künstlich hergestellte schwammartige Stoffe, z. B. → Schaumstoffe mit offenzelliger Struktur aus natürl. oder synthet. Kautschuk **(Schwammgummi)** oder aus Kunststoffen. Dem Naturschwamm sehr ähnlich ist der aus Hydratcellulose hergestellte Viskoseschwamm.

Schwan, lat. **Cygnus,** ein → Sternbild des nördl. Himmels im hellsten Teil der nördl. Milchstraße, im Sommer am Abendhimmel sichtbar. Seine hellsten Sterne lassen sich zu einem Kreuz verbinden **(Kreuz des Nordens).** Sein hellster Stern ist → Deneb (α Cygni), der zum → Sommerdreieck gehört. Im S. liegen zahlreiche galakt. Nebel (z. B. der → Nordamerikanebel), der → Röntgenstern **Cygnus X-1** (→ Schwarzes Loch) sowie der nahe Stern **61 Cygni,** an dem F. W. BESSEL 1838/39 erstmals die Messung einer Fixsternparallaxe (→ Parallaxe) und damit die Entfernungsbestimmung (11,1 Lichtjahre) gelang.

Schwankung, 1) Mathematik: Die S. einer Funktion $f(x)$ der reellen Veränderlichen x in einem Intervall (a, b) ist die Differenz der oberen und der unteren Grenze der Werte, die die Funktion in dem Intervall annimmt.

2) Physik: Abweichung ΔX des wahren Wertes einer physikalischen Größe X von einem → Mittelwert $\langle X\rangle$, $\Delta X = X - \langle X\rangle$. Als Maß der S. dient das **S.-Quadrat** $\langle(\Delta X)^2\rangle = \langle(X - \langle X\rangle)^2\rangle$. Die **relative S.** schätzt den Fehler ab, der durch den Ersatz von X durch $\langle X\rangle$ verursacht wird: $R_s = \sqrt{\langle(\Delta X)^2\rangle}/\langle X\rangle$. Man unterscheidet S., die durch statist. → Fehler, z. B. Ablesefehler, verursacht werden, und solche, die als Folge der ungeordneten Wärmebewegung einzelner Mikroteilchen eines Systems auftreten und auch als **Fluktuationen** bezeichnet werden. Beim Zusammenwirken vieler Teilchen bleiben sie unter der Beobachtungsgrenze, z. B. beim Gasdruck (→ kinetische Gastheorie).

Schwarte, Holzbearbeitung: die beim Einschnitt von Rundholz abfallenden beiden äußeren Stammanschnitte mit Rinde oder Waldkante.

Schwarzblech, Handelsblech, warm gewalztes Blech oder Band ohne weiter behandelte Oberfläche.

Schwärzer-als-Schwarz-Bereich, Fernsehen: der zw. 75% und 100% der Amplitude des Bildsignals liegende Bereich des Fernsehsignals (BILD Austastlücke). Er enthält die zur Zeilensynchronisation und zum Bildwechsel notwendigen Impulse, die auf dem Bildschirm nicht sichtbar sind, da sie ›schwärzer‹ als die dunkelsten Stellen des Zeileninhalts erscheinen.

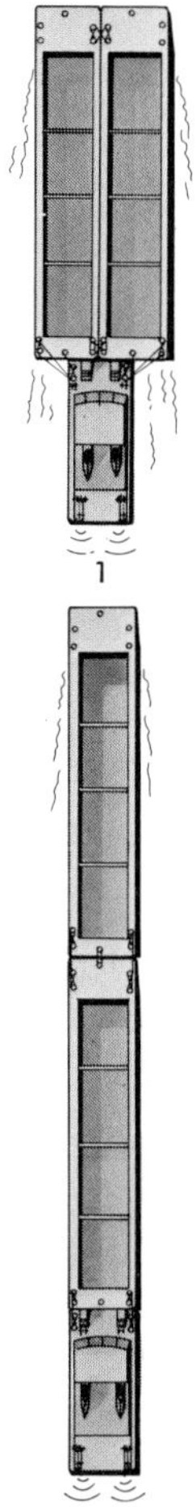

Schubschiffahrt: **1** und **2** Zweierverband, **1** Talfahrt im Fluß, **2** im Kanal oder Bergfahrt im Fluß

Schwarzerde, → Steppenschwarzerden.

schwarzer Körper, schwarzer Strahler, Planckscher Strahler [n. dem dt. Physiker M. Planck, * 1858, † 1947], Körper, der elektromagnet. Strahlung aller Wellenlängen vollständig absorbiert und entsprechend dem → Planckschen Strahlungsgesetz und dem → Stefan-Boltzmann-Gesetz emittiert. Die Strahlung eines s. K. **(schwarze Strahlung, Hohlraumstrahlung)** ist in jedem Spektralbereich stärker als diejenige irgendeines anderen Körpers von gleicher Temperatur. Praktisch wird der s. K. in beliebiger Näherung durch eine sehr kleine Öffnung in einem Hohlkörper mit strahlungsundurchlässigen Wänden konstanter Temperatur verwirklicht.

Schwarzes Loch, Black Hole [blæk həʊl, engl.], theoretisch postuliertes Endstadium der → Sternentwicklung bei massereichen Sternen; ein Stern, der infolge seiner eigenen Schwere in sich zusammenstürzt (→ Gravitationskollaps), einschließlich des sehr kleinen kugelförmigen Raumbereichs extrem hoher Materiedichte um ihn herum. Die Ausdehnung dieses Raumes ist durch den **Schwarzschild-Radius** $r_S = 2GM/c^2$ (G = Gravitationskonstante, M = Masse, c = Lichtgeschwindigkeit) bestimmt. Seine Oberfläche bildet einen Horizont, der weder Materie noch Photonen, d. h. keinerlei Signale, nach außen dringen läßt, so daß ein S. L. (Schwarzschildscher Art) nur an der starken Gravitationswirkung auf benachbarte Materie erkennbar ist. S. L. werden in engen Doppelstern-Systemen (z. B. Cygnus X-1) und im Zentrum der Quasare und Galaxien vermutet, ein zweifelsfreier Nachweis steht jedoch noch aus. – Da die Einwirkungen von Quanteneffekten auf das Raumzeitgefüge viel komplizierter sind als bisher angenommen (es gibt noch keine Theorie, die sowohl die allgemeine Relativitätstheorie als auch die Quantentheorie umfaßt) ist die Frage nach der Existenz und ggf. nach dem Verhalten von S. L. umstritten.

schwarze Strahlung, Hohlraumstrahlung, die von einem → schwarzen Körper ausgesandte Strahlung.

schwarze Temperatur, Temperatur, bei der ein → schwarzer Körper für eine gegebene Wellenlänge die gleiche Leuchtdichte aufweist wie der zu charakterisierende reale Strahler. Die s. T. ist immer niedriger als die wahre Temperatur des Strahlers.

Schwarze Zwerge, (hypothetische) sternähnl. Himmelskörper mit einer Masse kleiner als etwa 0,08 Sonnenmassen, bei denen die bei der gravitativen Verdichtung des Protosterns (→ Sternentwicklung) erreichte Temperatur zur Energieerzeugung durch Kernfusion nicht ausreicht. Es bildet sich ein kühler, nicht beobachtbarer Körper. – Die Bez. S. Z. wird manchmal auch für (wahrscheinlich in großer Zahl vorhandene) unbeobachtbare → Weiße Zwerge verwendet, die soweit abgekühlt sind, daß ihre Strahlung nicht mehr nachweisbar ist.

Schwarzlichtlampe, die → Analysenlampe.

Schwarzpegel, Schwarzwert, im Fernsehsignal der Bezugswert der Signalamplitude, der den schwarzen Bildstellen entspricht. Da der S. an best. Stellen des Übertragungsweges sich in Abhängigkeit vom Bildinhalt ändert, sind **Schwarzsteuerschaltungen** zur Wiedergewinnung eines konstanten S. erforderlich. Hierfür ist das Fernsehsignal im Anschluß an jeden Synchronimpuls mit einer **Schwarzschulter** versehen, deren Pegel immer dem S. entspricht. Beim Farbfernsehen wird auf der Schwarzschulter der Farbsynchronimpuls übertragen.

Schwarzpulver, Gemenge aus 64–80% Kaliumnitrat, 5–30% Schwefel und 5–25% Holzkohle. S. ist der älteste Explosivstoff, der heute zur Herstellung von Zündschnüren, in der Pyrotechnik und für Sprengungen in Steinbrüchen verwendet wird. S. explodiert bereits bei geringem Einschluß und mit ausschließlich schiebender Wirkung.

Schwarzsches Lemma [n. dem dt. Mathematiker H. A. Schwarz, * 1843, † 1921], grundlegender Satz der Funktionentheorie, f sei eine holomorphe Funktion im Einheitskreis, $f(0)=0$ und $|f(z)|<1$ für $|z|<1$. Dann gilt $|f(z)| \leqq z$ und $|f'(0)| \leqq 1$ für alle $|z|<1$, $|f(z)|=|z|$ gilt genau dann, wenn $f(z)=c \cdot z$ mit $c \in \mathbb{C}$ und $|c|=1$.

Schwarzsches Spiegelungsprinzip, Mathematik: Mittel zur analyt. Fortsetzung einer holomorphen Funktion, es beruht darauf, daß, falls das Gebiet G ein Stück der reellen Achse enthält und die in G holomorphe Funktion f in den reellen Punkten nur reelle Werte annimmt, die Werte von f in konjugiert komplexen Punkten von G konjugiert komplexe Zahlen sind.

Schwarzsche Ungleichung, Cauchy-Schwarz-Ungleichung [koʃ'i-, n. dem frz. Mathematiker A. L. Cauchy, * 1789, † 1857, und H. A. Schwarz], **1)** für alle Elemente x, y eines reellen oder komplexen Vektorraumes gilt für das → Skalarprodukt (x, y) die Ungleichung $|(x, y)| \leqq \sqrt{(x, x)}\,\sqrt{(y, y)}$ oder indem man die → Norm $\|x\| = \sqrt{(x, x)}$ einführt, $|(x, y)| \leqq \|x\| \cdot \|y\|$. Z. B. gilt im $\mathbb{R}^n$ mit $((x_1, \ldots, x_n), (y_1, \ldots, y_n)) = \sum_{i=1}^{n} x_i\, y_i$ als Skalarprodukt: $\left|\sum_{i=1}^{n} x_i\, y_i\right| \leqq \sqrt{\sum_{i=1}^{n} x_i^2} \cdot \sqrt{\sum_{i=1}^{n} y_i^2}$.

2) Das Skalarprodukt zweier komplexer, im Intervall $[a, b]$ quadratintegrierbarer Funktionen f und g ist durch $(f, g) = \int_a^b f(x)\overline{g(x)}\,\mathrm{d}x$ definiert, mit $\overline{g(x)}$ konjugiert komplex zu $g(x)$. Dann gilt die S. U. $|(f, g)| \leqq \sqrt{(f, f)}\,\sqrt{(g, g)}$, mit deren Hilfe das Skalarprodukt abgeschätzt werden kann.

Schwarzschild-Radius [n. dem dt. Astronomen K. Schwarzschild, * 1873, † 1916], → Schwarzes Loch.

Schwarzschulter, Fernsehen: → Schwarzpegel.

Schwärzung, Photographie: die Eigenschaft einer entwickelten Silberhalogenidschicht, an den belichteten Stellen geschwärzt zu erscheinen. Bei durchsichtigen Bildern bezeichnet man das Verhältnis von durchfallendem zu auffallendem Licht mit **Transparenz** T (bei undurchsichtigen Bildern sinngemäß **Reflexionsgrad** R). Den reziproken Wert von T oder R nennt man **Opazität** O. Für die S. gilt die Definition

$$S = \lg O = \lg \frac{1}{T}.$$

Die **S.-Kurve (charakterist. Kurve)** zeigt graphisch die Abhängigkeit der S. vom Logarithmus der → Belichtung. Die Steigung der im mittleren Bereich geradlinigen Kurve

Schwebung

nennt man **Gamma,** auch **Gammawert, Gradation, Kontrastfaktor.** Die S.-Kurve ist stark von der Art des lichtempfindl. Materials und der Entwicklung abhängig. Die S. in den unbelichteten Bereichen nennt man **Grundschleier.** Die Lage der S. 0,1 über dem Grundschleier ist ein Maß für die → Lichtempfindlichkeit. – Zur Messung der S. dienen **S.-Messer (Densitometer),** die nach dem Prinzip physikal. oder (wie der → Graukeil) visueller Photometer arbeiten (→ Photometrie).

Schwazit, Hermesit, Kupfer-Quecksilber-Antimon-Fahlerz mit Quecksilber-Gehalten bis 17%.

Schweb, → Schwebstoffe.

Schwebebahn, 1) Beförderungsmittel, bei denen elektrisch angetriebene Fahrzeuge an einem Fahrwerk hängen, dessen Räder auf einer Schiene **(Schienen-S.)** oder einem Seil **(Seil-S.)** rollen, oder bei denen Kabinen **(Kabinen-S.)** oder Sessel **(Sessellift,** → Bergbahnen) oder Behälter für den Materialtransport **(Material-S.)** an einem umlaufenden Seil festgeklemmt sind. Die bekannteste Schienen-S. verkehrt seit 1901 in Wuppertal auf einer Strecke von 13,3 km.

2) Schwebezug, → Magnetschwebebahn.

Schwebeflug, Flugzustand von → Hubschraubern oder anderen → Senkrechtstartflugzeugen, wobei das Luftfahrzeug in der Luft am gleichen Ort und in konstanter Höhe verharrt; Lagehaltung und Steuerung sind dabei erschwert. Der S. ermöglicht u. a. Aufnahme oder Absetzen von Personen oder Lasten bei fehlender Landemöglichkeit (Einsatz als ›fliegender Kran‹).

Schwebegestell, mit Hubtriebwerken sowie Steuer- und Stabilisierungseinrichtungen versehenes bemanntes Fluggerät zur Erprobung der Schwebeflugeigenschaften eines in Entwicklung befindl. → Senkrechtstartflugzeuges.

Schwebemethode, Mineralogie: Methode zur Bestimmung der Dichten kleiner homogener Mineralkörner. Dazu wird eine schwere Lösung so lange vorsichtig verdünnt, bis das betreffende Mineralkörnchen in ihr schwebt; dann haben Korn und Flüssigkeit die gleiche Dichte. Anschließend wird die Dichte der Flüssigkeit bestimmt.

Schweben, das Verhalten eines Körpers im Innern einer Flüssigkeit oder eines Gases, wenn er weder sinkt noch steigt (→ Auftrieb).

Schwebe|röstschmelz-Verfahren, Verhüttungsverfahren zur Gewinnung von Kupfer, Nickel, Zinn, Zink, Blei, Cadmium oder Germanium aus armen Erzen oder Konzentraten. Dabei werden die feinzermahlenen Erze mit den Zuschlägen und Brennstoffen in den Reaktionsofen geblasen. Die Schmelze enthält die Metalloxide.

Schwebezug, die → Magnetschwebebahn.

Schwebstoffe, Materieteilchen, die in Luft und anderen Gasen als feste (Staub, Rauch) und flüssige (Nebel) Stoffe (Aerosole) oder in Flüssigkeiten als Feststoff (z. B. Flußtrübe, Schweb), Sole, Emulsionen oder Schäume vorliegen können. S. setzen sich oder koagulieren, wenn überhaupt, oft nur sehr schwer; die Teilchen schweben in Luft, da ihre Fallgeschwindigkeit durch die Luftreibung kompensiert wird, in Wasser infolge Dichtegleichheit oder durch Turbulenz.

Schwebung, period. Schwankung der Amplitude einer Schwingung (BILD), entstanden durch Überlagerung zweier → harmonischer Schwingungen gleicher Richtung und gleicher Amplitude mit wenig verschiedenen Frequenzen f_1 und f_2. Die **S.-Frequenz,** d. h. die Anzahl der je Zeiteinheit auftretenden S., beträgt $f_s = f_1 - f_2$. Bei akust. Schwingungen wird die S.-Frequenz infolge nichtlinearer Verzerrungen im Mittelohr als selbständiger Differenzton

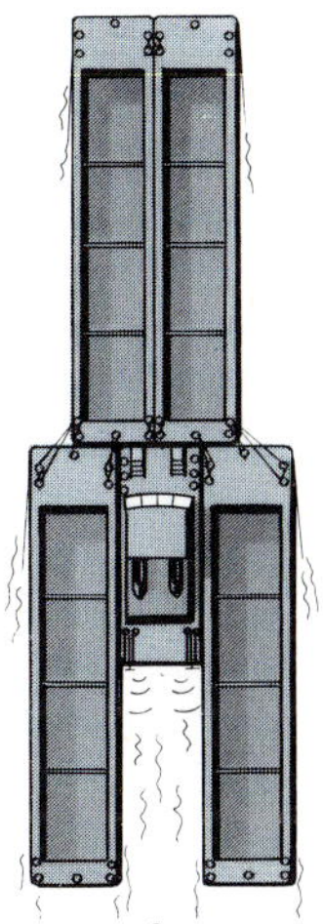

3

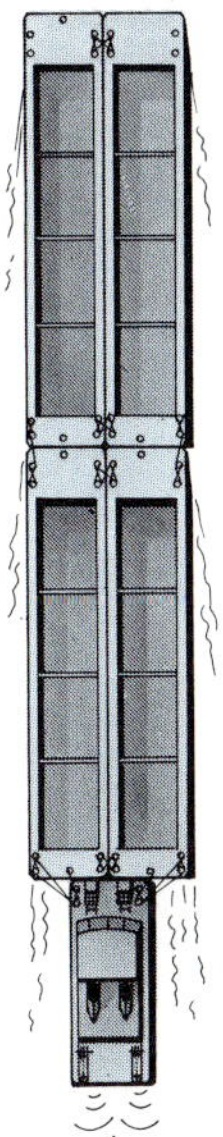

4

Schubschiffahrt: 3 und **4** Viererverband im Fluß, **3** Talfahrt, **4** Bergfahrt

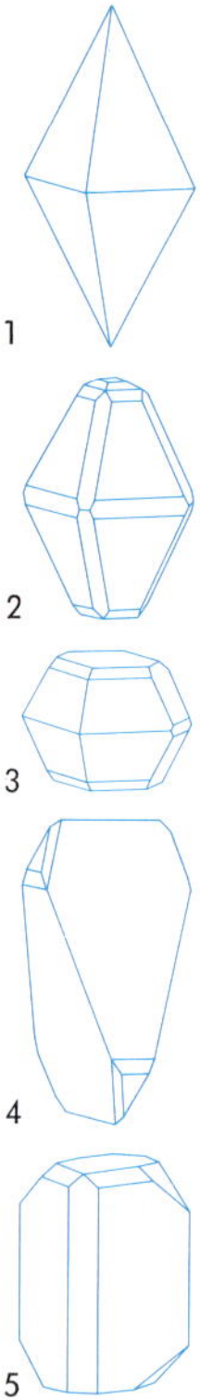

Schwefel 1–5: Kristalle, 1–4 rhombischer S., 5 monokliner S.

Schwefel 6: kristallisiert (Agrigent, Sizilien)

hörbar, wenn sie in den Hörbereich fällt. Bei der Stimmung von Musikinstrumenten wird die Übereinstimmung mit dem Stimmton dann erreicht, wenn die Schwebungen verschwinden.

Schwebungs|empfang, Heterodyn|empfang, Funktechnik: Empfangsverfahren zum Hörbarmachen tonloser Telegraphiezeichen. Der Empfangsschwingung wird eine um eine Tonfrequenz (z. B. 900 Hz) von ihr abweichende Hochfrequenz überlagert; durch Gleichrichtung wird die hörbare Differenzfrequenz **(Schwebungsfrequenz)** gewonnen.

Schwedler-Kuppel [n. dem Bauingenieur J. W. Schwedler, * 1823, † 1894], eine Kuppel, bei der den Meridianen Vielecke aus Sparrengliedern und den Breitenkreisen Vielecke aus Ringgliedern einbeschrieben sind. (BILD S. 281)

Schwefel, chem. Symbol **S,** ein → chemisches Element der Ordnungszahl 16, Nichtmetall. Neben vier natürl. stabilen Isotopen mit den Massenzahlen 32, 33, 34 und 36 sind sieben künstliche instabile Isotope bekannt. S. kommt in mehreren festen, flüssigen und gasförmigen Modifikationen vor. Der bei normaler Temperatur allein beständige gelbe, spröde kristalline **rhomb. S. (α-S.)** verwandelt sich bei 95,6 °C in **monoklinen S. (β-S.).** Die Kristallgitter beider S.-Modifikationen sind aus ringförmigen S_8-Molekülen **(Cycloocta-S.)** aufgebaut. Bei 190 °C schmilzt der β-S. zu einer hellgelben, bewegl. Schmelze **(λ-S.),** die mit steigender Temperatur braun und viskos wird. Die zunehmende Viskosität wird durch die Bildung hochmolekularer S.-Ketten **(μ-S.)** beim therm. Aufbrechen der S_8-Ringe erklärt. Die kettenförmigen S.-Moleküle zerbrechen bei zunehmender Temperatur zu kleineren Bruchstücken, so daß bei 400 °C wieder eine dunkelbraune, dünnflüssige Schmelze **(π-S., elast. S.)** vorliegt, die bei 446,6 °C siedet. Der **S.-Dampf** besteht zunächst aus S_8-Ringen, die mit steigender Temperatur in kleinere Bruchstücke (S_4, S_6) zerfallen und schließlich aus S_2-Molekülen bestehen. Beim langsamen Abkühlen von geschmolzenem S. finden diese Vorgänge in umgekehrter Reihenfolge statt. Schreckt man geschmolzenen S. etwa durch Eingießen in Wasser ab, so bildet sich **plast. S.,** ein Gemisch von λ- und μ-S. Durch rasches Abkühlen von S.-Dampf erhält man S. als feinverteiltes, blaßgelbes Pulver **(Schwefelblüte),** das zu einem großen Teil aus amorphem S. besteht. Bei einigen chem. Vorgängen wird S. in feinster Verteilung als **S.-Milch** abgeschieden.

S. ist ein Nichtleiter, der in Schwefelkohlenstoff gut, in Alkohol wenig und in Wasser unlöslich ist. Beim Erwärmen verbindet er sich mit vielen Elementen, so z. B. mit Kupfer unter Lichterscheinung und Bildung von Kupfersulfid. S. kommt in der Natur in gebundener und freier Form vor. 0,052 Gew.-% der zugänglichen Erdkruste bestehen aus S. – Gediegener S. entsteht in geringen Mengen als **vulkan. S.** Wirtschaftlich bedeutend ist der **sedimentäre S.,** der sich als unmittelbares Ausscheidungsprodukt sulfatabbauender Bakterien oder durch Reduktion von Sulfaten unter Mitwirkung organ. Stoffe bilden kann. Chemisch gebundener S. ist weit verbreitet, z. B. in den **Sulfaten** (als Gips, $CaSO_4 \cdot 2\,H_2O$) oder **Sulfiden** (wie im Pyrit, FeS_2, und Galenit, PbS). In vielen Eiweißstoffen tritt organisch gebundener S. bei Pflanzen und Tieren auf. Der Geruch fauler Eier rührt von S.-Verbindungen her. Steinkohle enthält bis zu 1,5% S.

Die techn. Gewinnung von S. aus gediegenem S. erfolgt durch Ausschmelzen schwefelhaltiger Gesteine (Italien) oder bei tiefergelegenen und bergmännisch schwer zugängl. Vorkommen (USA) durch Ausschmelzen mit überhitztem Wasserdampf (→ Frasch-Verfahren). Von zunehmender Bedeutung ist die Gewinnung des S. aus dem in vielen techn. Gasen enthaltenen Schwefelwasserstoff durch Verbrennen an geeigneten Katalysatoren.

S. dient zur Herstellung von Schwefelsäure, Schwefliger Säure, von Zündhölzern, Schwarzpulver und Malerfarben, zum Vulkanisieren von Naturkautschuk und als Pflanzenschutzmittel (→ Schwefeln). Biologisch ist S. ein für alle Lebewesen unentbehrliches Element. Er ist in allen Eiweißkörpern enthalten. Die Wirkung vieler Enzyme beruht auf SH-Gruppen (Atmungsstoffwechsel, Fettsäureaufbau u. a.). In heterozykl. Bindung tritt S. in einigen Vitaminen (z. B. Thiamin, Biotin) auf. S. ist zudem Bestandteil einiger Antibiotika (z. B. Penicillin) und der Senföle. Medizinisch wird S. v. a. äußerlich verwendet bei Erkrankungen der Haut (Ekzem, Furunkulose u. a.) in Form von Puder, Salben, Pasten, Schüttelmixturen, Seifen und Bädern.

Geschichte. S. wurde 1777 von A. L. LAVOISIER als Element erkannt. Schwefelhaltige Verbindungen sind schon seit dem Altertum bekannt und wurden zum Bleichen und zur Desinfektion benutzt.

Schwefelblüte, blaßgelber, pulvriger → Schwefel.

Schwefeldioxid-Immissions|schäden, die durch Schwefeldioxid, SO_2, als gasförmige Luftverunreinigung verursachten Schäden (→ Luftverschmutzung). An Pflanzen treten nach Zerstörung größerer Zellverbände des Blattgewebes Flecke bes. zw. den Blattrippen auf, Nadeln verfärben sich. Die Pflanzenarten und -sorten variieren in ihrer Anfälligkeit beträchtlich. Der Schadumfang nimmt progressiv mit Steigerung der SO_2-Konzentration zu. Die im Blattgewebe ablaufenden physiolog. Prozesse werden nachhaltig betroffen; der Wassersog wird unterbrochen, der Vertrocknungsprozeß setzt ein, die Assimilation wird geschwächt, Eiweiß- und Karotingehalt sinken.

Um Schädigungen durch SO_2 auszuschließen, müßte die Konzentration in der Luft stets unterhalb der geltenden Toleranzgrenze bleiben (→ Immissionswerte).

S.-I. an Gebäuden, Denkmälern und Kunstwerken werden von Säuren verursacht (›saurer Regen‹, → Niederschlag 2), die beim Zusammenwirken von gasförmigem SO_2 und Luftfeuchtigkeit entstehen; es sind meist Korrosionen an den Materialien.

Bei Mensch und Tier treten Reizungen der Schleimhäute und Atembeschwerden auf, wenn die Konzentration ein Mehrfaches der Toleranzgrenze beträgt.

Schwefelfarbstoffe, chemisch uneinheitliche Farbstoffe, die durch Erhitzen von aromat. oder heterozykl. Verbindungen mit Schwefel oder Schwefel abgebenden Stoffen hergestellt werden. S. (z. B. Schwefelschwarz) sind wichtige Textilfarbstoffe. Auf Baumwollfasern werden lösliche Leukoverbindungen aufgezogen, die anschließend durch Oxidation in die färbenden Verbindungen umgewandelt werden.

Schwefelkies, das Mineral → Pyrit. (→ Kiese)

Schwefel|leber, frisch leberbraune, später grüngelbe Stücke **(Hepar sulfuris),** Gemisch aus Kaliumpolysulfid, Kaliumsulfat und Kaliumthiosulfat **(Kali-S.);** wird für medizinische (Schwefel-)Bäder verwendet.

Schwefeln, 1) Verwendung von feinverteiltem Schwefel (Schwefelkalkbrühe) als fungizides Pflanzenschutzmittel im Obst- und Weinbau sowie im Gewächshaus.

2) Behandlung eines Substrats mit gasförmigem oder in

Wasser gelöstem Schwefeldioxid (auch mit Lösungen von Sulfiten, Hydrogen- oder Disulfiten), wobei die desinfizierende (konservierende) oder die reduzierende Wirkung von Schwefeldioxid ausgenutzt wird. So wirken z. B. 2 Vol.-% Schwefeldioxid innerhalb sechs Stunden in geschlossenen Räumen insektentötend (früher Schwefelräucherung von Krankenzimmern), was heute noch zum Vergasen von Ungeziefer (z. B. Wühlmäusen und Ratten), Insekten u. ä. angewendet wird. Lebensmittel, v. a. Obst, Gemüse und Silofutter werden durch S. haltbar gemacht. Fässer und Konservengläser lassen sich durch S. sterilisieren, Textilien, Stroh, Zucker und andere Lebensmittel bleichen. Das beim S. verwendete Schwefeldioxid ist stark toxisch. Der MAK-Wert ist auf 13 mg/m^3 festgesetzt.

Schwefelsäure, chem. Formel H_2SO_4, eine der wichtigsten anorgan. Säuren, eine farb- und geruchlose ölige Flüssigkeit; D. 1,836, Schmelz-P. 10,3 °C. Mit Wasser ist S. beliebig mischbar, wobei infolge Bildung von Hydraten ($H_2SO_4 \cdot x\ H_2O$, $x = 1–8$) eine starke Selbsterwärmung auftritt, die bis zur Verdampfung und zum Verspritzen der S. führen kann. Ein azeotropes Gemisch mit 1,7% Wasser siedet bei 338 °C. Die wichtigste Handelsform ist die **konzentrierte S.** mit 96% H_2SO_4. **Rauchende S.** enthält in S. gelöstes Schwefeltrioxid. Konzentrierte S. wirkt stark wasseranziehend und wird als Trockenmittel für Gase und chem. Stoffe verwendet (z. B. im → Exsikkator). Sie zerstört organ. Stoffe (Zucker, Stärke, Holz, Papier) unter Wasserentzug und langsamer Verkohlung. S. wirkt stark ätzend.

S. ist eine starke, zweibasige Säure. Bereits konzentrierte S. ist etwas dissoziiert und leitet den elektr. Strom. Verdünnte S. löst alle Metalle auf, die unedler als Wasserstoff sind (→ Spannungsreihe). Sie bildet **Sulfate,** mit den Alkalimetallen auch **Hydrogensulfate.** Die meisten Sulfate sind wasserlöslich. Schwerlöslich sind die Erdalkalisulfate (Nachweis des SO_4-Ions als schwerlösl. Bariumsulfat, $BaSO_4$) und Bleisulfat, $PbSO_4$. Viele Sulfate kristallisieren als → Hydrate **(Vitriole).** Die Sulfate der dreiwertigen Metalle sind thermisch instabil und zerfallen beim Erhitzen unter Abgabe von S. Auf diese Weise wurde schon im 15. Jh. S. hergestellt **(Vitriolöl).** – Die **Disulfate (Pyrosulfate)** entstehen aus den Alkalihydrogensulfaten durch Erhitzen; bei weiterer Temperatursteigerung entweicht **Schwefeltrioxid.**

Hydrogen- und Pyrosulfate können durch diese Abspaltung von Schwefeltrioxid schwer angreifbare Metalloxide in lösl. Sulfate überführen **(Schmelzaufschluß).** Konzentrierte S. wirkt auf viele Stoffe oxidierend, bes. in der Hitze; sie kann dabei in elementaren Schwefel und Schwefeldioxid übergehen. In der Natur kommt freie S. selten vor. Die Sulfate dagegen sind weit verbreitet.

Die techn. Darstellung der S. erfolgt nach dem Kontakt- und dem heute selten angewandten Bleikammerverfahren. Bei beiden geht man von Schwefeldioxid (SO_2) aus, das durch Verbrennen von Schwefel oder durch Rösten sulfid. Erze, bes. Pyrit, FeS_2, gewonnen wird. Auch durch Umsetzung von Anhydrit, $CaSO_4$, mit Kohlenstoff (Koks) kann SO_2 erzeugt werden. Beim älteren **Bleikammerverfahren** wird das vorgereinigte heiße SO_2-Luftgemisch im Glover-Turm mit nitroser Säure zusammengebracht und in den mit Blei ausgekleideten Kammern mit Stickstoff-Oxiden, die als Sauerstoffüberträger wirken, und eingesprühtem Wasser zu S. umgesetzt. Am Boden der Kammer fällt dabei eine etwa 60%ige S. an **(Kammersäure),** die direkt zur Herstellung von Superphosphat, Ammoniumsulfat u. a. Sulfaten verwendet werden kann. Im Gay-Lussac-Turm wird aus restlichen stickoxidreichen Gasen wieder nitrose Säure gewonnen. Beim **Kontaktverfahren** werden praktisch die gleichen, SO_2 und Luft enthaltenden Verbrennungs- oder Röstgase verwendet. Im Kontaktofen findet bei 450–500 °C an Katalysatoren (Kontakten) die Oxidation zu Schwefeltrioxid (SO_3) statt. Als Kontakt wird heute fast ausschließlich Vanadinpentoxid, V_2O_5, verwendet. Das gebildete SO_3 wird von konzentrierter 98%iger S. aufgenommen. Durch Verdünnen mit Wasser werden handelsübl. Konzentrationen hergestellt. Lösungen von SO_3 in 100%iger S. sind als **rauchende S. (Oleum)** in verschiedenen Gehalten an SO_3 gebräuchlich. Sie dient im großen Umfang zur → Sulfonierung organ. Verbindungen.

S. gehört zu den in großen Mengen großtechnisch hergestellten Chemikalien. Sie ist wichtig für die Herstellung von Kunstdüngern, zur Darstellung anderer Mineralsäuren wie Salz- und Phosphorsäure, zur Herstellung von Farbstoffen, Kunstseide, Zellwolle und anderen organ. Verbindungen, von Natriumsulfat (Glauber-Salz) zur Glasbereitung und als Akkumulatorsäure. **Schwefelsäure|di|amid,** das → Sulfamid, **Schwefelsäure|dimethylester,** das → Dimethylsulfat.

Schwefelverbindungen. Schwefel tritt in seinen Verbindungen in den Oxidationsstufen von –2 bis +6 auf. Die wichtigste Verbindung mit Wasserstoff ist **Schwefelwasserstoff,** H_2S, ein farbloses, sehr giftiges Gas von charakterist., in kleinsten Konzentrationen wahrnehmbarem Geruch nach faulen Eiern. Seine Lösung in Wasser hat die Eigenschaften einer schwachen, zweibasigen Säure mit schwach reduzierenden Eigenschaften. H_2S kann aus den Elementen synthetisiert werden oder einfacher aus seinen Salzen, den **Sulfiden,** mit Mineralsäuren. Während die Alkali- und Erdalkalisulfide leicht löslich sind und in Wasser infolge Hydrolyse alkalisch reagieren, sind die Sulfide vieler Schwer- und Halbmetalle schwer löslich und stark gefärbt. Sie bilden zahlreiche Minerale, die als **Glanze, Blenden** und **Kiese** bezeichnet werden. Die lösl. Sulfide können zusätzlich elementaren Schwefel aufnehmen unter Bildung von **Polysulfiden.** So entsteht gelbes **Ammoniumpolysulfid,** $(NH_4)_2S_n$, durch Eintragen von Schwefel in Ammoniumsulfid; es wird mit gasförmigem Schwefelwasserstoff und dem beim Sättigen einer verdünnten Ammoniaklösung mit H_2S entstehenden **Ammoniumhydrogensulfid,** NH_4HS, in der qualitativen chem. Analyse verwendet. Neben der Fällung von Gruppen von Sulfiden bei verschiedenen pH-Werten wird auch die Löslichkeit vieler Sulfide in Ammonium- oder Alkalisulfid unter Bildung lösl. **Thiosalze** in der chem. Analyse zu Trennungen ausgenutzt. Beim Eintragen von Alkalipolysulfid in überschüssige Säure bilden sich die ölartigen, sehr zersetzl. **Polyschwefelwasserstoffe, Polysulfane,** H_2S_n.

Schwefeldioxid, SO_2, ist ein farbloses, stechend riechendes Gas, das beim Verbrennen von Schwefel entsteht; Siede-P. –10,0 °C, Schmelz-P. –72,5 °C. Beim Auflösen von SO_2 in Wasser bildet sich die mittelstarke zweibasige **Schweflige Säure,** H_2SO_3, die rein nicht darstellbar ist. Ihre Salze, die **Sulfite** und **Hydrogensulfite,** sind meist löslich und gute Reduktionsmittel. Sie finden als Bleichmittel Verwendung, **Calciumhydrogensulfit,** $Ca(HSO_3)_2$, wird bei der Zellstoffherstellung aus Holz verwendet **(Sulfitzellstoff),** SO_2 wird zur Schädlingsbekämpfung eingesetzt. Es entsteht in großen Mengen bei der Verbrennung von Kohle und Heizöl und trägt erheblich zur Luftverschmutzung bei. – **Schwefeltrioxid (Schwefelsäureanhydrid),** SO_3, kommt als eisartige, kristallisierte Form,

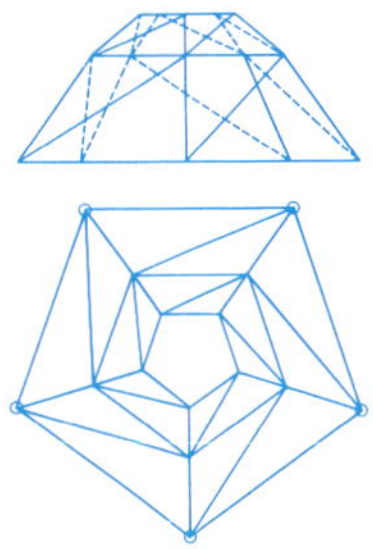

Schwedler-Kuppel

Schmelz-P. 16,8 °C, Siede-P. 44,8 °C, und als asbestartige Form (α-SO_3, β-SO_3) in seidig glänzenden Kristallen von unscharfem Schmelz-P. vor. Mit Wasser verbindet es sich explosionsartig unter Bildung von Schwefelsäure. Alle anderen Oxide des Schwefels sind unbeständig und ohne prakt. Bedeutung.

Die **Sauerstoffsäuren** des Schwefels haben die allg. Form H_2SO_n (vier Säuren mit $n = 2$–5) und $H_2S_2O_n$ (fünf Säuren mit $n = 4$–8). Weitere Säuren entstehen durch Ersatz von Sauerstoffatomen durch Schwefel. Von diesen sind neben der eigtl. Schwefelsäure nur die **Peroxymonoschwefelsäure,** H_2SO_5 (Carosche Säure), und die **Peroxodischwefelsäure,** $H_2S_2O_8$, in freiem Zustand bekannt, die ebenso wie ihre Salze starke Oxidationsmittel sind. Von den übrigen Sauerstoffsäuren haben einige Salze Bedeutung, z. B. das **Natriumthiosulfat,** $Na_2S_2O_3$, als Fixiersalz in der Photographie, und **Natriumdithionit,** $Na_2S_2O_4$ (Blankit), ein sehr starkes Reduktionsmittel, das in der Bleicherei und Küpenfärberei verwendet wird.

Schwefel bildet mit den Halogenen zahlreiche S. der allg. Form SX_2, SX_4, SX_6 und S_2X_2. Daneben sind auch sauerstoffhaltige Halogenverbindungen des Typs OSX_2 **(Thionylhalogenide)** und O_2SX_2 **(Sulfurylhalogenide)** bekannt. Die Neigung zur Verbindungsbildung mit den Halogenen nimmt mit steigendem Atomgewicht ab. Schwefel-Jod-Verbindungen sind nicht bekannt. **Dischwefeldichlorid,** S_2Cl_2 **(Chlorschwefel),** ist eine gelborange Flüssigkeit, die beim Vulkanisieren des Kautschuks verwendet wird. **Thionylchlorid,** $SOCl_2$, das Säurechlorid der Schwefligen Säure, **Sulfurylchlorid,** SO_2Cl_2, das Säurechlorid der Schwefelsäure, sowie **Chlorsulfonsäure,** HSO_3Cl, sind farblose Flüssigkeiten, die in der präparativen Chemie verwendet werden. **Schwefelkohlenstoff,** CS_2, eine farblose, giftige Flüssigkeit, entsteht beim Überleiten von Schwefeldampf über glühende Holzkohle. Er ist brennbar und von typ. Geruch. Als Lösemittel findet er vielseitige Anwendung, ebenso zur Schädlingsbekämpfung und beim Vulkanisieren des Kautschuks. Von den zahlreichen organ. S. sind bes. die → Thiole, → Thioäther und → Sulfonsäuren wichtig.

Schwefel-Yperit, ein chem. Kampfstoff, → Lost.

Schweflige Säure, → Schwefelverbindungen.

schweifen, 1) gekrümme Konturen im Holz mit der Schweif-, Stich-, Band- oder Dekupiersäge sägen.

2) Metallbearbeitung: ein Blech durch einseitiges → Recken 1) mit dem Reckhammer vorwiegend in der Blechebene krümmen.

Schweigezone, Akustik: die Zone des Schweigens (→ Hörbarkeitszonen).

Schweinfurter Grün, intensiv grünes Kupferpigment, $Cu(CH_3COO)_2 \cdot 3\,Cu(AsO_2)_2$ (Kupfer(II)-acetatarsenit), fällt beim Zusammengießen von heißer arseniger Säurelösung mit Kupfer(II)-acetat aus; sehr licht- und luftbeständig; wegen seiner Giftigkeit kaum mehr als Farbe benutzt; nur noch als Unterwasseranstrich für Schiffe gegen Algenbewuchs erlaubt.

Schweißen, Fertigungstechnik: Verbinden metall. Werkstoffe sowie thermoplast. Kunststoffe durch Wärme **(Schmelz-S.)** oder Druck und Wärme **(Preß-S.).**

Metallschweißen. Als Wärmequelle dienen die Gasflamme eines Schweißbrenners **(Gas-S., autogenes S.),** der elektr. Lichtbogen **(Lichtbogen-S.),** elektr. Strom **(Widerstands-S.),** Strahlenergie **(Elektronenstrahl-S., Laser-S.** [lˈeɪzə-], **Plasma-S.),** chem. Reaktion **(aluminotherm. S.),** geschmolzene Metalle **(Gieß-S.),** Reibung **(Reib-S., Ultraschall-S.)** und beim **Feuer-S.** offenes Feuer oder ein Ofen.

Zu den **Preßschweißverbindungen** gehört als älteste Form das Feuer-S. im Schmiedefeuer oder im Ofen durch Hämmern, Walzen oder Pressen. Widerstandspreß-S. oder Reib-S. lassen sich gut automatisieren. Beim Abbrennstumpf-S. werden die Teile an den Stirnflächen zunächst stetig abgebrannt und erwärmt, bis sie schlagartig zusammengestaucht werden; beim Preßstumpf-S. werden die sich an der Schweißstelle erwärmenden Teile durch stetiges Stauchen vereinigt. Reib-S. und Diffusions-S. ermöglichen das Vereinigen von Werkstücken mit unterschiedl. Querschnitten und z. T. unterschiedl. Werkstoffen. Widerstands-Punkt- und Naht-S. dienen v. a. zum Verbinden von Blechteilen. Aufeinanderliegende Flächen können mit stiftförmigen Elektroden (Punkt-S.) oder mit Rollenelektroden (Naht-S.) verschweißt werden.

Am häufigsten angewendet wird das **Schmelz-S.,** bes. als Gas- und Lichtbogen-S. Dazu dient ein meist mit Acetylen und Sauerstoff betriebener Schweißbrenner (→ Daniellscher Hahn) oder ein Lichtbogen, der zw. Werkstück und Elektrode brennt. Oft wird artgleicher oder artverwandter Zusatzwerkstoff in Form von Draht oder Stäben auch als abschmelzende Elektrode zugeführt. Das Schmelzbad wird beim Gasschmelz-S. durch die Flamme, beim Lichtbogen-S. durch Schutzgas (Schutzgas-Lichtbogen-S.; → Inertgas), Schutzschienen (Unterschienen-S.), Pulver- (Unterpulver-S.) oder Schlackenschichten gegen die Atmosphäre abgeschirmt und z. T. auch metallurgisch beeinflußt. Beim Auftrags-S. wird gleicher Zusatzwerkstoff, z. B. zum Ausbessern von Werkstükken, oder hochwertiger Zusatzwerkstoff als Panzerung, z. B. gegen Korrosion oder Verschleiß, auf das Werkstück aufgeschmolzen. Die hohe Verbrennungswärme des Aluminiums bei der Reduktion von Metalloxiden wird beim aluminotherm. S. (Thermit-S., → Aluminothermie) besonders für Reparaturschweißungen genutzt. Beim Strahl-S. erlaubt die hohe Energiedichte ein S. auch hochschmelzender Werkstoffe oder Werkstoffpaarungen, wobei Elektronenstrahl-S. nur im Vakuum möglich ist.

In der Feinwerktechnik und der Elektronik ergeben sich besondere Probleme aus der Kleinheit der zu verbindenden Teile und den hohen Anforderungen an deren Präzision bei teilweise großen Stückzahlen (Massenfertigung). Hier müssen feinste Drähte, Folien und Kontaktflächen miteinander und untereinander verbunden werden. Die für das Kontaktieren bei der Herstellung von Halbleiterbauelementen verwendeten Verfahren sind das Thermokompressions-S. und bes. das Ultraschall-S. (→ Bonden). Weitere Verfahren, bei denen örtlich eng begrenzt schnell hohe Temperaturen erreicht werden, sind Widerstands-S. (z. B. als Kondensatorentladungs-S.), Laserstrahl-S. und Elektronenstrahl-S.

Kunststoffschweißen. Thermoplast. Kunststoffe können nach Erwärmen örtlich erweicht und mit oder ohne Schweißzusatzwerkstoff unter Druck vereinigt werden. Je nach der Wärmeerzeugung unterscheidet man Warmgas-, Heizelement-, Reib-, Hochfrequenz-, Ultraschall-S. Nicht schmelzbare Kunststoffe, z. B. Duroplaste, kann man nicht schweißen.

Geschichtliches. Das S. von Eisen wurde schon im 14. Jh. v. Chr. in Kleinasien geübt. Um 600 v. Chr. war wohl GLAUKOS VON CHIOS mit dem S. von Eisen vertraut.

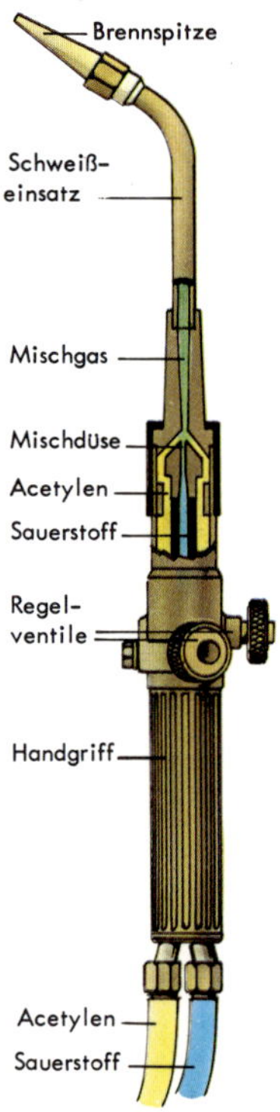

Schweißen 1: Acetylen-Niederdruck-Schweißbrenner (Schweißeinsatz im Schnitt dargestellt)

Das S. mit Acetylen-Sauerstoff-Flamme entwickelte v. a. der Franzose W. FOUCHÉ (1900/01). Die elektr. Widerstandsschweißung wurde 1877 von ELIHU THOMSON erfunden. Die Lichtbogenschweißung mit Kohleelektroden gab N. N. VON BENARDOS 1885, mit Metallelektroden der Russe N. G. SLAWIANOFF 1890 an. Die aluminotherm. Schweißung geht auf Arbeiten von H. GOLDSCHMIDT (1895) zurück. Im Zuge der Automatisierung wird auch das S. z. T. von automatischen Werkzeugmaschinen ausgeführt. (Weiteres BILD S. 284)

W. NEITZERT: S. und Heißsiegeln von Kunststoffen ([2]1972); Die Verfahren der Schweißtechnik, hg. v. Dt. Verband für Schweißtechnik (1974); K. G. FAAS u. J. SWOZIL: Verdrahtungen und Verbindungen in der Nachrichtentechnik (1974); W. MEWES: Kleine Schweißkunde für Maschinenbauer (1978); C. HASE u. W. REITZE: Lb. des Gas-S. und verwandter Autogenverfahren (1979); dies.: Lb. des Lichtbogen-S. ([2]1981); J. RUGE: Hb. der Schweißtechnik, 3 Bde. ([2]1980); Schweißtechnik: DIN-Tb., 8 ([8]1980), DIN-Tb., 65 ([3]1980).

Schweiß|ofen, Herdofen zum Erhitzen von Stahlblöcken auf Weißglut.

Schweißschlacke, bei Vulkanausbrüchen glutflüssig ausgeschleuderte Lavafetzen, die erst am Boden erkalten und mit diesem ›zusammenschweißen‹.

Schweizer Jade, Handelsname für → Saussurit.

schwelen, → Schwelung.

Schwelkohle, bitumenreiche Braunkohle zur Braunkohleschwelung, liefert mehr als 6% Teer.

Schwellbetrieb, früher **Schwallbetrieb,** der Betrieb einer Kette von → Laufkraftwerken, wobei während weniger Stunden Spitzenleistung (→ Spitzenkraftwerk) abgegeben und dabei nur kurzzeitig einem Kopfspeicher (→ Durchlaufspeicherung) ein Mehrfaches des natürl. Zulaufs entnommen wird. Dem Schwall folgend, werden durch eine Automatik die folgenden Kraftwerke in ihrer Leistung gesteigert und dann wieder auf Normalleistung zurückgeführt. I. d. R. dient ein unterer Speicher dem Wiederausgleich des Abflusses.

Schwelle, 1) der untere Abschluß einer Türöffnung, meist ein Holzbrett oder Stahlbeton- oder Metallbauteil.

2) Teil des → Eisenbahnoberbaus.

3) Aufwölbung der Erdoberfläche, bes. zw. großen Beckenlandschaften. S. gibt es auf dem Festland **(kontinentale S.)** wie auf dem Meeresboden **(submarine S.)**; i. Ggs. zu einem Rücken sind sie nicht deutlich von der Umgebung abgesetzt.

Schwellenwert, kleinster Wert einer Größe, der als Ursache einer erkennbaren Wirkung ausreicht, z. B. die krit. Magnetfeldstärke, bei der der supraleitende Zustand zusammenbricht. Der **S.-Detektor** spricht erst oberhalb eines best. S. an.

Schwel|ofen, Industrieofen zur Tieftemperaturverkokung von Kohle und Ölschiefer. Mit indirekter Beheizung arbeiten der **Drehrohr-, Schacht-** und **Schmalkammerofen** aus Stahl oder feuerfesten Steinen, direkte Beheizung hat der **Spülgasofen** (→ Schwelung). BILD S. 284

Schwelung, therm. Behandlung von Kohle, Holz, Ölschiefer und ähnlichen Brennstoffen unter Sauerstoffausschluß bis zu Temperaturen von etwa 700 °C. Als Produkte entstehen dabei v. a. **Schwelgas, Schwelteer** und **Schwelkoks.** Die S. von Kohle ist heute ohne Bedeutung.

Schwemmkegel, Schwemmfächer, fächerartige Ablagerung eines Flusses, z. B. bei der Einmündung eines Nebenflusses in das Haupttal, wobei infolge abnehmender Wassergeschwindigkeit die Transportkraft nachläßt und Lockersedimente abgelagert werden. S. sind flacher als die steileren Schuttkegel (→ Schutt).

Schwemmland, Ablagerung durch stehende oder fließende Gewässer aus geologisch jüngster Zeit, daher i. d. R. unverfestigt (z. B. Sand, Ton) und mit noch wenig entwickeltem Bodenprofil; z. B. Talauen und Marschen.

Schwemmrinne, Wasserbau: Rinne hinter einem Rechen zum Abschwemmen des Rechenguts.

Schwenkflügel, ein → Tragflügel, dessen Pfeilstellung (→ Pfeilflügel) durch Vor- oder Rückschwenken der beiden Flügelhälften während des Fluges veränderlich ist: geringe Pfeilung vorteilhaft für Start, Landung, Langsam- und Langstreckenflug, starke Pfeilung vorteilhaft für Hochgeschwindigkeitsflug. (→ Schrägflügel)

Schwenktransformator, ein → Zusatztransformator für Drehstrom, der mittels einer phasenverschobenen Zusatzspannung eine Phasendrehung (Schwenkung) bewirkt. Anwendung: zur Erhöhung der Anzahl der Stränge z. B. von 6 auf 12 oder 18 für die Speisung vielphasiger Stromrichter. (BILD S. 285)

Schwer|chemikali|en, in großen Mengen hergestellte, v. a. anorgan. Stoffe von techn. Reinheitsgrad, z. B. → Mineralsäuren, Ätzalkalien, Ammoniak.

Schwere, Eigenschaft eines Körpers, von einem anderen Körper, insbes. von der Erde, angezogen zu werden, die quantitativ durch die schwere → Masse erfaßt wird. Häufig wird unter S. auch die → Schwerkraft verstanden. In der Geophysik wird die Fallbeschleunigung g als **natürliche S.** bezeichnet, bei der **normalen S.** (→ Normalschwere) handelt es sich um einen theoret. Wert für die Schwerebeschleunigung.

Schwere|anomali|en, Geophysik: Abweichungen der beobachteten Schwere von der → Normalschwere, die geologisch bedingt sind und sich aus der Massenverteilung in der Erdkruste und im Erdinneren ergeben. Für geolog. Feldforschungen sind bes. wichtig die **Bouguer-Anomalien** [bug'ɛ:r-], die auf eine ideale Erdgestalt reduzierten, gemessenen Schwerewerte; sie erlauben, Massenüberschüsse (z. B. bei Erzvorkommen) oder Massendefizite (z. B. bei Salzen) festzustellen.

Schwerebeschleunigung, Fallbeschleunigung, → Schwerkraft, → Fall.

Schweredruck, → Hydrostatik.

Schwerefeld, Feld der → Schwerkraft eines Himmelskörpers, das den freien Fall eines Körpers bewirkt. Die Feldstärke des **ird. S.** ist durch die Fallbeschleunigung **(natürl. Schwerefeldstärke, natürl. Schwere)** g festgelegt.

Schwerelosigkeit, Gewichtslosigkeit, physikal. Zustand beim Fehlen der Andruck- und damit Schwerewirkung, z. B. an Bord eines antriebslos fliegenden Raumflugkörpers. S. kann kurzzeitig auch während best. Flugphasen in Flugzeugen oder Forschungsraketen auftreten.

schwere Lösung, 1) Aufbereitung: → Schwertrübesortierung.

2) Mineralogie: eine Flüssigkeit hoher Dichte; die Dichte kann durch Verdünnen reduziert (→ Schwebemethode) und anschließend durch Abdampfen wieder in den ursprüngl. Zustand versetzt werden.

Schweremessung, die Bestimmung der Schwere (Fallbeschleunigung), → Gravimetrie 2).

Schwerepotential, das Potential des → Schwerefeldes, insbes. das → Geopotential (der Erde). Auf den Flächen gleichen Potentials steht die Lotrichtung senkrecht

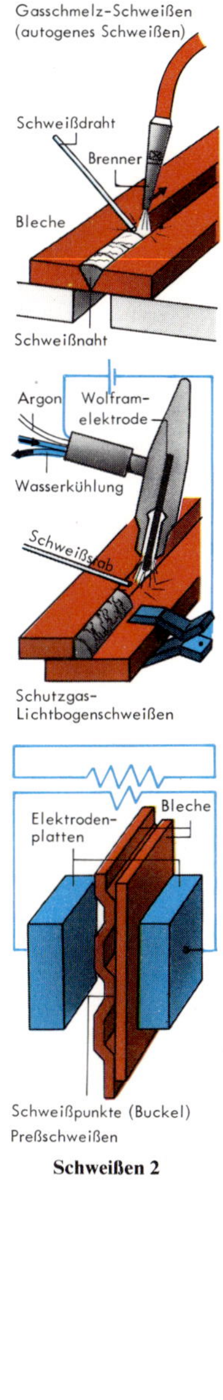

Schweißen 2

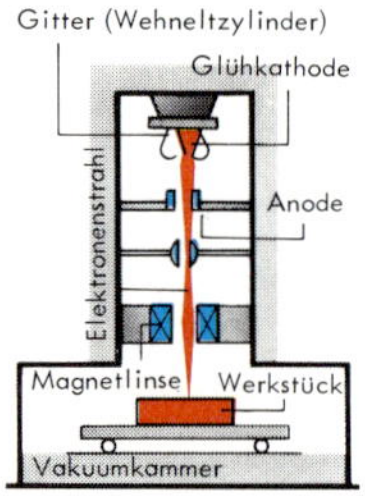

Elektronenstrahlschweißen

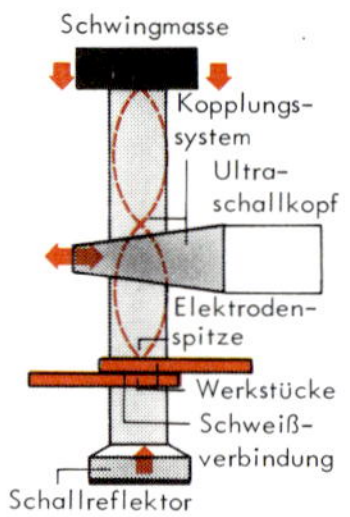

Ultraschallschweißen

Schweißen 3

(daher auch Niveauflächen). Der Abstand benachbarter Niveauflächen ist umgekehrt proportional der Schwere.

Schwere|reduktionen, die gemessenen Schwerewerte auf das → Geoid mit rechnerisch-graphischen Verfahren reduzieren. Mit der **Massenreduktion** werden die Unregelmäßigkeiten der Massenverteilung in der Umgebung eines Meßpunktes beseitigt, die **Niveaureduktion (Höhenreduktion)** bringt die Beobachtungsorte (unterschiedl. Höhenlage) auf das Geoid. Je nach den Kenntnissen oder Vorstellungen über die Massenverteilung gibt es verschiedene Arten von Massenreduktionen.

Schwerer Wasserstoff, das → Deuterium.

Schweres Wasser, Deuterium|oxid, chem. Zeichen D_2O, Wasser, in dem beide Wasserstoffatome durch → Deuterium ersetzt sind. D. bei 20 °C 1,1059, Schmelz-P. 3,82 °C, Siede-P. 101,43 °C. Hochprozentiges S. W. ist giftig. S. W. wurde 1933 von G. N. LEWIS und R. T. MACDONALD durch fortgesetzte Wasserelektrolyse hergestellt. Es ist ein wichtiger Moderator in Kernreaktoren.

Schweretrennung, Trennung von gepulverten Mineralgemischen auf Grund der unterschiedl. Mineraldichten mittels schweren Lösungen mit genau eingestellten Dichten.

Schwerewellen, Form der → Oberflächenwellen 2).

Schwerfahrzeug, Schwerwagen, Eisenbahnwagen, für dessen Beförderung besondere Bestimmungen gelten. Wagen mit über 40 t schweren Einzellasten, z. B. Tiefladewagen, Kranwagen, heißen **Schwerlastwagen.**

Schwer|ionenforschung, Forschungszweig, der sich mit der Erzeugung, Beschleunigung und Wirkung ein- oder mehrfach ionisierter Atome mit Massenzahlen größer als vier befaßt. Neben der reinen Grundlagenforschung **(Schwerionenphysik)** beschäftigt sich die S. auch mit anwendungsorientierten Problemen. Mit dem Hochfrequenz-Linearbeschleuniger UNILAC (Abk. für engl. Universal Linear Accelerator) der Gesellschaft für Schwerionenforschung mbH (GSI) in Darmstadt können Ionen aller chem. Elemente bis hin zum Uran auf sehr hohe Geschwindigkeiten gebracht und als Projektilsonden auf die Atome der Zielmaterie (engl. ›Targets‹) geschossen werden. Die schwersten Ionen haben dann Höchstenergien von rd. 2,5 GeV, d. h. rd. 10 MeV pro Nukleon (was einer Geschwindigkeit von rd. 15% der Lichtgeschwindigkeit entspricht). Diese Energie reicht aus, um selbst beim Stoß Uran auf Uran die durch die hohen Kernladungen bewirkte starke Coulomb-Abstoßung zu überwinden. Somit ist man in der Lage, Reaktionen von der Übertragung weniger Nukleonen von einem Kern auf den anderen bis zur Verschmelzung zw. zwei beliebigen natürlich vorkommenden Kernen zu untersuchen. Wählt man eine niedere Energie, so nähern sich zwei schwere Kerne nur aneinander an, ohne sich dabei zu berühren. Durch die abstoßenden Coulomb-Felder können die Kerne in Rotation versetzt, deformiert und sogar gespalten werden (Coulomb-Spaltung, → Kernspaltung). Beim Vorbeiflug eines schweren Ions an einem anderen Atomkern ist auch die kurzzeitige Bildung von superschweren → Quasimolekülen und Quasiatomen beobachtet worden. An solchen Systemen konnte auch das Auftreten von freien Elektron-Positron-Paaren beobachtet werden, hervorgerufen durch das starke elektr. Feld der beiden Kerne. Dies ist eine eindrucksvolle Bestätigung der Quantenelektrodynamik, die vorhersagt, daß der Raum in überkrit. Feldern prinzipiell nicht mehr teilchenfrei sein kann.

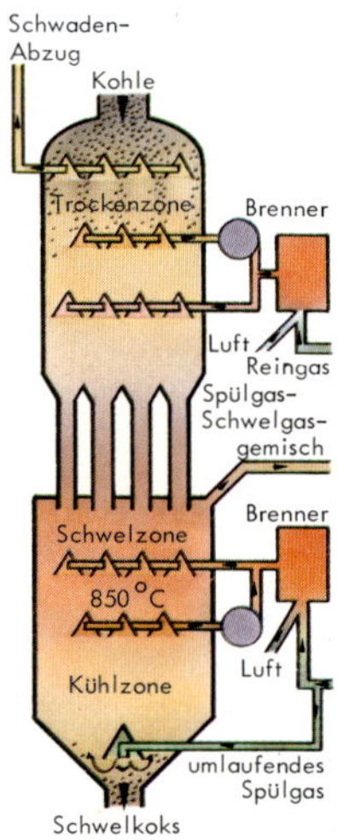

Schwelofen:
Schema eines Spülgas-S.

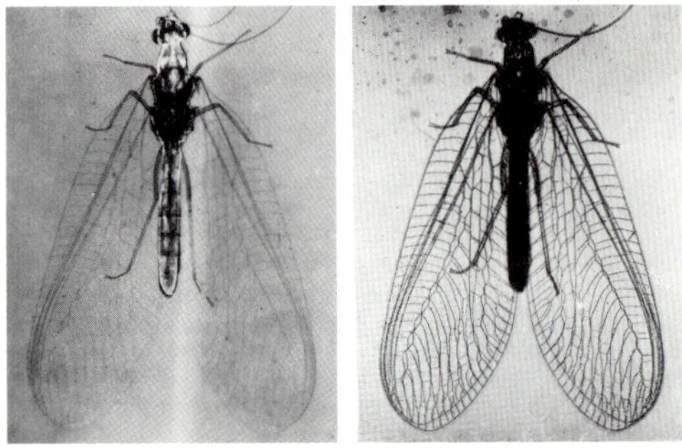
Schwerionenforschung:
LINKS Röntgenbild eines Insekts, RECHTS eine ›Durchleuchtung‹ mit Schwerionen, die geringere Dichteunterschiede (wie Flügelversteifungen) in solchen Objekten deutlicher sichtbar macht

Wird die Energie so weit erhöht, daß sich die Kerne berühren, wirken anziehende kurzreichweitige Kernkräfte zw. den Nukleonen, die den abstoßenden Coulomb-Kräften zw. den geladenen Protonen und den abstoßenden Zentrifugalkräften (die bei Rotation der Kerne um ihren gemeinsamen Schwerpunkt auftreten) entgegenwirken. Dabei können kurzzeitig Kernmoleküle gebildet werden (d. h. die Kerne sind aneinander gebunden). Wie diese Bindung zustande kommt, ist noch ungewiß, vermutlich werden Kernbestandteile untereinander ausgetauscht. Die theoret. Grundlage zur Beschreibung der Kernmoleküle liefert das Zweischalenmodell, das von der Annahme ausgeht, daß nur die am lockersten gebundenen Valenznukleonen beiden Kernen gemeinsam angehören, während die fester gebundenen Nukleonen der energetisch tiefer liegenden Schalen jeweils nur zu einem einzelnen Kern gehören. Die Kernmoleküle fliegen nach kurzer Lebensdauer entweder auf Grund der abstoßenden Kräfte zw. den Kernen auseinander oder werden durch die Kernkräfte zu einem größeren Atomkern verschmolzen.

Die im Schwerionenstoß mögl. Verschmelzung von Kernen hat zwar bisher nicht zur Erzeugung von stabilen → superschweren Elementen geführt, jedoch sind mit dem UNILAC 1978/79 erstmals extrem kurzlebige überschwere Zwischenprodukte (Lebensdauer etwa 10^{-20} s) mit Kernladungszahlen bis zu 115 gefunden worden. Bei der anschließenden Spaltung der durch die Verschmelzung entstandenen Kerne wurden mehr als 60 neue neutronenarme Isotope mittelschwerer und schwerer Elemente mit Ordnungszahlen bis 100 nachgewiesen.

1981 wurde bei der GSI das Element 107 eindeutig nachgewiesen. Das (durch die Verschmelzung von Chrom- mit Wismutatomkernen) erzeugte Isotop mit der Massenzahl 262 zerfällt mit einer Halbwertszeit von 0,005 s unter Aussendung eines α-Teilchens. 1982 wurde das Element 109 durch die Verschmelzung eines Eisenisotops (Fe 58) mit einem Wismutisotop (Bi 209) erzeugt (Halbwertszeit ≈ 0,005 s).

Weiterhin wurde eine neue Art des radioaktiven Zerfalls beobachtet, bei dem sich Atomkerne durch Aussendung von Protonen in Kerne mit einer um eins erniedrigten Ordnungszahl umwandeln (→ Radioaktivität).

Der UNILAC, der seit 1982 Energien bis 20 MeV je Nukleon liefert, soll durch ein Synchrotron erweitert werden, um schwerste Ionen bis auf Energien von 10000 MeV pro Nukleon zu beschleunigen, da man bei wesentlich höheren Energien völlig neue Phänomene erwartet, wie z. B. die Ausbildung von Machschen Wellen in Kernmaterie, Bildung neuer Kernkonfigurationen, Verdichtung der Kernmaterie zu Quarkmaterie, d. h. Materie, die nicht aus Nukleonen, sondern direkt aus den elementaren Bausteinen, den → Quarks, aufgebaut ist.

Anwendung schwerer Ionen. **Schwerionen-Lithographie:** Zur Herstellung von integrierten Schaltkreisen mit extrem kleinen Abmessungen eignet sich bes. die → Lithographie 2) mit Schwerionen.

Weiterhin ergibt sich durch die geradlinige Bahn der hochenerget. schweren Ionen in Materie die Möglichkeit der Durchleuchtung oder Strukturermittlung (z. B. von Zellkernen). Hierbei können wesentlich geringere Dichteunterschiede als bei Verwendung von Röntgenstrahlen sichtbar gemacht werden (BILD).

Die Untersuchung der Reparaturmechanismen von Zellen nach Schwerionenbestrahlung liefert Erkenntnisse für den Strahlenschutz und die Strahlentherapie.

Erzeugung von Filtern: Beschießt man z. B. Glimmer oder Glas mit schweren Ionen (Einschlagtiefe etwa 0,1 mm), dann lassen sich an den Einschlagstellen Kanäle herausätzen. Es entstehen anders nicht herstellbare Filter höchster Feinheit und Güte.

Energiegewinnung: Der Trägheitseinschluß (→ Kernfusion) eines Fusions-Plasmas mit schweren Ionen scheint technisch aussichtsreich zu sein. Vorteile: Ihre Reichweite in der Brennstoffperle (Pellet) ist kurz und genau definiert, dadurch explodiert nur deren Haut. Die zum Betrieb des Beschleunigers aufzuwendende Energie wird mit relativ hohem Wirkungsgrad in die Energie der Ionen umgewandelt. Diese wiederum geben ihre Energie fast vollständig an das Pellet ab. Der Beschleuniger kann bis zu zehnmal je Sekunde einen Schwerionenstrahl zur Zündung liefern.

Schwerkraft, Gewichtskraft, die an der Oberfläche, in endl. Entfernung von dieser oder im Inneren eines Himmelskörpers (v. a. der Erde) auf einen materiellen Körper der Masse m wirkende massenabhängige Kraft $\boldsymbol{G}$. Sie ist die Resultierende aus der Gravitationskraft $\boldsymbol{F}$ und der von der Rotation des Himmelskörpers herrührenden Zentrifugalkraft $\boldsymbol{Z}$. Bei kugelsymmetr. homogener Masseverteilung ist die Gravitationskraft $\boldsymbol{F}$ zum Mittelpunkt des Körpers gerichtet und wächst im Inneren linear von Null im Mittelpunkt mit dem Abstand r zum Maximalwert an der Oberfläche an. Die senkrecht von der Drehachse weggerichtete Zentrifugalkraft hat an der Oberfläche den Betrag $|\boldsymbol{Z}| = mR\omega^2 \cdot \cos \varphi$ (φ = geograph. Breite; ω = Winkelgeschwindigkeit der Rotation; R = Radius). Die S. $\boldsymbol{G} = m\boldsymbol{g}$ und damit auch die Schwerebeschleunigung $\boldsymbol{g}$ (Fallbeschleunigung, natürliche Schwere) weicht durch die Breitenabhängigkeit der Zentrifugalkraft geringfügig von der Richtung zum Mittelpunkt der Massenverteilung hin ab, ihr Betrag erhöht sich vom Äquator zum Pol, was durch die Abplattung der rotierenden Himmelskörper noch verstärkt wird. Unter der Einwirkung der Horizontalkomponente der Zentrifugalkraft hat sich die Erde abgeplattet; sie ähnelt einem Ellipsoid (→ Geoid). Die Fallbeschleunigung beträgt am 45. Breitengrad in Meereshöhe 9,81 m/s^2, am Äquator 9,78 m/s^2 und an den Polen 9,83 m/s^2.

Schwerkraftlinse, die → Gravitationslinse.

Schwermetalle, Metalle und Legierungen mit einer Dichte über 4,5 g/cm^3, u. a. Eisen, Kupfer, Nickel, Wolfram, Silber, Gold, Platin, Blei, Zinn, Zink (→ Leichtmetalle, → chemische Elemente, → Metalle). – Salze von S. können im Boden zu Pflanzenschädigungen führen.

Schwerminerale, bes. widerstandsfähige Leitminerale mit einer Dichte größer als 2,9, v. a. in Sedimentgesteinen, z. B. Zirkon, Rutil, Turmalin, Granat, Disthen, Epidot. Aus **S.-Analysen** (Anteil, Farbe, Korngröße und -form) ergeben sich Hinweise auf Herkunft und Bildungsbedingungen des Sediments. Anhäufungen von nutzbaren S. heißen **S.-Seifen** (→ Seifen 2).

Schwer|öl, bei der Erdölverarbeitung, Teerdestillation, Kohlehydrierung u. a. anfallende hochviskose, hochsiedende oder nicht destillierbare Produkte.

Schwer|ölmotor, ein → Dieselmotor, der mit → Schweröl (bes. Bunkeröl) betrieben werden kann. Dabei muß der Kraftstoff durch Erwärmung für die Einspritzanlage dünnflüssig genug gemacht werden. Besondere Maßnahmen sind gegen den verstärkten Korrosionsangriff durch den Schwefel- und Vanadiumgehalt des Schweröls nötig.

Schwerpunkt, 1) Mathematik: Der **S. eines Dreiecks** liegt auf dem Schnittpunkt der Seitenhalbierenden (der **Schwerlinien).**

2) Physik: der → Massenmittelpunkt.

Schwerpunktsatz, einer der physikal. → Erhaltungssätze: Der Schwerpunkt eines materiellen Systems behält seine Lage unverändert bei oder führt eine geradlinig gleichförmige Bewegung aus, solange keine äußeren Kräfte einwirken. Greifen äußere Kräfte an, bewegt er sich so, als ob die gesamte Masse im Schwerpunkt konzentriert wäre. Der S. ist wegen der Gleichwertigkeit von Schwerpunktimpuls und Gesamtimpuls mit dem **Impulserhaltungssatz** gleichzusetzen.

Schwerpunktskoordinaten, die → baryzentrischen Koordinaten.

Schwerpunktsystem, → Hochenergiephysik.

Schwerspat, Mineral, der → Baryt.

Schwerstange, → Bohrstrang.

Schwert, Schiffbau: bei flachbodigen Booten mittschiffs aus einem **S.-Kasten** absenkbare Platte, die beim Segeln die Abdrift vermindert und ein Kreuzen ermöglicht. **Seiten-S.** werden seitlich an der Bordwand ins Wasser gehängt.

Schwertfisch, Goldfisch, lat. **Dorado,** Astronomie: ein → Sternbild des südl. Himmels, in dem der Südpol der Ekliptik und die Große Magellansche Wolke liegen.

Schwertgehänge, Bez. für eine Sterngruppe im Sternbild → Orion.

Schwer|trübesortierung, verbreitetes Sortierverfahren für ein körniges Haufwerk nach seiner Dichte in **Schwertrüben** (Aufschlämmungen feinster Feststoffteilchen in Wasser) und in Ausnahmefällen **Schwerflüssigkeiten** (meist organ. Flüssigkeit) mit bekannter, einstellbarer Dichte **(schwere Lösung).** Geräte: **Konus-** oder **Kastenscheider, Heberadscheider, Schwertrübezyklon,** besonders in der Steinkohleaufbereitung.

Schwerwasser|reaktor, ein → Kernreaktor mit Schwerem Wasser (D_2O) als Kühlmittel und Moderator. Da das D_2O eine wesentlich geringere Neutronenabsorption als H_2O hat, kann dieser Reaktor mit natürl. Uran (0,72% ^{235}U) in Stabbündelelementen betrieben werden. Die schlechteren Moderatoreigenschaften des D_2O erfordern jedoch getrennte Kühl- und Moderatorkanäle.

Schwerzuschlag, ein → Zuschlag mit hoher Kornrohdichte (Eisenerze, Schwerspat, Stahlgranalien u. a.) für die Herstellung von Schwer- und Strahlenschutzbeton (→ Beton).

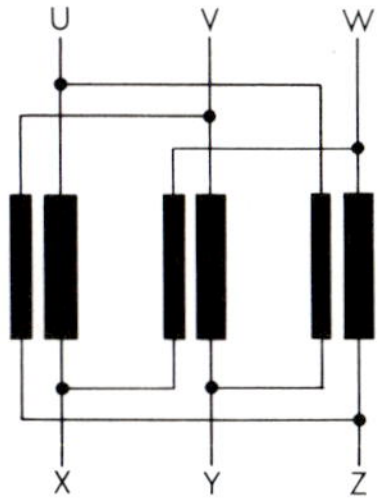

Schwenktransformator: U, V, W = Spannungszuführungen, X, Y, Z = Leitungen zu den Verbrauchern

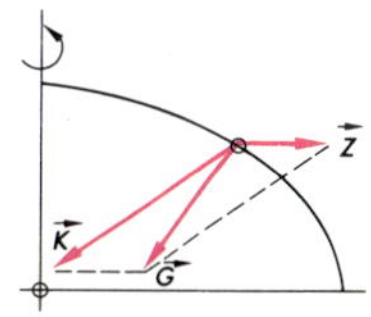

Schwerkraft: $\boldsymbol{F}$ = Gravitationskraft, $\boldsymbol{G}$ = Schwerkraft, $\boldsymbol{Z}$ = Zentrifugalkraft

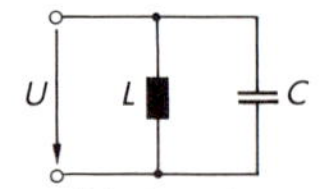

Parallelschwingkreis

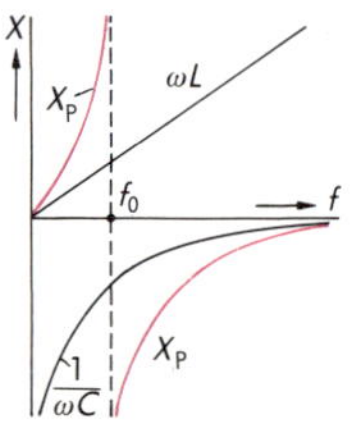

Blindwiderstand des Parallelschwingkreises X_P in Abhängigkeit von der Frequenz *f*

Schwingkreis 1: Parallel-S.

Schwimmbadreaktor, ein → Kernreaktor für Forschungs- und Testzwecke in Form eines großen Beckens mit Wasser als Kühlmittel, Moderator und Reflektor und plattenförmigen Brennelementen aus einer Uran-Aluminium-Legierung.

Schwimmen, die Eigenschaft eines Körpers, von einer Flüssigkeit getragen zu werden und teilweise aus ihr herauszuragen. Körper, deren Dichte kleiner ist als die der Flüssigkeit, schwimmen in jeder Lage allein durch statischen → Auftrieb **(passives S.).** Körper, die aus einem Material mit einer höheren Dichte als die der Flüssigkeit bestehen, schwimmen bei geeigneter Formgebung (z. B. Hohlform bei Schiffen) oder in Verbindung mit leichteren Körpern (z. B. Nichtschwimmer mit Schwimmgürtel) durch stat. Auftrieb, sobald die Gewichtskraft der von ihnen verdrängten Flüssigkeit gleich ihrer eigenen Gewichtskraft wird; bei geeigneter Bewegung schwimmen sie durch dynamischen Auftrieb (z. B. **aktives S.** des Menschen und der Landtiere).

Schwimmer, auf einer Flüssigkeit schwimmender Körper als Träger einer Last (S. bei Wasserflugzeugen) oder als Regelorgan, z. B. im Vergaser.

Schwimmsand, von Wasser durchtränkter, fließfähiger Feinsand **(Flottsand).**

Schwimmweste, Kork- oder Gummiweste (aufblasbar), die den Kopf des Trägers bei Bewußtlosigkeit über Wasser halten kann, ein Rettungsmittel auf See.

Schwindung, Schwinden, auch **Schrumpfen,** die Verkleinerung der Länge oder des Volumens, z. B. von Beton und Holz beim Austrocknen, von Tonwaren beim Trocknen und Brennen, von Metallen und Kunststoffen nach der Formgebung beim Abkühlen und Erhärten. Ungleichmäßiges Austrocknen kann bei Holz zum Werfen, bei Beton u. a. zu **Schwindrissen** führen. Kunststoffe können noch einer **Nach-S.,** z. B. durch molekulare Strukturänderung, unterliegen.

Die **Schwindmaße (Schwundmaße)** werden in Längen- oder Volumen-% oder in mm/m angegeben; sie betragen z. B. bei Stahlguß rd. 2%, bei Beton rd. 0,5 mm/m, bei Kunststoffen etwa 0,1–3%; bei Holz → Holz.

Schwing|achse, veraltet für unabhängige Radaufhängung, z. B. Pendel-, Lenkerachse, → Achsanordnung.

Schwingbeiwert, Stoßzahl, Bautechnik: Zahl größer als 1, mit der die Spannungen der Bauteile aus ruhender Belastung zu vervielfachen sind, um den Einfluß dynam. Belastungen zu erfassen; in den meisten Ländern für Straßen- und Eisenbahnbrücken und für Krane genormt.

Schwinger, Physik: der → Oszillator 1).

Schwingförderer, Fördermittel für Schüttgut. Das Tragorgan (Rinne) – in stationäre Schwingung versetzt – beschleunigt das Gut in Förderrichtung. Die Rückführung der Rinne in die entgegengesetzte Richtung überwindet die Reibung zw. Gut und Rinne **(Schüttelrutsche)** oder erfolgt in der Zeit, in der das Gut vom Tragorgan abhebt **(Schwingrinne).**

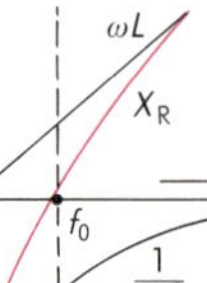

a) Reihenschwingkreis

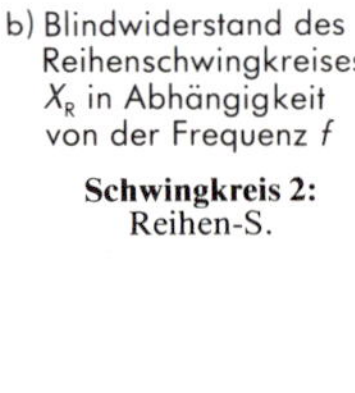

b) Blindwiderstand des Reihenschwingkreises X_R in Abhängigkeit von der Frequenz *f*

Schwingkreis 2: Reihen-S.

Schwingkreis, Resonanzkreis, Zusammenschaltung einer Induktivität *L* (Spule) und einer Kapazität *C* (Kondensator) zu einer elektr. Schaltungsanordnung, die durch eine Wechselspannung oder einen Wechselstrom zu elektromagnet. Schwingungen angeregt werden kann. Dabei schwingt die elektr. Energie im S. zw. der magnet. Energieform in der Spule und der elektr. Energieform im Kondensator hin und her. Der Scheinwiderstand des S. hat bei einer bestimmten Frequenz (Resonanzfrequenz f_0) einen Extremwert, bei dem sich der induktive Blindwiderstand der Spule und der kapazitive Blindwiderstand des Kondensators gegenseitig aufheben, so daß sich der S. bei Resonanz wie ein Ohmscher Widerstand (reeller Scheinwiderstand) verhält. Dieser Ohmsche Anteil (Wirkwiderstand) rührt von den in jedem realen S. vorhandenen Verlustwiderständen (bes. in der Spule) her, in denen Energie in Wärme umgesetzt wird. Es bilden sich daher gedämpfte Schwingungen aus. Bei starker Dämpfung ist die Resonanzschärfe des S. klein, d. h., seine → Güte nimmt mit steigenden Verlusten auf Grund der Ohmschen Widerstandsanteile ab. Für den idealen (d. h. verlustfreien) S. gilt für die Bestimmung der Resonanzfrequenz die Thomsonsche Schwingungsformel $f_0 = 1/(2\pi\sqrt{LC})$.

Es gibt zwei Formen der Zusammenschaltung: Der **Parallelschwingkreis (Parallelresonanzkreis)** ist als Parallelschaltung von Induktivität und Kapazität aufgebaut. Er verhält sich unterhalb der Resonanzfrequenz induktiv, oberhalb dagegen kapazitiv. Bei der Resonanzfrequenz ist der Blindwiderstand des verlustlosen Parallel-S. unendlich groß. Man spricht von Stromresonanz, wenn die angelegte Spannung und der Gesamtstrom ›in Phase‹ sind. Parallel-S. eignen sich z. B. zum Aussieben unerwünschter Frequenzen aus einem Frequenzgemisch (→ Sperrkreis) oder als frequenzbestimmende Glieder in schwingungserzeugenden Schaltungen (→ Oszillator). Der **Reihenschwingkreis (Reihenresonanzkreis, Serienresonanzkreis)** besteht aus einer Reihenschaltung von Induktivität und Kapazität. Unterhalb der Resonanzfrequenz verhält sich der Reihen-S. kapazitiv, oberhalb induktiv. Bei der Resonanzfrequenz ist der Blindwiderstand des verlustlosen Reihen-S. gleich Null. An der Induktivität und der Kapazität treten Resonanzspannungen auf, die wesentlich höher als die am S. angelegte Leerlaufspannung sind. Reihen-S. werden wegen ihrer Kurzschlußwirkung z. B. als → Saugkreise eingesetzt.

Schwingmetall, Handelsname für eine Gummifeder, bestehend aus einem zw. Metallplatten befindl. Gummiklotz.

Schwingmühle, Schwingkraftmühle, Maschine zum Feinzerkleinern von Gütern, besteht aus trogförmigen oder zylindr. Gefäßen mit eingefüllten Mahlkörpern (Stahl- oder Porzellankugeln), die durch starke Vibrationen zum Schwingen gebracht werden.

Schwingquarz, kurz **Quarz,** dünne Quarzscheibe aus sehr reinem Siliciumdioxid (SiO_2), die auf beiden Seiten mit metall. Kontakten versehen ist. Legt man an diese Kontakte eine Wechselspannung, so deformiert sich der S. auf Grund des reziproken piezoelektr. Effekts (→ Piezoelektrizität), d. h., er führt mechan. Schwingungen aus. Seine Resonanzfrequenz ist festgelegt durch die geometrischen Abmessungen des Quarzplättchens. Die durch das Wechselfeld angeregten Deformationsschwingungen (Longitudinal-, Torsions- oder Biegeschwingungen) erzeugen im Kristall auf Grund des direkten piezoelektr. Effekts eine dielektr. Polarisation, die als hochfrequente Wechselspannung an den Metallkontakten abgegriffen werden kann. S. werden für Frequenzen von etwa 1 kHz bis zu 150 MHz hergestellt, sie sind wegen ihrer konstanten Resonanzfrequenzen bes. für frequenzstabile Oszillatoren **(Quarzoszillator, Quarzgenerator)** in Sendern, Empfängern, Filtern, Quarzuhren u. a. geeignet.

Schwing|rinne, → Schwingförderer.

Schwingschleifen, 1) das Feinhonen, → Honen.

2) ein von Hand ausführbares Schleifverfahren mit dem v. a. für Heimwerker entwickelten **Schwingschleifer,** auf dessen hin- und herschwingenden Werkzeugträger der auswechselbare Schleifkörper (Schleifpapier o. ä.) gespannt wird.

Schwingung, zeitl. Änderung einer Größe eines physikal. Systems, wobei der Wert der Größe in stetigem Wechsel ab- und zunimmt, i. e. S. eine period. Zustandsänderung. S. treten auf, wenn in einem mechan. (→elastische Schwingungen) oder elektr. System (elektr. S.,

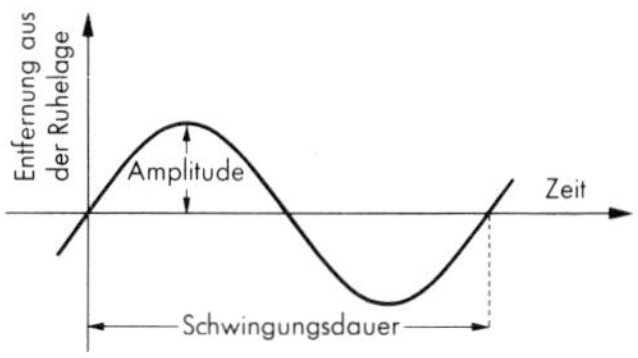

Schwingung: harmonische (sinusförmige) S.

→elektromagnetische Wellen) bei Störungen des Gleichgewichtszustands Kräfte wirksam werden, die den Gleichgewichtszustand wiederherzustellen suchen. Typ. S.-Erscheinungen sind z. B. Pendelbewegungen. Die momentane Entfernung aus der Ruhelage (Abweichung vom zeitl. Mittelwert der Größe) heißt **Elongation,** die größtmögl. Elongation **S.-Weite (Amplitude).** S. mit gleichbleibender Amplitude heißen ungedämpft; solche mit abnehmender gedämpft (→Dämpfung 3). Bei starker Dämpfung wird die S. **aperiodisch,** wobei die S.-Amplitude exponentiell abklingt. Die Dämpfung kann so stark sein, daß das System nach der Auslenkung ohne Überschwingungen in die Ruhelage zurückkehrt **(aperiodischer Kriechfall,** BILD Dämpfung). Der augenblickl. S.-Zustand wird als **S.-Phase** bezeichnet. Aufeinanderfolgende S. nebeneinanderliegender Punkte können zur Bildung von fortschreitenden Wellen führen. Die Anzahl der S. in der Zeiteinheit heißt **S.-Zahl** oder →Frequenz. **S.-Knoten** werden bei stehenden →Wellen diejenigen Stellen genannt, die bei der S. in Ruhe bleiben, im Unterschied zu den **S.-Bäuchen,** die den Stellen größter Elongation entsprechen. Ist die →Rückstellkraft proportional zur jeweiligen Elongation, führt das System eine →harmonische Schwingung aus, die mathematisch durch eine reine Sinusfunktion beschrieben wird **(Sinus-S.).** Hängt die Rückstellkraft nicht linear von der Elongation ab, so erhält man **anharmonische S.** Letztere lassen sich aus einer **Grund-S.** und einer Reihe von **Ober-S. (Partial-S.),** die sich von jener durch ihre kleinere Amplitude und durch ihre Frequenz unterscheiden, die das Zwei-, Drei-, Vierfache usw. der Frequenz der Grund-S. beträgt, durch Überlagerung darstellen (→harmonische Analyse). Nichtharmon. S. sind z. B. →Kippschwingungen. I. Ggs. zur **freien S.,** die das System bei einmaliger, kurzzeitiger Anregung ausführt, spricht man bei period. Anregung von **erzwungenen S.** Stimmt die Frequenz einer Teil-S. der erregenden S. mit der Frequenz einer →Eigenschwingung des Systems überein, so nimmt die Amplitude der entsprechenden Teil-S. einen Maximalwert an (→Resonanz 3). Sind mehrere schwingungsfähige Systeme so miteinander verknüpft, daß Energie von einem auf das andere übertragen wird, so kommt es zu **gekoppelten S.**

ERIK MEYER u. D. GUICKING: S.-Lehre (1974); K. KLOTTER: Technische Schwingungslehre, 2 Bde. (1980/81).

Schwingungsdämpfer, Vorrichtung zur Verringerung der Schwingungsamplitude durch Entzug von Schwingungsenergie durch trockene Reibung, Strömungsverluste in Flüssigkeiten und Gasen (→Stoßdämpfer an Maschinen und Fahrzeugen, Dämpfungsfahnen an Zeigern von Meßgeräten) und elektromagnet. Effekte (Wirbelströme).

Schwingungsdauer, die →Periodendauer.

Schwingungsgleichung, eine →Differentialgleichung.

Schwingungsmittelpunkt, →Pendel.

Schwitzwasser, →Kondenswasser.

Schwitzwerkstoffe, poröse Sinterwerkstoffe, durch die ein Kühlmittel gepreßt wird **(Schwitzkühlung);** bei Triebwerken, Überschallflugzeugen und Raumfahrzeugen verwendet.

Schwojen, Hin- und Herschwenken eines vor Anker liegenden Schiffes in Wind, Strom und Tide.

Schwüle, Zustand der Atmosphäre, bei dem hohe Temperatur und Luftfeuchte (mangelnde Verdunstung) die Wärmeabgabe des Körpers erschwert. Das subjektive Empfinden der S. ist von Tätigkeit, Kleidung und phys. Verfassung abhängig, tritt jedoch gewöhnlich auf, wenn die Summe von Temperatur und →Taupunkt 45 °C übersteigt.

Schwund|erscheinung, Funktechnik: →Fading 2).

Schwung|rad, Scheiben- oder Speichenrad mit schwerem Radkranz. Es kann durch sein Beharrungsvermögen kinet. Energie speichern und im Bedarfsfall abgeben (→Energiespeicherung). Das Beharrungsvermögen wird durch das →Trägheitsmoment bestimmt. Bei steigender Drehgeschwindigkeit wird Energie gespeichert, bei sinkender Drehgeschwindigkeit abgegeben. Anwendung bei Kolbenmotoren (z. B. Dieselmotoren) zur Verringerung des Ungleichförmigkeitsgrades der Drehgeschwindigkeit. Zur Verringerung von Belastungsstößen auf das speisende Netz wird das S. bei →Ilgner-Umformern verwendet.

SCNA, Abk. für **Sudden Cosmic Noise Absorption** [sʌdn kˈɔzmɪk nɔɪz əbsˈɔ:pʃn, engl.], →Ionosphäre.

Scopolamin, Hyoscin, Alkaloid aus Nachtschattengewächsen, das in der Medizin z. B. zur Dämpfung von Erregungszuständen oder bei Bewegungskrankheiten (z. B. Seekrankheit) verwendet wird.

Scorpius, lat. Bez. des Sternbilds →Skorpion.

Scottsche Schaltung, Scott-Schaltung, Schaltung von zwei Transformatoren, die es ermöglicht, elektr.

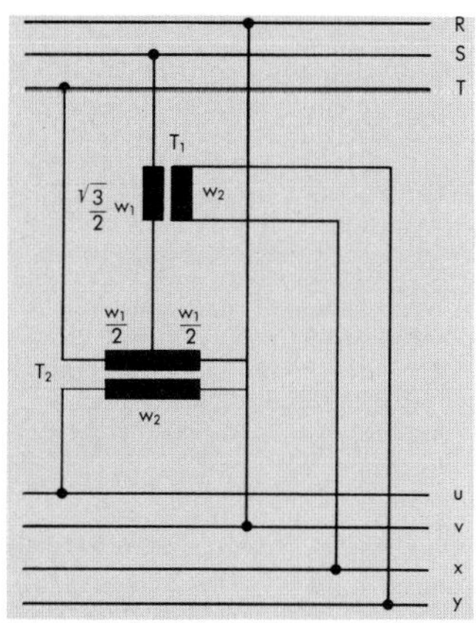

Scottsche Schaltung: R, S, T = verkettetes Dreiphasensystem, u, v und x, y = unverkettetes symmetrisches Zweiphasensystem, T_1, T_2 = einphasige Transformatoren, w_1, w_2 = Windungszahlen

Energie aus einem Drehstromnetz in ein unverkettetes, symmetr. Zweiphasennetz – oder umgekehrt – zu übertragen.

Scout [skaʊt, engl.], amerikan. vierstufiger Satellitenträger, angetrieben nur durch feste Raketentreibstoffe; Länge 23 m, Startmasse 21 400 kg. Von den bisher rd. 105 Starts (davon etwa ein Viertel für europ. Länder) verliefen 95% erfolgreich.

Scram [skræm, engl.], **Schnellschluß,** Schnellabschaltung eines Kernreaktors durch schnelles Einfahren der →Absorberstäbe. (→Abschalten eines Kernreaktors)

Screening [skr'i:nɪŋ, engl.], i. w. S. Prüfung, i. e. S. gezielte Auswahlprüfungen bei elektron. und elektromechan. Bauelementen (→MIL-Spezifikationssystem).

Scribofon, Gerät, mit dem man über Fernsprechleitungen nicht nur sprechen, sondern auch schreiben kann. Das S. besteht aus einem Fernsprecher, an den ein nach dem Prinzip des →elektronischen Schreibers arbeitendes Eingabegerät und ein Fernsehschirm zur Wiedergabe der schriftl. Information angeschlossen sind. Als Schreibplatte dient eine Kunststoffschicht mit einem Netz von dünnen horizontalen und vertikalen Drähten, durch die in kleinen Zeitabständen sehr kurze elektr. Impulse geschickt werden. Beim Durchlaufen der Impulse unter der Spitze des Schreibstifts liefert dieser ein elektr. Signal. Da zur Übertragung der schriftl. Nachricht nur ein kleiner Teil des Frequenzbandes eines Fernsprechkanals erforderlich ist, kann beim Schreiben oder Zeichnen gleichzeitig gesprochen werden. Im Ggs. zum Gespräch sind die schriftl. Informationen aber nur wechselweise in einer Richtung übertragbar.

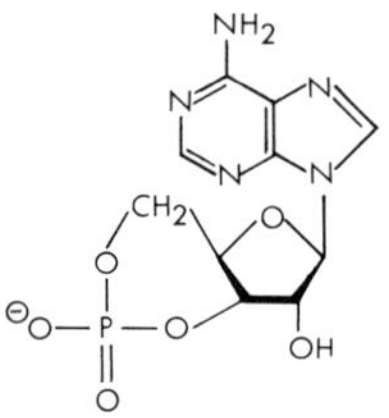

Second Messenger

scruple [skru:pl], in Großbritannien und den USA (hier Einheitenzeichen **s**) noch gebräuchl. Gewichts- und Masseneinheit des →Apothecaries' system: 1 s = 20 grain = 1,2959782 g.

Sculptor, lat. Bez. für das Sternbild →Bildhauer.

Scutum, lat. Bez. für das Sternbild →Schild.

Se, chem. Symbol für das Element →Selen.

Seafloor-Spreading [s'i:flɔ: spr'edɪŋ, engl.], **Spreading-Hypothese,** moderne geotekton. Theorie, nach der durch aufdringende magmat. Schmelzen aus dem Erdmantel im Bereich der Zentralgräben der →Mittelozeanischen Rücken ständig ozean. Kruste neu gebildet wird und sich symmetrisch nach beiden Seiten ausbreitet **(Meeresbodenspreizung, Ozeanbodenzergleitung).** Die maximale Ausdehnungsrate beträgt z. Z. rd. 1 cm/Jahr im Atlantik, rd. 5 bis 8 cm/Jahr im Pazifik. Auf diese Weise sollen in der geolog. Neuzeit (rd. 65 Mio. Jahre) etwa 50% des Tiefseebodens der Erdoberfläche neu entstanden sein. Gestützt wird die S.-S.-Theorie durch das Alter von Sedimenten am Atlantikboden, die von der Zentralzone aus in Richtung auf die beiden Ränder mächtiger und älter werden, sowie durch paläomagnet. Messungen. Die Erweiterung der Spreading-Hypothese führte zur Theorie der →Plattentektonik, da durch den sich beiderseits ausbreitenden Meeresboden Großschollen mitgeschleppt und allmählich verschoben werden.

Sea Mounts [s'i:maʊnts, engl.], die →Tiefseeberge.

COOH
|
$(CH_2)_8$
|
COOH

Sebacinsäure

Sebacinsäure, 1,8-Octandicarbonsäure, kristalline organ. Säure, die durch alkal. Spaltung von Ricinolsäure gewonnen wird und zur Herstellung von Weichmachern, Polyamiden und Alkydharzen dient.

sec, 1) nicht mehr zulässiges Einheitenzeichen für →Sekunde 1).

2) Abk. für **Secans,** eine →Winkelfunktion.

SECAM, SECAM-System, Abk. für **Système en Couleur avec Mémoire** [sist'ɛ:m ãkul'œ:r av'ɛk memw'a:r, frz.], auch **Séquentielle à Mémoire** [sekãsj'ɛl-], das von Frankreich, den Ostblockstaaten und den meisten arab. Staaten eingeführte Farbfernsehsystem, bei dem die Signale für Farbton und Farbsättigung abwechselnd durch die gleiche Trägerwelle übertragen und vor dem Steuerungsvorgang jeweils kurzzeitig gespeichert werden. (→PAL, →Farbfernsehen)

Secans, Sekans, Abk. **sec,** eine →Winkelfunktion, in der elementaren Geometrie das Verhältnis von Hypotenuse zur Ankathete.

Sech *das,* Teil des →Pfluges, trennt den umzupflügenden Erdbalken vertikal vom liegenbleibenden Boden; möglich als feststehendes **Messer-S.** oder drehbares **Scheiben-S.**

Sechs|eck, Hexagon, ein Vieleck mit sechs Ecken. Im **regelmäßigen S.** ist jeder Innenwinkel gleich 120°.

Sechskomponentenmessung, Meßverfahren, mit dem die in einem Windkanal auf ein Flugzeug- oder Tragflügelmodell ausgeübten Wirkungen bestimmt werden können. Aus der Messung von sechs Einzelkräften (drei Auftriebskräften, zwei Widerstandskräften und einer Seitenkraft) lassen sich der Gesamtauftrieb, der Gesamtwiderstand, die Seitenkraft sowie die Momente um Längs-, Hoch- und Querachse (Roll-, Gier- und Nickmoment) errechnen. Kraftmessung mit Hebelwaagen (automat. Laufgewichtswaagen) oder Dehnmeßstreifen.

Second Messenger [s'ekənd m'esɪndʒə, engl.], von E. W. SUTHERLAND entdeckte chem. Verbindung: zykl. Adenosinmonophosphat (cyclo-3', 5'-AMP, cAMP), die als Informationsüberträger die Wirkung vieler Hormone vermittelt (z. B. Adrenalin, Glucagon, Corticotropin). Durch Wechselwirkung eines Hormons (›erster Bote‹) mit der Zellmembran-Außenseite wird die in der Membran lokalisierte Adenylatcyclase aktiviert, die dann innerhalb der Zelle Adenosintriphosphat (→Adenosin) in cAMP überführt, das auf unterschiedl. intrazelluläre Prozesse einwirkt (Enzymaktivitätsänderungen, Beeinflussung von Transportsystemen). cAMP wird durch eine Phosphodiesterase zu 5'-Adenosinmonophosphat abgebaut.

Second Source [s'ekənd sɔ:s, engl.], eine ›Nachfolgefirma‹, die das Konzept für die Fertigung von Halbleiterbauelementen (z. B. Mikroprozessoren, Operationsverstärker) von einer ›Entwicklerfirma‹ übernimmt und unter derselben Bez., jedoch eigenem Firmennamen herstellt und vertreibt.

sedentär, Bez. für aufgewachsene Massen (z. B. Torf, Korallenkalk), i. Ggs. zu abgelagerten.

Sedezimalsystem, →Hexadezimalsystem.

Sedifluktion, Fließbewegung unverfestigter Sedimente, die sich unmittelbar an die Sedimentbildung anschließt, führt z. B. zu Wulstfaltung.

Sediment *das,* Bodensatz, Niederschlag; Geologie: abgelagertes oder abgeschiedenes Lockergestein. (→Ablagerung, →Sedimentgesteine)

Sedimentation, 1) Geologie: die →Ablagerung.

2) Absetzen von Feststoffteilchen in einer →Trübe auf Grund der Schwerkraft oder der Zentrifugalkraft. Geräte zur **Schwerkraft-S.:** Eindicker, Klärer; zur **Zentrifugalentwässerung:** Schleuder, Zentrifugen.

Sedimentations|analyse, Verfahren zur Korngrößenbestimmung fester Teilchen von 1 bis 100 μm ∅; dabei wird von dem zu untersuchenden Pulver in einem geeigneten Dispersionsmittel eine Aufschlämmung hergestellt, um aus dem zeitl. Verlauf der Sedimentation Rückschlüsse auf die Korngrößenverteilung zu ziehen. (→Stokessches Reibungsgesetz, →Schlämmanalyse, →Siebanalyse)

Sedimentgesteine, Sedimentite, Absatzgesteine, durch →Ablagerung oder biolog. Wachstum gebildete und durch →Diagenese verfestigte Gesteine. Den Hauptmineralbestand der S. liefert die →Verwitterung. Wegen des meist lagigen oder schichtigen Aufbaus (→Schichtung 1) werden S. auch **Schichtgesteine** genannt. – Nach dem Ablagerungsraum und der Transportart (→Fazies) lassen sich die S. einteilen: Bildung im Meer (marin), in der Flachsee (litoral, neritisch, bathyal), in der Tiefsee (pelagisch), im Brackwasser (brackisch), im Süßwasser (limnisch), als Flußabsätze (fluviatil), als Seeabsätze (lakustrisch), allg. im Wasser (aquatisch), auf Landflächen (terrestrisch), durch Gletschereis (glazial), durch Wind (äolisch).

Petrographisch und genetisch werden unterschieden: 1) **Klastische** oder **Trümmersedimentite** (nach abnehmender Korngröße): Psephite (z. B. Konglomerat), Psammite (z. B. Sandstein), Pelite (z. B. Tonstein). Die klastischen S. sind die am weitesten verbreiteten S. Bei der Benennung spielt das →Bindemittel 2) eine Rolle. Zu den klastischen S. i. w. S. zählen auch die Tuffite **(Pyroklastika).** – 2) **Chemische und biogene Sedimentite:** Eindampfungsgesteine (Evaporite, z. B. Salz, Gips), anorganische Ausfällungsgesteine (z. B. Kalkstein, Dolomit), organogene Ausfällungsgesteine (z. B. Riff- und Schillkalke). – 3) **Kaustobiolithe** (z. B. Kohle, Erdöl). – Vielfach gibt es auch Mischtypen, deren Einordnung schwierig ist.

Sedimentologie, Lehre von der Entstehung und Umbildung der Sedimentgesteine.

Sedimentpetrographie, Zweig der Petrographie, der sich mit Zusammensetzung und Aufbau der Sedimentgesteine befaßt.

Sedoheptulose, Monosaccharid, $C_7H_{14}O_7$, das beim Calvinzyklus der Photosynthese eine Rolle spielt.

See, 1) *der,* stehendes Binnengewässer natürlicher oder künstlicher Herkunft. Bei besonderer Größe (Totes Meer) und im Niederdeutschen (Steinhuder Meer) werden S. oft auch Meer genannt, bei geringer Größe Teich oder Weiher. Allg. werden **Süßwasser-** und **Salzseen, Tief-** und **Flachseen, Endseen** ohne Abfluß und **Durchgangsseen** im Verlauf eines Flusses unterschieden.

Die Verteilung der S. über die Erdoberfläche, ihre Form, Größe und Tiefe hängen eng zusammen mit der Bildung der als Seebecken dienenden Hohlformen. **Glazialseen** (in glazialen Ausräumungs- wie Aufschüttungsgebieten) treten gehäuft in **Seenplatten** auf, sind meist nicht sehr tief und bilden (vielfach als **Grundwasserseen)** rundl. oder gelappte **Moränenseen** und lange, oft perlschnurartig längs eines Flusses angeordnete, schmale **Rinnenseen.** In den Hochgebirgen finden sich **Karseen** sowie **Paß-** und **Jochseen** (Brennersee), in Gletscherbetten **Talseen** und – abgedämmt durch Gletschereis, Moränen, Schuttkegel, Bergstürze oder Lavaströme – **Stau-** oder **Dammseen.** Die **tekton. S.** der Bruchzonen **(Grabenseen)** sind meist tief und langgestreckt (Ostafrika), während die **Wannenseen** der großen Hochebenen im Innern der Festländer vorwiegend groß und flach sind, einzeln auftreten und in ariden Zonen salzige **Endseen** bilden (Großer Salzsee). Die S. vulkan. Gebiete erscheinen als **Kraterseen** und **Maare.** Die meist sichelförmigen **Reliktseen** in Altwässern mäandrierender Flüsse sind an Flußebenen gebunden, die **Schwemmlandseen** großer Ströme an deren Anschwemmungsgebiet. Im →Karst finden sich **Karstseen.** Bei vielen S. liegt der Seeboden, bei manchen auch der Seespiegel unter dem Meeresniveau. Die Gesamtfläche aller S. der Erde wird auf 2,5 Mio. km² (1,8% der Landmasse) geschätzt.

Wellenschlag und Brandung gestalten die Seeufer ähnlich um wie die →Küsten der Meere: Es entsteht ein Kliff mit vorlagernder Uferbank, die eine Abrasions- oder eine Aufschüttungsterrasse bildet. Sie fällt in der **Seehalde** ab zum **Seeboden,** der durch den Schweb eingeebnet wird. Einmündende Flüsse bauen Deltas auf, die den S. einengen und schließlich das Becken ganz zuschütten, bes. bei Hinzutreten pflanzl. →Verlandung.

Das Seewasser wird von Niederschlag, Grundwasser und Flüssen gespeist und vermindert sich durch Verdunstung, ober- und unterird. Abfluß. Die chem. Beschaffenheit wird v. a. bestimmt durch die Zuflüsse, deren Veränderung durch Organismen und durch den Grad der Verdunstung, die zur Anreicherung der Salze bis zur Übersättigung führen kann (→Salzseen).

2) *die,* Name für das →Meer.

See|aufklärer, Marineflugzeug für Überwachungs- und Aufklärungsaufgaben über See, meist von küstennahen Landstützpunkten eingesetzt. Neben Such- und Ortungsgeräten wird häufig eine Bewaffnung zur Bekämpfung von Kleinschiffen und U-Booten mitgeführt.

Seebär, Meereskunde: fortschreitende lange Meereswellen, treten gelegentlich, von starken Gewitterböen angeregt, in der Nord- und Ostsee auf.

Seebeben, ein →Erdbeben im Meeresbereich.

Seebeck-Effekt [n. dem Physiker T. J. Seebeck, * 1770, † 1831], **thermoelektrischer Effekt,** ein 1821 entdeckter thermoelektr. Effekt (→Thermoelektrizität): Hält man die beiden Verbindungsstellen zweier zu einem Kreis geschlossenen Stücke aus verschiedenen Metallen (oder Halbleitern) auf unterschiedl. Temperatur, so fließt infolge der unterschiedl. Thermospannung (thermoelektr. →Spannungsreihe) der ›Thermostrom‹. Der S.-E. ist die Umkehrung des →Peltier-Effekts; er wird zur Temperaturmessung mit →Thermoelementen und thermoelektr. Energiewandlung benutzt.

See-Erze, Eisenhydroxiderze, unter Mitwirkung von Eisenbakterien ausgeschiedene Nadeleisenerzknollen in Binnenseen; bei deren Verlanden werden sie zu **Raseneisenerzen.**

Seegang, die winderzeugten Kapillar- und Schwerewellen (→Meereswellen) an der Oberfläche des Meeres mit Wellenperioden bis zu 30 s. Solange der S. unter dem direkten Einfluß des erzeugenden Windfeldes steht, wird er **Windsee,** anderenfalls →Dünung genannt. Wellenhöhen, -längen und -perioden des S. nehmen mit wachsender Windstärke, Einwirkdauer und Wirklänge des Windes zu. Dabei erreichen die Wellenhöhen Höchstwerte von etwa 30 m, die Wellenlängen bis zu 1 000 m.

Seegat, schmale Verbindung zw. zwei Meeresteilen.

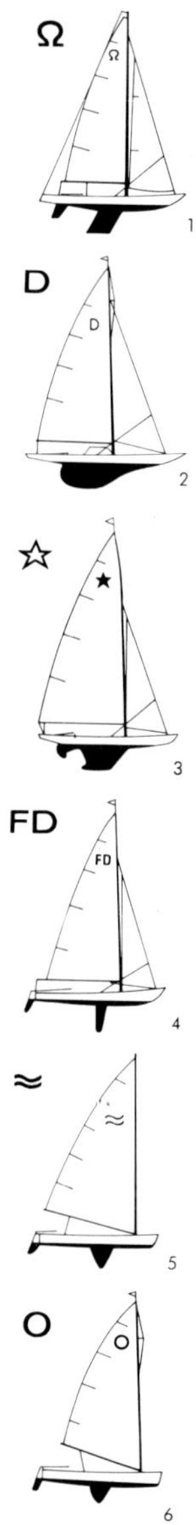

Segelboot 1–6: Bootsklassen; **1** Soling, **2** Drachen, **3** Star, **4** Flying Dutchman, **5** Finndingi, **6** Olympiajolle

Segelboot 1–6

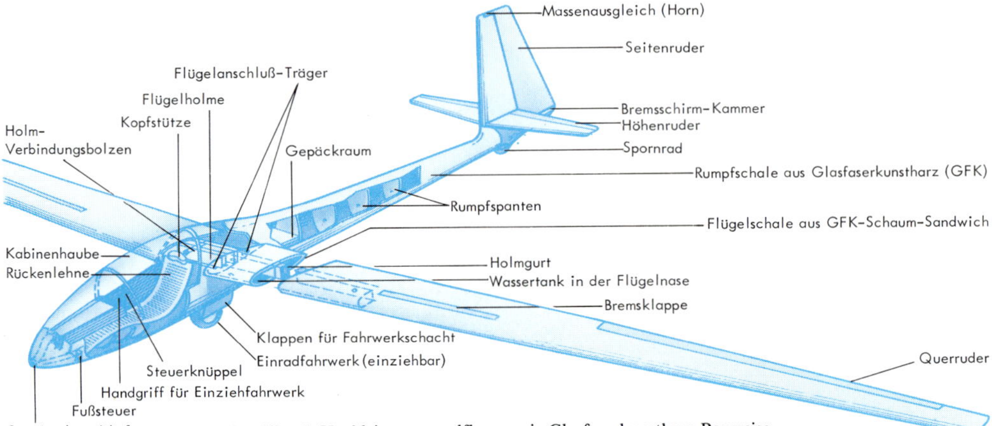

Segelflug 1: Hochleistungssegelflugzeug in Glasfaserkunstharz-Bauweise

Seehöhe, die → Meereshöhe.

Seekabel, Unterwasserkabel, Fernmeldekabel für Verlegung auf dem Meeresgrund zur Überbrückung großer bis interkontinentaler Entfernungen. Die seit 1850 verlegten S. dienten ausschließlich der Telegraphie (1858 Transatlantikkabel) und wurden erst 1950 von Fernsprechkabeln mit Unterwasserverstärkern abgelöst (1956 erstes Transatlantik-Fernsprechkabel). – Die mechan. und elektr. Anforderungen sind höher als bei Landkabeln: Druckfestigkeit bei großen Wassertiefen, Zugfestigkeit beim Verlegen. Es werden vollisolierte und (außer bei **Leichtkabeln)** außenbewehrte Kabel mit Wellenwiderständen von etwa 50 Ω verwendet. Die in regelmäßigen Abständen angeordneten Verstärker werden über den Innenleiter ferngespeist, wobei das Meer als Rückleiter dient. S. werden mit Trägerfrequenzsystemen von rd. 2000 Sprechkreisen im Zweidraht-Getrenntlageverfahren betrieben (→ Nachrichtenübertragung).

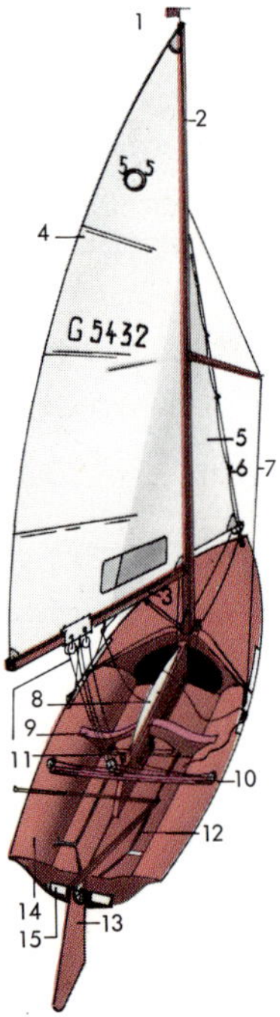

Seekarte, Karte für die Schiffahrt auf See und im Küstenbereich, dient vorwiegend der Navigation und beruht daher auf konformen → Kartennetzentwürfen, v. a. der Mercatorprojektion, da sich in dieser jede Kurslinie (Loxodrome) als Gerade abbildet. Der durch die → Seevermessung gewonnene Karteninhalt enthält Angaben über Tiefenverhältnisse, Fahrwasser, Gefahrenstellen und über Seezeichen. Die Tiefenangaben beziehen sich auf Seekartennull (SKN), das z. B. bei den dt. S. der Nordsee dem örtl. mittleren Springniedrigwasser entspricht. Aus Sicherheitsgründen wird die S. laufend fortgeführt. Nach Maßstab und Inhalt wird unterschieden zw. Ozeankarten (1:5 Mio. und kleiner), Übersichtskarten (1:1,6 Mio. bis 1:5 Mio.), Segelkarten (1:300000 bis 1:1,6 Mio.), Küstenkarten (1:30000 bis 1:300000) und Plänen in größeren Maßstäben für Flußmündungen und Häfen. Eine besondere Gruppe bilden die S. mit zusätzl. Eintragung best., zur Ortung verwendeter Netze, z. B. Consolkarten, Deccakarten.

Segelboot 7: Rennjolle (505er); **1** Windrichtungsanzeiger (Verklicker); **2** flexibler Mast; **3** Baum mit Niederholer; **4** Großsegel mit Klassenzeichen, Registriernummer und Steuerfenster; **5** Vorsegel (Rollfock); **6** Vorstag; **7** Want; **8** Schwert im Schwertkasten; **9** Querducht; **10** Traveller; **11** Großschot; **12** Ausreitgurte; **13** Ruder, Pinne, Pinnenausleger; **14** Seitentank (Auftriebskörper); **15** Spiegel mit Lenzventilen

Seeklima, maritimes Klima, ozeanisches Klima, vom Meer beeinflußtes Klima, in gemäßigten Breiten durch geringe Temperaturunterschiede zw. Tag und Nacht, milde Winter und kühle Sommer, relativ hohe Windgeschwindigkeiten und meist sehr geringe Luftverschmutzung ausgezeichnet.

Seekreide, feinkristalline, tonarme Kalkablagerungen warmer stehender Gewässer, von Pflanzen durch Kohlensäureentzug aus dem Wasser gebildet, meist mit Molluskenschalen durchsetzt. – **Seemergel** ist tonreich.

Seele, Waffentechnik: Innenraum des Laufes oder Rohres einer Feuerwaffe, durch den das Geschoß die Waffe verläßt. **Seelenachse,** in der Längsrichtung durch die Mitte der S. gedachte gerade Linie. **Seelenweite,** der Durchmesser der S., bei gezogenen Feuerwaffen von Feld zu Feld gemessen. **Seelenwand,** Wanderung der S., die bei gezogenen Feuerwaffen Züge und Felder aufweist. **Seelenrohr, Kernrohr,** das innere Rohr eines zusammengesetzten Geschützrohres. **Seelenspiegel,** flacher, ovaler Spiegel, der zur Untersuchung der S. in den Lauf oder in das Rohr eingeführt wird.

Seemann-Bohlin-Verfahren, Kristallstrukturanalyse: eine → Pulvermethode.

Seemeile, kurz für **internationale Seemeile,** Einheitenzeichen **sm,** dt. Bez. für → nautical mile: 1 sm = 1,852 km.

Se|enkunde, Zweig der Gewässerkunde; befaßt sich mit der Erforschung der → Seen 1), dabei bes. mit den chem., physikal. und biolog. Verhältnissen des Seewassers. Meist wird die S. mit der → Limnologie gleichgestellt.

Seenotrettungsflugzeug, Flugzeug zur Rettung von Flugzeug- und Schiffsbesatzungen aus Seenot; früher überwiegend Flugboote, heute im küstennahen Seegebiet zunehmend Hubschrauber, die Rettungseinsätze im → Schwebeflug durchführen können.

Seevermessung, Teilgebiet der → Gewässerkunde, befaßt sich mit der Vermessung des Meeresbodens im Bereich der Schiffahrtswege, der Küsten und Häfen sowie der Herstellung von → Seekarten. Zur S. werden Vermessungsschiffe eingesetzt, die ein Meßgebiet i. a. durch Abfahren von Parallelprofilen aufnehmen. Zur Tiefenmessung dienen Schallmeßverfahren (→ Echolot); für die Lagebestimmung (Ortung) finden in Küstennähe Winkel- und Streckenmessungen von und zu Festpunkten, auf See Verfahren der → Satellitennavigation und der → Funknavigation sowie die geograph. → Ortsbestimmung 2) Verwendung.

Seezeichen, → Schiffahrtszeichen.

Segelboot, zum Segeln eingerichtetes Wasserfahrzeug, v. a. das Sportboot. Wichtige Bootsklassen: Soling, Drachen, Star, Flying Dutchman, Finndingi, Olympiajolle, die verschiedenen Klassen der Jollenkreuzer, Katamarane und Yachten. (BILDER S. 289, 290)

Segel des Schiffes, Segel, lat. **Vela,** in der Milchstraße gelegenes → Sternbild des südl. Himmels, Teil des Sternbildes → Schiff Argo.

Segelflug, das Fliegen mit motorlosen Flugzeugen unter Nutzung atmosphär. Luftbewegungen zum Höhengewinn; flugmechanisch ein → Gleitflug in aufwärts bewegten Luftmassen (›Aufwinde‹). Nach deren Entstehungsart unterscheidet man: **Hang-S.** in durch Bodenhindernisse aufwärts gelenkten Windströmungen; **Fronten-** oder **Gewitter-S.** in den aufwärts strömenden Luftmassen vor Kaltluft-, Warmluft- oder Gewitterfronten; **thermischer S.** in vertikalen Luftströmungen, die durch unterschiedlich starke Erwärmung des Erdbodens entstehen; **Wellen-S.** in den Aufwindbereichen der hinter Gebirgszügen oder stationären Luftmassen sich ausbildenden Leewellen (häufig mit der Bildung von Lenticularis-Wolken verbunden). Mit besonderen Flugmanövern können auch starke Geschwindigkeitsunterschiede horizontal strömender Luftmassen (Windscherungen) zum Höhengewinn genutzt werden **(dynamischer Segelflug).**

Die zum Einfliegen in ein Aufwindgebiet erforderl. Ausgangshöhe wird im Schlepp eines Motorflugzeugs **(Flugzeugschleppstart),** am Schleppseil einer am Boden befindl. Motorschleppwinde **(Windenschleppstart)** oder im Eigenstart mit Hilfe eines eingebauten Hilfsmotors **(Motorsegler)** erreicht.

Segelflugzeuge werden in Holz-, seltener Metallbauweise, heute jedoch ganz überwiegend aus faserverstärkten Kunstharzen hergestellt. Als Verstärkungsfasern wurden anfangs ausschließlich Glasfasern verwendet, die zunehmend durch Kohlenstoff- (Carbon-) und Aramidfasern (Kevlar) ergänzt oder ersetzt werden. Die Kunststoffbauweise erlaubte in erweitertem Ausmaß die Nutzung bestimmter aerodynam. Effekte (Minderung des induzierten Widerstands durch Flügel besonders großer Streckung, laminare Umströmung durch Oberflächen höchster Formtreue und geringster Welligkeit und Rauhigkeit, Anpassung der Flächenbelastung an herrschende Wetterbedingungen durch Flügel mit veränderl. Flügelfläche), wodurch Flugleistungen und Flugeigenschaften der Segelflugzeuge gegenüber den früheren Bauweisen nachhaltig verbessert und → Gleitzahlen bis etwa 1:55 erreicht werden konnten.

Vertiefte Kenntnisse über das Verhalten von Flugzeug und Atmosphäre, zuverlässigere Wetterbeurteilungen, verbesserte Bordgeräte (Bordcomputer und Flugführungsinstrumente für optimierte Streckenflüge) sowie neue Flugtechniken (›Delphinstil‹) lassen noch weitere Leistungssteigerugen als möglich erscheinen.

Geschichtliches. Nach den Gleitflügen OTTO LILIENTHALS und der Brüder WRIGHT führte 1916 F. HARDT in der Rhön den ersten bedeutsamen eigtl. S. Europas durch. Seit dem ersten Wettbewerb auf der Wasserkuppe 1920, veranlaßt durch O. URSINUS, war bis zum 2. Weltkrieg die Rhön ein S.-Zentrum, daneben die Kurische Nehrung. Die Entwicklung und Standardisierung von Fluggerät, Werkstoffen und Schulungsmethoden in den zwanziger und dreißiger Jahren durch A. MARTENS, A. LIPPISCH, F. STAMER, H. JACOBS u. a. machten es möglich, flugsichere Gleit- und Segelflugzeuge in Vereinen und Gruppen zu bauen. In der konstruktiven Entwicklung von Hochleistungssegelflugzeugen waren bes. die akadem. Fliegergruppen (›Akaflieg‹) der TH Aachen, Hannover, Darmstadt und München und auch internat. Forschungsgremien tätig. Die meteorolog. Grundlagenforschung betrieb bes. W. GEORGII.

1922 gelang A. MARTENS ein Flug von einer Stunde im Hangaufwind. Thermik- und Gewitterflug führten zur Steigerung von Höhe und Strecke: 1929 flog R. KRONFELD mehr als 100 km; J. NEHRING stieg auf 1 209 m Höhe. 1938 wurde erstmals im S. die Stratosphäre erreicht: E. KLÖCKNER stieg in der Alpen-Leewelle auf 11 400 m Höhe. Zu den großen Pionieren des S. gehören ebenfalls W. KLEMPERER, F. SCHULZ, W. HIRTH, W. und R. HORTEN, M. KEGEL, G. ESPENLAUB, G. GROENHOFF, H. DITTMAR, P. RIEDEL, HANNA REITSCH u. a. (Weiteres BILD S. 290)

Technik. D. PIGGOT: Technik und Taktik des Segelfliegens (a. d. Engl., ^{3}1972); ders.: Segelfliegen lernen (a. d. Engl., 1980); H. REICHMANN: Strecken-S. (1975); ders.: S. (1979); MAJA SCHIELE: Die Schule des Segelfliegens (^{6}1977); M. KREIPL: Wolken, Wind und Wellenflug (1979); F. THOMAS: Grundlagen für den Entwurf von Segelflugzeugen (1979); E. PETER: S.-Start (1981).

Geschichte. P. KARLSON: S. durch Wind und Wolken (Neuausg. 1955); G. BRÜTTING: Die berühmtesten Segelflugzeuge (^{3}1973); ders.: Gesch. des S. (^{2}1974).

Segelschiff, durch Windkraft fortbewegtes Schiff mit Segeln, heute bis auf wenige **Segelschulschiffe** und eine Vielzahl von Sportbooten (→ Segelboot) überholt. Der Typ des S. wird durch die Zahl der Masten und die Form und Anordnug der Segel bestimmt. **Rahsegel** sind quer zu den Masten an Rahen, **Schratsegel** mit der Vorkante am Mast befestigt. Letztere können als **Gaffelsegel** (mit schrägstehendem Baum oben) oder als Stagsegel (dreieckig) ausgeführt werden.

Geschichte. In Altkreta und Phönikien sind die ältesten S. im 2. Jahrtsd. v. Chr. nachzuweisen, in Nordeuropa um 400 n. Chr. Das reine Hochsee-S. ist eine Erfindung der Hanse (Hulk, Kogge); es war gleichzeitig Handels- und Kriegsschiff. Im 15. Jh. kamen die Dreimaster auf (Karavelle). Mit dem 17. Jh. trennte sich der Bau von Handels- und Kriegsschiffen. Im 19. Jh. wurden S. gebaut, die bis zu sieben Segel an einem Mast hatten. 1875 entstand das 1. eiserne Viermastvollschiff. Als Schnellsegler kamen die Klipper auf. Ende des 19. Jh. begannen die Dampfschiffe die großen S. zu verdrängen. Heute ist das S. bis auf einige Schulschiffe fast vollständig verschwunden; in der Küstenschiffahrt und der Fischerei hat sich die Besegelung noch als Hilfsantrieb erhalten. (BILDER S. 292, 294)

O. SCHÄUFELEN: Die letzten großen S. (^{4}1977); Der S. große Zeit, hg. v. J. JOBÉ (^{5}1979); Das große Buch der Windjammer, hg. v. F. GRUBE u. G. RICHTER (^{2}1979); O. E. ALLEN: Die Windjammer (a. d. Engl., 1980).

Segerkegel [n. dem dt. Keramiker H. Seger, * 1839, † 1893], Abk. **SK,** etwa 6 cm hohe pyramidenförmige keram. Schmelzkörper. Die verschiedenen Schmelzpunkte der S. (von etwa 600 bis etwa 2 000 °C) dienen zur Bestimmung der Garbrandtemperatur beim Brennen keram. Erzeugnisse.

Segment. Ein **ebenes S.** ist die von einem Kurvenbogen und der zugehörigen Sehne begrenzte Fläche, z. B.

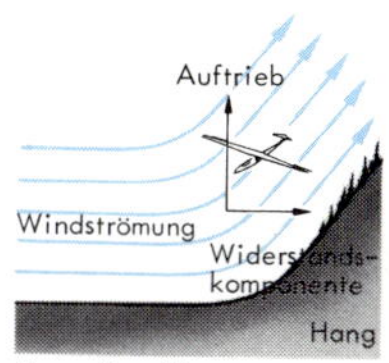

Hang-Segelflug

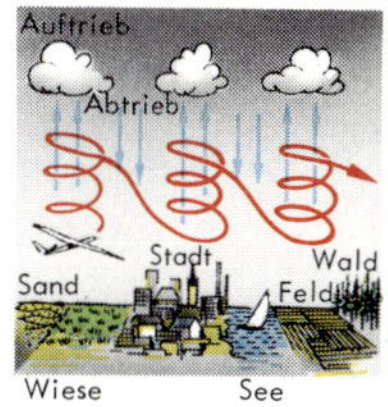

Thermik-Segelflug

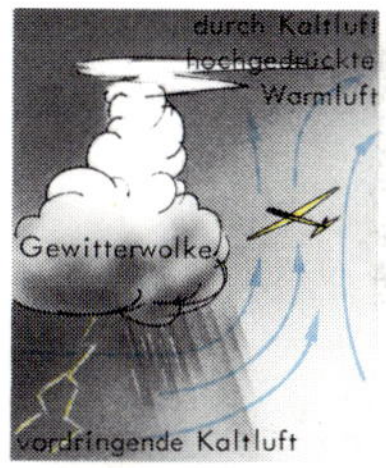

Gewitter-Segelflug (Fronten-Segelflug)

Wellen-Segelflug

Segelflug 2

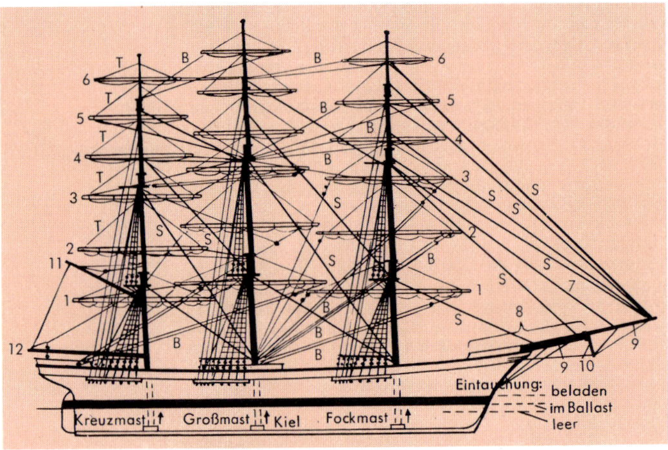

Segelschiff 1:
Takelriß eines Vollschiffs
(**1–6** Masten und Rahen mit gleichnamigen Segeln):

Ziffer	Fockmast	Großmast	Kreuz-(Besan-)Mast	Bezeichnung
1	Fock-	Groß-	Bagien-(Besan-)	Rahe
2	Vor-	Groß-	Kreuz-(Besan-)	Untermars-Rahe
3	Vor-	Groß-	Kreuz-(Besan-)	Obermars-Rahe
4	Vor-	Groß-	Kreuz-(Besan-)	Unterbram-Rahe
5	Vor-	Groß-	Kreuz-(Besan-)	Oberbram-Rahe
6	Vor-	Groß-	Kreuz-(Besan-)	Royal-(Reuel-)Rahe

7 Klüverleiter, **8** Bugspriet, **9** Klüverbaum, **10** Stampfstock, **11** Kreuz-(Besan-)Gaffel, **12** Kreuz-(Besan-)Baum, **11, 12** mit Segel T = Topnanten, S = Stagen, B = Brassen

ein **Kreis-S.** Ein **räuml. S.** ist der von einer Raumkurve und einer Ebene begrenzte Teil des Raumes, z. B. ein **Kugel-S.**

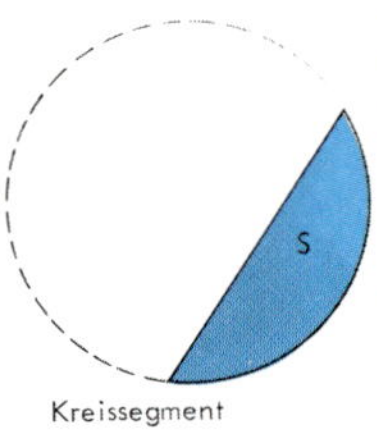

Kreissegment

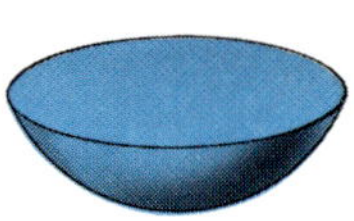

Kugelsegment

Segment

Sehen, Sehvorgang, die Wahrnehmung der Außenwelt mit Hilfe ihrer optischen Abbildung im → Auge auf die Elemente der Netzhaut, die die einfallende Strahlung in Nervenerregungen umwandelt. Diese Umwandlung geschieht mit Hilfe von → Sehfarbstoffen, deren Zerfall die Nervenerregung bewirkt, die ihrerseits ins Gehirn weitergeleitet wird. Das Auge enthält zwei Arten von Sinneszellen: die **Stäbchen,** die für das Nachtsehen verantwortlich sind, und die **Zapfen,** die bei normalen Helligkeiten des Tagessehens in Tätigkeit sind und die Wahrnehmung bunter Farben (→ Farbensehen) ermöglichen (›Duplizitäts-Theorie‹).

Abweichungen zw. objektiver Reizvorlage und Wahrnehmung bestehen v. a. bei den → optischen Täuschungen.

Sehfarbstoffe, Stoffe, die durch Absorption von Lichtquanten Energie aufnehmen, dabei verändert werden und so eine Reizung der Sehzelle verursachen (→ Sehen); z. B. das **Rhodopsin** (→ Sehpurpur) in den Stäbchen vieler Wirbeltiere und das **Porphyropsin** (Sehviolett) bei Süßwasserfischen und einigen Wasserlurchen.

Sehne, Verbindungsstrecke zweier Punkte einer Kurve oder Fläche. Ein Sehnenvieleck ist ein Polygon, dessen Seiten aus S. gebildet werden (→ Sehnenviereck).

Sehnensatz. Schneiden sich in einem Kreis zwei Sehnen, so ist das Produkt der Sehnenabschnitte der einen Sehne gleich dem der Abschnitte der anderen. Schneiden sich die Verlängerungen ihrer Sehnen außerhalb des Kreises, gilt der → Sekantensatz. (BILD S. 293)

Sehnentangentenwinkel. Ein Winkel heißt S. eines Kreises, wenn sein Scheitel auf dem Kreis liegt, ein Schenkel eine Sekante, der andere eine Halbgerade auf der Tangente im Scheitel ist. (BILD S. 293)

Sehnenviereck, Bez. für ein Viereck, dessen Ecken auf einem Kreis liegen. In einem S. *A, B, C, D* ist das Produkt der Diagonalen $e \cdot f$ gleich der Summe der Produkte der nicht benachbarten Seiten $ac + bd$. (BILD S. 293)

Sehpurpur, Rhodopsin, lichtempfindl. Farbstoff (→ Sehfarbstoffe) aus dem Protein Opsin und 11-cis-Retinal (Chromoprotein). Biochem. Vorstufen des S. sind die Vitamin-A-Aldehyde.

Sehrohr, Periskop, ausfahrbares opt. Gerät, mit dem ein Beobachter im getauchten U-Boot den Raum oberhalb der Wasseroberfläche beobachten kann; dient auch als Zielgerät für den Torpedoschuß und zum Anbringen von Antennen. (BILD S. 293)

Sehweite, → deutliche Sehweite.

Sehwinkel, physiolog. Optik: individuell wahrgenommener Winkel, unter dem dem Auge die lineare Ausdehnung eines Objekts erscheint; er kann durch opt. Hilfsmittel (Lupe u. a.) verändert werden.

Seiches [sɛːʃ, frz.] *Mz.,* **Schaukelwellen,** freie Schwingungen ganz oder teilweise abgeschlossener Wassermassen in Form stehender Wellen; treten in Seen, Meeresbuchten sowie in Nebenmeeren (z. B. Ostsee) auf; durch Luftdruckschwankungen oder windbedingten Wasserstau verursacht.

Seide, 1) Maulbeerseide, Echte S., die von den Raupen des aus China stammenden Maulbeerspinners (Bombyx mori) beim Verpuppen erzeugten glänzenden Fasern.

Zur Gewinnung wird von den länglichen Kokons (30–40 mm lang, 15–20 mm ∅) der S.-Faden abgehaspelt. Ein Kokon ist aus etwa 3 000–4 000 m Faden aufgebaut; davon sind etwa 700–1 000 m der Mittelschicht abhaspelbar; die äußere wirre Fadenschicht (**Flock-S.,** verwendet als → Schappe 2) sowie die innere Schicht liefern keinen regelmäßigen Faden. Der Kokonfaden besteht aus zwei im Querschnitt ellipt. oder dreieckig abgerundeten, von einer Hülle aus → Sericin umgebenen Fibroinfäden. Dicke des Konkonfadens: 18–30 μm, die des Fibroinfadens: 8–15 μm.

Vor dem Abhaspeln werden die Puppen durch Heißluft (etwa 60 °C) getötet, die Kokons in heißem Wasser eingeweicht und durch Schlagen oder Bürsten von der äußeren wirren Faserschicht befreit. In der **S.-Haspel** werden drei bis acht Kokonfäden zusammengefaßt, über Glaswalzen gekreuzt **(Torta)** und aufgehaspelt. Die gehaspelte S. ist die **Roh-S.** (frz. **Grège** [grɛːʒ]) oder **Bast-S.** (weil noch mit dem S.-Leim behaftet). Die Roh-S. (je nach Rasse der S.-Raupe weißlich, hell- oder dunkelgelb, orange oder grünlich) wird in einer heißen Seifenlösung vom Sericin befreit (degummiert, entbastet). Dadurch verliert sie etwa 25–30% ihres Gewichts, erhält eine reinweiße Farbe, weichen Griff und schönen Glanz.

Zum Zwirnen werden die Rohseidenfäden einzeln auf der Filiermaschine vorgedreht **(filiert),** zu mehreren Fäden zusammen auf eine Spule aufgewickelt **(doubliert)** und unter Drehung gezwirnt **(mouliniert).** Nach der Höhe der Drehung oder Zwirnung unterscheidet man **Schuß-S.**

oder **Trame** ([tram] zwei bis vier Grègefäden ohne Filierung doubliert und mit 80–150 Drehungen je m mouliniert) und **Kett-S.** oder **Organzin (Orgasin;** filierter Grègefaden, zwei- bis dreifach doubliert und diese mit 450–1 000 Drehungen je m mouliniert).

Die Beschwerung (Erschwerung) der S. soll durch Einlagerung schwer lösl. Salze und Komplexverbindungen (z. B. Zinnphosphatsilicat) in den Faden den durch das Entbasten entstandenen Gewichtsverlust ausgleichen, um die S. billiger und griffiger zu machen. Die Höhe der Erschwerung bezieht man in Prozent auf das Gewicht der nicht entbasteten S. **(Parigewicht).** Sie liegt zw. 20 und 100% ü. p. (über Pari).

Wie alle Eiweißfasern ist die S. empfindlich gegen die Einwirkung von Alkalien (bes. gegen heiße Lösungen), nicht aber gegen Säuren.

S.-Abfälle werden in der →Abfallspinnerei versponnen.

2) Wildseiden, wilde S., Gespinste wildlebender, nur selten gezüchteter Schmetterlingsarten Asiens und Afrikas, deren Kokons meist schlecht abhaspelbar sind. Wichtigste Wild-S. ist die **Tussah-S.** von dem Tussahspinner. Verwendung: als Florgarn für Plüsche, Velours und zu Nähseide. Andere Wild.-S. sind **Eri(a)seide, Ailanthus-S.** und **Fagara-S.**

3) Pflanzenseide, vegetabilische S., nicht richtige und nicht sinnvolle Bez. für die meist seidig glänzenden Samenhaare verschiedener Schwalbenwurzgewächse und Hundsgiftgewächse. Sie sind nicht verspinnbar; Verwendung als Watte und als Polstermaterial.

4) Kunstseide, frühere Bez. für die auf Basis von Cellulose ersponnenen Filamentgarne (→Chemiefasern).

Seidenbast, Seidenleim, das →Sericin.

Seidenpapier, dünnes, holzfreies oder holzartiges Papier unter 25 g/m² Flächengewicht zum Verpacken empfindl. Güter.

Seifen, 1) Chemie: Gemische fester oder halbfester, in Wasser löslicher Alkalisalze höherer Fettsäuren mit vorwiegend 8–18 Kohlenstoffatomen. S. sind die klassischen anionenaktiven →Tenside, die heute v. a. zur Körperreinigung verwendet werden. Wegen ihrer Empfindlichkeit gegenüber den Härtebildnern des Wassers (Ausfällung von **Kalk-S.,** →Wasserhärte) werden S. in Waschmitteln kaum noch verwendet. Zur Herstellung von **Grund-S.** werden Fette (z. B. Rindertalg, Kokosöl) bei 80–100 °C mit Natronlauge (für pastöse Schmierseifen mit Kalilauge) verseift (Neutralöl-Verseifung) oder destillierte Fettsäuren mit Natronlauge oder Sodalösung neutralisiert (Fettsäure-Verseifung). Der Siedeprozeß in offenen Kesseln ist weitgehend durch kontinuierliche Verfahren abgelöst worden. Die bei der Verseifung entstehende, homogene Masse **(Seifenleim)** wird durch Zusatz von Kochsalz in einen **Seifenkern** geringerer Dichte und eine wäßrige Lösung von Kochsalz, Natronlauge und – bei der Neutralöl-Verseifung – Glycerin (Unterlauge) gespalten. Der flüssige Seifenkern wird mit Kochsalzlösung gewaschen und durch ›Schleifen‹ mit Kochsalz, Natronlauge und Wasser gereinigt. Zur Herstellung von **Fein-S. (Toilette-S.** [twal'et-]) wird helle, geruchsneutrale Grund-S. auf einen Fettsäuregehalt von 78–80% getrocknet und mit Antioxidantien, Parfümölen, Farbstoffen, Rückfettern und/oder Deodorantien versetzt. **Kern-S.** werden aus Fetten geringerer Qualität mit einem Fettsäuregehalt von 72 bis 75% hergestellt. **Metall-S.** sind Metallsalze von Fettsäuren mit Ausnahme der Natrium- und Kaliumsalze. Sie werden für techn. Zwecke verwendet, z. B. als Gleitmittel in der Kunststoffverarbeitung (z. B. Calcium-, Magnesium- und Zink-S.), als Trockenstoffe (z. B. Blei- und Kobalt-S.), als Hydrophobierungsmittel im Bauwesen (z. B. Aluminium- und Calcium-S.) und als Eindicker in Schmierfetten (z. B. Lithium-S.).

2) Geologie: Sand- und Geröllmassen mit einem abbauwürdigen Gehalt an Gold, Platin, Zinnstein, Titaneisen, Magneteisenerz, Monazit oder Edelsteinen. S. sind sekundäre Lagerstätten, in denen das Edelgut nach Zerstörung des Muttergesteins durch Transport und Umlagerung angereichert wurde. **Eluviale S.** entstehen durch Fortschwemmung, **äolische S.** durch Ausblasen des tauben Materials; Anreicherung des Edelgutes in Binnengewässern führen zu **fluviatilen** oder **limnischen S.;** im Meeresbereich werden u. a. **Küsten-, Strand-** und **Brandungs-S.** unterschieden.

Seifengestein, 1) Chemie: **Sodastein, Laugenstein,** mit Soda verunreinigtes Natriumhydroxid zum Seifensieden oder Abbeizen von Ölfarbe.

2) Mineralogie: der →Saponit.

seiger, →saiger. **Seigerriß** ist eine Karte (→Riß), die eine Projektion auf eine senkrechte Ebene darstellt.

Seigern, Metallkunde: Entmischungsvorgang während der Erstarrung von Gußstücken, der zu örtl. Konzentrationsunterschieden der Legierungskomponenten und Verunreinigungen führt. – Hüttentechnik: das Herausschmelzen leichter schmelzender Metalle aus einem Gemenge von Metallen oder Metallverbindungen, ausgeführt in **Seigeröfen.**

Seignette-Elektrizität [sɛɲ'ɛt-, n. dem frz. Apotheker P. Seignette, * 1660, † 1719], ältere Bez. für →Ferroelektrizität.

Seignette-Salz [sɛɲ'ɛt-], →Weinsäure.

Seihwasser, →Uferfiltration.

Seil, Faser- oder Drahterzeugnis (→Drahtseil), gewonnen durch Zusammendrehen (Zwirnen) und Verseilen (→Seilerei) oder durch Verflechten. **Faser-S.** bestehen aus Hartfasern (Manilafaser, Sisal u. dgl.), Hanf, Baumwolle oder Synthesefasern (bes. reißfest), verwendet z. B. als Förder-, Treib-, Berg-, Kletter-, Abschlepp-S. Breite **Flach-S. (Band-S.)** entstehen durch Zusammennähen mehrerer nebeneinandergelegter Rund- oder Quadratseile. Ohne scharfe Abgrenzung heißen dünne S. **Schnüre** oder **Leinen,** dicke S. **Taue** oder **Trossen.**

Seilbahn, Bahn, deren Wagen oder Gehänge an einem Seil fortbewegt werden; ausgeführt als **Stand-S.** oder **Seilschwebebahn** (→Bergbahnen). Während S. zur Personenbeförderung fast ausschließlich zur Überwindung größerer Steigungen gebaut werden, kommen S. als Fördermittel für Güter **(Material-S.)** auch bei geringen Steigungen oder in der Ebene vor. So sind Gütertransporte über Förderstrecken bis zu 50 km und Förderleistungen bis 500 t/h möglich.

Seil|eck, Seilpolygon, geometr. Konstruktion zur Ermittlung der Resultierenden eines ebenen Kräftesystems.

Seilerei, Herstellung von Seilerwaren aus Fasern. Durch Zusammendrehen mehrerer Garne entsteht die **Litze,** drei oder vier Litzen werden dann zum Seil zusammengedreht **(Seilschlagen).** Drei Seile werden als ›Kardeelen‹ durch Linksschlagen (sehr selten) im ›Kabelschlag‹, durch Rechtsschlagen im ›Trossenschlag‹, vier Seile im ›Wantschlag‹ vereinigt. Zur handwerkl. Herstellung

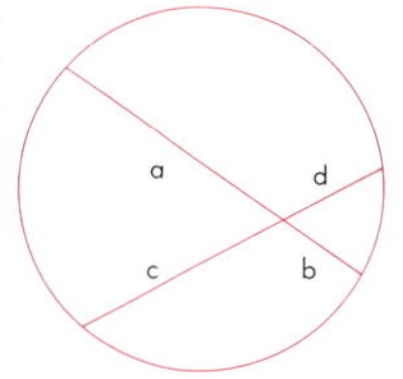

$a \cdot b = c \cdot d$

Sehnensatz

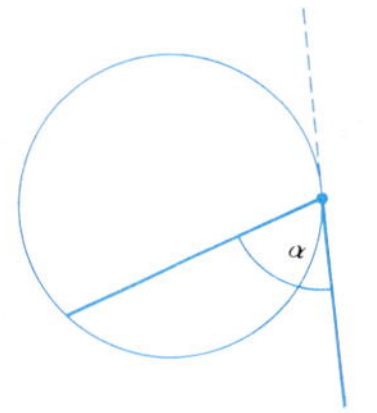

Sehnentangentenwinkel

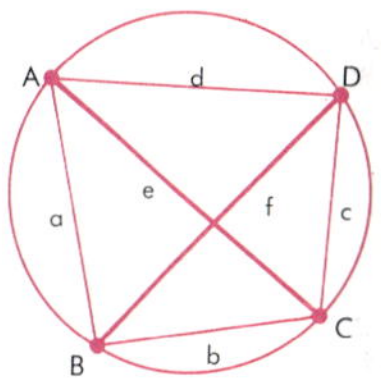

Sehnenviereck

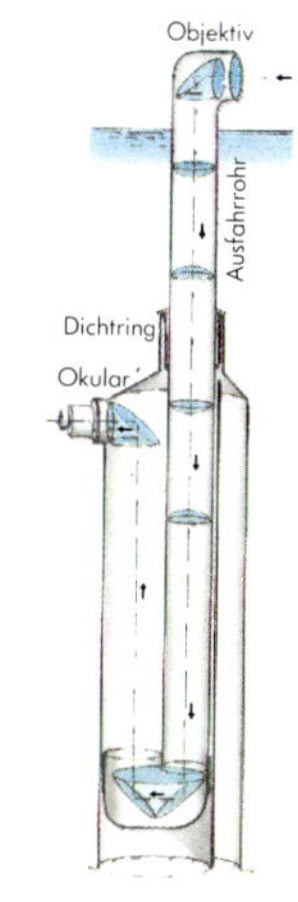

Sehrohr eines U-Bootes

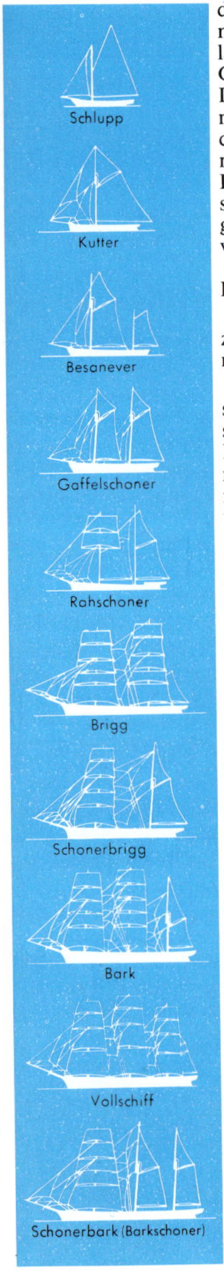

Segelschiff 2

dient die **Seiler-** oder **Reeperbahn:** Seile stärkeren Durchmessers werden durch ›Austreiben‹ auf der Bahn (300 m lang für 220 m Seillänge) angefertigt. Hierzu werden die Garne von ihren Spulen durch konzentrisch angeordnete Lochreihen der Loch- oder Registerplatte abgezogen, gemeinsam durch eine konische Büchse gepreßt und durch den sich drehenden Verseilhaken des auf Schienen ausfahrenden ›Austreibwagens‹ zur Litze zusammengedreht. Drei oder vier derartig hergestellte Litzen werden auf derselben Bahn zum Seil geschlagen. Für größere Seillängen gängiger Seilarten werden **Litzen-** und **Schlagmaschinen** verwendet.

Seilgetriebe, Seiltrieb, ein → Zugmittelgetriebe, Kraftübertragung mit einem Seil.

Seilscheibe, Rad mit einer oder mehreren Seilrillen zur Führung von Seilen, z. B. in der Spitze eines Fördergerüstes über einem Schacht (Bergbau) oder bei Seilbahnen.

Seiltragwerke, i. d. R. weitgespannte Dachkonstruktionen, bei denen vorgespannte Seilnetze die Belastung aus Eigengewicht, Schnee und Wind aufnehmen. Bei frei überdachten Hallen werden die Einzelseile an ihren Enden in den Abschlußbauten verankert (Speichenradkonstruktion). Großflächige Dächer erfordern Maste und Stützen (Olympiabauten München).

Seismik, 1) Erdbebenkunde, Seismologie, Wissenschaft von der Entstehung, Ausbreitung und Auswirkung von → Erdbeben. Die **Makro-S.** befaßt sich mit den Erdbeben i. a., ihren geolog. Ursachen und Wirkungen sowie ihrer geograph. Verbreitung, die **Mikro-S.** mit den physikal. Fragen der Entstehung, der Aufzeichnung der Erdbebenwellen und den Aufzeichnungsgeräten **(Seismographen).**

2) angewandte S., geophysikal. Verfahren zur Untersuchung des geolog. Aufbaus der Erdkruste, bes. zur Lagerstätten- und Baugrund-Forschung, auch für wissenschaftl. Vorhaben. Dazu werden elast. seism. Wellen künstlich erzeugt (z. B. durch Sprengung, Fallgewichte oder Schwingermaschinen), die sich in den verschiedenen Gesteinen verschieden schnell ausbreiten und an den Schicht- oder Verwerfungsgrenzen gebrochen **(Refraktions-S.)** oder zurückgeworfen **(Reflexions-S.)** werden. Von Geo- oder Hydrophonen werden die Laufzeiten der gebrochenen oder reflektierten Wellen registriert und zentral in **Seismogrammen** aufgezeichnet, aus denen Rückschlüsse auf Gesteinsart und -beschaffenheit, Lagerung, Mächtigkeit gezogen werden können.

seismische Wellen, Erdbebenwellen, elast. Wellen, die von → Erdbeben (BILD), Sprengungen oder sonstigen Erschütterungen im Gestein erzeugt werden. Man unterscheidet die schnellen longitudinalen **Kompressionswellen** und die langsamer laufenden transversalen **Scherungswellen. Raumwellen** breiten sich durch das Erdinnere, **Oberflächenwellen** an der Erdoberfläche (→ Rayleigh-Wellen, → Love-Wellen) aus. An Grenzflächen zw. verschiedenartigen Gesteinen gibt es **Grenzflächenwellen,** die **Kopfwellen (Mintrop-Wellen)** nach sich ziehen. Die Geschwindigkeiten der s. W. liegen zw. etwa 0,2 und 14 km/s, in der oberen Erdkruste bei 6 km/s. Die s. W. folgen den Reflexions- und Brechungsgesetzen.

seismische Wogen, die → Tsunamis.

Seismizität, Verhalten eines Gebiets gegenüber Erdbeben; auch Häufigkeit und Stärke der Erdbeben eines Gebietes.

Seismogramm, von → Seismographen aufgezeichnete Erdbebenwellen (→ Erdbeben).

Seilerei: Seilherstellung durch Austreiben

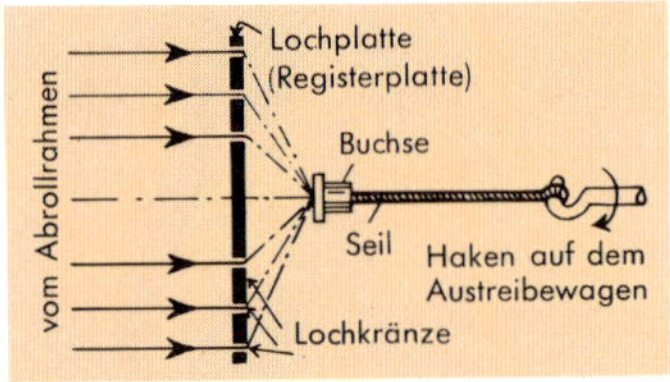

Seismograph, Seismometer, Gerät zur fortlaufenden Aufzeichnung von → seismischen Wellen in Form von **Seismogrammen,** aus denen Laufzeit, Form und Stärke der Bodenbewegungen ermittelt werden können. Bei den S. ist eine träge Masse so leicht beweglich aufgehängt (Pendelaufhängung), daß sie gegenüber den Bodenbewegungen annähernd in Ruhe bleibt. Die Bodenverschiebungen, -geschwindigkeit und -beschleunigung sind Vektoren, die in drei aufeinanderstehenden Richtungen aufgezeichnet werden müssen. Deshalb gehören zu ihrer vollständigen Erfassung zwei **Horizontal-** und ein **Vertikal-S.,** bei denen die Impulse verstärkt und aufgezeichnet

Seismograph mit Galvanometer und Registriertrommel für photographische Registrierung. Bei Bodenbewegungen werden in der Spule des Seismometers elektrische Spannungen induziert, dem Spiegelgalvanometer zugeführt und photographisch registriert

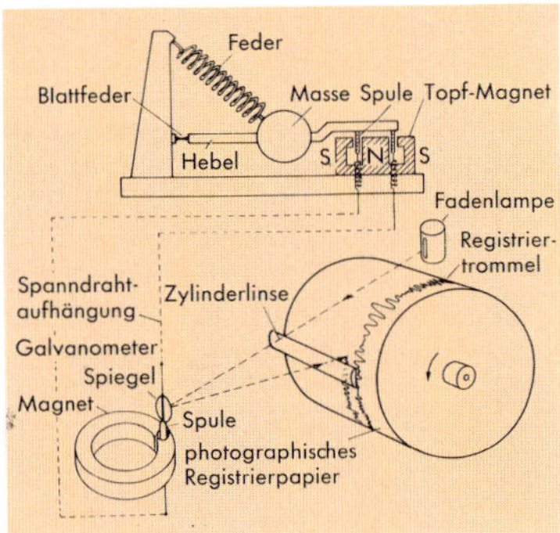

werden, so daß sich auch mit kleinen Massen hohe Empfindlichkeiten erzielen lassen. Im Unterschied zum **Pendel-S.,** der auf die Schwingungen der Bodenteilchen anspricht, wird beim **Strain-S.** [streɪn-] die Bodendeformation zw. zwei mit dem Boden fest verbundenen Pfeilern A und B (Abstand 20–50 m) gemessen. Der S. ist wichtig für die Aufzeichnung sehr langperiod. Erdbebenwellen (Mantelwellen, Eigenschwingungen der Erde). Weiteres BILD S. 295.

Seitenband, Seitenfrequenz, → Modulation, → Restseitenbandübertragung.

seitengesteuerter Motor, ein Verbrennungsmotor, bei dem die Ventile seitlich neben dem Zylinder stehen und von einer in Kurbelwellennähe eingebauten Nockenwelle gesteuert werden. Dadurch ergibt sich ein ungünstiger → Brennraum.

Seitenhalbierende, beim → Dreieck 2) die Verbindungsstrecke einer Ecke mit der Mitte der gegenüberliegenden Seite, die S. schneiden sich im **Schwerpunkt** des Dreiecks.

Seitenkanal, Binnenschiffahrtskanal neben einer Flußstrecke (z. B. Rhein-S., Elbe-S.), i. d. R. mit mehreren Staustufen; kann zugleich der Wasserkraftnutzung dienen. Davon unterscheidet sich die → Schlingenlösung.

Seitenleitwerk, Flugzeugbaugruppe zur Erzeugung von Luftkraftmomenten um die Flugzeug-Hochachse (→ Leitwerk 1).

Seitenriß, Bild eines Gegenstandes bei waagerechter Parallelprojektion (→ Aufriß, → Projektion).

Seitenschneider, Schneidzange mit fast senkrecht zur Drehachse liegenden Schneiden, bes. als → Drahtschneidewerkzeug benutzt.

Seitensichtradar, Radargerät zur Luftaufklärung, das Energie quer zur Flugrichtung abstrahlt, wodurch eine Radarkarte eines Geländestreifens beiderseits des Flugweges aufgezeichnet werden kann. Im Ggs. zu in Flugrichtung abstrahlenden Geräten **(Vorwärtssichtradar)** braucht das aufzuklärende Gebiet nicht überflogen zu werden.

Seitenstreifen, Teil des Straßenquerschnittes in gleicher Höhe neben der Fahrbahn oder dem äußeren Randstreifen; heißt im unbefestigten Zustand → Bankett 2); im befestigten Zustand steht er dem Verkehr noch zur Verfügung (Standspur o. ä.).

Seitenwagen, Beiwagen, an den Kraftradrahmen seitlich anmontierter Behälter (für Personen oder Sachen) mit einer nicht angetriebenen Achse. Zur besseren Lenkbarkeit müssen Kraftrad und S. → Radsturz haben, die S.-Achse muß der Hinterachse voreilen (Vorspur).

sek.-, s.-, Abk. für → sekundär; z. B. sek.-Butylalkohol.

Sekans, Secans, eine → Winkelfunktion.

Sekante, Gerade, die eine Kurve oder gekrümmte Fläche in mindestens zwei Punkten schneidet. Jede → Sehne liegt auf einer Sekante.

Sekantensatz. Schneiden sich zwei Sekanten eines Kreises (durch A, B und durch C, D) außerhalb dieses Kreises im Punkt P, so ist das Produkt der Abschnitte von P bis zu den Schnittpunkten des Kreises und der Sekante für beide Sekanten gleich, also $PA \cdot PB = PC \cdot PD$. Führt man eine Sekante in eine Tangente über, d. h., A und B fallen in E zusammen, erhält man den **Sekanten-Tangenten-Satz** (BILD). Schneiden sich die Sekanten innerhalb des Kreises, gilt der → Sehnensatz.

Sekretion, Geologie: teilweise oder gänzl. Ausfüllung von Gesteinshohlräumen durch chem. Ausscheidung von Stoffen aus eingewanderten Lösungen von der Wandung her; z. B. Drusen, Gänge.

Sektionsbauweise, → Schiff.

Sektor. Ein **ebener S.** ist die von zwei Strahlen und einer Kurve begrenzte Fläche, z. B. der **Kreis-S.** – Ein **räumlicher S.** ist der von einer Fläche und einem Kegelmantel begrenzte Raumteil, z. B. der **Kugel-S.**

Sektorieren, Aufteilung eines plattenförmigen Datenträgers (→ Diskette) in eine Reihe von Sektoren, von denen jeder durch Soft- oder Hardsektorierung gekennzeichnet ist (→ Formatieren).

sekundär, zweitrangig, untergeordnet. – Chem. Nomenklatur: Abk. **sek.-** oder **s.-,** in der organ. Chemie sind sek.- Kohlenstoff- und sek.- Stickstoffatome im Molekül mit zwei Kohlenstoffatomen verbunden. – In der anorgan. Chemie werden sek.- Salze diejenigen Salze von mehrbasigen Säuren genannt, in denen zwei Wasserstoff-Ionen der Säure durch andere Kationen besetzt sind; z. B. sek. Natriumphosphat Na_2HPO_4.

sekundäre Lagerung, durch tekton. oder Schwerkraft-Bewegungen veränderte Lagerung eines geologischen Körpers.

sekundäre Lagerstätte, durch Verwitterung und anschließende Umlagerung entstandene Lagerstätte.

Sekundär|elektronen, beim Beschuß eines Festkörpers mit Elektronen **(Primärelektronen)** unter Überwindung der → Austrittsarbeit aus diesem ausgelöste Elektronen **(S.-Emission, Sekundäremission)**; eine Störerscheinung in Elektronenröhren. Andererseits wird die Verstärkung durch S.-Emission z. B. im → Elektronenvervielfacher genutzt.

Sekundärelement, ein → Akkumulator (→ galvanische Elemente).

Sekundäremission, → Sekundärelektronen.

Sekundär|energie, Bez. für Energieformen, die durch Umwandlung von → Primärenergie gewonnen werden. Z. B. ist die elektr. Energie eine S., die u. a. aus dem Primärenergieträger Kohle entsteht.

Sekundär|radar, Zusatzgerät und -verfahren zum Primärradar (→ Radar), bei dem das Ziel mit einem → Transponder ausgerüstet ist, der auf codierte Abfragesignale der Bodenstation (→ Abfragefunkfeuer) entsprechend verschlüsselte Antwortsignale (meist → Kennung und Flughöhe) zurücksendet. Vorteile: größere Reichweite, geringere Störanfälligkeit, Verschlüsselungsmöglichkeit auf beiden Wegen. In der Praxis werden Primärradar und S. kombiniert: Die Richtantenne des S. wird oberhalb der umlaufenden Primärradar-Reflektorantenne montiert, die Pulsfolgefrequenz bei beiden Geräten gleich gewählt, so daß die S.-Antwortsignale den einzelnen Zielen am Rundsichtgerät zugeordnet werden können. Die militär. Freund-Feind-Kennung (→ IFF-Gerät) und das von der ICAO standardisierte SSR (Secondary Surveillance Radar) für die zivile Flugsicherung arbeiten nach diesem Prinzip. SSR-Transpondergeräte sind in der Bundesrep. Dtl. bei Flügen im kontrollierten oberen Luftraum (→ Flugsicherung) vorgeschrieben.

Sekundärspannung, → Sekundärwicklung.

Sekundärstrom, → Sekundärwicklung.

Sekundärstruktur, Strukturmerkmale von Polymeren, die über die Reihenfolge der Atome in der Molekülkette (Primärstruktur) hinausgehen. Zur S. gehören Kettenlänge (wichtig für die Beschaffenheit von Kunststoffen), Kettenform (z. B. schraubenförmige Anordnung von Proteinmolekülen) und Kettenbeweglichkeit (BILD Eiweiße).

Sekundärverfahren, → Erdöl.

Sekundärwicklung, bei Transformatoren und Induktionsmotoren (→ Elektromotor) jene Wicklung, in die von der → Primärwicklung auf induktivem Weg elektr. Energie übertragen wird. Die in der S. induzierte Spannung wird **Sekundärspannung,** der durch sie fließende Strom **Sekundärstrom** genannt. An die S. von Transformatoren werden die Verbraucher angeschlossen, bei Induktionsmotoren befindet sich die S. im Läufer.

Sekundärzellen, wiederaufladbare → Akkumulatoren 1), deren elektrochem. Reaktionen umkehrbar verlaufen (Entladen – Laden durch Energiezufuhr). – Ggs.: → Primärzellen.

Sekunde, 1) Einheitenzeichen ″, gesetzl. SI-fremde Einheit des ebenen Winkels, 60. Teil einer Winkelminute, die wiederum als 60. Teil eines Winkelgrades (→ Grad 1)

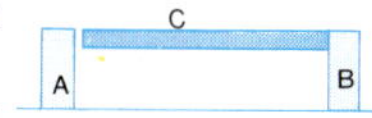

Seismograph: horizontaler Strain-S.

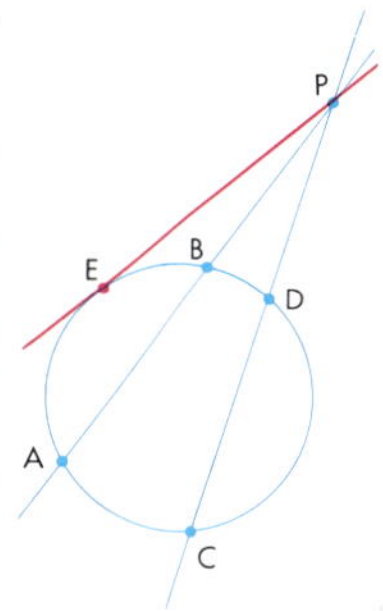

Sekantensatz: Sekanten-Tangenten-Satz: $\overline{PE}^2 = \overline{PC} \cdot \overline{PD} = \overline{PA} \cdot \overline{PB}$

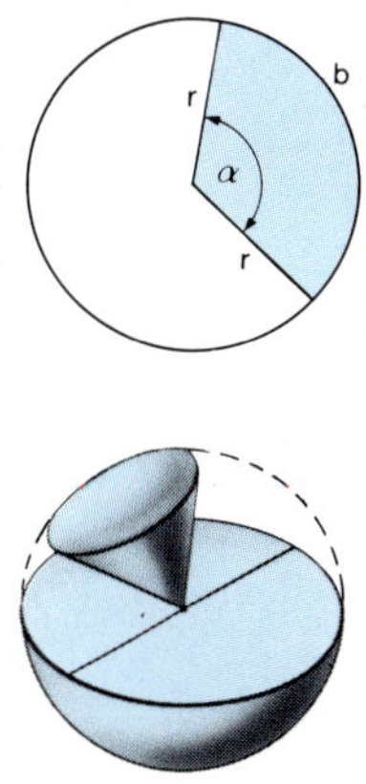

Sektor

Sektor: OBEN Kreissektor, α Zentriwinkel, b Kreisbogen, r Radius; UNTEN Kugelsektor auf einer Halbkugel

definiert ist: 1″ = 1′/60 = 1°/3600 = (π/648000) rad. Die S. wurde früher auch als **Altsekunde** bezeichnet i. Ggs. zur → Neusekunde.

2) Zeitrechnung: Einheitenzeichen **s** (früher auch **sec**), bei Angabe der Uhrzeit und in der Astronomie auch hochgestellt: ^{s}; SI-Basiseinheit der Zeit, urspr. definiert als der 86400ste Teil des mittleren Sonnentages; seit der 13. Generalkonferenz für Maß und Gewicht (1967) atomar definiert als das 9192631770fache der Periodendauer der dem Übergang zw. den beiden Hyperfeinstrukturniveaus des Grundzustandes von Atomen des Nuklids ^{133}Cs entsprechenden Strahlung.

Der durch die Caesium-Atomstrahlapparatur realisierte Standard für die Zeiteinheit S. ist mit einer Unsicherheit von 10^{-13} der derzeit genaueste von allen Standards für die physikal. Basiseinheiten und übertrifft z. B. die Genauigkeit des Kryptonlängenstandards (→ Meter) um mehr als vier Größenordnungen. Es erscheint daher interessant, nach Möglichkeiten zu suchen, die Standards für alle Basiseinheiten des SI-Systems (→ SI-Einheiten) neu zu definieren und durch Einführung von physikal. Konstanten von der Basiseinheit der Zeit abzuleiten. Eine noch höhere Genauigkeit als mit dem Caesium-Zeitstandard (und damit auch Frequenzstandard) könnte eventuell mit dem Wasserstoffmaser erzielt werden, mit dem für die Dauer von einigen Stunden Frequenzstabilitäten von $7 \cdot 10^{-16}$ erreicht worden sind. Gegenwärtig wird die Genauigkeit jedoch noch durch Phasenverschiebungen bei Stößen der Wasserstoffatome mit den Wänden der Vakuumapparatur auf etwa 10^{-12} begrenzt. Benötigt werden derart stabile Zeit- und Frequenzstandards in der Radioastronomie, bei wissenschaftl. Experimenten zur Überprüfung der Relativitätstheorie, in der Nachrichtentechnik sowie für Navigationssysteme.

Auf der 14. Versammlung der Internat. Astronomischen Union (1970) wurde festgesetzt, daß bei einem Unterschied von mehr als 0,7 s zwischen Erdstellung und Zeitzeichen nach Atomfrequenz eine ›**Schalt-S.**‹ eingeschoben wird. 1 Millisekunde = 1 ms = 10^{-3} s = 0,001 s. 1 Mikrosekunde = 1 µs = 10^{-6} s = 0,001 ms. 1 Nanosekunde = 1 ns = 10^{-9} s = 0,001 µs. 1 Pikosekunde = 1 ps = 10^{-12} s = 0,001 ns.

Seladonit, Grün|erde, glimmerartiges Verwitterungsmineral aus Eisensilikaten, verschieden grün, feinerdig, dicht und derb, in Hohlräumen basalt. Gesteine; dient als lichtechte Anstrichfarbe (**Veroneser Grün, Böhm. Erde**).

Selbst|auslöser, Vorlaufwerk an photograph. Aufnahmegeräten, das nach einer bestimmten einstellbaren Zeit selbsttätig den Verschluß auslöst. Dadurch kann man z. B. sich selbst aufnehmen. In modernen Kameras wird dieser Vorgang durch eine elektron. Zeitschaltung (z. B. wahlweise Vorlaufzeit von 2 und 10 s) gesteuert.

Selbstblock, → Eisenbahn-Blockeinrichtungen.

Selbstenergie, Energie, die sich infolge der Wechselwirkung eines Teilchens mit dem von ihm erzeugten Feld (**Selbstwechselwirkung**) ergibt, z. B. beim Elektron mit dem durch die Ladung verursachten elektr. Feld.

Selbst|entzündung, Entflammung (Entzündung) eines brennfähigen Stoffes ohne Wärmezufuhr von außen durch spontane chem. Reaktionen oder physikal. Vorgänge (z. B. Reibung, elektrostat. Aufladung), die in oder an der Oberfläche der Brandstoffe die erforderliche Wärmeenergie erzeugen. Selbstentzündl. Stoffe sind z. B. weißer Phosphor, Gemische aus brennbarem Material und starken Oxidationsmitteln wie Perchlorat und Peroxide, frisch geglühte Holzkohle, feuchtes Heu, ölgetränkte Lappen. S. tritt ein, sobald die **S.-Temperatur** überschritten wird. (→ Selbstzündung)

Selbst|erregung eines elektr. Gleichstromgenerators gelingt, wenn die durch remanenten Magnetismus induzierte Spannung größer ist als der Ohmsche Spannungsabfall im Erregerkreis (→ dynamoelektrisches Prinzip). Auch bei einer Asynchronmaschine mit einem parallel geschalteten Kondensator ist S. möglich, wenn die Leerlauf-Blindleistung der Asynchronmaschine kleiner ist als die kapazitive Blindleistung des Kondensators. So kann auch eine Asynchronmaschine als selbständiger Generator arbeiten.

Selbstfahrer, Abk. **SF,** landwirtschaftl. Maschine, i. d. R. eine Erntemaschine, die mit Hilfe eines eigenen Fahrwerks selbständig fahren kann, wie SF-Mähdrescher, SF-Feldhäcksler, SF-Rübenerntemaschine. S. sind wendiger als vom Schlepper gezogene Maschinen, insbes. haben sie sich bei Mähdreschern durchgesetzt.

Selbstfokussierung, → nichtlineare Optik.

Selbst|induktivität, Selbst|induktionsko|effizi|ent, → Induktion 1).

Selbstklebefoli|en, durchscheinende oder undurchsichtige, auch bedruckte → Folien mit einer Klebschicht zur schützenden oder dekorativen Abdeckung von Wänden, Holzflächen, Glas, Papier und dgl.; lassen sich nach Entfernen einer abziehbaren Papierschicht durch leichte Druckanwendung aufziehen.

selbstkonsistente Lösung, → Hartree-Fock-Verfahren.

Selbstreinigung, Abbau toter organ. Materie in Gewässern (vorwiegend durch → Algen und → Bakterien). Das **Selbstreinigungsvermögen** bezeichnet die Möglichkeiten des Ökosystems ›Gewässer‹ zur Eigenregulierung seines internen Gleichgewichtes bei äußeren Störungen, z. B. bei Verschmutzungen durch organ. Substanzen (→ Eutrophierung). An der S. ist die gesamte Nahrungskette aller im Gewässer lebenden Organismen beteiligt. Ein wichtiger begrenzender Faktor für die S. ist der Sauerstoffgehalt des Wassers: Durch hohe Nährstoffzufuhr (z. B. durch Einleitung von → Abwasser) kann die Dynamik der aeroben Stoffwechselvorgänge so stark erhöht werden, daß ein ›Umkippen‹ des Gewässers, d. h. ein schlagartiger Wechsel vom aeroben zum anaeroben Zustand, erfolgt. Zur Feststellung des Belastungsgrades eines Gewässers mit abbaubaren Substanzen ist daher der → biochemische Sauerstoffbedarf eine wichtige Meßgröße.

Selbstschalter, elektr. Schaltgerät, das einen Stromkreis bei Überlastung selbsttätig abschaltet; kann magnetisch, thermisch (auch mit einer Kombination aus beiden) oder elektronisch ausgelöst werden.

Selbstschlußventil, Absperrorgan für Mengenregelung von Flüssigkeiten und Gasen; es läßt nach einem Steuerprogramm eine bestimmte Menge durch.

Selbstspinner, der → Selfaktor.

Selbst|steuerung, 1) Luftfahrt: → automatische Flugzeugsteuerung.

2) bei Schiffen automat. Steueranlage mit Fernkompaß zum Einhalten eines vorbestimmten Kurses zur Entlastung des Rudergängers. Manövriereigenschaften des Schiffes und Einflüsse des Seegangs schränken die Einsatzfähigkeit der S. ein.

Selbstwählverkehr, Fernsprech- und anderer Nachrichtenverkehr, bei dem i. Ggs. zur Handvermittlung die gewünschte Verbindung vom Teilnehmer durch Wählen selbst hergestellt wird (→Vermittlungstechnik). Im Ortsverkehr schon seit der Jahrhundertwende üblich, wurde der S. in der Bundesrep. Dtl. seit etwa 1950 zum **Selbstwählferndienst** (Bezirks- und Landesferndienst) und in jüngster Zeit zum weltweiten S. ausgebaut.

Selbstzündung, Eigenschaft von Treibstoffgemischen, sich bei Erreichen eines best. Energiezustandes (Druck, Temperatur) selbst zu entzünden (→Dieselmotor, →Klopfen).

Selected Areas [sɪlˈektɪd ˈeərɪəz, engl.], **Eichfelder, Kapteyn-Felder,** die 1905 von J. C. KAPTEYN ausgewählten, gleichmäßig am Himmel verteilten 206 Felder mit einer Fläche von 75 mal 75 Bogenminuten, zu denen noch weitere, in besonderen Gebieten der Milchstraße gelegene Felder hinzukamen. In den S. A. werden stichprobenartig alle erreichbaren Sterne erfaßt und untersucht. Die Ergebnisse werden als repräsentativ für den gesamten Himmel angesehen und bilden die Grundlage der Stellarstatistik.

Selektions|theorie, Biochemie: Theorie zur Deutung der Bildung von →Antikörpern, die von F. M. BURNET 1957/58 entwickelt wurde; danach liegt die genet. Information zur Bildung der unterschiedl. Antikörper bereits in den Lymphozyten vor. Durch Kontakt mit einem Antigen werden Lymphozyten selektiv aktiviert, zur Proliferation einer Plasmazellenlinie und Synthese und Sekretion der entsprechenden Antikörper in die Blutbahn angeregt.

Selektivität, 1) Chemie: a) bei chem. Reaktionen Anteil der zu einem gewünschten Produkt umgesetzten Stoffmenge im Verhältnis zur insgesamt umgesetzten Stoffmenge. – b) Maß für den Trennaufwand bei therm. Trennverfahren mit Hilfsstoff (z. B. Extraktivdestillation).

2) Rundfunk: →Trennschärfe.

Selektivruf, Einrichtung in einem bewegl. Funkdienst zu gezieltem Anruf eines unter vielen an die gleiche Frequenz angeschlossenen Teilnehmers, ohne Belästigung der anderen. Jedem Teilnehmer ist eine codierte Rufinformation zugeteilt, die aus mehreren Tonfrequenzen, Impulsreihen oder anderen Codesignalen bestehen kann und auf die nur der gerufene Empfänger anspricht. So können z. B. mit 4 aus 32 Frequenzen ›zweiunddreißig über 4‹, d. h. $\binom{32}{4} = 35\,960$ Teilnehmer (→Kombinatorik) einzeln gerufen werden. Mit S. kann eine Mithörsperre aller unbeteiligten Teilnehmer verbunden werden.

Selektivschutz, Schutzeinrichtungen zur selektiven Abschaltung defekter Leitungen oder Teile in elektr. Anlagen, z. B. Zeitstaffel-, Differential- und Distanzschutz.

s-Elektron, →s-Zustand.

Selen *das,* chem. Symbol **Se,** dem Schwefel und Tellur nahe verwandtes →chemisches Element, das 1817 von J. J. BERZELIUS im Bleikammerschlamm der Schwefelsäureproduktion entdeckt wurde; Ordnungszahl 34. Sechs natürlich vorkommende stabile und mehr als 15 künstlich hergestellte instabile Isotope sind bekannt. S. bildet mehrere allotrope Modifikationen: Die stabilste Form ist das **graue, metall. S.,** Schmelz-P. 217 °C, Siede-P. 685 °C. Es ist ein Halbmetall und ein Halbleiter, dessen elektr. Leitfähigkeit von der Belichtung abhängt. Die zwei **roten kristallinen** Modifikationen (α-S., β-S.) und das **rote amorphe S.** bestehen aus Se_8-Molekülen; sie leiten den elektr. Strom nicht. Das **schwarze, glasartige S.** wird oberhalb von 60 °C plastisch. Alle Modifikationen gehen beim Erhitzen in die stabile graue Form über.

S. ist etwa tausendmal seltener als Schwefel; S.-Minerale sind sehr selten. In geringsten Gehalten kommt es in den natürl. Sulfiden vor, bei deren Abrösten es sich als S.-Dioxid, SeO_2, im Flugstaub anreichert. Ferner findet es sich in elementarer Form im Bleikammerschlamm. Nach Herauslösen mit Salpetersäure oder heißem Wasser (Flugstaub) wird es durch Schwefeldioxid zu elementarem S. reduziert und durch Erhitzen auf 100 °C in kristallines graues S. umgewandelt. Sehr bed. ist die Gewinnung von S. aus dem →Anodenschlamm 1) bei der Erzeugung von Elektrolytkupfer. – Techn. Verwendung findet S. in den **S.-Zellen,** ferner zum Färben von Gläsern, für elektron. Bauteile und in der Xerographie. S. ist ein essentielles Spurenelement für höhere Tiere. Größere Mengen von S.-Verbindungen sind giftig.

Selenit, 1) Chemie: →Selenverbindungen.

2) das Mineral →Gips.

Selenographie, kartograph. Aufnahme und Beschreibung der Mondoberfläche.

Selenologie, Lunargeologie, Mondgeologie, Zweig der Kosmogeologie, der sich der Erforschung des Mondes mit geolog. Methoden bes. seit der Entwicklung der Raumfahrt widmet.

Selenverbindungen. Die S., in denen das Selen mit den Oxidationszahlen −2, +2, +4 und +6 auftritt, sind formal den entsprechenden Schwefelverbindungen sehr ähnlich. **Selenwasserstoff,** H_2Se, wird aus Seleniden und Salzsäure hergestellt und ist ein unangenehm riechendes, giftiges Gas. Seine wäßrige Lösung ist eine mittelschwache Säure, deren Metallsalze, die **Selenide,** den Sulfiden ähneln. **Selendioxid,** SeO_2, ist ein fester weißer, bei 300 °C sublimierbarer Stoff, dessen Lösung in Wasser die **selenige Säure,** H_2SeO_3, bildet; ihre Salze heißen **Selenite.** Die **Selensäure,** H_2SeO_4, ist ein farbloser, bei 59,9 °C schmelzender Stoff. Die Lösung in Wasser bildet eine starke, oxidierend wirkende Säure. Die Salze heißen **Selenate.**

Selenzelle, das älteste bekannte →Photoelement.

Selfaktor [selfˈæktə, engl.], **Selbstspinner, Wagenspinner,** Spinnmaschine (noch in der Streichgarnspinnerei), die i. Ggs. zur →Ringspinnmaschine intermittierend verzieht und dreht, dann aufwindet.

Self-consistent-field-Verfahren [self kənsˈɪstənt fiːld-, engl.], →Hartree-Fock-Verfahren.

Seltene Erden, Selten|erden, Chemie: histor., aber irreführende Bez. für die →Seltenerdmetalle; heute Bez. für deren Oxide.

Selten|erdmetalle, Chemie: Bez. für die chem. Elemente Scandium, Yttrium und Lanthan sowie die →Lanthanoide.

seltsame Teilchen, engl. **strange particles** [streɪndʒ pˈɑːtɪklz], Elementarteilchen mit der →Strangeness **(Seltsamkeit)** S ungleich Null, wie Kaonen, Hyperonen (ÜBERSICHT Elementarteilchen). Wegen der Erhaltung der Strangeness können S. T. ($S \neq 0$) durch Umwandlung von gewöhnl. stark wechselwirkenden Teilchen ($S = 0$) immer nur zu mehreren erzeugt werden **(Assoziierte Produktion),** und zwar so, daß ihre Gesamtstrangeness null bleibt, z. B. bei der inelast. Streuung von negativen Pionen π^- ($S = 0$) an Protonen p ($S = 0$), bei

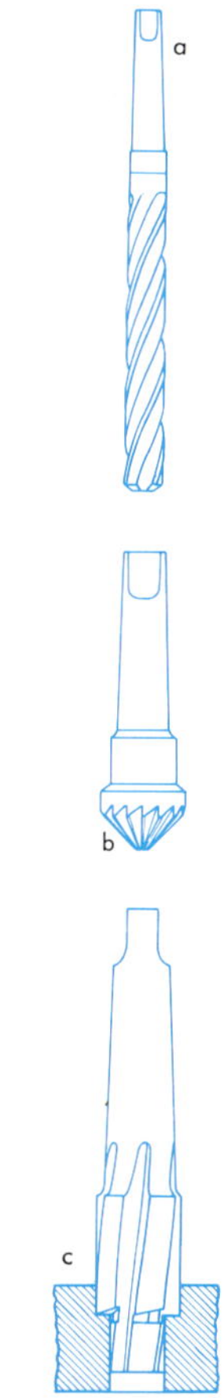

Senken: **a** dreilippiger Spiralsenker, **b** Spitzsenker, **c** Zapfensenker beim Aufsenken (Werkstück schraffiert)

Drehflügel-Flugzeuge

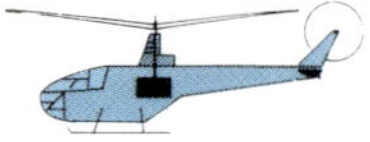

Hubschrauber

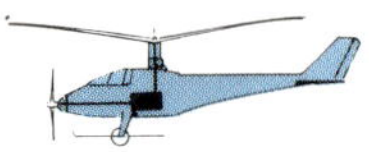

Tragschrauber

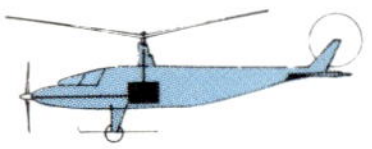

Flugschrauber

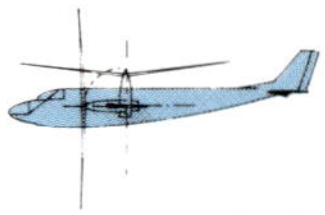

Verwandlungshubschrauber

Propellerflugzeuge

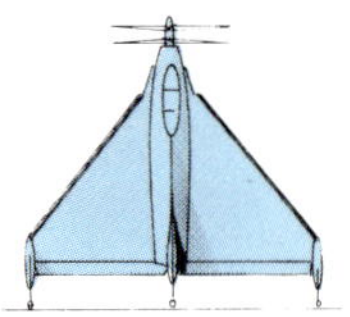

Heckstartflugzeug

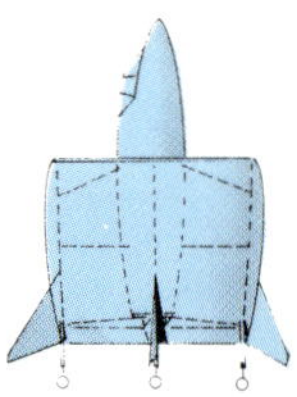

Ringflügelflugzeug (auch Strahltriebversion)

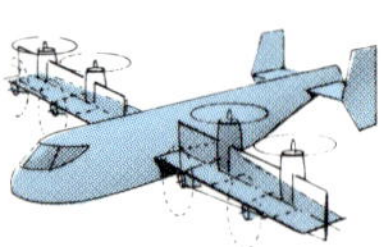

Kippflügelflugzeug

Senkrechtstartflugzeug 1

der positive Kaonen K^+ ($S = +1$) und negative Σ-Teilchen Σ^- ($S = -1$) entstehen: $\pi^- + p \longrightarrow K^+ + \Sigma^-$.

Semantik, Logik: die Theorie der Interpretation axiomat. Theorien. Die Gültigkeit oder Wahrheit von Aussagen einer axiomat. Theorie, speziell ihrer Axiome, hängt von der gewählten Interpretation ab, ist also ein **semant. Begriff.**

Semicarbazid, Aminoharnstoff, kristalline, basische Verbindung. S. wird in der organ. Chemie zum Nachweis von Carbonylgruppen verwendet, mit denen es unter Bildung gut kristallisierender **Semicarbazone** reagiert. (FORMEL S. 299)

semikubische Parabal, die → Neilsche Parabel.

semipermeabel, halbdurchlässig. – **semipermeable Membran,** die → halbdurchlässige Wand.

Sendeaufruf, Sendeabruf, Datenverarbeitung: → Polling.

Sender, Gerät oder Anlage zur Aussendung von Schallwellen, elektr. Strömen, elektromagnet. Schwingungen zur → Nachrichtenübertragung oder Richtungsbestimmung (→ Radar). In der Funktechnik werden die S. mit Elektronenröhren (Röhrengeneratoren) oder für kleinere Leistungen auch mit Transistoren betrieben. Ein S. erzeugt Hochfrequenzschwingungen, die mit der Nachricht moduliert (→ Modulation) und über eine Sendeantenne (→ Antenne) in Form von elektromagnet. Schwingungen abgestrahlt werden, um von einem → Empfänger aufgenommen werden zu können. (Rundfunk, → Fernsehen, → Funkrufdienst)

Sendersuchlauf, elektron. Einrichtung in Rundfunkempfängern (bes. häufig in Autoradios) zum automat. Suchen eines ›empfangswürdigen‹ Senders, dessen Empfangsfeldstärke für einen genügend störungsfreien Empfang ausreicht. Zu der Suchlaufschaltung gehört ein Generator, der einer Kapazitätsdiode im Abstimmkreis des Empfängers eine allmählich ansteigende Abstimmspannung zuführt. Dadurch ändert sich die Kapazität der Diode, und die Resonanzfrequenz des betroffenen Schwingkreises verschiebt sich über das für den Empfang von Rundfunksendern vorgesehene Frequenzband. Gelangt die S.-Schaltung zu einer Frequenz, bei der die Eingangswechselspannung im Empfangskreis einen bestimmten Wert erreicht, wird der Lauf abgebrochen. Es ist jetzt das Programm des automat. eingestellten Senders zu hören. Die Fortsetzung des S. kann entweder selbsttätig nach einer angemessenen Zeitverzögerung erfolgen oder durch einen vom Benutzer mittels Tastendruck erzeugten Impuls ausgelöst werden.

Senfgas, ein chem. Kampfstoff, → Lost.

Senföle, Isothiocyanate (→ Thiocyansäure) mit stechendem Geruch und scharfem, senfähnlichem Geschmack. S. entstehen bei der enzymat. Spaltung von schwefelhaltigen Glucosiden, die im Schwarzen (Sinigrin) und Weißen (Sinalbin) Senf, in Kaperngewächsen (Glucocapparin), Raps und verschiedenen Kohlarten vorkommen. Bei der Spaltung von Sinigrin entsteht z. B. Allylisothiocyanat (Allylsenföl). FORMEL S. 299.

sengen, Textiltechnik: oberflächlich herausstehende Faserenden an Garnen und Geweben durch Flämmen mittels **Gasier-** oder **Sengmaschinen** beseitigen.

Senkblei, das → Lot 1).

Senkbrunnen, 1) brunnenartiger Hohlkörper als Gründungspfeiler (→ Gründung). **2)** senkrechter Schacht zum Einleiten von Dränwasser in durchlässige tiefere Bodenschichten (→ Dränung).

Senke, 1) Elektronik: **Drain** [dreɪn, engl.], einer der Anschlüsse des → Feldeffekttransistors.

2) Nachrichtentechnik: die Nachrichtensenke in einem → Nachrichtensystem.

3) Physik: Stelle in einem Quellenfeld (→ Feld), in der Feldlinien enden; Ggs.: **Quelle.**

Senken, spanendes Bearbeitungsverfahren, bei dem eine vorgebohrte Bohrung je nach Form des **Senkwerkzeuges (Senker)** aufgebohrt oder stirnseitig profiliert wird. Dazu benutzt man **Spiral-, Spitz-, Zapfensenker** u. a. (BILD S. 297)

Senkfaschine, Senkwalze, Faschinensenkwalze, Wasserbau: langgestreckte, zylindrisch gebundene → Faschine von 0,8–1,2 m Durchmesser mit einer Umhüllung aus Reisig und einer Füllung aus Grobkies oder Bruchsteinen, als Fuß von Böschungsbefestigungen, Sohlenschutz u. dgl.

Senkkasten, → Caisson.

senkrecht. Zwei Geraden g, g' stehen s. aufeinander (in Zeichen $g \perp g'$), wenn die Winkel, die von beiden gebildet werden, rechte Winkel sind. Eine Gerade g steht s. auf einer Ebene E, wenn g auf allen durch den Schnittpunkt S (von g und E) laufenden Geraden von E s. steht.

Senkrechthebewerk, ein → Schiffshebewerk mit senkrechter Förderung des Troges.

Senkrechtstartflugzeug, Senkrechtstarter, Lotrechtstarter, Vertikalstartflugzeug, Vertikalstarter, VTOL-Flugzeug, Abk. für **Vertical Take-Off and Landing** [v'əːtɪkl t'eɪkɔf ænd l'ændɪŋ, engl.], Flugzeug, das auf Grund besonderer Bauart in senkrechter Richtung starten und landen kann. Wegen der fehlenden Horizontalbewegung kann der erforderl. Auftrieb nicht durch starre Tragflächen erzeugt werden, sondern durch überdimensionierte und in eine horizontale Drehebene gebrachte Luftschrauben sowie durch Strahltriebwerke. Daraus ergeben sich sehr unterschiedl. Arten von Senkrechtstartflugzeugen.

Bauarten. Bei den **Drehflügelflugzeugen** wird der Auftrieb sowohl im Vertikal- wie im Horizontalflug überwiegend durch langsamdrehende Rotoren großen Durchmessers erzeugt; Bauarten → Flugschrauber, → Hubschrauber, → Tragschrauber und → Verwandlungshubschrauber. Bei S. mit Hubkrafterzeugung durch **Luftschrauben** liefern diese nur im Vertikalflug die Hubkraft, während der Auftrieb im Horizontalflug durch eine starre Tragfläche erzeugt wird. Zur Hubkrafterzeugung wird entweder die Rumpflängsachse in die senkrechte Lage gebracht **(Heckstartflugzeug)** oder es wird bei waagerechter Rumpflage der Luftschraubenschub durch Schwenken der Luftschrauben **(Kipprotorflugzeug),** der Triebwerke einschließlich der Luftschrauben **(Kipptriebwerkflugzeug),** des gesamten Tragflügels einschließlich der Triebwerke und der Luftschrauben **(Kippflügelflugzeug)** oder durch Umlenkung des Luftschraubenstrahls mit Klappensystemen in die Senkrechte umgelenkt. Hubkrafterzeugung durch **Strahltriebwerke** ist möglich mit dem Schubtriebwerk durch Heckstartaufstellung oder durch Schwenken von Schubtriebwerken, durch Schwenken der Austrittsdüsen von → Hub-Schub-Triebwerken oder durch gesonderte → Hubtriebwerke oder → Hubgebläse. Im Horizontalflug wird der Auftrieb überwiegend durch eine starre Tragfläche geliefert, seltener durch Hubtriebwerke (→ Hubstrahler).

Da während des Start- und Landevorgangs wegen der fehlenden Horizontalbewegung die aerodynam. Ruder unwirksam sind, müssen die zur Lagehaltung und Steuerung erforderl. Drehmomente durch besondere Steuerelemente oder -verfahren aufgebracht werden (Steuerdüsen, Steuerluftschrauben oder -gebläse, Richtungsänderung der Hubkraft, Änderung der Größe der Hubkraft verteilter Hub-Einzeltriebwerke). Zur Überführung des S. aus der senkrechten in die waagerechte Bewegungsrichtung (Übergangszustände zw. Start-Flug-Landung, **Transitionsphase)** werden ebenfalls die Richtung der Hubkraft geändert und/oder Schubtriebwerke zugeschaltet. Da beim Start- und Landevorgang alle Drehbewegungen um die Flugzeughauptachsen ungedämpft sind, reagiert das S. auf Steuerkommandos anders als flächengetragene Flugzeuge, was die Flugführung erschwert und Stabilisierung sowie Steuerung durch spezielle Flugregler verlangt, die auch für die Transitionsphase notwendig sind.

Flugeigenschaften, Flugleistungen. Flugzeuge mit geringer Strahlflächenbelastung (Hubkrafterzeugung durch geringe Beschleunigung einer großen Luftmasse, z. B. Hubschrauber) haben geringeren Kraftstoffverbrauch im Schwebeflug und eignen sich deshalb bes. für längere Schwebeflugdauer; ihre Horizontalgeschwindigkeit und Reichweite sind jedoch meist unbefriedigend. Flugzeuge mit hoher Strahlflächenbelastung (Hubkrafterzeugung durch starke Beschleunigung einer geringeren Luftmasse) sind hingegen für ausgesprochene Schwebeflugaufgaben kaum geeignet, erreichen aber höhere Horizontalgeschwindigkeiten und Reichweiten.

Vorteile von S.: Unabhängigkeit von langen, ausgebauten und damit auch verletzl. Start- und Landebahnen; geringere Annäherungsgeschwindigkeit an den Boden (erleichtert Schlechtwetterlandung); Schwebeflugfähigkeit macht besondere Flugaufgaben erfüllbar und bietet Vorteile bei Luftkampfmanövern. – Nachteile: hohe Anschaffungs- und Betriebskosten, hoher Kraftstoffverbrauch und starke Lärmentwicklung bei Start und Landung, Wartungs- und Versorgungsprobleme bei militär. Einsatz in unvorbereitetem Gelände.

Obwohl Versuchsflugzeuge mit nahezu allen möglichen Arten der Hubkrafterzeugung erfolgreich erprobt wurden, konnte sich im zivilen und militär. Bereich bislang nur der Hubschrauber als S. durchsetzen. Hubkrafterzeugung mit Strahltriebwerken wurde bisher nur bei einem einzigen bei den Streitkräften eingeführten Serienmuster angewendet. (Weiteres BILD S. 300)

X. HAFER u. G. SACHS: Senkrechtstarttechnik (1982).

Senktor, → Schleuse 2).

Senkwaage, Senkspindel, das → Aräometer.

Sensibilisierung, Photographie: Erhöhung der Eigenempfindlichkeit photograph. Schichten in ihrem spektralen Empfindlichkeitsbereich und/oder Ausdehnung ihrer Licht- oder Strahlenempfindlichkeit auf andere Wellenlängenbereiche durch Zusatz bestimmter chem. Verbindungen (Sensibilisatoren). **Chem. Sensibilisatoren,** z. B. Schwefelverbindungen oder feinstverteiltes Gold, bilden Empfindlichkeitszentren an der Oberfläche von Silberhalogenidkristallen und erhöhen deren Eigenempfindlichkeit. **Spektrale Sensibilisatoren,** meist Polymethinfarbstoffe, absorbieren auffallende Strahlung und übertragen die Energie auf den Silberhalogenidkristall. Dadurch wird die Empfindlichkeit der Schicht auf das jeweilige Absorptionsgebiet des Farbstoffs ausgedehnt.

Die Eigenempfindlichkeit von Silberbromidschichten reicht vom Ultraviolett bis zum Blaugrün (rd. 230–500 nm). Durch Zusatz entsprechender Sensibilisatoren (einzeln oder im Gemisch) wird die Farbempfindlichkeit ausgedehnt, und zwar für Gelbgrün (orthochromat. Material, bis etwa 600 nm), Rot (panchromat., bis etwa 700 nm) und Infrarot (Fernaufnahmen und Sonderzwecke, bis über 1 000 nm). Durch eine spezielle Behandlung der photograph. Schicht kurz vor der Belichtung kann die Empfindlichkeit weiter gesteigert werden (→ Hypersensibilisierung). Durch Kombination eines Sensibilisatorfarbstoffs mit anderen chem. Verbindungen oder mit weiteren Polymethinfarbstoffen wird oft eine Empfindlichkeitssteigerung über einen additiven Effekt hinaus erzielt **(Über-S., Super-S.).**

Sensitivity [sensɪtˈɪvətɪ, engl.], → Oktanzahlen.

Sensitometrie, die Ermittlung der Empfindlichkeit und des Verlaufs der Schwärzungskurve (→ Schwärzung) von photograph. Materialien. Die definierte Belichtung des Materials erfolgt durch **Sensitometer,** die Auswertung des Testbildes mit Hilfe von **Densitometern.**

Sensor, Meßfühler, Meß(wert)geber, elektr. Bauelement, das physikal. Größen (z. B. Temperatur, elektromagnet. Strahlung, Druckunterschied, Beschleunigung), chem. Größen (z. B. stoffl. Zusammensetzung von Gasen und Flüssigkeiten) und elektrochem. Größen (z. B. zum Messen von Aktivitäten) erfaßt und mit hinreichender Genauigkeit in ein elektr. Signal umsetzt. Der S. stellt das erste Glied einer Meßordnung oder Einrichtung zur Meßwerterfassung dar. Die meist als analoges Signal vorliegende Meßgröße wird mit Hilfe eines → Analog-Digital-Umsetzers in digitale Signale umgewandelt, die von einem Mikroprozessor oder von größeren elektron. Datenverarbeitungsanlagen ausgewertet werden können. Angesichts der Zunahme automatisierter Systeme (z. B. → Industrieroboter) in allen Bereichen der Fertigung und Meßtechnik besteht ein hoher Bedarf an zuverlässigen S.

Einige Beispiele für Bauelemente, die als S. eingesetzt werden: → Photodiode, → Phototransistor und → Photowiderstand zur Messung der Beleuchtungsstärke und der Lichtdurchlässigkeit von Materialien oder Flüssigkeiten; → CCD (ladungsgekoppelte Schaltung) zur opt. Bildabtastung; → Heißleiter (NTC-Widerstand), → Kaltleiter (PTC-Widerstand) als Temperaturfühler; Feuchtigkeitssensor mit vom Wassergehalt abhängiger Leitfähigkeit; pyroelektr. Detektor für den Infrarotbereich; → Dehnungsmeßstreifen zur Aufnahme von mechan. Veränderungen an Maschinenteilen; → Magnetdiode und → Hall-Generator sprechen als kontaktlose Signalgeber auf Magnetfelder an; → Piezodiode und → Piezotransistor wandeln mechan. Druck in elektr. Spannung um.

Sensortaste, Taste ohne mechanisch bewegte Teile. Durch Berühren der S. mit dem Finger wird z. B. durch einen schwachen Erdstrom ein elektron. Schalter ausgelöst. Anwendung z. B. bei Aufzügen, photograph. Kameraauslösern, Stationswahl in Rundfunkgeräten.

separable Körpererweiterung. Eine Körpererweiterung (→ Körper 1) L über K heißt s. K., wenn alle Elemente von L separabel über K sind (→ separables Polynom). Die Theorie der s. K. wird in der → Galois-Theorie behandelt.

separabler topologischer Raum, Bez. für einen topolog. Raum M, wenn er eine abzählbare Teilmenge T enthält, die → dicht in M ist.

separables Polynom. Ein irreduzibles Polynom aus $K[x]$ wird als **separabel über dem Körper K** bezeichnet, wenn es lauter einfache, d. h. verschiedene Nullstellen

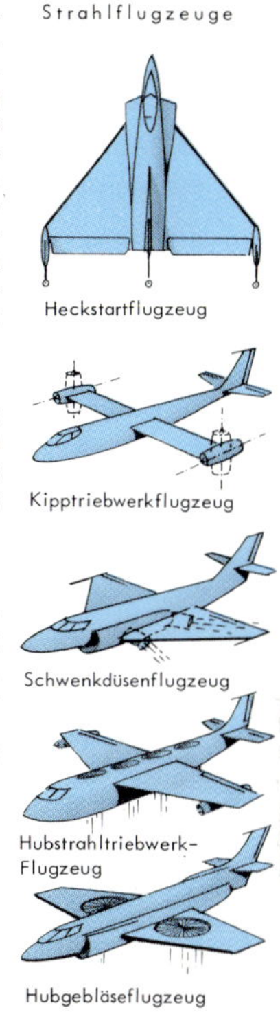

Senkrechtstartflugzeug 2

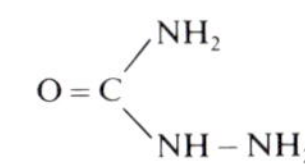

Semicarbazid

Senföle

Allylisothiocyanat

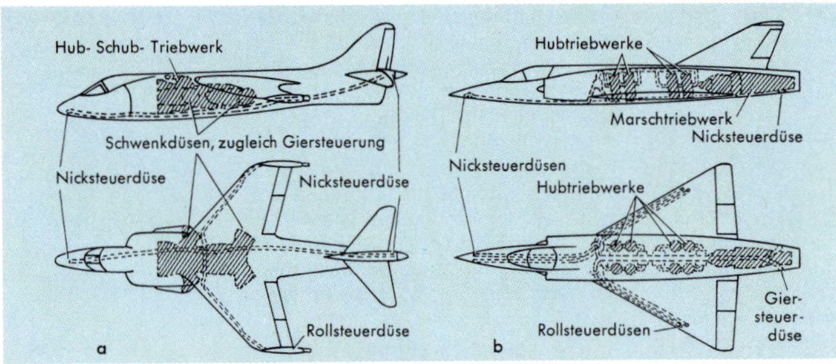

Senkrechtstartflugzeug 3:
a Schwenkdüsenflugzeug, **b** Hubstrahltriebwerk-Flugzeug

hat. Diese Nullstellen nennt man **über K separable Elemente.**

Separations|energie, die Energie, die erforderlich ist, um aus einem speziellen Atomkern ein einzelnes Nukleon abzuspalten.

Separatoren, die Tellerzentrifugen, → Zentrifugen.

separierter Raum, der → Hausdorffsche Raum.

Sepiolith, Meerschaum, Bez. für das Mineral $Mg_4[(OH)_2|Si_6O_{15}] \cdot 2\ H_2O + 4\ H_2O$, meist kryptokristalline, feinerdige, derbe oder knollige, poröse und deshalb leichte, auf Wasser schwimmende, weiße bis rötl. Massen, Verwitterungsprodukt von Serpentin. – M. wird zu Schmuck und seit dem frühen 18. Jh. bes. zu Pfeifenköpfen verarbeitet. Das Material wurde an der Luft getrocknet und dann zur Verzierung gebohrt und geschnitten oder auch in Formen gepreßt.

Serizit
auf Serizitgneisfläche (Hallgarten, Hessen)

Septari|e, knollige → Konkretion mit Schwundrissen, die nach innen breiter werden und mit Mineralen gefüllt sein können; entstanden durch örtl. Anreicherung von Calciumcarbonat in Mergeln, oft um einen organ. Einschluß.

Sequenator, Gerät zum automat. oder halbautomat. Abbau von Peptiden und Proteinen zur Aminosäuresequenz-Bestimmung. (→ Eiweiße)

Sequenz, 1) Biochemie: Aufeinanderfolge der zahlreichen gleichartigen Bausteine in biolog. Makromolekülen wie z. B. die **Aminosäuren-S.** in Proteinmolekülen. Die **S.-Analyse** ist ein wichtiges Mittel der Konstitutionsaufklärung bes. von Proteinen und Nucleinsäuren.

2) Nachrichtentechnik: Erweiterung des Begriffs → Frequenz, falls zur Analyse und Synthese von Nachrichtensignalen an Stelle der Winkelfunktionen (Sinus und Cosinus) andere vollständige Systeme orthogonaler Funktionen (bes. → Walsh-Funktionen) verwendet werden **(S.-Technik).** Die S. ist definiert als der halbe Mittelwert der Nulldurchgänge pro Sekunde und stimmt bei den Winkelfunktionen mit der Frequenz überein.

Serpentin, dicht
(Venezianer Alpen)

Sericin, Seidenbast, Seidenleim, leimartige Eiweißsubstanz aus wenigstens zwölf Aminosäuren; umhüllt im Rohseidenfaden die beiden Fibroinfäden (→ Seide). Beim Entbasten der Rohseide wird das S. gelöst, und die Fibroinfäden werden freigelegt. Verwendet für Bakteriennährböden oder Emulgatoren.

Seri|e, 1) Geologie: Unterabschnitt eines stratigraph. → Systems (z. B. Malm, eine S. des → Jura). Die Bildungszeit einer S. ist die **Epoche.**

2) Physik: **Spektralserie,** die Gesamtheit derjenigen Spektrallinien eines Linienspektrums, die einen bestimmten gemeinsamen Endterm aufweisen, d. h. alle Spektrallinien, die bei Elektronenübergängen in den Atomhüllen der strahlenden Atome von angeregten Zuständen in denselben Endzustand entstehen; z. B. die **Balmer-S.** des Wasserstoffatoms, bei der Übergänge von den Energiestufen mit den Hauptquantenzahlen $n_a = 3, 4, 5$ usw. zu der Energiestufe mit der Hauptquantenzahl $n_e = 2$ stattfinden (BILD Atom 2). Die Seriengrenze wird für $n_a \longrightarrow \infty$ erreicht.

seriell, Datenverarbeitung: Werden Informationselemente zeitlich nacheinander übertragen oder verarbeitet oder greift man zu gespeicherten Daten in der Reihenfolge zurück, in der sie aufgezeichnet sind, so spricht man von **seriellem Übertrag, serieller Verarbeitung** oder **seriellem Zugriff.** – Ggs.: **parallel** (→ Parallelbetrieb 2).

Seri|enbetrieb, → Parallelbetrieb 2).

Seri|enfertigung, Herstellung einheitl. Produktarten in begrenzter Stückzahl. S. erfordert einen verhältnismäßig stärkeren Maschineneinsatz als Einzelfertigung (→ Fertigung). Für die S. empfiehlt sich das Fertigungsverfahren der **Reihenfertigung,** bei der die Arbeitsplätze und -mittel in der Reihenfolge ihrer Bearbeitung räumlich hintereinander angeordnet sind.

Seri|en-Parallel-Umsetzer, Datenverarbeitung: elektr. Einrichtung, die zeitlich nacheinander eintreffende Daten in parallel laufende umsetzt. (→ Parallel-Serien-Umsetzer)

Seri|enresonanzkreis, → Schwingkreis.

Seri|enschaltung, die → Reihenschaltung.

Serigraphie, → Siebdruck.

Serin, Biochemie: α-Amino-β-hydroxypropionsäure, nichtessentielle Aminosäure. S. ist am Aufbau von Proteinen beteiligt und wichtiges Zwischenprodukt im intermediären Stoffwechsel.

Serizit, Sericit *der,* feinschuppige, seidenglänzende Aggregate des Minerals Muskovit (→ Glimmer). **S.-Gneis, S.-Schiefer,** metamorphe Gesteine der Epizone, meist grünlich; bestehend aus S., Quarz und z. T. Albit.

Serotonin, 5-Hydroxytryptamin, biogenes Amin, entsteht aus Tryptophan und wird durch die Monoaminoxidase abgebaut. S. hat die Funktion eines Neurohormons und kommt bes. in den Nervenzellen des Gehirns und den Endigungen des sympath. Nervensystems vor.

Serpens, lat. Bez. für das Sternbild → Schlange.

Serpentin, Ophit, Schlangenstein, feinstkristalline, mineralische Aggregate der Zusammensetzung $Mg_6[(OH)_8|Si_4O_{10}]$, mit Gehalten an Aluminium, Eisen, Nickel; matt oder schimmernd, vorherrschend grün gefärbt. S. entsteht bei der Verwitterung olivinreicher Gesteine **(Serpentinisierung)** in zwei Strukturvarianten: a) **Antigorit, Blätter-S.,** b) **Chrysotil, Faser-S.** Letzterer ist wichtig als dunkler **gemeiner S.,** zartgelber bis lichtgrüner, durchscheinender **edler S.** und feinfaseriger, seidenglänzender **Chrysotilasbest (S.-Asbest,** → Asbest). S. tritt oft in Massen auf und wird kunstgewerblich verarbeitet.

Serpentinit, Serpentinschiefer, früher **Serpentin,** metamorphes Gestein, wesentlich aus Serpentinmineralen bestehend, dazu Chlorit, Talk, Erzminerale und Reste des Ausgangsgesteins. S. ist dichtkörnig, meist grün, leicht zu sägen und polierbar. Dekorationsgestein und Material für Kunstgegenstände.

Serum *das,* allg. der von mikroskop. Formbestandteilen freie, nicht mehr gerinnende flüssige Teil von Blut, Lymphe, Milch. – **Blutserum,** die nach der Gerinnung von → Blut und Zentrifugation resultierende gelbl. Flüssigkeit, der gegenüber dem Blutplasma nur die an der Gerinnung beteiligten Proteine fehlen. S. ist eine wäßrige Lösung und enthält eine Vielzahl chem. Verbindungen, die sich folgenden Substanzklassen zuordnen lassen: 1) Proteine, 2) anorgan. und niedermolekulare Bestandteile, 3) stickstoffhaltige Nicht-Protein-Verbindungen, 4) Kohlenhydrate und 5) Lipide.

Servicewelle [s'ə:vɪs-, engl.], → Verkehrsfunk.

Servobremse, ein → Servomechanismus als Bremskraftverstärker; z. B. kann bei der Trommelbremse (nicht bei der Scheibenbremse, → Bremse) die Reibungskraft eines Bremsbackens in der Bremstrommel zum zusätzl. Anpressen des anderen benutzt werden, da die Reibungskraft ein Moment erzeugt, das die auflaufende Bremsbacke in die Trommelrundung hineinpreßt. Diese Selbstverstärkung in beiden Drehrichtungen ist mit der **Duo-S.** möglich. – Häufig wird der Unterdruck im Motorsaugrohr zur Bremskraftverstärkung genutzt.

Servolenkung, eine → Lenkung für Kraftwagen, bei der die Betätigungskraft hydraulisch (selten pneumatisch) unterstützt wird.

Servomechanismen, mechan., elektr., magnet., pneumat. oder hydraul. Kraftverstärker als Hilfsgeräte, bes. bei der Betätigung von Bremsen **(Servobremse),** Lenkungen **(Servolenkung),** Steuerungen **(Servomotor, Servoventil).**

Servomotor, → Stellmotor.

Servoventil, mechanisch oder elektrisch betätigtes Ventil in Hydraulik- oder Pneumatikanlagen zur feinfühligen und schnellen Steuerung großer Leistungen durch geringe Steuerleistungen dank der unterstützenden Wirkung des durchströmenden Mediums (Servowirkung). S. dienen z. B. in Werkzeugmaschinen zu Positionierungsaufgaben.

Sessel|lift, eine Einseilbahn (→ Bergbahnen) zur Personenbeförderung in stuhlartigen, offenen Gehängen.

Seston *das,* im Wasser schwebende lebende (Plankton) und leblose (Tripton) filtrierbare Teilchen.

SETI, Abk. für **Search for Extraterrestrial Intelligence** [sə:tʃ fɔ: ekstrətɪr'estrɪəl ɪnt'elɪdʒəns, engl.], Suche nach außerird. Zivilisationen. In den 1970er Jahren v. a. von amerikan. und sowjet. Radioastronomen begonnenes Programm zum Nachweis künstl. Signale aus dem Weltall, das jedoch bislang erfolglos blieb. Auf amerikan. Seite wurden die Horchprogramme vorübergehend eingestellt.

Setz|arbeit, Aufbereitung: Sortierverfahren zur Trennung der Komponenten eines gröberen Mineralgemisches mit begrenztem Korngrößenbereich im wesentlichen nach der Dichte. Gerät: → Setzmaschine 2).

Setzerei, Schriftsetzerei, Produktionsabteilung oder -betrieb der graph. Industrie, der sich mit der Herstellung des Schriftsatzes (Bleisatz, Photosatz, Schreibsatz) befaßt. Beim **Handsatz** entnimmt der Setzer die Typen (Buchstaben) dem Setzkasten und reiht sie nach dem Manuskript zu einer Zeile, die er im Winkelhaken, einer rechtwinkligen Schiene mit Boden und einer verstellbaren Seite (Frosch), aufbaut. Zwischen die Wörter kommen Ausschlußstücke (Blindmaterial, niedriger als Schriftmaterial). Die fertiggesetzte Zeile wird auf das Setzschiff gehoben, eine Zinkblechplatte, die an drei Seiten von schmalen Eisenschienen gerahmt ist. Heute werden allg. die schneller arbeitenden → Setzmaschinen 1) verwendet **(Maschinensatz).** Handsatz ist immer Bleisatz, Maschinensatz kann Bleisatz oder → Photosatz (Lichtsatz) sein.

Der laufende Satz wird auf einer Presse oder durch Kopieren in **Fahnen** (ohne Rücksicht auf die spätere Seitenhöhe) für die Korrektur abgezogen (früher Bürstenabzug). **Umbruch** ist das Herrichten von gleich großen Seiten, das Einbauen von Klischees, Blindmaterial, Überschriftzeilen, Fußnoten und Marginalien durch den Metteur. Der umbrochene Satz dient entweder direkt als Druckform für den Buchdruck oder zur Herstellung von Stereos, Galvanos oder von Kopiervorlagen zur Plattenherstellung für Offsetdruck, Tiefdruck, Siebdruck.

Beim Photosatz erhält man diese Kopiervorlagen direkt. → Perforator und Satzrechner (→ Computer-Satz) haben Satzherstellung und Umbruch weitgehend automatisiert. Lochband oder Magnetband mit den Satzinformationen können die Setzmaschine an Ort und Stelle steuern, ihre Signale können auch über beliebige Entfernungen übertragen werden, so daß der gleiche Satz an verschiedenen Orten gleichzeitig hergestellt werden kann. Die Übertragung auch ganzer angedruckter Textseiten als Faksimile ist möglich.

K. KIRCHNER: Satz, Druck, Einband und verwandte Dinge ([9]1970); E. D. STIEBNER: Bruckmanns Hb. der Drucktechnik ([3]1981).

Setzholz, → Steckholz.

Setzkopf, der schon vor dem Nieten vorhandene Kopf eines → Nietes.

Setzlatte, Vermessungskunde: Gerät zur Aufmessung von Querprofilen in steilem Gelände; die S. wird mittels Röhrenlibelle *R* horizontal an einen vertikalen Peilstab angelegt, so daß der Höhenunterschied *h* daran abzulesen ist.

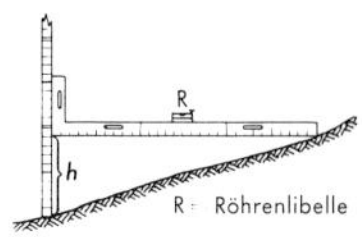

Setzlatte

Setzmaschine, 1) graph. Technik: Maschine einer → Setzerei zur Herstellung des Schriftsatzes. Zeilen- und Einzelbuchstaben-S. dienen zur Herstellung von Bleisatz. Die **Zeilensetz-** und **-gießmaschine** (Marken Linotype, Intertype u. a.) enthält in einem Magazin in nebeneinanderliegenden Kanälen die Gußformen (Matrizen), schmale Messingplättchen mit der vertieften Form des Buchstabens. Durch Anschlag einer Taste wird die gewünschte Matrize ausgelöst und mit anderen zum Sammler geleitet. Die genaue Zeilenlänge wird durch Veränderung der Wortabstände hergestellt, dann gelangt die Matrizenzeile automatisch vor die Gießform und wird abgegossen. Nach dem Guß wird die fertige Zeile selbsttätig ausgestoßen, die Matrizen werden zurückbefördert.

Die **Einzelbuchstabensetz-** und **-gießmaschine** (Marke u. a. Monotype) liefert Einzellettern; Setzen und Gießen sind getrennte Arbeitsgänge. Auf dem schreibmaschinenähnl. Taster werden auf einem vorbeilaufenden Papierstreifen den Typen entsprechende Lochkombinationen hergestellt. Der gelochte Papierstreifen wird in die Gießmaschine eingesetzt, wo nach Maßgabe der eingestanzten Löcher die Buchstaben gegossen und zu einzelnen Zeilen automatisch aneinandergereiht werden; der Lochstreifen kann für spätere Güsse aufbewahrt werden. Die Zeilengießmaschinen leisten 5 000–7 000 Buchstaben stündlich, die Monotype über 8 000 Buchstaben. Höhere Leistungen erbringen → Teletype Setter (TTS) sowie **Photo-S.** oder **Licht-S.** (→ Photosatz).

Ohne Metall und Gießvorgang arbeiten auch **Schreib-S.** Durch Anschlag einer schreibmaschinengleichen Tastatur entsteht das Schriftbild oder ein Lochstreifen, der das automat. Schreiben des endgültigen Klartextes steuert **(Composer-Satz).**

Geschichte. Nach den ersten, noch unvollkommenen S. des Engländers W. CURCH (1822) und des Dänen CHR. SÖRENSEN (1849) fand die Maschine von K. KASTENBEIN 1869 einige Vertreitung. Aber erst O. MERGENTHALERS ›Linotype‹ von 1884 (Patent 1888) löste das Problem des mechan. Setzens, Ausschließens und Ablegens zuverlässig. Die Einzelbuchstabensetz- und -gießmaschine (›Monotype‹) des Amerikaners T. LANSTON (1890ff.) setzte sich auch durch. An der Entwicklung der Licht-S. war bes. der Ungar E. UHER (Uhertype-Licht-S., 1930ff.) beteiligt. Aber erst nach 1945 wurden Licht-S. entwickelt, die sich in der Praxis bewährten.

2) Aufbereitung: Vorrichtung zur Durchführung der →Setzarbeit. S. bestehen aus dem **Setzkasten** mit einem **Setzgutträger** (Lochbleche, Siebgewebe, Roste) für das Setzgut. Der Setzvorgang erfolgt durch pulsierende Wasser- oder Luftströmungen.

Setzpack, Gestück, Steinstickung, Packlage, Steinpackung, Sohlen- oder Ufersicherung von Wasserläufen aus hochkant, mit der größeren Fläche nach unten, dicht nebeneinander gesetzten Bruchsteinen von etwa gleicher Größe.

Setzstange, wenig verzweigtes geradschäftiges, bewurzelungsfähiges Astende (i. d. R. Baumweide) von etwa 1–2,5 m Länge und 4–6 cm Dicke zum →Lebendbau.

Setzung, Bautechnik, Grund- und Erdbau: innerhalb frisch aufgeschütteter Erdkörper oder unter Bauwerkslasten auftretende lotrechte, abwärtsgerichtete Bewegung infolge Verdichtung durch Eigengewicht oder äußere statische und dynamische Belastungen.

Setzungsfuge, planmäßig angelegte Fuge zw. Bauteilen, die unterschiedliche →Setzungen erwarten lassen. Die S. verhindert die Kraftübertragung zw. diesen Bauteilen. S. sind von →Dehnungsfugen zu unterscheiden.

Setzwaage, die →Wasserwaage.

Sexagesimalsystem, Sechzigersystem, Zahlensystem, das auf der Zahl 60 aufbaut, mit dem die Babylonier um 3000 v. Chr. rechneten und die es den Griechen und Indern übermittelten. Vom 17. Jh. an durch das Dezimalsystem verdrängt, wird es heute nur noch bei der Winkel- und Zeitmessung angewendet.

Sextant, 1) Astronomie: lat. **Sextans,** Sternbild der Äquatorzone, im Frühjahr am Abendhimmel sichtbar.

2) Mathematik: **Sechstelkreis,** Kreissektor mit Zentriwinkel von 60 Grad.

3) Gerät zur Messung von Winkeln für Navigation und Geodäsie. Die genaue Messung des Elevationswinkels wie des sphär. Abstands von Gestirnen gelang mit den in der 1. Hälfte des 18. Jh. erfundenen Reflexionsinstrumenten. Das heute verwendete, bekannteste dieser Geräte ist der **Spiegel-S.** (BILD). Er besteht aus einem mit einem Handgriff b verbundenen Gradbogen a von etwa 60° mit einer Teilung aber von 0–120°. Durch einen mit einem Zeiger fest verbundenen halbdurchlässigen Spiegel c wird dessen Stellung gegen einen festen Spiegel f bestimmt, wobei infolge der Spiegelung an c der doppelte Winkel zw. beiden Richtungen gemessen wird, doch gibt die Teilung den tatsächlichen an. Die Messung erfolgt durch Anvisieren des Objekts, ggf. durch Vorschalten der Blendgläser e oder g und Verdrehen des Zeigers, bis dessen Bild mit einem anderen über f anvisierten zusammenfällt. An der Außenkante des Gradbogens beim heute allg. verwendeten **Trommel-S.** ist ein Zahlenkranz eingefräst, in den eine mit einer Zahlentrommel d verbundene Mikrometerschraube eingreift. Eine volle Umdrehung der Trommel verschiebt den Zeiger um einen halben Grad (auf der Teilung 1°).

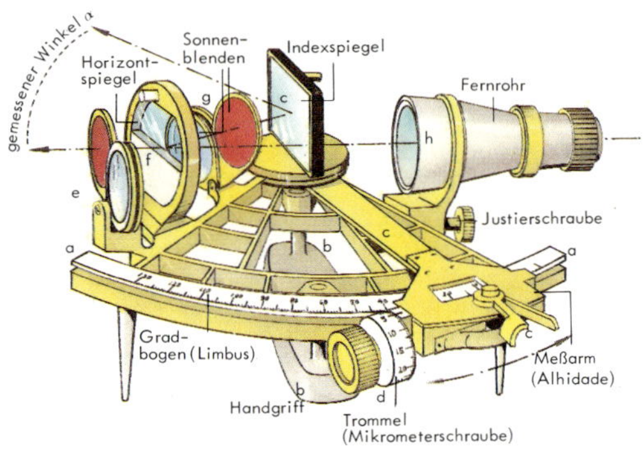

Sextant 3): Spiegel-S. (Trommel-S.)

Der Spiegel-S. dient heute zur Messung von Gestirnshöhen (-elevationen) und von Horizontalwinkeln. Aus den gemessenen Gestirnshöhen oder Winkeln zw. zwei bekannten Landmarken lassen sich die geograph. Koordinaten des Beobachtungspunktes errechnen. Die Höhe wird über dem sichtbaren Horizont (Kimm) oder künstl. Horizont (Libelle, Pendel, kreiselgestützte Marke) gemessen. An Land verwendet man eine waagerechte spiegelnde Fläche (Quecksilberhorizont, Spiegelglasscheibe).

Sextillion, die Zahl 10^{36}, die 6. Potenz einer Million.

Sextilschein, eine →Konstellation 1).

Sexualhormone, die →Geschlechtshormone.

Sexual|lockstoffe, bei Insekten Wirkstoffe, die zur Anlockung der Männchen dienen, z. B. →Bombykol, →Pheromone.

Seyfert-Galaxi|en [n. dem amerikan. Astrophysiker C. K. Seyfert, * 1911, † 1960], Sternsysteme mit äußerst hellen (sternartigen) Kernen, die in den Spektren ausgeprägte Emissionslinien hoher Anregung aufweisen.

Sferics, verkürzt aus **Atmosferics,** von engl. **Atmospherics** [ætməsf'erɪks], elektromagnet. Störungen in der Atmosphäre, verursacht durch Blitze u. a. Entladungsvorgänge in Gewitterwolken, über große Entfernungen hörbar durch knackende und brodelnde Geräusche in Rundfunkempfängern; möglicherweise auch verantwortlich für best. Wetterkrankheiten.

sh, sinh, Abk. für **Sinus hyperbolicus,** eine →Hyperbelfunktion.

Shaker [ʃ'eɪkə, engl.], **Lumpenklopfer, Vorbereitungswolf,** Vorbereitungsmaschine der →Abfallspinnerei zum Reinigen von Lumpen, Faserabfällen oder unreinen Wollen.

Shapiro-Experiment [ʃəp'ɪərəʊ-, n. I. Shapiro], Experiment zur Überprüfung der →Relativitätstheorie.

SHC-Öle, Motorenöle.

Shefferscher Strich [ʃ-, n. dem amerikan. Logiker H. Sheffer], logische Verknüpfung der →Aussagenlogik durch das Zeichen |, Bedeutung ›nicht beide‹, wobei für die Aussagen A und B gilt $A|B \Leftrightarrow \neg (A \wedge B)$, $A|B$ ist also nur dann falsch, wenn A und B gleichzeitig wahr sind.

Sherardisieren [ʃ-, n. dem Engländer Sherard O. Cowper-Coles, † 1936], → Verzinken.

SHF, Abk. für engl. **Super High Frequency** [sjˈupə haɪ frˈi:kwənsɪ], der → Frequenzbereich von 3 bis 30 GHz, entsprechend Wellenlängen zw. 10 und 1 cm **(Zentimeterwellen).**

Shibata-Nadel [ʃ-, japan.], Schallplatten-Abtaststift, der durch einen den Rillenflanken der Schallplatte angepaßten ›bi-elliptischen‹ Schliff einen geringeren Flächendruck auf die Rillen ausübt. Ausgehend davon wurden weitere ähnliche Schliffformen entwickelt.

Shift-Objektiv [ʃɪft-, engl.], ein photograph. Objektiv, → Photographie.

Shikimisäure [ʃ-], Carbonsäure, wichtiges Zwischenprodukt in der Biosynthese der für den Menschen essentiellen aromat. Aminosäuren Phenylalanin, Tyrosin und Tryptophan bei Pflanzen und Mikroorganismen.

Shims [ʃɪmz, engl.], kleine Bleche oder bes. geformte Stücke aus magnet. Material zur Beeinflussung des magnet. Randfeldes der Polschule von Magneten, die zur Ablenkung oder Fokussierung von Teilchenstrahlen (Elektronen- oder Protonenstrahlen) dienen.

Shockley-Diode [ʃˈɔklɪ-, n. dem amerikan. Physiker W. B. Shockley, * 1910], → Vierschichtdiode.

Shonkinit [ʃ-], dunkles Tiefengestein ähnlich dem Gabbro, → magmatische Gesteine.

SHORAN, Abk. für **Short Range Navigation** [ʃɔ:t reɪndʒ nævigˈeɪʃn, engl.], Hyperbelverfahren für die Kurzstreckennavigation (→ Funkortung) hoher Genauigkeit zur Küstenvorfeldvermessung mittels impulsförmiger Signale.

Shore-Härte [ʃɔ-, engl.], → Härteprüfung.

short ton [ʃɔ:t tʌn], Einheitenzeichen **sh tn,** noch gebräuchliche Gewichts- und Masseneinheit in den USA: 1 sh tn = 2 000 pounds = 0,90718474 t. (ÜBERSICHT Einheiten, angloamerikanische Einheiten)

Shredder|anlage [ʃ-], Schrottaufbereitungsanlage, die ausgediente, v. a. aus Blechen bestehende Gegenstände wie Karosserien (Autowracks) zerreißt. Trennung nach eisenhaltigen und nichteisenhaltigen Teilen sowie Verpressung zu Schrottpaketen sind möglich.

sh tn, Einheitenzeichen für → **sh**ort **t**o**n.**

Shunt [ʃʌnt, engl.], Nebenschlußwiderstand, → Nebenschluß.

Si, chem. Symbol für das Element → Silicium.

SI, Abk. für **Système International d'Unités** [sistˈɛ:m ɛ̃tɛrnasjɔnˈal dynitˈe, frz.], das Internationale Einheitensystem, das von den → SI-Einheiten gebildet wird.

Sial *das,* auch **Sal,** oberste granitähnl. Schicht der Erdkruste (→ Erde).

siallitisch, Bez. für die Verwitterungsart im humiden Klima, bei der der Humusgehalt die Abfuhr der Kieselsäure verhindert und damit die Bildung silikat. Tonminerale fördert.

Sialsima *das,* andere Bez. für das → Sima.

Sichelflügel, ein → Pfeilflügel mit vom Rumpf zu den Flügelspitzen hin abnehmender Pfeilstellung der Flügel-

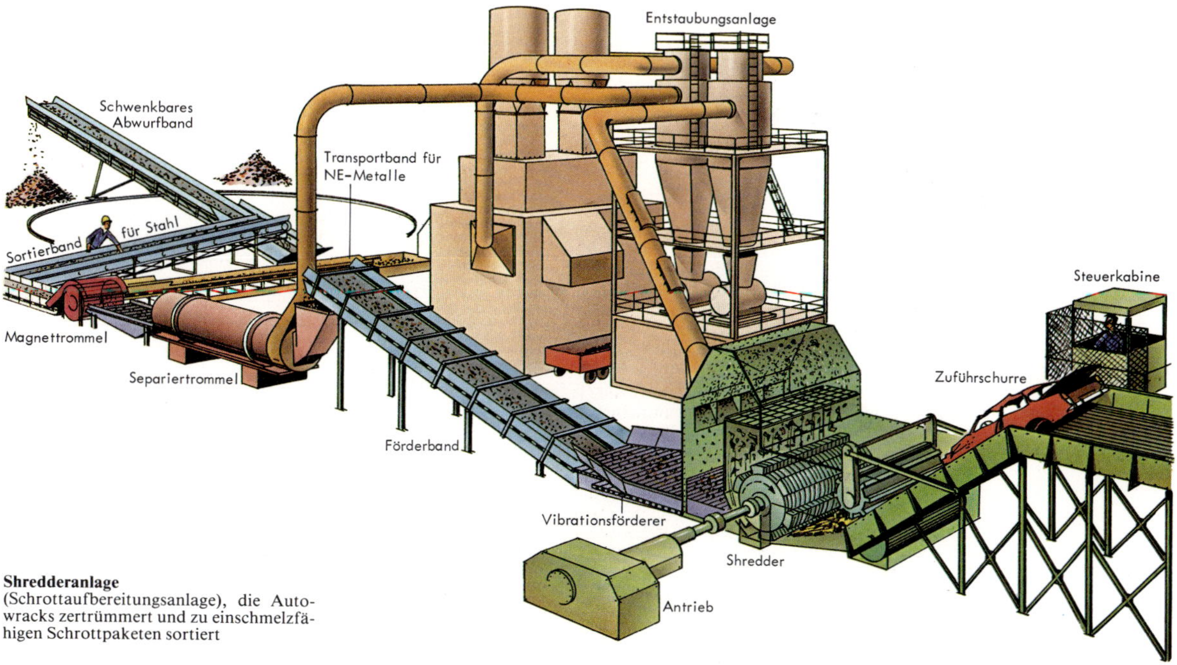

Shredderanlage
(Schrottaufbereitungsanlage), die Autowracks zertrümmert und zu einschmelzfähigen Schrottpaketen sortiert

vorderkante, wodurch der Flügel eine sichelförmige Grundrißform erhält; bietet gegenüber dem normal gepfeilten Flügel baul. Vorteile sowie bessere Wirksamkeit der Querruder.

Sicherheitsfaden, Mittel gegen Banknotenfälschung. Um diese zu erschweren, werden in das Papier farbige Fäden eingearbeitet (im 100-DM-Schein der Dt. Bundesbank neben dem →Wasserzeichen). S. (meist aus Seide) können nachträglich nicht angebracht werden.

Sicherheitsfahrschaltung, Abk. **Sifa, Totmanneinrichtung,** Eisenbahn: Einrichtung, die bei Dienstunfähigkeit des Triebfahrzeugführers an beliebiger Stelle der Strecke selbsttätig eine Schnellbremsung herbeiführt, wenn er während der Fahrt nicht ständig einen Schaltknopf **(Totmannknopf)** oder eine Fußtaste herunterdrückt und in best. Abständen losläßt (unterschiedl. Systeme).

Sicherheitsfilm, photograph. →Film 2) mit einer schwer entflammbaren Unterlage, z. B. aus Celluloseacetat.

Sicherheitsglas, Sammelbez. für Glasgegenstände mit erhöhter Bruchfestigkeit und verringerter Splitterwirkung: →Drahtglas, →Verbundglas, thermisch oder chemisch →vorgespanntes Glas. Verwendung in der Bautechnik und in Verkehrsmitteln. Augenschutzgläser sind meist thermisch oder chemisch vorgespannte S.

Sicherheitsgrad, die Angabe, um wievielfach die Gebrauchsbelastung gesteigert werden kann, bis es zu unzulässigen Verformungen oder zur Zerstörung eines Baugliedes oder einer ganzen Konstruktion kommt; z. B. gilt im Stahlbau rd. 1,3fache Sicherheit gegen Auftreten von Beulerscheinungen und rd. 1,5fache gegen Erreichen der Fließgrenze. (→Lastvielfaches)

Sicherheitsgurt, sehr haltbares Band- oder Gurtgewebe, dient zur Sicherung bei Bauarbeiten, zum Anschnallen im Auto oder Flugzeug (→Rückhalteeinrichtungen).

Sicherheitskraftwagen, Kraftwagen, der definierten Anforderungen genügt: Sicherheit durch Qualität (ausgereifte Konstruktion, Haltbarkeit, Betriebssicherheit); **aktive Sicherheit** (z. B. Bremswirkung, vorhersehbares Fahrverhalten, leichte Bedienbarkeit, gute Sichtverhältnisse); **passive Sicherheit** bei Unfall (z. B. Rückhalteeinrichtungen, Kopfstützen, Steifigkeit des Innenraumes bei Aufprallgeschwindigkeiten von 50–65 km/h, Knautschzonen, Formgestaltung der äußeren Fahrzeugkonturen zugunsten Unfallbeteiligter wie Fußgänger und Zweiradfahrer). Manche der Anforderungen sind schwer vereinbar mit solchen an Gewichtsverringerung und Wirtschaftlichkeit. S. wurden bisher nur als Experimentier-Sicherheitsfahrzeuge, Abk. ESF (engl. Experimental Safety Vehicle, Abk. ESV, oder in den USA Research Safety Vehicle Project, Abk. RSV) entworfen und gebaut.

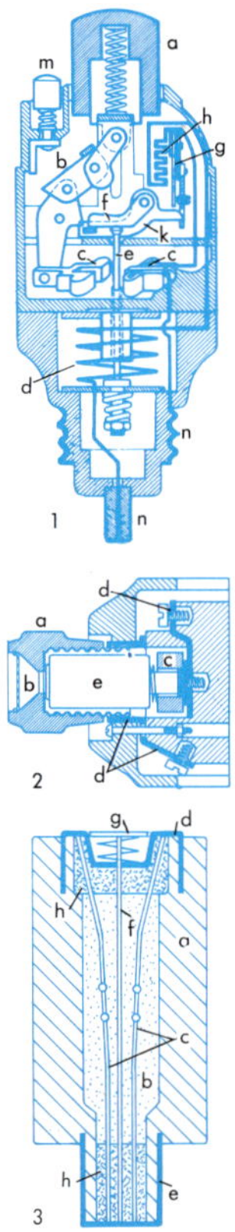

Sicherung: **1** Leitungsschutzautomat ausgeschaltet; a Druckknopf, b Hebelübertragung zu einem der Kontakte, c, d Magnetspule, die bei Überstrom durch den Stift e den Auslösehebel f betätigt, g Bimetallstreifen, h Widerstand, k Hebel des thermischen Auslösers, m Auslöseknopf, n Netzanschlußkontakt. **2** Sicherungselement; a Schraubkappe, b Schaufenster, c Paßschraube, d Netzanschlußkontakte, e Patrone. **3** Schmelzsicherungspatrone; a Porzellankörper, b Sandfüllung, c leicht schmelzende Drähte, d oberer, e unterer Kontakt, f Hauptschmelzdraht, g Kennplättchen, h Asbestpfropfen

Sicherheitslampe, eine →Grubenlampe, →Wetterlampe.

Sicherheitsleitung, Bestandteil einer Zentralheizungsanlage, verbindet als Sicherheitsvor- und -rücklaufleitung den Heizkessel unabsperrbar mit dem →Ausdehnungsgefäß.

Sicherheitspapier, Wertzeichenpapier, durch →Wasserzeichen und Chemikalien gegen Fälschungen geschütztes Papier für Aktien, Banknoten, Schecks, Pässe u. a. aus Zellstoff und/oder Hadern.

Sicherheitstechnik, die Anwendung von techn. Maßnahmen zur Erhöhung der Betriebssicherheit und Zuverlässigkeit von Geräten, Maschinen und Anlagen, um Menschen, Tiere und Sachen vor möglichen negativen Folgen durch Ausfälle oder fehlerhaftes Verhalten techn. Einrichtungen zu schützen. Außerdem umfaßt der Begriff der S. auch die Anwendung von Erkenntnissen über die Vermeidung von Unfällen und Berufskrankheiten in Industrie, Handwerk, Verkehr, Haushalt u. a.

Sicherheits|tor, Bauwerk zum Abschließen von bes. gefährdeten Strecken eines Binnenschiffahrtskanals, um bei Schäden das Auslaufen der gesamten Kanalhaltung (Strecke zw. zwei Kanalstufen) zu verhindern.

Sicherheitsventil, Ventil zum Schutz von Druckbehältern gegen Bersten durch Überdruck. S. öffnen beim Überschreiten des höchstzulässigen Druckes selbsttätig und gestatten dem Medium den Austritt, z. B. in ein Sammelsystem (→Blow-Down-System).

Sicherheitszeichen, →Gefahrensymbole.

Sicherung, Schutzvorrichtung, die einen Stromkreis bei Kurzschluß oder Überlastung selbsttätig abschaltet. Die **Schmelz-S.** besteht im wesentl. aus dem in einem Porzellan- oder Glasrohr in Quarzsand eingebetteten Schmelzdraht, der durchschmilzt, wenn die Stromstärke einen best. Höchstbetrag überschreitet; ein mit dem Schmelzdraht verbundenes, für jede Nennstromstärke anders gefärbtes Plättchen wird beim Schmelzen des Drahtes von einer Feder weggeschleudert. Schmelz-S. werden für Stromstärken von 0,5 mA bis 3500 A und für Spannungen von 2 V bis 30000 V gefertigt. Heute werden vielfach wegen der bequemeren Handhabung (Wiedereinschaltung nach Beseitigung der Störung) in Haushalten und bei elektr. Maschinen an Stelle von S. **Leitungsschutzautomaten** oder **Motorschutzschalter** verwendet. Diese werden bei länger auftretenden Überströmen mit Hilfe von Bimetallstreifen (→Bimetall) abgeschaltet; bei Kurzschluß werden die Kontakte in sehr kurzer Zeit durch einen von einer Magnetspule bewegten Metallstift betätigt.

Sicherungsmutter, eine →Schraubensicherung.

Sicht, komplexe meteorolog. Größe, in Bodennähe definiert als größte horizontale Entfernung, in der am Tage ein dunkler Gegenstand im Gelände vor hellem Horizont **(meteorologische S.)** oder in der Nacht das weiße Licht einer normalen Lampe (nicht Scheinwerfer) von einem Beobachter gerade noch erkannt wird **(Feuersicht).** Die **Sichtweite** wird vermindert bei Überstrahlung der **Sichtmarke** durch gestreutes Sonnen- oder Mondlicht (Umfeldhelligkeit).

Sichtbeton, Beton, dessen unverkleidete Oberfläche ein meist aus künstler. Gründen vorausbestimmtes Aussehen hat, z. B. durch bestimmte Schalung, Betonverarbeitung, nachträgliche Oberflächenbehandlung.

Sichter, Sichtmaschinen, v. a. in Müllerei und Landwirtschaft verwendete Geräte zum **Sichten,** d. h.

Trennen verschiedener Bestandteile mit mechan. oder pneumat. Mitteln. Bei den **mechan. S.** werden i. d. R. Siebe benutzt, z. B. **Plansichter** aus pendelnd aufgehängten Siebkästen mit mehreren untereinanderliegenden Siebflächen verschiedener Maschenweiten. In → Getreidereinigungsmaschinen werden vielfach **pneumat. S.** verwendet, die Leichtteile aus den über eine Siebfläche laufenden Getreidekörnern herausblasen (**Windsichter;** bekannteste Bauart davon → Steigsichter).

Sichtflug, VFR-Flug, die Führung eines Luftfahrzeugs ohne Überwachung und Lenkung durch den Flugsicherungs-Kontrolldienst, wobei die Vorschriften der **Sichtflugregeln,** engl. **Visual Flight Rules** [v'ɪzjʊəl flaɪt ru:lz], Abk. **VFR,** zu beachten sind. Diese legen in Abhängigkeit von der Art des beflogenen Luftraums Mindestwerte für die Flug- und Bodensicht und für den Abstand von Wolken sowie Sicherheitsmindestflughöhen und eine kursabhängige Höhenstaffelung fest. Beim S. sind die Luftfahrzeugführer für die Vermeidung von Zusammenstößen nach dem Prinzip ›sehen und gesehen werden‹ selbst verantwortlich. Zum Schutz des Instrumentenflugverkehrs ist in der Bundesrep. Dtl. der S. unterhalb der Flugfläche 100 (rd. 3 000 m Höhe) sowie in besonderen Sichtflugbeschränkungsgebieten (Verkehrsflughäfen mit hohem Verkehrsaufkommen) verboten. Durch Einführung neuer Regeln für vom Flugsicherungs-Kontrolldienst überwachte Sichtflüge, engl. **Controlled-VFR** [kəntr'əʊld-], Abk. **CVFR,** wurden diese Beschränkungsgebiete seit 1977 wieder begrenzt für die Allg. Luftfahrt nutzbar gemacht. In diesen Regeln wird eine Mindestausrüstung des Luftfahrzeugs mit Navigations- und Nachrichtengeräten sowie eine durch Prüfung zu erwerbende Berechtigung des Luftfahrzeugführers als Voraussetzung für die Durchführung kontrollierter Sichtflüge vorgeschrieben.

Sichtgerät, Sicht|anzeigegerät, Gerät zur opt. Darstellung von Informationen, bes. bei elektron. Datenverarbeitungs- und Radaranlagen (**Daten-, Radar-S.**). Diese erscheinen in Form einer Schrift oder graph. Darstellung auf dem Bildschirm einer Bildröhre (→ Display).

Sichtlinie, Astronomie: die → Gesichtslinie 1).

Sichtpeilung, Funkpeilung mit Sichtdarstellung der Einfallsrichtung der Sendesignale.

Sicht|tiefe, Hinweisgröße auf die Lichtdurchlässigkeit oberflächennaher Gewässerschichten. Die S. wird durch Eintauchen einer weißen oder farbigen Scheibe von 30 cm Durchmesser (**Secchi-Scheibe** [s'ekki-]) ermittelt und läßt Rückschlüsse auf die Ausdehnung der Gewässerzone zu, in der pflanzl. Produktion durch Photosynthese möglich ist.

sicken, umformende Fertigung: rinnenartige Vertiefung (**Sicke**) zumeist zum Versteifen von Blechteilen und Rohren durch Biegen, Hohlprägen oder Walzen auf der **Sickenmaschine** anbringen.

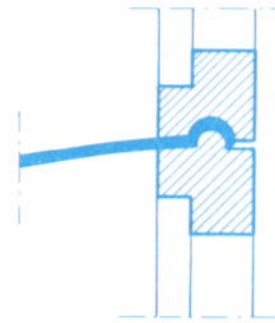

sicken

Sicker|anlage, Anlage aus Gruben, Gräben, Schächten, Rohren o. ä. mit wasserdurchlässigen Wandungen, z. T. gefüllt mit verwitterungsbeständigem, filterstabilem Material; dient zum beschleunigten Versickern von Niederschlags- und Abwasser im Boden sowie zum Entzug von Grundwasser.

Sickerwasser, das im Boden zum → Grundwasser absinkende Niederschlags- und Oberflächenwasser. Die Gesteinszone, in der das Wasser versickert, ist der S.-Bereich.

SID, Abk. für engl. **Sudden Ionospheric Disturbance** [sʌdn aɪɔnəsf'ɪərɪk dɪst'ə:bəns], → Ionosphäre.

siderisch, auf die Sterne bezogen, z. B. **siderisches Jahr** (→ Jahr 1), **siderischer Monat** (→ Monat).

Siderit, Eisenspat, Spat|eisenstein, Mineral $FeCO_3$, meist Mangan und Calcium enthaltend; erbsengelb bis gelblichbraun, bei Verwitterung braun werdend (›Reifen‹ des S.); H. 4–4,5, D. 3,7–3,9; Kristalle oft linsen- oder sattelförmig gekrümmt. Wichtiges Eisenerz, meist derb, in grobkörnigen Aggregaten oder in Konkretionen mit Ton vermengt. Bildung verschiedenartig, aber stets unter Sauerstoffabschluß.

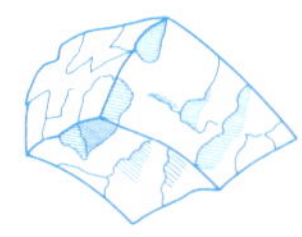

Siderit 1

Siderit 2: Kristallaggregat (Siegen, Westfalen)

Siderochrome, eisenhaltige Naturstoffe aus Mikroorganismen (bes. Pilze und Bakterien), die Eisen zu transportieren vermögen. Zu den S., die rötlichbraune, wasserlösl. Trishydroxamatoeisen (III)-Komplexe sind, gehören die wachstumsfördernden **Sideramine,** sowie deren antibiotisch wirkende Antagonisten, die **Sideromycine.**

siderophil heißen solche chem. Elemente, die eine starke Tendenz haben, sich mit Eisen zu verbinden, bes. Nickel, Kobalt, Palladium, Iridium, Platin, Gold, Molybdän, Kohlenstoff.

Sidersphäre, der äußere Kern der Erde, in dem siderophile Elemente überwiegen sollen.

Siderostat, Gerät, das mittels eines mit Uhrwerk versehenen drehbaren Planspiegels die Strahlung eines astronom. Gegenstandes, unabhängig von der Erddrehung, in eine konstante Richtung reflektiert, z. B. um in einem Sonnenturm das Sonnenlicht auf ein stationär montiertes Fernrohr oder einen Spektroheliographen zu lenken. S. zur Untersuchung des Sonnenlichts bezeichnet man als **Heliostaten.** Das reflektierte Bild der Sonne dreht sich dabei um seinen Mittelpunkt entsprechend der Drehung des Spiegels. Um dies zu vermeiden, verwendet man Anordnungen mit zwei Spiegeln (→ Zölostat).

Side-slip [s'aɪdslɪp, engl.], Luftfahrt: → Slip 2).

Sidewinder [s'aɪdwaɪndə, engl.], amerikan. gelenkte Luft-Luft-Feststoffrakete, wird unter den Tragflächen oder an den Rumpfseiten von Kampfflugzeugen mitgeführt; seit Ende der fünfziger Jahre gebaut, neueste S.-Version ist der Typ AIM-9L mit 2,9 m Länge und 85 kg Startmasse.

Sidot-Blende [sid'o-, n. dem frz. Chemiker T. Sidot, 19. Jh.], künstlich hergestelltes, kristallines Zinksulfid (ZnS), dem Spuren eines Schwermetalls (z. B. Kupfer, Mangan) beigemischt sind. Die S.-B. leuchtet nach vorhergehender Belichtung im Dunkeln länger als einen Tag weiter. Verwendet u. a. in Szintillationszählern, in selbstleuchtenden Zifferblättern und bei der Herstellung von Röntgenschirmen.

Sieb, Gerät zur Klassierung von körnigen Feststoffen nach deren geometr. Abmessungen auf einer Metall- oder Kunststoffplatte oder einem Draht- oder Fadengeflecht mit runden oder quadratischen Öffnungen. Bauarten: feststehende S. (z. B. Roste) und bewegte S. (z. B. Trommel-S., Schwing-S.). – **Sieben** ist ein Verfahren zur Trennung von Feststoffgemischen nach ihrer Korngröße mit Hilfe von S.; neben Trocken- sind auch Naßtrennverfahren gebräuchlich.

Sieb|analyse, Untersuchung der Korngrößenverteilung eines Lockersediments mit Hilfe von Sieben unterschiedl. Maschenweite (im Bereich 6,0–0,063 mm).

Siebboden, → Kolonne.

Sieb des Eratosthenes [n. dem grch. Gelehrten Eratosthenes von Kyrene, * um 300 v. Chr.], Verfahren zur Ermittlung der → Primzahlen in der endlichen Folge der natürl. Zahlen 1, 2, 3, ..., *n*. Voraussetzung ist die Kenntnis der Primzahlen $p \leqq \sqrt{n}$. Streicht man aus der Folge 1, 2, 3, ..., *n* alle Vielfachen der verschiedenen Werte von *p*, bleiben außer 1 genau die Primzahlen der Folge stehen. (BILD S. 307)

Siebdruck, Serigraphie, schon vor Jahrhunderten in China erfundenes, seit Ende des 19. Jh. auch in den USA und in Europa verwendetes und bes. nach 1949 weitverbreitetes → Druckverfahren. Ein über einen Rahmen

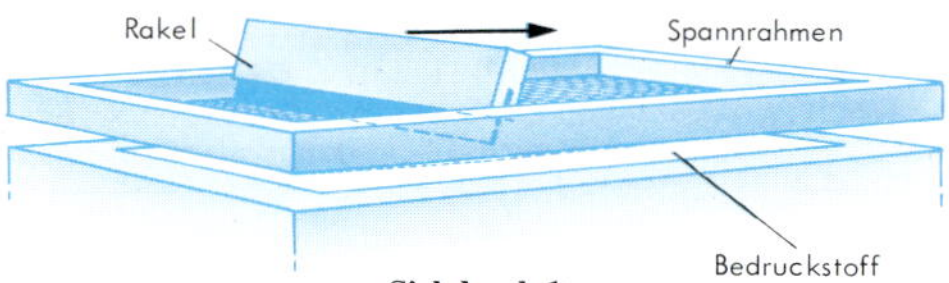

Siebdruck 1:
Flächendruck mit ruhender Druckform und bewegter Rakel

gespanntes Sieb (Schablone), dessen Maschen an den bildfreien Stellen photomechanisch aufgefüllt, d. h. für den Farbdurchgang verschlossen sind, bildet die Druckform.

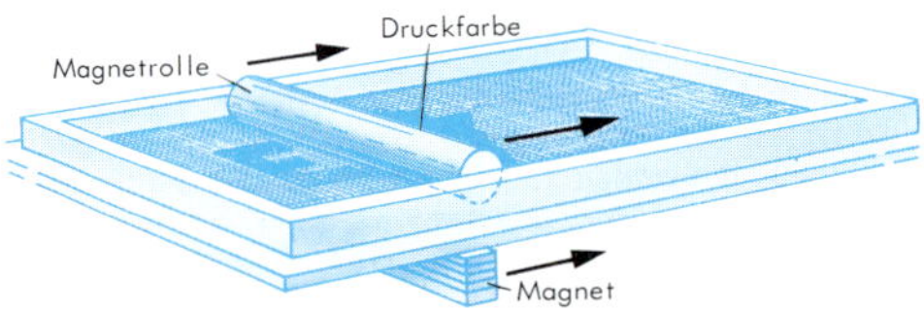

Siebdruck 2: Flächendruck mit bewegter Magnetrolle

Die Druckfarbe wird manuell oder maschinell **(S.-Maschinen)** von einer Rakel, mitunter auch einer Rolle, durch das Sieb auf den Bedruckstoff (Papier, Textilien, auch feste Materialien wie Glas, Holz, Blech, Kunststoff) aufgedrückt (daher auch **Durchdruck).**

K. F. EHLERS: S. ([3]1980).

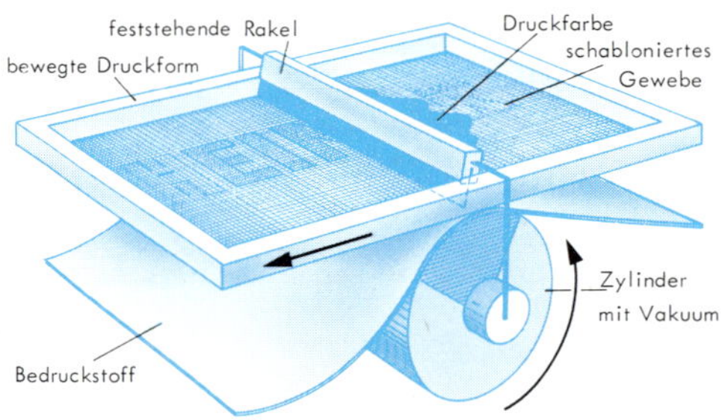

Siebdruck 3: Zylinderdruck mit bewegter Druckform, über Vakuumzylinder bewegtem Bedruckstoff und stillstehender Rakel

Siebengestirn, die → Plejaden.

Siebensegment-Anzeige, 7-Segment-Anzeige, Elektronik: → Display.

Siebkette, Kettenschaltung aus mehreren, meist gleichen → Filtern 1) zur Unterdrückung (›Aussiebung‹) unerwünschter Störfrequenzen (→ Siebschaltung).

Siebschaltung, als elektr. → Filter 1) wirkende Schaltung, die bestimmte Frequenzen durchläßt und andere sperrt. Eine S. ist wie ein → Tiefpaß entweder aus Widerstand und Kondensator (RC-Glied) oder aus Spule und Kondensator (LC-Glied) aufgebaut. Sie dient (z. B. in einem → Netzgerät) zur → Glättung des von einem → Gleichrichter gelieferten pulsierenden Gleichstroms. Der den Gleichstrom überlagernde Wechselstromanteil wird durch die S. weitgehend eliminiert. Bei ungenügender Siebung ist der verbleibende Wechselstromanteil als → Brummen, z. B. in einer elektroakust. Anlage, feststellbar.

Siebzehn|eck, durch → Konstruktion mit Zirkel und Lineal konstruierbares Polygon, → Kreisteilung.

Siedebarometer, das → Hypsothermometer.

Siedegrenzen, Siede|intervall, Temperaturbereich, in dem die Bestandteile eines Flüssigkeitsgemisches sieden.

Siedekapillare, sehr dünne, biegsame Kapillare, mit deren Hilfe kleine Luft- oder Gasbläschen als Destillationskeime in die zu destillierende Flüssigkeit geblasen werden, um einen Siedeverzug bei der Vakuumdestillation zu vermeiden.

Siedekurve, → Siedeverlauf.

Sieden, Verdampfen einer Flüssigkeit nicht nur an der Oberfläche, sondern auch in ihrem Inneren, unter Bildung von Dampfblasen. An der Grenzfläche einer Flüssigkeit gegen den Gasraum werden ständig Moleküle zw. der flüssigen und der gasförmigen Phase ausgetauscht. Dabei wird insgesamt Flüssigkeit an der Phasengrenze verdampft oder kondensiert, je nachdem, ob der Dampfdruck (→ Dampf) bei der herrschenden Temperatur größer oder kleiner als der äußere Druck ist. Übersteigt der Dampfdruck bei erhöhter Temperatur den Gasdruck um einen gewissen Betrag, so bilden sich in der Flüssigkeit Blasen: die Flüssigkeit verdampft auch im Inneren, sie siedet. Das S. beginnt bei der **Siedetemperatur,** dem **Siedepunkt** oder **Kochpunkt** (Abk. Sp oder Kp). Die Blasen stehen wegen der → Oberflächenspannung unter einem erhöhten, inneren Druck. Daher ist für die Blasenbildung eine höhere Temperatur erforderlich als diejenige, die nach der Dampfdruckkurve dem Dampfdruck über der Flüssigkeit entspricht. Besonders stark kann die Temperatur bei Flüssigkeiten mit großer Oberflächenspannung und bei großer Reinheit überhöht werden. Bei luftfreiem Wasser in reinstem Glas ist eine Temperatur von 270 °C beobachtet worden. Die Temperaturerhöhung verzögert den Siedebeginn **(Siedeverzug).** Da kleine Bläschen, die unter konstantem Druck stehen, mechanisch instabile Gebilde darstellen, setzt das S. nach starkem Siedeverzug explosionsartig ein. Der Siedeverzug wird verhindert, wenn die Bildung von Bläschen durch scharfkantige oder poröse Körper **(Siedesteinchen),** Staubteilchen, auch Kesselstein, die als Keime für die Blasenbildung wirken, erleichtert wird. Der Siedepunkt ist für jeden Stoff kennzeichnend und hängt vom äußeren Druck ab. Daher kocht Wasser auf Bergen bei niedrigerer Temperatur als in der Tiefebene, eine Erscheinung, die zur Messung von Bergeshöhen durch Beobachtung des Siedepunktes von Wasser benutzt werden kann (→ Hypsothermometer). Der Siedepunkt bei normalem Luftdruck von 101325 Pa = 1013,25 mbar = 760 Torr heißt **normaler Siedepunkt.** Die normalen Siedepunkte des Wassers (Dampfpunkt), Sauerstoffs (Sauerstoffpunkt), Schwefels (Schwefelpunkt) u. a. dienen als Eichpunkte für Thermometer. Der Dampfpunkt (dem der Wert 100 °C zugeordnet wurde) und der → Eispunkt (0 °C) sind die beiden Fundamentalpunkte der internationalen Temperaturskale. – Gemische von verdampfbaren chemisch verwandten Verbindungen mit verschiedenen Siedepunkten trennt man durch fraktionierte → Destillation. Bei Lösungen verringert sich der Dampfdruck und erhöht sich daher der Siedepunkt (→ Siedepunktserhöhung). Daraus kann die Molekülmasse des Gelösten berechnet werden. (→ Siedeverlauf)

Siedepunkt, → Sieden.

Siedepunkts|erhöhung, die Erscheinung, daß bei einer Lösung als Folge des osmotischen Druckes (→ Osmose) und der damit verbundenen → Dampfdruckerniedrigung zum → Sieden eine höhere Temperatur erforderlich ist als bei dem reinen Lösungsmittel.

Siedesalz, reines → Kochsalz.

Siedesteine, 1) die Siedesteinchen, → Sieden.

2) die → Zeolithe.

Siedethermometer, das → Hypsothermometer.

Siedeverlauf, bei Mineralölprodukten, Lösemitteln und ähnlichen Flüssigkeiten Abhängigkeit der Destillatmenge von der Siedetemperatur. Der S. wird durch diskontinuierl. Labor-Destillation (→ Destillation) in genormten Apparaturen bestimmt und häufig als **Siedekurve** dargestellt. Die **ASTM-** (Abk. für **American Society for Testing and Materials** [əm'erıkən səs'aıətı fɔ: t'estıŋ ænd mət'ıərıəlz, engl.], oder **Engler-Siedekurve**

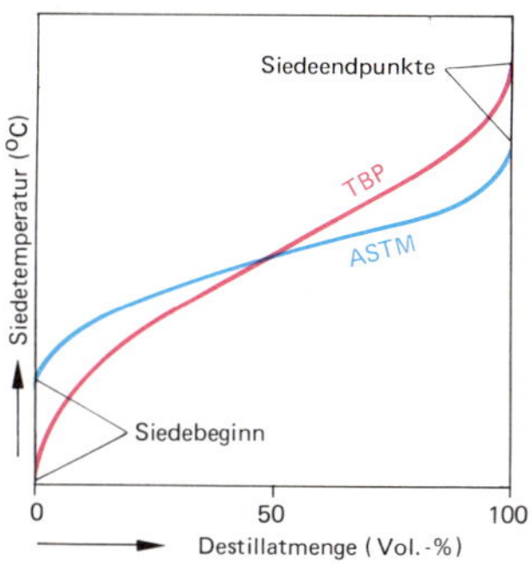

Siedeverlauf: Siedekurven von Mineralölprodukten

wird ohne Kolonne bestimmt. Bei der **TBP-Kurve** (Abk. für **True Boiling Point** [tru: b'ɔılıŋ pɔınt, engl.]) wird zur Destillation eine Kolonne verwendet. Der **Siedebeginn** ist die Temperatur, bei der der erste Tropfen in die Vorlage fällt. Der **Siede|endpunkt** ist die höchste erreichte Siedetemperatur. Der S. gibt Hinweise auf das Verhalten von Flüssigkeiten beim Lagern (z. B. Verdunstungsverluste) und die Verwendbarkeit (z. B. von Ottokraftstoffen).

Siedeverzug, → Sieden.

Siedewasser|reaktor, Abk. **SWR,** ein → Kernreaktor (BILD).

Siegel|lack, urspr. aus Kolophonium, Schellack, Terpentin und anorgan. Pigmenten bestehende Masse, die erwärmt zum Versiegeln dient; häufig auch anders zusammengesetzt.

SI-Einheiten, die im **Internationalen Einheitensystem,** frz. **Système International d'Unités** [sist'ɛm ɛ̃tɛrnasjɔn'al dynit'e, Abk. **SI,** auftretenden Einheiten, bestehend aus den sieben **SI-Basiseinheiten** (ÜBERSICHT)

Siel

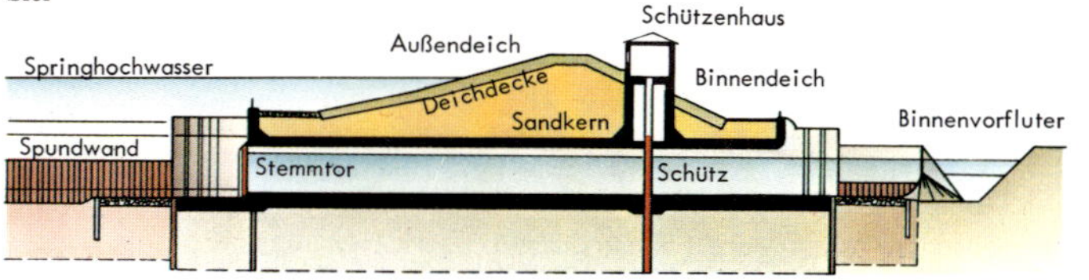

und allen von diesen Basiseinheiten kohärent (d. h. ohne einen von eins abweichenden Zahlenfaktor) abgeleiteten → Einheiten. – Dezimale Vielfache und dezimale Teile von SI-E., die mittels → Vorsätzen 2) gebildet werden, sind nicht mehr kohärent zu den SI-E. und damit keine SI-E. (sie werden manchmal als **erweiterte SI-E.** bezeichnet). Neben den Basiseinheiten und den abgeleiteten Einheiten nahm die 11. Generalkonferenz für Maß und Gewicht (1960) eine 3. Gruppe von SI-E. an. Diese **ergänzenden Einheiten** können entweder als Basiseinheiten oder als abgeleitete Einheiten betrachtet werden. Es handelt sich dabei nur um die beiden SI-Einheiten Radiant und → Steradiant.

Siel, Bauwerk mit Verschlußvorrichtung zum Durchleiten eines Gewässers durch einen Deich. Während der Dauer des **Sielzugs** ist das S. geöffnet und das Entwässerungswasser fließt ab, während der Dauer des **Sielstaus** ist das S. geschlossen, und das Wasser muß binnendeichs gespeichert werden.

Siemens [n. dem dt. Industriellen W. v. Siemens, * 1816, † 1892] *das,* Einheitenzeichen **S,** SI-Einheit des elektr. Leitwertes: $1\,S = 1\,A/V = 1\,\Omega^{-1}$.

Siemens-Martin-Ofen [n. den Brüdern Friedrich (* 1826, † 1904) und Wilhelm Siemens (* 1823, † 1883) sowie den frz. Hütteningenieuren Vater Emile und Sohn Pierre Martin (* 1824, † 1915)], Herdofen zum Erschmelzen von Stahl (→ Eisen), wird heute nur noch selten verwendet.

Sievert [n. dem schwed. Physiker R. M. Sievert, * 1896, † 1966], Einheitenzeichen **Sv,** SI-Einheit der Äquivalentdosis (→ Dosis) auf dem Gebiet des Strahlenschutzes. 1 Sv ist gleich der Äquivalentdosis, die sich als Produkt aus der Energiedosis 1 Gray und dem Bewertungsfaktor 1 ergibt. $1\,Sv = 1\,J/kg$.

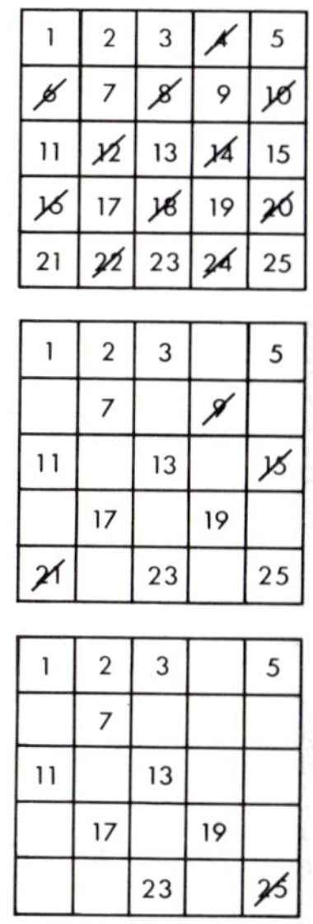

$n = 25, \sqrt{n} = 5$

Sieb des Eratosthenes

Sifa, Abk. für → **Si**cherheits**fa**hrschaltung.

Sigma (σ, Σ), ein → griechischer Buchstabe (ÜBERSICHT).

1) σ, Formelzeichen für elektr. Leitfähigkeit, Flächenladungsdichte, Normalspannung, Stefan-Boltzmann-Konstante, Wirkungsquerschnitt.

2) $\sum$, Summenzeichen, → Summe.

3) Σ, physikal. Symbol für → Sigma-Teilchen.

Basisgröße	SI-Basiseinheit Name	Zeichen
Länge	Meter	m
Masse	Kilogramm	kg
Zeit	Sekunde	s
elektrische Stromstärke	Ampere	A
thermodynamische Temperatur	Kelvin	K
Stoffmenge	Mol	mol
Lichtstärke	Candela	cd

Signatur 2) (vergrößert)

Sigmafunktion, σ-Funktion, von K. WEIERSTRASS definierte ganze, transzendente, ungerade Funktion

$$\sigma(z) = z \cdot \prod_{\mu,\nu} \left(1 - \frac{z}{\Omega_{\mu\nu}}\right) \cdot \exp\left\{\frac{z}{\Omega_{\mu\nu}} + \frac{1}{2}\left(\frac{z}{\Omega_{\mu\nu}}\right)^2\right\}$$

mit $\Omega_{\mu\nu} = \mu\omega + \nu\omega'$; $(\mu, \nu) \in \mathbb{Z} \times \mathbb{Z} \setminus \{0, 0\}$; ω und ω' sind komplexe Zahlen, deren Quotient nicht reell ist. S. sind bei der Darstellung von → elliptischen Funktionen von Bedeutung, da sich jede ellipt. Funktion mit den Polen a_i und den Nullstellen b_i $(i = 1, \ldots, n)$ in der Form

$$z \longrightarrow f(z) = c \cdot \prod_{i=1}^{n} \frac{\sigma(z - b_i)}{\sigma(z - a_i)}$$

darstellen läßt.

Sigma-Teilchen, Symbol Σ, ein → Elementarteilchen (ÜBERSICHT). Das S.-T. ist ein Hyperon und gehört zu den → seltsamen Teilchen.

Signal, 1) → Eisenbahnsignale, → Eisenbahn-Signalanlagen.

2) Nachrichtentechnik: jede Darstellung einer Nachricht durch physikal. Größen, z. B. elektr. Spannungen oder Feldstärken. In der Nachrichtenübertragungstechnik werden als S. bes. die Zeitfunktionen solcher Größen benutzt. Die S. selbst können von zeitlich vorübergehender Art sein (d. h., sie treten nur in einem kurzen Zeitabschnitt auf, z. B. ein Impuls), periodisch (mit Wiederholungen) oder zufällig und nicht vorhersagbar sein. Man unterscheidet ferner **zeitkontinuierliche** und **zeitdiskrete S.** sowie **analoge (wertkontinuierliche)** und **digitale (wertdiskrete) S.** (BILD). Zeitdiskrete S. nennt man auch **Abtast-S.,** digitale S. auch **quantisierte S.** Analoge S. lassen sich durch einen → Analog-Digital-Umsetzer in digitale S. überführen.

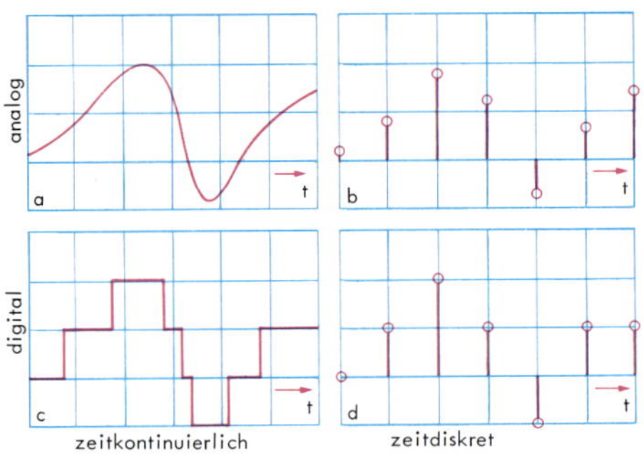

Signal 2): Signalarten

H. WOLF: Nachrichtenübertragung (1974); H. D. LÜKE: S.-Übertragung (1975); H. SCHUMNY: S.-Übertragung (1978); S. D. STEARNS: Digitale Verarbeitung analoger S. (a. d. Engl., 1979); H. SCHRÖDER u. G. ROMMEL: Elektr. Nachrichtentechnik, 1 ([10]1980), 2 ([10]1981).

3) Physik: → Signalgeschwindigkeit.

Signaldigitalisierung, Verfahren zur → Sprachsynthese.

Signal|erkennung, Detektion, → statistische Nachrichtentheorie.

Signalgeschwindigkeit, die durch die Gruppengeschwindigkeit gegebene → Fortpflanzungsgeschwindigkeit eines Signals, d. h. einer sich als Wellengruppe ausbreitenden physikal. Wirkung.

Signalgläser, intensiv gefärbte Gläser für opt. Signale im Straßen-, Schienen-, Schiffs- und Flugverkehr.

Signallampe, Indikatorlampe, z. B. Glimmlampe, zur Anzeige von Schaltzuständen in elektr. Stromkreisen.

Signalschätzung, Estimation, → statistische Nachrichtentheorie.

Signaltechnik, Teilgebiet der elektr. Nachrichtentechnik, angewendet v. a. im Rahmen von Sicherheitseinrichtungen, z. B. → Eisenbahn-Signalanlagen, → Lichtsignalanlagen, → Alarmeinrichtungen.

Signaltöne, Fernsprechen: akust. Zeichen zur Information des Teilnehmers über den Zustand einer Fernsprechverbindung. Im Inland unterscheidet man in der Bundesrep. Dtl. S. in gleicher und in drei verschiedenen Tonhöhen. S. in gleicher Tonhöhe sind der **Wählton** (auch **Amts-** oder **Freiton),** der **Ruf-** und der **Besetzton.** S. in drei verschiedenen Tonhöhen sind entweder mit einer Ansage (Fernsprech-Ansagedienst) verbunden oder fordern zum Anruf der Fernsprechauskunft auf.

Signatur, 1) Datenverarbeitung: → Signaturanalyse.

2) Kartographie: **Kartenzeichen,** graph. Zeichen in Gestalt eines mehr oder weniger abstrahierten Objektbildes, einer geometr. Figur, einer Abk., Schlüsselzahl oder Unterstreichung zur Angabe von Art und Lage (evtl. auch Quantitäten) von Kartengegenständen. Nach der Anordnung im Kartenbild gibt es die **lokale S. (Positions-S.),** die **lineare S.,** die **Flächen-S.** Durch Änderung in Größe oder Füllung einer S. lassen sich Mengen, z. B. Einwohnerzahl bei einer **Orts-S.,** darstellen.

Signaturanalyse, Test- und Diagnoseverfahren für die Fehlersuche in komplexen digitalen Schaltungen, z. B. in einem Mikroprozessor. Eine von der Testeinrichtung **(Signaturanalysator)** oder auch vom Prüfling selbst erzeugte Bitfolge wird an bestimmten Datenknoten der Schaltung über einen Tastkopf abgenommen und dem Analysator zugeleitet. Die an den Testpunkten gemessenen, als **Signaturen** bezeichneten Bitfolgen zeigt das Testgerät in hexadezimaler Schreibweise auf einem Zeilendisplay an. Vergleicht man die am Prüfling festgestellten Signaturen mit denen, die ein fehlerfreier Schaltkreis an den entsprechenden Punkten liefern würde, kann man Fehler lokalisieren und bis an ihren Entstehungsort zurückverfolgen, ähnlich wie dies mit Hilfe typischer Oszillogramme in der analogen Rundfunk- und Fernsehtechnik möglich ist. Um Prüfungen nach der Methode der S. durchführen zu können, sind i. a. eine Reihe schaltungstechn. Maßnahmen bereits bei der Entwicklung digitaler Schaltungen zu berücksichtigen.

Signifikanz *die,* Bedeutsamkeit, Wesentlichkeit. In der Statistik heißt ein Unterschied zw. zwei Maßzahlen oder zw. einer Maßzahl und einem Parameter **signifikant,** wenn er so groß ist, daß er nicht als zufällig zustande gekommen gelten kann. Meist gibt man sich ein **Signifikanzniveau** [-niv'o] vor.

Signifikanztest, statist. Prüfverfahren, bei dem auf Grund einer Prüfgröße bei gegebenem Signifikanzniveau entschieden wird, ob die jeweilige Signifikanzhypothese, daß der beobachtete Unterschied wesentlich (signifikant) ist, anzunehmen oder abzulehnen ist.

Sikkative, die → Trockenstoffe.

Silane, → Siliciumverbindungen, → siliciumorganische Verbindungen.

Silanole, → siliciumorganische Verbindungen.

Silazane, Gruppenbez. für Silicium-Stickstoff-Verbindungen mit alternierenden Si- und N-Atomen der allg. Formel $H_2Si-(NH-SiH_2)_n-NH-SiH_3$.

Silbentrennungsprogramm, auf Magnetplatten oder -bändern im Satzrechner (→ Computer-Satz) gespeicherte grammatikal. Regeln für die Silbentrennung. Das S. ist meist geteilt in Speicherung genau nach den Regeln und den ›Ausnahmespeicher‹, der jedes Wort enthält, das nicht nach den Regeln getrennt wird. Jede Sprache benötigt ihr eigenes S.

Silbenverständlichkeit, Nachrichtentechnik: → Verständlichkeit.

Silber, lat. **argentum,** chem. Symbol **Ag,** ein → chemisches Element, Ordnungszahl 47. Neben den natürlich vorkommenden ^{107}Ag (51,83%) und ^{109}Ag (48,17%) sind mehr als 25 künstlich hergestellte instabile Isotope bekannt. S. ist ein weißglänzendes dehnbares Metall, weicher als Kupfer und härter als Gold. Von allen Metallen leitet es Elektrizität und Wärme am besten. Im geschmolzenen Zustand löst S. Sauerstoff, der beim Erstarren wieder entweicht (→ Spratzen). S. ist an der Luft beständig, Schwefelverbindungen erzeugen braunschwarze Überzüge von **Silbersulfid.** Oxidierende Säuren greifen S. an. Gegen geschmolzene Ätzalkalien ist S. bes. widerstandsfähig (S.-Tiegel im Labor). Eine glatte S.-Oberfläche ist der beste Reflektor für sichtbares und infrarotes Licht. S. ist mit vielen Metallen legierbar (→ Silberlegierungen).

Vorkommen. In der zugängl. Erdkruste liegt der mittlere S.-Gehalt bei 0,1 g/t; S. ist damit 20mal so häufig wie Gold oder Platin. Abbauwürdige Lagerstätten müssen etwa 500 g/t enthalten. Häufig fällt S. jedoch als Beiprodukt bei der Gewinnung von Gold, Blei, Zink, Kupfer oder Nickel an. Gediegenes S. kommt in verschiedenen Formen in der Natur vor. Es spielt als S.-Erz nur eine geringe Rolle. Wichtiger sind natürl. Gold-S.-Legierungen, die bis zu 20% S. enthalten. Natürl. S.-Minerale sind: der **Silberglanz,** Ag_2S, **Kupfersilberglanz (Stromeyerit),** CuAgS, die **Fahlerze,** Doppelsulfide mit Arsen- und Antimonsulfid, sowie die **Silberhornerze,** bes. **Chlorargyrit,** AgCl. Das weitaus wichtigste S.-Erz ist jedoch der Bleiglanz, der stets 0,01–0,3, stellenweise fast 1% S. enthält. Wichtige S.-Vorkommen liegen in Mexiko, Nevada (USA), Südamerika und Kanada.

Gewinnung. Elementares S. kann technisch unmittelbar aus S.-Erzen mittels **Cyanidlaugerei** oder aus dem bei der Bleiglanz-Aufbereitung anfallenden **Werkblei** (→ Blei) dargestellt werden. Die Reindarstellung von S. erfolgt vielfach durch elektrolyt. Raffination. Die Cyanidlaugerei beruht auf der Löslichkeit von S. und seinen Verbindungen in wäßriger Natriumcyanidlösung bei Luftzutritt. Aus diesen Lösungen wird es durch Zinkstaub ausgefällt und dann zu Roh-S. verschmolzen. – Zur Gewinnung von S. aus Werkblei gibt es zwei Verfahren. Beim **Zinkentsilberungsprozeß (Parkesieren)** rührt man in das geschmolzene Werkblei bei 450 °C metall. Zink ein. Nach dem Abkühlen auf etwa 400 °C enthält das erstarrende und in Blei unlösl. Zink das S. in Form von Zink-S.-Mischkristallen, die zus. mit Blei und Zink als **Zinkschaum** auf der Schmelze schwimmen. Nach Abdestillieren des Zinks wird das verbleibende **Reichblei** der ›Treibarbeit‹ unterworfen. Reichblei erhält man auch aus Werkblei, wenn man die infolge Bildung eines → Eutektikums beim Erstarren des geschmolzenen Werkbleis sich abscheidenden reinen Bleikristalle abschöpft und so den S.-Gehalt des Restbleis erhöht **(Pattinsonieren).** Bei der **Treibarbeit (Kupellation)** wird das Blei im Luftstrom erhitzt und die sich bildende flüssige Bleiglätte, PbO, mechanisch abgeleitet. Bedeutung hat heute auch die Rückgewinnung von S. aus Fixierbädern photograph. Betriebe und durch Aufarbeitung silberhaltiger Abfälle und Altmetalle.

Verwendung. S. dient in großen Mengen für Schmuckwaren, Tafel-S. und für Münzzwecke. Wegen seiner Korrosionsbeständigkeit findet S. bes. in Form von galvan. Überzügen im chem. Apparatebau und in der Bijouterie Verwendung. Große Mengen S. werden für photograph. Filme und Papiere gebraucht. Es dient ferner zur Herstellung von Spiegeln und Thermogefäßen, Silberloten, für elektr. Batterien und Zahnfüllungen. Wegen seiner keimtötenden Wirkung Anwendung in Medizin und Trinkwasserbereitung.

Geschichte. Da S. in der Natur gediegen vorkommt, ist es frühzeitig bekanntgeworden. So wird es bereits bei HOMER erwähnt. S.-Bergbau begann in Mitteleuropa etwa 1000 n. Chr. Seit dem 16. Jh. gelangten große S.-Mengen aus Süd- und Mittelamerika nach Europa.

Silber, gediegen (Rudolstadt, Thüringen)

Silberfarb|bleichverfahren, Azofarb|bleichverfahren, Verfahren der → Farbphotographie.

Silberglanz, Mineral Ag_2S, wichtiges dimorphes Silbererz, unter 176 °C als monokliner **Akanthit,** darüber als kub. **Argentit;** frisch metallglänzend, läuft bald matt bis schwärzlich an, auch dunkelbleigrau; H. 2, D. 7,3; meist derb und eingesprengt, plattig, dorn- oder haarförmig, auch pulverig-rußartig **(Silberschwärze).** S. ist der ›Silberträger‹ im Bleiglanz und kommt auch selbständig auf dessen Gängen vor, weiterhin mit Silberchlorid als Bindemittel.

Silberhorn|erze, Mineralgruppe der schwerlösl. Silberhalogenide, meist hornartig zäh, weich und lichtempfindlich; u. a. Bromargyrit, Chlorargyrit und Iodargyrit (Iodsilber, AgI).

Silberlegierungen werden für Gebrauchszwecke an Stelle des **Feinsilbers** (99,9% Silber) wegen ihrer höheren Festigkeit und ihres geringeren Verschleißes verwendet. Silberne Geräte müssen in Dtl. mindestens 80% Silber enthalten. Der Stempel gibt die Tausendteile Silber an (›800‹ bedeutet 800 Teile Silber auf 1000 Teile Legierung, also 80% Silber). **Juweliersilber** enthält i. d. R. bis zu 20% Kupfer, Rest Silber, **Münzsilber** 5 bis 50% Kupfer, bis zu 20% Zink, Rest Silber. Künstlich nachgedunkeltes Silber oder S. werden als **Altsilber** bezeichnet.

Silber|oxid-Zelle, Primärzelle (→ Batterie) mit einer Nennspannung von 1,5 V. Die positive Elektrode besteht aus Silber(I)oxid (Ag_2O), die negative aus Zink. Als Elektrolyt wird entweder Kalium- oder Natriumhydroxid verwendet. Die S.-Z. ähnelt in ihrem elektr. Verhalten der → Quecksilberoxid-Zelle, sie bietet ein noch günstigeres Verhältnis zw. Energie und Volumen. Bevorzugte Bauform: Knopfzelle.

Silberputzmittel, Putzmittel für Silber, um die Überzüge von Silbersulfid auf Silber zu entfernen; im Handel in Form von Lösungen, Pasten, Seifen, Pulvern und imprägnierten Tüchern, die u. a. Borax, Ammoniak, Natriumthiosulfat, verdünnte Mineralsäure oder Zitronensäure und Thioharnstoff enthalten.

Silberschwärze, → Silberglanz.

Silberverbindungen. S. enthalten Silber überwiegend in der Oxidationsstufe +1, doch kommen auch +2 und +3 vor. **Silber(I)oxid,** Ag_2O, fällt aus Silbersalzlösungen mit Alkalien als dunkelbrauner Niederschlag aus, der beim Erhitzen in die Elemente zerfällt. **Silberchlorid,**

AgCl, als Mineral → Chlorargyrit, fällt aus Silbersalzlösungen nach Zusatz von Chlorid-Ionen als weißer, käsiger Niederschlag aus. Es dient in der chem. Analyse zur Bestimmung des Silber- und Chlorid-Ions und wird u. a. in der Photographie, für Teilchendetektoren sowie antisept. Präparaten verwendet. Gelbl. **Silberbromid,** AgBr, und gelbes **Silberjodid,** AgJ, sind schwerer löslich. Silberjodid wird als Kristallisationskeim zur Bildung von Eis und Auslösung künstl. Regens verwendet. Die Löslichkeit der Silberhalogenide in Natriumthiosulfatlösungen wird beim photograph. Fixieren ausgenutzt. Die lichtempfindl. Silberhalogenide, bes. das Silberbromid, werden weit verbreitet in der Photographie verwendet. **Silbernitrat,** $AgNO_3$, entsteht beim Lösen von Silber in Salpetersäure. Es ist ein weißes wasserlösl. Salz (wichtigste S.) und findet in der Medizin als **Höllenstein,** in der analyt. Chemie in der Argentometrie Verwendung. Schwarzes **Silbersulfid,** Ag_2S, fällt aus Silbersalzlösungen mit Schwefelwasserstoff. In der Natur kommt es als **Silberglanz** vor. Die Dunkelfärbung von Silbergegenständen beruht auf der durch Spuren von Schwefelwasserstoff bewirkten Bildung einer dünnen Schicht von Silbersulfid (→ Heparreaktion). **Knallsilber, Silberfulminat,** AgOCN, ist so zersetzlich, daß es beim Reiben im trockenen Zustand explodiert. Von den Silber(II)verbindungen wird das **Silber(II)fluorid,** AgF_2, zur Fluoridierung organ. Verbindungen verwendet. Es entsteht aus Fluor und feinverteiltem Silber. Silber(III)verbindungen sind vorwiegend als Komplexverbindungen bekannt. Bis auf S. mit Acetylaceton und organ. Säuren sind nur wenige silberorgan. Verbindungen bekannt.

Siles, Silesium *das,* Geologie: internat. Bez. für das Oberkarbon (→ Karbon).

Silex *der,* Mineral, gelb (braun) und rot gestreifter oder gefleckter → Jaspis.

Silica|gel, → Kieselsäure.

Silicide, aus Silicium (Si) und einem Metall bestehende Hartstoffe, die meist metallisch aussehen, gut kristallisieren und gegen Wasser und verdünnte Säuren beständig sind. Oft weichen sie, ähnlich den → intermetallischen Verbindungen, von den übl. Wertigkeitsverhältnissen ab (z. B. Ca_2Si, CaSi, Ca_5Si_3, $CaSi_2$). S. erhält man durch Zusammenschmelzen der Elemente oder Reduktion von Siliciumdioxid (Kieselsäure) mit einem Metallüberschuß. **Calcium-Silicium-S.** dienen als Desoxidationsmittel bei der Stahlherstellung, **Molybdän-S.** als Heizleiter-Werkstoff oder zur Oberflächenvergütung.

Silicieren, Erzeugung von Schutzschichten aus Siliciumlegierungen auf Eisen durch Diffusion von Silicium bei 800–1 000 °C (für Armaturen, Ventile u. dgl.).

Silicium, Silizium, chem. Symbol **Si,** ein nichtmetall. → chemisches Element, Ordnungszahl 14. Neben den drei stabilen natürl. Isotopen (Massenzahlen 28, 29 und 30) sind mehr als fünf künstl. instabile Isotope bekannt. Reines S. bildet dunkelgraue metallisch glänzende, harte und spröde Kristalle mit Diamantstruktur. In feinverteilter unreiner Form ist es ein graubraunes Pulver. Elementares S. reagiert erst bei höheren Temperaturen mit den Elementen unter Bildung der entsprechenden Verbindungen. Mit Ausnahme von Flußsäure ist S. in Säuren unlöslich; es löst sich in Laugen unter Bildung von Silikaten.

Die techn. Darstellung kann durch Reduktion von Siliciumdioxid mit Calciumcarbid, Magnesium oder Aluminium (›aluminothermisch‹) erfolgen. Das für die Halbleitertechnologie benutzte hochreine S. erhält man durch Reduktion von **Silicochloroform,** $SiHCl_3$, mit Wasserstoff bei 1 200 °C und anschließender Reinigung durch → Zonenschmelzen. S. wird in der Metallurgie als Desoxidationsmittel, bes. aber als Legierungspartner für Eisen (Ferrosilicium) u. a. Metalle sowie als Zwischenprodukt bei der Darstellung von → Siliconen verwendet. Über die Verwendung von S. in der Elektrotechnik → Halbleiter.

S. ist mit 27,5% nach Sauerstoff das zweithäufigste Element in der Erdrinde, kommt aber nur als Dioxid (Quarz, Seesand u. a.) oder in den → Silikaten vor. Unter den Pflanzen sind bes. siliciumreich Diatomeen, Farne, Schachtelhalme, die Nadeln von Nadelhölzern, Gräser; S. dient hier zur Festigung. Bei Tieren ist S. als Kieselsäure vorhanden in Haut, Blut, Bauchspeicheldrüse, Milch, Eiern; auch im Skelett z. B. der Radiolarien und Schwämme.

S. wurde 1823 von J. J. BERZELIUS als Element isoliert und 1854 von H. SAINTE-CLAIRE DEVILLE in reiner Form dargestellt und untersucht.

Halbleitertechnologie: S. hat sich zum wichtigsten Material der gesamten Halbleitertechnik und Mikroelektronik entwickelt. Voraussetzung für den Erfolg des S. war die Entwicklung von Methoden zur Herstellung großer Einkristalle hoher Reinheit. Man ist in der Lage, bis zu 15 kg schwere Kristalle mit absoluter Perfektion des Kristallbaus zu züchten, bei denen auf eine Milliarde S.-Atome höchstens ein Fremdatom in das Gitter eingebaut ist. Die elektr. Leitfähigkeit des Materials wird durch anschließende → Dotierung mit Fremdatomen (bes. Bor oder Phosphor) gezielt eingestellt, wobei mit den zur Verfügung stehenden Technologien der Leitfähigkeitstyp über Bereiche mit Dimensionen von etwa 1 μm kontrolliert verändert werden kann.

Der wesentl. Vorzug des S. gegenüber allen anderen Halbleiter-Substanzen, die es verdrängt hat, ist die hohe chem. Stabilität des S.-Dioxids (SiO_2), das sich beim Erhitzen in oxidierender Atmosphäre auf den S.-Oberflächen bildet. Dieses SiO_2 schützt die pn-Übergänge und andere empfindl. Bereiche der → integrierten Schaltungen. Außerdem ermöglicht es die einfache Herstellung der Masken für die feinen geometr. Strukturen der Schaltkreise mit Hilfe der → Lithographie 2) und die selektive Dotierung von engbenachbarten Bereichen, da es leicht ätzbar ist. In den Bauelementen übernimmt es die Funktion als isolierendes Substrat zur potentialmäßigen Trennung der Einzelkomponenten oder wird als dielektr. Schicht im Gate von MOS-Bausteinen verwendet. Da für die mehr als 100 Prozeßschritte von der Kristallzüchtung bis zum funktionsfähigen S.-Schaltkreis ausgereifte Herstellungstechnologien und -apparate entwickelt worden sind, ist der wirtschaftl. und techn. Vorsprung heute so groß, daß die Anwendungsmöglichkeiten und Marktchancen für andere Halbleiter gering sind. So wurde das Germanium (Ge), mit dem die Halbleitertechnik begann, weitgehend abgelöst.

Siliciumdioxid, häufigste anorgan. Verbindung SiO_2 (→ Kieselsäure).

Siliciummethode, zur Altersbestimmung von Grundwässern mit Hilfe des Isotops ^{32}Si verwendete Methode. Das ^{32}Si wird durch kosm. Strahlung erzeugt und gerät durch Niederschläge in den Boden. Da die Halbwertszeit von ^{32}Si etwa 100 Jahre beträgt, ist die S. für solche Grundwässer geeignet, deren Alter mit der → Tritiummethode nicht mehr und mit der → Radiokarbonmethode noch nicht bestimmt werden kann.

silicium|organische Verbindungen, organ. Verbindungen mit direkten Silicium-Kohlenstoff-Bindun-

siliciumorganische Verbindungen

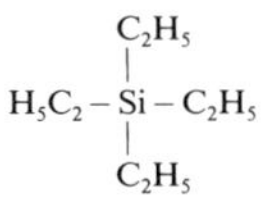

Tetraäthylsilan

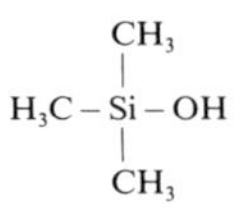

Trimethylsilanol

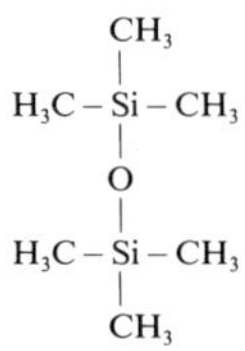

Hexamethyldisiloxan

gen, die sich formal vom **Monosilan,** SiH_4, dem einfachsten Siliciumwasserstoff ableiten. **Organosilane** sind s. V., in denen ein oder mehrere H-Atome des SiH_4 durch Alkyl- oder Arylgruppen substituiert sind. Sie werden durch Reaktion von Silicium(IV)-chlorid mit metallorgan. Verbindungen hergestellt. **Organohalogensilane** enthalten zusätzlich Halogenatome, **Organosilanole** Hydroxylgruppen. Die für die Herstellung von →Siliconen wichtigen Organochlorsilane werden durch Reaktion von Chlorkohlenwasserstoffen mit Silicium an Kupferkatalysatoren hergestellt (Müller-Rochow-Synthese), z. B.

$$2\,CH_3Cl + Si \longrightarrow \underset{\text{Dichlordimethylsilan}}{(CH_3)_2SiCl_2}$$

Organosiloxane sind s. V., in denen Si-Atome über Sauerstoffbrücken miteinander verknüpft sind.

Siliciumtetrafluorid, →Siliciumverbindungen.

Siliciumverbindungen. Silicium bildet Verbindungen mit den Oxidationsstufen +2 und +4. **Siliciumwasserstoffe (Silane)** entsprechen formal den Kohlenwasserstoffen, ihre Zahl ist aber viel kleiner. Sie sind sehr instabil und entzünden sich an der Luft von selbst explosionsartig, sie können unter Luftabschluß dargestellt werden, ihre allg. Formel ist Si_nH_{2n+2}. Einzelne Glieder sind z. B. **Monosilan,** SiH_4, Siede-P. −112,1 °C, **Disilan,** Si_2H_6, Siede-P. −14,8 °C, **Tetrasilan,** Si_4H_{10}, Siede-P. +84 °C. Von den Silanen leitet sich eine Reihe sehr hydrolyseempfindlicher Halogen-Substitutionsprodukte ab, die analog den →Alkylhalogeniden aufgebaut sind, z. B. das gasförmige **Monochlorsilan (Silylchlorid),** SiH_3Cl, oder das flüssige **Trichlorsilan (Silyltrichlorid, Silicochloroform). Siliciummonoxid,** SiO, kommt in verschiedenen Modifikationen vor. Es verflüchtigt sich bei höherer Temperatur aus einem Gemisch von Siliciumdioxid und Silicium. Der Vorgang hat u. a. beim Aufdampfen von Quarzschichten in Optik, Oberflächenveredlung und Elektronik große Bedeutung. **Siliciumdioxid,** SiO_2, ist amorph sowie in verschiedenen Modifikationen bekannt, die z. T. auch in der Natur vorkommen, am verbreitetsten ist der →Quarz, im **Quarzglas** liegt er als unterkühlte Schmelze vor. Amorphes Siliciumdioxid findet man in der Natur als **Kieselgel** und **Opal.** Poröses **Kieselgel (Silicagel)** ist ein gutes Adsorptions- und Trockenmittel (→Kieselsäure). – Silicium bildet zahlreiche Halogenverbindungen der allg. Zusammensetzung Si_nHal_{2n+2}, die meist farblose Gase, Flüssigkeiten oder feste Stoffe sind und sich mit Wasser unter Bildung von Kieselsäure und Halogenwasserstoffsäure zersetzen. **Siliciumtetrafluorid,** SiF_4, entsteht als farbloses Gas aus Flußsäure und Quarz. Mit weiterer Fluorwasserstoffsäure bildet sich **Hexafluorokieselsäure,** $H_2[SiF_6]$, deren Salze, die **Fluorosilicate,** als →Fluate oder zur →Fluoridierung Anwendung finden. **Siliciumtetrachlorid,** $SiCl_4$, eine farblose, an feuchter Luft infolge Hydrolyse rauchende Flüssigkeit, entsteht beim Erhitzen von Silicium oder eines Siliciumdioxid-Kohlengemisches im Chlorstrom bei höherer Temperatur. Es ist Ausgangsmaterial für die Darstellung der →Silicone. **Siliciumnitrid,** Si_3N_4, entsteht aus seinen Elementen bei 1350 °C. Es ist sehr temperatur- und oxidationsbeständig und dient u. a. zur Herstellung von Tiegeln und Gußformen. **Siliciumcarbid,** SiC, entsteht aus Quarzsand und Kohle bei etwa 2000 °C, in reiner Form bildet es farblose Kristalle, techn. Produkte sind meist dunkel gefärbt. Als **Carborundum** oder **Silit** dient es wegen seiner Härte und Temperaturbeständigkeit u. a. als Schleifmittel, im Apparatebau und als Heizleiter. (→siliciumorganische Verbindungen)

Silicone, Silikone, Polymere, die sich aus Silicium-Sauerstoff-Ketten aufbauen **(Polyorganosiloxane).** Die Struktureinheiten der S. können je nach Anzahl der Si-O-Bindungen mono-, di-, tri- oder tetrafunktionell sein. **Siliconöle** sind lineare oder zyklische S., die durch Hydrolyse (oder durch Reaktion mit Methanol) aus Diorganodichlorsilanen (z. B. Dichlordimethylsilan) hergestellt werden, z. B.

$$n\,(CH_3)_2SiCl_2 + (n+1)\,H_2O \longrightarrow HO\left[\begin{array}{c} CH_3 \\ | \\ Si-O \\ | \\ CH_3 \end{array}\right]_n H + 2n\,HCl.$$

Die Hydrolyseprodukte können durch Polykondensation oder Polymerisation (bei zykl. Verbindungen) in Gegenwart saurer oder basischer Katalysatoren zu längerkettigen Polymeren mit höherer Viskosität verknüpft werden.

Silicone

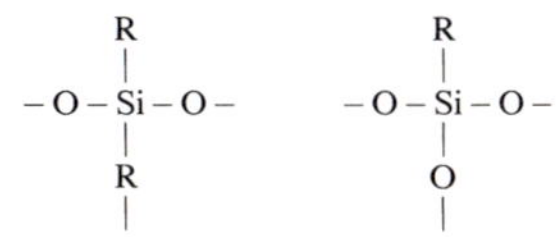

difunktionell trifunktionell

Struktureinheiten der Silicone

Siliconöle zeichnen sich durch niedrigen Stockpunkt, geringe Temperaturabhängigkeit der Viskosität und niedrige Oberflächenspannung aus. Sie dienen als Antischaummittel, Trennmittel in der Kunststoffind., Hydraulikflüssigkeiten, Wärmeträgeröle, Kühlflüssigkeiten sowie als Autopolituren u. a. Da S. i. d. R. als physiologisch inert gelten, werden sie auch im gewerbl. Hautschutz, in der kosmet. Hautpflege und plast. Chirurgie verwendet. **Silicongummi** (→Kautschuk) entsteht aus linearen S., die z. T. Vinylgruppen enthalten, durch weitmaschige Vernetzung mit Peroxiden oder Siliciumverbindungen (z. B. Kieselsäureester, Aminosilane). **Siliconharze** enthalten hohe Anteile an tri- oder tetrafunktionellen Struktureinheiten, z. T. auch Polyesteranteile (S.-Kombinationsharze), die bei hohen Temperaturen vernetzen und damit das Härten des Harzes bewirken. Sie zeichnen sich durch hohe Wärme- und Wetterbeständigkeit aus und werden für Lacke (z. B. für wärmebeanspruchte Industriegüter und im Bautenschutz) und Isolierharze in der Elektrotechnik verwendet.

siliconisieren, eine dünne Siliconschicht meist unmittelbar nach der Formgebung auf noch heiße Glasgegenstände aufsprühen; erhöht die Abriebfestigkeit der Oberfläche frisch hergestellter Glasgegenstände.

Silicothermie, techn. Reduktion von Metalloxiden mit Silicium oder entsprechenden Siliciden, analog der →Aluminothermie; v. a. zur Herstellung von kohlenstoffarmem Ferromangan, -chrom und -molybdän.

Silifikation, Silifizierung, die →Verkieselung.

Silikasteine, Silicasteine, feuerfeste Steine (→feuerfeste Stoffe) überwiegend aus Siliciumdioxid; Bindemittel sind Calciumoxid oder Eisenoxide. Verwendung v. a. in Schmelzöfen.

Silikate, Silicate *Mz.,* Salze der Orthokieselsäure (→Kieselsäure). S. sind in Wasser unlöslich mit Ausnahme von Natrium-S. und Kalium-S. (→Wasserglas).

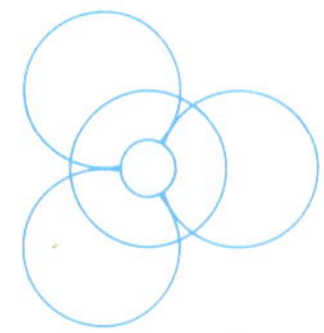

Volumen-Modell $[SiO_4]^{4-}$

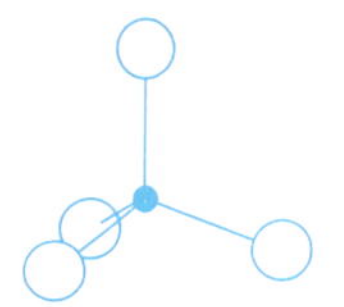

Schwerpunkts-Modell $[SiO_4]^{4-}$

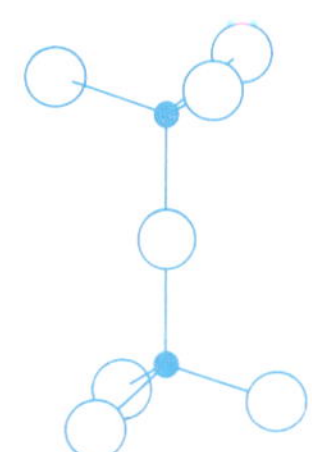

$[Si_2O_7]^{6-}$-Gruppe (inversionssymmetrisch)

Silikate: Grundbaustein $[SiO_4]^{4-}$-Tetraeder (OBEN und MITTE) und Gruppen-S. (UNTEN)

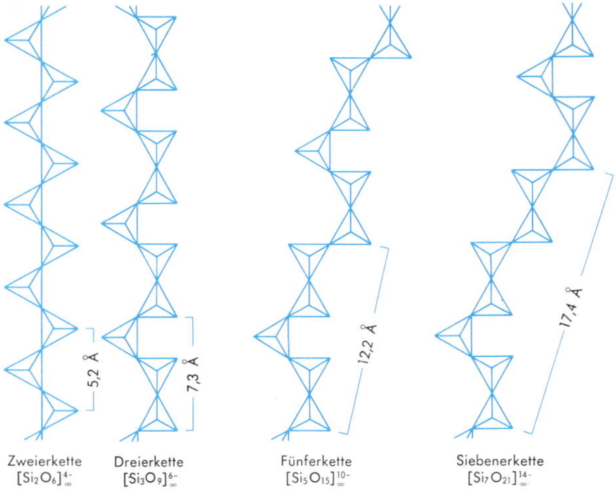

Silikate: Ketten-S.

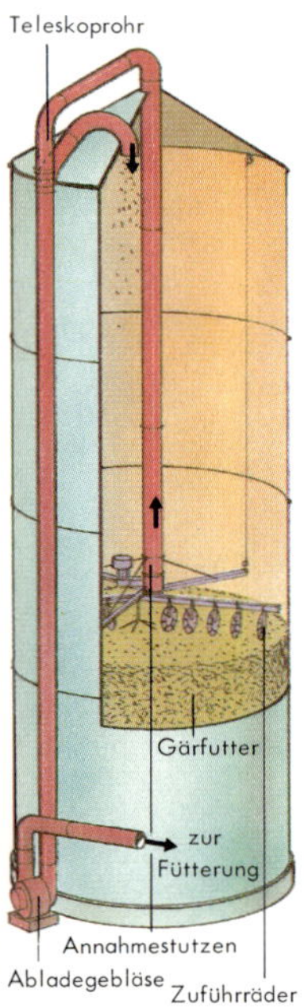

Silo:
Gärfutter-S.

Zu den S. zählen auch Kunstprodukte und keram. Massen, z. B. Glas, Porzellan, Steinzeug, Email. – Die **natürl. S. (S.-Minerale)** sind die wichtigsten Bestandteile der Erdkruste sowie der Steinmeteorite. Es werden relativ kieselsäurereiche (felsische, ›helle‹, ›saure‹; z. B. die Feldspate) von relativ kieselsäurearmen S. (mafischen, ›dunklen‹, ›basischen‹; z. B. Olivin, Pyroxene, Amphibole) unterschieden. S. sind → Siliciumverbindungen, in denen Aluminium sowohl als Bestandteil **(Aluminium-S.)** wie auch als diadocher Vertreter des Siliciums (bis maximal 1:1; **Alumo-S.**) auftritt.

Grundbaustein aller **Silikatstrukturen** ist das $[SiO_4]^{4-}$-Tetraeder, bei dem ein Si^{4-}-Kation von 4 O^{2-}-Anionen tetraedrisch umgeben ist. Die SiO_4-Tetraeder sind in den Kristallgittern sehr verschiedenartig angeordnet und werden durch geeignete Kationen abgesättigt und untereinander zusammengehalten. Meist treten noch zusätzl. tetraederfremde Anionen und/oder Radikale auf.

Insel-S. (Neso-S.): Selbständige (inselartige) Tetraeder sind durch Kationen verbunden (z. B. Olivin, Granat, Topas, Zirkon).

Gruppen-S. (Soro-S.): Zwei Tetraeder treten über eine gemeinsame Ecke zu einem Doppeltetraeder inversionssymmetrisch (z. B. Thortveitit) oder spiegelungssymmetrisch (z. B. Akermanit) zusammen.

Ring-S. (Cyclo-S.): Mehrere Tetraeder bilden selbständige ›Dreier-‹, ›Vierer-‹ (beide selten) oder ›Sechserringe‹ (z. B. Beryll). Ring-S. kommen auch als Doppelringe vor.

Faser-S. (Ino-S.): Es gibt a) **Ketten-S.:** Über ein gemeinsames O^{2-}-Anion verbundene Tetraeder bilden eine unendl. Kette, die im Kristallgitter, durch Kationen verbunden, parallel zueinander (z. B. Pyroxene) liegen. – b) **Bänder-S.:** Spiegelsymmetr. Vereinigungen zweier Ketten zu Doppelketten oder Bändern (z. B. Amphibole).

Schicht-S. (Netz-S., Blatt-S., Phyllo-S.): Ringförmige Tetraeder (Vierer-, Sechserring) bilden zweidimensionale, unendliche, ebene Vernetzungen. Die einzelnen Ebenen, in denen Silicium oft teilweise durch Aluminium ersetzt ist, und deren freie Tetraederspitzen (freie Valenzen) stets in die gleiche Richtung weisen, sind durch eine Kationenschicht (oft mit zusätzl. Anionen, z. B. OH-Gruppen) abgesättigt (Zweischichtstrukturen; z. B. Kaolinit, Serpentin), oder es sind zwei solcher Ebenen, deren freie Tetraederspitzen einander zugekehrt sind, durch eine Kationenschicht verbunden (Dreischichtstrukturen; z. B. Pyrophyllit, Talk, Glimmer). Alle Schicht-S. besitzen die Eigenschaften der → Schichtgitter; z. T. ist zw. den abgesättigten Schichtpaketen H_2O als Quellungswasser eingelagert (Quellfähigkeit der → Tonminerale; → Kristallwasser).

Gerüst-S. (Tekto-S.): Wie beim Quarz ist jedes SiO_4-Tetraeder über alle seine O^{2-}-Anionen mit den Nachbartetraedern dreidimensional vernetzt. Auf dem diadochen Ersatz von Si^{4+} durch Al^{3+} und dem gekoppelten Valenzausgleich durch weitere Kationen beruht die große Zahl der Gerüst-S., die fast ausschließlich Alkali- oder Erdalkali-Alumo-S. sind (u. a. Feldspate, Skapolithe, Zeolithe). Weitere BILDER S. 313, 314.

Silikatfasern, Silicatfasern, bis 1 200 °C hochhitzebeständige Chemiefasern aus Quarzsand für spezielle technische Zwecke.

Silikatglas, Silicatglas, Glas mit Kieselsäure (SiO_2) als Hauptglasbildner. Die überwiegende Zahl der technisch und wirtschaftlich bedeutenden Gläser sind S.

Silikathülle, Silikatschale, nach V. M. GOLDSCHMIDT der Gesteinsmantel der Erde.

Silit, → Siliciumverbindungen.

Sill, der Lagergang (→ Gang).

Sillimanit [n. dem amerikan. Geologen B. Silliman, * 1779, † 1864], Mineral, eine der drei Modifikationen von $Al_2[O|SiO_4]$ (→ Andalusit, → Disthen), gelblichgrau, graugrün; H. 6–7, D. 3,2; bildet stengelig-faserige, verfilzte Aggregate oder dichte, den Quarz durchwachsende Massen **(Faserkiesel);** Vorkommen in kristallinen Schiefern der Katazone (z. B. Paragneis, Granulit); in Birma als Edelstein. Synthetisch herstellbar in faustgroßen Einzelkristallen; **S.-Steine** sind hochfeuerfeste Kunststeine (Schmelz-P. etwa 1 800 °C).

Silo, allg. Großraumbehälter zur Lagerung von Schüttgütern (z. B. Getreide, Kohle, Zement); insbes. der **Futter-** oder **Gärfutter-S.** der Landwirtschaft: ein i. d. R. senkrecht stehender, meist zylindr. Behälter **(Hoch-S.)** aus Beton, Stahl oder Holz zum Vergären und Lagern von gehäckseltem Halmgut oder Rübenblatt. Das Halmgut wird in vorgewelktem Zustand mit etwa 60–75% Feuchtegehalt eingebracht und unter luftdichtem Abschluß einer Milchsäuregärung unterworfen. Die meist sehr fest lagernde Silage wird mit Hilfe einer **S.-Fräse** entnommen. **Gruben-** und **Fahr-S.** bestehen meist aus Beton.

Siloxane, Sauerstoffverbindungen des Siliciums der allg. Formel $H_3Si-[O-SiH_2]_n-OSiH_3$. Die H-Atome können durch organ. Reste ersetzt sein und dann **Organo-S.** bilden, z. B. Silicone.

Siloxy . . ., Bez. für die Atomgruppierung $-OSiH_2$.

Silsbeesche Regel [sˈɪlzbi:-], → kritische Stromstärke (des Supraleiters).

Silt [engl.], der → Schluff; verfestigt: **S.-Stein.**

Silur, früher auch **Gotlandium** oder für Ordovizium und Gotlandium, drittes paläozoisches System.

Das S. beginnt oft mit einer Sedimentationslücke, örtlich auch mit einer Diskordanz; am Ende steht der Höhepunkt der kaledon. Orogenese. Häufigste Gesteine sind Ton-(Graptolithen-)Schiefer, Brachiopodenmergel sowie Korallen- und Stromatoporenkalke. Feuchtwarmes Klima scheint weit verbreitet, Vereisungsspuren sind selten; gegen Ende des S. lassen sich Zeugen trockenen Klimas (Gips- und Steinsalz, bunte Sandsteine und kontinental beeinflußte Rotgesteine [Red Beds]) erkennen. Vulkanismus tritt bes. in den Geosynklinalräumen auf.

Geprägt wird die silur. Fauna durch marine Wirbellose, wie Graptolithen, Trilobiten, Brachiopoden, Conodonten, Ostracoden und Korallen. Wirbeltiere treten deutlich zurück. Das Algenzeitalter geht mit dem S. zu Ende; in den Psilophytalen erscheinen die ersten Landpflanzen.

		Ende vor rd. 400 Mio. Jahren
Ober-S.	Pridolium	
	Ludlow	
Mittel-S.	Wenlock	
		Beginn vor rd. 440 Mio. Jahren
Unter-S.	Llandovery	

Auf dem Land kommen auch die ersten Gliederfüßer (Tausendfüßer, Skorpione) vor. Paläogeographisch liegen im S. zwei im wesentlichen geschlossene N- und S-Erdblöcke vor, mit dem S-Pol in SW-Afrika und dem N-Pol im Pazifik; der Äquator zieht vom SO-Rand Europas durch Grönland und dem mittleren Teil von Nordamerika nach N-Australien. Bedeutung erlangte bes. das S. Europas in der kaledon. Geosynklinale, die von den Brit. Inseln über Norwegen, Spitzbergen nach O-Grönland zieht und deren Auffaltung die Baltisch-Russische mit der Kanadisch-Grönländ. Plattform und der Hebriden-Masse zu einem geschlossenen **Nordatlant. Kontinent** vereinte. Weitgehend ungestört sind die silur. Ablagerungen des Balt. Schildes. Bedeutend ist auch das S. Europas in Thüringen und Böhmen, es kommt aber auch im rechtsrhein. Schiefergebirge, Harz, Frankenwald und in den O-Alpen sowie in W- und S-Europa vor.

Sima *das,* auch **Sialsima,** v. a. aus **Si**licium- und **Ma**gnesium-Verbindungen bestehende untere Krustenzone der → Erde.

Simplex, Mathematik: in der Topologie bestimmte einfachste Gebilde ohne ihre Berandungen, wie auf der Geraden eine Strecke ohne ihre Endpunkte, in der Ebene ein Dreieck ohne seine Seiten, im Raum ein Tetraeder ohne seine Randdreiecke; analog im *n*-dimensionalen Raum. Auch die Punkte selbst sind strenggenommen S. im ›nulldimensionalen Raum‹. – Aus S. baut man **Komplexe** zusammen, bei denen aber zwei S. stets nur einen Punkt oder eine ganze Dreiecksseite oder (im Raum) nur ein ganzes Randdreieck der Tetraeder gemeinsam haben dürfen. Außerdem müssen mit einem S. auch dessen sämtl. Rand-S. zum Komplex gehören. – Mit Hilfe der S. kann man verwickeltere Punktmengen stetig annähern **(simpliziale Approximation)** und dann mit kombinator. Hilfsmitteln behandeln.

Simpsonsche Regel [sɪmpsn-, n. dem brit. Mathematiker TH. SIMPSON, * 1710, † 1761], Regel zur näherungsweisen Berechnung von bestimmten Integralen, Formel → numerische Integration.

SIMSCRIPT, Abk. für **Simulation Scripture** [sɪmjulˈeɪʃn skrˈɪptʃə, engl.], zur diskreten Simulation umfangreicher Systeme auf digitalen Datenverarbeitungsanlagen verwendete → Programmiersprache, die auf der Basis von FORTRAN entwickelt wurde.

SIMULA, eine → Programmiersprache, als Hilfsmittel benutzt bei Simulationsuntersuchungen auf digitalen Datenverarbeitungsanlagen. Als Grundlage zur Entwicklung dieser Simulationssprache diente ALGOL.

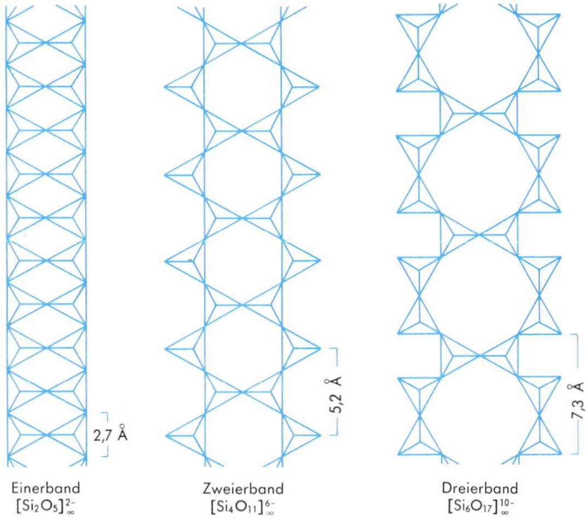

Silikate: Bänder-S.

Simulation, die Darstellung oder Nachbildung physikal., techn., biolog., psycholog. oder ökonom. Prozesse durch mathemat. oder physikal. Modelle, die eine wirklichkeitsnahe, jedoch einfachere, billigere oder ungefährlichere Untersuchung als das Original erlauben. Physikalische und techn. Modelle ermöglichen z. B. die S. der Wärmeströmung in einem Körper durch elektr. Ströme, im Rahmen der Luft- und Raumfahrt (als → Simulator) das gefahrlose Training von Piloten.

Die S. als Methode hat bes. im → Operations Research große Bedeutung. Sie steht hier als ›experimentelle‹ Problemlösungsmethode i. Ggs. zu den anderen Methoden, mit denen eine Problemlösung formelmäßig oder iterativ bestimmt wird. Bei der **determinist. S.** werden die Problemdaten und Entscheidungsregeln im Modell als fest vorgegeben angenommen, bei der **stochast. S.** wirken zufällige Einflüsse (z. B. unvorhersehbare Umweltbedingungen) auf den Ablauf ein. Zur Nachahmung dieser Einflüsse verwendet man die → Monte-Carlo-Methode. – Beispiele: S. von Warteschlangen zur Bestimmung der benötigten Zahl von Abfertigungsstellen, S. von Verkehrsnetzen zur Planung optimaler Straßenführungen, S. von Investitionsplänen bei unsicheren Zukunftserwartungen als Grundlage unternehmerischer Investitionsentscheidungen.

Simulator, Echtzeitdatenverarbeitungsanlage (digitaler oder analoger Prozeßrechner) zur Nachbildung physikal. Vorgänge, z. B. in besonderen → Klimakammern zur Weltraumsimulation oder beim **Flug-S.** zur Nachbildung des dynam. Verhaltens von Luft- oder Raumfahrzeugen. Der Flug-S. besteht aus einer originalgetreuen und vollständig instrumentierten Nachbildung des Arbeitsraumes der Flugzeugbesatzung, Vorrichtungen zur Bewegung dieses Raumes entsprechend den gesteuerten Fluglagen und dem Rechner. Dieser berechnet die Reaktionen des Flugzeugmusters auf Flugführungsmaßnahmen des Piloten und stellt diese mit Hilfe der Flug- und Flugzeugüberwachungsgeräte dar. Das sich dem Piloten beim Blick aus dem Flugzeug bietende Bild des Erdbodens wird durch besondere Sichtdarstellungsgeräte nachgebildet. Flug-S. sind vollwertige Übungsgeräte zur gefahrlosen und kostensparenden Ausbildung von Luft- und Raumfahrzeugführern.

Simultanverarbeitung, gleichzeitige Verarbeitung mehrerer Programmteile durch eine elektron. Datenverarbeitungsanlage, → Multiprogramming.

sin, Abk. für **Sinus** (→ Winkelfunktionen).

Sinalbin, schwefelhaltiges Glucosid, → Senföle.

Sinapin|alkohol, ungesättigter aromat. Alkohol, der bei der Bildung des Lignins Bedeutung hat.

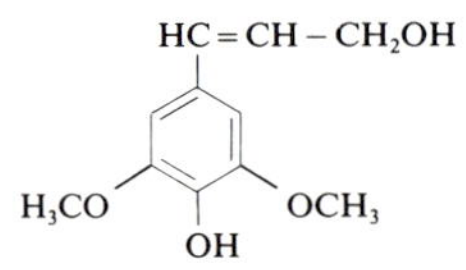

Sinapinalkohol

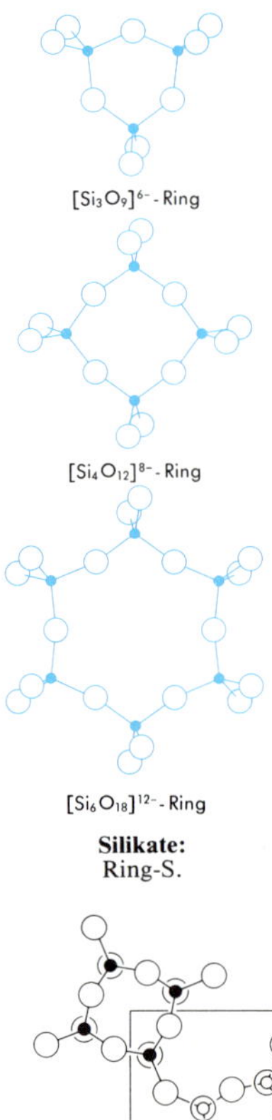

Silikate: Ring-S.

Single-in-line-Gehäuse [sɪŋgl ɪn laɪn-, engl.], Gehäusebauform für elektron. Bauelemente, deren sämtliche Anschlüsse in einer Linie angeordnet sind. (→ Dual-in-line-Gehäuse, → Quad-in-line-Gehäuse)

singulär, Mathematik: Bez. für Objekte oder Sachverhalte, die in best. Zusammenhängen von den sonst auftretenden abweichen.

1) Eine **quadratische Matrix** ist s., wenn ihre Determinante null ist, d. h., wenn sie als Koeffizientenschema einer linearen Transformation des affinen Raumes in sich diesen nur auf einen Teilraum abbildet **(singuläre Transformation).**

2) Eine Funktion $f(z)$ hat an der Stelle z_0 ihres komplexen Argumentes z eine **singuläre Stelle** oder **Singularität,** wenn sie dort nicht differenzierbar ist. Diese Stellen bringen die wesentl. Eigenschaften der Funktion hervor und sind auch bei ihrer numer. Behandlung die wichtigsten. Bei einer eindeutigen Funktion unterscheidet man eine **Polstelle,** bei deren Annäherung der absolute Betrag der Funktion gegen unendlich strebt, von einer **wesentlich singulären Stelle,** in deren noch so klein vorgegebenen Umgebungen die Werte der Funktion jeder komplexen Zahl beliebig nahe kommen. Bei den mehrdeutigen Funktionen treten noch die **Verzweigungsstellen** hinzu, in deren Umgebung die Riemannsche Fläche der Funktion einen Verzweigungspunkt besitzt, z. B. die Stelle $z_0 = 0$ bei der Funktion $f(z) = z^2$.

Die algebraischen Funktionen lassen sich wenigstens teilweise durch → algebraische Kurven veranschaulichen. Den Verzweigungsstellen der Funktion entsprechen dabei Doppelpunkte als **singuläre Punkte (Knotenpunkte, Spitzen, Schnabelspitzen)** der Kurve. Analoge Verhältnisse liegen bei den algebraischen Flächen vor, deren singuläre Punkte sich zu ganzen **singulären Kurven,** bei denen sich z. B. die Fläche selbst durchdringen kann, zusammenschließen können. Die Untersuchung der singulären Punkte und Kurven bei nichtalgebraischen Kurven oder Flächen ist Aufgabe der Topologie.

3) **singuläre Lösungen** einer gewöhnl. Differentialgleichung $F(x, y, y') = 0$ erhält man, indem man die Gleichung $\frac{\partial F}{\partial y'} = 0$ hinzunimmt und y' eliminiert, d. h., singuläre Integrale können durch keine Wahl der Konstanten aus dem allg. Integral erhalten werden.

Singularitäten, 1) Mathematik: → singulär.

2) Meteorologie: Witterungsereignisse, die zu best. Tagen des Jahres überdurchschnittlich häufig auftreten. Bekannteste S. in Mitteleuropa: Schönwetterperiode Mitte bis Ende September **(Altweibersommer),** Tauwetter zu Weihnachten, Kaltlufteinbrüche zw. dem 11. und 14. Mai **(Eisheilige)** und Schlechtwetterperiode Mitte Juni **(Schafkälte).**

Singularitäten-Überlagerungsverfahren, Verfahren zur → numerischen Spannungsberechnung.

Singulett, einfache Spektrallinie oder einfacher Energieterm (→ Termschema), i. Ggs. zum → Multiplett 1).

sinh, sh, Abk. für **Sinus hyperbolicus,** eine → Hyperbelfunktion.

Sinigrin, → Senföle.

sinken, → Auftrieb.

Sinkstoffe sind → absetzbare Stoffe, die mit anderen Wasserinhaltsstoffen ein Maß für organ. und anorgan. Verunreinigungen darstellen.

Sinkstück, Wasserbau: Matte aus → Faschinen, die schwimmend eingebracht und durch Beschweren mit Steinen abgesenkt wird.

Sinope, ein Mond des Planeten → Jupiter.

Sinter, mineral. Ausscheidungen aus Quellen oder fließendem Wasser infolge Temperatur- und/oder Geschwindigkeitsänderung oder Kohlendioxid-Abgabe. Am bekanntesten sind **Kalk-** und **Kiesel-S.** In Höhlen bilden sich → Tropfsteine, aus heißen Quellen die aus Aragonit bestehenden **Sprudelsteine.** – Ein dichter und fester Kalktuff ist der als Bau- und Werkstein geschätzte **Travertin.**

Sinterglas entsteht durch → Sintern von Glaspulver (→ Glasfilter).

Sintern, Verdichten, Agglomerieren und Stückigmachen pulverförmiger oder feinkörniger Stoffe durch Erhitzen (ggf. nach vorheriger Formgebung z. B. durch Pressen). Die Temperatur beim S. muß so hoch sein, daß durch Grenzflächenreaktion die einzelnen Körner des Ausgangsgutes miteinander verschweißt werden.

In der Hüttentechnik wird durch S. der feinkörnigen Erze und Konzentrate ein stückiges und gasdurchlässiges Agglomerat (z. B. Eisensinter) auf **Sinterbändern** erzeugt: Die angefeuchtete Erzmischung wird unter Zugabe von festen Brennstoffen auf einen **Sinterrost** in einer Schicht von 20 bis 30 cm Dicke aufgebracht, nach Zündung an der Oberfläche wird Luft durch die Mischung hindurchgesaugt **(Saugzug-S.).** Bei Bleierzkonzentraten wird auch die **Druckluftsinterung** angewandt. Eine Variante ist das

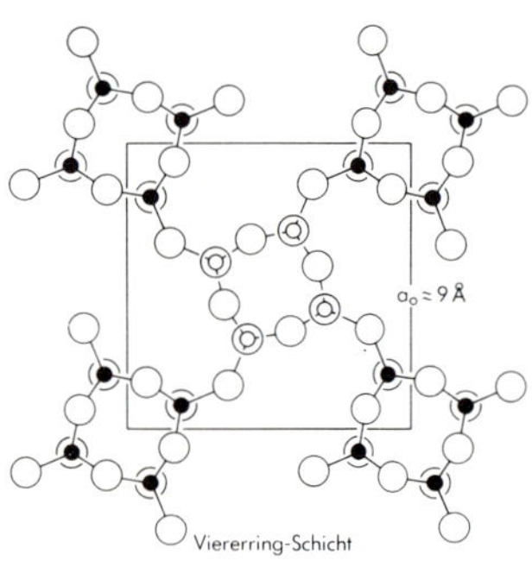

Viererring-Schicht

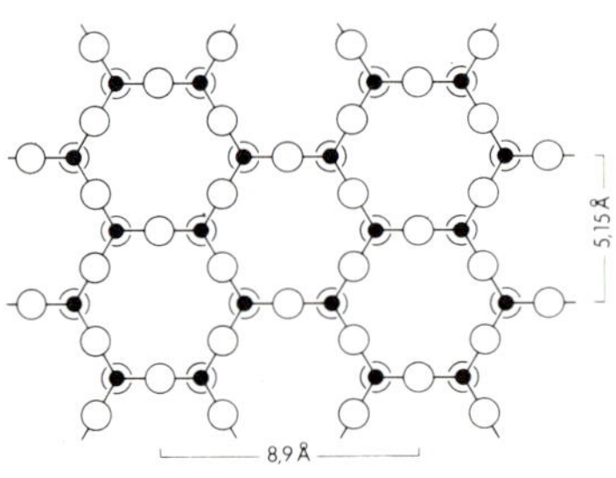

Sechserring-Schicht

S. nach Pelletierung, bei der Pellets (→ Pelletieren) gebildet und diese ›Grünpellets‹ dann durch Erhitzen gehärtet werden.

Auch bei der → Pulvermetallurgie sowie beim Pelletieren von Kernbrennstoff für Brennstäbe, beim Brennvorgang von Keramik, der Herstellung von Klinkern in Drehrohröfen (Zementherstellung, Klinkeroxidherstellung) spielt das S. eine wesentliche Rolle.

In der Kunststofftechnik heißt S. das Aufschmelzen pulverfömiger Kunststoffe, z. B. Polyvinylchlorid, Polyäthylen, Polyamid, Epoxidharz, auf Metalle oder andere Werkstoffe zum Korrosions- oder Verschleißschutz, zur elektr. oder therm. Isolation, als Dekorationseffekt, zum Entdröhnen u. a. Beim **Wirbelsintern** wird das heiße Werkstück für kurze Zeit in aufgewirbeltes Kunststoffpulver getaucht, wobei das Pulver auf dem Werkstück aufschmilzt. Beim **elektrostat. Pulverspritzen** wird das Pulver elektrostatisch aufgeladen und im Luftstrom auf das geerdete, meist kalte Werkstück gelenkt; anschließend wird die Pulverschicht auf dem Werkstück in der Wärme geschmolzen und geliert (PVC) oder gehärtet (Epoxidharz). Ferner: → Preßsintern.

S-Interpolation, die → Spline-Interpolation.

Sinterrösten, → Rösten.

Sinterwerkstoffe sind Verbundwerkstoffe, die durch → Sintern erzeugt werden. S. können sowohl aus Metallpulvern (→ Pulvermetallurgie) als auch aus einer Mischung von Metallpulvern und nichtmetall. Komponenten hergestellt werden. Die besonderen Eigenschaften (hohe Verschleißfestigkeit und Härte bei ausreichender Zähigkeit) der **Sinterhartmetalle** werden durch einen hohen Anteil an Carbiden der Metalle Chrom, Niob, Tantal, Titan, Wolfram und durch einen best. Anteil der Bindephase (meist Kobalt) erreicht. **Oxidkeram. Werkstoffe** besitzen an Stelle von Carbiden Aluminiumoxid (Al_2O_3), sie werden als Schneidstoffe in der zerspanenden Fertigung eingesetzt. **Sintermagnetwerkstoffe** wie Aluminium-Nickel-Kobalt (AlNiCo) und Bariumferrit werden zur Herstellung von Dauermagneten verwendet (→ Magnetwerkstoffe).

Sinus, Abk. **sin,** eine → Winkelfunktion, in der elementaren Geometrie das Verhältnis von Gegenkathete zur Hypotenuse.

Sinusdauertonleistung, → Musikleistung.

Sinusgenerator, → Funktionsgenerator, → Generator 2), → Oszillator.

Sinuslineal, Sinus|tisch, Metallbearbeitung: Prüf- und Fertigungshilfsmittel, mit dem Winkel mit Hilfe von Parallelendmaßen auf der Grundlage der Sinusfunktion eingestellt und geprüft werden können.

Sinus|satz, Satz der ebenen Trigonometrie für beliebige Dreiecke, es gilt

$$\frac{\sin\alpha}{\sin\beta}=\frac{a}{b}\,,\quad \frac{\sin\alpha}{\sin\gamma}=\frac{a}{c}\,,\quad \frac{\sin\beta}{\sin\gamma}=\frac{b}{c}\,.$$

Sinus|schwingung, die → harmonische Schwingung.

Sionon, Handelsname für D-Sorbit (→ Sorbit).

Siphon, 1) der → Geruchverschluß.

2) Gefäß zum Herstellen, Aufbewahren und Ausschenken von unter Kohlendioxiddruck stehenden Getränken, die beim Öffnen eines Hahns durch ein Steigrohr ausgetrieben werden.

Sirene, Gerät zum Erzeugen eines kräftigen Schalls durch period. Unterbrechung eines Luftstroms, 1819 erfunden. Bei der **Loch-S.** werden die auf einem Kreis angeordneten Öffnungen eines Gehäuses, dem Druckluft zugeführt wird, durch eine rotierende Lochscheibe periodisch geöffnet und geschlossen. Dadurch entstehen Luftstöße, die einen Klang hervorrufen. Sein Grundton hat die Frequenz $n \cdot m$ (n Umdrehungszahl der Scheibe pro Zeiteinheit, m Zahl der Löcher). Bei der **Motor-S.** treibt ein Motor die Lochscheibe und gleichzeitig zur Drucklufterzeugung einen Verdichter an. S. dienen v. a. der Signalübertragung (z. B. bei Alarm oder Feueralarm). Öffentl. S. werden über das Fernsprechnetz betätigt; sie sind von einheitl. Bauart.

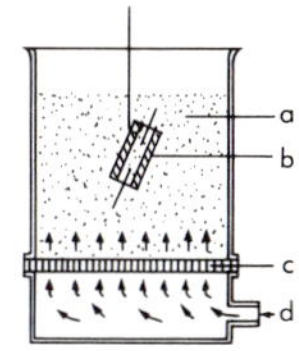

Sintern (Wirbelsintergerät): a Kunststoffpulver, b Werkstück, c poröse Platte, d Druckluft

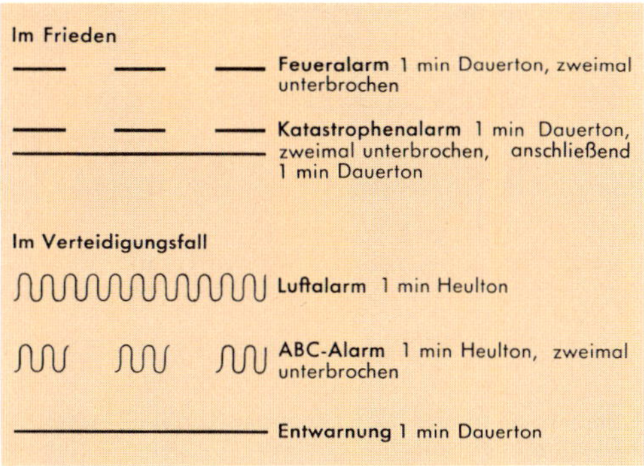

Sirene: Sirenensignale

Siriometer, nicht gesetzl. (selten benutzte) Längeneinheit der Astronomie: 1 Siriometer = 10^6 AE.

Sirius, Hunds|stern, Hauptstern im Sternbild **Großer Hund (Alpha Canis Maioris),** mit einer scheinbaren Helligkeit von $-1{,}^{\mathrm{m}}5$ Größenklassen der hellste Fixstern (Entfernung: 8,7 Lj); seine Spektral- und Leuchtkraftklasse kennzeichnen ihn als frühen Hauptreihenstern. 1844 entdeckte F. W. BESSEL eine schlangenförmige Bewegung des S. relativ zu den Fixsternen (BILD Doppelsterne) und schloß auf einen unsichtbaren Begleiter, der 1862 von A. G. CLARK erstmalig beobachtet wurde. Dieser um zehn Größenklassen lichtschwächere Begleiter **(S. B)** ist ein Weißer Zwerg. S. A und S. B umkreisen den gemeinsamen Schwerpunkt mit einer Umlaufzeit von 50 Jahren. Im alten Ägypten hieß S. **Sothis** und spielte in der Zeitrechnung eine wichtige Rolle (→ Sothisperiode).

Sirene: Loch-S.

Siriusweite, nicht gesetzl. (selten benutzte) Längeneinheit der Astronomie: 1 Siriusweite = 5 Parsec.

Si-Ro-Set-Verfahren, Textilveredelungsverfahren zur Herstellung beständiger Falten durch Behandlung der Wollwaren mit bestimmten Reduktionsmitteln.

Sirrah, der Stern → Alpheratz.

Sisal, Sisalfaser, unrichtig auch **Sisalhanf,** Hartfaser aus den Blättern der aus Mexiko stammenden, bes. in O-Afrika und Brasilien kultivierten **Sisalagave,** dient wegen ihrer Festigkeit und Geschmeidigkeit zur Herstellung von Seilerwaren, Teppichen, Erntebindegarn u. a. Gewinnung: Nach etwa fünf Jahren Wachstum werden die Blätter der Sisalagave (50 bis 150 cm lang) geschnitten,

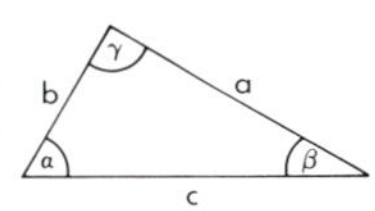

Sinussatz

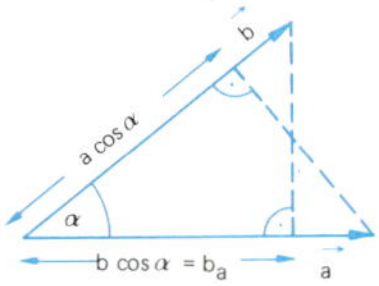

Skalarprodukt

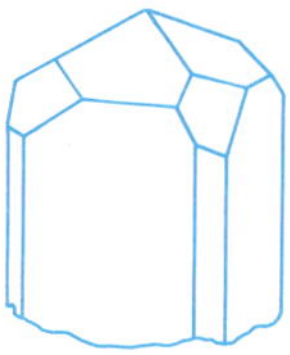

Skapolithe

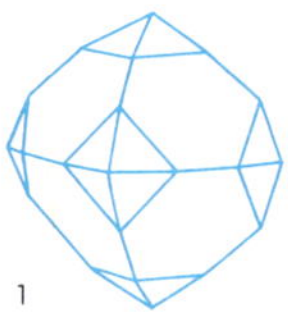

1

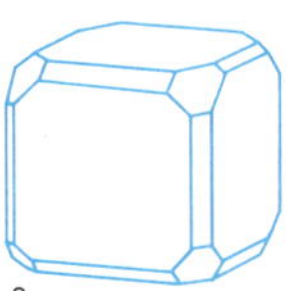

2

Skutterudit 1 und 2: **1** S. und **2** Chloanthit

Skutterudit 3, derb (Richelsdorf, Hessen)

die Faserstränge auf einer Entfaserungsmaschine freigelegt, gewaschen, getrocknet und gebürstet.

Situation, Kartographie: → Lage; **Situationsdarstellung,** → Grundrißdarstellung.

Skala, die → Skale.

Skalar, auch **Tensor nullter Stufe,** eine Zahl, die beim Übergang von einem Koordinatensystem zu einem neuen unverändert bleibt. S. sind allein durch Angabe eines Zahlenwertes charakterisiert, während bei Vektoren noch die Angabe ihrer Richtung erforderlich ist. Physikal. S. (Masse, Temperatur, Energie, Wellenlänge) müssen mit der Maßeinheit versehen werden. In der Mathematik sind S. Elemente des zu einem → Vektorraum gehörenden Körpers.

Skalarprodukt, inneres Produkt. Das S. zweier Vektoren $\boldsymbol{a} = (a_x, a_y, a_z)$ und $\boldsymbol{b} = (b_x, b_y, b_z)$ im euklid. Raum $\mathbb{R}^3$ ist definiert durch den Skalar

$$(\boldsymbol{a}, \boldsymbol{b}) = \boldsymbol{a} \cdot \boldsymbol{b} = |\boldsymbol{a}| \cdot |\boldsymbol{b}| \cdot \cos \alpha,$$

wobei α der Winkel zw. $\boldsymbol{a}$ und $\boldsymbol{b}$ ist, wenn $\boldsymbol{a}$ und $\boldsymbol{b}$ in einem gemeinsamen Anfangspunkt angetragen werden. In Komponentenschreibweise ist dies gleichbedeutend mit

$$\boldsymbol{a} \cdot \boldsymbol{b} = a_x b_x + a_y b_y + a_z b_z = \sum_{i=x}^{z} a_i b_i.$$

Ist $a_b = a \cos \alpha$ die Projektion des Vektors $\boldsymbol{a}$ auf den Vektor $\boldsymbol{b}$ und entsprechend $b_a = b \cos \alpha$ diejenige von $\boldsymbol{b}$ auf $\boldsymbol{a}$, so gilt $\boldsymbol{a} \cdot \boldsymbol{b} = a_b |\boldsymbol{b}| = b_a |\boldsymbol{a}|$. Das Vorzeichen des S. ist positiv oder negativ, je nachdem, ob α kleiner oder größer als $\pi/2$ ist. Entsprechend gilt für Vektoren im $\mathbb{R}^n$: $(\boldsymbol{g}, \boldsymbol{h}) = \sum_{i=1}^{n} g_i h_i$.

Skale, Skala, gleichmäßige (lineare) oder ungleichmäßige (nichtlineare) Folge von Strichen **(Strich-S.)** oder Ziffern **(Ziffern-S.)** für Meß- oder Einstellzwecke. Anordnung gerade **(Band-S.,** Maßstab) oder kreisförmig (Zifferblatt), Ablesung durch verstellbare Marke (Zeiger).

Skaleno|eder *das,* allg. Kristallform der ditrigonal- und der tetragonal-skalenoedr. Kristallklasse (TAFEL Kristall I, BILDER E 13, 27).

Skapolithe *Mz.,* Minerale, eine Reihe isomorpher Mischkristalle mit den kaum vorkommenden reinen Endgliedern **Marialith** (Ma), $Na_3[Al_3Si_9O_{24}] \cdot NaCl$ und **Mejonit** (Me), $Ca_3[Al_6Si_6O_{24}] \cdot CaCO_3$. Die S. sind farblos oder weiß, glasig; geologisch ältere S. sind oft völlig trüb und grau, auch grünlich oder rot; H. 5–6,5, D. 2,54–2,77; Kristalle säulenförmig, auch derbe, großkörnige oder stengelige sowie dichte Aggregate. S. entstehen durch kontaktpneumatolytische Einwirkung von Chlor auf Feldspate und Feldspatvertreter. Varietäten: **Marialith** (Ma_{100-80}); **Dipyr** (Ma_{80-50}); **Mizzonit** (Ma_{50-20}), der **›gewöhnl. S.‹**, weltweit verbreitet, z. T. gelbe, schleifwürdige Kristalle; **Mejonit** (Ma_{20-0}), weltweit, z. T. auch blau gefärbt.

Skarn *der,* aus der kontaktpneumatolyt. Umwandlung (→ Pneumatolyse) von Kalken und Dolomiten entstandenes Gestein; enthält v. a. Kalk-Eisen-Silikate, z. B. Andradit, eisenreiche Pyroxene und Hornblenden, Epidot, Vesuvian, Wollastonit sowie Schwermetallanreicherungen, die wertvolle Lagerstätten bilden können **(Skarnerze).**

Skatingkraft [sk'eɪtɪŋ-, engl.], durch die Abwinkelung des Tonarms bei → Plattenspielern hervorgerufene Kraft, die die Nadel gegen die innere Rillenflanke drückt. Sie bewirkt Verzerrungen und wird darum durch die Gegenkraft einer Feder oder eines Gewichts kompensiert **(Antiskating).**

Skatol, 3-Methyl|indol, unangenehm nach Fäkalien riechende Verbindung, die bei der Fäulnis von Eiweißstoffen entsteht.

SKE, Abk. für → Steinkohleneinheit.

Skelettbauweise, Gerippebau, Bauweise, bei der Gerippe aus Holz, Stahl oder Stahlbeton das Traggerüst des Bauwerks bilden; das Gerippe wird durch Mauerwerk oder nichttragende Bautafeln ausgefüllt. Besonderes Anwendungsgebiet sind die Hochhäuser.

Skelettböden, stark mit Gesteinsteilen (meist über 2 mm Durchmesser) durchsetzte Böden; z. B. an Steilhängen Übergänge in bodenfreie Schutthalden; weite Verbreitung der S. auch z. B. in alpinen Hochlagen. Wald- und Grasnutzung herrschen vor.

Skelettkristalle bilden sich, wenn sich die Bausteine (Ionen, Atomrümpfe u. a.) an ein sehr kleines Kriställchen bevorzugt (stürmisch) an seinen Ecken und Kanten anlagern. Diese Anlagerung ist nur bei starken Übersättigungen und gehinderter Diffusion möglich, z. B. bei sehr schnell kristallisierenden Schneekristallen (Schneesterne). Auf die gleichen Ursachen gehen die ›dendritischen‹ (→ Dendriten) und ›gestrickten‹ Wachstumsformen (→ gestrickte Minerale) zurück.

Skilift [ʃ'i:-], Seilbahn oder Aufzug, der Skiläufer auf die Höhe befördert. Beim **Schlepplift** (Bügellift, Tellerlift) wird der Skifahrer, mit den Skiern auf dem Schnee, von einem Seil den Hang hinaufgezogen. Beim **Sessellift** sitzt der Skiläufer in den an dem Zugseil angeklemmten Sitzen.

Skineffekt, Haut|effekt, Erscheinung, daß in elektr. Leitern (v. a. hochfrequente) Wechselströme im wesentlichen nur in einer dünnen Oberflächenschicht fließen. Die magnet. Feldstärke und Stromdichte im Leiter nehmen exponentiell zur Leiterachse hin ab **(Feld-** oder **Stromverdrängung),** da die durch das Magnetfeld des Wechselstroms im Innern des Leiters hervorgerufenen Wirbelströme an der Leiteroberfläche die gleiche Richtung wie der fließende Wechselstrom haben, im Leiterinnern dagegen diesem entgegengesetzt sind. Dadurch ist der Ohmsche Widerstand eines Leiters für Wechselstrom größer als für Gleichstrom. Bei hohen Frequenzen setzt man zur Vergrößerung der Oberfläche den Leiter aus vielen dünnen miteinander verbundenen Drähten (Litze) zusammen, bei noch höheren Frequenzen kann der Leiter rohrförmig sein. Wegen des S. wirken Hohlraumresonatoren wie sich selbst abschirmende Schwingkreise.

Bei Frequenzen des opt. Bereichs wird der normale S. zum **anomalen S.** Die mittlere freie Weglänge der Elektronen ist bei opt. Frequenzen nicht mehr klein gegenüber der Wellenlänge und der Eindringtiefe. Dadurch wird die elektr. Stromdichte für eine beliebige Stelle des Leiters nicht mehr allein durch die lokale elektr. Feldstärke bestimmt, sondern auch durch Elektronen, die von anderen Stellen innerhalb der freien Weglänge dort eintreffen.

Skip, am Förderseil angeschlagenes, kastenförmiges Gefäß zum Fördern von Schüttgütern in Schächten (→ Schachtförderung). Der S. wird im Füllort über Meßtaschen aus Bunkern beladen, über Tage durch Seiten- oder Bodenklappen entleert.

Sklerometer, Gerät zur Bestimmung der Härte auf Kristallflächen.

skleronom, → holonom.

Skleroproteine, fibrilläre Proteine, Biochemie: Gruppe von Proteinen, zu denen die Gerüstproteine des

Skylab

Name	Start	Träger	Besatzung	Erdumkreisungen	Dauer	EVA*)	Landung
SL 1	14. 5. 1973	Saturn 5	–	·	·	–	11. 7. 1979 verglüht
SL 2	25. 5. 1973	Saturn IB/Apollo	C. Conrad P. Weitz J. Kerwin	404	28d 0h 49min	5h 41min	22. 6. 1973
SL 3	28. 7. 1973	Saturn IB/Apollo	A. Bean J. Lousma O. Garriott	858	59d 11h 9min	13h 44min	25. 9. 1973
SL 4	16. 11. 1973	Saturn IB/Apollo	G. Carr W. Pogue E. Gibson	1214	84d 1h 16min	22h 21min	8. 2. 1974

*) EVA: Extra Vehicular Activity = Tätigkeit außerhalb des Raumfahrzeugs.

Organismus gehören (z. B. Keratin, Kollagen und Elastin). Die mechan. Eigenschaften der S. resultieren aus dem hohen Faltblattanteil ihrer → Sekundärstruktur.

Sklerosphäre, starrer Bereich der festen Erde oberhalb der Asthenosphäre; entspricht dem Begriff der → Lithosphäre i. S. der → Plattentektonik und dem der → Tektonosphäre.

Sklerotinit *der,* Gefügebestandteil der Kohle; besteht aus Pilzdauerformen und -gewebe.

Skolezit, Mineral $CaAl_2Si_3O_{10}$, farbloser, pyroelektr. → Zeolith; Kristalle bis 20 cm lang, in Drusen und auf Klüften; gelegentlich zu Cabochons verschliffen.

Skorodit, Mineral $Fe^{III}[AsO_4] \cdot 2\ H_2O$, lauch- und blaugrün bis schwarz; kleine Kristalle, faserige Aggregate, auch erdig; Verwitterungsprodukt von Arsenerzen, z. T. in großen Massen vorkommend.

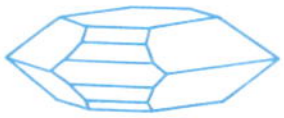

Skorodit

Skorpion, lat. **Scorpius,** zum → Tierkreis gehörendes, im Sommer am Abendhimmel sichtbares → Sternbild des südl. Himmels, durch das sich die Milchstraße zieht. Der hellste Stern (**α Scorpii**) ist → Antares.

skotopisches Sehen, → Hellempfindlichkeitskurven.

Skutterudit, Speiskobalt, Smaltin, Mineral $(Co, Ni)As_3$, zinnweiß bis lichtstahlgrau; oft Kristalle, auch derb, H. 6, D. 6,8; S. bildet mit dem isotypen Chloanthit eine lückenlose Mischkristallreihe; beide sind wichtige und häufige Co-Ni-Erze auf hydrothermalen Gängen. (BILDER S. 316)

Skylab [sk'aılæb, engl.], die aus einer umgebauten Drittstufe der Trägerrakete Saturn 5 entstandene erste experimentelle bemannte → Raumstation der NASA. Die äußere Form von S. war durch ein anmontiertes astronomisches Teleskop und verschiedene Solarzellenausleger zur Energieerzeugung geprägt. Start im Mai 1973 auf eine 435 km hohe Umlaufbahn. S. war dreimal von Astronauten-Dreiermannschaften besetzt (ÜBERSICHT), die ein vielseitiges Versuchs- und Forschungsprogramm durchführten. Die Hauptaufgaben bestanden in astronomischen, erdwissenschaftl. und raumfahrtmedizin. Beobachtungen und Messungen sowie in werkstofftechn. Experimenten unter Weltraumbedingungen, die z. B. Schmelz- und Kristallisationsvorgänge ohne Kontamination durch Gefäßwände und ohne gravitationsbedingte Effekte wie Konvektion und Entmischung zu untersuchen ermöglichen. Als Transportfahrzeug diente die Apollo-Raumkapsel. Mit angekoppelter Apollo-Raumkapsel betrug die Gesamtlänge von S. 36 m, die Masse 76 500 kg, der ›bewohnbare‹, klimatisierte Raum 316 m³. Nach Rückkehr der letzten Astronauten am 8. 2. 1974 war das Programm beendet. Früher als erwartet verglühte S. am 11. 7. 1979 in der Erdatmosphäre. Mehrere kompakte Bruchstücke (insgesamt etwa 23 t) erreichten dabei die Erdoberfläche; sie fielen vor der Südwestküste Australiens in den Ind. Ozean und auf austral. Festland.

Skylight [sk'aılaıt, engl.] *das,* Oberlicht im Deck und in Aufbauten von Schiffen.

Skylightfilter [sk'aılaıt-, engl.], leicht rötlich gefärbtes photograph. → Lichtfilter zur Absorption des ultravioletten und Abschwächung des blauen Lichtes. S. verhindern einen Blaustich bei Farbaufnahmen im Hochgebirge, an der See oder bei klarem, blauem Mittagshimmel.

Skyth, unterste Stufe der alpinen → Trias.

Slater-Determinante [sl'eıtə-, n. dem amerikan. Physiker J. C. Slater, * 1900, † 1976], → Hartree-Fock-Verfahren.

Skylab:
S.-Raumstation, aufgenommen von der S.-3-Kommandokapsel

Smaragd
in Glimmerschiefer
(Ural, UdSSR)

Smithsonit:
OBEN traubige grüne Kruste
(Tsumeb, Namibia);
UNTEN helle Kristalle
(Tsumeb, Namibia)

SLCM, Abk. für engl. **sea launched cruise missile** [si: lɔ:nʃt kru:z m'ɪsɪl], seegestützter Marschflugkörper, →Cruise missile.

Slice [slaɪs, engl.], Mikroprozessorelement, das mit anderen gleichartigen Mikroprozessoren kaskadenartig zusammengeschaltet werden kann.

Slip, 1) propellergetriebene Fahrzeuge: der Schlupf eines Schraubenpropellers in Wasser oder Luft, d. h. der Unterschied zw. dem theoretisch aus Drehzahl und Ganghöhe des Schraubenpropellers für die Zeiteinheit zu errechnenden und dem wirklich zurückgelegten Weg.

2) Seitengleitflug, Side-slip [s'aɪd-], absichtlich herbeigeführte Seitenbewegung eines Flugzeugs zur Verkürzung der Landestrecke durch Vergrößerung des Gleitwinkels. Im S. (beim **Slippen)** steht die Rumpflängsachse schräg zur Flugrichtung (Schiebeflug) und der Tragflügel schräg zur Horizontalen, wobei die herabhängende Flügelhälfte vorauseilt.

3) Schiffahrt, Wasserbau: die →Aufschleppe.

sm, Einheitenzeichen für die internat. →**See**m**eile**.

Sm, chem. Symbol für →Samarium.

Smalte, ein Kobaltpigment, →Kobalt.

Smaltin, Mineral, →Skutterudit.

Smaragd *der,* Edelsteinvarietät des →Beryll.

Smaragdit, irreführende Bez. für grünen Aktinolith und andere grüne Minerale. Handelsbez. für Smaragd-Imitationen aus grünem Glas.

Smekal-Raman-Effekt [n. den Physikern A. G. S. Smekal, *1895, †1959, und Ch. V. Raman, *1888, †1970], der →Raman-Effekt.

smektische Phase, Zustand →flüssiger Kristalle (BILD).

Smithsonian Institution [smɪθs'əʊnjən ɪnstɪtj'u:ʃn, n. dem brit. Chemiker J. Smithson, *1765, †1829], 1846 gegr. wissenschaftl. Institut in Washington (D. C.), unterstützt Forschungen, Expeditionen, Veröffentlichungen, unterhält u. a. eine Bibliothek, ein astrophysikal. Observatorium, Museum für Naturgeschichte, Museum für Geschichte und Technik, Museum für Luft- und Raumfahrt, die ›National Gallery‹, die ›National Collection of Fine Arts‹, die ›National Portrait Gallery‹ in Washington.

Smithsonit [smiθson'ɪt, n. dem brit. Chemiker J. Smithson, *1765, †1829], **Zinkspat, Carbonatgalmei,** Mineral $ZnCO_3$, durchscheinend bis trüb, meist gelblich, auch farblos, braun, grau, seltener grünlich, bläulich oder orangegelb; H. 5, D. 4, 3–4, 5; schleifwürdige S. werden als **Aztekenstein** (grünlich-blau) oder **Bonamit** (apfelgrün) gehandelt. Kristalle nur klein, meist faserige bis dichte, oft schalige Aggregate. S. ist wichtiges Zinkerz und entsteht in Kalken und Karbonaten aus sulfat. aus der Verwitterung der Zinkblende stammenden Zinklösungen; teils als Verdrängungserz (Galmei), teils auf Klüften oder in Sinterkrusten.

Smog *der,* urspr.: Mischung aus natürl. Nebel und Heizungs-, Industrie- und Autoabgasen sowie von festen Rauchbestandteilen; heute: jede Art von stark belastender →Luftverschmutzung, die bei austauscharmer Witterung (Windstille, stabile Luftschichtung z. B. bei Inversion) über Ballungsgebieten auftritt. Trotz vielfältiger chem. Zusammensetzung wird i. a. zw. dem mehr schwefelhaltigen (winterlicher **Londoner S.-Typ)** und dem photochem. S. unterschieden, bei dem unter Einwirkung von Sonnenstrahlung giftige Stickstoffverbindungen entstehen (sommerlicher **Los-Angeles-S.-Typ).**

S. reizt v. a. die Atemwege, er kann bei starker Konzentration toxisch wirken, bes. bei Menschen mit Herz-, Kreislauf-, Asthma- und Bronchialleiden, bei kleinen Kindern und alten Leuten. Der Los-Angeles-S.-Typ wirkt stark augenreizend.

In der Bundesrep. Dtl. wird ein **S.-Warndienst** von Ministerien der Bundesländer in Zusammenarbeit mit dem Dt. Wetterdienst u. a. Institutionen sowie mit Presse und Rundfunk durchgeführt. Für den Straßenverkehr sind die Länder ermächtigt, bei S. in best. Sperrgebieten den Kraftfahrzeugverkehr zeitlich zu beschränken oder zu verbieten.

Smokatron, Ringtron, Elektronenringbeschleuniger, Beschleuniger für Protonen und positive Ionen, der nach dem Prinzip der **kollektiven Beschleunigung** funktioniert, indem die positiv geladenen schweren Teilchen, die sich in ringförmigen Elektronenwolken befinden, bei deren Beschleunigung (auf Grund der gegenseitigen Anziehung infolge der Coulomb-Kräfte zw. den Teilchen) mitgenommen werden. Da die schweren Teilchen auf die gleiche Geschwindigkeit wie die Elektronen beschleunigt werden, erhalten sie auf Grund ihrer wesentlich größeren Masse jedoch eine wesentlich höhere Energie als diese. Man erreicht also eine best. Energie der schweren Teilchen bei wesentlich kleineren elektr. Feldstärken als in den herkömml. Beschleunigern.

Sn, chem. Symbol für →Zinn.

SNAP, Abk. für **Systems for Nuclear Auxiliary Power** [s'ɪstɪmz fɔ: nj'u:klɪə ɔ:gz'ɪljərɪ p'aʊə, engl.], amerikan. nukleare Energieerzeugungsanlagen v. a. für Raumfahrzeuge und Satelliten, aber auch für automat. Wetterstationen oder Leuchttürme, bei denen die Energie von →Isotopenbatterien geliefert wird.

Snellius|sches Brechungsgesetz [n. dem niederländ. Mathematiker und Physiker W. Snellius (Snel van Rojen), *1580, †1626], →Brechung.

SNG, Abk. für **Substitute Natural Gas** [s'ʌbstɪtju:t n'ætʃrəl gæs, engl.], Erdgasersatz, aus Kohle, Destillationsrückständen des Erdöls u. a. hergestelltes methanreiches Brenngas. SNG läßt sich z. B. über die →Kohlevergasung und →Methanisierung herstellen.

SNR, Abk. für **Schneller Natriumgekühlter Brutreaktor,** →Schneller Brüter.

ABKÜRZUNGEN

Endungen oder Wortteile werden zur Raumersparnis weggelassen, wo sie ohne Schwierigkeiten ergänzt werden können, z. B. elektron. für elektronisch(e), chem. für chemisch(e). Das Stichwort ist in seinem Artikel mit dem Anfangsbuchstaben abgekürzt.

An Zeichen werden verwendet * geboren, † gestorben, ∅ Durchmesser, > größer als, < kleiner als; weitere mathematische Zeichen sind in der Tabelle zum Stichwort **mathematische Zeichen** in Band 3, Abkürzungen von Einheiten beim Stichwort **Einheiten** in Band 1 in einer Übersicht zusammengestellt.

Abk.	Abkürzung
allg.	allgemein
Bd., Bde.	Band, Bände
bed.	bedeutend
begr.	begründet(e)
bes.	besonders
best.	bestimmt(e)
Bez.	Bezeichnung
BRT	Bruttoregistertonne
Bundesrep. Dtl.	Bundesrepublik Deutschland
bzw.	beziehungsweise
D.	bei Mineralen Dichte in g/cm^3
dgl.	dergleichen, desgleichen
d. h.	das heißt
dt.	deutsch
Dt. Dem. Rep.	Deutsche Demokratische Republik
Dtl.	Deutschland
ebd.	ebenda
eigtl.	eigentlich
evtl.	eventuell
Ez.	Einzahl
frz.	französisch
gegr.	gegründet
Ges.	Gesetz
Gesch.	Geschichte
ggf.	gegebenenfalls
Ggs.	Gegensatz
grch.	griechisch
H.	bei Mineralen Härte nach Mohs
Hb.	Handbuch
Hg.	Herausgeber
hg. v.	herausgegeben von
i. a.	im allgemeinen
i. d. F. v.	in der Fassung von
i. d. R.	in der Regel
i. e. S.	im engeren Sinn
i. Ggs.	im Gegensatz
Ind.	Industrie
internat.	international
i. S.	im Sinn
ital.	italienisch
i. w. S.	im weiteren Sinn
Jahrtsd.	Jahrtausend
Jb.	Jahrbuch
Jh.	Jahrhundert
lat.	lateinisch
Lb.	Lehrbuch
Lit.	Literatur

MA	Mittelalter
Mio.	Million(en)
Mrd.	Milliarde(n)
Mz.	Mehrzahl
n.	nach
N	Norden
nat.	national
n. Br.	nördliche(r) Breite
n. Chr.	nach Christi Geburt
NN	Normal Null
NO	Nordosten
NRT	Nettoregistertonne
NW	Nordwesten
O	Osten
ö. L.	östliche(r) Länge
rd.	rund
S	Süden
S.	Seite
s. Br.	südliche(r) Breite
Schmelz-P.	Schmelzpunkt
Siede-P.	Siedepunkt
SO	Südosten
svw.	soviel wie
SW	Südwesten
Tb.	Taschenbuch
Temp.	Temperatur
u. a.	und andere, unter anderem
u. ä.	und ähnlich(e)
UdSSR	Sowjetunion
ü.M., u.M.	über (unter) dem Meeresspiegel
urspr.	ursprünglich
USA	Vereinigte Staaten
usf., usw.	und so fort, und so weiter
u. U.	unter Umständen
u. v. a.	und viele(s) andere
v. a.	vor allem
v. Chr.	vor Christi Geburt
Verf.	Verfahren
versch.	verschieden(e)
vgl.	vergleiche
v. Gr.	von Greenwich
VO	Verordnung
Vol.	Volumen
W	Westen
w. L.	westliche(r) Länge
z. B.	zum Beispiel
z. T.	zum Teil
zus.	zusammen
zw.	zwischen
z. Z.	zur Zeit
$^{4}1982$	4. Auflage 1982

Das Bildquellenverzeichnis für alle Bände befindet sich am Ende von Band 5.

HINWEISE FÜR DEN BENUTZER

Reihenfolge und Schreibung der Stichwörter

Die Stichwörter folgen einander nach dem Abc. Für das Einordnen gelten alle **fett** gedruckten Buchstaben, auch wenn das Stichwort aus mehreren Wörtern besteht; Ziffern und Zeichen werden nicht mit alphabetisiert. Unterstichwörter sind in **halbfetter Schrift** gesetzt.

Die Umlaute ä, ö, ü werden behandelt wie die einfachen Buchstaben a, o, u; also folgen z. B. aufeinander **Coleọpter, Cölestịn, Colibakterien.** Ae, oe, ue werden wie getrennte Buchstaben behandelt, auch wenn sie wie ä, ö, ü gesprochen werden; z. B. folgen aufeinander: **Cọenzym R, Coesịt, Coffeịn.**

Getrennte Aussprache zusammenstehender Buchstaben wird in Zweifelsfällen durch senkrechten Strich angezeigt, z. B. **Des|aminierung, De|sorption.**

Folgen mehrere Stichwörter, die nach der gleichen Person benannt sind, aufeinander, so stehen die biographischen Angaben (* geboren, † gestorben) i. a. nur beim ersten dieser Stichwörter, vgl. z. B. **Cauchy-Folge, Cauchy-Riemannsche Differentialgleichung, Cauchysche Integralformel . . .**

Wörter, die man unter **C** vermißt, suche man unter **K, Tsch** oder **Z,** bei **Dsch** vermißte Wörter unter **Tsch,** bei **J** vermißte unter **Dsch** oder **I,** bei **Y** vermißte Wörter unter **J;** ebenso im umgekehrten Fall.

Wörter aus Sprachen mit **nichtlatein. Schrift** erscheinen als Stichwörter in einer der Aussprache (z. B. Russisch) angepaßten Umschrift.

Wenn man ein zusammengesetztes Wort nicht im Abc findet, schlage man seine Teilwörter nach.

Der Verweisungspfeil → fordert auf, das dahinterstehende Wort oder den zusammengesetzten Begriff nachzuschlagen; das Zeichen ⇨ verweist auf Artikel, die in einem weiteren Zusammenhang mit dem betreffenden Stichwort stehen.

Betonung und Aussprache

Wo beim Stichwort Zweifel über die Betonung auftreten können, ist diese durch einen Punkt unter dem betonten Laut angegeben, z. B. **Dispẹnser, Geometrie.**

Die Aussprache (und Betonung) von fremdsprachlichen oder schwierigen Wörtern und Namen steht in eckiger Klammer hinter dem Stichwort, z. B. **Flight Level** [flaɪt l'evl]. Sie wird nach dem Internationalen Lautschriftsystem der Association Phonétique Internationale bezeichnet. Die verwendeten Zeichen bedeuten:

- a = helles a, dt. Bl*a*tt
- ɑ = dunkles a, dt. w*a*r, engl. Ch*a*nt, B*a*rn d*a*nse
- ã = nasales a, frz. C*an*c*an*
- ʌ = dumpfes a, engl. Dr*u*ms
- β = halboffener Reibelaut b, span. Ha*b*anera
- ç = deutscher I*ch*-Laut
- ð = stimmhaftes engl. th, engl. *the*
- æ = breites ä, engl. B*a*nd, J*a*zz
- ɛ = offenes e, dt. f*e*tt, frz. Ari*e*tte
- e = geschlossenes e, dt. B*ee*t frz. coul*é*
- ə = dumpfes e, dt. all*e*
- ɛ̃ = nasales e *Im*promptu
- ɣ = geriebenes g, Se*g*uidilla
- i = geschlossenes i, dt. W*ie*se
- ɪ = offenes i, dt. b*i*n, engl. Mus*i*c
- ĩ = nasales i, portugies. *I*nfante
- ɫ = dunkles l, poln. Lutos*ł*awski
- ʎ = lj, ital. Imbro*gl*io
- ŋ = deutscher ng-Laut, dt. la*ng*e, engl. So*ng*
- ɲ = nj-Laut, frz. Carma*gn*ole
- ɔ = offenes o, dt. K*o*pf
- o = geschlossenes o, dt. T*o*r
- ɔ̃ = nasales o, frz. Chans*on*
- ø = geschlossenes ö, dt. H*ö*hle
- œ = offenes ö, dt. H*ö*lle
- œ̃ = nasales ö, frz. *un*
- s = stimmloses s, dt. wa*s*
- z = stimmhaftes s, dt. *s*ingen
- ʃ = stimmloses sch, dt. *Sch*uh
- ʒ = stimmhaftes sch, frz. *j*our
- θ = stimmloses th, engl. *th*eatre, span. Zar*z*uela
- u = geschlossenes u, dt. K*u*h
- ʊ = offenes u, dt. b*u*nt, Ha*u*s
- ũ = nasales u, portugies. At*um*
- v = deutsches stimmhaftes w, dt. *W*ald, *V*ariation
- w = halbvokalisches w, engl. *w*ell
- x = deutscher Ach-Laut, dt. Da*ch*
- y = deutsches ü
- ɥ = konsonantisches y, frz. S*u*ite
- : bezeichnet Länge des vorhergehenden Vokals, z. B. blu:z = Blues
- ' bezeichnet Betonung und steht vor dem *Vokal* der betonten Silbe, z. B. alm'ãd = Allemande

b d f g h j k l m n p r t geben in den meisten Sprachen etwa den Lautwert wieder, den sie im Deutschen haben. Im Englischen wird ›r‹ weder wie ein deutsches Zäpfchen-r noch wie ein gerolltes Zungenspitzen-r gesprochen, sondern mit der Zungenspitze an den oberen Vorderzähnen oder am Gaumen gebildet.